实用建筑工程系列手册

实用建筑材料试验手册

(第四版)

张彩霞　宋福申
刘付林　冷元宝　主编

中国建筑工业出版社

图书在版编目(CIP)数据

实用建筑材料试验手册/张彩霞等主编．—4版．—北京：中国建筑工业出版社，2011
（实用建筑工程系列手册）
ISBN 978-7-112-13052-8

Ⅰ．①实… Ⅱ．①张… Ⅲ．①建筑材料-材料试验-技术手册 Ⅳ．①TU502-62

中国版本图书馆CIP数据核字(2011)第043605号

本书共十章，主要介绍水泥、砂浆、混凝土、钢材、砖、砌块、防水材料、装饰材料、节能材料等工程常用材料及制品的技术要求、试验方法和结果评定。书中还有材料实验室设置及见证取样制度的实施内容。此次修订再版，删去了原书中过时的及平时不常做的试验项目，并在书中增加一些实用的新试验项目，并尽可能收集最新近颁布的各项材料标准和试验方法。

为了体现节能环保的理念，第四版中增加了室内装饰装修材料有害物质限量指标及试验方法，同时完善了节能检测部分的内容，增加了绝热用聚苯乙烯泡沫塑料的质量要求及试验方法。

本书可供材料试验人员、质量员、工程质量监理和监督人员阅读，也可供大专院校师生参考；并作为建材试验与检测人员培训教材。

* * *

责任编辑：袁孝敏
责任设计：李志立
责任校对：陈晶晶 张艳侠

实用建筑工程系列手册

实用建筑材料试验手册
（第四版）

张彩霞 宋福申
刘付林 冷元宝 主编

*

中国建筑工业出版社出版、发行（北京西郊百万庄）
各地新华书店、建筑书店经销
北京天成排版公司制版
北京圣夫亚美印刷有限公司印刷

*

开本：787×1092毫米 1/16 印张：48½ 字数：1180千字
2011年6月第四版 2016年1月第十五次印刷
定价：110.00元
ISBN 978-7-112-13052-8
(20449)

版权所有 翻印必究
如有印装质量问题，可寄本社退换
（邮政编码 100037）

本书编委会

主　编：

张彩霞　宋福申　刘付林　冷元宝

副主编：

顾孝同　张志刚　楚爱群

主审及汇总整理：

张彩霞

其他参加编写人员：

顾维玺	顾翔宇	罗　梅	赵东花	刘利军	范非凡
路耀东	曹　力	徐　博	刘曙辉	丁德发	薛学涛
吴　蓉	周　杰	崔艳玲	郑亚林	翟向丽	谭江龙
刘东海	展建中	陈建立	勾俊贺	马　帅	牛华伟
易怀林	杨付春	秦学政	李　华	薛　飞	刘　涛
周国争	王红心	赵勇刚	饶建刚	申金生	李　宾
张晓斐	张旺旺	张　洋	许　洁	杜　沛	曲礼英
施　伟	刘　牧	刘琬真	高　育	张　荣	翟少华
李慧慧	胡大顺	顾晓莉	刘　禹	刘丙才	

第四版前言

自 2007 年《实用建筑材料试验手册》（第三版）发行以来，对提高试验检测人员的理论和检验水平，评定和控制建筑材料质量，进而确保建设工程质量起到了积极的指导和推动作用。由于建筑事业的飞速发展，各种新材料、新工艺、新技术不断涌现，国家大量的标准规范不断修订，第三版的内容已不能很好满足各相关人员工作的需要。为此本手册编委会对照新的标准、规范，对第三版的内容进行了全面细致的修订，推出第四版。

《实用建筑材料试验手册》（第四版）修订的主要内容是：1. 增加了材料与工程质量检测中的见证取样制度和实施方法；2. 增加了室内装饰装修材料有害物质限量指标及试验方法；3. 增加了绝热用聚苯乙烯泡沫塑料的质量要求及试验方法；4. 增加了常用密封材料（止水带、遇水膨胀橡胶）的质量要求及试验方法；5. 增加了新型墙体材料：混凝土多孔砖和混凝土实心砖；6. 增加了混凝土矿物掺合料的试验方法和标准；7. 更新了硅酸盐系列水泥的标准；8. 更新了热轧光圆、热轧带肋、冷轧带肋等品种钢筋的标准；9. 更新了钢筋机械连接件的技术规程；10. 更新了混凝土外加剂、混凝土膨胀剂和防水剂的标准；11. 更新了普通混凝土长期性能和耐久性试验方法标准；12. 更新了混凝土强度检验评定标准；13. 更新了建筑砂浆基本性能试验方法标准；14. 更新了弹性体、塑性体改性沥青防水卷材的标准；15. 更新了建筑装饰涂料和防水涂料的试验方法和标准；16. 更新了天然花岗石建筑板材的标准和天然饰面石材试验方法标准；17. 更新了蒸压加气混凝土性能试验方法标准；18. 删除了木材的质量指标和试验方法；19. 删除了原第十章混凝土结构性能检验内容；20. 删除了工程现场回弹法检测混凝土强度等内容。

本手册经过修订补充后内容更为详实，文字表达进一步简单明了，全书篇幅比原第三版有所压缩，并在每章节中注明了主要内容所引用的标准、规范，便于读者选用和查找。

2011 年 4 月

第三版前言

建筑材料试验检测工作在建筑施工、科研、技术发展中占有举足轻重的地位。它不仅是评定和控制建筑材料质量的依据和必要的手段，也是节约原材料、发展建筑科学技术、保证工程质量的重要措施。

建筑材料试验工作是保证工程质量的龙头和重要环节，是监督工程质量的重要手段。要确保工程质量，必须提高试验工作质量，提高试验检测人员的理论和检验水平，为此，试验检测人员必须认真学习、正确掌握、执行国家和建筑行业有关规范、标准，准确地鉴定原材料、成品、半成品以及构配件质量，从而为提高工程质量做好基础工作。

《实用建筑材料试验手册》1998年3月出版第一版，2003年8月出版第二版，由于它的科学性、知识性和适用性很强的特点，受到了广大试验检测人员和有关工程技术人员的欢迎，成为各地技术培训的教科书和试验检测人员的重要参考工具书。由于建筑事业发展很快，新材料、新工艺、新技术不断涌现，特别是近几年来，大量的国家规范标准相继修订和颁布，在这种情况下第二版内容就显得陈旧了，已经不能满足工程技术人员学习、更新知识、试验检测、查阅数据和收集资料的需要，为此，我们组织专家、学者，对照新的规范、标准进行全面的修改，推出第三版，以满足广大工程技术人员的需要，为确保工程质量、提高试验检测人员的理论和检测水平起到积极地促进作用。

本书共分十一章，分别介绍了建筑材料实验室的机构设置与管理、建筑材料基本性能及试验数据统计分析与处理、水泥、混凝土、建筑砂浆、建筑用钢材、砌体材料、防水材料、建筑装饰材料及建筑节能、混凝土预制构件结构性能检验等建筑材料的基本性能、技术指标、试验方法、评定标准的应用技术。《手册》在语言文字方面力求用语标准，言简意赅，遣词准确，术语统一；采用的代号、符号保持与国际的一致性，采用国际计量单位和法定计量单位，保持与 ISO 法统一协调。

本书具有三大特点：1. 及时性： 随着我国城乡建设事业的飞速发展，特别是中国加入世贸组织之后，许多专业技术都要和国际接轨，国家不断地颁布和修订各种新规范、新标准和各种试验方法及质量评定标准，我们不但在版本修编时编入已颁布的新内容，而且在以后重印时，及时编入当时已经颁布的新标准规范，以适应广大工程技术人员工作的需要。**2. 实践性：** 参与本手册编写和审核的主编人员，均为常年工作在建筑材料试验和检测工作一线上的专家，他们根据个人的亲身体验和实践经验，从不同的角度详细、具体地介绍了贯彻执行各有关国家标准、规范及各种建材试验的方法。各个章节编写出来后，各位编者又进行了互审，力求使本书更具实用性、准确性、系统性。**3. 实用性：** 为了满足基层单位和施工企业的试验检测人员需要一部更简明、更方便、更适用的常用材料试验的工具书，在中国建筑工业出版社的指导下，删去了本书不适应当前形势的需要、篇幅较大、不常用或基本不用的材料试验内容。本手册收集的资料大部分取自国家和有关中央部门颁发的最新标准规范共计130处，概括了比较常用的材料试验方法的内容。文字叙述力求简单明了，并在每章节的试验项目之前注明了引用的资料来源，便于读者选用和查找。对于某些尚未修订或正在修订中尚未颁布的标准规范，先按原标准进行编写，等颁布后再及时编入。另外，随着我国城乡建设事业的发展，对建筑节能检测工作提出了更高的要求，为此，我们在第三版中增加了建筑节能检测内容，以适应广大试验检测工作者的需求。

本手册可供建筑材料试验检测人员和建筑工程质量监督人员业务学习、工作参考，可作为试验检测人员培训教材，也可供大专院校有关专业师生参考。

"手册"在修编过程中得到了河南新建混凝土技术服务公司有关领导和工作人员的大力支持，在此表示衷心的感谢。

由于编者水平有限，经验不足，资料收集难以全面周到，各类材料的取舍繁简也不一致。再加上时间紧迫，难免有疏漏和不当之处。热诚欢迎广大读者和同仁们提出宝贵意见，以便下次修订时更正。

2007 年 12 月

目 录

第一章　建筑材料实验室(见证取样检测机构)的机构设置与管理……… 1
　第一节　概述 ………………………………… 1
　第二节　建设工程质量检测见证取(送)样规定 ……………………… 1
　　一、见证取样、送检的范围 ……… 1
　　二、见证人员的基本要求和职责 … 2
　　三、见证取样送检的组织和管理 … 3
　第三节　管理制度 …………………………… 3
　　一、技术岗位责任制 ……………… 3
　　二、样品收发、保管的处理制度 … 6
　　三、样品检验、复验和判定制度 … 6
　　四、原始记录填写、保管与检查制度 … 7
　　五、试验检测报告整理审核和批准制度 …………………………… 7
　　六、检测质量保证制度 …………… 7
　　七、仪器设备使用、管理、检定、校验制度 ………………………… 8
　　八、事故分析及报告制度 ………… 9
　　九、档案管理制度 ………………… 9
　　十、保密制度 ……………………… 9
　　十一、安全制度 …………………… 10
　　十二、化学试验室注意事项 ……… 10
　　十三、检测人员行为守则 ………… 12
　第四节　机构设置与平面布置 ……… 12
　　一、组织机构和人员配备 ………… 12
　　二、实验室平面与设施布置 ……… 13
　第五节　材料试验机的使用、保养与维修 ……………………………… 16
　　一、材料试验机的使用与操作 …… 16
　　二、材料试验机的保养 …………… 18
　　三、材料试验机的维修 …………… 18

　第六节　建筑材料技术标准与试验基本技能 ………………………… 20
　　一、建筑材料技术标准的分类及级别 …………………………… 20
　　二、建筑标准试验基本技能 ……… 21
第二章　建筑材料基本性质及试验数据统计分析与处理 ……………… 24
　第一节　概述 ………………………………… 24
　　一、建筑材料 ……………………… 24
　　二、建筑材料分类 ………………… 24
　　三、建筑材料的主要性质 ………… 25
　第二节　建筑材料的主要物理性质 … 25
　　一、材料与重量有关的性质 ……… 25
　　二、材料与水有关的性质 ………… 27
　第三节　建筑材料的主要力学性质 … 29
　　一、强度 …………………………… 29
　　二、弹性与塑性 …………………… 30
　　三、韧性与脆性 …………………… 30
　第四节　试验数据统计分析与处理 … 31
　　一、平均值 ………………………… 31
　　二、误差计算 ……………………… 32
　　三、变异系数 ……………………… 34
　　四、正态分布和概率 ……………… 34
　　五、正态分布的检验方法 ………… 37
　　六、可疑数据的取舍 ……………… 37
　　七、数字修约规则 ………………… 38
　　八、一般关系式的建立 …………… 39
第三章　水泥 ………………………………… 43
　第一节　通用硅酸盐水泥质量标准 … 43
　　一、术语和定义 …………………… 43
　　二、分类 …………………………… 43
　　三、材料 …………………………… 44
　　四、强度等级 ……………………… 44

五、技术要求 …………………………… 44
　　六、判定规则 …………………………… 46
第二节　通用水泥检验方法 ……………… 46
　　一、检验前的准备及注意事项 ………… 46
　　二、水泥取样 …………………………… 46
　　三、水泥细度的表示方法及检验方法 … 50
　　四、水泥标准稠度用水量、凝结时间、
　　　　安定性检验方法 …………………… 54
　　五、水泥胶砂强度检验方法（ISO 法） … 60
　　六、水泥胶砂流动度测定 ……………… 69
　　七、水泥密度测定 ……………………… 71
　　八、水泥压蒸安定性试验 ……………… 72
第三节　白色硅酸盐水泥 ………………… 74
　　一、术语与定义 ………………………… 74
　　二、材料要求 …………………………… 74
　　三、强度等级 …………………………… 75
　　四、技术要求 …………………………… 75
　　五、试验方法 …………………………… 75

第四章　混凝土 …………………………… 77

第一节　概述 ………………………………… 77
　　一、定义 ………………………………… 77
　　二、常用混凝土的分类 ………………… 77
　　三、混凝土的主要性能 ………………… 78
第二节　普通混凝土用砂、石 …………… 78
　　一、术语 ………………………………… 78
　　二、质量要求 …………………………… 79
　　三、砂、石的验收、运输和堆放 ……… 84
　　四、砂、石的取样与缩分 ……………… 85
　　五、砂的检验方法 ……………………… 87
　　六、石子的检验方法 …………………… 108
第三节　混凝土矿物掺合料 ……………… 127
　　一、定义及分类 ………………………… 127
　　二、技术指标及试验方法 ……………… 128
第四节　混凝土常用外加剂 ……………… 139
　　一、定义及分类 ………………………… 139
　　二、技术指标及应用技术 ……………… 141
　　三、外加剂试验方法 …………………… 149
　　四、混凝土外加剂匀质性试验方法 …… 159
　　五、混凝土膨胀剂 ……………………… 175
　　六、混凝土防冻剂 ……………………… 178
　　七、砂浆、混凝土防水剂 ……………… 183
第五节　普通混凝土配合比设计 ………… 189
　　一、普通混凝土配合比设计基本
　　　　要求 ………………………………… 189
　　二、普通混凝土配合比设计方法 ……… 191
　　三、普通混凝土配合比设计实例 ……… 197
第六节　特殊要求混凝土的配合比
　　　　设计 ………………………………… 200
　　一、抗渗混凝土 ………………………… 200
　　二、抗冻混凝土 ………………………… 201
　　三、高强混凝土 ………………………… 201
　　四、泵送混凝土 ………………………… 202
第七节　普通混凝土拌合物性能试验 …… 203
　　一、目的要求及适用范围 ……………… 203
　　二、拌合物取样及试样制备 …………… 203
　　三、混凝土拌合物的和易性 …………… 204
　　四、混凝土拌合物和易性的检验和
　　　　评定 ………………………………… 205
　　五、混凝土拌合物泌水与压力泌水
　　　　试验 ………………………………… 207
　　六、混凝土拌合物凝结时间测定 ……… 210
　　七、混凝土拌合物表观密度测定 ……… 212
　　八、混凝土拌合物含气量测定 ………… 213
　　九、混凝土配合比分析 ………………… 215
第八节　普通混凝土力学性能试验 ……… 218
　　一、试件的尺寸、形状和公差 ………… 219
　　二、试件的制作和养护 ………………… 219
　　三、试验方法 …………………………… 220
第九节　普通混凝土长期性能和耐久性能
　　　　试验 ………………………………… 226
　　一、术语 ………………………………… 226
　　二、基本规定 …………………………… 226
　　三、试验方法 …………………………… 227
第十节　混凝土强度检验评定 …………… 246
　　一、基本规定 …………………………… 246
　　二、混凝土的取样与试验 ……………… 247
　　三、混凝土强度的检验评定 …………… 248

第五章　建筑砂浆 ………………………… 250

第一节　概述 …………………… 250
　一、建筑砂浆及其分类 …………… 250
　二、建筑砂浆的组成材料及其应用 … 250
　三、影响砂浆强度的主要因素 …… 251
　四、砌筑砂浆及其拌合物的性质 … 251
第二节　砌筑砂浆配合比设计 …… 252
　一、材料要求 ……………………… 252
　二、技术条件 ……………………… 253
　三、砌筑砂浆配合比计算与确定 … 254
　四、砌筑砂浆配合比设计计算实例 … 256
第三节　建筑砂浆基本性能试验方法 … 257
　一、术语 …………………………… 257
　二、取样及试样制备 ……………… 257
　三、试验方法 ……………………… 258

第六章　建筑用钢材 …………… 270
第一节　概述 …………………… 270
　一、钢材的定义 …………………… 270
　二、钢材的分类 …………………… 270
　三、钢材的物理性质 ……………… 271
第二节　建筑用钢材主要品种的质量
　　　　标准 …………………… 271
　一、钢筋混凝土用钢　第1部分：热轧
　　　光圆钢筋 ……………………… 271
　二、钢筋混凝土用钢　第2部分：热轧
　　　带肋钢筋 ……………………… 275
　三、冷轧带肋钢筋 ………………… 282
　四、低碳钢热轧圆盘条 …………… 288
　五、混凝土制品用冷拔低碳钢丝 … 289
　六、碳素结构钢 …………………… 291
第三节　钢材主要力学、机械性能
　　　　试验 …………………… 295
　一、钢及钢产品力学性能试验取样位置
　　　及试样制备 …………………… 295
　二、钢材拉伸(力)试验 …………… 304
　三、金属材料　弯曲试验方法 …… 326
　四、金属线材反复弯曲试验 ……… 331
第四节　钢筋焊接接头 …………… 333
　一、钢筋焊接技术术语 …………… 333
　二、各种焊接方法和适用范围 …… 334

　三、钢筋焊接质量检查与验收 …… 334
　四、钢筋焊接接头试验方法 ……… 343
第五节　钢筋的机械连接接头 …… 355
　一、术语 …………………………… 355
　二、接头的设计原则和性能等级 … 356
　三、接头的应用 …………………… 356
　四、接头的型式检验 ……………… 357
　五、施工现场接头的加与安装 …… 358
　六、施工现场接头的检验与验收 … 359
　七、接头试件的试验方法(附录A) … 360

第七章　砌体材料 ……………… 363
第一节　砌墙砖及试验方法 ……… 363
　一、烧结普通砖 …………………… 363
　二、烧结多孔砖 …………………… 368
　三、蒸压灰砂砖 …………………… 373
　四、粉煤灰砖 ……………………… 375
　五、混凝土实心砖 ………………… 378
　六、混凝土多孔砖 ………………… 385
　七、砌墙砖试验 …………………… 389
第二节　混凝土小型空心砌块及试验
　　　　方法 …………………… 404
　一、轻骨料混凝土小型空心砌块 … 404
　二、混凝土小型空心砌块试验方法 … 407
第三节　蒸压加气混凝土砌块及试验
　　　　方法 …………………… 417
　一、蒸压加气混凝土砌块 ………… 417
　二、蒸压加气混凝土性能试验方法 … 422

第八章　防水材料 ……………… 435
第一节　主要防水卷材的质量标准 … 435
　一、弹性体改性沥青防水卷材 …… 435
　二、塑性体改性沥青防水卷材 …… 443
　三、沥青复合胎柔性防水卷材 …… 450
　四、高分子防水材料　第一部分：
　　　片材 …………………………… 455
第二节　常用密封材料的质量标准 … 466
　一、高分子防水材料　第二部分：
　　　止水带 ………………………… 466
　二、高分子防水材料　第三部分：
　　　遇水膨胀橡胶 ………………… 469

第三节　常用防水涂料的质量标准 …… 474
　　　一、聚氨酯防水涂料 ……………… 474
　　　二、聚合物水泥防水涂料 ………… 480
　　　三、聚合物乳液建筑防水涂料 …… 488
　　第四节　防水材料试验方法 ………… 492
　　　一、建筑防水卷材试验方法 ……… 492
　　　二、密封材料试验方法 …………… 512
　　　三、建筑防水涂料试验方法 ……… 524

第九章　建筑装饰材料 ……………… 537
　　第一节　建筑饰面陶瓷及其试验方法 … 537
　　　一、陶瓷砖 ………………………… 537
　　　二、陶瓷砖试验方法 ……………… 566
　　第二节　常用建筑石材 ……………… 606
　　　一、天然花岗石建筑板材 ………… 606
　　　二、天然大理石建筑板材 ………… 615
　　　三、天然饰面石材试验方法 ……… 622
　　第三节　建筑涂料 …………………… 635
　　　一、合成树脂乳液内墙涂料 ……… 635
　　　二、合成树脂乳液外墙涂料 ……… 640
　　　三、涂料试验方法 ………………… 644
　　第四节　装饰装修材料中有害物质
　　　　　　限量及试验 ………………… 658
　　　一、建筑材料放射性核素限量 …… 658
　　　二、人造板及其制品中甲醛释放
　　　　　限量 ………………………… 660
　　　三、溶剂型木器涂料中有害物质
　　　　　限量 ………………………… 664
　　　四、内墙涂料中有害物质限量 …… 674
　　　五、胶粘剂中有害物质限量 ……… 688

第十章　建筑节能检测 ……………… 702
　　第一节　建筑节能工程施工质量验收
　　　　　　有关规定 …………………… 702
　　　一、基本规定 ……………………… 702
　　　二、建筑节能工程验收的划分 …… 703
　　第二节　墙体节能工程 ……………… 703
　　　一、适用范围 ……………………… 703
　　　二、检验规定 ……………………… 703
　　　三、检验要求和检验方法 ………… 704
　　第三节　幕墙节能工程 ……………… 705

　　　一、适用范围 ……………………… 705
　　　二、检验规定 ……………………… 705
　　第四节　门窗节能工程 ……………… 705
　　　一、适用范围 ……………………… 705
　　　二、检验规定与方法 ……………… 706
　　第五节　屋面节能工程 ……………… 706
　　　一、适用范围 ……………………… 706
　　　二、检验规定与方法 ……………… 707
　　第六节　地面节能工程 ……………… 707
　　　一、适用范围 ……………………… 707
　　　二、检验规定 ……………………… 707
　　第七节　采暖节能工程 ……………… 708
　　　一、适用范围 ……………………… 708
　　　二、检验规定 ……………………… 708
　　第八节　通风与空调节能工程 ……… 708
　　　一、适用范围 ……………………… 708
　　　二、检验规定 ……………………… 708
　　第九节　建筑节能工程现场检验 …… 709
　　　一、围护结构现场实体检验 ……… 709
　　　二、系统节能性能检测 …………… 710
　　第十节　外墙节能构造钻芯检验方法 … 711
　　　一、适用范围 ……………………… 711
　　　二、检验规定 ……………………… 711
　　第十一节　建筑节能工程进场材料和设备
　　　　　　　的复验项目 ……………… 713
　　第十二节　膨胀聚苯板薄抹灰外墙外
　　　　　　　保温系统 ………………… 714
　　　一、范围 …………………………… 714
　　　二、术语和定义 …………………… 714
　　　三、分类和标记 …………………… 715
　　　四、要求 …………………………… 715
　　　五、试验方法 ……………………… 717
　　　六、检验规则 ……………………… 726
　　第十三节　胶粉聚苯颗粒外墙外保温
　　　　　　　系统 ……………………… 727
　　　一、适用范围 ……………………… 727
　　　二、定义和术语 …………………… 727
　　　三、分类和标记 …………………… 728
　　　四、要求 …………………………… 729

五、试验方法 …………………… 734
六、检验规则 …………………… 751
第十四节　建筑保温砂浆 ………… 752
　一、适用范围 …………………… 752
　二、术语和定义 ………………… 752
　三、分类及标记 ………………… 752
　四、要求 ………………………… 752
　五、试验方法 …………………… 753

六、检验规则 …………………… 756
第十五节　绝热用聚苯乙烯泡沫塑料 … 756
　一、绝热用模塑聚苯乙烯泡沫塑料
　　（EPS） ……………………… 756
　二、绝热用挤塑聚苯乙烯泡沫塑料
　　（XPS） ……………………… 759

参考文献 ……………………………… 764

第一章 建筑材料实验室（见证取样检测机构）的机构设置与管理

第一节 概 述

建筑材料实验室（见证取样检测机构），是接受工程项目建设单位、政府部门、社会团体、公众的委托，依据国家现行的法律、法规和工程建设强制性标准从事对涉及建筑物、构筑物结构安全的试块、试件和涉及结构安全项目的抽样检测以及对进入施工现场的建筑材料、构配件的见证取样检测，是具有独立法人资格的中介机构。

建筑材料的试验检测，在建设工程质量管理、建筑施工生产、科学研究及科技进步中占有重要的地位。建筑材料科学知识和试验检测技术标准不仅是评定和控制建筑材料质量、监控施工过程、保障工程质量的手段和依据，也是推动科技进步、合理使用建筑材料、降低生产成本、增进企业效益的有效途径。

建筑材料实验室（见证取样检测机构）应当向省、自治区、直辖市人民政府建设行政主管部门申请见证取样检测机构资质，取得相应的资质并通过省技术监督部门的计量认证后，方能承担与其资质相适应的检测业务，并应当对其检测数据和检测报告的真实性和准确性负责。

第二节 建设工程质量检测见证取（送）样规定

检测、试验工作的主要目的是取得代表质量特征的有关数据，科学评价工程质量。建设工程质量的常规检查一般都采用抽样检查，正确的抽样方法应保证抽样的代表性和随机性。抽样的代表性是指保证抽取的子样应代表母体的质量状况，抽样的随机性是指保证抽取的子样应由随机因素决定而并非人为因素决定。样品的真实性和代表性直接影响到检测数据的准确和公正。如何保证抽样的代表性和随机性，有关的技术规范标准中都作出了明确的规定。

样品抽取后应将样品从施工现场送至有检测资格的工程质量检测单位进行检验，从抽取样品到送至检测单位检测的过程是工程质量检测管理工作中的第一步。强化这个过程的监督管理，避免因试件弄虚作假，出现试件合格而工程实体质量不合格的现象。为此原建设部颁发了《房屋建筑工程和市政基础设施工程实行见证取样和送检的规定》。在建设工程中实行见证取样和送检就是指在建设单位或工程监理单位人员的见证下，由施工单位的现场试验人员对工程中涉及结构安全的试块、试件和材料在施工现场取样，并送至具有相应资质的检测机构进行检测。实践证明：对建设工程质量检测工作实行见证取样制度是解决这一问题的有效办法。

一、见证取样、送检的范围

（一）见证取样、送检的范围

下列试块、试件和材料必须实施见证取样和送检：

1. 用于承重结构的混凝土试块。
2. 用于承重墙体的砌筑砂浆试块。
3. 用于承重结构钢筋及连接接头试件。
4. 用于承重墙的砖和混凝土小型砌块。
5. 用于拌制混凝土和砂浆的水泥。
6. 用于承重结构的混凝土中使用的外加剂。
7. 地下室、屋面、厕浴间使用的防水材料。
8. 国家规定必须实行见证取样和送检的其他试块、试件和材料。

凡涉及房屋建筑工程和市政基础施工结构安全的试块、试件和其他建筑材料，施工企业必须按照见证取样送检的规定执行，按不低于有关技术标准中取样的数量的30%送至当地建设行政主管部门委托的法定检测机构检测。

（二）见证取样送检的程序

1. 建设单位应向工程监督单位和检测单位递交"见证单位和见证人授权书"，授权书上应写明本工程现场委托的见证单位、取样单位、见证人姓名、取样人姓名及"见证员证"和"取样员证"编号，以便工程质量监督单位和工程质量检测单位检查核对。
2. 见证员、取样员应持证上岗。
3. 施工单位取样人员在现场对涉及结构安全的试块、试件和材料进行现场取样时，见证人员必须在旁见证。
4. 见证人员应采用有效的措施对试样进行监护，应和施工企业取样人员一起将试样送至检测单位或采用有效的封样措施送检。
5. 检测单位在接受检测任务时，应由送检单位填写送检委托单，委托单上有该工程见证人员和取样人员签字，否则，检测单位有权拒收。
6. 检测单位应检查委托单及试样的标识和封志，确认无误后方可接收进行检测。
7. 检测单位应严格按照有关管理规定和技术标准进行检测，出具公正、真实、准确的检测报告，见证取样送检的检测报告必须加盖见证取样检测的专用章。
8. 检测单位发现试样检测结果不合格时应立即通知该工程的质量管理部门或其委托的质量监督站，同时还应通知施工单位。

二、见证人员的基本要求和职责

（一）见证人员的基本要求

1. 见证人员应由建设单位或该工程监理单位中具备建筑施工试验知识的专业技术人员担任，应具有建筑施工专业初级以上技术职称。
2. 见证人员应参加建设行政主管部门组织的见证取样人员资格考核，考核合格后经建设行政主管部门审核颁发"见证员"证书。
3. 见证人员对工程实行见证取样、送检时应有该工程建设单位签发的见证人书面授权书。见证人书面授权书由建设单位和见证单位书面通知施工单位、检测单位和负责该项工程的质量监督机构。
4. 见证人员的基本情况由当地建设行政主管部门备案，每隔3~5年换证一次。

（二）见证人员的职责

1. 单位工程施工前，见证人员应会同施工项目负责人、取样人员共同制定送检计划。

送检计划是该项工程见证取样工作的指导性技术文件。送检计划是根据该工程施工的组织设计和工程特点，以及国家关于工程质量试验和检测的技术标准和规范要求，同时根据工程见证取样送检的范围，对该工程中涉及结构安全的试块、试件和材料的取样部位、取样的时间、样品名称和样品数量、送检时间等按施工程序先后制定的技术性文件，见证人员在整个工程的见证取样工作中应认真执行送检计划。

2. 见证人员应制作见证记录，工程竣工时应将见证记录归入施工档案。

3. 见证人员和取样人员应对试样的真实性和代表性负责。

4. 取样时，见证人员必须在旁见证，取样人员应在见证人员见证下在试样和其包装上作出标识、标志。标识和封志应标明工程名称、取样部位、取样日期、样品名称和样品数量，见证人员和取样人员应共同签字。

5. 见证人员必须对试样进行监护，有专用送样工具的工地，见证人员必须亲自封样。

6. 见证人员必须和送样人员一起将试件送至检测单位。

7. 见证人员必须在送验委托单上签字，同时出示"见证员证"，以备检测单位核验。

8. 见证人员应廉洁奉公，秉公办事，发现见证人员有违规行为，发证单位有权吊销"见证员"证书。

三、见证取样送检的组织和管理

1. 国务院建设行政主管部门对全国房屋建筑工程和市政基础设施工程的见证取样和送检工作实施统一监督管理。县级以上地方人民政府建设行政主管部门对本行政区域内的房屋建筑工程和市政基础设施工程的见证取样和送检工作实施监督管理。

2. 各检测单位在承接送检任务时，应核验见证人员证书。凡未执行见证取样的检测报告不得列入该工程竣工验收资料，应由工程质量监督机构指定法定检测单位重新检测，检测费用由责任方承担。

3. 见证单位、取样单位的见证取样人员弄虚作假，玩忽职守者要追究刑事责任的当依法追究刑事责任。

第三节 管 理 制 度

管理制度是保证试验工作正常进行的基本前提。它能使试验室的各类人员在不同的岗位上同心协力、各负其责，共同把试验工作做好，出了试验事故后可以及时查明原因，分清责任，以便今后工作的改进。制定管理制度是管理工作一个重要环节，现提供若干管理制度，可供参考。

一、技术岗位责任制

（一）最高管理者岗位责任制

1. 贯彻执行国家有关法律、法规和政府有关政策，接受建设行政主管部门的管理，对本机构的工作负全面的领导责任；

2. 负责贯彻执行国家有关标准、规范、规程以及研究开发的方针政策，了解或跟踪国内外本行业技术的发展动态；

3. 负责制定本机构的质量方针、质量目标和发展规划，以及建立健全质量责任制；

4. 负责制定本机构的组织机构设置、人事安排、质量管理体系以及授权各类人员的职责和权限；

5. 重视客户意见和投诉，并进行及时处理；对本机构出具的检测报告向客户负责并承担相应的法律责任；

6. 协调各类关系，负责质量管理体系的有效运行和持续改进，对本机构的公正性、科学性、及时性负全面责任；

7. 负责组织质量负责人和相关人员制定、修订《质量手册》、《程序文件》；

8. 批准和颁布实施检测机构的《质量手册》、《程序文件》，并对质量管理体系的建立、实施和运行情况进行监督管理、领导，保证其独立、客观行使职权。

（二）技术负责人岗位责任制

1. 在最高管理者的领导下，对检测技术的工作负责。

2. 积极贯彻执行、组织实施本机构的质量方针、质量目标及保证质量管理体系的有效运行。

3. 组织专业技术标准的制定、修订以及检测方法的确认，并对执行情况进行监督、检查。

4. 掌握本机构授权检测产品的技术要求、检验细则；负责人员的技术培训和定期考核。

5. 协助安排检测工作，解决检测过程中遇到的技术问题；负责技术委员会日常管理工作，对技术业务范围内的质量、安全及事故负技术管理责任。

6. 检查、监督各部门以及试验员严格按照工作流程及有关标准、规程和规范的要求完成检测工作。

7. 承担或参与有关检验方法、操作规程、非标仪器设备校准方法的制定和修订工作。

8. 作为授权签字人，负责对检测报告的签发和批准。

9. 掌握本专业的技术动态，了解国内外行业新技术的发展，收集有关技术资料，积极钻研检测技术，参与本行业、本专业的技术研究和技术活动。

（三）质量负责人岗位责任制

1. 在最高管理者的领导下，全面负责机构的质量管理工作。

2. 协助最高管理者制定机构的质量方针、质量目标，编制和落实质量工作的长期规划和近期的质量工作计划。

3. 负责组织制定、修订和宣贯《质量手册》、《程序文件》，并参与质量管理体系运行情况的监督检查，定期汇报质量工作情况。

4. 组织检测机构质量管理体系的内部审核，并直接向最高管理者报告质量管理体系的运行情况。

5. 负责组织实施各项质量保证活动，并对质量活动的结果进行评定，协助技术负责人做好纠正措施和预防措施。

6. 负责处理质量事故和客户有关质量方面的投诉，深入了解各部门情况，调查和掌握工作质量动态，及时提出改进意见。

7. 负责参与制定机构质量管理体系的各项计划，并组织实施有关人员培训等计划的落实。

(四) 试验员岗位责任制

1. 持证上岗，遵守各项规章制度，执行《质量手册》中的规定，按照检测流程进行工作，按时完成交给的检测任务。

2. 熟悉并掌握检测工作的技术标准、规程、规范及方法，严格执行已确认的检验方法和程序，不得任意改动。

3. 做好检验前的准备工作。

(1) 检查、核对样品及密码编号。

(2) 检查校对仪器、设备运转是否正常，环境条件是否符合标准要求。

4. 客观条件不符合标准要求或出现异常现象时，有权停止检测，并向检测部主任报告。

5. 严格按照技术标准、检验操作规程、《作业指导书》及有关规定进行检验，有权越级反映违反操作规程或检测数据弄虚作假现象。

6. 做好检验原始记录，正确处理检测数据。对所出具的检验数据、检验报告承担责任。

7. 严格按照操作规程使用仪器、设备，做到事前有检查，事后有维护，保养、清理、加油要有专人负责，及时填写"设备使用记录"。

8. 认真钻研业务，积极参加培训，加强业务技术水平及专业技能的提高。

(五) 计量管理员岗位责任制

1. 负责试验检测使用的计量器具、仪器、设备的计量、校准的管理工作及标准物质的管理工作。

2. 负责建立仪器设备的计量、校准档案。并根据不同仪器的计量、校准档案，按不同仪器的计量校准周期，制订出计量校准计划。

3. 负责组织各检测室仪器设备的送检及校验工作，登记校验前后的量值、精度和计量检定单位签发的合格证。

4. 负责调查分析仪器、设备的量值失准原因和损坏责任事故，对违章操作造成量值失准者，有权向领导建议，提出处理意见。

5. 完成领导交给的其他任务。

(六) 设备管理员岗位责任制

1. 负责检测仪器、设备的管理工作。制定维修保养计划并组织实施。定期巡回检查，及时掌握检测室仪器、设备维护保养和完好率的状况。

2. 参与仪器、设备的安装、调试及验收工作，负责办理交验手续。

3. 负责检测仪器、设备台账及设备档案的管理，督促检测室做好仪器、设备使用档案的记载。

4. 负责调查、分析仪器及设备事故的原因，并有权向领导建议，提出处理意见。

5. 负责组织定期检查水、电设备、通风管道、恒温及机械设备的情况，发现故障立即停机，组织检修，并向领导报告。

6. 对带病运转和有故障的仪器、设备，有权停止检验人员使用，并立即向领导报告。

(七) 档案资料管理员岗位责任制

1. 负责各类文件、书籍、标准的登记、分类、建账、建卡、保管、收还借阅工作。
2. 负责技术资料和检测资料的登记、分类、立卷、存档、建账、建卡、收还借阅工作。
3. 负责行业活动资料、企业产品质量资料的整理和保管工作。
4. 负责对内外资料的收发、登记、各种有关检测文件的内部传阅工作。
5. 办理各种资料、书籍的征订、核收工作。
6. 严格执行《存档制度》和《保密制度》，保证所管文件资料完整无损。

（八）样品保管员岗位责任制
1. 负责样品进库验收和检查铅封情况，手续完备后，方准入库。
2. 负责样品入库后的保管工作，采取防潮措施，保证样品不发生锈蚀失效等现象。
3. 对进库样品进行分类保管，做好防火、防盗工作。
4. 不得随意挪用、拆装、改装样品，应保证测前样品铅封状态，原样无损。
5. 按要求认真填写样品单，建立样品台账，做到账物相符，手续完备。
6. 负责样品领用和归还的管理工作。

二、样品收发、保管的处理制度
1. 设立专职样品收发保管员，按样品种类建立台账，办理委托，连续密码编号及领取样品时按规定办理有关手续。
2. 样品库环境应符合样品的存放条件，如温度、湿度要求等，同时须有防火、防盗措施。
3. 样品验收时，样品收发保管员应核对样品实物与样品委托单（或协议书）是否相符。验收确认完毕后，由收样人和送样人在样品委托单上签字。
4. 检测人员须在领取样品单上签字，并有权拒绝领取不符合要求的样品。检测时负有保护样品的责任。
5. 测试完毕的样品，应于 3 天内归还样品库。归还人应在样品单上签字。归还后，由保管员通知办公室做出样品处理意见，处理样品的具体工作仍由保管员执行。
6. 受检单位领回样品，应办理领回手续。保管员应在样品单上签字，并装订成册，妥为保管。

三、样品检验、复验和判定制度
1. 样品检验、复验及判定必须严格执行产品质量标准和试验方法的规定以保证检验判定的可比性、正确性和科学性。
2. 检测组在接到计划任务单后，应迅速做好技术准备，对有关的仪器设备要进行调试，确保完好状态。
3. 读数记录应按规定的格式填写，目测数据应由两人相互校对共同负责，计算机采集数据应存入磁盘。
4. 检测工作不应受任何单位、部门和个人的影响，测试工作程序应严格按照操作规程执行。
5. 产品质量检验结果的判定，由检测组负责人提出，经中心试验室（试验室）主任审定签字后，报中心试验室盖章方可发送。
6. 遇有下列情况之一者，允许复验：

（1）由于人为因素造成操作错误或读数错误而导致检测数据不准；

（2）检测中设备仪器出现失灵或试验环境发生变化；

（3）由于不可抗拒的客观因素（如火灾）使测试中断，失准或无法正常进行；

（4）由于操作或设备仪器的原因导致样品不符合规定要求，从而无法进行测试和判定；

（5）受检单位提出异议，并符合《被检单位对检验报告提出异议的处理制度》中复测条件。

7. 如进行复验，对产品质量的判定原则上以复验数据为准，复验前数据全部无效。

四、原始记录填写、保管与检查制度

1. 原始记录是指包括抽样与检测时填写的最初记录，它是反映被检产品质量的第一手资料，应该严肃认真对待。

2. 原始记录应采用规定的格式纸或表格，用钢笔或圆珠笔填写一份，原始记录不得随意涂改或删除，确需更改的地方只能画改并由记录者在更改处加盖本人印章。

3. 填写原始记录应做到字迹工整，所列栏目填写齐全，检测中不检测的项目在相应的空栏目内打一横线或加以说明。

4. 原始记录上必须有检测、记录与校核人员的签字。检测组在提出检测报告的同时，应将原始记录一同上交审核，原始记录审核正确无误后，由办公室统一编号、集中保管。

5. 为保护受检企业的权益，应注意做好原始记录的保密工作。原始记录原则上不允许复制，因工作需要查看原始记录时，须按《存档制度》规定办理手续。

五、试验检测报告整理审核和批准制度

1. 试验检测报告是判定有关建筑材性的主要技术依据，检测员除严格按照操作规程试验外，更重要的是要严格履行审核手续。

2. 检测人员要按照规定格式、文字认真填写，要做到字迹清晰、数据准确、内容真实。不得擅自取舍，如有无需填写的栏目，应在空栏内打一横线或加以说明。

3. 检测人员在完成检测任务后，必须在一定时间内交给有关检测负责人，确认无误后立即写出检测报告交办公室审阅。

如发现数据有问题，必须立即分析原因，必要时应进行复验。

4. 试验检测报告需经具有资格人员审核再由授权签字人批准，方可发出报告。

5. 试验检测报告待检测数据全部到齐，一般应在 2 天内发出正式报告，对特殊要求应提前发出。

6. 授权签字人对检测数据有疑问，有权提出重新检测，各检测组不得无故拒绝。

7. 试验检测报告发出时，应登记并由对方签字。随后将数据整理归档。

六、检测质量保证制度

1. 检测人员

（1）检测人员必须具备检测人员的各项要求，凭检测合格证在指定岗位上进行检测工作。

（2）检测人员必须具备高中以上文化水平，并经严格培训考试合格后，发给检测证。

各专业检测室有部分检测项目难度较大，需有一定数量的工程师、助理工程师、技术员进行检测工作。

（3）检测人员要按照标准、操作规程进行检测工作，工作要精益求精，对检测数据负责。

（4）在测试过程中，发生故障或因外界干扰（如停电、停水）测试中途停止时，测试人员将详细情况记录专用本上，并口头告知专业检测室负责人，采取必要措施或重做。

（5）对外单位人员不经检测部或各专业检测室同意，不得充当检测员进行检测工作。

2. 检定设备

（1）检定设备可按照设备仪器管理制度有关规定执行。

（2）检定设备要有设备使用卡片，对设备运转及技术参数做详细记载，并规定详细的操作规程。

（3）检定设备有故障或过期未校定校准，不得投入检测工作。

（4）对进口设备经培训确实掌握技术，方可操作使用。

（5）保持设备运行完好率，试验室环境符合检测工作的要求。

3. 读取数据与记录数据

（1）读取数据与记录数据必须按有关标准规定的检验方法与步骤进行。

（2）记录数据应如实准确地填写在检测记录中。

（3）对检测所得数据进行可靠性分析，确认检测结果有问题，应立即报告有关人员，并及时分析其原因，必要时重检。

4. 试验室管理

（1）试验室内设备、安全、卫生等应由各试验室内专人管理。

（2）凡有机器运转和通电的设备，人员不得离开（对有自控保险装置除外）。

（3）凡对试验室养护箱（池）等有规定要求的温度、湿度、碳化浓度等均要严格控制，并有专人负责每天记录。

（4）检测报告是判定原材料、半成品、成品质量的主要技术依据，要严格履行审核手续。

（5）各试验室检测报告及检测的原始记录，必须本人签字，由专人统一对外发出。

（6）检测报告发出后，必须留存一份存档备查，各种报告用纸应统一印刷，格式要符合检测报告规定要求。

七、仪器设备使用、管理、检定、校验制度

1. 仪器设备由各专业试验室统一管理，每台仪器均应有使用说明、操作规程和检验校准时间，记录及保管人，建立仪器设备档案。

2. 新购的仪器设备必须进行全面检查，合格后方可使用，正常使用各种仪器应定期检查，所有检查都应做好记录，并签上姓名。

仪器设备安装调试、校准记录应由计量员负责记录。在使用中自检情况和故障情况应有测试人员做好记录。

3. 仪器设备、计量器具均须按照国家标准计量部门的有关规定实行定期检定，凡没有检定合格证或超过检定有效期的仪器设备、计量器具，一律不准使用。

4. 检定周期有效期内的仪器设备、计量器具在使用过程中出现失准时，经调整或修理后，应重新进行检定。

5. 自制或非标设备，没有国家或部门的检定标准、规定时，检测部门必须按有关规定编制暂行的校准方法,报上级主管部门和国家计量部门备案,并按校准方法实行定期校准。

6. 检验设备、计量仪表使用时,要做到用前检查,用后清洁干净。

7. 检测人员必须自觉爱护仪器设备,经常保持仪器设备整洁、润滑,安全正确使用。

8. 检测人员要遵守仪器设备的操作规程,要做到管好、用好、会保养、会使用、会检查、会排除一般性故障。

9. 仪器设备专人管、专人用,非检测人员一般不得独立操作,特殊情况下经检测部主任同意方可使用。

八、事故分析及报告制度

1. 凡是被检样品未经检测受损坏,检测人员违反操作规程和检测程序,仪器设备损坏,检测数据不准,漏检项目,技术资料被盗丢失、泄密以及预料不到的事故和人身伤亡等都为事故。

2. 事故发生后,发现人或当事人应立即停止检测并报告室主任,说明事故情况,查清原因,备案处理。

3. 事故责任者应实事求是地填写事故分析报告,说明发生事故的时间、地点、经过、旁证,事故的性质和原因。由室主任签署初步意见报检测部办公室。

4. 检测部根据事故严重程度,由主任责成有关人员临时组成事故处理小组,对事故进行分析,做出结论,并提出处理意见。给予批评教育、扣发奖金者由检测部主任批准,给予收回检测证或行政处分者,经检测部主任同意,报检测中心主任批准。

5. 事故查明原因后,要制订出切实可行的防范措施,避免同类事故的再次发生。

九、档案管理制度

1. 试验室应指定专人或兼职人员负责管理档案资料,并按照文件资料性质分类、编目、设卡存放。

2. 本单位人员确因工作需要查阅文件资料时,原则上只能在档案室查阅,如要借出须经试验室主任同意,同时应办理手续,借期不超过一星期。

3. 外单位人员查阅文件资料时,须持单位介绍信并经检测部主任批准,只限在档案室内阅看,不准带出室外,未经允许不准摘录、拍照和复印。

4. 根据文件资料的重要程度确定存档期限,重要的文件资料保存五年。一般的文件资料保存三年。超期的文件资料,经中心主任批准后进行销毁,并在档案目录中予以注销。

十、保密制度

1. 为了加强各环节的保密工作,保护受检企业的正当权益,保持检测工作的公正性地位,特制定本制度。

2. 属于保密范围内的文件资料、检测报告或检测数据,在上级未公布之前,或未经委托方和受检企业同意,均应保密,不得向外扩散。

3. 抽样人员接受抽样任务后,应切实做好保密工作,不得事先向有关企业部门透露抽样消息,防止抽取缺乏代表性的虚假样品。

4. 样品测试过程中,为加强保密工作,非试验人员禁入试验室,在有受检企业参加调试的试验中,受检企业之间应相互回避。

5. 试验室内部会议,或者检测组内形成的意见决定,不得随意向外透露。检测数据除受检企业外，非经正式渠道，任何人不得以任何方式向任何部门泄露。

6. 为保护受检企业的权益，对受检单位提供检测用的技术资料和设计文件，试验室负责保密，仅供与检测工作有关的人员检测时使用，其他任何人不得使用或复制。检测验收后，检测人员一般也不得索取或复制。

7. 试验室一切工作人员均应遵守保密制度，如因不执行而造成不良后果时，应追究当事人的责任，并给予必要的处分。

十一、安全制度

1. 试验室副主任负责本部安全工作，由一名安全员协助，经常进行安全教育和安全检查，了解事故隐患，采取措施解决实际问题。

2. 安全员应经常对各检测室进行安全检查，发现不安全因素及时指出，并有权责令停止检测工作。

3. 节假日必须进行安全检查，认为安全合格后，方可封门。

4. 各检测室的检测人员必须对本岗位的安全负责，对水电开关负责管理。

5. 各检测室(组)库房、档案室等除工作人员外，其他人员非经允许不得进入。

6. 对化学药品，应按规定保管。

7. 对各检测室(组)的水源、电源、电器线路等不得随意更动。严禁私用电炉、烘箱。

8. 严格执行奖惩制度，对事故责任者按国家有关规定处理，对防火、安全有贡献者给予奖励。

十二、化学试验室注意事项

(一)化学试验室须知

1. 试验室内和工作台上应经常保持清洁、整齐，室内的设备仪器要经常擦拭整理。工作时，试剂瓶及玻璃器皿应整齐地排列在试验台上，工作完毕，及时清洗整理仪器、器皿，然后放置于规定的位置。

2. 分析用的试样，必须保持干净，不得有水、油、锈及其他杂质，每次称量完后，应放置于规定的位置。

3. 配制好的试剂应存放在具有磨口的试剂瓶中，并贴上标签，注明试剂名称、浓度，有时间限制的药品应注明配制日期，剧毒药品应特别标明。试剂配好后，应是澄清的，否则须过滤后使用。倒出的试剂若未用完应弃去，而不应倒回原瓶中再用。

4. 凡配制放热反应较大的试剂，如氢氧化钠、氢氧化钾、硫酸等，均应在耐热器皿中进行。待所配溶液冷却后方能移于贮存瓶内。

5. 配制硫酸溶液时，必须将酸徐徐倒入水中，并不断搅拌该溶液，使之混合均匀。绝不允许将水倒入硫酸中。

6. 试验用蒸馏水，应预先检查是否有被测元素的离子或其他阴离子存在，如有则不能使用，特殊用的蒸馏水必须进行两次以上的蒸馏方能使用。

7. 一切产生有毒气体的操作，如产生：HCN、NO_2、H_2S、H_3P、BY、H_3A_3 及其他腐蚀性酸液，如硫酸烟、高氯酸烟、氯化氢、氢氟酸等，必须在通风橱内进行。

8. 凡易于发生爆炸、迸溅的操作，应采取防护措施，例如过氧化钠熔融时，坩埚就应有防护。

9. 强酸、强碱和有毒试剂溶液，绝不可用移液管直接用口吸取，必须用滴定管或洗耳球进行。

10. 开启易挥发的试剂瓶时，不能将瓶口对着自己或他人，室内高温时，应将试剂冷却后再开取。

11. 凡剧毒、易燃、易爆药品必须有专人专橱保管。

12. 使用铂金器皿、银质器皿、玛瑙研钵、水银气压计等贵重仪器时，应严格遵守相应的使用维护制度。

13. 每使用一批助熔剂、试剂时，必须事先进行空白检查，空白太高时不能使用。

（二）天平的使用和保养

1. 不同称量的天平，一般应按表 1-1 规定的范围使用。

不同称量天平的衡量范围　　　　　　　　　表 1-1

天 平 称 量	衡 量 范 围
5kg	5～2kg
1kg	1kg～300g
200g	200～30g
20g	20～3g
2g	2g～1mg

不得在天平上衡量超过其极限载荷的重物，以保证安全使用。

2. 天平应放置在水泥台基上，或安放在固定于立墙的撑架上；7～9 级天平，可以安放在坚固的桌子上。天平必须用水准器调整至水平位置方可使用。

3. 在底脚螺丝的下面，应放置脚垫，其中心有半球形凹口，恰好对着底脚螺丝的下端，脚垫下可加一层橡胶，以避免振动或滑动。

4. 安置精密天平的房间应避免一切振动和干扰，室内温度应经常保持在 20℃ 左右；天平位置要远离门窗，避免接近阳光和热源，不可在一个方向受热或受冷；要免受空气激流及潮湿、蒸汽及有害气体的影响。

5. 使用天平以前应观察它的零件装置，制动器作用和上落骑码及砝码的机械作用是否正确。

6. 天平应经常保持清洁，天平上的灰尘应用柔软的细毛刷、麂皮、丝绸或纯麻布清除。刀子和刀承可用浸过纯酒精的软毛刷拂拭后等其风干。天平框罩内应放置吸湿剂以防潮湿。

7. 1～3 级天平在安装、清洁和调整后，至少要过 2～3h 才能使用。

8. 为了使天平放落骑码的机械装置和制动器的灵活，这两处可擦上少量纯净橄榄油。

9. 不得用赤手拿取零件，必须垫着麂皮、亚麻布或带上细纱手套拿取。为了校准分度值，可以调整感量铊，但必须保持天平的稳定平衡。

10. 被称量的物品和砝码应放在秤盘的中间，以免开天平后产生剧烈摆动。这些物体的取放，应在关闭制动器的情况下进行，以免天平受冲击而损坏。

11. 开关制动器时，应小心、均匀地转动手柄，制动器的关闭应在天平指针经过标尺中间分度时进行。

12. 必须在洁净的器皿（瓷皿、坩埚、玻璃杯、表皿等）中进行物质的衡量。能放出气体的物质，则应在盖着的器皿中衡量。

13. 向秤盘放砝码时，必须从大约等于被衡量物体重量的砝码开始，然后依次加减砝码，直到天平平衡为止，在天平达到接近平衡状态之前，不应将制动器完全降下，只能谨慎地使其刚刚开始落下即可，以判定在秤盘中应增或减砝码。

14. 搬动天平时必须将横梁卸下，以免损坏刀子。

15. 不应长时间连续使用天平，发现天平有任何损坏或摆动不正常时，在消除这些缺点以前，应停止使用。必须定期检查天平的计量性能，平时精心保养，使它处于良好的工作状态。

十三、检测人员行为守则

1. 严格执行国家有关法律、法规、标准规范、操作规程、部门规章和相关文件开展检测工作，坚持原则，秉公办事，自觉抵制来自各方面影响公正性的压力；
2. 有良好的职业道德和敬业精神，保证检测报告数据的准确性、真实性和有效性；
3. 检测从业人员不准利用职权、工作条件向被检单位索取礼品、礼金和吃请；
4. 检测从业人员不得推荐或监制建筑材料、构配件和设备；
5. 检测从业人员不得同时在两个及以上检测机构供职；
6. 检测从业人员严禁出具虚假报告，不得替人签名，做到诚实守信；
7. 检测从业人员应按规定接受继续教育，不断更新知识，提高检测水平。

第四节　机构设置与平面布置

面向社会出具公正数据的建筑材料实验室（见证取样检测机构），应当按照 GB/T 15481—2000《检测与校准实验室能力的通用要求》或 ISO/IEC 17025：2005《检测与校准实验室能力认可准则》的要求进行运转，建立并完善有效运行的质量管理体系。

企业实验室作为企业的职能机构，往往还要担负企业管理方面的职责。例如结合施工进行工程材料及其施工技术的研究，统计分析试验数据并向领导汇报，对本单位试验系统进行业务领导，检查监督指导工地试验工作，制订工地试验工作程序等。

工地试验员主要负责现场的施工试验，包括现场试件的制作、养护和送检，各种原材料、半成品的见证取样和送检，混凝土质量的监控验收，联系委托现场试验等重要工作。

一、组织机构和人员配备

1. 建筑材料实验室的组成

（1）样品收发室：负责样品的接收、传递、保管。
（2）胶凝材料室：负责水泥、石灰、石膏、掺合料等材料的试验检测。
（3）混凝土和砂浆室：负责混凝土和砂浆的试验、试配，外加剂的试验检测。
（4）力学室：负责压、弯、拉、剪、冲击等各种力学性能试验。
（5）物理室：负责砂石、砖、砌块、回填土等试验。
（6）化学分析室：负责有关化学分析和精密天平的使用。
（7）防水材料室：负责防水材料试验检测。

(8) 装饰材料室：负责装饰材料检测。
(9) 资料室：负责资料的归档保管。

2. 建筑材料实验室的人员配备

建筑材料实验室一般设主任、技术负责人作为实验室管理层。

技术人员和操作工人的配备如表1-2。

建筑材料实验室的人员配备　　　　　　表1-2

机构	人员配备	
	技术人员	操作人员
胶凝材料室	2	
混凝土和砂浆室	2	2
力学室	2	2
物理室	2	1
化学分析室	2	
防水材料室	2	
装饰材料室	2	
样品收发室	1	
资料室	1	

二、实验室平面与设施布置

实验室建筑物、房间的面积以及平面布置，应根据实验室的编制、试验设备的数量和大小、需要的操作空间而定，同时也要考虑使用功能和各室之间的关系，以达到合理有效的目的。

1. 总体布置

(1) 各室应有单独的工作区域并且互不干扰。
(2) 各室要有足够的工作面积，可参考表1-3。
(3) 办公区和检测区应分开。

实验室各房间的参考面积　　　　　　表1-3

房间名称	参考面积(m²)	房间名称	参考面积(m²)
样品室	15~30	配电房	6~10
胶凝材料室	30~40	化学分析室	30~40
混凝土和砂浆室	60~80	防水材料室	30~40
物理室	30~40	装饰材料室	30~40
力学室	80~120	资料室	20~30
混凝土砂浆养护	15~30	主任办公室	20~30
水泥养护室	10~20	办公室	30~40
储藏室	10~20	办公室	30~40

(4) 力学室、混凝土和砂浆室有较明显的振动和噪声，宜将其设在离精密仪器室和办公室较远的地方。样品收发室宜设在大门入口附近。养护室设在地下较好，并作好防水设计。力学室要有足够的高度以满足大型设备的工作需要。

(5) 实验室的平面布置可参考示意图(如图 1-1)。

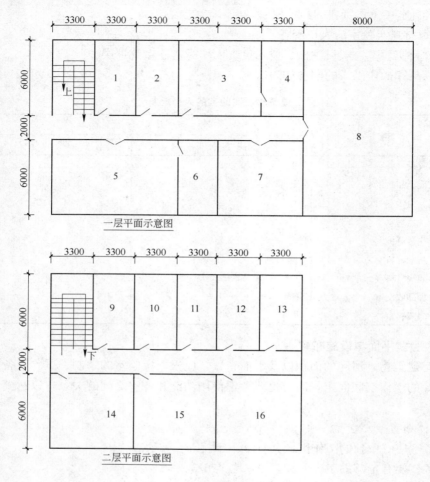

图 1-1　实验室平面布置示意图

1—样品收发室；2—样品室；3—水泥室；4—水泥养护室；5—混凝土与砂浆室；6—混凝土养护室；7—物理室；8—力学室；9—结构室；10、11、12—办公室；13—资料室；14—防水材料室；15—装饰材料室；16—化学分析室

2. 水电设施

(1) 实验室要保证连续正常供电，尽量避免停电、电压波动对试验和仪器设备造成影响。实验室总的用电量应根据总的设备容量来计算，用集中配电室进行控制，并考虑能够稳定电压；电气设施要保证安全用电，设备、养护室要做接地和漏电保护设施；室内照明要有足够的亮度。

(2) 各检测室都应有供水、排水设施并考虑是否污染环境。

3. 技术要求

(1) 实验室应保证清洁、整齐，避免灰尘、杂物对试验和仪器设备造成影响。

(2) 建筑材料实验室对环境温、湿度条件有一定要求，如表 1-4。实验室应有控制设施、采暖空调、加湿设备以保证温湿度要求。

实验室温湿度控制要求　　　　　　　　　　　　　　　　表 1-4

房间名称	温度要求(℃)	湿度要求(相对湿度)(%)
胶凝材料(水泥)室	20±2	>50
水泥养护	20±1	水养护
混凝土养护室	20±2	>95
(钢材)力学室	10～35	
防水材料室	23±2	
砂浆养护室	20±3	60～80
化学分析室	20±2	

(3) 防水材料实验室、化学分析实验室要有通风设施。

(4) 样品室要保证空气干燥，通风良好，避免样品储存变质。

4. 设备布置

(1) 各室需配备的基本仪器设备如表 1-5。

仪器设备配置一览表　　　　　　　　　　　　　　　　表 1-5

名　称	基本仪器设备配置
胶凝材料室	水泥胶砂搅拌机、水泥净浆搅拌机、水泥成型振动台、负压筛析仪、天平、量水器、水泥抗折试验机、水泥湿气养护箱、水泥标准稠度凝结时间测定仪、水泥雷氏夹测定仪、水泥试模、水泥抗压夹具、恒温控制设备
力学室	万能材料试验机、拉力试验机、压力试验机、钢筋标距机、弯曲试验机、空调
混凝土和砂浆室	混凝土振动台、混凝土搅拌机、混凝土坍落度仪、混凝土试模、台秤、贯入阻力仪、混凝土抗渗仪、低温冷冻试验箱、砂浆搅拌机、砂浆稠度仪、砂浆分层度仪、空调
物理室	砂石试验筛、摇筛机、容量筒、天平、案秤、电热干燥箱、土壤击实仪、砖切断机
防水材料室	不透水仪、卷材拉力试验机、沥青延伸仪、沥青针入度仪、沥青软化点测定仪、恒温水槽、空调
装饰材料室	面砖粘接力测定仪、面砖弯曲试验机
化学分析室	精密天平、高温炉、坩埚、干燥器、酸碱滴定管、玻璃量具器皿、空调
养护室	恒温恒湿控制设备

(2) 仪器设备布置要根据室内空间状况，按照符合使用要求、整洁、美观、便于操作的原则布置。

(3) 水泥、混凝土振动台的就位要按照规范和说明书的要求作好基座，否则影响试验结果。

(4) 精密天平的就位要避免阳光照射，要保证基座的水平。

(5) 大型力学试验设备，如万能材料试验机、压力试验机、拉力试验机，要按照说明书要求做好设备基础，保证设备基础的稳定性、平整度并与设备可靠锚接，设备布置要留出充足的操作空间，设备就位后要检查其垂直度、稳定性并经法定计量部门检定后方可使用。力学室平面布置示意图如图 1-2。

(6) 混凝土和砂浆实验室平面布置示意图如图 1-3。

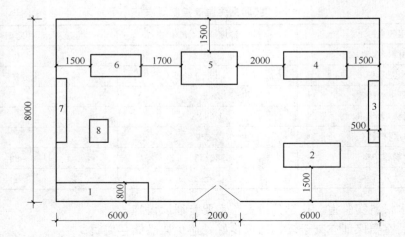

图 1-2 力学室平面布置示意图

1—操作台(800mm×4000mm)；2—300kN 万能材料试验机(2400mm×1000mm)；3—操作台(500mm×2600mm)；4—1000kN 万能材料试验机(2700mm×1200mm)；5—3000kN 压力试验机(2400mm×1400mm)；6—50kN 万能材料试验机；7—工具柜(500mm×2600mm)；8—2000kN 压力试验机(800mm×1000mm)

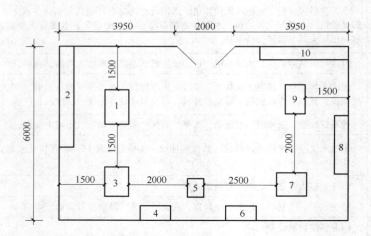

图 1-3 混凝土和砂浆室平面布置示意图

1—100L 混凝土搅拌机(800mm×1200mm)；2—混凝土试模放置区(500mm×3500mm)；3—混凝土振动台(1000mm×800mm)；4—砂浆试模放置区(500mm×1000mm)；5—砂浆搅拌机(500mm×600mm)；6—混凝土抗渗试模放置区(500mm×1000mm)；7—混凝土抗渗试验机(1000mm×800mm)；8—工具柜(500mm×2000mm)；9—低温试验箱(1000mm×800mm)；10—操作台(500mm×3000mm)

第五节 材料试验机的使用、保养与维修

一、材料试验机的使用与操作

1. 液压式万能材料试验机

(1) 度盘选用：在试验前，应对所做试验的最大载荷有所估计，选用相应的测量范围。同时调整缓冲阀的手柄，以使相应的测量范围对准标准线。

(2) 摆锤的悬挂：一般试验机有三个测量范围，共有三个摆陀，使用前按照负荷选取。

(3) 指针零点调整：试验前，当试样的上端已被夹住，但下端尚未夹住时，开动油泵将指针调整到零点位置。

(4) 平衡锤的调整：试验时，先将需要的摆锤挂好，打开送油阀，使活塞升起一个段，然后再关闭送油阀，调节平衡锤，使摆杆上的刻线与标定的刻线相重。此时如果指针不对零，则可调整推杆，使指针对准度盘的零点。

(5) 送油阀及回油阀的操作：在试台升起时送油阀可开大一些。为使油泵输出的油能进入油缸内，使试台以最快的速度上升，减少试验的辅助时间，手轮可转动四圈，试验时，需平稳的作增减负荷操作；试样断裂后，将送油阀关闭，然后慢慢打开回油阀以卸除荷载，并使试验机活塞落回到原来位置，使油回到油箱。当试样加荷时，必须将回油阀关紧，不允许有油漏回，送油阀手轮不要拧得过紧，以免损伤油针的尖梢，回油阀手轮必须拧紧，因油针端为较粗大的钝角，所以不易损伤。

(6) 试样的装夹：作拉伸试验时，先开动油泵，再拧开送油阀，使工作活塞升起一小段距离，然后关闭送油阀。将试样一端夹于上钳口，对准指针零点，再调整下钳口，夹住试样下端，开始试验。作压缩或弯曲试验时，将试样放在试台压板或弯曲支撑辊上，即可进行试验。压板和支撑辊与试样的接触面，应经过热处理硬化，以免试验时出现压痕而损伤试样表面。

(7) 应力应变图的示值：试样试验后产生变形，传经弦线，使描绘筒转动，构成应变坐标，其放大比例有 1∶1，2∶1，4∶1 三种。

推杆位移表示应力坐标如表1-6。

推杆位移表示应力坐标　　　　　　　　表1-6

300kN 万能试验机	600kN 万能试验机	1000kN 万能试验机
0～60kN 应力坐标上 1mm 等于 0.3kN	0～120kN 应力坐标上 1mm 等于 0.6kN	0～200kN 应力坐标上 1mm 等于 1kN
0～150kN 应力坐标上 1mm 等于 0.75kN	0～300kN 应力坐标上 1mm 等于 1.5kN	0～500kN 应力坐标上 1mm 等于 2.5kN
0～300kN 应力坐标上 1mm 等于 1.5kN	0～600kN 应力坐标上 1mm 等于 3kN	0～1000kN 应力坐标上 1mm 等于 5kN

2. 压力试验机

(1) 在使用前必须检查储油箱的油量是否加满，油管接头有无松动，以防漏油漏气。

(2) 根据试样要求，选择需要的弹簧和指示板。

(3) 转动手轮，将螺杆调节至适当位置，如试样过小，可加垫板。

(4) 校正指针零点。

(5) 旋紧回油阀。

(6) 开动油泵，打开送油阀。注意控制加荷速度。

(7) 指针读数不再增加时，表示试件已完全破坏，达到极限强度。这时应将回油阀慢慢打开，使油缸内的油回到储油箱内。

(8) 从动针指示的读数为试件的极限强度,记录完毕将指针拨回零点。

二、材料试验机的保养

各类油压试验机和万能试验机的保养方法:

(1) 试验机主体部位应经常擦拭干净;没有喷漆的表面,擦拭干净以后,要用纱布沾少量机油再擦一遍,以防生锈,雨季时更应注意擦拭,不用时,用布罩罩上,以防灰尘。

(2) 试验机上的各种油路、电路、螺丝、限位器、部件等要定期检查。

(3) 测力计上所有活门不应经常打开放置,以免尘土进入内部,影响测力部分的灵敏性。

(4) 禁止未经培训过的人员使用试验机,以免发生意外。

(5) 试验暂停时,应将油泵关闭,不要空转,以免不必要的磨耗油泵部件,每次试验后试台下降时,最好活塞不落到油缸底,稍留一点距离,以利下次使用。

(6) 主体机座的压盖装有带螺纹的油堵(注油)孔,用来润滑下钳口座升降丝杠和螺母。机座上带有滚花纹的油堵孔是向油池加机油润滑蜗轮螺杆用的,如发现油针下部接触不到油面时,则应加油至不超过测油针下部的扁部即可。

(7) 测力针内主轴及测力各部位应保持清洁,但不要加润滑油。

(8) 油泵内润滑的油应保持清洁,一般每月换油一次。油泵齿轮盒内采用齿轮油润滑,发现油过于污秽时,应更换新油。

(9) 试验机用液压油应符合设计要求的黏度,一般可采用中等黏度的矿物油。油内要求不含水、酸及其他混杂物,在普通温度下不分解、不变稠。用油规格可参考表 1-7。

试验机用油参考规格 表 1-7

适用温度	选用油的规格	
	规 格	运动黏度
(20±5)℃	GB 443 HJ—20	17°~23°
(30±5)℃	GB 443 HJ—30	27°~33°

(10) 试验机一般每年校正一次,校正后不得轻易拆卸。机器每搬动一次,应校正一次。经校正好后,不得随便变更摆杆上部的调整螺丝的位置和角度,以免影响精度。

(11) 万能机的精度误差一般为±1%,压力机的误差为±2%以内。误差超出时必须修理。

三、材料试验机的维修

1. 产生误差的原因及其排除方法

试验机的误差主要由机械的摩擦和传动比的改变引起。试验结果比实际大为正误差,比实际小为负误差,其产生原因和处理方法可参考表 1-8。

2. 故障原因分析

材料试验机常见故障及原因如表 1-9。

材料试验机误差的产生原因及其排除方法　　　　　　　　　　　　　　　　表 1-8

误差类别	产 生 原 因	处 理 方 法
正误差	试验机主要部件安装不呈水平，使用工作油缸与活塞间产生摩擦	校正水平(使用精度为 0.1/1000 的方水平仪，主体部分的不平度应小于 0.2/1000，测力部分应小于 0.5/1000)，用楔形垫块边垫边拧紧地脚螺栓，反复校对直到符合要求，并用砂浆将底座周边塞满，以免日后垫铁松动
	机器在搬运过程中主体部分变形，影响升降，增加摩擦	机器在搬运时，一定要放正、放稳，衬垫要牢固可靠，防止机器发生变形
	用黏度小的油更换黏度大的油，测力油缸中原来的油未排尽，造成两种油的压缩比不等	若测力缸中原来的油不易排净，换油时可将测力活塞从下边抽出，开动油泵，稍加一点压力，使测力油缸内有新油流出后，再装上活塞
	丝杠与螺母连接螺钉松动；部分零部件表面拉毛，局部有脏物；油缸罩壳偏斜与活塞相碰等导致摩擦力增大	拧紧螺母，清洗相应部件；重新装罩壳
负误差	测力油缸太脏，活塞升降失灵	拆洗测力油缸
	载荷指示机构及推杆、滑轨、导向轴承等太脏或锈蚀，产生摩擦	清洗部件
	压力机拆卸后安装时，由于测力计齿轮间衔接太松，万能机推杆丝扣被磨损，加载后产生跳齿	安装时注意使齿轮间衔接合适，推杆丝扣无法修好时应更换
	摆锤轴承太脏、锈蚀或安装不对产生摩擦	拆洗并正确安装
	测力活塞下部锥顶跳出凹形锥槽，改变传动比，误差不但大，而且每一组表盘各点示值相对误差基本相等	拆洗并正确安装
	测力系统受到某种障碍，如碰到电缆线或油缸、推杆、齿轮、滑轨某一段很脏，吊垂线或长形定位板稍低，将引起试验机(特别是万能机)表盘中间点误差很大，其余各点均正常，或最后一、二点误差显著增大	先检查测力杠杆系统有无障碍，最后再找其他原因，并加以修正
	压力机上压板球座很脏或失灵时，平面调整困难，使试件偏心受压	经常注意擦拭干净，并涂上少量机油，使球座保持清洁灵活
	测力杆不灵活有拉毛现象；从动针摩擦阻力过大；摆轴、指针轴的轴承或齿杆齿轮太脏、生锈；测力活塞不垂直，测力活塞太脏；刻度盘有机玻璃罩壳与指针相碰	将测力杆拆下抛光；清洗并稍加润滑油或调整从动针的弹簧片；清洗后加浓度很小的润滑油；调整测力活塞的垂直度或清洗测力活塞；调整指针与玻璃罩壳的间隙
误差无规律，忽正忽负	丝杆与螺母间隙过大，对中性差	更换螺母或丝杆与球座连接处的垫圈
	凹球座与球头接触不良	修磨球座与球头
	测力齿条与摆锤回转中心的距离偏大产生正误差，偏小产生负误差	调整齿条的水平距离

材料试验机常见故障及原因　　　　　表1-9

故障名称	原因分析
油泵不出油	(1) 油泵内部有空气 (2) 泵内有杂质，单向阀的钢球与阀口密封性差 (3) 马达倒转 (4) 吸油管堵塞或油管接头没拧紧
在试验过程中压力加不上去	(1) 工作油缸漏油(因选用黏度较小的油或由于长期不用，油缸里的U形皮圈干枯)或油管接头漏油 (2) 油路太脏，送油阀活塞被堵 (3) 保险阀位置调节不当(不可拧得过紧，以调节到使压力稍稍超过试验机最大吨位为止) (4) 工作油缸的侧面大螺钉调节不当，螺钉前面的油阀没有封住油路
测力计在均匀加荷时发生颤动、跳动或停滞现象	(1) 高压油泵内有空气存在，测力油缸内空气未排净，送油阀内有空气存在 (2) 测力油缸太脏 (3) 测力计中的齿轮、推杆、摆锤轴承、导向轴承不清洁或锈蚀 (4) 指针有摩擦，吊坠挂线长短不合适或打结 (5) 柱塞泵某一柱塞卡死 (6) 油液黏度太小 (7) 阀的配合处密封性差 (8) 电器接触不良，产生抖动或异常响声
摆杆不能顺利回落或回落速度太快，以及摆杆扬起最大幅度而指针不能转动一圈	(1) 油路太脏，使测力活塞或回油缓冲阀堵塞，缓冲阀不起作用 (2) 连杆上长形挡板或横隔板上控制螺钉调整不当
指针不回零	(1) 指针螺母松动；指针传动齿条、齿轮有毛刺或脏物 (2) 测力杆与测力油缸之间配合太紧；油液黏度太大 (3) 指针轴承有脏物
万能机试验台座上升后不能下降，下降后不能上升，或蜗轮与蜗杆之间传动有噪声现象	(1) 定位螺钉松动，使蜗轮蜗杆发生变形，或者有铁屑或其他杂物混进去 (2) 电动机与高压油泵齿轮配合不好时，会产生噪声

第六节　建筑材料技术标准与试验基本技能

一、建筑材料技术标准的分类及级别

技术标准或规范主要是对产品与工程建设的质量、规格及其检验方法等所作的技术规定，是从事生产、建设、科学研究工作与商品流通的一种共同的技术依据。

（一）技术标准的分类

技术标准按通常分类可分为基础标准、产品标准、方法标准等。

基础标准：指在一定范围内作为其他标准的基础，并普遍使用的具有广泛指导意义的标准。如《水泥命名定义和术语》、《砖和砌块名词术语》等。

产品标准：是衡量产品质量好坏的依据。例如《通用硅酸盐水泥》、《钢筋混凝土用钢第2部分：热轧带肋钢筋》等。

方法标准：是指以试验、检查、分析、抽样、统计、计算、测定作业等各种方法为对象制定的标准。例如《水泥胶砂强度检验方法》、《水泥取样方法》等。

（二）技术标准的等级

建筑材料的技术标准根据发布单位与适用范围，分为国家标准、行业标准（含协会标准）、地方标准和企业标准四级。各项标准分别由相应的标准化管理部门批准并颁布，我国国家质量监督检验检疫总局是国家标准化管理的最高机关。国家标准和部门行业标准都是全国通用标准。国家标准、行业标准分为强制性标准和推荐性标准。省、自治区、直辖市有关部门制定的工业产品的安全、卫生要求等地方标准在本行政区域内是强制性标准。企业生产的产品没有国家标准、行业标准和地方标准的，企业应制定相应的企业标准作为组织生产的依据。企业标准由企业组织制定，并报请有关主管部门审查备案。鼓励企业制定各项技术指标均严于国家、行业、地方标准的企业标准在企业内使用。

（三）技术标准的代号与编号

各级标准都有各自的部门代号，例如：

GB—中华人民共和国国家标准；

GBJ—国家工程建设标准；

GB/T—中华人民共和国推荐性国家标准；

ZB—中华人民共和国专业标准；

ZB/T—中华人民共和国推荐性专业标准；

JC—中华人民共和国建筑材料行业标准；

JGJ/T—中华人民共和国建筑工程行业推荐性标准；

JGJ—中华人民共和国建筑工程行业标准；

YB—中华人民共和国冶金工业行业标准；

SL—中华人民共和国水利行业标准；

JTJ—中华人民共和国交通行业标准；

CECS—工程建设标准化协会标准；

JJG—国家计量检定规程；

DB—地方标准；

Q/××—××企业标准。

标准的表示方法，系由标准名称、部门代号、编号和批准年份等组成。例如：国家推荐性标准《砌墙砖试验方法》（GB/T 2542—2003）。标准的部门代号为 GB/T，编号为 2542，批准年份为 2003 年。建材行业标准《砂浆、混凝土防水剂》（JC 474—2008）。标准的部门代号为 JC，编号为 474，批准年份为 2008 年。

各个国家均有自己的国家标准，例如"ASTM"代表美国国家标准、"JIS"代表日本国家标准、"BS"代表英国标准、"STSA"代表罗马尼亚国家标准、"MSZ"代表匈牙利国家标准等。另外，在世界范围内统一执行的标准为国际标准，其代号为"ISO"。我国是国际标准化协会成员国，当前我国各项技术标准都正在向国际标准靠拢，以便于科学技术的交流与提高。

二、建筑标准试验基本技能

（一）测试技术

1. 取样

在进行试验之前首先要选取试样,试样必须具有代表性。取样原则为随机抽样,即在若干堆(捆、包)材料中,对任意堆放材料随机抽取试样。取样方法视材料而定。

2. 仪器的选择

试验中有时需要称取试件或试样的质量,称量时要求具有一定的精确度,如试样称量精度要求为 0.1g 的天平,则应选用感量 0.1g 的天平,一般称量精度大致为试样质量的 0.1%。另外测量试件的尺寸,同样有精度要求,一般对边长大于 50mm 的,精度可取 1mm;对边长小于 50mm 的,精度可取 0.1mm。对试验机吨位的选择,根据试件荷载吨位的大小,应使指针停在试验机度盘的 20%～80% 为好。

3. 试验

试验前一般应将取得的试样进行处理、加工或成型,以制备满足试验要求的试样或试件。制备方法随试验项目而异,应严格按照各个试验所规定的方法进行。

4. 结果计算与评定

对各次试验结果,进行数据处理,一般取 n 次平行试验结果的算术平均值作为试验结果。试验结果应满足精确度与有效数字的要求。

试验结果经计算处理后,应给予评定,评定是否满足标准要求,评定其等级,在某种情况下还应对试验结果进行分析,并得出结论。

(二) 试验条件

同一材料在不同的试验条件下,会得出不同的试验结果,如试验时的温度、湿度、加荷速度、试件制作情况等都会影响试验数据的准确性。

1. 温度

试验时的温度对某些试验结果影响很大,在常温下进行试验,对一般材料来说影响不大,但如感温性强的材料,必须严格控制温度。例如:石油沥青的针入度、延度试验,一定要控制在 25℃ 的恒温水浴中进行。通常材料的强度也会随试验时温度的升高而降低。

2. 湿度

试验时试件的湿度也明显影响试验数据,试件的湿度越大,测得的强度越低,在物理性能测试中,材料的干湿程度对试验结果的影响更为明显。因此,在试验时试件的湿度应控制在规定的范围内。

3. 试件尺寸与受荷面平整度

由材料力学性质可知,当试件受压时,对于同一材料小试件强度比大试件强度为高;相同受压面积的试件,高度大的比高度小的测试强度为小。因此,对不同材料的试件尺寸大小都有规定。

试件受荷面的平整度也大大影响测试强度,如受荷面粗糙不平整,会引起应力集中而使强度大为降低。在混凝土强度测试中,不平整度达到 0.25mm 时,强度可能降低 1/3。上凸比下凹引起应力集中更甚。所以受压面必须平整,如成型面受压,必须用适当强度的材料找平。

4. 加荷速度

施加于试件的加荷速度对强度试验结果也有较大影响,加荷速度越慢,测得的强度越低,这是由于应变有足够的时间,应力还不大时变形已达到极限应变,试件即破坏。因此,对各种材料的力学性能测试,都有加荷速度的规定。

（三）试验报告

试验的主要内容都应在试验报告中反映，试验报告的形式可以不尽相同，但其内容都应该包括：

（1）试验名称、内容；

（2）见证单位和见证人；

（3）样品编号、检测数据与计算结果；

（4）结论；

（5）试验条件与日期；

（6）检测、审核、批准人；

工程的质量检测报告内容包括：委托单位；报告日期；样品编号；工程名称、样品产地和名称；规格及代表数量；检测条件；检测依据；检测项目；检测结果；结论等等。

试验报告是经过数据整理、计算、编制的结果，而不是原始记录，也不是计算过程的罗列，经过整理计算后的数据可用图、表等表示，达到一目了然。为了编写出符合要求的试验报告，在整个试验过程中必须认真做好有关现象及原始数据的记录，以便于分析、评定、测试结果。

第二章 建筑材料基本性质及试验数据统计分析与处理

第一节 概 述

一、建筑材料

建筑材料是指用于建（构）筑物所有材料的总称。它除用于建（构）筑物本身的各种材料外，还包括盥洗、浴便、冷暖、通风等设备器材以及施工过程中的临时工程围护结构的墙、桩、板、架等所用材料。

建筑材料在建（构）筑物中都要承受一定的荷载和经受周围介质的作用。如荷载引起材料的形变和应力；周围介质物理化学的作用，如阳光、湿度、雨、雪、大气环境以及水和其中的溶解物质等引起的干湿变化、交替融冻、热胀冷缩和化学侵蚀等，都会对建筑材料产生不同程度的破坏。为了使建（构）筑物安全、适用、耐久而又经济，在工程设计与施工中，必须充分的了解和掌握各种材料的性质和特点，以便合理地选择使用建筑材料，使其在性能上充分满足使用要求。

二、建筑材料分类

建筑材料品种繁多，分类庞杂。按材料在建筑物中的部位，可分为梁、板、柱、屋面、墙体、门窗、楼地面等材料；按材料的功能，可分为结构材料、围护材料、隔声保温材料、装饰材料、防水防火材料等；按材料的化学成分，可分为无机材料、有机材料等。下面按材料的化学成分进行分类，基本分类如表2-1。

建筑材料按化学成分分类 表2-1

分 类			实 例
建筑材料	无机材料	金属材料	黑色金属	生铁、非合金钢、低合金钢、合金钢
			有色金属	铝、铜及其合金
		非金属材料	天然石材	毛石、料石、石板材、碎石、卵石、砂
			烧土制品	烧结砖、瓦、陶器、炻器、瓷器
			玻璃及熔融制品	玻璃、玻璃棉、岩棉、铸石
			胶凝材料	气硬性：石灰、石膏、菱苦土、水玻璃 水硬性：各类水泥
			混凝土类	砂浆、混凝土、硅酸盐制品
	有机材料	植物质材料		木材、竹材、植物纤维及其制品
		合成高分子材料		塑料、橡胶、胶粘剂、有机涂料
		沥青材料		石油沥青、沥青制品
	复合材料	金属—非金属复合		钢筋混凝土、钢筋纤维混凝土
		非金属—有机复合		沥青混凝土、聚合物混凝土、玻璃增强混凝土、水泥刨花板

三、建筑材料的主要性质

（一）物理性质

物理性质包括材料的物理状态特点，如密度、表观密度、孔隙率、密实度等和材料的各种物理过程，如：水物理、热物理、声电物理以及抵抗物理侵蚀的耐水性、抗冻性能。

（二）化学性质

化学性质是指材料与环境介质进行化学反应的能力，或者在比较稳定的惰性环境中保持其组成与结构相对稳定的能力。

化学反应能够改变材料原来的基本性质，如溶解、结晶、硬化、软化、老化、腐蚀等，因此在研究材料的化学性质时，必须要善于把不利因素引导改变向有利因素转化，这就是我们要讨论的化学稳定性。

化学稳定性是指抵抗有害介质作用的性能。材料在侵蚀性介质（酸、碱、盐等溶液及气体）作用下将因腐蚀而引起破坏。破坏程度首先取决于材料的组成和密实度。化学稳定性可通过材料的化学分析来评定，即利用材料化学组成的碱性率（M_O）来表示：

$$M_O = \frac{CaO + MgO + Na_2O}{SiO_2 + Al_2O_3}$$

在无机材料化学组成中如 SiO_2 占优势，即碱性率较低时，这种材料有较高的耐酸度；如碱性氧化物占优势，即碱性率较高时，这种材料不耐酸，但在碱作用下不破坏。有机材料（木材、沥青、塑料）在一般温度下，对弱酸和弱酸介质有较好的抵抗能力。但是，大部分的建筑材料在侵蚀介质作用下将受到腐蚀，因此要求有良好有效的防腐措施。

（三）力学性质

力学性质是指材料受到力的作用后形变的性质，如强度、弹性与塑性、冲击韧性与脆性、硬度与耐磨性等。

（四）耐久性

耐久性是指材料保持工作性能直到破坏状态的性质。它一般是以具体气候条件和使用条件下，保持工作性能的期限来衡量。

由于材料组成和结构的不同，使用条件的不同，其破坏情况各异。例如：无机质的非金属材料如石材和混凝土，在大气中主要受到外力、徐变、风化等物理作用的破坏。当处于水中时，还可能受到化学侵蚀作用。在严寒地区，还要受到冻融侵害。在这诸因素共同作用下，材料将发生严重破坏；无机质的金属材料，在大气和水中，主要是受到酸、碱、盐溶解质及有害气体的化学侵蚀而破坏；有机质材料的木材，常常由于外力、虫蛀、菌类的作用造成腐朽而破坏。沥青材料在阳光、大气和温度的作用下，由于老化而开裂。

对材料耐久性最可靠的判断，是在使用条件下进行长期的观察和测定。但是这需要很长时间。因此人们根据长期生产实践和科学试验的探索积累并根据使用要求，常用干湿循环、加湿与紫外线干湿循环、化学介质浸渍循环、冻融循环、碳化等快速试验方法，对材料的耐久性做出有效的判断。

第二节　建筑材料的主要物理性质

一、材料与重量有关的性质

（一）密度

材料在绝对密实状态下,单位体积的重量(质量)称为密度,即

$$\rho = \frac{m}{V} \tag{2-1}$$

式中　ρ——材料的密度（g/cm³ 或 kg/m³）;❶

　　　m——材料的重量（g 或 kg）;

　　　V——材料在绝对密实状态下的体积,即材料体积内固体物质的实体积（cm³ 或 m³）。

建筑材料中除少数材料(如钢材、玻璃等),大多数材料都含有一些孔隙。为了测得含孔材料的密度,应把材料磨成细粉除去内部孔隙,用李氏(比重)瓶测定其实体积。材料磨得越细,测得的体积越接近绝对体积,所得密度值越准确。

(二) 体积密度与表观密度

1. 体积密度

材料在自然状态下,单位体积的重量称为体积密度,即

$$\rho_0 = \frac{m}{V_0} \tag{2-2}$$

式中　ρ_0——材料的体积密度（kg/m³ 或 g/cm³）;

　　　m——在自然状态下材料的重量（kg 或 g）;

　　　V_0——在自然状态下材料包括所有孔隙在内时的体积（m³ 或 cm³）。

2. 表观密度

材料在自然状态下,单位体积的重量称为表观密度,即

$$\rho' = \frac{m}{V'} \tag{2-3}$$

式中　ρ'——材料的表观密度（kg/m³ 或 g/cm³）;

　　　m——在自然状态下材料的重量（kg 或 g）;

　　　V'——在自然状态下材料只包括闭口孔在内时的体积（m³ 或 cm³）。

在自然状态下,材料内部的孔隙可分为两类:有的孔之间相互连通,且与外界相通,称为开口孔;有的孔互相独立,不与外界相通,称为闭口孔。大多数材料在使用时其体积为包括内部所有孔在内的体积,即自然状态下的外形体积(V_0),如砖、石材、混凝土等。有的材料如砂、石在拌制混凝土时,因其内部的开口孔被水占据,因此材料体积只包括材料实体积及其闭口孔体积(V')。为了区别两种情况,常将包括所有孔隙在内时的密度称为体积密度;把只包括闭口孔在内时的密度称为表观密度(亦称视密度)。表观密度在计算砂、石在混凝土中的实际体积时有实用意义。

在自然状态下,材料内部常含有水分,其质量随含水程度而改变,体积密度或表观密度值通常取气干状态下的数据,否则应注明是何种含水状态。

(三) 堆积密度

粉状及颗粒状材料在堆积状态下,单位体积的重量称为堆积密度,即

$$\rho_0' = \frac{m}{V_0'} \tag{2-4}$$

式中　ρ_0'——材料的堆积密度（kg/m³）;

---

❶ 介绍材料性质或试验时,材料密度单位用 g/cm³;工程计算时,材料密度单位一般用 kg/m³。

m——材料的重量(kg);

V'_0——材料的堆积体积(m^3)。

散粒材料的堆积体积,会因堆放的疏松状态不同而异,必须在规定的装填方法下取值。因此,堆积密度又有松堆密度和紧堆密度之分。

在建筑工程中,进行配料计算、确定材料的运输量及堆放空间、确定材料用量及构件自重等,经常用到材料的密度、体积密度或表观密度和堆积密度值。

(四)孔隙率和密实度

孔隙率是指在材料体积内,孔隙体积所占的比例。以 P 表示。即:

$$P = \frac{V_0 - V}{V_0} \times 100\%$$

$$= \left(1 - \frac{V}{V_0}\right) \times 100\%$$

$$= \left(1 - \frac{\rho_0}{\rho}\right) \times 100\% \tag{2-5}$$

对于绝对密实体积与自然状态体积的比率,即式中的 V/V_0,定义为材料的密实度。密实度表征了在材料体积中,被固体物质所充实的程度。同一材料的密实度和孔隙率之和为1。

材料孔隙率的大小、孔隙粗细和形态等,是材料构造的重要特征,它关系到材料的一系列性质,如强度、吸水性、抗渗性、抗冻性、保温性、吸声性等等。孔隙特征主要指孔的种类(开口孔与闭口孔)、孔径的大小与分布等。实际上绝对闭口的孔隙是不存在的,在建筑材料中,常以在常温常压下,水能否进入孔中来区分开口孔与闭口孔。因此,开口孔隙率(P_k)是指在常温常压下能被水所饱和的孔体积(即开口孔体积 V_k)与材料的体积之比,即:

$$P_k = \frac{V_k}{V_0} \times 100\% \tag{2-6}$$

闭口孔隙率(P_B)便是总孔隙率(P)与开口孔隙率(P_k)之差,即 $P_B = P - P_k$。

(五)空隙率和填充度

空隙率是指在颗粒状材料的堆积体积内,颗粒间空隙所占的比例。以 P' 表示,即:

$$P' = \frac{V'_0 - V_0}{V'_0} \times 100\%$$

$$= \left(1 - \frac{V_0}{V'_0}\right) \times 100\%$$

$$= \left(1 - \frac{\rho'_0}{\rho_0}\right) \times 100\% \tag{2-7}$$

式中的 V_0/V'_0,即填充度,表示散粒材料在某种堆积体积中,颗粒的自然体积占有率。

空隙率或填充度的大小,都能反映出散粒材料颗粒之间相互填充的致密状态。

当计算混凝土中粗细骨料的空隙率时,由于混凝土拌合物中的水泥浆能进入砂子、石子的开口孔内(即开口孔也作为空隙),因此 ρ_0 应按砂石颗粒的表观密度 ρ' 计算。

二、材料与水有关的性质

(一)吸水性与吸湿性

1. 吸水性

材料在水中能吸收水分的性质称为吸水性。吸水性大小用吸水率表示,吸水率常用重量吸水率,即材料在水中吸入水的重量与材料干重量之比表示。即:

$$w_m = \frac{m_1 - m}{m} \times 100\% \quad (2\text{-}8)$$

式中 w_m——材料的重量吸水率(%);
m_1——材料吸水饱和后的重量(g 或 kg);
m——材料在干燥状态下的重量(g 或 kg)。

对于高度多孔,吸水性极强的材料,其吸水率可用体积吸水率,即材料吸入水的体积与材料在自然状态下体积之比表示:

$$w_V = \frac{V_W}{V_0} = \frac{m_1 - m}{V_0} \times 100\% \quad (2\text{-}9)$$

式中 w_V——材料的体积吸水率(%);
V_W——材料吸水饱和时的体积(cm^3)。

材料吸水率的大小主要取决于材料的孔隙率及孔隙特征,密实材料及只具有闭口孔的材料是不吸水的;具有粗大孔的材料因不易吸满水分,其吸水率常小于孔隙率;而那些孔隙率较大,且具有细小开口连通孔的材料往往具有较大的吸水能力。

材料吸水后,不但可使重量增加,而且会使强度降低,保温性能下降,抗冻性能变差,有时还会发生明显的体积膨胀,可见材料中含水对材料的性能往往是不利的。

2. 吸湿性

材料在潮湿空气中吸收空气中水分的性质称为吸湿性。吸湿性的大小用含水率表示。含水率是指材料所含水的重量占干燥材料重量的百分数。按下式计算:

$$w'_m = \frac{m'_1 - m}{m} \times 100\% \quad (2\text{-}10)$$

式中 w'_m——材料的含水率(%);
m'_1——材料含水时的重量(g);
m——材料干燥至恒重时的重量(g)。

材料吸湿性的大小,不仅与材料本身有关,同时还随所处环境的温、湿度的变化而变化。材料在空气中能吸收空气中的水分而变湿;湿的材料在空气中能失去(散发)水分而逐渐变干,最终将使材料中的水分与周围空气湿度达到平衡,这时材料的含水率称为平衡含水率或气干含水率。

(二)耐水性

材料长期受饱和水作用,能维持原有强度的能力,称为耐水性。耐水性常以软化系数表示:

$$k = \frac{f_1}{f} \quad (2\text{-}11)$$

式中 k——软化系数;
f_1——材料在饱水状态下的抗压强度(MPa);
f——材料在干燥状态下的抗压强度(MPa)。

软化系数 k 值,处于 0~1 之间,接近于 1,说明耐水性好。受水浸泡或处于潮湿环境中的重要建筑物所选用的材料其软化系数不得低于 0.85。因此，软化系数大于 0.85 的材料，常被认为是耐水的。干燥环境中使用的材料可不考虑耐水性。

（三）抗渗性

材料抵抗压力水或油等液体渗透的性质称为抗渗性（或不透水性）。材料的抗渗性常用抗渗等级来表示，如 P6、P8、P10……，P6 表示材料在 0.6MPa 压力水的作用下而不被渗透。抗渗等级用材料抵抗压力水渗透的最大水压力值来确定。其抗渗等级愈大，则材料的抗渗性愈好。

材料的抗渗性也可用其渗透系数 K 表示，K 值愈大，表明材料的透水性愈好，抗渗性愈差。

材料的抗渗性主要取决于材料的孔隙率及孔隙特征。密实的材料，具有闭口孔或极微细孔的材料，实际上是不会发生透水现象的。具有较大孔隙率，且为较大孔径、开口连通孔的材料往往抗渗性比较差。

对于地下建筑及水工构筑物等经常受压力水作用的工程所用材料及防水材料都应具有良好的抗渗性能。

（四）抗冻性

抗冻性是指材料在吸水饱和状态下，经多次冻融循环（冻结和融化）而不破坏，同时也不严重降低强度的性质。

试验中，材料在 $-15℃$ 冻结后，再于 $20℃$ 的水中融化，称为一次冻融循环。冻结温度不应高于 $-15℃$，因为水在微小的细孔中在低于 $-15℃$ 的温度下才能冻结（一般在普通大体积混凝土中，$-3℃$ 时水可冻结）。水在冻结时体积约增大 9% 左右，对材料孔壁产生可达 100MPa 的压力，在压力的反复作用下，使其由表面至内部产生裂纹、剥落、崩溃，因而使强度降低，甚至破坏。材料的冻结是由表及里，可使材料内外产生温差，这种冻融温差所引起的温度应力，加速造成了材料孔壁的破坏。材料冻融循环的破坏作用，还与材料相互贯通的孔隙大小和充水程度有关，材料孔隙大，充水量多，再加之冻融次数多，则对材料的破坏越严重。在经过规定的循环冻融次数后，材料重量损失不超过 5%，且强度损失不超过 25% 时，则称为抗冻性能好的材料。

由于建筑物的使用环境和等级的不同，根据材料冻融循环次数来划分其抗冻性能的等级，用 F10、F15、F25、F50、F100 等来表示，其所注数字为冻融循环次数，F10 表示材料冻融 10 次后，其重量和强度损失仍在规定限度内。

材料抗冻性能的大小，与材料的组织结构、内部孔隙、强度、吸水性能、耐水性能、抗渗性能等有关，因此在冬季温度低于 $-15℃$ 的地区，其重要工程所使用的材料应提出抗冻要求和做抗冻试验。

第三节　建筑材料的主要力学性质

一、强度

材料在外力（荷载）作用下，抵抗破坏的能力称为强度。外力（荷载）作用的主要形式有压、拉、弯曲和剪切等，因而所对应的强度有抗压强度、抗拉强度、抗弯（折）强度和抗剪强度。如图 2-1。

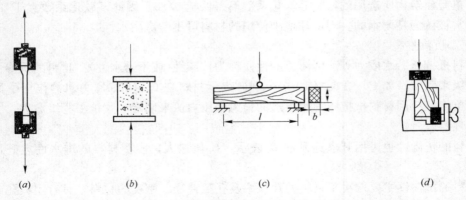

图 2-1　材料承受各种外力示意图
(a)抗拉；(b)抗压；(c)抗弯；(d)抗剪

材料的抗压、抗拉、抗剪强度按下式计算：

$$f_c = \frac{P}{A} \tag{2-12}$$

式中　f_c——材料的抗压、抗拉、抗剪强度(MPa)；
　　　P——材料受压、拉、剪破坏时的荷载(N)；
　　　A——材料的受力面积(mm^2)。

材料的抗弯强度(亦称抗折强度)与材料的受力状态有关。试验时将试件放在两支点上，中间施加集中荷载，对矩形截面试件，抗弯强度按下式计算：

$$f_m = \frac{3PL}{2bh^2} \tag{2-13}$$

式中　f_m——抗弯强度(MPa)；
　　　P——受弯时破坏荷载(N)；
　　　L——两支点间的距离(mm)；
　　　b、h——材料的截面宽和高度(mm)。

材料的强度和它的成分、构造有关。不同种类的材料，具有不同的抵抗外力的能力，即便是同一种材料，也由于其孔隙率和构造特征不同，强度也会有差异。

二、弹性与塑性

材料在外力作用下产生变形，当取消外力后，能够完全恢复原来形状的性质称为弹性。这种能够恢复的变形，称为弹性变形(又称瞬时变形)。

材料在外力作用下产生变形，当取消外力后，仍保持变形后的形状和尺寸，并且不产生裂缝的性质称为塑性。这种不能恢复的变形，称为塑性变形(永久变形)。

材料的弹性与塑性除与材料本身的成分有关外，还与外界的条件有关。例如某些材料在一定温度和一定外力条件下，属于弹性，当改变其条件时，亦可以变为塑性性质。

实际上，只有单纯的弹性或塑性的材料都是不存在的。各种材料在不同的外力下，表现出不同的变形性质。

三、韧性与脆性

(一)韧性

材料在冲击、振动荷载作用下，能承受很大的变形而不致破坏的性质称为韧性（或冲击韧性）。建筑钢材、木材、沥青混凝土都属于韧性材料。用作路面、桥梁、吊车梁以及有抗震要求的结构都要考虑材料的韧性。材料的韧性用冲击试验来检验。

（二）脆性

材料在外力作用下，直到断裂前只发生弹性变形，不出现明显的塑性变形而突然破坏的性质称为脆性。具有这种性质的材料称为脆性材料，如石材、普通砖、混凝土、铸铁、玻璃及陶瓷等。脆性材料的抗压能力很强，其抗压强度比抗拉强度大得多，可达十几倍甚至更高。脆性材料抗冲击及动荷载能力差，故常用于承受静压力作用的建筑部位，如基础、墙体、柱子、墩座等。

第四节　试验数据统计分析与处理

建筑施工中，要对大量的原材料和半成品进行试验，取得大量数据，对这些数据进行科学的分析，能更好地评价原材料或工程质量，提出改进工程质量、节约原材料的意见。现简要介绍常用的数理统计方法。

一、平均值

（一）算术平均值

这是最常用的一种方法，用来了解一批数据的平均水平，度量这些数据的中间位置。

$$\overline{X}=\frac{X_1+X_2+\cdots+X_n}{n}=\frac{\Sigma X}{n} \tag{2-14}$$

式中　　$\overline{X}$——算术平均值；

$X_1, X_2, \cdots, X_n$——各个试验数据值；

ΣX——各试验数据值的总和；

n——试验数据个数。

（二）均方根平均值

均方根平均值对数据大小跳动反映较为灵敏，计算公式如下：

$$S=\sqrt{\frac{X_1^2+X_2^2+\cdots+X_n^2}{n}}=\sqrt{\frac{\Sigma X^2}{n}} \tag{2-15}$$

式中　　S——各试验数据的均方根平均值；

$X_1, X_2, \cdots, X_n$——各个试验数据值；

ΣX^2——各试验数据值平方的总和；

n——试验数据个数。

（三）加权平均值

加权平均值是各个试验数据和它的对应数的算术平均值。如计算水泥平均强度采用加权平均值。计算公式如下：

$$m=\frac{X_1 g_1+X_2 g_2+\cdots+X_n g_n}{g_1+g_2+\cdots+g_n}=\frac{\Sigma Xg}{\Sigma g} \tag{2-16}$$

式中　　m——加权平均值；

$X_1, X_2, \cdots, X_n$——各试验数据值；

ΣXg——各试验数据值和它的对应数乘积的总和；

Σg——各对应数的总和。

二、误差计算

（一）范围误差

范围误差也叫极差，是试验值中最大值和最小值之差。

例如：三块砂浆试件抗压强度分别为 5.21，5.63，5.72MPa。

则这组试件的极差或范围误差为：

$$5.72-5.21=0.51\text{MPa}$$

（二）算术平均误差

算术平均误差的计算公式为：

$$\delta=\frac{|X_1-\overline{X}|+|X_2-\overline{X}|+|X_3-\overline{X}|+\cdots\cdots+|X_n-\overline{X}|}{n}=\frac{\Sigma|X-\overline{X}|}{n} \tag{2-17}$$

式中　　　　　　　δ——算术平均误差；

X_1，X_2，X_3，……X_n——各试验数据值；

$\overline{X}$——试验数据值的算术平均值；

n——试验数据个数；

$||$——绝对值。

【例】 三块砂浆试块的抗压强度为 5.21，5.63，5.72MPa，求算术平均误差。

【解】 这组试件的平均抗压强度为 5.52MPa，其算术平均误差为：

$$\delta=\frac{|5.21-5.52|+|5.63-5.52|+|5.72-5.52|}{3}=0.2\text{MPa}$$

（三）标准差（均方根差）

只知试件的平均水平是不够的，要了解数据的波动情况，及其带来的危险性，标准差（均方根差）是衡量波动性（离散性大小）的指标。标准差的计算公式为：

$$S=\sqrt{\frac{(X_1-\overline{X})^2+(X_2-\overline{X})^2+(X_3-\overline{X})^2+\cdots\cdots+(X_n-\overline{X})^2}{n-1}}$$

$$=\sqrt{\frac{\Sigma(X-\overline{X})^2}{n-1}}$$

式中　　　　　　　S——标准差（均方根差）；

X_1，X_2，X_3，……X_n——各试验数据值；

$\overline{X}$——试验数据值的算术平均值；

n——试验数据个数；

【例】 某厂某月生产 10 个编号的 32.5 级矿渣水泥试件，28d 抗压强度为 37.3、35.0、38.4、35.8、36.7、37.4、38.1、37.8、36.2、34.8MPa。求标准差。

【解】 10 个编号水泥试件的算术平均强度

$$\overline{X}=\frac{\Sigma X}{n}=\frac{367.5}{10}=36.8\text{MPa}$$

	X_1	X_2	X_3	X_4	X_5	X_6	X_7	X_8	X_9	X_{10}
	37.3	35.0	38.4	35.8	36.7	37.4	38.1	37.8	36.2	34.8
$X-\overline{X}$	0.5	−1.8	1.6	−1.0	−0.1	0.6	1.3	1.0	−0.6	−2.0
$(X-\overline{X})^2$	0.25	3.24	2.56	1.0	0.01	0.36	1.69	1.0	0.36	4.0

$\Sigma(X-\overline{X})^2=14.47$

$$\text{标准差 } S=\sqrt{\frac{\Sigma(X-\overline{X})^2}{n-1}}=\sqrt{\frac{14.47}{9}}=1.27\text{MPa}$$

(四) 极差估计法

极差是表示数据离散的范围，也可用来度量数据的离散性。极差是数据中最大值和最小值之差：

$$W=X_{\max}-X_{\min} \tag{2-18}$$

当一批数据不多时($n\leqslant10$)，可用极差法估计总体标准离差：

$$\hat{\sigma}=\frac{1}{d_n}W \tag{2-19}$$

当数据很多时($n>10$)，要将数据随机分成若干个数量相等的组，对每组求极差，并计算平均值：

$$\overline{W}=\frac{\sum_{i=1}^{m}W_i}{m} \tag{2-20}$$

则标准差的估计值近似地用下式计算：

$$\hat{\sigma}=\frac{1}{d_n}\overline{W} \tag{2-21}$$

式中 d_n——与 n 有关的系数(见表2-2)；

　　　m——数据分组的组数；

　　　n——每一组内数据拥有的个数；

　　　$\hat{\sigma}$——标准差的估计值；

　　　W、$\overline{W}$——极差、各组极差的平均值。

极差估计法系数表　　　　　　　　表 2-2

n	1	2	3	4	5	6	7	8	9	10
d_n	—	1.128	1.693	2.059	2.326	2.534	2.704	2.847	2.970	3.078
$1/d_n$	—	0.886	0.591	0.486	0.429	0.395	0.369	0.351	0.337	0.325

【例】 35个混凝土强度数据，随机分成5个一组，共七个组，计算如下：

第一组　　40.0　　41.6　　47.1　　47.5　　43.9　　$W_1=7.5$；

第二组　　41.5　　40.6　　39.5　　43.8　　44.5　　$W_2=5.0$；

第三组　　36.9　　40.7　　47.3　　44.1　　45.6　　$W_3=10.4$；

第四组　　38.7　　41.4　　49.0　　36.1　　45.9　　$W_4=12.9$；

第五组	38.7	47.1	43.5	36.0	41.0	$W_5=11.1$;
第六组	40.7	42.8	41.7	39.0	38.9	$W_6=3.9$;
第七组	40.9	42.1	43.7	34.0	41.5	$W_7=9.7$;

$$\overline{W}=\frac{1}{7}(7.5+5.0+10.4+12.9+11.1+3.9+9.7)=8.64$$

$$\hat{\sigma}=\frac{1}{d_n}\overline{W}=\frac{1}{2.33}\times 8.64=3.71\text{MPa}$$

极差估计法主要出于计算方便,但反映实际情况的精确度较差。

三、变异系数

标准差是表示绝对波动大小的指标,当测量较大的量值,绝对误差一般较大;测量较小的量值,绝对误差一般较小。因此要考虑相对波动的大小,即用平均值的百分率来表示标准差,即变异系数。计算式为:

$$C_v(\%)=\frac{S}{\overline{X}}\times 100 \tag{2-22}$$

式中 C_v——变异系数(%);
　　S——标准差;
　　$\overline{X}$——试验数据的算术平均值。

变异系数可以看出标准偏差所表示不出来的数据波动情况。如:

甲、乙两厂均生产32.5级矿渣水泥,甲厂某月的水泥平均强度为39.84MPa,标准差为1.68MPa。同月乙厂生产的水泥28d抗压强度平均值为36.2MPa,标准差为1.62MPa,求两厂的变异系数。

甲厂:
$$C_v=\frac{1.68}{39.8}\times 100=4.22\%$$

乙厂:
$$C_v=\frac{1.62}{36.2}\times 100=4.48\%$$

从标准差看,甲厂大于乙厂。但从变异系数看,甲厂小于乙厂,说明乙厂生产的水泥强度相对跳动要比甲厂大,产品的稳定性较差。

四、正态分布和概率

为弄清数据波动的更完整的规律,必须找出频数分布,画出频数分布直方图,如果组分得越细,直方图的形状逐渐趋于一条曲线,数据波动的规律不同,曲线的形状也不一样。在实际中按正态分布曲线的最多,用得也最广,本节介绍的也是基于正态分布。

正态分布曲线由概率密度函数给出:

$$\varphi(X)=\frac{1}{\sqrt{2\pi}\sigma}e^{-\frac{(X-\mu)^2}{2\sigma^2}} \tag{2-23}$$

式中 X——试验数据值;
$e=2.718$——自然对数的底;
　　μ——曲线最高点横坐标,叫做正态分布的均值,曲线对 μ 对称;
　　σ——正态分布的标准差,其大小表示曲线的胖瘦程度,σ 越大,曲线越胖,数据越分散,反之表示数据集中(见图2-2)。

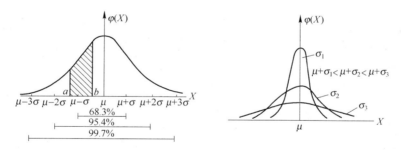

图 2-2 正态分布曲线图

有了均值 μ 和标准差 σ，就可以画出正态分布曲线。正态分布，给指导生产带来很大好处，它的数据值 X 落入任意区间 (a, b) 的概率 $P(a<X<b)$ 是明确的。它等于 $X_1=a$，$X_2=b$ 时横坐标和曲线 $\varphi(X)$ 所夹的面积（图中的阴影面积），用下式求出计算结果：

$$P(a<X<b)=\frac{1}{\sqrt{2\pi}\sigma}\int_a^b e^{-\frac{(X-\mu)^2}{2\sigma^2}}dX \tag{2-24}$$

落在 $(\mu-\sigma, \mu+\sigma)$ 的概率是 68.3%
落在 $(\mu-2\sigma, \mu+2\sigma)$ 的概率是 95.4%
落在 $(\mu-3\sigma, \mu+3\sigma)$ 的概率是 99.7%

为知道低于设计要求强度的概率大小，常用概率分布函数求得：

$$F(X_0)=\int_{-\infty}^{x_0}\varphi(X)dX=\frac{1}{\sqrt{2\pi}\sigma}\int_{-\infty}^{x_0}e^{-\frac{(X-\mu)^2}{2\sigma^2}}dX$$

令 $t=\dfrac{X-\mu}{\sigma}$

则 $\varphi(t)=\dfrac{1}{\sqrt{2\pi}}e^{\frac{-t^2}{2}}$，

$$\varphi(t)=\frac{1}{\sqrt{2\pi}}\int_{-\infty}^{t}e^{\frac{-t^2}{2}}dt \tag{2-25}$$

根据上述条件，编制便于计算概率的表（见表 2-3、表 2-4 和图 2-3），大大方便了计算。

表 2-3

t	0.00	0.01	0.02	0.03	0.04	0.05	0.06	0.07	0.08	0.09
0.0	0.5000	0.5040	0.5080	0.5120	0.5160	0.5199	0.5239	0.5279	0.5319	0.5359
0.1	0.5398	0.5438	0.5478	0.5517	0.5557	0.5596	0.5639	0.5679	0.5714	0.5753
0.2	0.5793	0.5832	0.5871	0.5910	0.5948	0.5987	0.6026	0.6064	0.6103	0.6141
0.3	0.6177	0.6217	0.6255	0.6293	0.6331	0.6368	0.6406	0.6443	0.6480	0.6517
0.4	0.6554	0.6591	0.6628	0.6664	0.6700	0.6736	0.6772	0.6808	0.6844	0.6879
0.5	0.6915	0.6950	0.6985	0.7019	0.7054	0.7088	0.7123	0.7157	0.7190	0.7224
0.6	0.7257	0.7291	0.7324	0.7357	0.7389	0.7422	0.7454	0.7486	0.7517	0.7549
0.7	0.7580	0.7611	0.7642	0.7673	0.7703	0.7734	0.7764	0.7794	0.7833	0.7852
0.8	0.7881	0.7910	0.7939	0.7967	0.7995	0.8023	0.8051	0.8078	0.8106	0.8133
0.9	0.8159	0.8186	0.8212	0.8238	0.8264	0.8287	0.8315	0.8340	0.8365	0.8389

续表

t	0.00	0.01	0.02	0.03	0.04	0.05	0.06	0.07	0.08	0.09
1.0	0.8413	0.8438	0.8461	0.8485	0.8508	0.8531	0.8554	0.8577	0.8599	0.8621
1.1	0.8643	0.8665	0.8686	0.8708	0.8729	0.8749	0.8770	0.8790	0.8810	0.8830
1.2	0.8849	0.8869	0.8888	0.8907	0.8925	0.8944	0.8962	0.8980	0.8997	0.9015
1.3	0.9032	0.9049	0.9066	0.9082	0.9099	0.9113	0.9131	0.9147	0.9162	0.9177
1.4	0.9192	0.9207	0.9222	0.9236	0.9251	0.9265	0.9279	0.9292	0.9306	0.9319
1.5	0.9332	0.9345	0.9357	0.9370	0.9382	0.9394	0.9406	0.9418	0.9430	0.9441
1.6	0.9452	0.9463	0.9474	0.9485	0.9475	0.9505	0.9515	0.9525	0.9535	0.9545
1.7	0.9554	0.9564	0.9573	0.9582	0.9591	0.9599	0.9608	0.9616	0.9625	0.9633
1.8	0.9641	0.9649	0.9656	0.9664	0.9671	0.9678	0.9686	0.9693	0.9700	0.9706
1.9	0.9713	0.9719	0.9726	0.9732	0.9738	0.9744	0.9750	0.9756	0.9762	0.9767
2.0	0.9773	0.9778	0.9783	0.9788	0.9793	0.9798	0.9803	0.9808	0.9812	0.9817
2.1	0.9821	0.9829	0.9830	0.9834	0.9838	0.9842	0.9846	0.9850	0.9854	0.9857
2.2	0.9861	0.9865	0.9868	0.9871	0.9875	0.9878	0.9881	0.9884	0.9887	0.9890
2.3	0.9893	0.9896	0.9898	0.9901	0.9904	0.9906	0.9909	0.9911	0.9913	0.9916
2.4	0.9918	0.9920	0.9922	0.9925	0.9927	0.9929	0.9931	0.9932	0.9934	0.9936
2.5	0.9938	0.9940	0.9941	0.9943	0.9945	0.9946	0.9948	0.9949	0.9951	0.9952
2.6	0.9953	0.9955	0.9956	0.9957	0.9959	0.9960	0.9961	0.9962	0.9963	0.9964
2.7	0.9965	0.9966	0.9967	0.9968	0.9969	0.9970	0.9971	0.9972	0.9973	0.9974
2.8	0.9974	0.9975	0.9976	0.9977	0.9977	0.9978	0.9979	0.9979	0.9980	0.9981
2.9	0.9981	0.9982	0.9983	0.9983	0.9984	0.9984	0.9985	0.9985	0.9986	0.9986

表 2-4

t	$\varphi(t)$	t	$\varphi(t)$	t	$\varphi(t)$
3.00~3.01	0.9987	3.15~3.17	0.9992	3.40~3.48	0.9997
3.02~3.05	0.9988	3.18~3.21	0.9993	3.49~3.61	0.9998
3.06~3.08	0.9989	3.22~3.26	0.9994	3.62~3.89	0.9999
3.09~3.11	0.9990	3.27~3.32	0.9995	3.89~∞	1.0000
3.12~3.14	0.9991	3.33~3.39	0.9996		

【例】 假定一批混凝土试件的数据为正态分布,试件的平均强度为 41.9MPa,标准差为 3.56MPa,求强度比 30MPa、40MPa、50MPa 低的概率。

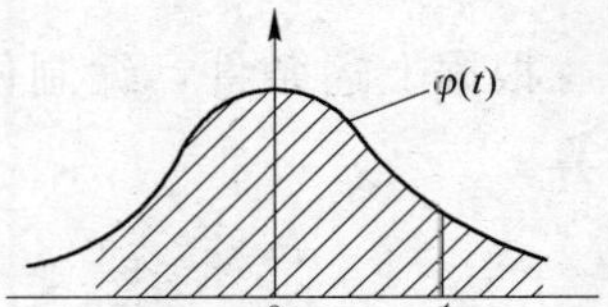

$$P(X \leqslant 30) = F(30) = \varphi\left(\frac{30-41.9}{3.56}\right) = \varphi(-3.34)$$
$$= 1 - \varphi(3.34) = 1 - 0.9996$$
$$= 0.0004$$

图 2-3

$$P(X \leqslant 40) = F(40) = \varphi\left(\frac{40-41.9}{3.56}\right) = \varphi(-0.53)$$
$$= 1 - \varphi(0.53) = 1 - 0.7019 = 0.2981$$

$$P(X \leqslant 50) = F(50) = \varphi\left(\frac{50-41.9}{3.56}\right) = \varphi(2.28) = 0.9887$$

$$\varphi(t) = \frac{1}{\sqrt{2\pi}} \int_{-\infty}^{t} e^{\frac{-t^2}{2}} dt \quad (t \geqslant 0)$$

五、正态分布的检验方法

前述内容都是在假定数据为正态分布下计算的，为了检查是否是正态分布，简要的办法如下：

（一）正态概率纸检验

概率纸是一种特殊的方格图，横坐标为试验数据，纵坐标按正态分布函数关系比例绘出，为试验数据的累计频率。当一批试验数据绘制在概率纸上，并将各点用线连接后，即可看出试验结果是否符合正态分布，当连线为直线（或近似直线）时属正态分布，如各点的连线有明显的弯曲或数据点分散，就表明数据分布偏畸。

由正态概率纸还可近似地估计数据的平均值 $\overline{X}$ 和标准差 S。做法是在概率图（图2-4）上所画得的直线与纵坐标 50% 的交点向下作垂线，与横坐标相交点为数据的平均值 $\overline{X}$ 的近似值，由直线与纵坐标 15.9% 的交点向下作垂线，与横坐标相交，它与平均值点之差的绝对值为标准差 S 的近似值。

（二）x^2 检验和夏皮罗—威尔克方法检验

这些方法比较繁杂，必要时进行专门的计算，这里不多介绍。

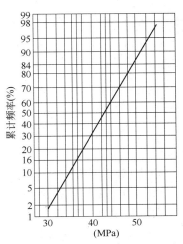

图 2-4　概率图

六、可疑数据的取舍

在一组条件完全相同的重复试验中，当发现有某个过大或过小的可疑数据时，应按数理统计方法给以鉴别并决定取舍。常用方法有以下几种：

（一）三倍标准差法

这是美国混凝土标准（ACT 214—65 的修改建议）中所采用的方法。它的准则是 $|X_i - \overline{X}| > 3\sigma$。另外还规定 $|X_i - \overline{X}| > 2\sigma$ 时则保留，但需存疑，如发现试件制作、养护、试验过程中有可疑的变异时，该试件强度值应予舍弃。

（二）格拉布斯方法

（1）把试验所得数据从小到大排列：

X_1，X_2，X_i，…，X_n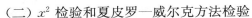

（2）选定显著性水平 α（一般 $\alpha=0.05$），根据 n 及 α 从 $T(n, \alpha)$（表2-5）中求得 T 值。

（3）计算统计量 T 值：

设 X_1 为可疑时，则 $T = \dfrac{|\overline{X} - X_1|}{S}$

当最大值 X_n 为可疑时，则 $T = \dfrac{X_n - \overline{X}}{S}$

式中　$\overline{X}$——试件平均值，$\overline{X} = \dfrac{1}{n}\sum\limits_{i=1}^{n} X_i$；

X_i——测定值；

n——试件个数；

S——试件标准差，$S = \sqrt{\dfrac{1}{n-1}\sum_{i=1}^{n}(X_i - \overline{X})^2}$。

(4) 查表 2-5 中相应于 n 与 α 的 $T(n, \alpha)$ 的值。

n、α 和 T 值的关系表　　　　表 2-5

α	当 n 为下列数值时的 T 值							
	3	4	5	6	7	8	9	10
5.0%	1.15	1.46	1.67	1.82	1.94	2.03	2.11	2.18
2.5%	1.15	1.48	1.71	1.89	2.02	2.13	2.21	2.29
1.0%	1.15	1.49	1.75	1.94	2.10	2.22	2.32	2.41

(5) 当计算的统计量 $T \geq T(n, \alpha)$ 时，则假设的可疑数据是对的，应予舍弃。当 $T < T(n, \alpha)$ 时，则不能舍弃。

这样判决犯错误的概率为 $\alpha = 0.05$。相应于 n 及 $\alpha = 1\% \sim 5.0\%$ 的 $T(n, \alpha)$ 值列于表 2-5。

以上两种方法中，三倍标准差法最简单，但要求较宽，几乎绝大部分数据可不舍弃。格拉布斯方法适用于标准差不掌握的情况。

七、数字修约规则[1]

《数值修约规则与极限数值的表示和判定》GB/T 8170—2008 标准适用于科学技术与生产活动中测试和计算得出的各种数值。当所得动数值需要修约时，应按下列规则进行。

(1) 在拟舍弃的数字中，保留数后边（右边）第一个数小于 5（不包括 5）时，则舍去。保留数的末位数字不变。

例如：将 14.2432　　修约后为 14.2

(2) 在拟舍弃的数字中，保留数后边（右边）第一个数字大于 5（不包括 5）时，则进一。保留数的末位数字加一。

例如：将 26.4843 修约到保留一位小数。

修约前 26.4843　　修约后 26.5

(3) 在拟舍弃的数字中保留数后边（右边）第一个数字等于 5，5 后边的数字并非全部为零时。则进一，即保留数末位数字加一。

例如：将 1.0501 修约到保留小数一位。

修约前：1.0501　　修约后：1.1

(4) 在拟舍弃的数字中，保留数后边（右边）第一个数字等于 5，5 后边的数字全部为零时，保留数的末位数字为奇数时则进一。若保留数的末位数字为偶数（包括"0"）则不进。

例如：将下列数字修约到保留一位小数。

修约前 0.3500　　修约后 0.4

修约前 0.4500　　修约后 0.4

修约前 1.0500　　修约后 1.0

(5) 所拟舍弃的数字，若为两位以上的数字，不得连续进行多次（包括二次）修约。应根据保留数后边（右边）第一个数字的大小，按上述规定一次修约出结果。

---

[1] 主要内容引自《数值修约与极限数值的表示和判定》GB/T 8170—2008。

例如：将 15.4546 修约成整数。

正确的修约是：修约前 15.4546　　修约后 15

不正确的修约是：

修约前、一次修约、二次修约、三次修约、四次修约（结果）：

15.4546　15.455　15.46　15.5　16

八、一般关系式的建立

在处理数据时，经常遇到两个变量因素的试验值，如：抗压强度和抗拉（抗折）强度；快速试验和标准试验强度；混凝土强度与水泥强度等，可利用试验数据，找出它们之间的关系，建立两个变量因果经验相关公式。

两个变量间最简单的关系是直线相关，其普遍式是

$$Y=b+aX \tag{2-26}$$

式中　Y——因变量；

　　　X——自变量；

　　　a——系数或斜率；

　　　b——常数或截距。

通常见到的两个变量间的经验相关公式，大多数是简单的直线关系公式，如标准稠度 $P=33.4-0.185S$（下沉深度）；$R_h=0.46R_c(C/W-0.07)$ 等经验公式都是直线关系式。下面介绍建立两个变量间直线关系式的几种方法。

（一）作图法

【例】　测得八对水泥快速抗压强度 $R_快$ 与 28d 标准抗压强度 $R_标$ 值见表 2-6（单位 MPa）。

求标准强度 $R_标$ 与快速强度 $R_快$ 的直线相关公式。

测得的八对 $R_快$ 与 $R_标$ 值（MPa）　　　表 2-6

序　号	1	2	3	4	5	6	7	8
$X(R_快)$	6.3	40.9	12.5	38.6	19.5	21.5	25.2	31.9
$Y(R_标)$	26.1	62.6	29.0	58.4	37.1	41.1	45.7	52.6

【解】　用坐标纸作图，以横坐标代表快速强度（$R_快$），以纵坐标代表标准强度（$R_标$）。将八对测量值绘于图 2-5，得 8 个点。通过 8 个点划一直线，使点在直线两侧分布均匀，这条直线的表示式是 $Y=b+aX$，就是 $R_快$ 与 $R_标$ 的相关式。

延长直线使之与纵坐标轴相交，交点至零点的距离即为截距 $b=17.3$MPa。

系数 a 为直线的斜率 $a=\dfrac{\Delta Y}{\Delta X}=\dfrac{35.6}{32.8}=1.0854$

b 和 a 均得出数值，则 $R_快$ 与 $R_标$ 的直线关系式为

$$R_标=17.3+1.0854R_快$$

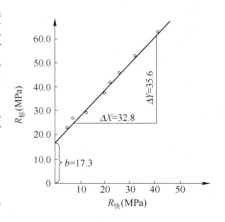

图 2-5　$R_快$ 与 $R_标$ 的相关式

有了经验公式,就可以用快速强度推算 28d 抗压强度 $R_{标}$。如测得快速强度 $R_{快}$=30.0MPa,代入上述公式得 28d 抗压强度 $R_{标}$=49.9MPa。

用作图法求两个变量间的直线经验公式时,特别要注意截距 b 和斜率 a 的正负号。相关直线与 Y 轴(纵坐标)的交点在零点以上时,b 为正值。交点在零点以下时,b 为负值。因变量 Y 值随自变量 X 值增大而增大,随 X 值的减小而减小,则斜率 a 值为正值。Y 值随 X 值的增大而减小,随 X 值减小而增大,则 a 值为负值。

(二) 选点法

【例】(同前例)。

【解】 先将 $R_{快}$ 与 $R_{标}$ 八对测量值(表 2-6)重新按次序大小排列。

在八对测量值中大小两端各选一对测量值,如选第一对和第八对。

	第一对	第八对
X	6.3	40.9
Y	26.1	62.6

则可得联立方程组:

$$\begin{cases} 26.1=b+6.3a & (1)\\ 62.6=b+40.9a & (2) \end{cases}$$

解方程组(2)式-(1)式得:

$$36.5=34.6a$$
$$a=1.0549 \qquad (3)$$

(3)式代入(1)式得:$b=19.454 \approx 19.5$

求得 b 值和 a 值之后,即可写出 $R_{快}$ 与 $R_{标}$ 的直线关系式:

$$R_{标}=19.5+1.0549R_{快}$$

如果测得快速强度 $R_{快}$=30.0MPa,代入上式得 28d 抗压强度 $R_{标}$=51.1MPa。

用选点法统计公式可以选择的两对测量值不同而得到不同的公式。此种方法得到的公式比较粗糙,使用较少。

(三) 平均法

【例】(同前例)。

先将 $R_{快}$ 和 $R_{标}$ 八对测量值按大小次序排列。

再将八对测量值分成两组,前四对为一组,后四对为一组,并求出二组测量值 X 和 Y 的算术平均值:

$$第一组 \begin{cases} \overline{X}_1=15.0 \\ \overline{Y}_1=33.3 \end{cases} \qquad 第二组 \begin{cases} \overline{X}_2=34.2 \\ \overline{Y}_2=54.8 \end{cases}$$

将上述两对数值组成联立方程式

$$\begin{cases} 33.3=b+15.0a & (1)\\ 54.8=b+34.2a & (2) \end{cases}$$

【解】 方程组(2)式-(1)式得:

$$21.5=19.2a$$
$$a=1.1198 \qquad (3)$$

(3)式代入(1)式得 $b=16.503$，取 16.5。

求得 a 和 b 值，即可写出 $R_快$ 和 $R_标$ 的直线关系式：
$$R_标 = 16.5 + 1.1198 R_快$$

如果测得快速测定的强度 $R_快 = 30.0$ MPa，代入上式得 28d 抗压强度 $R_标 = 50.1$ MPa。

（四）最小二乘法

最小二乘法原理是使各测量值与统计得到的关系直线间的误差的平方和为最小。这是一种最常用的统计方法。经过数学推导，得到二元一次直线方程式的截距 b、斜率 a、相关系数 r、标准差 S 和变异系数 C_v 的计算公式为：

方程 $$Y = b + aX$$

截距 $$b = \frac{\Sigma XY \cdot \Sigma X - \Sigma Y \cdot \Sigma X^2}{(\Sigma X)^2 - n\Sigma X^2}$$

斜率 $$a = \frac{\Sigma X \cdot \Sigma Y - n\Sigma XY}{(\Sigma X)^2 - n\Sigma X^2}$$

相关系数 $$r = \frac{n\Sigma XY - \Sigma X \cdot \Sigma Y}{\sqrt{[n\Sigma X^2 - (\Sigma X)^2] \cdot [n\Sigma Y^2 - (\Sigma Y)^2]}}$$

标准差 $$S = \sqrt{1-r^2} \cdot \sqrt{\frac{n\Sigma Y^2 - (\Sigma Y)^2}{n(n-2)}}$$

变异系数 $$C_v(\%) = \frac{S}{\overline{X}} \times 100$$

本节前所讲述的标准差 S（或 σ）和变异系数 C_v 是单因素（一个变量）标准差和变异系数，此处是双因素（含 X、Y 两个变量）的标准差和变异系数。两者涵义不同，计算公式不能混淆和借用。

【例】（同前例）。

【解】 先将测量值经过列表计算得到 ΣX、ΣY、ΣX^2、ΣXY、n、$\overline{X}$、$\overline{Y}$ 等数值，然后再代入上述公式计算得 b、a、r、S 和 C_v 值。

n	$Y(R_标)$	$X(R_快)$	Y^2	X^2	XY
1	26.1	6.3	681.21	39.69	164.43
2	62.6	40.9	3918.76	1672.81	2560.34
3	29.0	12.5	841.00	156.25	362.50
4	58.4	38.6	3410.56	1489.96	2254.24
5	37.1	19.6	1376.41	384.16	727.16
6	41.1	21.5	1689.21	462.25	883.65
7	45.7	25.2	2088.49	635.04	1151.64
8	52.6	31.9	2766.76	1017.61	1677.64
Σ	352.6	196.5	16772.40	5857.77	9781.90

$$n=8, \quad \overline{X}=\frac{\Sigma X}{n}=24.56$$

$$\overline{Y}=\frac{\Sigma Y}{n}=44.075$$

代入公式得：

$$b=\frac{9781.90\times 196.5-352.6\times 5857.77}{196.5^2-8\times 5857.77}=17.371\approx 17.4$$

$$a=\frac{196.5\times 352.6-8\times 9781.90}{(196.5)^2-8\times 5857.77}=1.0872$$

得到 b 和 a 值后，即可写出 $R_{快}$ 和 $R_{标}$ 的直线关系式：

$$R_{标}=17.4+1.0872 R_{快}$$

另外，将列表计算得到的数值代入 r、S 和 C_v 公式，得

$$r=0.9949$$

$$S=1.455\mathrm{MPa}$$

$$C_v=5.88$$

如果测得快速强度 $R_{快}=30\mathrm{MPa}$，代入上述直线关系式中得 28d 抗压强度 $R_{标}=50\mathrm{MPa}$。

相关系数越接近 1，说明统计得到的直线式与测量值间的相关性越好，公式的使用可靠性大，用公式计算的结果很接近实测值。

用最小二乘法统计直线关系式的计算较为复杂、费时，有一定功能的计算器或电子计算机可以直接进行运算，得到 b、a 和 r 值。

一般讲用上述四种方法得到的直线经验公式，只适用于统计数字范围内。扩大使用范围要有充分的理论或实验依据。

第三章 水 泥

水泥是由石灰质原料、黏土质原料与少量校正原料，破碎后按比例配合、磨细并调配成为成分合适的生料，经高温煅烧（1450℃）至部分熔融制成熟料，再加入适量的调凝剂（石膏）、混合材料共同磨细而成的一种既能在空气中硬化，又能在水中硬化，并保持、发展其强度的无机水硬性胶凝材料。

水泥按其矿物组成分类可分为：硅酸盐水泥、铝酸盐水泥、少熟料或无熟料水泥；按用途和性能分类见表3-1。

水泥按用途和性能分类　　　　　　　　　　　　　　表 3-1

分 类	品 种
通用水泥	硅酸盐水泥、普通硅酸盐水泥、矿渣硅酸盐水泥、火山灰质硅酸盐水泥、粉煤灰硅酸盐水泥、复合硅酸盐水泥等
专用水泥	油井水泥、砌筑水泥、耐酸水泥、耐碱水泥、道路水泥等
特性水泥	白色硅酸盐水泥、快硬硅酸盐水泥、高铝水泥、硫铝酸盐水泥、抗硫酸盐水泥、膨胀水泥、自应力水泥等

第一节 通用硅酸盐水泥质量标准[1]

一、术语和定义

通用硅酸盐水泥是以硅酸盐水泥熟料和适量的石膏，及规定的混合材料制成的水硬性胶凝材料。

二、分类

GB 175—2007 标准规定的通用硅酸盐水泥按混合材料的品种和掺量分为硅酸盐水泥、普通硅酸水泥、矿渣硅酸盐水泥、火山灰质硅酸盐水泥、粉煤灰硅酸盐水泥和复合硅酸盐水泥。各品种的组分和代号应符合表 3-2 的规定。

通用硅酸盐水泥的组分（%）　　　　　　　　　　　表 3-2

品种	代号	组分（质量分数）				
		熟料＋石膏	粒化高炉矿渣	火山灰质混合材料	粉煤灰	石灰石
硅酸盐水泥	P·Ⅰ	100	—	—	—	—
	P·Ⅱ	≥95	≤5	—	—	—
		≥95	—	—	—	≤5

---

[1] 内容引自 GB 175—2007《通用硅酸盐水泥》。

续表

品种	代号	组分（质量分数）				
		熟料＋石膏	粒化高炉矿渣	火山灰质混合材料	粉煤灰	石灰石
普通硅酸盐水泥	P·O	≥80且<95	>5且≤20			—
矿渣硅酸盐水泥	P·S·A	≥50且<80	>20且≤50	—	—	—
	P·S·B	≥30且<50	>50且≤70	—	—	—
火山灰质硅酸盐水泥	P·P	≥60且<80	—	>20且≤40	—	—
粉煤灰硅酸盐水泥	P·F	≥60且<80	—	—	>20且≤40	—
复合硅酸盐水泥	P·C	≥50且<80	>20且≤50			

三、材料

（一）硅酸盐水泥熟料

由主要含 CaO、SiO_2、Al_2O_3、Fe_2O_3 的原料，按适当比例磨成细粉烧至部分熔融所得以硅酸钙为主要矿物成分的硬性胶凝物质。其中硅酸钙矿物含量（质量分数）不小于 66%，氧化钙和氧化硅质量比不小于 2.0。

（二）石膏

1. 天然石膏：应符合 GB/T 5483 中规定的 G 类或 M 类二级（含）以上的石膏或混合石膏。

2. 工业副产石膏：以硫酸钙为主要成分的工业副产物。采用前应经过试验证明对水泥性能无害。

（三）活性混合材料

应符合 GB/T 203、GB/T 18046、GB/T 1596、GB/T 2847 标准要求的粒化高炉矿渣、粒化高炉矿渣粉、粉煤灰、火山灰质混合材料。

（四）非活性混合材料

活性指标分别低于 GB/T 203、GB/T 18046、GB/T 1596、GB/T 2847 标准要求的粒化高炉矿渣、粒化高炉矿渣粉、粉煤类、火山灰质混合材料；石灰石和砂岩，其中石灰石中的三氧化二铝含量（质量分数）应不大于 2.5%。

（五）窑灰

应符合 JG/T 742 的规定。

（六）助磨剂

水泥粉磨时允许加入助磨剂，其加入量应不大于大泥质量的 0.5%，助磨剂应符合 JC/T 667 的规定。

四、强度等级

1. 硅酸盐水泥的强度等级分为 42.5、42.5R、52.5、52.5R、62.5、62.5R 六个等级。

2. 普通硅酸盐水泥的强度等级分为 42.5、42.5R、52.5、52.5R 四个等级。

3. 矿渣硅酸盐水泥、火山灰质硅酸盐水泥、粉煤灰硅盐水泥、复合硅酸盐水泥的强度等级分为 32.5、32.5R、42.5、42.5R、52.5、52.5R 六个等级。

五、技术要求

1. 化学指标

通用硅酸盐水泥化学指标应符合表 3-3 的规定。

通用硅酸盐水泥化学指标（%） 表 3-3

品种	代号	不溶物 （质量分数）	烧失量 （质量分数）	三氧化硫 （质量分数）	氧化镁 （质量分数）	氯离子 （质量分数）
硅酸盐水泥	P·Ⅰ	≤0.75	≤3.0	≤3.5	≤5.0a	≤0.06c
	P·Ⅱ	≤1.50	≤3.5			
普通硅酸盐水泥	P·O	—	≤5.0			
矿渣硅酸盐水泥	P·S·A	—	—	≤4.0	≤6.0b	
	P·S·B	—	—		—	
火山灰质硅酸盐水泥	P·P	—	—	≤3.5	≤6.0b	
粉煤灰硅酸盐水泥	P·F	—	—			
复合硅酸盐水泥	P·C	—	—			

a 如果水泥压蒸试验合格，则水泥中氧化镁的含量（质量分数）允许放宽至 6.0%。
b 如果水泥中氧化镁的含量（质量分数）大于 6.0% 时，需进行水泥压蒸安定性试验并合格。
c 当有更低要求时，该指标由买卖双方确定。

2. 碱含量（选择性指标）

水泥中碱含量按 $Na_2O+0.658K_2O$ 计算值表示。若使用活性骨料，用户要求提供低碱水泥时，水泥中的碱含量应不大于 0.60% 或由买卖双方协商确定。

3. 物理指标

（1）凝结时间

硅酸盐水泥初凝时间不小于 45min，终凝时间不大于 390min(6.5h)。

普通硅酸盐水泥、矿渣硅酸盐水泥、火山灰质硅酸盐水泥、粉煤灰硅酸盐水泥和复合酸盐水泥初凝时间不小于 45min，终凝时间不大于 600min(10h)。

（2）安定性

沸煮法合格。

（3）强度

不同品种不同强度等级的通用硅酸盐水泥，其不同龄期的强度应符合表 3-4 的规定。

通用硅酸盐水泥不同龄期的强度（MPa） 表 3-4

品种	强度等级	抗压强度		抗折强度	
		3d	28d	3d	28d
硅酸盐水泥	42.5	≥17.0	≥42.5	≥3.5	≥6.5
	42.5R	≥22.0		≥4.0	
	52.5	≥23.0	≥52.5	≥4.0	≥7.0
	52.5R	≥27.0		≥5.0	
	62.5	≥28.0	≥62.5	≥5.0	≥8.0
	62.5R	≥32.0		≥5.5	

续表

品种	强度等级	抗压强度		抗折强度	
		3d	28d	3d	28d
普通硅酸盐水泥[①]	42.5	≥17.0	≥42.5	≥3.5	≥6.5
	42.5R	≥22.0		≥4.0	
	52.5	≥23.0	≥52.5	≥4.0	≥7.0
	52.5R	≥27.0		≥5.0	
矿渣硅酸盐水泥 火山灰质硅酸盐水泥 粉煤灰硅酸盐水泥 复合硅酸盐水泥	32.5	≥10.0	≥32.5	≥2.5	≥5.5
	32.5R	≥15.0		≥3.5	
	42.5	≥15.0	≥42.5	≥3.5	≥6.5
	42.5R	≥19.0		≥4.0	
	52.5	≥21.0	≥52.5	≥4.0	≥7.0
	52.5R	≥23.0		≥4.5	

① 按新的标准,普通硅酸盐水泥已经没有 32.5 级了——编者注。

(4) 细度(选择性指标)

硅酸盐水泥和普通硅盐水泥的细度以比表面积表示,其比表面积不小于 $300m^2/kg$;矿渣硅酸盐水泥、火山灰质硅酸盐水泥、粉煤灰硅酸盐水泥和复合硅盐水泥的细度以筛余表示,其 $80\mu m$ 方孔筛筛余不大于 10% 或 $45\mu m$ 方孔筛筛余不大于 30%。

六、判定规则

化学指标、凝结时间、安定性、强度的检验结果均符合 GB 175—2007 标准规定指标要求时,该水泥为合格品;反之,化学指标、凝结时间、安定性、强度中的任何一项不符合 GB 175—2007 标准规定指标要求时,该水泥为不合格品。

第二节 通用水泥检验方法

一、检验前的准备及注意事项

(1) 水泥试样应存放在密封干燥的容器内(一般使用铁桶或塑料桶),并在容器上注明水泥生产厂名称、品种、强度等级、出厂日期、送试日期等。

(2) 检验前,一切检验用材料(水泥、标准砂、水等)均应与试验室温度相同(即 20±2℃),试验室空气温度和相对湿度工作期间每天至少记录一次。

(3) 检验用水必须是洁净的饮用水或蒸馏水。

(4) 检验时不得使用铝制或锌制模具、钵器和匙具等(因铝、锌的器皿易与水泥发生化学作用并易磨损变形,以使用铜、铁器具较好)。

二、水泥取样

水泥取样方法有两种,一种用于出厂水泥的取样;一种用于水泥使用单位的现场取样。

(一) 出厂水泥的取样❶

出厂水泥的取样按 GB/T 12573—2008《水泥取样方法》进行。

---

❶ 内容引自 GB/T 12573—2008《水泥取样方法》。

1. 术语和定义

(1) 手工取样——用手工取样器采集水泥样品。

(2) 自动取样——使用自动取样器采集水泥样品。

(3) 检查批——为实施抽样检查而汇集起来的一批同一条件下生产的单位产品。

(4) 编号——代表检查批的代号。

(5) 单样——有一个部位取出的适量的水泥样品。

(6) 混合样——从一个编号内不同部位取得的全部单样，经充分混匀后得到的样品。

(7) 试验样——从混合样中取出，用于出厂水泥质量检验的一份称为试验样。

(8) 封存样——从混合样中取出，用于复验仲裁的一份称为封存样。

(9) 分割样——在一个编号内按每 1/10 编号取得的单样，用于匀质性试验的样品。

(10) 通用水泥——用于一般土木建筑工程的水泥。

2. 取样

(1) 取样工具

1) 自动取样器：自动取样器主要适用于水泥成品及原料的自动连续取样，也适用于其他粉状物料的自动连续取样，可自行设计制作，参见示意图 3-1。

2) 手工取样器：手工取样器可自行设计制作，散装水泥取样器、袋装水泥取样器分别参见图 3-2、图 3-3。

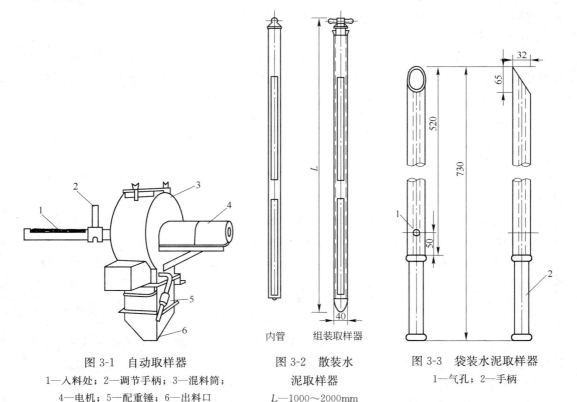

图 3-1 自动取样器
1—入料处；2—调节手柄；3—混料筒；4—电机；5—配重锤；6—出料口

图 3-2 散装水泥取样器
L—1000～2000mm

图 3-3 袋装水泥取样器
1—气孔；2—手柄

(2) 取样部位

1) 水泥输送管路中(适用于机械取样)。

2) 散装水泥卸料处或输送水泥运输机具上。
3) 袋装水泥堆场。

注：取样应在有代表性的部位进行，并且不应在污染严重的环境中取样。

(3) 样品数量

1) 混合样：取样数量应符合各相应水泥标准的规定。
2) 分割样：

a. 散装水泥：每 1/10 编号在 5min 内取至少 6kg。
b. 袋装水泥：每 1/10 编号从一袋中取至少 6kg。

(4) 取样步骤

1) 自动取样：采用自动取样器取样。该装置一般安装在尽量接近于水泥包装机或散装容器的管路中，从流动的水泥流中取出样品，将所取样品放入洁净、干燥、防潮、密闭、不易破损并不影响水泥性能的容器中。

2) 散装水泥手工取样：当所取水泥深度不超过 2m 时，每一个编号内采用散装水泥取样器随机取样，通过转动取样器内管控制开关，在适当位置插入水泥一定深度，关闭后小心抽出，将所取样品放入符合上述要求的容器中。

3) 袋装水泥手工取样：每一个编号内随机抽取不少于 20 袋水泥，采用袋装水泥取样器取样，将取样器沿对角线方向插入水泥包装袋中，用大拇指按住气孔，小心抽出取样管，将所取样品放入符合上述要求的容器中。每次抽取的单样量应尽量一致。

(5) 样品制备与试验

1) 混合样：每一编号所取水泥单样通过 0.9mm 方孔筛后充分混匀，一次或多次将样品缩分到相关标准要求的定量，均分为试验样和封存样，试验样按相关标准要求进行试验，封存样按本节二、(一) 2. (6) 要求储存以备仲裁。样品不得混入杂物和结块。

2) 分割样：第一编号所取 10 个分割样应分别通过 0.9mm 方孔筛，不得混杂，并按本节二、(一) 3 的要求进行 28d 抗压强度匀质性试验。样品不得混入杂物和结块。

(6) 包装与储存

1) 样品取得后应储存在密闭的容器中，封存样要加封条。容器应洁净、干燥、防潮、密闭、不易破损并且不影响水泥性能。

2) 存放储存样的容器应至少在一处加盖清晰、不易擦掉的标有编号、取样时间、取样地点和取样人的密封印，如只有一处标志应在容器外壁上。

3) 封存样应密闭储存，储存期应符合相应水泥标准的规定。试验样与分割样亦应妥善储存。

4) 封存样应储存在干燥、通风的环境中。

(7) 取样单

样品取得后，应由负责取样人员填写取样单，应至少包括如下内容：水泥编号；水泥品种；强度等级；取样日期；取样地点；取样人。

3. 28d 抗压强度匀质性试验

(1) 试验目的：评定单一编号水泥 28d 抗压强度均匀性。

(2) 要求

1) 分割样试验每季度进行一次，可任选一个品种、强度等级。

2) 分割样取得后应立即进行试验，全部样品必须在一周内试验完毕。

3) 单一编号水泥 28d 抗压强度变异系数大于 3.0% 时，应增加试验频次为每季度进行两次；如变异系数仍大于 3.0% 时，则增加试验频次为每月进行一次。

4) 增加试验频次时，一般应用同品种、强度等级的水泥。

(3) 变异系数的计算

1) 分割样 28d 的抗压强度平均值 $\bar{x}$(MPa)：

$$\bar{x}=\frac{1}{10}\sum_{i=1}^{10}x_i \tag{3-1}$$

式中　x_i——每个分割样 28d 的抗压强度值(MPa)。

2) 分割样 28d 的抗压强度标准差 S(MPa)：

$$S=\sqrt{\frac{\sum_{i=1}^{10}(x_i-\bar{x})^2}{10-1}} \tag{3-2}$$

式中　S——分割样 28d 的抗压强度标准差(MPa)；

　　　x_i——每个分割样的 28d 抗压强度值(MPa)；

　　　$\bar{x}$——10 个分割样的 28d 抗压强度平均值(MPa)。

3) 分割样变异系数 C_v(%)：

$$C_v=\frac{S}{\bar{x}}\times 100\% \tag{3-3}$$

式中　C_v——分割样 28d 抗压强度变异系数(%)；

　　　S——分割样 28d 的抗压强度标准差(MPa)；

　　　$\bar{x}$——10 个分割样的 28d 抗压强度平均值(MPa)。

(二) 水泥使用单位现场取样

水泥使用单位现场取样按下述方法进行。

水泥进场时应对其品种、级别、包装或散装仓号、出厂日期等进行检查，并应对其强度、安定性及其他必要的性能指标进行复验，其质量必须符合现行国家标准的规定。

当在使用中对水泥质量有怀疑或水泥出厂超过三个月（快硬硅酸盐水泥超过一个月）时，应进行复验，并按复验结果使用。

检查数量：按同一生产厂家、同一等级、同一品种、同一批号且连续进场的水泥，袋装不超过 200t 为一批，散装不超过 500t 为一批，每批抽样不少于一次。

取样方法按 GB 12573 进行。取样应有代表性，可连续取，亦可从 20 个以上不同部位取等量样品，总量至少 12kg，检验项目包括需要对产品进行考核的全部技术要求。

(三) 交货与验收

1. 交货时水泥的质量验收可抽取实物试样以其检验结果为依据，也可以生产者同编号水泥的检验报告为依据。采取何种方法验收有买卖双方商定，并在合同或协议中注明。卖方有告知买方验收方法的责任。当无书面合同或协议，或未在合同、协议中注明验收方法的，卖方应在发票上注明"以本厂同编号水泥的检验报告为验收依据"字样。

2. 以抽取实物试样的检验结果为验收依据时，买卖双方应在发货前或交货地共同取样和签封。取样方法按 GB 12573 进行，取样数量为 20kg，缩分为二等分。一份由卖方保存 40d，一份由买方按标准规定的项目和方法进行检验。

在 40d 以内，买方检验认为产品质量不符合标准要求，而卖方又有异议时，则双方应将卖方保存的另一份试样送省级或省级以上国家认可的水泥质量监督检验机构进行仲裁检验。水泥安定性仲裁检验时，应在取样之日起 10d 以内完成。

3. 以生产者同编号水泥的检验报告为验收依据时，在发货前或交货时买方在同编号水泥中取样，双方共同签封后由卖方保存 90d，或认可卖方自行取样、签封并保存 90d 的同编号水泥的封存样。

在 90d 内，买方对水泥质量有疑问时，则买卖双方应将共同认可的试样送省级或省级以上国家认可的求泥质量监督检验机构进行仲裁检验。

三、水泥细度的表示方法及检验方法

水泥细度是指水泥颗粒粗细程度。一般同样成分的水泥，颗粒越细，与水接触的表面积越大，水化反应越快，早期强度发展越快。但颗粒过细，凝结硬化时收缩较大，易产生裂缝，也容易吸收水分和二氧化碳使水泥风化而失去活性，同时粉磨过程中耗能多，提高了水泥的成本。所以细度应控制在适当范围。一般水泥颗粒小于 $40\mu m$ 时，才具有较高的活性。

水泥细度的检验和表示方法有两种，即按国标 GB/T 1345—2005《水泥细度检验方法筛析法》的规定，以存留在 $45\mu m$ 方孔筛和 $80\mu m$ 方孔筛上的筛余百分率表示。筛析法不能说明水泥粗细颗粒级配情况。较为合理的方法是用比表面积仪测定水泥的比表面积，即单位重量的水泥所能覆盖的面积（cm^2/g 或 m^2/kg），用比表面积表示水泥颗粒级配情况。按国标 GB 8074—87《水泥比表面积测定方法（勃氏法）》的规定，硅酸盐水泥的比表面积大于 $300m^2/kg$（或 $3000cm^2/g$）。

（一）水泥细度检验方法　筛析法[1]

1. 方法原理

本方法是采用 $45\mu m$ 方孔筛和 $80\mu m$ 方孔筛对水泥试样进行筛析试验，用筛上筛余物的质量百分数来表示水泥样品的细度。

为保持筛孔的标准度，在用试验筛应用已知筛余的标准样品来标定。

2. 术语和定义

（1）负压筛析法

用负压筛析仪，通过负压源产生的恒定气流，在规定筛析时间内使试验筛内的水泥达到筛分。

（2）水筛法

将试验筛放在水筛座上，用规定压力的水流，在规定时间内使试验筛内的水泥达到筛分。

（3）手工筛析法

将试验筛放在接料盘（底盘）上，用手工按照规定的拍打速度和转动角度，对水泥进行

---

[1] 内容引自 GB/T 1345—2005《水泥细度检验方法　筛析法》

筛析试验。

3. 仪器

(1) 试验筛

1) 试验筛由圆形筛框和筛网组成，筛网符合 GB/T 6005 R20/3 80μm，GB/T 6005 R20/3 45μm 的要求，分负压筛、水筛和手工筛三种，负压筛和水筛的结构尺寸见图 3-4 和图 3-5，负压筛应附有透明筛盖，筛盖与筛上口应有良好的密封性。手工筛结构符合 GB/T 6003.1，其中筛框高度为 50mm，筛子的直径为 150mm。

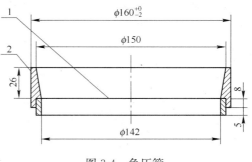

图 3-4　负压筛
1—筛网；2—筛框

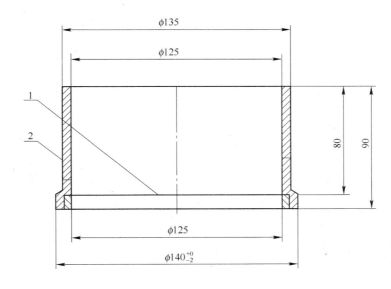

图 3-5　水筛
1—筛网；2—筛框

2) 筛网应紧绷在筛框上，筛网和筛框接触处，应用防水胶密封，防止水泥嵌入。

3) 筛孔尺寸的检验方法按 GB/T 6003.1 进行。由于物料会对筛网产生磨损，试验筛每使用 100 次后需重新标定，标定方法按附录 A 进行。

(2) 负压筛析仪

1) 负压筛析仪由筛座、负压筛、负压源及收尘器组成，其中筛座由转速为 30r/min±2r/min 的喷气嘴、负压表、控制板、微电机及壳体构成，见图 3-6。

2) 筛析仪负压可调范围为 4000~6000Pa。

3) 喷气嘴上口平面与筛网之间距离为 2~8mm。

4) 喷气嘴的上开口尺寸见图 3-7。

5) 负压源和收尘器，由功率≥600W 的工业吸尘器和小型旋风收尘筒组成或用其他具有相当功能的设备。

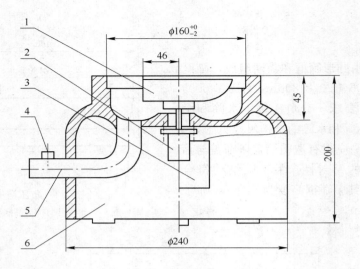

图 3-6　负压筛析仪筛座示意图
1—喷气嘴；2—微电机；3—控制板开口；4—负压表接口；
5—负压源及收尘器接口；6—壳体

(3) 水筛架和喷头

水筛架和喷头的结构尺寸应符合 JC/T 728 规定，但其中水筛架上筛座内径为 140^{+0}_{-3} mm。

(4) 天平

最小分度值不大于 0.01g。

4. 样品要求

水泥样品应有代表性，样品处理方法按 GB 12573—1990 第 3.5 条进行。

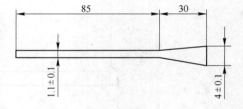

图 3-7　喷气嘴上开口

5. 操作程序

(1) 试验准备

试验前所用试验筛应保持清洁，负压筛和手工筛应保持干燥。试验时，80μm 筛析试验称取试样 25g，45μm 筛析试验称取试样 10g。

(2) 负压筛析法

1) 筛析试验前应把负压筛放在筛座上，盖上筛盖，接通电源，检查控制系统，调节负压至 4000～6000Pa 范围内。

2) 称取试样精确至 0.01g，置于洁净的负压筛中，放在筛座上，盖上筛盖，接通电源，开动筛析仪连续筛析 2min，在此期间如有试样附着在筛盖上，可轻轻地敲击筛盖使试样落下。筛毕，用天平称量全部筛余物。

(3) 水筛法

1) 筛析试验前，应检查水中无泥、砂，调整好水压及水筛架的位置，使其能正常运转，并控制喷头底面和筛网之间距离为 35～75mm。

2) 称取试样精确至 0.01g，置于洁净的水筛中，立即用淡水冲洗至大部分细粉通过后，放在水筛架上，用水压为 0.05MPa±0.02MPa 的喷头连续冲洗 3min，筛毕，用少量水把筛余物冲至蒸发皿中，等水泥颗粒全部沉淀后，小心倒出清水，烘干并用天平称量全部筛余物。

（4）手工筛析法

1）称取水泥试样精确至 0.01g，倒入手工筛内。

2）用一只手持筛往复摇动，另一只手轻轻拍打，往复摇动和拍打过程应保持近于水平。拍打速度每分钟约 120 次，每 40 次向同一方向转动 60°，使试样均匀分布在筛网上，直至每分钟通过的试样量不超过 0.03g 为止。称量全部筛余物。

（5）对其他粉状物料、或采用 45～80μm 以外规格方孔筛进行筛析试验时，应指明筛子的规格、称样量、筛析时间等相关参数。

（6）试验筛的清洗

试验筛必须经常保持洁净，筛孔通畅，使用 10 次后要进行清洗，金属框筛、铜丝网筛清洗时应用专门的清洗剂，不可用弱酸浸泡。

6. 结果计算及处理

（1）计算

水泥试样筛余百分数按下式计算：

$$F = \frac{R_1}{W} \times 100 \tag{3-4}$$

式中　F——水泥试样的筛余百分数，单位为质量百分数(%)；

　　　R_1——水泥筛余物的质量，单位为克(g)；

　　　W——水泥试样的质量，单位为克(g)。

结果计算至 0.1%。

（2）筛余结果的修正

试验筛的筛网会在试验中磨损，因此筛析结果应进行修正。修正的方法是将 6.(1)的结果乘以该试验筛的有效修正系数，即为最终结果。水泥试验筛的标定方法和修正系数的测定按下列方法进行：

1）原理

用标准样品在试验筛上的测定值，与标准样品的标准值的比值来反映试验筛筛孔的准确度。

2）试验条件

a. 水泥细度标准样品

符合 GSB 14—1511 要求，或相同等级的标准样品。有争议时以 GSB 14—1511 标准样品为准。

b. 仪器设备

符合本章第二节三、（一）3. 要求的相应设备。

3）被标定试验筛

被标定试验筛应事先经过清洗，去污，干燥（水筛除外）并和标定试验室温度一致。

4）标定

a. 标定操作

将标准样装入干燥洁净的密闭广口瓶中，盖上盖子摇动 2min，消除结块。静置 2min 后，用一根干燥洁净的搅拌棒搅匀样品。按照 5.(1) 称量标准样品精确至 0.01g，将标准样品倒进被标定试验筛，中途不得有任何损失。接着按 5.(2) 或 5.(3) 或 5.(4) 进行筛析试验操作。每个试验筛的标定应称取两个标准样品连续进行，中间不得插做其他样品试验。

  b. 标定结果

二个样品结果的算术平均值为最终值，但当二个样品筛余结果相差大于 0.3% 时应称第三个样品进行试验，并取接近的两个结果进行平均作为最终结果。

5) 修正系数计算

修正系数按下式计算：

$$C = F_s / F_t \tag{3-5}$$

式中　C——试验筛修正系数；

　　　F_s——标准样品的筛余标准值，单位为质量百分数(%)；

　　　F_t——标准样品在试验筛上的筛余值，单位为质量百分数(%)。

计算至 0.01。

6) 合格判定

  a. 当 C 值在 0.80～1.20 范围内时，试验筛可继续使用，C 可作为结果修正系数。

  b. 当 C 值超出 0.80～1.20 范围时，试验筛应予淘汰。

实例：

用 A 号试验筛对某水泥样的筛余值为 5.0%，而 A 号试验筛的修正系数为 1.10，则该水泥样的最终结果为：5.0%×1.10=5.5%。

合格评定时，每个样品应称取二个试样分别筛析，取筛余平均值为筛析结果。若两次筛余结果绝对误差大于 0.5% 时(筛余值大于 5.0% 时可放至 1.0%)应再做一次试验，取两次相近结果的算术平均值，作为最终结果。

(3) 试验结果

负压筛析法、水筛法和手工筛析法测定的结果发生争议时，以负压筛析法为准。

(二) 水泥细度检验方法　比表面积法[1]

四、水泥标准稠度用水量、凝结时间、安定性检验方法[2]

本方法规定了水泥标准稠度用水量、凝结时间和由游离氧化钙造成的体积安定性的检验方法。适用于硅酸盐水泥、普通硅酸盐水泥、矿渣硅酸盐水泥、火山灰质硅酸盐水泥、粉煤灰硅酸盐水泥、复合硅酸盐水泥以及指定采用本方法的其他品种水泥。

(一) 原理

1. 水泥标准稠度净浆对标准试杆(或试锥)的沉入具有一定阻力。通过试验不同含水量水泥净浆的穿透性，以确定水泥标准稠度净浆中所需加入的水量。

2. 凝结时间以试针沉入水泥标准稠度净浆至一定深度所需的时间表示。

3. 安定性

(1) 雷氏法是观测由两个试针的相对位移所指示的水泥标准稠度净浆体积膨胀的

---

[1] 参见 GB 8074—87《水泥比表面积测定方法(勃氏法)》，书中不再赘述。

[2] 内容引自 GB/T 1346—2001《水泥标准稠度用水量、凝结时间、安定性检验方法》。

程度。

（2）试饼法是观测水泥标准稠度净浆试饼的外形变化程度。

（二）仪器设备

1. 水泥净浆搅拌机：符合 JC/T 729 的要求。

2. 标准法维卡仪：如图 3-8 所示，标准稠度测定用试杆（见图 3-8c）有效长度为 50mm±1mm、由直径为 ϕ10mm±0.05mm 的圆柱形耐腐蚀金属制成。测定凝结时间时取下试杆，用试针（见图 3-8d、e）代替试杆。试针由钢制成，其有效长度初凝针为 50mm±1mm、终凝针为 30mm±1mm、直径为 ϕ1.13mm±0.05mm 的圆柱体，滑动部分的总重量为 300g±1g。与试杆、试针联结的滑动杆表面应光滑，能靠重力自由下落，不得有紧涩和旷动

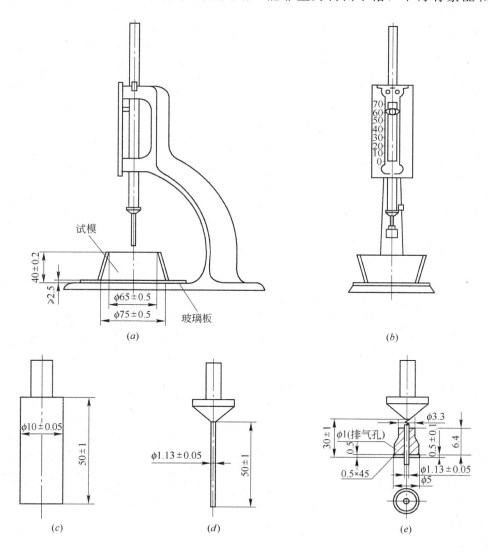

图 3-8　测定水泥标准稠度和凝结时间用的维卡仪

（a）初凝时间测定用立式试模的侧视图；（b）终凝时间测定用反转试模的前视图；

（c）标准稠度试杆；（d）初凝用试针；（e）终凝用试针

现象。

盛装水泥净浆的试模(见图3-8a)应由耐腐蚀的、有足够硬度的金属制成。试模为深40mm±0.2mm、顶内径 ϕ65mm±0.5mm、底内径 ϕ75mm±0.5mm 的截顶圆锥体，每只试模应配备一个大于试模、厚度≥2.5mm的平板玻璃底板。

3. 代用法维卡仪：符合 JC/T 727 要求。

4. 雷氏夹：由铜质材料制成，其结构如图3-9。当一根指针的根部先悬挂在一根金属丝或尼龙丝上，另一根指针的根部再挂上300g重量砝码时，两根指针针尖的距离增加应在 17.5mm±2.5mm 范围内，即 $2x=17.5mm±2.5mm$（见图3-10），当去掉砝码后针尖的距离能恢复至挂砝码前的状态。

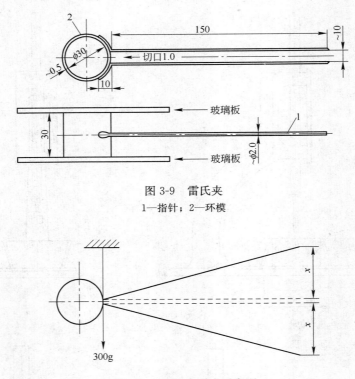

图 3-9 雷氏夹
1—指针；2—环模

图 3-10 雷氏夹受力示意图

5. 沸煮箱：有效容积约为 410mm×240mm×310mm，篦板的结构应不影响试验结果，篦板与加热器之间的距离大于50mm。箱的内层由不易锈蚀的金属材料制成，能在 30min±5min 内将箱内的试验用水由室温升至沸腾状态并保持3h以上，整个试验过程中不需补充水量。

6. 雷氏夹膨胀测定仪：如图3-11所示，标尺最小刻度为0.5mm。

7. 量水器：最小刻度0.1mL，精度1%。

8. 天平：最大称量不小于1000g，分度值不大于1g。

（三）材料

试验用水必须是洁净的饮用水，如有争议时应以蒸馏水为准。

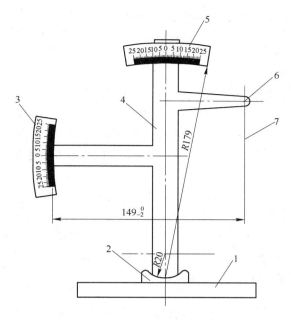

图 3-11 雷氏夹膨胀测定仪
1—底座；2—模子座；3—测弹性标尺；4—立柱；
5—测膨胀值标尺；6—悬臂；7—悬丝

（四）试验条件

1. 试验室温度为 20±2℃，相对湿度应不低于 50%；水泥试样、拌合水、仪器和用具的温度应与试验室一致；

2. 湿气养护箱的温度为 20±1℃，相对湿度不低于 90%。

（五）标准稠度用水量的测定（标准法）

1. 试验前必须做到

（1）维卡仪的金属棒能自由滑动。

（2）调整至试杆接触玻璃板时指针对准零点。

（3）搅拌机运行正常。

2. 水泥净浆的拌制

用水泥净浆搅拌机搅拌，搅拌锅和搅拌叶片先用湿布擦过，将拌合水倒入搅拌锅内，然后在 5~10s 内小心将称好的 500g 水泥加入水中，防止水和水泥溅出；拌合时，先将锅放在搅拌机的锅座上，升至搅拌位置，启动搅拌机，低速搅拌 120s，停 15s，同时将叶片和锅壁上的水泥浆刮入锅中间，接着高速搅拌 120s 停机。

3. 标准稠度用水量的测定步骤

拌合结束后，立即将拌制好的水泥净浆装入已置于玻璃板上的试模中，用小刀插捣，轻轻振动数次，刮去多余的净浆；抹平后迅速将试模和底板移到维卡仪上，并将其中心定在试杆下，降低试杆直至与水泥净浆表面接触，拧紧螺丝 1~2s 后，突然放松，使试杆垂直自由地沉入水泥净浆中。在试杆停止沉入或释放试杆 30s 时记录试杆距底板之间的距离，升起试杆后，立即擦净；整个操作应在搅拌后 1.5min 内完成，以试杆沉入净浆并距底板 6±1mm 的水泥净浆为标准稠度净浆。其拌合水量为该水泥的标准稠度用水量(P)，按水泥重量的百分比计。

（六）凝结时间的测定

1. 测定前准备工作

调整凝结时间测定仪的试针接触玻璃板时，指针对准零点。

2. 试件的制备

以标准稠度用水量按（五）2 条制成标准稠度净浆一次装满试模，振动数次刮平，立即放入湿气养护箱中。记录水泥全部加入水中的时间作为凝结时间的起始时间。

3. 初凝时间的测定

试件在湿气养护箱中养护至加水后 30min 时进行第一次测定。测定时，从湿气养护箱中取出试模放到试针下，降低试针与水泥净浆表面接触，拧紧螺丝 1～2s 后，突然放松，试针垂直自由地沉入水泥净浆。观察试针停止下沉或释放试针 30s 时指针的读数。当试针沉至距底板 4±1mm 时，为水泥达到初凝状态；由水泥全部加入水中至初凝状态的时间为水泥的初凝时间，用"min"表示。

4. 终凝时间的测定

为了准确观测试针沉入的状况，在终凝针上安装了一个环形附件（见图 3-8e）。在完成初凝时间测定后，立即将试模连同浆体以平移的方式从玻璃板取下，翻转 180°，直径大端向上，小端向下放在玻璃板上，再放入湿气养护箱中继续养护，临近终凝时间时每隔 15min 测定一次，当试针沉入试体 0.5mm 时，即环形附件开始不能在试体上留下痕迹时，为水泥达到终凝状态，由水泥全部加入水中至终凝状态的时间为水泥的终凝时间，用"min"表示。

5. 测定时注意事项

测定时应注意，在最初测定的操作时应轻轻扶持金属柱，使其徐徐下降，以防试针撞弯，但结果以自由下落为准；在整个测试过程中试针沉入的位置至少要距试模内壁 10mm。临近初凝时每隔 5min 测定一次，临近终凝时每隔 15min 测定一次，到达初凝或终凝时应立即重复测一次，当两次结论相同时才能定为到达初凝或终凝状态。每次测定不能让试针落入原针孔，每次测试完毕须将试针擦净并将试模放回湿气养护箱内，整个测试过程要防止试模受振。

注：可以使用能得出与标准中规定方法相同结果的凝结时间自动测定仪，使用时不必翻转试体。

（七）安定性的测定（标准法）

1. 测定前的准备工作

每个试样需成型两个试件，每个雷氏夹需配备重量约 75～85g 的玻璃板两块，凡与水泥净浆接触的玻璃板和雷氏夹内表面都要稍稍涂上一层油。

2. 雷氏夹试件的成型

将预先准备好的雷氏夹放在已稍擦油的玻璃板上，并立即将已制好的标准稠度净浆一次装满雷氏夹，装浆时一手轻轻扶持雷氏夹，另一只手用宽约 10mm 的小刀插捣数次，然后抹平，盖上稍涂油的玻璃板，接着立即将试件移至湿气养护箱内养护 24±2h。

3. 沸煮

（1）调整好沸煮箱内的水位，使能保证在整个沸煮过程中都超过试件，不需中途添补试验用水,同时又能保证在 30±5min 内升至沸腾。

(2) 脱去玻璃板取下试件,先测量雷氏夹指针尖端间的距离(A),精确到 0.5mm,接着将试件放入沸煮箱水中的试件架上,指针朝上,然后在 30±5min 内加热至沸并恒沸 180±5min。

(3) 结果判别:沸煮结束后,立即放掉沸煮箱中的热水,打开箱盖,待箱体冷却至室温,取出试件进行判别。测量雷氏夹指针尖端的距离(C),准确至 0.5mm,当两个试件煮后增加距离(C—A)的平均值不大于 4.0mm 时,即认为该水泥安定性合格,当两个试件的(C—A)值相差超过 4.0mm 时,应用同一样品立即重做一次试验。再如此,则认为该水泥为安定性不合格。

(八) 标准稠度用水量的测定(代用法)

1. 试验前必须做到

(1) 维卡仪的金属棒能自由滑动;

(2) 调整至试锥接触锥模顶面时指针对准零点;

(3) 搅拌机运行正常。

2. 水泥净浆的拌制同(五)2 条。

3. 标准稠度的测定

(1) 采用代用法测定水泥标准稠度用水量可用调整水量和不变水量两种方法的任一种测定。采用调整水量方法时拌合水量按经验找水,采用不变水量方法时拌合水量用 142.5mL。

(2) 拌合结束后,立即将拌制好的水泥净浆装入锥模中,用小刀插捣,轻轻振动数次,刮去多余的净浆;抹平后迅速放到试锥下面固定的位置上,将试锥降至净浆表面,拧紧螺丝 1~2s 后,突然放松,让试锥垂直自由地沉入水泥净浆中。到试锥停止下沉或释放试锥 30s 时记录下沉深度。整个操作应在搅拌后 1.5min 内完成。

(3) 用调整水量方法测定时,以试锥下沉深度 28±2mm 时的净浆为标准稠度净浆。其拌合水量为该水泥的标准稠度用水量(P),按水泥重量的百分比计。如下沉深度超过范围需另称试样,调整水量,重新试验,直到达到 28±2mm 为止。

(4) 用不变水量方法测定时,根据测得的试锥下沉深度 S(mm)按式(3-6)(或仪器上对应标尺)计算得到标准稠度用水量 $P(\%)$。

$$P = 33.4 - 0.185S \tag{3-6}$$

当试锥下沉深度小于 13mm 时,应改用调整水量法测定。

(九) 安定性的测定(代用法)

1. 测定前的准备工作

每个样品需准备两块约 100mm×100mm 的玻璃板,凡与水泥净浆接触的玻璃板都要稍稍涂上一层油。

2. 试饼的成型方法

将制好的标准稠度净浆取出一部分分成两等份,使之成球形,放在预先准备好的玻璃板上,轻轻振动玻璃板并用湿布擦过的小刀由边缘向中央抹,做成直径 70~80mm、中心厚约 10mm、边缘渐薄、表面光滑的试饼,接着将试饼放入湿气养护箱内养护 24±2h。

3. 沸煮

(1) 调整好沸煮箱内的水位,使能保证在整个沸煮过程中都超过试件,不需中途添补试验用水,同时又能保证在 30±5min 内升至沸腾。

(2) 脱去玻璃板取下试饼,在试饼无缺陷的情况下将试饼放在沸煮箱水中的篦板上,然后在 30±5min 内加热至沸并恒沸 180±5min。

(3) 结果判别:沸煮结束后,立即放掉沸煮箱中的热水,打开箱盖,待箱体冷却至室温,取出试件进行判别。目测试饼未发现裂缝,用钢直尺检查也没有弯曲(使钢直尺和试饼底部紧靠,以两者间不透光为不弯曲)的试饼为安定性合格,反之为不合格。当两个试饼判别结果有矛盾时,该水泥的安定性为不合格。

五、水泥胶砂强度检验方法(ISO 法)[❶]

本方法规定了水泥胶砂强度检验基准方法的仪器、材料、胶砂组成、试验条件、操作步骤和结果计算等。其抗压强度测定结果与 ISO 679 结果等同。同时也列入可代用的标准砂和振实台,当代用后结果有异议时以基准方法为准。适用于硅酸盐水泥、普遍硅酸盐水泥、矿渣硅酸盐水泥、粉煤灰硅酸盐水泥、复合硅酸盐水泥、火山灰质硅酸盐水泥的抗折与抗压强度的检验。其他水泥采用本方法时必须研究本方法规定的适用性。

(一) 方法概要

本方法为 40mm×40mm×160mm 棱柱试体的水泥抗压强度和抗折强度测定。

试体是由按重量计的一份水泥、三份中国 ISO 标准砂,用 0.5 的水灰比拌制的一组塑性胶砂制成。中国 ISO 标准砂的水泥抗压强度结果必须与 ISO 基准砂的相一致。

胶砂用行星搅拌机搅拌,在振实台上成型。也可使用频率 2800～3000 次/min,振幅 0.75mm 振动台成型。

试体连模一起在湿气中养护 24h,然后脱模在水中养护至强度试验,到试验龄期时将试体从水中取出,先进行抗折强度试验,折断后每截再进行抗压强度试验。

(二) 试验室和设备

1. 试验室

试体成型试验室的温度保持在 20±2℃。相对湿度应不低于 50%。

试体带模养护的养护箱或雾室温度保持在 20±1℃,相对湿度不低于 90%。

试体养护池水温度应在 20±1℃范围内。

试验室空气温度和相对湿度及养护池水温在工作期间每天至少记录一次。

养护箱或雾室的温度与相对湿度至少每 4h 记录一次,在自动控制的情况下记录次数可以酌减至一天记录两次。在温度给定范围内,控制所设定的温度应为此范围中值。

2. 设备

(1) 总则

设备中规定的公差,试验时对设备的正确操作很重要。当定期控制检测发现公差不符时,该设备应替换,或及时进行调整和修理。控制检测记录应予保存。

对新设备的接收检测应包括本标准规定的质量、体积和尺寸范围,对于公差规定的临界尺寸要特别注意。

有的设备材质会影响试验结果,这些材质也必须符合要求。

---

❶ 内容引自 GB/T 17671—1999《水泥胶砂强度检验方法》。

(2) 试验筛

金属丝网试验筛应符合 GB/T 6003 要求，其筛网尺寸如表 3-5(R20 系列)。

试 验 筛　　　　　　　　表 3-5

系　　列	网眼尺寸(mm)
R20	2.0
	1.6
	1.0
	0.50
	0.16
	0.080

(3) 搅拌机

搅拌机(见图 3-12)属行星式，应符合 JC/T 681 要求。

用多台搅拌机工作时，搅拌锅和搅拌叶片应保持配对使用。叶片与锅之间的间隙是指叶片与锅壁最近的距离，应每月检查一次。

(4) 试模

试模由三个水平的模槽组成(见图 3-13)，可同时成型三条截面为 40mm×40mm，长 160mm 的棱形试体，其材质和制造尺寸应符合 JC/T 726 要求。

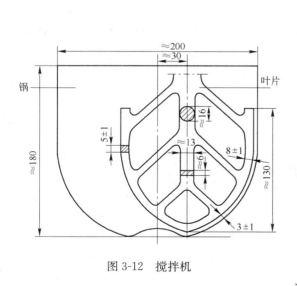

图 3-12　搅拌机

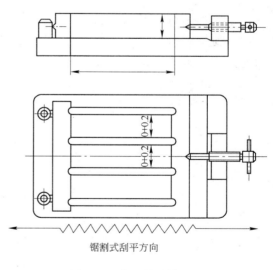

图 3-13　典型的试模

注：不同生产厂家生产的试模和振实台可能有不同的尺寸和重量，因而买主应在采购时考虑其与振实台设备的匹配性。

当试模的任何一个公差超过规定的要求时，就应更换。在组装备用的干净模型时，应用黄干油等密封材料涂覆模型的外接缝。试模的内表面应涂上一薄层模型油或机油。

成型操作时，应在试模上面加有一个壁高 20mm 的金属模套，当从上往下看时，模套壁与模型内壁应该重叠，超出内壁不应大于 1mm。

为了控制料层厚度和刮平胶砂,应备有图 3-14 所示的两个播料器和一金属刮平直尺。

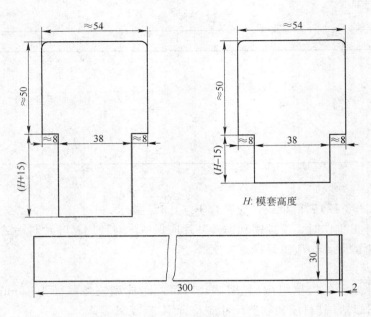

图 3-14 典型的播料器和金属刮平尺

(5) 振实台

振实台(见图 3-15)应符合 JC/T 682 要求。振实台应安装在高度约 400mm 的混凝土基座上。混凝土体积约为 0.25m³,重约 600kg。需防外部振动影响振实效果时,可在整个混凝土基座下放一层厚约 5mm 的天然橡胶弹性衬垫。

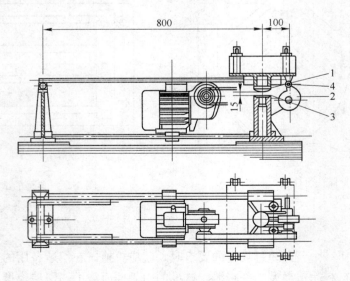

图 3-15 典型的振实台
1—突头;2—凸轮;3—止动器;4—随动轮

将仪器用地脚螺栓固定在基座上,安装后设备成水平状态,仪器底座与基座之间要铺一层砂浆以保证它们的完全接触。

(6) 抗折强度试验机

抗折强度试验机应符合 JC/T 724 的要求,试件在夹具中受力状态如图 3-16。

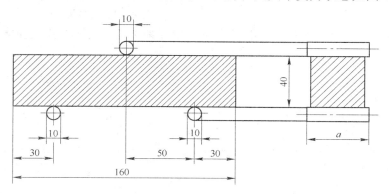

图 3-16　抗折强度测定加荷图

通过三根圆柱轴的三个竖向平面应该平行,并在试验时继续保持平行和等距离垂直试体的方向,其中一根支撑圆柱和加荷圆柱能轻微地倾斜使圆柱与试体完全接触,以便荷载沿试体宽度方向均匀分布,同时不产生任何扭转应力。

抗折强度也可用抗压强度试验机来测定,此时应使用符合上述规定的夹具。

(7) 抗压强度试验机

抗压强度试验机,在较大的五分之四量程范围内使用时记录的荷载应有±1%精度,并具有按 2400±200N/s 速率的加荷能力,应有一个能指示试件破坏时荷载并把它保持到试验机卸荷以后的指示器,可以用表盘里的峰值指针或显示器来达到。人工操纵的试验机应配有一个速度动态装置以便于控制荷载增加。

压力机的活塞竖向轴应与压力机的竖向轴重合,在加荷时也不例外,而且活塞作用的合力要通过试件中心。压力机的下压板表面应与该机的轴线垂直并在加荷过程中一直保持不变。

压力机上压板球座中心应在该机竖向轴线与上压板下表面相交点上,其公差为±1mm。上压板在与试体接触时能自动调整,但在加荷期间上下压板的位置应固定不变。

试验机压板应由维氏硬度不低于 HV600 硬质钢制成,最好为碳化钨,厚度不小于 10mm,宽为 40±0.1mm,长不小于 40mm。压板和试件接触的表面平面度公差应为 0.01mm,表面粗糙度(R_a)应在 0.1~0.8 之间。

当试验机没有球座,或球座已不灵活或直径大于 120mm 时,应采用规定的抗压强度试验夹具。

注:1. 试验机的最大荷载以 200~300kN 为佳,可以有两个以上的荷载范围,其中最低荷载范围的最高值大致为最高范围里的最大值的五分之一。

2. 采用具有加荷速度自动调节方法和具记录结果装置的压力机是合适的。

3. 可以润滑球座以便使其与试件接触更好,但在加荷期间不致因此而发生压板的位移。在高压下有效的润滑剂不适宜使用,以免导致压板的移动。

4. "竖向"、"上"、"下"等术语是对传统的试验机而言。此外,轴线不呈竖向的压力机也可以使用，只要按规定和其他要求接受为代用试验方法时。

（8）抗压强度试验机用夹具

当需要使用夹具时，应把它放在压力机的上下压板之间并与压力机处于同一轴线，以便将压力机的荷载传递至胶砂试件表面。夹具应符合 JC/T 683 的要求，受压面积为 40mm×40mm。夹具在压力机上位置见图 3-17，夹具要保持清洁，球座应能转动以使其上压板能从一开始就适应试体的形状并在试验中保持不变。使用中夹具应满足 JC/T 683 的全部要求。

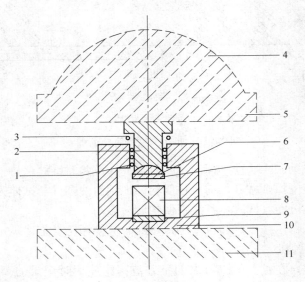

图 3-17　典型的抗压强度试验夹具

1—滚珠轴承；2—滑块；3—复位弹簧；4—压力机球座；5—压力机上压板；
6—夹具球座；7—夹具上压板；8—试体；9—底板；10—夹具下垫板；11—压力机下压板

注：1. 可以润滑夹具的球座，但在加荷期间不会使压板发生位移，不能用高压下有效的润滑剂。
　　2. 试件破坏后，滑块能自动回复到原来的位置。

（三）胶砂组成

1. 砂

（1）总则

各国生产的 ISO 标准砂都可以用来按本标准测定水泥强度。对标准砂作全面地和明确地规定是困难的，因此在鉴定和质量控制时使砂子与 ISO 基准砂比对标准化是必要的。

（2）ISO 基准砂

ISO 基准砂是由德国标准砂公司制备的 SiO_2 含量不低于 98% 的天然的圆形硅质砂组成，其颗粒分布在表 3-6 规定的范围内。

砂的筛析试验应用有代表性的样品来进行，每个筛子的筛析试验应进行至每分钟通过量小于 0.5g 为止。

砂的湿含量是在 105～110℃ 下用代表性砂样烘 2h 的重量损失来测定，以干基的重量百分数表示，应小于 0.2%。

ISO 基准砂颗粒分布　　　　　　　　　　　　　　　表 3-6

方孔边长(mm)	累计筛余(%)
2.0	0
1.6	7±5
1.0	33±5
0.5	67±5
0.16	87±5
0.08	99±1

(3) 中国 ISO 标准砂

中国 ISO 标准砂完全符合(表 3-6)的颗粒分布，湿含量符合规定。生产期间这种测定每天应至少进行一次。这些要求不足以保证标准砂与基准砂等同。这种等效性是通过标准砂和基准砂比对检验程序来保持的。

中国 ISO 标准砂可以单级分包装，也可以各级预配合以 1350±5g 量的塑料袋混合包装，但所用塑料袋材料不得影响强度试验结果。

2. 水泥

当试验水泥从取样至试验要保持 24h 以上时，应把它贮存在基本装满和气密的容器里，这个容器应不与水泥起反应。

3. 水

仲裁试验或其他重要试验用蒸馏水，其他试验可用饮用水。

(四) 胶砂的制备

1. 配合比

胶砂的重量配合比应为一份水泥，三份标准砂和半份水(水灰比为 0.5)。一锅胶砂成三条试体，每锅材料需要量如表 3-7。

每锅胶砂的材料数量(g)　　　　　　　　　　　　　表 3-7

水泥品种 \ 材料量	水泥	标准砂	水
硅酸盐水泥			
普通硅酸盐水泥			
矿渣硅酸盐水泥	450±2	1350±5	225±1
粉煤灰硅酸盐水泥			
火山灰质硅酸盐水泥			
复合硅酸盐水泥			

火山灰质硅酸盐水泥、粉煤灰硅酸盐水泥、复合硅酸盐水泥、和掺火山灰质混合材料的普通硅酸盐水泥、在进行胶砂强度检验时，其用水量按 0.50 水灰比和胶砂流动度不小于 180mm 来确定。当流动度小于 180mm 时，应以 0.01 的整倍数递增的方法将水灰比调整至胶砂流动度不小于 180mm。胶砂流动度试验按 GB/T 2419 进行。

2. 配料

水泥、砂、水和试验用具的温度与试验室相同，称量用的天平精度应为±1g。当用自动滴管加 225mL 水时,滴管精度应达到±1mL。

3. 搅拌

每锅胶砂用搅拌机进行机械搅拌。先使搅拌机处于待工作状态,然后按以下的程序进行操作:

把水加入锅里,再加入水泥,把锅放在固定架上,上升至固定位置。

然后立即开动机器,低速搅拌 30s 后,在第二个 30s 开始的同时均匀地将砂子加入,当各级砂是分装时,从最粗粒级开始,依次将所需的每级砂量加完。把机器转至高速再拌 30s。

停拌 90s,在第 1 个 15s 内用一胶皮刮具将叶片和锅壁上的胶砂,刮入锅中间。在高速下继续搅拌 60s。各个搅拌阶段,时间误差应在±1s 以内。

(五)试件的制备

1. 尺寸应是 40mm×40mm×160mm 的棱柱体。

2. 成型

(1) 用振实台成型

胶砂制备后立即进行成型。将空试模和模套固定在振实台上,用一个适当勺子直接从搅拌锅里将胶砂分两层装入试模,装第一层时,每个槽里约放 300g 胶砂,用大播料器(见图 3-14)垂直架在模套顶部沿每个模槽来回一次将料层播平,接着振实 60 次。再装入第二层胶砂,用小播料器播平,再振实 60 次。移走模套,从振实台上取下试模,用一金属直尺(见图 3-14)以近似 90°的角度架在试模模顶的一端,然后沿试模长度方向以横向锯割动作慢慢向另一端移动,一次将超过试模部分的胶砂刮去,并用同一直尺以近乎水平的情况下将试体表面抹平。

在试模上作标记或加字条标明试件编号和试件相对于振实台的位置。

(2) 用振动台成型

当使用代用的振动台成型时,操作如下:

在搅拌胶砂的同时将试模和下料漏斗卡紧在振动台的中心。将搅拌好的全部胶砂均匀地装入下料漏斗中,开动振动台,胶砂通过漏斗流入试模。振动 120±5s 停车。振动完毕,取下试模,用刮平尺以规定的刮平手法刮去其高出试模的胶砂并抹平。接着在试模上作标记或用字条表明试件编号。

(六)试件的养护

1. 脱模前的处理和养护

去掉留在模子四周的胶砂。立即将作好标记的试模放入雾室或湿箱的水平架子上养护,湿空气应能与试模各边接触。养护时不应将试模放在其他试模上。一直养护到规定的脱模时间时取出脱模。脱模前,用防水墨汁或颜料笔对试体进行编号和做其他标记。两个龄期以上的试体,在编号时应将同一试模中的三条试体分在两个以上龄期内。

2. 脱模

脱模应非常小心❶。对于 24h 龄期的,应在破型试验前 20min 内脱模❷对于 24h 以上龄期的,应在成型后 20~24h 之间脱模❷。

---

❶ 脱模时可用塑料锤或橡皮榔头或专门的脱模器。

❷ 对于胶砂搅拌或振实操作,或胶砂含气量试验的对比,建议称量每个模型中试体的重量。

注：如经 24h 养护，会因脱模对强度造成损害时，可以延迟至 24h 以后脱模，但在试验报告中应予说明。

已确定作为 24h 龄期试验（或其他不下水直接做试验）的已脱模试体，应用湿布覆盖至做试验时为止。

3. 水中养护

将做好标记的试件立即水平或竖直放在 20±1℃ 水中养护，水平放置时刮平面应朝上。

试件放在不易腐烂的篦子上，并彼此间保持一定间距，以让水与试件的六个面接触。养护期间试件之间间隔或试体上表面的水深不得小于 5mm。

注：不宜用木篦子。

每个养护池只养护同类型的水泥试件。

最初用自来水装满养护池（或容器），随后随时加水保持适当的恒定水位，不允许在养护期间全部换水。

除 24h 龄期或延迟至 48h 脱模的试体外，任何到龄期的试体应在试验（破型）前 15min 从水中取出。揩去试体表面沉积物，并用湿布覆盖至试验为止。

4. 强度试验试体的龄期

试体龄期是从水泥加水搅拌开始试验时算起。不同龄期强度试验在下列时间里进行。

——24h±15min；

——48h±30min；

——72h±45min；

——7d±2h；

——≥28d±8h。

（七）试验程序

1. 总则

用规定的设备以中心加荷法测定抗折强度。

在折断后的棱柱体上进行抗压试验，受压面是试体成型时的两个侧面，面积为 40mm×40mm。

当不需要抗折强度数值时，抗折强度试验可以省去。但抗压强度试验应在不使试件受有害应力情况下折断的两截棱柱体上进行。

2. 抗折强度测定

将试体一个侧面放在试验机支撑圆柱上，试体长轴垂直于支撑圆柱，通过加荷圆柱以 50±10N/s 的速率均匀地将荷载垂直地加在棱柱体相对侧面上，直至折断。

保持两个半截棱柱体处于潮湿状态直至抗压试验。

抗折强度 R_f 以牛顿每平方毫米（MPa）表示，按式（3-7）进行计算：

$$R_f = \frac{1.5 F_f L}{b^3} \tag{3-7}$$

式中 F_f——折断时施加于棱柱体中部的荷载（N）；

L——支撑圆柱之间的距离（mm）；

b——棱柱体正方形截面的边长（mm）。

3. 抗压强度测定

抗压强度试验用规定的抗压强度试验机和抗压强度试验机用夹具,在半截棱柱体的侧面上进行。

半截棱柱体中心与压力机压板受压中心差应在±0.5mm内,棱柱体露在压板外的部分约有10mm。

在整个加荷过程中以2400±200N/s的速率均匀地加荷直至破坏。

抗压强度R_c以牛顿每平方毫米(MPa)为单位,按式(3-8)进行计算:

$$R_c = \frac{F_c}{A} \tag{3-8}$$

式中　F_c——破坏时的最大荷载(N);

　　　A——受压部分面积[mm^2(40mm×40mm=1600mm^2)]。

(八) 水泥的合格检验

1. 总则

强度测定方法有两种主要用途,即合格检验和验收检验。本条叙述了合格检验,即用它确定水泥是否符合规定的强度要求。

2. 试验结果的确定

(1) 抗折强度

以一组三个棱柱体抗折结果的平均值作为试验结果。当三个强度值中有超出平均值±10%时,应剔除后再取平均值作为抗折强度试验结果。

(2) 抗压强度

以一组三个棱柱体上得到的六个抗压强度测定值的算术平均值为试验结果。

如六个测定值中有一个超出六个平均值的±10%,就应剔除这个结果,而以剩下五个的平均数为结果。如果五个测定值中再有超过它们平均数±10%的,则此组结果作废。

3. 试验结果的计算

各试体的抗折强度记录至0.1MPa,按规定计算平均值,计算精确至0.1MPa。

各个半棱柱体得到的单个抗压强度结果计算至0.1MPa,按规定计算平均值,计算精确至0.1MPa。

4. 试验报告

报告应包括所有各单个强度结果(包括按规定舍去的试验结果)和计算出的平均值。

5. 检验方法的精确性

检验方法的精确性通过其重复性和再现性来测量。

合格检验方法的精确性是通过它的再现性来测量的。

验收检验方法和以生产控制为目的检验方法的精确性是通过它的重复性来测量的。

6. 再现性

抗压强度测量方法的再现性,是同一个水泥样品在不同试验室工作的不同操作人员,在不同的时间,用不同来源的标准砂和不同套设备所获得试验结果误差的定量表达。

对于28d抗压强度的测定,在合格试验室之间的再现性,用变异系数表示,可要求不超过6%。

这意味着不同试验室之间获得的两个相应试验结果的差可要求(概率95%)小于约15%。

六、水泥胶砂流动度测定[1]

由于水泥需水量的不同,使用定量的水拌制的水泥胶砂流动度亦不尽相同,这对测定水泥胶砂强度时的下料造成一定困难。本方法主要提供如何测定水泥胶砂流动度,从而确定水泥胶砂的适宜水量。

(一) 方法原理

通过测量一定配比的水泥胶砂在规定振动状态下的扩展范围来衡量其流动性。

(二) 仪器和设备

1. 水泥胶砂流动度测定仪(简称跳桌)

技术要求及其安装方法

(1) 技术要求

1) 跳桌主要由铸铁机架和跳动部分组成(图3-18)。

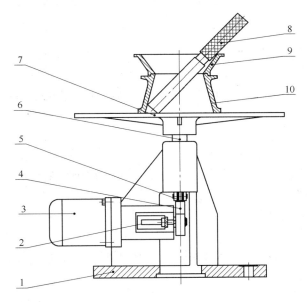

图3-18 跳桌结构示意图(单位:mm)
1—机架;2—接近开关;3—电机;4—凸轮;5—滑轮;6—推杆;
7—圆盘桌面;8—捣棒;9—模套;10—截锥圆模

2) 机架是铸铁铸造的坚固整体,有三根相隔120°分布的增强筋延伸整个机架高度。机架孔周围环状精磨。机架孔的轴线与圆盘上表面垂直。当圆盘下落和机架接触时,接触面保持光滑,并与圆盘上表面成平行状态,同时在360°范围内完全接触。

3) 跳动部分主要由圆盘桌面和推杆组成,总质量为4.35kg±0.15kg,且以推杆为中心均匀分布。圆盘桌面为布氏硬度不低于200HB的铸钢,直径为300±1mm,边缘约厚5mm。其上表面应光滑平整,并镀硬铬。表面粗糙度R_a在0.8~1.6之间。桌面中心有直径为125mm的刻圆,用以确定锥形试模的位置。从圆盘外缘指向中心有8条线,相隔45°分布。桌面下有6根辐射状筋,相隔60°均匀分布。圆盘表面的平面度不超过

---

[1] 内容引自 GB/T 2419—2005《水泥胶砂流动度测定方法》。

0.10mm。跳动部分下落瞬间，托轮不应与凸轮接触。跳桌落距为 10.0mm±0.2mm。推杆与机架孔的公差间隙为 0.05mm～0.10mm。

4）凸轮（图 3-19）由钢制成，其外表面轮廓符合等速螺旋线，表面硬度不低于洛氏 55HRC。当推杆和凸轮接触时不应察觉出有跳动，上升过程中保持圆盘桌面平稳，不抖动。

5）转动轴与转速为 60r/min 的同步电机，其转动机构能保证胶砂流动度测定仪在（25±1）s 内完成 25 次跳动。

6）跳桌底座有 3 个直径为 12mm 的孔，以便与混凝土基座连接，三个孔均匀分布在直径 200mm 的圆上。

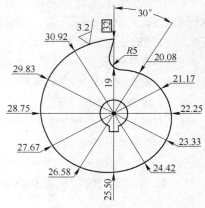

图 3-19 凸轮示意图（单位：mm）

(2) 安装和润滑

1）跳桌宜通过膨胀螺栓安装在已硬化的水平混凝土基座上。基座由表观密度至少为 2240kg/m³ 的重混凝土浇筑而成，基部约为 400mm×400mm 见方，高约 690mm。

2）跳桌推杆应保持清洁，并稍涂润滑油。圆盘与机架接触面不应该有油。凸轮表面上涂油可减少操作的摩擦。

(3) 检定

跳桌安装好后，采用流动度标准样（JB W01—1—1）进行检定，测得标样的流动度值如与给定的流动度值相差在规定范围内，则该跳桌的使用性能合格。

2. 水泥胶砂搅拌机

符合 JC/T 681 的要求。

3. 试模

由截锥圆模和模套组成。金属材料制成，内表面加工光滑。圆模尺寸为：

高度 60±0.5mm；

上口内径 70±0.5mm；

下口内径 100±0.5mm；

下口外径 120mm；

模壁厚大于 5mm。

4. 捣棒

金属材料制成，直径为 20±0.5mm，长度约 200mm。

捣棒底面与侧面成直角，其下部光滑，上部手柄滚花。

5. 卡尺

量程不小于 300mm，分度值不大于 0.5mm。

6. 小刀

刀口平直，长度大于 80mm。

7. 天平

量程不小于 1000g，分度值不大于 1g。

(三) 试验条件及材料

1. 试验室、设备、拌合水、样品

应符合《水泥胶砂强度检验方法》GB/T 17671—1999 中第 4 条试验室和设备的有关规定。

2. 胶砂组成

胶砂材料用量按相应标准要求或试验设计确定。

（四）试验方法

1. 如跳桌在 24h 内未被使用，先空跳一个周期 25 次。

2. 胶砂制备按 GB/T 17671 有关规定进行。在制备胶砂的同时，用潮湿棉布擦拭跳桌台面、试模内壁、捣棒以及与胶砂接触的用具，将试模放在跳桌台面中央并用潮湿棉布覆盖。

3. 将拌好的胶砂分两层迅速装入试模，第一层装至截锥圆模高度约三分之二处，用小刀在相互垂直两个方向各划 5 次，用捣棒由边缘至中心均匀捣压 15 次(图 3-20)；随后，装第二层胶砂，装至高出截锥圆模约 20mm，用小刀在相互垂直两个方向各划 5 次，再用捣棒由边缘至中心均匀捣压 10 次(图 3-21)。捣压后胶砂应略高于试模。捣压深度，第一层捣至胶砂高度的二分之一，第二层捣实不超过已捣实底层表面。装胶砂和捣压时，用手扶稳试模，不要使其移动。

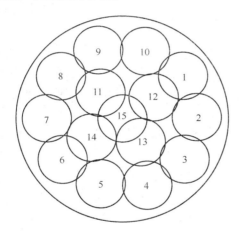 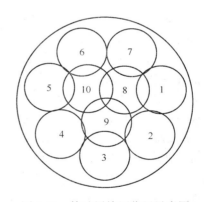

图 3-20 第一层捣压位置示意图　　图 3-21 第二层捣压位置示意图

4. 捣压完毕，取下模套，将小刀倾斜，从中间向边缘分两次以近水平的角度抹去高出截锥圆模的胶砂，并擦去落在桌面上的胶砂。将截锥圆模垂直向上轻轻提起。立刻开动跳桌，以每秒钟一次的频率，在 25±1s 内完成 25 次跳动。

5. 流动度试验，从胶砂加水开始到测量扩散直径结束，应在 6min 内完成。

（五）结果与计算

跳动完毕，用卡尺测量胶砂底面互相垂直的两个方向直径，计算平均值，取整数，单位为毫米。该平均值即为该水量的水泥胶砂流动度。

七、水泥密度测定❶

水泥密度(原称比重)是进行混凝土配合比设计的参考资料之一。水泥密度与其熟料的

---

❶ 内容引自 GB/T 208—94《水泥密度测定方法》。

矿物组成和掺用的混合材料有关,水泥受潮密度也会减小。因此本方法适用于测定水硬性水泥的密度和测定采用本方法的其他粉状物料的密度。

(一) 原理

将定量水泥装入盛有一定数量无水煤油(主要不使水泥水化)的李氏瓶中,根据阿基米德原理,水泥的体积等于它所排开液体的体积,因此计算出水泥单位体积的重量。

(二) 仪器设备

1. 李氏瓶

容积约为 250mL,瓶颈刻度由 0~24mL,且 0~1mL 和 18~24mL,应以 0.1mL 刻度、任何标明的容量误差都不得大于 0.05mL,见图 3-22。

李氏瓶的结构材料是优质玻璃,透明无条纹,具有抗化学侵蚀性且热滞后性小,要有足够的强度,以确保较好的耐裂性。

2. 无水煤油符合 GB 253 的要求。

3. 恒温水槽。

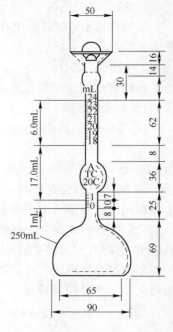

图 3-22 李氏瓶

(三) 测定步骤

1. 将无水煤油注入李氏瓶中至 0 到 1mL 刻度线后(以弯月面下部为准),盖上瓶塞放入恒温水槽内,使刻度部分浸入水中(水温应控制在李氏瓶刻度时的温度),恒温 30min,记下初始(第一次)读数。

2. 从恒温水槽中取出李氏瓶,用滤纸将李氏瓶细长颈内没有煤油的部分仔细擦干净。

3. 水泥试样应预先通过 0.90mm 方孔筛,在 110±5℃ 温度下干燥 1h,并在干燥器内冷却至室温,称取水泥 60g,称准至 0.01g。

4. 用小匙将水泥样品一点点的装入李氏瓶中,反复摇动(亦可用超声波振动),至没有气泡排出,再次将李氏瓶静置于恒温水槽中,恒温 30min,记下第二次读数。

5. 第一次读数和第二次读数时,恒温水槽的温度差不大于 0.2℃。

(四) 结果计算

1. 水泥体积应为第二次读数减去初始(第一次)读数,即水泥所排开的无水煤油的体积(mL)。

2. 水泥密度 ρ (g/cm³) 按下式计算:

$$\text{水泥密度 } \rho = \text{水泥重量(g)} / \text{排开的体积(cm}^3\text{)}$$

结果计算到小数第三位,且取整数到 0.01g/cm³,试验结果取两次测定结果的算术平均值,两次测定结果之差不得超过 0.02g/cm³。

八、水泥压蒸安定性试验❶

水泥压蒸安定性试验,主要是检验由于方镁石水化可能引起的水泥体积不均匀变化,从而造成水泥体积安定性不良。本方法适用于通用水泥及其他指定采用本方法的水泥品种

---

❶ 内容引自 GB/T 750—92《水泥压蒸安定性试验方法》。

的压蒸安定性试验。

（一）检测原理

采用在饱和水蒸气条件下提高温度和压力（相当于 215.7℃，其对应压力为 2.0MPa），使水泥中的方镁石在较短的时间内（压蒸 3h）绝大部分水化，用试件的压蒸膨胀率来判断水泥体积安定性。

（二）仪器设备

1. 25mm×25mm×280mm 试模、钉头、捣棒和比长仪，符合 GB 751《水泥胶砂干缩试验方法》的要求。

2. 水泥净浆搅拌机（符合 GB 3350.8《水泥物理检验仪器、水泥净浆搅拌机》的要求）、沸煮箱（符合 GB 1346《水泥标准稠度用水量、凝结时间、安定性检验方法》中 4.5 条要求）。

3. 压蒸釜：为高压水蒸气容器，使用的电热器能在 45~75min 内使锅内蒸汽压力升至表压 2.0MPa，恒压时不使蒸汽排出。压力自动控制器应能使锅内压力控制在 2.0±0.05MPa（相当于 215.7±1.3℃）范围内，并保持 3h 以上。压蒸釜在停止加热后 90min 内能使压力从 2.0MPa 降至 0.1MPa 以下。

（三）试件成型

1. 试模准备

试验前在试模内涂薄机油，并将钉头装入模槽两端的圆孔内，钉头外露部分不沾机油。

2. 水泥标准稠度净浆制备

每个试样应称取水泥 800g，用标准稠度用水量拌制成型两条试件。

3. 试体成型

将拌好的水泥净浆分两层装入试模内。第一层装入高度约为试模的五分之三，用小刀划插数次，然后用 23mm×23mm 捣棒由钉头内侧从一端向另一端顺序捣压 10 次，往返共捣压 20 次，再用缺口捣棒在钉头两侧各捣压 2 次。第二层浆体装满后，用小刀划匀，插划深度应透过第一层浆体表面，再用捣棒顺序捣压 12 次，往返共捣压 24 次。捣压完毕后将多余浆体装到模上，放入养护箱中（温度 20+1℃，相对湿度 90%以上）养护 3~5h 后，将多余浆体刮去抹平、编号，继续放入养护箱中养护至 24h 脱模。

（四）试件沸煮

1. 初长测量

试件脱模后立即用比长仪进行初长测量（L_0）结果记录至 0.001mm。测量前用校正杆校正比长仪百分表零读数，测量完毕后也要核对零读数，如有变动，试件应重新测量。

2. 沸煮

测完初长的试件平放在沸煮箱试架上按 GB/T 1346—2001 沸煮安定性试验制度进行 3.5h 试验后，需要时也可进行测长。

（五）试件压蒸

(1) 经沸煮试验后的试件应放在 20±2℃水中养护，并在 4d 内完成压蒸试验。

(2) 压蒸前将试件在室温下按一定间隙（1~2cm）放在试件支架上，试件不应接触水面。

(3) 加热初期应打开放汽阀,让釜内空气排出直至有蒸汽大量放出后关团。釜内温度从加热开始经 45~75min 达到表压 2.0±0.05MPa,在该压力下保持压蒸 3h 后切断电源,90min 内使压蒸釜内压力降至低于 0.1MPa,然后轻启放汽阀,排出釜内剩余蒸汽。

(4) 打开压蒸釜,取出试件立即置入 90℃以上热水中,徐徐在热水中均匀加入冷水,15min 内使水温降至室温,继续冷却 15min,取出试件擦净,按要求测长(L_1)。如发现试件弯曲、过长、龟裂等应做记录。

(六) 结果计算与评定

1. 结果计算

水泥净浆试件膨胀率以百分数表示,并按下式计算:

$$L_A = \frac{L_1 - L_0}{L} \times 100\% \tag{3-9}$$

式中 L_A——试件压蒸膨胀率(%);

L——试件有效长度,250mm;

L_0——试件脱模后初长读数(mm);

L_1——试件压蒸后长度读数(mm)。

试验结果以两条试件的平均值作为测试值,并计算至 0.01%。当试件的膨胀率与平均测试值相差超过±10%时,应重做。

2. 结果评定

普通硅酸盐水泥、矿渣硅酸盐水泥、火山灰质硅酸盐水泥、粉煤灰硅酸盐水泥的压蒸膨胀率不大于 0.50%,硅酸盐水泥的压蒸膨胀率不大于 0.80%时,为体积安定性合格,反之为不合格。

第三节 白色硅酸盐水泥[1]

特性水泥是指有特殊功能的水泥。常用特性水泥有:快硬硅酸盐水泥、高铝水泥、硫铝酸盐水泥、抗硫酸盐水泥、膨胀水泥、自应力水泥、白色硅酸盐水泥等。本节仅介绍白色硅酸盐水泥。

一、术语与定义

白色硅酸盐水泥

由氧化铁含量少的硅酸盐水泥熟料、适量石膏及本节二、3.规定的混合材料,磨细制成水硬性胶凝材料称为白色硅酸盐水泥(简称"白水泥")。代号 P·W。

二、材料要求

1. 白色硅酸盐水泥熟料

以适当成分的生料烧至部分熔融,所得以硅酸钙为主要成分,氧化铁含量少的熟料。熟料中氧化镁的含量不宜超过 5.0%;如果水泥经压蒸安定性试验合格,则熟料中氧

---

[1] 内容引自 GB/T 2015—2005《白色硅酸盐水泥》。

化镁的含量允许放宽到 6.0%。

2. 石膏

天然石膏：符合 GB/T 5483 规定 G 类或 A 类二级（含）以上的石膏或硬石膏。

工业副产石膏：工业生产中以硫酸钙为主要成分的副产品。采用工业副产石膏时应经过试验证明对水泥性能无害。

3. 混合材料

混合材料是指石灰石或窑灰。混合材料掺量为水泥重量的 0~10%。

石灰石中的三氧化二铝含量应不超过 2.5%。

窑灰应符合 JC/T 742 的规定。

4. 助磨剂

水泥粉磨时允许加入助磨剂，加入量应不超过水泥重量的 1%。助磨剂应符合 JC/T 667 的规定。

三、强度等级

白色硅酸盐水泥强度等级分为 32.5、42.5、52.5。

四、技术要求

1. 三氧化硫

水泥中的三氧化硫的含量应不超过 3.5%。

2. 细度

80μm 方孔筛筛余应不超过 10%。

3. 凝结时间

初凝应不早于 45min，终凝应不迟于 10h。

4. 安定性

用沸煮法检验必须合格。

5. 水泥白度

水泥白度值应不低于 87。

6. 强度

水泥强度等级按规定的抗压强度和抗折强度来划分，各强度等级的各龄期强度应不低于表 3-8 数值。

白水泥强度等级标准　　　　　　表 3-8

强度等级	抗压强度（MPa）		抗折强度（MPa）	
	3d	28d	3d	28d
32.5	12.0	32.5	3.0	6.0
42.5	17.0	42.5	3.5	6.5
52.5	22.0	52.5	4.0	7.0

五、试验方法

1. 氧化镁、三氧化硫

按 GB/T 176 进行。

2. 细度

按 GB 1345 进行。

3. 凝结时间和安定性

按 GB/T 1346 进行。

4. 压蒸安定性

按 GB/T 750 进行。

5. 白度

按本标准附录 A 进行。

6. 强度

按 GB/T 17671 进行。

第四章 混凝土

第一节 概述

一、定义

混凝土泛指由无机胶结材料（水泥、石灰、石膏、硫磺、菱苦土、水玻璃等）或有机胶结材料（沥青、树脂等）、水、骨料（粗、细骨料和轻骨料等）和外加剂、掺合料，按一定比例拌合并在一定条件下凝结、硬化而成的复合固体材料的总称。

一般所称的混凝土是指水泥混凝土。它由胶结材料水泥和水、砂、石、外加剂等按一定比例配制，经搅拌、成型、养护、凝结、硬化而成的复合固体建筑材料，称为普通混凝土，简称混凝土。

二、常用混凝土的分类

混凝土的分类较为庞杂，分类方法很多，可按下述分类。

（一）按密度分类

特重混凝土，密度>2700kg/m^3；

重混凝土，密度 1900~2500kg/m^3；

轻混凝土，密度<1900kg/m^3。

注：轻混凝土又可分为(1)轻骨料混凝土，密度一般在 800~1900kg/m^3；(2)多孔混凝土，密度一般在 300~1200kg/m^3。

（二）按性能和用途分类

结构混凝土、耐热混凝土、耐火混凝土、不发火混凝土、防水混凝土、绝热混凝土、耐油混凝土、耐酸混凝土、耐碱混凝土、防护混凝土、补偿收缩混凝土等。

（三）按胶结材料分类

硅酸盐水泥混凝土、铝酸盐水泥混凝土、沥青混凝土、硫磺混凝土、树脂混凝土、聚合物水泥混凝土、石膏混凝土等。

（四）按流动性（稠度）分类

干硬性混凝土：混凝土拌合物的坍落度小于 10mm 且须用维勃稠度(s)表示其稠度的混凝土；

塑性混凝土：混凝土拌合物坍落度为 10~90mm 的混凝土；

流动性混凝土：混凝土拌合物坍落度为 100~150mm 的混凝土；

大流动性混凝土：混凝土拌合物坍落度等于或大于 160mm 的混凝土。

（五）按强度分类

普通混凝土：抗压强度 10~50MPa；

高强混凝土：抗压强度≥60MPa；

超高混凝土：抗压强度≥100MPa。

（六）按施工方法分类

泵送混凝土、喷射混凝土、离心混凝土、真空混凝土、振实挤压混凝土、升浆法混凝土等。

三、混凝土的主要性能

1. 混凝土拌合物的性能

如密度、和易性、含气量、凝结时间、均匀系数、捣实因数等。

2. 混凝土的主要物理性能

如密度、密实度、抗渗性能、热工性能等。

3. 混凝土的力学性能

如抗压强度、轴心抗压强度、抗拉强度、抗折强度、抗剪强度、抗弯强度、粘结强度、疲劳强度等。

4. 混凝土的变形性能和耐久性能

如弹性变形、收缩、徐变、碳化、抗冻性能等。

第二节 普通混凝土用砂、石[1]

一、术语

1. 天然砂：由自然条件作用而形成的，公称粒径小于 5.00mm 的岩石颗粒。按其产源不同，可分为河砂、海砂、山砂。

2. 人工砂：岩石经除土开采、机械破碎、筛分而成的，公称粒径小于 5.00mm 的岩石颗粒。

3. 混合砂：由天然砂与人工砂按一定比例组合而成的砂。

4. 碎石：由天然岩石或卵石经破碎、筛分而得的，公称粒径大于 5.00mm 的岩石颗粒。

5. 卵石：由自然条件作用形成的，公称粒径大于 5.00mm 的岩石颗粒。

6. 含泥量：砂、石中公称粒径小于 $80\mu m$ 颗粒的含量。

7. 砂的泥块含量：砂中公称粒径大于 1.25mm，经水洗、手捏后变成小于 $630\mu m$ 的颗粒的含量。

8. 石的泥块含量：石中公称粒径大于 5.00mm，经水洗、手捏后变成小于 2.50mm 的颗粒的含量。

9. 石粉含量：人工砂中公称粒径小于 $80\mu m$，且其矿物组成和化学成分与被加工母岩相同的颗粒含量。

10. 表观密度：骨料颗粒单位体积（包括内封闭孔隙）的质量。

11. 紧密密度：骨料按规定方法颠实后单位体积的质量。

12. 堆积密度：骨料在自然堆积状态下单位体积的质量。

13. 坚固性：骨料在气候、环境变化或其他物理因素作用下抵抗破裂的能力。

14. 轻物质：砂中表观密度小于 $2000kg/m^3$ 的物质。

---

[1] 内容引自 JGJ 52—2006《普通混凝土用砂、石质量及检验方法标准》。

15. 针、片状颗粒：凡岩石颗粒的长度大于该颗粒所属粒级的平均粒径 2.4 倍者为针状颗粒；厚度小于平均粒径 0.4 倍者为片状颗粒。平均粒径指该粒级上、下限粒径的平均值。

16. 压碎值指标：人工砂、碎石或卵石抵抗压碎的能力。

17. 碱活性骨料：能在一定条件下与混凝土中的碱发生化学反应导致混凝土产生膨胀、开裂甚至破坏的骨料。

二、质量要求

(一) 砂的质量要求

1. 砂的粗细程度按细度模数 μ_f 分为粗、中、细、特细四级，其范围应符合下列规定：

粗砂：$\mu_f=3.7\sim3.1$

中砂：$\mu_f=3.0\sim2.3$

细砂：$\mu_f=2.2\sim1.6$

特细砂：$\mu_f=1.5\sim0.7$

2. 砂筛应采用方孔筛。砂的公称粒径、砂筛筛孔的公称直径和方孔筛筛孔边长应符合表 4-1 的规定。

砂的公称粒径、砂筛筛孔的公称直径和方孔筛筛孔边长尺寸　　　　表 4-1

砂的公称粒径	砂筛筛孔的公称直径	方孔筛筛孔边长
5.00mm	5.00mm	4.75mm
2.50mm	2.50mm	2.36mm
1.25mm	1.25mm	1.18mm
630μm	630μm	600μm
315μm	315μm	300μm
160μm	160μm	150μm
80μm	80μm	75μm

除特细砂外，砂的颗粒级配可按公称直径 630μm 筛孔的累计筛余量（以质量百分率计，下同），分成三个级配区（见表 4-2），且砂的颗粒级配应处于表 4-2 中的某一区内。

3. 颗粒级配

砂子颗粒级配，是表示砂子大小颗粒的搭配情况。在混凝土中砂子之间的空隙是由水泥浆填充，为达到节约水泥和提高强度的目的，就应当尽量减少砂子之间的空隙。从图 4-1 可以看到，如果是同样粗细的砂子，空隙最大（图 4-1a）；两种粒径的砂子搭配起来，空隙就减小了（图 4-1b）；三种粒径的砂子搭配，空隙就更小（图 4-1c）。由此可见，要想减小砂粒间的空隙，就必须有大小颗粒的相互搭配。

细度模数为 3.7～1.6 的砂，按 600μm 筛孔的累计筛余量分成三个级配区，砂的颗粒级配应符合表 4-2 的规定。

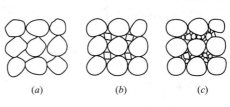

图 4-1　骨料颗粒级配

砂颗粒级配区　　　　　　　　　表 4-2

累计筛余(%) 级配区 公称粒径	Ⅰ区	Ⅱ区	Ⅲ区
5.00mm	10～0	10～0	10～0
2.50mm	35～5	25～0	15～0
1.25mm	65～35	50～10	25～0
630μm	85～71	70～41	40～16
315μm	95～80	92～70	85～55
160μm	100～90	100～90	100～90

砂的实际颗粒级配与表 4-2 中的累计筛余相比,除公称粒径为 5.00mm 和 630μm 的累计筛余外,其余公称粒径的累计筛余可稍有超出分界线,但总超出量不应大于 5%。

当天然砂的实际颗粒级配不符合要求时,宜采取相应的技术措施,并经试验证明能确保混凝土质量后,方允许使用。

配制混凝土时宜优先选用Ⅱ区砂。当采用Ⅰ区砂时,应提高砂率,并保持足够的水泥用量,满足混凝土的和易性;当采用Ⅲ区砂时,宜适当降低砂率;当采用特细砂时,应符合相应的规定。

配制泵送混凝土,宜选用中砂。

4. 天然砂中含泥量应符合表 4-3 的规定。

天然砂中含泥量　　　　　　　　　表 4-3

混凝土强度等级	≥C60	C55～C30	≤C25
含泥量(按质量计,%)	≤2.0	≤3.0	≤5.0

对于有抗冻、抗渗或其他特殊要求的小于或等于 C25 混凝土用砂,其含泥量不应大于 3.0%。

5. 砂中泥块含量应符合表 4-4 的规定。

砂中泥块含量　　　　　　　　　表 4-4

混凝土强度等级	≥C60	C55～C30	≤C25
泥块含量(按质量计,%)	≤0.5	≤1.0	≤2.0

对于有抗冻、抗渗或其他特殊要求的小于或等于 C25 混凝土用砂,其泥块含量不应大于 1.0%。

6. 人工砂或混合砂中石粉含量应符合表 4-5 的规定。

人工砂或混合砂中石粉含量　　　　　　　　　表 4-5

混凝土强度等级		≥C60	C55～C30	≤C25
石粉含量(%)	MB<1.4(合格)	≤5.0	≤7.0	≤10.0
	MB≥1.4(不合格)	≤2.0	≤3.0	≤5.0

7. 砂的坚固性应采用硫酸钠溶液检验,试样经 5 次循环后,其质量损失应符合表 4-6 的规定。

砂的坚固性指标   表 4-6

混凝土所处的环境条件及其性能要求	5 次循环后的质量损失(%)
在严寒及寒冷地区室外使用并经常处于潮湿或干湿交替状态下的混凝土; 对于有抗疲劳、耐磨、抗冲击要求的混凝土; 有腐蚀介质作用或经常处于水位变化区的地下结构混凝土	≤8
其他条件下使用的混凝土	≤10

8. 人工砂的总压碎值指标应小于 30%。
9. 当砂中含有云母、轻物质、有机物、硫化物及硫酸盐等有害物质时,其含量应符合表 4-7 的规定。

砂中的有害物质含量   表 4-7

项 目	质 量 指 标
云母含量(按质量计,%)	≤2.0
轻物质含量(按质量计,%)	≤1.0
硫化物及硫酸盐含量(折算成 SO_3 按质量计,%)	≤1.0
有机物含量(用比色法试验)	颜色不应深于标准色。当颜色深于标准色时,应按水泥胶砂强度试验方法进行强度对比试验,抗压强度比不应低于 0.95

对于有抗冻、抗渗要求的混凝土用砂,其云母含量不应大于 1.0%。

当砂中含有颗粒状的硫酸盐或硫化物杂质时,应进行专门检验,确认能满足混凝土耐久性要求后,方可采用。

10. 对于长期处于潮湿环境的重要混凝土结构用砂,应采用砂浆棒(快速法)或砂浆长度法进行骨料的碱活性检验。经上述检验判断为有潜在危害时,应控制混凝土中的碱含量不超过 $3kg/m^3$,或采用能抑制碱-骨料反应的有效措施。
11. 砂中氯离子含量应符合下列规定:
(1) 对于钢筋混凝土用砂,其氯离子含量不得大于 0.06%(以干砂的质量百分率计);
(2) 对于预应力混凝土用砂,其氯离子含量不得大于 0.02%(以干砂的质量百分率计)。
12. 海砂中贝壳含量应符合表 4-8 的规定。

海砂中贝壳含量   表 4-8

混凝土强度等级	≥C40	C35~C30	C25~C15
贝壳含量(按质量计,%)	≤3	≤5	≤8

对于有抗冻、抗渗或其他特殊要求的小于或等于 C25 混凝土用砂,其贝壳含量不应大于 5%。

(二) 石子的质量要求

1. 石筛应采用方孔筛。石的公称粒径、石筛筛孔的公称直径与方孔筛筛孔边长应符合表 4-9 的规定。

石筛筛孔的公称直径与方孔筛尺寸（mm） 表 4-9

石的公称粒径	石筛筛孔的公称直径	方孔筛筛孔边长
2.50	2.50	2.36
5.00	5.00	4.75
10.0	10.0	9.5
16.0	16.0	16.0
20.0	20.0	19.0
25.0	25.0	26.5
31.5	31.5	31.5
40.0	40.0	37.5
50.0	50.0	53.0
63.0	63.0	63.0
80.0	80.0	75.0
100.0	100.0	90.0

  碎石或卵石的颗粒级配，应符合表 4-10 的要求。混凝土用石应采用连续粒级。

  单粒级宜用于组合成满足要求的连续粒级；也可与连续粒级混合使用，以改善其级配或配成较大粒度的连续粒级。

  当卵石的颗粒级配不符合本标准表 4-10 要求时，应采取措施并经试验证实能确保工程质量后，方允许使用。

碎石或卵石的颗粒级配范围 表 4-10

级配情况	公称粒级(mm)	累计筛余，按质量（%）										
		方孔筛筛孔边长尺寸(mm)										
		2.36	4.75	9.5	16.0	19.0	26.5	31.5	37.5	53	63	75	90
连续粒级	5～10	95～100	80～100	0～15	0	—	—	—	—	—	—	—	—
	5～16	95～100	85～100	30～60	0～10	0	—	—	—	—	—	—	—
	5～20	95～100	90～100	40～80	—	0～10	0	—	—	—	—	—	—
	5～25	95～100	90～100	—	30～70	—	0～5	0	—	—	—	—	—
	5～31.5	95～100	90～100	70～90	—	15～45	—	0～5	0	—	—	—	—
	5～40	—	95～100	70～90	—	30～65	—	—	0～5	0	—	—	—
单粒级	10～20	—	95～100	85～100	—	0～15	—	—	—	—	—	—	—
	16～31.5	—	95～100	—	85～100	—	—	0～10	0	—	—	—	—
	20～40	—	—	95～100	—	80～100	—	—	0～10	0	—	—	—
	31.5～63	—	—	—	95～100	—	75～100	45～75	—	0～10	0	—	—
	40～80	—	—	—	—	95～100	—	70～100	—	30～60	0～10	0	

  2. 碎石或卵石中针、片状颗粒含量应符合表 4-11 的规定。

第二节 普通混凝土用砂、石

针、片状颗粒含量 表 4-11

混凝土强度等级	≥C60	C55~C30	≤C25
针、片状颗粒含量(按质量计,%)	≤8	≤15	≤25

3. 碎石或卵石中含泥量应符合表 4-12 的规定。

碎石或卵石中含泥量 表 4-12

混凝土强度等级	≥C60	C55~C30	≤C25
含泥量(按质量计,%)	≤0.5	≤1.0	≤2.0

对于有抗冻、抗渗或其他特殊要求的混凝土，其所用碎石或卵石中含泥量不应大于 1.0%。当碎石或卵石的含泥是非黏土质的石粉时，其含泥量可由表 4-12 的 0.5%、1.0%、2.0%，分别提高到 1.0%、1.5%、3.0%。

4. 碎石或卵石中泥块含量应符合表 4-13 的规定。

碎石或卵石中泥块含量 表 4-13

混凝土强度等级	≥C60	C55~C30	≤C25
泥块含量(按质量计,%)	≤0.2	≤0.5	≤0.7

对于有抗冻、抗渗或其他特殊要求的强度等级小于 C30 的混凝土，其所用碎石或卵石中泥块含量不应大于 0.5%。

5. 碎石的强度可用岩石的抗压强度和压碎值指标表示。岩石的抗压强度应比所配制的混凝土强度至少高 20%。当混凝土强度等级大于或等于 C60 时，应进行岩石抗压强度检验。岩石强度首先应由生产单位提供，工程中可采用压碎值指标进行质量控制。碎石的压碎值指标宜符合表 4-14 的规定。

碎石的压碎值指标 表 4-14

岩石品种	混凝土强度等级	碎石压碎值指标(%)
沉 积 岩	C60~C40	≤10
	≤C35	≤16
变质岩或深成的火成岩	C60~C40	≤12
	≤C35	≤20
喷出的火成岩	C60~C40	≤13
	≤C35	≤30

注：沉积岩包括石灰岩、砂岩等；变质岩包括片麻岩、石英岩等；深成的火成岩包括花岗岩、正长岩、闪长岩和橄榄岩等；喷出的火成岩包括玄武岩和辉绿岩等。

卵石的强度可用压碎值指标表示。其压碎值指标宜符合表 4-15 的规定。

卵石的压碎值指标 表 4-15

混凝土强度等级	C60~C40	≤C35
压碎值指标(%)	≤12	≤16

6. 碎石或卵石的坚固性应用硫酸钠溶液法检验，试样经 5 次循环后，其质量损失应

符合表 4-16 的规定。

碎石或卵石的坚固性指标　　　　　　　　　表 4-16

混凝土所处的环境条件及其性能要求	5 次循环后的质量损失（%）
在严寒及寒冷地区室外使用，并经常处于潮湿或干湿交替状态下的混凝土；有腐蚀性介质作用或经常处于水位变化区的地下结构或有抗疲劳、耐磨、抗冲击等要求的混凝土	≤8
在其他条件下使用的混凝土	≤12

7. 碎石或卵石中的硫化物和硫酸盐含量以及卵石中有机物等有害物质含量，应符合表 4-17 的规定。

碎石或卵石中的有害物质含量　　　　　　　表 4-17

项　　目	质　量　要　求
硫化物及硫酸盐含量（折算成 SO_3，按质量计，%）	≤1.0
卵石中有机物含量（用比色法试验）	颜色应不深于标准色。当颜色深于标准色时，应配制成混凝土进行强度对比试验，抗压强度比应不低于 0.95

当碎石或卵石中含有颗粒状硫酸盐或硫化物杂质时，应进行专门检验，确认能满足混凝土耐久性要求后，方可采用。

8. 对于长期处于潮湿环境的重要结构混凝土，其所使用的碎石或卵石应进行碱活性检验。

进行碱活性检验时，首先应采用岩相法检验碱活性骨料的品种、类型和数量。当检验出骨料中含有活性二氧化硅时，应采用快速砂浆棒法和砂浆长度法进行碱活性检验；当检验出骨料中含有活性碳酸盐时，应采用岩石柱法进行碱活性检验。

经上述检验，当判定骨料存在潜在碱-碳酸盐反应危害时，不宜用作混凝土骨料；否则，应通过专门的混凝土试验，做最后评定。

当判定骨料存在潜在碱-硅反应危害时，应控制混凝土中的碱含量不超过 $3kg/m^3$，或采用能抑制碱-骨料反应的有效措施。

三、砂、石的验收、运输和堆放

1. 供货单位应提供砂或石的产品合格证及质量检验报告。

使用单位应按砂或石的同产地同规格分批验收。采用大型工具（如火车、货船或汽车）运输的，应以 $400m^3$ 或 600t 为一验收批；采用小型工具（如拖拉机等）运输的，应以 $200m^3$ 或 300t 为一验收批。不足上述量者，应按一验收批进行验收。

2. 每验收批砂石至少应进行颗粒级配、含泥量、泥块含量检验。对于碎石或卵石，还应检验针片状颗粒含量；对于海砂或有氯离子污染的砂，还应检验其氯离子含量；对于海砂，还应检验贝壳含量；对于人工砂及混合砂，还应检验石粉含量。对于重要工程或特殊工程，应根据工程要求增加检测项目。对其他指标的合格性有怀疑时，应予检验。

当砂或石的质量比较稳定、进料量又较大时，可以 1000t 为一验收批。

当使用新产源的砂或石时，供货单位应按本标准第 3 章的质量要求进行全面检验。

3. 使用单位的质量检验报告内容应包括：委托单位、样品编号、工程名称、样品产地、类别、代表数量、检测依据、检测条件、检测项目、检测结果、结论等。检测报告可采用附录 A、附录 B 的格式。

4. 砂或石的数量验收，可按质量计算，也可按体积计算。测定质量，可用汽车地量衡或船舶吃水线为依据；测定体积，可按车皮或船舶的容积为依据。采用其他小型运输工具时，可按量方确定。

5. 砂或石在运输、装卸和堆放过程中，应防止颗粒离析、混入杂质、并应按产地、种类和规格分别堆放。碎石或卵石的堆料高度不宜超过 5m，对于单粒级或最大粒径不超过 20mm 的连续粒级，其堆料高度可增加到 10m。

四、砂、石的取样与缩分

（一）取样

1. 每验收批取样方法应按下列规定执行：

（1）从料堆上取样时，取样部位应均匀分布。取样前应先将取样部位表层铲除，然后由各部位抽取大致相等的砂 8 份，石子为 16 份，组成各自一组样品。

（2）从皮带运输机上取样时，应在皮带运输机机尾的出料处用接料器定时抽取砂 4 份、石 8 份组成各自一组样品。

（3）从火车、汽车、货船上取样时，应从不同部位和深度抽取大致相等的砂 8 份，石 16 份组成各自一组样品。

2. 除筛分析外，当其余检验项目存在不合格项时，应加倍取样进行复验。当复验仍有一项不满足标准要求时，应按不合格品处理。

注：如经观察，认为各节车皮间(汽车、货船间)所载的砂、石质量相差甚为悬殊时，应对质量有怀疑的每节列车(汽车、货船)分别取样和验收。

3. 对于每一单项检验项目，砂、石的每组样品取样数量应分别满足表 4-18 和表 4-19 的规定。当需要做多项检验时，可在确保样品经一项试验后不致影响其他试验结果的前提下，用同组样品进行多项不同的试验。

每一单项检验项目所需砂的最少取样质量 表 4-18

检验项目	最少取样质量(g)
筛 分 析	4400
表 观 密 度	2600
吸 水 率	4000
紧密密度和堆积密度	5000
含 水 率	1000
含 泥 量	4400
泥 块 含 量	20000
石 粉 含 量	1600
人工砂压碎值指标	分成公称粒级 5.00～2.50mm；2.50～1.25mm；1.25mm～630μm；630～315μm；315～160μm 每个粒级各需 1000g

续表

检验项目	最少取样质量(g)
有机物含量	2000
云母含量	600
轻物质含量	3200
坚固性	分成公称粒级 5.00～2.50mm；2.50～1.25mm；1.25mm～630μm；630～315μm；315～160μm 每个粒级各需 100g
硫化物及硫酸盐含量	50
氯离子含量	2000
贝壳含量	10000
碱活性	20000

每一单项检验项目所需碎石或卵石的最小取样质量(kg)　　　　表 4-19

试验项目	最大公称粒径(mm)							
	10.0	16.0	20.0	25.0	31.5	40.0	63.0	80.0
筛分析	8	15	16	20	25	32	50	64
表观密度	8	8	8	8	12	16	24	24
含水率	2	2	2	2	3	3	4	6
吸水率	8	8	16	16	16	24	24	32
堆积密度、紧密密度	40	40	40	40	80	80	120	120
含泥量	8	8	24	24	40	40	80	80
泥块含量	8	8	24	24	40	40	80	80
针、片状含量	1.2	4	8	12	20	40	—	—
硫化物及硫酸盐	1.0							

注：有机物含量、坚固性、压碎值指标及碱-骨料反应检验，应按试验要求的粒级及质量取样。

4. 每组样品应妥善包装，避免细料散失，防止污染，并附样品卡片，标明样品的编号、取样时间、代表数量、产地、样品量、要求检验项目及取样方式等。

(二) 样品的缩分

1. 砂的样品缩分方法可选择下列两种方法之一：

(1) 用分料器缩分(见图 4-2)：将样品在潮湿状态下拌和均匀，然后将其通过分料器，留下两个接料斗中的一份，并将另一份再次通过分料器。重复上述过程，直至把样品缩分到试验所需量为止。

(2) 人工四分法缩分：将样品置于平板上，在潮湿状态下拌合均匀，并堆成厚度约为 20mm 的 "圆饼" 状，然后沿互相垂直的两条直径把 "圆饼" 分成大致相等的四份，取其对角的两份重新拌匀，再堆成 "圆饼" 状。重复上述过程，直至把样品缩分后的材料量略多于进行试验所需量为止。

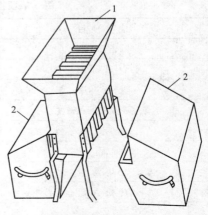

图 4-2　分料器
1—分料漏斗；2—接料斗

2. 碎石或卵石缩分时，应将样品置于平板上，在自然状态下拌均匀，并堆成锥体，然后沿互相垂直的两条直径把锥体分成大致相等的四份，取其对角的两份重新拌匀，再堆成锥体。重复上述过程，直至把样品缩分至试验所需量为止。

3. 砂、碎石或卵石的含水率、堆积密度、紧密密度检验所用的试样，可不经缩分，拌匀后直接进行试验。

五、砂的检验方法

（一）砂的筛分析试验

1. 本方法适用于测定普通混凝土用砂的颗粒级配及细度模数。

2. 砂的筛分析试验应采用下列仪器设备：

（1）试验筛——公称直径分别为 10.0mm、5.00mm、2.50mm、1.25mm、630μm、315μm、160μm 的方孔筛各一只，筛的底盘和盖各一办；筛框直径为 300mm 或 200mm。其产品质量要求应符合现行国家标准《金属丝编织网试验筛》GB/T 6003.1 和《金属穿孔板试验筛》GB/T 6003.2 的要求；

（2）天平——称量 1000g，感量 1g；

（3）摇筛机；

（4）烘箱——温度控制范围为(105±5)℃；

（5）浅盘、硬、软毛刷等。

3. 试样制备应符合下列规定：

用于筛分析的试样，其颗粒的公称粒径不应大于 10.0mm。试验前应先将来样通过公称直径 10.0mm 的方孔筛，并计算筛余。称取经缩分后样品不少于 550g 两份，分别装入两个浅盘，在(105±5)℃的温度下烘干到恒重。冷却至室温备用。

注：恒重是指在相邻两次称量间隔时间不小于 3h 的情况下，前后两次称量之差小于该项试验所要求的称量精度(下同)。

4. 筛分析试验应按下列步骤进行：

（1）准确称取烘干试样 500g（特细砂可称 250g），置于按筛孔大小顺序排列（大孔在上、小孔在下）的套筛的最上一只筛（公称直径为 5.00mm 的方孔筛）上；将套筛装入摇筛机内固紧，筛分 10min；然后取出套筛，再按筛孔由大到小的顺序，在清洁的浅盘上逐一进行手筛，直至每分钟的筛出量不超过试样总量的 0.1% 时为止；通过的颗粒并入下一只筛子，并和下一只筛子中的试样一起进行手筛。按这样顺序依次进行，直至所有的筛子全部筛完为止。

注：1. 当试样含泥量超过 5% 时，应先将试样水洗，然后烘干至恒重，再进行筛分；

2. 无摇筛机时，可改用手筛。

（2）试样在各只筛子上的筛余量均不得超过按式(4-1)计算得出的剩留量，否则应将该筛的筛余试样分成两份或数份，再次进行筛分，并以其筛余量之和作为该筛的筛余量。

$$m_r = \frac{A\sqrt{d}}{300} \tag{4-1}$$

式中　m_r——某一筛上的剩留量(g)；

　　　　d——筛孔边长(mm)；

　　　　A——筛的面积(mm^2)。

(3) 称取各筛筛余试样的质量(精确至1g),所有各筛的分计筛余量和底盘中的剩余量之和与筛分前的试样总量相比,相差不得超过1%。

5. 筛分析试验结果应按下列步骤计算:

(1) 计算分计筛余(各筛上的筛余量除以试样总量的百分率),精确至0.1%;

(2) 计算累计筛余(该筛的分计筛余与筛孔大于该筛的各筛的分计筛余之和),精确至0.1%;

(3) 根据各筛两次试验累计筛余的平均值,评定该试样的颗粒级配分布情况,精确至1%;

(4) 砂的细度模数应按下式计算,精确至0.01;

$$\mu_f = \frac{(\beta_2+\beta_3+\beta_4+\beta_5+\beta_6)-5\beta_1}{100-\beta_1} \tag{4-2}$$

式中 μ_f——砂的细度模数;

β_1、β_2、β_3、β_4、β_5、β_6——分别为公称直径 5.00mm、2.50mm、1.25mm、630μm、315μm、160μm 方孔筛上的累计筛余。

(5) 以两次试验结果的算术平均值作为测定值,精确至0.1。当两次试验所得的细度模数之差大于0.20时,应重新取试样进行试验。

(二) 砂的表观密度试验(标准法)

1. 本方法适用于测定砂的表观密度。

2. 标准法表观密度试验应采用下列仪器设备:

(1) 天平——称量1000g,感量1g;

(2) 容量瓶——容量500mL;

(3) 烘箱——温度控制范围为(105±5)℃;

(4) 干燥器、浅盘、铝制料勺、温度计等。

3. 试样制备应符合下列规定:

经缩分后不少于650g的样品装入浅盘,在温度为(105±5)℃的烘箱中烘干至恒重,并在干燥器内冷却至室温。

4. 标准法表观密度试验应按下列步骤进行:

(1) 称取烘干的试样300g(m_0),装入盛有半瓶冷开水的容量瓶中。

(2) 摇转容量瓶,使试样在水中充分搅动以排除气泡,塞紧瓶塞,静置24h;然后用滴管加水至瓶颈刻度线平齐,再塞紧瓶塞,擦干容量瓶外壁的水分,称其质量(m_1)。

(3) 倒出容量瓶中的水和试样,将瓶的内外壁洗净,再向瓶内加入与本条文第2款水温相差不超过2℃的冷开水至瓶颈刻度线。塞紧瓶塞,擦干容量瓶外壁水分,称质量(m_2)。

注:在砂的表观密度试验过程中应测量并控制水的温度,试验的各项称量可在15~25℃的温度范围内进行。从试样加水静置的最后2h起直至试验结束,其温度相差不应超过2℃。

5. 表观密度(标准法)应按下式计算,精确至10kg/m³:

$$\rho = \left(\frac{m_0}{m_0+m_2-m_1} - \alpha_t\right) \times 1000 \tag{4-3}$$

式中 ρ——表观密度(kg/m³);

m_0——试样的烘干质量(g)；

m_1——试样、水及容量瓶总质量(g)；

m_2——水及容量瓶总质量(g)；

α_t——水温对砂的表观密度影响的修正系数，见表4-20。

不同水温对砂的表观密度影响的修正系数 表4-20

水温(℃)	15	16	17	18	19	20
α_t	0.002	0.003	0.003	0.004	0.004	0.005
水温(℃)	21	22	23	24	25	—
α_t	0.005	0.006	0.006	0.007	0.008	—

以两次试验结果的算术平均值作为测定值。当两次结果之差大于20kg/m³时，应重新取样进行试验。

(三) 砂的表观密度试验(简易法)

1. 本方法适用于测定砂的表观密度。

2. 简易法表观密度试验应采用下列仪器设备：

(1) 天平——称量1000g，感量1g；

(2) 李氏瓶——容量250mL；

(3) 烘箱——温度控制范围为(105±5)℃；

(4) 其他仪器设备应符合本标准第6.2.2条的规定。

3. 试样制备应符合下列规定：

将样品缩分至不少于120g，在(105±5)℃的烘箱中烘干至恒重，并在干燥器中冷却至室温，分成大致相等的两份备用。

4. 简易法表观密度试验应按下列步骤进行：

(1) 向李氏瓶中注入冷开水至一定刻度处，擦干瓶颈内部附着水，记录水的体积(V_1)；

(2) 称取烘干试样50g(m_0)，徐徐加入盛水的李氏瓶中；

(3) 试样全部倒入瓶中后，用瓶内的水将粘附在瓶颈和瓶壁的试样洗入水中，摇转李氏瓶以排除气泡，静置约24h后，记录瓶中水面升高后的体积(V_2)。

注：在砂的表观密度试验过程中应测量并控制水的温度，允许在15～25℃的温度范围内进行体积测定，但两次体积测定(指V_1和V_2)的温差不得大于2℃。从试样加水静置的最后2h起，直至记录完瓶中水面高度时止，其相差温度不应超过2℃。

5. 表观密度(简易法)应按下式计算，精确至10kg/m³：

$$\rho = \left(\frac{m_0}{V_2 - V_1} - \alpha_t\right) \times 1000 \qquad (4-4)$$

式中 ρ——表观密度(kg/m³)；

m_0——试样的烘干质量(g)；

V_1——水的原有体积(mL)；

V_2——倒入试样后的水和试样的体积(mL)；

α_t——水温对砂的表观密度影响的修正系数，见表4-20。

以两次试验结果的算术平均值作为测定值，两次结果之差大于 20kg/m³ 时，应重新取样进行试验。

（四）砂的吸水率试验

1. 本方法适用于测定砂的吸水率，即测定以烘干质量为基准的饱和面干吸水率。

2. 吸水率试验应采用下列仪器设备：

（1）天平——称量 1000g，感量 1g；

（2）饱和面干试模及质量为（340±15）g 的钢制捣棒（见图 4-3）；

（3）干燥器、吹风机（手提式）、浅盘、铝制料勺、玻璃棒、温度计等；

（4）烧杯——容量 500mL；

（5）烘箱——温度控制范围为（105±5）℃。

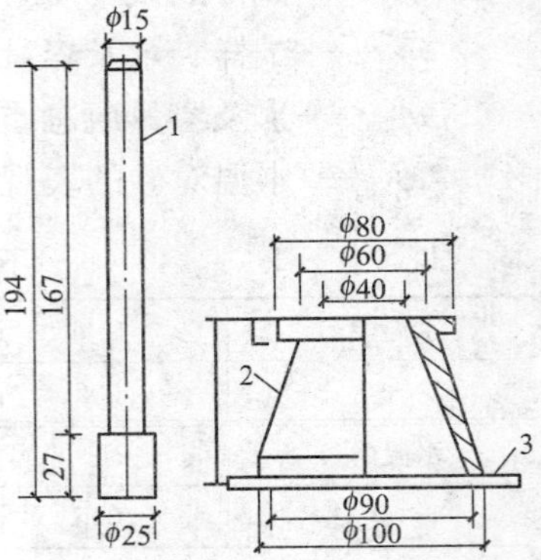

图 4-3 饱和面干试模及其捣棒（单位：mm）
1—捣棒；2—试模；3—玻璃板

3. 试样制备应符合下列规定：

饱和面干试样的制备，是将样品在潮湿状态下用四分法缩分至 1000g，拌匀后分成两份，分别装入浅盘或其他合适的容器中，注入清水，使水面高出试样表面 20mm 左右〔水温控制在（20±5）℃〕。用玻璃棒连续搅拌 5min，以排除气泡。静置 24h 以后，细心地倒去试样上的水，并用吸管吸去余水。再将试样在盘中摊开，用手提吹风机缓缓吹入暖风，并不断翻拌试样，使砂表面的水分在各部位均匀蒸发。然后将试样松散地一次装满饱和面干试模中，捣 25 次（捣棒端面距试样表面不超过 10mm，任其自由落下），捣完后，留下的空隙不用再装满，从垂直方向徐徐提起试模。试样呈图 4-4(a) 形状时，则说明砂中尚含有表面水，应继续按上述方法用暖风干燥，并按上述方法进行试验，直至试模提起后试样呈图 4-4(b) 的形状为止。试模提起后，试样呈图 4-4(c) 的形状时，则说明试样已干燥过分，此时应将试样洒水 5mL，充分拌匀，并静置于加盖容器中 30min 后，再按上述方法进行试验，直至试样达到图 4-4(b) 的形状为止。

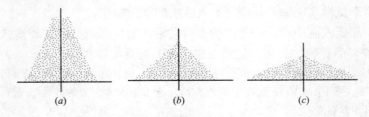

图 4-4 试样的塌陷情况

4. 吸水率试验应按下列步骤进行：

立即称取饱和面干试样 500g，放入已知质量（m_1）烧杯中，于温度为（105±5）℃ 的烘箱中烘干至恒重，并在干燥器内冷却至室温后，称取干样与烧杯的总质量（m_2）。

5. 吸水率 w_{wa} 应按下式计算，精确至 0.1%：

$$w_{wa} = \frac{500-(m_2-m_1)}{m_2-m_1} \times 100\% \tag{4-5}$$

式中　w_{wa}——吸水率（%）；

m_1——烧杯质量(g);

m_2——烘干的试样与烧杯的总质量(g)。

以两次试验结果的算术平均值作为测定值,当两次结果之差大于0.2%时,应重新取样进行试验。

(五)砂的堆积密度和紧密密度试验

1. 本方法适用于测定砂的堆积密度、紧密密度及空隙率。

2. 堆积密度和紧密密度试验应采用下列仪器设备:

(1)秤——称量5kg,感量5g;

(2)容量筒——金属制,圆柱形,内径108mm,净高109mm,筒壁厚2mm,容积1L,筒底厚度为5mm;

(3)漏斗(见图4-5)或铝制料勺;

(4)烘箱——温度控制范围为(105±5)℃;

(5)直尺、浅盘等。

3. 试样制备应符合下列规定:

先用公称直径5.00mm的筛子过筛,然后取经缩分后的样品不少于3L,装入浅盘,在温度为(105±5)℃烘箱中烘干至恒重,取出并冷却至室温,分成大致相等的两份备用。试样烘干后若有结块,应在试验前先予捏碎。

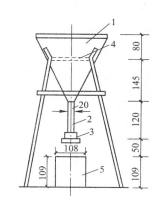

图4-5 标准漏斗(单位:mm)
1—漏斗;2—φ20mm管子;
3—活动门;4—筛;5—金属量筒

4. 堆积密度和紧密密度试验应按下列步骤进行:

(1)堆积密度:取试样一份,用漏斗或铝制勺,将它徐徐装入容量筒筒(漏斗出料口或料勺距容量筒筒口不应超过50mm)直至试样装满并超出容量筒筒口。然后用直尺将多余的试样沿筒口中心线向相反方向刮平,称其质量(m_2)。

(2)紧密密度:取试样一份,分两层装入容量筒。装完一层后,在筒底垫放一根直径为10mm的钢筋,将筒按住,左右交替颠击地面各25下,然后再装入第二层;第二层装满后用同样方法颠实(但筒底所垫钢筋的方向应与第一层放置方向垂直);二层装完并颠实后,加料直至试样超出容量筒筒口,然后用直尺将多余的试样沿筒口中心线向两个相反方向刮平,称其质量(m_2)。

5. 试验结果计算应符合下列规定:

(1)堆积密度(ρ_L)及紧密密度(ρ_c)按下式计算,精确至10kg/m³:

$$\rho_L(\rho_c) = \frac{m_2 - m_1}{V} \times 1000 \tag{4-6}$$

式中 $\rho_L(\rho_c)$——堆积密度(紧密密度)(kg/m³);

m_1——容量筒的质量(kg);

m_2——容量筒和砂总质量(kg);

V——容量筒容积(L)。

以两次试验结果的算术平均值作为测定值。

(2)空隙率按下式计算,精确至1%:

$$空隙率 \nu_L = \left(1 - \frac{\rho_L}{\rho}\right) \times 100\% \tag{4-7}$$

$$\nu_c = \left(1 - \frac{\rho_c}{\rho}\right) \times 100\% \tag{4-8}$$

式中 ν_L——堆积密度的空隙率(%)；

ν_c——紧密密度的空隙率(%)；

ρ_L——砂的堆积密度(kg/m³)；

ρ——砂的表观密度(kg/m³)；

ρ_c——砂的紧密密度(kg/m³)。

6. 容量筒容积的校正方法：

以温度为(20±2)℃的饮用水装满容量筒，用玻璃板沿筒口滑移，使其紧贴水面。擦干筒外壁水分，然后称其质量。用下式计算筒的容积：

$$V = m_2' - m_1' \tag{4-9}$$

式中 V——容量筒容积(L)；

m_1'——容量筒和玻璃板质量(kg)；

m_2'——容量筒、玻璃板和水总质量(kg)。

(六) 砂的含水率试验(标准法)

1. 本方法适用于测定砂的含水率；

2. 砂的含水率试验(标准法)应采用下列仪器设备：

(1) 烘箱——温度控制范围为(105±5)℃；

(2) 天平——称量1000g，感量1g；

(3) 容器——如浅盘等。

3. 含水率试验(标准法)应按下列步骤进行：

由密封的样品中取各重500g的试样两份，分别放入已知质量的干燥容器(m_1)中称重，记下每盘试样与容器的总重(m_2)。将容器连同试样放入温度为(105±5)℃的烘箱中烘干至恒重，称量烘干后的试样与容器的总质量(m_3)。

4. 砂的含水率(标准法)按下式计算，精确至0.1%：

$$w_{wc} = \frac{m_2 - m_3}{m_3 - m_1} \times 100\% \tag{4-10}$$

式中 w_{wc}——砂的含水率(%)；

m_1——容器质量(g)；

m_2——未烘干的试样与容器的总质量(g)；

m_3——烘干后的试样与容器的总质量(g)。

以两次试验结果的算术平均值作为测定值。

(七) 砂的含水率试验(快速法)

1. 本方法适用于快速测定砂的含水率。对含泥量过大及有机杂质含量较多的砂不宜采用。

2. 砂的含水率试验(快速法)应采用下列仪器设备：

(1) 电炉(或火炉)；

(2) 天平——称量1000g，感量1g；

(3) 炒盘(铁制或铝制)；

(4) 油灰铲、毛刷等。

3. 含水率试验(快速法)应按下列步骤进行：

(1) 由密封样品中取 500g 试样放入干净的炒盘(m_1)中，称取试样与炒盘的总质量(m_2)；

(2) 置炒盘于电炉(或火炉)上，用小铲不断地翻拌试样，到试样表面全部干燥后，切断电源(或移出火外)，再继续翻拌 1min，稍予冷却(以免损坏天平)后，称干样与炒盘的总质量(m_3)。

4. 砂的含水率(快速法)应按下式计算，精确至 0.1%：

$$w_{wc} = \frac{m_2 - m_3}{m_3 - m_1} \times 100\% \qquad (4\text{-}11)$$

式中　w_{wc}——砂的含水率(%)；

m_1——炒盘质量(g)；

m_2——未烘干的试样与炒盘的总质量(g)；

m_3——烘干后的试样与炒盘的总质量(g)。

以两次试验结果的算术平均值作为测定值。

(八) 砂中含泥量试验(标准法)

1. 本方法适用于测定粗砂、中砂和细砂的含泥量，特细砂中含泥量测定方法见本节(九)。

2. 含泥量试验应采用下列仪器设备：

(1) 天平——称量 1000g，感量 1g；

(2) 烘箱——温度控制范围为(105±5)℃；

(3) 试验筛——筛孔公称直径为 80μm 及 1.25mm 的方孔筛各一下；

(4) 洗砂用的容器及烘干用的浅盘等。

3. 试样制备应符合下列规定：

样品缩分至 1100g，置于温度为(105±5)℃的烘箱中烘干至恒重，冷却至室温后，称取各为 400g(m_0)的试样两份备用。

4. 含泥量试验应按下列步骤进行：

(1) 取烘干的试样一份置于容器中，并注入饮用水，使水面高出砂面约 150mm，充分拌匀后，浸泡 2h，然后用手在水中淘洗试样，使尘屑、淤泥和黏土与砂粒分离，并使之悬浮或溶于水中。缓缓地将浑浊液倒入公称直径为 1.25mm、80μm 的方孔套筛(1.25mm 筛放置于上面)上，滤去小于 80μm 的颗粒。试验前筛子的两面应先用水润湿，在整个试验过程中应避免砂粒丢失。

(2) 再次加水于容器中，重复上述过程，直到筒内洗出的水清澈为止。

(3) 用水淋洗剩留在筛上的细粒，并将 80μm 筛放在水中(使水面略高出筛中砂粒的上表面)来回摇动，以充分洗除小于 80μm 的颗粒。然后将两只筛上剩留的颗粒和容器中已经洗净的试样一并装入浅盘，置于温度为(105±5)℃的烘箱中烘干至恒重。取出来冷却至室温后，称试样的质量(m_1)。

5. 砂中含泥量应按下式计算，精确至 0.1%：

$$w_c = \frac{m_0 - m_1}{m_0} \times 100\% \qquad (4\text{-}12)$$

式中 w_c——砂中含泥量(%);
m_0——试验前的烘干试样质量(g);
m_1——试验后的烘干试样质量(g)。

以两个试样试验结果的算术平均值作为测定值。两次结果之差大于 0.5%时,应重新取样进行试验。

(九) 砂中含泥量试验(虹吸管法)

1. 本方法适用于测定砂中含泥量。
2. 含泥量试验(虹吸管法)应采用下列仪器设备:
(1) 虹吸管——玻璃管的直径不大于 5mm,后接胶皮弯管;
(2) 玻璃容器或其他容器——高度不小于 300mm,直径不小于 200mm;
(3) 其他设备应符合本节(八)2 条的要求。
3. 试样制备应按本节(八)3 条的规定进行。
4. 含泥量试验(虹吸管法)应按下列步骤进行:
(1) 称取烘干的试样 500g(m_0),置于容器中,并注入饮用水,使水面高出砂面约 150mm,浸泡 2h,浸泡过程中每隔一段时间搅拌一次,确保尘屑、淤泥和黏土与砂分离;
(2) 用搅拌棒均匀搅拌 1min(单方向旋转),以适当宽度和高度的闸板闸水,使水停止旋转。经 20~25s 后取出闸板,然后,从上到下用虹吸管细心地将浑浊液吸出,虹吸管吸口的最低位置应距离砂面不小于 30mm;
(3) 再倒入清水,重复上述过程,直到吸出的水与清水的颜色基本一致为止;
(4) 最后将容器中的清水吸出,把洗净的试样倒入浅盘并在(105±5)℃的烘箱中烘干至恒重,取出,冷却至室温后称砂质量(m_1)。
5. 砂中含泥量(虹吸管法)应按下式计算,精确至 0.1%:

$$w_c = \frac{m_0 - m_1}{m_0} \times 100\% \tag{4-13}$$

式中 w_c——砂中含泥量(%);
m_0——试验前的烘干试样质量(g);
m_1——试验后的烘干试样质量(g)。

以两个试样试验结果的算术平均值作为测定值。两次结果之差大于 0.5%时,应重新取样进行试验。

(十) 砂中泥块含量试验

1. 本方法适用于测定砂中泥块含量。
2. 砂中泥块含量试验应采用下列仪器设备:
(1) 天平——称量 1000g,感量 1g;称量 5000g,感量 5g;
(2) 烘箱——温度控制范围为(105±5)℃;
(3) 试验筛——筛孔公称直径为 630μm 及 1.25mm 的方孔筛各一只;
(4) 洗砂用的容器及烘干用的浅盘等。
3. 试样制备应符合下列规定:

将样品缩分至 5000g,置于温度为(105±5)℃的烘箱中烘干至恒重,冷却至室温后,用公称直径 1.25mm 的方孔筛筛分,取筛上的砂不少于 400g 分为两份备用。特细砂按实际筛分量。

4. 泥块含量试验应按下列步骤进行：

（1）称取试样约 $200g(m_1)$ 置于容器中，并注入饮用水，使水面高出砂面 $150mm$。充分拌匀后，浸泡 $24h$，然后用手在水中碾碎泥块，再把试样放在公称直径 $630\mu m$ 的方孔筛上，用水淘洗，直至水清澈为止。

（2）保留下来的试样应小心地从筛里取出，装入水平浅盘后，置于温度为 (105 ± 5)℃ 烘箱中烘干至恒重，冷却后称重 (m_2)。

5. 砂中泥块含量应按下式计算，精确至 0.1%：

$$w_{c,L}=\frac{m_1-m_2}{m_1}\times100\% \tag{4-14}$$

式中　$w_{c,L}$——泥块含量（%）；

　　　m_1——试验前的干燥试样质量（g）；

　　　m_2——试验后的干燥试样质量（g）。

以两次试样试验结果的算术平均值作为测定值。

（十一）人工砂及混合砂中石粉含量试验（亚甲蓝法）

1. 本方法适用于测定人工砂和混合砂中石粉含量。

2. 石粉含量试验（亚甲蓝法）应采用下列仪器设备：

（1）烘箱——温度控制范围为 (105 ± 5)℃；

（2）天平——称量 $1000g$，感量 $1g$；称量 $100g$，感量 $0.01g$；

（3）试验筛——筛孔公称直径为 $80\mu m$ 及 $1.25mm$ 的方孔筛各一只；

（4）容器——要求淘洗试样时，保持试样不溅出（深度大于 $250mm$）；

（5）移液管—— $5mL$、$2mL$ 移液管各一个；

（6）三片或四片式叶轮搅拌器——转速可调［最高达 $(600\pm60)r/min$］，直径 $(75\pm10)mm$；

（7）定时装置——精度 $1s$；

（8）玻璃容量瓶——容量 $1L$；

（9）温度计——精度 1℃；

（10）玻璃棒——2 支，直径 $8mm$，长 $300mm$；

（11）滤纸——快速；

（12）搪瓷盘、毛刷、容量为 $1000mL$ 的烧杯等。

3. 溶液的配制及试样制备应符合下列规定：

（1）亚甲蓝溶液的配制按下述方法：

将亚甲蓝（$C_{16}H_{18}ClN_3S\cdot3H_2O$）粉末在 (105 ± 5)℃下烘干至恒重，称取烘干亚甲蓝粉末 $10g$，精确至 $0.01g$，倒入盛有约 $600mL$ 蒸馏水（水温加热至 $35\sim40$℃）的烧杯中，用玻璃棒持续搅拌 $40min$，直至亚甲蓝粉末完全溶解，冷却至 20℃。将溶液倒入 $1L$ 容量瓶中，用蒸馏水淋洗烧杯等，使所有亚甲蓝溶液全部移入容量瓶，容量瓶和溶液的温度应保持在 (20 ± 1)℃，加蒸馏水至容量瓶 $1L$ 刻度。振荡容量瓶以保证亚甲蓝粉末完全溶解。将容量瓶中溶液移入深色储藏瓶中，标明制备日期、失效日期（亚甲蓝溶液保质期应不超过 $28d$），并置于阴暗处保存。

(2) 将样品缩分至 400g，放在烘箱中于(105±5)℃下烘干至恒重，待冷却至室温后，筛除大于公称直径 5.0mm 的颗粒备用。

4. 人工砂及混合砂中的石粉含量按下列步骤进行：

(1) 亚甲蓝试验应按下述方法进行：

1) 称取试样 200g，精确至 1g。将试样倒入盛有(500±5)mL 蒸馏水的烧杯中，用叶轮搅拌机以(600±60)r/min 转速搅拌 5min，形成悬浮液，然后以(400±40)r/min 转速持续搅拌，直至试验结束。

2) 悬浮液中加入 5mL 亚甲蓝溶液，以(400±40)r/min 转速搅拌至少 1min 后，用玻璃棒蘸取一滴悬浮液(所取悬浮液滴应使沉淀物直径在 8～12mm 内)，滴于滤纸(置于空烧杯或其他合适的支撑物上，以使滤纸表面不与任何固体或液体接触)上。若沉淀物周围未出现色晕，再加入 5mL 亚甲蓝溶液，继续搅拌 1min，再用玻璃棒蘸取一滴悬浮液，滴于滤纸上，若沉淀物周围仍未出现色晕，重复上述步骤，直至沉淀物周围出现约 1mm 宽的稳定浅蓝色色晕。此时，应继续搅拌，不加亚甲蓝溶液，每 1min 进行一次蘸染试验。若色晕在 4min 内消失，再加入 5mL 亚甲蓝溶液；若色晕在第 5min 消失，再加入 2mL 亚甲蓝溶液。两种情况下，均应继续进行搅拌和蘸染试验，直至色晕可持续 5min。

3) 记录色晕持续 5min 时所加入的亚甲蓝溶液总体积，精确至 1mL。

4) 亚甲蓝 MB 值按下式计算：

$$MB = \frac{V}{G} \times 10 \tag{4-15}$$

式中 MB——亚甲蓝值(g/kg)，表示每千克 0～2.36mm 粒级试样所消耗的亚甲蓝克数，精确至 0.01；

G——试样质量(g)；

V——所加入的亚甲蓝溶液的总量(mL)。

注：公式中的系数 10 用于将每千克试样消耗的亚甲蓝溶液体积换算成亚甲蓝质量。

5) 亚甲蓝试验结果评定应符合下列规定：

当 MB 值<1.4 时，则判定是以石粉为主；当 MB 值≥1.4 时，则判定为以泥粉为主的石粉。

(2) 亚甲蓝快速试验应按下述方法进行：

1) 应按本条第一款第一项的要求进行制样；

2) 一次性向烧杯中加入 30mL 亚甲蓝溶液，以(400±40)r/min 转速持续搅拌 8min，然后用玻璃棒蘸取一滴悬浊液，滴于滤纸上，观察沉淀物周围是否出现明显色晕，出现色晕的为合格，否则为不合格；

(3) 人工砂及混合砂中的含泥量或石粉含量试验步骤及计算按本节(八)的规定进行。

(十二) 人工砂压碎值指标试验

1. 本方法适用于测定粒级为 315μm～5.00mm 的人工砂的压碎指标。

2. 人工砂压碎指标试验应采用下列仪器设备：

(1) 压力试验机，荷载 300kN；

(2) 受压钢模(图 4-6)；

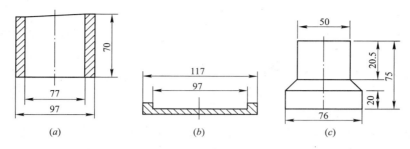

图 4-6 受压钢模示意图(单位:mm)
(a)圆筒;(b)底盘;(c)加压块

(3) 天平——称量为 1000g,感量 1g;

(4) 试验筛——筛孔公称直径分别为 5.00mm、2.50mm、1.25mm、630μm、315μm、160μm、80μm 的方孔筛各一只;

(5) 烘箱——温度控制范围为(105±5)℃;

(6) 其他——瓷盘 10 个,小勺 2 把。

3. 试样制备应符合下列规定:

将缩分后的样品置于(105±5)℃的烘箱内烘干至恒重,待冷却至室温后,筛分成 5.00～2.50mm、2.50～1.25mm、1.25mm～630μm、630～315μm 四个粒级,每级试样质量不得少于 1000g。

4. 试验步骤应符合下列规定:

(1) 置圆筒于底盘上,组成受压模,将一单级砂样约 300g 装入模内,使试样距底盘约为 50mm;

(2) 平整试模内试样的表面,将加压块放入圆筒内,并转动一周使之与试样均匀接触;

(3) 将装好砂样的受压钢模置于压力机的支承板上,对准压板中心后,开动机器,以 500N/s 的速度加荷,加荷至 25kN 时持荷 5s,而后以同样速度卸荷;

(4) 取下受压模,移去加压块,倒出压过的试样并称其质量(m_0),然后用该粒级的下限筛(如砂样为公称粒级 5.00～2.50mm 时,其下限筛为筛孔公称直径 2.50mm 的方孔筛)进行筛分,称出该粒级试样的筛余量(m_1)。

5. 人工砂的压碎指标按下述方法计算:

(1) 第 i 单级砂样的压碎指标按下式计算,精确至 0.1%:

$$\delta_i = \frac{m_0 - m_1}{m_0} \times 100\% \tag{4-16}$$

式中 δ_i——第 i 单级砂样压碎指标(%);
m_0——第 i 单级试样的质量(g);
m_1——第 i 单级试样的压碎试验后筛余的试样质量(g)。

以三份试样试验结果的算术平均值作为各单粒级试样的测定值。

(2) 四级砂样总的压碎指标按下式计算:

$$\delta_{sa} = \frac{\alpha_1 \delta_1 + \alpha_2 \delta_2 + \alpha_3 \delta_3 + \alpha_4 \delta_4}{\alpha_1 + \alpha_2 + \alpha_3 + \alpha_4} \times 100\% \tag{4-17}$$

式中　　　$δ_{sa}$——总的压碎指标(%)，精确至0.1%；
$α_1$、$α_2$、$α_3$、$α_4$——公称直径分别为2.50mm、1.25mm、630$μ$m、315$μ$m各方孔筛的分计筛余(%)；
$δ_1$、$δ_2$、$δ_3$、$δ_4$——公称粒级分别为5.00～2.50mm、2.50～1.25mm、1.25mm～630$μ$m；630～315$μ$m单级试样压碎指标(%)。

(十三) 砂中有机物含量试验

1. 本方法适用于近似地判断天然砂中有机物含量是否会影响混凝土质量。
2. 有机物含量试验应采用下列仪器设备：
(1) 天平——称量100g，感量0.1g和称量1000g，感量1g的天平各一台；
(2) 量筒——容量为250mL、100mL和10mL；
(3) 烧杯、玻璃棒和筛孔公称直径为5.00mm的方孔筛；
(4) 氢氧化钠溶液——氢氧化钠与蒸馏水之质量比为3：97；
(5) 鞣酸、酒精等。
3. 试样的制备与标准溶液的配制应符合下列规定：
(1) 筛除样品中的公称粒径5.00mm以上颗粒，用四分法缩分至500g，风干备用；
(2) 称取鞣酸粉2g，溶解于98mL的10%酒精溶液中，即配得所需的鞣酸溶液；然后取该溶液2.5mL，注入97.5mL浓度为3%的氢氧化钠溶液中，加塞后剧烈摇动，静置24h，即配得标准溶液。
4. 有机物含量试验应按下列步骤进行：
(1) 向250mL量筒中倒入试样至130mL刻度处，再注入浓度为3%氢氧化钠溶液至200mL刻度处，剧烈摇动后静置24h；
(2) 比较试样上部溶液和新配制标准溶液的颜色，盛装标准溶液与盛装试样的量筒容积应一致。
5. 结果评定应按下列方法进行：
(1) 当试样上部的溶液颜色浅于标准溶液的颜色时，则试样的有机物含量判定合格；
(2) 当两种溶液的颜色接近时，则应将该试样(包括上部溶液)倒入烧杯中放在温度为60～70℃的水浴锅中加热2～3h，然后再与标准溶液比色；
(3) 当溶液颜色深于标准色时，则应按下法进一步试验：
取试样一份，用3%的氢氧化钠溶液洗除有机杂质，再用清水淘洗干净，直至试样上部溶液颜色浅于标准溶液的颜色，然后用洗除有机质和未洗除的试样分别按现行的国家标准《水泥胶砂强度检验方法(ISO法)》GB/T 17671配制两种水泥砂浆，测定28d的抗压强度，当未经洗除有机杂质的砂的砂浆强度与经洗除有机物后的砂的砂浆强度比不低于0.95时，则此砂可以采用，否则不可采用。

(十四) 砂中云母含量试验

1. 本方法适用于测定砂中云母的近似百分含量。
2. 云母含量试验应采用下列仪器设备：
(1) 放大镜(5倍)；
(2) 钢针；
(3) 试验筛——筛孔公称直径为5.00mm和315$μ$m的方孔筛各一只；

(4) 天平——称量 100g，感量 0.1g。

3. 试样制备应符合下列规定：

称取经缩分的试样 50g，在温度(105±5)℃的烘箱中烘干至恒重，冷却至室温后备用。

4. 云母含量试验应按下列步骤进行：

先筛出粒径大于公称粒径 5.00mm 和小于公称粒径 315μm 的颗粒，然后根据砂的粗细不同称取试样 10～20g(m_0)，放在放大镜下观察，用钢针将砂中所有云母全部挑出，称取所挑出云母质量(m)。

5. 砂中云母含量 w_m 应按下式计算，精确至 0.1%：

$$w_m = \frac{m}{m_0} \times 100\% \tag{4-18}$$

式中　w_m——砂中云母含量(%)；
　　　m_0——烘干试样质量(g)；
　　　m——云母质量(g)。

(十五) 砂中轻物质含量试验

1. 本方法适用于测定砂中轻物质的近似含量。

2. 轻物质含量试验应采用下列仪器设备和试剂：

(1) 烘箱——温度控制范围为(105±5)℃；

(2) 天平——称量 1000g，感量 1g；

(3) 量具——量杯(容量 1000mL)、量筒(容量 250mL)、烧杯(容量 150mL)各一只；

(4) 比重计——测定范围为 1.0～2.0；

(5) 网篮——内径和高度均为 70mm，网孔孔径不大于 150μm(可用坚固性检验用的网篮，也可用孔径 150μm 的筛)；

(6) 试验筛——筛孔公称直径为 5.00mm 和 315μm 的方孔筛各一只；

(7) 氯化锌——化学纯。

3. 试样制备及重液配制应符合下列规定：

(1) 称取经缩分的试样约 800g，在温度为(105±5)℃的烘箱中烘干至恒重，冷却后将粒径大于公称粒径 5.00mm 和小于公称粒径 315μm 的颗粒筛去，然后称取每份为 200g 的试样两份备用；

(2) 配制密度为 1950～2000kg/m³ 的重液：向 1000mL 的量杯中加水至 600mL 刻度处，再加入 1500g 氯化锌，用玻璃棒搅拌使氯化锌全部溶解，待冷却至室温后，将部分溶液倒入 250mL 量筒中测其密度；

(3) 如溶液密度小于要求值，则将它倒回量杯，再加入氯化锌，溶解并冷却后测其密度，直至溶液密度满足要求为止。

4. 轻物质含量试验应按下列步骤进行：

(1) 将上述试样一份(m_0)倒入盛有重液(约 500mL)的量杯中，用玻璃棒充分搅拌，使试样中的轻物质与砂分离，静置 5min 后，将浮起的轻物质连同部分重液倒入网篮中，轻物质留在网篮中，而重液通过网篮流入另一容器，倾倒重液时应避免带出砂粒，一般当重液表面与砂表面相距约 20～30mm 时即停止倾倒，流出的重液倒回盛试样的量杯中，

重复上述过程,直至无轻物质浮起为止;

(2) 用清水洗净留存于网篮中的物质,然后将它倒入烧杯,在(105±5)℃的烘箱中烘干至恒重,称取轻物质与烧杯的总质量(m_1)。

5. 砂中轻物质的含量 w_l 应按下式计算,精确到0.1%:

$$w_l = \frac{m_1 - m_2}{m_0} \times 100\% \tag{4-19}$$

式中　w_l——砂中轻物质含量(%);
　　　m_1——烘干的轻物质与烧杯的总质量(g);
　　　m_2——烧杯的质量(g);
　　　m_0——试验前烘干的试样质量(g)。

以两次试验结果的算术平均值作为测定值。

(十六) 砂的坚固性试验

1. 本方法适用于通过测定硫酸钠饱和溶液渗入砂中形成结晶时的裂胀力对砂的破坏程度,来间接地判断其坚固性。

2. 坚固性试验应采用下列仪器设备和试剂:

(1) 烘箱——温度控制范围为(105±5)℃;

(2) 天平——称量1000g,感量1g;

(3) 试验筛——筛孔公称直径为 160μm、315μm、630μm、1.25mm、2.50mm、5.00mm 的方孔筛各一只;

(4) 容器——搪瓷盆或瓷缸,容量不小于 10L;

(5) 三脚网篮——内径及高均为70mm,由铜丝或镀锌铁丝制成,网孔的孔径不应大于所盛试样粒级下限尺寸的一半;

(6) 试剂——无水硫酸钠;

(7) 比重计;

(8) 氯化钡——浓度为10%。

3. 溶液的配制及试样制备应符合下列规定:

(1) 硫酸钠溶液的配制应按下述方法进行:

取一定数量的蒸馏水(取决于试样及容器大小,加温至30~50℃),每1000mL蒸馏水加入无水硫酸钠(Na_2SO_4)300~350g,用玻璃棒搅拌,使其溶解并饱和,然后冷却至20~25℃,在此温度下静置两昼夜,其密度应为1151~1174kg/m^3;

(2) 将缩分后的样品用水冲洗干净,在(105±5)℃的温度下烘干冷却至室温备用。

4. 坚固性试验应按下列步骤进行:

(1) 称取公称粒级分别为 315~630μm、630μm~1.25mm、1.25~2.50mm 和 2.50~5.00mm 的试样各100g。若是特细砂,应筛去公称粒径160μm以下和2.50mm以上的颗粒,称取公称粒级分别为 160~315μm、315~630μm、630μm~1.25mm、1.25~2.50mm 的试样各100g。分别装入网篮并浸入盛有硫酸钠溶液的容器中,溶液体积应不小于试样总体积的5倍,其温度应保持在20~25℃。三脚网篮浸入溶液时,应先上下升降25次以排除试样中的气泡,然后静置于该容器中。此时,网篮底面应距容器底面约30mm(由网篮脚高控制),网篮之间的间距应不小于30mm,试样表面至少应在液面以下30mm。

(2) 浸泡 20h 后，从溶液中提出网篮，放在温度为(105±5)℃的烘箱中烘烤 4h，至此，完成了第一次循环。待试样冷却至 20～25℃后，即开始第二次循环，从第二次循环开始，浸泡及烘烤时间均为 4h。

(3) 第五次循环完成后，将试样置于 20～25℃的清水中洗净硫酸钠，再在(105±5)℃的烘箱中烘干至恒重，取出并冷却至室温后，用孔径为试样粒级下限的筛，过筛并称量各粒级试样试验后的筛余量。

注：试样中硫酸钠是否洗净，可按下法检验：取冲洗过试样的水若干毫升，滴入少量 10%的氯化钡($BaCl_2$)溶液，如无白色沉淀，则说明硫酸钠已被洗净。

5. 试验结果计算应符合下列规定：

(1) 试样中各粒级颗粒的分计质量损失百分率 δ_{ji} 应按下式计算：

$$\delta_{ji} = \frac{m_i - m_i'}{m_i} \times 100\% \tag{4-20}$$

式中　δ_{ji}——各粒级颗粒的分计质量损失百分率(%)；
　　　m_i——每一粒级试样试验前的质量(g)；
　　　m_i'——经硫酸钠溶液试验后，每一粒级筛余颗粒的烘干质量(g)。

(2) 300μm～4.75mm 粒级试样的总质量损失百分率 δ_j 应按下式计算，精确至 1%：

$$\delta_j = \frac{\alpha_1 \delta_{j1} + \alpha_2 \delta_{j2} + \alpha_3 \delta_{j3} + \alpha_4 \delta_{j4}}{\alpha_1 + \alpha_2 + \alpha_3 + \alpha_4} \times 100\% \tag{4-21}$$

式中　　　　　δ_j——试样的总质量损失百分率(%)；
α_1、α_2、α_3、α_4——公称粒级分别为 315～630μm、630μm～1.25mm、1.25～2.50mm、2.50～5.00mm 粒级在筛除小于公称粒径 315μm 及大于公称粒径 5.00mm 颗粒后的原试样中所占的百分率(%)。
δ_{j1}、δ_{j2}、δ_{j3}、δ_{j4}——公称粒级分别为 315～630μm、630μm～1.25mm、1.25～2.50mm、2.50～5.00mm 各粒级的分计质量损失百分率(%)。

(3) 特细砂按下式计算，精确至 1%：

$$\delta_j = \frac{\alpha_0 \delta_{j0} + \alpha_1 \delta_{j1} + \alpha_2 \delta_{j2} + \alpha_3 \delta_{j3}}{\alpha_0 + \alpha_1 + \alpha_2 + \alpha_3} \times 100\% \tag{4-22}$$

式中　　　　　δ_j——试样的总质量损失百分率(%)；
α_0、α_1、α_2、α_3——公称粒级分别为 160～315μm、315～630μm、630μm～1.25mm、1.25～2.50mm 粒级在筛除小于公称粒径 160μm 及大于公称粒径 2.50mm 颗粒后的原试样中所占的百分率(%)；
δ_{j0}、δ_{j1}、δ_{j2}、δ_{j3}——公称粒级分别为 160～315μm、315～630μm、630μm～1.25mm、1.25～2.50mm 各粒级的分计质量损失百分率(%)。

(十七) 砂中硫酸盐及硫化物含量试验

1. 本方法适用于测定砂中的硫酸盐及硫化物含量(按 SO_3 百分含量计算)。

2. 硫酸盐及硫化物试验应采用下列仪器设备和试剂：

(1) 天平和分析天平——天平，称量 1000g，感量 1g；分析天平，称量 100g，感量 0.0001g；

(2) 高温炉——最高温度 1000℃；

(3) 试验筛——筛孔公称直径为 80μm 的方孔筛一只；
(4) 瓷坩埚；
(5) 其他仪器——烧瓶、烧杯等；
(6) 10%(W/V)氯化钡溶液——10g 氯化钡溶于 100mL 蒸馏水中；
(7) 盐酸(1+1)——浓盐酸溶于同体积的蒸馏水中；
(8) 1%(W/V)硝酸银溶液——1g 硝酸银溶于 100mL 蒸馏水中，并加入 5～10mL 硝酸，存于棕色瓶中。

3. 试样制备应符合下列规定：

样品经缩分至不少于 10g，置于温度为(105±5)℃烘干至恒重，冷却至室温后，研磨至全部通过筛孔公称直径为 80μm 的方孔筛，备用。

4. 硫酸盐及硫化物含量试验应按下列步骤进行：

(1) 用分析天平精确称取砂粉试样 1g(m)，放入 300mL 的烧杯中，加入 30～40mL 蒸馏水及 10mL 的盐酸(1+1)，加热至微沸，并保持微沸 5min，试样充分分解后取下，以中速滤纸过滤，用温水洗涤 10～12 次；

(2) 调整滤液体积至 200mL，煮沸，搅拌同时滴加 10mL10%氯化钡溶液，并将溶液煮沸数分钟，然后移至温热处静置至少 4h(此时溶液体积应保持在 200mL)，用慢速滤纸过滤，用温水洗到无氯根反应(用硝酸银溶液检验)；

(3) 将沉淀及滤纸一并移入已灼烧至恒重的瓷坩埚(m_1)中，灰化后在 800℃的高温炉内灼烧 30min。取出坩埚，置于干燥器中冷却至室温，称量，如此反复灼烧，直至恒重(m_2)。

5. 硫化物及硫酸盐含量(以 SO_3 计)应按下式计算，精确至 0.01%：

$$w_{SO_3} = \frac{(m_2-m_1) \times 0.343}{m} \times 100\% \qquad (4-23)$$

式中　w_{SO_3}——硫酸盐含量(%)；
　　　m——试样质量(g)；
　　　m_1——瓷坩埚的质量(g)；
　　　m_2——瓷坩埚质量和试样总质量(g)；
　　　0.343——$BaSO_4$ 换算成 SO_3 的系数。

以两次试验的算术平均值作为测定值，当两次试验结果之差大于 0.15%时，须重做试验。

(十八) 砂中氯离子含量试验

1. 本方法适用于测定砂中的氯离子含量。

2. 氯离子含量试验应采用下列仪器设备和试剂：

(1) 天平——称量 1000g，感量 1g；
(2) 带塞磨口瓶——容量 1L；
(3) 三角瓶——容量 300mL；
(4) 滴定管——容量 10mL 或 25mL；
(5) 容量瓶——容量 500mL；
(6) 移液管——容量 50mL，2mL；

(7) 5%(W/V)铬酸钾指示剂溶液;
(8) 0.01mol/L 的氯化钠标准溶液;
(9) 0.01mol/L 的硝酸银标准溶液。

3. 试样制备应符合下列规定:

取经缩分后样品 2kg,在温度(105±5)℃的烘箱中烘干至恒重,经冷却至室温备用。

4. 氯离子含量试验应按下列步骤进行:

(1) 称取试样 500g(m),装入带塞磨口瓶中,用容量瓶取 500mL 蒸馏水,注入磨口瓶内,加上塞子,摇动一次,放置 2h,然后每隔 5min 摇动一次,共摇动 3 次,使氯盐充分溶解。将磨口瓶上部已澄清的溶液过滤,然后用移液管吸取 50mL 滤液,注入三角瓶中,再加入浓度为 5%的(W/V)铬酸钾指示剂 1mL,用 0.01mol/L 硝酸银标准溶液滴定至呈现砖红色为终点,记录消耗的硝酸银标准溶液的毫升数(V_1)。

(2) 空白试验:用移液管准确吸取 50mL 蒸馏水到三角瓶内,加入 5%铬酸钾指示剂 1mL,并用 0.01mol/L 的硝酸银标准溶液滴定至溶液呈砖红色为止,记录此点消耗的硝酸银标准溶液的毫升数(V_2)。

5. 砂中氯离子含量 w_{Cl} 应按下式计算,精确至 0.001%:

$$w_{Cl} = \frac{C_{AgNO_3}(V_1 - V_2) \times 0.0355 \times 10}{m} \times 100\% \qquad (4-24)$$

式中 w_{Cl}——砂中氯离子含量(%);
   C_{AgNO_3}——硝酸银标准溶液的浓度(mol/L);
   V_1——样品滴定时消耗的硝酸银标准溶液的体积(mL);
   V_2——空白试验时消耗的硝酸银标准溶液的体积(mL);
   m——试样质量(g)。

(十九) 海砂中贝壳含量试验(盐酸清洗法)

1. 本方法适用于检验海砂中的贝壳含量。

2. 贝壳含量试验应采用下列仪器设备和试剂:

(1) 烘箱——温度控制范围为(105±5)℃;
(2) 天平——称量 1000g,感量 1g 和称量 5000g,感量 5g 的天平各一台;
(3) 试验筛——筛孔公称直径为 5.00mm 的方孔筛一只;
(4) 量筒——容量 1000mL;
(5) 搪瓷盆——直径 200mm 左右;
(6) 玻璃棒;
(7) (1+5)盐酸溶液——由浓盐酸(相对密度 1.18,浓度 26%~38%)和蒸馏水按 1:5 的比例配制而成;
(8) 烧杯——容量 2000mL。

3. 试样制备应符合下列规定:

将样品缩分至不少于 2400g,置于温度为(105±5)℃烘箱中烘干至恒重,冷却至室温后,过筛孔公称直径为 5.00mm 的方孔筛后,称取 500g(m_1)试样两份,先按本标准第 6.8 节测出砂的含泥量(w_c),再将试样放入烧杯中备用。

4. 海砂中贝壳含量应按下列步骤进行：

在盛有试样的烧杯中加入(1+5)盐酸溶液 900mL，不断用玻璃棒搅拌，使反应完全。待溶液中不再有气体产生后，再加少量上述盐酸溶液，若再无气体生成则表明反应已完全。否则，应重复上一步骤，直至无气体产生为止。然后进行五次清洗，清洗过程中要避免砂粒丢失。洗净后，置于温度为(105±5)℃的烘箱中，取出冷却至室温，称重(m_2)。

5. 砂中贝壳含量 w_b 应按下式计算，精确至 0.1%：

$$w_b = \frac{m_1 - m_2}{m_1} \times 100\% - w_c \tag{4-25}$$

式中 w_b——砂中贝壳含量(%)；

m_1——试样总量(g)；

m_2——试样除去贝壳后的质量(g)；

w_c——含泥量(%)。

以两次试验结果的算术平均值作为测定值，当两次结果之差超过 0.5% 时，应重新取样进行试验。

（二十）砂的碱活性试验（快速法）

1. 本方法适用于在 1mol/L 氢氧化钠溶液中浸泡试样 14d 以检验硅质骨料与混凝土中的碱产生潜在反应的危害性，不适用于碱碳酸盐反应活性骨料检验。

2. 快速法碱活性试验应采用下列仪器设备：

（1）烘箱——温度控制范围为(105±5)℃；

（2）天平——称量 1000g，感量 1g；

（3）试验筛——筛孔公称直径为 5.00mm、2.50mm、1.25mm、630μm、315μm、160μm 的方孔筛各一只；

（4）测长仪——测量范围 280~300mm，精度 0.01mm；

（5）水泥胶砂搅拌机——应符合现行行业标准《行星式水泥胶砂搅拌机》JC/T 681 的规定；

（6）恒温养护箱或水浴——温度控制范围为(80±2)℃；

（7）养护筒——由耐碱耐高温的材料制成，不漏水，密封，防止容器内湿度下降，筒的容积可以保证试件全部浸没在水中。筒内设有试件架，试件垂直于试件架放置；

（8）试模——金属试模，尺寸为 25mm×25mm×280mm，试模两端正中有小孔，装有不锈钢测头；

（9）镘刀、捣棒、量筒、干燥器等。

3. 试件的制作应符合下列规定：

（1）将砂样缩分成约 5kg，按表 4-21 中所示级配及比例组合成试验用料，并将试样洗净烘干或晾干备用。

砂 级 配 表   表 4-21

公称粒级	5.00~2.50mm	2.50~1.25mm	1.25mm~630μm	630~315μm	315~160μm
分级质量(%)	10	25	25	25	15

注：对特细砂分级质量不作规定。

(2) 水泥应采用符合现行国家标准《硅酸盐水泥、普通硅酸盐水泥》GB 175 要求的普通硅酸盐水泥。水泥与砂的重量比为 1∶2.25，水灰比为 0.47。试件规格 25mm×25mm×280mm，每组三条，称取水泥 440g，砂 990g。

(3) 成型前 24h，将试验所用材料（水泥、砂、拌合用水等）放入 (20±2)℃ 的恒温室中。

(4) 将称好的水泥与砂倒入搅拌锅，应按现行国家标准《水泥胶砂强度检验方法（ISO 法）》GB/T 17671 的规定进行搅拌。

(5) 搅拌完成后，将砂浆分两层装入试模内，每层捣 40 次，测头周围应填实，浇捣完毕后用镘刀刮除多余砂浆，抹平表面，并标明测定方向及编号。

4. 快速法试验应按下列步骤进行：

(1) 将试件成型完毕后，带模放入标准养护室，养护 (24±4)h 后脱模。

(2) 脱模后，将试件浸泡在装有自来水的养护筒中，并将养护筒放入温度 (80±2)℃ 的烘箱或水浴箱中养护 24h。同种骨料制成的试件放在同一个养护筒中。

(3) 然后将养护筒逐个取出。每次从养护筒中取出一个试件，用抹布擦干表面，立即用测长仪测试件的基长 (L_0)。每个试件至少重复测试两次，取差值在仪器精度范围内的两个读数的平均值作为长度测定值（精确至 0.02mm），每次每个试件的测量方向应一致，待测的试件须用湿布覆盖，防止水分蒸发；从取出试件擦干到读数完成应在 (15±5)s 内结束，读完数后的试件应用湿布覆盖。全部试件测完基准长度后，把试件放入装有浓度为 1mol/L 氢氧化钠溶液的养护筒中，并确保试件被完全浸泡。溶液温度应保持在 (80±2)℃，将养护筒放回烘箱或水浴箱中。

注：用测长仪测定任一组试件的长度时，均应先调整测长仪的零点。

(4) 自测定基准长度之日起，第 3d、7d、10d、14d 再分别测其长度 (L_t)。测长方法与测基长方法相同。每次测量完毕后，应将试件调头放入原养护筒，盖好筒盖，放回 (80±2)℃ 的烘箱或水浴箱中，继续养护到下一个测试龄期。操作时防止氢氧化钠溶液溢溅，避免烧伤皮肤。

(5) 在测量时应观察试件的变形、裂缝、渗出物等，特别应观察有无胶体物质，并作详细记录。

5. 试件中的膨胀率应按下式计算，精确至 0.01%：

$$\varepsilon_t = \frac{L_t - L_0}{L_0 - 2\Delta} \times 100\% \tag{4-26}$$

式中　ε_t——试件在 t 天龄期的膨胀率（%）；
　　　L_t——试件在 t 天龄期的长度（mm）；
　　　L_0——试件的基长（mm）；
　　　Δ——测头长度（mm）。

以三个试件膨胀率的平均值作为某一龄期膨胀率的测定值。任一试件膨胀率与平均值均应符合下列规定：

(1) 当平均值小于或等于 0.05% 时，其差值均应小于 0.01%；

(2) 当平均值大于 0.05% 时，单个测值与平均值的差值均应小于平均值的 20%；

(3) 当三个试件的膨胀率均大于 0.10% 时,无精度要求;

(4) 当不符合上述要求时,去掉膨胀率最小的,用其余两个试件的平均值作为该龄期的膨胀率。

6. 结果评定应符合下列规定:

(1) 当 14d 膨胀率小于 0.10% 时,可判定为无潜在危害;

(2) 当 14d 膨胀率大于 0.20% 时,可判定为有潜在危害;

(3) 当 14d 膨胀率在 0.10%~0.20% 之间时,应按本标准第 6.21 节的方法再进行试验判定。

(二十一) 砂的碱活性试验(砂浆长度法)

1. 本方法适用于鉴定硅质骨料与水泥(混凝土)中的碱产生潜在反应的危害性,不适用于碱碳酸盐反应活性骨料检验。

2. 砂浆长度法碱活性试验应采用下列仪器设备:

(1) 试验筛——应符合本节五、(一)2.(1)条的要求;

(2) 水泥胶砂搅拌机——应符合现行行业标准《行星式水泥胶砂搅拌机》JC/T 681 规定;

(3) 镘刀及截面为 14mm×13mm、长 120~150mm 的钢制捣棒;

(4) 量筒、秒表;

(5) 试模和测头——金属试模,规格为 25mm×25mm×280mm,试模两端正中应有小孔,测头在此固定埋入砂浆,测头用不锈钢金属制成;

(6) 养护筒——用耐腐蚀材料制成,应不漏水,不透气,加盖后放在养护室中能确保筒内空气相对湿度为 95% 以上,筒内设有试件架,架下盛有水,试件垂直立于架上并不与水接触;

(7) 测长仪——测量范围 280~300mm,精度 0.01mm;

(8) 室温为 (40±2)℃ 的养护室;

(9) 天平——称量 2000g,感量 2g;

(10) 跳桌——应符合现行行业标准《水泥胶砂流动度测定仪》JC/T 958 要求。

3. 试件的制备应符合下列规定:

(1) 制作试件的材料应符合下列规定:

1) 水泥——在做一般骨料活性鉴定时,应使用高碱水泥,含碱量为 1.2%;低于此值时,掺浓度为 10% 的氢氧化钠溶液,将碱含量调至水泥量的 1.2%;对于具体工程,当该工程拟用水泥的含碱量高于此值,则应采用工程所使用的水泥;

注:水泥含碱量以氧化钠(Na_2O)计,氧化钾(K_2O)换算为氧化钠时乘以换算系数 0.658。

2) 砂——将样品缩分成约 5kg,按表 4-22 中所示级配及比例组合成试验用料,并将试样洗净晾干。

砂 级 配 表 表 4-22

公称粒级	5.00~2.50mm	2.50~1.25mm	1.25mm~630μm	630~315μm	315~160μm
分级质量(%)	10	25	25	25	15

注:对特细砂分级质量不作规定。

(2) 制作试件用的砂浆配合比应符合下列规定：

水泥与砂的质量比为 1:2.25。每组 3 个试件，共需水泥 440g，砂料 990g，砂浆用水量应按现行国家标准《水泥胶砂流动度测定方法》GB/T 2419 确定，跳桌次数改为 6s 跳动 10 次，以流动度在 105～120mm 为准。

(3) 砂浆长度法试验所用试件应按下列方法制作：

1) 成型前 24h，将试验所用材料（水泥、砂、拌和用水等）放入 (20±2)℃ 的恒温室中；

2) 先将称好的水泥与砂倒入搅拌锅内，开动搅拌机，拌合 5s 后徐徐加水，20～30s 加完，自开动机器起搅拌 (180±5)s 停机，将粘在叶片上的砂浆刮下，取下搅拌锅；

3) 砂浆分两层装入试模内，每层捣 40 次；测头周围应填实，浇捣完毕后用镘刀刮除多余砂浆，抹平表面并标明测定方向和编号。

4. 砂浆长度法试验应按下列步骤进行：

(1) 试件成型完毕后，带模放入标准养护室，养护 (24±4)h 后脱模（当试件强度较低时，可延至 48h 脱模），脱模后立即测量试件的基长 (L_0)。测长应在 (20±2)℃ 的恒温室中进行，每个试件至少重复测试两次，取差值在仪器精度范围内的两个读数的平均值作为长度测定值（精确至 0.02mm）。待测的试件须用湿布覆盖，以防止水分蒸发。

(2) 测量后将试件放入养护筒中，盖严后放入 (40±2)℃ 养护室里养护（一个筒内的品种应相同）。

(3) 自测基长之日起，14d、1 个月、2 个月、3 个月、6 个月再分别测其长度 (L_t)，如有必要还可适当延长。在测长前一天，应把养护筒从 (40±2)℃ 养护室中取出，放入 (20±2)℃ 的恒温室。试件的测长方法与测基长相同，测量完毕后，应将试件调头放入养护筒中，盖好筒盖，放回 (40±2)℃ 养护室继续养护到下一测龄期。

(4) 在测量时应观察试件的变形、裂缝和渗出物，特别应观察有无胶体物质，并作详细记录。

5. 试件的膨胀率应按下式计算，精确至 0.001%：

$$\varepsilon_t = \frac{L_t - L_0}{L_0 - 2\Delta} \times 100\% \tag{4-27}$$

式中　ε_t——试件在 t 天龄期的膨胀率 (%)；

　　　L_0——试件的基长 (mm)；

　　　L_t——试件在 t 天龄期的长度 (mm)；

　　　Δ——测头长度 (mm)。

以三个试件膨胀率的平均值作为某一龄期膨胀率的测定值。任一试件膨胀率与平均值均应符合下列规定：

1) 当平均值小于或等于 0.05% 时，其差值均应小于 0.01%；

2) 当平均值大于 0.05% 时，其差值均应小于平均值的 20%；

3) 当三个试件的膨胀率均超过 0.10% 时，无精度要求；

4) 当不符合上述要求时，去掉膨胀率最小的，用其余两个试件的平均值作为该龄期的膨胀率。

6. 结果评定应符合下无规定：

当砂浆 6 个月膨胀率小于 0.10％或 3 个月的膨胀率小于 0.05％(只有在缺少 6 个月膨胀率时才有效)时，则判为无潜在危害。否则，应判为有潜在危害。

六、石子的检验方法

（一）碎石或卵石的筛分析试验

1. 本方法适用于测定碎石或卵石的颗粒级配。
2. 筛分析试验应采用下列仪器设备：

（1）试验筛——筛孔公称直径为 100.0mm、80.0mm、63.0mm、50.0mm、40.0mm、31.5mm、25.0mm、20.0mm、16.0mm、10.0mm、5.00mm 和 2.50mm 的方孔筛以及筛的底盘和盖各一只，其规格和质量要求应符合现行国家标准《金属穿孔板试验筛》GB/T 6003.2 的要求，筛框直径为 300mm；

（2）天平和秤——天平的称量 5kg，感量 5g；秤的称量 20kg，感量 20g；

（3）烘箱——温度控制范围为(105±5)℃；

（4）浅盘。

3. 试样制备应符合下列规定：试验前，应将样品缩分至表 4-23 所规定的试样最少质量，并烘干或风干后备用。

筛分析所需试样的最少质量 表 4-23

公称粒径(mm)	10.0	16.0	20.0	25.0	31.5	40.0	63.0	80.0
试样最少质量(kg)	2.0	3.2	4.0	5.0	6.3	8.0	12.6	16.0

4. 筛分析试验应按下列步骤进行：

（1）按表 4-23 的规定称取试样；

（2）将试样按筛孔大小顺序过筛，当每只筛上的筛余层厚度大于试样的最大粒径值时，应将该筛上的筛余试样分成两份，再次进行筛分，直至各筛每分钟的通过量不超过试样总量的 0.1％；

注：当筛余试样的颗粒粒径比公称粒径大 20mm 以上时，在筛分过程中，允许用手拨动颗粒。

（3）称取各筛筛余的质量，精确至试样总质量的 0.1％。各筛的分计筛余量和筛底剩余量的总和与筛分前测定的试样总量相比，其相差不得超过 1％。

5. 筛分析试验结果应按下列步骤计算：

（1）计算分计筛余（各筛上筛余量除以试样的百分率），精确至 0.1％；

（2）计算累计筛余（该筛的分计筛余与筛孔大于该筛的各筛的分计筛余百分率之总和），精确至 1％；

（3）根据各筛的累计筛余，评定该试样的颗粒级配。

（二）碎石或卵石的表观密度试验（标准法）

1. 本方法适用于测定碎石或卵石的表观密度。
2. 标准法表观密度试验应采用下列仪器设备：

（1）液体天平——称量 5kg，感量 5g，其型号及尺寸应能允许在臂上悬挂盛试样的吊篮，并在水中称重（见图 4-7）；

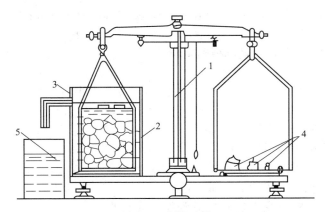

图 4-7 液体天平
1—5kg 天平；2—吊篮；3—带有溢流孔的金属容器；4—砝码；5—容器

(2) 吊篮——直径和高度均为 150mm，由孔径为 1～2mm 的筛网或钻有孔径为 2～3mm 孔洞的耐锈蚀金属板制成；

(3) 盛水容器——有溢流孔；

(4) 烘箱——温度控制范围为(105±5)℃；

(5) 试验筛——筛孔公称直径为 5.00mm 的方孔筛一只；

(6) 温度计——0～100℃；

(7) 带盖容器、浅盘、刷子和毛巾等。

3. 试样制备应符合下列规定：

试验前，将样品筛除公称粒径 5.00mm 以下的颗粒，并缩分至略大于两倍于表 4-24 所规定的最少质量，冲洗干净后分成两份备用。

表观密度试验所需的试样最少质量　　　　　　表 4-24

最大公称粒径(mm)	10.0	16.0	20.0	25.0	31.5	40.0	63.0	80.0
试样最少质量(kg)	2.0	2.0	2.0	2.0	3.0	4.0	6.0	6.0

4. 标准法表观密度试验应按以下步骤进行：

(1) 按表 4-24 的规定称取试样；

(2) 取试样一份装入吊篮，并浸入盛水的容器中，水面至少高出试样 50mm；

(3) 浸水 24h 后，移放到称量用的盛水容器中，并用上下升降吊篮的方法排除气泡(试样不得露出水面)。吊篮每升降一次约为 1s，升降高度为 30～50mm；

(4) 测定水温(此时吊篮应全浸在水中)，用天平称取吊篮及试样在水中的质量(m_2)。称量时盛水容器中水面的高度由容器的溢流孔控制；

(5) 提起吊篮，将试样置于浅盘中，放入(105±5)℃的烘箱中烘干至恒重；取出来放在带盖的容器中冷却至室温后，称重(m_0)。

注：恒重是指相邻两次称量间隔时间不小于 3h 的情况下，其前后两次称量之差小于该项试验所要求的称量精度。下同。

(6) 称取吊篮在同样温度的水中质量(m_1)，称量时盛水容器的水面高度仍应由溢流口控制。

注：试验的各项称重可以在15～25℃的温度范围内进行，但从试样加水静置的最后2h起直至试验结束，其温度相差不应超过2℃。

5. 表观密度 ρ 应按下式计算，精确至 $10kg/m^3$：

$$\rho = \left(\frac{m_0}{m_0 + m_1 - m_2} - \alpha_t\right) \times 1000 \qquad (4-28)$$

式中　ρ ——表观密度 (kg/m^3)；
　　　m_0——试样的烘干质量(g)；
　　　m_1——吊篮在水中的质量(g)；
　　　m_2——吊篮及试样在水中的质量(g)；
　　　α_t——水温对表观密度影响的修正系数，见表4-25。

不同水温下碎石或卵石的表观密度影响的修正系数　　表4-25

水温(℃)	15	16	17	18	19	20	21	22	23	24	25
α_t	0.002	0.003	0.003	0.004	0.004	0.005	0.005	0.006	0.006	0.007	0.008

以两次试验结果的算术平均值作为测定值。当两次结果之差大于 $20kg/m^3$ 时，应重新取样进行试验。对颗粒材质不均匀的试样，两次试验结果之差大于 $20kg/m^3$ 时，可取四次测定结果的算术平均值作为测定值。

（三）碎石或卵石的表观密度试验（简易法）

1. 本方法适用于测定碎石或卵石的表观密度，不宜用于测定最大公称粒径超过40mm的碎石或卵石的表观密度。

2. 简易法测定表观密度应采用下列仪器设备：

（1）烘箱——温度控制范围为(105±5)℃；

（2）秤——称量20kg，感量20g；

（3）广口瓶——容量1000mL，磨口，并带玻璃片；

（4）试验筛——筛孔公称直径为5.00mm的方孔筛一只；

（5）毛巾、刷子等。

3. 试样制备应符合下列规定：

试验前，筛除样品中公称粒径为5.00mm以下的颗粒，缩分至略大于表4-24所规定的量的两倍。洗刷干净后，分成两份备用。

4. 简易法测定表观密度应按下列步骤进行：

（1）按表4-24规定的数量称取试样；

（2）将试样浸水饱和，然后装入广口瓶中。装试样时，广口瓶应倾斜放置，注入饮用水，用玻璃片覆盖瓶口，以上下左右摇晃的方法排除气泡；

（3）气泡排尽后，向瓶中添加饮用水直至水面凸出瓶口边缘。然后用玻璃片沿瓶口迅速滑行，使其紧贴瓶口水面。擦干瓶外水分后，称取试样、水、瓶和玻璃片总质量 (m_1)；

（4）将瓶中的试样倒入浅盘中，放在(105±5)℃的烘箱中烘至恒重；取出，放在带盖的容器中冷却至室温后称取质量 (m_0)；

（5）将瓶洗净，重新注入饮用水，用玻璃片紧贴瓶口水面，擦干瓶外水分后称取质量

(m_2)。

注：试验时各项称重可以在 15～25℃ 的温度范围内进行，但从试样加水静置的最后 2h 起直至试验结束，其温度相差不应超过 2℃。

5. 表观密度 ρ 应按下式计算，精确至 $10kg/m^3$：

$$\rho = \left(\frac{m_0}{m_0 + m_2 - m_1} - \alpha_t \right) \times 1000 \qquad (4-29)$$

式中　　ρ——表观密度(kg/m^3)；
　　　　m_0——烘干后试样质量(g)；
　　　　m_1——试样、水、瓶和玻璃片的总质量(g)；
　　　　m_2——水、瓶和玻璃片总质量(g)；
　　　　α_t——水温对表观密度影响的修正系数，见表 4-25。

以两次试验结果的算术平均值作为测定值。当两次结果之差大于 $20kg/m^3$ 时，应重新取样进行试验。对颗粒材质不均匀的试样，如两次试验结果之差大于 $20kg/m^3$ 时，可取四次测定结果的算术平均值作为测定值。

（四）碎石或卵石的含水率试验

1. 本方法适用于测定碎石或卵石的含水率。
2. 含水率试验应采用下列仪器设备：
(1) 烘箱——温度控制范围为(105±5)℃；
(2) 秤——称量 20kg，感量 20g；
(3) 容器——如浅盘等。
3. 含水率试验应按下列步骤进行：
(1) 按本标准表 4-19 的要求称取试样，分成两份备用；
(2) 将试样置于干净的容器中，称取试样和容器的总质量(m_1)，并在(105±5)℃的烘箱中烘干至恒重；
(3) 取出试样，冷却后称取试样与容器的总质量(m_2)，并称取容器的质量(m_3)。
4. 含水率 w_{wc} 应按下式计算，精确至 0.1%：

$$w_{wc} = \frac{m_1 - m_2}{m_2 - m_3} \times 100\% \qquad (4-30)$$

式中　　w_{wc}——含水率(%)；
　　　　m_1——烘干前试样与容器总质量(g)；
　　　　m_2——烘干后试样与容器总质量(g)；
　　　　m_3——容器质量(g)。

以两次试验结果的算术平均值作为测定值。

注：碎石或卵石含水率简易测定法可采用"烘干法"。

（五）碎石或卵石的吸水率试验

1. 本方法适用于测定碎石或卵石的吸水率，即测定以烘干质量为基准的饱和面干吸水率。
2. 吸水率试验应采用下列仪器设备：
(1) 烘箱——温度控制范围为(105±5)℃；

(2) 秤——称量20kg，感量20g；
(3) 试验筛——筛孔公称直径为5.00mm的方孔筛一只；
(4) 容器、浅盘、金属丝刷和毛巾等。

3. 试样的制备应符合下列要求：

试验前，筛除样品中公称粒径5.00mm以下的颗粒，然后缩分至两倍于表4-26所规定的质量，分成两份，用金属丝刷刷净后备用。

吸水率试验所需的试样最少质量 表4-26

最大公称粒径(mm)	10.0	16.0	20.0	25.0	31.5	40.0	63.0	80.0
试样最少质量(kg)	2	2	4	4	4	6	6	8

4. 吸水率试验应按下列步骤进行：

(1) 取试样一份置于盛水的容器中，使水面高出试样表面5mm左右，24h后从水中取出试样，并用拧干的湿毛巾将颗粒表面的水分拭干，即成为饱和面干试样。然后，立即将试样放在浅盘中称取质量(m_2)，在整个试验过程中，水温必须保持在(20 ± 5)℃。

(2) 将饱和面干试样连同浅盘置于(105 ± 5)℃的烘箱中烘干至恒重。然后取出，放入带盖的容器中冷却0.5~1h，称取烘干试样与浅盘的总质量(m_1)，称取浅盘的质量(m_3)。

5. 吸水率w_{wa}应按下式计算，精确至0.01%：

$$w_{wa}=\frac{m_2-m_1}{m_1-m_3}\times 100\% \tag{4-31}$$

式中　w_{wa}——吸水率(%)；
　　　m_1——烘干后试样与浅盘总质量(g)；
　　　m_2——烘干前饱和面干试样与浅盘总质量(g)；
　　　m_3——浅盘质量(g)。

以两次试验结果的算术平均值作为测定值。

（六）碎石或卵石的堆积密度和紧密密度试验

1. 本方法适用于测定碎石或卵石的堆积密度、紧密密度及空隙率。

2. 堆积密度和紧密密度试验应采用下列仪器设备：

(1) 秤——称量100kg，感量100g；
(2) 容量筒——金属制，其规格见表4-27；
(3) 平头铁锹；
(4) 烘箱——温度控制范围为(105 ± 5)℃。

容量筒的规格要求 表4-27

碎石或卵石的最大公称粒径(mm)	容量筒容积(L)	容量筒规格(mm)		筒壁厚度(mm)
		内径	净高	
10.0, 16.0, 20.0, 25	10	208	294	2
31.5, 40.0	20	294	294	3
63.0, 80.0	30	360	294	4

注：测定紧密密度时，对最大公称粒径为31.5mm、40.0mm的骨料，可采用10L的容量筒，对最大公称粒径为63.0mm、80.0mm的骨料，可采用20L容量筒。

3. 试样的制备应符合下列要求:

按表 4-19 的规定称取试样,放入浅盘,在 (105 ± 5)℃的烘箱中烘干,也可摊在清洁的地面上风干,拌匀后分成两份备用。

4. 堆积密度和紧密密度试验应按以下步骤进行:

(1) 堆积密度:取试样一份,置于平整干净的地板(或铁板)上,用平头铁锹铲起试样,使石子自由落入容量筒内。此时,从铁锹的齐口至容量筒上口的距离应保持为 50mm 左右。装满容量筒除去凸出筒口表面的颗粒,并以合适的颗粒填入凹陷部分,使表面稍凸起部分和凹陷部分的体积大致相等,称取试样和容量筒总质量(m_2)。

(2) 紧密密度:取试样一份,分三层装入容量筒。装完一层后,在筒底垫放一根直径为 25mm 的钢筋,将筒按住并左右交替颠击地面各 25 下,然后装入第二层。第二层装满后,用同样方法颠实(但筒底所垫钢筋的方向应与第一层放置方向垂直),然后再装入第三层,如法颠实。待三层试样装填完毕后,加料直到试样超出容量筒筒口,用钢筋沿筒口边缘滚转,刮下高出筒口的颗粒,用合适的颗粒填平凹处,使表面稍凸起部分和凹陷部分的体积大致相等。称取试样和容量筒总质量(m_2)。

5. 试验结果计算应符合下列规定:

(1) 堆积密度(ρ_L)或紧密密度(ρ_c)按下式计算,精确至 10kg/m^3:

$$\rho_L(\rho_c)=\frac{m_2-m_1}{V}\times 1000 \tag{4-32}$$

式中 ρ_L——堆积密度(kg/m^3);
ρ_c——紧密密度(kg/m^3);
m_1——容量筒的质量(kg);
m_2——容量筒和试样总质量(kg);
V——容量筒的体积(L)。

以两次试验结果的算术平均值作为测定值。

(2) 空隙率(ν_L、ν_c)按式(4-33)及(4-34)计算,精确至 1%:

$$\nu_L=\left(1-\frac{\rho_L}{\rho}\right)\times 100\% \tag{4-33}$$

$$\nu_c=\left(1-\frac{\rho_c}{\rho}\right)\times 100\% \tag{4-34}$$

式中 ν_L、ν_c——空隙率(%);
ρ_L——碎石或卵石的堆积密度(kg/m^3);
ρ_c——碎石或卵石的紧密密度(kg/m^3);
ρ——碎石或卵石的表观密度(kg/m^3)。

6. 容量筒容积的校正应以 (20 ± 5)℃的饮用水装满容量筒,用玻璃板沿筒口滑移,使其紧贴水面,擦干筒外壁水分后称取质量。用下式计算筒的容积:

$$V=m_2'-m_1' \tag{4-35}$$

式中 V——容量筒的体积(L);
m_1'——容量筒和玻璃板质量(kg);
m_2'——容量筒、玻璃板和水总质量(kg)。

(七) 碎石或卵石中含泥量试验

1. 本方法适用于测定碎石或卵石中的含泥量。
2. 含泥量试验应采用下列仪器设备：
   (1) 秤——称量 20kg，感量 20g；
   (2) 烘箱——温度控制范围为(105±5)℃；
   (3) 试验筛——筛孔公称直径为 1.25mm 及 80μm 的方孔筛各一只；
   (4) 容器——容积约 10L 的瓷盘或金属盒；
   (5) 浅盘。
3. 试样制备应符合下列规定：

将样品缩分至表 4-28 所规定的量(注意防止细粉丢失)，并置于温度为(105±5)℃的烘箱内烘干至恒重，冷却至室温后分成两份备用。

含泥量试验所需的试样最少重量 表 4-28

最大公称粒径(mm)	10.0	16.0	20.0	25.0	31.5	40.0	63.0	80.0
试样量不少于(kg)	2	2	6	6	10	10	20	20

4. 含泥量试验应按下列步骤进行：

(1) 称取试样一份(m_0)装入容器中摊平，并注入饮用水，使水面高出石子表面150mm；浸泡 2h 后，用手在水中淘洗颗粒，使尘屑、淤泥和黏土与较粗颗粒分离，并使之悬浮或溶解于水。缓缓地将浑浊液倒入公称直径为 1.25mm 及 80μm 的方孔套筛(1.25mm 筛放置上面)上，滤去小于 80μm 的颗粒。试验前筛子的两面应先用水湿润。在整个试验过程中应注意避免大于 80μm 的颗粒丢失。

(2) 再次加水于容器中，重复上述过程，直至洗出的水清澈为止。

(3) 用水冲洗剩留在筛上的细粒，并将公称直径为 80μm 的方孔筛放在水中(使水面略高出筛内颗粒)来回摇动，以充分洗除小于 80μm 的颗粒。然后将两只筛上剩留的颗粒和筒中已洗净的试样一并装入浅盘，置于温度为(105±5)℃的烘箱中烘干至恒重。取出冷却至室温后，称取试样的质量(m_1)。

5. 碎石或卵石中含泥量 w_c 应按下式计算，精确至 0.1%：

$$w_c = \frac{m_0 - m_1}{m_0} \times 100\% \tag{4-36}$$

式中 w_c——含泥量(%)；
　　m_0——试验前烘干试样的质量(g)；
　　m_1——试验后烘干试样的质量(g)。

以两个试样试验结果的算术平均值作为测定值。两次结果之差大于 0.2% 时，应重新取样进行试验。

(八) 碎石或卵石中泥块含量试验

1. 本方法适用于测定碎石或卵石中泥块的含量。
2. 泥块含量试验应采用下列仪器设备：
   (1) 秤——称量 20kg，感量 20g；
   (2) 试验筛——筛孔公称直径为 2.50mm 及 5.00mm 的方孔筛各一只；

(3) 水筒及浅盘等；

(4) 烘箱——温度控制范围为(105±5)℃。

3. 试样制备应符合下列规定：

将样品缩分至略大于表 4-28 所示的量，缩分时应防止所含黏土块被压碎。缩分后的试样在(105±5)℃烘箱内烘至恒重，冷却至室温后分成两份备用。

4. 泥块含量试验应按下列步骤进行：

(1) 筛去公称粒径 5.00mm 以下颗粒，称取质量(m_1)；

(2) 将试样在容器中摊平，加入饮用水使水面高出试样表面，24h 后把水放出，用手碾压泥块，然后把试样放在公称直径为 2.50mm 的方孔筛上摇动淘洗，直至洗出的水清澈为止；

(3) 将筛上的试样小心地从筛里取出，置于温度为(105±5)℃烘箱中烘干至恒重。取出冷却至室温后称取质量(m_2)。

5. 泥块含量 $w_{c,L}$ 应按下式计算，精确至 0.1%：

$$w_{c,L} = \frac{m_1 - m_2}{m_1} \times 100\% \qquad (4-37)$$

式中 $w_{c,L}$——泥块含量(%)；

m_1——公称直径 5mm 筛上筛余量(g)；

m_2——试验后烘干试样的质量(g)。

以两个试样试验结果的算术平均值作为测定值。

(九) 碎石或卵石中针状和片状颗粒的总含量试验

1. 本方法适用于测定碎石或卵石中针状和片状颗粒的总含量。

2. 针状和片状颗粒的总含量试验应采用下列仪器设备：

(1) 针状规准仪(见图 4-8)和片状规准仪(见图 4-9)，或游标卡尺；

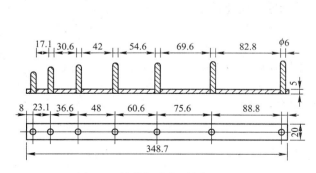

图 4-8 针状规准仪(单位：mm)

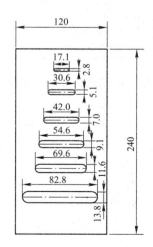

图 4-9 片状规准仪(单位：mm)

(2) 天平和秤——天平的称量 2kg，感量 2g；秤的称量 20kg，感量 20g；

(3) 试验筛——筛孔公称直径分别为 5.00mm、10.0mm、20.0mm、25.0mm、31.5mm、40.0mm、63.0mm 和 80.0mm 的方孔筛各一只，根据需要选用；

(4) 卡尺。

3. 试样制备应符合下列规定：

将样品在室内风干至表面干燥，并缩分至表 4-29 规定的量，称量（m_0），然后筛分成表 4-30 所规定的粒级备用。

针状和片状颗粒的总含量试验所需的试样最少重量　　　　表 4-29

最大公称粒径(mm)	10.0	16.0	20.0	25.0	31.5	≥40.0
试样最少重量(kg)	0.3	1	2	3	5	10

针状和片状颗粒的总含量试验的粒级划分及其相应的规准仪孔宽或间距　　　　表 4-30

公称粒级(mm)	5.00～10.0	10.0～16.0	16.0～20.0	20.0～25.0	25.0～31.5	31.5～40.0
片状规准仪上相对应的孔宽(mm)	2.8	5.1	7.0	9.1	11.6	13.8
针状规准仪上相对应的间距(mm)	17.1	30.6	42.0	54.6	69.6	82.8

4. 针状和片状颗粒的总含量试验应按下列步骤进行：

(1) 按表 4-30 所规定的粒级用规准仪逐粒对试样进行鉴定，凡颗粒长度大于针状规准仪上相对应的间距的，为针状颗粒。厚度小于片状规准仪上相应孔宽的，为片状颗粒。

(2) 公称粒径大于 40mm 的可用卡尺鉴定其针片状颗粒，卡尺卡口的设定宽度应符合表 4-31 的规定。

公称粒径大于 40mm 用卡尺卡口的设定宽度　　　　表 4-31

公称粒级(mm)	40.0～63.0	63.0～80.0
片状颗粒的卡口宽度(mm)	18.1	27.6
针状颗粒的卡口宽度(mm)	108.6	165.6

(3) 称取由各粒级挑出的针状和片状颗粒的总质量（m_1）。

5. 碎石或卵石中针状和片状颗粒的总含量 w_p 应按下式计算，精确至 1%：

$$w_p = \frac{m_1}{m_0} \times 100\% \tag{4-38}$$

式中　w_p——针状和片状颗粒的总含量(%)；
　　　m_1——试样中所含针状和片状颗粒的总质量(g)；
　　　m_0——试样总质量(g)。

(十) 卵石中有机物含量试验

1. 本方法适用于定性地测定卵石中的有机物含量是否达到影响混凝土质量的程度。

2. 有机物含量试验应采用下列仪器、设备和试剂：

(1) 天平——称量 2kg，感量 2g 和称量 100g，感量 0.1g 的天平各 1 台；

(2) 量筒——容量为 100mL、250mL 和 1000mL；

(3) 烧杯、玻璃棒和筛孔公称直径为 20mm 的试验筛；

(4) 浓度为3%的氢氧化钠溶液——氢氧化钠与蒸馏水之质量比为3：97；

(5) 鞣酸、酒精等。

3. 试样的制备和标准溶液配制应符合下列规定：

(1) 试样制备：筛除样品中公称粒径20mm以上的颗粒，缩分至约1kg，风干后备用；

(2) 标准溶液的配制方法：称取2g鞣酸粉，溶解于98mL的10%酒精溶液中，即得所需的鞣酸溶液，然后取该溶液2.5mL，注入97.5mL浓度为3%的氢氧化钠溶液中，加塞后剧烈摇动，静置24h即得标准溶液。

4. 有机物含量试验应按下列步骤进行：

(1) 向1000mL量筒中，倒入干试样至600mL刻度处，再注入浓度为3%的氢氧化钠溶液至800mL刻度处，剧烈搅动后静置24h；

(2) 比较试样上部溶液和新配制标准溶液的颜色。盛装标准溶液与盛装试样的量筒容积应一致。

5. 结果评定应符合下列规定：

(1) 若试样上部的溶液的颜色浅于标准溶液的颜色，则试样有机物含量鉴定合格；

(2) 若两种溶液的颜色接近，则应将该试样（包括上部溶液）倒入烧杯中放在温度为60～70℃的水浴锅中加热2～3h，然后再与标准溶液比色；

(3) 若试样上部的溶液的颜色深于标准色，则应配制成混凝土作进一步检验。其方法为：取试样一份，用浓度3%氢氧化钠溶液洗除有机物，再用清水淘洗干净，直至试样上部溶液的颜色浅于标准色；然后用洗除有机物的和未经清洗的试样用相同的水泥、砂配成配合比相同、坍落度基本相同的两种混凝土，测其28d抗压强度。若未经洗除有机物的卵石混凝土强度与经洗除有机物的混凝土强度之比不低于0.95，则此卵石可以使用。

(十一) 碎石或卵石的坚固性试验

1. 本方法适用于以硫酸钠饱和溶液法间接地判断碎石或卵石的坚固性。

2. 坚固性试验应采用下列仪器、设备及试剂：

(1) 烘箱——温度控制范围为(105±5)℃；

(2) 台秤——称量5kg，感量5g；

(3) 试验筛——根据试样粒级，按表4-32选用；

(4) 容器——搪瓷盆或瓷盆，容积不小于50L；

(5) 三脚网篮——网篮的外径为100mm，高为150mm，采用网孔公称直径不大于2.50mm的网，由铜丝制成；检验公称粒径为40.0～80.0mm的颗粒时，应采用外径和高度均为150mm的网篮；

(6) 试剂——无水硫酸钠。

坚固性试验所需的各粒级试样量 表4-32

公称粒级(mm)	5.00～10.0	10.0～20.0	20.0～40.0	40.0～63.0	63.0～80.0
试样重(g)	500	1000	1500	3000	3000

注：1. 公称粒级为10.0～20.0mm试样中，应含有40%的10.0～16.0mm粒级颗粒、60%的16.0～20.0mm粒级颗粒；

2. 公称粒级为20.0～40.0mm的试样中，应含有40%的20.0～31.5mm粒级颗粒、60%的31.5～40.0mm粒级颗粒。

3. 硫酸钠溶液的配制及试样的制备应符合下列规定：

(1) 硫酸钠溶液的配制：取一定数量的蒸馏水（取决于试样及容器的大小）。加温至 30～50℃，每 1000mL 蒸馏水加入无水硫酸钠（Na_2SO_4）300～350g，用玻璃棒搅拌，使其溶解至饱和，然后冷却至 20～25℃。在此温度下静置两昼夜。其密度保持在 1151～1174kg/m³ 范围内；

(2) 试样的制备：将样品按表 4-32 的规定分级，并分别擦洗干净，放入 105～110℃ 烘箱内烘 24h，取出并冷却至室温，然后按表 4-32 对各粒级规定的量称取试样（m_1）。

4. 坚固性试验应按下列步骤进行：

(1) 将所称取的不同粒级的试样分别装入三脚网篮并浸入盛有硫酸钠溶液的容器中。溶液体积应不小于试样总体积的 5 倍，其温度保持在 20～25℃ 的范围内。三脚网篮浸入溶液时应先上下升降 25 次以排除试样中的气泡，然后静置于该容器中。此时，网篮底面应距容器底面约 30mm（由网篮脚控制），网篮之间的间距应不小于 30mm，试样表面至少应在液面以下 30mm。

(2) 浸泡 20h 后，从溶液中提出网篮，放在（105±5）℃ 的烘箱中烘 4h。至此，完成了第一个试验循环。待试样冷却至 20～25℃ 后，即开始第二次循环。从第二次循环开始，浸泡及烘烤时间均可为 4h。

(3) 第五次循环完后，将试样置于 25～30℃ 的清水中洗净硫酸钠，再在（105±5）℃ 的烘箱中烘至恒重。取出冷却至室温后，用筛孔孔径为试样粒级下限的筛过筛，并称取各粒级试样试验后的筛余量（m_i'）。

注：试样中硫酸钠是否洗净，可按下法检验：取洗试样的水数毫升，滴入少量氯化钡（$BaCl_2$）溶液，如无白色沉淀，即说明硫酸钠已被洗净。

(4) 对公称粒径大于 20.0mm 的试样部分，应在试验前后记录其颗粒数量，并作外观检查，描述颗粒的裂缝、开裂、剥落、掉边和掉角等情况所占颗粒数量，以作为分析其坚固性时的补充依据。

5. 试样中各粒级颗粒的分计质量损失百分率 δ_{ji} 应按下式计算：

$$\delta_{ji} = \frac{m_i - m_i'}{m_i} \times 100\% \tag{4-39}$$

式中 δ_{ji}——各粒级颗粒的分计质量损失百分率（%）；
m_i——各粒级试样试验前的烘干质量（g）；
m_i'——经硫酸钠溶液法试验后，各粒级筛余颗粒的烘干质量（g）。

试样的总质量损失百分率 δ_j 应按下式计算，精确至 1%：

$$\delta_j = \frac{\alpha_1 \delta_{j1} + \alpha_2 \delta_{j2} + \alpha_3 \delta_{j3} + \alpha_4 \delta_{j4} + \alpha_5 \delta_{j5}}{\alpha_1 + \alpha_2 + \alpha_3 + \alpha_4 + \alpha_5} \times 100\% \tag{4-40}$$

式中 δ_j——总质量损失百分率（%）；
α_1、α_2、α_3、α_4、α_5——试样中分别为 5.00～10.0mm、10.0～20.0mm、20.0～40.0mm、40.0～63.0mm、63.0～80.0mm 各公称粒级的分计百分含量（%）；
δ_{j1}、δ_{j2}、δ_{j3}、δ_{j4}、δ_{j5}——各粒级的分计质量损失百分率（%）。

（十二）岩石的抗压强度试验

1. 本方法适用于测定碎石的原始岩石在水饱和状态下的抗压强度。
2. 岩石的抗压强度试验应采用下列设备：
（1）压力试验机——荷载 1000kN；
（2）石材切割机或钻石机；
（3）岩石磨光机；
（4）游标卡尺，角尺等。
3. 试样制备应符合下列规定：

试验时，取有代表性的岩石样品用石材切割机切割成边长为 50mm 的立方体，或用钻石机钻取直径与高度均为 50mm 的圆柱体。然后用磨光机把试件与压力机压板接触的两个面磨光并保持平行，试件形状须用角尺检查。

4. 至少应制作六个试块。对有显著层理的岩石，应取两组试件（12 块）分别测定其垂直和平行于层理的强度值。
5. 岩石抗压强度试验应按下列步骤进行：

（1）用游标卡尺量取试件的尺寸（精确至 0.1mm），对于立方体试件，在顶面和底面上各量取其边长，以各个面上相互平行的两个边长的算术平均值作为宽或高，由此计算面积。对于圆柱体试件，在顶面和底面上各量取相互垂直的两个直径，以其算术平均值计算面积。取顶面和底面面积的算术平均值作为计算抗压强度所用的截面积。

（2）将试件置于水中浸泡 48h，水面应至少高出试件顶面 20mm。

（3）取出试件，擦干表面，放在有防护网的压力机上进行强度试验，防止岩石碎片伤人。试验时加压速度应为 0.5~1.0MPa/s。

6. 岩石的抗压强度 f 应按下式计算，精确至 1MPa：

$$f=\frac{F}{A} \tag{4-41}$$

式中　f——岩石的抗压强度（MPa）；
　　　F——破坏荷载（N）；
　　　A——试件的截面积（mm^2）。

7. 结果评定应符合下列规定：

以六个试件试验结果的算术平均值作为抗压强度测定值；当其中两个试件的抗压强度与其他四个试件抗压强度的算术平均值相差三倍以上时，应以试验结果相接近的四个试件的抗压强度算术平均值作为抗压强度测定值。

对具有显著层理的岩石，应以垂直于层理及平行于层理的抗压强度的平均值作为其抗压强度。

（十三）碎石或卵石的压碎值指标试验

1. 本方法适用于测定碎石或卵石抵抗压碎的能力，以间接地推测其相应的强度。
2. 压碎值指标试验应采用下列仪器设备：
（1）压力试验机——荷载 300kN；
（2）压碎值指标测定仪（图 4-10）；

(3) 秤——称量5kg，感量5g；

(4) 试验筛——筛孔公称直径为10.0mm 和 20.0mm 的方孔筛各一只。

3. 试样制备应符合下列规定：

(1) 标准试样一律采用公称粒级为10.0~20.0mm 的颗粒，并在风干状态下进行试验。

(2) 对多种岩石组成的卵石，当其公称粒径大于 20.0mm 颗粒的岩石矿物成分与 10.0~20.0mm 粒级有显著差异时，应将大于 20.0mm 的颗粒应经人工破碎后，筛取 10.0~20.0mm 标准粒级另外进行压碎值指标试验。

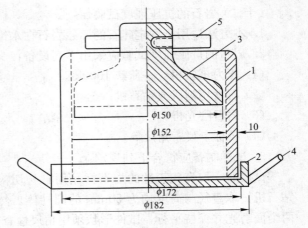

图 4-10 压碎值指标测定仪
1—圆筒；2—底盘；3—加压头；4—手把；5—把手

(3) 将缩分后的样品先筛除试样中公称粒径 10.0mm 以下及 20.0mm 以上的颗粒，再用针状和片状规准仪剔除针状和片状颗粒，然后称取每份 3kg 的试样 3 份备用。

4. 压碎值指标试验应按下列步骤进行：

(1) 置圆筒于底盘上，取试样一份，分二层装入圆筒。每装完一层试样后，在底盘下面垫放一直径为 10mm 的圆钢筋，将筒按住，左右交替颠击地面各 25 下。第二层颠实后，试样表面距盘底的高度应控制为 100mm 左右。

(2) 整平筒内试样表面，把加压头装好(注意应使加压头保持平正)，放到试验机上在 160~300s 内均匀地加荷到 200kN，稳定 5s，然后卸荷，取出测定筒。倒出筒中的试样并称其质量(m_0)，用公称直径为 2.50mm 的方孔筛筛除被压碎的细粒，称量剩留在筛上的试样质量(m_1)。

5. 碎石或卵石的压碎值指标 δ_a，应按下式计算(精确至 0.1%)：

$$\delta_a = \frac{m_0 - m_1}{m_0} \times 100\% \qquad (4-42)$$

式中 δ_a——压碎值指标(%)；

m_0——试样的质量(g)；

m_1——压碎试验后筛余的试样质量(g)。

多种岩石组成的卵石，应对公称粒径 20.0mm 以下和 20.0mm 以上的标准粒级 (10.0~20.0mm) 分别进行检验，则其总的压碎值指标 δ_a 应按下式计算：

$$\delta_a = \frac{\alpha_1 \delta_{a1} + \alpha_2 \delta_{a2}}{\alpha_1 + \alpha_2} \times 100\% \qquad (4-43)$$

式中 δ_a——总的压碎值指标(%)；

α_1、α_2——公称粒径 20.0mm 以下和 20.0mm 以上两粒级的颗粒含量百分率；

δ_{a1}、δ_{a2}——两粒级以标准粒级试验的分计压碎值指标(%)。

以三次试验结果的算术平均值作为压碎指标测定值。

(十四) 碎石或卵石中硫化物及硫酸盐含量试验

1. 本方法适用于测定碎石或卵石中硫化物及硫酸盐含量(按 SO_3 百分含量计)。
2. 硫化物及硫酸盐含量试验应采用下列仪器、设备及试剂:
(1) 天平——称量 1000g,感量 1g;
(2) 分析天平——称量 100g,感量 0.0001g;
(3) 高温炉——最高温度 1000℃;
(4) 试验筛——筛孔公称直径为 630μm 的方孔筛一只;
(5) 烧瓶、烧杯等;
(6) 10%氯化钡溶液——10g 氯化钡溶于 100mL 蒸馏水中;
(7) 盐酸(1+1)——浓盐酸溶于同体积的蒸馏水中;
(8) 1%硝酸银溶液——1g 硝酸银溶于 100mL 蒸馏水中,加入 5~10mL 硝酸,存于棕色瓶中。
3. 试样制作应符合下列规定:
试验前,取公称粒径 40.0mm 以下的风干碎石或卵石约 1000g,按四分法缩分至约 200g,磨细使全部通过公称直径为 630μm 的方孔筛,仔细拌匀,烘干备用。
4. 硫化物及硫酸盐含量试验应按下列步骤进行:
(1) 精确称取石粉试样约 1g(m)放入 300mL 的烧杯中,加入 30~40mL 蒸馏水及 10mL 的盐酸(1+1),加热至微沸,并保持微沸 5min,使试样充分分解后取下,以中速滤纸过滤,用温水洗涤 10~12 次;
(2) 调整滤液体积至 200mL,煮沸,边搅拌边滴加 10mL 氯化钡溶液(10%),并将溶液煮沸数分钟,然后移至温热处至少静置 4h(此时溶液体积应保持在 200mL),用慢速滤纸过滤,用温水洗至无氯根反应(用硝酸银溶液检验);
(3) 将沉淀及滤纸一并移入已灼烧至恒重(m_1)的瓷坩埚中,灰化后在 800℃ 的高温炉内灼烧 30min。取出坩埚,置于干燥器中冷却至室温,称重,如此反复灼烧,直至恒重(m_2)。
5. 水溶性硫化物及硫酸盐含量(以 SO_3 计)(w_{SO_3})应按下式计算,精确至 0.01%:

$$w_{SO_3} = \frac{(m_2 - m_1) \times 0.343}{m} \times 100\% \tag{4-44}$$

式中 w_{SO_3}——硫化物及硫酸盐含量(以 SO_3 计)(%);
m——试样质量(g);
m_2——沉淀物与坩埚共重(g);
m_1——坩埚质量(g);
0.343——$BaSO_4$ 换算成 SO_3 的系数。
以两次试验的算术平均值作为评定指标,当两次试验结果的差值大于 0.15%时,应重做试验。

(十五) 碎石或卵石的碱活性试验(岩相法)
1. 本方法适用于鉴定碎石、卵石的岩石种类、成分,检验骨料中活性成分的品种和含量。
2. 岩相法试验应采用下列仪器设备:

(1) 试验筛——筛孔公称直径为 80.0mm、40.0mm、20.0mm、5.00mm 的方孔筛以及筛的底盘和盖各一只;

(2) 秤——称量 100kg,感量 100g;

(3) 天平——称量 2000g,感量 2g;

(4) 切片机、磨片机;

(5) 实体显微镜、偏光显微镜。

3. 试样制备应符合下列规定:

经缩分后将样品风干,并按表 4-33 的规定筛分、称取试样。

岩相试验样最少重量   表 4-33

公称粒级(mm)	40.0~80.0	20.0~40.0	5.00~20.0
试验最少质量(kg)	150	50	10

注:1. 大于 80.0mm 的颗粒,按照 40.0~80.0mm 一级进行试验;
　　2. 试样最少数量也可以以颗粒计,每级至少 300 颗。

4. 岩相试验应按下列步骤进行:

(1) 用肉眼逐粒观察试样,必要时将试样放在砧板上用地质锤击碎(应使岩石碎片损失最小),观察颗粒新鲜断面。将试样按岩石品种分类。

(2) 每类岩石先确定其品种及外观品质,包括矿物质成分、风化程度、有无裂缝、坚硬性、有无包裹体及断口形状等。

(3) 每类岩石均应制成若干薄片,在显微镜下鉴定矿物质组成、结构等,特别应测定其隐晶质、玻璃质成分的含量。测定结果填入表 4-34 中。

骨料活性成分含量测定表   表 4-34

	委托单位		样品编号	
	样品产地、名称		检测条件	
	公称粒级(mm)	40.0~80.0	20.0~40.0	5.00~20.0
	质量百分数(%)			
	岩石名称及外观品质			
碱活性矿物	品种及占本级配试样的质量百分含量(%)			
	占试样总重的百分含量(%)			
	合　计			
	结　论		备　注	

注:1. 硅酸类活性硬度物质包括蛋白石、火山玻璃体、玉髓、玛瑙、蠕石英、磷石英、方石英、微晶石英、燧石、具有严重波状消光的石英;
　　2. 碳酸盐类活性矿物为具有细小菱形的白云石晶体。

5. 结果处理应符合下列规定:

根据岩相鉴定结果,对于不含活性矿物的岩石,可评定为非碱活性骨料。

评定为碱活性骨料或可疑时,应按本章二节、二、(二)8 条的规定进行进一步鉴定。

(十六) 碎石或卵石的碱活性试验(快速法)

1. 本方法适用于检验硅质骨料与混凝土中的碱产生潜在反应的危害性，不适用于碳酸盐骨料检验。

2. 快速法碱活性试验应采用下列仪器设备：

(1) 烘箱——温度控制范围为(105±5)℃；

(2) 台秤——称量5000g，感量5g；

(3) 试验筛——筛孔公称直径为 5.00mm、2.50mm、1.25mm、630μm、315μm、160μm 的方孔筛各一只；

(4) 测长仪——测量范围 280～300mm，精度 0.01mm；

(5) 水泥胶砂搅拌机——应符合现行国家标准《行星式水泥胶砂搅拌机》JC/T 681 要求；

(6) 恒温养护箱或水浴——温度控制范围为(80±2)℃；

(7) 养护筒——由耐碱耐高温的材料制成，不漏水，密封，防止容器内温度下降，筒的容积可以保证试件全部浸没在水中；筒内设有试件架，试件垂直于试架放置；

(8) 试模——金属试模尺寸为 25mm×25mm×280mm，试模两端正中有小孔，可装入不锈钢测头；

(9) 镘刀、捣棒、量筒、干燥器等；

(10) 破碎机。

3. 试样制备应符合下列规定：

(1) 将试样缩分成约 5kg，把试样破碎后筛分成按表 4-21 中所示级配及比例组合成试验用料，并将试样洗净烘干或晾干备用；

(2) 水泥采用符合现行国家标准《硅酸盐水泥、普通硅酸盐水泥》GB 175 要求的普通硅酸盐水泥，水泥与砂的质量比为 1:2.25，水灰比为 0.47；每组试件称取水泥 440g，石料 990g；

(3) 将称好的水泥与砂倒入搅拌锅，应按现行国家标准《水泥胶砂强度检验方法(ISO法)》GB/T 17671 规定的方法进行；

(4) 搅拌完成后，将砂浆分两层装入试模内，每层捣 40 次，测头周围应填实，浇捣完毕后用镘刀刮除多余砂浆，抹平表面，并标明测定方向。

4. 碎石或卵石快速法试验应按下列步骤进行：

(1) 将试件成型完毕后，带模放入标准养护室，养护(24±4)h 后脱模。

(2) 脱模后，将试件浸泡在装有自来水的养护筒中，并将养护筒放入温度(80±2)℃的恒温养护箱或水浴箱中，养护 24h，同种骨料制成的试件放在同一个养护筒中。

(3) 然后将养护筒逐个取出，每次从养护筒中取出一个试件，用抹布擦干表面，立即用测长仪测试件的基长(L_0)，测长应在(20±2)℃恒温室中进行，每个试件至少重复测试两次，取差值在仪器精度范围内的两个读数的平均值作为长度测定值(精确至 0.02mm)，每次每个试件的测量方向应一致，待测的试件须用湿布覆盖，以防止水分蒸发；从取出试件擦干到读数完成应在(15±5)s 内结束，读完数后的试件用湿布覆盖。全部试件测完基长后，将试件放入装有浓度为 1mol/L 氢氧化钠溶液的养护筒中，确保试件被完全浸泡，且溶液温度应保持在(80±2)℃，将养护筒放回恒温养护箱或水浴箱中。

注：用测长仪测定任一组试件的长度时，均应先调整测长仪的零点。

(4) 自测定基长之日起，第 3d、7d、14d 再分别测长(L_t)，测长方法与测基长方法一致。测量完毕后，应将试件调头放入原养护筒中，盖好筒盖放回(80±2)℃的恒温养护箱或水浴箱中，继续养护至下一测试龄期。操作时应防止氢氧化钠溶液溢溅烧伤皮肤。

(5) 在测量时应观察试件的变形、裂缝和渗出物等，特别应观察有无胶体物质，并作详细记录。

5. 试件的膨胀率按下式计算，精确至 0.01%：

$$\varepsilon_t = \frac{L_t - L_0}{L_0 - 2\Delta} \times 100\% \tag{4-45}$$

式中　ε_t——试件在 t 天龄期的膨胀率(%)；
　　　L_0——试件的基长(mm)；
　　　L_t——试件在 t 天龄期的长度(mm)；
　　　Δ——测头长度(mm)。

以三个试件膨胀率的平均值作为某一龄期膨胀率的测定值。任一试件膨胀率与平均值应符合下列规定：

(1) 当平均值小于或等于 0.05% 时，单个测值与平均值的差值均应小于 0.01%；

(2) 当平均值大于 0.05% 时，单个测值与平均值的差值均应小于平均值的 20%；

(3) 当三个试件的膨胀率均大于 0.10% 时，无精度要求；

(4) 当不符合上述要求的，去掉膨胀率最小的，用其余两个试件膨胀率的平均值作为该龄期的膨胀率。

6. 结果评定应符合下列规定：

(1) 当 14d 膨胀率小于 0.10% 时，可判定为无潜在危害；

(2) 当 14d 膨胀率大于 0.20% 时，可判定为有潜在危害；

(3) 当 14d 膨胀率在 0.10%～0.20% 之间时，需按本节(十七)的方法再进行试验判定。

(十七) 碎石或卵石的碱活性试验(砂浆长度法)

1. 本方法适用于鉴定硅质骨料与水泥(混凝土)中的碱产生潜在反应的危险性，不适用于碱碳酸盐反应活性骨料检验。

2. 砂浆长度法碱活性试验应采用下列仪器设备：

(1) 试验筛——筛孔公称直径为 160μm、315μm、630μm、1.25mm、2.50mm、5.00mm 方孔筛各一只；

(2) 胶砂搅拌机——应符合现行国家标准《行星式水泥胶砂搅拌机》JC/T 681 的规定；

(3) 镘刀及截面为 14mm×13mm、长 130～150mm 的钢制捣棒；

(4) 量筒、秒表；

(5) 试模和测头(埋钉)——金属试模，规格为 25mm×25mm×280mm，试模两端板正中有小洞，测头以耐锈蚀金属制成；

(6) 养护筒——用耐腐材料（如塑料）制成，应不漏水、不透气，加盖后在养护室能确保筒内空气相对湿度为95％以上，筒内设有试件架，架下盛有水，试件垂直立于架上并不与水接触；

(7) 测长仪——测量范围160～185mm，精度0.01mm；

(8) 恒温箱（室）——温度为(40±2)℃；

(9) 台秤——称量5kg，感量5g；

(10) 跳桌——应符合现行行业标准《水泥胶砂流动度测定仪》JC/T 958的要求。

3. 试样制备应符合下列规定：

(1) 制备试样的材料应符合下列规定：

1) 水泥：水泥含碱量应为1.2％，低于此值时，可掺浓度10％的氢氧化钠溶液，将碱含量调至水泥量的1.2％。当具体工程所用水泥含碱量高于此值时，则应采用工程所使用的水泥。

注：水泥含碱量以氧化钠(Na_2O)计，氧化钾(K_2O)换算为氧化钠时乘以换算系数0.658。

2) 石料：将试样缩分至约5kg，破碎筛分后，各粒级都应在筛上用水冲净粘附在骨料上的淤泥和细粉，然后烘干备用。石料按表4-35的级配配成试验用料。

石料级配表　　　　表4-35

公称粒级	5.00～2.50mm	2.50～1.25mm	1.25mm～630μm	630～315μm	315～160μm
分级质量(％)	10	25	25	25	15

(2) 制作试件用的砂浆配合比应符合下列规定：

水泥与石料的质量比为1∶2.25。每组3个试件，共需水泥440g，石料990g。砂浆用水量按现行国家标准《水泥胶砂流动度测定方法》GB/T 2419确定，跳桌跳动次数应为6s跳动10次，流动度应为105～120mm。

(3) 砂浆长度法试验所用试件应按下列方法制作：

1) 成型前24h，将试验所用材料（水泥、骨料、拌合用水等）放入(20±2)℃的恒温室中。

2) 石料水泥浆制备：先将称好的水泥、石料倒入搅拌锅内，开动搅拌机。拌合5s后，徐徐加水，20～30s加完，自开动机器起搅拌120s。将粘在叶片上的料刮下，取下搅拌锅。

3) 砂浆分二层装入试模内，每层捣40次，测头周围应捣实，浇捣完毕后用镘刀刮除多余砂浆，抹平表面，并标明测定方向及编号。

4. 砂浆长度法试验应按下列步骤进行：

(1) 试件成型完毕后，带模放入标准养护室，养护24h后，脱模（当试件强度较低时，可延至48h脱模）。脱模后立即测量试件的基长(L_0)，测长应在(20±2)℃的恒温室中进行，每个试件至少重复测试两次，取差值在仪器精度范围内的两个读数的平均值作为测定值。待测的试件须用湿布覆盖，防止水分蒸发。

(2) 测量后将试件放入养护筒中，盖严筒盖放入(40±2)℃的养护室里养护（同一筒内的试件品种应相同）。

(3) 自测量基长起，第14天、1个月、2个月、3个月、6个月再分别测长(L_t)，需要时可以适当延长。在测长前一天,应把养护筒从(40±2)℃的养护室取出,放入(20±2)℃的恒温室。试件的测长方法与测基长相同,测量完毕后,应将试件调头放入养护筒中。盖好筒盖,放回(40±2)℃的养护室继续养护至下一测试龄期。

(4) 在测量时应观察试件的变形、裂缝和渗出物等,特别应观察有无胶体物质,并作详细记录。

5. 试件的膨胀率应按下式计算,精确至 0.001%:

$$\varepsilon_t = \frac{L_t - L_0}{L_0 - 2\Delta} \times 100\% \tag{4-46}$$

式中　ε_t——试件在 t 天龄期的膨胀率(%);
　　　L_0——试件的基长(mm);
　　　L_t——试件在 t 天龄期的长度(mm);
　　　Δ——测头长度(mm)。

以三个试件膨胀率的平均值作为某一龄期膨胀率的测定值。任一试件膨胀率与平均值应符合下列规定:

(1) 当平均值小于或等于 0.05% 时,单个测值与平均值的差值均应小于 0.01%;

(2) 当平均值大于 0.05% 时,单个测值与平均值的差值均应小于平均值的 20%;

(3) 当三个试件的膨胀率均超过 0.10% 时,无精度要求;

(4) 当不符合上述要求时,去掉膨胀率最小的,用其余两个试件膨胀率的平均值作为该龄期的膨胀率。

6. 结果评定应符合下列规定:

当砂浆半年膨胀率低于 0.10% 时或 3 个月膨胀率低于 0.05% 时(只有在缺半年膨胀率资料时才有效),可判定为无潜在危害。否则,应判定为具有潜在危害。

(十八) 碳酸盐骨料的碱活性试验(岩石柱法)

1. 本方法适用于检验碳酸盐岩石是否具有碱活性。

2. 岩石柱法试验应采用下列仪器、设备和试剂:

(1) 钻机——配有小圆筒钻头;

(2) 锯石机、磨片机;

(3) 试件养护瓶——耐碱材料制成,能盖严以避免溶液变质和改变浓度;

(4) 测长仪——量程 25~50mm,精度 0.01mm;

(5) 1mol/L 氢氧化钠溶液——(40±1)g 氢氧化钠(化学纯)溶于 1L 蒸馏水中。

3. 试样制备应符合下列规定:

(1) 应在同块岩石的不同岩性方向取样;岩石层理不清时,应在三个相互垂直的方向上各取一个试件;

(2) 钻取的圆柱体试件直径为(9±1)mm,长度为(35±5)mm,试件两端面应磨光、互相平行且与试件的主轴线垂直,试件加工时应避免表面变质而影响碱溶液渗入岩样的速度。

4. 岩石柱法试验应按下列步骤进行:

(1) 将试件编号后,放入盛有蒸馏水的瓶中,置于(20±2)℃的恒温室内,每隔 24h

取出擦干表面水分，进行测长，直至试件前后两次测得的长度变化不超过 0.02% 为止，以最后一次测得的试件长度为基长(L_0)。

（2）将测完基长的试件浸入盛有浓度为 1mol/L 氢氧化钠溶液的瓶中，液面应超过试件顶面至少 10mm，每个试件的平均液量至少应为 50mL。同一瓶中不得浸泡不同品种的试件，盖严瓶盖，置于 (20±2)℃的恒温室中。溶液每六个月更换一次。

（3）在 (20±2)℃的恒温室中进行测长(L_t)。每个试件测长方向应始终保持一致。测量时，试件从瓶中取出，先用蒸馏水洗涤，将表面水擦干后再测量。测长龄期从试件泡入碱液时算起，在 7d、14d、21d、28d、56d、84d 时进行测量，如有需要，以后每 1 个月一次，一年后每 3 个月一次。

（4）试件在浸泡期间，应观测其形态的变化，如开裂、弯曲、断裂等，并作记录。

5. 试件长度变化应按下式计算，精确至 0.001%：

$$\varepsilon_{st} = \frac{L_t - L_0}{L_0} \times 100\% \tag{4-47}$$

式中 ε_{st}——试件浸泡 t 天后的长度变化率(%)；
L_t——试件浸泡 t 天后的长度(mm)；
L_0——试件的基长(mm)。

注：测量精度要求为同一试验人员、同一仪器测量同一试件，其误差不应超过±0.02%；不同试验人员，同一仪器测量同一试件，其误差不应超过±0.03%。

6. 结果评定应符合下列规定：

（1）同块岩石所取的试样中以其膨胀率最大的一个测值作为分析该岩石碱活性的依据；

（2）试件浸泡 84d 的膨胀率超过 0.10%，应判定为具有潜在碱活性危害。

第三节 混凝土矿物掺合料

一、定义及分类

（一）定义

混凝土生产中为改善其某些性能、调节混凝土强度等级、改善混凝土的抗裂性、节约水泥材料，而加入的人造或工业废料以及天然的矿物材料，通常称为混凝土掺合料。随着混凝土技术的发展和工程实践的应用，证明在混凝土中加入某些磨细矿物粉，可以大大提高混凝土的强度，改善混凝土的长期耐久性能。我们将这些矿物粉称为矿物掺合料，或叫矿物外加剂。这部分内容将在本节第（三）款中介绍。

（二）分类

混凝土用掺合料可分为活性掺合料和非活性掺合料。

1. 活性掺合料

活性掺合料是指某些自身具有水硬性的材料，如碱性粒化高炉矿渣、增钙液态渣、烧页岩灰等。或者某些自身不具有水硬性，但经磨细与石灰或与石灰和石膏拌合在一起，加水后能在常温下具有胶凝性的水化产物，既能在水中又能在空气中硬化，这种材料称为具有活性水硬性材料，如酸性粒化高炉矿渣、硅粉、沸石粉、粉煤灰、烧页岩，以及火山灰质材料,如火山灰、浮石、凝灰岩、硅藻土、蛋白石等。

2. 非活性掺合料

非活性掺合料是指某些不具有水硬性或活性甚低的人造或天然矿物材料,一般与水泥不起化学反应或反应很小,掺入混凝土中主要起填充作用和改善混凝土的和易性,如磨细石英砂、石灰石、黏土等。

本书主要介绍的是活性掺合料。

二、技术指标及试验方法

(一)粉煤灰[1]

粉煤灰是由电厂煤粉炉排出的烟气中收集到的灰白色颗粒粉末,因电厂除尘方式不同,分湿排灰和干排灰两种。湿法除尘的粉煤灰常与炉渣混合排出,颗粒较粗,烧失量较大,质量差;静电除尘收集的干灰其细度较细、烧失量小,质量较好。粉煤灰是一种火山灰质混合材料,它表面光滑呈球形,密度 $1.95\sim2.40g/cm^3$,干灰堆积密度 $550\sim800kg/m^3$。粉煤灰的成分与高铝黏土相接近,主要以玻璃体状态存在,另有一部分为莫来石、α石英、方解石及β硅酸二钙等少量晶体矿物。其主要化学成分为 SiO_2 占 $45\%\sim60\%$;Al_2O_3 占 $20\%\sim30\%$;Fe_2O_3 占 $5\%\sim10\%$,以及少量的氧化钙、氧化镁、氧化钠、氧化钾、三氧化硫等。粉煤灰的活性,主要取决于玻璃体的含量,以及无定形的氧化铝和氧化硅的含量,而粉煤灰的细度、需水量比也是影响活性的两个主要物理因素,因此粉煤灰应有严格的质量控制。

1. 术语

(1) 粉煤灰 电厂煤粉炉烟道气体中收集的粉末称为粉煤灰。

(2) 对比样品 符合 GSB 14—1510《强度检验用水泥标准样品》。

(3) 试验样品 对比样品和被检验粉煤灰按 7∶3 质量比混合而成。

(4) 对比胶砂 对比样品与 GSB 08—1337 中国 ISO 标准砂按 1∶3 质量比混合而成。

(5) 试验胶砂 试验样品与 GSB 08—1337 中国 ISO 标准砂按 1∶3 质量比混合而成。

(6) 强度活性指数 试验胶砂抗压强度与对比胶砂抗压强度之比,以百分数表示。

2. 分类

按煤种分为 F 类和 C 类。

(1) F 类粉煤灰——由无烟煤或烟煤煅烧收集的粉煤灰。

(2) C 类粉煤灰——由褐煤或次烟煤煅烧收集的粉煤灰,其氧化钙含量一般大于 10%。

3. 等级

拌制混凝土和砂浆用粉煤灰分为三个等级:Ⅰ级、Ⅱ级、Ⅲ级。

4. 技术要求

(1) 拌制混凝土和砂浆用粉煤灰应符合表 4-36 中技术要求

---

[1] 内容引自 GB/T 1596—2005《用于水泥和混凝土中的粉煤灰》。

拌制混凝土和砂浆用粉煤灰技术要求 表 4-36

项 目		技 术 要 求		
		Ⅰ级	Ⅱ级	Ⅲ级
细度(45μm方孔筛筛余),不大于(%)	F类粉煤灰	12.0	25.0	45.0
	C类粉煤灰			
需水量比,不大于(%)	F类粉煤灰	95	105	115
	C类粉煤灰			
烧失量,不大于(%)	F类粉煤灰	5.0	8.0	15.0
	C类粉煤灰			
含水量,不大于(%)	F类粉煤灰	1.0		
	C类粉煤灰			
三氧化硫,不大于(%)	F类粉煤灰	3.0		
	C类粉煤灰			
游离氧化钙,不大于(%)	F类粉煤灰	1.0		
	C类粉煤灰	4.0		
安定性 雷氏夹沸煮后增加距离,不大于(mm)	C类粉煤灰	5.0		

(2) 水泥活性混合材料用粉煤灰应符合表 4-37 中技术要求

水泥活性混合材料用粉煤灰技术要求 表 4-37

项 目		技 术 要 求
烧失量,不大于(%)	F类粉煤灰	8.0
	C类粉煤灰	
含水量,不大于(%)	F类粉煤灰	1.0
	C类粉煤灰	
三氧化硫,不大于(%)	F类粉煤灰	3.5
	C类粉煤灰	
游离氧化钙,不大于(%)	F类粉煤灰	1.0
	C类粉煤灰	4.0
安定性 雷氏夹沸煮后增加距离,不大于(mm)	C类粉煤灰	5.0
强度活性指数,不小于(%)	F类粉煤灰	70.0
	C类粉煤灰	

(3) 放射性

合格。

(4) 碱含量

粉煤灰中的碱含量按 $Na_2O+0.658K_2O$ 计算值表示,当粉煤灰用于活性骨料混凝土,要限制掺合料的碱含量时,由买卖双方协商确定。

(5) 均匀性

以细度（45μm方孔筛筛余）为考核依据，单一样品的细度不应超过前10个样品细度平均值的最大偏差，最大偏差范围由买卖双方协商确定。

5. 试验方法

(1) 粉煤灰细度试验方法

1) 范围

本方法规定了粉煤灰细度试验用负压筛析仪的结构和组成，适用于粉煤灰细度的检验。

2) 原理

利用气流作为筛分的动力和介质，通过旋转的喷嘴喷出的气流作用使筛网里的待测粉状物料呈流态化，并在整个系统负压的作用下，将细颗粒通过筛网抽走，从而达到筛分的目的。

3) 仪器设备

① 负压筛析仪

负压筛析仪主要由45μm方孔筛、筛座、真空源和收尘器等组成，其中45μm方孔筛内径为φ150mm，高度为25mm。45μm方孔筛及负压筛析仪筛座结构示意图如图4-11、图4-12所示。

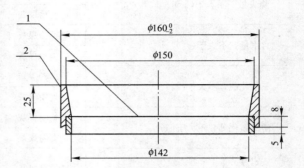

图4-11 45μm方孔筛示意图（单位：mm）
1—筛网；2—筛框

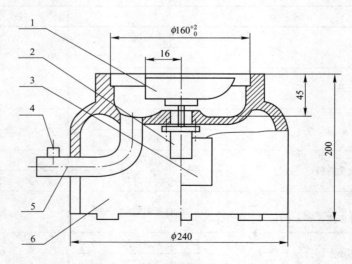

图4-12 筛座示意图（单位：mm）
1—喷气嘴；2—微电机；3—控制板开口；4—负压表接口；5—负压源及收尘器接口；6—壳体

② 天平

量程不小于50g，最小分度值不大于0.01g。

4) 试验步骤

① 将测试用粉煤灰样品置于温度为105~110℃烘干箱内烘至恒重，取出放在干燥器

中冷却至室温。

② 称取试样约10g，准确至0.01g，倒入45μm方孔筛筛网上，将筛子置于筛座上，盖上筛盖。

③ 接通电源，将定时开关固定在3min，开始筛析。

④ 开始工作后，观察负压表，使负压稳定在4000~6000Pa。若负压小于4000Pa，则应停机，清理收尘器中的积灰后再进行筛析。

⑤ 在筛析过程中，可用轻质木棒或硬橡胶棒轻轻敲打筛盖，以防吸附。

⑥ 3min后筛析自动停止，停机后观察筛余物，如出现颗粒成球、粘筛或有细颗粒沉积在筛框边缘，用毛刷将细颗粒轻轻刷开，将定时开关固定在手动位置，再筛析1~3min直至筛分彻底为止。将筛网内的筛余物收集并称量，准确至0.01g。

5) 结果计算

45μm方孔筛筛余按式(4-48)计算：

$$F=(G_1/G)\times 100 \tag{4-48}$$

式中　F——45μm方孔筛筛余，单位为百分数(%)；
　　　G_1——筛余物的质量，单位为克(g)；
　　　G——称取试样的质量，单位为克(g)。

计算至0.1%。

6) 筛网的校正

筛网的校正采用粉煤灰细度标准样品或其他同等级标准样品，按4)步骤测定标准样品的细度，筛网校正系数按式(4-49)计算：

$$K=m_0/m \tag{4-49}$$

式中　K——筛网校正系数；
　　　m_0——标准样品筛余标准值，单位为百分数(%)；
　　　m——标准样品筛余实测值，单位为百分数(%)。

计算至0.1。

注：1. 筛网校正系数范围为0.8~1.2。

2. 筛析150个样品后进行筛网的校正。

(2) 需水量比试验方法

1) 范围

本方法规定了粉煤灰的需水量比试验方法，适用于粉煤灰的需水量比测定。

2) 原理

按GB/T 2419测定试验胶砂和对比胶砂的流动度，以二者流动度达到130~140mm时的加水量之比确定粉煤灰的需水量比。

3) 材料

① 水泥：GSB 14—1510强度检验用水泥标准样品。

② 标准砂：符合GB/T 17671—1999规定的0.5~1.0mm的中级砂。

③ 水：洁净的饮用水。

4) 仪器设备

① 天平

量程不小于1000g，最小分度值不大于1g。

② 搅拌机

符合GB/T 17671—1999规定的行星式水泥胶砂搅拌机。

③ 流动度跳桌

符合GB/T 2419规定。

5) 试验步骤

① 胶砂配比按表4-38。

胶 砂 配 比　　　　　　　　　　　表4-38

胶砂种类	水泥(g)	粉煤灰(g)	标准砂(g)	加水量(mL)
对比胶砂	250	—	750	125
试验胶砂	175	75	750	按流动度达到130~140mm调整

② 试验胶砂按GB/T 17671规定进行搅拌。

③ 搅拌后的试验胶砂按GB/T 2419测定流动度，当流动度在130~140mm范围内，记录此时的加水量；当流动度小于130mm或大于140mm时，重新调整加水量，直至流动度达到130~140mm为止。

6) 结果计算

需水量比按式(4-50)计算：

$$X = (L_1/125) \times 100 \tag{4-50}$$

式中　X——需水量比，单位为百分数(%)；

L_1——试验胶砂流动度达到130~140mm时的加水量，单位为毫升(mL)；

125——对比胶砂的加水量，单位为毫升(mL)。

计算至1%。

(3) 含水量试验方法

1) 范围

本方法规定了粉煤灰的含水量试验方法，适用于粉煤灰含水量的测定。

2) 原理

将粉煤灰放入规定温度的烘干箱内烘至恒重，以烘干前和烘干后的质量之差与烘干前的质量之比确定粉煤灰的含水量。

3) 仪器设备

① 烘干箱

可控制温度不低于110℃，最小分度值不大于2℃。

② 天平

量程不小于50g，最小分度值不大于0.01g。

4) 试验步骤

① 称取粉煤灰试样约50g，准确至0.01g，倒入蒸发皿中。

② 将烘干箱温度调整并控制在105~110℃。

③ 将粉煤灰试样放入烘干箱内烘至恒重，取出放在干燥器中冷却至室温后称量，准

确至0.01g。

5) 结果计算

含水量按式(4-51)计算：

$$W=[(w_1-w_0)/w_1]\times 100 \quad (4-51)$$

式中　W——含水量，单位为百分数(%)；
　　　w_1——烘干前试样的质量，单位为克(g)；
　　　w_0——烘干后试样的质量，单位为克(g)。

计算至0.1%。

(4) 活性指数试验方法

1) 范围

本方法规定了粉煤灰的活性指数试验方法，适用于粉煤灰活性指数的测定。

2) 原理

按GB/T 17671—1999测定试验胶砂和对比胶砂的抗压强度，以二者抗压强度之比确定试验胶砂的活性指数。

3) 材料

① 水泥：GSB 14—1510 强度检验用水泥标准样品。

② 标准砂：符合GB/T 17671—1999 规定的中国ISO标准砂。

③ 水：洁净的饮用水。

4) 仪器设备

天平、搅拌机、振实台或振动台、抗压强度试验机等均应符合GB/T 17671—1999规定。

5) 试验步骤

① 胶砂配比按表4-39。

胶 砂 配 比　　　　　　　　表4-39

胶砂种类	水泥(g)	粉煤灰(g)	标准砂(g)	水(mL)
对比胶砂	450	—	1350	225
试验胶砂	315	135	1350	225

② 将对比胶砂和试验胶砂分别按GB/T 17671规定进行搅拌、试体成型和养护。

③ 试体养护至28d，按GB/T 17671规定分别测定对比胶砂和试验胶砂的抗压强度。

6) 结果计算

活性指数按式(4-52)计算：

$$H_{28}=(R/R_0)\times 100 \quad (4-52)$$

式中　H_{28}——活性指数，单位为百分数(%)；
　　　R——试验胶砂28d抗压强度，单位为兆帕(MPa)；
　　　R_0——对比胶砂28d抗压强度，单位为兆帕(MPa)。

计算至1%。

注：对比胶砂28d抗压强度也可取GSB 14—1510强度检验用水泥标准样品给出的标准值。

(5) 烧失量、三氧化硫、游离氧化钙和碱含量试验，按GB/T 176进行。

(6) 安定性净浆试验样品按(二)3条制备，安定性试验按GB/T 1346进行。

(7) 放射性按GB 6566进行。

6. 编号与取样

(1) 编号

以连续供应的200t相同等级、相同种类的粉煤灰为一编号。不足200t按一个编号论，粉煤灰质量按干灰(含水量小于1%)的质量计算。

(2) 取样

1) 每一编号为一取样单位，当散装粉煤灰运输工具的容量超过该厂规定出厂编号吨数时，允许该编号的数量超过取样规定吨数。

2) 取样方法按GB 12573进行。取样应有代表性，可连续取，也可从10个以上不同部位取等量样品，总量至少3kg。

3) 拌制混凝土和砂浆用粉煤灰，必要时，买方可对粉煤灰的技术要求进行随机抽样检验。

7. 判定规则

(1) 拌制混凝土和砂浆用粉煤灰，试验结果符合本节表4-36技术要求时为等级品。若其中任何一项不符合要求，允许在同一编号中重新加倍取样进行全部项目的复检，以复检结果判定，复检不合格可降级处理。凡低于本节表4-36最低级别要求的为不合格品。

(2) 水泥活性混合材料用粉煤灰

1) 出厂检验结果符合本节表4-37技术要求时，判为出厂检验合格。若其中任何一项不符合要求，允许在同一编号中重新加倍取样进行全部项目的复检，以复检结果判定。

2) 型式检验结果符合本节表4-37技术要求时，判为型式检验合格。若其中任何一项不符合要求，允许在同一编号中重新加倍取样进行全部项目的复检，以复检结果判定。只有当活性指数小于70.0%时，该粉煤灰可作为水泥生产中的非活性混合材料。

8. 仲裁

当买卖双方对产品质量有争议时，买卖双方应将双方认可的样品签封，送省级或省级以上国家认可的质量监督检验机构进行仲裁检验。

(二) 粒化高炉矿渣粉❶

粒化高炉矿渣是铁矿石在冶炼过程中与石灰石等溶剂化合所得以硅酸钙与铝硅酸钙为主要成分的熔融物，经急速与水淬冷后形成的玻璃状颗粒物质。其主要化学成分是CaO、SiO_2、Al_2O_3，三者的总量一般占90%以上，另外还有Fe_2O_3和MgO等氧化物及少量的SO_3，此种矿渣活性较高，是在水泥生产和混凝土生产中常用的掺合料。以粒化高炉矿渣为主要原料，可掺加少量石膏磨制成一定细度的粉体，称作粒化高炉矿渣粉，简称矿渣粉。

1. 技术要求

矿渣粉应符合表4-40的技术指标规定。

---

❶ 内容引自GB/T 18046—2008《用于水泥和混凝土中的粒化高炉矿渣粉》。

矿渣粉的技术指标 表 4-40

项目		级别		
		S105	S95	S75
密度(g/cm³) ≥		2.8		
比表面积(m²/kg) ≥		500	400	300
活性指数(%) ≥	7d	95	75	55
	28d	105	95	75
流动度比(%) ≥		95		
含水量(质量分数)(%) ≤		1.0		
三氧化硫(质量分数)(%) ≤		4.0		
氯离子(质量分数)(%) ≤		0.06		
烧失量(质量分数)(%) ≤		3.0		
玻璃体含量(质量分数)(%) ≥		85		
放射性		合格		

2. 试验方法

(1) 矿渣粉活性指数及流动度比的测定

1) 方法原理

① 测定试验样品和对比样品的抗压强度，采用两种样品同龄期的抗压强度之比评价矿渣粉活性指数。

② 测定试验样品和对比样品的流动度，两者流动度之比评价矿渣粉流动度比。

2) 样品

① 对比水泥：符合 GB 175 规定的强度等级为 42.5 的硅酸盐水泥或普通硅酸盐水泥，且 7d 抗压强度 35MPa～45MPa，28d 抗压强度 50MPa～60MPa，比表面积 300m²/kg～400m²/kg，SO_3 含量(质量分数)2.3%～2.8%，碱含量($Na_2O+0.658K_2O$)(质量分数)0.5%～0.9%。

② 试验样品：由对比水泥和矿渣粉按质量比 1∶1 组成。

3) 试验方法及计算

① 砂浆配比：对比胶砂和试验胶砂配比如表 4-41 所示。

胶 砂 配 比 表 4-41

胶砂种类	对比水泥(g)	矿渣粉(g)	中国 ISO 标准砂(g)	水(mL)
对比胶砂	450	—	1350	225
试验胶砂	225	225	1350	225

② 胶砂搅拌程序：按 GB/T 17671 进行。

③ 矿渣粉活性指数试验及计算

分别测定对比胶砂和试验胶砂的 7d、28d 抗压强度。

矿渣粉 7d、28d 活性指数分别按式(4-53)计算，计算结果保留至整数：

$$A = \frac{R_t}{R_0} \times 100 \tag{4-53}$$

式中 A——矿渣粉的活性指数(%);

R_t——受检胶砂相应龄期的强度,单位为兆帕(MPa);

R_0——基准胶砂相应龄期的强度,单位为兆帕(MPa)。

④ 矿渣粉的流动度比试验

按表 4-41 胶砂配比和 GB/T 2419 进行试验,分别测定对比胶砂和试验胶砂的流动度,矿渣粉的流动度比按式(4-54)计算,计算结果保留至整数。

$$F = \frac{L \times 100}{L_m} \tag{4-54}$$

(2) 矿渣粉含水量的测定

测定方法同本章第三节 二、(一)5.(3)。

(3) 烧失量

按 GB/T 176 进行,但灼烧时间为 15min~20min。

矿渣粉在灼烧过程中由于硫化物的氧化引起的误差,可通过式(4-55)、式(4-56)进行校正:

$$W_{O_2} = 0.8 \times W_{灼SO_3} - W_{未灼SO_3} \tag{4-55}$$

式中 W_{O_2}——矿渣粉灼烧过程中吸收空气中氧的质量分数,%;

$W_{灼SO_3}$——矿渣灼烧后测得的 SO_3 质量分数,%;

$W_{未灼SO_3}$——矿渣未经灼烧时的 SO_3 质量分数,%。

$$X_{校正} = X_{测} + W_{O_2} \tag{4-56}$$

式中 $X_{校正}$——矿渣粉校正后的烧失量(质量分数),%;

$X_{测}$——矿渣粉试验测得的烧失量(质量分数),%。

3. 编号及取样

(1) 编号

矿渣粉出厂前按同级别进行编号和取样。每一编号为一个取样单位。矿渣粉出厂编号按矿渣粉单线年生产能力规定为:

60×10^4 t 以上,不超过 2000t 为一编号;

$30 \times 10^4 \sim 60 \times 10^4$ t,不超过 1000t 为一编号;

$10 \times 10^4 \sim 30 \times 10^4$ t,不超过 600t 为一编号;

10×10^4 t 以下,不超过 200t 为一编号。

当散装运输工具容量超过该厂规定出厂编号吨数时,允许该编号数量超过该厂规定出厂编号吨数。

(2) 取样方法

取样按 GB 12573 规定进行,取样应有代表性,可连续取样,也可以在 20 个以上部位取等量样品,总量至少 20kg。试样应混合均匀,按四分法缩取出比试验所需要量大一倍的试样。

4. 判定规则

型式检验结果不符合表 4-40 中任一项要求的为型式检验不合格。若其中任一项不符合要求，应重新加倍取样，对不合格的项目进行复验，评定时以复验结果为准。

（三）高强高性能混凝土用矿物外加剂❶

1. 定义

（1）高强高性能混凝土用矿物外加剂（也称矿物外掺剂或矿物掺合料）：在混凝土搅拌过程中加入的、具有一定细度和活性的用于改善新拌混凝土性能（特别是混凝土耐久性）的某些矿物掺合料。

（2）硅灰：在冶炼硅铁合金或工业硅时，通过烟道排出的硅蒸汽氧化后，经收尘器收集得到的以无定形二氧化硅为主要成分的产品。

（3）磨细天然沸石：火山喷发形成的玻璃体在长期的碱溶液条件下二次成矿所形成的以沸石类矿物为主的岩石，称为天然沸石岩。以一定品位纯度的天然沸石为原料，经粉磨至规定细度的产品，称为磨细天然沸石。粉磨时可添加适量的水泥粉磨用工艺外加剂。

（4）复合矿物外加剂：由两种或两种以上矿物外加剂复合而成的产品。

2. 分类

矿物外掺剂按照其矿物组成分为四类：磨细矿渣粉、磨细粉煤灰、磨细天然沸石和硅灰。复合矿物外掺剂以其主要组分进行分类，参照该类产品指标进行检验。

3. 等级

依据性能指标将磨细矿渣分为三级，磨细粉煤灰和磨细天然沸石分为两级。

4. 代号

矿物外加（掺）剂用代号 MA 表示。各类矿物外掺剂用不同代号表示：磨细矿渣 S，磨细粉煤灰 F，磨细天然沸石 Z，硅灰 SF。

5. 标记

矿物外掺剂的标记依次为：矿物外掺剂—分类—等级标准号。

示例：Ⅱ级磨细矿渣，标记为"MAS Ⅱ GB/T ××××—2002"。

6. 技术要求

矿物外掺剂的技术要求应符合表 4-42 的规定。

矿物外加剂的技术要求 表 4-42

	试验项目		指标						
			磨细矿渣			磨细粉煤灰		磨细天然沸石	硅灰
			Ⅰ	Ⅱ	Ⅲ	Ⅰ	Ⅱ	Ⅰ	Ⅱ	
化学性能	MgO(%)	≤	14			—	—	—	—	—
	SO₃(%)	≤	4			3		—	—	—
	烧失量(%)	≤	3			5	8	—	—	6
	Cl⁻(%)	≤	0.02			0.02		0.02		0.02
	SiO₂(%)	≥	—			—		—		85
	吸铵值(mmol/100g)	≥						130	100	—

---

❶ 也叫矿物掺合料。内容引自 GB/T 18736—2002《高强高性能混凝土用矿物外加剂》。

续表

试验项目			指标						
			磨细矿渣			磨细粉煤灰		磨细天然沸石		硅灰
			I	II	III	I	II	I	II	
物理性能	比表面积(m²/kg)	≥	750	550	350	600	400	700	500	15000
	含水率(%)	≤	1.0			1.0		—		3.0
胶砂性能	需水量比(%)	≤	100			95	105	110	115	125
	活性指数 3d(%)	≥	85	70	55	—				
	活性指数 7d(%)	≥	100	85	75	80	75			
	活性指数 28d(%)	≥	115	105	100	90	85	90	85	85
总碱量			各种矿物外加剂均应测定其总碱量。根据工程要求，由供需双方商定供货指标。							

7. 试验方法

(1) 比表面积

硅灰的比表面积用 BET 氮吸附法测定，磨细矿渣，磨细粉煤灰，磨细天然沸石采用激光粒度分析仪测定其粒度分布，并按仪器说明书给定的方法计算出比表面积。

(2) 需水量比及活性指数

需水量比试验方法参照本章第三节 二(一)5.(2)进行(式 4-50 中的 L1 为测得的受检胶砂的需水量，数值 125 用 225 代替)；活性指数参照本章第三节 二(二)2.(1)进行。所用胶砂配比如表 4-43 所示。

胶 砂 配 比(g)　　　　　　　　　表 4-43

材料	基准胶砂	受检胶砂				备注
		磨细矿渣	磨细粉煤灰	磨细天然沸石	硅灰	
水泥	450±2	225±1	315±1	405±1	405±1	表中所示为一次搅拌量
矿物外加剂	—	225±1	135±1	45±1	45±1	
ISO砂	1350±5	1350±5	1350±5	1350±5	1350±5	
水	225±1	使受检胶砂流动度达基准胶砂流动度值±5mm				

8. 检验规则

(1) 编号、取样和留样

矿物外加剂出厂前应按同类同等级进行编号和取样，每一编号为一个取样单位。硅灰及其复合矿物外加剂以 30t 为一个取样单位，其余矿物外加剂以 120t 为一个取样单位，其数量不足者也以一个取样单位计。取样按 GB 12573 规定进行，应随机取样，要有代表性，可以连续取样，也可在 20 个以上不同部位取等量样品，每样总质量至少 12kg，硅灰取样量可以酌减，但总质量至少 4kg。试样混匀后，按四分法缩减取比试验用量多 1 倍的试样。

生产厂每一编号的矿物外加剂试样应分为两等份，一份供产品出厂检验用，另一份密封保存6个月,以备复验或仲裁时用。

(2) 判定

各类矿物外加剂性能符合表4-42中相应等级的规定,则判为相应等级;若其中一项不符合规定指标,则降级或判为不合格品。

(3) 在产品贮存期内,用户对产品质量提出异议时,可进行复验。复验可以用同一编号封存样进行。如果使用方要求现场取样,应事先在供货合同中规定。生产厂应在接到用户通知7日内会同用户共同取样,送质量监督检验机构检验;生产厂在规定时间内不去现场,用户可会同质检机构取样检验,结果同等有效。

第四节 混凝土常用外加剂

一、定义及分类❶

(一) 定义

混凝土外加剂是一种在混凝土搅拌之前或拌制过程中加入的、用以改善新拌混凝土和(或)硬化混凝土性能的材料。

混凝土外加剂是一个总的称谓,亦可根据其分类和性能,分别给出其更为具体、贴切的命名和定义。

(二) 分类

混凝土外加剂的分类可根据其化学成分或主要性质、功能进行分类。

1. 按化学成分分类

(1) 有机类:是指含有碳元素的某些物质,其种类较多,大部分属表面活性剂,如阴离子、阳离子、非离子型以及高分子型表面活性剂。这类表面活性剂大部分用作减水剂、高效减水剂或引气剂等。

(2) 无机类:是指不含碳元素的各种无机盐类、金属单质和少量氢氧化物等。这类物质大多用作早强剂、速凝剂、膨胀剂、加气剂及着色剂等。

(3) 有机、无机复合类:是由有机物质和无机物质复合使用的早强减水剂、防冻剂或灌浆料等。

2. 按主要性质、功能分类

(1) 改善混凝土拌合物流变性能的外加剂,包括各种减水剂、引气剂和泵送剂等。

1) 减水剂:是指在不影响混凝土和易性条件下,具有减水及增强作用的外加剂。减水剂按原材料及化学成分可分为:木质素磺酸盐类、聚烷基芳基磺酸盐类(俗称煤焦油系减水剂)、磺化三聚氰胺甲醛树脂磺酸盐类(俗称蜜胺类减水剂)、糖蜜类和腐殖酸类减水剂及其他。减水剂按功能及作用又分以下几类:

a. 普通减水剂:在混凝土坍落度基本相同的条件下,具有减少拌合用水(减水率≥5%)和增强(28d抗压强度提高5%以上)作用的外加剂。

b. 高效减水剂:在混凝土坍落度基本相同的条件下,具有大幅度减少拌合用水(减水

---

❶ 主要内容引自 GB/T 8075—2005《混凝土外加剂定义、分类、命名与术语》。

率≥10%)和增强(28d 抗压强度提高 15%以上)作用的外加剂。

  c. 早强减水剂：兼有早强和减水功能的外加剂。
  d. 缓凝减水剂：兼有缓凝和减水功能的外加剂。
  e. 引气减水剂：兼有引气和减水功能的外加剂。
  2) 引气剂：是指在混凝土搅拌过程中，能引入大量分布均匀的微小气泡，从而减少混凝土拌合物泌水离析，改善和易性，并能提高混凝土的抗冻、耐久性能的外加剂。
  3) 泵送剂：是指能改善混凝土拌合物泵送性能的外加剂。
  (2) 调节混凝土拌合物凝结时间和硬化性能的外加剂。包括缓凝剂、速凝剂和早强剂等。
  1) 缓凝剂：是指能延长混凝土拌合物凝结时间的外加剂。
  2) 速凝剂：是指能使混凝土拌合物迅速凝结硬化的外加剂。
  3) 早强剂：是指能加速混凝土早期(1d、3d 或 7d)强度发展的外加剂。
  (3) 改善混凝土耐久性能的外加剂。包括引气剂、防水剂(抗渗剂)、起泡剂(泡沫剂)和阻锈剂等。
  1) 防水剂：亦称抗渗剂，是指能降低砂浆、混凝土在静水压力下的透水性的外加剂。
  2) 起泡剂：亦称泡沫剂，是指因物理作用而引入大量空气，从而用于生产泡沫混凝土的外加剂。
  3) 阻锈剂：是指能抑制或减轻混凝土中钢筋或其他预埋金属锈蚀的外加剂。
  (4) 改善混凝土其他性能的外加剂。包括加气剂(发气剂)、消泡剂、防水剂、保水剂、灌浆剂、膨胀剂、防冻剂、着色剂、碱骨料反应抑制剂和喷射混凝土外加剂、隔离剂(脱模剂)、养护剂(养生液)等。
  1) 加气剂：亦称发气剂，是指能在混凝土拌合物中因发生化学反应，放出气体而使混凝土中形成大量气泡的外加剂。
  2) 消泡剂：是指能防止混凝土拌合物中产生或使原有气泡减少的外加剂。
  3) 保水剂：是指能使混凝土拌合物或砂浆的泌水量减少，防止离析，增加可塑性及和易性，减少水分损失的外加剂。
  4) 灌浆剂：是指能改善混凝土拌合物的浇注性能，使其流动性、体积膨胀及稳定性、泌水离析等一种或多种性能均有良好抑制作用的外加剂。
  5) 膨胀剂：是指与水泥、水拌合后经水化反应生成钙矾石、氢氧化钙，使混凝土产生体积膨胀的外加剂。
  6) 防冻剂：是指能降低水和混凝土拌合物液相冰点，使混凝土在相应负温下免受冻害，并在规定养护条件下达到预期性能的外加剂。
  7) 着色剂：是指能制备混凝土具有稳定色彩的外加剂。
  8) 碱骨料反应抑制剂：是指能减少和控制由于碱骨料反应引起混凝土硬化后遭受膨胀破坏的外加剂。
  9) 喷射混凝土外加剂：是指能改善混凝土和砂浆与基底粘结性及喷射后的稳定性的外加剂。
  10) 隔离剂：亦称脱模剂，是指喷涂(刷涂)于混凝土模板内壁能起润滑和隔离作用的外加剂。

11) 养护剂：亦称养生液，是指喷涂（刷涂）于混凝土表面，能够形成一层致密的薄膜，使刚刚硬化的混凝土内部的水分缓慢减少或不再蒸发，保持混凝土的自身水分，最大限度的完成水泥水化和达到混凝土自身养护的外加剂。

二、技术指标及应用技术❶

（一）混凝土外加剂技术指标

混凝土外加剂的技术性能指标分为掺外加剂混凝土性能及外加剂匀质性两部分。

1. 掺外加剂混凝土性能指标

掺外加剂混凝土性能指标如表 4-44。

2. 掺外加剂混凝土性能指标的意义

掺外加剂混凝土性能指标是检验评定外加剂质量的依据标准，是在统一的检验条件下用掺外加剂的混凝土与不掺外加剂的混凝土（基准混凝土）性能的比值或差值来表示。其检验项目性能指标的意义如下：

（1）减水率：是指混凝土的坍落度在基本相同的条件下，掺用外加剂混凝土的用水量与不掺外加剂基准混凝土的用水量之差与不掺外加剂基准混凝土用水量的比值。减水率检验仅在减水剂、泵送剂和引气剂中进行检验，它是区别高效型与普通型减水剂的主要技术指标之一。混凝土中掺用适量减水剂，在保持坍落度不变的情况下，可减少单位用水量，从而增加混凝土的密实度，提高混凝土的强度和耐久性。

（2）泌水率比：是指掺用外加剂混凝土的泌水量与不掺外加剂基准混凝土的泌水量的比值。在混凝土中掺用某些外加剂后，对混凝土泌水和骨料沉降有较大的影响。一般缓凝剂使泌水率增大，引气剂、减水剂使泌水率减小。如木质素磺酸钙能减小泌水率 30% 左右，有利于减少混凝土的离析，改善混凝土的和易性，因此泌水率比越小越好。

（3）含气量：是指混凝土拌合物中加入适量具有引气功能的外加剂后，混凝土拌合物中引入部分微小的气泡，从而阻止骨料颗粒的沉降和水分上升而减小泌水率，改善混凝土拌合物的和易性，提高抗冻性。含气量对混凝土抗压强度影响较大，一般在水泥用量相同的情况下，含气量每增加 1%，混凝土 28d 抗压强度降低 2%～3%；当水灰比相同时，含气量每增加 1%，混凝土抗压强度降低 5% 左右，因此应控制混凝土中引气剂等的掺量，适宜的含气量一般为 2%～6%。

（4）凝结时间差：是指掺用外加剂混凝土拌合物与不掺外加剂混凝土拌合物（基准混凝土拌合物）的凝结时间的差值。掺用外加剂混凝土拌合物的凝结时间，随着水泥品种、外加剂种类及掺量、气温条件以及混凝土稠度（坍落度）的不同而变化。掺用缓凝剂可延缓混凝土的凝结时间，适用于高温季节、商品混凝土长距离和长时间运输以及大体积混凝土工程施工；掺用早强剂可加速混凝土的凝结及硬化，促进早期强度的增长。混凝土的凝结时间太快会影响施工，太慢会影响早期强度及拆模时间。

（5）坍落度 1h 经时变化量：是指混凝土拌合物出机时测得的坍落度与 1h 后测得的坍落度值之差。是衡量混凝土保坍性能的重要指标，对于预拌混凝土尤为重要。

---

❶ 主要内容引自 GB 8076—2008《混凝土外加剂》。

受检混凝土性能指标

表 4-44

项目	高性能减水剂 HPWR		高效减水剂 HWR		普通减水剂 WR			引气减水剂 AEWR	泵送剂 PA	早强剂 Ac	缓凝剂 Re	引气剂 AE
	早强型 HPWR-A	标准型 HPWR-S	缓凝型 HPWR-R	标准型 HWR-S	缓凝型 HWR-R	早强型 WR-A	标准型 WR-S	缓凝型 WR-R					
减水率(%)，不小于	25	25	25	14	14	8	8	8	10	12	—	—	6
泌水率比(%)，不大于	50	60	70	90	100	95	100	100	70	70	100	100	70
含气量(%)	≤6.0	≤6.0	≤6.0	≤3.0	≤4.5	≤4.0	≤4.0	≤5.5	≥3.0	≤5.5	—	—	≥3.0
凝结时间之差(min) 初凝/终凝	−90～+90	−90～+120	>+90	−90～+120	>+90	−90～+90	−90～+120	>+90	−90～+120	—	−90～+90	>+90	−90～+120
坍落度(mm) 1h经时变化量	—	—	—	—	—	—	—	—	—	≤80	—	—	—
含气量(%)	—	—	≤60	—	—	—	—	—	−1.5～+1.5	—	—	—	−1.5～+1.5
抗压强度比(%)，不小于 1d	180	170	—	140	—	135	—	—	115	—	135	—	—
3d	170	160	—	130	—	130	115	—	110	115	130	—	95
7d	145	150	140	125	125	110	115	110	100	110	110	100	95
28d	130	140	130	120	1	100	110	110	100	100	100	100	90
收缩率比(%)，不大于 28d	110	110	110	135	135	135	135	135	135	135	135	135	135
相对耐久性(%)，(200次)，不小于	—	—	—	—	—	—	—	—	80	—	—	—	80

注：1. 表中抗压强度比、收缩率比、相对耐久性和相对耐久性能为强制性指标，其余为推荐性指标。
2. 除含气量和相对耐久性外，表中所列数据为掺外加剂混凝土与基准混凝土的差值或比值。
3. 凝结时间之差性能指标中的"−"号表示提前，"+"号表示延缓。
4. 相对耐久性(200次)性能指标中的"≥80"表示将28d龄期的受检混凝土试件快速冻融循环200次后，动弹性模量保留≥80%。
5. 1h含气量经时变化量性能指标中的"−"号表示含气量增加，"+"号表示含气量减少。
6. 其他品种的外加剂耐久性是否需要测定相对耐久性指标，由供需双方协商确定。
7. 当用户对泵送剂等产品有特殊要求时，需要进行的补充试验项目、试验方法及指标，由供需双方协商确定。

(6) 含气量 1h 经时变化量：是指混凝土拌合物出机时测得的含气量与 1h 后测得的含气量值之差。在混凝土中掺入引气剂，其引入的含气量应当是均匀分布、称定而封闭的微小气泡且能保留在硬化混凝土中。若随着时间的推移，气泡消失，含气量降低，则起不到改善混凝土流变性能和耐久性的作用。

(7) 抗压强度比：是指掺外加剂的混凝土抗压强度与不掺外加剂混凝土（基准混凝土）抗压强度的比值。它是评定外加剂质量等级的主要指标之一，抗压强度比受减水率、促凝剂、早强剂、加气剂的影响较大，减水率大，促凝早强效果好，其强度比高，掺加引气剂的混凝土其抗压强度比低。

(8) 收缩率比：是指掺外加剂混凝土与不掺外加剂混凝土（基准混凝土）体积收缩的比值。掺用引气剂、缓凝剂、泵送剂、减水剂等混凝土的体积收缩都会有不同程度的增加，容易引起混凝土收缩裂缝，因此在工程应用中，特别是预应力混凝土必须予以重视。

(9) 相对耐久性：是指对掺用引气剂和引气减水剂的混凝土在检验其耐久性能时的特殊指标，用将标养 28d 龄期的受检混凝土试件快速冻融循环 200 次后，动弹性模量保留值表示。

3. 外加剂的匀质性

外加剂的匀质性是表示外加剂自身质量稳定均匀的性能。用来控制产品生产质量的稳定、统一、均匀。

匀质性指标应符合表 4-45 的要求。

匀 质 性 指 标　　　　　　　　表 4-45

试 验 项 目	指　　　　标
氯离子含量(%)	不超过生产厂控制值
总减量(%)	不超过生产厂控制值
含固量(%)	$S>25\%$ 时，应控制在 $0.95S \sim 1.05S$； $S \leqslant 25\%$ 时，应控制在 $0.90S \sim 1.10S$
含水率(%)	$W>5\%$ 时，应控制在 $0.90W \sim 1.10W$ $S \leqslant 5\%$ 时，应控制在 $0.80W \sim 1.20W$
密度(g/cm³)	$\rho>1.1$ 时，应控制在 $\rho \pm 0.03$ $\rho \leqslant 1.1$ 时，应控制在 $\rho \pm 0.02$
细度	应在生产厂控制范围内
pH 值	应在生产厂控制值范围内
硫酸钠含量(%)	不超过生产厂控制值

注：1. 生产厂应在相关的技术资料中明示产品匀质性指标的控制值。
　　2. 对相同和不同批次之间的匀质性和等效的其他要求，可由供需双方商定。
　　3. 表中的 S、W 和 ρ 分别为含固量、含水率和密度的生产厂控制值。

(二) 混凝土外加剂应用技术

1. 外加剂的主要功能及适用范围

(1) 普通减水剂的主要功能及适用范围

1) 主要功能

a. 在混凝土和易性及强度保持不变时,可节约水泥 5%～10%;

b. 在保持混凝土用水量及水泥用量不变时,可增大混凝土流动性,即增大坍落度 60～80mm;

c. 在保持混凝土稠度(坍落度或维勃稠度)及水泥用量不变时,可减小用水量 10%左右,提高混凝土强度 10%左右。

2) 适用范围

a. 适用于日最低气温+5℃以上的混凝土工程;

b. 适用于各种预制及现浇混凝土、钢筋混凝土、预应力混凝土、泵送混凝土、大体积混凝土及大模板、滑模等工程施工。

(2) 高效减水剂的主要功能及适用范围

1) 主要功能

a. 在保持混凝土稠度(坍落度或维勃稠度)及水泥用量不变时,可减少用水量 15%左右,可提高混凝土强度 20%左右;

b. 在保持混凝土用水量及水泥用量不变时,可大幅度提高混凝土拌合物的流动性,即增大坍落度 80～120mm;

c. 在混凝土和易性及强度不变时,可节约水泥 10%～20%。

2) 适用范围

a. 适用于日最低气温 0℃以上的混凝土施工;

b. 适用于高强混凝土、早强混凝土、大流动度混凝土、蒸养混凝土等。

(3) 高性能减水剂

1) 主要功能:比高效减水剂具有更高的减水率、更好的坍落度保持性能、较小的干燥收缩,且具有一定的引气性能。

2) 适用范围:适用于配制高强混凝土及对耐久性要求较高的混凝土。

(4) 早强剂及早强减水剂的主要功能及适用范围

1) 主要功能

a. 提高混凝土的早期强度;

b. 缩短混凝土的蒸汽养护时间;

c. 早强减水剂还具有减水剂功能。

2) 适用范围

适用于日最低气温-5℃以上及有早强或防冻要求的混凝土;

(5) 缓凝剂及缓凝减水剂的主要功能及适用范围

1) 主要功能

a. 延缓混凝土拌合物的凝结时间,降低水泥水化初期的水化热,降低热峰值及推迟热峰出现的时间;

b. 缓凝减水剂还具有减水剂功能。

2) 适用范围

a. 大体积混凝土;

b. 夏季和炎热地区的混凝土施工;

c. 用于日最低气温 5℃ 以上的混凝土施工；
　　d. 预拌商品混凝土、泵送混凝土以及滑模施工。
　（6）引气剂及引气减水剂
　　1）主要功能
　　a. 提高混凝土拌合物的和易性，减少混凝土的泌水离析；
　　b. 提高混凝土耐久性和抗渗性能；
　　c. 引气减水剂还有减水剂功能。
　　2）适用范围
　　a. 适用于有抗冻融要求的混凝土和大面积易受冻融破坏的混凝土，如公路路面、机场飞机跑道等；
　　b. 适用于有抗渗要求的防水混凝土；
　　c. 适用于抗盐类结晶破坏及耐碱混凝土；
　　d. 适用于泵送混凝土、大流动度混凝土，并能改善混凝土的抹光性能；
　　e. 适用于骨料质量较差以及轻骨料混凝土。
　（7）防冻剂
　　1）主要功能：能在一定的负温条件下，使混凝土拌合物中仍保持有液相的自由水并降低其冰点，使水泥继续利用自由水进行水化反应并减少冻害，从而使混凝土达到预期的强度。
　　2）适用范围：适用于一定负温条件下的混凝土施工。
　（8）速凝剂
　　1）主要功能：能使砂浆或混凝土在 1~5min 内达到初凝和在 2~10min 内达到终凝，并有早强功能。
　　2）适用范围：主要用于喷射混凝土、喷射砂浆、临时性堵漏用砂浆及混凝土。
　（9）防水剂
　　1）主要功能：能够使混凝土或砂浆的抗渗性能显著提高。
　　2）适用范围：适用于地下防水、防潮工程及贮水构筑物等。
　（10）膨胀剂
　　1）主要功能：能使混凝土或砂浆体积在水化、硬化过程中产生一定的膨胀，减少混凝土干缩裂缝，提高抗裂性和抗渗性能。
　　2）适用范围
　　a. 适用于补偿收缩混凝土、自防水屋面、地下防水及基础后浇带及防水堵漏等；
　　b. 填充用膨胀混凝土及设备底座灌浆、地脚螺栓固定等；
　　c. 自应力混凝土可用于自应力压力管道等混凝土浇筑。
　2. 外加剂的禁忌及不宜使用的环境条件
　（1）失效及不合格的外加剂禁止使用。
　（2）长期存放，对质量未检验明确之前禁止使用。
　（3）在下列情况下不得应用氯盐及含氯盐的早强剂、早强减水剂及防冻剂：
　　1）在高湿度的空气环境中使用的结构（排出大量蒸汽的车间、浴室、洗衣房和经常处于空气相对湿度大于 80% 的房间以及有顶盖的钢筋混凝土蓄水池等）。

2) 处于水位升降部位的结构。

3) 露天结构或经常受水淋的结构。

4) 与镀锌钢材或铝铁相接触部位的结构,以及有外露钢筋预埋件而无防护措施的结构。

5) 与含有酸、碱或硫酸盐等侵蚀性介质相接触的结构。

6) 使用过程中经常处于环境温度为60℃以上的结构。

7) 使用冷拉钢筋或冷拔低碳钢丝的结构。

8) 薄壁结构,中或重级工作制吊车梁、屋架、落锤或锻锤基础等结构。

9) 电解车间和直接靠近直流电源的结构。

10) 直接靠近高压电源(发电站、变电所)的结构。

11) 预应力混凝土结构。

12) 含有活性骨料的混凝土结构。

(4) 硫酸盐及其复合剂不得用于有活性骨料的混凝土;电器化运输设施和使用直流电源的工厂、企业的钢筋混凝土结构;有镀锌钢材或铝铁相接触部位的结构,以及有外露钢筋预埋件而无防护措施的结构。

(5) 引气剂及引气减水剂不宜用于蒸养混凝土、预应力混凝土及高强混凝土。

(6) 普通减水剂不宜单独用于蒸养混凝土。

(7) 缓凝剂及缓凝减水剂不宜用于日最低气温+5℃以下施工的混凝土,也不宜单独用于有早强要求的混凝土和蒸养混凝土。

(8) 饮水工程不得使用含有毒性的外加剂。

(9) 掺硫铝酸钙类膨胀组分的膨胀混凝土,不得用于长期处于80℃以上的工程中。

3. 外加剂的掺量、掺加方法及对水泥的适应性

外加剂是混凝土的重要组分,它在混凝土中掺量虽然不多(一般为水泥重量的0.005%～5%),但对混凝土的性能(如和易性、耐久性、强度及凝结时间等)和经济效益影响很大,特别是掺量、掺加方法及对水泥的适应性等,直接关系到外加剂的使用效果,因此必须引起重视。使用外加剂时一般应根据产品说明书的推荐掺量、掺加方法、注意事项及对水泥的适应情况,结合具体使用要求(如提高各龄期强度、改善和易性、调节凝结时间、增加含气量、提高抗渗及抗冻性能等)、混凝土施工条件、配合比以及原材料、气温环境因素等,通过试验确定适宜的掺量及掺加方法。

(1) 减水剂的掺量、掺加方法及对水泥的适应性

1) 减水剂的掺量:普通减水剂掺量一般为0.15%～0.35%,常用掺量为0.25%,气温较低时掺量适当减少;高效减水剂掺量为0.3%～1.5%,常用掺量为0.5%～0.75%。

2) 减水剂的掺加方法

a. 先掺法:是将粗细骨料、粉状减水剂与水泥混合,然后加水搅拌,其程序如下。

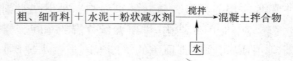

先掺法的优点是：使用方便，省去了减水剂溶解、储存、冬季施工的防冻等工序和设施。缺点是：塑化效果较差，特别是粉状减水剂受潮易结块或者有较大颗粒不易分散拌匀，直接影响使用效果。

b. 同掺法：是将减水剂溶解成一定浓度的溶液，搅拌时同粗、细骨料、水泥和水一起加入搅拌，程序如下。

$$\boxed{粗、细骨料} + \boxed{水泥} \xrightarrow{\text{搅拌}} 混凝土拌合物$$
$$\uparrow$$
$$\boxed{水+减水剂溶液}$$

同掺法的优点是：与先掺法相比，容易搅拌均匀；与滞水法相比，搅拌时间短，搅拌机生产效率高；另外由于稀释为溶液，对计量和自动化控制比较方便。缺点是：增加了减水剂的溶解、储存、冬季防冻保温等措施。减水剂中不溶物或溶解度较小的物质易沉淀，造成溶液浓度的差异，因此在使用中应注意充分溶解与搅拌，防止沉淀和随拌随用。

c. 滞水法：是在搅拌过程中减水剂滞后于加水 1~3min（当以溶液加入时称为溶液滞水法；当以干粉加入时称为干粉滞水法），搅拌程序如下。

$$\boxed{粗、细骨料} + \boxed{水泥} \xrightarrow{\text{搅拌 } 1\sim3\text{min}} + \boxed{减水剂} \longrightarrow 混凝土拌合物$$
$$\uparrow$$
$$\boxed{水}$$

滞水法的优点是：能提高高效减水剂在某些水泥中的使用效果，即可提高流动性、减水率、强度和节约更多的水泥，减少减水剂的掺量，提高减水剂对水泥的适应性。缺点是：搅拌时间延长、搅拌机生产效率降低。

d. 后掺法：是指减水剂加入混凝土中时，不是在搅拌时加入的，而是在运输途中或在施工现场分几次或一次加入，再经继续或二次、多次搅拌，成为混凝土拌合物，搅拌程序如下。

$$\boxed{粗、细骨料} + \boxed{水泥} \xrightarrow{\text{搅拌}} 运输 \longrightarrow + \boxed{减水剂} \xrightarrow{\text{再搅拌}} 混凝土混合物$$
$$\uparrow$$
$$\boxed{水}$$

后掺法的优点是：可减少、抑制混凝土在长距离运输过程中的分层离析和坍落度损失；可提高混凝土拌合物的流动性、减水率、强度和降低减水剂掺量、节约水泥等，并可提高减水剂对水泥的适应性。缺点是：需要设置运输车辆及增加搅拌次数，延续搅拌时间。

3）减水剂对水泥的适应性：减水剂对水泥的适应性是指减水剂在相同的条件下，因水泥不同而使用效果有较大的差异，甚至收到完全不同的效果。如同一种减水剂使用相同的掺量，但因水泥的矿物组成、石膏品种掺量、混合材、细度等不同，其塑化、减水、增强以及对水泥混凝土的凝结时间等均有较大影响，例如木质素磺酸钙在某些水泥中反而使凝结时间缩短，甚至在 1h 内达到终凝，这是由于使用以硬石膏为调凝剂的水泥所发生的异常凝结现象。因此，在减水剂使用过程中，如水泥可供选择时，应选用对减水剂适应的水泥，如减水剂可供选择时，应选用对水泥适应的减水剂。总之减水剂的使用应在试验、试拌后确定。

(2) 早强剂及早强减水剂、防冻剂的掺量、掺和方法及对水泥的适应性：

1) 早强剂、早强减水剂及防冻剂的掺量：

氯盐(氯化钠、氯化钙)掺量为 0.5%～1.0%；

硫酸盐(硫酸钙、硫酸钠、硫酸钾)掺量为 0.5%～2.0%；

木质素磺酸盐(木质素磺酸钠、木质素磺酸钙等)或糖钙＋硫酸钠掺量为(0.05%～0.25%)＋(1%～2%)；

三乙醇胺掺量为 0.03%～0.05%；

萘磺酸盐甲醛缩合物＋硫酸钠掺量为(0.3%～0.75%)＋(1%～2%)；

其他品种的早强剂、早强减水剂及防冻剂的掺量可参阅产品说明书、鉴定证书等的推荐掺量，经试验、试拌确定。

2) 早强剂、早强减水剂及防冻剂的掺加方法：

a. 配制成溶液使用时必须充分溶解，浓度均匀一致，为加速溶解可用 40～70℃热水；硫酸钠溶液浓度不宜大于 20%，在正温下存放应经常测定其浓度，发现沉淀、结晶时应加热搅拌，待完全溶解方可使用；当复合使用时应注意其共溶性，如氯化钙、硝酸钙、亚硝酸钙溶液不可与硫酸钠溶液混合。

b. 硫酸钠或含有硫酸钠的粉状早强减水剂应防止受潮结块，掺用时应加入水泥中，不要先与潮湿的砂、石混合。若有结块，应烘干、粉碎，其细度应与原剂要求相同。

c. 含有粉煤灰等不熔物及溶解度较小的早强剂、早强减水剂及防冻剂应以粉剂掺加，不应有结块，其细度应与原剂要求相同。

3) 早强剂、早强减水剂及防冻剂对水泥的适应性：早强剂、早强减水剂及防冻剂对水泥的适应性各有差异，因此在使用前均须按照其产品质量证书推荐掺量及掺加方法进行试验、试拌确定。

滞水法可提高减水剂及早强减水剂对水泥的适应性，主要是因为 C_3A、C_4AF、石膏等矿物含量较多的水泥，对减水剂的吸附力较大，使减水剂塑化效果较差。使用滞水法，由于上述矿物成分遇水迅速反应，其水化产物对减水剂的吸附量可减少 30%～40%，因此其适应效果较好。

早强剂对水泥的适应性受下列因素的影响：

a. 混合材掺量多，2d 的增强率低，28d 增强率高；

b. 混合材活性高，2d 及 28d 增强率高，混合材活性低，2d 及 28d 增强率亦较低；

c. 硅酸三钙含量增高，早强效果提高。

(3) 缓凝剂、缓凝减水剂、引气剂、明矾石膨胀剂、速凝剂的掺量

1) 缓凝剂及缓凝减水剂的一般掺量为：

a. 糖蜜减水剂 0.1%～0.3%；

b. 木质素磺酸盐类 0.2%～0.3%；

c. 羟基羟酸及其盐类(柠檬酸、酒石酸钾钠等)0.03%～0.10%；

d. 无机盐类(锌盐、硼酸盐、磷酸盐)0.10%～0.25%。

2) 引气剂（松香树脂及其衍生物）掺量一般为 0.005%～0.015%。

3) 明矾石膨胀剂掺量一般为 15%～20%。

4) 速凝剂掺量一般为 2%～4%。

(4) 缓凝剂、缓凝减水剂、引气剂、膨胀剂、速凝剂的掺加方法

1) 缓凝剂及缓凝减水剂的掺加方法：配制成适当浓度的溶液加入拌合水中使用；糖蜜减水剂中如有少量难溶或不溶物时，使用期间应经常搅拌，使其呈悬浮状态；当与其他外加剂复合使用时，必须是能共溶时才能混合使用，否则应分别加入搅拌机内使用。

2) 引气剂的掺加方法：一般配成浓度适当的溶液使用，不得采用干掺法及后掺法。稀释用水为饮用水，水温为 70～90℃，温度低时会产生絮状沉淀物。引气剂溶液不能用铁质容器，可用塑料容器储存使用。

3) 膨胀剂的掺加方法：一般在搅拌过程中与水泥等一起加入，要适当延长搅拌时间。

4) 速凝剂的掺加方法：一般采用干粉先掺法，与水泥混合后再加入骨料和水搅拌。亦可配制成溶液加入搅拌。

(5) 膨胀剂、速凝剂对水泥的适应性：各种外加剂对水泥、混凝土产生的不同改性效果，均是由于外加剂与水泥矿物中的有关组分的物理、化学作用的反应结果。因此，水泥品种不同，水泥矿物组成、细度、混合材品种和掺量不同，其对水泥的适应性不同。

1) 明矾石膨胀剂适用于硅酸盐水泥、普通硅酸盐水泥、矿渣硅酸盐水泥；石灰膨胀剂、铁屑膨胀剂、铝粉膨胀剂适用于硅酸盐水泥和普通硅酸盐水泥。

2) 速凝剂适应性与水泥品种关系密切，一般水泥中 C_3A 含量高、石膏掺量少、混合材掺量少、颗粒细、无风化，则速凝早强效果较好。

三、外加剂试验方法[1]

(一) 取样及批号

1. 取样及批号

(1) 试样分点样和混合样。点样是在一次生产产品时所取得的一个试样，混合样是三个或更多的点样等量均匀混合而取得的试样。

(2) 生产厂应根据产量和生产设备条件，将产品分批编号，掺量大于 1%（含 1%）同品种的外加剂每一批号为 100t，掺量小于 1% 的外加剂每一批号为 50t，不足 100t 或 50t 的也可按一个批量计，同一批号的产品必须混合均匀。

(3) 每一批号取样量不少于 0.2t 水泥所需用的外加剂量。

2. 试样及留样

每一批号取得的试样应充分混匀，分为两等份，其中一份按表 4-44 和表 4-45 规定的项目进行试验。另一份要密封保存半年，以备有疑问时提交国家指定的检验机关进行复验或仲裁。

(二) 试验方法

1. 材料

(1) 水泥

---

[1] 内容引自 GB 8076—2008《混凝土外加剂》。

混凝土外加剂性能检验应采用基准水泥。基准水泥是检验混凝土外加剂性能的专用水泥，是由符合下列品质指标的硅酸盐水泥熟料与二水石膏共同粉磨而成的42.5强度等级的P·Ⅰ型硅酸盐水泥。基准水泥必须由经中国建材联合会混凝土外加剂分会与有关单位共同确认具备生产条件的工厂供给。

1) 品质指标（除满足42.5级硅酸盐水泥技术要求外）

① 熟料中铝酸三钙（C_3A）含量6%～8%。

② 熟料中硅酸三钙（C_3S）含量55%～60%。

③ 熟料中游离氧化钙（$f·CaO$）含量不得超过1.2%。

④ 水泥中碱（$Na_2O+0.658K_2O$）含量不得超过1.0%。

⑤ 水泥比表面积（$320±20$）m^2/kg。

2) 试验方法

① 游离氧化钙、氧化钾和氧化钠的测定，按GB/T 176进行。

② 水泥比表面积的测定，按GB/T 8074进行。

③ 铝酸三钙和硅酸三钙含量由熟料中氧化钙、二氧化硅、三氧化二铝和三氧化二铁含量，按下式计算得：

$$C_3S = 3.80 \cdot SiO_2(3KH-2) \tag{4-57}$$

$$C_3A = 2.65 \cdot (Al_2O_3 - 0.64Fe_2O_3) \tag{4-58}$$

$$KH = \frac{CaO - f \cdot CaO - 1.65 \cdot Al_2O_3 - 0.35Fe_2O_3}{2.80SiO_2} \times 100 \tag{4-59}$$

式中：C_3S、C_3A、SiO_2、Al_2O_3、Fe_2O_3和$f·CaO$分别表示该成分在熟料中所占的质量分数；KH表示石灰保护系数。

(2) 砂

符合GB/T 14684中Ⅱ区要求的中砂，细度模数为2.6～2.9，含泥量小于1%。

(3) 石子

符合GB/T 14685要求的公称粒径为5mm～20mm的碎石或卵石，采用二级配，其中5mm～10mm占40%，10mm～20mm占60%。满足连续级配要求，针片状物质含量小于10%，空隙率小于47%，含泥量小于0.5%。如有争议，以碎石结果为准。

(4) 水

符合JGJ 63—2006《混凝土用水标准》中的技术要求。

(5) 外加剂

需要检测的外加剂。

2. 配合比

基准混凝土配合比按JGJ 55进行设计。掺非引气型外加剂混凝土和其对应的基准混凝土的水泥、砂、石的比例不变。配合比设计应符合以下规定：

(1) 水泥用量：掺高性能减水剂或泵送剂的基准混凝土和受检混凝土的单位水泥用量为360kg/m^3；掺其他外加剂的基准混凝土和受检混凝土单位水泥用量为330kg/m^3。

(2) 砂率：掺高性能减水剂或泵送剂的基准混凝土和受检混凝土的砂率均为43%～47%；掺其他外加剂的基准混凝土和受检凝土的砂率均为36%～40%；但掺引气减水剂或引气剂的受检混凝土的砂率应比基准混凝土砂率低1%～3%。

（3）外加剂掺量：按生产厂家指定掺量。

（4）用水量：掺高性能减水剂或泵送剂的基准混凝土和受检混凝土的坍落度控制在(210±10)mm，用水量为坍落度在(210±10)mm时的最小用水量；掺其他外加剂的基准混凝土和受检混凝土的坍落度控制在(80±10)mm。

用水量包括液体外加剂、砂、石材料中所含的水量。

3. 混凝土搅拌

采用符合JG 3036要求的公称容量为60L的单卧轴式强制搅拌机。搅拌机的拌合量应不少于20L，不宜大于45L。

外加剂为粉状时，将水泥、砂、石、外加剂一次投入搅拌机，干拌均匀，再加入拌合水，一起搅拌2min；外加剂为液体时，将水泥、砂、石一次投入搅拌机，干拌均匀，再加入掺有外加剂的拌合水一起搅拌2min。

出料后，在铁板上用人工翻拌至均匀，再行试验。各种混凝土试验材料及环境温度均应保持在(20±3)℃。

4. 试件制作及试验所需试件数量

（1）试件制作：混凝土试件制作及养护按GB/T 50080进行，但混凝土预养温度为(20±3)℃。

（2）试验项目及数量：试验项目及数量详见表4-46。

试验项目及所需数量　　　　　　　　表4-46

试验项目		外加剂类别	试验类别	试验所需数量			
				混凝土拌合批数	每批取样数目	基准混凝土总取样数目	受检混凝土总取样数目
减水率		除早强剂、缓凝剂外的各种外加剂	混凝土拌合物	3	1次	3次	3次
泌水率比		各种外加剂		3	1个	3个	3个
含气量				3	1个	3个	3个
凝结时间差				3	1个	3个	3个
1h经时变化量	坍落度	高性能减水剂、泵送剂		3	1个	3个	3个
	含气量	引气剂、引气减水剂		3	1个	3个	3个
抗压强度比		各种外加剂	硬化混凝土	3	6、9或12块	18、27或36块	18、27或36块
收缩率比				3	1条	3条	3条
相对耐久性		引气减水剂、引气剂		3	1条	3条	3条

注：1. 试验时，检验同一种外加剂的三批混凝土的制作宜在开始试验一周内的不同日期完成。对比的基准混凝土和受检混凝土应同时成型。
　　2. 试验龄期参考表4-44试验项目栏。
　　3. 试验前后应仔细观察试样，对有明显缺陷的试样和试验结果都应舍除。

5. 混凝土拌合物性能试验方法

（1）坍落度和坍落度1h经时变化量的测定

每批混凝土取一个试样。坍落度和坍落度 1h 经时变化量均以三次试验结果的平均值表示。三次试验的最大值和最小值与中间值之差有一个超过 10mm 时，将最大值和最小值一并舍去，取中间值作为该批的试验结果；最大值和最小值与中间值之差均超过 10mm 时，则应重做。坍落度和坍落度 1h 经时变化量测定值以 mm 表示，结果表达修约到 5mm。

1) 坍落度测定：混凝土坍落度按照 GB/T 50080 测定；但坍落度为 (210±10)mm 的混凝土，分两层装料，每层装入高度为筒高的一半，每层用插捣棒插捣 15 次。

2) 坍落度 1h 经时变化量测定：当要求测定此项时，应将按照本节三、(二)3 搅拌的混凝土留下足够一次混凝土坍落度的试验数量，并装入用湿布擦过的试样筒内，容量加盖，静置至 1h（从加水搅拌时开始计算），然后倒出，在铁板上用铁锹翻拌至均匀后，再按照坍落度测定方法测定坍落度。计算出机时和 1h 之后的坍落度之差值，即得到坍落度的经时变化量。

坍落度 1h 经时变化量按式 (4-60) 计算：

$$\Delta Sl = Sl_0 - Sl_{1h} \tag{4-60}$$

式中　ΔSl——坍落度经时变化量，单位为毫米 (mm)；

　　　Sl_0——出机时测得的坍落度，单位为毫米 (mm)；

　　　Sl_{1h}——出机 1h 时测得的坍落度，单位为毫米 (mm)。

(2) 减水率测定

减水率为坍落度基本相同时，基准混凝土和受检混凝土单位用水量之差与基准混凝土单位用水量之比。减水率按式 (4-61) 计算，应精确到 0.1%。

$$W_r = \frac{W_0 - W_1}{W_0} \times 100 \tag{4-61}$$

式中　W_r——减水率 (%)；

　　　W_0——基准混凝土单位用水量 (kg/m³)；

　　　W_1——受检混凝土单位用水量 (kg/m³)。

W_r 以三批试验的算术平均值计，精确到小数点后一位。若三批试验的最大值或最小值中有一个与中间值之差超过中间值的 15% 时，则把最大值与最小值一并舍去，取中间值作为该组试验的减水率。若有两个测值与中间值之差均超过 15% 时，则该批试验结果无效，应该重做。

(3) 泌水率比测定

泌水率比按式 (4-62) 计算，精确到 1%。

$$R_B = \frac{B_t}{B_c} \times 100 \tag{4-62}$$

式中　R_B——泌水率之比 (%)；

　　　B_t——受检混凝土泌水率 (%)；

　　　B_c——基准混凝土泌水率 (%)。

泌水率的测定和计算方法如下：

先用湿布润湿容积为 5L 的带盖筒（内径为 185mm，高 200mm），将混凝土拌合物一次装入，在振动台上振动 20s，然后用抹刀轻轻抹平，加盖以防水分蒸发。试样表面应比筒口边低约 20mm。自抹面开始计算时间，在前 60min，每隔 10min 用吸液管吸出泌水一次，以后每隔 20min 吸水一次，直至连续三次无泌水为止。每次吸水前 5min，应将筒底一侧垫高约 20mm，使筒倾斜，以便于吸水。吸水后，将筒轻轻放平盖好。将每次吸出的水都注入带塞的量筒，最后计算出总的泌水量，准确至 1g，并按式(4-63)、(4-64)计算泌水率：

$$B = \frac{V_W}{(W/G)G_W} \times 100 \quad (4-63)$$

$$G_W = G_1 - G_0 \quad (4-64)$$

式中　B——泌水率(%)；
　　　V_W——泌水总量(g)；
　　　W——混凝土拌合物的用水量(g)；
　　　G——混凝土拌和物的总量(g)；
　　　G_W——试样质量(g)；
　　　G_1——筒及试样质量(g)；
　　　G_0——筒质量(g)。

试验时，每批混凝土拌合物取一个试样，泌水率取三个试样的算术平均值，精确到 0.1%。若三个试样的最大值或最小值中有一个与中间值之差大于中间值的 15%，则把最大值与最小值一并舍去，取中间值作为该组试验的泌水率，如果最大与最小值与中间值之差均大于中间值的 15%时，则应重做。

(4) 含气量和含气量 1h 经时变化量的测定

试验时，从每批混凝土拌合物取一个试样，含气量以三个试样测值的算术平均值来表示，若三个试样中的最大值或最小值中有一个与中间值之差超过 0.5%时，将最大值与最小值一并舍去，取中间值作为该批的试验结果；如果最大值与最小值与中间值之差均超过 0.5%，则应重做。含气量和 1h 经时变化量测定值精确到 0.1%。

1) 含气量测定：

按 GB/T 50080 用气水混合式含气量测定仪，并按仪器说明进行操作，但混凝土拌合物应一次装满并稍高于容器，用振动台振实 15s～20s。

2) 含气量 1h 经时变化量测定：

当要求测定此项时，将按规定搅拌的混凝土留下足够一次含气量试验的数量，并装入用湿布擦过的试样筒内，容器加盖，静置至 1h(从加水搅拌时开始计算)，然后倒出，在铁板上用铁锹翻拌均匀后，再按照含气量测定方法测定含气量。计算出机时和 1h 之后的含气量之差值，即得到含气量的经时变化量。

含气量 1h 经时变化量按式(4-65)计算：

$$\Delta A = A_0 - A_{1h} \quad (4-65)$$

式中　ΔA——含气量经时变化量(%)；
　　　A_0——出机后测得的含气量(%)；
　　　A_{1h}——1 小时后测行的含气量(%)。

(5) 凝结时间差测定

凝结时间差按式(4-66)计算：

$$\Delta T = T_t - T_c \tag{4-66}$$

式中　ΔT——凝结时间之差(min)；
　　　T_t——受检混凝土的初凝或终凝时间(min)；
　　　T_c——基准混凝土的初凝或终凝时间(min)。

凝结时间采用贯入阻力仪测定，仪器精度为10N，凝结时间测定方法如下：

将混凝土拌合物用5mm(圆孔筛)振动筛筛出砂浆，拌匀后装入上口内径为160mm，下口内径为150mm，净高150mm的刚性不渗水的金属圆筒，试样表面应低于筒口约10mm，用振动台振实(约3～5s)，置于(20±2)℃的环境中，容器加盖。一般基准混凝土在成型后3～4h，掺早强剂的在成型后1h～2h，掺缓凝剂的在成型后4～6h开始测定，以后每0.5h或1h测定一次，但在临近初、终凝时，可以缩短测定间隔时间。每次测点应避开前一次测孔，其净距为试针直径的2倍，但至少不小于15mm，试针与容器边缘之距离不小于25mm。测定初凝时间用截面积为100mm²的试针，测定终凝时间用20mm²的试针。

测试时，将砂浆试样筒置于贯入阻力仪上，测针端部与砂浆表面接触，然后在(10±2)s内均匀地使测针贯入砂浆(25±2)mm深度。记录贯入阻力，精确至10N，记录测量时间，精确至1min。贯入阻按式(4-67)计算，精确至0.1MPa。

$$R = \frac{P}{A} \tag{4-67}$$

式中　R——贯入阻力值(MPa)；
　　　P——贯入深度达25mm时所需的净压力(N)；
　　　A——贯入仪试针的截面积(mm²)。

根据计算结果，以贯入阻力值为纵坐标，测试时间为横坐标，绘制贯入阻力值与时间关系曲线，求出贯入阻力值达3.5MPa时对应的时间作为初凝时间及贯入阻力值达28MPa时对应的时间作为终凝时间。凝结时间从水泥与水接触时开始计算。

试验时，每批混凝土拌合物取一个试样，凝结时间取三个试样的平均值。若三批试验的最大值或最小值之中有一个与中间值之差超过30min时，则把最大值与最小值一并舍去，取中间值作为该组试验的凝结时间。若两测值与中间值之差的均超过30min时，该组试验结果无效，则应重做。

6. 硬化混凝土性能试验方法

(1) 抗压强度比测定

抗压强度比以掺外加剂混凝土与基准混凝土同龄期抗压强度之比表示，按式(4-68)计算，精确到1%。

$$R_s = \frac{f_t}{f_c} \tag{4-68}$$

式中　R_s——抗压强度比(%)；
　　　f_t——受检混凝土的抗压强度(MPa)；
　　　f_c——基准混凝土的抗压强度(MPa)。

受检混凝土与基准混凝土的抗压强度按 GB/T 50081 进行试验和计算。试件制作时，用振动台振动15～20s。试件预养温度为(20±3)℃。试验结果以三批试验测值的平均值表示，若三批试验中有一批的最大值或最小值与中间值的差值超过中间值的15%，则把最大及最小值一并舍去，取中间值作为该批的试验结果，如有两批测值与中间值的差均超过中间值的15%，则试验结果无效，应该重做。

(2) 收缩率比测定

收缩率比以龄期 28d 受检混凝土与基准混凝土的收缩率的比值表示，按式(4-69)计算：

$$R_\varepsilon = \frac{\varepsilon_t}{\varepsilon_c} \times 100 \tag{4-69}$$

式中　R_ε——收缩率比(%)；

ε_t——受检的混凝土的收缩率(%)；

ε_c——基准混凝土的收缩率(%)。

受检混凝土及基准混凝土的收缩率按 GB/T 50082—2009 测定和计算，试件用振动台成型，振动15～20s，每批混凝土拌合物取一个试样，以三个试样收缩率比的算术平均值表示，计算精确至1%。

(3) 相对耐久性试验

按 GBJ 82 进行，试件采用振动台成型，振动 15～20s，标准养护 28d 后进行冻融循环试验(快冻法)。

相对耐久性指标是以掺外加剂混凝土冻融 200 次后的动弹性模量是否不小于80%来评定外加剂的质量。每批混凝土拌合物取一个试样，相对动弹性模量以三个试件测值的算术平均值表示。

7. 匀质性试验方法

(1) 氯离子含量测定

氯离子含量按 GB/T 8077 进行测定，或按下述方法(离子色谱法)测定，仲裁时采用离子色谱法。

混凝土外加剂中氯离子含量的测定方法(离子色谱法)：

1) 范围：本方法适用于混凝土外加剂中氯离子的测定。

2) 方法提要：

离子色谱法是液相色谱分析方法的一种，样品溶液经阴离子色谱柱分离，溶液中的阴离子 F^-、Cl^-、SO_4^{2-}、NO_3^- 被分离，同时被电导池检测。测定溶液中氯离子峰面积或峰离。

3) 试剂和材料：

a) 氮气：纯度不小于99.8%；

b) 硝酸：优级纯；

c) 实验室用水：一级水(电导率小于 $18m\Omega \cdot cm$，$0.2\mu m$ 超滤膜过滤)；

d) 氯离子标准溶液(1mg/mL)：准确称取预先在(550～600)℃加热(40～50)min 后，并在干燥器中冷却至室温的氯化钠(标准试剂)1.648g，用水溶解，移入 1000mL 容量瓶中，用水稀释至刻度。

e) 氯离子标准溶液（100μg/mL）：准确移取上述标准溶液 100mL 至 1000mL 容量瓶中，用水稀释至刻度。

f) 氯离子标准溶液系列：准确移取 1mL，5mL，10mL，15mL，20mL，25mL（100μg/mL 的氯离子的标准溶液）至 100mL 容量瓶中，稀释至刻度。此标准溶液系列浓度分别为：1μg/mL，5μg/mL，10μg/mL，15μg/mL，20μg/mL，25μg/mL。

4）仪器

① 离子色谱仪：包括电导检测器，抑制器，阴离子分离柱，进样定量环（25μL，50μL，100μL）。

② 0.22μm 水性针头微孔滤器。

③ On Guard Rp 柱：功能基为聚二乙烯基苯。

④ 注射器：1.0mL、2.5mL。

⑤ 淋洗液体系选择：

a) 碳酸盐淋洗液体系：阴离子柱填料为聚苯乙烯、有机硅、聚乙烯醇或聚丙烯酸酯阴离子交换树脂。

b) 氢氧化钾淋洗液体系：阴离子色谱柱 IonPacAs18 型分离柱（250mm×4mm）和 IonPacAG18 型保护柱（50mm×4mm）；或性能相当的离子色谱柱。

⑥ 抑制器：连续自动再生膜阴离子抑制器或微填充床抑制器。

⑦ 检出限：0.01μg/mL。

5）通则

① 测定次数

在重复性条件下测定 2 次。

② 空白试验

在重复性条件下做空白试验。

③ 结果表述

所得结果应按 GB/T 8170 修约，保留 2 位小数；当含量<0.10%时，结果保留 2 位有效数字；如果委托方供货合同或有关标准另有要求时，可按要求的位数修约。

④ 分析结果的采用

当所得试样的两个有效分析值之差不大于表 4-47 所规定的允许差时，以其算术平均值作为最终分析结果；否则，应重新进行试验。

试样允许差　　　　表 4-47

Cl^- 含量范围(%)	<0.01	0.01～0.1	0.1～1	1～10	>10
允许差(%)	0.001	0.02	0.1	0.2	0.25

6）分析步骤

① 称量和溶解

准确称取 1g 外加剂试样，精确至 0.1mg。放入 100mL 烧杯中，加 50mL 水和 5 滴硝酸溶解试样。试样能被水溶解时，直接移入 100mL 容量瓶，稀释至刻度；当试样不能被水溶解时，采用超声和加热的方法溶解试样，再用快速滤纸过滤，滤液用 100mL 容量瓶承接，用水稀释至刻度。

② 去除样品中的有机物

混凝土外加剂中的可溶性有机物可以用 On Guard RP 柱去除。

③ 测定色谱图

将上述处理好的溶液注入离子色谱中分离,得到色谱图,测定所得色谱峰的峰面积或峰高。

④ 氯离子含量标准曲线的绘制

在重复性条件下进行空白试验。将氯离子标准溶液系列分别在离子色谱中分离,得到色谱图,测定所得色谱峰的峰面积或峰高。以氯离子浓度为横坐标,峰面积或峰高为纵坐标绘制标准曲线。

⑤ 计算及数据处理

将样品的氯离子峰面积或峰高对照标准曲线,求出样品溶液的氯离子浓度 C,并按照式(4-70)计算出试样中氯离子含量。

$$X_{Cl^-} = \frac{C \times V \times 10^{-6}}{m} \times 100 \quad (4-70)$$

式中　X_{Cl^-}——样品中氯离子含量(%);

　　　C——由标准曲线求得的试样溶液中氯离子的尝试,单位为微克每毫升($\mu g/mL$);

　　　V——样品溶液的体积,数值为 100mL;

　　　m——外加剂样品质量,单位为克(g)。

(2) 含固量、总碱量、含水率、密度、细度、pH 值、硫酸钠含量的测定

按 GB/T 8077 进行。

(三) 检验规则

1. 取样及批号

(1) 点样和混合样

点样是在一次生产产品时所取行的一个试样。混合样是三个或更多的点样等量均匀混合而取得的试样。

(2) 批号

生产厂应根据产量和生产设备条件,将产品分批编号。掺量大于 1%(含 1%)同品种的外加剂每一批号为 100t,掺量小于 1% 的外加剂每一批号为 50t。不足 100t 或 50t 的也应按一个批量计,同一批号的产品必须混合均匀。

(3) 取样数量

每一批号取样量不少于 0.2t 水泥所需用的外加剂量。

2. 试样及留样

每一批号取样应充分混匀,分为两等份,其中一份按表 4-44 和表 4-45 规定的项目进行试验,另一份密封保存半年,以备有疑问时,提交国家指定的检验机关进行复验或仲裁。

3. 检验分类

(1) 出厂检验

每批号外加剂的出厂检验项目,根据其品种不同按表 4-48 规定的项目进行检验。

外加剂测定项目 表 4-48

测定项目	外加剂品种								引气减水剂 AEWR	泵送剂 PA	早强剂 Ac	缓凝剂 Re	引气剂 AE	备注
	高性能减水剂 HPWR			高效减水剂 HWR		普通减水剂 WR								
	早强型 HPWR-A	标准型 HPWR-S	缓凝型 HPWR-R	标准型 HWR-S	缓凝型 HWR-R	早强型 WR-A	标准型 WR-S	缓凝型 WR-R						
含固量														液体外加剂必测
含水率														粉状外加剂必测
密度														液体外加剂必测
细度														粉状外加剂必测
pH值	√	√	√	√	√	√	√	√	√	√	√	√	√	
氯离子含量	√	√	√	√	√	√	√	√	√	√	√	√	√	每3个月至少一次
硫酸钠含量				√	√	√	√	√				√		每3个月至少一次
总碱量	√	√	√	√	√	√	√	√	√	√	√	√	√	每年至少一次

（2）型式检验

型式检验项目包括第 5 章全部性能指标。有下列情况之一者，应进行型式检验：

a）新产品或老产品转厂生产的试制定型鉴定；

b）正式生产后，如材料、工艺有较大改变，可能影响产品性能时；

c）正常生产时，一年至少进行一次检验；

d）产品长期停产后，恢复生产时；

e）出厂检验结果与上次型式检验结果有较大差异时；

f）国家质量监督机构提出进行型式试验要求时。

4. 判定规则

（1）出厂检验判定

型式检验报告在有效期内，且出厂检验结果符合表 4-45 的要求，可判定为该批产品检验合格。

（2）型式检验判定

产品经检验，匀质性检验结果符合表 4-45 的要求；各种类型外加剂受检混凝土性能指标中，高性能减水剂及泵送剂的减水率和坍落度的经时变化量，其他减水剂的减水率、缓凝型外剂的凝结时间差、引气型外加剂的含气量及其经时变化量、硬化混凝土的各项性能符合表 1 的要求，则判定该批号外加剂合格。如不符合上述要求时，则判该批号外加剂不合格。其余项目可作为参考指标。

5. 复验

复验以封存样进行。如使用单位要求现场取样，应事先在供货合同中规定，并在生产和使用单位人员在场的情况下于现场取混合样，复验按照型式检验项目检验。

四、混凝土外加剂匀质性试验方法[1]

（一）适用范围

标准"GB/T 8077—2000"适用于普通减水剂、高效减水剂、缓凝高效减水剂、早强减水剂、缓凝减水剂、引气减水剂、早强剂、缓凝剂、引气剂、泵送剂、防水剂、防冻剂、膨胀剂和速凝剂共十四种混凝土外加剂。

（二）一般规定

1. 试验次数与要求

每项测定的试验次数规定为两次。用两次试验平均值表示测定结果。

所用的水为蒸馏水或同等纯度的水（水泥净浆流动度、水泥砂浆工作性除外）。

所用的化学试剂除特别注明外，均为分析纯化学试剂。

2. 允许差

所列允许差为绝对偏差。

室内允许差：同一分析试验室同一分析人员（或两个分析人员），采用本方法分析同一试样时，两次分析结果应符合允许差规定。如超出允许范围，应在短时间内进行第三次测定（或第三者的测定），测定结果与前两次或任一次分析结果之差值符合允许差规定时，则取其平均值，否则，应查找原因，重新按上述规定进行分析。

室间允许差：两个试验室采用标准方法对同一试样各自进行分析时，所得分析结果的平均值之差应符合允许差规定。如有争议应商定另一单位按标准进行仲裁分析。以仲裁单位报出的结果为准，与原分析结果比较，若两个分析结果差值符合允许差规定，则认为原分析结果无误。

（三）固体含量

1. 方法提要

将已恒量的称量瓶内放入被测试样于一定的温度下烘至恒量。

2. 仪器

(1) 天平：不应低于四级，精确至0.0001g；

(2) 鼓风电热恒温干燥箱：温度范围0~200℃；

(3) 带盖称量瓶：25mm×65mm；

(4) 干燥器：内盛变色硅胶。

3. 试验步骤

(1) 将洁净带盖称量瓶放入烘箱内，于100~105℃烘30min，取出置于干燥器内，冷却30min后称量，重复上述步骤直至恒量，其重量为m_0。

(2) 将被测试样装入已经恒量的称量瓶内，盖上盖称出试样及称量瓶的总重量为m_1。

试样称量：固体产品1.0000~2.0000g；液体产品3.0000~5.0000g。

(3) 将盛有试样的称量瓶放入烘箱内，开启瓶盖，升温至100~105℃（特殊品种除外）烘干，盖上盖置于干燥器内冷却30min后称量，重复上述步骤直至恒量，其重量

---

[1] 内容引自GB/T 8077—2000《混凝土外加剂匀质性试验方法》。

为 m_2。

4. 结果表示

固体含量 $X_固$ 按式(4-71)计算：

$$X_固 = \frac{m_2 - m_0}{m_1 - m_0} \times 100 \tag{4-71}$$

式中 $X_固$——固体含量(%)；

m_0——称量瓶的重量(g)；

m_1——称量瓶加试样的重量(g)；

m_2——称量瓶加烘干后试样的重量(g)。

5. 允许差

室内允许差为 0.30%；

室间允许差为 0.50%。

(四) 密度

1. 比重瓶法❶

(1) 方法提要

将已校正容积(V 值)的李氏瓶，灌满被测溶液，在(20±1)℃恒温，在天平上称出其质量。

(2) 测试条件

1) 液体样品直接测试；

2) 固体样品溶液的浓度为 10g/L；

3) 被测溶液的温度为(20±1)℃；

4) 被测溶液必须清澈，如有沉淀应滤去。

(3) 仪器

1) 比重瓶：25mL 或 50mL；

2) 天平：不应低于四级，精确至 0.0001g；

3) 干燥器：内盛变色硅胶；

4) 超级恒温器或同等条件的恒温设备。

(4) 试验步骤

1) 比重瓶容积的校正

2) 比重瓶依次用水、乙醇、丙酮和乙醚洗涤并吹干，塞子连瓶一起放入干燥器内，取出，称量比重瓶之重量为 m_0，直至恒量。然后将预先煮沸并经冷却的水装入瓶内，塞上塞子，使多余的水分从塞子毛细管流出，用吸水纸吸干瓶外的水。注意不能让吸水纸吸出塞子毛细管里的水，水要保持与毛细管上口相平，立即在天平称出比重瓶装满水后的重量 m_1。

容积 V 按式(4-72)计算：

$$V = \frac{m_1 - m_0}{0.9982} \tag{4-72}$$

---

❶ 过去称比重瓶法。

式中 V——比重瓶在 20℃时的容积(mL);

m_0——干燥的比重瓶重量(g);

m_1——比重瓶盛满 20℃水的重量(g);

0.9982——20℃时纯水的密度(g/mL)。

3) 外加剂溶液密度 ρ 的测定

将已校正 V 值的比重瓶洗净、干燥、灌满被测溶液,塞上塞子后浸入(20±1)℃超级恒温器内,恒温 20min 后取出,用吸水纸吸干瓶外的水及由毛细管溢出的溶液后,在天平上称出比重瓶装满外加剂溶液后的重量为 m_2。

(5) 结果表示

外加剂溶液的密度 ρ 按式(4-73)计算:

$$\rho = \frac{m_2 - m_0}{V} = \frac{m_2 - m_0}{m_1 - m_0} \times 0.9982 \quad (4\text{-}73)$$

式中 ρ——20℃时外加剂溶液密度(g/mL);

m_2——李氏瓶装满 20℃外加剂溶液后的重量(g)。

(6) 允许差

室内允许差为 0.001g/mL;

室间允许差为 0.002g/mL。

2. 液体密度天平法❶

(1) 方法提要

在液体密度天平的一端挂有一标准体积与重量之测锤,浸没于液体之中获得浮力而使横梁失去平衡,然后在横梁的 V 形槽里放置各种定量骑码使横梁恢复平衡,所加骑码之读数 d,再乘以 0.9982g/mL 即为被测溶液的密度 ρ 值。

(2) 测试条件

测试条件同(四)1(2)。

(3) 仪器

1) 液体密度天平(构造示意见图 4-13);

2) 超级恒温器或同等条件的恒温设备。

(4) 试验步骤

1) 液体密度天平的调试

将液体密度天平安装在平稳不受振动的水泥台上,其周围不得有强力磁源及腐蚀性气体,在横梁(2)的末端钩子上挂上等重砝码(8),调节水平调节螺丝(9),使横梁上的指针与托架指针成水平线相对,天平即调成水平位置;如无法调节平衡时,可将平衡调节器(3)的定位小螺钉松开,然后略微轻动平衡调节(3),直至平衡为止。仍将中间定位螺钉旋紧,防止松动。

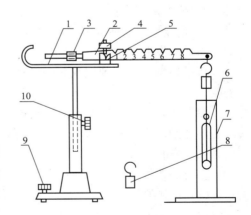

图 4-13 液体密度天平
1—托架;2—横梁;3—平衡调节器;
4—灵敏度调节器;5—玛瑙刃座;
6—测锤;7—玻筒;8—等重砝码;
9—水平调节;10—紧固螺钉

---

❶ 过去称液体比重天平法。

将等砝码取下，换上整套测锤(6)，此时天平必须保持平衡，允许有±0.0005的误差存在。

如果天平灵敏度过高，可将灵敏度调节(4)旋低，反之旋高。

2) 外加剂溶液密度 ρ 的测定

将已恒温的被测溶液倒入量筒(7)内，将液体密度天平的测锤浸没在量筒中被测溶液的中央，这时横梁失去平衡，在横梁V形槽与小钩上加放各种骑码后使之恢复平衡，所加骑码之读数 d，再乘以 0.9982g/mL，即为被测溶液的密度 ρ 值。

(5) 结果表示

将测得的数值 d 代入式(4-74)计算出密度 ρ：

$$\rho = 0.9982d \tag{4-74}$$

式中　d——20℃时被测溶液所加骑码的数值。

(6) 允许差

室内允许差为 0.001g/mL；

室间允许差为 0.002g/mL。

3. 精密密度计法

(1) 方法提要

先以波美比重计测出溶液的密度，再参考波美比重计所测的数据，以精密密度计准确测出试样的密度 ρ 值。

(2) 测试条件

测试条件同(四)1(2)。

(3) 仪器

1) 波美比重计；

2) 精密密度计；

3) 超级恒温器或同等条件的恒温设备。

(4) 试验步骤

将已恒温的外加剂倒入 500mL 玻璃量筒内，以波美比重计插入溶液中测出该溶液的密度。

参考波美比重计所测溶液的数据，选择这一刻度范围的精密密度计插入溶液中，精确读出溶液凹液面与精密密度计相齐的刻度即为该溶液的密度 ρ。

(5) 结果表示

测得的数据即为 20℃时外加剂溶液的密度。

(6) 允许差

室内允许差为 0.001g/mL；

室间允许差为 0.002g/mL。

(五) 细度

1. 方法提要

采用孔径为 0.315mm 的试验筛，称取烘干试样 m。倒入筛内，用人工筛样，称量筛余物重量 m_1，计算出筛余物的百分含量即为细度。

2. 仪器

(1) 药物天平：称量100g，分度值0.1g；

(2) 试验筛：采用孔径为0.315mm的铜丝网筛布。筛框有效直径150mm、高50mm。筛布应紧绷在筛框上，接缝必须严密，并附有筛盖。

3. 试验步骤

外加剂试样应充分拌匀并经100～105℃(特殊品种除外)烘干，称取烘干试样10g倒入筛内，用人工筛样，将近筛完时，必须一手执筛往复摇动，一手拍打，摇动速度每分钟约120次。其间，筛子应向一定方向旋转数次，使试样分散在筛布上，直至每分钟通过重量不超过0.05g时为止。称量筛余物，称准至0.1g。

4. 结果表示

细度用筛余(%)表示按式(4-75)计算：

$$筛余 = \frac{m_1}{m_0} \times 100 \tag{4-75}$$

式中 m_1——筛余物重量(g)；

  m_0——试样重量(g)。

5. 允许差

室内允许差为0.40%；

室间允许差为0.60%。

(六) pH值

1. 方法提要

根据奈斯特(Nernst)方程 $E=E_0+0.05915\lg[H^+]$，$E=E_0-0.05915pH$，利用一对电极在不同pH值溶液中能产生不同电位差，这一对电极由测试电极(玻璃电极)和参比电极(饱和甘汞电极)组成，在25℃时每相差一个单位pH值时产生59.15mV的电位差，pH值可在仪器的刻度表上直接读出。

2. 仪器

(1) 酸度计；

(2) 甘汞电极；

(3) 玻璃电极；

(4) 复合电极。

3. 测试条件

(1) 液体样品直接测试；

(2) 固体样品溶液的浓度为10g/L；

(3) 被测溶液的温度为(20±3)℃。

4. 试验步骤

(1) 校正

按仪器的出厂说明书校正仪器。

(2) 测量

当仪器校正好后，先用水，再用测试溶液冲洗电极，然后再将电极浸入被测溶液中轻轻摇动试杯，使溶液均匀，待到酸度计的读数稳定1min，记录读数。测量结束后，用水冲洗电极，以待下次测量。

5. 结果表示

酸度计测出的结果即为溶液的 pH 值。

6. 允许差

室内允许差为 0.2；

室间允许差为 0.5。

（七）表面张力

1. 方法提要

铂环与液面接触后，在铂环内形成液膜，提起铂环时所需的力与液体表面张力相平衡，测定液膜脱离液面的力之大小。

2. 测试条件

（1）液体样品直接测试；

（2）固体样品溶液的浓度为 10g/L；

（3）被测溶液的温度为 (20±1)℃；

（4）被测溶液必须清澈，如有沉淀应滤去。

3. 仪器

（1）界面张力仪（构造示意图 4-14）或自动界面张力仪；

（2）天平：不低于四级，精确至 0.0001g。

4. 试验步骤

（1）用比重瓶或液体密度天平测定该外加剂溶液的密度。

（2）将仪器调至水平，把铂环放在吊杆臂的下末端，把一块小纸片放在铂环的圆环上，把臂的制止器打开，把放大镜调好，使臂上的指针与反射镜上的红线重合。

（3）用重量法校正。在铂圆环的小纸片上放上一定重量的砝码，使指针与红线重合时，游标指示正好与计算值一致。如果不一致时调整臂长度，保证铂环在试验中垂直地上下移动，再通过游码的前后移动达到调整结果。

（4）在测量之前，应把铂环和玻璃器皿很好地进行清洗彻底去掉油污。

（5）空白试验用无水乙醇作标样，测定其表面张力，测定值与理论值之差不得超过 0.5mN/m。

（6）把被测溶液倒入盛样皿中（离皿口 5~7mm），并将样品座升高，使铂环浸入溶液内 5~7mm。

（7）旋转蜗轮把手，匀速增加钢丝扭力，同时下降样品座，使向上与向下的两个力保持平衡（保持指针与反射镜上的红线重合），直至环被拉脱离开液面，记录刻度盘上的读数 P。

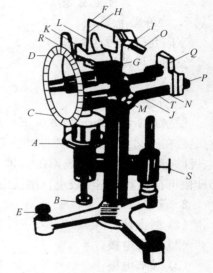

图 4-14 界面张力仪

A—样品座；B—样品座螺旋；C—刻度盘；
D—游标；E—水平螺旋；F—臂1；G—臂2；
H—臂3；I—调节臂的螺母；J—臂的制止器（1）；K—臂的制止器（2）；L—指针；
M—蜗轮把手；N—钢丝；O—游码；
P—微调蜗轮把手；Q—固定钢丝手母；
R—放大镜；S—样品座的制止器；T—水准泡

5. 采用自动界面张力仪测量时,试验步骤按仪器使用说明书进行。

6. 结果表示

溶液表面张力 σ 按式(4-76)计算:

$$\sigma = F \cdot P \tag{4-76}$$

式中　σ——溶液的表面张力(mN/m);

　　　P——游标盘上读数(mN/m);

　　　F——校正因子。

校正因子 F 按式(4-77)计算:

$$F = 0.7250 + \sqrt{\frac{0.01452P}{C^2(\rho-\rho_0)} + 0.04534 - \frac{1.679}{R/r}} \tag{4-77}$$

式中　C——铂环周长 $2\pi R$(cm);

　　　R——铂环内半径和铂丝半径之和(cm);

　　　ρ_0——空气密度(g/mL);

　　　ρ——被测溶液密度(g/mL);

　　　r——铂丝半径(cm)。

7. 允许差

室内允许差为 1.0mN/m;

室间允许差为 1.5mN/m。

(八) 氯离子含量

1. 方法提要

用电位滴定法,以银电极或氯电极为指示电极,其电势随 Ag^+ 浓度而变化。以甘汞电极为参比电极,用电位计或酸度计测定两电极在溶液中组成原电池的电势,银离子与氯离子反应生成溶解度很小的氯化银白色沉淀。在等当点前滴入硝酸银生成氯化银沉淀,两电极间电势变化缓慢,等当点时氯离子全部生成氯化银沉淀,这时滴入少量硝酸银即引起电势急剧变化,指示出滴定终点。

2. 试剂

(1) 硝酸(1+1);

(2) 硝酸银溶液(17g/L):准确称取约17g硝酸银($AgNO_3$),用水溶解,放入1L棕色容量瓶中稀释至刻度,摇匀,用 0.1000mol/L 氯化钠标准溶液对硝酸银溶液进行标定;

(3) 氯化钠标准溶液 $[c(NaCl)=0.1000mol/L]$:称取约 10g 氯化钠(基准试剂),盛在称量瓶中,于 130~150℃烘干 2h,在干燥器内冷却后精确称取 5.8443g,用水溶解并稀释至1L,摇匀。

标定硝酸银溶液(17g/L):

用移液管吸取 10mL 0.1000mol/L 的氯化钠标准溶液于烧杯中,加水稀释至 200mL,加 4mL 硝酸(1+1),在电磁搅拌下,用硝酸银溶液以电位滴定法测定终点,过等当点后,在同一溶液中再加入 0.1000mol/L 氯化钠标准溶液 10mL,继续用硝酸银溶液滴定至第二个终点,用二次微商法计算出硝酸银溶液消耗的体积 V_{01},V_{02}。

体积 V_0 按式(4-78)计算:

$$V_0 = V_{02} - V_{01} \tag{4-78}$$

式中 V_0——10mL 0.1000mol/L 氯化钠消耗硝酸银溶液的体积(mL);

V_{01}——空白试验中 200mL 水,加 4mL 硝酸(1+1)加 10mL 0.1000mol/L 氯化钠标准溶液所消耗的硝酸银溶液的体积(mL);

V_{02}——空白试验中 200mL 水,加 4mL 硝酸(1+1)加 20mL 0.1000mol/L 氯化钠标准溶液所消耗的硝酸银溶液的体积(mL)。

浓度 c 按式(4-79)计算:

$$c = \frac{c'V'}{V_0} \tag{4-79}$$

式中 c——硝酸银溶液的浓度(mol/L);

c'——氯化钠标准溶液的浓度(mol/L);

V'——氯化钠标准溶液的体积(mL)。

3. 仪器

(1) 电位测定仪或酸度仪;

(2) 银电极或氯电极;

(3) 甘汞电极;

(4) 电磁搅拌器;

(5) 滴定管(25mL);

(6) 移液管(10mL)。

4. 试验步骤

(1) 准确称取外加剂试样 0.5000~5.0000g,放入烧杯中,加 200mL 水和 4mL 硝酸(1+1),使溶液呈酸性,搅拌至完全溶解,如不能完全溶解,可用快速定性滤纸过滤,并用蒸馏水洗涤残渣至无氯离子为止。

(2) 用移液管加入 10mL 0.1000mol/L 氯化钠标准溶液,烧杯内加入电磁搅拌子,将烧杯放在电磁搅拌器上,开动搅拌器并插入银电极(或氯电极)及甘汞电极,两电极与电位计或酸度计相连接,用硝酸银溶液缓慢滴定,记录电势和对应的滴定管读数。

由于接近等当点时,电势增加很快,此时要缓慢滴加硝酸银溶液,每次定量加入 0.1mL,当电势发生突变时,表示等当点已过,此时继续滴入硝酸银溶液,直至电势趋向变化平缓。得到第一个终点时硝酸银溶液消耗的体积 V_1。

(3) 在同一溶液中,用移液管再加入 10mL 0.1000mol/L 氯化钠标准溶液(此时溶液电势降低),继续用硝酸银溶液滴定,直至第二个等当点出现,记录电势和对应的 0.1mol/L 硝酸银溶液消耗的体积 V_2。

(4) 空白试验 在干净的烧杯中加入 200mL 水和 4mL 硝酸(1+1)。用移液管加入 10mL 0.1000mol/L 氯化钠标准溶液,在不加入试样的情况上,在电磁搅拌下,缓慢滴加硝酸银溶液,记录电势和对应的滴定管读数,直至第一个终点出现。过等当点后,在同一溶液中,再用移液管加入 0.1000mol/L 氯化钠标准溶液 10mL,继续用硝酸银溶液滴定至第二个终点,用二次微商法计算出硝酸银溶液消耗的体积 V_{01} 及 V_{02}。

5. 结果表示

用二次微商法计算结果。通过电压对体积二次导数(即 $\Delta^2 E/\Delta V^2$)变成零的办法来求出滴定终点。假如在邻近等当点时，每次加入的硝酸银溶液是相等的，此函数($\Delta^2 E/\Delta V^2$)必定会在正负两个符号发生变化的体积之间的某一点变成零，对应这一点的体积即为终点体积，可用内插法求得。

外加剂中氯离子所消耗的硝酸银体积 V 按式(4-80)计算：

$$V = \frac{(V_1 - V_{01}) + (V_2 - V_{02})}{2} \tag{4-80}$$

式中　V_1——试样溶液加 10mL 0.1000mol/L 氯化钠标准溶液所消耗的硝酸银溶液体积(mL)；

　　　V_2——试样溶液加 20mL 0.1000mol/L 氯化钠标准溶液所消耗的硝酸银溶液体积(mL)。

外加剂中氯离子含量 X_{Cl^-} 按式(4-81)计算：

$$X_{Cl^-} = \frac{c \cdot V \times 35.45}{m \times 1000} \times 100 \tag{4-81}$$

式中　X_{Cl^-}——外加剂氯离子含量(%)；

　　　m——外加剂样品质量(g)。

用 1.565 乘氯离子的含量，即获得无水氯化钙 X_{CaCl_2} 的含量，按式(4-82)计算：

$$X_{CaCl_2} = 1.565 \times X_{Cl^-} \tag{4-82}$$

式中　X_{CaCl_2}——外加剂中无水氯化钙的含量(%)。

6. 允许差

室内允许差为 0.05%；

室间允许差为 0.08%。

(九) 硫酸钠含量

1. 重量法

(1) 方法提要

氯化钡溶液与外加剂试样中的硫酸盐生成溶解度极小的硫酸钡沉淀，称量经高温灼烧后的沉淀来计算硫酸钠的含量。

(2) 试剂

1) 盐酸(1+1)；

2) 氯化铵溶液(50g/L)；

3) 氯化钡溶液(100g/L)；

4) 硝酸银溶液(1g/L)。

(3) 仪器

1) 电阻高温炉：最高使用温度不低于 900℃；

2) 天平：不应低于四级，精确至 0.0001g；

3) 电磁电热式搅拌器；

4) 瓷坩埚：18～30mL；

5) 烧杯：400mL；

6) 长颈漏斗；

7) 慢速定量滤纸，快速定性滤纸。

(4) 试验步骤

1) 准确称取试样约 0.5g，于 400mL 烧杯中，加入 200mL 水搅拌溶解，再加入氯化铵溶液 50mL，加热煮沸后，用快速定性滤纸过滤，用水洗涤数次后，将滤液浓缩至 200mL 左右，滴加盐酸(1+1)至浓缩滤液显示酸性，再多加 5～10 滴盐酸，煮沸后在不断搅拌下趁热滴加氯化钡溶液 10mL，继续煮沸 15min，取下烧杯，置于加热板上，保持 50～60℃ 静置 2～4h 或常温静置 8h。

2) 用两张慢速定量滤纸过滤，烧杯中的沉淀用 70℃ 水洗净，使沉淀全部转移到滤纸上，用温热水洗涤沉淀至无氯根为止(用硝酸银溶液检验)。

3) 将沉淀与滤纸移入预先灼烧恒重的坩埚中，小火烘干，灰化。

4) 在 800℃ 电阻高温炉中灼烧 30min，然后在干燥器里冷却至室温(约 30min)，取出称量，再将坩埚放回高温炉中，灼烧 20min，取出冷却至室温称量，如此反复直至恒量(连续两次称量之差小于 0.0005g)。

(5) 结果表示

硫酸钠含量 $X_{Na_2SO_4}$ 按式(4-83)计算：

$$X_{Na_2SO_4} = \frac{(m_2 - m_1) \times 0.6086}{m} \times 100 \qquad (4\text{-}83)$$

式中 $X_{Na_2SO_4}$——外加剂中硫酸钠含量(%)；

m——试样重量(g)；

m_1——空坩埚重量(g)；

m_2——灼烧后滤渣加坩埚重量(g)；

0.6086——硫酸钡换算成硫酸钠的系数。

(6) 允许差

室内允许差为 0.50%；

室间允许差为 0.80%。

2. 离子交换重量法

采用重量法测定，试样加入氯化铵溶液沉淀处理过程中，发现絮凝物而不易过滤时改用离子交换重量法。

(1) 方法提要

同(九)1.(1)。

(2) 试剂

同(九)1.(2)并增加预先经活化处理过的 717-OH 型阴离子交换树脂。

(3) 仪器

同(九)1.(3)。

(4) 试验步骤

1) 准确称取外加剂样品 0.2000～0.5000g，置于盛有 6g717-OH 型阴离子交换树脂的 100mL 烧杯中，加入 60mL 水和电磁搅拌棒，在电磁电热式搅拌器上加热至 60～65℃，搅拌 10min，进行离子交换。

2) 将烧杯取下，用快速定性滤纸于三角漏斗上过滤，弃去滤液。

3) 然后用 50～60℃ 氯化铵溶液洗涤树脂五次，再用温水洗涤五次，将洗液收集于另一干净的 300mL 烧杯中,滴加盐酸(1+1)至溶液显示酸性,再多加 5~10 滴盐酸,煮沸后在不断搅拌下趁热滴加氯化钡溶液 10mL,继续煮沸 15min,取下烧杯,置于加热板上保持 50~60℃,静置 2~4h 或常温静置 8h。

4) 重复(九)(4)2)~(九)(4)4)的步骤。

(5) 结果表示

同(九)1.(5)。

(6) 允许差

同(九)1.(6)。

(十) 还原糖含量

本方法适用于测定木质素磺酸盐外加剂还原糖含量,不适用于羟基含量测定。

1. 方法提要

利用乙酸铅试液脱色,与斐林溶液混合生成氢氧化铜,氢氧化铜与酒石酸钾钠作用生成溶解状态复盐,此复盐具氧化性。当有还原糖存在时,或用葡萄糖溶液滴定时,该复盐中的二价铜被还原为一价铜,葡萄糖氧化为葡萄糖酸,以次甲基蓝为指示剂,在氧化剂中呈蓝色,在还原剂中呈无色。

2. 试剂

(1) 乙酸铅溶液(200g/mL):称量中性乙酸铅 $[(CH_3COO)_2Pb \cdot 3H_2O]$ 20g,溶于水,稀释至 100mL。

(2) 草酸钾、磷酸氢二钠混合液:称取草酸钾($K_2C_2O_4 \cdot H_2O$)3g,磷酸氢二钠($Na_2HPO_4 \cdot 12H_2O$)7g 溶于水,稀释至 100mL。

(3) 斐林溶液 A:称取 34.6g 硫酸铜($CuSO_4 \cdot 5H_2O$)溶于 400mL 水中,煮沸放置一天,然后再煮沸、过滤,稀释至 1000mL。

(4) 斐林溶液 B:称取酒石酸钾钠($C_4H_4O_6KNa \cdot 4H_2O$)173g,氢氧化钠 50g,溶于水中并稀释至 1000mL。

(5) 葡萄糖溶液:称取 2.75~2.76g 葡萄糖于 1L 容量瓶中,加盐酸(密度 1.19)1mL,加水稀释至刻度。

(6) 次甲基蓝指示剂(10g/L):称取 1g 次甲基蓝,在玛瑙研钵中加少量水研溶后,用水稀释至 100mL。

3. 仪器

(1) 磨口具塞量筒:50mL;

(2) 三角烧瓶:100mL;

(3) 移液管:5mL、10mL;

(4) 滴定管:25mL;

(5) 容量瓶:100mL。

4. 试验步骤

(1) 准确称取固体试样约 2.5g(液体试样称取换算成约 2.5g 固体的相应重量的试样)。溶于 100mL 容量瓶中,用移液管吸取 10mL 置于 50mL 具塞量筒中。

(2) 在 50mL 具塞量筒中加入 7.5mL 乙酸铅溶液,振动量筒使之与试液混合,然后加入 10mL 草酸钾、磷酸氢二钠溶液放置片刻,加水稀释至刻度,将量筒颠倒数次,使之混匀后，放置澄清，取上层清液作为试样。

(3) 用移液管分别吸取 5mL 斐林溶液 A 及 B 于 100mL 三角烧瓶中，混合均匀后加水 20mL，然后用移液管吸取试样 10mL，置于三角烧瓶中，并加适量的葡萄糖溶液，混合均匀后在电炉上加热，待沸腾后加一滴次甲基蓝指示剂，再沸腾 2min，继续用葡萄糖溶液滴定，并不断摇动，保持沸腾状态，直至最后一滴使次甲基蓝褪色为止。

(4) 用同样方法做空白试验，所消耗葡萄糖溶液的体积为 V_0。

5. 结果表示

还原糖含量 $X_{还原糖}$ 按式(4-84)计算：

$$X_{还原糖} = \frac{(V_0 - V) \times 12.5}{m} \tag{4-84}$$

式中 $X_{还原糖}$——外加剂中还原糖含量(%)；
V_0——空白试验所消耗葡萄糖溶液的体积(mL)；
V——试样消耗的葡萄糖溶液的体积(mL)；
m——试样重量(g)。

6. 注意事项

(1) 试样加乙酸铅溶液脱色是为了使还原物等有色物质与铅生成沉淀物。

(2) 加草酸钾、磷酸氢二钠溶液是为了除去溶液中的铅，其用量以保证溶液中无过剩铅为准，若过量也会影响脱色。

(3) 滴定时必须先加适量葡萄糖溶液，使沸腾后滴定消耗量在 0.5mL 以内，否则终点不明显。

7. 允许差

室内允许差为 0.50%；
室间允许差为 1.20%。

(十一) 水泥净浆流动度

1. 方法提要

在水泥净浆搅拌机中，加入一定量的水泥、外加剂和水进行搅拌。将搅拌好的净浆注入截锥圆模内，提起截锥圆模，测定水泥净浆在玻璃平面上自由流淌的最大直径。

2. 仪器

(1) 水泥净浆搅拌机；

(2) 截锥圆模：上口直径 36mm，下口直径 60mm，高度为 60mm，内壁光滑无接缝的金属制品；

(3) 玻璃板：400mm×400mm×5mm；

(4) 秒表；

(5) 钢直尺：300mm；

(6) 刮刀；

(7) 药物天平：称量 100g，分度值 0.1g；

(8) 药物天平：称量 1000g，分度值 1g。

3. 试验步骤

(1) 将玻璃板放置在水平位置，用湿布抹擦玻璃板、截锥圆模、搅拌器及搅拌锅，使其表面湿而不带水渍。半截锥圆模放在玻璃板的中央,并用湿布覆盖待用。

(2) 称取水泥 300g,倒入搅拌锅内。加入推荐掺量的外加剂及 87g 或 105g 水,搅拌 3min。

(3) 将拌好的净浆迅速注入截锥圆模内,用刮刀刮平,将截锥圆模按垂直方向提起,同时开启秒表计时,任水泥净浆在玻璃板上流动,至 30s,用直尺量取流淌部分互相垂直的两个方向的最大直径,取平均值作为水泥净浆流动度。

4. 结果表示

表示净浆流动度时,需注明用水量,所用水泥的强度等级、名称、型号及生产厂和外加剂掺量。

5. 允许差

室内允许差为 5mm;

室间允许差为 10mm。

(十二) 水泥砂浆工作性

本方法适用于测定外加剂对水泥的分散效果,以水泥砂浆减水率表示其工作性,当水泥净浆流动度试验不明显时可用此法。

1. 方法提要

先测定基准砂浆流动度的用水量,再测定掺外加剂砂浆流动度的用水量,然后,测定加入基准砂浆流动度的用水量时的砂浆流动度。以水泥砂浆减水率表示其工作性。

2. 仪器

(1) 胶砂搅拌机:符合 JC/T 681 的要求;

(2) 跳桌、截锥圆模及模套、圆柱捣棒、卡尺均应符合 GB/T 2419 的规定;

(3) 抹刀;

(4) 药物天平:称量 100g,分度值 0.1g;

(5) 台秤:称量 5kg。

3. 材料

(1) 水泥;

(2) ISO 标准砂;

砂的颗粒级配及其湿含量完全符合 ISO 标准砂的规定,各级配以 (1350 ± 5)g 量的塑料袋混合包装,但所用塑料袋材料不得影响砂浆工作性试验结果。

(3) 外加剂。

4. 试验步骤

(1) 基准砂浆流动度用水量的测定

1) 先使搅拌机处于待工作状态,然后按以下程序进行操作:把水加入锅里,再加入水泥 450g,把锅放在固定架上,上升至固定位置,然后立即开动机器,低速搅拌 30s 后,在第二个 30s 开始的同时均匀地将砂子加入,机器转至高速再拌 30s。停拌 90s,在第一个 15s 内用一抹刀将叶片和锅壁上的胶砂刮入锅中间,在高速下继续搅拌 60s,各个阶段搅拌时间误差应在 ± 1s 以内。

2) 在拌和砂浆的同时,用湿布抹擦跳桌的玻璃台面、捣棒、截锥圆模及模套内壁,并把它们置于玻璃台面中心,盖上湿布,备用。

3) 将拌好的砂浆迅速地分两次装入模内，第一次装至截锥圆模的三分之二处，用抹刀在相互垂直的两个方向各划 5 次，并用捣棒自边缘向中心均匀捣 15 次，接着装第二层砂浆，装至高出截锥圆模约 20mm，用抹刀划 10 次，同样用捣棒捣 10 次，在装胶砂与捣实时，用手将截锥圆模按住，不要使其产生移动。

4) 捣好后取下模套，用抹刀将高出截锥圆模的砂浆刮去并抹平，随即将截锥圆模垂直向上提起置于台上，立即开动跳桌，以每秒一次的频率使跳桌连续跳动 30 次。

5) 跳动完毕用卡尺量出砂浆底部流动直径，取互相垂直的两个直径的平均值为该用水量时的砂浆流动度，用 mm 表示。

6) 重复上述步骤，直至流动度达到 (180±5)mm。当砂浆流动度为 (180±5)mm 时的用水量即为基准砂浆流动度的用水量 M_0。

(2) 将水和外加剂加入锅里搅拌均匀，按(1)的操作步骤测出掺外加剂砂浆流动度达 (180±5)mm 时的用水量 M_1。

(3) 将外加剂和基准砂浆流动度的用水量 M_0 加入锅中，人工搅拌均匀，再按(1)的操作步骤，测定加入基准砂浆流动度的用水量时的砂浆流动度，以 mm 表示。

5. 结果表示

(1) 砂浆减水率

砂浆减水率(%)按式(4-85)计算：

$$砂浆减水率 = \frac{M_0 - M_1}{M_0} \times 100 \tag{4-85}$$

式中　M_0——基准砂浆流动度为 (180±5)mm 时的用水量(g)；

　　　M_1——掺外加剂的砂浆流动度为 (180±5)mm 时的用水量(g)。

(2) 注明所用水泥的强度等级、名称、型号及生产厂。

(3) 当仲裁试验时，必须采用基准水泥。

6. 允许差

室内允许差为砂浆减水率 1.0%；

室间允许差为砂浆减水率 1.5%。

(十三) 碱含量

1. 方法提要

试样用约 80℃ 的热水溶解，以氨水分离铁、铝；以碳酸钙分离钙、镁。滤液中的碱（钾和钠），采用相应的滤光片，用火焰光度计进行测定。

2. 试剂与仪器

(1) 盐酸(1+1)；

(2) 氨水(1+1)；

(3) 碳酸铵溶液(100g/L)；

(4) 氧化钾、氧化钠标准溶液：精确称取已在 130～150℃ 烘过 2h 的氯化钾(KCl 光谱纯)0.7920g 及氯化钠(NaCl 光谱纯)0.9430g，置于烧杯中，加水溶解后，移入 1000mL 容量瓶中，用水稀释至标线，摇匀，转移至干燥的带盖的塑料瓶中。此标准溶液每毫升相当于氧化钾及氧化钠 0.5mg；

(5) 甲基红指示剂(2g/L 乙醇溶液)；

(6) 火焰光度计。

3. 试验步骤

(1) 工作曲线的绘制

分别向 100mL 容量瓶中注入 0.00；1.00；2.00；4.00；8.00；12.00mL 的氧化钾、氧化钠标准溶液（分别相当于氧化钾、氧化钠各 0.00；0.50；1.00；2.00；4.00；6.00mg），用水稀释至标线，摇匀，然后分别于火焰光度计上按仪器使用规程进行测定，根据测得的检流计读数与溶液的浓度关系，分别绘制氧化钾及氧化钠的工作曲线。

(2) 准确称取一定量的试样置于 150mL 的瓷蒸发皿中，用 80℃左右的热水润湿并稀释至 30mL，置于电热板上加热蒸发，保持微沸 5mim 后取下，冷却，加 1 滴甲基红指示剂，滴加氨水(1+1)，使溶液呈黄色；加入 10mL 碳酸铵溶液，搅拌，置于电热板上加热并保持微沸 10min，用中速滤纸过滤，以热水洗涤，滤液及洗液盛于容量瓶中，冷却至室温，以盐酸(1+1)中和至溶液呈红色，然后用水稀释至标线，摇匀，以火焰光度计按仪器使用规程进行测定。称样量及稀释倍数见表 4-49。

称样量及稀释倍数　　　　　　　　　　　表 4-49

总碱量(%)	称样量(g)	稀释体积(mL)	稀释倍数(n)
1.00	0.2	100	1
1.00～5.00	0.1	250	2.5
5.00～10.00	0.05	250 或 500	2.5 或 5.0
大于 10.00	0.05	500 或 1000	5.0 或 10.0

4. 结果表示

(1) 氧化钾与氧化钠含量计量

氧化钾含量 X_{K_2O} 按式(4-86)计算：

$$X_{K_2O}=\frac{C_1 \cdot n}{m \times 1000} \times 100 \tag{4-86}$$

式中　X_{K_2O}——外加剂中氧化钾含量(%)；

C_1——在工作曲线上查得每 100mL 被测定液中氧化钾的含量(mg)；

n——被测溶液的稀释倍数；

m——试样重量(g)。

氧化钠含量 X_{Na_2O} 按式(4-87)计算：

$$X_{Na_2O}=\frac{C_2 \cdot n}{m \times 1000} \times 100 \tag{4-87}$$

式中　X_{Na_2O}——外加剂中氧化钠含量(%)；

C_2——在工作曲线上查得每 100mL 被测溶液中氧化钠的含量(mg)。

(2) $X_{总碱量}$ 按式(4-88)计算：

$$X_{总碱量}=0.658 \times X_{K_2O}+X_{Na_2O} \tag{4-88}$$

式中　$X_{总碱量}$——外加剂中的总碱量(%)。

5. 允许差

允许差见表 4-50。

总碱量的允许差 　　　　　表 4-50

总碱量(%)	室内允许差(%)	室间允许差(%)
1.00	0.10	0.15
1.00～5.00	0.20	0.30
5.00～10.00	0.30	0.50
大于 10.00	0.50	0.80

注：1. 矿物质的混凝土外加剂：如膨胀剂等，不在此范围之内。
　　2. 总碱量的测定亦可采用原子吸收光谱法，参见 GB/T 176—1996 中 3.11.2。

（十四）二次微商法计算混凝土外加剂中氯离子百分含量实例

1. 空白试验及硝酸银浓度的标定：

加 10mL 0.1000mol/L 氯化钠				加 20mL 0.1000mol/L 氯化钠			
滴加硝酸银体积 V_{01} (mL)	电势 E (mV)	$\Delta E/\Delta V$ (mV/mL)	$\Delta E^2/\Delta V^2$ (mV/mL)^2	滴加硝酸银体积 V_{02} (mL)	电势 E (mV)	$\Delta E/\Delta V$ (mV/mL)	$\Delta E^2/\Delta V^2$ (mV/mL)^2
10.30	242			20.20	240		
10.40	253	110	300	20.30	251	110	200
10.50	267	140	−100	20.40	264	130	−100
10.60	280	130		20.50	276	120	

计算：$V_{01} = 10.40 + 0.10 \times \dfrac{300}{300+100} = 10.48 \text{mL}$

$V_{02} = 20.30 + 0.10 \times \dfrac{200}{200+100} = 20.37 \text{mL}$

$C_{AgNO_3} = \dfrac{10.00 \times 0.1000}{20.37 - 10.48} = 0.1011 \text{mol/L}$

2. 称取外加剂样品 0.7696g，加 200mL 蒸馏水，溶解后加 4mL 硝酸(1+1)，用硝酸银溶液滴定：

加 10mL 0.1000mol/L 氯化钠				加 20mL 0.1000mol/L 氯化钠			
滴加硝酸银体积 V_1 (mL)	电势 E (mV)	$\Delta E/\Delta V$ (mV/mL)	$\Delta E^2/\Delta V^2$ (mV/mL)^2	滴加硝酸银体积 V_2 (mL)	电势 E (mV)	$\Delta E/\Delta V$ (mV/mL)	$\Delta E^2/\Delta V^2$ (mV/mL)^2
13.20	244			23.20	241		
13.30	256	120	100	23.30	252	110	100
13.40	269	130	−200	23.40	264	120	−100
13.50	280	110		23.50	275	110	

计算：$V_1 = 13.30 + 0.1 \times \dfrac{100}{100+200} = 13.33 \text{mL}$

$V_2 = 23.30 + 0.1 \times \dfrac{100}{100+100} = 23.35 \text{mL}$

$V = \dfrac{(13.33 - 10.48) + (23.35 - 20.37)}{2} = 2.92 \text{mL}$

$$Cl^- = \frac{35.45 \times 0.1011 \times 2.92}{0.7696 \times 1000} \times 100 = 1.36\%$$

五、混凝土膨胀剂❶

(一) 分类

按水化产物分为：硫铝酸钙类混凝土膨胀剂(代号 A)、氧化钙类混凝土膨胀剂(代号 C)和硫铝酸钙-氧化钙类混凝土膨胀剂(代号 AC)三类；按限制膨胀率分为Ⅰ型和Ⅱ型。

(二) 技术要求

1. 化学成分

(1) 氧化镁：含量应不大于 5%。

(2) 碱含量(选择性指标)：碱含量按 $Na_2O + 0.658K_2O$ 计算值表示。若使用活性骨料，用户要求提供低碱混凝土膨胀剂时，混凝土膨胀剂中的碱含量应不大于 0.75%，或由供需双方协商确定。

2. 物理性能

混凝土膨胀剂的物理性能指标应符合表 4-51 规定。

混凝土膨胀剂物理性能指标　　　　　表 4-51

项　目			指标值	
			Ⅰ型	Ⅱ型
细度	比表面积(m²/kg)	≥	200	
	1.18mm 筛筛余(%)	≤	0.5	
凝结时间	初凝(min)	≥	45	
	终凝(min)	≤	600	
限制膨胀率(%)	水中 7d	≥	0.025	0.050
	空气中 21d	≥	−0.020	−0.010
抗压强度(MPa)	7d	≥	20.0	
	28d	≥	40.0	

注：本表中的限制膨胀率为强制性的，其余为推荐性的。

(三) 试验方法

1. 化学成分：氧化镁、碱含量按 GB/T 176 进行。

2. 物理性能

(1) 试验材料

水泥：采用 GB 8076 规定的基准水泥。因故得不到基准水泥时，允许采用由熟料与二水石膏共同粉磨而成的强度等级为 42.5MPa 的硅酸盐水泥，且熟料中 C_3A 含量 6%～8%，C_4S 含量 55%～60%，游离氧化钙含量不超过 1.2%，碱($Na_2O + 0.658K_2O$)含量不超过 0.7%，水泥的比表面积(350±10)m²/kg。

标准砂：符合 GB/T 17671 要求。

水：符合 JGJ 63 要求。

---

❶ 内容引自 GB 23439—2009《混凝土膨胀剂》。

(2) 细度：比表面积测定按 GB/T 8074 的规定进行。1.18mm 筛筛余测定采用 GB/T 6003.1 规定的金属筛，参照 GB/T 1345 中手工干筛法进行。

(3) 凝结时间：按 GB/T 1346 进行，膨胀剂内掺 10%。

(4) 限制膨胀率：限制膨胀率按下述方法进行。

1) 仪器

a. 搅拌机、振动台、试模及下料漏斗：按 GB/T 17671 规定。

b. 测量仪：由千分表、支架和标准杆组成（图 4-15），千分表的分辨率为 0.001mm。

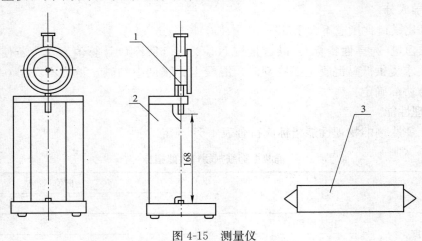

图 4-15 测量仪
1—电子千分表；2—支架；3—标准杆

c. 纵向限制器：由纵向钢丝与钢板焊接制成（图 4-16），钢丝采用 GB/T 4357 规定的 D 级弹簧钢丝，焊接处拉脱强度不低于 785MPa。纵向限制器不应变形，生产检验使用次数不应超过 5 次，仲裁检验不应超过 1 次。

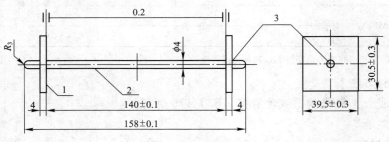

图 4-16 纵向限制器
1—钢板；2—钢丝；3—铜焊处

2) 试验室温度、湿度

试验室、养护箱、养护水的温度、湿度应符合 GB/T 17671 的规定，恒温恒湿（箱）室温度为 (20 ± 2)℃，湿度为 (60 ± 5)%，每日应检查、记录温度、湿度变化情况。

3) 试体制备

每成型 3 条试体需称量的材料和用量如表 4-52，水泥胶砂搅拌、试体成型按 GB/T 17671 规定进行。同一条件有 3 条试体供测长用，试体全长 158mm，其中胶砂部分尺寸为 40mm×40mm×140mm。脱模时间以试体的抗压强度达到 (10 ± 2)MPa 时的时间确定。

限制膨胀率材料用量表　　　　　　　　表 4-52

材　料	代　号	材　料　质　量
水泥(g)	C	607.5 ± 2.0
膨胀剂(g)	E	67.5 ± 0.2
标准砂(g)	S	1350.0 ± 5.0
拌合水(g)	W	270.0 ± 1.0

注：$\dfrac{E}{C+E}=0.10$；$\dfrac{S}{C+E}=2.00$；$\dfrac{W}{C+E}=0.40$。

4）试体测长

测量前 3h，将测量仪、标准杆放在标准试验室内，用标准杆校正测量仪并调整千分表零点。测量前，将试体及测量仪测头擦净。每次测量时，试体记有标志的一面与测量仪的相对位置必须一致，纵向限制器测头与测量仪测头应正确接触，读数应精确至 0.001mm。不同龄期的试体应在规定时间±1h 内测量。

试体脱模后在 1h 内测量试体的初始长度。

测量完初始长度的试体立即放入水中养护，测量第 7d 的长度。然后放入恒温恒湿（箱）室养护，测量第 21d 的长度。也可以根据需要测量不同龄期的长度，观察膨胀收缩变化趋势。

养护时，应注意不损伤试体测头。试体之间应保持 15mm 以上间隔，试体支点距限制钢板两端约 30mm。

5）结果计算

各龄期限制膨胀率按式(4-89)计算：

$$\varepsilon=\frac{L_1-L}{L_0}\times 100 \qquad (4-89)$$

式中　ε——所测龄期的限制膨胀率(%)；

　　　L_1——所测龄期的试体长度测量值(mm)；

　　　L——试体的初始长度测量值(mm)；

　　　L_0——试体的基准长度，140mm。

取相近的 2 个试件测定值的平均值作为限制膨胀率的测量结果，计算值精确至 0.001%。

（5）抗压强度

按 GB/T 17671 进行。每成型 3 条试体需称量的材料和用量如表 4-53。

抗压强度材料用量表　　　　　　　　表 4-53

材　料	代　号	材　料　质　量
水泥(g)	C	405.0 ± 2.0
膨胀剂(g)	E	45.0 ± 0.1
标准砂(g)	S	1350.0 ± 5.0
拌合水(g)	W	225.0 ± 1.0

注：$\dfrac{E}{C+E}=0.10$；$\dfrac{S}{C+E}=3.00$；$\dfrac{W}{C+E}=0.50$。

（四）检验规则

1. 编号及取样

膨胀剂按同类型编号和取样。袋装和散装膨胀剂应分别进行编号和取样。膨胀剂出厂编号按生产能力规定；日产量超过 200t 时，以不超过 200t 为一编号；不足 200t 时，以日产量为一编号。

每一编号为一取样单位，取样方法按 GB/T 12573 进行。取样应具有代表性，可连续取，也可从 20 个以上不同部位取等量样品，总量不小于 10kg。

每一编号取得的试样应充分混匀，分为两等份：一份为检验样，一份为封存样，密封保存 180d。

2. 判定规则

试验结果符合第五章全部要求时，判该批产品合格；否则为不合格，不合格品不得出厂。

六、混凝土防冻剂[1]

（一）适用范围

《混凝土防冻剂》JC 475—2004 标准适用于规定温度为 -5℃、-10℃、-15℃的水泥混凝土防冻剂。按 JC 475—2004 标准规定温度检测合格的防冻剂，可在比规定温度低 5℃的条件下使用。

（二）分类

防冻剂按其成分可分为强电解质无机盐类（氯盐类、氯盐阻锈类、无氯盐类）、水溶性有机化合物类、有机化合物与无机盐复合类、复合型防冻剂。

（三）技术要求

1. 匀质性：防冻剂匀质性应符合表 4-54 的要求。

防冻剂匀质性　　　　　　　表 4-54

试验项目	指　　标
固体含量（%）	液体防冻剂： $S \geqslant 20\%$ 时，$0.95S \leqslant X < 1.05S$ $S < 20\%$ 时，$0.90S \leqslant X < 1.10S$ S 是生产厂提供的固体含量（质量%），X 是测试的固体含量（质量%）
含水率（%）	粉状防冻剂： $W \geqslant 5\%$ 时，$0.90W \leqslant X < 1.10W$ $W < 5\%$ 时，$0.80W \leqslant X < 1.20W$ W 是生产厂提供的含水率（质量%），X 是测试的含水率（质量%）
密度（g/cm³）	液体防冻剂： $\rho > 1.1$ 时，要求 $\rho \pm 0.03$ $\rho \leqslant 1.1$ 时，要求 $\rho \pm 0.02$ ρ 是生产厂提供的密度值
氯离子含量（%）	无氯盐防冻剂：$\leqslant 0.1\%$（质量百分比） 其他防冻剂：不超过生产厂控制值
碱含量（%）	不超过生产厂提供的最大值
水泥净浆流动度（mm）	应不小于生产厂控制值的 95%
细度（%）	粉状防冻细度应在生产厂提供的最大值

---

[1] 内容引自 JC 475—2004《混凝土防冻剂》。

2. 掺防冻剂混凝土性能：掺防冻剂混凝土性能应符合表 4-55 要求。

掺防冻剂混凝土性能 表 4-55

试验项目			性能指标					
			一等品			合格品		
减水率(%)		≥	10			—		
泌水率比(%)		≤	80			100		
含气量(%)		≥	2.5			2.0		
凝结时间差(min)	初凝		−150～+150			−210～+210		
	终凝							
抗压强度比(%), 不小于	规定温度		−5	−10	−15	−5	−10	−15
	R_{-7}		20	12	10	20	10	8
	R_{28}		100		95	95		90
	R_{7+28}		95	90	85	90	85	80
	R_{-7+56}		100			100		
28 天收缩率比(%)		≤	135					
渗透高度比(%)		≤	100					
50 次冻融强度损失率比(%)		≤	100					
对钢筋锈蚀作用			应说明对钢筋有无锈蚀作用					

3. 释放氨量：含有氨或氨基类的防冻剂释放氨量应符合 GB 18588 规定的限值。

（四）试验方法

1. 防冻剂匀质性

按表 4-54 规定的项目，生产厂根据不同产品按照 GB/T 8077 规定的方法进行匀质性项目试验。含水率的测定按下述方法进行：

（1）仪器

分析天平（称量 200g，分度值 0.1mg）

鼓风电热恒温干燥箱

带盖称量瓶（$\phi 25mm \times 65mm$）

干燥器（内盛变色硅胶）

（2）试验步骤

1）将洁净带盖的称量瓶放入烘箱内，于 105℃～110℃烘 30min。取出置于干燥器内，冷却 30min 后称量，重复上述步骤至恒量（两次称量的质量差小于 0.3mg），称其质量为 m_0。

2）称取防冻剂试样 $10g \pm 0.2g$，装入已烘干至恒重的称量瓶内，盖上盖，称出试样及称量瓶总质量为 m_1。

3）将盛有试样的称量瓶放入烘箱中，开启瓶盖升温至 105℃～110℃，恒温 2h 取出，盖上盖，置于干燥器内，冷却 30min 后称量，重复上述步骤至恒量，称其质量为 m^2。

（3）结果计算与评定

含水率按式(4-90)计算：

$$X_{\mathrm{H_2O}}=\frac{m_1-m_2}{m_2-m_0}\times 100 \qquad (4\text{-}90)$$

式中 $X_{\mathrm{H_2O}}$——含水率(%);

m_0——称量瓶的质量(g);

m_1——称量瓶加干燥前试样质量(g);

m_2——称量瓶加干燥后试样质量(g)。

含水率试验结果以三个试样测试数据的算术平均值表示,精确至0.1%。

2. 掺防冻剂混凝土性能

(1) 材料、配合比及搅拌

按 GB 8076 的规定进行,混凝土的坍落度控制为 80mm±10mm。

(2) 试验项目及试件数量

掺防冻剂混凝土的试验项目及试件数量按表 4-56 规定。

掺防冻剂混凝土的试验项目及试件数量　　　　　表 4-56

试验项目	试验类别	试验所需试件数量			
		混凝土拌合物批数	每批取样数目	掺防冻剂凝土取样总数	基准混凝土取样总数目
减水率	混凝土拌合物	3	1	3	3
泌水率比	混凝土拌合物	3	1	3	3
含气量	混凝土拌合物	3	1	3	3
凝结时间差	混凝土拌合物	3	1	3	3
抗压强度比	硬化混凝土	3	12/3①	36	9
收缩率比	硬化混凝土	3	1	3	3
抗渗高度比	硬化混凝土	3	2	6	6
50次冻融强度损失率比	硬化混凝土	1	6	6	6
钢筋锈蚀	新拌或硬化砂浆	3	1	3	—

①:受检混凝土12块,基准混凝土3块。

(3) 混凝土拌合物性能

减水率、泌水率比、含气量和凝结时间差按照 GB 8076 进行测定和计算,坍落度试验应在混凝土出机后 5min 内完成。

(4) 硬化混凝土性能

1) 试件制作

基准混凝土试件和受检混凝土试件应同制作。混凝土试件制作及养护参照 GB/T 50080 进行,但掺与不掺防冻剂混凝土坍落度为 80±10mm,试件制作采用振动台振实,振动时间为 10~15s,掺防冻剂受检混凝土在(20±3)℃环境下按表 4-57 规定的时间预养后移入冰箱(或冰室)内并用塑料布覆试件,其环境温度应于 3~4h 内均匀地降至规定温度,养护 7 天后(从成型加水时间算起)脱模,放置在(20±3)℃环境温度下解冻,解冻时间按表 4-57 规定。解冻后进行抗压强度试验或转标准养护。

掺防冻剂混凝土预养及解冻时间 表 4-57

防冻剂的规定温度(℃)	预养时间(h)	M(℃·h)	解冻时间(h)
-5	6	180	6
-10	5	150	5
-15	4	120	4

注：试件预养时间也可按 $M=\Sigma(T+10)\Delta t$ 来控制。式中：M——度时积，T——温度，Δt——温度 T 的持续时间

2) 抗压强度比

以受检标养混凝土、受检负温混凝土与基准混凝土抗压强度之比表示：

$$R_{28}=\frac{f_{CA}}{f_C}\times 100 \quad (4-91)$$

$$R_{-7}=\frac{f_{AT}}{f_C}\times 100 \quad (4-92)$$

$$R_{-7+28}=\frac{f_{AT}}{f_C}\times 100 \quad (4-93)$$

$$R_{-7+56}=\frac{f_{AT}}{f_C}\times 100 \quad (4-94)$$

式中　R_{28}——受检标养混凝土与基准混凝土标养 28d 的抗压强度之比，单位为百分数(%)；

　　　f_{AT}——不同龄期(R_{-7}、R_{-7+28}、R_{-7+56})的受检负温混凝土抗压强度(MPa)；

　　　f_{CA}——受检标养混凝土 28 天的抗压强度(MPa)；

　　　f_C——基准混凝土标养 28 天抗压强度(MPa)；

　　　R_{-7}——受检混凝土负温养护 7d 的抗压强度与基准混凝土标准状护 28d 抗压强度之比，单位为百分数(%)；

R_{-7+28}——受检混凝土负温养护 7d 再转标准养护 28d 的抗压强度与基准混凝土标养 28d 抗压强度之比，单位为百分数(%)；

R_{-7+56}——受检混凝土负温养护 7d 再转标准养护 56d 的抗压强度与基准混凝土标养 28d 抗压强度之比，单位为百分数(%)。

受检混凝土与基准混凝土每组三块试件，强度数据取值原则同 GB/T 50081 规定。受检混凝土和基准混凝土以三组试验结果强度的平均值计算抗压强度比，精确到 1%。

3) 收缩率比

收缩率参照 GB/T 50082，基准混凝土试件应在 3d(从搅拌混凝土加水时算起)从标养室取出移入恒温恒湿室内 3~4h 测定初始长度，再经 28d 后测量其长度。

以三个试件测值的算术平均值作为该混凝土的收缩率，按式(4-95)计算收缩率比，精确至 1%：

$$S_r=\frac{\varepsilon_{AT}}{\varepsilon_C}\times 100 \quad (4-95)$$

式中　S_r——收缩率之比(%)；

　　　ε_{AT}——受检负温混凝土的收缩率(%)；

　　　ε_C——基准混凝土的收缩率(%)。

4) 渗透高度比

基准混凝土标养龄期为28d,受检负温混凝土到-7+56d时分别参照GB/T 50082进行抗渗试验,但按0.2、0.4、0.6、0.8、1.0MPa加压,每级恒压8h,加压到1.0MPa为止。取下试件,将其劈开,测试试件10个等分点透水高度平均值,以一组6个试件测值的平均值作为试验的结果,按式(4-96)计算透水高度比,精确到1%。

$$H_r = \frac{H_{AT}}{H_C} \times 100 \tag{4-96}$$

式中 H_r——透水高度比(%);
H_{AT}——受检负温混凝土6个试件测值的平均值(mm);
H_C——基准混凝土6个试件测值的平均值(mm)。

5) 50次冻融强度损失率比

参照GB/T 50082进行试验和计算强度损失率,基准混凝土试验龄期为28d,受检负温混凝土龄期为-7+28d。根据计算出的强度损失率再按式(4-97)计算受检负温混凝土与基准混凝土强度损失率之比,计算精确到1%。

$$D_r = \frac{\Delta f_{AT}}{\Delta f_C} \times 100 \tag{4-97}$$

式中 D_r——50次冻融强度损失率比(%);
Δf_{AT}——受检负温混凝土50次冻融强度损失率(%);
Δf_C——基准混凝土50次冻融强度损失率(%)。

6) 钢筋锈蚀

钢筋锈蚀采用在新拌合硬化砂浆中阳极极化曲线来测试,测试方法见GB 8076—1997附录B和C。

3. 释放氨量

按照GB 18588规定的方法测试。

(五)检验规则

1. 批量

同一品种的防冻剂,每50t为一批,不足50t也可为一批。

2. 抽样及留样

取样应具有代表性,可连续取,也可以从20个以上的不同部位取等量样品。液体防冻剂取样应注意从容器的上、中、下三层分别取样。每批取样量不少于0.15t水泥所需用的防冻剂量(以其最大掺量计)。

每批取得的样应充分混匀,分为两等分,一份按本标准规定的方法项目进行试验,另一份密封保存半年,以备有疑问时交国家指定的检验机构进行复试或仲裁。

3. 判定规则

产品经检验,混凝土拌合物的含气量、硬化混凝土性能(抗压强度、收缩率比、抗渗高度比、50次冻融强度损失率比)、钢筋锈蚀全部符合表4-55的要求,出厂检验结果符合表4-54的要求,则可判定为相应等级的产品。否则判为不合格。

4. 复验

复验以封存样进行。如果使用单位要求用现场样时,可在生产和使用单位人员在场的情况下现场取平均样,但应事先在供货合同中规定。复验按表 4-54、表 4-55 中的所有检验项目检验。

七、砂浆、混凝土防水剂❶

(一) 技术要求

1. 防水剂匀质性指标

匀质性指标应符合表 4-58 的要求。

匀 质 性 指 标　　　　　　　　　　　表 4-58

试验项目	指标	
	液 体	粉 状
密度(g/cm³)	$\rho>1.1$ 时,要求为 $\rho\pm0.03$ $\rho\leqslant1.1$ 时,要求为 $\rho\pm0.02$ ρ 是生产厂提供的密度值	—
氯离子含量(%)	应小于生产厂最大控制值	应小于生产厂最大控制值
总碱量(%)	应小于生产厂最大控制值	应小于生产厂最大控制值
细度(%)	—	0.315mm 筛筛余应小于 15%
含水率(%)	—	$W\geqslant5\%$ 时,$0.90W\leqslant X<1.10W$; $W<5\%$ 时,$0.80W\leqslant X<1.20W$ W 是生产厂提供的含水率(质量%), X 是测试的含水率(质量%)
固体含量(%)	$S\geqslant20\%$ 时,$0.95S\leqslant X<1.05S$; $S<20\%$ 时,$0.90S\leqslant X<1.10S$ S 是生产厂提供的固体含量(质量%), X 是测试的固体含量(质量%)	

注:生产厂应在产品说明书中明示产品匀质性指标的控制值。

2. 受检砂浆的性能指标

受检砂浆的性能应符合表 4-59 的要求。

受检砂浆的性能　　　　　　　　　　　表 4-59

试验项目			性能指标	
			一等品	合格品
安定性			合格	合格
凝结时间	初凝(min)	≥	45	45
	终凝(h)	≤	10	10
抗压强度比(%) ≥	7d		100	85
	28d		90	80
透水压力比(%)		≥	300	200
吸水量比(48h,%)		≤	65	75
收缩率比(28d,%)		≤	125	135

注:安定性和凝结时间为受检净浆的试验结果,其他项目数据均为受检砂浆与基准砂浆的比值。

---

❶ 内容引自 JC 474—2008《砂浆、混凝土防水剂》。

3. 受检混凝土的性能指标

受检混凝土的性能应符合表 4-60 的规定。

受检混凝土的性能　　　　　　　　　　　表 4-60

试验项目		性能指标	
		一等品	合格品
安定性		合格	合格
泌水率比(%) ≤		50	70
凝结时间差(min) ≥	初凝	—90①	—90①
抗压强度比(%) ≥	3d	100	90
	7d	110	100
	28d	100	90
渗透高度比(%) ≤		30	40
吸水量比(48h,%) ≤		65	75
收缩率比(28d,%) ≤		125	135

注：安定性为受检净浆的试验结果，凝结时间差为受检混凝土与基准混凝土的差值，表中其他数据为受检混凝土与基准混凝土的比值。

① "—" 表示提前。

（二）试验方法

1. 匀质性

含水率的测定方法按本节六、(四)、1. 进行；矿物膨胀型防水剂的碱含量按 GB/T 176 规定进行；其他性能按照 GB/T 8077 规定的方法进行匀质性项目试验。

2. 受检砂浆的性能

（1）材料和配比

水泥应为 GB 8076 规定的基准水泥，砂应为水泥强度检验用的标准砂。水泥与标准砂的质量比为 1∶3，用水量根据各项试验要求确定。防水剂掺量采用生产厂家的推荐参量。

（2）搅拌、成型和养护

采用机械搅拌或人工搅拌。粉状防水剂掺入水泥中，液体或膏状防水剂掺入拌合水中。先将干物料干拌至均匀后，再加入拌合水搅拌均匀。在(20±3)℃环境下成型，采用混凝土振动台振动 15s。然后静停(24±2)h 脱模。如果是缓凝型产品，需要时可适当延长脱模时间。随后将试件在(20±2)℃、相对湿度大于 95% 的条件下养护至龄期。

（3）试验项目和数量

试验项目及数量见表 4-61。

砂浆试验项目及数量　　　　　　　　　　表 4-61

试验项目	试验类别	试验所需试件数量			
		砂浆(净浆)拌合次数	每拌取样数	基准砂浆取样数	受检砂浆取样数
安定性	净浆	3	1次	0	1个
凝结时间	净浆		1次	0	1个

续表

试验项目	试验类别	砂浆(净浆)拌合次数	试验所需试件数量		
			每拌取样数	基准砂浆取样数	受检砂浆取样数
抗压强度比	硬化砂浆	3	6 块	12 块	12 块
吸水量比(48h)	硬化砂浆		6 块	6 块	6 块
透水压力比	硬化砂浆		2 块	6 块	6 块
收缩率比(28d)	硬化砂浆		1 块	3 块	3 块

(4) 净浆安定性和凝结时间

按照 GB/T 1346 规定进行试验。

(5) 抗压强度比

1) 试验步骤

按照 GB/T 2419 确定基准砂浆和受检砂浆的用水量，水泥与砂的比例为 1:3，将二者流动度均控制在 (140 ± 5) mm。试验共进行 3 次，每次用有底试模成型 70.7mm×70.7mm×70.7mm 的基准和受检试件各两组，每组六块，两组试件分别养护至 7d、28d，测定抗压强度。

2) 结果计算

砂浆试件的抗压强度按式(4-98)计算：

$$f_m = \frac{P_m}{A_m} \tag{4-98}$$

式中　f_m——受检砂浆或基准砂浆 7d 或 28d 的抗压强度(MPa)；

P_m——破坏荷载(N)；

A_m——试件的受压面积(mm^2)。

抗压强度比按式(4-99)计算：

$$R_{fm} = \frac{f_{tm}}{f_{rm}} \times 100 \tag{4-99}$$

式中　R_{fm}——砂浆的 7d 或 28d 抗压强度比(%)；

f_{tm}——不同龄期(7d 或 28d)的受检砂浆的抗压强度(MPa)；

f_{rm}——不同龄期(7d 或 28d)的基准砂浆的抗压强度(MPa)。

(6) 透水压力比

1) 试验步骤

按 GB/T 2419 确定基准砂浆和受检砂浆的用水量，二者保持相同的流动度，并以基准砂浆在 0.3MPa~0.4MPa 压力下透水为准，确定水灰比。用上口直径 70mm、下口直径 80mm、高 30mm 的截头圆锥带底金属试模成型基准和受检试样，成型后用塑料布将试件盖好静停。脱模后放入 (20 ± 2) ℃ 的水中养护至 7d，取出待表面干燥后，用密封材料密封装入渗透仪中进行透水试验。水压从 0.2MPa 开始，恒压 2h，增至 0.3MPa，以后每隔 1h 增加水压 0.1MPa。当六个试件中有三个试件端面呈现渗水现象时，即可停止试验，记下当时的水压值。若加压至 1.5MPa，恒压 1h 还未透水，应停止升压。砂浆透水压力为每组六个试件中四个未出现渗水时的最大水压力。

2) 结果计算

透水压力比按照式(4-100)计算,精确至1%:

$$R_{pm} = \frac{P_{tm}}{P_{rm}} \times 100 \qquad (4\text{-}100)$$

式中　R_{pm}——受检砂浆与基准砂浆透水压力比(%);
　　　P_{tm}——受检砂浆的透水压力(MPa);
　　　P_{rm}——基准砂浆的透水压力(MPa)。

(7) 吸水量比(48h)

1) 试验步骤

按照抗压强度试件的成型和养护方法成型基准和受检试件。养护28d后,取出试件,在75℃~80℃温度下烘干(48±0.5)h后称量,然后将试件放入水槽。试件的成型面朝下放置,一部用两根φ10mm的钢筋垫起,试件浸入水中的高度为35mm。要经常加水,并在水槽上要求的水面高度处开溢水孔,以保持水面恒定。水槽应加盖,放在温度为(20±3)℃、相对湿度80%以上的恒温室中,试件表面不得有结露或水滴。然后在(48±0.5)h时取出,用挤干的湿布揩去表面的水,称量并记录。称量采用感量1g、最大称量范围为1000g的天平。

2) 结果计算

吸水量按照式(4-101)计算:

$$W_m = M_{m1} - M_{m0} \qquad (4\text{-}101)$$

式中　W_m——砂浆试件的吸水量(g);
　　　M_{m1}——砂浆试件吸水后质量(g);
　　　M_{m0}——砂浆试件干燥后质量(g)。

结果以六块试件的平均值表示,精确至1g。吸水量比按照式(4-102)计算,精确至1%:

$$R_{wm} = \frac{W_{tm}}{W_{rm}} \times 100 \qquad (4\text{-}102)$$

式中　R_{wm}——受检砂浆与基准砂浆吸水量比(%);
　　　W_{tm}——受检砂浆的吸水量(g);
　　　W_{rm}——基准砂浆的吸水量(g)。

(8) 收缩率比(28d)

1) 试验步骤

按照测定砂浆抗压强度比确定的配比,JGJ/T 70试验方法测定基准和受检砂浆试件的收缩值,测定龄期为28d。

2) 结果计算

收缩率比按照式(4-100)计算,精确至1%:

$$R_{em} = \frac{\varepsilon_{tm}}{\varepsilon_{rm}} \times 100 \qquad (4\text{-}103)$$

式中　R_{em}——受检砂浆与基准砂浆28d收缩率之比(%);
　　　ε_{tm}——受检砂浆的收缩率(%);
　　　ε_{rm}——基准砂浆的收缩率(%)。

3. 受检混凝土的性能

(1) 材料和配比

试验用各种原材料应符合 GB 8076 规定。防水剂掺量为生产厂的推荐掺量。基准混凝土与受检混凝土的配合比设计、搅拌应符合 GB 8076 规定,但混凝土坍落度可以选择 (80±10)mm 或者 (180±10)mm。当采用 (180±10)mm 坍落度的混凝土时,砂率宜为 38%～42%。

(2) 试验项目和数量

试验项目和数量见表 4-62。

混凝土试验项目及数量 表 4-62

试验项目	试验类别	试验所需试件数量			
		混凝土拌合次数	每拌取样数	基准混凝土取样数	受检混凝土取样数
安定性	净浆	3	1 个	0	3 个
泌水率比	新拌混凝土	3	1 次	3 次	3 次
凝结时间差	新拌混凝土		1 次	3 次	3 次
抗压强度比	硬化混凝土		6 块	18 块	18 块
渗透高度比	硬化混凝土		2 块	6 块	6 块
吸水量比	硬化混凝土		1 块	3 块	3 块
收缩率比	硬化混凝土		1 块	3 块	3 块

(3) 安定性

净浆安定性按照 GB/T 1346 规定进行试验。

(4) 泌水率比、凝结时间差、收缩率比和抗压强度比

按照 GB 8076 规定进行试验。

(5) 渗透高度比

1) 试验步骤

渗透高度比试验的混凝土一律采用坍落度为 (180±10)mm 的配合比。参照 GB/T 50082 规定的抗渗透性能试验方法,但初始压力为 0.4MPa。若基准混凝土在 1.2MPa 以下的某个压力透水,则受检混凝土也加到这个压力,并保持相同时间,然后劈开,在底边均匀取 10 点,测定平均渗透高度。若基准混凝土与受检混凝土在 1.2MPa 时都未透水,则停止升压,劈开,如上所述测定平均渗透高度。

2) 结果计算

渗透高度比按照式(4-104)计算,粗确至 1%:

$$R_{hc} = \frac{H_{tc}}{H_{rc}} \times 100 \tag{4-104}$$

式中 R_{hc}——受检混凝土与基准混凝土渗透高度之比(%);

H_{tc}——受检混凝土的渗透高度(mm);

H_{rc}——基准混凝土的渗透高度(mm)。

(6) 吸水量比

1) 试验步骤

按照抗压强度试件的成型和养护方法成型基准和受检试件。养护28d后取出在75℃～80℃温度下烘(48 ± 0.5)h后称量，然后将试件放入水槽中。试件的成型面朝下放置，下部用两根ϕ10mm的钢筋垫起，试件浸入水中的高度为50mm。要经常加水，并在水槽上要求的水面高度处开溢水孔，以保持水面恒定。水槽应加盖，放在温度为(20 ± 3)℃、相对湿度80%以上的恒温室中，试件表面不得有结露或水滴。在(48 ± 0.5)h时取出，用挤干的湿布擦去表面的水，称量并记录。称量采用感量1g、最大称量范围为5000g的天平。

2) 结果计算

混凝土试件的吸水量按照式(4-105)计算：

$$W_c = M_{c1} - M_{c0} \tag{4-105}$$

式中　W_c——混凝土试件的吸水量(g)；

　　　M_{c1}——混凝土试件吸水后质量(g)；

　　　M_{c0}——混凝土试件干燥后质量(g)。

结果以三块试件的平均值表示，精确至1g。吸水量比按照式(4-106)计算，精确到1%：

$$R_{wc} = \frac{W_{tc}}{W_{rc}} \times 100 \tag{4-106}$$

式中　R_{wc}——受检混凝土与基准混凝土吸水量之比(%)；

　　　W_{tc}——受检混凝土的吸水量(g)；

　　　W_{rc}——基准混凝土的吸水量(g)。

(三) 检验规则

1. 组批与抽样

(1) 试样分点样和混合样。点样是在一次生产的产品中所得的试样，混合样是三个或更多点样等量均匀混合而取得的试样。

(2) 生产厂应根据产量和生产设备条件，将产品分批编号。年产不小于500t的每50t为一批；年产500t以下的每30t为一批；不足50t或者30t的，也按照一个批量计。同一批号的产品必须混合均匀。

(3) 每一批取样量不少于0.2t水泥所需用的外加剂量。

(4) 每一批取样应充分混合均匀，分为两等份，其中一份按表4-58～表4-60规定的项目进行试验。另一份密封保存半年，以备有疑问时，提交国家指定的检验机构进行复验或仲裁。

2. 判定规则

(1) 出厂检验判定

型式检验报告在有效期内，且出厂检验结果符合表4-58的技术要求，可判定出厂检验合格。

(2) 型式检验判定

砂浆防水剂各项性能指标符合表4-58和表4-59中的技术要求，可判定为相应等级的产品。混凝土防水剂各项性能指标符合表4-58和表4-59中的技术要求，可判定为相应等级的产品。如不符合上述要求时，则判该批号防水剂不合格。

第五节　普通混凝土配合比设计

一、普通混凝土配合比设计基本要求

混凝土配合比是指混凝土中各组成材料的数量相互配合的比例。混凝土配合比的设计和选择，主要是根据原材料的技术性能和结构对混凝土强度的要求及施工条件等，通过计算、试配和调整等过程，确定各种原材料的使用数量。

（一）混凝土配合比设计前资料收集准备工作

为保证混凝土配合比设计得合理、适用，在混凝土配合比设计前应做好如下的资料收集准备工作：

1. 要求的混凝土强度等级；
2. 要求的混凝土施工稠度（坍落度或维勃稠度）；
3. 使用的水泥品种和水泥强度、安定性等技术资料；
4. 使用骨料的情况：如粗骨料的种类、最大粒径、强度、密度、颗粒级配、含泥量、泥块含量、硫化物（SO_3）含量、针片状颗粒含量等，细骨料的颗粒级配、细度模数、含泥量、泥块含量、硫化物（SO_3）含量、云母含量，轻物质含量等；
5. 使用的外加剂与外掺料的要求及技术资料；
6. 施工条件：如搅拌方式、运输距离、浇注高度、振捣方法及结构物的钢筋布置等；
7. 施工和使用的环境条件：如春、夏、秋、冬及风、雨、霜、雪、温湿度和使用环境是否有侵蚀介质等；
8. 养护方法：如自然养护、蒸汽养护、压蒸养护等。

（二）混凝土配合比设计的主要技术参数

普通混凝土是由水、水泥、砂、石和外加剂等主要材料组成，材料用量之间存在着三个主要技术参数，即水灰比（W/C）、砂率和单位用水量。

1. 水灰比（W/C）

是指单位混凝土拌合物中，水与水泥的重量之比。它对塑性混凝土强度发展起着决定作用。这一著名的水灰比定律是由美国混凝土专家艾布拉姆斯（D·A·Dabrams）提出来的，他提出：在其他材料给定的情况下，塑性混凝土的强度取决于拌合水的用量，即水灰比越大，混凝土强度越低。1918 年美国 PCA 初创时提出了按体积计算的公式，即 $R=\dfrac{K_1}{K_2 \cdot W/C}$，式中 R 是指直径为 15.24cm，高为 30.48cm 的圆柱体试件的抗压强度值；K_1 和 K_2 是两个测定常数，它们随着水泥强度、龄期、制作方式、养护方法等而异，W/C 是按体积计算的水灰比。

1930 年瑞士混凝土专家保罗米（J·Bolomey）提出了水灰比与强度的关系式：$R_{28}=A(C/W-0.5)$，式中 R_{28} 是混凝土 28d 的抗压强度；A 是与水泥强度等级有关的系数；C/W 为灰、水重量比。这就是以保罗米公式所表达的水灰比定律。后来经前苏联学者和美国 PCA 组织的综合修正，阐明了水灰比与强度之间的依存关系，其通用表达式为：$R=\alpha_a$、R_c、$(C/W-\alpha_b)$。式中 α_a 的物理意义是：水泥强度转化为混凝土强度的换算系数，它主要反映混凝土的内聚力，其中包括水泥石本身的内聚力和水泥石与骨料之间的粘结力；

α_b 值的物理意义是：当混凝土的强度等于零时的灰水比，这个灰水比是虚拟的，所以 α_b 值可以叫做虚拟灰水比，它和水泥的水化强度及骨料在混凝土中的骨架作用大小有关。

保罗米公式的各项，均有符合实际的物理意义，公式可以表达出如下概念：

(1) 混凝土强度(R)与水泥活性成正比，即水泥活性越大混凝土强度越高，两者之间的数学关系即为：$R=f(AR_c)$；

(2) 混凝土强度(R)与灰水比成正比，即灰水比越大混凝土强度越高；$R=f(C/W)$ 可以看出用灰量越大混凝土强度越高，用水量越大混凝土强度越低；

(3) 从公式中可以看出，保罗米公式是一条直线，这条直线的斜率为 $\alpha_a \cdot R_c$，这条直线与纵轴的截距为 α_a、α_b、R，与横轴 $\left(\dfrac{C}{W}\right)$ 交于 α_b，当水泥活性 R_c 固定时，混凝土强度大小取决于 α_a、α_b 两系数，若使混凝土强度增高，应使 α_a 尽量大些、α_b 尽量小些。α_a、α_b 两系数在 JGJ 55—2000《普通混凝土配合比设计规程》已给出：当采用碎石时 $\alpha_a=0.46$，$\alpha_b=0.07$，当采用卵石时 $\alpha_a=0.48$，$\alpha_b=0.33$。

保罗米公式是由著名的水泥空隙比学说演变而来的，即：$R=\dfrac{C}{W+V}-K'$。式中 C 是水泥用量；W 是用水量；V 是含气量；$\dfrac{C}{W+V}$ 即为灰水比；K、K' 为两个测定常数，是通过大量试验数据确定的，一般取 $K'=0.5$。

2. 砂率

是指砂在骨料(砂和石)中所占比例的物理量，即砂重量与砂、石总重量之比。合理计算选择砂率，就是要求能够使砂、石、水泥浆互相填充，保证混凝土的流动性、黏聚性、保水性等，混凝土达到最大密实度，又能使水泥用量降为最少用量。普通混凝土的砂率在 24%～44% 之间。影响砂率的因素很多，如石子的形状(卵石砂率较小、碎石砂率较大)、粒径大小(粒径大者砂率较小、粒径小者砂率较大)、空隙率(空隙率大者砂率较大、空隙率小者砂率较小)、水灰比等。另外当骨料总量一定时，砂率过小，则用砂量不足，混凝土拌合物的流动性就差，易离析、泌水。在水泥浆量一定的条件下，砂率过大，则砂的总表面积增大，包裹砂子的水泥浆层太薄，砂粒间的摩擦阻力加大，混凝土拌合物的流动性变差。若砂率不足，就会出现离析、水泥浆流失。因此，砂率的确定，除进行计算外，还需进行必要的试验调整，从而选定最佳砂率，即单位用水量和水泥用量减到最少而混凝土拌合物具有最大的流动性，且能保持黏聚性和保水性能良好的砂率称为最佳砂率。也就是当 W/C 与 W 一定时，坍落度值最大者为最佳砂率，或者当坍落度与 W/C 一定时，水泥用量最小者为最佳砂率。

3. 单位用水量

是指每立方米混凝土中用水量的多少。它直接影响着混凝土的流动性、黏聚性、保水性和混凝土的密实度、强度等。

混凝土单位用水量的确定，可用需水性定则和式(4-107)表达，它表示混凝土拌合物的流动性与用水量之间的依赖关系：

$$W=\dfrac{10}{3}(0.1T+K) \tag{4-107}$$

式中　W——每立方米混凝土用水量(kg)；

　　　T——坍落度(mm)；

　　　K——常数。

K 值取决于石子最大粒径和品种，一般 K 值随石子粒径的增大而减小，10～80mm 粒径的 K 值为 57.5～41.0 之间，K 值的取定参选表 4-63。

K 值与最大石子粒径　　　　　　　　　表 4-63

石子最大粒径		10mm	20mm	40mm	80mm
K 值	碎石	57.5	53.0	48.5	44.0
	卵石	54.5	50.0	45.5	41.0

(三) 普通混凝土配合比设计原则

普通混凝土配合比设计原则，主要满足下列要求：

1. 满足结构设计和施工进度所要求的混凝土强度等级。

2. 保证混凝土拌合物具有良好的和易性，以满足施工条件的要求。

3. 保证混凝土具有良好的耐久性，满足抗冻、抗渗、抗腐蚀等要求，从而使混凝土达到经久耐用的使用目的。

4. 在保证上述质量和施工方便的前提下，尽量节约水泥，合理使用原材料，从而降低工程成本，取得良好的经济效益。

二、普通混凝土配合比设计方法❶

(一) 确定混凝土配制强度 $f_{cu \cdot 0}$ (按式 4-108 计算)

$$f_{cu \cdot 0} \geqslant f_{cu \cdot K} + 1.645\sigma \tag{4-108}$$

式中　$f_{cu \cdot 0}$——混凝土配制强度(MPa)；

　　　$f_{cu \cdot K}$——混凝土立方体抗压强度标准值(MPa)；

　　　σ——混凝土强度标准差(MPa)。

当遇有下列情况时应提高混凝土配制强度：

1. 现场条件与试验室条件有显著差异时。

2. C30 级及其以上强度等级的混凝土，采用非统计方法评定时。

混凝土强度标准差宜根据同类混凝土统计资料计算确定，并应符合下列规定：

(1) 计算时，强度试件组数不应少于 25 组；

(2) 当混凝土强度等级为 C20 和 C25 级，其强度标准差计算值小于 2.5MPa 时，计算配制强度用的标准差应取不小于 2.5MPa；当混凝土强度等级等于或大于 C30 级，其强度标准差计算值小于 3.0MPa 时，计算配制强度用的标准差应取不小于 3.0MPa。

(二) 确定计算水灰比

当混凝土强度等级小于 C60 时，以混凝土配制强度 $f_{cu \cdot 0}$、水泥实测强度和骨料种类，按式(4-109)计算水灰比：

---

❶ 主要内容引自 JGJ 55—2000《普通混凝土配合比设计规程》。

$$W/C = \frac{\alpha_a \cdot f_{ce}}{f_{cu,0} + \alpha_a \cdot \alpha_b f_{ce}} \tag{4-109}$$

式中 α_a、α_b——回归系数,可按表 4-64 采用;

f_{ce}——水泥 28d 抗压强度实测值(MPa)。

石子回归系数　　　　　　　　　　表 4-64

系数 \ 石子品种	碎石	卵石
α_a	0.46	0.48
α_b	0.07	0.33

当无水泥 28d 抗压强度实测值时,f_{ce} 值可按式(4-110)确定:

$$f_{ce} = \gamma_c \cdot f_{ce,g} \tag{4-110}$$

式中 γ_c——水泥强度等级值的富余系数,可按实际统计资料确定;

$f_{ce,g}$——水泥强度等级值(MPa)。

f_{ce} 值也可根据 3d 强度或快测强度推定 28d 强度关系式推定出。

(三)按耐久性要求复核水灰比

当进行混凝土配合比设计时,混凝土的最大水灰比和最小水泥用量,应符合表 4-65 的规定。如计算所得的水灰比值大于规定时,则应按规定的最大水灰比值选取。

混凝土的最大水灰比和最小水泥用量　　　　　　　表 4-65

环境条件		结构物类别	最大水灰比			最小水泥用量(kg/m³)		
			素混凝土	钢筋混凝土	预应力混凝土	素混凝土	钢筋混凝土	预应力混凝土
1. 干燥环境		·正常的居住或办公用房屋内部件	不作规定	0.65	0.60	200	260	300
2. 潮湿环境	无冻害	·高湿度的室内部件 ·室外部件 ·在非侵蚀性土和(或)水中的部件	0.70	0.60	0.60	225	280	300
	有冻害	·经受冻害的室外部件 ·在非侵蚀性土和(或)水中且经受冻害的部件 ·高湿度且经受冻害的室内部件	0.55	0.55	0.55	250	280	300
3. 有冻害和除冰剂的潮湿环境		·经受冻害和除冰剂作用的室内和室外部件	0.50	0.50	0.50	300	300	300

注:1. 当用活性掺合料取代部分水泥时,表中的最大水灰比及最小水泥用量即为替代前的水灰比和水泥用量。
　　2. 配制 C15 级及其以下等级的混凝土,可不受本表限制。

(四)确定用水量

1. 在进行配合比设计时,应力求采用最小单位用水量,每 m³ 混凝土的用水量按粗骨料的品种、粒径及施工要求的混凝土坍落度参照表 4-66 选取。

塑性混凝土的用水量(kg/m³)　　　　　　　　　　　　　　　　　　　　表 4-66

拌合物稠度		卵石最大粒径(mm)				碎石最大粒径(mm)			
项目	指标	10	20	31.5	40	16	20	31.5	40
坍落度(mm)	10～30	190	170	160	150	200	185	175	165
	35～50	200	180	170	160	210	195	185	175
	55～70	210	190	180	170	220	205	195	185
	75～90	215	195	185	175	230	215	205	195

注：1. 本表用水量系采用中砂时的平均值。采用细砂时，每立方米混凝土用水量可增加 5～10kg；采用粗砂时，则可减少 5～10kg。
　　2. 本表适用于水灰比在 0.40～0.80 范围内的普通混凝土。水灰比小于 0.40 的混凝土以及采用特殊成型工艺的混凝土用水量应通过试验确定。
　　3. 掺用各种外加剂或掺合料时，用水量应相应调整。

2. 坍落度小于 10mm 的混凝土，用水量可按各施工单位经验选用，亦可参考表 4-67 选用。

干硬性混凝土的用水量(kg/m³)　　　　　　　　　　　　　　　　　　表 4-67

拌合物稠度		卵石最大粒径(mm)			碎石最大粒径(mm)		
项目	指标	10	20	40	16	20	40
维勃稠度(S)	16～20	175	160	145	180	170	155
	11～15	180	165	150	185	175	160
	5～10	185	170	155	190	180	165

3. 流动性和大流动性混凝土的用水量宜按下列步骤计算：

(1) 以表 4-66 中坍落度 90mm 的用水量为基础，按坍落度每增加 20mm 用水量增加 5kg，计算出未掺外加剂时的混凝土的用水量。

(2) 掺外加剂时的混凝土用水量可按式(4-111)计算：

$$m_{W_a} = m_{W0}(1-\beta) \tag{4-111}$$

式中　m_{W_a}——掺外加剂混凝土每立方米混凝土的用水量(kg)；
　　　m_{W0}——未掺外加剂混凝土每立方米混凝土的用水量(kg)；
　　　β——外加剂的减水率(%)，可经试验确定。

（五）计算每 1m³ 混凝土的水泥用量

每 1m³ 混凝土用水量选定后，可根据 W/C 或 C/W 值计算水泥用量。

$$m_{C0} = \frac{m_{W0}}{W/C} = m_{W0} \times C/W \tag{4-112}$$

计算所得的水泥用量如小于表 4-65 所规定的最小水泥用量值时，则应取表中所规定的最小水泥用量值。

（六）确定砂率(β_S)

选取砂率(β_S)有三种方法：

1. 可根据本单位对所用材料的使用经验来选用；

2. 坍落度为 10～60mm 的混凝土砂率，可根据粗骨料品种、粒径及水灰比按表 4-68 选取：

混凝土的砂率(%) 表 4-68

水灰比 (W/C)	卵石最大粒径(mm)			碎石最大粒径(mm)		
	10	20	40	16	20	40
0.40	26～32	25～31	24～30	30～35	29～34	27～32
0.50	30～35	29～34	28～33	33～38	32～37	30～35
0.60	33～38	32～37	31～36	36～41	35～40	33～38
0.70	36～41	35～40	34～39	39～44	38～43	36～41

注：1. 本表数值系中砂的选用砂率，对细砂或粗砂，可相应地减少或增大砂率。
2. 只用一个单粒级粗骨料配制混凝土时，砂率应适当增大，对薄壁构件，砂率取偏大值。
3. 坍落度大于 60mm 的混凝土砂率，可经试验确定，也可按坍落度每增大 20mm，砂率增大 1% 的幅度予以调整，坍落度小于 10mm 的混凝土，其砂率应经试验确定。

3. 通过试验确定合理砂率或按公式计算砂率。计算砂率的基本原则是用砂子填充石子空隙，并稍有富余，推导如下：

$$\beta_s = \frac{m_{s0}}{m_{s0}+m_{g0}} = \frac{\rho_s \cdot V_s}{\rho_s \cdot V_s + \rho_g \cdot V_g} \cdot a$$

$$= \frac{\rho_s \cdot V_g \cdot P}{\rho_s \cdot V_g \cdot P + \rho_g \cdot V_g} \cdot a = \frac{\rho_s \cdot V_g \cdot P}{V_s(\rho_g \cdot P + \rho_g)} \cdot a$$

$$= \frac{\rho_s \cdot P}{\rho_s \cdot P + \rho_g} \cdot a \tag{4-113}$$

用砂子体积来填充石子空隙，即

$$V_s = V_g \cdot P$$

式中　β_s——砂率(%)；

m_{s0}、m_{g0}——分别为每 m^3 混凝土中砂、石用量(kg)；

ρ_s、ρ_g——分别为砂、石的表观密度(kg/m^3)；

V_s、V_g——分别为砂、石的体积(m^3)；

P——石子的空隙率(%)；

a——砂浆的剩余系数，又称拨开系数。是表示在混凝土拌合物中砂浆的体积应该比石子空隙体积大，混凝土的流动性因此得到保证。由于砂浆的富余，使石子被隔开；减少混凝土拌合物内部阻力。计算公式：$a = \frac{砂浆体积}{石子空隙体积}$ 一般 a 取值为 1.1～1.4。

（七）砂、石用量的计算

计算砂、石用量常用的方法有两种：即体积法和重量法：

1. 当采用体积法时，应按下列公式计算：

$$\frac{m_{c0}}{\rho_c} + \frac{m_{g0}}{\rho_g} + \frac{m_{s0}}{\rho_s} + \frac{m_{w0}}{\rho_w} + 0.01\alpha = 1 \tag{4-114}$$

$$\beta_s = \frac{m_{s0}}{m_{g0}+m_{s0}} \times 100\% \tag{4-115}$$

式中 m_{c0}、m_{g0}、m_{s0}、m_{w0}——分别为每立方米混凝土的水泥、石子、砂、水的用量(kg);

ρ_c、ρ_g、ρ_s、ρ_w——分别为水泥的密度,可取 2900~3100kg/m³;石、砂表观密度(kg/m³);水的密度,可取 1000kg/m³。

α——混凝土的含气量百分数,在不使用引气型外加剂时,α 可取 1;

β_s——砂率(%);

1——1m³ 混凝土拌合物的体积。

解以上两关系的联立方程,即可得到 m_{s0} 和 m_{g0} 用量。

2. 当采用重量法时,应按下列公式计算:

$$m_{c0}+m_{g0}+m_{s0}+m_{w0}=m_{cp} \tag{4-116}$$

$$\beta_s=\frac{m_{s0}}{m_{g0}+m_{s0}}\times 100\% \tag{4-117}$$

式中 m_{cp}——每立方米混凝土拌合物的假定重量(kg),其值可取 2350~2450kg。其余符号同体积法。

(八) 计算初步配合比

配合比有两种表示形式:

(1) 以 1m³ 混凝土中各材料的用量(kg)表示。

(2) 以 1m³ 混凝土中水泥重量为 1 的重量比表示,即

$$m_{c0}:m_{s0}:m_{g0}:m_{w0}=1:\frac{m_{s0}}{m_{c0}}:\frac{m_{g0}}{m_{c0}}:\frac{m_{w0}}{m_{c0}}$$

(九) 混凝土配合比的试配与调整

1. 试配

当混凝土配合比计算完后应进行试配,其目的是检验计算的混凝土配合比是否达到强度等级和施工条件的要求,如不符合,应进行调整。试配时应做到:

(1) 试配使用的原材料应与工程中实际的材料相同,其搅拌方法宜与生产时使用的方法相同。

(2) 试配的数量,应根据粗骨料最大粒径选定,粗骨料最大粒径≤31.5mm 时,拌合物数量不少于 15L;粗骨料最大粒径≥40mm 时,拌合物数量不少于 25L。采用机械搅拌时,其搅拌量不应小于搅拌机额定搅拌量的 1/4。

(3) 所使用的粗细骨料应以干燥状态为基准。当以饱和面干骨料为基准进行计算时,则应做相应的修正。

2. 调整

(1) 和易性及坍落度调整:和易性及坍落度的调整可按计算出的试配材料用量,依照试验方法进行试拌,搅拌均匀后立即测定坍落定并观察黏聚性和保水性。如坍落度不符合设计要求时,可根据情况作如下调整:

1) 当坍落度值比设计要求值小或大时,可在保持水灰比不变的情况下增加水泥浆量或减少水泥浆量(即同时增加水和水泥用量或同时减少水和水泥用量),普通混凝土每增、减 10mm 坍落度,约需增、减 3%~5% 的水泥浆量(即同时增、减水和水泥用量各 3%~5%);

2) 当坍落度值比设计要求值小或大时,亦可在保持砂率不变的情况下,同时按比例

减少或增加粗、细骨料的用量;

3）当坍落度值比设计要求值大，且拌合物黏聚性差时，可减小水泥浆量，增加砂率（保持砂、石总量不变，增加砂子用量、相应减少石子用量）。

和易性和坍落度的调整，可按上述方法反复测试，直至符合要求为止。

(2) 强度测试与调整：为了满足混凝土设计强度等级及耐久性要求，除进行坍落度调整外，还应进行强度测试与调整。

强度复核测定时，以按照本方法所调整得出的为基准配合比，另外两个配合比可按 0.05 水灰比增、减幅度，用水量与基准配合比相同，砂率可分别增、减 1%。当不同水灰比的混凝土拌合物坍落度与要求值相差超过允许偏差时，可以增、减用水量进行调整。将此三个配合比分别按试配用量拌制、成型，每种配合比应至少制作一组（三块）并标准养护，测定出其 28d 标养强度。然后按各自的测定 28d 标养强度与其灰水比的关系，用作图法或计算法求出与混凝土配制强度（$f_{cu,o}$）相对应的灰水比（其倒数为水灰比），由此再计算出每立方米混凝土中各种材料的用量。

（十）混凝土设计配合比的确定

(1) 按上述试配调整时三个不同水灰比的配合比绘出强度与灰水比关系曲线图，查找出相应于试配强度的灰水比，依此计算出每立方米混凝土中各种材料用量之和（即每 m³ 混凝土的计算表观密度），再按实测混凝土拌合物的表观密度进行校正，测定出混凝土配合比校正系数 δ：

$$\delta = \frac{\rho_{c,t}}{\rho_{c,c}}$$

式中　δ——混凝土配合比校正系数；
　　　$\rho_{c,t}$——混凝土表观密度实测值（kg/m³）；
　　　$\rho_{c,c}$——混凝土表观密度计算值（kg/m³）。

(2) 当混凝土表观密度实测值与计算之差的绝对值不超过计算值的 2% 时，按本方法确定的配合比应为确定的设计配合比；当二者之差超过 2% 时，应将配合比中每项材料用量均乘以校正系数 δ 值，即为确定的混凝土设计配合比。

混凝土设计配合比的材料用量为：

$$m_{w0} = m_w \times \delta$$
$$m_{c0} = m_c \times \delta$$
$$m_{s0} = m_s \times \delta$$
$$m_{g0} = m_g \times \delta$$

（十一）施工配合比的确定

混凝土设计配合比的材料用量都是以干燥状态为基准的，现场施工的砂、石材料多为露天存放，含有一定的水分，如实测砂子含水率为 $a\%$，石子实测含水率为 $b\%$，则换算成施工配合比为：

水泥　$m'_{c0} = m_{c0}$
砂子　$m'_{s0} = m_{s0}(1+a\%)$
石子　$m'_{g0} = m_{g0}(1+b\%)$
水　$m'_{w0} = m_{w0} - m_{s0} \times a\% - m_{g0} \times b\%$

水灰比为 m'_{w0}/m'_{c0}

施工配合比确定如下：

$m'_{c0} : m'_{s0} : m'_{g0} : m'_{w0}$ 或分别写出各种材料用量即可。

三、普通混凝土配合比设计实例

【例】 设计条件：制作钢筋混凝土吊车梁（不受风、雨、雪影响），混凝土强度等级为 C35，强度标准差为 5MPa，施工要求坍落度为 35～50mm；采用 42.5 级普通硅酸盐水泥，其实测强度为 44.0MPa、密度为 $3.1g/cm^3$；中砂、表观密度为 $2.65g/cm^3$；碎石、表观密度为 $2.70g/cm^3$、最大粒径为 31.5mm；使用拌合水为自来水；混凝土由机械搅拌和振捣。试设计普通混凝土配合比。

【解】 本题可用体积法或重量法进行配合比设计。用重量法进行配合比设计比体积法计算较为简便，其条件是在原材料质量情况比较稳定，所配制的混凝土拌合物的重量接近一个固定数值，此时宜采用重量法。其计算步骤如下：

1. 确定混凝土配制强度

$$f_{cu,0} = f_{cu,k} + 1.645 = 35 + 1.645 \times 5 = 43.2 \text{MPa}$$

2. 计算水灰比

$$W/C = \frac{\alpha_a \cdot f_{ce}}{f_{cu,0} + \alpha_a \cdot \alpha_b \cdot f_{ce}} = \frac{0.46 \times 44}{43.2 + 0.46 \times 0.07 \times 44} = 0.45$$

3. 按耐久性要求复核水灰比

因本工程不受风、雨、雪影响，对照表 4-65 最大水灰比不作规定。因此，$W/C = 0.45$ 满足耐久性要求。

4. 确定用水量

根据题中提供的条件按表 4-66 查出用水量 $m_{w0} = 185$kg。

5. 计算水泥用量

$$m_{c0} = \frac{m_{w0}}{W/C} = \frac{185}{0.45} = 411\text{kg}$$

对照表 4-65 中所规定的最小水泥用量值，411kg 的水泥用量大于上述规定，故能满足要求。

6. 确定砂率

由表 4-68 用内插法查得 $\beta_s = 33\%$。

7. 计算砂、石用量

用重量法（密度法）取 $m_{cp} = 2400\text{kg/m}^3$，将有关数据代入两式得：

$$\begin{cases} 411 + m_{s0} + m_{g0} + 185 = 2400 \\ \dfrac{m_{s0}}{m_{s0} + m_{g0}} = 33\% \end{cases}$$

$$m_{s0} + m_{g0} = 2400 - 411 - 185 = 1804\text{kg}$$

$$m_{s0} = (m_{s0} + m_{g0}) \times 33\% = 1804 \times 33\% = 595\text{kg}$$

$$m_{g0} = (m_{s0} + m_{g0}) - m_{s0} = 1804 - 595 = 1209\text{kg}$$

8. 计算初步配合比

由前计算初步配合比为 $m_{c0} : m_{s0} : m_{g0} : m_{w0} = 411 : 595 : 1209 : 185$，即：$\dfrac{m_{c0}}{m_{c0}} : \dfrac{m_{s0}}{m_{c0}} :$

$\dfrac{m_{g0}}{m_{c0}} : \dfrac{m_{w0}}{m_{c0}} = 1 : 1.45 : 2.94 : 0.45$。

9. 初步配合比的试配与调整

(1) 试配每盘材料的称量：因粗骨料最大粒径为 31.5mm，故试配每盘材料的搅拌量可取 15L，即：

$$m'_{c0} = 411\text{kg} \times \dfrac{15}{1000} = 6.17\text{kg}$$

$$m'_{s0} = 595 \times \dfrac{15}{1000} = 8.93\text{kg}$$

$$m'_{g0} = 1209 \times \dfrac{15}{1000} = 18.14\text{kg}$$

$$m'_{w0} = 185 \times \dfrac{15}{1000} = 2.78\text{kg}$$

(2) 坍落度测定与调整：按上述材料称量搅拌后经和易性及坍落度测定，认为黏聚性和保水性良好，坍落度测定值为 60mm，大于要求的坍落度 10mm 以上，为此可按在保持水灰比不变，减少水泥浆量 5% 的办法进行调整。即同时减少用水量和水泥用量各 5%。此时 15L 混凝土各种材料用量应为 $m'_{c0} = 6.17 \times 0.95 = 5.86\text{kg}$，$m'_{w0} = 2.78 \times 0.95 = 2.64\text{kg}$，$m'_{s0} = 8.93\text{kg}$，$m'_{g0} = 18.14\text{kg}$，再经拌合测试，其坍落度为 45mm 且黏聚性、保水性良好。以此为基础配合比，分别增减水灰比 0.05，制作三组混凝土试块，进行 28d 标养强度测定，进行配合比的选择与调整。

(3) 强度测定与调整：三组配合比的水灰比分别为 0.40、0.45、0.50，拌制 15L 拌合物的材料称量（砂、石用量不变，水灰比分别增、减 0.05）如表 4-69。

三组配合比材料用量表　　　　表 4-69

水 灰 比	水(kg)	水 泥(kg)	砂(kg)	石(kg)
0.40	2.64	6.60	8.93	18.14
0.45	2.64	5.86	8.93	18.14
0.50	2.64	5.28	8.93	18.14

上述三个水灰比混凝土标准养护 28d 抗压强度值分别为：

$$W/C = 0.40 \text{ 时}：f_{28} = 50.0\text{MPa};$$
$$W/C = 0.45 \text{ 时}：f_{28} = 42.3\text{MPa};$$
$$W/C = 0.50 \text{ 时}：f_{28} = 37.2\text{MPa};$$

根据水灰比的倒数灰水比和测得的 f_{28} 标养强度，绘制实测 f_{28} 强度与灰水比关系图，如图 4-17，由图中查出相应于试配强度 43.2MPa 的灰水比值为 2.25，故其水灰比为 0.44。

10. 混凝土配合比设计的确定

由图 4-20 查出 $f_{cu,0} = 43.2\text{MPa}$ 时的 $W/C = 0.44$，按照此水灰比再计算出混凝土设计配合比每 m^3 的各种材料用量。

(1) 确定用水量：$m_{w0} = 185 \times 0.95 = 176\text{kg}$；

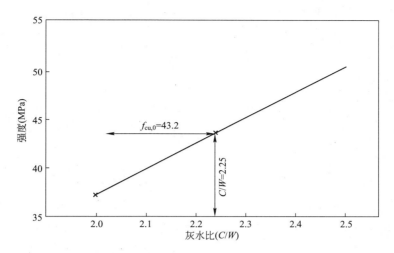

图 4-17 实测强度与灰水比关系示意图

(2) 计算水泥用量：$m_{c0}=176\div0.44=400\text{kg}$；

(3) 计算砂、石用量：$\beta_s=33\%$

$$m_{s0}+m_{g0}=2400-400-176=1824\text{kg}；$$
$$m_{s0}=1824\times33\%=602\text{kg}；$$
$$m_{g0}=1824-602=1222\text{kg}。$$

(4) 测定混凝土拌合物每立方米的重量：仍按 15L 的各种材料称量：

$$m_{c0}=400\times\frac{15}{1000}=6.00\text{kg}；$$

$$m_{s0}=602\times\frac{15}{1000}=9.03\text{kg}；$$

$$m_{g0}=1222\times\frac{15}{1000}=18.33\text{kg}；$$

$$m_{w0}=176\times\frac{15}{1000}=2.64\text{kg}。$$

经拌合重新测定其拌合物密度为 $2420\text{kg}/\text{m}^3$。计算混凝土配合比校正系数 $\delta=\frac{2420}{2400}=1.008$。因实测拌合物的表观密度与计算的表观密度值之差不超过 2%，故混凝土设计配合比的材料用量不再调整。

混凝土设计配合比每 m^3 的材料用量为：

$$m_{c0}=400\text{kg}；\ m_{s0}=602\text{kg}；$$
$$m_{g0}=1222\text{kg}；\ m_{w0}=176\text{kg}。$$

若以水泥重量为 1，则混凝土设计配合比为：水泥∶砂∶石∶水＝1∶1.51∶3.06∶0.44。

11. 施工配合比的确定

根据施工现场每日测定的砂、石含水率，把混凝土设计配合比换算调整为施工配合比。如施工现场测定的砂含水率为4%，石子含水率为0.5%，则：

$$m'_{c0} = 400 \text{kg};$$
$$m'_{s0} = m_{s0}(1+4\%) = 602 \times 104\% = 626 \text{kg};$$
$$m'_{g0} = m_{g0}(1+0.5\%) = 1222 \times 100.5\% = 1228 \text{kg}$$
$$m'_{w0} = m_{w0} - m_{s0} \times a\% - m_{g0} \times b\%$$
$$= 176 - 602 \times 4\% - 1222 \times 0.5\%$$
$$= 176 - 24 - 6$$
$$= 146 \text{kg}$$

施工配合比为 $m'_{c0} : m'_{s0} : m'_{g0} : m'_{w0} = 400 : 626 : 1228 : 146$ 或写为 $m_{c0} = 400 \text{kg/m}^3$，$m_{s0} = 626 \text{kg/m}^3$，$m_{g0} = 1228 \text{kg/m}^3$，$m_{w0} = 146 \text{kg/m}^3$。

第六节 特殊要求混凝土的配合比设计[1]

一、抗渗混凝土

抗渗混凝土是以调整混凝土配合比、掺入外加剂或使用特种水泥等方法提高混凝土自身的密实性、憎水性并使其满足抗渗等级等于或大于P6级的混凝土。

1. 原材料的要求

（1）粗骨料宜采用连续级配，其最大粒径不宜大于40mm，含泥量不得大于1.0%，泥块含量不得大于0.5%；

（2）细骨料的含泥量不得大于3.0%，泥块含量不得大于1.0%；

（3）外加剂宜采用防水剂、膨胀剂、引气剂、减水剂或引气减水剂；

（4）抗渗混凝土宜掺用矿物掺合料。

2. 配合比计算

抗渗混凝土配合比的计算方法和试配步骤除应遵照普通混凝土配合比设计规程外，尚应符合下列规定：

（1）每立方米混凝土中的水泥和矿物掺合料总量不宜小于320kg；

（2）砂率宜为35%～45%；

（3）供试配用的最大水灰比应符合表4-70的规定。

抗渗混凝土最大水灰比　　　　　表4-70

抗渗等级	最大水灰比	
	C20～C30混凝土	C30以上混凝土
P6	0.60	0.55
P8～P12	0.55	0.50
P12以上	0.50	0.45

---

[1] 主要内容引自JGJ 55—2000《普通混凝土配合比设计规程》。

3. 掺用引气剂的抗渗混凝土，其含气量宜控制在3%～5%。

4. 进行抗渗混凝土配合比设计时，尚应增加抗渗性能试验；并应符合下列规定：

(1) 试配要求的抗渗水压值应比设计值提高0.2MPa；

(2) 试配时，宜采用水灰比最大的配合比做抗渗试验，其试验结果应符合下式要求：

$$P_t \geqslant \frac{P}{10} + 0.2$$

式中　P_t——6个试件中4个未出现渗水时的最大水压值(MPa)；

　　　P——设计要求的抗渗等级值。

(3) 掺引气剂的混凝土还应进行含气量试验，试验结果应符合本节一.3规定。

二、抗冻混凝土

抗冻混凝土是指抗冻等级等于或大于F50的混凝土。

1. 抗冻混凝土所用原材料应符合下列规定：

(1) 应选用硅酸盐水泥或普通硅酸盐水泥，不宜使用火山灰质硅酸盐水泥；

(2) 宜选用连续级配的粗骨料，其含泥量不得大于1.0%，泥块含量不得大于0.5%；

(3) 细骨料含泥量不得大于3.0%，泥块含量不得大于1.0%；

(4) 抗冻等级F100及以上的混凝土所用的粗骨料和细骨料均应进行坚固性试验，并应符合现行行业标准《普通混凝土用砂、石质量及检验方法标准》JGJ 52—2006的规定；

(5) 抗冻混凝土宜采用减水剂，对抗冻等级F100及以上的混凝土应用引气剂，掺用后混凝土的含气量应符合《普通混凝土配合比设计规程》(JGJ 55—2000)第4.0.5条的规定。

2. 抗冻混凝土配合比的计算方法和试配步骤除应遵守普通混凝土配合比设计规程外，供试配用的最大水灰比尚应符合表4-71的要求。

抗冻混凝土的最大水灰比　　　　　　　表4-71

抗冻等级	无引气剂时	掺引气剂时
F50	0.55	0.60
F100	—	0.55
F150及以上	—	0.50

3. 进行抗冻混凝土配合比设计时，尚应增加抗冻融性能试验。

三、高强混凝土

混凝土强度等级为C60及其以上的混凝土称高强混凝土。

1. 配制高强混凝土所用原材料应符合下列规定：

(1) 应选用质量稳定、强度等级不低于42.5级的硅酸盐水泥或普通硅酸盐水泥。

(2) 对强度等级为C60级的混凝土，其粗骨料的最大粒径不应大于31.5mm，对强度等级高于C60级的混凝土，其粗骨料的最大粒径不应大于25mm；针片状颗粒含量不宜大于5.0%，含泥量不应大于0.5%，泥块含量不宜大于0.2%；其他质量指标应符合现行行业标准《普通混凝土用砂、石质量及检验方法标准》JGJ 52—2006的规定。

(3) 细骨料的细度模数宜大于 2.6，含泥量不应大于 2.0%，泥块含量不应大于 0.5%。其他质量指标应符合现行行业标准《普通混凝土用砂、石质量及检验方法标准》JGJ 52 的规定。

(4) 配制高强混凝土时应掺用高效减水剂或缓凝高效减水剂。

(5) 配制高强混凝土时应掺用活性较好的矿物掺合料，宜复合使用矿物掺合料。

2. 高强混凝土配合比的计算方法和步骤除应按普通混凝土配合比设计规程进行外，尚应符合下列规定：

(1) 基准配合比中的水灰比，可根据现有试验资料选取。

(2) 配制高强混凝土所用砂率及所采用的外加剂和矿物掺合料的品种、掺量，应通过试验确定。

(3) 计算高强混凝土配合比时，其用水量可按普通混凝土配合比设计规程的规定确定。

(4) 高强混凝土的水泥用量不应大于 550kg/m^3；水泥和矿物掺合料的总量不应大于 600kg/m^3。

3. 高强混凝土配合比的试配与确定的步骤应按普通混凝土配合比设计规程的规定进行。当采用三个不同的配合比进行混凝土强度试验时，其中一个应为基准配合比，另外两个配合比的水灰比，宜较基准配合比分别增加或减少 0.02~0.03。

4. 高强混凝土设计配合比确定后，尚应用该配合比进行不少于 6 次的重复试验进行验证，其平均值不应低于配制强度。

四、泵送混凝土

泵送混凝土是指混凝土拌合物的坍落度不低于 100mm 并用泵送施工的混凝土。

1. 泵送混凝土所采用的原材料应符合下列规定：

(1) 泵送混凝土应选用硅酸盐水泥、普通硅酸盐水泥、矿渣硅酸盐水泥和粉煤灰硅酸盐水泥，不宜采用火山灰质硅酸盐水泥。

(2) 粗骨料宜采用连续级配，其针片状颗粒不宜大于 10%；粗骨料的最大粒径与输送管径之比宜符合表 4-72 的规定。

粗骨料的最大粒径与输送管径之比　　　　表 4-72

石子品种	泵送高度(m)	粗骨料最大粒径与输送管径比
碎石	<50	≤1：3.0
	50~100	≤1：4.0
	>100	≤1：5.0
卵石	<50	≤1：2.5
	50~100	≤1：3.0
	>100	≤1：4.0

(3) 泵送混凝土宜采用中砂，其通过 0.315mm 筛孔的颗粒含量不应少于 15%。

(4) 泵送混凝土应掺用泵送剂或减水剂，并宜掺用粉煤灰或其他活性矿物掺合料，其质量应符合国家现行有关标准的规定。

2. 泵送混凝土试配时要求的坍落度值应按下式计算：

$$T_t = T_P + \Delta T$$

式中 T_t——试配时要求的坍落度值;

T_P——入泵时要求的坍落度值;

ΔT——试验测得在预计时间内的坍落度经时损失值。

3. 泵送混凝土配合比的计算和试配步骤除应按普通混凝土配合比设计规程的规定进行外,尚应符合下列规定:

(1) 泵送混凝土的用水量与水泥和矿物掺合料的总量之比不宜大于0.60。

(2) 泵送混凝土的水泥和矿物掺合料的总量不宜小于300kg/m³。

(3) 泵送混凝土的砂率宜为35%~45%。

(4) 掺用引气型外加剂时,其混凝土含气量不宜大于4%。

第七节 普通混凝土拌合物性能试验[❶]

一、目的要求及适用范围

为进一步规范混凝土试验方法,提高混凝土试验精度和试验水平,并在检验或控制混凝土工程或预制混凝土构件的质量时,有一个统一的混凝土拌合物性能试验方法,本方法适用于建筑工程中的普通混凝土拌合物性能试验,包括取样及试样制备、稠度试验、凝结时间试验、泌水与压力泌水试验、表观密度试验、含气量试验和配合比分析试验。

二、拌合物取样及试样制备

1. 同一组混凝土拌合物的取样应从同一盘搅拌或同一车运送的混凝土中取样;取样数量应多于试验所需量的1.5倍,且宜不小于20L。

2. 混凝土工程施工中取样进行混凝土拌合物性能试验时,其取样方法和原则应按GB 50204—2002《混凝土结构工程施工质量验收规范》及其他有关规定执行。

3. 混凝土拌合物的取样应具有代表性,宜采用多次采样的方法。一般在同一盘混凝土或同一车混凝土中的约1/4处、1/2处和3/4处之间分别取样,从第一次取样到最后一次取样不宜超过15min,然后人工搅拌均匀。

从取样完毕到开始做各项性能试验不宜超过5min。

4. 在试验室拌制混凝土拌合物进行试验时,混凝土拌合物的拌合方法按下列方法步骤进行:

(1) 试验室温度应保持在(20±5)℃,所用材料的温度应与试验室温度保持一致,当需要模拟施工条件下所用的混凝土时,所用原材料的温度宜与施工现场相同。

(2) 在决定用水量时,应扣除原材料的含水量,并相应增加其各种材料的用量。

(3) 拌制混凝土的材料用量以重量计。称量精确度:骨料为±1%;水、水泥、外加剂掺合料为±0.5%。

(4) 掺外加剂时,掺入方法应按照有关规定。

(5) 拌制混凝土所用的各种用具(如搅拌机、拌合铁板和铁铲、抹刀等),应预先用水

---

❶ 主要内容引自GB/T 50080—2002《普通混凝土拌合物性能试验方法标准》。

湿润，使用完毕后必须清洗干净，上面不得有混凝土残渣。

（6）使用搅拌机拌制混凝土时，应在拌合前预拌适量的砂浆进行刷膛（所用砂浆或混凝土配合比应与正式拌合的混凝土配合比相同），使搅拌机内壁粘附一层砂浆，以避免正式拌合时水泥砂浆的损失。机内多余的砂浆或混凝土倒在铁板上，使拌合铁板也粘附薄层砂浆。

从试样制备完毕到开始做各项性能试验不宜超过 5min。

（7）设备：1）搅拌机：容积 30～100L，转速为 18～22r/min。2）磅秤：称量 100kg，感量 50g；台磅：称量 10kg，感量 5g；天平：称量 1kg，感量 0.5g（称量外加剂用）。3）铁板：拌合用铁板，尺寸不宜小于 1.5m×2.0m，厚度 3～5mm。4）铁铲、抹刀、坍落度筒、刮尺、容器等。

（8）操作步骤：

1）人工拌合法：将称好的砂料、水泥放在铁板上，用铁铲将水泥和砂料翻拌均匀，然后加入称好的粗骨料（石子），再将全部拌合均匀。将拌合均匀的拌合物堆成圆锥形，在中心作一凹坑，将称量好的水（约一半）倒入凹坑中，勿使水溢出，小心拌合均匀。再将材料堆成圆锥形作一凹坑，倒入剩余的水，继续拌合。每翻一次，用铁铲在全部拌合物面上压切一次，翻拌一般不少于 6 次。拌合时间（从加水算起）随拌合物体积不同，宜按如下规定控制：拌合物体积在 30L 以下时，拌合 4～5min；体积在 30～50L 时，拌合 5～9min；体积超过 50L 时，拌 9～12min。混凝土拌合物体积超过 50L 时，应特别注意拌合物的均匀性。

2）机械拌合法：按照所需数量，称取各种材料，分别按石、水泥、砂依次装入料斗，开动机器徐徐将定量的水加入，继续搅拌 2～3min（或根据不同情况，按规定进行搅拌），将混凝土拌合物倾倒在铁板上，再经人工翻拌二次，使拌合物均匀一致后用做试验。

5. 混凝土拌合物取样后应立即进行试验。试验前混凝土拌合物应经人工略加翻拌，以保证其质量均匀。

三、混凝土拌合物的和易性

表示混凝土拌合物的施工操作难易程度和抵抗离析作用的性质称为和易性。和易性是由流动性、黏聚性、保水性等性能组成的一个总的概念。其具体含义如下：

1. 流动性（即稠度）

流动性是指混凝土拌合物在本身自重或施工机械振捣作用下，能产生流动并且均匀密实的填满模板中各个角落的性能。流动性好，则操作方便，易于振捣、成型。

2. 黏聚性

黏聚性是指混凝土拌合物在施工过程中互相之间有一定的黏聚力，不分层，能保持整体的均匀性能。

混凝土拌合物是由密度和粒径不同的固体颗粒和水分组成。在外力作用下，各组成材料的沉降各有不同，如果混凝土拌合物中各材料配比不当，黏聚性较小，则在施工中易发生分层（即混凝土拌合物各组分出现层状分离现象）、离析（即混凝土拌合物内某些组分的分离、析出现象）、泌水（又称析水，从水泥浆中泌出部分拌合水的现象）的情况，致使混凝土硬化后产生"蜂窝"、"麻面"等缺陷，影响混凝土的强度和耐久性。

3. 保水性

保水性是指混凝土拌合物，保持水分不易析出的能力。混凝土拌合物中的水，一部分是保证水泥水化所需水量（约占水泥用量的20%～25%），另一部分是为使混凝土拌合物具有足够流动性，便于浇捣所需的水量。前者与水泥水化物形成晶体和凝胶（结晶水和凝胶水），将永远存在于混凝土中。后者在混凝土运输、浇捣中，在凝结硬化前很容易聚集到混凝土表面，引起表面疏松，或积聚在骨料或钢筋的下表面，形成孔隙，削弱了骨料或钢筋与水泥石的粘结力，这种现象称为泌水性。泌水是材料离析的一种表现形式，即保水性差。

上述这些性质并不是在所有情况下相互一致的。例如增加用水量可以提高流动性，但并不一定能改善黏聚性和保水性。在一般情况下，用水量多总是会降低混凝土的强度和质量。所以和易性无法用一种指标评定，要用几种指标综合评定。

四、混凝土拌合物和易性的检验和评定

混凝土拌合物和易性的评定，通常采用测定混凝土拌合物的流动性，辅以直观经验评定黏聚性和保水性，来确定和易性。测定混凝土拌合物的流动性，应按 GB/T 50080—2002《普通混凝土拌合物性能试验方法标准》进行。流动性大小用"坍落度"或"维勃稠度"指标表示。

（一）混凝土拌合物坍落度与坍落扩展度的测定

本测定用以判断混凝土拌合物的流动性，主要适用于坍落度值不小于 10mm 的混凝土拌合物的稠度测定，骨料最大粒径不大于 40mm。

1. 试验设备

（1）坍落度筒：为薄钢板制成的截头圆锥筒，其内壁应光滑、无凸凹部位。底面和顶面应互相平行并与锥体的轴线垂直。在坍落度筒外 2/3 高度处安两个手把，下端应焊脚踏板。筒的内部尺寸为：底部直径 200±2mm；顶部直径 100±2mm；高度 300±2mm；筒壁厚度：不小于 1.5mm。如图 4-18；

（2）金属捣棒：直径 16mm，长 650mm，端部为弹头形；

（3）铁板：尺寸 600mm×600mm，厚度 3～5mm，表面平整；

（4）钢尺和直尺：300～500mm，最小刻度 1mm；

（5）小铁铲、抹刀等。

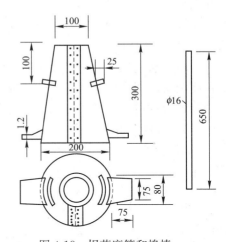

图 4-18 坍落度筒和捣棒

2. 试验程序

（1）用水湿润坍落度筒及其他用具，并把坍落度筒放在已准备好的刚性水平600mm×600mm 的铁板上，用脚踩住两边的脚踏板，使坍落度筒在装料时保持在固定位置。

（2）把按要求取得的混凝土试样用小铲分三层均匀的装入筒内，使捣实后每层高度为筒高的 1/3 左右。每层用捣棒沿螺旋方向由外向中心插捣 25 次，每次插捣应在截面上均匀分布。插捣筒边混凝土时，捣棒可以稍稍倾斜。插捣底层时，捣棒应贯穿整个深度，插捣第二层和顶层时，捣棒应插透本层至下层的表面。浇灌顶层时，混凝土应灌到高出筒口。插捣顶层过程中，如混凝土沉落到低于筒口，则应随时添加。顶层插捣完后，刮去多余的混凝土，并用抹刀抹平。

(3)清除筒边底板上的混凝土后,垂直平稳地在5～10s内提起坍落度筒。从开始装料到提坍落度筒的整个过程应不间断地进行,并应在150s内完成。

(4)提起坍落度筒后,测量筒高与坍落后混凝土试体最高点之间的高度差,即为该混凝土拌合物的坍落度值;坍落度筒提离后,如混凝土发生崩坍或一边剪坏现象,则应重新取样另行测定;如第二次试验仍出现上述现象,则表示该混凝土和易性不好,应予记录备查。

(5)观察坍落后的混凝土拌合物试体的黏聚性与保水性:黏聚性的检查方法是用捣棒在已坍落的混凝土截锥体侧面轻轻敲打,此时如果截锥试体逐渐下沉(或保持原状),则表示黏聚性良好,如果锥体倒坍、部分崩裂或出现离析现象,则表示黏聚性不好。保水性以混凝土拌合物中稀浆析出的程度来评定,坍落度筒提起后如有较多稀浆从底部析出,锥体部分的混凝土也因失浆而骨料外露,则表明其保水性能不好。如坍落度筒提起后无稀浆或仅有少量稀浆自底部析出,则表示其保水性能良好。

(6)当混凝土拌合物的坍落度大于220mm时,用钢尺测量混凝土扩展后最终的最大直径和最小直径,在这两个直径之差小于50mm的条件下,用其算术平均值作为坍落扩展度值;否则,此次试验无效。

如果发现粗骨料在中央集堆或边缘有水泥浆析出,表示此混凝土拌合物抗离析性不好,应予记录。

(7)混凝土拌合物坍落度和坍落扩展度值以毫米为单位,测量精确至1mm,结果表达修约至5mm。

(8)混凝土拌合物稠度试验报告应报告混凝土拌合物坍落度值或坍落扩展度值。

(二)维勃稠度测定

本方法适用于骨料最大粒径不大于40mm,维勃稠度在5～30s之间的混凝土拌合物稠度测定。坍落度不大于50mm或干硬性混凝土和维勃稠度大于30s的特干硬性混凝土拌合物的稠度可采用增实因数法来测定。

1.试验设备

(1)维勃稠度仪:维勃稠度仪(图4-19)由以下部分组成:

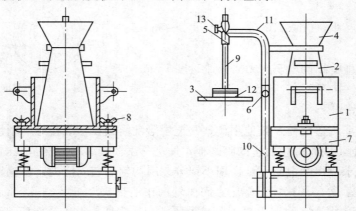

图4-19 维勃稠度仪

1—容器;2—坍落度筒;3—透明圆盘;4—喂料斗;5—套管;
6—定位螺丝;7—振动台;8—固定螺丝;9—测杆;
10—支柱;11—旋转架;12—荷重块;13—测杆螺丝

1) 振动台：台面长 380mm，宽 260mm，支承在四个减振器上。台面底部安有频率为 50±3Hz 的振动器。装有空容器时台面的振幅度为 0.5±0.1mm；

2) 容器：由钢板制成，内径为 240±5mm，高为 200±2mm，筒壁厚 3mm，筒底厚为 7.5mm；

3) 坍落度筒：其内部尺寸，底部直径为 200±2mm，顶部直径 100±2mm，高度为 300±2mm；

4) 旋转架：旋转架与测杆及喂料斗相连。测杆下部安装有透明且水平的圆盘，并用测杆螺丝把测杆固定在套管中。旋转架安装在支柱上，通过十字凹槽来固定方向，并用定位螺丝来固定其位置。就位后测杆或喂料斗的轴线均应与容器的轴线重合。透明圆盘直径为 230±2mm，厚度为 10±2mm。荷重块直接固定在圆盘上。由测杆、圆盘及荷重块组成的滑动部分总重量应为 2750±50g。

(2) 捣棒：捣棒直径 16mm，长 600mm，端部呈弹头形。

2. 试验程序

(1) 把维勃稠度仪放置在坚实水平的地面上，用湿布把容器、坍落度筒、喂料斗内壁及其他用具湿润。

(2) 将喂料斗提到坍落度筒上方扣紧，校正容器位置，使其中心与喂料斗中心重合，然后拧紧固定螺丝。

(3) 把按要求取样或制作的混凝土拌合物试样用小铲分三层经喂料斗均匀地装入筒内，装料及插捣方法应符合要求（与坍落度测定装料方法相同）。

(4) 把喂料斗转离，垂直地提起坍落度筒，此时应注意不使混凝土试体产生横向扭动。

(5) 把透明圆盘转到混凝土圆台体顶面，放松测杆螺丝，降下圆盘，使其轻轻接触到混凝土顶面。

(6) 拧紧定位螺丝，并检查测杆螺丝是否已经完全放松。

(7) 在开启振动台的同时用秒表计时，当振动到透明圆盘的底面被水泥浆布满的瞬间停止计时，并关闭振动台。

3. 试验结果

由秒表读出的时间即为该混凝土拌合物的维勃稠度值，精确至 1s。

五、混凝土拌合物泌水与压力泌水试验

（一）泌水试验

混凝土拌合物泌水性试验，是为了检查混凝土拌合物在固体组分沉降过程中水分离析的趋势，也适用于评定外加剂的品质和混凝土配合比的适用性。本方法适用于骨料最大粒径不大于 40mm 的混凝土拌合物泌水测定。

其试验方法按下列程序进行：

1. 试验设备

(1) 试样筒：内径和高 186±2mm、壁厚 3mm、容积为 5L 的带盖金属圆筒。当骨料最大粒径大于 40mm 时，容量筒的内径与高均应大于骨料最大粒径 4 倍。

(2) 振实设备可选用下列三种之一：

1) 振动台：频率 3000±200 次/min，空载振幅 0.5±0.1mm；

2）振动棒：直径 30～35mm；

3）钢制捣棒：直径 16mm，长 650mm，一端为弹头形。

（3）磅秤：称量 50kg，感量 50g；

（4）带盖量筒：容积 100mL、50mL，最小刻度 1mL。

（5）小铁铲、抹刀和吸液管等。

2. 泌水试验应按下列步骤进行：

（1）应用湿布湿润试样筒内壁后立即称量，记录试样筒的质量。再将混凝土试样装入试样筒，混凝土的装料及捣实方法有两种：

1）方法 A：用振动台振实。将试样一次装入试样筒内，开启振动台，振动应持续到表面出浆为止，且应避免过振；并使混凝土拌合物表面低于试样筒筒口 30±3mm，用抹刀抹平。抹平后立即计时并称量，记录试样筒与试样的总质量。

2）方法 B：用捣棒捣实。采用捣棒捣实时，混凝土拌合物应分两层装入，每层的插捣次数应为 25 次；捣棒由边缘向中心均匀地插捣，插捣底层时捣棒应贯穿整个深度，插捣第二层时，捣棒应插透本层至下一层的表面；每一层捣完后用橡皮锤轻轻沿容量外壁敲打 5～10 次，进行振实，直至拌合物表面插捣孔消失并不见大气泡为止；并使混凝土拌合物表面低于试样筒筒口 30±3mm，用抹刀抹平。抹平后立即计时并称量，记录试样筒与试样的总质量。

（2）在以下吸取混凝土拌合物表面泌水的整个过程中，应使试样筒保持水平、不受振动；除了吸水操作外，应始终盖好盖子；室温应保持在 20±2℃。

（3）从计时开始后 60min 内，每隔 10min 吸取 1 次试件表面渗出的水。60min 后，每隔 30min 吸 1 次水，直至认为不再泌水为止。为了便于吸水，每次吸水前 2min，将一片 35mm 厚的垫块垫入筒底一侧使其倾斜，吸水后平稳地复原。吸出的水放入量筒中，记录每次吸水的水量并计算累计水量，精确至 1mL。

3. 泌水量和泌水率的结果计算及其确定应按下列方法进行：

（1）泌水量应按下式计算：

$$B_a = \frac{V}{A} \tag{4-118}$$

式中　B_a——泌水量(mL/mm^2)；

　　　V——最后一次吸水后累计的泌水量(mL)；

　　　A——试样外露的表面面积(mm^2)。

计算应精确至 $0.01mL/mm^2$。泌水量取三个试样测值的平均值。三个测值中的最大值或最小值，如果有一个与中间值之差超过中间值的 15%，则以中间值为试验结果；如果最大值和最小值与中间值之差均超过中间值的 15% 时，则此次试验无效。

（2）泌水率应按下式计算：

$$B = \frac{V_W}{(W/G)G_W} \times 100 \tag{4-119}$$

$$G_W = G_1 - G_0$$

式中　B——泌水率(%)；

　　　V_W——泌水总量(mL)；

G_W——试样质量(g);

W——混凝土拌合物总用水量(mL);

G——混凝土拌合物总质量(g);

G_1——试样筒及试样总质量(g);

G_0——试样筒质量(g)。

计算应精确至1%。泌水率取三个试样测值的平均值。三个测值中的最大值或最小值,如果有一个与中间值之差超过中间值的15%,则以中间值为试验结果;如果最大值和最小值与中间值之差均超过中间值的15%时,则此次试验无效。

(二)压力泌水试验

1. 本方法适用于骨料最大粒径不大于40mm的混凝土拌合物压力泌水测定。

2. 压力泌水试验所用的仪器设备应符合下列条件:

(1)压力泌水仪:其主要部件包括压力表、缸体、工作活塞、筛网等(图4-20)。压力表最大量程6MPa,最小分度值不大于0.1MPa;缸体内径125±0.02mm,内高200±0.2mm;工作括塞压强为3.2MPa,公称直径为125mm;筛网孔径为0.315mm。

(2)捣棒:直径16mm,长600mm,端部磨圆。

(3)量筒:200mL量筒。

3. 压力泌水试验应按以下步骤进行:

(1)混凝土拌合物应分两层装入压力泌水仪的缸体容器内,每层的插捣次数应为20次。捣棒由边缘向中心均匀地插捣,插捣底层时捣棒应贯穿整个深度,插捣第二层时,捣棒应插透本层至下一层的表面;第一层捣完后用橡皮锤轻轻沿容器外壁敲打5~10次,进行振实,直至拌合物表面插捣孔消失并不见大气泡为止;并使拌合物表面低于容器口以下约30mm处,用抹刀将表面抹平。

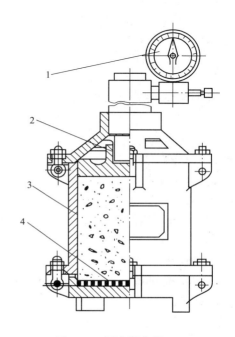

图4-20 压力泌水仪
1—压力表;2—工作活塞;
3—缸体;4—筛网

(2)将容器外表擦干净,压力泌水仪按规定安装完毕后应立即给混凝土试样施加压力至3.2MPa,并打开泌水阀门同时开始计时,保持恒压,泌出的水接入200mL量筒里;加压至10s时读取泌水量V_{10}加压至140s时读取泌水量V_{140}。

4. 压力泌水率应按下式计算:

$$B_V = \frac{V_{10}}{V_{140}} \times 100 \tag{4-120}$$

式中 B_V——压力泌水率(%);

V_{10}——加压至10s时的泌水量(mL);

V_{140}——加压至140s时的泌水量(mL)。

压力泌水率的计算应精确至1%。

5. 混凝土拌合物压力泌水试验报告包括以下内容:
(1) 加压至 10s 时的泌水量 V_{10},和加压至 140s 时的泌水量 V_{140};
(2) 压力泌水率。

六、混凝土拌合物凝结时间测定

混凝土拌合物凝结时间的测定按下列程序进行:

（一）测定目的

测定不同水泥品种、不同外加剂、不同混凝土配合比以及不同气温环境下混凝土拌合物的凝结时间,以控制现场施工流程。

（二）基本原理

用不同截面积的金属测针,在一定时间内,竖直插入从混凝土拌合物筛出的砂浆中,以达到一定深度时所受阻力值的大小,作为衡量凝结时间的标准。

（三）适用范围

本方法适用于从混凝土拌合物中筛出的砂浆用贯入阻力法来确定坍落度值不为零的混凝土拌合物凝结时间的测定。

（四）仪器设备

贯入阻力仪应由加荷装置、测针、砂浆试样筒和标准筛组成,可以是手动的,也可以是自动的。贯入阻力仪应符合下列要求:

1. 加荷装置:最大测量值应不小于 1000N,精度为 ±10N;
2. 测针:长为 100mm,承压面积为 $100mm^2$、$50mm^2$ 和 $20mm^2$ 三种测针;在距贯入端 25mm 处刻有一圈标记;
3. 砂浆试样筒:上口径为 160mm,下口径为 150mm,净高为 150mm 刚性不透水的金属圆筒,并配有盖子;
4. 标准筛:筛孔为 5mm 的符合现行国家标准《试验筛》GB/T 6005 规定的金属圆孔筛。

（五）凝结时间试验应按下列步骤进行

1. 应从按二制备或现场取样的混凝土拌合物试样中,用 5mm 标准筛筛出砂浆,每次应筛净,然后将其拌合均匀。将砂浆一次分别装入三个试样筒中,做三个试验。取样混凝土坍落度不大于 70mm 的混凝土宜用振动台振实砂浆;取样混凝土坍落度大于 70mm 的宜用捣棒人工捣实。用振动台振实砂浆时,振动应持续到表面出浆为止,不得过振;用捣棒人工捣实时,应沿螺旋方向由外向中心均匀插捣 25 次,然后用橡皮锤轻轻敲打筒壁,直至插捣孔消失为止。振实或插捣后,砂浆表面应低于砂浆试样筒口约 10mm;砂浆试样筒应立即加盖。

2. 砂浆试样制备完毕,编号后应置于温度为 20±2℃的环境中或现场同条件下待试,并在以后的整个测试过程中,环境温度应始终保持 20±2℃。现场同条件测试时,应与现场条件保持一致。在整个测试过程中,除在吸取泌水或进行贯入试验外,试样筒应始终加盖。

3. 凝结时间测定从水泥与水接触瞬间开始计时。根据混凝土拌合物的性能,确定测针试验时间,以后每隔 0.5h 测试一次,在临近初、终凝时可增加测定次数。

4. 在每次测试前 2min,将一片 20mm 厚的垫块垫入筒底一侧使其倾斜,用吸管吸去表面的泌水,吸水后平稳地复原。

5. 测试时将砂浆试样筒置于贯入阻力仪上,测针端部与砂浆表面接触,然后在 $10\pm2s$ 内均匀地使测针贯入砂浆 $25\pm2mm$ 深度,记录贯入压力,精确至 10N;记录测试时间,精确至 1min;记录环境温度,精确至 0.5℃。

6. 各测点的间距应大于测针直径的两倍且不小于 15mm,测点与试样筒壁的距离应不小于 25mm。

7. 贯入阻力测试在 0.2~28MPa 之间应至少进行 6 次,直至贯入阻力大于 28MPa 为止。

8. 在测试过程中应根据砂浆凝结状况,适时更换测针,更换测针宜按表 4-73 选用。

测针选用规定表　　　　　　　　　表 4-73

贯入阻力(MPa)	0.2~3.5	3.5~20	20~28
测针面积(mm²)	100	50	20

(六)贯入阻力的结果计算以及初凝时间和终凝时间的确定应按下述方法进行

1. 贯入阻力应按下式计算:

$$f_{PR}=\frac{P}{A} \tag{4-121}$$

式中　f_{PR}——贯入阻力(MPa);
　　　P——贯入压力(N);
　　　A——测针面积(mm²)。

计算应精确至 0.1MPa。

2. 凝结时间宜通过线性回归方法确定,是将贯入阻力 f_{PR} 和时间 t 分别取自然对数 $\ln(f_{PR})$ 和 $\ln(t)$,然后把 $\ln(f_{PR})$ 当作自变量,$\ln(t)$ 当作因变量作线性回归得到回归方程式:

$$\ln(t)=A+B\ln(f_{PR}) \tag{4-122}$$

式中　t——时间(min);
　　　f_{PR}——贯入阻力(MPa);
　　　A、B——线性回归系数。

根据式(4-113)求得当贯入阻力为 3.5MPa 时为初凝时间 t_s,贯入阻力为 28MPa 时为终凝时间 t_e:

$$t_s=e^{(A+B\ln(3.5))} \tag{4-123}$$

$$t_e=e^{(A+B\ln(28))} \tag{4-124}$$

式中　t_s——初凝时间(min);
　　　t_e——终凝时间(min);
　　　A、B——式(4-122)中的线性回归系数。

凝结时间也可用绘图拟合方法确定,是以贯入阻力为纵坐标,经过的时间为横坐标(精确至 1min),绘制出贯入阻力与时间之间的关系曲线,以 3.5MPa 和 28MPa 划两条平行于横坐标的直线,分别与曲线相交的两个交点的横坐标即为混凝土拌合物的初凝和终凝时间。

3. 用三个试验结果的初凝和终凝时间的算术平均值作为此次试验的初凝和终凝时间。

如果三个测值的最大值或最小值中有一个与中间值之差超过中间值的10%，则以中间值为试验结果；如果最大值和最小值与中间值之差均超过中间值的10%时，则此次试验无效。

凝结时间用 h：min 表示，并修约至 5min。

七、混凝土拌合物表观密度测定

（一）适用范围

本方法适用于测定混凝土拌合物捣实后的单位体积质量（即表观密度）。

（二）混凝土拌合物表观密度试验所用的仪器设备应符合下列规定

1. 容量筒：金属制成的圆筒，两旁装有提手。对骨料最大粒径不大于 40mm 的拌合物采用容积为 5L 的容量筒，其内径与内高均为 186±2mm，筒壁厚为 3mm；骨料最大粒径大于 40mm 时，容量筒的内径与内高均应大于骨料最大粒径的 4 倍。容量筒上缘及内壁应光滑平整，顶面与底面应平行并与圆柱体的轴垂直。

容量筒容积应予以标定，标定方法可采用一块能覆盖住容量筒顶面的玻璃板，先称出玻璃板和空桶的质量，然后向容量筒中灌入清水，当水接近上口时，一边不断加水，一边把玻璃板沿筒口徐徐推入盖严，应注意使玻璃板下小带入任何气泡；然后擦净玻璃板面及筒壁外的水分，将容量筒连同玻璃板放在台秤上称其质量；两次质量之差（kg）即为容量筒的容积 L；

2. 台秤：称量 50kg，感量 50g；

3. 振动台：应符合《混凝土试验室用振动台》JG/T 3020 中技术要求的规定；

4. 捣棒：应符合 JG 3021《混凝土坍落度仪》的规定。

（三）混凝土拌合物表观密度试验应按以下步骤进行

1. 用湿布把容量筒内外擦干净，称出容量筒质量，精确至 50g。

2. 混凝土的装料及捣实方法应根据拌合物的稠度而定。坍落度不大于 70mm 的混凝土，用振动台振实为宜；大于 70mm 的用捣棒捣实为宜。采用捣棒捣实时，应根据容量筒的大小决定分层与插捣次数：用 5L 容量筒时，混凝土拌合物应分两层装入，每层的插捣次数应为 25 次；用大于 5L 的容量筒时，每层混凝土的高度不应大于 100mm，每层插捣次数应按每 10000mm² 截面不小于 12 次计算。各次插捣应由边缘向中心均匀地插捣，插捣底层时捣棒应贯穿整个深度，插捣第二层时，捣棒应插透本层至下一层的表面；每一层捣完后用橡皮锤轻轻沿容器外壁敲打 5~10 次，进行振实，直至拌合物表面插捣孔消失并不见大气泡为止。

采用振动台振实时，应一次将混凝土拌合物灌到高出容量筒口。装料时可用捣棒稍加插捣，振动过程中如混凝土低于筒口，应随时添加混凝土，振动直至表面出浆为止。

3. 用刮尺将筒口多余的混凝土拌合物刮去，表面如有凹陷应填平；将容量筒外壁擦净，称出混凝土试样与容量筒总质量精确至 50g。

（四）混凝土拌合物表观密度的计算应按下式计算

$$\gamma_h = \frac{W_2 - W_1}{V} \times 1000 \qquad (4\text{-}125)$$

式中　γ_h——表观密度（kg/m³）；

W_1——容量筒质量（kg）；

W_2——容量筒和试样总质量（kg）；

V——容量筒容积(L)。

试验结果的计算精确至 $10kg/m^3$。

八、混凝土拌合物含气量测定

(一) 适用范围

本方法适于骨料最大粒径不大于 40mm 的混凝土拌合物含量测定。

(二) 含气量试验所用设备应符合下列规定

1. 含气量测定仪：如图 4-21 所示，由容器及盖体两部分组成。容器：应由硬质、不易被水泥浆腐蚀的金属制成，其内表面粗糙度不应大于 $3.2\mu m$，内径应与深度相等，容积为 7L。盖体：应用与容器相同的材料制成。盖体部分应包括有气室、水找平室、加水阀、排水阀、操作阀、进气阀、排气阀及压力表。压力表的量程为 $0\sim0.25MPa$，精度为 0.01MPa。容器及盖体之间应设置密封垫圈，用螺栓连接，连接处不得有空气存留，并保证密闭；

2. 捣棒：应符合《混凝土坍落度仪》JG 3021 的规定；

3. 振动台：应符合《混凝土试验室用振动台》JG/T 3020 中技术要求的规定；

4. 台秤：称量 50kg，感量 50g；

5. 橡皮锤：应带有质量约 250g 的橡皮锤头。

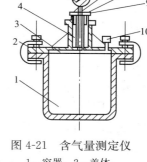

图 4-21 含气量测定仪
1—容器；2—盖体；
3—水找平室；4—气室；
5—压力表；6—排气阀；
7—操作阀；8—排水阀；
9—进气阀；10—加水阀

(三) 在进行拌合物含气量测定之前，应先按下列步骤测定拌合物所用骨料的含气量：

1. 应按下式计算每个试样中粗、细骨料的质量：

$$m_g = \frac{V}{1000} \times m'_g \qquad (4\text{-}126)$$

$$m_s = \frac{V}{1000} \times m'_s \qquad (4\text{-}127)$$

式中 m_g、m_s——分别为每个试样中的粗、细骨料质量(kg)；

m'_g、m'_s——分别为每立方米混凝土拌合物中粗、细骨料质量(kg)；

V——含气量测定仪容器容积(L)。

2. 在容器中先注入 1/3 高度的水，然后把通过 40mm 网筛的质量为 m_g、m_s 的粗、细骨料称好、拌匀，慢慢倒入容器。水面每升高 25mm 左右，轻轻插捣 10 次，并略予搅动，以排除夹杂进去的空气，加料过程中应始终保持水面高出骨料的顶面；骨料全部加入后，应浸泡约 5min，再用橡皮锤轻敲容器外壁，排净气泡，除去水面泡沫，加水至满，擦净容器上口边缘；装好密封圈，加盖拧紧螺栓；

3. 关闭操作阀和排气阀，打开排水阀和加水阀，通过加水阀，向容器内注入水；当排水阀流出的水流不含气泡时，在注水的状态下，同时关闭加水阀和排水阀；

4. 开启进气阀，用气泵向气室内注入空气，使气室内的压力略大于 0.1MPa，待压力表显示值稳定；微开排气阀，调整压力至 0.1MPa，然后关紧排气阀；

5. 开启操作阀，使气室里的压缩空气进入容器，待压力表显示值稳定后记录示值

P_{g1}，然后开启排气阀，压力仪表示值应回零；

6. 重复以上第(三)条第 4 款和第(三)条第 5 款的试验，对容器内的试样再检测一次记录表值 P_{g2}；

7. 若 P_{g1} 和 P_{g2} 的相对误差小于 0.2% 时，则取 P_{g1} 和 P_{g2} 的算术平均值，按压力与含气量关系曲线（见(六)2）查得骨料的含气量（精确 0.1%）；若不满足，则应进行第三次试验。测得压力值 P_{g3}(MPa)。当 P_{g3} 与 P_{g1}、P_{g2} 中较接近一个值的相对误差不大于 0.2% 时，则取此二值的算术平均值。当仍大于 0.2% 时，则此次试验无效，应重做。

(四) 混凝土拌合物含气量试验应按下列步骤进行

1. 用湿布擦净容器和盖的内表面，装入混凝土拌合物试样；

2. 捣实可采用手工或机械方法。当拌合物坍落度大于 70mm 时，宜采用手工插捣，当拌合物坍落度不大于 70mm 时，宜采用机械振捣，如振动台或插入或振捣器等；

用捣棒捣实时，应将混凝土拌合物分 3 层装入，每层捣实后高度约为 1/3 容器高度；每层装料后由边缘向中心均匀地插捣 25 次，捣棒应插透本层高度，再用木锤沿容器外壁重击 10～15 次，使插捣留下的插孔填满。最后一层装料应避免过满；

采用机械捣实时，一次装入捣实后体积为容器容量的混凝土拌合物，装料时可用捣棒稍加插捣，振实过程中如拌合物低于容器口，应随时添加；振动至混凝土表面平整、表面出浆即止，不得过度振捣；

若使用插入式振动器捣实，应避免振动器触及容器内壁和底面；

在施工现场测定混凝土拌合物含气量时，应采用与施工振动频率相同的机械方法捣实；

3. 捣实完毕后立即用刮尺刮平，表面如有凹陷应予填平抹光；

如需同时测定拌合物表观密度时，可在此时称量和计算；

然后在正对操作阀孔的混凝土拌合物表面贴一小片塑料薄膜，擦净容器上口边缘，装好密封垫圈，加盖并拧紧螺栓；

4. 关闭操作阀和排气阀，打开排水阀和加水阀，通过加水阀，向容器内注入水；当排水阀流出的水流不含气泡时，在注水的状态下，同时关闭加水阀和排水阀；

5. 然后开启进气阀，用气泵注入空气至气室内压力略大于 0.1MPa，待压力示值仪表示值稳定后，微微开启排气阀，调整压力至 0.1MPa，关闭排气阀；

6. 开启操作阀，待压力示值仪稳定后，测得压力值 P_{01}(MPa)；

7. 开启排气阀，压力仪示值回零；重复上述 5 至 6 的步骤，对容器内试样再测一次压力值 P_{02}(MPa)；

8. 若 P_{01} 和 P_{02} 的相对误差小于 0.2% 时，则取 P_{01}、P_{02} 的算术平均值，按压力与含气量关系曲线查得含气量 A_0（精确至 0.1%）；若不满足，则应进行第三次试验，测得压力值 P_{03}(MPa)。当 P_{03} 与 P_{01}、P_{02} 中较接近一个值的相对误差不大于 0.2% 时，则取此二值的算术平均值查得 A_0；当仍大于 0.2%，此次试验无效。

(五) 混凝土拌合物含气量应按下式计算

$$A = A_0 - A_g \tag{4-128}$$

式中 A——混凝土拌合物含气量(%)；

A_0——两次含气量测定的平均值(%);

A_g——骨料含气量(%)。

计算精确至 0.1%。

(六) 含气量测定仪容器容积的标定及率定应按下列规定进行

1. 容器容积的标定按下列步骤进行:

1) 擦净容器,并将含气量仪全部安装好,测定含气量仪的总质量,测量精确至 50g;

2) 往容器内注水至上缘,然后将盖体安装好,关闭操作阀和排气阀,打开排水阀和加水阀,通过加水阀,向容器内注入水;当排水阀流出的水流不含气泡时,在注水的状态下,同时关闭加水阀和排水阀,再测定其总质量;测量精确至 50g;

3) 容器的容积应按下式计算:

$$V = \frac{m_2 - m_1}{\rho_w} \times 1000 \qquad (4-129)$$

式中 V——含气量仪的容积(L);

m_1——干燥含气量仪的总质量(kg);

m_2——水、含气量仪的总质量(kg);

ρ_w——容器内水的密度(kg/m³)。

计算应精确至 0.01L。

2. 含气量测定仪的率定按下列步骤进行:

1) 按(四)条中第 5 条至第 8 条的操作步骤测得含气量为 0 时的压力值;

2) 开启排气阀,压力示值器示值回零;关闭操作阀和排气阀,打开排水阀,在排水阀口用量筒接水;用气泵缓缓地向气室内打气,当排出的水恰好是含气量仪体积的 1% 时。按上述步骤测得含气量为 1% 时的压力值;

3) 如此继续测取含气量分别为 2%、3%、4%、5%、6%、7%、8% 时的压力值;

4) 以上试验均应进行两次,各次所测压力值均应精确至 0.01MPa;

5) 对以上的各次试验均应进行检验,其相对误差均应小于 0.2%;否则应重新率定;

6) 据此检验以上含气量 0、1%、…、8% 共 9 次的测量结果,绘制含气量与气体压力之间的关系曲线。

九、混凝土配合比分析

(一) 适用范围

本方法适用于用水洗分析法测定普通混凝土拌合物中四大组分(水泥、水、砂、石)的含量,但不适用于骨料含泥量波动较大以及用特细砂、山砂和机制砂配制的混凝土。

(二) 混凝土拌合物配合比水洗分析法使用的设备应符合下列规定

1. 广口瓶:容积为 2000mL 的玻璃瓶,并配有玻璃盖板;

2. 台秤:称量 50kg、感量 50g 和称量 10kg、感量 5g 各一台;

3. 托盘天平:称量 5kg,感量 5g;

4. 试样筒:符合七、(二)、1. 要求的容积为 5L 和 10L 的容量筒并配有玻璃盖板;

5. 标准筛:孔径为 5mm 和 0.16mm 标准筛各一个。

(三) 在进行本试验前,应对下列混凝土原材料进行有关试验项目的测定

1. 水泥表观密度试验,按《水泥密度测定方法》GB/T 208 进行。

2. 粗骨料、细骨料饱和面干状态的表观密度试验，按《普通混凝土用砂、石质量及检验方法标准》JGJ 52—2006 进行。

3. 细骨料修正系数应按下述方法测定：

向广口瓶中注水至筒口，再一边加水一边徐徐推进玻璃板，注意玻璃板下不带有任何气泡，盖严后擦净板面和广口瓶壁的余水，如玻璃板下有气泡，必须排除。测定广口瓶、玻璃板和水的总质量后，取具有代表性的两个细骨料试样，每个试样的质量为2kg，精确至5g。分别倒入盛水的广口瓶中，充分搅拌、排气后浸泡约半小时；然后向广口瓶中注水至筒口，再一边加水一边徐徐推进玻璃板，注意玻璃板下不得带有任何气泡，盖严后擦净板面和瓶壁的余水，称得广口瓶、玻璃板、水和细粗骨料的总质量；则细骨料在水中的质量为：

$$m_{ys}=m_{ks}-m_p \tag{4-130}$$

式中 m_{ys}——细骨料在水中的质量(g)；
m_{ks}——细骨料和广口瓶、水及玻璃板的总质量(g)；
m_p——广口瓶、玻璃板和水的总质量(g)。

应以两个试样试验结果的算术平均值作为测定值，计算应精确至1g。

然后用0.16mm的标准筛将细骨料过筛，用以上同样的方法测得大于0.16mm细骨料在水中的质量：

$$m_{ys1}=m_{ks1}-m_p \tag{4-131}$$

式中 m_{ys1}——大于0.16mm的细骨料在水中的质量(g)；
m_{ks1}——大于0.16mm的细骨料和广口瓶、水及玻璃板的总质量(g)；
m_p——广口瓶、玻璃板和水的总质量(g)。

应以两个试样试验结果的算术平均值作为测定值，计算应精确至1g。

细骨料修正系数为：

$$C_s=\frac{m_{ys}}{m_{ys1}} \tag{4-132}$$

式中 C_s——细骨料修正系数；
m_{ys}——细骨料在水中的质量(g)；
m_{ys1}——大于0.16mm的细骨料在的水中的质量(g)。

计算应精确至0.01。

(四)混凝土拌合物的取样应符合下列规定

1. 混凝土拌合物的取样应按本节(二)的规定进行。

2. 当混凝土中粗骨料的最大粒径≤40mm时，混凝土拌合物的取样量≥20L，混凝土中粗骨料最大粒径＞40mm时，混凝土拌合物的取样量≥40L。

3. 进行混凝土配合比分析时，当混凝土中粗骨料最大粒径≤40mm时，每份取12kg试样；当混凝土中粗骨料的最大粒径＞40mm时，每份取15kg试样，剩余的混凝土拌合物试样，按本标准第6章的规定，进行拌合物表观密度的测定。

(五)水洗法分析混凝土配合比试验应按下列步骤进行

1. 整个试验过程的环境温度应在15～25℃之间，从最后加水至试验结束，温差不应超过2℃。

2. 称取质量为 m_0 的混凝土拌合物试样，精确至50g并应符合本节九、(四)中的有关规定；然后按下式计算混凝土拌合物试样的体积：

$$V=\frac{m_0}{\rho} \tag{4-133}$$

式中　V——试样的体积(L)；

　　　m_0——试样的质量(g)；

　　　ρ——混凝土拌合物的表观密度(g/cm³)。

计算应精确至$1g/cm^3$。

3. 把试样全部移到5mm筛上水洗过筛，水洗时，要用水将筛上粗骨料仔细冲洗干净，粗骨料上不得粘有砂浆，筛下应备有不透水的底盘，以收集全部冲洗过筛的砂浆与水的混合物；称量洗净的粗骨料试样在饱和面干状态下在的质量m_g，粗骨料饱和面干状态表观密度符号为ρ_g，单位g/cm³。

4. 将全部冲洗过筛的砂浆与水的混合物全部移到试样筒中，加水至试样筒三分之二高度，用棒搅拌，以排除其中的空气；如水面上有不能破裂的气泡，可以加入少量的异丙醇试剂以消除气泡；让试样静止10min以使固体物质沉积于容器底部。加水至满，再一边加水一边徐徐推进玻璃板，注意玻璃板下不得带有任何气泡，盖严后应擦净板面和筒壁的余水。称出砂浆与水的混合物和试样筒、水及玻璃板的总质量。应按下式计算细砂浆的水中的质量：

$$m'_m = m_k - m_D \tag{4-134}$$

式中　m'_m——砂浆在水中的质量(g)；

　　　m_k——砂浆与水的混合物和试样筒、水及玻璃板的总质量(g)；

　　　m_D——试样筒、玻璃板和水的总质量(g)。

计算应精确至1g。

5. 将试样筒中的砂浆与水的混合物在0.16mm筛上冲洗，然后将在0.16mm筛上洗净的细骨料全部移至广口瓶中，加水至满，再一边加水一边徐徐推进玻璃板，注意玻璃板下不得带有任何气泡，盖严后应擦净板面和瓶壁的余水；称出细骨料试样、试样筒、水及玻璃板总质量，应按下式计算细骨料在水中的质量：

$$m'_s = C_s(m_{cs} - m_p) \tag{4-135}$$

式中　m'_s——细骨料在水中的质量(g)；

　　　C_s——细骨料修正系数；

　　　m_{cs}——细骨料试样、广口瓶、水及玻璃板总质量(g)；

　　　m_p——广口瓶、玻璃板和水的总质量(g)。

计算应精确至1g。

(六) 混凝土拌合物中四种组分的结果计算及确定应按下述方法进行

1. 混凝土拌合物试样中四种组分的质量应按以下公式计算：

1) 试样中的水泥质量应按下式计算：

$$m_c = (m'_m - m'_s) \times \frac{\rho_c}{\rho_c - 1} \tag{4-136}$$

式中　m_c——试样中的水泥质量(g)；

　　　m'_m——砂浆在水中的质量(g)；

m'_s——细骨料在水中的质量(g);

ρ_c——水泥的表观密度(g/cm³)。

计算应精确至1g。

2) 试样中细骨料的质量应按下式计算：

$$m_s = m'_s \times \frac{\rho_s}{\rho_s - 1} \tag{4-137}$$

式中 m_s——试样中细骨料的质量(g);

m'_s——细骨料在水中的质量(g);

ρ_s——处于饱和面干状态下的细骨料的表观密度(g/cm³)。

计算应精确至1g。

3) 试样中的水的质量应按下式计算：

$$m_w = m_o - (m_g + m_s + m_c) \tag{4-138}$$

式中 m_w——试样中的水的质量(g);

m_o——拌合物试样质量(g);

m_g、m_s、m_c——分别为试样中粗骨料、细骨料和水泥的质量(g)。

计算应精确至1g。

4) 混凝土拌合物试样中粗骨料的质量应按本节九、(五)中第3款得出的粗骨料饱和面干质量 m_g，单位g。

2. 混凝土拌合物中水泥、水、粗骨料、细骨料的单位用量，应按分别按下式计算：

$$C = \frac{m_c}{V} \times 1000$$

$$W = \frac{m_w}{V} \times 1000$$

$$G = \frac{m_g}{V} \times 1000$$

$$S = \frac{m_s}{V} \times 1000$$

式中 C、W、G、S——分别为水泥、水、粗骨料、细骨料的单位用量(kg/m³);

m_c、m_w、m_g、m_s——分别为试样中水泥、水、粗骨料、细骨料的质量(g);

V——试样体积(L)。

以上计算应精确至1kg/m³。

3. 以两个试样试验结果的算术平均值作为测定值，两次试验结果差值的绝对值应符合下列规定：水泥：≤6kg/m³；水：≤4kg/m³；砂：≤20kg/m³；石：≤30kg/m³，否则此次试验无效。

第八节 普通混凝土力学性能试验[1]

普通混凝土的力学性能试验，包括抗压强度试验、轴心抗压强度试验、静力受压弹性

---

[1] 主要内容引自 GB/T 50081—2002《普通混凝土力学性能试验方法标准》。

模量试验、劈裂抗拉强度试验和抗折强度试验。普通混凝土的力学性能试验应以三个试件为一组，每组试件所用的拌合物应从同一盘混凝土或同一车混凝土中取样。

一、试件的尺寸、形状和公差

（一）试件的尺寸

试件的尺寸应根据混凝土中骨料的最大粒径按表 4-74 选定。为保证试件的尺寸，试件应采用符合《混凝土试模》（JG 3019）规定的试模制作。

混凝土试件尺寸选用表 表 4-74

试件横截面尺寸(mm)	骨料最大粒径(mm)	
	劈裂抗拉强度试验	其他试验
100×100	20	31.5
150×150	40	40
200×200	—	63

注：骨料最大粒径指的是符合《普通混凝土用砂、石质量及检验方法标准》JGJ 52—92 中规定的圆孔筛的孔径。

（二）试件的形状

1. 抗压强度和劈裂抗拉强度试件应符合下列规定：

边长为 150mm 的立方体试件是标准试件，边长为 100mm 和 200mm 的立方体试件是非标准试件。

2. 轴心抗压强度和静力受压弹性模量试件应符合下列规定：

边长为 150mm×150mm×300mm 的棱柱体试件是标准试件，边长为 100mm×100mm×300mm 和 200mm×200mm×400mm 的棱柱体试件是非标准试件。

3. 抗折强度试件应符合下列规定：

边长为 150mm×150mm×600mm（或 550mm）的棱柱体试件是标准试件，边长为 100mm×100mm×400mm 的棱柱体试件是非标准试件。

（三）尺寸公差

试件的承压面的平面度公差不得超过 0.0005d（d 为边长），试件的相邻面的夹角应为 90°，其公差不得超过 0.5°。试件各边长和高的尺寸的公差不得超过 1mm。

二、试件的制作和养护

（一）试件的制作

1. 混凝土试件的制作应符合下列规定：

（1）成型前，应检查试模尺寸并符合规定；试模内表面应涂一薄层矿物油或其他不与混凝土发生反应的脱模剂。

（2）在试验室拌制混凝土时，其材料用量应以质量计，称量的精度：水泥、掺合料、水和外加剂为±0.5%；骨料为±1%。

（3）取样或试验室拌制的混凝土应在拌制后尽短的时间内成型，一般不宜超过 15min。

（4）根据混凝土拌合物的稠度确定混凝土成型方法，坍落度不大于 70mm 的混凝土宜用振动振实；大于 70mm 的宜用捣棒人工捣实；检验现浇混凝土或预制构件的混凝土，试件成型方法宜与实际采用的方法相同。

2. 混凝土试件制作方法

(1) 取样或拌制好的混凝土拌合物应至少用铁锹来回拌合三次后,选择成型方法成型。

1) 用振动台振实制作试件:将混凝土拌合物一次装入试模,装料时应用抹刀沿各试模壁插捣,并使混凝土拌合物高出试模口;试模应附着或固定在符合《混凝土试验室用振动台》(JG/T 3020)要求的振动台上,振动时试模不得有任何跳动,振动应持续到表面出浆为止;不得过振。

2) 用人工插捣制作试件:混凝土拌合物应分两层装入模内,每层的装料厚度大致相等;插捣应按螺旋方向从边缘向中心均匀进行。在插捣底层混凝土时,捣棒应达到试模底部;插捣上层时,捣棒应贯穿上层后插入下层20～30mm;插捣时捣棒应保持垂直,不得倾斜。然后应用抹刀沿试模内壁插拔数次;每层插捣次数在10000mm^2截面积内不得少于12次;插捣后应用橡皮锤轻轻敲击试模四周,直至插捣棒留下的空洞消失为止。

3) 用插入式振捣棒振实制作试件:将混凝土拌合物一次装入试模,装料时应用抹刀沿各试模壁插捣,并使混凝土拌合物高出试模口;宜用直径为$\phi25mm$的插入式振捣棒,插入试模振捣实,振捣棒距试模底板10～20mm且不得触及试模底板,振动应持续到表面出浆为止,且应避免过振,以防止混凝土离析;一般振动时间为20s。插捣棒拔出时要缓慢,拔出后不得留有孔洞。

(2) 刮除试模上口多余的混凝土,待混凝土临近初凝时,用抹刀抹平。

(二) 试件的养护

1. 试件成型后应立即用不透水的薄膜覆盖表面。

2. 采用标准养护的试件,应在温度为20±5℃的环境中静止一昼夜至二昼夜,然后编号、拆模。拆模后应立即放入温度为20±2℃,相对湿度为95%以上的标准养护室中养护,或在温度为20±2℃的不流动的$Ca(OH)_2$饱和溶液中养护。标准养护室内的试件应放在支架上,彼此间隔10～20mm,试件表面应保持潮湿,并不得被水直接冲淋。

3. 同条件养护试件的拆模时间可与实际构件的拆模时间相同,拆模后,试件仍需保持同条件养护。

4. 标准养护龄期为28d(从搅拌加水开始计时)。

三、试验方法

(一) 立方体抗压强度试验

1. 试验设备

压力试验机:测量精度为±1%,试件破坏荷载应大于压力机全量程的20%且小于压力机全量程的80%。应具有加荷速度指示装置或加荷速度控制装置,并应能均匀、连续加荷。

混凝土强度等级≥C60时,试件周围应设防崩裂网置。试验机上、下压板的平面度公差为0.04mm;表面硬度不小于55HRC;硬化层厚度约为5mm。如不符合时则应垫厚度不小于25mm,平面度和硬度与试验机相同的钢垫板。

2. 试验步骤

(1) 试件从养护地点取出后应及时进行试验,将试件表面与上下承压板面擦干净。

(2) 将试件安放在试验机的下压板或垫板上,试件的承压面应与成型时的顶面垂直。试件的中心应与试验机下压板中心对准,开动试验机,当上压板与试件或钢垫板接近时,调整球座，使接触均衡。

(3) 在试验过程中应连续均匀地加荷，混凝土强度等级＜C30 时，加荷速度取每秒钟 0.3～0.5MPa；混凝土强度等级≥C30 且＜C60 时，取每秒钟 0.5～0.8MPa；混凝土强度等级≥C60 时，取每秒钟 0.8～1.0MPa。

(4) 当试件接近破坏开始急剧变形时，应停止调整试验机油门，直至破坏。然后记录破坏荷载。

3. 试验结果计算及确定

(1) 混凝土立方体抗压强度应按下式计算：

$$f_{cc}=\frac{F}{A} \tag{4-139}$$

式中　f_{cc}——混凝土立方体试件抗压强度(MPa)；
　　　F——试件破坏荷载(N)；
　　　A——试件承压面积(mm^2)。

混凝土立方体抗压强度计算应精确至 0.1MPa。

(2) 强度值的确定应符合下列规定：

1) 三个试件测值的算术平均值作为该组试件的强度值(精确至 0.1MPa)；

2) 三个测值中的最大值或最小值中如有一个与中间值的差值超过中间值的 15%时，则把最大及最小值一并舍除，取中间值作为该组试件的抗压强度值；

3) 如最大值和最小值与中间值的差均超过中间值的 15%，则该组试件的试验结果无效。

(3) 混凝土强度等级＜C60 时，用非标准试件测得的强度值均应乘以尺寸换算系数，其值为对 200mm×200mm×200mm 试件为 1.05；对 100mm×100mm×100mm 试件为 0.95。当混凝土强度等级≥C60 时，宜采用标准试件；使用非标准试件时，尺寸换算系数应由试验确定。

(二) 轴心抗压强度试验

1. 试验设备

压力试验机：应符合本节三、(一)、1. 的规定。

2. 试验步骤

(1) 试件从养护地点取出后应及时进行试验，用干毛巾将试件表面与上下承压板面擦干净。

(2) 将试件直立放置在试验机的下压板或钢垫板上，并使试件轴心与下压板中心对准。

(3) 开动试验机，当上压板与试件或钢垫板接近时，调整球座，使接触均衡。

(4) 应连续均匀地加荷，不得有冲击。所用加荷速度应符合本节三、(一)、2.(3)条中规定。

(5) 试件接近破坏而开始急剧变形时，应停止调整试验机油门，直至破坏。然后记录破坏荷载。

3. 试验结果计算及确定

(1) 混凝土试件轴心抗压强度应按下式计算：

$$f_{cp} = \frac{F}{A} \tag{4-140}$$

式中 f_{cp}——混凝土轴心抗压强度(MPa);
　　　F——试件破坏荷载(N);
　　　A——试件承压面积(mm^2)。

混凝土轴心抗压强度计算值应精确至 0.1MPa。

(2) 混凝土轴心抗压强度值的确定应符合本节三、(一)、3.(2)规定。

(3) 混凝土强度等级<C60 时,用非标准试件测得的强度值均应乘以尺寸换算系数,其值为对 200mm×200mm×400mm 试件为 1.05;对 100mm×100mm×300mm 试件为 0.95。当混凝土强度等级≥C60 时,宜采用标准试件;使用非标准试件时,尺寸换算系数应由试验确定。

(三) 劈裂抗拉强度试验

1. 试验设备

(1) 压力试验机:应符合本节三、(一)、1.的规定。

(2) 垫块:采用半径为 75mm 的钢制弧形长度与试件相同的垫块,其横截面尺寸如图 4-22 所示。

(3) 垫条:三层胶合板制成,宽度为 20mm,厚度为 3~4mm,长度不小于试件长度,垫条不得重复使用。

(4) 支架:支架为钢支架。如图 4-23 所示。

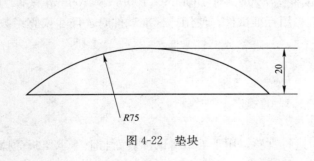

图 4-22 垫块

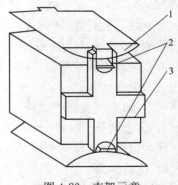

图 4-23 支架示意
1—垫块;2—垫条;3—支架

2. 试验步骤

(1) 试件从养护地点取出后应及时进行试验,将试件表面与上下承压板面擦干净。

(2) 将试件放在试验机下压板的中心位置,劈裂承压面和劈裂面应与试件成型时的顶面垂直;在上、下压板与试件之间垫以圆弧形垫块及垫条各一条,垫块与垫条应与试件上、下面的中心线对准并与成型时的顶面垂直。宜把垫条及试件安装在定位架上使用(如图 4-23 所示)。

(3) 开动试验机,当上压板与圆弧形垫块接近时,调整球座,使接触均衡。加荷应连续均匀,当混凝土强度等级<C30 时,加荷速度取每秒钟 0.02~0.05MPa;当混凝土强度等级≥C30 且<C60 时,取每秒钟 0.05~0.08MPa;当混凝土强度等级≥C60 时,取每

秒钟0.08～0.10MPa，至试件接近破坏时，应停止调整试验机油门，直至试件破坏，然后记录破坏荷载。

3. 试验结果计算及确定

(1) 混凝土劈裂抗拉强度应按下式计算：

$$f_{ts} = \frac{2F}{\pi A} = 0.637 \frac{F}{A} \tag{4-141}$$

式中　f_{ts}——混凝土劈裂抗拉强度(MPa)；

　　　F——试件破坏荷载(N)；

　　　A——试件劈裂面面积(mm^2)。

劈裂抗拉强度计算精确到0.01MPa。

(2) 强度值的确定应符合下列规定：

1) 三个试件测值的算术平均值作为该组试件的强度值(精确至0.01MPa)；

2) 三个测值中的最大值或最小值中如有一个与中间值的差值超过中间值的15%时，则把最大及最小值一并舍除，取中间值作为该组试件的抗压强度值；

3) 如最大值与最小值与中间值的差均超过中间值的15%，则该组试件的试验结果无效。

(3) 采用100mm×100mm×100mm非标准试件测得的劈裂抗拉强度值，应乘以尺寸换算系数0.85；当混凝土强度等级≥C60时，宜采用标准试件；使用非标准试件时，尺寸换算系数应由试验确定。

(四) 抗折强度试验

1. 试件

试件除应符合本节一、规定外，在长向中部1/3区段内不得有表面直径超过5mm、深度超过2mm的孔洞。

2. 试验设备

(1) 试验机：应符合本节三、(一)、1.的规定。

(2) 试验机应能施加均匀、连续、速度可控的荷载，并带有能使二个相等荷载同时作用在试件跨度3分点处的抗折试验装置，见图4-24。

(3) 试件的支座和加荷头应采用直径为20～40mm、长度不小于$b+10$mm的硬钢圆柱，支座立脚点固定铰支，其他应为滚动支点。

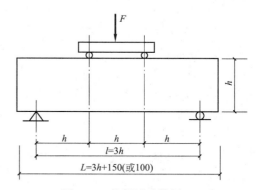

图4-24　抗折试验装置

3. 试验步骤

(1) 试件从养护地取出后应及时进行试验，将试件表面擦干净。

(2) 按图4-24装置试件，安装尺寸偏差不得大于1mm。试件的承压面应为试件成型时的侧面。支座及承压面与圆柱的接触面应平稳、均匀，否则应垫平。

(3) 施加荷载应保持均匀、连续。当混凝土强度等级＜C30时，加荷速度取每秒0.02～0.05MPa；当混凝土强度等级≥C30且＜C60时，取每秒钟0.05～0.08MPa；当混凝土强度等级≥C60时，取每秒钟0.08～0.10MPa，至试件接近破坏时，应停止调整试验机油门，直至试件破坏，然后记录破坏荷载。

(4) 记录试件破坏荷载的试验机示值及试件下边缘断裂位置。

4. 试验结果计算及确定

(1) 若试件下边缘断裂位置处于二个集中荷载作用线之间，则试件的抗折强度 f_f (MPa)按下式计算：

$$f_f = \frac{Fl}{bh^2} \tag{4-142}$$

式中　f_f——混凝土抗折强度(MPa)；
　　　F——试件破坏荷载(N)；
　　　l——支座间跨度(mm)；
　　　h——试件截面高度(mm)；
　　　b——试件截面宽度(mm)。

抗折强度计算应精确至 0.1MPa。

(2) 抗折强度值的确定应符合本节三、(一)、3.(2)款的规定。

(3) 三个试件中若有一个折断面位于两个集中荷载之外，则混凝土抗折强度值按另两个试件的试验结果计算。若这两个测值的差值不大于这两个测值的较小值的 15% 时，则该组试件的抗折强度值按这两个测值的平均值计算，否则该组试件的试验无效。若有两个试件的下边缘断裂位置位于两个集中荷载作用线之外，则该组试件试验无效。

(4) 当试件尺寸为 100mm×100mm×400mm 非标准试件时，应乘以尺寸换算系数 0.85；当混凝土强度等级≥C60 时，宜采用标准试件；使用非标准试件时，尺寸换算系数应由试验确定。

(五) 静力受压弹性模量试验

1. 试件

每次试验应制备 6 个试件。

2. 试验设备

(1) 压力试验机：应符合本节三、(一)、1. 的规定。

(2) 微变形测量仪、测量精度不得低于 0.001mm，固定架的标距应为 150mm。应有有效期内的计量检定证书。

3. 试验步骤

(1) 试件从养护地点取出后先将试件表面与上下承压板面擦干净。

(2) 取 3 个试件按本节九的规定，测定混凝土的轴心抗压强度(f_{cp})。另 3 个试件用于测定混凝土的弹性模量。

(3) 在测定混凝土弹性模量时，变形测量仪应安装在试件两侧的中线上并对称于试件的两端。见图 4-25。

(4) 应仔细调整试件在压力试验机上的位置，使其轴心与下压板的中心线对准。开动压力试验机，当上压板与试件接近时调整球座，使其接触均衡。

(5) 加荷至基准应力为 0.5MPa 的初始荷载值 F_0，保持

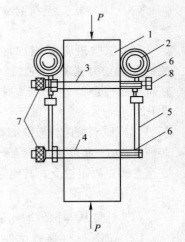

图 4-25　千分表安装示意图
1—试件；2—量表；
3—上金属环；4—下金属环；
5—接触杆；6—刀口；7—金属环固定螺丝；8—千分表固定螺丝

恒载 60s 并在以后的 30s 内记录每测点的变形读数 ε_0。应立即连续均匀地加荷至应力为轴心抗压强度 f_{cp} 的 1/3 的荷载值 F_a，保持恒载 60s 并在以后的 30s 内记录每一测点的变形读数 ε_0，所用加荷速度应符合本节三、(一)、2.(3) 的规定。

(6) 当以上这些变形值之差与它们平均值之比大于 20% 时，应重新对中试件后重复本条第 5 款的试验。如果无法使其减少到低于 20% 时，则此次试验无效。

(7) 在确认试件对中符合本条第 6 款规定后，以与加荷速度相同的速度卸荷至基准应力 0.5MPa(F_0)，恒载 60s；然后用同样的加荷和卸荷速度以及 60s 的保持恒载(F_0 及 F_a) 至少进行两次反复预压。在最后一次预压完成后，在基准应力 0.5MPa(F_0) 持荷 60s 并在以后的 30s 内记录每一测点的变形读数 ε_0；再用同样的加荷速度加荷至 F_a，持荷 60s 并在以后的 30s 内记录每一测点的变形读数 ε_a（见图 4-26）。

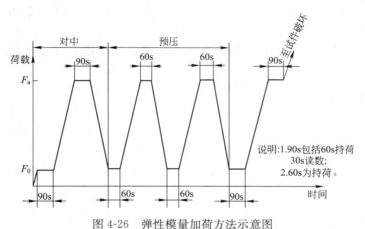

图 4-26 弹性模量加荷方法示意图

(8) 卸除变形测量仪，以同样的速度加荷至破坏，记录破坏荷载；如果试件的抗压强度与 f_{cp} 之差超过 f_{cp} 的 20% 时，则应在报告中注明。

4. 试验结果计算及确定

(1) 混凝土弹性模量值应按下式计算：

$$E_c = \frac{F_a - F_0}{A} \times \frac{L}{\Delta n} \tag{4-143}$$

式中　E_c——混凝土弹性模量(MPa)；
　　　F_a——应力为 1/3 轴心抗压强度时的荷载(N)；
　　　F_0——应力为 0.5MPa 时的初始荷载(N)；
　　　A——试件承压面积(mm²)；
　　　L——测量标距(mm)。

$$\Delta n = \varepsilon_a - \varepsilon_0 \tag{4-144}$$

式中　Δn——最后一次从 F_0 加荷至 F_a 时试件两侧变形的平均值(mm)；
　　　ε_a——F_a 时试件两侧变形的平均值(mm)；
　　　ε_0——F_0 时试件两侧变形的平均值(mm)。

混凝土受压弹性模量计算精确至 100MPa。

(2) 弹性模量按 3 个试件测值的算术平均值计算。如果其中有一个试件的轴心抗压强度值与用以确定检验控制荷载的轴心抗压强度值相差超过后者的 20% 时，则弹性模量值按另两个试件测值的算术平均值计算；如有两个试件超过上述规定时，则此次试验无效。

第九节　普通混凝土长期性能和耐久性能试验[❶]

普通混凝土长期性能和耐久性能试验，包括抗冻试验、动弹性模量试验、抗水渗透试验、抗氯离子渗透试验、收缩实验、早期抗裂试验、受压徐变试验、碳化试验、混凝土中钢筋锈蚀试验、抗压疲劳变形试验、抗硫酸盐侵蚀试验、碱骨料反应试验。

一、术语

1. 混凝土抗冻标号：用慢冻法测得的最大冻融循环次数来划分的混凝土的抗冻性能等级。

2. 混凝土抗冻等级：用快冻法测得的最大冻融循环次数来划分的混凝土的抗冻性能等级。

3. 电通量法：用通过混凝土试件的电通量来反映混凝土抗氯离子渗透性能的试验方法。

4. 快速氯离迁移系数法：通过测定混凝土中氯离子渗透深度，计算得到氯离子迁移系数来反映混凝土抗氯离子渗透性能的试验方法。简称为 RCM 法。

5. 抗硫酸盐等级：用硫酸盐侵蚀试验方法测得的最大干湿循环次数来划分的混凝土抗硫酸盐侵蚀性能等级。

二、基本规定

(一) 混凝土取样

混凝土取样应符合现行国家标准《普通混凝土拌合物性能试验方法标准》GB/T 50080 中的规定。每组试件所用的拌合物应从同一盘混凝土或同一车混凝土中取样。

(二) 试件的横截面尺寸

试件的最小横截面尺寸宜按表 4-75 的规定选用；骨料最大公称粒径应符合现行行业标准《普通混凝土用砂、石质量及检验方法标准》JGJ 52 的规定；试件应采用符合现行行业标准《混凝土试模》JG 237 规定的试模制作。

试件的最小横截面尺寸　　　　　表 4-75

骨料最大公称料径(mm)	试件最小横截面尺寸(mm)	骨料最大公称料径(mm)	试件最小横截面尺寸(mm)
31.5	100×100 或 ϕ100	63.0	200×200 或 ϕ200
40.0	150×150 或 ϕ150		

(三) 试件的公差

1. 所有试件的承压面的平面度公差不得超过试件的边长或直径的 0.0005。

2. 除抗水渗透试件外，其他所有试件的相邻面间的夹角应为 90°，公差不得超过 0.5°。

[❶] 主要内容引自 GB/T 5082—2009《普通混凝土长期性能和耐久性能试验方法标准》。

3. 除特别指明试件的尺寸公差以外,所有试件各边长、直径或高度的公差不得超过 1mm。

(四) 试件的制作和养护

1. 试件的制作和养护应符合现行国家标准《普通混凝土力学性能试验方法标准》GB/T 50081 的规定。

2. 在制作混凝土长期性能和耐久性能试验用试件时,不宜采用憎水性脱模剂。

3. 在制作混凝土长期性能和耐久性能试验用试件时,宜同时制作与相应耐久性能试验龄期对应的混凝土立方体抗压强度用试件。

4. 在制作混凝土长期性能和耐久性能试验用试件时,所采用的振动台和搅拌机应分别符合现行行业标准《混凝土试验用振动台》JG/T 245 和《混凝土试验用搅拌机》JG 244 的规定。

三、试验方法

(一) 抗冻试验

1. 慢冻法

本方法适用于测定混凝土试件在气冻水融条件下,以经受的冻融循环次数来表示的混凝土抗冻性能。

(1) 试件

试验应采用尺寸为 100mm×100mm×100mm 的立方体试件;试验所需要的试件组数应符合表 4-76 的规定,每组试件应为 3 块。

慢冻法试验所需要的试件组数 表 4-76

设计抗冻标号	D25	D50	D100	D150	D200	D250	D300	D300 以上
检查强度所需冻融次数	25	50	50 及 100	100 及 150	150 及 200	200 及 250	250 及 300	300 及设计次数
鉴定 28d 强度所需试件组数	1	1	1	1	1	1	1	1
冻融试件组数	1	1	2	2	2	2	2	2
对比试件组数	1	1	2	2	2	2	2	2
总计试件组数	3	3	5	5	5	5	5	5

(2) 试验设备

1) 冻融试验箱应能使试件静止不动,并应通过气冻水融进行冻融循环。在满载运转的条件下,冷冻期间冻融试验箱内空气的温度应能保持在(-20~-18)℃范围内;融化期间冻融试验箱内浸泡混凝土试件的水温应能保持在(18~20)℃范围内;满载时冻融试验箱内各点温度极差不应超过 2℃。

2) 采用自动冻融设备时,控制系统还应具有自动控制、数据曲线实时动态显示、断电记忆和试验数据自动存储等功能。

3) 试件架应采用不锈钢或者其他耐腐蚀的材料制作,其尺寸应与冻融试验箱和所装的试件相适应。

4) 称量设备的最大量程应为 20kg,感量不应超过 5g。

5) 压力试验机应符合现行国家标准《普通混凝土力学性能试验方法标准》GB/T 50081 的相关要求。

6) 温度传感器的温度检测范围不应小于(-20~20)℃，测量精度应为±0.5℃。

(3) 试验步骤

1) 在标准养护室内或同条件养护的冻融试验的试件应在养护龄期为 24d 时提前将试件从养护地点取出，随后应将试件放在(20±2)℃水中浸泡，浸泡时水面应高出试件顶面(20~30)mm，在水中浸泡的时间应为 4d，试件应在 28d 龄期时开始进行冻融试验。始终在水中养护的冻融试验的试件，当试件养护龄期达到 28d 时，可直接进行后续试验，对此种情况，应在试验报告中予以说明。

2) 当试件养护龄期达到 28d 时应及时取出冻融试验的试件，用湿布擦除表面水分后应对外观尺寸进行测量，试件的外观尺寸应满足本节一、(三)的要求，并应分别编号、称重，然后按编号置入试件架内，且试件架与试件的接触面积不宜超过试件底面的 1/5。试件与箱体内壁之间应至少留有 20mm 的空隙。试件架中各试件之间应至少保持 30mm 的空隙。

3) 冷冻时间应在冻融箱内温度降至-18℃时开始计算。每次从装完试件到温度降至-18℃所需的时间应在(1.5~2.0)h 内。冻融箱内温度在冷冻时应保持在(-20~-18)℃。

4) 每次冻融循环中试件的冷冻时间不应小于 4h。

5) 冷冻结束后，应立即加入温度为(18~20)℃的水，使试件转入融化状态，加水时间不应超过 10min。控制系统应确保在 30min 内，水温不低于 10℃，且在 30min 后水温能保持在(18~20)℃。冻融箱内的水面应至少高出试件表面 20mm。融化时间不应小于 4h。融化完毕视为该次冻融循环结束，可进入下一次冻融循环。

6) 每 25 次循环宜对冻融试件进行一次外观检查。当出现严重破坏时，应立即进行称重。当一组试件的平均质量损失率超过 5%，可停止其冻融循环试验。

7) 试件在达到本节三、(一)、1. 规定的冻融循环次数后，试件应称重并进行外观检查，应详细记录试件表面破损、裂缝及边角缺损情况。当试件表面破损严重时，应先用高强石膏找平，然后应进行抗压强度试验。抗压强度试验应符合现行国家标准《普通混凝土力学性能试验方法标准》GB/T 50081 的相关规定。

8) 当冻融循环因故中断且试件处于冷冻状态时，试件应继续保持冷冻状态，直至恢复冻融试验为止，并应将故障原因及暂停时间在试验结果中注明。当试件处在融化状态下因故中断时，中断时间不应超过两个冻融循环的时间。在整个试验过程中，超过两个冻融循环时间的中断故障次数不得超过两次。

9) 当部分试件由于失效破坏或者停止试验被取出时，应用空白试件填充空位。

10) 对比试件应继续保持原有的养护条件，直到完成冻融循环后，与冻融试验的试件同时进行抗压强度试验。

11) 当冻融循环出现下列三种情况之一时，可停止试验：①已达到规定的循环次数；②抗压强度损失率已达到 25%；③质量损失率已达到 5%。

(4) 试验结果计算及处理

1) 强度损失率应按下式进行计算：

$$\Delta f_{\mathrm{c}} = \frac{f_{\mathrm{c0}} - f_{\mathrm{cn}}}{f_{\mathrm{c0}}} \times 100 \qquad (4\text{-}145)$$

式中 Δf_{c}——N 次冻融循环后的混凝土抗压强度损失率(%)，精确至 0.1；

f_{c0}——对比用的一组混凝土试件的抗压强度测定值(MPa)，精确至 0.1MPa；

f_{cn}——经 N 次冻融循环后的一组混凝土试件抗压强度测定值(MPa)，精确至 0.1MPa。

2) f_{c0} 和 f_{cn} 应以三个试件抗压强度试验结果的算术平均值作为测定值。当三个试件抗压强度最大值或最小值与中间值之差超过中间值的 15% 时，应剔除此值，再取其余两值的算术平均值作为测定值；当最大值和最小值均超过中间值的 15% 时，应取中间值作为测定值。

3) 单个试件的质量损失率应按下式计算：

$$\Delta W_{\mathrm{n}i} = \frac{W_{0i} - W_{\mathrm{n}i}}{W_{0i}} \times 100 \qquad (4\text{-}146)$$

式中 $\Delta W_{\mathrm{n}i}$——N 次冻融循环后第 i 个混凝土试件的质量损失率(%)，精确至 0.01；

W_{0i}——冻融循环试验前第 i 个混凝土试验的质量(g)；

$W_{\mathrm{n}i}$——N 次冻融循环后第 i 个混凝土试件的质量(g)。

4) 一组试件的平均质量损失率应按下式计算：

$$\Delta W_{\mathrm{n}} = \frac{\sum_{i=1}^{3} \Delta W_{\mathrm{n}i}}{3} \times 100 \qquad (4\text{-}147)$$

式中 ΔW_{n}——N 次冻融循环后一组混凝土试件的平均质量损失率(%)，精确至 0.1。

5) 每组试件的平均质量损失率应以三个试件的质量损失率试验结果的算术平均值作为测定值。当某个试验结果出现负值，应取 0，再取三个试件的算术平均值。当三个值中的最大值或最小值与中间值之差超过 1% 时，应剔除此值，再取其余两值的算术平均值作为测定值；当最大值和最小值与中间值之差均超过 1% 时，应取中间值作为测定值。

6) 抗冻标号应以抗压强度损失率不超过 25% 或者质量损失率不超过 5% 时的最大冻融循环次数按本节三、(一)、1. 确定。

2. 快冻法

本方法适用于测定混凝土试件在水冻水融条件下，以经受的快速冻融循环次数来表示的混凝土抗冻性能。

(1) 试验设备

1) 试件盒(图 4-27)宜采用具有弹性的橡胶材料制作，其内表面底部应有半径为 3mm 橡胶突起部分。盒内加水后水面应至少高出试件顶面 5mm。试件盒横截面尺寸宜为 115mm×115mm，试件盒长度宜为 500mm。

2) 快速冻融装置应符合现行行业标准《混凝土抗冻试验设备》JG/T 243 的规定。除应在测温试

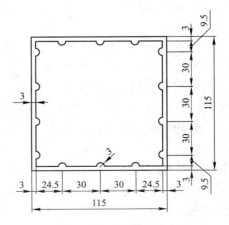

图 4-27 橡胶试件盒横截面示意图(mm)

件中埋设温度传感器外，尚应在冻融箱内防冻液中心、中心与任何一个对角线的两端分别设有温度传感器。运转时冻融箱内防冻液各点温度的极差不得超过2℃。

　　3）称量设备的最大量程应为20kg，感量不应超过5g。

　　4）混凝土动弹性模量测定仪应符合本标准第五章的规定。

　　5）温度传感器（包括热电偶、电位差计等）应在（—20～20）℃范围内测定试件中心温度，且测量精度应为±0.5℃。

（2）试件

　　1）快冻法抗冻试验应采用尺寸为100mm×100mm×400mm的棱柱体试件，每组试件应为3块。

　　2）成型试件时，不得采用憎水性脱模剂。

　　3）除制作冻融试验的试件外，尚应制作同样形状、尺寸，且中心埋有温度传感器的测温试件，测温试件应采用防冻液作为冻融介质。测温试件所用混凝土的抗冻性能应高于冻融试件。测温试件的温度传感器应埋设在试件中心。温度传感器不应采用钻孔后插入的方式埋设。

（3）试验步骤

　　1）在标准养护室内或同条件养护的试件应在养护龄期为24d时提前将冻融试验的试件从养护地点取出，随后应将冻融试件放在（20±2）℃水中浸泡，浸泡时水面应高出试件顶面（20～30）mm。在水中浸泡时间应为4d，试件应在28d龄期时开始进行冻融试验。始终在水中养护的试件，当试件养护龄期达到28d时，可直接进行后续试验。对此种情况，应在试验报告中予以说明。

　　2）当试件养护龄期达到28d时应及时取出试件，用湿布擦除表面水分后应对外观尺寸进行测量，试件的外观尺寸应满足本节一、（三）的要求，并应编号、称量试件初始质量W_{0i}；然后应按本节三、（二）的规定测定其横向基频的初始值f_{0i}。

　　3）将试件放入试件盒内，试件应位于试件合中心，然后将试件盒放入冻融箱内的试件架中，并向试件盒中注入清水。在整个试验过程中，盒内水位高度应始终保持至少高出试件顶面5mm。

　　4）测温试件盒应放在冻融箱的中心位置。

　　5）冻融循环过程应符合下列规定：

　　① 每次冻融循环应在（2～4）h内完成，且用于融化的时间不得少于整个冻融循环时间的1/4；

　　② 在冷冻和融化过程中，试件中心最低和最高温度应分别控制在（—18±2）℃和（5±2）℃内。在任意时刻，试件中心温度不得高于7℃，且不得低于—20℃；

　　③ 每块试件从3℃降至—16℃所用的时间不得少于冷冻时间的1/2；每块试件从—16℃升至3℃所用时间不得少于整个融化时间的1/2，试件内外的温差不宜超过28℃；

　　④ 冷冻和融化之间的转换时间不宜超过10min。

　　6）每隔25次冻融循环宜测量试件的横向基频f_{ni}。测量前应先将试件表面浮渣洗干净并擦干表面水分，然后应检查其外部损伤并称量试件的质量W_{ni}。随后应按本节三、（二）规定的方法测量横向基频。测完后，应迅速将试件调头重新装入试件盒内并加入清水，继续试验。试件的测量、称量及外观检查应迅速，待测试件应用湿布覆盖。

　　7）当有试件停止试验被取出时，应另用其他试件填充空位。当试件在冷冻状态下因故中断时，试件应保持在冷冻状态，直至恢复冻融试验为止，并应将故障原因及暂停时间在试验结果中注明。试件在非冷冻状态下发生故障的时间不宜超过两个冻融循环的时间。在整个试验过程中，超过两个冻融循环时间的中断故障次数不得超过两次。

8）当冻融循环出现下列情况之一时，可停止试验：

① 达到规定的冻融循环次数；

② 试件的相对动弹性模量下降到60%；

③ 试件的质量损失率达5%。

（4）试验结果计算及处理应符合下列规定：

1）相对动弹性模量应按下式计算：

$$P_i = \frac{f_{ni}^2}{f_{0i}^2} \times 100 \tag{4-148}$$

式中 P_i——经 N 次冻融循环后第 i 个混凝土试件的相对动弹性模量(%)，精确至0.1；

f_{ni}——经 N 次冻融循环后第 i 个混凝土试件的横向基频(Hz)；

f_{0i}——冻融循环试验前第 i 个混凝土试件横向基频初始值(Hz)。

$$P = \frac{1}{3}\sum_{i=1}^{3} P_i \tag{4-149}$$

式中 P——经 N 次冻融循环后一组混凝土试件的相对动弹性模量(%)，精确至0.1。相对动弹性模量 P 应以三个试件试验结果的算术平均值作为测定值。当最大值或最小值与中间值之差超过中间值的15%时，应剔除此值，并应取其余两值的算术平均值作为测定值；当最大值和最小值与中间值之差均超过中间值的15%时，应取中间值作为测定值。

2）单个试件的质量损失率应按下式计算：

$$\Delta W_{ni} = \frac{W_{0i} - W_{ni}}{W_{0i}} \times 100 \tag{4-150}$$

式中 ΔW_{ni}——N 次冻融循环后第 i 个混凝土试件的质量损失率(%)，精确至0.01；

W_{0i}——冻融循环试验前第 i 个混凝土试件的质量(g)；

W_{ni}——N 次冻融循环后第 i 个混凝土试件的质量(g)。

3）一组试件的平均质量损失率应按下式计算：

$$\Delta W_n = \frac{\sum_{i=1}^{3} \Delta W_{ni}}{3} \times 100 \tag{4-151}$$

式中 ΔW_n——N 次冻融循环后一组混凝土试件的平均质量损失率(%)，精确至0.1。

4）每组试件的平均质量损失率应以三个试件的质量损失率试验结果的算术平均值为测定值。当某个试验结果出现负值，应取0，再取三个试件的平均值。当三个值中的最大值或最小值与中间值之差超过1%时，应剔除此值，并应取其余两值的算术平均值作为测定值；当最大值和最小值与中间值之差均超过1%时，应取中间值作为测定值。

5）混凝土抗冻等级应以相对动弹性模量下降至不低于60%或者质量损失率不超过5%时的最大冻融循环次数来确定，并用符号F表示。

（二）动弹性模量试验

本方法适用于采用共振法测定混凝土的动弹性模量。

1. 试件

动弹性模量试验应采用尺寸为 100mm×100mm×400mm 的棱柱体试件。

2. 试验设备

(1) 共振法混凝土动弹性模量测定仪(又称共振仪)的输出频率可调范围应为(100~20000)Hz，输出功率应能使试件产生受迫振动。

(2) 试件支承体应采用厚度约为 20mm 的泡沫塑料垫，宜采用表观密度为(16~18)kg/m³ 的聚苯板。

(3) 称量设备的最大量程应为 20kg，感量不应超过 5g。

3. 试验步骤

(1) 首先应测定试件的质量和尺寸。试件质量应精确至 0.01kg，尺寸的测量应精确至 1mm。

(2) 测定完试件的质量和尺寸后，应将试件放置在支撑体中心位置，成型面应向上，并应将激振换能器的测杆轻轻地压在试件长边侧面中线的 1/2 处，接收换能器的测杆轻轻地压在试件长边侧面中线距端面 5mm 处。在测杆接触试件前，宜在测杆与试件接触面涂一薄层黄油或凡士林作为耦合介质，测杆压力的大小应以不出现噪声为准。采用的动弹性模量测定仪各部件连接和相对位置应符合图 4-28 的规定。

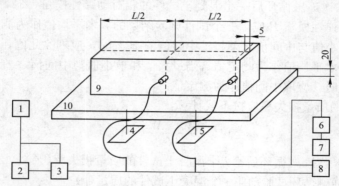

图 4-28　各部件连接和相对位置示意图

1—振荡器；2—频率计；3—放大器；4—激振换能器；5—接收换能器；
6—放大器；7—电表；8—示波器；9—试件；10—试件支承体

(3) 放置好测杆后，应先调整共振仪的激振功率和接收增益旋钮至适当位置，然后变换激振频率，并应注意观察指示电表的指针偏转。当指针偏转为最大时，表示试件达到共振状态，应以这时所显示的共振频率作为试件的基频振动频率。每一测量应重复测读两次以上，当两次连续测值之差不超过两个测值的算术平均值的 0.5% 时，应取这两个测值的算术平均值作为该试件的基频振动频率。

(4) 当用示波器作显示的仪器时，示波器的图形调成一个正圆时的频率应为共振频率。在测试过程中，当发现两个以上峰值时，应将接收换能器移至距试件端部 0.224 倍试件长处，当指示电表示值为零时，应将其作为真实的共振峰值。

4. 试验结果计算及处理

(1) 动弹性模量应按下式计算：

$$E_d = 13.244 \times 10^{-4} \times WL^3 f^2 / a^4 \tag{4-152}$$

式中　E_d——混凝土动弹性模量(MPa)；
　　　a——正方形截面试件的边长(mm)；
　　　L——试件的长度(mm)；
　　　W——试件的质量(kg)，精确到 0.01kg；
　　　f——试件横向振动时的基频振动频率(Hz)。

(2) 每组应以 3 个试件动弹性模量的试验结果的算术平均值作为测定值，计算应精确至 100MPa。

(三) 抗水渗透试验

1. 渗水高度法

本方法适用于测定硬化混凝土在恒定水压力下的平均渗水高度来表示的混凝土抗水渗透性能。

(1) 试验设备

1) 混凝土抗渗仪应符合现行行业标准《混凝土抗渗仪》JG/T 249 的规定，并应能使水压按规定的制度稳定地作用在试件上。抗渗仪施加水压力范围应为(0.1~2.0)MPa。

2) 试模应采用上口内部直径为 175mm、下口内部直径为 185mm 和高度为 150mm 的圆台体。

3) 密封材料宜用石蜡加松香或水泥加黄油等材料，也可采用橡胶套等其他有效密封材料。

4) 梯形板(图 4-29)应采用尺寸为 200mm×200mm 透明材料制成，并应画有十条等间距、垂直于梯形底线的直线。

5) 钢尺的分度值应为 1mm。

6) 钟表的分度值应为 1min。

7) 辅助设备应包括螺旋加压器、烘箱、电炉、浅盘、铁锅和钢丝刷等。

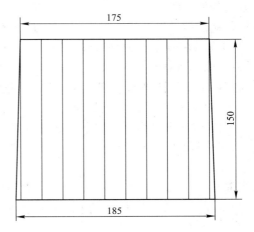

图 4-29　梯形板示意图(mm)

8) 安装试件的加压设备可为螺旋加压或其他加压形式，其压力应能保证将试件压入试件套内。

(2) 试验步骤

1) 应先按本节二、规定的方法进行试件的制作和养护。抗水渗透试验应以 6 个试件为一组。

2) 试件拆模后，应用钢丝刷刷去两端面的水泥浆膜，并应立即将试件送入标准养护室进行养护。

3) 抗水渗透试验的龄期宜为 28d。应在到达试验龄期的前一天，从养护室取出试件，并擦拭干净。待试件表面晾干后，应按下列方法进行试件密封：

① 当用石蜡密封时，应在试件侧面裹涂一层熔化的内加少量松香的石蜡。然后应用螺旋加压器将试件压入经过烘箱或电炉预热过的试模中，使试件与试模底平齐，并应在试模变冷后解除压力。试模的预热温度，应以石蜡接触试模，即缓慢熔化，但不流淌为准。

② 用水泥加黄油密封时,其质量比应为(2.5~3):1。应用三角刀将密封材料均匀地刮涂在试件侧面上,厚度应为(1~2)mm。应套上试模并将试件压入,应使试件与试模底齐平。

③ 试件密封也可以采用其他更可靠的密封方式。

4) 试件准备好之后,启动抗渗仪,并开通6个试位下的阀门,使水从6个孔中渗出,水应充满试位坑,在关闭6个试位下的阀门后应将密封好的试件安装在抗渗仪上。

5) 试件安装好以后,应立即开通6个试位下的阀门,使水压在24h内恒定控制在(1.2 ± 0.05)MPa,且加压过程不应大于5min,应以达到稳定压力的时间作为试验记录起始时间(精确至1min)。在稳压过程中随时观察试件端面的渗水情况,当有某一个试件端面出现渗水时,应停止该试件的试验并应记录时间,并以试件的高度作为该试件的渗水高度。对于试件端面未出现渗水的情况,应在试验24h后停止试验,并及时取出试件。在试验过程中,当发现水从试件周边渗出时,应重新按本节三、(三)、1.(1)、3)的规定进行密封。

6) 将从抗渗仪上取出来的试件放在压力机上,并应在试件上下两端面中心处沿直径方向各放一根直径为6mm的钢垫条,并应确保它们在同一竖直平面内。然后开动压力机,将试件沿纵断面劈裂为两半。试件劈开后,应用防水笔描出水痕。

7) 应将梯形板放在试件劈裂面上,并用钢尺沿水痕等间距量测10个测点的渗水高度值,读数应精确至1mm。当读数时若遇到某测点被骨料阻挡,可以靠近骨料两端的渗水高度算术平均值来作为该测点的渗水高度。

(3) 试验结果计算及处理

1) 试件渗水高度应按下式进行计算:

$$\overline{h_i} = \frac{1}{10}\sum_{j=1}^{10} h_j \tag{4-153}$$

式中 h_j——第i个试件第j个测点处的渗水高度(mm);

$\overline{h_i}$——第i个试件的平均渗水高度(mm)。应以10个测点渗水高度的平均值作为该试件渗水高度的测定值。

2) 一组试件的平均渗水高度应按下式进行计算:

$$\overline{h} = \frac{1}{6}\sum_{i=1}^{6} \overline{h_i} \tag{4-154}$$

式中 $\overline{h}$——一组6个试件的平均渗水高度(mm)。应以一组6个试件渗水高度的算术平均值作为该组试件渗水高度的测定值。

2. 逐级加压法

本方法适用于通过逐级施加水压力来测定以抗渗等级来表示的混凝土的抗水渗透性能。

(1) 仪器设备:应符合本节三、(三)、1.的规定。

(2) 试验步骤

1) 首先应按本节三、(三)、1.(2)条的规定进行试件的密封和安装。

2) 试验时,水压应从0.1MPa开始,以后应每隔8h增加0.1MPa水压,并应随时观察试件端面渗水情况。当6个试件中有3个试件表面出现渗水时,或加至规定压力(设计抗渗等级)在8h内6个试件中表面渗水试件少于3个时,可停止试验,并记下此时的水压力。在试验过程中,当发现水从试件周边渗出时,应按本节三、(三)、1.(2)条的规定重新进行密封。

(3) 混凝土抗渗等级的计算

混凝土的抗渗等级应以每组 6 个试件中有 4 个试件未出现渗水时的最大水压力乘以 10 来确定。混凝土的抗渗等级应按下式计算:

$$P=10H-1 \qquad (4-155)$$

式中 P——混凝土抗渗等级;

　　　H——6 个试件中有 3 个试件渗水时的水压力(MPa)。

(四) 收缩试验

1. 非接触法

本方法主要适用于测定早龄期混凝土的自由收缩变形,也可用于无约束状态下混凝土自由收缩变形的测定。

(1) 试件:应采用尺寸为 100mm×100mm×515mm 的棱柱体试件。每组应为 3 个试件。

(2) 试验设备

1) 非接触法混凝土收缩变形测定仪(图 4-30)应设计成整机一体化装置,并应具备自动采集和处理数据、能设定采样时间间隔等功能。整个测试装置(含试件、传感器等)应固定于具有避振功能的固定式实验台面上。

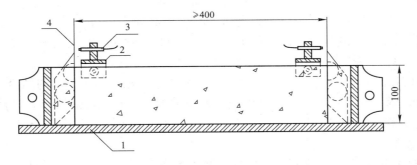

图 4-30　非接触法混凝土收缩变形测定仪原理示意图(mm)
1—试模;2—固定架;3—传感器探头;4—反射靶

2) 应有可靠方式将反射靶固定于试模上,使反射靶在试件成型浇筑振动过程中不会移位偏斜,且在成型完成后应能保证反射靶与试模之间的摩擦力尽可能小。试模应采用具有足够刚度的钢模,且本身的收缩变形应小。试模的长度应能保证混凝土试件的测量标距不小于 400mm。

3) 传感器的测试量程不应小于试件测量标距长度的 0.5% 或量程不应小于 1mm,测试精度不应低于 0.002mm。且应采用可靠方式将传感器测头固定,并应能使测头在测量整个过程中与试模相对位置保持固定不变。试验过程中应能保证反射靶能够随着混凝土收缩而同步移动。

(3) 试验步骤

1) 试验应在温度为 (20±2)℃、相对湿度为 (60±5)% 的恒温恒湿条件下进行。非接触法收缩试验应带模进行测试。

2) 试模准备后，应在试模内涂刷润滑油，然后应在试模内铺设两层塑料薄膜或者放置一片聚四氟乙烯(PTFE)片，且应在薄膜或者聚四氟乙烯片与试模接触的面上均匀涂抹一层润滑油。应将反射靶固定在试模两端。

3) 将混凝土拌合物浇筑入试模后，应振动成型并抹平，然后应立即带模移入恒温恒湿室。成型试件的同时，应测定混凝土的初凝时间。混凝土初凝试验和早龄期收缩试验的环境应相同。当混凝土初凝时，应开始测读试件左右两侧的初始读数，此后应至少每隔1h 或按设定的时间间隔测定试件两侧的变形读数。

4) 在整个测试过程中，试件在变形测定仪上放置的位置、方向均应始终保持固定不变。

5) 需要测定混凝土自收缩值的试件，应在浇筑振捣后立即采用塑料薄膜作密封处理。

(4) 试验结果的计算和处理

1) 混凝土收缩率应按照下式计算：

$$\varepsilon_{st}=\frac{(L_{10}-L_{1t})+(L_{20}-L_{2t})}{L_0} \tag{4-156}$$

式中 ε_{st}——测试期为 $t(h)$ 的混凝土收缩率，t 从初始读数时算起；

L_{10}——左侧非接触法位移传感器初始读数(mm)；

L_{1t}——左侧非接触法位移传感器测试期为 $t(h)$ 的读数(mm)；

L_{20}——右侧非接触法位移传感器初始读数(mm)；

L_{2t}——右侧非接触法位移传感器测试期为 $t(h)$ 的读数(mm)；

L_0——试件测量标距(mm)，等于试件长度减去试件中两个反射靶沿试件长度方向埋入试件中的长度之和。

2) 每组应取 3 个试件测试结果的算术平均值作为该组混凝土试件的早龄期收缩测定值，计算应精确到 1.0×10^{-6}。作为相对比较的混凝土早龄期收缩值应以 3d 龄期测试得到的混凝土收缩值为准。

2. 接触法

本方法适用于测定在无约束和规定的温湿度条件下硬化混凝土试件的收缩变形性能。

(1) 试件和测头

1) 本方法应采用尺寸为 100mm×100mm×515mm 的棱柱体试件。每组应为 3 个试件。

2) 采用卧式混凝土收缩仪时，试件两端应预埋测头或留有埋设测头的凹槽。卧式收缩试验用测头(图 4-31)应由不锈钢或其他不锈的材料制成。

3) 采用立式混凝土收缩仪时，试件一端中心应预埋测头(图 4-32)。立式收缩试验用测头的另外一端宜采用 M20mm×35mm 的螺栓(螺纹通长)，并应与立式混凝土收缩仪底座固定。螺栓和测头都应预埋进去。

4) 采用接触法引伸仪时，所用试件的长度应至少比仪器的测量标距长出一个截面边长。测头应粘贴在试件两侧面的轴线上。

5) 使用混凝土收缩仪时，制作试件的试模应具有能固定测头或预留凹槽的端板。使用接触法引伸仪时，可用一般棱柱体试模制作试件。

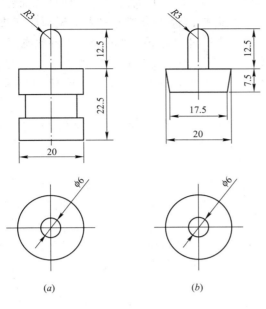 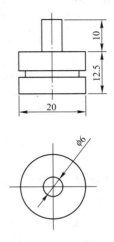

图 4-31　卧式收缩试验用测头(mm)　　　　图 4-32　立式收缩试验
(a)预埋测头；(b)后埋测头　　　　　　　　　用测头(mm)

6) 收缩试件成型时不得使用机油等憎水性脱模剂。试件成型后应带模养护(1～2)d，并保证拆模时不损伤试件。对于事先没有埋设测头的试件，拆模后应立即粘贴或埋设测头。试件拆模后，应立即送至温度为(20±2)℃、相对湿度为95%以上的标准养护室养护。

(2) 试验设备

1) 测量混凝土收缩变形的装置应具有硬钢或石英玻璃制作的标准杆，并应在测量前及测量过程中及时校核仪表的读数。

2) 收缩测量装置可采用下列形式之一：

① 卧式混凝土收缩仪的测量标距应为540mm，并应装有精度为±0.001mm的千分表或测微器。

② 立式混凝土收缩仪的测量标距和测微器同卧式混凝土收缩仪。

③ 其他形式的变形测量仪表的测量标距不应小于100mm及骨料最大粒径的3倍。并至少能达到±0.001mm的测量精度。

(3) 试验步骤

1) 收缩试验应在恒温恒湿环境中进行，室温应保持在(20±2)℃，相对湿度应保持在(60±5)%。试件应放置在不吸水的搁架上，底面应架空，每个试件之间的间隙应大于30mm。

2) 测定代表某一混凝土收缩性能的特征值时，试件应在3d龄期时(从混凝土搅拌加水时算起)从标准养护室取出，并应立即移入恒温恒湿室测定其初始长度，此后应至少按下列规定的时间间隔测量其变形读数：1d、3d、7d、14d、28d、45d、60d、90d、120d、150d、180d、360d(从移入恒温恒湿室内计时)。

3) 测定混凝土在某一具体条件下的相对收缩值时(包括在徐变试验时的混凝土收缩变形测定)应按要求的条件进行试验。对非标准养护试件,当需要移入恒温恒湿室进行试验时,应先在该室内预置4h,再测其初始值。测量时应记下试件的初始干湿状态。

4) 收缩测量前应先用标准杆校正仪表的零点,并应在测定过程中至少再复核1～2次,其中一次应在全部试件测读完后进行。当复核时发现零点与原值的偏差超过±0.001mm时,应调零后重新测量。

5) 试件每次在卧式收缩仪上放置的位置和方向均应保持一致。试件上应标明相应的方向记号。试件在放置及取出时应轻稳仔细,不得碰撞表架及表杆。当发生碰撞时,应取下试件,并应重新以标准杆复核零点。

6) 采用立式混凝土收缩仪时,整套测试装置应放在不易受外部振动影响的地方。读数时宜轻敲仪表或者上下轻轻滑动测头。安装立式混凝土收缩仪的测试台应有减振装置。

7) 用接触法引伸仪测量时,应使每次测量时试件与仪表保持相对固定的位置和方向。每次读数应重复3次。

(4) 试验结果计算和处理

1) 混凝土收缩率应按下式计算:

$$\varepsilon_{st}=\frac{L_0-L_t}{L_b} \tag{4-157}$$

式中 ε_{st}——试验期为$t(d)$的混凝土收缩率,t从测定初始长度时算起;

L_b——试件的测量标距,用混凝土收缩仪测量时应等于两测头内侧的距离,即等于混凝土试件长度(不计测头凸出部分)减去两个测头埋入深度之和(mm)。采用接触法引伸仪时,即为仪器的测量标距;

L_0——试件长度的初始读数(mm);

L_t——试件在试验期为$t(d)$时测得的长度读数(mm)。

2) 每组应取3个试件收缩率的算术平均值作为该组混凝土试件的收缩率测定值,计算精确至1.0×10^{-6}。

3) 作为相互比较的混凝土收缩率值应为不密封试件于180d所测得的收缩率值。可将不密封试件于360d所测得的收缩率值作为该混凝土的终极收缩率值。

(五) 早期抗裂试验

本方法适用于测试混凝土试件在约束条件下的早期抗裂性能。

1. 试验装置及试件尺寸

(1) 本方法应采用尺寸为800mm×600mm×100mm的平面薄板型试件,每组应至少2个试件。混凝土骨料最大公称粒径不应超过31.5mm。

(2) 混凝土早期抗裂试验装置(图4-33)应采用钢制模具,模具的四边(包括长侧板和短侧板)宜采用槽钢或者角钢焊接而成,侧板厚度不应小于5mm,模具四边与底板宜通过螺栓固定在一起。模具内应设有7根裂缝诱导器,裂缝诱导器可分别用50mm×50mm、40mm×40mm角钢与5mm×50mm钢板焊接组成,并应平行于模具短边。底板应采用不小于5mm厚的钢板,并应在底板表面铺设聚乙烯薄膜或者聚四氟乙烯片做隔离层。模具应作为测试装置的一个部分,测试时应与试件连在一起。

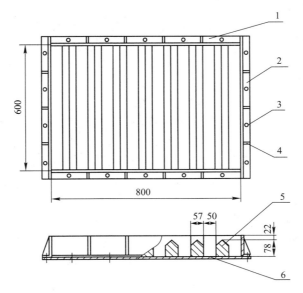

图 4-33　混凝土早期抗裂试验装置示意图(mm)
1—长侧板；2—短侧板；3—螺栓；4—加强肋；5—裂缝诱导器；6—底板

(3) 风扇的风速应可调，并且应能够保证试件表面中心处的风速不小于 5m/s。

(4) 温度计精度不应低于±0.5℃。相对湿度计精度不应低于±1%。风速计精度不应低于±0.5m/s。

(5) 刻度放大镜的放大倍数不应小于 40 倍，分度值不应大于 0.01mm。

(6) 照明装置可采用手电筒或者其他简易照明装置。

(7) 钢直尺的最小刻度应为 1mm。

2. 试验步骤

(1) 试验宜在温度为(20±2)℃，相对湿度为(60±5)%的恒温恒湿室中进行。

(2) 将混凝土浇筑至模具内以后，应立即将混凝土摊平，且表面应比模具边框略高。可使用平板表面式振捣器或者采用振捣棒插捣，应控制好振捣时间，并应防止过振和欠振。

(3) 在振捣后，应用抹子整平表面，并应使骨料不外露，且应使表面平实。

(4) 应在试件成型 30min 后，立即调节风扇位置和风速，使试件表面中心正上方 100mm 处风速为(5±0.5)m/s，并应使风向平行于试件表面和裂缝诱导器。

(5) 试验时间应从混凝土搅拌加水开始计算，应在(24±0.5)h 测读裂缝。裂缝长度应用钢直尺测量，并应取裂缝两端直线距离为裂缝长度。当一个刀口上有两条裂缝时，可将两条裂缝的长度相加，折算成一条裂缝。

(6) 裂缝宽度应采用放大倍数至少 40 倍的读数显微镜进行测量，并应测量每条裂缝的最大宽度。

(7) 平均开裂面积、单位面积的裂缝数目和单位面积上的总开裂面积应根据混凝土浇筑 24h 测量得到裂缝数据来计算。

3. 试验结果计算及其确定

(1) 每条裂缝的平均开裂面积应按下式计算：

$$a = \frac{1}{2N}\sum_{i=1}^{N}(W_i \times L_i) \qquad (4\text{-}158)$$

(2) 单位面积的裂缝数目应按下式计算：

$$b = \frac{N}{A}$$

(3) 单位面积上的总开裂面积应按下式计算：

$$c = a \cdot b$$

式中 W_i——第 i 条裂缝的最大宽度(mm)，精确到 0.01mm；
$\qquad L_i$——第 i 条裂缝的长度(mm)，精确到 1mm；
$\qquad N$——总裂缝数目(条)；
$\qquad A$——平板的面积(m^2)，精确到小数点后两位；
$\qquad a$——每条裂缝的平均开裂面积(mm^2/条)，精确到 $1mm^2$/条；
$\qquad b$——单位面积的裂缝数目(条/m^2)，精确到 0.1 条/m^2；
$\qquad c$——单位面积上的总开裂面积(mm^2/m^2)，精确到 $1mm^2/m^2$。

(4) 每组应分别以 2 个或多个试件的平均开裂面积(单位面积上的裂缝数目或单位面积上的总开裂面积)的算术平均值作为该组试件平均开裂面积(单位面积上的裂缝数目或单位面积上的总开裂面积)的测定值。

(六) 碳化试验

本方法适用于测定在一定浓度的二氧化碳气体介质中混凝土试件的碳化程度。

1. 试件及处理

(1) 本方法宜采用棱柱体混凝土试件，应以 3 块为一组。棱柱体的长宽比不宜小于 3。

(2) 无棱柱体试件时，也可用立方体试件，其数量应相应增加。

(3) 试件宜在 28d 龄期进行碳化试验，掺有掺合料的混凝土可以根据其特性决定碳化前的养护龄期。碳化试验的试件宜采用标准养护，试件应在试验前 2d 从标准养护室取出，然后应在 60℃下烘 48h。

(4) 经烘干处理后的试件，除应留下一个或相对的两个侧面外，其余表面应采用加热的石蜡予以密封。然后应在暴露侧面上沿长度方向用铅笔以 10mm 间距画出平行线，作为预定碳化深度的测量点。

2. 试验设备

(1) 碳化箱应符合现行行业标准《混凝土碳化试验箱》JG/T 247 的规定，并应采用带有密封盖的密闭容器，容器的容积应至少为预定进行试验的试件体积的两倍。碳化箱内应有架空试件的支架、二氧化碳引入口、分析取样用的气体导出口、箱内气体对流循环装置、为保持箱内恒温恒湿所需的设施以及温湿度监测装置。宜在碳化箱上设玻璃观察口对箱内的温度进行读数。

(2) 气体分析仪应能分析箱内二氧化碳浓度，并应精确至 ±1%。

(3) 二氧化碳供气装置应包括气瓶、压力表和流量计。

3. 试验步骤

(1) 首先应将经过处理的试件放入碳化箱内的支架上。各试件之间的间距不应小于 50mm。

(2) 试件放入碳化箱后，应将碳化箱密封。密封可采用机械办法或油封，但不得采用水封。应开动箱内气体对流装置，徐徐充入二氧化碳，并测定箱内的二氧化碳浓度。应逐步调节二氧化碳的流量，使箱内的二氧化碳浓度保持在(20±3)%。在整个试验期间应采取去湿措施，使箱内的相对湿度控制在(70±5)%，温度应控制在(20±2)℃的范围内。

(3) 碳化试验开始后应每隔一定时期对箱内的二氧化碳浓度、温度及湿度作一次测定。宜在前 2d 每隔 2h 测定一次，以后每隔 4h 测定一次。试验中应根据所测得的二氧化碳浓度、温度及湿度随时调节这些参数，去湿用的硅胶应经常更换。也可采用其他更有效的去湿方法。

(4) 应在碳化到了 3d、7d、14d 和 28d 时，分别取出试件，破型测定碳化深度。棱柱体试件应通过在压力试验机上的劈裂法或者用干锯法从一端开始破型。每次切除的厚度应为试件宽度的一半，切后应用石蜡将破型后试件的切断面封好，再放入箱内继续碳化，直到下一个试验期。当采用立方体试件时，应在试件中部劈开，立方体试件应只作一次检验，劈开测试碳化深度后不得再重复使用。

(5) 随后应将切除所得的试件部分刷去断面上残存的粉末，然后应喷上(或滴上)浓度为 1%的酚酞酒精溶液(酒精溶液含 20%的蒸馏水)。约经 30s 后，应按原先标划的每 10mm 一个测量点用钢板尺测出各点碳化深度。当测点处的碳化分界线上刚好嵌有粗骨料颗粒，可取该颗粒两侧处碳化深度的算术平均值作为该点的深度值。碳化深度测量应精确至 0.5mm。

4. 试验结果计算和处理

(1) 混凝土在各试验龄期时的平均碳化深度应按下式计算：

$$\overline{d_t} = \frac{1}{n}\sum_{i=1}^{n} d_i \tag{4-159}$$

式中　$\overline{d_t}$——试件碳化 t(d)后的平均碳化深度(mm)，精确至 0.1mm；

　　　d_i——各测点的碳化深度(mm)；

　　　n——测点总数。

(2) 每组应以在二氧化碳浓度为(20±3)%，温度为(20±2)℃，湿度为(70±5)%的条件下 3 个试件碳化 28d 的碳化深度算术平均值作为该组混凝土试件碳化测定值。

(3) 碳化结果处理时宜绘制碳化时间与碳化深度的关系曲线。

(七) 混凝土中钢筋锈蚀试验

本方法适用于测定在给定条件下混凝土中钢筋的锈蚀程度。本方法不适用于在侵蚀性介质中混凝土内的钢筋锈蚀试验。

1. 试件的制作与处理

(1) 本方法应采用尺寸为 100mm×100mm×300mm 的棱柱体试件，每组应为 3 块。

(2) 试件中埋置的钢筋应采用直径为 6.5mm 的 Q235 普通低碳钢热轧盘条调直截断制成，其表面不得有锈坑及其他严重缺陷。每根钢筋长应为(299±1)mm，应用砂轮将其一端磨出长约 30mm 的平面，并用钢字打上标记。钢筋应采用 12%盐酸溶液进行酸洗，并经清水漂净后，用石灰水中和，再用清水冲洗干净，擦干后应在干燥器中至少存放 4h，然后应用天平称取每根钢筋的初重(精确至 0.001g)。钢筋应存放在干燥器中备用。

(3) 试件成型前应将套有定位板的钢筋放入试模,定位板应紧贴试模的两个端板,安放完毕后应使用丙酮擦净钢筋表面。

(4) 试件成型后,应在(20±2)℃的温度下盖湿布养护24h后编号拆模,并应拆除定位板。然后应用钢丝刷将试件两端部混凝土刷毛,并应用水灰比小于试件用混凝土水灰比、水泥和砂子比例为1∶2的水泥砂浆抹上不小于20mm厚的保护层,并应确保钢筋端部密封质量。试件应在就地潮湿养护(或用塑料薄膜盖好)24h后,移入标准养护室养护至28d。

2. 试验设备

(1) 混凝土碳化试验设备应包括碳化箱、供气装置及气体分析仪。碳化设备并应符合本节三、(六)、2条的规定。

(2) 钢筋定位板(图4-34)宜采用木质五合板或薄木板等材料制作,尺寸应为100mm×100mm,板上应钻有穿插钢筋的圆孔。

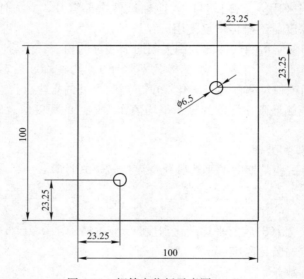

图4-34 钢筋定位板示意图(mm)

(3) 称量设备的最大量程应为1kg,感量应为0.001g。

3. 试验步骤

(1) 钢筋锈蚀试验的试件应先进行碳化,碳化应在28d龄期时开始。碳化应在二氧化碳浓度为(20±3)%、相对湿度为(70±5)%和温度为(20±2)℃的条件下进行,碳化时间应为28d。对于有特殊要求的混凝土中钢筋锈蚀试验,碳化时间可再延长14d或者28d。

(2) 试件碳化处理后应立即移入标准养护室放置。在养护室中,相邻试件间的距离不应小于50mm,并应避免试件直接淋水。应在潮湿条件下存放56d后将试件取出,然后破型,破型时不得损伤钢筋。应先测出碳化深度,然后进行钢筋锈蚀程度的测定。

(3) 试件破型后,应取出试件中的钢筋,并应刮去钢筋上沾附的混凝土。应用12%盐酸溶液对钢筋进行酸洗,经清水漂净后,再用石灰水中和,最后应以清水冲洗干净。应将钢筋擦干后在干燥器中至少存放4h,然后应对每根钢筋称重(精确至0.001g),并应计算钢筋锈蚀失重率。酸洗钢筋时,应在洗液中放入两根尺寸相同的同类无锈钢筋作为基准校正。

4. 试验结果计算和处理

(1) 钢筋锈蚀失重率应按下式计算：

$$L_w = \frac{w_0 - w - \frac{(w_{01} - w_1) + (w_{02} - w_2)}{2}}{w_0} \times 100 \qquad (4-160)$$

式中 L_w——钢筋锈蚀失重率(%)，精确至 0.01；

w_0——钢筋未锈前质量(g)；

w——锈蚀钢筋经过酸洗处理后的质量(g)；

w_{01}、w_{02}——分别为基准校正用的两根钢筋的初始质量(g)；

w_1、w_2——分别为基准校正用的两根钢筋酸洗后的质量(g)。

(2) 每组应取 3 个混凝土试件中钢筋锈蚀失重率的平均值作为该组混凝土试件中钢筋锈蚀失重度测定值。

(八) 抗硫酸盐侵蚀试验

本方法适用于测定混凝土试件在干湿交替环境中，以能够经受的最大干湿循环次数来表示的混凝土抗硫酸盐侵蚀性能。

1. 试件

(1) 本方法应采用尺寸为 100mm×100mm×100mm 的立方体试件，每组应为 3 块。

(2) 混凝土的取样、试件的制作和养护应符合本标准第 3 章的要求。

(3) 除制作抗硫酸盐侵蚀试验用试件外，还应按照同样方法，同时制作抗压强度对比用试件。试件组数应符合表 4-77 的要求。

抗硫酸盐侵蚀试验所需的试件组数　　表 4-77

设计抗硫酸盐等级	KS15	KS30	KS60	KS90	KS120	KS150	KS150 以上
检查强度所需干湿循环次数	15	15 及 30	30 及 60	60 及 90	90 及 120	120 及 150	150 及设计次数
鉴定 28d 强度所需试件组数	1	1	1	1	1	1	1
干湿循环试件组数	1	2	2	2	2	2	2
对比试件组数	1	2	2	2	2	2	2
总计试件组数	3	5	5	5	5	5	5

2. 试验设备和试剂

(1) 干湿循环试验装置宜采用能使试件静止不动，浸泡、烘干及冷却等过程应能自动进行的装置。设备应具有数据实时显示、断电记忆及试验数据自动存储的功能。

(2) 也可采用符合下列规定的设备进行干湿循环试验。

1) 烘箱应能使温度稳定在(80±5)℃。

2) 容器应至少能够装 27L 溶液，并应带盖，且应由耐盐腐蚀材料制成。

(3) 试剂应采用化学纯无水硫酸钠。

3. 试验步骤

(1) 试件应在养护至 28d 龄期的前 2d,将需进行干湿循环的试件从标准养护室取出。擦干试件表面水分,然后将试件放入烘箱中,并应在(80±5)℃下烘 48h。烘干结束后应将试件在干燥环境中冷却到室温。对于掺入掺合料比较多的混凝土,也可采用 56d 龄期或者设计规定的龄期进行试验,这种情况应在试验报告中说明。

(2) 试件烘干并冷却后,应立即将试件放入试件盒(架)中,相邻试件之间应保持 20mm 间距,试件与试件盒侧壁的间距不应小于 20mm。

(3) 试件放入试件盒以后,应将配制好的 5% Na_2SO_4 溶液放入试件盒,溶液应至少超过最上层试件表面 20mm,然后开始浸泡。从试件开始放入溶液,到浸泡过程结束的时间应为(15±0.5)h。注入溶液的时间不应超过 30min。浸泡龄期应从将混凝土试件移入 5% Na_2SO_4 溶液中起计时。试验过程中宜定期检查和调整溶液的 pH 值,可每隔 15 个循环测试一次溶液 pH 值,应始终维持溶液的 pH 值在 6~8 之间。溶液的温度应控制在 (25~30)℃。也可不检测其 pH 值,但应每月更换一次试验用溶液。

(4) 浸泡过程结束后,应立即排液,并应在 30min 内将溶液排空。溶液排空后应将试件风干 30min,从溶液开始排出到试件风干的时间应为 1h。

(5) 风干过程结束后应立即升温,应将试件盒内的湿度升到 80℃,开始烘干过程。升温过程应在 30min 内完成。温度升到 80℃后,应将温度维持在(80±5)℃。从升温开始到开始冷却的时间应为 6h。

(6) 烘干过程结束后,应立即对试件进行冷却,从开始冷却到将试件盒内的试件表面温度冷却到(25~30)℃的时间应为 2h。

(7) 每个干湿循环的总时间应为(24±2)h。然后应再次放入溶液,按照上述 3~6 的步骤进行下一个干湿循环。

(8) 在达到本标准表 14.0.2 规定的干湿循环次数后,应及时进行抗压强度试验。同时应观察经过干湿循环后混凝土表面的破损情况并进行名观描述。当试件有严重剥落、掉角等缺陷时,应先用高强石膏补平后再进行抗压强度试验。

(9) 当干湿循环试验出现下列三种情况之一时,可停止试验:
1) 当抗压强度耐蚀系数达到 75%;
2) 干湿循环次数达到 150 次;
3) 达到设计抗硫酸盐等级相应的干湿循环次数。

(10) 对比试件应继续保持原有的养护条件,直到完成干湿循环后,与进行干湿循环试验的试件同时进行抗压强度试验。

4. 试验结果计算及处理

(1) 混凝土抗压强度耐蚀系数应按下式进行计算:

$$K_f = \frac{f_{cn}}{f_{c0}} \times 100 \qquad (4\text{-}161)$$

式中 K_f——抗压强度耐蚀系数(%);

f_{cn}——为 N 次干湿循环后受硫酸盐腐蚀的一组混凝土试件的抗压强度测定值(MPa),精确至 0.1MPa;

f_{c0}——与受硫酸盐腐蚀试件同龄期的标准养护的一组对比混凝土试件的抗压强度测定值(MPa),精确至 0.1MPa;

(2) f_{c0} 和 f_{cn} 应以 3 个试件抗压强度试验结果的算术平均值作为测定值。当最大值或最小值，与中间值之差超过中间值的 15% 时，应剔除此值，并应取其余两值的算术平均值作为测定值；当最大值和最小值，均超过中间值的 15% 时，应取中间值作为测定值。

(3) 抗硫酸盐等级应以混凝土抗压强度耐蚀系数下降到不低于 75% 时的最大干湿循环次数来确定，并应以符号 KS 表示。

(九) 碱-骨料反应试验

本试验方法用于检验混凝土试件在温度 38℃ 及潮湿条件养护下，混凝土中的碱与骨料反应所引起的膨胀是否具有潜在危害。适用于碱-硅酸反应和酸-碳酸盐反应。

1. 试验仪器设备

(1) 本方法应采用与公称直径分别为 20mm、16mm、10mm、5mm 的圆孔筛对应的方孔筛。

(2) 称量设备的最大量程应分别为 50kg 和 10kg，感量应分别不超过 50g 和 5g，各一台。

(3) 试模的内测尺寸应为 75mm×75mm×275mm，试模两个端板应预留安装测头的圆孔，孔的直径应与测头直径相匹配。

(4) 测头（埋钉）的直径应为 (5～7)mm，长度应为 25mm。应采用不锈金属制成，测头均应位于试模两端的中心部位。

(5) 测长仪的测量范围应为 (275～300)mm，精度应为 ±0.001mm。

(6) 养护盒应由耐腐蚀材料制成，不应漏水，且应能密封。盒底部应装有 (20±5)mm 深的水，盒内应有试件架，且应能使试件垂直立在盒中。试件底部不应与水接触。一个养护盒宜同时容纳 3 个试件。

2. 碱-骨料反应试验应符合下列规定：

(1) 原材料和设计配合比应按照下列规定装备：

1) 应使用硅酸盐水泥，水泥含碱量宜为 $(0.9±0.1)$%（以 Na_2O 当量计，即 $Na_2O+0.658K_2O$）。可通过外加浓度为 10% 的 NaOH 溶液，使试验用水泥含碱量达到 1.25%。

2) 当试验用来评价细骨料的活性，应采用非活性的粗骨料，粗骨料的非活性也应通过试验确定，试验用细骨料细度模数宜为 $(2.7±0.2)$。当试验用来评价粗骨料的活性，应用非活性的细骨料，细骨料的非活性也应通过试验确定。当工程用的骨料为同一品种的材料，应用该粗、细骨料来评价活性。试验用粗骨料应由三种级配：(20～16)mm、(16～10)mm 和 (10～5)mm，各取 1/3 等量混合。

3) 每立方米混凝土水泥用量应为 $(420±10)$kg。水灰比应为 0.42～0.45。粗骨料与细骨料的质量比应为 6:4。试验中除可外加 NaOH 外，不得再使用其他的外加剂。

(2) 试件应按下列规定制作：

1) 成型前 24h，应将试验所用所有原材料放入 $(20±5)$℃ 的成型室。

2) 混凝土搅拌宜采用机械拌合。

3) 混凝土应一次装入试模，应用捣棒和抹刀捣实，然后应在振动台上振动 30s 或直至表面泛浆为止。

4) 试件成型后应带模一起送入 $(20±2)$℃、相对湿度在 95% 以上的标准养护室中，应在混凝土初凝前 (1～2)h，对试件沿模口抹平并应编号。

(3) 试件养护及测量应符合下列要求：

1) 试件应在标准养护室中养护(24±4)h 后脱模，脱模时应特别小心不要损伤测头，并应尽快测量试件的基准长度。待测试件应用湿布盖好。

2) 试件的基准长度测量应在(20±2)℃的恒温室中进行。每个试件应至少重复测试两次，应取两次测值的算术平均值作为该试件的基准长度值。

3) 测量基准长度后应将试件放入养护盒中，并盖严盒盖。然后应将养护盒放入(38±2)℃的养护室或养护箱罩养护。

4) 试件的测量龄期应从测定基准长度后算起，测量龄期应为1周、2周、4周、8周、13周、18周、26周、39周和52周，以后可每半年测一次。每次测量的前一天，应将养护盒从(38±2)℃的养护室中取出，并放入(20±2)℃的恒温室中，恒温时间应为(24±4)h。试件各龄期的测量应与测量基准长度的方法相同，测量完毕后，应将试件调头放入养护盒中，并盖严盒盖。然后应将养护盒重新放回(38±2)℃的养护室或者养护箱中继续养护至下一测试龄期。

5) 每次测量时，应观察试件有无裂缝、变形、渗出物及反应产物等，并应作详细记录。必要时可在长度测试周期全部结束后，辅以岩相分析等手段，综合判断试件内部结构和可能的反应产物。

(4) 当碱-骨料反应试验出现以下两种情况之一时，可结束试验：

1) 在52周的测试龄期内的膨胀率超过0.04%；

2) 膨胀率虽小于0.04%，但试验周期已经达52周(或一年)。

3. 试验结果计算和处理

(1) 试件的膨胀率应按下式计算：

$$\varepsilon_t = \frac{L_t - L_0}{L_0 - 2\Delta} \times 100 \qquad (4\text{-}162)$$

式中　ε_t——试件在 t(d)龄期的膨胀率(%)，精确到 0.001；

L_t——试件在 t(d)龄期的长度(mm)；

L_0——试件的基准长度(mm)；

Δ——测头的长度(mm)。

(2) 每组应以3个试件测值的算术平均值作为某一龄期膨胀率的测定值。

(3) 当每组平均膨胀率小于0.020%时，同一组试件中单个试件之间的膨胀率的差值(最高值与最低值之差)不应超过0.008%；当每组平均膨胀率大于0.020%时，同一组试件中单个试件的膨胀率的差值(最高值与最低值之差)不应超过平均值的40%。

第十节　混凝土强度检验评定[1]

一、基本规定

1. 混凝土的强度等级应按立方体抗压强度标准值划分。混凝土强度等级应采用符号 C 与立方体抗压强度标准值(以 N/mm² 计)表示。

---

[1] 内容引自 GB/T 50107—2010《混凝土强度检验评定标准》。

2. 立方体抗压强度标准值应为按标准方法制作和养护的边长为 150mm 的立方体试件，用标准试验方法在 28d 龄期测得的混凝土抗压强度总体分布中的一个值，强度低于该值的概率应为 5%。

3. 混凝土强度应分批进行检验评定。一个检验批的混凝土应由强度等级相同、试验龄期相同、生产工艺条件和配合比基本相同的混凝土组成。

4. 对大批量、连续生产混凝土的强度应按本节三、(一)规定的统计方法评定。对小批量或零星生产混凝土的强度应按本节三、(二)规定的非统计方法评定。

二、混凝土的取样与试验

(一)混凝土的取样

1. 混凝土的取样，宜根据本节规定的检验评定方法要求制定检验批的划分方案和相应的取样计划。

2. 混凝土强度试样应在混凝土的浇筑地点随机抽取。

3. 试件的取样频率和数量应符合下列规定：

(1) 每 100 盘，但不超过 $100m^3$ 的同配合比混凝土，取样次数不应少于一次；

(2) 每一工作班拌制的同配合比混凝土，不足 100 盘和 $100m^3$ 时其取样次数不应少于一次；

(3) 当一次连续浇筑的同配合比混凝土超过 $1000m^3$ 时，每 $200m^3$ 取样不应少于一次；

(4) 对房屋建筑，每一楼层、同一配合比的混凝土，取样不应少于一次。

4. 每批混凝土试样应制作的试件总组数，除满足本节三、规定的混凝土强度评定所必需的组数外，还应留置为检验结构或构件施工阶段混凝土强度所必需的试件。

(二)混凝土试件的制作与养护

1. 每次取样应至少制作一组标准养护试件。

2. 每组 3 个试件应由同一盘或同一车的混凝土中取样制作。

3. 检验评定混凝土强度用的混凝土试件，其成型方法及标准养护条件应符合现行国家标准《普通混凝土力学性能试验方法标准》GB/T 50081 的规定。

4. 采用蒸汽养护的构件，其试件应先随构件同条件养护，然后应置入标准养护条件下继续养护，两段养护时间的总和应为设计规定龄期。

(三)混凝土试件的试验

1. 混凝土试件的立方体抗压强度试验应根据现行国家标准《普通混凝土力学性能试验方法标准》GB/T 50081 的规定执行。每组混凝土试件强度代表值的确定，应符合下列规定：

(1) 取 3 个试件强度的算术平均值作为每组试件的强度代表值；

(2) 当一组试件中强度的最大值或最小值与中间值之差超过中间值的 15% 时，取中间值作为该组试件的强度代表值；

(3) 当一组试件中强度的最大值和最小值与中间值之差均超过中间值的 15% 时，该组试件的强度不应作为评定的依据。

注：对掺矿物掺合料的混凝土进行强度评定时，可根据设计规定，可采用大于 28d 龄期的混凝土强度。

2. 当采用非标准尺寸试件时，应将其抗压强度乘以尺寸折算系数，折算成边长为150mm 的标准尺寸试件抗压强度。尺寸折算系数按下列规定采用：

(1) 当混凝土强度等级低于 C60 时，对边长为 100mm 的立方体试件取 0.95，对边长为 200mm 的立方体试件取 1.05；

(2) 当混凝土强度等级不低于 C60 时，宜采用标准尺寸试件；使用非标准尺寸试件时，尺寸折算系数应由试验确定，其试件数量不应少于 30 对组。

三、混凝土强度的检验评定

(一) 统计方法评定

1. 采用统计方法评定时，应按下列规定进行：

(1) 当连续生产的混凝土，生产条件在较长时间内保持一致，且同一品种、同一强度等级混凝土的强度变异性保持稳定时，应按本节三、(一)、2 的规定进行评定。

(2) 其他情况应按本节三、(一)、3 的规定进行评定。

2. 一个检验批的样本容量应为连续的 3 组试件，其强度应同时符合下列规定：

$$m_{f_{cu}} \geq f_{cu,k} + 0.7\sigma_0 \tag{4-163}$$

$$f_{cu,min} \geq f_{cu,k} - 0.7\sigma_0 \tag{4-164}$$

检验批混凝土立方体抗压强度的标准差应按下式计算：

$$\sigma_0 = \frac{\sum_{i=1}^{n} f_{cu,i}^2 - nm_{f_{cu}}^2}{n-1} \tag{4-165}$$

当混凝土强度等级不高于 C20 时，其强度的最小值尚应满足下式要求：

$$f_{cu,min} \geq 0.85 f_{cu,k} \tag{4-166}$$

当混凝土强度等级高于 C20 时，其强度的最小值尚应满足下列要求：

$$f_{cu,min} \geq 0.90 f_{cu,k} \tag{4-167}$$

式中 $m_{f_{cu}}$——同一检验批混凝土立方体抗压强度的平均值(N/mm^2)，精确到 0.1(N/mm^2)；

$f_{cu,k}$——混凝土立方体抗压强度标准值(N/mm^2)，精确到 0.1(N/mm^2)；

σ_0——检验批混凝土立方体抗压强度的标准差(N/mm^2)，精确到 0.01(N/mm^2)；当检验批混凝土强度标准差 σ_0 计算值小于 2.5N/mm^2 时，应取 2.5N/mm^2；

$f_{cu,i}$——前一个检验期内同一品种、同一强度等级的第 i 组混凝土试件的立方体抗压强度代表值(N/mm^2)，精确到 0.1(N/mm^2)；该检验期不应少于 60d，也不得大于 90d；

n——前一检验期内的样本容量，在该期间内样本容量不应少于 45；

$f_{cu,min}$——同一检验批混凝土立方体抗压强度的最小值(N/mm^2)，精确到 0.1(N/mm^2)。

3. 当样本容量不少于 10 组时，其强度应同时满足下列要求：

$$m_{f_{cu}} \geq f_{cu,k} + \lambda_1 \cdot S_{f_{cu}} \tag{4-168}$$

$$f_{cu,min} \geq \lambda_2 \cdot f_{cu,k} \tag{4-169}$$

同一检验批混凝土方体抗压强度的标准差应按下式计算：

$$S_{f_{cu}} = \sqrt{\frac{\sum_{i=1}^{n} f_{cu,i}^2 - nm_{f_{cu}}^2}{n-1}} \tag{4-170}$$

式中 $S_{f_{cu}}$——同一检验批混凝土立方体抗压强度的标准差（N/mm²），精确到 0.01（N/mm²）；当检验批混凝土强度标准差 $S_{f_{cu}}$ 计算值小于 2.5N/mm² 时，应取 2.5N/mm²；

λ_1，λ_2——合格评定系数，按表 4-78 取用；

n——本检验期内的样本容量。

混凝土强度的合格评定系数　　　　表 4-78

试件组数	10～14	15～19	≥20
λ_1	1.15	1.05	0.95
λ_2	0.90	0.85	

（二）非统计方法评定

1. 当用于评定的样本容量小于 10 组时，应采用非统计方法评定混凝土强度。

2. 按非统计方法评定混凝土强度时，其强度应同时符合下列规定：

$$m_{f_{cu}} \geq \lambda_3 \cdot f_{cu,k} \tag{4-171}$$

$$f_{cu,min} \geq \lambda_4 \cdot f_{cu,k} \tag{4-172}$$

式中 λ_3，λ_4——合格评定系数，应按表 4-79 取用。

混凝土强度的非统计法合格评定系数　　　　表 4-79

混凝土强度等级	<C60	≥C60
λ_3	1.15	1.10
λ_4	0.95	

（三）混凝土强度的合格性评定

1. 当检验结果满足本节三、（一）、2 或本节三、（一）、3 或本节三、（二）、2 的规定时，则该批混凝土强度应评定为合格；当不能满足上述规定时，该批混凝土强度应评定为不合格。

2. 对评定为不合格批的混凝土，可按国家现行的有关标准进行处理。

第五章 建筑砂浆

第一节 概述

一、建筑砂浆及其分类

建筑砂浆是由无机胶凝材料、细骨料和水，有时也加入某些外掺材料，按一定比例配合调制而成。与混凝土相比，砂浆可看做无粗骨料的混凝土，或砂率为100%的混凝土。因此有关混凝土的许多规律，也基本上适用于砂浆。但由于砂浆多以薄层使用，且又多是铺抹在多孔、吸水及不平的基底上，因此对砂浆的要求，也有它的特殊性。

其分类如下：
(1) 按胶凝材料可分为：水泥砂浆、石灰砂浆和混合砂浆等；
(2) 按用途可分为：砌筑砂浆、抹灰(面)砂浆及防水砂浆等；
(3) 按堆积密度可分为：重质砂浆和轻质砂浆等。

二、建筑砂浆的组成材料及其应用

建筑砂浆的主要组成材料有：

1. 水泥

它是一种用于砂浆的主要胶凝材料，一般常用普通硅酸盐水泥、矿渣硅酸盐水泥、火山灰质硅酸盐水泥、粉煤灰硅酸盐水泥、砌筑水泥、无熟料或少熟料水泥等。使用的水泥强度等级应为砂浆强度等级的4～5倍。一般采用32.5级～42.5级水泥为宜。

2. 细骨料

主要采用符合 JGJ 52—2006《普通混凝土用砂、石质量及检验方法标准》规定的砂。用于砌筑石材的砂，其最大粒径应小于砂浆层厚度的1/4～1/5。砖砌体最好使用中砂，其细度模数 μ_s＝3.0～2.3；粒径＜2.5mm。砂浆强度等级≥M5者，含泥量和泥块含量应≤5%，砂浆强度等级＜M5者，含泥量和泥块含量可≤10%。

3. 掺加料

为改善砂浆的和易性，常在砂浆中加入无机掺合料，如石灰膏、磨细生石灰、消石灰粉、黏土膏及磨细粉煤灰等。

4. 外加剂

在拌制砂浆过程中掺入，用以改善砂浆性能的物质。砂浆中常用的外加剂为微沫剂。

微沫剂是一种憎水性表面活性物质，由松香和纯碱熬制而成，称为皂化松香。它吸附在水泥颗粒表面，形成皂膜，可降低水的表面张力，使砂浆产生多量微小气泡，增加水泥分散性，使水泥颗粒之间摩阻力减小，砂浆的流动性、和易性得到改善。微沫剂掺量应经试验而定，一般掺量为水泥用量的0.5/10000～1.0/10000(微沫剂按100%纯度计)。

5. 水

拌制砂浆的水应为洁净的淡水或饮用水，未经试验鉴定的污水不得使用。

三、影响砂浆强度的主要因素

影响砂浆强度的因素很多，如水泥的强度等级及用量，水灰比，骨料状况，外加剂的品种和数量，混合料的拌制状况，施工及硬化时的条件等。其中主要影响因素可按以下两种不同用途时考虑：

(1) 在不吸水的基底（密实的石材）上进行砌筑时，砂浆的强度主要取决于水泥的强度和用量，具体可用式(5-1)表达：

$$f_{m,cu}=0.293 \times f_c \times (C/W-0.4) \tag{5-1}$$

式中　$f_{m,cu}$——立方体砂浆强度(MPa)；

　　　f_c——水泥强度(MPa)；

　　　C/W——灰水比；

　0.293 和 0.4——经验系数。

(2) 用于吸水底面（砖砌体和其他多孔材料）的砂浆，虽然砂浆的稠度有所不同，用水量亦稍有不同，但经底面吸水后，保留在砂浆中的水分大致相同，故砂浆的强度与水泥强度和水泥用量有关，与水灰比无关，可用式(5-2)表达：

$$f_{m,cu}=\frac{f_c \times m_c \times \alpha}{1000} \tag{5-2}$$

式中　$f_{m,cu}$——立方体砂浆强度(MPa)；

　　　f_c——水泥强度(MPa)；

　　　m_c——每立方米砂浆水泥用量(kg)；

　　　α——经验系数；

　　　1000——常数。

四、砌筑砂浆及其拌合物的性质

将砖、石、砌块等粘结成为砌体的砂浆称为砌筑砂浆。砌筑砂浆在建筑工程中起粘结、衬垫和传递应力的作用，并经受环境介质的作用。因此，砌筑砂浆除新拌制后应具有良好的和易性外，硬化后还应具有一定的强度、粘结力以及耐久性等。

(一) 砌筑砂浆拌合物的性质

砌筑砂浆拌合物的性质有流动性、保水性、密度、凝结时间等。

1. 流动性

流动性又称稠度，是表示砂浆在自重或外力作用下流动的性能。流动性用"沉入度"表示，用砂浆稠度仪测定。

2. 保水性

保水性是指砂浆保持水分的能力，即搅拌好的砂浆在运输、停放、使用过程中，砂浆中的水分与胶凝材料及骨料分离快慢的性质。保水性用"分层度"表示，用砂浆分层度测定仪测定。分层度越小，则保水性越好。一般要求分层度不大于 30mm。

3. 密度

密度是指砂浆拌合物在捣实后单位体积的重量，以此确定每立方米砂浆拌合物中各组成材料的实际用量。

4. 凝结时间

凝结时间是指砂浆拌合物自加水拌合起，在按要求的试验条件下，在砂浆凝结时间测定仪上测定其贯入阻力达到 0.5MPa 时所需要的时间，即为砂浆的凝结时间。

（二）砌筑砂浆的主要基本性能

砌筑砂浆的主要基本性能有立方体抗压强度、静力受压弹性模量、抗冻性能、收缩性能等。

1. 砂浆立方体抗压强度

砂浆立方体抗压强度是指将砂浆制成 70.7mm×70.7mm×70.7mm 的正立方体试件，在(20±2)℃温度和相对湿度为 90% 以上的条件下养护 28d，按规定方法测得的单位面积上所承受的压力，称为砂浆立方体抗压强度。

2. 静力受压弹性模量

静力受压弹性模量是指砂浆试件在静力受压下，其应力与应变的比值，称为静力受压弹性模量。

3. 抗冻性能

抗冻性能是指砂浆抵御冻害的能力。抗冻性以其 N 次冻融循环后的砂浆抗压强度损失率和重量损失率来衡量。

4. 收缩性能

收缩性能是指砂浆因物理化学作用而产生的体积缩小现象。具体表现形式为：

（1）干缩：由于水分散失和湿度下降而引起；

（2）冷缩：由于内部热量的散失和温度下降而引起；

（3）减缩：由于水泥水化而引起；

（4）沉缩：由于砂颗粒沉降而引起；

（5）塑性收缩：由于表面失水而引起。

5. 粘结力

砂浆与砖石的粘结力大小，对砌体的强度有很大影响。同时对砌体的耐久性、抗震性也有一定影响。一般情况下，砂浆的保水性越好、抗压强度越高，与砖石的粘结力也越大。此外，砂浆与砖石的粘结力还与砖石的表面状态、清洁程度、湿润状况、施工操作水平及养护条件等有关。

第二节 砌筑砂浆配合比设计[❶]

为了满足施工要求，做到经济合理，确保砌筑砂浆质量，需要进行砌筑砂浆配合比的设计。砂浆配合比的设计，应根据原材料的性能和砂浆的技术要求及施工水平进行计算并经试配后确定。本方法运用于工业与民用建筑及一般构筑物中所采用的砌筑砂浆的配合比设计。

一、材料要求

1. 砌筑砂浆用水泥的强度等级应根据设计要求进行选择。水泥砂浆采用的水泥，其强度等级不宜大于 32.5 级，水泥混合砂浆采用的水泥，其强度等级不宜大于 42.5 级。

2. 砌筑砂浆用砂宜选用中砂，其中毛石砌体宜选用粗砂。砂的含泥量不应超过 5%。

---

❶ 内容引自 JGJ 98—2000《砌筑砂浆配合比设计规程》。

强度等级为 M2.5 的水泥混合砂浆，砂的含泥量不应超过 10%。

3. 掺加料应符合下列规定

（1）生石灰熟化成石灰膏时，应用孔径不大于 3mm×3mm 的网过滤，熟化时间不得少于 7d；磨细生石灰粉的熟化时间不得少于 2d。沉淀池中贮存的石灰膏，应采取防止干燥、冻结和污染的措施。严禁使用脱水硬化的石灰膏。

（2）采用黏土或亚黏土制备黏土膏时，宜用搅拌机加水搅拌，通过孔径不大于 3mm×3mm 的网过滤。用比色法鉴定黏土中的有机物含量时应浅于标准色。

（3）制作电石膏的电石渣应用孔径不大于 3mm×3mm 的网过滤，检验时应加热至 70℃并保持 20min，没有乙炔气味后，方可使用。

（4）消石灰粉不得直接用于砌筑砂浆中。

4. 石灰膏、黏土膏和电石膏试配时的稠度，应为 120±5mm。

5. 粉煤灰的品质指标和磨细生石灰的品质指标应符合国家标准《用于水泥和混凝土中的粉煤灰》（GB 1596—91）及行业标准《建筑生石灰粉》（JC/T 480—92）的要求。

6. 配制砂浆用水应符合现行行业标准《混凝土拌合用水标准》JGJ 63 的规定。

7. 砌筑砂浆中掺入的砂浆外加剂，应具有法定检测机构出具的该产品砌体强度型式检验报告，并经砂浆性能试验合格后，方可使用。

二、技术条件

1. 砌筑砂浆的强度等级宜采用 M20、M15、M7.5、M5、M2.5。

2. 水泥砂浆拌合物的密度不宜小于 1900kg/m³；水泥混合砂浆拌合物的密度不宜小于 1800kg/m³。

3. 砌筑砂浆稠度应按表 5-1 的规定选用。

砌筑砂浆的稠度　　　　　　　　　表 5-1

砌 体 种 类	砂浆稠度(mm)
烧结普通砖砌体	70～90
轻骨料混凝土小型空心砌块砌体	60～90
烧结多孔砖、空心砖砌体	60～80
烧结普通砖平拱式过梁 空斗墙、筒拱 普通混凝土小型空心砌块砌体 加气混凝土砌块砌体	50～70
石砌体	30～50

4. 砌筑砂浆的分层度不得大于 30mm。

5. 水泥砂浆中水泥用量不应小于 200kg/m³；水泥混合砂浆中水泥和掺加料总量宜为 300～350kg/m³。

6. 具有冻融循环次数要求的砌筑砂浆，经冻融试验后，重量损失率不得大于 5%，抗压强度损失率不得大于 25%。

7. 砂浆试配时应采用机械搅拌。搅拌时间，应自投料结束算起，并应符合下列规定：

(1) 对水泥砂浆和水泥混合砂浆，不得小于 120s；
(2) 对掺用粉煤灰和外加剂的砂浆，不得小于 180s。

三、砌筑砂浆配合比计算与确定

1. 水泥混合砂浆配合比计算

(1) 砂浆配合比的确定，应按下列步骤进行：

1) 计算砂浆试配强度 $f_{m,o}$(MPa)；
2) 计算每立方米砂浆中的水泥用量 Q_c(kg)；
3) 按水泥用量 Q_c 计算每立方米砂浆掺加料用量 Q_d(kg)；
4) 确定每立方米砂浆砂用量 Q_s(kg)；
5) 按砂浆稠度选用每立方米砂浆用水量 Q_W(kg)；
6) 进行砂浆试配；
7) 配合比确定。

(2) 砂浆的试配强度应按式(5-3)计算：

$$f_{m,o} = f_2 + 0.645\sigma \tag{5-3}$$

式中 $f_{m,o}$——砂浆的试配强度，精确至 0.1MPa；
　　　f_2——砂浆抗压强度平均值，精确至 0.1MPa；
　　　σ——砂浆现场强度标准差，精确至 0.01MPa。

(3) 砌筑砂浆现场强度标准差的确定应符合下列规定：

1) 当有统计资料时，应按式(5-4)计算：

$$\sigma = \sqrt{\frac{\sum_{i=1}^{n} f_{m,i}^2 - n\mu_{fm}^2}{n-1}} \tag{5-4}$$

式中 $f_{m,i}$——统计周期内同一品种砂浆第 i 组试件的强度，MPa；
　　　μ_{fm}——统计周期内同一品种砂浆 n 组试件强度的平均值，MPa；
　　　n——统计周期内同一品种砂浆试件的总组数，$n \geq 25$。

2) 当不具有近期统计资料时，砂浆现场强度标准差 σ 可按表 5-2 取用。

砂浆强度标准差 σ 选用值(MPa)　　　　　表 5-2

施工水平 \ 砂浆强度等级	M2.5	M5	M7.5	M10	M15	M20
优良	0.50	1.00	1.50	2.00	3.00	4.00
一般	0.62	1.25	1.88	2.50	3.75	5.00
较差	0.75	1.50	2.25	3.00	4.50	6.00

(4) 水泥用量的计算应符合下列规定：

1) 每立方米砂浆中的水泥用量，应按式(5-5)计算：

$$Q_c = \frac{1000(f_{m,o} - \beta)}{\alpha \cdot f_{ce}} \tag{5-5}$$

式中 Q_c——每立方米砂浆的水泥用量,精确至1kg;
　　　$f_{m,o}$——砂浆的试配强度,精确至0.1MPa;
　　　f_{ce}——水泥的实测强度,精确至0.1MPa;
　　　$α、β$——砂浆的特征系数,其中$α=3.03,β=-15.09$。
　　注:各地区也可用本地区试验资料确定$α、β$值,统计用的试验组数不得少于30组。

2) 在无法取得水泥的实测强度值时,可按式(5-6)计算f_{ce}:

$$f_{ce}=γ_c·f_{ce,k} \tag{5-6}$$

式中 $f_{ce,k}$——水泥强度等级对应的强度值;
　　　$γ_c$——水泥强度等级值的富余系数,该值应按实际统计资料确定。无统计资料时$γ_c$可取1.0。

(5) 水泥混合砂浆的掺加料用量应按式(5-7)计算:

$$Q_D=Q_A-Q_C \tag{5-7}$$

式中 Q_D——每立方米砂浆的掺加料用量,精确至1kg;石灰膏、黏土膏使用时的稠度为$120±5mm$;
　　　Q_C——每立方米砂浆的水泥用量,精确至1kg;
　　　Q_A——每立方米砂浆中水泥和掺加料的总量,精确至1kg;宜在300~350kg之间。

(6) 每立方米砂浆中的用砂量,应按干燥状态(含水率小于0.5%)的堆积密度值作为计算值(kg)。

(7) 每立方米砂浆中的用水量,根据砂浆稠度等要求可选用240~310kg。

　　注:1. 混合砂浆中的用水量,不包括石灰膏或黏土膏中的水;
　　　2. 当采用细砂或粗砂时,用水量分别取上限或下限;
　　　3. 稠度小于70mm时,用水量可小于下限;
　　　4. 施工现场气候炎热或干燥季节,可酌量增加用水量。

2. 水泥砂浆配合比选用

水泥砂浆材料用量可按表5-3选用。

每立方米水泥砂浆材料用量　　　　　　　　　　表5-3

强度等级	每立方米砂浆水泥用量(kg)	每立方米砂子用量(kg)	每立方米砂浆用水量(kg)
M2.5~M5	200~230		
M7.5~M10	220~280	$1m^3$砂子的堆积密度值	270~330
M15	280~340		
M20	340~400		

　　注:1. 此表水泥强度等级为32.5级,大于32.5级水泥用量宜取下限;
　　　2. 根据施工水平合理选择水泥用量;
　　　3. 当采用细砂或粗砂时,用水量分别取上限或下限;
　　　4. 稠度小于70mm时,用水量可小于下限;
　　　5. 施工现场气候炎热或干燥季节,可酌量增加用水量;
　　　6. 试配强度应按$f_{m,o}=f_2+0.645σ$计算。

3. 配合比试配、调整与确定

(1) 试配时应采用工程中实际使用的材料;搅拌要求应符合规定。

(2) 按计算或查表所得配合比进行试拌时,应测定其拌合物的稠度和分层度,当不能满足要求时,应调整材料用量,直到符合要求为止。然后确定为试配时的砂浆基准配合比。

(3) 试配时至少应采用三个不同的配合比,其中一个为确定出的砂浆基准配合比,其他配合比的水泥用量应按基准配合比分别增加及减少10%。在保证稠度、分层度合格的条件下,可将用水量或掺加料用量作相应调整。

(4) 对三个不同的配合比进行调整后,应按现行行业标准《建筑砂浆基本性能试验方法》JGJ 70 的规定成型试件,测定砂浆强度;并选定符合试配强度要求的且水泥用量最低的配合比作为砂浆配合比。

四、砌筑砂浆配合比设计计算实例

【例1】 要求设计用于砌筑砖墙的砂浆,设计强度等级 M7.5,稠度 70~90mm 的水泥混合砂浆配合比。原材料的主要参数:水泥:32.5 级;干砂:中砂,堆积密度为 1450kg/m³;石灰膏:稠度 120mm;施工水平:一般。

【解】 (1) 计算试配强度 $f_{m,o} = f_2 + 0.645\sigma$

式中 $f_2 = 7.5$MPa
  $\sigma = 1.88$MPa(查表 5-2)

$$f_{m,o} = 7.5 + 0.645 \times 1.88 = 8.7\text{MPa}$$

(2) 计算水泥用量 Q_c

$$Q_c = \frac{1000(f_{m,o} - \beta)}{\alpha \cdot f_{ce}}$$

式中 $f_{m,o} = 8.7$MPa
  $\alpha = 3.03$ $\beta = -15.09$
  $f_{ce} = 32.5$MPa

$$Q_c = \frac{1000(8.7 + 15.09)}{3.03 \times 32.5} = 242\text{kg/m}^3$$

(3) 计算石灰膏用量 Q_D

$$Q_D = Q_A - Q_C$$

式中取 $Q_A = 330$kg/m³

$$Q_D = 330 - 242 = 88\text{kg/m}^3$$

(4) 砂子用量 Q_S

$$Q_S = 1450\text{kg/m}^3$$

(5) 选择用水量 $Q_W = 300$kg/m³

砂浆试配时各材料的用量比例:

$$\text{水泥:石灰膏:砂} = 242:88:1450$$
$$= 1:0.36:5.99$$

(6) 根据计算出的砌筑砂浆配合比,并按本方法规定的配合比试配、调整与确定,进行试配、调整,确定出适宜的配合比。

【例2】 要求设计用于砌筑砖墙的砂浆,设计强度等级 M10,稠度 70~90mm 的水泥砂浆配合比。原材料的主要参数:水泥:32.5 级矿渣水泥;干砂:中砂,堆积密度为

1400 kg/m³；施工水平：一般。

【解】（1）根据表 5-3 选取水泥用量 $Q_C=260$kg/m³

（2）砂子用量 Q_S

$Q_S=1400$kg/m³

（3）根据表 5-3 选取用水量 $Q_W=290$kg/m³

砂浆试配时各材料的用量比例：

$$水泥：砂=260：1400=1：5.38$$

（4）根据计算出的砌筑砂浆配合比，并按本方法规定的配合比试配、调整与确定，进行试配、调整，确定出适宜的配合比。

第三节　建筑砂浆基本性能试验方法[1]

一、术语

1. 建筑砂浆：有水泥基胶凝材料、细骨料、水以及根据性能确定的其他组分按适当比例配合、拌制并经硬化而成的工程材料，可分为施工现场拌制的砂浆和由专业生产厂生产的预拌砂浆。

2. 预拌砂浆：由专业生产厂生产的湿拌砂浆或干混砂浆。

3. 湿拌砂浆：水泥基胶凝材料、细骨料、外加剂和水以及根据性能确定的其他组分，按一定比例，在搅拌站经计量、拌制后，采用搅拌运输车运至使用地点，放入专用容器储存，并在规定时间内使用完毕的湿拌拌合物。

4. 干混砂浆：经干燥筛分处理的骨料与水泥基胶凝材料以及根据性能确定的其他组分，按一定比例在专业生产厂混合而成，在使用地点按规定比例加水或配套液体拌合使用的干混拌合物。也称为干拌砂浆。

二、取样及试样制备

（一）取样

1. 建筑砂浆试验用料应从同一般砂浆或同一车砂浆中取样。取样量不应少于试验所需量的 4 倍。

2. 当施工过程中进行砂浆试验时，砂浆取样方法应按相应的施工验收规范执行，并宜在现场搅拌点或预拌砂浆卸料点的至少 3 个不同部位及时取样。对于现场取得的试样，试验前应人工搅拌均匀。

3. 从取样完毕到开始进行各项性能试验，不宜超过 15min。

（二）试样的制备

1. 在试验室制备砂浆试样时，所用材料应提前 24h 运入室内。拌合时，试验室的温度应保持在 20±5℃。当需要模拟施工条件下所用的砂浆时，所用原材料的温度宜与施工现场保持一致。

2. 试验所用原材料应与现场使用材料一致。砂应通过 4.75mm 筛。

3. 试验室拌制砂浆时，材料用量应以质量计。水泥、外加剂、掺合料等的称量精度

---

[1] 内容引自 JGJ/T 70—2009《建筑砂浆基本性能试验方法标准》。

应为±0.5%，细骨料的称量精度应为±1%。

4. 在试验室搅拌砂浆时应采用机械搅拌，搅拌机应符合现行行业标准《试验用砂浆搅拌机》JG/T 3033 的规定，搅拌的用量宜为搅拌机容量的 30%～70%，搅拌时间不应少于 120s。掺有掺合料和外加剂的砂浆，其搅拌时间不应少于 180s。

三、试验方法

（一）稠度试验

本方法适用于确定砂浆的配合比或施工过程中控制砂浆的稠度。

1. 仪器

（1）砂浆稠度仪：应由试锥、容器和支座三部分组成。试锥应由钢材或铜材制成，试锥高度应为 145mm，锥底直径应为 75mm，试锥连同滑杆的质量应为 300±2g；盛浆容器应由钢板制成，筒高应为 180mm，锥底内径应为 150mm；支座应包括底座、支架及刻度显示三个部分，应由铸铁、钢或其他金属制成（图 5-1）。

（2）钢制捣棒：直径为 10mm，长度为 350mm，端部磨圆。

（3）秒表。

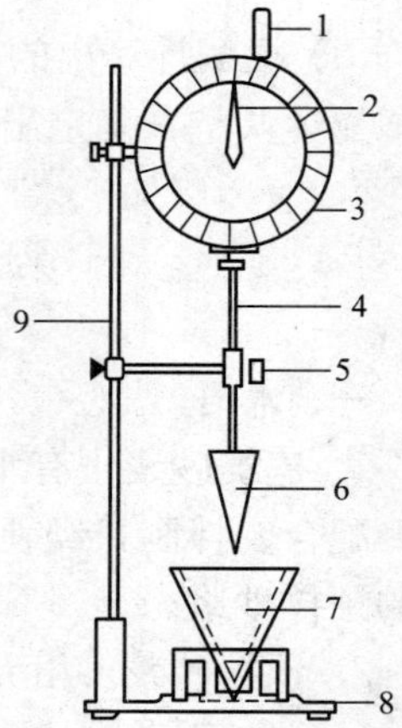

2. 试验步骤

（1）应先采用少量润滑油轻擦滑杆，再将滑杆上多余的油用吸油纸擦净，使滑杆能自由滑动。

（2）应先采用湿布擦净盛浆容器和试锥表面，再将砂浆拌合物一次装入容器；砂浆表面宜低于容器口 10mm，用捣棒自容器中心向边缘均匀地插捣 25 次，然后轻轻地将容器摇动或敲击 5～6 下，使砂浆表面平整，随后将容器置于稠度测定仪的底座上。

（3）拧开制动螺丝，向下移动滑杆，当试锥尖端与砂浆表面刚接触时，应拧紧制动螺丝，使齿条测杆下端刚接触滑杆上端，并将指针对准零点上。

（4）拧开制动螺丝，同时计时间，10s 时立即拧紧螺丝，将齿条测杆下端接触滑杆上端，从刻度盘上读出下沉深度（精确至 1mm），即为砂浆的稠度值。

（5）盛浆容器内的砂浆，只允许测定一次稠度，重复测定时，应重新取样测定。

图 5-1 砂浆稠度测定仪
1—齿条测杆；2—指针；3—刻度盘；4—滑杆；5—制动螺丝；6—试锥；7—盛浆容器；8—底座；9—支架

3. 稠度试验结果的确定

（1）同盘砂浆应取两次试验结果的算术平均值作为测定值，并应精确至 1mm。

（2）当两次试验值之差大于 10mm 时，应重新取样测定。

（二）表观密度试验

本方法适用于测定砂浆拌合物捣实后的单位体积质量，以确定每立方米砂浆拌合物中各组成材料的实际用量。

1. 仪器

（1）容量筒：应由金属制成，内径应为 108mm，净高应为 109mm，筒壁厚应为 2～5mm，容积应为 1L；

（2）天平：称量应为 5kg，感量应为 5g；

(3) 钢制捣棒：直径为 10mm，长度为 350mm，端部磨圆；

(4) 砂浆密度测定仪(图 5-2)；

(5) 振动台：振幅应为 0.5±0.05mm，频率应为 50±3Hz；

(6) 秒表。

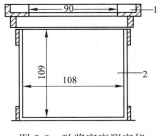

图 5-2 砂浆密度测定仪
1—漏斗；2—容量筒

2. 试验步骤

(1) 应按照本节三(一)的规定测定砂浆拌合物的稠度。

(2) 应先采用湿布擦净容量筒的内表面，再称量容量筒质量 m_1，精确至 5g。

(3) 捣实可采用手工或机械方法。当砂浆稠度大于 50mm 时，宜采用人工插捣法，当砂浆稠度不大于 50mm 时，宜采用机械振动法。

采用人工插捣时，将砂浆拌合物一次装满容量筒，使稍有富余，用捣棒由边缘向中心均匀地插捣 25 次。当插捣过程中砂浆沉落到低于筒口时，应随时添加砂浆，再用木锤沿容器外壁敲击 5~6 下。

采用振动法时，将砂浆拌合物一次装满容量筒连同漏斗在振动台上振 10s，当振动过程中砂浆沉入到低于筒口时，应随时添加砂浆。

(4) 捣实或振动后，应将筒口多余的砂浆拌合物刮去，使砂浆表面平整，然后将容量筒外壁擦净，称出砂浆与容量筒总质量 m_2，精确至 5g。

3. 试验结果计算

$$\rho = \frac{m_2 - m_1}{V} \times 1000 \quad (5-8)$$

式中　ρ——砂浆拌合物的表观密度(kg/m^3)；

m_1——容量筒质量(kg)；

m_2——容量筒及试样质量(kg)；

V——容量筒容积(L)。

取两次试验结果的算术平均值作为测定值，精确至 $10kg/m^3$。

4. 容量筒容积的校正步骤

(1) 选择一块能覆盖住容量筒顶面的玻璃板，称为玻璃板和容量筒质量。

(2) 向容量筒中灌入温度为 20±5℃ 的饮用水，灌到接近上口时，一边不断加水，一边把玻璃板沿筒口徐徐推入盖严。玻璃板下不得存在气泡。

(3) 擦净玻璃板面及筒壁外的水分，称量容量筒、水和玻璃板质量(精确至 5g)。两次质量之差(以 kg 计)即为容量筒的容积(L)。

(三) 分层度试验

本方法适用于测定砂浆拌合物的分层度，以确定在运输及停放时砂浆拌合物的稳定性。

1. 仪器

(1) 砂浆分层度筒(图 5-3)：应由钢板制成，内径应为 150mm，上节高度应为 200mm，下节带底净高应为 100mm，两节的连接处应加宽 3~5mm，并应设有橡胶垫圈。

(2) 振动台：振幅应为 0.5±0.05mm，频率应为 50±3Hz。

(3) 砂浆稠度仪、木锤等。

2. 试验方法

分层度的测定可采用标准法和快速法。当发生争议时，应以标准法的测定结果为准。

(1) 标准法测定分层度的步骤

1) 应按照本节三(一)的规定测定砂浆拌合物的稠度。

2) 应将砂浆拌合物一次装入分层度筒内，待装满后，用木锤在分层度筒周围距离大致相等的四个不同部位轻轻敲击 1~2 下；当砂浆沉落到低于筒口时，应随时添加，然后刮去多余的砂浆并用抹刀抹平。

3) 静置 30min 后，去掉上节 200mm 砂浆，然后将剩余的 100mm 砂浆倒在拌合锅内拌 2min，再按照稠度试验方法测其稠度。前后测得的稠度之差即为该砂浆的分层度值。

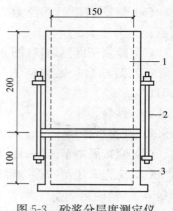

图 5-3 砂浆分层度测定仪
1—无底圆筒；2—连接螺栓；
3—有底圆筒

(2) 快速法测定分层度的步骤

1) 应按照本节三(一)的规定测定砂浆拌合物的稠度。

2) 应将分层度筒预先固定在振动台上，砂浆一次装入分层度筒内，振动 20s。

3) 去掉上节 200mm 砂浆，剩余 100mm 砂浆倒出放在拌合锅内拌 2min，再按稠度试验方法测其稠度，前后测得的稠度之差即为该砂浆的分层度值。

3. 分层度试验结果的确定

(1) 应取两次试验结果的算术平均值作为该砂浆的分层度值，精确至 1mm。

(2) 当两次分层度试验值之差大于 10mm 时，应重新取样测定。

(四) 保水性试验

1. 仪器和材料

(1) 金属或硬塑料圆环试模：内径应为 100mm，内部高度应为 25mm；

(2) 可密封的取样容器：应清洁、干燥；

(3) 2kg 的重物；

(4) 金属滤网：网格尺寸 45μm，圆形，直径为 110±1mm；

(5) 超白滤纸：应采用现行国家标准《化学分析滤纸》GB/T 1914 规定的中速定性滤纸，直径应为 110mm，单位面积质量应为 200g/m²；

(6) 2 片金属或玻璃的方形或圆形不透水片，边长或直径应大于 110mm；

(7) 天平：量程为 200g，感量应为 0.1g；量程为 2000g，感量应为 1g；

(8) 烘箱。

2. 试验步骤

(1) 称量底部不透水片与干燥试模质量 m_1 和 15 片中速定性滤纸质量 m_2；

(2) 将砂浆拌合物一次性装入试模，并用抹刀插捣数次，当装入的砂浆略高于试模边缘时，用抹刀以 45°角一次性将试模表面多余的砂浆刮去，然后再用抹刀以较平的角度在试模表面反方向将砂浆刮平；

(3) 抹掉试模边的砂浆，称量试模、底部不透水片与砂浆总质量 m_3；

(4) 用金属滤网覆盖在砂浆表面,再在滤网表面放上 15 片滤纸,用上部不透水片盖在滤纸表面,以 2kg 的重物把上部不透水片压住;

(5) 静置 2min 后移走重物及上部不透水片,取出滤纸(不包括滤网),迅速称量滤纸质量 m_4;

(6) 按照砂浆的配比及加水量计算砂浆的含水率。当无法计算时,可按照下述注:的规定测定砂浆含水率。

3. 试验结果计算

$$W = \left[1 - \frac{m_4 - m_2}{\alpha \times (m_3 - m_1)}\right] \times 100 \tag{5-9}$$

式中 W——砂浆保水率(%);

  m_1——底部不透水片与干燥试模质量(g),精确至 1g;

  m_2——15 片滤纸吸水前的质量(g),精确至 0.1g;

  m_3——试模、底部不透水片与砂浆总质量(g),精确至 1g;

  m_4——15 片滤纸吸水后的质量(g),精确至 0.1g;

  α——砂浆含水率(%)。

取两次试验结果的算术平均值作为砂浆的保水率,精确至 0.1%,且第二次试验应重新取样测定。当两个测定值之差超过 2% 时,此组试验结果应为无效。

注:测定砂浆含水率时,应称取 100±10g 砂浆拌合物试样,置于一干燥并已称重的盘中,在 105±5℃ 的烘箱中烘干至恒重。砂浆含水率应按下式计算:

$$\alpha = \frac{m_6 - m_5}{m_6} \times 100 \tag{5-10}$$

式中 α——砂浆含水率(%);

  m_5——烘干后砂浆样本的质量(g),精确至 1g;

  m_6——砂浆样本的总质量(g),精确至 1g。

取两次试验结果的算术平均值作为砂浆的含水率,精确至 0.1%。当两个测定值之差超过 2% 时,此组试验结果应为无效。

(五) 凝结时间试验

本方法适用于采用贯入阻力法确定砂浆拌合物的凝结时间。

1. 仪器

(1) 砂浆凝结时间测定仪:应由试针、容器、压力表和支座四部分组成,并应符合下列规定(图 5-4):

1) 试针:应由不锈钢制成,截面积应为 30mm²;

2) 盛浆容器:应由钢制成,内径应为 140mm,高度应为 75mm;

3) 压力表:测量精度应为 0.5N;

4) 支座:应分底座、支架及操作杆三部分,应由铸铁或钢制成。

(2) 定时钟。

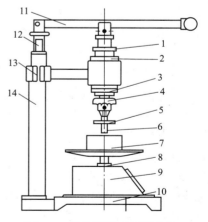

图 5-4 砂浆凝结时间测定仪
1—调节螺母;2—调节螺母;3—调节螺母;4—夹头;5—垫片;6—试针;7—盛浆容器;8—调节螺母;9—压力表座;10—底座;11—操作杆;12—调节杆;13—立架;14—立柱

2. 试验步骤

(1) 将制备好的砂浆拌合物装入盛浆容器内，砂浆应低于容器上口 10mm，轻轻敲击容器，并予以抹平，盖上盖子，放在 20±2℃的试验条件下保存。

(2) 砂浆表面的泌水不得清除，将容器放到压力表座上，然后通过下列步骤来调节测定仪：

1) 调节螺母 3，使贯入试针与砂浆表面接触；

2) 拧开调节螺母 2，再调节螺母 1，以确定压力砂浆内部的深度为 25mm 后再拧紧螺母 2；

3) 旋动调节螺母 8，使压力表指针调到零位。

(3) 测定贯入阻力值，用截面为 30mm² 的贯入试针与砂浆表面接触，在 10s 内缓慢而均匀地垂直压入砂浆内部 25mm 深，每次贯入时记录仪表读数 N_p，贯入杆离开容器边缘或已贯入部位应至少 12mm。

(4) 在 20±2℃的试验条件下，实际贯入阻力值应在成型后 2h 开始测定，并应每隔 30min 测定一次，当贯入阻力值达到 0.3MPa 时，应改为每 15min 测定一次，直至贯入阻力值达到 0.7MPa 为止。

3. 在施工现场测定凝结时间应符合下列规定：

(1) 当在施工现场测定砂浆的凝结时间内，砂浆的稠度、养护和测定的温度应与现场相同；

(2) 在测定湿拌砂浆的凝结时间时，时间间隔可根据实际情况定为受检砂浆预测凝结时间的 1/4、1/2、3/4 等来测定，当接近凝结时间时可每 15min 测定一次。

4. 砂浆贯入阻力值应按下式计算

$$f_p = \frac{N_p}{A_p} \tag{5-11}$$

式中　f_p——贯入阻力值（MPa），精确至 0.01MPa；

　　　N_p——贯入深度至 25mm 时的静压力（N）；

　　　A_p——贯入试针的截面积，即 30mm²。

5. 砂浆的凝结时间的确定

(1) 凝结时间的确定可采用图示法或内插法，有争议时应以图示法为准。

从加水搅拌开始计时，分别记录时间和相应的贯入阻力值，根据试验所得各阶段的贯入阻力与时间的关系绘图，由图求出贯入阻力值达到 0.5MPa 的所需时间 t_s(min)，此时的 t_s 值即为砂浆的凝结时间测定值。

(2) 测定砂浆凝结时间时，应在同盘内取两个试样，以两个试验结果的算术平均值作为该砂浆的凝结时间值，两次试验结果的误差不应大于 30min，否则应重新测定。

(六) 立方体抗压强度试验

1. 仪器设备

(1) 试模：应为 70.7mm×70.7mm×70.7mm 的带底试模，应符合现行行来标准《混凝土试模》JG 237 的规定选择，应具有足够的刚度并拆装方便。试模的内表面应机械加工，其不平度应为每 100mm 不超过 0.05mm，组装后各相邻面的不垂直度不应超过±0.5°；

(2) 钢制捣棒：直径为 10mm，长度为 350mm，端部磨圆；

(3) 压力试验机：精度应为 1%，试件破坏荷载应不小于压力机量程的 20%，且不应大于全量程的 80%；

(4) 垫板：试验机上、下压板及试件之间可垫以钢垫板，垫板的尺寸应大于试件的承压面，其不平度应为每 100mm 不超过 0.02mm；

(5) 振动台：空载中台面的垂直振幅应为 0.5±0.05mm，空载频率应为 50±3Hz，空载台面振幅均匀度不应大于 10%，一次试验应至少能固定 3 个试模。

2. 立方体抗压强度试件制作及养护的步骤

(1) 应采用立方体试件，每组试件应为 3 个；

(2) 应采用黄油等密封材料涂抹试模的外接缝，试模内应涂刷薄层机油或隔离剂。应将拌制好的砂浆一次性装满砂浆试模，成型方法应根据稠度而确定。当稠度大于 50mm 时，宜采用人工插捣成型，当稠度不大于 50mm 时，宜采用振动台振实成型；

1) 人工插捣：应采用捣棒均匀地由边缘向中心按螺旋方式插捣 25 次，插捣过程中当砂浆沉落低于试模口时，应随时添加砂浆，可用油灰刀插捣数次，并用手将试模一边抬高 5~10mm 各振动 5 次，砂浆应高出试模顶面 6~8mm；

2) 机械振动：将砂浆一次装满试模，放置到振动台上，振动时试模不得跳动，振动 5~10s 或持续到表面泛浆为止，不得过振；

(3) 应待表面水分稍干后，再将高出试模部分的砂浆沿试模顶面刮去并抹平；

(4) 试件制作后应在温度为 20±5℃ 的环境下静置 24±2h，对试件进行编号、拆模。当气温较低时，或者凝结时间大于 24h 的砂浆，可适当延长时间，但不应超过 2d。试件拆模后应立即放入温度为 20±2℃，相对湿度为 90% 以上的标准养护室中养护。养护期间，试件彼此间隔不得小于 10mm，混合砂浆、湿拌砂浆试件上面应覆盖，防止有水滴在试件上；

(5) 从搅拌加水开始计时，标准养护龄期应为 28d，也可根据相关标准要求增加 7d 或 14d。

3. 立方体试件抗压强度试验步骤

(1) 试件从养护地点取出后应及时进行试验。试验前应将试件表面擦拭干净，测量尺寸，并检查其外观，并应计算试件的承压面积。当实测尺寸与公称尺寸之差不超过 1mm 时，可按照公称尺寸进行计算；

(2) 将试件安放在试验机的下压板或下垫板上，试件的承压面应与成型时的顶面垂直，试件中心应与试验机下压板或下垫板中心对准。开动试验机，当上压板与试件或上垫板接近时，调整球座，使接触面均衡受压。承压试验应连续而均匀地加荷，加荷速度应为 0.25~1.5kN/s；砂浆强度不大于 2.5MPa 时，宜取下限。当试件接近破坏而开始迅速变形时，停止调整试验机油门，直至试件破坏，然后记录破坏荷载。

4. 砂浆立方体抗压强度的计算：

$$f_{m,cu} = K \frac{N_u}{A} \tag{5-12}$$

式中　$f_{m,cu}$——砂浆立方体试件抗压强度(MPa)，应精确至 0.1MPa；

N_u——试件破坏荷载(N)；

A——试件承压面积(mm^2)；

K——换算系数，取 1.35。

5. 立方体抗压强度试验结果的确定。

（1）应以三个试件测值的算术平均值作为该组试件的砂浆立方体抗压强度平均值（f_2），精确至 0.1MPa；

（2）当三个测值的最大值或最小值中有一个与中间值的差值超过中间值的 15% 时，应把最大值及最小值一并舍去，取中间值作为该组试件的抗压强度值；

（3）当两个测值与中间值的差值均超过中间值的 15% 时，该组试验结果应为无效。

（七）拉伸粘结强度试验

1. 试验条件

（1）温度应为 20±5℃；

（2）相对湿度应为 45%～75%。

2. 仪器设备

（1）拉力试验机：破坏荷载应在其量程为 20%～80% 范围内，精度应为 1%，最小示值应为 1N；

（2）拉伸专用夹具（图 5-5、图 5-6）：应符合现行行业标准《建筑室内用腻子》JG/T 3049—1998 的规定；

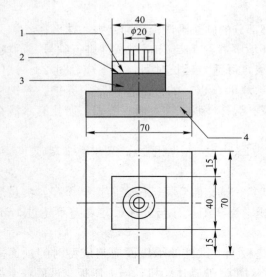

图 5-5 拉伸粘结强度用钢制上夹具
1—拉伸用钢制上夹具；2—胶粘剂；
3—检验砂浆；4—水泥砂浆块

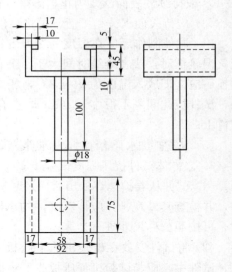

图 5-6 拉伸粘结强度用
钢制下夹具（单位：mm）

（3）成型框：外框尺寸应为 70mm×70mm，内框尺寸应为 40mm×40mm，厚度应为 6mm，材料应为硬聚氯乙烯或金属；

（4）钢制垫板：外框尺寸应为 70mm×70mm，内框尺寸应为 43mm×43mm，厚度应为 3mm。

3. 基底水泥砂浆块的制备

（1）原材料：水泥应采用符合现行国家标准《通用硅酸盐水泥》GB 175 规定的 42.5 级水泥；砂应采用符合现行行业标准《普通混凝土用砂、石质量及检验方法标准》JGJ 52

规定的中砂;水应采用符合现行行业标准《混凝土用水标准》JGJ 63 规定的用水;

(2) 配合比:水泥:砂:水=1:3:0.5(质量比);

(3) 成型:将制成的水泥砂浆倒入 70mm×70mm×20mm 的硬聚氯乙烯或金属模具中,振动成型或用抹灰刀均匀插捣 15 次,人工颠实 5 次,转 90°,再颠实 5 次,然后用刮刀以 45°方向抹平砂浆表面;试模内壁事先宜涂刷水性隔离剂,待干、备用;

(4) 应在成型 24h 后脱模,并放入 20±2℃水中养护 6d,再在试验条件下放置 21d 以上。试验前,应用 200 号砂纸或磨石将水泥砂浆试件的成型面磨平,备用。

4. 砂浆料浆的制备

(1) 干混砂浆料浆的制备

1) 待检样品应在试验条件下放置 24h 以上;

2) 应称取不少于 10kg 的待检样品,并按产品制造商提供比例进行水的称量;当产品制造商提供比例是一个值域范围时,应采用平均值;

3) 应先将待检样品放入砂浆搅拌机中,再启动机器,然后徐徐加入规定量的水,搅拌 3~5min。搅拌好的料应在 2h 内用完。

(2) 现拌砂浆料浆的制备

1) 待检样品应在试验条件下放置 24h 以上;

2) 应按设计要求的配合比进行物料的称量,且干物料总量不得少于 10kg;

3) 应先将称好的物料放入砂浆搅拌机中,再启动机器,然后徐徐加入规定量的水,搅拌 3~5min。搅拌好的料应在 2h 内用完。

5. 试件的制备

(1) 将制备好的基底水泥砂浆块在水中浸泡 24h,并提前 5~10min 取出,用湿布擦拭其表面;

(2) 将成型框放在基底水泥砂浆块的成型面上,再将按照上述 4 制备好的砂浆料浆或直接从现场取来的砂浆试样倒入成型框中,用抹灰刀均匀插捣 15 次,人工颠实 5 次,转 90°,再颠实 5 次,然后用刮刀以 45°方向抹平砂浆表面,24h 内脱模,在温度 20±2℃、相对湿度 60%~80%的环境中养护至规定龄期;

(3) 每组砂浆试样应制备 10 个试件。

6. 试验步骤

(1) 应先将试件在标准试验条件下养护 13d,再在试件表面以及上夹具表面涂上环氧树脂等高强度胶粘剂,然后将上夹具对正位置放在胶粘剂上,并确保上夹具不歪斜,除去周围溢出的胶粘剂,继续养护 24h;

(2) 测定拉伸粘结强度时,应先将钢制垫板套入基底砂浆块上,再将拉伸粘结强度夹具安装到试验机上,然后将试件置于拉伸夹具中,夹具与试验机的连接宜采用球铰活动连接,以 5±1mm/min 速度加荷至试件破坏;

(3) 当破坏形式为拉伸夹具与胶粘剂破坏时,试验结果应无效。

7. 拉伸粘结强度的计算:

$$f_{at} = \frac{F}{A_z} \tag{5-13}$$

式中 f_{at}——砂浆拉伸粘结强度(MPa);

F——试件破坏时的荷载(N);

A_z——粘结面积(mm^2)。

8. 拉伸粘结强度试验结果的确定

(1) 应以 10 个试件测值的算术平均值作为拉伸粘结强度的试验结果;

(2) 当单个试件的强度值与平均值之差大于 20% 时,应逐次舍弃偏差最大的试验值,直至各试验值与平均值之差不超过 20%,当 10 个试件中有效数据不少于 6 个时,取有效数据的平均值为试验结果,结果精确至 0.01MPa;

(3) 当 10 个试件中有效数据不足 6 个时,此组试验结果应为无效,并应重新制备试件进行试验。

注:对于有特殊条件要求的拉伸粘结强度,应先按照特殊要求条件处理后,再进行试验。

(八) 抗冻性能试验

本方法可用于检验强度等级大于 M2.5 的砂浆的抗冻性能。

1. 试件的制作及养护

(1) 砂浆抗冻试件应采用 70.7mm×70.7mm×70.7mm 的立方体试件,并应制备两组、每组 3 块,分别作为抗冻和与抗冻试件同龄期的对比抗压强度检验试件;

(2) 砂浆试件的制作与养护方法应符合本节三(六)2 条的规定。

2. 仪器设备

(1) 冷冻箱(室):装入试件后,箱(室)内的温度应能保持在 -20~-15℃;

(2) 篮框:应采用钢筋焊成,其尺寸应与所装试件的尺寸相适应;

(3) 天平或案秤:称量应为 2kg,感量应为 1g;

(4) 融解水槽:装入试件后,水温应能保持在 15~20℃;

(5) 压力试验机:精度应为 1%,量程应不小于压力机量程的 20%,且不应大于全量程的 80%。

3. 试验步骤

(1) 当无特殊要求时,试件应在 28d 龄期进行冻融试验。试验前两天,应把冻融试件和对比试件从养护室取出,进行外观检查并记录其原始状况,随后放入 15~20℃ 的水中浸泡,浸泡的水面应至少高出试件顶面 20mm。冻融试件应在浸泡两天后取出,并用拧干的湿毛巾轻轻擦去表面水分,然后对冻融试件进行编号,称其质量,然后置入篮框进行冻融试验。对比试件则放回标准养护室中继续养护,直到完成冻融循环中,与冻融试件同时试压;

(2) 冻或融时,篮框与容器底面或地面应架高 20mm,篮框内各试件之间应至少保持 50mm 的间隙;

(3) 冷冻箱(室)内的温度均应以其中心温度为准。试件冻结温度应控制在 -20~-15℃。当冷冻箱(室)内温度低于 -15℃ 时,试件方可放入。当试件放入之后,温度高于 -15℃ 时,应以温度重新降至 -15℃ 时计算试件的冻结时间。从装完试件至温度重新降至 -15℃ 的时间不应超过 2h;

(4) 每次冻结时间应为 4h,冻结完成后应立即取出试件,并应立即放入能使水温保持在 15~20℃ 的水槽中进行融化。槽中水面应至少高出试件表面 20mm,试件在水中融化的时间不应小于 4h。融化完毕即为一次冻融循环。取出试件,并应用拧干的湿毛巾轻轻擦去表面水分,送入冷冻箱(室)进行下一次循环试验,依此连续进行直至设计规定次数或试件破坏为止；

(5) 每五次循环，应进行一次外观检查，并记录试件的破坏情况；当该组试件中有 2 块出现明显分层、裂开、贯通缝等破坏时，该组试件的抗冻性能试验应终止；

(6) 冻融试验结束后，将冻融试件从水槽取出，用拧干的湿布轻轻擦去试件表面水分，然后称其质量。对比试件应提前两天浸水；

(7) 应将冻融试件与对比试件同时进行抗压强度试验。

4. 砂浆冻融试验后强度损失率和质量损失率的计算

(1) 砂浆试件冻融后的强度损失率应按下式计算：

$$\Delta f_m = \frac{f_{m1} - f_{m2}}{f_{m1}} \times 100 \qquad (5-14)$$

式中 Δf_m——n 次冻融循环后砂浆试件的砂浆强度损失率(%)，精确至 1%；
f_{m1}——对比试件的抗压强度平均值(MPa)；
f_{m2}——经 n 次冻融循环后的 3 块试件抗压强度的算术平均值(MPa)。

(2) 砂浆试件冻融后的质量损失率应按下式计算：

$$\Delta m_m = \frac{m_0 - m_n}{m_0} \times 100 \qquad (5-15)$$

式中 Δm_m——n 次冻融循环后砂浆试件的质量损失率，以 3 块试件的算术平均值计算(%)，精确至 1%；
m_0——冻融循环试验前的试件质量(g)；
m_n——n 次冻融循环后的试件质量(g)。

当冻融试件的抗压强度损失率不大于 25%，且质量损失率不大于 5% 时，则该组砂浆试块在相应标准要求的冻融循环次数下，抗冻性能可判为合格，否则应判为不合格。

(九) 收缩试验

本方法适用于测定砂浆的自然干燥收缩值。

1. 仪器

(1) 立式砂浆收缩仪：标准杆长度应为 176±1mm，测量精度应为 0.01mm (图 5-7)。

(2) 收缩头：应由黄铜或不锈钢加工而成 (图 5-8)。

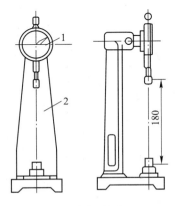

图 5-7 收缩仪(单位：mm)
1—千分表；2—支架

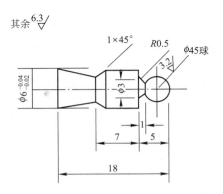

图 5-8 收缩头(单位：mm)

(3) 试模：应采用 40mm×40mm×160mm 棱柱体，且在试模的两个端面中心，应各开一个 $\phi6.5$mm 的孔洞。

2. 试验步骤

(1) 应将收缩头固定在试模两端面的孔洞中，收缩头应露出试件端面 8±1mm。

(2) 应将拌合好的砂浆装入试模中，再用水泥胶砂振动台振动密实，然后置于 20±5℃的室内，4h 之后将砂浆表面抹平。砂浆应带模在标准养护条件(温度为 20±2℃，相对湿度为 90%以上)下养护 7d 后，方可折模，并编号、标明测试方向。

(3) 应将试件移入温度 20±2℃、相对湿度(60±5)%的试验室中预置 4h，方可按标明的测试方向立即测定试件的初始长度。测定前，应先采用标准杆调整收缩仪的百分表的原点。

(4) 测定初始长度后，应将砂浆试件置于温度 20±2℃、相对湿度为(60±5)%的室内，然后第 7d、14d、21d、28d、56d、90d 分别测定试件的长度，即为自然干燥后长度。

3. 砂浆自然干燥收缩值的计算

$$\varepsilon_{at} = \frac{L_0 - L_t}{L - L_d} \tag{5-16}$$

式中 ε_{at}——相应为 t 天(7d、14d、21d、28d、56d、90d)时的砂浆试件自然干燥收缩值；

L_0——试件成型后 7d 的长度即初始长度(mm)；

L——试件的长度 160mm；

L_d——两个收缩头埋入砂浆中长度之和，即 20±2mm；

L_t——相应为 t 天(7d、14d、21d、28d、56d、90d)时试件的实测长度(mm)。

4. 干燥收缩值试验结果的确定

(1) 应取三个试件测值的算术平均值作为干燥收缩值。当一个值与平均值偏差大于 20%时，应剔除；当有两个值超过 20%时，该组试件结果应无效；

(2) 每块试件的干燥收缩值应取二位有效数字，并精确至 10×10^{-6}。

(十) 吸水率试验

1. 仪器

(1) 天平：称量应为 1000g，感量应为 1g；

(2) 烘箱：0~150℃，精度±2℃；

(3) 水槽：装入试件后，水温应能保持在 20±2℃的范围内。

2. 试验步骤

(1) 应按本节三(六)的规定成型及养护试件，并应在第 28d 取出试件，然后在 105±5℃温度下烘干 48±0.5h，称其质量 m_0；

(2) 应将试件成型面朝下放入水槽，用两根 $\phi10$ 的钢筋垫起。试件应完全浸入水中，且上表面距离水面的高度应不小于 20mm。浸水 48±0.5h 取出，用拧干的湿布擦支表面水，称其质量 m_1。

3. 砂浆吸水率的计算

$$W_x = \frac{m_1 - m_0}{m_0} \times 100 \tag{5-17}$$

式中 W_x——砂浆吸水率(%);
m_1——吸水后试件质量(g);
m_0——干燥试件的质量(g)。

应取 3 块试件测值的算术平均值作为砂浆的吸水率,并应精确至 1%。

(十一) 抗渗性能试验

1. 仪器

(1) 金属试模:应采用截头圆锥形带底金属试模,上口直径应为 70mm,下口直径应为 80mm,高度应为 30mm;

(2) 砂浆渗透仪。

2. 试验步骤

(1) 应将拌合好的砂浆一次装入试模中,并用抹灰刀均匀插捣 15 次,再颠实 5 次,当填充砂浆略高于试模边缘时,应用抹刀以 45°角一次性将试模表面多余的砂浆刮去,然后再用抹刀以较平的角度在度模表面反方向将砂浆刮平。应成型 6 个试件;

(2) 试件成型后,应在室温 20±5℃ 的环境下,静置 24±2h 后再脱模。试件脱模后,应放入温度 20±2℃、湿度 90% 以上的养护室养护至规定龄期。试件取出待表面干燥后,应采用密封材料密封装入砂浆渗透仪中进行抗渗试验;

(3) 抗渗试验时,应从 0.2MPa 开始加压,恒压 2h 后增至 0.3MPa,以后每隔 1h 增加 0.1MPa。当 6 个试件中有 3 个试件表面出现渗水现象时,应停止试验,记下当时水压。在试验过程中,当发现水从试件周边渗出时,应停止试验,重新密封后再继续试验。

3. 砂浆抗渗压力值的计算

砂浆抗渗压力值应以每组 6 个试件中 4 个试件未出现渗水时的最大压力计,并应按下式计算:

$$P = H - 0.1 \qquad (5\text{-}18)$$

式中 P——砂浆抗渗压力值(MPa),精确至 0.1MPa;
H——6 个试件中 3 个试件出现渗水时的水压力(MPa)。

第六章 建筑用钢材

第一节 概 述

一、钢材的定义

钢材是以铁为主要元素，含碳量一般在2%以下，并含有其他元素的材料。

建筑钢材是指建筑工程中使用的各种钢材，包括钢结构用各种型材（如圆钢、角钢、工字钢、管钢）、板材，以及混凝土结构用钢筋、钢丝、钢绞线。

二、钢材的分类

钢材可按其化学成分、品质、冶炼方法、组织和用途等进行不同分类。常用的分类方法见表6-1。根据需要，几种分类方法可以混合使用。

钢材分类表 表6-1

分类方法		
按化学成分分类	碳素钢	工业纯铁（碳含量≤0.04%） 低碳钢（碳含量≤0.25%） 中碳钢（碳含量0.25%～0.60%） 高碳钢（碳含量＞0.60%）
	合金钢	低合金钢（合金元素总含量≤5%） 中合金钢（合金元素总含量5%～10%） 高合金钢（合金元素总含量＞10%）
按品质分类		普通钢（磷含量≤0.045%，硫含量≤0.055%，或磷、硫含量均≤0.050%） 优质钢（磷、硫含量均≤0.040%） 高级优质钢（磷含量≤0.035%，硫含量≤0.030%）
按冶炼方法分类	按炉别分	平炉钢 转炉钢 电炉钢
	按脱氧程度和浇注制度分	沸腾钢 镇静钢 半镇静钢
按用途和组织分类	低碳钢和低合金高强度钢	铁素体—珠光体型钢 低碳贝氏体型钢 马氏体型调质高强度钢
	耐热钢 低温钢 不锈钢	
按供应条件分类（普通碳素钢）		甲类钢（A）—保证力学性能 乙类钢（B）—保证化学成分 特类钢（C）—保证力学性能和化学成分

三、钢材的物理性质

钢材的物理性质包括强度、弹性、塑性、韧性以及硬度等。

第二节 建筑用钢材主要品种的质量标准

一、钢筋混凝土用钢 第1部分：热轧光圆钢筋❶

（一）适用范围

本部分适用于钢筋混凝土用热轧直条、盘卷光圆钢筋。不适用于由成品钢材再次扎制成再生钢材。

（二）术语和定义

1. 热轧光圆钢筋：经热轧成型，横截面通常为圆形，表面光滑的成品钢筋。
2. 特征值：在无限多次的检验中，与其一规定概率所对应的分位值。

（三）分级、牌号

钢筋按屈服强度特征值分为235、300级。钢筋牌号的构成及其含义见表6-2。

钢筋牌号的构成及含义　　　　　　　　　表6-2

产品名称	牌号	牌号构成	英文字母含义
热轧光圆钢筋	HPB235	由 HPB＋屈服强度特征值构成	HPB—热轧光圆钢筋的英文（Hot rolled Plain Bars)缩写
	HPB300		

（四）尺寸、外形、重量及允许偏差

1. 公称直径范围及推荐直径：钢筋的公称直径范围为6～22mm，本部分推荐的钢筋公称直径为6mm、8mm、10mm、12mm、16mm、20mm。
2. 公称横截面面积与理论重量：见表6-3。

钢筋的公称横截面面积与理论重量　　　　　　表6-3

公称直径(mm)	公称横截面面积(mm²)	理论重量(kg/m)
6(6.5)	28.27(33.18)	0.222(0.260)
8	50.27	0.395
10	78.54	0.617
12	113.1	0.888
14	153.9	1.21
16	201.1	1.58
18	254.5	2.00
20	314.2	2.47
22	380.1	2.98

注：表中理论重量按密度为 7.85g/cm³ 计算。公称直径6.5mm的产品为渡性产品。

---

❶ 主要内容引自 GB 1499.1—2008《钢筋混凝土用钢 第1部分：热轧光圆钢筋》。

3. 光圆钢筋的截面形状及尺寸允许偏差

光圆钢筋的截面形状如图6-1所示，直径允许偏差和不圆度应符合表6-4的规定，实际重量与理论重量的偏差符合表6-5规定时，钢筋直径允许偏差不作交货条件。

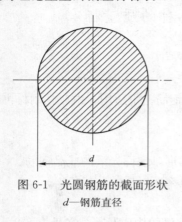

图6-1 光圆钢筋的截面形状
d—钢筋直径

直径允许偏差和不圆度　　表6-4

公称直径(mm)	允许偏差(mm)	不圆度(mm)
6(6.5) 8 10 12	±0.3	≤0.4
14 16 18 20 22	±0.4	

4. 长度及允许偏差

钢筋可按直条或盘卷交货，直条钢筋定尺长度应在合同中注明。按定尺长度交货的直条钢筋其长度允许偏差范围为0～+50mm。

5. 弯曲度和端部

直条钢筋的弯曲度应不影响正常使用，总弯曲度不大于钢筋总长度的0.4%，钢筋端部应剪切正直，局部变形应不影响使用。

6. 重量及允许偏差

钢筋按实际重量交货，也可按理论重量交货。直条钢筋实际重量与理论重量的允许偏差应符合表6-5的规定。按盘卷交货的钢筋，每根盘条重量应不大于500kg，每盘重量应不小于100kg。

钢筋实际重量与理论重量的允许偏差　　表6-5

公称直径(mm)	实际重量与理论重量的偏差(%)	公称直径(mm)	实际重量与理论重量的偏差(%)
6～12	±7	14～22	±5

（五）技术要求

1. 牌号和化学成分

钢筋牌号及化学成分(熔炼分析)应符合表6-6的规定。钢中残余元素铬、镍、铜含量应各不大于0.30%，供方如能保证可不作分析。钢筋的成品化学成分允许偏差应符合GB/T 222的规定。

钢筋牌号及化学成分　　表6-6

牌号	化学成分(质量分数)(%)不大于				
	C	Si	Mn	P	S
HPB235	0.22	0.30	0.65	0.045	0.050
HPB300	0.25	0.55	1.50		

2. 冶炼方法　钢以氧气转炉、电炉冶炼。

3. 力学性能、工艺性能

(1) 钢筋的屈服强度 R_{el}、抗拉强度 R_m、断后伸长度 A、最大力总伸长率 A_{gt} 等力学性能特征值应符合表 6-7 的规定。表 6-7 所列各力学性能特征值，可作为交货检验的最小保证值。

钢筋力学性能特征值　　表 6-7

牌号	R_{el} (MPa)	R_m (MPa)	A (%)	A_{gt} (%)	冷弯试验 180° d—弯芯直径 a—钢筋公称直径
	不小于				
HPB235	235	370	25.0	10.0	$d=a$
HPB300	300	420			

(2) 根据供需双方协议，伸长率类型可从 A 或 A_{gt} 中选定。如伸长率类型未经协议确定，则伸长率采用 A，仲裁检验时采用 A_{gt}。

(3) 弯曲性能

按表 6-7 规定的弯心直径弯曲 180°后，钢筋受弯曲部位表面不得产生裂纹。

4. 表面质量

(1) 钢筋应无有害的表面缺陷，按盘卷交货的钢筋应将头尾有害缺陷部分切除。

(2) 试样可使用钢丝刷清理，清理后的重量、尺寸、横截面积和拉伸性能满足本部分的要求，锈皮、表面不平整或氧化铁皮不作为拒收的理由。当带有前述规定的缺陷以外的表面缺陷的试样不符合拉伸性能或弯曲性能要求时，则认为这些缺陷是有害的。

(六) 试验方法

1. 检验项目

每批钢筋的检验项目、取样方法和试验方法应符合表 6-8 的规定。

钢筋检验项目、取样方法和试验方法　　表 6-8

序号	检验项目	取样数量	取样方法	试验方法
1	化学成分（熔炼分析）	1	GB/T 20066	GB/T 223 GB/T 4336
2	拉伸	2	任选两根钢筋切取	GB/T 228、本节一.(六).2
3	弯曲	2	任选两根钢筋切取	GB/T 232、本节一.(六).2
4	尺寸		逐支(盘)	本节一.(六).3
5	表面		逐支(盘)	目视
6	重量偏差		本节一.(六).4	本节一.(六).4

注：对化学分析和拉伸试验结果有争议时，仲裁试验分别按 GB/T 223、GB/T 228 进行。

2. 力学性能、工艺性能试验

(1) 拉伸、弯曲试验试样不允许进行车削加工。

(2) 计算钢筋强度用截面面积采用表 6-3 所列公称截面面积。
(3) 最大力总伸长率 A_{gt} 的检难可采用下述方法进行。

钢筋在最大力下总伸长率的测定方法：

1) 试样

① 长度

试样夹具之间的最小自由长度应符合表 6-9 要求：

试样夹具之间的最小自由长度(mm)   表 6-9

钢筋公称直径	试样夹具之间的最小自由长度
$d \leqslant 22$	350

② 原始标距的标记和测量

在试样自由长度范围内，均匀划分为 10mm 或 5mm 的等间距标记，标记的划分和测量应符合 GB/T 228 的有关要求。

2) 拉伸试验

按 GB/T 228 规定进行拉伸试验，直至试样断裂。

3) 断裂后的测量

选择 Y 和 V 两个标记，这两个标记之间的距离在拉伸试验之前至少应为 100mm，两个标记都应当位于夹具离断裂点较远的一侧。两个标记离开夹具的距离都应不小于 20mm 或钢筋公称直径 d（取二者之较大者）；两个标记与断裂点之间的距离应不小于 50mm。见图 6-2。

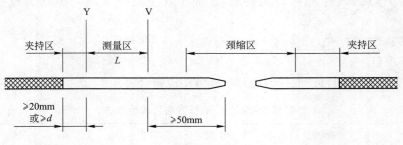

图 6-2 断裂后的测量

在最大力作用下试样总伸长率 A_{gt}(%)可按公式(6-1)计算：

$$A_{gt} = \left[\frac{L-L_0}{L_0} + \frac{R_m^o}{E}\right] \times 100 \tag{6-1}$$

式中　L——图 6-2 所示断裂后的距离(mm)；

　　　L_0——试验前同样标记间的距离(mm)；

　　　R_m^o——抗拉强度实测值(MPa)；

　　　E——弹性模量，其值可取为 2×10^5(MPa)。

3. 尺寸测量

钢筋直径的测量应精确到 0.1mm。

4. 重量偏差的测量

(1) 测量钢筋重量偏差时，试样应从不同根钢筋上截取，数量不少于 5 支，每支试样长度不小于 500mm。长度应逐支测量，应精确到 1mm，测量试样总重量时，应精确到不大于总重量的 1%。

(2) 钢筋实际重量与理论重量的偏差(%)按公式(6-2)计算：

$$重量偏差 = \frac{试样实际总重量 - (试样总长度 \times 理论重量)}{试样总长度 \times 理论重量} \times 100 \qquad (6-2)$$

5. 检验结果的数值修约与判定应符合 YB/T081 的规定。

6. 交货检验组批规则

交货检验适用于钢筋验收批的检验。

(1) 钢筋应按批进行检查和验收，每批由同一牌号、同一炉罐号、同一尺寸的钢筋组成。每批重量通常不大于 60t。超过 60t 的部分，每增加 40t(或不足 40t 的余数)，增加一个拉伸试验试样和一个弯曲试验试样。

(2) 允许由同一牌号、同一冶炼方法、同一浇注方法的不同炉罐号组成混合批。各炉罐号含碳量之差不大于 0.025%，含锰量之差不大于 0.15%。混合批的重量不大于 60t。

二、钢筋混凝土用钢 第 2 部分：热轧带肋钢筋❶

(一) 适用范围

本部分适用于钢筋混凝土用普通热轧带肋钢筋和细晶粒热轧带肋钢筋。不适用于由成品钢材再次扎制成的再生钢筋及余热处理钢筋。

(二) 定义

1. 普通热轧钢筋：按热轧状态交货的钢筋。其金相组织主要是铁素体加珠光体，不得有影响使用性能的其他组织存在。

2. 细晶粒热轧钢筋：在热轧过程中，通过控轧和控冷工艺形成的细晶粒钢筋。其金相组织主要是铁素体加珠光体，不得有影响使用性能的其他组织存在，细晶粒不粗于 9 级。

3. 带肋钢筋：横截面通常为圆形，且表面带肋的混凝土结构用钢材。

4. 纵肋：平行与钢筋轴线的均匀连续肋。

5. 横肋：与钢筋轴线不平行的其他肋。

6. 月牙肋钢筋：横肋的纵截面呈月牙形，且与纵肋不相交的钢筋。

7. 公称直径：与钢筋的公称横截面积相等的圆的直径。

8. 相对肋面积：横肋在与钢筋轴线垂直平面上的投影面积与钢筋公称周长和横肋间呀的乘积之比。

9. 肋高：测量从肋的最高点到芯部表面垂直于钢筋轴线的距离。

10. 肋间距：平行钢筋轴线测量的两相邻横肋中心间的距离。

11. 特征值：在无限多次的检验中，与某一规定概率所对应的分位置。

(三) 分类、牌号

钢筋按屈服强度特征值分为 335、400、500 级，钢筋牌号的构成及其含义见表 6-10。

---

❶ 主要内容引自 GB 1499.2—2007《钢筋混凝土用钢 第 2 部分：热轧带肋钢筋》。

钢筋牌号的构成及其含义 表 6-10

类别	牌号	牌号构成	英文字母含义
普通热轧钢筋	HRB335 HRB400 HRB500	由 HRB+屈服强度特征值构成	HRB—热轧带肋钢筋的英文(Hot rolled Ribbed Bars)缩写
细晶粒热轧钢筋	HRBF335 HRBF400 HRBF500	由 HRBF+屈服强度特征值构成	HRBF—在热轧带肋钢筋的英文缩写后加"细"的英文(Fine)首位字母

（四）尺寸、外形、重量及允许偏差

1. 公称直径范围及推荐直径

钢筋的公称直径范围为 6~50mm，标准推荐的钢筋公称直径为 6mm、8mm、10mm、12mm、16mm、20mm、25mm、32mm、40mm、50mm。

2. 公称横截面面积与理论重量(见表 6-11)。

钢筋的公称横截面面积与理论重量 表 6-11

公称直径(mm)	公称横截面面积(mm^2)	理论重量(kg/m)
6	28.27	0.222
8	50.27	0.395
10	78.54	0.617
12	113.1	0.888
14	153.9	1.21
16	201.1	1.58
18	254.5	2.00
20	314.2	2.47
22	380.1	2.98
25	490.9	3.85
28	615.8	4.83
32	804.2	6.31
36	1018	7.99
40	1257	9.87
50	1964	15.42

注：理论重量按密度为 $7.85g/cm^3$ 计算。

3. 带肋钢筋的表面形状及尺寸允许偏差

（1）带肋钢筋横肋设计原则应符合下列规定：横肋与钢筋轴线的夹角 β 不应小于 45°，当该夹角不大于 70°时，钢筋相对两面上横肋的方向应相反。横肋公称间距不得大于钢筋公称直径的 0.7 倍，横肋侧面与钢筋表面的夹角 α 不得小于 45°。

钢筋相邻两面上横肋末端之间的间隙(包括纵肋宽度)总和不应大于钢筋公称周长

的20%。

当钢筋公称直径不大于12mm时,相对肋面积不应小于0.055;公称直径为14mm和16mm时,相对肋面积不应小于0.060;公称直径大于16mm时,相对肋面积不应小于0.065。

(2)带肋钢筋通常带有纵肋,也可不带纵肋。

(3)带有纵肋的月牙肋钢筋,其外形如图6-3所示,尺寸及允许偏差应符合表6-12的规定。钢筋实际重量与理论重量的偏差符合表6-13规定时,钢筋内径偏差不做交货条件。

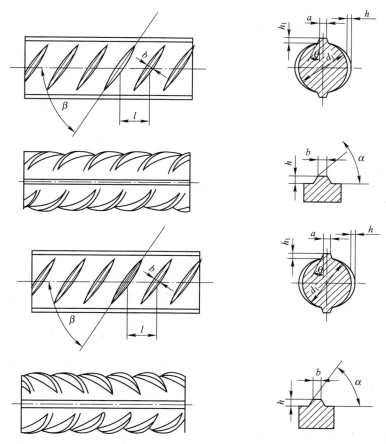

图6-3 月牙肋钢筋(带纵肋)表面及截面形状

d_1——钢筋内径;α——横肋斜角;h——横肋高度;β——横肋与轴线夹角;
h_1——纵肋高度;θ——纵肋斜角;a——纵肋顶宽;l——横肋间距;b——横肋顶宽

带肋月牙肋钢筋尺寸及允许偏差(mm) 表6-12

公称直径 d	内径 d_1		横肋高 h		纵肋高 h_1(不大于)	横肋宽 b	纵肋宽 a	间距 l		横肋末端最大间隙(公称周长的10%弦长)
	公称尺寸	允许偏差	公称尺寸	允许偏差				公称尺寸	允许偏差	
6	5.8	±0.3	0.6	±0.3	0.8	0.4	1.0	4.0	±0.5	1.8
8	7.7	±0.4	0.8	+0.4 −0.3	1.1	0.5	1.5	5.5		2.5

续表

公称直径 d	内径 d_1 公称尺寸	内径 d_1 允许偏差	横肋高 h 公称尺寸	横肋高 h 允许偏差	纵肋高 h_1（不大于）	横肋宽 b	纵肋宽 a	间距 l 公称尺寸	间距 l 允许偏差	横肋末端最大间隙（公称周长的10%弦长）
10	9.6	±0.4	1.0	±0.4	1.3	0.6	1.5	7.0	±0.5	3.1
12	11.5		1.2		1.6	0.7	1.5	8.0		3.7
14	13.4		1.4	+0.4 −0.5	1.8	0.8	1.8	9.0		4.3
16	15.4		1.5		1.9	0.9	1.8	10.0		5.0
18	17.3		1.6	±0.5	2.0	1.0	2.0	10.0		5.6
20	19.3		1.7		2.1	1.2	2.0	10.0		6.2
22	21.3	±0.5	1.9		2.4	1.3	2.5	10.5	±0.8	6.8
25	24.2		2.1	±0.6	2.6	1.5	2.5	12.5		7.7
28	27.2		2.2		2.7	1.7	3.0	12.5		8.6
32	31.0	±0.6	2.4	+0.8 −0.7	3.0	1.9	3.0	14.0	±1.0	9.9
36	35.0		2.6	+1.0 −0.8	3.2	2.1	3.5	15.0		11.1
40	38.7	±0.7	2.9	±1.1	3.5	2.2	3.5	15.0		12.4
50	48.5	±0.8	3.2	±1.2	3.8	2.5	4.0	16.0		15.5

注：1. 纵肋斜角 θ 为 0°～30°。
2. 尺寸 a、b 为参考数据。

钢筋实际重量与理论重量的允许偏差 表 6-13

公称直径(mm)	实际重量与理论重量的偏差(%)	公称直径(mm)	实际重量与理论重量的偏差(%)
6～12	±7	22～5	±4
14～20	±5		

（4）不带纵肋的月牙肋钢筋，其内径尺寸可按表 6-12 的规定作适当调整，但重量允许偏差仍应符合表 6-13 的规定。

4. 长度及允许偏差

（1）长度

钢筋通常按定尺长度交货，具体交货长度应在合同中注明。钢筋可以盘卷交货，每盘应是一条钢筋，允许每批有 5% 的盘数（不足两盘时可有两盘）由两条钢筋组成。其盘重及盘径由供需双方协商确定。

（2）长度允许偏差

钢筋按定尺交货时的长度允许偏差为 ±25mm；当要求最小长度时，其偏差为 +50mm；当要求最大长度时，其偏差为 −50mm。

5. 弯曲度和端部

直条钢筋的弯曲度应不影响正常使用，总弯曲度不大于钢筋总长度的 0.4%。钢筋端部应剪切正直，局部变形应不影响使用。

6. 重量及允许偏差

钢筋可按理论重量交货，也可按实际重量交货。按理论重量交货时，理论重量为钢筋长度乘以表 6-11 中钢筋的每米理论重量。钢筋实际重量与理论重量的允许偏差应符合表 6-13 的规定。

（五）技术要求

1. 牌号和化学成分

（1）钢筋牌号及化学成分和碳当量（熔炼分析）应符合表 6-14 的规定。根据需要，钢中还可加入 V、Nb、Ti 等元素。

钢筋牌号及化学成分和碳当量　　　　　表 6-14

牌号	化学成分(质量分数)(%)不大于					
	C	Si	Mn	P	S	Ceq
HRB335 HRBF335	0.25	0.80	1.60	0.045	0.045	0.52
HRB400 HRBF400						0.54
HRB500 HRBF500						0.55

（2）碳当量 Ceq（百分比）值可按公式（6-3）计算：

$$Ceq = C + Mn/6 + (Cr+V+Mo)/5 + (Cu+Ni)/15 \tag{6-3}$$

（3）钢的氮含量应不大于 0.012%。供方如能保证可不作分析。钢中如有足够数量的氮结合元素，含氮量的限制可适当放宽。

（4）钢筋的成品化学成分允许偏差符合 GB/T 222 的规定，碳当量 Ceq 的允许偏差为 +0.03%。

2. 交货型式

钢筋通常按直条交货，直径不大于 12mm 的钢筋也可按盘卷交货。

3. 力学性能

（1）钢筋的屈服强度 R_{eL}、抗拉强度 R_m、断后伸长率 A、最大力总伸长率 A_{gt} 等力学性能特征值应符合表 6-15 的规定。表 6-15 所列各力学性能特征值，可作为交货检验的最小保证值。

钢筋力学性能特征值　　　　　表 6-15

牌号	R_{eL}(MPa)	R_m(MPa)	A(%)	A_{gt}(%)
	不小于			
HRB335 HRBF335	335	455	17	7.5
HRB400 HRBF400	400	540	16	
HRB500 HRBF500	500	630	15	

（2）直径 28~40mm 各牌号钢筋的断后伸长率 A 可降低 1%；直径大于 40mm 各牌号钢筋的断后伸长率 A 可降低 2%。

（3）有较高要求的抗震结构适用牌号为：在表 6-10 中已有牌号后加 E（例如：

HRB400E、HRBF400E)的钢筋。该类钢筋除应满足以下1)、2)、3)的要求外,其他要求与相对应的已有牌号钢筋相同。

1) 钢筋实测抗拉强度与实测屈服强度之比 R_m^o/R_{cL}^o 不小于1.25。

2) 钢筋实测屈服强度与表6-15规定的屈服强度特征值之比 R_{cL}^o/R_{cL} 不大于1.30。

3) 钢筋的最大力总伸长率 A_{gt} 不小于9%。

注:R_m^o 为钢筋实测抗拉强度;R_{cL}^o 为钢筋实测屈服强度。

(4) 对于没有明显屈服强度的钢,屈服强度特征值 R_{cL} 应采用规定非比例延伸强度 $R_{p0.2}$。

(5) 根据供需双方协议,伸长率类型可从 A 或 A_{gt} 中规定。如伸长率类型未经协议确定,则伸长率采用 A,仲裁检验时采用 A_{gt}。

4. 工艺性能

(1) 弯曲性能

按表6-16规定的弯芯直径弯曲180°后,钢筋受弯曲部位表面不得产生裂纹。

弯曲试验的弯芯直径　　　　　　表6-16

牌号	钢筋公称直径 d(mm)	弯芯直径(D)
HRB335 HRBF335	6~25	3d
	28~40	4d
	>40~50	5d
HRB400 HRBF400	6~25	4d
	28~40	5d
	>40~50	6d
HRB500 HRBF500	6~25	6d
	28~40	7d
	>40~50	8d

(2) 反向弯曲性能

根据需方要求,钢筋可进行反向弯曲性能试验。反向弯曲试验的弯芯直径比弯曲试验相应增加一个钢筋公称直径。

反向弯曲试验:先正向弯曲90°后再反向弯曲20°。两个弯曲角度均应在去载之前测量。经反向弯曲试验后,钢筋受弯曲部位表面不得产生裂纹。

5. 疲劳性能

如需方要求,经供需双方协议,可进行疲劳性能试验。疲劳试验的技术要求和试验方法由供需双方协商确定。

6. 焊接性能

钢筋的焊接工艺及接头的质量检验与验收应符合相关行业标准的规定。普通热轧钢筋在生产工艺、设备有重大变化及新产品生产时进行型式检验。细晶粒热轧钢筋的焊接工艺应经试验确定。

7. 晶粒度

细晶粒热轧钢筋应做晶粒度检验,其晶粒度不粗于9级,如供方能保证可不做晶粒度检验。

8. 表面质量

钢筋应无有害的表面缺陷。只要经钢丝刷刷过的试样的重量、尺寸、横截面积和拉伸性能不低于标准要求，锈皮、表面不平整或氧化铁皮不作为拒收的理由；当带有前述缺陷以外的表面缺陷的试样不符合拉伸性能或弯曲性能要求时，则认为这些缺陷是有害的。

（六）试验方法

1. 检验项目

每批钢筋的检验项目、取样方法和试验方法应符合表 6-17 的规定。

钢筋检验项目、取样方法和试验方法 表 6-17

序号	检验项目	取样数量	取样方法	试验方法
1	化学成分（熔炼分析）	1	GB/T 20066	GB/T 223 GB/T 4336
2	拉伸	2	任选两根钢筋切取	GB/T 228、本节二.（六）.2
3	弯曲	2	任选两根钢筋切取	GB/T 232、本节二.（六）.2
4	反向弯曲	1		YB/T 5126、本节二.（六）.2
5	疲劳试验	供需双方协议		
6	尺寸	逐支		本节二.（六）.3
7	表面	逐支		目视
8	重量偏差	本部分 8.4		本节二.（六）.4
9	晶粒度	2	任选两根钢筋切取	GB/T 6394

注：对化学分析和拉伸试验结果有争议时，仲裁试验分别按 GB/T 223、GB/T 228 进行。

2. 拉伸、弯曲、反向弯曲试验

（1）拉伸、弯曲、反向弯曲试验试样不允许进行车削加工。

（2）计算钢筋强度用截面面积采用表 6-11 所列公称截面面积。

（3）最大力总伸长率 A_{gt} 的检验可采用下述方法进行。

钢筋在最大力下总伸长率的测定方法：

1) 试样

① 长度

试样夹具之间的最小自由长度应符合表 6-18 要求：

试样夹具之间的最小自由长度(mm) 表 6-18

钢筋公称直径	试样夹具之间的最小自由长度	钢筋公称直径	试样夹具之间的最小自由长度
$d \leqslant 25$	350	$32 < d \leqslant 50$	500
$25 < d \leqslant 32$	400		

② 原始标距的标记和测量

在试样自由长度范围内，均匀划分为 10mm 或 5mm 的等间距标记，标记的划分和测量应符合 GB/T 228 的有关要求。

2) 拉伸试验

按 GB/T 228 规定进行拉伸试验，直至试样断裂。

3) 断裂后的测量

选择 Y 和 V 两个标记,这两个标记之间的距离在拉伸试验之前至少应为 100mm。两个标记都应当位于夹具离断裂点最远的一侧。两个标记离开夹具的距离都应不小于 20mm 或钢筋公称直径 d(取二者之较大者);两个标记与断裂点之间的距离应不小于 50mm 或 $2d$(取二者之较大者)。见图 6-4。

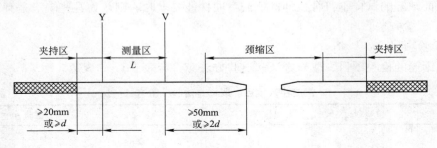

图 6-4 断裂后的测量

在最大力作用下试样总伸长率 A_{gt}(%)可按公式 6-4 计算:

$$A_{gt} = \left[\frac{L-L_0}{L} + \frac{R_m^\circ}{E}\right] \times 100 \qquad (6-4)$$

式中 L——图 6-4 所示断裂后的距离(mm);
L_0——试验前同样标记间的距离(mm);
R_m°——抗拉强度实测值(MPa);
E——弹性模量,其值可取为 2×10^5(MPa)。

(4) 反向弯曲试验时,经正向弯曲后的试样,应在 100℃温度下保温不少于 30min,经自然冷却后再反向弯曲。当供方能保证钢筋经人工时效后的反向弯曲性能时,正向弯曲后的试样亦可在室温下直接进行反向弯曲。

3. 尺寸测量

(1) 带肋钢筋内径的测量应精确到 0.1mm。

(2) 带肋钢筋纵肋、横肋高度的测量采用测量同一截面两侧横肋中心高度平均值的方法,即测取钢筋最大外径,减去该处内径,所得数值的一半为该处肋高,应精确到 0.1mm。

(3) 带肋钢筋横肋间距采用测量平均肋距的方法进行测量。即测取钢筋一面上第 1 个与第 11 个横肋的中心距离,该数值除以 10 即为横肋间距,应精确到 0.1mm。

4. 重量偏差的测量、检验结果的数值修约与判定,交货检验的组批规则,同本节一.(六)4.5.6。

三、冷轧带肋钢筋[1]

冷轧带肋钢筋是国外 1970 年初开发的一种新型高效钢材。广泛用于高速公路、飞机场、水电输送及市政建设等工程中。我国从 1986 年开始引进,很快在国内得到推广和应用。它是以热轧圆盘条为原料,经冷轧或冷拔减径后在其表面冷轧成三面有肋的钢筋。用于非预应力构件,与热轧圆钢盘条比,强度提高 17%左右(Q235 光圆盘条≥460MPa,冷轧钢筋≥550MPa),可以节约钢材 30%左右;用于预应力构件,与低碳冷拔丝比,伸长

---

[1] 主要内容引自 GB 13788—2008《冷轧带肋钢筋》。

率高(低碳冷拔丝 $\delta_{100} \geqslant 2.5\%$,冷轧钢筋 $\delta_{100} \geqslant 4\%$),更重要的是由于三面带肋,使钢筋与混凝土之间的粘结力不仅来源于胶结力、摩擦阻力,而且还增加了咬合力和机械锚固力,比冷拔丝的粘结力提高三倍以上,是一种较理想的预应力钢材。

(一)适用范围

本部分适用于预应力混凝土和普通钢筋混凝土用冷轧带肋钢筋,也适用于制造焊接网用冷轧带肋钢筋(以下简称钢筋)。

(二)定义

1. 冷轧带肋钢筋　热轧圆盘条经冷轧后,在其表面带有沿长度方向均匀分布的三面或二面横肋的钢筋。

2. 公称直径　相当于横截面积相等的光圆钢筋的公称直径。

3. 相对投影肋面积　横肋在与钢筋轴线垂直平面上投影面积与公称周长和横肋间距的乘积之比。

4. 横肋间隙　钢筋周圈上横肋不连续部分在垂直于钢筋轴线平面上投影的弦长。

(三)分类、牌号

冷轧带肋钢筋的牌号由 CRB 和钢筋的抗拉强度最小值构成。C、R、B 分别为冷轧、带肋、钢筋三个词的英文首位字母。冷轧带肋钢筋分为 CRB550、CRB650、CRB800、CRB970 四个牌号。CRB550 为普通钢筋混凝土用钢筋,其他牌号为预应力混凝土用钢筋。

(四)尺寸、外形、重量及允许偏差

1. 公称直径范围

CRB550 钢筋的公称直径范围为 4~12mm。CRB650 及以上牌号钢筋的公称直径为 4、5、6mm。

2. 外形

(1)钢筋表面横肋应符合下列基本规定

1)横肋呈月牙形。

2)横肋沿钢筋横截面周圈上均匀分布,其中三面肋钢筋有一面肋的倾角必须与另两面反向,二面肋钢筋一面肋的倾角必须与另一面反向。

3)横肋中心线和钢筋纵轴线夹角 β 为 $40°\sim60°$。

4)横肋两侧面和钢筋表面斜角 α 不得小于 $45°$,横肋与钢筋表面呈弧形相交。

5)横肋间隙的总和应不大于公称周长的 20%($\Sigma f \leqslant 0.2\pi d$)。

6)相对肋面积。

相对肋面积 f_t 按式(6-5)确定

$$f_t = \frac{K \times F_R \times \sin\beta}{\pi \times d \times l} \tag{6-5}$$

式中　$K=3$ 或 2(三面或二面有肋);

F_R——一个肋的纵向截面积;

β——横肋与钢筋轴线的夹角;

d——钢筋公称直径;

l——横肋间距。

已知钢筋的几何参数，相对肋面积也可用下面的近似式(6-6)计算：

$$f_\mathrm{t}=\frac{(d\times\pi-\Sigma f_i)\times(h+4h_{1/4})}{6\times d\times\pi\times l} \tag{6-6}$$

式中 Σf_i——钢筋周圈上各排横肋间隙之和；

h——横肋中点高；

$h_{1/4}$——横肋长度四分之一处高。

（2）三面肋钢筋的外形应符合图 6-5 和本节（四）2.(1)的规定。

（3）二面肋钢筋的外形应符合图 6-6 和本切（四）2.(1)的规定。

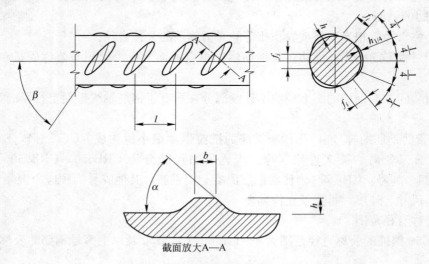

图 6-5 三面肋钢筋表面及截面形状

α—横肋斜角；β—横肋与钢筋轴线夹角；h—横肋中点高；l—横肋间距；b—横肋顶宽；f_i—横肋间隙

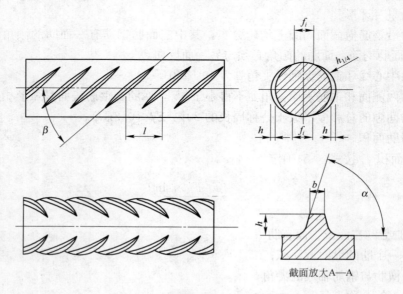

图 6-6 二面肋钢筋表面及截面形状

α—横肋斜角；β—横肋与钢筋轴线夹角；h—横肋中点高度；l—横肋间距；b—横肋顶宽；f_i—横肋间隙

3. 尺寸、重量及允许偏差

三面肋和二面肋钢筋的尺寸、重量及允许偏差应符合表 6-19 的规定。

三面肋和二面肋钢筋的尺寸、重量及允许偏差　　　　表 6-19

公称直径 d (mm)	公称横截面积 (mm^2)	重量		横肋中点高		横肋 1/4 处高 $h_{1/4}$ (mm)	横肋顶宽 b (mm)	横肋间距		相对肋面积 f_r 不小于
		理论重量 (kg/m)	允许偏差 (%)	h (mm)	允许偏差 (mm)			l (mm)	允许偏差 (%)	
4	12.6	0.099		0.30		0.24		4.0		0.036
4.5	15.9	0.125		0.32		0.26		4.0		0.039
5	19.6	0.154		0.32		0.26		4.0		0.039
5.5	23.7	0.186		0.40	+0.10 −0.05	0.32		5.0		0.039
6	28.3	0.222		0.40		0.32		5.0		0.039
6.5	33.2	0.261		0.46		0.37		5.0		0.045
7	38.5	0.302		0.46		0.37		5.0		0.045
7.5	44.2	0.347		0.55		0.44		6.0		0.045
8	50.3	0.395	±4	0.55		0.44	~0.2d	6.0	±15	0.045
8.5	56.7	0.445		0.55		0.44		7.0		0.045
9	63.6	0.499		0.75		0.60		7.0		0.052
9.5	70.8	0.556		0.75		0.60		7.0		0.052
10	78.5	0.617		0.75	±0.10	0.60		7.0		0.052
10.5	86.5	0.679		0.75		0.60		7.4		0.052
11	95.0	0.746		0.85		0.68		7.4		0.056
11.5	103.8	0.815		0.95		0.76		8.4		0.056
12	113.1	0.888		0.95		0.76		8.4		0.056

注：1. 横肋 1/4 处高、横肋顶宽供孔型设计用。

　　2. 二面肋钢筋允许有高度不大于 0.5h 的纵肋。

4. 长度

钢筋通常按盘卷交货，CRB550 钢筋也可按直条交货。钢筋按直条交货时，其长度及允许偏差按供需双方协商确定。

5. 弯曲度

直条钢筋的每米弯曲度不大于 4mm，总弯曲度不大于钢筋全长的 0.4%。

6. 重量

盘卷钢筋的重量不小于 100kg。每盘应由一根钢筋组成，CRB650 及以上牌号钢筋不得有焊接接头。

直条钢筋按同一牌号、同一规格、同一长度成捆交货，捆重由供需双方协商确定。

（五）技术要求

1. 牌号和化学成分

制造钢筋的盘条应符合 GB/T 701、GB/T 4354 或其他有关标准的规定,盘条的牌号及化学成分可参考表 6-22。

2. 交货状态

钢筋按冷加工状态交货。允许冷轧后进行低温回火处理。

3. 力学性能和工艺性能

(1) 钢筋的力学性能和工艺性能应符合表 6-20 的规定:当进行弯曲试验时,受弯曲部位表面不得产生裂纹。反复弯曲试验的弯曲半径应符合表 6-21 的规定。

力学性能和工艺性能　　　　　　　　　表 6-20

牌号	$R_{p0.2}$(MPa) 不小于	R_m(MPa) 不小于	伸长率(%) 不小于		弯曲试验 180°	反复弯曲次数	应力松弛初始应力应相当于公称抗拉强度的70% 1000h松弛率(%)不大于
			$A_{11.3}$	A_{100}			
CRB550	500	550	8.0	—	$D=3d$	—	—
CRB650	586	650	—	4.0		3	8
CRB800	720	800	—	4.0		3	8
CRB970	875	970	—	4.0		3	8

注:表中 D 为弯心直径,d 为钢筋公称直径。

反复弯曲试验的弯曲半径(mm)　　　　　　　表 6-21

钢筋公称直径	4	5	6
弯曲半径	10	15	15

(2) 钢筋的强屈比 $R_m/R_{p0.2}$ 比值应不小于 1.03,经供需双方协议可用 $A_{gt} \geqslant 2.0\%$ 代替 A。

(3) 供方在保证 1000h 松弛率合格基础上,允许使用推算法确定 1000h 松弛。

4. 表面质量

(1) 钢筋表面不得有裂纹、折叠、结疤、油污及其他影响使用的缺陷。

(2) 钢筋表面可有浮锈,但不得有锈皮及目视可见的麻坑等腐蚀现象。

CRB500、CRB650、CRB800、CRB970 钢筋用盘条的参考牌号及化学成分(熔炼分析)见表 6-22,60 钢、70 钢的 Ni、Cr、Cu 含量各不大于 0.25%。

冷轧带肋钢筋用盘条的参考牌号和化学成分　　　表 6-22

钢筋牌号	盘条牌号	化学成分(%)					
		C	Si	Mn	V、Ti	S	P
CRB550	Q215	0.09~0.15	≤0.30	0.25~0.55	—	≤0.050	≤0.045
CRB650	Q235	0.14~0.22	≤0.30	0.30~0.65	—	≤0.050	≤0.045
CRB800	24MnTi	0.19~0.27	0.17~0.37	1.20~1.60	Ti:0.01~0.05	≤0.045	≤0.045
	20MnSi	0.17~0.25	0.40~0.80	1.20~1.60	—	≤0.045	≤0.045
CRB970	41MnSiV	0.37~0.45	0.60~1.10	1.00~1.40	V:0.05~0.12	≤0.045	≤0.045
	60	0.57~0.65	0.17~0.37	0.50~0.80	—	≤0.035	≤0.035

(六) 试验方法

1. 检验项目

钢筋出厂检验的试验项目，取样方法、试验方法应符合表6-23和本节三.(六).2~5的规定。

钢筋的试验项目、取样方法及试验方法　　　　　　表6-23

序号	试验项目	试验数量	取样方法	试验方法
1	拉伸试验	每盘1个	在每(任)盘中随机切取	GB/T 228
2	弯曲试验	每批2个		GB/T 232
3	反复弯曲试验	每批2个		GB/T 238
4	应力松弛试验	定期1个		GB/T 10120 本节三.(六).3
5	尺寸	逐盘	—	本节三.(六).4
6	表面	逐盘	—	目视
7	重量偏差	每盘1个	—	本节三.(六).5

注：表中试验数量栏中的"盘"指生产钢筋的"原料盘"。

2．力学性能

(1) 计算钢筋强度采用表6-19所列公称横截面积。

(2) 最大力总伸长率 A_{gt} 的检验同本节一.(六).2.(3)。

3．应力松弛试验

(1) 试验期间试样的环境温度应保持在20℃±2℃。

(2) 试样可进行机械矫直，但不得进行任何热处理和其他冷加工。

(3) 加在试样上的初始试验力为试样公称抗拉强度的70%乘以试样公称横截面积。

(4) 加荷速度为200MPa/min±50MPa/min，初始负荷应在3~5min加荷完毕，持荷2min后开始记录松弛值。

(5) 试样长度不小于公称直径的60倍。

(6) 允许用至少120h的测试数据推算1000h的松弛率值。

4．尺寸测量

(1) 横肋高度的测量采用测量同一截面每列横肋高度取其平均值；横肋间距采用测量平均间距的方法，即测取同一列横肋第1个与第11个横肋的中心距离除以10，即为横肋间距的平均值。

(2) 尺寸测量精度精确到0.02mm。

5．重量偏差的测量

测量钢筋重量偏差时，试样长度应不小于500mm。长度测量精确到1mm，重量测定应精确到1g。

钢筋重量偏差按式(6-7)计算：

$$\text{重量偏差}(\%) = \frac{\text{试样实际重量} - (\text{试样长度} \times \text{理论重量})}{\text{试样长度} \times \text{理论重量}} \times 100 \quad (6-7)$$

6．检验结果的数值修约与判定应符合YB/T 081的规定。

7．组批规则

钢筋应按批进行检查和验收，每批应由同一牌号，同一外形、同一规格、同一生产工艺和同一交货状态的钢筋组成，每批不大于60t。

四、低碳钢热轧圆盘条[1]

(一) 适用范围

本部分适用于供拉丝等深加工及其他一般用途的低碳钢热轧圆盘条,不适用于标准件用热轧碳素圆钢、焊接用钢盘条、冷镦钢、易切削结构钢、锚链用圆钢。

(二) 尺寸、外形、重量及允许偏差

1. 盘条的尺寸、外形及允许偏差应符合 GB/T 14981 的规定,盘卷应规整。

2. 每卷盘条的重量不应小于 1000kg,每批允许有 5‰ 的盘数(不足 2 盘的允许有 2 盘)由两根组成,但每根盘条的重量不少于 300kg,并且有明显标识。

(三) 技术要求

1. 牌号和化学成分

(1) 钢的牌号和化学成分(熔炼分析)应符合表 6-24 的规定。

钢的牌号和化学成分　　　　　　　表 6-24

牌号	化学成分(质量分数)(%)				
	C	Mn	Si	S	P
			不大于		
Q195	≤0.12	0.25~0.50	0.30	0.040	0.035
Q215	0.09~0.15	0.25~0.60	0.30	0.045	0.045
Q235	0.12~0.20	0.30~0.70	0.30	0.045	0.045
Q275	0.14~0.22	0.40~1.00	0.30	0.045	0.045

(2) 允许用铝代硅脱氧。

(3) 钢中铬、镍、铜、砷的残余含量应符合 GB/T 700 的有关规定。

(4) 经供需双方协议并在合同中注明,可供应其他成分或牌号的盘条。

(5) 盘条的成品化学成分允许偏差应符合 GB/T 222 的规定。

2. 冶炼方法

钢以氧气转炉、电炉冶炼。

3. 交货状态

盘条以热轧状态交货。

4. 力学性能和工艺性能

盘条的力学性能和工艺性能应符合表 6-25 的规定。经供需双方协商并在合同中注明,可做冷弯性能试验。直径大于 12mm 的盘条,冷弯性能指标由供需双方协商确定。

盘条的力学性能和工艺性能　　　　　　　表 6-25

牌号	力学性能		冷弯试验 180° d=弯心直径 a=试样直径
	抗拉强度 R_m(N/mm²)不大于	断后伸长率 $A_{11.3}$(%)不小于	
Q195	410	30	$d=0$
Q215	435	28	$d=0$
Q235	500	23	$d=0.5a$
Q275	540	21	$d=1.5a$

---

[1] 内容引自 GB/T 701—2008《低碳钢热轧圆盘条》。

5. 表面质量

(1) 盘条应将头尾有害缺陷切除。盘条的截面不应有缩孔、分层及夹杂。

(2) 盘条表面应光滑,不应有裂纹、折叠、耳子、结疤,允许有压痕及局部的凸块、划痕、麻面,其深度或高度(从实际尺寸算起)B级和C级精度不应大于0.10mm,A级精度不得大于0.20mm。

(四) 试验方法

1. 盘条的检验项目、试验方法应按表6-26的规定。

检验项目、试验方法   表6-26

序号	检验项目	取样数量	取样方法	试验方法
1	化学成分（熔炼分析）	1个/炉	GB/T 20066	GB/T 223 GB/T 4336、GB/T 20123
2	拉伸	1个/批	GB/T 2975	GB/T 228
3	弯曲	2个/批	不同根盘条、GB/T 2975	GB/T 232
4	尺寸		逐盘	千分尺、游标卡尺
5	表面			目视

注：对化学成分结果有争议时,仲裁试验按GB/T 223进行。

2. 组批规则

盘条应成批验收。每批由同一牌号、同一炉号、同一尺寸的盘条组成。

五、混凝土制品用冷拔低碳钢丝

(一) 适用范围

本部分适用于混凝土制品用的以低碳钢热轧圆盘条为母材经一次或多次冷拔制成的光面钢丝。

(二) 分类、代号与标记

1. 分类

冷拔低碳钢丝分为甲、乙两级。甲级冷拔低碳钢丝适用于用预应力筋；乙级冷拔低碳钢丝适用于作焊接网、焊接骨架、箍筋和构造钢筋。

2. 代号

冷拔低碳钢丝的代号为CDW（"CDW"为Cold-Drawn Wire的英文字头）。

3. 标记

标记内容包含冷拔低碳钢丝名称、公称直径、抗拉强度、代号及标准号。

示例1：公称直径为5.0mm、抗拉强度为650MPa的甲级冷拔低碳钢丝标记为：

甲级冷拔低碳钢丝 5.0—650—CDW JC/T 540—2006

示例2：公称直径为4.0mm、抗拉强度为550MPa的乙级冷拔低碳钢丝标记为：

乙级冷拔低碳钢丝 4.0—550—CDW JC/T 540—2006

(三) 直径及横截面面积

冷拔低碳钢丝的公称直径、允许偏差及公称横截面面积应符合表6-27的规定。

(四) 要求

1. 原材料

(1) 拔丝用热轧圆盘条应符合GB/T 701的规定。

冷拔低碳钢丝的分称直径、允许偏差及公称横截面面积 表 6-27

公称直径 d(mm)	直径允许偏差(mm)	公称横截面面积 s(mm^2)
3.0	±0.06	7.07
4.0	±0.08	12.57
5.0	±0.10	19.63
6.0	±0.12	28.27

注：经供需双方协商，也可生产其他直径的冷拔低碳钢丝。

（2）甲级冷拔低碳钢丝应采用 GB/T 701 规定的供拉丝用盘条进行拔制。

2. 制造

（1）热轧圆盘条经机械剥壳或酸洗除去表面氧化皮和浮锈后，方可进行拔丝操作。

（2）每次拉拔操作引起的钢丝直径减缩率不应超过 15%。

（3）允许热轧圆盘条对焊后进行冷拔，但必须是同一钢号的圆盘条，甲级冷拔低碳钢丝成品中不允许有焊接接头。

（4）在冷拔过程中，不得酸洗和退火，冷拔低碳钢丝成品不允许对焊。

3. 表面质量

（1）冷拔低碳钢丝表面不应有裂纹、小刺、油污及其他机械损伤。

（2）冷拔低碳钢丝表面允许有浮锈，但不得出现锈皮及肉眼可见的锈蚀麻坑。

4. 力学性能

冷拔低碳钢丝的力学性能应符合表 6-28 的规定。

冷拔低碳钢丝的力学性能 表 6-28

级别	公称直径 d(mm)	抗拉强度 R_s(MPa) 不小于	断后伸长率 A_{100}(%) 不小于	反复弯曲次数(次/180°) 不小于
甲级	5.0	650	3.0	4
		600		
	4.0	700	2.5	
		650		
乙级	3.0, 4.0, 5.0, 6.0	550	2.0	

注：甲级冷拔低碳钢丝作预应力筋用时，如经机械调直则抗拉强度标准值应降低 50MPa。

（五）试验方法

1. 表面质量

冷拔低碳钢丝表面质量用目视检查。

2. 直径

冷拔低碳钢丝直径应采用分度值不低于 0.01mm 的量具测量，测量位置应为其同一截面的两个垂直方向，试验结果为两次量测值的平均值，修约到 0.01mm。

3. 拉伸试验

（1）抗拉强度

冷拔低碳钢丝的拉伸试验应按 GB/T 228 的规定进行。计算抗拉强度时应取冷拔低碳钢丝的公称横截面面积值。

(2) 断后伸长率

断后伸长率的测定应按 GB/T 228 的规定进行。在日常检验时，试样的标距划痕不得导致断裂发生在划痕处。试样长度应保证试验机上下钳口之间的距离超过原始标距 50mm 以上。测量断后标距的量具最小刻度应不小于 0.1mm。测得的伸长率应修约到 0.5%。

(3) 试验判定

如试样在夹头内或距钳口两倍直径以内断裂而冷拔低碳钢丝性能达不到规定时，试验无效。

4. 弯曲试验

冷拔低碳钢丝弯曲试验应按 GB/T 238 的规定进行。

(六) 检验规则

1. 检查和验收

冷拔低碳钢丝的出厂检验由供方负责，需方可按标准进行检查验收。

2. 组批规则

冷拔低碳钢丝应成批进行检查和验收，每批冷拔低碳钢丝应由同一钢厂、同一钢号、同一总压缩率、同一直径组成，甲级冷拔低碳钢丝每批质量不大于 30t，乙级冷拔低碳钢丝每批质量不大于 50t。

3. 检查项目和取样数量

(1) 冷拔低碳钢丝的检查项目为表面质量、直径、抗拉强度、断后伸长率及反复弯曲次数。

(2) 冷拔低碳钢丝的表面质量应逐盘进行检查。

(3) 冷拔低碳钢丝的直径每批抽查数量不少于 5 盘。

(4) 甲级冷拔低碳钢丝抗拉强度、断后伸长率及反复弯曲次数应逐盘进行检验；乙级冷拔低碳钢丝抗拉强度、断后伸长率及反复弯曲次数每批抽查数量不少于 3 盘。

4. 复检规则

(1) 冷拔低碳钢丝的表面质量检查时，如有不合格者应予剔除。

(2) 甲级冷拔低碳钢丝的直径、抗拉强度、断后伸长率及反复弯曲次数如有某检验项目不合格时，不得进行复检。

(3) 乙级冷拔低碳钢丝的直径、抗拉强度、断后伸长率及反复弯曲次数检验如有某检验项目不符合标准规定要求时，可从该批冷拔低碳钢丝中抽取双倍数量的试样进行复检。

5. 判定规则

(1) 甲级冷拔低碳钢丝如有某检验项目不合格时，该批冷拔低碳钢丝判定为不合格。

(2) 乙级冷拔低碳钢丝所检项目合格或复检合格时，则该批冷拔低碳钢丝判定为合格；如复检中仍有某检验项目不合格，则该批冷拔低碳钢丝判定为不合格。

六、碳素结构钢[1]

(一) 适用范围

本部分适用于一般以交货状态使用，通常用于焊接、铆接、栓接工程结构用热轧钢板、钢带、型钢和钢棒；本部分规定的化学成分也适用于钢锭、连坯、钢坯及其制品。

---

[1] 内容引自 GB/T 700—2006《碳素结构钢》。

(二)牌号表示方法和符号

1. 牌号表示方法

钢的牌号由代表屈服强度的字母、屈服强度数值、质量等级符号、脱氧方法符号等4个部分按顺序组成。例如：Q235AF。

2. 符号

Q——钢材屈服强度"屈"字汉语拼音首位字母；

A、B、C、D——分别为质量等级；

F——沸腾钢"沸"字汉语拼音首位字母；

Z——镇静钢"镇"字汉语拼音首位字母；

TZ——特殊镇静钢"特镇"两字汉语拼音首位字母。

在牌号组成表示方法中，"Z"与"TZ"符号可以省略。

(三)尺寸、外形、重量及允许偏差

钢板、钢带、型钢和钢棒的尺寸、外形、重量及允许偏差应分别符合相应标准的规定。

(四)技术要求

1. 牌号和化学成分

(1) 钢的牌号和化学成分(熔炼分析)应符合表6-29的规定。

牌号和化学成分　　　　　　　表6-29

牌号	统一数字代号[①]	等级	厚度(或直径)(mm)	脱氧方法	化学成分(质量分数)(%)不大于				
					C	Si	Mn	P	S
Q195	U11952	—	—	F、Z	0.12	0.30	0.50	0.035	0.040
Q215	U12152	A	—	F、Z	0.15	0.35	1.20	0.045	0.050
	U12155	B							0.045
Q235	U12352	A	—	F、Z	0.22	0.35	1.40	0.045	0.050
	U12355	B			0.20[②]				0.045
	U12358	C		Z	0.17			0.040	0.040
	U12359	D		TZ				0.035	0.035
Q275	U12752	A	—	F、Z	0.24	0.35	1.50	0.045	0.050
	U12755	B	≤40	Z	0.21			0.045	0.045
			>40		0.22				
	U12758	C		Z	0.20			0.040	0.040
	U12759	D		TZ				0.035	0.035

① 表中为镇静钢、特殊镇静钢牌号的统一数字，沸腾钢牌号的统一数字代号如下：
Q195F——U11950；
Q215AF——U12150，Q215BF——U12153；
Q235AF——U12350，Q235BF——U12353；
Q275AF——U12750。

② 经需方同意，Q235B的碳含量可不大于0.22%。

1) D级钢应有足够细化晶粒的元素，并在质量证明书中注明细化晶粒元素的含量。当采用铝脱氧时，钢中酸溶铝含量应不小于0.015%，或总铝含量应不小于0.020%。

2) 钢中残余元素铬、镍、铜含量应各不大于0.30，氮含量应不大于0.008%。如供方能保证,均可不做分析。

① 氮含量允许超过上述2)的规定值,但氮含量每增加0.001%,磷的最大含量应减少0.005%,熔炼分析氮的最大含量应不大于0.012%;如果钢中的酸溶铝含量不小于0.015%或总铝含量不小于0.020%,氮含量的上限值可以不受限制。固定氮的元素应在质量证明书中注明。

② 经需方同意,A级钢的铜含量可不大于0.35%。此时,供方应做铜含量的分析,并在质量证明书中注明其含量。

3) 钢中砷的含量应不大于0.080%。用含砷矿冶炼生铁所冶炼的钢,砷含量由供需双方协议规定。如原料中不含砷,可不做砷的分析。

4) 在保证钢材力学性能符合本标准规定的情况下,各牌号A级钢的碳、锰、硅含量可以不作为交货条件,但其含量应在质量证明书中注明。

5) 在供应商品连铸坯、钢锭和钢坯时,为了保证轧制钢材各项性能达到本标准要求,可以根据需方要求规定各牌号的碳、锰含量下限。

(2) 成品钢材、连铸坯、钢坯的化学成分允许偏差应符合GB/T 222—2006中表1的规定。氮含量允许超过规定值,但必须符合上述2)①的要求,成品分析氮含量的最大值应不大于0.014%;如果钢中的铝含量达到上述2)①的规定含量,并在质量证明书中注明,氮含量上限值可不受限制。

沸腾钢成品钢材和钢坯的化学成分偏差不作保证。

2. 冶炼方法

钢由氧气转炉或电炉冶炼。除非需方有特殊要求并在合同中注明,冶炼方法一般由供方自行选择。

3. 交货状态

钢材一般以热轧、控轧或正火状态交货。

4. 力学性能

(1) 钢材的拉伸和冲击试验结果应符合表6-30的规定。弯曲试验结果应符合表6-31的规定。

拉伸和冲击试验结果　　　　　表6-30

牌号	等级	屈服强度^a R_{eH}(N/mm²),不小于						抗拉强度^b R_m (N/mm²)	断后伸长率 A(%)不小于					冲击试验(V型缺口)	
		厚度(或直径)(mm)							厚度(或直径)(mm)					温度(℃)	冲击吸收功(纵向)(J)不小于
		≤16	>16~40	>40~60	>60~100	>100~150	>150~200		≤40	>40~60	>60~100	>100~150	>150~200		
Q195	—	195	185	—	—	—	—	315~430	33	—	—	—	—	—	—
Q215	A	215	205	195	185	175	165	335~450	31	30	29	27	26	—	—
	B													+20	27
Q235	A	235	225	215	215	195	185	370~500	26	25	24	22	21	—	—
	B													+20	27°
	C													0	
	D													−20	

续表

牌号	等级	屈服强度ª R_{eH}(N/mm²)，不小于						抗拉强度ᵇ R_m (N/mm²)	断后伸长率 A(%)不小于					冲击试验（V型缺口）	
		厚度（或直径）(mm)							厚度（或直径）(mm)					温度(℃)	冲击吸收功（纵向）(J) 不小于
		≤16	>16~40	>40~60	>60~100	>100~150	>150~200		≤40	>40~60	>60~100	>100~150	>150~200		
Q275	A	275	265	255	245	225	215	410~540	22	21	20	18	17	—	—
	B													+20	27
	C													0	
	D													-20	

a Q195 的屈服强度值仅供参考，不作交货条件。
b 厚度大于 100mm 的钢材，抗拉强度下限允许降低 20N/mm²。宽带钢（包括剪切钢板）抗拉强度上限不作交货条件。
c 厚度小于 25mm 的 Q235B 级钢材，如供方能保证冲击吸收功值合格，经需方同意，可不作检验。

弯 曲 试 验 结 果　　　　　　　　　　表 6-31

牌 号	试样方向	冷弯试验 180° B=2a①	
		钢材厚度（或直径）②(mm)	
		≤60	>60~100
		弯心直径 d	
Q195	纵	0	—
	横	0.5a	
Q215	纵	0.5a	1.5a
	横	a	2a
Q235	纵	a	2a
	横	1.5a	2.5a
Q275	纵	1.5a	2.5a
	横	2a	3a

① B 为试样宽度，a 为试样厚度（或直径）。
② 钢材厚度（或直径）大于 100mm 时，弯曲试验由双方协商确定。

（2）用 Q195 和 Q235B 级沸腾钢轧制的钢材，其厚度（或直径）不大于 25mm。

（3）做拉伸和冷弯试验时，型钢和钢棒取纵向试样；钢板、钢带取横向试样，断后伸长率允许比表 6-30 降低 2%（绝对值）。窄钢带取横向试样如果受宽度限制时，可以取纵向试样。

（4）如供方能保证冷弯试验符合表 6-31 的规定，可不作检验。A 级钢冷弯试验合格时，抗拉强度上限可以不作为交货条件。

（5）厚度不小于 12mm 或直径不小于 16mm 的钢材应做冲击试验，试样尺寸为 10mm×10mm×55mm。经供需双方协议，厚度为 6~12mm 或直径为 12~16mm 的钢材可以做冲击试验，试样尺寸为 10mm×7.5mm×55mm 或 10mm×5mm×55mm 或 10mm×产品厚度×55mm。在 GB/T 700—2006 规范附录 A 中给出规定的冲击吸收功值，如：当采用 10mm×5mm×55mm 试样时，其试验结果应不小于规定值的 50%。

（6）夏比（V型缺口）冲击吸收功值按一组3个试样单值的算术平均值计算，允许其中1个试样的单个值低于规定值，但不得低于规定值的70%。

如果没有满足上述条件，可从同一轴样产品上再取3个试样进行试验，先后6个试样的平均值不得低于规定值，允许有2个试样低于规定值，但其中低于规定值70%的试样只允许1个。

5. 表面质量

钢材的表面质量应分别符合钢板、钢带、型钢和钢棒等有关产品标准的规定。

（五）试验方法

1. 每批钢材的检验项目、取样数量、取样方法和试验方法应符合表6-32的规定。

钢材的检验项目和方法　　　　　　　　　　　　　　　表6-32

序号	检验项目	取样数量/个	取样方法	试验方法
1	化学分析	1（每炉）	GB/T 20066	GB/T 223系列标准、GB/T 4336
2	拉伸	1	GB/T 2975	GB/T 228
3	冷弯			GB/T 232
4	冲击	3		GB/T 229

2. 拉伸和冷弯试验，钢板、钢带试样的纵向轴线应垂直于轧制方向；型钢、钢棒和受宽度限制的窄钢带试样的纵向轴线应平行于轧制方向。

3. 冲击试样的纵向轴线应平行轧制方向。冲击试样可以保留一个轧制面。

4. 组批规则

钢材应成批验收，每批由同一牌号、同一炉号、同一质量等级、同一品种、同一尺寸、同一交货状态的钢材组成。每批重量应不大于60t。

公称容量比较小的炼钢炉冶炼的钢轧成的钢材，同一冶炼、浇注和脱氧方法、不同炉号、同一牌号的A级钢和B级钢，允许组成混合批，但每批各炉号含碳量之差不得大于0.02%，含锰量之差不得大于0.15%。

第三节　钢材主要力学、机械性能试验

一、钢及钢产品力学性能试验取样位置及试样制备 ❶

标准（GB/T 2975—1998）规定了GB/T 15574中定义的型钢、条钢、钢板和钢管的力学性能试验、取样位置和试样制备要求。经供需双方协商，标准也可用于其他金属产品的取样。如产品标准或供需双方协议对取样另有规定，应按其规定执行。

（一）定义及符号

1. 定义

（1）试验单元：根据产品标准或合同的要求，以在抽样产品上所进行的试验为依据，一次接收或拒收产品的件数或吨数，称为试验单元（见图6-7）。

---

❶ 主要内容引自GB/T 2975—1998《钢及钢产品力学性能试验取样位置及试样制备》。

(2) 抽样产品：检验、试验时，在试验单元中抽取的部分（例如：一块板），称为抽样产品（见图 6-7）。

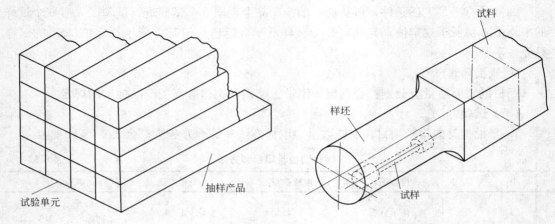

图 6-7　试样（规定的定义示例）

(3) 试料：为了制备一个或几个试样，从抽样产品中切取足够量的材料，称为试料（见图 6-7）。

注：在某些情况下，试料就是抽样产品。

(4) 样坯：为了制备试样，经过机械处理或所需热处理后的试料，称为样坯（见图 6-7）。

(5) 试样：经机加工或未经机加工后，具有合格尺寸且满足试验要求的状态的样坯，称为试样（见图 6-7）。

注：在某些状态下，试样可以是试料，也可以是样坯。

(6) 标准状态：试料、样坯或试样经热处理后以代表最终产品的状态。

2. 符号

W——产品的宽度；

t——产品的厚度（对型钢为腿部厚度，对钢管为管壁厚度）；

d——产品的直径（对多边形条钢为内切圆直径）；

L——纵向试样（试样纵向轴线与主加工方向平行）；

T——横向试样（试样纵向轴线与主加工方向垂直）。

(二) 一般要求

(1) 在产品不同位置取样时，力学性能会有差异。必须按照标准（GB/T 2975—1998）附录 A 规定的位置取样才具有代表性，〔见本节一、（五）〕。

(2) 应在外观及尺寸合格的钢产品上取样。试料应有足够的尺寸以保证机加工出足够的试样进行规定的试验及复验。

(3) 取样时，应对抽样产品、试料、样坯和试样做出标记，以保证始终能识别取样的位置及方向。

(4) 取样时，应防止过热、加工硬化而影响力学性能。用烧割法和冷剪法取样所留加工余量可参考标准（GB/T 2975—1998）附录 B。即：

样坯加工余量的选择(附录 B)

1) 用烧割法切取样坯时,从样坯切割线至试样边缘必须留有足够的加工余量。一般应不小于钢产品的厚度或直径,但最小不得少于 20mm。对于厚度或直径大于 60mm 的钢产品,其加工余量可根据供需双方协议适当减少。

2) 冷剪样坯所留的加工余量按表 6-33 选取:

冷剪样坯加工余量　　　　表 6-33

直径或厚度(mm)	加工余量(mm)	直径或厚度(mm)	加工余量(mm)
≤4	4	>20～35	15
>4～10	厚度或直径	>35	20
>10～20	10		

(5) 取样的方向应由产品标准或供需双方协议规定。

(三) 试料的状态

(1) 按照产品标准规定,取样的状态分为交货状态和标准状态。

(2) 在交货状态下取样时,可从以下两种条件中选择:

1) 产品成型和热处理完成之后取样;

2) 如在热处理之前取样,试料应在与交货产品相同的条件下进行热处理。当需要矫直试料时,应在冷状态下进行,除非产品标准另有规定。

(3) 在标准状态下取样时,应按产品标准或订货单规定的生产阶段取样。如必须对试料矫直,可在热处理之前进行热加工或冷加工,热加工的温度应低于最终热处理温度。

1) 热处理之前的机加工:当热处理要求试料尺寸较小时,产品标准应规定样坯的尺寸及加工方法。

2) 样坯的热处理应按产品标准或订货单要求进行。

(四) 试样的制备

(1) 制备试样时应避免由于机加工使钢表面产生硬化及过热而改变其力学性能。机加工最终工序应使试样的表面质量、形状和尺寸满足相应试验方法标准的要求。

(2) 当要求标准状态热处理时,应保证试样的热处理制度与样坯相同。

(五) 钢产品力学性能试验取样的位置(附录 A)

附录 A

1. 一般要求

(1) 本附录给出了型钢、条钢、钢板及钢管的拉伸、冲击和弯曲试验取样位置。

(2) 应在钢产品表面切取弯曲样坯,弯曲试样应至少保留一个表面,当机加工和试验机能力允许时,应制备全截面或全厚度弯曲试样。

(3) 当要求取一个以上试样时,可在规定位置相邻处取样。

2. 型钢

(1) 按图 6-8 在型钢腿部切取拉伸、弯曲和冲击样坯。如型钢尺寸不能满足要求，可将取样位置向中部位移。

注：1. 对于腿部有斜度的型钢，可在腰部 1/4 处取样（见图 6-8b 和 d），经协商也可从腿部取样进行机加工。

2. 对于腿部长度不相等的角钢，可从任一腿部取样。

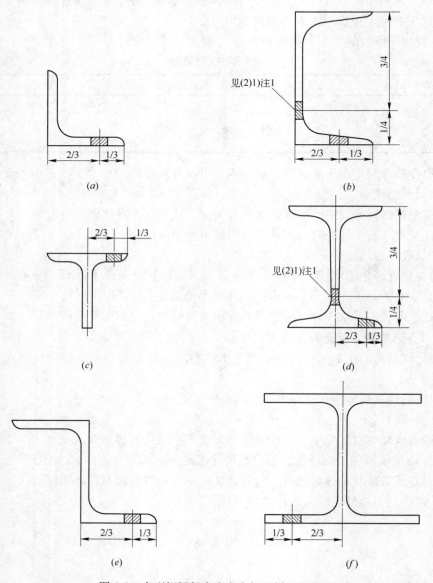

图 6-8　在型钢腿部宽度方向切取样坯的位置

(2) 对于腿部厚度不大于 50mm 的型钢，当机加工和试验机能力允许时，应按图 6-9(a) 切取拉伸样坯；当切取圆形横截面拉伸样坯时，按图 6-9(b) 规定。对于腿部厚度大于 50mm 的型钢，当切取圆形横截面样坯时，按图 6-9(c) 规定。

(3) 按图 6-10 在型钢腿部厚度方向切取冲击样坯。

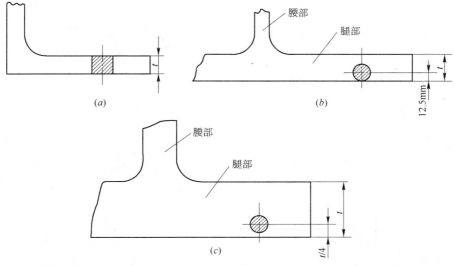

图 6-9 在型钢腿部厚度方向切取拉伸样坯的位置
(a)$t \leqslant 50mm$；(b)$t \leqslant 50mm$；(c)$t > 50mm$

3. 条钢

(1) 按图 6-11 在圆钢上选取拉伸样坯位置，当机加工和试验机能力允许时，按图 6-11(a)取样。

(2) 按图 6-12 在圆钢上选取冲击样坯位置。

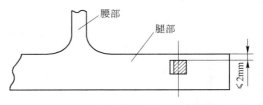

图 6-10 在型钢腿部厚度方向切取冲击样坯的位置

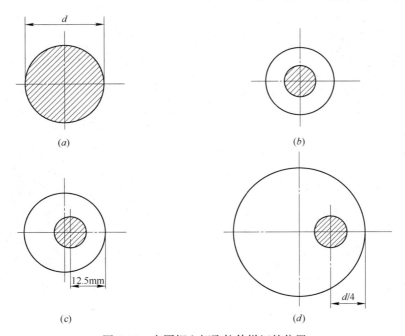

图 6-11 在圆钢上切取拉伸样坯的位置
(a)全横截面试样；(b)$d \leqslant 25mm$；(c)$d > 25mm$；(d)$d > 50mm$

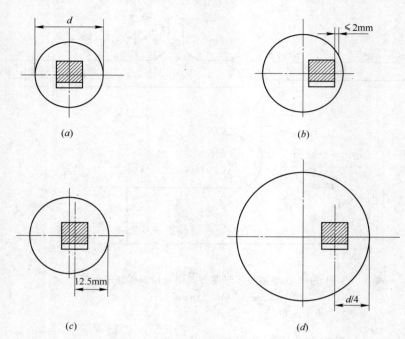

图 6-12 在圆钢上切取冲击样坯的位置
(a)$d \leqslant 25$mm；(b)25mm$<d \leqslant 50$mm；(c)$d>25$mm；(d)$d>50$mm

（3）按图 6-13 在六角钢上选取拉伸样坯位置，当机加工和试验机能力允许时，按图 6-13(a)取样。

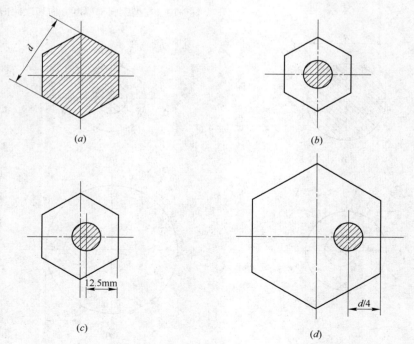

图 6-13 在六角钢上切取拉伸样坯的位置
(a)全横截面试样；(b)$d \leqslant 25$mm；(c)$d>25$mm；(d)$d>50$mm

(4) 按图 6-14 在六角钢上选取冲击样坯位置。

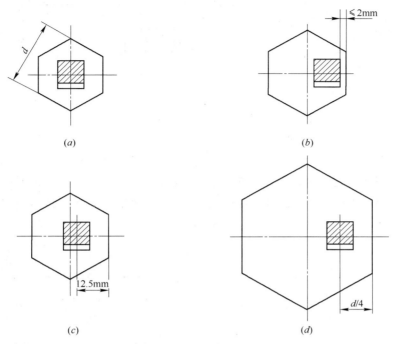

图 6-14　在六角钢上切取冲击样坯的位置
(a)$d \leqslant 25mm$；(b)$25mm < d \leqslant 50mm$；(c)$d > 25mm$；(d)$d > 50mm$

(5) 按图 6-15 在矩形截面条钢上切取拉伸样坯，当机加工和试验机能力允许时，按图 6-15(a)取样。

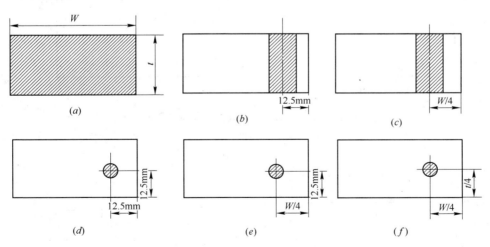

图 6-15　在矩形截面条钢上切取拉伸样坯的位置
(a)全横截面试样；(b)$W \leqslant 50mm$；(c)$W > 50mm$；(d)$W \leqslant 50mm$ 和 $t \leqslant 50mm$；
(e)$W > 50mm$ 和 $t \leqslant 50mm$；(f)$W > 50mm$ 和 $t > 50mm$

(6) 按图 6-16 在矩形截面条钢上切取冲击样坯。

4. 钢板

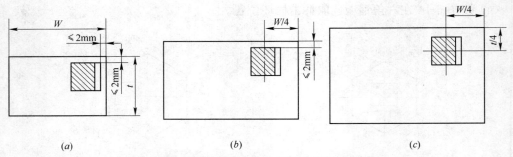

图 6-16 在矩形截面条钢上切取冲击样坯的位置

(a)12mm≤W≤50mm 和 t≤50mm；(b)W>50mm 和 t≤50mm；(c)W>50mm 和 t>50mm

(1)应在钢板宽度 1/4 处切取拉伸、弯曲或冲击样坯，如图 6-17 和图 6-18 所示。

(2)对于纵轧钢板，当产品标准没有规定取样方向时，应在钢板宽度 1/4 处切取横向样坯，如钢板宽度不足，样坯中心可以内移。

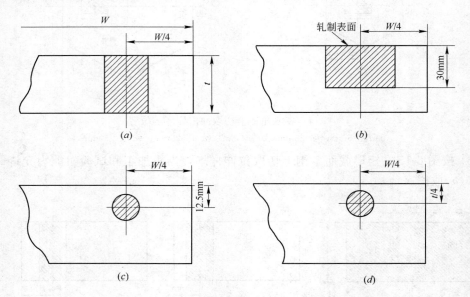

图 6-17 在钢板上切取拉伸样坯的位置

(a)全厚度试样；(b)t>30mm；(c)25mm<t<50mm；(d)t≥50mm

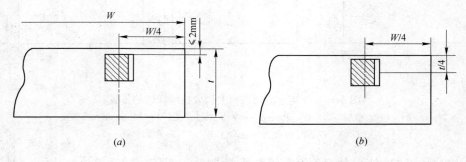

图 6-18 在钢板上切取冲击样坯的位置

(a)对于全部 t 值；(b)t>40mm

(3) 应按图 6-17 在钢板厚度方向切取拉伸样坯。当机加工和试验机能力允许时,应按图 6-17(a)取样。

(4) 在钢板厚度方向切取冲击样坯时,根据产品标准或供需双方协议选择图 6-18 规定的取样位置。

5. 钢管

(1) 应按图 6-19 切取拉伸样坯,当机加工和试验机能力允许时,应按图 6-19(a)取样。对于图 6-19(c),如钢管尺寸不能满足要求,可将取样位置向中部位移。

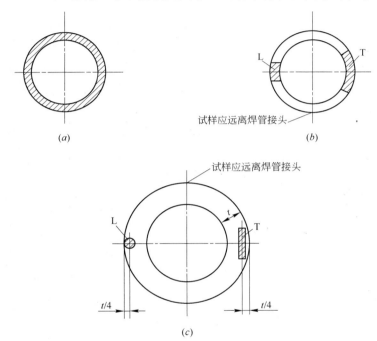

图 6-19 在钢管上切取拉伸及弯曲样坯的位置
(a)全横截面试样;(b)矩形横截面试样;(c)圆形横截面试样

(2) 对于焊管,当取横向试样检验焊接性能时,焊缝应在试样中部。

(3) 应按图 6-20 切取冲击样坯。

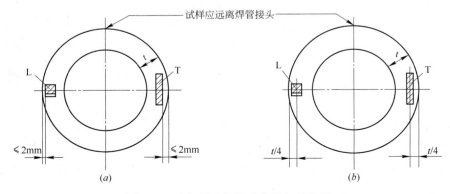

图 6-20 在钢管上切取冲击样坯的位置
(a)冲击试样;(b)t>40mm 冲击试样

如果产品标准没有规定取样位置,应由生产厂提供。

如果钢管尺寸允许,应切取 10～5mm 最大厚度的横向试样。切取横向试样的钢管最小外径 D_{min}(mm)按式(6-8)计算:

$$D_{min}=(t-5)+\frac{756.25}{t-5} \tag{6-8}$$

如果钢管不能取横向冲击试样,则应切取 10～5mm 最大厚度的纵向试样。

(4) 用全截面圆形钢管可作为如下试验的试样:

1) 压扁试验;
2) 扩口试验;
3) 卷边试验;
4) 环扩试验;
5) 管环拉伸试验;
6) 弯曲试验。

(5) 应按图 6-21 在方形钢管上切取拉伸或弯曲样坯。当机加工和试验机能力允许时,按图 6-21(a)取样。

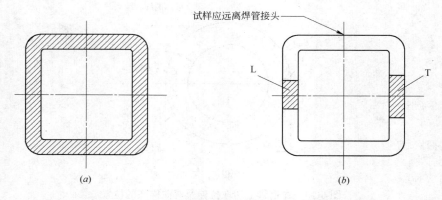

图 6-21 在方形钢管上切取拉伸及弯曲样坯的位置
(a)全横截面试样;(b)矩形横截面试样

(6) 应按图 6-22 在方形钢管上切取冲击样坯。

二、钢材拉伸(力)试验❶

钢材拉伸性能是钢材的重要性能,在常温下用拉伸试验方法测得的屈服点、抗拉强度和伸长率是评定钢材力学性能的主要技术指标和重要依据。

(一) 定义

1. 标距

测量伸长用的试样圆柱或棱柱部分的长度。

(1) 原始标距(L_0):施力前的试样标距。

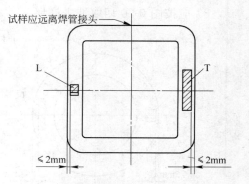

图 6-22 在方形钢管上切取冲击样坯的位置

---

❶ 主要内容引自 GB/T 228—2002《金属材料 室温拉伸试验方法》。

(2) 断后标距(L_u)：试样断裂后的标距。

2. 平行长度(L_c)

试样两头部或两夹持部分（不带头试样）之间平行部分的长度。

3. 伸长

试验期间任一时刻原始标距(L_0)的增量。

4. 伸长率

原始标距的伸长与原始标距(L_0)之比的百分率。

(1) 断后伸长率(A)：断后标距的残余伸长($L_u - L_0$)与原始标距(L_0)之比的百分率（见图 6-23）。对于比例试样，若原始标距不为 $5.65\sqrt{S_0}$（S_0 为平行长度的原始横截面积），符号 A 应附以下脚注说明所使用的比例系数，例如，$A_{11.3}$ 表示原始标距(L_0)为 $11.3\sqrt{S_0}$ 的断后伸长率。对于非比例试样，符号 A 应附以下脚注说明所使用的原始标距，以毫米(mm)表示，例如，A_{80mm} 表示原始标距(L_0)为 80mm 的断后伸长率。

(2) 断裂总伸长率(A_t)：断裂时刻原始标距的总伸长（弹性伸长加塑性伸长）与原始标距(L_0)之比的百分率（见图 6-23）。

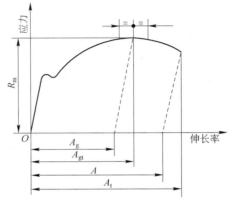

图 6-23　伸长的定义

(3) 最大力伸长率：最大力时原始标距的伸长与原始标距(L_0)之比的百分率。应区分最大力总伸长率(A_{gt})和最大力非比例伸长率(A_g)（见图 6-23）。

5. 引伸计标距(L_e)

用引伸计测量试样延伸时所使用试样平行长度部分的长度。测定屈服强度和规定强度性能时推荐 $L_e \geqslant L_0/2$。测定屈服点延伸率和最大力时或在最大力之后的性能，推荐 L_e 等于 L_0 或近似等于 L_0。

6. 延伸

试验期间任一给定时刻引伸计标距(L_e)的增量。

(1) 残余延伸率：试样施加并卸除应力后引伸计标距的延伸与引伸计标距(L_e)之比的百分率。

(2) 非比例延伸率：试验中任一给定时刻引伸计标距的非比例延伸与引伸计标距(L_e)之比的百分率。

(3) 总延伸率：试验中任一时刻引伸计标距的总延伸（弹性延伸加塑性延伸）与引伸计标距(L_e)之比的百分率。

(4) 屈服点延伸率(A_e)：呈现明显屈服（不连续屈服）现象的金属材料，屈服开始至均匀加工硬化开始之间引伸计标距的延伸与引伸计标距(L_e)之比的百分率。

7. 断面收缩率(Z)

断裂后试样横截面积的最大缩减量($S_0 - S_u$)与原始横截面积(S_0)之比的百分率。

8. 最大力(F_m)

试样在屈服阶段之后所能抵抗的最大力。对于无明显屈服（连续屈服）的金属材料，为试验期间的最大力。

9. 应力

试验期间任一时刻的力除以试样原始横截面积(S_0)之商。

(1) 抗拉强度(R_m)：相应最大力(F_m)的应力。

(2) 屈服强度：当金属材料呈现屈服现象时，在试验期间达到塑性变形发生而力不增加的应力点，应区分上屈服强度和下屈服强度。

1) 上屈服强度(R_{eH})：试样发生屈服而力首次下降前的最高应力（见图 6-24）；

2) 下屈服强度(R_{eL})：在屈服期间，不计初始瞬时效应时的最低应力（见图 6-24）。

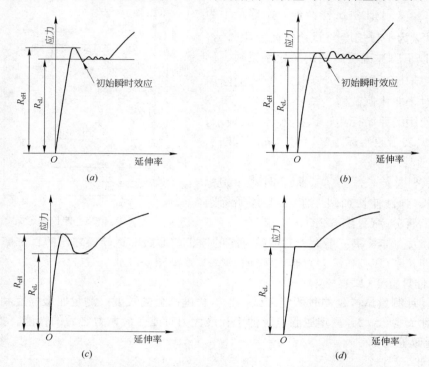

图 6-24 不同类型曲线的上屈服强度和下屈服强度(R_{eH} 和 R_{eL})

(3) 规定非比例延伸强度(R_p)：非比例延伸率等于规定的引伸计标距百分率时的应力（见图6-25）。使用的符号应附以下脚注说明所规定的百分率，例如 $R_{p0.2}$，表示规定非比例延伸率为 0.2% 时的应力。

(4) 规定总延伸强度(R_t)：总延伸率等于规定的引伸计标距百分率时的应力（见图 6-26），使用的符号应附以下脚注说明所规定的百分率，例如 $R_{t0.5}$，表示规定总延伸率为 0.5% 时的应力。

(5) 规定残余延伸强度(R_r)：卸除应力后残余延伸率等于规定的引伸计标距(L_e)百分率时对应的应力（见图 6-27）。使用的符号应附以下脚注说明所规定的百分率。例如 $R_{r0.2}$，表示规定残余延伸率为

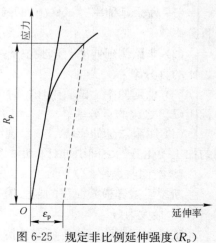

图 6-25 规定非比例延伸强度(R_p)

0.2%时的应力。

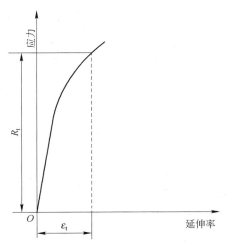

图 6-26　规定总延伸强度(R_t)

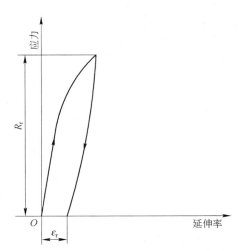

图 6-27　规定残余延伸强度(R_r)

(二) 符号和说明

该标准使用的符号和相应的说明见表 6-34。

符 号 和 说 明　　　　　　　　表 6-34

符　号	单　位	说　　明
试　样		
a	mm	矩形横截面试样厚度或管壁厚度
a_u	mm	矩形横截面试样断裂后缩颈处最小厚度
b	mm	矩形横截面试样平行长度的宽度或管的纵向剖条宽度或扁丝宽度
b_u	mm	矩形横截面试样断裂后缩颈处最大宽度
d	mm	圆形横截面试样平行长度的直径或圆丝直径
d_u	mm	圆形横截面试样断裂后缩颈处最小直径
D	mm	管外径
L_0	mm	原始标距
L_0'	mm	测定 A_g 的原始标距(见附录 G)
L_c	mm	平行长度
L_e	mm	引伸计标距
L_t	mm	试样总长度
r	mm	过渡弧半径
L_u	mm	断后标距
L_u'	mm	测定 A_g 的断后标距(见附录 G)
m	g	质量
ρ	g/cm³	密度
S_0	mm²	原始横截面积

续表

符号	单位	说明
S_u	mm²	断后最小横截面积
π	—	圆周率(至少取4位有效数字)
k	—	比例系数
Z	%	断面收缩率:$\frac{S_0-S_u}{S_0}\times 100$
伸 长		
ΔL_m	mm	最大力(F_m)总延伸
—	mm	断后伸长(L_u-L_0)
A	%	断后伸长率:$\frac{L_u-L_0}{L_0}\times 100$
A_t	%	断裂总伸长率
A_e	%	屈服点延伸率
A_g	%	最大力(F_m)非比例伸长率
A_{gt}	%	最大力(F_m)总伸长率
ε_p	%	规定非比例延伸率
ε_t	%	规定总延伸率
ε_r	%	规定残余延伸率
力		
F_m	N	最大力
屈服强度-规定强度-抗拉强度		
R_{eH}	N/mm²	上屈服强度
R_{eL}	N/mm²	下屈服强度
R_p	N/mm²	规定非比例延伸强度
R_t	N/mm²	规定总延伸强度
R_r	N/mm²	规定残余延伸强度
R_m	N/mm²	抗拉强度
E	N/mm²	弹性模量

注:1N/mm²=1MPa。

(三)试样

1. 形状与尺寸

(1) 一般要求

试样的形状与尺寸取决于要被试验的金属产品的形状与尺寸。通常从产品、压制坯或铸锭切取样坯经机加工制成试样。但具有恒定横截面的产品(型材、棒材、线材等)和铸造试样(铸铁和铸造非铁合金)可以不经机加工而进行试验。

试样横截面可以为圆形、矩形、多边形、环形,特殊情况下可以为某些其他形状。

试样原始标距与原始横截面积有$L_0=k\sqrt{S_0}$关系者称为比例试样。国际上使用的比例

系数 k 的值为 5.65。原始标距应不小于 15mm❶。当试样横截面积太小，以致采用比例系数 k 为 5.65 的值不能符合这一最小标距要求时，可以采用较高的值（优先采用 11.3 的值）或采用非比例试样。非比例试样其原始标距（L_0）与其原始横截面积（S_0）无关。

试样的尺寸公差应符合本节二、（三）2 要求。

（2）机加工的试样

如试样的夹持端与平行长度的尺寸不相同，它们之间应以过渡弧连接（见图 6-32、图 6-33 和图 6-35）。此弧的过渡半径的尺寸可能很重要，如本节二、（三）2 中对过渡半径未作规定时，建议应在相关产品标准中规定。

试样夹持端的形状应适合试验机的夹头。试样轴线应与力的作用线重合。

试样平行长度（L_c）或试样不具有过渡弧时夹头间的自由长度应大于原始标距（L_0）。

（3）不经机加工的试样

如试样为未经机加工的产品或试棒的一段长度（见图 6-34 和图 6-36），两夹头间的长度应足够，以使原始标距的标记与夹头有合理的距离（见标准的附录 A～D）。

铸造试样应在其夹持端和平行长度之间以过渡弧连接。此弧的过渡半径的尺寸可能很重要，建议在相关产品标准中规定。试样夹持端的形状应适合于试验机的夹头。平行长度（L_c）应大于原始标距（L_0）。

2. 试样的类型

标准 GB/T 228 的附录中按产品的形状规定了试样的主要类型，见表 6-35 相关产品标准也可规定其他试样类型。

试样的主要类型　　　　　　　　　　　　表 6-35

产品类型		相应的附录
薄板-板材	线材-棒材-型材	
0.1mm≤厚度<3mm	—	A
厚度≥3mm	直径或边长≥4mm	B
—	直径或边长<4mm	C
管材		D

3. 试样的制备

应按照相关产品标准或 GB/T 2975 的要求切取样坯和制备试样。

（四）原始横截面积（S_0）的测定

试样原始横截面积测定的方法和准确度应符合附录 A～D（标准的附录）规定的要求。测量时建议按照表 6-36 选用量具或测量装置。应根据测量的试样原始尺寸计算原始横截面积，并至少保留 4 位有效数字。

---

❶ 国际标准规定为"不小于 20mm"。改成为"不小于 15mm"以便扩宽到使用机加工的 3mm 直径比例试样。

量具或测量装置的分辨力[1]　　　　　　　　　　　　表 6-36

试样横截面尺寸(mm)	分辨力　不大于(mm)
0.1~0.5	0.001
>0.5~2.0	0.005
>2.0~10.0	0.01
>10.0	0.05

（五）原始标距（L_0）的标记

应用小标记、细画线或细墨线标记原始标距，但不得用引起过早断裂的缺口作标记。

对于比例试样，应将原始标距的计算值修约至最接近 5mm 的倍数，中间数值向较大一方修约。原始标距的标记应准确到±1%。

如平行长度（L_c）比原始标距长许多，例如不经机加工的试样，可以标记一系列套叠的原始标距。有时，可以在试样表面划一条平行于试样纵轴的线，并在此线上标记原始标距。

（六）试验设备的准确度

试验机应按照 GB/T 16825 进行检验，并应为 1 级或优于 1 级准确度。

引伸计的准确度级别应符合 GB/T 12160 的要求。测定上屈服强度、下屈服强度、屈服点延伸率、规定非比例延伸强度、规定总延伸强度、规定残余延伸强度，以及规定残余延伸强度的验证试验，应使用不劣于 1 级准确度的引伸计；测定其他具有较大延伸率的性能，例如抗拉强度、最大力总延伸率和最大力非比例延伸率、断裂总伸长率，以及断后伸长率，应使用不劣于 2 级准确度的引伸计。

（七）试验要求

1. 试验速率

除非产品标准另有规定，试验速率取决于材料特性并应符合下列要求。

（1）测定屈服强度和规定强度的试验速率

1）上屈服强度（R_{eH}）：

在弹性范围和直至上屈服强度，试验机夹头的分离速率应尽可能保持恒定并在表6-37规定的应力速率的范围内。

应　力　速　率　　　　　　　　　　　表 6-37

材料弹性模量 E(N/mm^2)	应力速率 [(N/mm^2)·s^{-1}]	
	最　小	最　大
<150000	2	20
≥150000	6	60

2）下屈服强度（R_{eL}）：

若仅测定下屈服强度，在试样平行长度的屈服期间应变速率应在 0.00025/s～0.0025/s 之间。平行长度内的应变速率应尽可能保持恒定。如不能直接调节这一应变速率，应通过调节屈服即将开始前的应力速率来调整，在屈服完成之前不再调节试验机的控制。

---

[1] 国际标准未规定此表的要求。增加此要求以保证试样原始横截面积的测定准确度符合规定的要求。

任何情况下，弹性范围内的应力速率不得超过表 6-37 规定的最大速率。

3) 上屈服强度和下屈服强度（R_{eH} 和 R_{eL}）：

如在同一试验中测定上屈服强度和下屈服强度，测定下屈服强度的条件应符合（七）1. (1)2) 的要求。

4) 规定非比例延伸强度（R_p）、规定总延伸强度（R_t）和规定残余延伸强度（R_r）：

应力速率应在表 6-37 规定的范围内。

在塑性范围和直至规定强度（规定非比例延伸强度、规定总延伸强度和规定残余延伸强度）应变速率不应超过 0.0025/s。

5) 夹头分离速率：

如试验机无能力测量或控制应变速率，直至屈服完成，应采用等效于表 6-37 规定的应力速率的试验机夹头分离速率。

(2) 测定抗拉强度（R_m）的试验速率

1) 塑性范围

平行长度的应变速率不应超过 0.008/s。

2) 弹性范围

如试验不包括屈服强度或规定强度的测定，试验机的速率可以达到塑性范围内允许的最大速率。

2. 夹持方法

应使用例如楔形夹头、螺纹夹头、套环夹头等合适的夹具夹持试样。

应尽最大努力确保夹持的试样受轴向拉力的作用。当试验脆性材料或测定规定非比例延伸强度、规定总延伸强度、规定残余延伸强度或屈服强度时尤为重要。

（八）断后伸长率（A）和断裂总伸长率（A_t）的测定

(1) 应按照（一）4(1) 的定义测定断后伸长率。

为了测定断后伸长率，应将试样断裂的部分仔细地配接在一起使其轴线处于同一直线上，并采取特别措施确保试样断裂部分适当接触后测量试样断后标距。这对小横截面试样和低伸长率试样尤为重要。

应使用分辨力优于 0.1mm 的量具或测量装置测定断后标距（L_u），准确到±0.25mm。如规定的最小断后伸长率小于 5%，建议采用特殊方法进行测定［见附录 E（提示的附录）］。

原则上只有断裂处与最接近的标距标记的距离不小于原始标距的三分之一情况方为有效。但断后伸长率大于或等于规定值，不管断裂位置处于何处测量均为有效。

(2) 能用引伸计测定断裂延伸的试验机，引伸计标距（L_e）应等于试样原始标距（L_0），无需标出试样原始标距的标记。以断裂时的总延伸作为伸长测量时，为了得到断后伸长率，应从总延伸中扣除弹性延伸部分。

原则上，断裂发生在引伸计标距以内方为有效，但断后伸长率等于或大于规定值，不管断裂位置处于何处测量均为有效。

注：如产品标准规定用一固定标距测定断后伸长率，引伸计标距应等于这一标距。

(3) 试验前通过协议，可以在一固定标距上测定断后伸长率，然后使用换算公式或换算表将其换算成比例标距的断后伸长率（例如可以使用 GB/T 17600.1 和 GB/T 17600.2

的换算方法)。

注:仅当标距或引伸计标距、横截面的形状和面积均为相同时,或当比例系数(k)相同时,断后伸长率才具有可比性。

(4) 为了避免因发生在(八)(1)规定的范围以外的断裂而造成试样报废,可以采用附录F(提示的附录)的移位方法测定断后伸长率。

(5) 按照(八)(2)测定的断裂总延伸除以试样原始标距得到断裂总伸长率(见图6-23)。

(九) 最大力总伸长率(A_{gt})和最大力非比例伸长率(A_g)的测定

在用引伸计得到的力-延伸曲线图上测定最大力时的总延伸(ΔL_m)。最大力总伸长率按照式(6-9)计算:

$$A_{gt} = \frac{\Delta L_m}{L_e} \times 100 \qquad (6-9)$$

从最大力时的总延伸 ΔL_m 中扣除弹性延伸部分即得到最大力时的非比例延伸,将其除以引伸计标距得到最大力非比例伸长率(A_g)(见图 6-23)。

有些材料在最大力时呈现一平台。当出现这种情况,取平台中点的最大力对应的总伸长率(见图 6-23)。

试验报告中应报告引伸计标距。

如试验是在计算机控制的具有数据采集系统的试验机上进行,直接在最大力点测定总伸长率和相应的非比例伸长率,可以不绘制力-延伸曲线图。

附录G(提示的附录)提供了人工测定的方法。

(十) 屈服点延伸率(A_e)的测定❶

按照本节二中定义(一)6(4)和根据力-延伸曲线图测定屈服点延伸率。试验时记录力-延伸曲线,直至达到均匀加工硬化阶段。在曲线图上,经过屈服阶段结束点划一条平行于曲线的弹性直线段的平行线,此平行线在曲线图的延伸轴上的截距即为屈服点延伸,屈服点延伸除以引伸计标距得到屈服点延伸率(见图 6-28)。

可以使用自动装置(例如微处理机等)或自动测试系统测定屈服点延伸率,可以不绘制力-延伸曲线图。

试验报告中应报告引伸计标距。

(十一) 上屈服强度(R_{eH})和下屈服强度(R_{eL})的测定❷

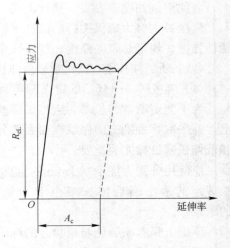

图 6-28 屈服点延伸率(A_e)

呈现明显屈服(不连续屈服)现象的金属材料,相关产品标准应规定测定上屈服强度或下屈服强度或两者。如未具体规定,应测定上屈服强度和下屈服强度,或下屈服强度[图 6-24(d)情况]。按照本节二中定义(一)9(2)1)和(一)9(2)2)及采用下列方法测定上屈服强度和下屈服强度。

---

❶ 国际标准未规定此条内容。为了按照本节二中定义(一)6(4)进行测定,补充此条规定。
❷ 国际标准未规定此条内容。为了按照本节二中定义(一)9(2)1)和(一)9(2)2)进行测定,补充此条规定。

（1）图解方法：试验时记录力-延伸曲线或力-位移曲线。从曲线图读取力首次下降前的最大力和不计初始瞬时效应时屈服阶段中的最小力或屈服平台的恒定力。将其分别除以试样原始横截面积（S_0）得到上屈服强度和下屈服强度（见图6-24）。仲裁试验采用图解方法。

（2）指针方法：试验时，读取测力度盘指针首次回转前指示的最大力和不计初始瞬时效应时屈服阶段中指示的最小力或首次停止转动指示的恒定力。将其分别除以试样原始横截面积（S_0）得到上屈服强度和下屈服强度。

（3）可以使用自动装置（例如微处理机等）或自动测试系统测定上屈服强度和下屈服强度，可以不绘制拉伸曲线图。

（十二）规定非比例延伸强度（R_p）的测定

（1）根据力-延伸曲线图测定规定非比例延伸强度。在曲线图上，划一条与曲线的弹性直线段部分平行，且在延伸轴上与此直线段的距离等效于规定非比例延伸率，例如0.2%的直线。此平行线与曲线的交截点给出相应于所求规定非比例延伸强度的力。此力除以试样原始横截面积（S_0）得到规定非比例延伸强度（见图6-25）。

准确绘制力-延伸曲线图十分重要。

如力-延伸曲线图的弹性直线部分不能明确地确定，以致不能以足够的准确度划出这一平行线，推荐采用如下方法（见图6-29）。

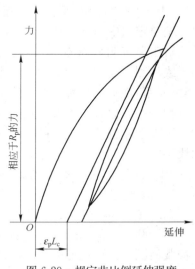

图6-29　规定非比例延伸强度
　　　　　（R_p）（见15.1）

试验时，当已超过预期的规定非比例延伸强度后，将力降至约为已达到的力的10%。然后再施加力直至超过原已达到的力。为了测定规定非比例延伸强度，过滞后环划一直线。然后经过横轴上与曲线原点的距离等效于所规定的非比例延伸率的点，作平行于此直线的平行线。平行线与曲线的交截点给出相应于规定非比例延伸强度的力。此力除以试样原始横截面积（S_0）得到规定非比例延伸强度（见图6-29）。

附录H（提示的附录）提供了逐步逼近方法，可以采用。

注：可以用各种方法修正曲线的原点。一般使用如下方法：在曲线图上穿过其斜率最接近于滞后环斜率的弹性上升部分，划一条平行于滞后环所确定的直线的平行线，此平行线与延伸轴的交截点即为曲线的修正原点。

（2）可以使用自动装置（例如微处理机等）或自动测试系统测定规定非比例延伸强度，可以不绘制力-延伸曲线图。

（3）日常一般试验允许采用绘制力-夹头位移曲线的方法测定规定非比例延伸率等于或大于0.2%的规定非比例延伸强度。仲裁试验不采用此方法。

（十三）规定总延伸强度（R_t）的测定

（1）在力-延伸曲线图上，划一条平行于力轴并与该轴的距离等效于规定总延伸率的平行线，此平行线与曲线的交截点给出相应于规定总延伸强度的力，此力除以试样原始横截面积（S_0）得到规定总延伸强度（见图6-26）。

（2）可以使用自动装置（例如微处理机等）或自动测试系统测定规定总延伸强度，可以不绘制力-延伸曲线图。

(十四) 规定残余延伸强度(R_r)的验证方法

试样施加相应于规定残余延伸强度的力,保持力10~12s,卸除力后验证残余延伸率未超过规定百分率(见图6-27)。

如相关产品标准要求测定规定残余延伸强度,可以采用附录 I (提示的附录)提供的方法进行测定。

(十五) 抗拉强度(R_m)的测定❶

按照定义(一)9(1)和采用图解方法或指针方法测定抗拉强度。

对于呈现明显屈服(不连续屈服)现象的金属材料,从记录的力-延伸或力-位移曲线图,或从测力度盘,读取过了屈服阶段之后的最大力(见图6-30);对于呈现无明显屈服(连续屈服)现象的金属材料,从记录的力-延伸或力-位移曲线图,或从测力度盘,读取试验过程中的最大力。最大力除以试样原始横截面积(S_0)得到抗拉强度。

可以使用自动装置(例如微处理机等)或自动测试系统测定抗拉强度,可以不绘制拉伸曲线图。

(十六) 断面收缩率(Z)的测定

(1) 按照定义(一)7测定断面收缩率。断裂后最小横截面积的测定应准确到±2%。

(2) 测量时,如需要,将试样断裂部分仔细地配接在一起,使其轴线处于同一直线上。对于圆形横截面试样,在缩颈最小处相互垂直方向测量直径,取其算术平均值计算最小横截面积;对于矩形横截面试样,测量缩颈处的最大宽度和最小厚度(见图6-31),两者之乘积为断后最小横截面积。

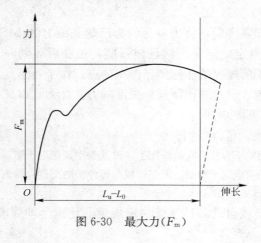

图6-30 最大力(F_m)

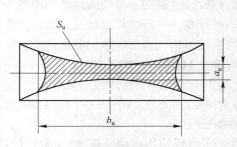

图6-31 矩形横截面试样缩颈处最大宽度和最小厚度

原始横截面积(S_0)与断后最小横截面积(S_u)之差除以原始横截面积的百分率得到断面收缩率。

(3) 薄板和薄带试样、管材全截面试样、圆管纵向弧形试样和其他复杂横截面试样及直径小于3mm试样,一般不测定断面收缩率。如要求,应双方商定测定方法,断后最小

---

❶ 国际标准未规定此条内容。为了按照本节二中定义(一)9(1)进行具体测定,补充此条规定。

横截面积的测定准确度亦应符合(十六)(1)的要求。

(十七)性能测定结果数值的修约❶

试验测定的性能结果数值应按照相关产品标准的要求进行修约。如未规定具体要求，应按照表 6-38 的要求进行修约。修约的方法按照 GB/T 8170。

性能结果数值的修约间隔 表 6-38

性　　能	范　　围	修约间隔
R_{eH}, R_{eL}, R_p, R_t, R_r, R_m	≤200N/mm²	1N/mm²
	>200N/mm²～1000N/mm²	5N/mm²
	>1000N/mm²	10N/mm²
A_e		0.05%
A, A_t, A_{gt}, A_g		0.5%
Z		0.5%

(十八)性能测定结果的准确度

性能测定结果的准确度取决于各种试验参数，分两类：

计量参数：例如试验机和引伸计的准确度级别，试样尺寸的测量准确度等。

材料和试验参数：例如材料的特性，试样的几何形状和制备，试验速率，温度，数据采集和分析技术等。

在缺少各种材料类型的充分数据的情况下，目前还不能准确确定拉伸试验的各种性能的测定准确度值。

附录 J(提示的附录)提供了与计量参数相关的不确定度指南。

附录 K(提示的附录)提供了一组钢、铝合金和镍基合金通过实验室间试验得到的拉伸试验不确定度值。

(十九)试验结果处理❷

(1)试验出现下列情况之一其试验结果无效，应重做同样数量试样的试验。

1)试样断在标距外或断在机械刻划的标距标记上，而且断后伸长率小于规定最小值；

2)试验期间设备发生故障，影响了试验结果。

(2)试验后试样出现两个或两个以上的缩颈以及显示出肉眼可见的冶金缺陷(例如分层、气泡、夹渣、缩孔等)，应在试验记录和报告中注明。

(二十)试验报告

试验报告一般应包括下列内容：

(1)国家标准编号。

(2)试样标识。

(3)材料名称、牌号。

(4)试样类型。

(5)试样的取样方向和位置。

---

❶ 国际标准仅对断后伸长率的测定结果数值规定修约间隔为 0.5%。补充规定其他性能测定结果数值的修约要求。

❷ 国际标准未规定此条内容。实际试验会有遇到这些情况，补充相应的规定。

316　第六章　建筑用钢材

(6) 所测性能结果。

(二十一) 厚度 0.1mm～＜3mm 薄板和薄带使用的试样类型(标准的附录 A)

1. 试样的形状

试样的夹持头部一般应比其平行长度部分宽。试样头部与平行长度(L_c)之间应有过渡半径至少为 20mm 的过渡弧相连接(见图 6-32)。头部宽度应至少为 20mm，但不超过 40mm。

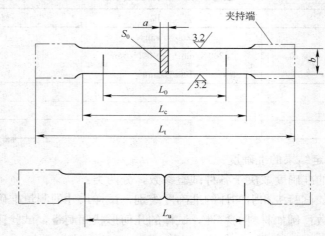

图 6-32　机加工的矩形横截面试样(见附录 A)

注：试样头部形状仅为示意性。

通过协议，也可以使用不带头试样，对于这类试样，两夹头间的自由长度应等于 L_0+3b。对于宽度等于或小于 20mm 的产品，试样宽度可以相同于产品的宽度。

2. 试样的尺寸

平行长度应不小于 $L_0+b/2$。仲裁试验，平行长度应为 L_0+2b，除非材料尺寸不足够。

对于宽度等于或小于 20mm 的不带头试样，除非产品标准中另有规定，原始标距(L_0)应等于 50mm。

表 6-39 和表 6-40 分别规定比例试样尺寸和非比例试样尺寸。

矩形横截面比例试样❶　　　　　　　　　　　　　　　表 6-39

b(mm)	r(mm)	$k=5.65$				$k=11.3$			
		L_0(mm)	L_c(mm)		试样编号	L_0(mm)	L_c(mm)		试样编号
			带头	不带头			带头	不带头	
10	≥20	$5.65\sqrt{S_0}$ ≥15	≥$L_0+b/2$ 仲裁试验: L_0+2b	L_0+3b	P1	$11.3\sqrt{S_0}$ ≥15	≥$L_0+b/2$ 仲裁试验: L_0+2b	L_0+3b	P01
12.5					P2				P02
15					P3				P03
20					P4				P04

注：1. 优先采用比例系数 $k=5.65$ 的比例试样。若比例标距小于 15mm，建议采用表 6-40 的非比例试样。

　　2. 如需要，厚度小于 0.5mm 的试样在其平行长度上可以带小凸耳以便于装夹引伸计。上、下两凸耳宽度中心线间的距离为原始标距。

---

❶ 国际标准未规定这些试样。表中增加的试样为产品标准常用试样。

矩形横截面非比例试样　　　　　　　表 6-40

b(mm)	r(mm)	L_0(mm)	L_c(mm) 带头	L_c(mm) 不带头	试样编号
12.5	≥20	50	75	87.5	P5
20		80	120	140	P6

注：如需要，厚度小于 0.5mm 的试样在其平行长度上可带小凸耳以便于装夹引伸计。上、下两凸耳宽度中心线间的距离为原始标距。

3. 试样的制备

制备试样应不影响其力学性能，应通过机加工方法去除由于剪切或冲压而产生的加工硬化部分材料。

对于十分薄的材料，建议将其切割成等宽度薄片并叠成一叠，薄片之间用油纸隔开，每叠两侧夹以较厚薄片，然后将整叠机加工至试样尺寸。

机加工试样的尺寸公差和形状公差应符合表 6-41 的要求。下面给出应用这些公差的例子：

（1）尺寸公差

表 6-41 中规定的值，例如对于标称宽度 12.5mm 的试样，尺寸公差为±0.2mm，表示试样的宽度不应超出下面两个值之间的尺寸范围：

$$12.5\text{mm}+0.2\text{mm}=12.7\text{mm} \quad 12.5\text{mm}-0.2\text{mm}=12.3\text{mm}$$

试样宽度公差❶(mm)　　　　　　表 6-41

试样标称宽度	尺寸公差	形状公差 一般试验	形状公差 仲裁试验
10	±0.2	0.1	0.04
12.5	±0.2	0.1	0.04
15	±0.2	0.1	0.04
20	±0.5	0.2	0.05

（2）形状公差

表 6-36 中规定的值表示，例如对于满足上述机加工条件的 12.5mm 宽度的试样，沿其平行长度（L_c）测量的最大宽度与最小宽度之差不应超过 0.04mm（仲裁试验情况）。因此，如试样的最小宽度为 12.40mm，它的最大宽度不应超过：

$$12.4\text{mm}+0.04\text{mm}=12.44\text{mm}$$

4. 原始横截面积（S_0）的测定

原始横截面积的测定应准确到±2%，当误差的主要部分是由于试样厚度的测量所引起的，宽度的测量误差不应超过±0.2%。应在试样标距的两端及中间三处测量宽度和厚度，取用三处测得的最小横截面积。按照式（6-10）试算：

$$S_0 = ab \tag{6-10}$$

---

❶ 国际标准规定的形状公差精确到小数后三位数字。这些公差无需要求如此精确，保留到小数后两位数字。尺寸公差与国际标准的规定（以测量尺寸计算 S_0 情况）不同。国际标准规定±1mm，过松。

(二十二)厚度等于或大于 3mm 板材和扁材以及直径或厚度等于或大于 4mm 线材、棒材和型材使用的试样类型(标准的附录 B)

1. 试样的形状

通常,试样进行机加工。平行长度和夹持头部之间应以过渡弧连接,试样头部形状应适合于试验机夹头的夹持(见图 6-33)。夹持端和平行长度(L_c)之间的过渡弧的半径应为:

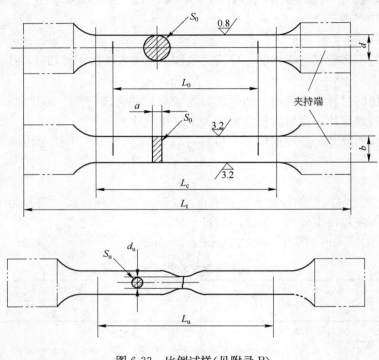

图 6-33 比例试样(见附录 B)

注:1. 四面机加工的矩形横截面试样仲裁试验时其表面粗糙度应不劣于 $\sqrt{0.8}$ 。
2. 试样头部形状仅为示意性。

圆形横截面试样:$\geqslant 0.75d$;

矩形横截面试样:$\geqslant 12$mm。

试样原始横截面可以为圆形、方形、矩形或特殊情况时为其他形状。矩形横截面试样,推荐其宽厚比不超过 8∶1。机加工的圆形横截面试样其平行长度的直径一般不应小于 3mm❶。

如相关产品标准有规定,线材、型材、棒材等可以采用不经机加工的试样进行试验。

2. 试样的尺寸

(1) 机加工试样的平行长度

对于圆形横截面试样:$L_c \geqslant L_0 + d/2$。仲裁试验:$L_c \geqslant L_0 + 2d$,除非材料尺寸不足够。

---

❶ 国际标准规定为"不小于 4mm"。改成为"不小于 3mm"以便能使用机加工的 3mm 直径试样。

对于矩形横截面试样：$L_c \geqslant L_0 + 1.5\sqrt{S_0}$。仲裁试验：$L_c = L_0 + 2\sqrt{S_0}$，除非材料尺寸不足够。

（2）不经机加工试样的平行长度

试验机两夹头间的自由长度应足够，以使试样原始标距的标记与最接近夹头间的距离不小于 $1.5d$ 或 $1.5b$。

（3）原始标距

1）比例试样

使用比例试样时原始标距（L_0）与原始横截面积（S_0）应有以下关系：

$$L_0 = k\sqrt{S_0} \tag{6-11}$$

式中比例系数 k 通常取值 5.65。但如相关产品标准规定，可以采用 11.3 的系数值。

圆形横截面比例试样和矩形横截面比例试样分别采用表 6-42 和表 6-43 的试样尺寸。相关产品标准可以规定其他试样尺寸。

圆形横截面比例试样❶　　　　　　　　　　　　　　　　　　　　　表 6-42

d(mm)	r(mm)	$k=5.65$			$k=11.3$		
		L_0(mm)	L_c(mm)	试样编号	L_0(mm)	L_c(mm)	试样编号
25	$\geqslant 0.75d$	5d	$\geqslant L_0 + d/2$ 仲裁试验： $L_0 + 2d$	R1	10d	$\geqslant L_0 + d/2$ 仲裁试验： $L_0 + 2d$	R01
20				R2			R02
15				R3			R03
10				R4			R04
8				R5			R05
6				R6			R06
5				R7			R07
3				R8			R08

注：1. 如相关产品标准无具体规定，优先采用 R2、R4 或 R7 试样。
　　2. 试样总长度取决于夹持方法，原则上 $L_t > L_c + 4d$。

矩形横截面比例试样❷　　　　　　　　　　　　　　　　　　　　　表 6-43

b(mm)	r(mm)	$k=5.65$			$k=11.3$		
		L_0(mm)	L_c(mm)	试样编号	L_0(mm)	L_c(mm)	试样编号
12.5	$\geqslant 12$	$5.65\sqrt{S_0}$	$\geqslant L_0 + 1.5\sqrt{S_0}$ 仲裁试验： $L_0 + 2\sqrt{S_0}$	P7	$11.3\sqrt{S_0}$	$\geqslant L_0 + 1.5\sqrt{S_0}$ 仲裁试验： $L_0 + 2\sqrt{S_0}$	P07
15				P8			P08
20				P9			P09
25				P10			P010
30				P11			P011

注：如相关产品标准无具体规定，优先采用比例系数 $k=5.65$ 的比例试样。

---

❶ 国际标准仅规定直径 20mm、10mm 和 5mm 试样（R2、R4 和 R7 号试样）。表中增加的试样为产品标准常用的圆形横截面试样。

❷ 国际标准未规定这些试样。表中增加的矩形横截面比例试样是产品标准常用的试样。

2) 非比例试样

非比例试样的原始标距(L_0)与原始横截面积(S_0)无固定关系。矩形横截面非比例试样采用表 6-44 的试样尺寸。如相关产品标准规定，可以使用其他非比例试样尺寸。

矩形横截面非比例试样❶   表 6-44

b(mm)	r(mm)	L_0(mm)	L_c(mm)	试样编号
12.5	≥12	50	$\geqslant L_0+1.5\sqrt{S_0}$ 仲裁试验： $L_0+2\sqrt{S_0}$	P12
20		80		P13
25		50		P14
38		50		P15
40		200		P16

（4）如相关产品标准无规定具体试样类型，试验设备能力不足够时，经协议厚度大于 25mm 产品可以机加工成圆形横截面或减薄成矩形横截面比例试样。

3. 试样的制备

机加工试样的横向尺寸公差应符合表 6-45 的规定要求。下面给出应用这些公差的例子：

试样横向尺寸公差❷(mm)   表 6-45

名 称	标称横向尺寸	尺寸公差	形状公差
机加工的圆形横截面直径	3	±0.05	0.02
	>3～6	±0.06	0.03
	>6～10	±0.07	0.04
	>10～18	±0.09	0.04
	>18～30	±0.10	0.05
四面机加工的矩形横截面试样横向尺寸	相同于圆形横截面试样直径的公差		
相对两面机加工的矩形横截面试样横向尺寸	3	±0.1	0.05
	>3～6		
	>6～10	±0.2	0.1
	>10～18		
	>18～30	±0.5	0.2
	>30～50		

（1）尺寸公差

表 6-45 中规定的值，例如标称直径 10mm 的试样，尺寸公差为±0.07mm，表示试样的直径不应超出下面两个值之间的尺寸范围：

$$10mm+0.07mm=10.07mm \quad 10mm-0.07mm=9.93mm$$

（2）形状公差

---

❶ 国际标准未规定这些试样。表中增加的矩形横截面非比例试样是产品标准常用的试样。

❷ 国际标准对于圆形横截面试样的尺寸公差和形状公差要求精确到小数后三位数字。这些公差无需要求如此精确，保留到小数后两位。对于相对两面机加工的矩形横截面试样，增加了尺寸公差的要求，国际标准未规定具体要求。形状公差与国际标准不同，国际标准的规定偏大。

表 6-45 中规定的值表示，例如对于满足上述机加工条件的 10mm 直径的试样，沿其平行长度(L_c)的最大直径与最小直径之差不应超过 0.04mm。因此，如试样的最小直径为 9.99mm，它的最大直径不应超过：

$$9.99\text{mm} + 0.04\text{mm} = 10.03\text{mm}$$

4. 原始横截面积(S_0)的测定

应根据测量的原始试样尺寸计算原始横截面积，测量每个尺寸应准确到 ±0.5%。

对于圆形横截面试样，应在标距的两端及中间三处两个相互垂直的方向测量直径，取其算术平均值，取用三处测得的最小横截面积，按照式(6-12)计算：

$$S_0 = \frac{1}{4}\pi d^2 \tag{6-12}$$

对于矩形横截面试样，应在标距的两端及中间三处测量宽度和厚度，取用三处测得的最小横截面积。按照式(6-10)计算。

对于恒定横截面试样，可以根据测量的试样长度、试样质量和材料密度确定其原始横截面积。试样长度的测量应准确到 ±0.5%，试样质量的测定应准确到 ±0.5%，密度应至少取 3 位有效数字。原始横截面积按照式(6-13)计算：

$$S_0 = \frac{m}{\rho L_t} \times 1000 \tag{6-13}$$

(二十三) 直径或厚度小于 4mm 线材、棒材和型材使用的试样类型(标准的附录 C)

1. 试样的形状

试样通常为产品的一部分，不经机加工(见图 6-34)。

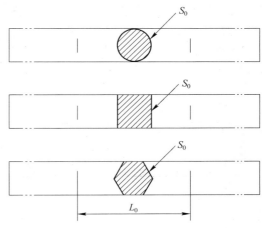

图 6-34 为产品一部分的不经机加工试样(见附录 C)
注：试样头部形状仅为示意性。

2. 试样的尺寸

原始标距(L_0)为 200mm 和 100mm。除小直径线材在两夹头间的自由长度可以等于 L_0 的情况外，其他情况，试验机两夹头间的自由长度应至少为 $L_0 + 50$mm。见表 6-46。

非 比 例 试 样　　　　　　　　　　　　　　　　表 6-46

d 或 a (mm)	L_0 (mm)	L_c (mm)	试样编号
≤4	100	≥150	R9
	200	≥250	R10

如不测定断后伸长率，两夹头间的最小自由长度可以为 50mm。

3. 试样的制备

如以盘卷交货的产品，应仔细进行矫直。

4. 原始横截面积(S_0)的测定

原始横截面积的测定应准确到 ±1%。应在试样标距的两端及中间三处测量，取用三处测得的最小横截面积：

对于圆形横截面的产品,应在两个相互垂直方向测量试样的直径,取其算术平均值计算横截面积,按照式(6-12)计算。

对于矩形和方形横截面的产品,测量试样的宽度和厚度,按照式(6-10)计算。

可以根据测量的试样长度、试样质量和材料密度确定其原始横截面积,按照式(6-13)计算。

(二十四)管材使用的试样类型(标准的附录 D)

1. 试样的形状

试样可以为全壁厚纵向弧形试样(见图 6-35),管段试样(见图 6-36),全壁厚横向试样,或从管壁厚度机加工的圆形横截面试样。

通过协议,可以采用不带头的纵向弧形试样和不带头的横向试样。仲裁试验采用带头试样。

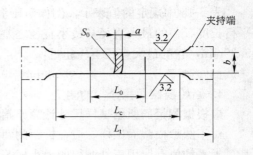

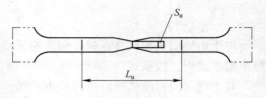

图 6-35 管的纵向弧形试样(见附录 D)
注:试样头部形状仅为示意性。

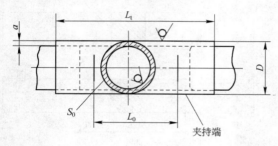

图 6-36 管段试样(见附录 D)

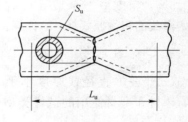

2. 试样的尺寸

(1)纵向弧形试样

纵向弧形试样采用表 6-47 规定的试样尺寸。纵向弧形试样一般适用于管壁厚度大于 0.5mm 的管材。

纵 向 弧 形 试 样 ❶   表 6-47

D(mm)	b(mm)	a(mm)	r(mm)	$k=5.65$			$k=11.3$		
				L_0(mm)	L_c(mm)	试样编号	L_0(mm)	L_c(mm)	试样编号
30~50	10	原壁厚	≥12	$5.65\sqrt{S_0}$	$\geq L_0+1.5\sqrt{S_0}$ 仲裁试验: $L_0+2\sqrt{S_0}$ 50	S1	$11.3\sqrt{S_0}$	$\geq L_0+1.5\sqrt{S_0}$ 仲裁试验: $L_0+2\sqrt{S_0}$	S01
>50~70	15					S2			S02
>70	20					S3			S03
≤100	19					S4			
>100~200	25					S5			
>200	38					S6			

注:采用比例试样时,优先采用比例系数 $k=5.65$ 的比例试样。

---

❶ 国际标准未具体规定这些试样。这些纵向弧形试样是产品标准常用的试样。

为了在试验机上夹持,可以压平纵向弧形试样的两头部,但不应将平行长度(L_c)部分压平。

不带头的试样,两夹头间的自由长度应足够,以使试样原始标距的标记与最接近的夹头间的距离不小于 $1.5b$。

(2) 管段试样

管段试样采用表 6-48 规定的试样尺寸。

管 段 试 样 [1]   表 6-48

L_0(mm)	L_c(mm)	试样编号
$5.65\sqrt{S_0}$	$\geqslant L_0+D/2$ 仲裁试验:L_0+2D	S7
50	$\geqslant 100$	S8

管段试样应在其两端加以塞头。塞头至最接近的标距标记的距离不应小于 $D/4$(见图 6-37),只要材料足够,仲裁试验时此距离为 D。塞头相对于试验机夹头在标距方向伸出的长度不应超过 D,而其形状应不妨碍标距内的变形。

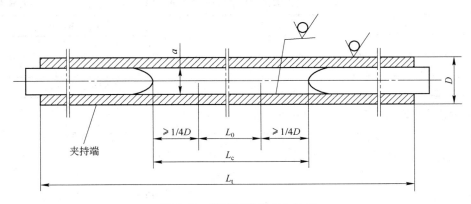

图 6-37 管段试样的塞头位置

允许压扁管段试样两夹持头部(见图 6-38),加或不加扁块塞头后进行试验,但仲裁试验不压扁,应加配塞头。

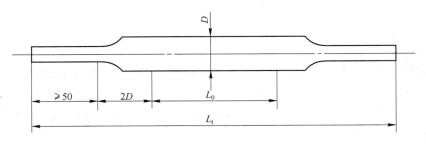

图 6-38 管段试样的两夹持头部压扁

---

[1] 国际标准未规定这些试样。增加的管段试样。

(3) 机加工的横向试样

机加工的横向矩形横截面试样,管壁厚度小于 3mm 时,采用附录 A(标准的附录)表 6-39 或表 6-40 规定的试样尺寸;管壁厚度大于或等于 3mm 时,采用附录 B(标准的附录)表 6-43 或表 6-44 规定的试样尺寸。

相关产品标准可以规定不同于附录 A(标准的附录)和附录 B(标准的附录)的其他尺寸矩形横截面试样。

不带头的试样,两夹头间的自由长度应足够,以使试样原始标距的标记与最接近的夹头间的距离不小于 $1.5b$。

应采用特别措施校直横向试样。

(4) 管壁厚度机加工的纵向圆形横截面试样

机加工的纵向圆形横截面试样应采用附录 B(标准的附录)的表 6-42 规定的试样尺寸。相关产品标准应根据管壁厚度规定机加工的圆形横截面试样尺寸。如无具体规定,按照表 6-49 选定试样。

3. 原始横截面积(S_0)的测定

管壁厚度机加工的纵向圆形横截面试样[1]   表 6-49

管 壁 厚 度(mm)	采 用 试 样
8~13	R7 号
>13~16	R5 号
>16	R4 号

试样原始横截面积的测定应准确到 $\pm 1\%$。

对于圆管纵向弧形试样,应在标距的两端及中间三处测量宽度和壁厚,取用三处测得的最小横截面积。按照式(6-14)计算。计算时管外径取其标称值。

$$S_0 = \frac{b}{4}(D^2-b^2)^{1/2} + \frac{D^2}{4}\arcsin\left(\frac{b}{D}\right)$$
$$-\frac{b}{4}[(D-2a)^2-b^2]^{1/2} - \left(\frac{D-2a}{2}\right)^2 \arcsin\left(\frac{b}{D-2a}\right) \tag{6-14}$$

可以使用下列简化公式计算圆管纵向弧形试样的原始横截面积:

当 $b/D < 0.25$ 时 $S_0 = ab\left[1 + \frac{b^2}{6D(D-2a)}\right]$ (6-15)

当 $b/D < 0.17$ 时 $S_0 = ab$ (6-16)

对于圆管横向矩形横截面试样,应在标距的两端及中间三处测量宽度和厚度,取用三处测得的最小横截面积。按照式(6-10)计算。

对于管段试样,应在其一端相互垂直方向测量外径和四处壁厚,分别取其算术平均值。按照式(6-17)计算:

$$S_0 = \pi a(D-a) \tag{6-17}$$

管段试样、不带头的纵向或横向试样的原始横截面积可以根据测量的试样长度、试样

---

[1] 国际标准未具体规定。补充由管壁厚度机加工成圆形横截面试样的具体规定。

质量和材料密度确定,按照式(6-13)计算。

(二十五)断后伸长率规定值低于5%的测定方法(标准的附录E)

推荐的方法如下:

试验前在平行长度的一端处作一很小的标记。使用调节到标距的分规,以此标记为圆心划一圆弧。拉断后,将断裂的试样置于一装置上,最好借助螺丝施加轴向力,以使其在测量时牢固地对接在一起。以原圆心为圆心,以相同的半径划第二个圆弧。用工具显微镜或其他合适的仪器测量两个圆弧之间的距离即为断后伸长,准确到±0.02mm。为使画线清晰可见,试验前涂上一层染料。

另一种方法,可以采用(八)(2)规定的引伸计方法。

(二十六)移位方法测定断后伸长率(标准的附录F)

为了避免由于试样断裂位置不符合(八)(1)所规定的条件而必须报废试样,可以使用如下方法:

(1)试验前将原始标距(L_0)细分为N等分。

(2)试验后,以符号X表示断裂后试样短段的标距标记,以符号Y表示断裂试样长段的等分标记,此标记与断裂处的距离最接近于断裂处至标距标记X的距离。

如X与Y之间的分格数为n,按如下测定断后伸长率:

1)如$N-n$为偶数〔见图6-39(a)〕,测量X与Y之间的距离和测量从Y至距离为

$$\frac{1}{2}(N-n)$$

个分格的Z标记之间的距离。按照式(6-18)计算断后伸长率:

$$A=\frac{XY+2YZ-L_0}{L_0}\times 100 \qquad (6-18)$$

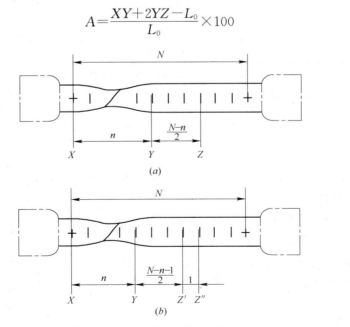

图6-39 移位方法的图示说明

注:试样头部形状仅为示意性。

2) 如 $N-n$ 为奇数 [见图 6-39(b)],测量 X 与 Y 之间的距离,和测量从 Y 至距离分别为

$$\frac{1}{2}(N-n-1) 和 \frac{1}{2}(N-n+1)$$

个分格的 Z' 和 Z'' 标记之间的距离。按照式(6-19)计算断后伸长率:

$$A = \frac{XY + YZ' + YZ'' - L_0}{L_0} \times 100 \tag{6-19}$$

三、金属材料 弯曲试验方法[❶]

(一)范围

标准(GB/T 232—1999)规定了弯曲试验方法的原理、符号、试验设备、试样、试验程序、试验结果评定和试验报告。

标准适用于金属材料相关产品标准规定试样的弯曲试验,测定其弯曲塑性变形能力。但不适用于金属管材和金属焊接接头的弯曲试验。

(二)原理

弯曲试验是以圆形、方形、矩形或多边形横截面试样在弯曲装置上经受弯曲塑性变形,不改变加力方向,直至达到规定的弯曲角度。

弯曲试验时,试样两臂的轴线保持在垂直于弯曲轴的平面内。如为弯曲 180°角的弯曲试验,按照相关产品标准的要求,将试样弯曲至两臂相距规定距离且相互平行或两臂直接接触。

(三)符号

标准 GB/T 232—1999 使用的符号及其说明见表 6-50 和图 6-40 至图 6-43。

表 6-50

符 号	说 明	单 位
a	试样厚度或直径或多边形横截面内切圆直径	mm
b	试样宽度	mm
L	试样长度	mm
l	支辊间或翻板间距离	mm
d	弯曲压头或弯心直径	mm
α	弯曲角度	(°)

(四)试验设备

应在配备下列弯曲装置之一的试验机或压力机上完成试验。

(1) 支辊式弯曲装置,见图 6-40。

(2) V 形模具式弯曲装置,见图 6-41。

(3) 虎钳式弯曲装置,见图 6-42。

[❶] 主要内容引自 GB/T 232—1999《金属材料 弯曲试验方法》。

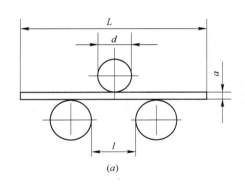 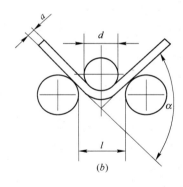

图 6-40 支辊式弯曲装置

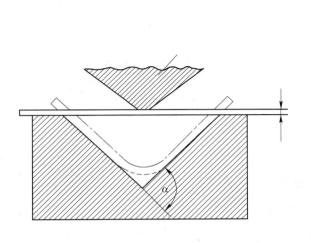 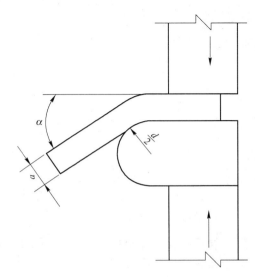

图 6-41 V形槽模具装置　　　图 6-42 虎钳式弯曲装置

(4) 翻板式弯曲装置，见图 6-43。

1. 支辊式弯曲装置

(1) 支辊长度应大于试样宽度或直径。支辊半径应为 1～10 倍试样厚度。支辊应具有足够的硬度。

(2) 除非另有规定，支辊间距离（见图 6-40）应按照式（6-20）确定：

$$l=(d+3a)\pm 0.5a \tag{6-20}$$

此距离在试验期间应保持不变。

(3) 弯曲压头直径应在相关产品标准中规定。弯曲压头宽度应大于试样宽度或直径。弯曲压头应具有足够的硬度。

2. V形模具式弯曲装置

模具的 V 形槽其角度应为 $180°-\alpha$（见图 6-41）。弯曲角度应在相关产品标准中规定。弯曲压头的圆角半径为 $d/2$。

模具的支承棱边应倒圆，其倒圆半径应为 1～10 倍试样厚度。模具和弯曲压头宽度应大于试样宽度或直径。弯曲压头应具有足够的硬度。

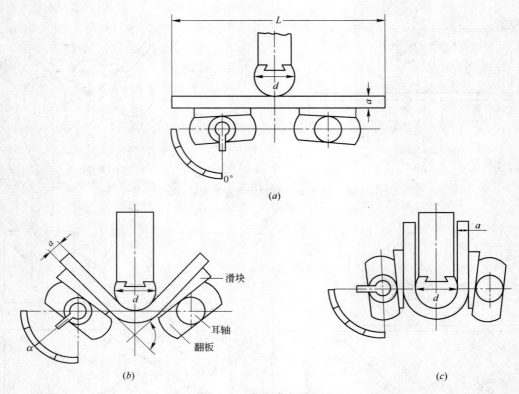

图 6-43 翻板式弯曲装置

3. 虎钳式弯曲装置

装置由虎钳配备足够硬度的弯心组成(见图 6-42)。可以配置加力杠杆。弯心直径应按照相关产品标准要求,弯心宽度应大于试样宽度或直径。

4. 翻板式弯曲装置

(1) 翻板带有楔形滑块,滑块宽度应大于试样宽度或直径。滑块应具有足够的硬度。翻板固定在耳轴上,试验时能绕耳轴轴线转动。耳轴连接弯曲角度指示器,指示 0°～180° 的弯曲角度。

(2) 翻板间距离应为两翻板的试样支承面同时垂直于水平轴线时两支承面间的距离(见图 6-43)。按照式(6-21)确定:

$$l = (d + 2a) + e \tag{6-21}$$

式中 e 可取值 2～6mm。

(3) 弯曲压头直径应在相关产品标准中规定。弯曲压头宽度应大于试样宽度或直径。弯曲压头的压杆其厚度应略小于弯曲压头直径,见图 6-43,弯曲压头应具有足够的硬度。

(五) 试样

(1) 试验使用圆形、方形、矩形或多边形横截面的试样。样坯的切取位置和方向应按照相关产品标准的要求。如未具体规定,对于钢产品,应按照 GB/T 2975 的要求。试样应通过机加工去除由于剪切或火焰切割等影响了材料性能的部分。

(2) 试样表面不得有划痕和损伤。方形、矩形和多边形横截面试样的棱边应倒圆,倒圆半径不超过试样厚度的 1/10。棱边倒圆时不应形成影响试验结果的横向毛刺、伤痕或刻痕。

(3) 试样宽度应按照相关产品标准的要求。如未具体规定,试样宽度应按照如下要求:

1) 当产品宽度不大于 20mm 时,试样宽度为原产品宽度;

2) 当产品宽度大于 20mm,厚度小于 3mm 时,试样宽度为 20mm±5mm;厚度不小于 3mm 时,试样宽度在 20~50mm 之间。

(4) 试样厚度或直径应按照相关产品标准的要求,如未具体规定,应按照以下要求:

1) 对于板材、带材和型材,产品厚度不大于 25mm 时,试样厚度应为原产品的厚度;产品厚度大于 25mm 时,试样厚度可以机加工减薄至不小于 25mm,并应保留一侧原表面。弯曲试验时试样保留的原表面应位于受拉变形一侧。

2) 直径或多边形横截面内切圆直径不大于 50mm 的产品,其试样横截面应为产品的横截面。如试验设备能力不足,对于直径或多边形横截面内切圆直径超过 30~50mm 的产品,可以按照图 6-44 将其机加工成横截面内切圆直径为不小于 25mm 的试样。直径或多边形横截面内切圆直径大于 50mm 的产品,应按照图 6-44 其机加工成横截面内切圆直径为不小于 25mm 的试样。试验时,试样未经机加工的原表面应置于受拉变形的一侧。除非另有规定,钢筋类产品均以其全截面进行试验。

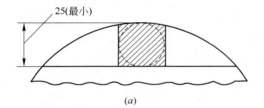
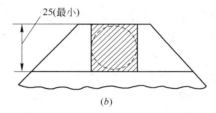

图 6-44 减薄试样横截面形状与尺寸

(5) 锻材、铸材和半成品,其试样尺寸应在交货要求或协议中规定。

(6) 非仲裁试验,经协议可以用大于(五)(3)条和(五)(4)条规定的宽度和厚度的试样进行试验。

(7) 试样长度应根据试样厚度和所使用的试验设备确定。采用图 6-40 和图 6-43 的方法时,可以按照式(6-22)确定:

$$L = 0.5\pi(d+a) + 140 \text{mm} \quad (6\text{-}22)$$

式中 π 为圆周率,其值取 3.1。

(六) 试验程序

(1) 试验一般在 10~35℃ 的室温范围内进行。对温度要求严格的试验,试验温度应为 23±5℃。

(2) 由相关产品标准规定,采用下列方法之一完成试验。

1) 试样在图 6-40、图 6-41、图 6-42 或 6-43 所给定条件和在力作用下弯曲至规定的弯曲角度;

2) 试样在力作用下弯曲至两臂相距规定距离且相互平

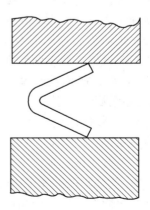

图 6-45 试样置于两平行压板之间

行(见图 6-43c 和图 6-46);

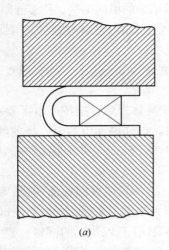 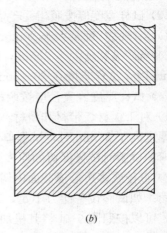

图 6-46 试样弯曲至两臂平行

3) 试样在力作用下弯曲至两臂直接接触(见图 6-47)。

(3) 试样弯曲至规定弯曲角度的试验,应将试样放于两支辊(见图 6-40a)或 V 形模具(见图 6-41)或两水平翻板(见图 6-43a)上,试样轴线应与弯曲压头轴线垂直,弯曲压头在两支座之间的中点处对试样连续施加力使其弯曲,直到达到规定的弯曲角度。

如不能直接达到规定的弯曲角度,应将试样置于两平行压板之间(见图 6-45),连续施加力压其两端使进一步弯曲,直到达到规定的弯曲角度。

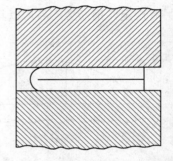

图 6-47 试样弯曲至两臂直接接触

(4) 试样弯曲至 180°角两臂相距规定距离且相互平行的试验,采用图 6-40 的方法时,首先对试样进行初步弯曲(弯曲角度应尽可能大),然后将试样置于两平行压板之间(见图 6-45)连续施加力压其两端使进一步弯曲,直到两臂平行(见图 6-46)。试验时可以加或不加垫块,除非产品标准中另有规定,垫块厚度等于规定的弯曲压头直径;采用图 6-43 的方法时,在力作用下不改变力的方向,弯曲直到达到 180°角(见图 6-43c)。

(5) 试样弯曲至两臂直接接触的试验,应首先将试样进行初步弯曲(弯曲角度应尽可能大),然后将其置于两平行压板之间(见图 6-45),连续施加力压其两端,使进一步弯曲,直到两臂直接接触(见图 6-47)。

(6) 可以采用图 6-42 所示的方法进行弯曲试验。试样一端固定,绕弯心进行弯曲,直到达到规定的弯曲角度。

(7) 弯曲试验时,应缓慢施加弯曲力。

(七) 试验结果评定

(1) 应按照相关产品标准的要求评定弯曲试验结果。如未规定具体要求,弯曲试验后试样弯曲外表面无肉眼可见裂纹应评定为合格。

(2) 相关产品标准规定的弯曲角度认作为最小值;规定的弯曲半径认作为最大值。

四、金属线材反复弯曲试验❶

（一）适用范围

本部分规定了直径或厚度为 0.3~10mm（包括 10mm）的金属线材，在反复弯曲中承受塑性变形能力的测定方法。

（二）原理

反复弯曲试验是将试样一端固定，绕规定半径的圆柱支座弯曲 90°，再沿相反方向弯曲的重复弯曲试验。

（三）符号

线材反复弯曲试验所用符号及其说明见表 6-51 和图 6-48。

表 6-51　试验所用符号及说明

符　号	说　　明	单　位
d	圆金属线材直径	mm
a	装在两平行夹具间的非圆截面试样最小厚度（图 6-49）	mm
r	圆柱支座半径	mm
h	圆柱支座顶部至拨杆底部距离	mm
d_g	拨杆孔直径	mm
h	两圆柱支座轴线所在平面与试样最近接触点的距离	mm
N_b	反复弯曲次数	次

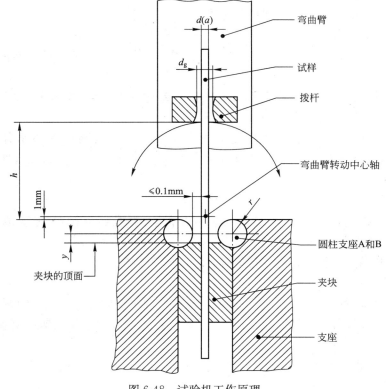

图 6-48　试验机工作原理

---

❶ 主要内容引自 GB 238—2002《金属材料线材反复弯曲试验方法》。

(四) 试验设备

1. 一般要求

试验机应按照图 6-48 所示的原理和表 6-52 列出的基本尺寸制造。

试验机制造尺寸(mm)　　　　　　　　　　　　　表 6-52

线材公称直径或厚度 $d(a)$	圆柱支座半径 r	距离 h	拨杆孔直径 d_p①
$0.3 \leqslant d(a) \leqslant 0.5$	1.25 ± 0.05	15	2.0
$0.5 < d(a) \leqslant 0.7$	1.75 ± 0.05	15	2.0
$0.7 < d(a) \leqslant 1.0$	2.5 ± 0.1	15	2.0
$1.0 < d(a) \leqslant 1.5$	3.75 ± 0.1	20	2.0
$1.5 < d(a) \leqslant 2.0$	5.0 ± 0.1	20	2.0 和 2.5
$2.0 < d(a) \leqslant 3.0$	7.5 ± 0.1	25	2.5 和 3.5
$3.0 < d(a) \leqslant 4.0$	10 ± 0.1	35	3.5 和 4.5
$4.0 < d(a) \leqslant 6.0$	15 ± 0.1	50	4.5 和 7.0
$6.0 < d(a) \leqslant 8.0$	20 ± 0.1	75	7.0 和 9.0
$8.0 < d(a) \leqslant 10.0$	25 ± 0.1	100	9.0 和 11.0

① 较小的拨杆孔直径适用于较细公称直径的线材(见第 1 栏),而较大的拨杆孔直径适用于较粗公称直径的线材(也见第 1 栏)。对于在第 1 栏所列范围直径,应选择合适的拨杆孔直径以保证线材在孔内自由运动。

2. 圆柱支座和夹块

(1) 圆柱支座和夹持块应有足够的硬度(以保证其刚度和耐磨性)。

(2) 圆柱支座半径不得超出表 6-52 给出的公称尺寸允许偏差。

(3) 圆柱支座轴线应垂直于弯曲平面并相互平行,而且在同一平面内,偏差不超过 0.1mm。

(4) 夹块的夹持面应稍突出于圆柱支座但不超过 0.1mm,即测量两圆柱支座的曲率中心连线上试样与圆柱支座间的间隔不大于 0.1mm。

(5) 夹块的顶面应低于两圆柱支座曲率中心连线,当圆柱支座半径等于或小于 2.5mm 时 y 值为 1.5mm;当圆柱支座半径大于 2.5mm 时,y 值为 3mm(即 $r \leqslant 2.5$mm,$y=1.5$mm;$r>2.5$mm,$y=3$mm)。

3. 弯曲臂及拨杆

(1) 对于所有尺寸的圆柱支座,变曲臂的转动轴心至圆柱支座顶部的距离均为 1.0mm。

(2) 拨杆孔两端应稍大,且孔径应符合表 6-52 的规定。

(五) 试样

1. 线材试样应尽可能平直。但试验时,在其弯曲平面内允许有轻微的弯曲。

2. 必要时试样可以用手矫直。在用手不断矫直时,可在木材、塑性材料或铜的平面上用相同材料的锤头矫直。

3. 在矫直过程中,不得损伤线材表面,且试样也不得产生任何扭曲。

4. 有局部硬弯的线材应不矫直。

(六) 试验程序

1. 试验一般应在室温 10~35℃内进行,对温度要求严格的试验,试验温度应为 23℃

±5℃。

2. 根据表 6-52 所列线材直径,选择圆柱支座半径 r,圆柱支座顶部至拨杆底部距离 h 以及拨杆孔直径 d_g。

3. 如图 6-48 所示,使弯曲臂处于垂直位置,将试样由拨杆孔插入,试样下端用夹块夹紧,并使试样垂直于圆柱支座轴线。

注:非圆形试样的夹持,应使其较大尺寸平行于或近似平行于夹持面,如图 6-49 所示。

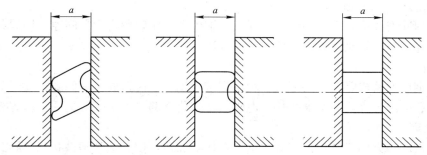

图 6-49 非圆形试样夹持示意图

4. 弯曲试验是将试样弯曲 90°,再向相反方向交替进行;将试样自由端弯曲 90°,再返回至起始位置作为第一次弯曲。然后,如图 6-50 所示,依次向相反方向进行连续而不间断地反复弯曲。

5. 弯曲操作应以每秒不超过一次的均匀速率平稳无冲击地进行,必要时,应降低弯曲速率以确保试样产生的热不致影响试验结果。

6. 试验中为确保试样与圆柱支座圆弧面的连续接触,可对试样施加某种形式的张紧力。除非相关产品标准中另有规定,施加的张紧力不得超过试样公称抗拉强度相对应力值的 2%。

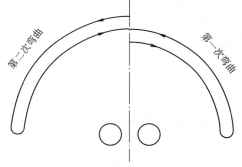

图 6-50 弯曲试验的反复弯曲示意

7. 连续试验至相关产品标准中规定的弯曲次数或肉眼可见的裂纹为止;或者如相关产品标准规定,连续试验至试样完全裂断为止。

8. 试样断裂的最后一次弯曲不计入弯曲次数 N_b。

第四节 钢筋焊接接头[❶]

一、钢筋焊接技术术语

1. 钢筋电阻点焊

将两钢筋安放成交叉叠接形式,压紧于两电极之间,利用电阻热熔化母材金属,加压形成焊点的一种压焊方法。

---

❶ 主要内容引自 JGJ 18—2003《钢筋焊接及验收规程》。

2. 钢筋闪光对焊

将两钢筋安放成对接形式,利用电阻热使接触点金属熔化,产生强烈飞溅,形成闪光,迅速施加顶锻力完成的一种压焊方法。

3. 钢筋电弧焊

以焊条作为一极,钢筋为另一极,利用焊接电流通过产生的电弧热进行焊接的一种熔焊方法。

4. 钢筋窄间隙电弧焊

将两钢筋安放成水平对接形式,并置于铜模内,中间留有少量间隙,用焊条从接头根部引弧,连续向上焊接完成的一种电弧焊方法。

5. 钢筋电渣压力焊

将两钢筋安放成竖向对接形式,利用焊接电流通过两钢筋端面间隙,在焊剂层下形成电弧过程和电渣过程,产生电弧热和电阻热,熔化钢筋,加压完成的一种压焊方法。

6. 钢筋气压焊

采用氧乙炔火焰或其他火焰对两钢筋对接处加热,使其达到塑性状态(固态)或熔化状态(液态)后,加压完成的一种压焊方法。

7. 预埋件钢筋埋弧压力焊

将钢筋与钢板安放成 T 型接头形式,利用焊接电流通过,在焊剂层下产生电弧,形成熔池,加压完成的一种压焊方法。

8. 压入深度

在焊接骨架或焊接网的电阻点焊中,两钢筋相互压入的深度。

9. 焊缝余高

焊缝表面焊趾连线上的那部分金属的高度。

10. 熔合区

焊接接头中,焊缝与热影响区相互过渡的区域。

11. 热影响区

焊接或热切割过程中,钢筋母材因受热的影响(但未熔化),使金属组织和力学性能发生变化的区域。

12. 延性断裂

伴随明显塑性变形而形成延性断口(断裂面与拉应力垂直或倾斜,其上具有细小的凹凸,呈纤维状)的断裂。

13. 脆性断裂

几乎不伴随塑性变形而形成脆性断口(断裂面通常与拉应力垂直,宏观上由具有光泽的亮面组成)的断裂。

二、各种焊接方法和适用范围

钢筋焊接时,各种焊接方法的适用范围应符合表 6-53 的规定。

三、钢筋焊接质量检查与验收

1. 一般规定

(1) 钢筋焊接接头或焊接制品(焊接骨架、焊接网)质量检验与验收应按现行国家标准《混凝土结构工程施工质量验收规范》GB 50204 中的基本规定和 JGJ 18 规程有关规定执行。

钢筋焊接方法的适用范围 表 6-53

焊接方法		接 头 型 式	适 用 范 围	
			钢筋牌号	钢筋直径（mm）
电阻点焊			HPB235 HRB335 HRB400 CRB550	8～16 6～16 6～16 4～12
闪光对焊			HPB235 HRB335 HRB400 RRB400 HRB500 Q235	8～20 6～40 6～40 10～32 10～40 6～14
电弧焊	帮条焊 双面焊		HPB235 HRB335 HRB400 RRB400	10～20 10～40 10～40 10～25
	帮条焊 单面焊		HPB235 HRB335 HRB400 RRB400	10～20 10～40 10～40 10～25
	搭接焊 双面焊		HPB235 HRB335 HRB400 RRB400	10～20 10～40 10～40 10～25
	搭接焊 单面焊		HPB235 HRB335 HRB400 RRB400	10～20 10～40 10～40 10～25
	熔槽帮条焊		HPB235 HRB335 HRB400 RRB400	20 20～40 20～40 20～25
	坡口焊 平焊		HPB235 HRB335 HRB400 RRB400	18～20 18～40 18～40 18～25
	坡口焊 立焊		HPB235 HRB335 HRB400 RRB400	18～20 18～40 18～40 18～25
	钢筋与钢板搭接焊		HPB235 HRB335 HRB400	8～20 8～40 8～25
	窄间隙焊		HPB235 HRB335 HRB400	16～20 16～40 16～40

续表

焊接方法		接头型式	适用范围	
			钢筋牌号	钢筋直径(mm)
电弧焊	预埋件电弧焊	角焊	HPB235 HRB335 HRB400	8～20 6～25 6～25
		穿孔塞焊	HPB235 HRB335 HRB400	20 20～25 20～25
电渣压力焊			HPB235 HRB335 HRB400	14～20 14～32 14～32
气压焊			HPB235 HRB335 HRB400	14～20 14～40 14～40
预埋件钢筋埋弧压力焊			HPB235 HRB335 HRB400	8～20 6～25 6～25

注：1. 电阻点焊时，适用范围的钢筋直径系指2根不同直径钢筋交叉叠接中较小钢筋的直径；
2. 当设计图纸规定对冷拔低碳钢丝焊接网进行电阻点焊，或对原RL540钢筋（Ⅳ级）进行闪光对焊时，可按本规程相关条款的规定实施；
3. 钢筋闪光对焊含封闭环式箍筋闪光对焊。

（2）钢筋焊接接头或焊接制品应按检验批进行质量检验与验收，并划分为主控项目和一般项目两类。质量检验时，应包括外观检查和力学性能检验。

（3）纵向受力钢筋焊接接头，包括闪光对焊接头、电弧焊接头、电渣压力焊接头、气压焊接头的连接方式检查和接头的力学性能检验规定为主控项目。

接头连接方式应符合设计要求，并应全数检查，检验方法为观察。

接头试件进行力学性能检验时，其质量和检查数量应符合JGJ 18规程有关规定；检验方法包括：检查钢筋出厂质量证明书、钢筋进场复验报告、各项焊接材料产品合格证、接头试件力学性能试验报告等。

焊接接头的外观质量检查规定为一般项目。

(4) 非纵向受力钢筋焊接接头，包括交叉钢筋电阻点焊焊点、封闭环式箍筋闪光对焊接头、钢筋与钢板电弧搭接焊接头、预埋件钢筋电弧焊接头、预埋件钢筋埋弧压力焊接头的质量检验与验收，规定为一般项目。

(5) 焊接接头外观检查时，首先应由焊工对所焊接头或制品进行自检；然后由施工单位专业质量检查员检验；监理（建设）单位进行验收记录。

纵向受力钢筋焊接接头外观检查时，每一检验批中应随机抽取10%的焊接接头。检查结果，当外观质量各小项不合格数均小于或等于抽检数的10%，则该批焊接接头外观质量评为合格。

当某一小项不合格数超过抽检数的10%时，应对该批焊接接头该小项逐个进行复检，并剔出不合格接头；对外观检查不合格接头采取修整或焊补措施后，可提交二次验收。

(6) 力学性能检验时，应在接头外观检查合格后随机抽取试件进行试验。试验方法应按现行行业标准《钢筋焊接接头试验方法标准》JGJ/T 27有关规定执行。试验报告应包括下列内容：

1) 工程名称、取样部位；
2) 批号、批量；
3) 钢筋牌号、规格；
4) 焊接方法；
5) 焊工姓名及考试合格证编号；
6) 施工单位；
7) 力学性能试验结果。

(7) 钢筋闪光对焊接头、电弧焊接头、电渣压力焊接头、气压焊接头拉伸试验结果均应符合下列要求：

1) 3个热轧钢筋接头试件的抗拉强度均不得小于该牌号钢筋规定的抗拉强度；RRB400钢筋接头试件的抗拉强度均不得小于 $570N/mm^2$；

2) 至少应有2个试件断于焊缝之外，并应呈延性断裂。

当达到上述2项要求时，应评定该批接头为抗拉强度合格。

当试验结果有2个试件抗拉强度小于钢筋规定的抗拉强度，或3个试件均在焊缝或热影响区发生脆性断裂时，则一次判定该批接头为不合格品。

当试验结果有1个试件的抗拉强度小于规定值，或2个试件在焊缝或热影响区发生脆性断裂，其抗拉强度均小于钢筋规定抗拉强度的1.10倍时，应进行复验。

复验时，应再切取6个试件。复验结果，当仍有1个试件的抗拉强度小于规定值，或有3个试件断于焊缝或热影响区，呈脆性断裂，其抗拉强度小于钢筋规定抗拉强度的1.10倍时，应判定该批接头为不合格品。

注：当接头试件虽断于焊缝或热影响区，呈脆性断裂，但其抗拉强度大于或等于钢筋规定抗拉强度的1.10倍时，可按断于焊缝或热影响区之外，呈延性断裂同等对待。

(8) 闪光对焊接头、气压焊接头进行弯曲试验时，应将受压面的金属毛刺和镦粗凸起部分消除，且应与钢筋的外表齐平。

变曲试验可在万能试验机、手动或电动液压弯曲试验器上进行，焊缝应处于弯曲中点，弯心直径和弯曲角应符合表 6-54 的规定。

接头弯曲试验指标　　　　　　　　表 6-54

钢筋牌号	弯心直径	弯曲角(°)
HPB235	2d	90
HRB335	4d	90
HRB400、RRB400	5d	90
HRB500	7d	90

注：1. d 为钢筋直径(mm)；
　　2. 直径大于 25mm 的钢筋焊接接头，弯心直径应增加 1 倍钢筋直径。

当试验结果，弯至 90°，有 2 个或 3 个试件外侧（含焊缝和热影响区）未发生破裂，应评定该批接头弯曲试验合格。

当 3 个试件均发生破裂，则一次判定该批接头为不合格品。

当有 2 个试件发生破裂，应进行复验。

复验时，应再切取 6 个试件。复验结果，当有 3 个试件发生破裂时，应判定该批接头为不合格品。

注：当试件外侧横向裂纹宽度达到 0.5mm 时，应认定已经破裂。

(9) 钢筋焊接接头或焊接制品质量验收时，应在施单位自行质量评定合格的基础上，由监理（建设）单位对检验批有关资料进行核查，组织项目专业质量检查员等进行验收，对焊接接头合格与否做出结论。

2. 钢筋焊接骨架和焊接网

(1) 焊接骨架和焊接网的质量检验应包括外观检查和力学性能检验，并应按下列规定抽取试件：

1) 凡钢筋牌号、直径及尺寸相同的焊接骨架和焊接网应视为同一类型制品，且每 300 件作为一批，一周内不足 300 件的亦应按一批计算；

2) 外观检查应按同一类型制品分批检查，每批抽查 5%，且不得少于 5 件；

3) 力学性能检验的试件，应从每批成品中切取；切取过试件的制品，应补焊同牌号、同直径的钢筋，其每边的搭接长度不应小于 2 个孔格的长度；

当焊接骨架所切取试件的尺寸小于规定的试件尺寸，或受力钢筋直径大于 8mm 时，可在生产过程中制作模拟焊接试验网片（图 6-51a）从中切取试件。

4) 由几种直径钢筋组合的焊接骨架或焊接网，应对每种组合的焊点作力学性能检验；

5) 热轧钢筋的焊点应作剪切试验，试件应为 3 件；冷轧带肋钢筋焊点除作剪切试验外，尚应对纵向和横向冷轧带肋钢筋作拉伸试验，试件应各为 1 件。剪切试件纵筋长度应大于或等于 290mm，横筋长度应大于或等于 50mm（图 6-51b）；拉伸试件纵筋长度应大于或等于 300mm（图 6-51c）。

6) 焊接网剪切试件应沿同一横向钢筋随机切取；

7) 切取剪切试件时，应使制品中的纵向钢筋成为试件的受拉钢筋。

(2) 焊接骨架外观质量检查结果，应符合下列要求：

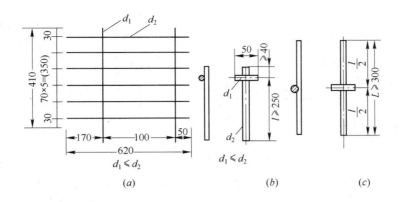

图 6-51 钢筋模拟焊接试验网片与试件
(a)模拟焊接试验网片简图；(b)钢筋焊点剪切试件；(c)钢筋焊点拉伸试件

1) 每件制品的焊点脱落、漏焊数量不得超过焊点总数的 4%，且相邻两焊点不得有漏焊及脱落；

2) 应量测焊接骨架的长度和宽度，并应抽查纵、横方向 3~5 个网格的尺寸，其允许偏差应符合表 6-55 的规定。

焊接骨架的允许偏差 表 6-55

项　目		允许偏差(mm)
焊接骨架	长　度	±10
	宽　度	±5
	高　度	±5
骨架箍筋间距		±10
受力主筋	间　距	±15
	排　距	±5

当外观检查结果不符合上述要求时，应逐件检查，并剔出不合格品。对不合格品经整修后，可提交二次验收。

(3) 焊接网外形尺寸检查和外观质量检查结果，应符合下列要求：

1) 焊接网的长度、宽度及网格尺寸的允许偏差均为 ±10mm；网片两对角线之差不得大于 10mm；网格数量应符合设计规定；

2) 焊接网交叉点开焊数量不得大于整个网片交叉点总数的 1%，并且任一根横筋上开焊点数不得大于该根横筋交叉点总数的 1/2；焊接网最外边钢筋上的交叉点不得开焊；

3) 焊接网组成的钢筋表面不得有裂纹、折叠、结疤、凹坑、油污及其他影响使用的缺陷；但焊点处可有不大的毛刺和表面浮锈。

(4) 剪切试验时应采用能悬挂于试验机上专用的剪切试验夹具(图 6-52)；或采用现行行业标准《钢筋焊接接头试验方法标准》JGJ/T 27 中规定的夹具。

(5) 钢筋焊接骨架、焊接网焊点剪切试验结果，3 个试件抗剪力平均值应符合下式要求：

$$F \geqslant 0.3 A_0 \sigma_s$$

式中 F——抗剪力(N)；
  A_0——纵向钢筋的横截面面积(mm^2)；
  σ_s——纵向钢筋规定的屈服强度(N/mm^2)。

注：冷轧带肋钢筋的屈服强度按 $400N/mm^2$ 计算。

(6) 冷轧带肋钢筋试件拉伸试验结果，其抗拉强度不得小于 $550N/mm^2$。

(7) 当拉伸试验结果不合格时，应再切取双倍数量试件进行复验；复验结果均合格时，应评定该批焊接制品焊点拉伸试验合格。

当剪切试验结果不合格时，应从该批制品中再切取 6 个试件进行复验；当全部试件平均值达到要求时，应评定该批焊接制品焊点剪切试验合格。

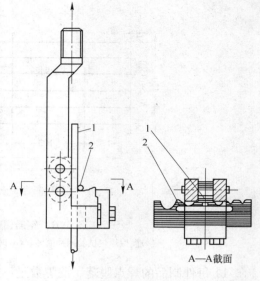

图 6-52 焊点抗剪试验夹具
1—纵筋；2—横筋

3. 钢筋闪光对焊接头

(1) 闪光对焊接头的质量检验，应分批进行外观检查和力学性能检验，并应按下列规定作为一个检验批：

1) 在同一台班内，由同一焊工完成的 300 个同牌号、同直径钢筋焊接接头应作为一批。当同一台班内焊接的接头数量较少，可在一周之内累计计算；累计仍不足 300 个接头时，应按一批计算；

2) 力学性能检验时，应从每批接头中随机切取 6 个接头，其中 3 个做拉伸试验，3 个做弯曲试验；

3) 焊接等长的预应力钢筋(包括螺丝端杆与钢筋)时，可按生产时同等条件制作模拟试件；

4) 螺丝端杆接头可只做拉伸试验；

5) 封闭环式箍筋闪光对焊接头，以 600 个同牌号、同规格的接头作为一批，只做拉伸试验。

(2) 闪光对焊接头外观检查结果，应符合下列要求：

1) 接头处不得有横向裂纹；
2) 与电极接触处的钢筋表面不得有明显烧伤；
3) 接头处的弯折角不得大于 3°；
4) 接头处的轴线偏移不得大于钢筋直径的 0.1 倍，且不得大于 2mm。

(3) 当模拟试件试验结果不符合要求时，应进行复验。复验应从现场焊接接头中切取，其数量和要求与初始试验相同。

4. 钢筋电弧焊接头

(1) 电弧焊接头的质量检验，应分批进行外观检查和力学性能检验，并应按下列规定作为一个检验批：

1) 在现浇混凝土结构中，应以 300 个同牌号钢筋、同型式接头作为一批；在房屋结构中，应在不超过二楼层中 300 个同牌号钢筋、同型式接头作为一批。每批随机切取 3 个接头，做拉伸试验。

2) 在装配式结构中，可按生产条件制作模拟试件，每批 3 个，做拉伸试验。

3) 钢筋与钢板电弧搭接焊接头可只进行外观检查。

注：在同一批中若有几种不同直径的钢筋焊接接头，应在最大直径钢筋接头中切取 3 个试件。以下电渣压力焊接头、气压焊接头取样均同。

(2) 电弧焊接头外观检查结果，应符合下列要求：

1) 焊缝表面应平整，不得有凹陷或焊瘤；

2) 焊接接头区域不得有肉眼可见的裂纹；

3) 咬边深度、气孔、夹渣等缺陷允许值及接头尺寸的允许偏差，应符合表 6-56 的规定；

钢筋电弧焊接头尺寸偏差及缺陷允许值　　　　表 6-56

名　　称		单位	接 头 型 式		
			帮条焊	搭接焊 钢筋与钢 板搭接焊	坡口焊 窄间隙焊 熔槽帮条焊
帮条沿接头中心线的纵向偏移		mm	$0.3d$	—	—
接头处弯折角		°	3	3	3
接头处钢筋轴线的偏移		mm	$0.1d$	$0.1d$	$0.1d$
焊缝厚度		mm	$+0.05d$ 0	$+0.05d$ 0	—
焊缝宽度		mm	$+0.1d$ 0	$+0.1d$ 0	—
焊缝长度		mm	$-0.3d$	$-0.3d$	—
横向咬边深度		mm	0.5	0.5	0.5
在长 $2d$ 焊缝表面上的气孔及夹渣	数量	个	2	2	—
	面积	mm²	6	6	—
在全部焊缝表面上的气孔及夹渣	数量	个	—	—	2
	面积	mm²	—	—	6

注：d 为钢筋直径(mm)。

4) 坡口焊、熔槽帮条焊和窄间隙焊接头的焊缝余高不得大于 3mm。

(3) 当模拟试件试验结果不符合要求时，应进行复验。复验应从现场焊接接头中切取，其数量和要求与初始试验时相同。

5. 钢筋电渣压力焊接头

(1) 电渣压力焊接头的质量检验，应分批进行外观检查和力学性能检验，并应按下列规定作为一个检验批：

在现浇钢筋混凝土结构中，应以 300 个同牌号钢筋接头作为一批；在房屋结构中，应在不超过二楼层中 300 个同牌号钢筋接头作为一批；当不足 300 个接头时，仍应作为一批。每批随机切取 3 个接头做拉伸试验。

(2) 电渣压力焊接头外观检查结果，应符合下列要求：

1) 四周焊包凸出钢筋表面的高度不得小于 4mm；

2) 钢筋与电极接触处，应无烧伤缺陷；

3) 接头处的弯折角不得大于3°；

4) 接头处的轴线偏移不得大于钢筋直径的0.1倍，且不得大于2mm。

6. 钢筋气压焊接头

(1) 气压焊接头的质量检验，应分批进行外观检查和力学性能检验，并应按下列规定作为一个检验批：

在现浇钢筋混凝土结构中，应以300个同牌号钢筋接头作为一批；在房屋结构中，应在不超过二楼层中300个同牌号钢筋接头作为一批；当不足300个接头时，仍应作为一批。

在柱、墙的竖向钢筋连接中，应从每批接头中随机切取3个接头做拉伸试验；在梁、板的水平钢筋连接中，应另切取3个接头做弯曲试验。

(2) 气压焊接头外观检查结果，应符合下列要求：

1) 接头处的轴线偏移 e 不得大于钢筋直径的0.15倍，且不得大于4mm（图6-53a）；当不同直径钢筋焊接时，应按较小钢筋直径计算；当大于上述规定值，但在钢筋直径的0.30倍以下时，可加热矫正；当大于0.30倍时，应切除重焊；

2) 接头处的弯折角不得大于3°；当大于规定值时，应重新加热矫正；

3) 镦粗直径 d_c 不得小于钢筋直径的1.4倍（图6-53b）；当小于上述规定值时，应重新加热镦粗；

4) 镦粗长度 L_c 不得小于钢筋直径的1.0倍，且凸起部分平缓圆滑（图6-53c）；当小于上述规定值时，应重新加热镦长。

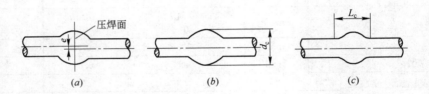

图6-53　钢筋气压焊接头外观质量图解
(a)轴线偏移；(b)镦粗直径；(c)镦粗长度

7. 预埋件钢筋T型接头

(1) 预埋件钢筋T型接头的外观检查，应从同一台班内完成的同一类型预埋件中抽查5%，且不得少于10件。

(2) 当进行力学性能检验时，应以300件同类型预埋件作为一批。一周内连续焊接时，可累计计算。当不足300件时，亦应按一批计算。

应从每批预埋件中随机切取3个接头做拉伸试验，试件的钢筋长度应大于或等于200mm，钢板的长度和宽度均应大于或等于600mm（图6-54）。

(3) 预埋件钢筋手工电弧焊接头外观检查结果，应符合下列要求：

1) 当采用HPB235钢筋时，角焊缝焊脚(k)不得小于钢筋直径的0.5倍；采用HRB335和HRB400钢筋时，焊脚(k)不得小于钢

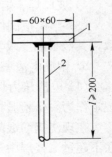

图6-54　预埋件钢筋
T型接头拉伸试件
1—钢板；2—钢筋

筋直径的 0.6 倍。

2) 焊缝表面不得有肉眼可见裂纹；

3) 钢筋咬边深度不得超过 0.5mm；

4) 钢筋相对钢板的直角偏差不得大于 3°。

(4) 预埋件钢筋埋弧压力焊接头外观检查结果，应符合下列要求：

1) 四周焊包凸出钢筋表面的高度不得小于 4mm；

2) 钢筋咬边深度不得超过 0.5mm；

3) 钢板应无焊穿，根部应无凹陷现象；

4) 钢筋相对钢板的直角偏差不得大于 3°。

(5) 预埋件外观检查结果，当有 3 个接头不符合上述要求时，应全数进行检查，并剔出不合格品。不合格接头经补焊后可提交二次验收。

(6) 预埋件钢筋 T 型接头拉伸试验结果，3 个试件的抗拉强度均应符合下列要求：

1) HPB235 钢筋接头不得小于 $350N/mm^2$；

2) HRB335 钢筋接头不得小于 $470N/mm^2$；

3) HRB400 钢筋接头不得小于 $550N/mm^2$。

当试验结果，3 个试件中有小于规定值时，应进行复验。

复验时，应再取 6 个试件。复验结果，其抗拉强度均达到上述要求时，应评定该批接头为合格品。

四、钢筋焊接接头试验方法❶

（一）总则

(1) 为统一钢筋焊接接头的试验方法，正确评价焊接接头性能，而制定。

(2) 标准(JGJ/T 27—2001)适用于工业与民用建筑及一般构筑物的混凝土结构中的钢筋焊接接头的拉伸、剪切、弯曲、冲击和疲劳等试验。

(3) 试验应在 10～35℃室温下进行。

(4) 钢筋焊接接头或焊接制品在质量验收时，其抽样方法、试样数量及质量要求均应符合现行行业标准《钢筋焊接及验收规程》JGJ 18 中的有关规定。

(5) 在进行钢筋焊接接头性能试验时，除应符合标准 JGJ/T 27 外，尚应符合国家现行有关强制性标准的规定。

（二）拉伸试验方法

(1) 各种钢筋焊接接头的拉伸试样的尺寸可按表 6-57、表 6-58 的规定取用。

拉伸试样的尺寸　　　　　　　　表 6-57

焊接方法	接头型式	试样尺寸(mm)	
		l_s	$L \geqslant$
电阻点焊		—	300 $l+2l_j$

---

❶ 主要内容引自 JGJ/T 27—2001《钢筋焊接接头试验方法标准》。

续表

焊接方法		接头型式	试样尺寸(mm)	
			l_s	$L \geq$
	闪光对焊		$8d$	l_s+2l_j
电弧焊	双面帮条焊		$8d+l_h$	l_s+2l_j
	单面帮条焊		$5d+l_h$	l_s+2l_j
	双面搭接焊		$8d+l_h$	l_s+2l_j
	单面搭接焊		$5d+l_h$	l_s+2l_j
	熔槽帮条焊		$8d+l_h$	l_s+2l_j
	坡口焊		$8d$	l_s+2l_j
	窄间隙焊		$8d$	l_s+2l_j
电渣压力焊			$8d$	l_s+2l_j

续表

焊接方法	接头型式	试样尺寸(mm)	
		l_s	$L \geq$
气压焊		$8d$	$l_s + 2l_j$
预埋件电弧焊		—	200
预埋件埋弧压力焊			

注：l_s——受试长度；l_h——焊缝（或镦粗）长度；l_j——夹持长度（100～200mm）；L——试样长度；d——钢筋直径。

钢筋帮条长度　　　　　　　　　表 6-58

钢筋牌号	焊缝型式	帮条长度 l_h
HPB235	单面焊	$\geq 8d$
	双面焊	$\geq 4d$
HRB335 HRB400 RRB400	单面焊	$\geq 10d$
	双面焊	$\geq 5d$

注：d 为主筋直径(mm)。

(2) 根据钢筋的级别和直径，应选用适配的拉力试验机或万能试验机。试验机应符合现行国家标准《金属拉伸试验方法》GB 228 中的有关规定。

(3) 夹紧装置应根据试样规格选用，在拉伸过程中不得与钢筋产生相对滑移。

(4) 在使用预埋件 T 形接头拉伸试验吊架时，应将拉杆夹紧于试验机的上钳口内，试样的钢筋应穿过垫板放入吊架的槽孔中心，钢筋下端应夹紧于试验机的下钳口内。

(5) 试验前应采用游标卡尺复核钢筋的直径和钢板厚度。

(6) 用静拉伸力对试样轴向拉伸时应连续而平稳，加载速率宜为 10～30MPa/s，将试样拉至断裂（或出现缩颈），可从测力盘上读取最大力或从拉伸曲线图上确定试验过程中的最大力。

(7) 试验中，当试验设备发生故障或操作不当而影响试验数据时，试验结果应视为无效。

(8) 当在试样断口上发现气孔、夹渣、未焊透、烧伤等焊接缺陷时，应在试验记录中注明。

(9) 抗拉强度应按式(6-23)计算：

$$\sigma_b = \frac{F_b}{S_0} \tag{6-23}$$

式中 σ_b——抗拉强度(MPa)，试验结果数值应修约到 5MPa，修约的方法应按现行国家标准《数值修约规则》GB 8170 的规定进行；

F_b——最大力(N)；

S_0——试样公称截面面积。

(10) 试验记录应包括下列内容

——试验编号；

——钢筋级别和公称直径；

——焊接方法；

——试样拉断(或缩颈)过程中的最大力；

——断裂(或缩颈)位置及离焊缝口距离；

——断口特征。

(11) 试验记录有关内容可按表 6-59 规定的钢筋焊接接头拉伸、弯曲试验报告式样填写。

钢筋焊接接头拉伸、弯曲试验报告　　　　　　　　　表 6-59

试验编号

工程名称									
委托单位				工程取样部位					
钢筋级别				试验项目					
焊接操作人				施焊证			焊接方法或焊条型号		
试样代表数量				送检日期					
试样编号	钢筋直径(mm)	拉伸试验		试样编号	钢筋直径(mm)	弯曲试验			评定
		抗拉强度(MPa)	断裂位置及特征(mm)			弯心直径(mm)	弯曲度(°)		

结论：

试验单位：(印章)
　　　　年　月　日

技术负责：　　　　　审核：　　　　　试验：

(三) 剪切试验方法

(1) 试样的形式和尺寸应符合图 6-55、图 6-56 的规定。

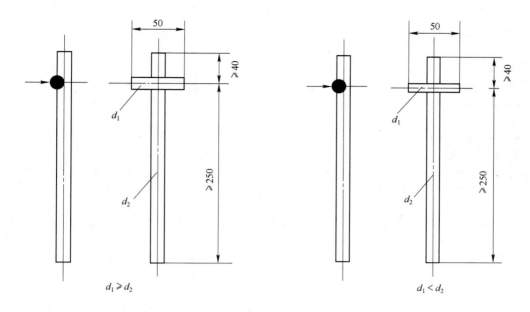

图 6-55　钢筋焊接骨架试样　　　　图 6-56　钢筋焊接网试样

(2) 剪切试验宜采用量程不大于 300kN 的万能试验机。

(3) 剪切夹具可分为悬挂式夹具和吊架式锥形夹具两种；试验时，应根据试样尺寸和设备条件选用合适的夹具。

(4) 夹具应安装于万能试验机的上钳口内，并应夹紧。试样横筋应夹紧于夹具的横槽内，不得转动。纵筋应通过纵槽夹紧于万能试验机的下钳口内，纵筋受拉的力应与试验机的加载轴线相重合。

(5) 加载应连续而平稳，加载速率宜为 10～30MPa/s，直至试件破坏为止。从测力度盘上读取最大力，即为该试样的抗剪载荷。

(6) 试验中，当试验设备发生故障或操作不当而影响试验数据时，试验结果应视为无效。

(7) 试验记录应包括下列内容

——试样编号；

——钢筋级别和公称直径；

——试样的抗剪载荷；

——断裂位置。

(8) 试验记录有关内容可按表 6-60 规定的钢筋电阻点焊制品力学性能试验报告式样填写。

(四) 弯曲试验方法

(1) 试样的长度宜为两支辊内侧距离另加 150mm，具体尺寸可按表 6-61 选用。

(2) 应将试样受压面的金属毛刺和镦粗变形部分去除至与母材外表齐平。

(3) 弯曲试验可在压力机或万能试验机上进行。

钢筋电阻点焊制品剪切、拉伸试验报告

表 6-60

试验编号：

委 托 单 位		施 工 单 位	
工程取样部位		制 品 名 称	
钢 筋 级 别		制 品 用 途	
送 检 日 期		批 量	

剪 切 试 验		拉 伸 试 验	
试 样 编 号	抗 剪 载 荷(N)	试 样 编 号	抗 拉 强 度(MPa)

结论：

试验单位：（印章）

年　月　日

技术负责：　　　　　　　　　审核：　　　　　　　　　试验：

钢筋焊接接头弯曲试验参数表

表 6-61

钢筋公称直径 (mm)	钢筋级别	弯心直径 (mm)	支辊内侧距 $(D+2.5d)$(mm)	试样长度 (mm)
12	Ⅰ	24	54	200
	Ⅱ	48	78	230
	Ⅲ	60	90	240
	Ⅳ	84	114	260
14	Ⅰ	28	63	210
	Ⅱ	56	91	240
	Ⅲ	70	105	250
	Ⅳ	98	133	280
16	Ⅰ	32	72	220
	Ⅱ	64	104	250
	Ⅲ	80	120	270
	Ⅳ	112	152	300
18	Ⅰ	36	81	230
	Ⅱ	72	117	270
	Ⅲ	90	135	280
	Ⅳ	126	171	320
20	Ⅰ	40	90	240
	Ⅱ	80	130	280
	Ⅲ	100	150	300
	Ⅳ	140	190	340
22	Ⅰ	44	99	250
	Ⅱ	88	143	290
	Ⅲ	110	165	310
	Ⅳ	154	209	360
25	Ⅰ	50	113	260
	Ⅱ	100	163	310
	Ⅲ	125	188	340
	Ⅳ	175	237	390
28	Ⅰ	80	154	300
	Ⅱ	140	210	360
	Ⅲ	168	238	390
	Ⅳ	224	294	440
32	Ⅰ	96	176	330
	Ⅱ	160	240	398
	Ⅲ	192	259	410
36	Ⅰ	108	198	350
	Ⅱ	180	270	420
	Ⅲ	216	306	460
40	Ⅰ	120	220	370
	Ⅱ	200	300	450
	Ⅲ	240	340	490

注:试样长度根据$(D+2.5d)+150$mm 修约而得。

(4) 进行弯曲试验时,试样应放在两支点上,并应使焊缝中心与压头中心线一致,应缓慢地对试样施加弯曲力,直至达到规定的弯曲角度或出现裂纹、破断为止。

(5) 压头弯心直径和弯曲角度应按表 6-62 的规定确定。

压头弯心直径和弯曲角度　　　　　　　　表 6-62

序号	钢筋级别	弯心直径(D)		弯曲角(°)
		$d \leqslant 25$(mm)	$d > 25$(mm)	
1	Ⅰ	2d	3d	90
2	Ⅱ	4d	5d	90
3	Ⅲ	5d	6d	90
4	Ⅳ	7d	8d	90

注:d 为钢筋直径。

(6) 在试验过程中,应采取安全措施,防止试样突然断裂伤人。

(7) 试验记录应包括下列内容:

——弯曲后试样受拉面有无裂纹;

——断裂时的弯曲角度;

——断口位置及特征;

——有无焊接缺陷。

(8) 试验记录有关内容可按表 6-59 规定的钢筋焊接接头拉伸、弯曲试验报告式样填写。

(五) 冲击试验方法

(1) 试样应在钢筋横截面中心截取,试样中心线与钢筋中心偏差不得大于 1mm。试样在各种焊接接头中截取的部位及方位应按表 6-63 的规定确定。

取样部位及方位　　　　　　　　表 6-63

焊接方法		取 样 部 位			缺口方位	
		焊 缝	熔 合 线	热影响区	光圆钢筋	带肋钢筋
闪光对焊		图	—	图	图	图
电弧焊	坡口焊	图	图	图		
	窄间隙焊	图	图	图		
电渣压力焊		图	图	图		
气压焊		图	—	图		

注:试样缺口轴线与熔合线的距离 t 为 2～3mm。

(2) 标准试样应采用尺寸为 10mm×10mm×55mm 且带有 V 形缺口的试样。标准试样的形状及尺寸应符合现行国家标准《金属夏比缺口冲击试验方法》GB/T 229 中标准夏比 V 形缺口冲击试样的有关规定。试样缺口底部应光滑，不得有与缺口轴线平行的明显划痕。进行仲裁试验时，试样缺口底部的粗糙度参数 R_a 不应大于 $16\mu m$。

(3) 样坯宜采用机械方法截取，也可用气割法截取。试样的制备应避免由于加工硬化或过热而影响金属的冲击性能。

(4) 同样试验条件下同一部位所取试样的数量不应少于 3 个。试样应逐个编号，缺口底部处横截面尺寸应精确测量，并应记录。

(5) 测量试样尺寸的量具最小分度值不应大于 0.02mm。

(6) 冲击试验机的标准打击能量应为 300J(±10J)和 150J(±10J)，打击瞬间摆锤的冲击速度应为 5.0～5.5m/s。

(7) 试验机的试样支座及摆锤刀刃尺寸应符合现行国家标准《金属夏比缺口冲击试验方法》GB/T 229 中的有关规定。

(8) 冲击试验可在室温或负温条件下进行。室温冲击试验应在 10～35℃进行，对试验温度要求严格的试验应在(20±2)℃进行。负温试验温度有：(0±2)℃、(-10±2)℃、(-20±2)℃、(-30±2)℃、(-40±2)℃等数种，可根据实际需要确定。

(9) 冲击试验机宜在摆锤最大能量的 10%～90%范围内使用。

(10) 试验前应检查摆锤空打时被动指针的回零差；回零差不应超过最小分度值的四分之一。

(11) 试样应紧贴支座装置，并使试样缺口的背面朝向摆锤刀刃。试样缺口对称面应位于两支座对称面上，其偏差不应大于 0.5mm。

(12) 试样的冷却可在冰箱或盛有冷却剂的冷却箱中进行。宜采用干冰与乙醇的混合物作为冷却剂；干冰与乙醇混合时应进行搅拌，以保证冷却剂温度均匀。

(13) 测温用的玻璃温度计最小分度值不应大于 1℃，其误差应符合现行国家计量检定规程《工作用玻璃液体温度计检定规程》JJG 130 的规定。热电偶测点应放在控温试样缺口内，控温试样应与试验试样同时放入冷却箱中。

(14) 冰箱或冷却箱中的温度应低于规定的试验温度，其过冷度应根据实际情况通过试验确定。当从箱内取出试样到摆锤打击试样时的时间为 3～5s、室温为(20±5)℃、试验温度为 0～-40℃时，可采用 1～2℃的过冷度值。

(15) 夹取试样的工具应与试样同时冷却。在冰箱或冷却箱中放置试样应间隔一定的距离。试样应在规定温度下保持足够时间，使用液体介质时，保温时间不应少于 5min；使用气体介质时，保温时间不应少于 20min。

(16) 试样折断后，应检查断口，当发现有气孔、夹渣、裂纹等缺陷时，应记录下来。

(17) 试样折断时的冲击吸收功可从试验机表盘上直接读出。

(18) 冲击韧度(a_k)应按式(6-24)计算：

$$a_k = \frac{A_{kv}}{F} \qquad (6-24)$$

式中　a_k——试样的冲击韧度(J/cm^2)；

A_{kv}——V 形缺口试样冲击吸收功(J);

F——试验前试样缺口底部处的公称截面面积(cm^2)。

(19) 试验记录应包括下列内容

——焊接方法、接头型式及取样部位;

——试验温度;

——试验机打击能量;

——试样的冲击吸收功或冲击韧度;

——断口上发现的缺陷;

——如果试样未折断,应注明"未折断"。

(20) 试验记录有关内容可按表 6-64 规定的钢筋焊接接头冲击试验报告式样填写。

钢筋焊接接头冲击试验报告式样　　　　　　　　　　表 6-64

钢筋焊接接头冲击试验报告　　　　　　　　　　试验编号:

委托单位												
钢筋级别					焊接方法							
钢筋直径					接头型式							
					送检日期							

试样编号	试验温度(℃)	试样尺寸(mm)	缺口形式	缺口底部截面积(cm^2)	冲击吸收功 A_{kv}(J)				冲击韧度 a_k(J/cm^2)				备注
					焊缝区	熔合区	过热区	母材	焊缝区	熔合区	过热区	母材	

结论:

　　　　　　　　　　　　　　　　　　　　　　试验单位:(印章)

　　　　　　　　　　　　　　　　　　　　　　　　年　月　日

技术负责:　　　　　　审核:　　　　　　试验:

(六) 疲劳试验方法

(1) 试样长度宜为疲劳受试长度(包括焊缝和母材)与两个夹持长度之和,其中受试长度不应小于 500mm。当试验机不能满足上述试样长度要求时,应在报告中注明试样的实际长度。高频疲劳试样的长度应根据试验机的具体条件确定。

(2) 试样不得有气孔、烧伤、压伤和咬边等焊接缺陷。

(3) 试验时,可选用下列措施加工试样夹持部分:

——进行冷作强化处理;

——采用与钢筋外形相应的铜套模;

——采用与钢筋外形相应的钢套模,并灌注环氧树脂。

(4) 试验所用的疲劳试验机应符合下列规定:

1) 试验机的静载荷示值不应大于±1%。

2) 在连续试验 10h 内,载荷振幅示值波动度不应大于使用载荷满量程的±2%;

3) 试验机应具有安全控制和应力循环自动记录的装置。

(5) 应力循环频率应根据试验机的类型、试样的刚度和试验的要求确定。所选取的频率不得引起疲劳受试区发热。低频疲劳试验的频率宜采用 5~15Hz;高频疲劳试验机的频率宜采用 100~150Hz。

(6) 将试样夹持部分夹在试验机的上、下夹具中时,夹具的中心线应与试验机的加载轴线重合。

(7) 试验的最大和最小载荷应根据接头的母材(钢筋)的力学性能、规格和使用要求等要素确定。载荷的增加应缓慢进行。在试验初期载荷若有波动应及时调整,直到稳定为止。

(8) 在一根试样的整个试验过程中,最大和最小的疲劳载荷以及循环频率应保持恒定,疲劳载荷的偶然变化不得超过初始值的 5%,其时间不得超过这根试样应力循环数的 2%。

(9) 疲劳试验宜连续进行;有停顿时,不得超过三次;停顿总时间不得超过全部时间的 10%,同时应在报告中注明。

(10) 条件疲劳极限的应力循环次数宜采用 2×10^6 次。

(11) 试样破坏后应及时记录断裂的位置、离夹具端部的距离以及应力循环次数,并应仔细观察断口,并作图描述断口的特征。

(12) 条件疲劳极限的测定应符合下列规定:

1) 在预应力混凝土结构中钢筋的应力比(ρ)可采用 0.7 或 0.8;在非预应力混凝土结构中,钢筋的应力比(ρ)可采用 0.2 或 0.1。

2) 在确定应力比(ρ)条件下,改变应力 σ_{max} 和 σ_{min},从高应力水平开始,分五级逐级下降,每级应取 1~3 个试样进行疲劳试验。

3) 当试样在夹具内或在距离夹具(或套模)末端小于一倍钢筋直径处断裂,应力循环次数又小于 2×10^6 次时,该试样的试验结果应视为无效。

4) 试验结果处理时,应根据得出最大应力与疲劳寿命的关系,绘制在 S-N 曲线(图 6-57),并求出在给定应力比(ρ)的条件下达到 2×10^6 应力循环的条件疲劳极限。

(13) 进行检验性疲劳试验时,在所要求的疲劳应力水平和应力比之下至少应做三根试样的试验,以测定其疲劳寿命。当试样在夹具内或在距离夹具(或套模)末端小于一倍钢筋直径处断裂,应力循环次数又小于 $2×10^6$ 次时,该试样的试验结果应视为无效。当试样的应力循环次数等于或大于 $2×10^6$ 次时,试样无论在何处断裂,该试样的试验结果可视为有效。

(14)疲劳试验过程应及时记录各项原始数据,试验完毕应提出试验报告。

(15)钢筋焊接接头疲劳试验的记录表及试验报告格式可按表 6-65 规定的钢筋焊接接头疲劳记录式样及表 6-66 钢筋焊接接头疲劳试验报告式样填写。

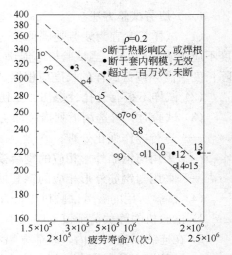

图 6-57 钢筋焊接接头疲劳试验 S-N 曲线

钢筋焊接接头疲劳试验记录 表 6-65

试验编号:

委托单位						试验机型号						
试验名称						试样组数						
钢筋级别						表面情况						
钢筋直径						试样处理						
焊接方法						送检日期						
试样编号	时间		频率 (Hz)	计算载荷				机器示值				循环次数		断口特征	断裂位置
	日/月	分/时		P_{max} (N)	P_{min} (N)	平均 (N)	应力比 (ρ)	P_{max} (N)	P_{min} (N)	平均 (N)	应力比 (ρ)	余数	累计		
分析:															
试验:						审核:									

钢筋焊接接头疲劳试验报告式样　　　　　　　　　　　表 6-66

试验编号：

委托单位				试验机型号					
试验名称				试样组数					
钢筋级别				表面情况					
钢筋直径				试样处理					
焊接方法				送检日期					

试样编号	载荷		应力		应力比 (ρ)	频率 (Hz)	循环次数 ($\times 10^6$)	断口特征	断裂位置
	P_{max} (N)	P_{min} (N)	σ_{max} (MPa)	σ_{min} (MPa)					

结论：

试验单位：（印章）
　　　　　年　月　日

技术负责：　　　　　　审核：　　　　　　试验：

第五节　钢筋的机械连接接头❶

一、术语

1. 钢筋机械连接：通过钢筋与连接件的机械咬合作用或钢筋断面的承压作用，将一根钢筋中的力传递至另一根钢筋的连接方法。

2. 接头抗拉强度：接头试件在拉伸试验过程中所达到的最大拉应力值。

3. 接头残余变形：接头试件按规定的加载制度加载并卸载后，在规定标距内所测得的变形。

4. 接头试件的最大力总伸长率：接头试件在最大力下在规定标距内测得的总伸长率。

5. 机械连接接头长率：接头连接件长度加连接件两端钢筋横截面变化区段的长度。

6. 丝头：钢筋端部的螺纹区段。

---

❶ 主要内容引自 JGJ 107—2010《钢筋机械连接技术规程》。

二、接头的设计原则和性能等级

1. 接头的设计应满足强度及变形性能的要求。

2. 接头连接件的屈服承载力和受拉承载力的标准值不应小于被连接钢筋的屈服承载力和受承载力标准值的 1.10 倍。

3. 接头应根据其性能等级和应用场合。对单向拉伸性能、高应力反复拉压、大变形反复拉压、抗疲劳等各项性能确定相应的检验项目。

4. 接头应根据抗拉强度、残余变形以及高应力和大变形条件下反复拉压性能的差异,分为下列三个性能等级:

Ⅰ级 接头抗拉强度等于被连接钢筋的实际拉断强度或不小于 1.10 倍钢筋抗拉强度标准值,残余变形小并具有高延性及反复拉压性能。

Ⅱ级 接头抗拉强度不小于被连接钢筋抗拉强度标准值,残余变形较小并具有高延性及反复拉压性能。

Ⅲ级 接头抗拉强度不小于被连接钢筋屈服强度标准值的 1.25 倍,残余变形较小并具有一定的延性及反复拉压性能。

5. Ⅰ级、Ⅱ级、Ⅲ级接头的抗拉强度必须符合表 6-67 的规定。

接头的抗拉强度　　　　　表 6-67

接头等级	Ⅰ级	Ⅱ级	Ⅲ级
抗拉强度	$f_{mst}^0 \geqslant f_{stk}$ 断于钢筋 或 $f_{mst}^0 \geqslant 1.10 f_{stk}$ 断于接头	$f_{mst}^0 \geqslant f_{stk}$	$f_{mst}^0 \geqslant 1.25 f_{yk}$

6. Ⅰ级、Ⅱ级、Ⅲ级接头应能经受规定的高应力和大变形反复拉压循环,且在经历拉压循环后,其抗拉强度仍应符合表 6-68 的规定。

接头的变形性能　　　　　表 6-68

接头等级		Ⅰ级	Ⅱ级	Ⅲ级
单向拉伸	残余变形 (mm)	$u_0 \leqslant 0.10 (d \leqslant 23)$ $u_0 \leqslant 0.14 (d > 32)$	$u_0 \leqslant 0.14 (d \leqslant 32)$ $u_0 \leqslant 0.16 (d > 32)$	$u_0 \leqslant 0.14 (d \leqslant 32)$ $u_0 \leqslant 0.16 (d > 32)$
	最大力 总伸长率(%)	$A_{sgt} \geqslant 6.0$	$A_{sgt} \geqslant 6.0$	$A_{sgt} \geqslant 3.0$
高应力反复拉压	残余变形(mm)	$u_{20} \leqslant 0.3$	$u_{20} \leqslant 0.3$	$u_{20} \leqslant 0.3$
大变形反复拉压	残余变形(mm)	$u_4 \leqslant 0.3$ 且 $u_8 \leqslant 0.6$	$u_4 \leqslant 0.3$ 且 $u_8 \leqslant 0.6$	$u_8 \leqslant 0.6$

注:当频遇荷载组合下,构件中钢筋应力明显高于 $0.6 f_{yk}$ 时,设计部门可对单向拉伸残余变形 u_0 的加载峰值提出调整要求。

7. 对直接承受动力荷载的结构构件,设计应根据钢筋应力变化幅度提出接头的抗疲劳性能要求。当设计无专门要求时,接头的疲劳应力幅限值不应小于国家标准《混凝土结构设计规范》GB 50010—2002 中表 4.2.5-1 普通钢筋疲劳应力幅限值的 80%。

三、接头的应用

1. 结构设计图纸中应列出设计选用的钢筋接头等级和应用部位。接头等级的选定应符合下列规定:

(1) 混凝土结构中要求充分发挥钢筋强度或对延性要求高的部位应优先选用Ⅱ级接头。当在同一连接区段内必须实施100%钢筋接头的连接时，应采用Ⅰ级接头。

(2) 混凝土结构中钢筋应力较高但对延性要求不高的部位可采用Ⅲ级接头。

2. 钢筋连接件的混凝土保护层厚度宜符合现行国家标准《混凝土结构设计规范》GB 50010中受力钢筋的混凝土保护层最小厚度的规定，且不得小于15mm。连接件之间的横向净距不宜小于25mm。

3. 结构构件中纵向受力钢筋的接头宜相互错开。钢筋机械连接的连接区段长度应按 $35d$ 计算。在同一连接区段内有接头的受力钢筋截面面积占受力钢筋总截面面积的百分率（以下简称接头百分率），应符合下列规定：

(1) 接头宜设置在结构构件受拉钢筋应力较小部位，当需要在高应力部位设置接头时，在同一连接区段内Ⅱ级接头的接头百分率不应大于25%，Ⅱ级接头的接头百分率不应大于50%。Ⅰ级接头的接头百分率除本条下列(2)所列情况外可不受限制。

(2) 接头宜避开有抗震设防要求的框架的梁端、柱端箍筋加密区；当无法避开时，应采用Ⅱ级接头或Ⅰ级接头，且接头百分率不应大于50%。

(3) 受拉钢筋应力较小部位或纵向受压钢筋，接头百分率可不受限制。

(4) 对直接承受动力荷载的结构构件，接头百分率不应大于50%。

4. 当对具有钢筋接头的构件进行试验并取得可靠数据时，接头的应用范围可根据工程实际情况进行调整。

四、接头的型式检验

1. 在下列情况应进行型式检验：

(1) 确定接头性能等级时；

(2) 材料、工艺、规格进行改动时；

(3) 型式检验报告超过4年时。

2. 用于型式检验的钢筋应符合有关钢筋标准的规定。

3. 对每种型式、级别、规格、材料、工艺的钢筋机械连接接头，型式检验试件不应少于9个；单向拉伸试件不应少于3个，高应力反复拉压试件不应少于3个，大变形反复拉压试件不应少于3个。同时应另取3根钢筋试件作抗拉强度试验。全部试件均应在同一根钢筋上截取。

4. 用于型式检验的直螺纹或锥螺纹接头试件应散件送达检验单位，由型式检验单位或在其监督下由接头技术提供单位按表6-70或表6-71规定的拧紧扭矩进行装配，拧紧扭矩值应记录在检验报告中，型式检验试件必须采用未经过预拉的试件。

5. 型式检验的试验方法应按本节附录A中的规定进行，当试验结果符合下列规定时评为合格：

(1) 强度检验：每个接头试件的强度实测值均应符合表6-67中相应接头等级的强度要求；

(2) 变形检验：对残余变形和最大力总伸长率，3个试件实测值的平均值应符合表6-68的规定。

6. 型式检验应由国家、省部级主管部门认可的检测机构进行，并应按表6-69的格式出具检验报告和评定结论。

接头试件型式检验报告　　　　　　　　　　表 6-69

接头基本参数	接头名称		头检数量		送检日期		
	送检单位				设计接头等级		Ⅰ级　Ⅱ级　Ⅲ级
	连接件示意图				钢筋牌号		HRB335　HRB440　HRB500
					连接件材料		
					连接工艺参数		
钢筋试验结果	钢筋母材编号				NO.1	NO.2	NO.3	要求指标
	钢筋直径(mm)							
	屈服强度(N/mm²)							
	抗拉强度(N/mm²)							
接头试验结果	单向拉伸	单向拉伸试件编号			NO.1	NO.2	NO.3	
		抗拉强度(N/mm²)						
		残余变形(mm)						
		最大力总伸长率(%)						
	高应力反复拉压	高应力反复拉压试件编号			NO.4	NO.5	NO.6	
		抗拉强度(N/mm²)						
		残余变形(mm)						
	大变形反复拉压	大变形反复拉压试件编号			NO.7	NO.8	NO.9	
		抗拉强度(N/mm²)						
		残余变形(mm)						
评定结论								

负责人：　　　　　　校核：　　　　　　试验员：
试验日期：　　年　月　日　　　　　试验单位：

注：1　接头试件基本参数应详细记载。套筒挤压接头应包括套筒长度、外径、内径、挤压道次、压痕总宽度、压痕平均直径、挤压后套筒长度；螺纹接头应包括连接套筒长度、外径、螺纹规格、牙形角、镦粗直螺纹过渡段长度、锥螺纹锥度、安装时拧紧扭矩等。
　　2　破坏形式可分 3 种：钢筋拉断、连接件破坏、钢筋与连接件拉脱。

五、施工现场接头的加与安装

（一）接头的加工

1. 在施工现场加工钢筋接头时，应符合下列规定：

（1）加工钢筋接头的操作工人应经专业技术人员培训合格后才能上岗，人员应相对稳定；

（2）钢筋接头的加工应经工艺检验合格后方可进行。

2. 直螺纹接头的现场加工应符合下列规定：

（1）钢筋端部应切平或镦平后加工螺纹；

（2）镦粗头不得有与钢筋轴线相垂直的横向裂纹；

（3）钢筋丝头长度应满足企业标准中产品设计要求，公差应为 $0\sim 2.0p$（p 为螺距）；

（4）钢筋丝头宜满足 $6f$ 级精度要求，应用专用直螺纹量规检验，通规能顺利旋入并达到要求的拧入长度，止规旋入不得超过 $3p$。抽检数量 10%，检验合格率不应小于 95%。

3. 锥螺纹接头的现场加工应符合下列规定：

(1) 钢筋端部不得有影响螺纹加工的局部弯曲；

(2) 钢筋丝头长度应满足设计要求，使拧紧后的钢筋丝头不得相互接触，丝头加工长度公差应为 $-0.5p \sim -1.5p$；

(3) 钢筋丝头的锥度和螺距应使用专用锥螺纹量规检验；抽检数量 10%，检验合格率不应小于 95%。

(二) 接头的安装

1. 直螺纹钢筋接头的安装质量应符合下列要求：

(1) 安装接头时可用管钳扳手拧紧，应使钢筋丝头在套筒中央位置相互顶紧。标准型接头安装后的外露螺纹不宜超过 $2p$。

(2) 安装后应用扭力扳手校核拧紧扭矩，拧紧扭矩值应符合表 6-70 的规定。

直螺纹接头安装时的最小拧紧扭矩值　　　　表 6-70

钢筋直径(mm)	≤16	18～20	22～25	28～32	36～40
拧紧扭矩(N·m)	100	200	260	320	360

(3) 校核用扭力扳手的准确度级别可选用 10 级。

2. 锥螺纹钢筋接头的安装质量应符合下列要求：

(1) 接头安装时应严格保证钢筋与连接套的规格相一致；

(2) 接头安装时应用扭力扳手拧紧，拧紧扭矩值应符合表 6-71 的要求；

锥螺纹接头安装时的拧紧扭矩值　　　　表 6-71

钢筋直径(mm)	≤16	18～20	22～25	28～32	36～40
拧紧扭矩(N·m)	100	180	240	300	360

(3) 校核用扭力扳手与安装用扭力扳手应区分使用，校核用扭力扳手应每年校核 1 次，准确度级别应选用 5 级。

3. 套筒挤压钢筋接头的安装质量应符合下列要求：

(1) 钢筋端部不得有局部弯曲，不得有严重锈蚀和附着物；

(2) 钢筋端部应有检查插入套筒深度的明显标记，钢筋端头离套筒长度中点不宜超过 10mm；

(3) 挤压应从套筒中央开始，依次向两端挤压，压痕直径的波动范围应控制在供应商认定的允许波动范围内，并提供专用量规进行检验；

(4) 挤压后的套筒不得有肉眼可见裂纹。

六、施工现场接头的检验与验收

1. 工程中应用钢筋机械接头时，应由该技术提供单位提交有效的型式检验报告。

2. 钢筋连接工程开始前，应对不同钢筋生产厂的进场钢筋进行接头工艺检验；施工过程中，更换钢筋生产厂时，应补充进行工艺检验。工艺检验应符合下列规定：

(1) 每种规格钢筋的接头试件不应少于 3 根；

(2) 每根试件的抗拉强度和 3 根接头试件的残余变形的平均值均应符合表 6-67 和

表 6-68 的规定；

(3) 接头试件在测量残余变形后可再进行抗拉强度试验，并宜按表 6-72 中的单向拉伸加载制度进行试验；

(4) 第一次工艺检验中 1 根试件抗拉强度或 3 根试件的残余变形平均值不合格时，允许再抽 3 根试件进行复检，复检仍不合格时判为工艺检全不合格。

3. 接头安装前应检查连接件产品合格证及套筒表面生产批号标识；产品合格证应包括适用钢筋直径和接头性能等级、套筒类型、生产单位、生产日期以及可追溯产品原材料力学性能和加工质量的生产批号。

4. 现场检验应按规程进行接头的抗拉强度试验，加工和安装质量检验；对接头有特殊要求的结构，应在设计图纸中另行注明相应的检验项目。

5. 接头的现场检验应按验收批进行。同一施工条件下采用同一批材料的同等级、同型式、同规格接头，应以 500 个为一个验收批进行检验与验收，不足 500 个也应作为一个验收批。

6. 螺纹接头安装后应按规定的验收批，抽取其中 10% 的接头进行拧紧扭矩校核，拧紧扭矩值不合格数超过被校核接头数的 5% 时，应重新拧紧全部接头，直到合格为止。

7. 对接头的每一验收批，必须在工程结构中随机截取 3 个接头试件作抗拉强度试验，按设计要求的接头等级进行评定。当 3 个接头试件的抗拉强度均符合表 6-67 中相应等级的强度要求时，该验收批应评为合格。如有 1 个试件的抗拉强度不符合要求，应再取 6 个试件进行复检。复检中如仍有 1 个试件的抗拉强度不符合要求，则该验收批应评为不合格。

8. 现场检验连续 18 个验收批抽样试件抗拉强度试验一次合格率为 100% 时，验收批接头数量可扩大 1 倍。

9. 现场截取抽样试件后，原接头位置的钢筋可采用同等规格的钢筋进行搭接连接，或采用焊接及机械连接方法补接。

10. 对抽检不合格的接头验收批，应由建设方会同设计等有关方面研究后提出处理方案。

七、接头试件的试验方法（附录 A）

1. 型式检验试验方法

(1) 型式检验试件的仪表布置和变形测量标距应符合下列规定：

1) 单向拉伸和反复拉压试验时的变形测量仪表应在钢筋两侧对称布置（图 6-58），取钢筋两侧仪表读数的平均值计算残余变形值。

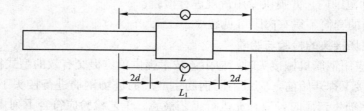

图 6-58　接头试件变形测量标距和仪表布置

2) 变形测量标距 $\qquad L_1 = L + 4d$

式中 L_1——变形测量标距；

L——机械接头长度；

d——钢筋公称直径。

(2) 型式检验试件最大力总伸长率 A_{sgt} 的测量方法应符合下列要求：

1) 试件加载前，应在其套筒两侧的钢筋表面（图 6-59）分别用细画线 A、B 和 C、D 标出测量标距为 L_{01} 的标记线，L_{01} 不应小于 100mm，标距长度应用最小刻度值不大于 0.1mm 的量具测量。

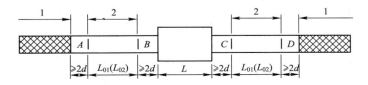

图 6-59 总伸长率 A_{sgt} 的测点布置
1—夹持区；2—测量区

2) 试件应按表 6-72 单向拉伸加载制度加载并卸载，再次测量 A、B 和 C、D 间标距长度为 L_{02}。并应按下式计算试件最

大力总伸长率 A_{sgt}：

$$A_{sgt} = \left[\frac{L_{02} - L_{01}}{L_{01}} + \frac{f_{mst}^{\circ}}{E} \right] \times 100 \qquad (6-25)$$

式中 f_{mst}°、E——分别是试件达到最大力时的钢筋应力和钢筋理论弹性模量；

L_{01}——加载前 A、B 和 C、D 间的实测长度；

L_{02}——卸载后 A、B 或 C、D 间的实测长度。

应用上式计算时，当试件颈缩发生在套筒一侧的钢筋母材时，L_{01} 和 L_{02} 应取另一侧标记间加载前和卸载后的长度。当破坏发生在接头长度范围内时，L_{01} 和 L_{02} 应取套筒两侧各自读数的平均值。

(3) 接头试件型式检验应按表 6-72 和图 6-60～图 6-62 所示的加载制度进行试验。

接头试件型式检验的加载制度 表 6-72

试验项目		加载制度
单向拉伸		$0 \to 0.6 f_{yk} \to 0$（测量残余变形）$\to$ 最大拉力（记录抗拉强度）$\to 0$（测定最大力总伸长率）
高应力反复拉压		$0 \to (0.9 f_{yk} \to -0.5 f_{yk}) \to$ 破坏 （反复 20 次）
大变形反复拉压	Ⅰ级 Ⅱ级	$0 \to (2\varepsilon_{yk} \to -0.5 f_{yk}) \to (5\varepsilon_{yk} \to -0.5 f_{yk}) \to$ 破坏 （反复 4 次）　　　　（反复 4 次）
	Ⅲ级	$0 \to (2\varepsilon_{yk} \to -0.5 f_{yk}) \to$ 破坏 （反复 4 次）

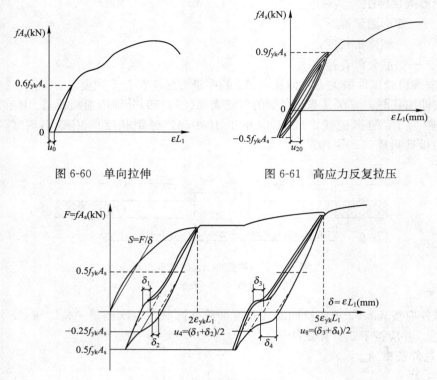

图 6-60 单向拉伸　　图 6-61 高应力反复拉压

图 6-62 大变形反复拉压

注：1. S 线表示钢筋的拉、压刚度；F—钢筋所受的力，等于钢筋应力 f 与钢筋理论横截面面积 A_s 的乘积；δ—力作用下的钢筋变形，等于钢筋应变 ε 与变形测量标距 L_1 的乘积；A_s—钢筋理论横截面面积(mm^2)；L_1—变形测量标距(mm)。
2. δ_1 为 $2\varepsilon_{yk}L_1$ 反复加载四次后，在加载力为 $0.5f_{yk}A_s$ 及反向卸载力为 $-0.25f_{yk}A_s$ 处作 S 的平行线与横坐标交点之间的距离所代表的变形值。
3. δ_2 为 $2\varepsilon_{yk}L_1$ 反复加载四次后，在卸载力水平为 $0.5f_{yk}A_s$ 及反向加载力为 $-0.25f_{yk}A_s$ 处作 S 的平行线与横坐标交点之间的距离所代表的变形值。
4. δ_3、δ_4 为在 $5\varepsilon_{yk}L_1$ 反复加载四次后，按与 δ_1、δ_2 相同方法所得的变形值。

（4）测量接头试件的残余变形时加载时的应力速率宜采用 $2N/mm^2 \cdot s^{-1}$，最高不超过 $10N/mm^2 \cdot s^{-1}$；测量接头试件的最大力总伸长率或抗拉强度时，试验机夹头的分离速率宜采用 $0.05L_c/min$，L_c 为试验机夹头间的距离。

2. 接头试件现场抽检试验方法

（1）现场工艺检验接头残余变形的仪表布置、测量标距和加载速度应符合本节 1(1) 和 (4) 要求。现场工艺检验中，按本节 1(3) 加载制度进行接头残余变形检验时，可采用不大于 $0.012A_s f_{stk}$ 的拉力作为名义上的零荷载。

（2）施工现场随机抽检接头试件的抗拉强度试验应采用零到破坏的一次加载制度。

第七章 砌体材料

砌体材料范围较广，主要是指以黏土、砂、灰、工业废料及其他地方资源材料，经配料、制坯、烤烧或蒸压等合成工艺，制成的使用功能与要求各异的块状砌体材料的总称。可分为烧结砖、蒸压砖、砌块等。

第一节 砌墙砖及试验方法

一、烧结普通砖[1]

（一）范围

GB/T 5101—2003 标准规定了烧结普通砖的产品分类、技术要求、试验方法、检验规则、标志、包装、运输和贮存等。适用于以黏土、页岩、煤矸石、粉煤灰为主要原料经焙烧而成的普通砖（以下简称砖）。

（二）术语和定义

1. 烧结普通砖：以黏土、页岩、煤矸石、粉煤灰为主要原料经焙烧而成的砖。
2. 烧结装饰砖：经烧结而成用于清水墙或带有装饰面的砖（以下简称装饰砖）。

（三）分类

1. 按主要原料砖分为黏土砖（N）、页岩砖（Y）、煤矸石砖（M）和粉煤灰砖（F）。
2. 根据抗压强度分为 MU30、MU25、MU20、MU15、MU10 五个强度等级。
3. 强度、抗风化性能和放射性物质合格的砖，根据尺寸偏差、外观质量、泛霜和石灰爆裂分为优等品（A）、一等品（B）、合格品（C）三个等级。优等品适用于清水墙和装饰墙，一等品、合格品可用于混水墙。中等泛霜的砖不能用于潮湿部位。
4. 规格：砖的外形为直角六面体，其公称尺寸为：长 240mm、宽 115mm、高 53mm。配砖和装饰砖规格见本节一、（七）。
5. 产品标记：砖的产品标记按产品名称、类别、强度等级、质量等级和标准编号顺序编写。

标记示例：规格 240mm×115mm×53mm，强度等级 MU15，一等品的黏土砖，其标记为：烧结普通砖　N　MU15　B　GB 5101

（四）技术要求

1. 尺寸偏差：尺寸允许偏差应符合表 7-1 规定。
2. 外观质量：砖的外观质量应符合表 7-2 规定。
3. 强度：强度应符合表 7-3 规定。
4. 抗风化性能

（1）风化区的划分见本节一、（八）。

---

[1] 主要内容引自 GB 5101—2003《烧结普通砖》。

尺寸允许偏差(mm)　　　　　　　　　　　　　　　　表 7-1

公称尺寸	优等品		一等品		合格品	
	样本平均偏差	样本极差≤	样本平均偏差	样本极差≤	样本平均偏差	样本极差≤
240	±2.0	6	±2.5	7	±3.0	8
115	±1.5	5	±2.0	6	±2.5	7
53	±1.5	4	±1.6	5	±2.0	6

外观质量(mm)　　　　　　　　　　　　　　　　表 7-2

项　目			优等品	一等品	合格品
两条面高度差		≤	2	3	4
弯曲		≤	2	3	4
杂质凸出高度		≤	2	3	4
缺棱掉角的三个破坏尺寸		不得同时大于	5	20	30
裂纹长度≤	a. 大面上宽度方向及其延伸至条面的长度		30	60	80
	b. 大面上长度方向及其延伸至顶面的长度或条顶面上水平裂纹的长度		50	80	100
完整面		不得少于	二条面和二顶面	一条面和一顶面	—
颜色			基本一致	—	—

注：为装饰而施加的色差、凹凸纹、拉毛、压花等不算作缺陷。
凡有下列缺陷之一者，不得称为完整面。
1. 缺损在条面或顶面上造成的破坏面尺寸同时大于 10mm×10mm。
2. 条面或顶面上裂纹宽度大于 1mm，其长度超过 30mm。
3. 压陷、粘底、焦花在条面或顶面上的凹陷或凸出超过 2mm，区域尺寸同时大于 10mm×10mm。

强度等级(MPa)　　　　　　　　　　　　　　　　表 7-3

强度等级	抗压强度平均值 $\bar{f}$≥	变异系数 δ≤0.21	变异系数 δ>0.21
		强度标准值 f_k≥	单块最小抗压强度值 f_{min}≥
MU30	30.0	22.0	25.0
MU25	25.0	18.0	22.0
MU20	20.0	14.0	16.0
MU15	15.0	10.0	12.0
MU10	10.0	6.5	7.5

(2) 严重风化区中的 1、2、3、4、5 地区的砖必须进行冻融试验，其他地区的砖的抗风化性能符合表 7-4 规定时可不做冻融试验，否则，必须进行冻融试验。

抗风化性能　　　　　　　　　　　　　　　　表 7-4

砖种类	严重风化区				非严重风化区			
	5h 沸煮吸水率/%≤		饱和系数≤		5h 沸煮吸水率/%≤		饱和系数≤	
	平均值	单块最大值	平均值	单块最大值	平均值	单块最大值	平均值	单块最大值
黏 土 砖	18	20	0.85	0.87	19	20	0.88	0.90
粉煤灰砖[a]	21	23			23	25		
页 岩 砖	16	18	0.74	0.77	18	20	0.78	0.80
煤矸石砖								

a　粉煤灰掺入量(体积比)小于 30% 时，按黏土砖规定判定。

(3) 冻融试验后，每块砖样不允许出现裂纹、分层、掉皮、缺棱、掉角等冻坏现象；质量损失不得大于 2%。

5. 泛霜：每块砖样应符合下列规定：

优等品：无泛霜。

一等品：不允许出现中等泛霜。

合格品：不允许出现严重泛霜。

6. 石灰爆裂

优等品：不允许出现最大破坏尺寸大于 2mm 的爆裂区域。

一等品：

1) 最大破坏尺寸大于 2mm，且小于等于 10mm 的爆裂区域，每组砖样不得多于 15 处。

2) 不允许出现最大破坏尺寸大于 10mm 的爆裂区域。

合格品：

1) 最大破坏尺寸大于 2mm 且小于等于 15mm 的爆裂区域，每组砖样不得多于 15 处。其中大于 10mm 的不得多于 7 处。

2) 不允许出现最大破坏尺寸大于 15mm 的爆裂区域。

7. 产品中不允许有欠火砖、酥砖和螺旋纹砖。

8. 配砖和装饰砖技术要求应符合本节一、(七)的规定。

9. 砖的放射性物质应符合 GB 6566 的规定。

(五) 试验方法

1. 尺寸偏差：检验样品数为 20 块，其方法按 GB/T 2542 进行，其中每一尺寸测量不足 0.5mm 按 0.5mm 计，每一方向尺寸以两个测量值的算术平均值表示。

样本平均偏差是 20 块试样同一方向 40 个测量尺寸的算术平均值减去其公称尺寸的差值，样本极差是抽检的 20 块试样中同一方向 40 个测量尺寸最大测量值与最小测量值之差值。

2. 外观质量：检验按 GB/T 2542 进行。颜色的检验：抽试样 20 块，装饰面朝上随机分两排并列，在自然光下距离试样 2m 处目测。

3. 强度

(1) 强度试验按 GB/T 2542 进行。其中试样数量为 10 块，加荷速度为 (5 ± 0.5)kN/s。试验后按式(7-1)、式(7-2)分别计算出强度变异系数 δ、标准差 s。

$$\delta = \frac{s}{\bar{f}} \tag{7-1}$$

$$s = \sqrt{\frac{1}{9}\sum_{i=1}^{10}(f_i - \bar{f})^2} \tag{7-2}$$

式中 δ——砖强度变异系数，精确至 0.01；

s——10 块试样的抗压强度标准差，精确至 0.01MPa；

$\bar{f}$——10 块试样的抗压强度平均值，精确至 0.01MPa；

f_i——单块试样抗压强度测定值，精确至 0.01MPa。

(2) 结果计算与评定

1) 平均值-标准值方法评定

变异系数 $\delta \leqslant 0.21$ 时，按表 7-3 中抗压强度平均值($\bar{f}$)、强度标准值 f_k 指标评定砖的强度等级。

样本量 $n=10$ 时的强度标准值按式(7-3)计算。

$$f_k = \bar{f} - 1.8s \tag{7-3}$$

式中　f_k——强度标准值，精确至 0.1MPa。

2) 平均值-最小值方法评定

变异系数 $\delta > 0.21$ 时，按表 7-3 中抗压强度平均值($\bar{f}$)、单块最小抗压强度值 f_{min} 评定砖的强度等级，单块最小抗压强度值精确至 0.1MPa。

4. 冻融试验：试样数量为 5 块，其方法按 GB/T 2542 进行。

5. 石灰爆裂、泛霜、吸水率和饱和系数试验：按 GB/T 2542 进行。

6. 放射性物质：按 GB 6566 规定的试验方法进行。

(六) 检验规则

1. 检验分类：检验分出厂检验和型式检验。

(1) 出厂检验：出厂检验项目为：尺寸偏差、外观质量和强度等级。每批出厂产品必须进行出厂检验，外观质量检验在生产厂内进行。

(2) 型式检验：型式检验项目为：标准技术要求的全部项目。有下列之一情况者，应进行型式检验。

1) 新厂生产试制定型检验；

2) 正式生产后，原材料、工艺等发生较大的改变，可能影响产品性能时；

3) 正常生产时，每半年进行一次（放射性物质一年进行一次）；

4) 出厂检验结果与上次型式检验结果有较大差异时；

5) 国家质量监督机构提出进行型式检验时。

2. 批量：检验批的构成原则和批量大小按 JC/T 466 规定。3.5 万～15 万块为一批，不足 3.5 万块按一批计。

3. 抽样

(1) 外观质量检验的试样采用随机抽样法，在每一检验批的产品堆垛中抽取。

(2) 尺寸偏差检验和其他检验项目的样品用随机抽样法从外观质量检验后的样品中抽取。

(3) 抽样数量按表 7-5 进行。

抽 样 数 量　　　　　　　　　　　　　　表 7-5

序　号	检 验 项 目	抽样数量（块）
1	外观质量	50($n_1=n_2=50$)
2	尺寸偏差	20
3	强度等级	10
4	泛　霜	5
5	石灰爆裂	5
6	冻　融	5
7	吸水率和饱和系数	5
8	放射性	4

4. 判定规则

(1) 尺寸偏差：尺寸偏差符合表 7-1 相应等级规定，判尺寸偏差为该等级。否则，判不合格。

(2) 外观质量：外观质量采用 JC/T 466 二次抽样方案，根据表 7-2 规定的质量指标，检查出其中不合格品数 d_1，按下列规则判定：

$d_1 \leqslant 7$ 时，外观质量合格；

$d_1 \geqslant 11$ 时，外观质量不合格；

$d_1 > 7$，且 $d_1 < 11$ 时，需再次从该产品批中抽样 50 块检验，检查出不合格品数 d_2，按下列规则判定：

$(d_1 + d_2) \leqslant 18$ 时，外观质量合格；

$(d_1 + d_2) \geqslant 19$ 时，外观质量不合格。

(3) 强度：强度的试验结果应符合表 7-3 的规定。低于 MU10 判不合格。

(4) 抗风化性能：抗风化性能应符合本节一、(四)4 规定。否则，判不合格。

(5) 石灰爆裂和泛霜：泛霜和石灰爆裂试验结果应分别符合本节一、(四)5 和一、(四)6 相应等级的规定。否则，判不合格。

(6) 放射性物质：放射性物质应符合本节一、(四)9 的规定。否则，判不合格，并停止该产品的生产和销售。

(7) 总判定

1) 出厂检验质量等级的判定：

按出厂检验项目和在时效范围内最近一次型式检验中的抗风化性能、石灰爆裂及泛霜项目中最低质量等级进行判定。其中有一项不合格，则判为不合格。

2) 型式检验质量等级的判定：

强度、抗风化性能和放射性物质合格，按尺寸偏差、外观质量、泛霜、石灰爆裂检验中最低质量等级判定。其中有一项不合格则判该批产品质量不合格。

3) 外观检验中有欠火砖、酥砖或螺旋纹砖则判该批产品不合格。

(七) 配砖和装饰砖规格及技术要求(标准的附录 A)

1. 规格：常用配砖规格：175mm×115mm×53mm，装饰砖的主规格同烧结普通砖，配砖、装饰砖的其他规格由供需双方协商确定。

2. 技术要求

(1) 与烧结普通砖规格相同的装饰砖技术要求必须符合标准的规定。

(2) 配砖和其他规格的装饰砖的尺寸偏差、强度由供需双方协商确定。但抗风化性能、泛霜、石灰爆裂性能必须符合标准的规定。外观质量可参照表 7-2 执行。

(3) 为增强装饰效果，装饰砖可制成本色、一色或多色，装饰面也可具有砂面、光面、压花等起墙面装饰作用的图案。

(八) 风化区的划分(标准的附录 B)

1. 风化区用风化指数进行划分。

2. 风化指数是指日气温从正温降至负温或负温升至正温的每年平均天数与每年从霜冻之日起至消失霜冻之日止这一期间降雨总量(以 mm 计)的平均值的乘积。

3. 风化指数大于等于 12700 为严重风化区，风化指数小于 12700 为非严重风化区。

全国风化区划分见表 7-6。

风化区划分 表 7-6

严重风化区		非严重风化区	
1. 黑龙江省 2. 吉林省 3. 辽宁省 4. 内蒙古自治区 5. 新疆维吾尔自治区 6. 宁夏回族自治区 7. 甘肃省 8. 青海省 9. 陕西省 10. 山西省	11. 河北省 12. 北京市 13. 天津市	1. 山东省 2. 河南省 3. 安徽省 4. 江苏省 5. 湖北省 6. 江西省 7. 浙江省 8. 四川省 9. 贵州省 10. 湖南省	11. 福建省 12. 台湾省 13. 广东省 14. 广西壮族自治区 15. 海南省 16. 云南省 17. 西藏自治区 18. 上海市 19. 重庆市

4. 各地如有可靠数据，也可按计算的风化指数划分本地区的风化区。

二、烧结多孔砖[❶]

（一）范围

GB 13544—2000 标准规定了烧结多孔砖的产品分类、技术要求、试验方法、检验规则、产品合格证、堆放和运输等。适用于以黏土、页岩、煤矸石、粉煤灰为主要原料，经焙烧而成主要用于承重部位的多孔砖（以下简称砖）。

（二）定义

1. 烧结多孔砖：经焙烧而成，孔洞率大于或等于 25% 作结构承重用的砖。
2. 烧结装饰多孔砖：经焙烧而成，用于清水墙或带有装饰面的多孔砖（以下简称装饰砖）。

（三）分类

1. 分类：按主要原料砖分为黏土砖（N）、页岩砖（Y）、煤矸石砖（M）和粉煤灰砖（F）。
2. 规格：砖的外形为直角六面体，其长度、宽度、高度尺寸应符合下列要求：290，240，190，180；175，140，115，90。
3. 孔洞尺寸：砖的孔洞尺寸应符合表 7-7 的规定。

孔洞尺寸(mm) 表 7-7

圆孔直径	非圆孔内切圆直径	手抓孔
≤22	≤15	(30～40)×(75～85)

4. 质量等级

（1）根据抗压强度分为 MU30、MU25、MU20、MU15、MU10 五个强度等级。

（2）强度和抗风化性能合格的砖，根据尺寸偏差、外观质量、孔型及孔洞排列、泛霜、石灰爆裂分为优等品（A）、一等品（B）和合格品（C）三个质量等级。

5. 产品标记：砖的产品标记按产品名称、品种、规格、强度等级、质量等级和标准编号顺序编写。

标记示例：规格尺寸 290mm×140mm×90mm、强度等级 MU25、优等品的黏土砖，

---

❶ 主要内容引自 GB 13544—2000《烧结多孔砖》。

其标记为：烧结多孔砖 N 290×140×90 25A GB 13544。

(四) 技术要求

1. 尺寸允许偏差：尺寸允许偏差应符合表 7-8 的规定。

尺寸允许偏差(mm) 表 7-8

尺寸	优等品		一等品		合格品	
	样本平均偏差	样本极差≤	样本平均偏差	样本极差≤	样本平均偏差	样本极差≤
290、240	±2.0	6	±2.5	7	±3.0	8
190、180、175、140、115	±1.5	5	±2.0	6	±2.5	7
90	±1.5	4	±1.7	5	±2.0	6

2. 外观质量：砖的外观质量应符合表 7-9 的规定。

外观质量(mm) 表 7-9

项目	优等品	一等品	合格品
1. 颜色（一条面和一顶面）	一致	基本一致	—
2. 完整面 不得少于	一条面和一顶面	一条面和一顶面	—
3. 缺棱掉角的三个破坏尺寸不得同时大于	15	20	30
4. 裂纹长度 不大于			
(1) 大面上深入孔壁 15mm 以上宽度方向及其延伸到条面的长度	60	80	100
(2) 大面上深入孔壁 15mm 以上长度方向及其延伸到顶面的长度	60	100	120
(3) 条顶面上的水平裂纹	80	100	120
5. 杂质在砖面上造成的凸出高度 不大于	3	4	5

注：1. 为装饰而施加的色差、凹凸纹、拉毛、压花等不算缺陷。
　　2. 凡有下列缺陷之一者，不能称为完整面：
　　　(1) 缺损在条面或顶面上造成的破坏面尺寸同时大于 20mm×30mm。
　　　(2) 条面或顶面上裂纹宽度大于 1mm，其长度超过 70mm。
　　　(3) 压陷、焦花、粘底在条面或顶面上的凹陷或凸出超过 2mm，区域尺寸同时大于 20mm×30mm。

3. 强度等级：强度等级应符合表 7-10 的规定。

强度等级(MPa) 表 7-10

强度等级	抗压强度平均值 $\bar{f}$≥	变异系数 δ≤0.21	变异系数 δ≤0.21
		强度标准值 f_k≥	单块最小抗压强度值 f_{min}≥
MU30	30.0	22.0	25.0
MU25	25.0	18.0	22.0
MU20	20.0	14.0	16.0
MU15	15.0	10.0	12.0
MU10	10.0	6.5	7.5

4. 孔型孔洞率及孔洞排列：孔型孔洞率及孔洞排列应符合表7-11的规定。

孔型孔洞率及孔洞排列　　　　　　表7-11

产品等级	孔 型	孔洞率(%)≥	孔洞排列
优等品	矩形条孔或矩形孔	25	交错排列，有序
一等品	矩形条孔或矩形孔	25	交错排列，有序
合格品	矩形孔或其他孔形	25	—

注：1. 所有孔宽 b 应相等，孔长 $L≤50mm$。
　　2. 孔洞排列上下、左右应对称，分布均匀，手抓孔的长度方向尺寸必须平行于砖的条面。
　　3. 矩形孔的孔长 L、孔宽 b 满足式 $L≥3b$ 时，为矩形条孔。

5. 泛霜：每块砖样应符合下列规定：

优等品：无泛霜；

一等品：不允许出现中等泛霜；

合格品：不允许出现严重泛霜。

6. 石灰爆裂

优等品：不允许出现最大破坏尺寸大于2mm的爆裂区域。

一等品：

1）最大破坏尺寸大于2mm且小于等于10mm的爆裂区域，每组砖样不得多于15处。

2）不允许出现最大破坏尺寸大于10mm的爆裂区域。

合格品：

1）最大破坏尺寸大于2mm且小于等于15mm的爆裂区域，每组砖样不得多于15处。其中大于10mm的不得多于7处。

2）不允许出现最大破坏尺寸大于15mm的爆裂区域。

7. 抗风化性能

(1) 风化区的划分见本节一、（八）。

(2) 严重风化区中的1、2、3、4、5地区的砖必须进行冻融试验，其他地区砖的抗风化性能符合表7-12规定时可不做冻融试验，否则必须进行冻融试验。

抗 风 化 性 能　　　　　　表7-12

砖种类	严重风化区				非严重风化区			
	5h沸煮吸水率(%)≤		饱和系数≤		5h沸煮吸水率(%)≤		饱和系数≤	
	平均值	单块最大值	平均值	单块最大值	平均值	单块最大值	平均值	单块最大值
黏土砖	21	23	0.85	0.87	23	25	0.88	0.90
粉煤灰砖	23	25	0.85	0.87	30	32	0.88	0.90
页岩砖	16	18	0.74	0.77	18	20	0.78	0.80
煤矸石砖	19	21	0.74	0.77	21	23	0.78	0.80

注：粉煤灰掺入量（体积比）小于30%时按黏土砖规定判定。

(3) 冻融试验后，每块砖样不允许出现裂纹、分层、掉皮、缺棱掉角等冻坏现象。

8. 产品中不允许有欠火砖、酥砖和螺旋纹砖。

9. 装饰砖技术要求应符合本节一、（七）的规定。

(五) 试验方法

1. 尺寸偏差：检验样品数为 20 块，其方法按 GB/T 2542 进行。其中每一尺寸测量不足 0.5mm 按 0.5mm 计，每一方向尺寸以两个测量值的算术平均值表示。

样本平均偏差是 20 块试样同一方向 40 个测量尺寸的算术平均值减去其公称尺寸的差值，样本极差是抽检的 20 块试样中同一方向 40 个测量尺寸中最大测量值与最小测量值之差值。

2. 外观质量：检验按 GB/T 2542 进行。颜色的检验：抽试样 20 块，条面朝上随机分两排并列，在自然光下距离试样 2m 处目测。

3. 强度等级

(1) 强度等级试验按 GB/T 2542 规定进行。其中试样数量为 10 块。试验后按式(7-1)、式(7-2)分别计算出强度变异系数 δ、标准差 s。

(2) 结果计算与评定

1) 平均值-标准值方法评定：

变异系数 $\delta \leqslant 0.21$ 时，按表 7-10 中抗压强度平均值 $\bar{f}$、强度标准值 f_k 指标评定砖的强度等级，精确至 0.01MPa。

样本量 $n=10$ 时的强度标准值按式(7-3)计算。

2) 平均值-最小值方法评定：

变异系数 $\delta > 0.21$，按表 7-10 中抗压强度平均值 $\bar{f}$、单块最小抗压强度值 f_{min} 评定砖的强度等级，精确至 0.1MPa。

4. 孔型孔洞率及孔洞排列：孔型孔洞率及孔洞排列取 5 块试样，试验方法按 GB/T 2542 进行。

5. 泛霜、石灰爆裂、吸水率和饱和系数：泛霜、石灰爆裂、吸水率和饱和系数试验按 GB/T 2542 进行。

6. 冻融试验：试样数量为 5 块，其方法按 GB/T 2542 进行。

(六) 检验规则

1. 检验分类：产品检验分出厂检验和型式检验。

(1) 出厂检验：产品出厂必须进行出厂检验。出厂检验项目包括尺寸偏差、外观质量和强度等级。产品经出厂检验合格后方可出厂。

(2) 型式检验：型式检验项目包括本标准技术要求的全部项目。有下列之一情况者，应进行型式检验。

1) 新厂生产试制定型检验；
2) 正式生产后，原材料、工艺等发生较大的改变，可能影响产品性能时；
3) 正常生产时，每半年进行一次；
4) 出厂检验结果与上次型式检验结果有较大差异时；
5) 国家质量监督机构提出进行型式检验时。

2. 批量：检验批的构成原则和批量大小按 JC/T 466 规定。3.5 万～15 万块为一批，不足 3.5 万块按一批计。

3. 抽样

(1) 外观质量检验的试样采用随机抽样法，在每一检验批的产品堆垛中抽取。

(2) 其他检验项目的样品用随机抽样法从外观质量检验后的样品中抽取。

(3) 抽样数量按表 7-13 进行。

抽 样 数 量　　　　　　　　　表 7-13

序 号	检 验 项 目	抽样数量（块）
1	外观质量	$50(n_1=n_2=50)$
2	尺寸偏差	20
3	强度等级	10
4	孔型孔洞率及孔洞排列	5
5	泛霜	5
6	石灰爆裂	5
7	吸水率和饱和系数	5
8	冻融	5

4. 判定规则

(1) 尺寸偏差：尺寸偏差应符合表 7-8 相应等级规定。

(2) 外观质量：外观质量采用 JC/T 466 二次抽样方案，根据表 7-9 规定的外观质量指标，检查出其中不合格品数 d_1，按下列规则判定：

$d_1 \leqslant 7$ 时，外观质量合格；

$d_1 \geqslant 11$ 时，外观质量不合格；

$d_1 > 7$，且 $d_1 < 11$ 时，需再次从该产品批中抽样 50 块检验，检查出不合格品数 d_2，按下列规则判定：

$(d_1+d_2) \leqslant 18$ 时，外观质量合格；

$(d_1+d_2) \geqslant 19$ 时，外观质量不合格。

(3) 强度等级：强度等级的试验结果应符合表 7-10 的规定。

(4) 孔型孔洞率及孔洞排列：孔型孔洞率及孔洞排列应符合表 7-11 相应等级的规定。

(5) 泛霜和石灰爆裂：泛霜和石灰爆裂试验结果应分别符合本节二、(四)5 和二、(四)6 相应等级的规定。

(6) 抗风化性能：抗风化性能应符合本节二、(四)7 规定。

(7) 总判定：

1) 出厂检验质量等级的判定：

按出厂检验项目和在时效范围内最近一次型式检验中的孔型孔洞率及孔洞排列、石灰爆裂、泛霜、抗风化性能等项目中最低质量等级进行判定。其中有一项不合格，则判为不合格。

2) 型式检验质量等级的判定：

强度和抗风化性能合格，按尺寸偏差、外观质量、孔型孔洞率及孔洞排列、泛霜、石灰爆裂检验中最低质量等级判定。其中有一项不合格则判该批产品质量不合格。

3) 外观检验中有欠火砖、酥砖或螺旋纹砖则判该批产品不合格。

(七) 装饰砖规格及技术要求（标准的附录 A）

1. 规格：装饰砖规格尺寸除本节二、(三)2 的尺寸外，亦可根据需要由供需双方协商选用其他规格尺寸。

2. 技术要求：长度、宽度、高度尺寸均采用本节二、(三)2 规定尺寸的装饰砖，其技术指标按本节二、(四)的规定，其他规格的装饰砖的尺寸偏差、强度等级由供需双方协商确定。但孔型孔洞率及孔洞排列、泛霜、石灰爆裂、抗风化性能必须符合规定。外观质量亦可参照表 7-8、表 7-9 执行。

3. 为增强装饰效果，装饰砖可制成本色、一色或多色，装饰面也可具有砂面、光面、压花等起墙面装饰作用的图案。

(八) 风化区的划分(标准的附录 B)

见本节一、(八)及表 7-6。

三、蒸压灰砂砖❶

(一) 范围

GB 11945—1999 标准规定了蒸压灰砂砖(以下简称灰砂砖)的产品分类、技术要求、试验方法、检验规则、产品合格证、堆放和运输等。适用于以石灰和砂为主要原料，允许掺入颜色和外加剂，经坯料制备、压制成型、蒸压养护而成的实心灰砂砖。

(二) 分类

1. 根据灰砂砖的颜色分为：彩色的(C_0)、本色的(N)。

2. 规格：砖的外形为直角六面体。砖的公称尺寸为：长度 240mm，宽度 115mm，高度 53mm。生产其他规格尺寸产品，由用户与生产厂协商确定。

3. 等级

(1) 强度级别：根据抗压强度和抗折强度分为 MU25、MU20、MU15、MU10 四级。

(2) 质量等级：根据尺寸偏差和外观、强度及抗冻性分为：1)优等品(A)；2)一等品(B)；3)合格品(C)。

4. 产品标记：灰砂砖产品标记采用产品名称(LSB)、颜色、强度等级、产品等级、标准编号的顺序进行，示例如下：

强度级别为 MU20，优等品的彩色灰砂砖：LSB CO 20A GB 11945。

5. 用途

(1) MU15、MU20、MU25 的砖可用于基础及其他建筑；MU10 的砖仅可用于防潮层以上的建筑。

(2) 灰砂砖不得用于长期受热 200℃以上、受急冷急热和有酸性介质侵蚀的建筑部位。

(三) 技术要求

1. 尺寸偏差和外观：尺寸偏差和外观应符合表 7-14 的规定。

尺寸偏差和外观　　　　　　　　　表 7-14

项　目			指　标		
			优等品	一等品	合格品
尺寸允许偏差(mm)	长　度	L	±2	±2	±3
	宽　度	B	±2		
	高　度	H	±1		

---

❶ 主要内容引自 GB 11945—1999《蒸压灰砂砖》。

续表

项 目		指 标		
		优等品	一等品	合格品
缺棱掉角	个数不多于(个)	1	1	2
	最大尺寸不得大于(mm)	1	15	20
	最小尺寸不得大于(mm)	5	10	10
	对应高度差不得大于(mm)	1	2	3
裂纹	条数,不多于(条)	1	1	2
	大面上宽度方向及其延伸到条面的长度不得大于(mm)	20	50	70
	大面上长度方向及其延伸到顶面上的长度或条、顶面水平裂纹的长度不得大于(mm)	30	70	100

2. 颜色:颜色应基本一致,无明显色差,但对本色灰砂砖不作规定。
3. 抗压强度和抗折强度:抗压强度和抗折强度应符合表 7-15 的规定。

力学性能(MPa)　　　　　　　　　　表 7-15

强度级别	抗 压 强 度		抗 折 强 度	
	平均值不小于	单块值不小于	平均值不小于	单块值不小于
MU25	25.0	20.0	5.0	4.0
MU20	20.0	16.0	4.0	3.2
MU15	15.0	12.0	3.3	2.6
MU10	10.0	8.0	2.5	2.0

注:优等品的强度级别不得小于 MU15。

4. 抗冻性:抗冻性应符合表 7-16 的规定。

抗冻性指标　　　　　　　　　　表 7-16

强 度 级 别	冻后抗压强度(MPa)平均值不小于	单块砖的干重量损失(%)不大于
MU25	20.0	2.0
MU20	16.0	2.0
MU15	12.0	2.0
MU10	8.0	2.0

注:优等品的强度级别不得小于 MU15。

(四)试验方法

1. 技术要求中各项指标按 GB/T 2542 中有关试验方法的规定进行。
2. 颜色:从批量中随机抽 36 块灰砂砖,平放在地上,在自然光照下,距离样品 1.5m 处目测,有无明显色差。

(五)检验规则

1. 检验分类:产品检验分出厂检验和型式检验。每批出厂产品必须进行出厂检验。当产品有下列情况之一时应进行型式检验:

(1)新厂生产试制定型检验;

(2)正式生产后,原材料、工艺等发生较大改变,可能影响产品性能时;

(3) 正常生产时,每半年应进行一次;

(4) 出厂检验结果与上次型式检验结果有较大差异时;

(5) 国家质量监督机构提出进行型式检验时。

2. 检验项目:出厂检验项目包括尺寸偏差和外观质量、颜色、抗压强度和抗折强度。型式检验项目包括技术要求中全部项目。

3. 批量:同类型的灰砂砖每 10 万块为一批,不足 10 万块亦为一批。

4. 抽样:尺寸偏差和外观质量检验的样品用随机抽样法从堆场中抽取。其他检验项目的样品用随机抽样法从尺寸偏差和外观质量检验合格的样品中抽取。

抽样数量按表 7-17 进行。

抽 样 数 量　　　　　　　　　　　　表 7-17

项　　目	抽样数量,块
尺寸偏差和外观质量	50($n_1=n_2=50$)
颜　　色	36
抗折强度	5
抗压强度	5
抗冻性	5

5. 判定规则

(1) 尺寸偏差和外观质量

尺寸偏差和外观质量采用二次抽样方案,根据表 7-14 规定的质量指标,检查出其中不合格品块数 d_1,按下列规则判定:

$d_1 \leqslant 5$ 时,尺寸偏差和外观质量合格;

$d_1 \geqslant 9$ 时,尺寸偏差和外观质量不合格;

$d_1 > 5$,且 $d_1 < 9$ 时,需再次从该产品批中抽样 50 块检验,检查出不合格品数 d_2,按下列规则判定:

$(d_1+d_2) \leqslant 12$ 时,尺寸偏差和外观质量合格;

$(d_1+d_2) \geqslant 13$ 时,尺寸偏差和外观质量不合格。

(2) 颜色抽检样品应无明显色差判为合格。

(3) 抗压强度和抗折强度级别由试验结果的平均值和最小值按表 7-15 判定。

(4) 抗冻性如符合表 7-16 相应强度级别时判为符合该级别,否则判不合格。

(5) 总判定:

1) 每一批出厂产品的质量等级按出厂检验项目的检验结果和抗冻性检验结果综合判定。

2) 每一型式检验的质量等级按全部检验项目的检验结果综合判定。

3) 抗冻性和颜色合格,按尺寸偏差、外观质量和强度级别中最低的质量等级判定,其中有一项不合格判该批产品不合格。

四、粉煤灰砖[❶]

(一) 范围

标准规定了粉煤灰砖的分类、技术要求、试验方法、检验规则、标志、使用说明

---

❶ 主要内容引自 JC 239—2001《粉煤灰砖》。

书、包装、运输和贮存等。适用于以粉煤灰、石灰或水泥为主要原料,掺加适量石膏、外加剂、颜料和集料等,经坯料制备、成型、高压或常压蒸汽养护而制成的实心粉煤灰砖。

(二)分类

1. 类别:砖的颜色分为本色的(N)、彩色的(Co)。

2. 规格:砖的外形为直角六面体。砖的公称尺寸为:长度 240mm,宽度 115mm,高度 53mm。

3. 等级

(1) 强度级别:根据抗压强度和抗折强度分为 MU30、MU25、MU20、MU15、MU10。

(2) 质量等级:根据尺寸偏差和外观质量、强度等级及干燥收缩分为优等品(A);一等品(B);合格品(C)。

4. 产品标记:粉煤灰砖产品标记按照产品名称(FB)、颜色、强度等级、质量等级、标准编号的顺序编写。

示例:强度等级为 20 级,优等品的彩色粉煤灰砖:FB CO 20 A JC 239—2001

5. 用途:标准规定的粉煤灰砖可用于工业与民用建筑的墙体和基础,但用于基础或用于易受冻融和干湿交替作用的建筑部位必须使用 MU15 及以上强度等级的砖。不得用于长期受热(200℃以上)、受急冷急热和有酸性介质侵蚀的建筑部位。

(三)技术要求

1. 尺寸偏差和外观:尺寸偏差和外观应符合表 7-18 的规定。

尺寸偏差和外观(mm)　　　　　　　　　　　　　表 7-18

项目		指标	
	优等品(A)	一等品(B)	合格品(C)
尺寸允许偏差:			
长	±2	±3	±4
宽	±2	±3	±4
高	±1	±2	±3
对应高度差　　　　　　　　　　≤	1	2	3
缺棱掉角的最小破坏尺寸　　　　≤	10	15	20
完整面　　　　　　　　　　　不少于	二条面和一顶面或二顶面和一条面	一条面和一顶面	一条面和一顶面
裂纹长度　　　　　　　　　　　≤			
1. 大面上宽度方向的裂纹(包括延伸到条面上的长度)	30	50	70
2. 其他裂纹	50	70	100
层裂	不允许		

注:在条面或顶面上破坏面的两个尺寸同时大于 10mm 和 20mm 者为非完整面。

2. 色差:色差应不显著。

3. 强度等级:强度等级应符合表 7-19 的规定,优等品砖的强度等级应不低于 MU15。

粉煤灰砖强度指标(MPa)　　　　　　　　　　　表 7-19

强度等级	抗压强度		抗折强度	
	10 块平均值≥	单块值≥	10 块平均值≥	单块值≥
MU30	30.0	24.0	6.2	5.0
MU25	25.0	20.0	5.0	4.0
MU20	20.0	16.0	4.0	3.2
MU15	15.0	12.0	3.3	2.6
MU10	10.0	8.0	2.5	2.0

4. 抗冻性：抗冻性应符合表 7-20 的规定。

粉煤灰砖抗冻性　　　　　　　　　　　表 7-20

强度等级	抗压强度(MPa) 平均值≥	砖的干重量损失(%) 单块值≤
MU30	24.0	
MU25	20.0	
MU20	16.0	2.0
MU15	12.0	
MU10	8.0	

5. 干燥收缩：干燥收缩值：优等品和一等品应不大于 0.65mm/m；合格品应不大于 0.75mm/m。

6. 碳化性能：碳化系数 $K_c \geqslant 0.8$。

（四）试验方法

标准技术要求中规定的各项指标的试验按 GB 2542 的规定进行；其中色差的试验方法为：取 36 块粉煤灰砖，平放在地上，在自然光照下，距离样品 1.5m 处目测，无明显色差。

（五）检验规则

1. 检验分类：检验分出厂检验和型式检验。

（1）出厂检验：出厂检验的项目包括尺寸偏差和外观、色差、强度等级。

（2）型式检验：型式检验项目为本标准技术要求的全部项目。当产品有下列情况之一时应进行型式检验：

1）新厂生产试制定型鉴定时；
2）正式生产后原材料、工艺等有较大改变时；
3）正常生产时，每半年进行一次；
4）产品停产三个月以上，恢复生产时；
5）出厂检验结果与上次型式检验有较大差异时；
6）国家质量监督机构提出进行型式检验时。

2. 批量：每 10 万块为一批，不足 10 万块按一批计。

3. 抽样：尺寸偏差和外观质量检验的样品用随机抽样法从每一检验批的产品中抽取。

其他检验项目的样品用随机抽样法从尺寸偏差和外观质量检验合格的样品中抽取。抽样数量按表 7-21 进行。

抽 样 数 量   表 7-21

检 验 项 目	抽样数量，块
尺寸偏差和外观质量	$100(n_1=n_2=50)$
色差	36
强度等级	10
抗冻性	10
干燥收缩	3
碳化性能	15

4. 判定规则

（1）尺寸偏差和外观质量

尺寸偏差和外观质量采用二次抽样方案。首先抽取第一样本（$n_1=50$），根据表 7-18 规定的质量指标，检查出其中不合格品数 d_1，按下列规则判定：

$d_1 \leqslant 5$ 时，尺寸偏差和外观质量合格；

$d_1 \geqslant 9$ 时，尺寸偏差和外观质量不合格；

$d_1 > 5$，且 $d_1 < 9$ 时，需对第二样本（$n_2=50$）进行检验，检查出不合格品数 d_2，按下列规定判定：

$(d_1+d_2) \leqslant 12$ 时，尺寸偏差和外观质量合格；

$(d_1+d_2) \geqslant 13$ 时，尺寸偏差和外观质量不合格。

（2）彩色粉煤灰砖的色差符合本节四、（三）2 的规定时判为合格。

（3）强度等级：强度等级符合表 7-19 相应规定时判为合格，且确定相应等级；否则判不合格。

（4）抗冻性：抗冻性符合表 7-20 相应规定时判为合格，否则判不合格。

（5）干燥收缩：干燥收缩值符合本节四、（三）5 规定时判为合格，且确定相应等级，否则判不合格。

（6）碳化性能：碳化性能符合本节四、（三）6 规定时判为合格，否则判不合格。

（7）总判定：各项检验结果均符合本节四、（三）技术要求相应等级时，则判该批产品符合该等级。

五、混凝土实心砖❶

（一）范围

标准 GB/T 21144—2007 规定了混凝土实心砖的术语和定义、规格、等级和标记、原材料、技术要求、试验方法、检验规则、标志、产品合格证、运输等。适用于建筑物和构筑物用的混凝土实心砖。

（二）术语和定义

1. 混凝土实心砖：以水泥、骨料，以及根据需要加入的掺合料、外加剂等经加水搅

---

❶ 主要内容引自 GB/T 21144—2007《混凝土实心砖》。

拌、成型、养护制成的混凝土实心砖(以下简称砖)。

2. 砖的各部位名称见示意图 7-1。

(三)规格、等级、代号和标记

1. 规格

砖主规格尺寸为：240mm×115mm×53mm。其他规格由供需双方协商确定。

2. 密度等级

按混凝土自身的密度分为 A 级(≤2100kg/m³)、B 级(1681kg/m³～2099kg/m³)和 C 级(≤1680kg/m³)三个密度等级。

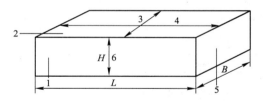

图 7-1 混凝土实心砖
1—条面；2—天面；3—宽度(B)；
4—长度(L)；5—顶面；6—高度(H)。

3. 强度等级

砖的抗压强度分为 MU40、MU35、MU30、MU25、MU20、MU15 六个等级。

4. 代号和标记

(1)混凝土实心砖的代号为 SCB。

(2)产品按下列顺序进行标记：代号、规格尺寸、强度等级、密度等级和标准编号。

标记示例：

规格为 240mm×115mm×53mm、抗压强度等级 MU25、密度等级 B 级、合格的混凝土砖：

SCB 240×115×53 MU254 B GB/T 21144—2007

(四)要求

1. 尺寸偏差

尺寸偏差应符合表 7-22 规定。

尺寸允许偏差(mm) 表 7-22

项目名称	标准值	项目名称	标准值
长度 L	−1～+2	高度 H	−1～+2
宽度 B	−2～+2		

2. 外观质量

外观质量应符合表 7-23 的规定。

外观质量(mm) 表 7-23

项目名称		标准值
成形面高度差	不大于	2
弯曲	不大于	2
缺棱掉角的三个方向投影尺寸	不得同时大于	10
裂纹长度的投影尺寸	不大于	20
完整面①	不得少于	一条面和一顶面

① 凡有下列缺陷之一者，不得称为完整面：

1) 缺损在条面或顶面上造成的破坏尺寸同时大于 10mm×10mm；

2) 条面或顶面上裂纹宽度大于 1mm，其长度超过 30mm。

3. 密度等级

密度等级应符合表 7-24 的规定。

密度等级 表 7-24

密度等级	3 块平均值(kg/m³)	密度等级	3 块平均值(kg/m³)
A 级	≥2100	C 级	≤1680
B 级	1681～2099		

4. 强度等级

（1）强度等级应符合表 7-25 的规定。

抗压强度 表 7-25

强度等级	抗压强度(MPa)	
	平均值≥	单块最小值≥
MU40	40.0	35.0
MU35	35.0	30.0
MU30	30.0	26.0
MU25	25.0	21.0
MU20	20.0	16.0
MU15	15.0	12.0

（2）密度等级为 B 级和 C 级的砖，其强度等级应不小于 MU15；密度等级为 A 级的砖，其强度等级应不小于 MU20。

5. 最大吸水率

根据混凝土砖密度等级，吸水率应符合表 7-26 的规定。

最大吸水率(%) 表 7-26

不同密度级混凝土砖的最大吸水率(3 块平均值)		
≥2100kg/m³(A 级)	(1681～2099)kg/m³(B 级)	≤1680kg/m³(C 级)
≤11	≤13	≤17

6. 干燥收缩率和相对含水率

干燥收缩率和相对含水率应符合表 7-27 的规定。

干燥收缩率和相对含水率(%) 表 7-27

干燥收缩率	相对含水率平均值		
	潮湿	中等	干燥
≤0.050	≤40	≤35	≤30

注1：相对含水率即混凝土实心砖的含水率与吸水率之比：$w=100\times w_1/w_2$
式中　w——混凝土实心砖的相对含水率(%)；
　　　w_1——混凝土实心砖的含水率(%)；
　　　w_2——混凝土实心砖的吸水率(%)。
注2：使用地区的湿度条件
　　潮湿——系指年平均相对湿度大于 75% 的地区；
　　中等——系指年平均相对湿度 50%～75% 的地区；
　　干燥——系指年平均相对湿度小于 50% 的地区。

7. 抗冻性

抗冻性能应符合表 7-28 的规定。

抗 冻 性   表 7-28

使用条件	抗冻等级	质量损失(%)	强度损失(%)
夏热冬暖地区	F15	≤5	≤25
夏热冬冷地区	F25		
寒冷地区	F35		
严寒地区	F50		

8. 碳化系数和软化系数

碳化系数应不小于 0.80；软化系数应不小于 0.80。

（五）试验方法

1. 尺寸偏差和外观质量

尺寸偏差和外观质量按 GB/T 2542 进行。

2. 密度等级

密度试验按 GB/T 4111 进行。

3. 强度

强度试验按 GB/T 21144—2007 附录 A 的规定进行。

4. 干燥收缩率、相对含水率

试验方法按 GB/T 4111 进行。干燥收缩率试验的测定标距为 150mm。

5. 最大吸水率

试验方法按 GB/T 4111 进行。

6. 碳化系数

试验方法按 GB/T 21144 附录 B 进行。

7. 软化系数

试验方法按 GB/T 21144 附录 C 进行。

8. 抗冻性

试验方法按 GB/T 4111 进行。与对比试样一起按 GB/T 21144 附录 A 进行冻后强度对比试验。

（六）检验规则

1. 检验分类

产品检验分出厂检验和型式检验。

(1) 出厂检验

出厂检验项目为：尺寸偏差、外观质量、强度等级、密度等级、最大吸水率和相对含水率。

(2) 型式检验

型式检验项目包括本节五(四)要求的全部项目。有下列之一情况者，应进行型式检验。

1) 新厂生产试制定型检验；

2) 正式生产后，原材料、工艺等发生较大的改变，可能影响产品性能时；

3）正常生产时，每半年进行一次；
4）产品停产三个月以上恢复生产时；
5）出厂检验结果与上次型式检验结果有较大差异时；
6）国家质量监督机构提出进行型式检验时。

2. 组批规则

检验批的松成原则和批量大小按 JC/T 466 规定，用同一种原材料、同一工艺生产、相同质量等级的 10 万块为一批，不足 10 万块亦按一批计。

3. 抽样

（1）尺寸偏差和外观质量检验的试样采用随机抽样法，在检验批的产品堆垛中抽取 50 块进行检验。

（2）其他检验项目的样品用随机抽样法从外观质量检验合格的样品中抽取如下数量的砖进行其他项目检验，如样品数量不足时，再在该批砖中补抽砖样（外观质量和尺寸偏差检验合格）进行项目检验。

1）强度　　　　　　　　　　10 块
2）密度　　　　　　　　　　3 块
3）干燥收缩率、相对含水率　　3 块
4）最大吸水率　　　　　　　3 块
5）抗冻性能　　　　　　　　10 块
6）碳化系数　　　　　　　　10 块
7）软化系数　　　　　　　　10 块

4. 判定规则

（1）尺寸偏差和外观质量

尺寸偏差和外观质量采用 JC/T 466 二次抽样方案，根据表 7-22、表 7-23 规定的质量指标，检查出其中不合格品数 d_1，按下列规则判定：

$d_1 \leqslant 7$ 时，尺寸偏差和外观质量合格；

$d_1 \leqslant 11$ 时，尺寸偏差和外观质量不合格；

$d_1 > 7$，且 $d_1 < 11$ 时，需再次从该产品批中抽样 50 块检验，检查出不合格品数 d_2，按下列规则判定：

$(d_1 + d_2) \leqslant 18$ 时，尺寸偏差和外观质量合格；

$(d_1 + d_2) \geqslant 19$ 时，尺寸偏差和外观质量不合格。

（2）密度、强度、干燥收缩率和相对含水率、抗冻性、碳化系数、软化系数检验结果，分别符合表 7-24、表 7-25、表 7-26、表 7-27、表 7-28 及本节五（四）、8 的技术要求指标时，则叛该批产品相应等级合格；其中有一项不合格，则叛该批产品相应等级不合格。

（七）混凝土砖抗压强度试验方法（规范附录 A）

1. 仪器设备

（1）材料试验机

试验机的示值相对误差不大于 ±1%，其下加压板应为球铰支座，预期最大破坏荷载应在量程的 20%～80% 之间。

（2）试样制备平台

试样制备平台必须平整水平,可用金属或其他材料制作。

(3) 水平尺

规格为250～300mm。

(4) 钢直尺

分度值为1mm。

(5) 玻璃平板或不锈钢平板

厚度不小于6mm。

2. 试样

试样数量10块。

3. 试样制备

(1) 高度≥40mm、<90mm的混凝土砖试样制备

1) 将试样切断或锯成两个半截砖,断开的半截砖长不得小于90mm,如图7-2所示。如果不足90mm,应另取备用试样补足。

2) 在试样制备平台上,将已断开的两个半截砖的坐将面用不滴水的湿抹布擦拭后,以断口相反方向叠放,两者中间抹以厚度不超过5mm、用42.5级的普通硅酸盐水泥调制成稠度适宜的水泥净浆粘结,水灰比不大于0.3,上下两面用厚度不超过3mm的同种水泥浆抹平。制成的试件上下两面须相互平行,并垂直于侧面,如图7-3所示。

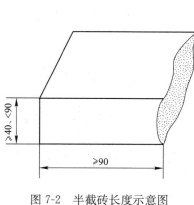

图7-2 半截砖长度示意图

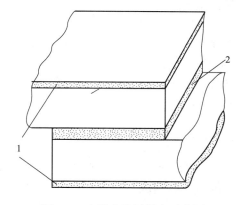

图7-3 水泥净浆层厚度示意图

1—净浆层厚≤3mm;2—净浆层厚≤5mm

(2) 高度≥90mm的混凝土砖的试样制备

试样制作采用坐浆法操作。即将玻璃板置于试样制备平台上,其上铺一张湿的垫纸,纸上铺一层厚度不超过3mm的42.5级的普通硅酸盐水泥调制成稠度适宜的水泥净浆,再将试样的坐浆面用湿抹布湿润后,将受压面平稳地坐放在水泥浆上,在另一受压面上稍加压力,使整个水泥浆层与砖受压面相互粘结,砖的侧面应垂直于玻璃板。待水泥浆适当凝固后,连同玻璃板翻放在另一铺纸放浆的玻璃板上,再进行坐浆,用水平尺校正好玻璃板的水平。

4. 试样养护

制成的抹面试样应置于不低于20℃±5℃的不通风室内养护不少于3d再进行试验。

5. 试验步骤

(1) 测量每个试样连接面或受压面的长、宽尺寸各两个,分别取其平均值,精确

至 1mm。

(2) 将试样平放在加压板的中央,垂直于受压面加荷,应均匀平稳,不得发生冲击或振动。加荷速度以 4~6kN/s 为宜,直至试样破坏为止,记录最大破坏荷载 P。

6. 结果计算与评定

(1) 每块试样的抗压强度(R_P)按式(7-4)计算,精确至 0.01MPa。

$$R_P = \frac{P}{LB} \tag{7-4}$$

式中　R_P——抗压强度(MPa);
　　　P——最大破坏荷载(N);
　　　L——受压面(连接面)的长度(mm);
　　　B——受压面(连接面)的宽度(mm)。

(2) 试验结果以试样抗压强度的算术平均值和单块最小值表示,精确至 0.1MPa。

7. 在抗压强度试块制作过程中,允许用其他抹面材料替代水泥,以缩短试块养护周期。

(八) 碳化系数试验方法(规范附录 B)

1. 设备、仪器和试剂

碳化试验箱:容积至少放一组以上试样;箱内环境条件为二氧化碳浓度(体积分数)在 20%±13% 范围内,相对湿度在 75%±5% 范围内,温度在 20℃±5℃ 范围内。

1‰酚酞乙醇溶液:用浓度(质量浓度)为 70% 的乙醇配制。

2. 试样

试样数量为两组共 10 块砖。一组 5 块为对比试件;一组 5 块为碳化试件。

3. 试验步骤

(1) 将 7 个碳化试件放入碳化箱内,试件间距不得小于 20mm;5 块对比试件放在温度为 15℃~22℃ 试验室养护。

(2) 将已完全碳化、或已碳化 28d 仍未完全碳化的 5 个试件,与 5 个对比试件同时按规定进行抗压强度测试。

4. 结果计算与评定

砖的碳化系数按式(7-5)计算,精确至 0.01。

$$K_c = R_c/R \tag{7-5}$$

式中　K_C——砖的碳化系数;
　　　R_C——5 个碳化后试件的平均抗压强度(MPa);
　　　R——5 个对比试件的平均抗压强度(MPa)。

(九) 软化系数试验方法(规范附录 C)

1. 仪器设备

(1) 试验机等仪器设备应满足 A.1 的要求。

(2) 水池或水箱。

2. 试样

(1) 试样数量为两组 10 个试件。

(2) 试验用砖的龄期大于 28d。

3. 试件制作

(1) 先将试验用的一组 5 块砖，在水池或水箱中浸泡至饱和状态。水温 1～25℃，水面高出砖试件 20cm 以上。

(2) 分别将未浸水、气干状态的一组 5 块砖、浸水的饱和面干一组 5 块砖，再按要求进行砖抗压强度试件制作与养护。不得用其他抹面材料粉替代水泥。

(3) 试件制作时所用水泥，应为强度大于 42.5 级或更高的早强型水泥。

4. 试验步骤

(1) 将泡水的一组试件再放入水池或水箱中浸泡至饱和状态。浸泡时间不超 4h，取出后在铁丝网架上滴水 1min。

(2) 用干布擦拭试件。立即对两组试件分别按规定进行抗压强度测试，记录每个试件的最大破坏荷载。

5. 结果计算与评定

(1) 每个试件的抗压强度值均按式(7-4)计算得到；未浸水试件组的抗压强度平均值 R、饱和面干组的抗压强度平均值 R_f，均取五块试件的算术平均值，精确至 0.1MPa。

(2) 混凝土砖的软化系数按式(7-6)计算，精确至 0.01。

$$K_f = \frac{R_f}{R} \tag{7-6}$$

式中　K_f——混凝土砖的软化系数；

　　　R_f——5 个饱和面干砖试件的平均抗压强度(MPa)；

　　　R——5 个气干状态对比砖试件的平均抗压强度(MPa)。

(3) 在测试中，发现任何一个饱和面干砖试件的单块抗压强度≤0.5R 时，直接判定本批次砖的软化系数不合格。

六、混凝土多孔砖[❶]

(一) 范围

标准 JC 943—2004 规定了混凝土多孔砖的术语和定义、等级和标记、一般要求、技术要求、试验方法、检验规则、产品合格证、运输和堆放等。适用于工业与民用建筑用的混凝土多孔砖，主要用于承重部位。

(二) 术语和定义

1. 混凝土多孔砖：以水泥为胶结材料，以砂、石等为主要骨料，加水搅拌、成型、养护制成的一种多排小孔的混凝土砖。

2. 混凝土多孔砖各部位名称见示意图 7-4。

(三) 等级和标记

1. 等级

(1) 按其尺寸偏差、外观质量分为：一等品(B)及合格品(C)。

(2) 按其强度等级分为：MU10，MU15，MU20，MU25，MU30。

---

❶ 主要内容引自 JC 943—2004《混凝土多孔砖》。

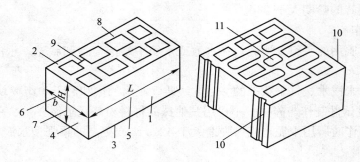

图 7-4 混凝土多孔砖各部位名称
1—条面;2—坐浆面(外壁、肋的厚度较小的面);3—铺浆面(外壁、肋的厚度较大的面);4—顶面;5—长度(L);6—宽度(b);
7—高度(H);8—外壁;9—肋;10—槽;11—手抓孔

2. 标记

产品按下列顺序标记:名称(代号 CPB)、强度等级、外观质量等级、标准编号。

示例:强度等级为 MU10,外观质量为一等品的混凝土多孔砖,其标记为:

CPB MU10 B　JC 943—2004

(四) 一般要求

1. 原材料

(1) 水泥:应采用符合 GB 175 规定的水泥。

(2) 细骨料:应符合 GB/T 14684 的规定。

(3) 粗骨料:碎石、卵石应符合 GB/T 14685 的规定,重矿渣应符合 YBJ 20584 的规定。粗集料的最大粒径不应大于最小肋厚。如采用石屑等破碎石材,小于 0.15mm 的细石粉含量不应大于 20%。

(4) 外加剂:应符合 GB 8076 的规定。

2. 孔洞结构

(1) 孔长(L)与孔宽(b)之比 $L/b \geqslant 3$ 为矩形条孔。

(2) 矩形孔或矩形条孔的 4 个角应为半径(r)大于 8mm 的圆角。

(3) 铺浆面应为半盲孔。

3. 养护工艺及场地

(1) 鼓励生产企业使用规范的蒸压或蒸养工艺

(2) 生产企业应具备与生产能力相匹配的满足 28d 自然养护要求的场地。

(五) 技术要求

1. 规格

(1) 规格尺寸:混凝土多孔砖的外型为直角六面体,其长度、宽度、高度应符合不列要求(mm):

290,240,190,180;240,190,115,90,115,90。

(2) 最小外壁厚不应小于 15mm,最小肋厚不应小于 10mm。

(3) 尺寸允许偏差应符合表 7-29 的规定。

尺寸允许偏差（mm）　　　　　　　　表 7-29

项目名称	一等品(B)	合格品(C)
长度	±1	±2
宽度	±1	±2
高度	±1.5	±2.5

2. 外观质量

外观质量应符合表 7-30 的规定。

外观质量（mm）　　　　　　　　表 7-30

项目名称		一等品(B)	合格品(C)
弯曲≤		2	2
掉角缺棱	个数，个≤	0	2
	三个方向投影尺寸的最小值≤	0	20
	裂纹延伸投影尺寸累计≤	0	20

3. 孔洞排列

孔洞排列应符合表 7-31 的规定。

孔洞排列　　　　　　　　表 7-31

孔形	孔洞率	孔洞排列
矩形孔或矩形条孔	≥30%	多排、有序交错排列
矩形孔或其他孔形		条面方向至少 2 排以上

4. 强度等级

强度等级应符合表 7-32 的规定。

强　度　等　级　　　　　　　　表 7-32

强度等级	抗压强度(MPa)	
	平均值≥	单块最小值≥
MU10	10.0	8.0
MU15	15.0	12.0
MU20	20.0	16.0
MU25	25.0	20.0
MU30	30.0	24.0

5. 干燥收缩率

干燥收缩率不应大于 0.045％。

6. 相对含水率

相对含水率应符合表 7-33 的规定。

相对含水率(%) 表 7-33

干燥收缩率	相对含水率≤		
	潮湿	中等	干燥
<0.03	45	40	35
0.03~0.045	40	35	30

注1：相对含水率即混凝土多孔砖含水率与吸水率之比：

$$W=\frac{w_1}{w_2}\times 100$$

式中　W——混凝土多孔砖的相对含水率(%)；
　　　w_1——混凝土多孔砖的含水率(%)；
　　　w_2——混凝土多孔砖的吸水率(%)；
2：使用地区的湿度条件：
潮湿——系指年平均相对湿度大于75%的地区；
中等——系指年平均相对湿度50%～75%的地区；
干燥——系指年平均相对湿度小于50%的地区。

7. 抗冻性

抗冻性应符合表 7-34 的规定。

抗　冻　性 表 7-34

使用环境		抗冻等级	指标
非采暖地区		F15	强度损失≤25% 质量损失≤5%
采暖地区	一般环境	F15	
	干湿交替环境	F25	

注：1. 非采暖地区指最冷月份平均气温高于−5℃的地区；
　　2. 采暖地区指最冷月份平均气温低于或等于−5℃的地区。

8. 抗渗性

用于外墙的混凝土多孔砖，其抗渗性应满足表 7-35 规定。

抗渗性(mm) 表 7-35

项目名称	指标
水面下降高度	3块中任一块不大于10

9. 放射性

放射性应符合 GB 6566 的规定。

(六)试验方法

1. 尺寸偏差、外观质量、孔洞排列及其结构、壁厚、肋厚的试验按 GB/T 2542 进行，其中孔洞率试验时，试件体积计算精确到 $0.0001m^3$；矩形圆角试验采用半径为 8mm 的标准检测板。

2. 强度等级、干燥收缩率、相对含水率、抗冻性与抗渗性试验按 GB/T 4111 进行，其中干燥收缩率试验的测定标距为 150mm；抗渗性试验用的抗渗装置的玻璃管直径为 30mm，测定标距为 150mm。

3. 放射性按 GB 6566 进行。

（七）检验规则

1. 检验分类

（1）出厂检验

检验项目为：尺寸偏差、外观质量、强度等级、相对含水率。

（2）型式检验

本节六、（五）中要求的全部项目。有下列情况之一者，必须进行型式检验：

1) 新产品的试制定型鉴定；
2) 正常生产后，原材料、配比及生产工艺改变时；
3) 正常生产进，半年至少进行一次；
4) 产品停产三个月以上恢复生产时；
5) 出厂检验结果与上次型式检验有较大差异时；
6) 放射性物质在产品投产前或原材料发生重大变化时进行一次；
7) 国家质量监督机构提出进行型式检验要求时。

2. 组批规则

混凝土多孔砖按外观质量等级和强度等级分批验收。以用同一种原材料配制成，同一工艺生产的相同外观质量等级、强度等级的 35000~150000 块混凝土多孔砖为一批，不足 35000 块的按一批计。

3. 抽样规则

（1）每批随机抽取 50 块做尺寸偏差和外观质量检验。

（2）从尺寸偏差和外观质量检验合格的混凝土多孔砖中抽取如下数量进行其他项目检验：

1) 强度等级：10 块；
2) 干燥收缩率：3 块；
3) 相对含水率：3 块；
4) 抗冻性：10 块；
5) 孔洞率：3 块；
6) 抗渗性：3 块；
7) 放射性：3 块。

4. 判定规则

（1）若受检的混凝土多孔砖的尺寸偏差和外观质量均符合表 7-29 和表 7-30 的相应指标时，则判该块混凝土多孔砖符合相应等级。

（2）若受检的 50 块混凝土多孔砖中，尺寸偏差和外观质量不符合表 7-29 和表 7-30 的试件数不超过七块时，则判该批混凝土多孔砖符合相应等级。

（3）当所有项目的检验结果均符合本节六、（五）各项技术要求的等级时，则判该批砖为相应等级。

（4）原材料与产品中的放射性超过 GB 6566 规定时，应停止生产与销售。

七、砌墙砖试验❶

砌墙砖是指以黏土、工业废料或其他地方资源为主要原料，以不同工艺制造的，用于

---

❶ 内容引自《砌墙砖试验方法》GB/T 2542—2003。

砌筑承重和非承重墙体的墙砖。本试验方法适用于烧结砖(包括烧结普通砖、烧结多孔砖、烧结空心砖和空心砌块)和非烧结砖(包括蒸压灰砂砖、粉煤灰砖、炉渣砖和碳化砖等)。

(一) 尺寸测量

1. 量具

砖用卡尺(见图7-5),分度值为0.5mm。

2. 测量方法

长度应在砖的两个大面的中间处分别测量两个尺寸;宽度应在砖的两个大面的中间处分别测量两个尺寸;高度应在两个条面的中间处分别测量两个尺寸,如图7-6所示。当被测处有缺损或凸出时,可在其旁边测量,但应选择不利的一侧。精确至0.5mm。

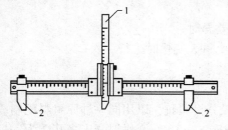
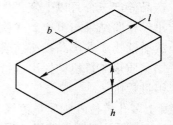

图7-5 砖用卡尺
1—垂直尺;2—支脚

图7-6 尺寸量法
l—长度;b—宽度;h—高度

3. 结果表示

每一方向尺寸以两个测量值的算术平均值表示,精确至1mm。

(二) 外观质量检查

1. 量具

(1) 砖用卡尺(如图7-5),分度值为0.5mm。

(2) 钢直尺,分度值为1mm。

2. 测量方法

(1) 缺损

1) 缺棱掉角在砖上造成的破损程度,以破损部分对长、宽、高三个棱边的投影尺寸来度量,称为破坏尺寸。如图7-7所示。

2) 缺损造成的破坏面,系指缺损部分对条、顶面(空心砖为条、大面)的投影面积,如图7-8

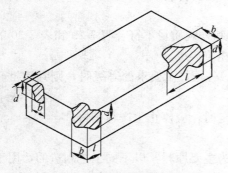
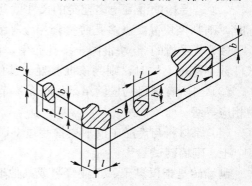

图7-7 缺棱掉角破坏尺寸量法
l—长度方向的投影尺寸;b—宽度方向的投影尺寸;d—高度方向的投影尺寸

图7-8 缺损在条、顶面上造成破坏面量法
l—长度方向的投影尺寸;b—宽度方向的投影尺寸

所示。空心砖内壁残缺及肋残缺尺寸，以长度方向的投影尺寸来度量。

(2) 裂纹

1) 裂纹分为长度方向、宽度方向和水平方向三种，以被测方向的投影长度表示。如果裂纹从一个面延伸至其他面上时，则累计其延伸的投影长度，如图 7-9 所示。

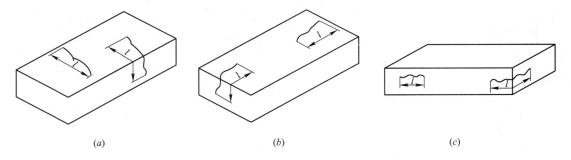

图 7-9　裂纹长度量法
(a) 宽度方向裂纹长度量法；(b) 长度方向裂纹长度量法；(c) 水平方向裂纹长度量法

2) 多孔砖的孔洞与裂纹相通时，则将孔洞包括在裂纹内一并测量。如图 7-10 所示。

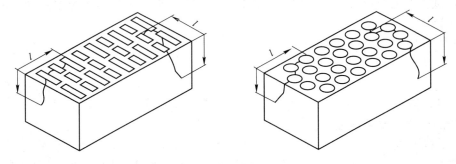

图 7-10　多孔砖裂纹通过孔洞时长度量法
l—裂纹总长度

3) 裂纹长度以在三个方向上分别测得的最长裂纹作为测量结果。

(3) 弯曲

1) 弯曲分别在大面和条面上测量，测量时将砖用卡尺的两支脚沿棱边两端放置，择其弯曲最大处将垂直尺推至砖面，如图 7-11 所示。但不应将因杂质或碰伤造成的凹处计算在内。

2) 以弯曲中测得的较大者作为测量结果。

(4) 杂质凸出高度

杂质在砖面上造成的凸出高度，以杂质距砖面的最大距离表示。测量将砖用卡尺的两支脚置于凸出两边的砖平面上，以垂直尺测量，如图 7-12 所示。

(5) 色差

装饰面朝上随机分两排并列，在自然光下距离砖样 2m 处目测。

3. 结果处理

外观测量以毫米为单位，不足 1mm 者，按 1mm 计。

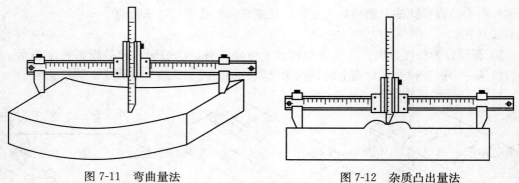

图 7-11 弯曲量法　　　　　图 7-12 杂质凸出量法

(三) 抗折强度试验

1. 仪器设备

(1) 材料试验机

试验机的示值相对误差不大于±1%,其下加压板应为球绞支座,预期最大破坏荷载应在量程的 20%~80% 之间。

(2) 抗折夹具

抗折试验的加荷形式为三点加荷,其上压辊和下支辊的曲率半径为 15mm,下支辊应有一个为铰接固定。

(3) 钢直尺

分度值为 1mm。

2. 试样

(1) 试样数量

按产品标准的要求确定。

(2) 试样处理

非烧结砖应放在温度为 (20±5)℃ 的水中浸泡 24h 后取出,用湿布拭去其表面水分进行抗折强度试验。

3. 试验步骤

(1) 按测量方法的规定测量试样的宽度和高度尺寸各 2 个,分别取算术平均值,精确至 1mm。

(2) 调整抗折夹具下支辊的跨距为砖规格长度减去 40mm。但规格长度为 190mm 的砖,其跨距为 160mm。

(3) 将试样大面平放在下支辊上,试样两端面与下支辊的距离应相同,当试样有裂缝或凹陷时,应使有裂缝或凹陷的大面朝下,以 (50~150)N/s 的速度均匀加荷,直至试样断裂,记录最大破坏荷载 P。

(4) 结果计算与评定

1) 每块试样的抗折强度 (R_c) 按式 (7-7) 计算,精确至 0.01MPa。

$$R_c = \frac{3PL}{2BH^2} \tag{7-7}$$

式中　R_c——抗折强度 (MPa);

　　　P——最大破坏荷载 (N);

L——跨距(mm)；

B——试样宽度(mm)；

H——试样高度(mm)。

2) 试验结果以试样抗折强度的算术平均值和单块最小值表示，精确至 0.01MPa。

(四) 抗压强度试验

1. 仪器设备

(1) 材料试验机

试验机的示值相对误差不大于±1%，其下加压板应为球铰支座，预期最大破坏荷载应在量程的 20%～80% 之间。

(2) 试件制备平台

试件制备平台必须平整水平，可用金属或其他材料制作。

(3) 水平尺

规格为 250～300mm。

(4) 钢直尺

分度值为 1mm。

(5) 振动台

振幅 0.3～0.6mm，振动频率 2600～3000 次/min。

(6) 制样模具

(7) 砂浆搅拌机

(8) 切割设备

2. 试样

试样数量按产品标准的要求确定。

3. 试样制备

(1) 普通制样

1) 烧结普通砖

a. 将试样切断或锯成两个半截砖，断开的半截砖长不得小于 100mm，如图 7-13 所示。如果不足 100mm，应另取备用试样补足。

b. 在试样制备平台上，将已断开的两个半截砖放入室温的净水中浸 10min～20min 后取出，并以断口相反方向叠放，两者中间抹以厚度不超过 5mm 的用强度等级 32.5 的普通硅酸盐水泥调制成稠度适宜的水泥净浆粘结，上下两面用厚度不超过 3mm 的同种水泥浆抹平。制成的试件上下两面须相互平行，并垂直于侧面，如图 7-14 所示。

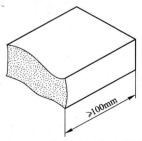

图 7-13 半截砖长度示意图

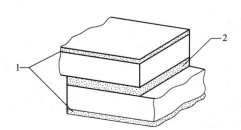

图 7-14 水泥净浆层厚度示意图

1—净浆层厚 3mm；2—净浆层厚 5mm

2) 多孔砖、空心砖

试件制作采用坐浆法操作。即将玻璃板置于试件制备平台上,其上铺一张湿的垫纸,纸上铺一层厚度不超过 5mm 的用强度等级 32.5 的普通硅酸盐水泥调制成稠度适宜的水泥净浆,再将试件在水中浸泡 10~20min,在钢丝网架上滴水 3~5min 后,将试样受压面平稳地坐放在水泥浆上,在另一受压面上稍加压力,使整个水泥层与砖受压面相互粘结,砖的侧面应垂直于玻璃板。待水泥浆适当凝固后,连同玻璃板翻放在另一铺纸放浆的玻璃板上,再进行坐浆,用水平尺校正好玻璃板的水平。

3) 非烧结砖

同一块试样的两半截砖切断口相反叠放,叠合部分不得小于 100mm,如图 7-15 所示。即为抗压强度试件。如果不足 100mm 时,则应剔除,另取备用试样补足。

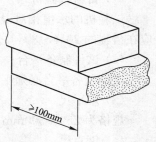

图 7-15 半砖叠合示意图

(2) 模具制样

1) 将试样(烧结普通砖)切断成两个半截砖,截断面应平整,断开的半截砖长度不得小于 100mm,如图 7-13 所示。如果不足 100mm,应另取备用试样补足。

2) 将已断开的半截砖放入室温的净水中浸 20~30min 后取出,在铁丝网架上滴水 20~30min,以断口相反方向装入制样模具中。用插板控制两个半砖间距为 5mm,砖大面与模具间距 3mm,砖断面、顶面与模具间垫以橡胶垫或其他密封材料,模具内表面涂油或脱膜剂。制样模具及插板如图 7-16 所示。

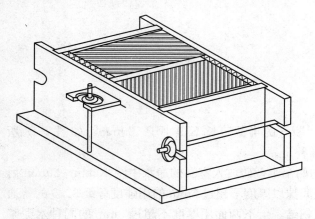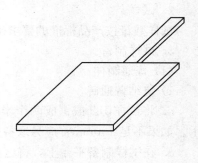

图 7-16 制样模具及插板

3) 将经过 1mm 筛的干净细砂 2‰~5‰与强度等级为 42.5 的普通硅酸盐水泥,用砂浆搅拌机调制砂浆,水灰比 0.50~0.55 左右。

4) 将装好砖样的模具置于振动台上,在砖样上加少量水泥砂浆,接通振动台电源,边振动边向砖缝及砖模缝间加入水泥砂浆,加浆及振动过程为 0.5~1min。关闭电源,停止振动,稍事静置,将模具上表面刮平整。

5) 两种制样方法并行使用,仲裁检验采用模具制样。

4. 试件养护

(1) 普通制样法制成的抹面试件应置于不低于 10℃的不通风室内养护 3d;机械制样

的试件连同模具在不低于10℃的不通风室内养护24h后脱模,再在相同条件下养护48h,进行试验。

(2) 非烧结砖试件不需养护,直接进行试验。

5. 试验步骤

(1) 测量每个试件连接面或受压面的长、宽尺寸各两个,分别取其平均值,精确至1mm。

(2) 将试件平放在加压板的中央,垂直于受压面加荷,应均匀平稳,不得发生冲击或振动。加荷速度以4kN/s为宜,直至试件破坏为止,记录最大破坏荷载P。

6. 结果计算与评定

(1) 每块试样的抗压强度(R_P)按式(7-8)计算,精确至0.01MPa。

$$R_P = \frac{P}{LB} \qquad (7-8)$$

式中 R_P——抗压强度(MPa);

P——最大破坏荷载(N);

L——受压面(连接面)的长度(mm);

B——受压面(连接面)的宽度(mm)。

(2) 试验结果以试样抗压强度的算术平均值和标准值或单块最小值表示,精确至0.1MPa。

(五) 冻融试验

1. 仪器设备

(1) 低温箱或冷冻室:放入试样后箱(室)内温度可调至−20℃或−20℃以下。

(2) 水槽,保持槽中水温10~20℃为宜。

(3) 台秤,分度值5g。

(4) 电热鼓风干燥箱:最高温度200℃。

2. 试样数量

试样数量按产品标准要求确定。

3. 试验步骤

(1) 用毛刷清理试样表面,将试样放入鼓风干燥箱中在105±5℃下干燥至恒量(在干燥过程中,前后两次称量相差不超过0.2%,前后两次称量时间间隔为2h),称其质量G_0,并检查外观,将缺棱掉角和裂纹作标记。

(2) 将试样浸在10~20℃的水中,24h后取出,用湿布拭去表面水分,以大于20mm的间距大面侧向立放于预先降温至−15℃以下的冷冻箱中。

(3) 当箱内温度再降至−15℃时开始计时,在−15℃~−20℃下冰冻:烧结砖冻3h;非烧结砖冻5h。然后取出放入10~20℃的水中融化:烧结砖不少于2h;非烧结砖不少于3h。如此为一次冻融循环。

(4) 每5次冻融循环,检查一次冻融过程中出现的破坏情况,如冻裂、缺棱、掉角、剥落等。

(5) 冻融过程中,发现试样的冻坏超过外观规定时,应继续试验至15次冻融循环结束为止。

(6) 15 次冻融循环后,检查并记录试样在冻融过程中的冻裂长度,缺棱掉角和剥落等破坏情况。

(7) 经 15 次冻融循环后的试样,放入鼓风干燥箱中,按本试验步骤(1)的规定干燥至恒量,称其质量 G_1。烧结砖若未发现冻坏现象,则可不进行干燥称量。

(8) 将干燥后的试样(非烧结砖再在 10~20℃的水中浸泡 24h)按规定进行抗压强度试验。

(9) 各砌墙砖可根据其产品标准要求进行其中部分试验。

4. 结果计算与评定

(1) 外观结果:15 次冻融循环后,检查并记录试样在冻融过程中的冻裂长度、缺棱掉角和剥落等破坏情况。

(2) 强度损失率(P_m)按式(7-9)计算,精确至 0.1%。

$$P_m = \frac{P_0 - P_1}{P_0} \times 100 \tag{7-9}$$

式中　P_m——强度损失率(%);

　　　P_0——试样冻融前强度(MPa);

　　　P_1——试样冻融后强度(MPa)。

(3) 质量损失率(G_m)按式(7-10)计算,精确至 0.1%。

$$G_m = \frac{G_0 - G_1}{G_0} \times 100 \tag{7-10}$$

式中　G_m——质量损失率(%);

　　　G_0——试样冻融前干质量(g);

　　　G_1——试样冻融后干质量(g)。

(4) 试验结果以试样抗压强度、抗压强度损失率、外观质量或质量损失率表示与评定。

(六) 体积密度试验

1. 仪器设备

(1) 鼓风干燥箱。

(2) 台秤,分度值为 5g。

(3) 钢直尺,分度为 1mm;砖用卡尺,分度值为 0.5mm。

2. 试样

试样数量按产品标准要求确定,所取试样应外观完整。

3. 试验步骤

(1) 清理试样表面,然后将试样置于 105℃±5℃鼓风干燥箱中干燥至恒量,称其质量 G_0,并检查外观情况,不得有缺棱、掉角等破损。如有破损者,须重新换取备用试样。

(2) 将干燥后的试样按规定测量其长、宽、高尺寸各两个,分别取其平均值。

4. 结果计算与评定

(1) 每块试样的体积密度(ρ)按式(7-11)计算,精确至 $0.1 kg/m^3$;

$$\rho = \frac{G_0}{L \cdot B \cdot H} \times 10^9 \tag{7-11}$$

式中　ρ——体积密度(kg/m^3);

　　　G_0——试样干质量(kg);

L——试样长度(mm);
B——试样宽度(mm);
H——试样高度(mm)。

(2) 试验结果以试样体积密度的算术平均值表示,精确至 $1kg/m^3$。

(七) 石灰爆裂试验

1. 仪器设备

(1) 蒸煮箱。

(2) 钢直尺,分度值为 1mm。

2. 试样

(1) 试样为未经雨淋或浸水,且近期生产的砖样,数量按产品标准要求确定。

(2) 烧结普通砖用整砖,烧结多孔砖可用 1/2 块,烧结空心砖用 1/4 块试验。烧结多孔砖、空心砖试样可以用孔洞率测定或体积密度试验后的试样锯取。

(3) 试验前检查每块试样,将不属于石灰爆裂的外观缺陷作标记。

3. 试验步骤

(1) 将试样平行侧立于蒸煮箱内的箅子板上,试样间隔不得小于 50mm,箱内水面应低于箅上板 40mm。

(2) 加盖蒸 6h 后取出。

(3) 检查每块试样上因石灰爆裂(含试验前已出现的爆裂)而造成的外观缺陷,记录其尺寸。

4. 结果评定

以试样石灰爆裂区域的尺寸最大者表示,精确至 1mm。

(八) 泛霜试验

1. 仪器设备

(1) 鼓风干燥箱

(2) 耐磨蚀的浅盘 5 个,容水深度 25~35mm。

(3) 能盖住浅盘的透明材料,在其中间部位开有大于试样宽度、高度或长度尺寸 5~10mm 的矩形孔。

(4) 干、湿球温度计或其他温、湿度计。

2. 试样

(1) 试样数量按产品标准要求确定。

(2) 烧结普通砖、烧结多孔砖用整砖,烧结空心砖用 1/2 或 1/4 块,可以用体积密度试验后的试样从长度方向的中间处锯取。

3. 试验步骤

(1) 清理试样表面,然后放入 105℃±5℃ 鼓风干燥箱中干燥 24h,取出冷却至常温。

(2) 将试样顶面或有孔洞的面朝上分别置于浅盘中,往浅盘中注入蒸馏水,水面高度不低于 20mm。用透明材料覆盖在浅盘上,并将试样暴露在外面,记录时间。

(3) 试样浸在盘中的时间为 7d,开始 2d 内经常加水以保持盘内水面高度,以后则保持浸在水中即可。试验过程中要求环境温度为 16~32℃,相对湿度 35%~60%。

(4) 7d 后取出试样,在同样的环境条件下放置 4d。然后在 105℃±5℃ 鼓风干燥箱中干燥至恒量。取出冷却至常温。记录干燥后的泛霜程度。

（5）7d 后开始记录泛霜情况，每天一次。

4．结果评定

（1）泛霜程度根据记录以最严重者表示。

（2）泛霜程度划分如下：

无泛霜：试样表面的盐析几乎看不到。

轻微泛霜：试样表面出现一层细小明显的霜膜，但试样表面仍清晰。

中等泛霜：试样部分表面或棱角出现明显霜层。

严重泛霜：试样表面出现起砖粉、掉屑及脱皮现象。

（九）吸水率和饱和系数试验

1．仪器设备

（1）鼓风干燥箱。

（2）台秤，分度值为 5g。

（3）蒸煮箱。

2．试样

（1）试样数量按产品标准的要求确定。

（2）烧结普通砖用整砖，烧结多孔砖可用 1/2 块，烧结空心砖可用 1/4 块试验，可从体积密度试验后的试样上锯取。

3．试验步骤

（1）清理试样表面，然后置于 105℃±5℃ 鼓风干燥箱中干燥至恒量除去粉尘后，称其干质量 G_0。

（2）将干燥试样浸水 24h，水温 10～30℃。

（3）取出试样，用湿毛巾拭去表面水分，立即称量。称量时试样表面毛细孔渗出于秤盘中水的质量亦应计入吸水质量中，所得质量为浸泡 24h 的湿质量 G_{24}。

（4）将浸泡 24h 后的湿试样侧立放入蒸煮箱的箅子板上，试样间距不得小于 10mm，注入清水，箱内水面应高于试样表面 50mm，加热至沸腾，沸煮 3h，饱和系数试验沸煮 5h，停止加热冷却至常温。

（5）按规定称量沸煮 3h 的湿质量 G_3，饱和系数试验称量沸煮 5h 的湿质量 G_5。

4．结果计算与评定

（1）常温水浸泡 24h 试样吸水率(W_{24})按式(7-12)计算，精确至 0.1%。

$$W_{24}=\frac{G_{24}-G_0}{G_0}\times 100 \tag{7-12}$$

式中　W_{24}——常温水浸泡 24h 试样吸水率(%)；

　　　G_0——试样干质量(g)；

　　　G_{24}——试样浸水 24h 的湿质量(g)。

（2）试样沸煮 3h 吸水率(W_3)按式(7-13)计算，精确至 0.1%。

$$W_3=\frac{G_3-G_0}{G_0}\times 100 \tag{7-13}$$

式中　W_3——试样沸煮 3h 吸水率(%)；

G_3——试样沸煮 3h 的湿质量(g);
G_0——试样干质量(g)。

(3) 每块试样的饱和系数(K)按式(7-14)计算,精确至 0.001。

$$K = \frac{G_{24} - G_0}{G_5 - G_0} \times 100 \tag{7-14}$$

式中 K——试样饱和系数;
G_{24}——常温水浸泡 24h 试样湿质量(g);
G_0——试样干质量(g);
G_5——试样沸煮 5h 的湿质量(g)。

(4) 吸水率以试样的算术平均值表示,精确至 1%;饱和系数以试样的算术平均值表示,精确至 0.01。

(十) 孔洞率及孔洞结构测定

1. 设备

(1) 台秤,分度值为 5g。

(2) 水池或水箱。

(3) 水桶,大小应能悬浸一个被测砖样。

(4) 吊架,见图 7-17。

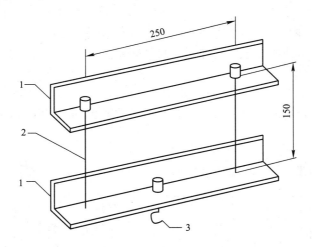

图 7-17 吊架(单位:mm)
1—角钢(30mm×30mm);2—拉筋;3—钩子(与两端拉筋等距离)

(5) 砖用卡尺,分度值为 0.5mm。

2. 试样数量

试样数量按产品标准的要求确定。

3. 试验步骤

(1) 按规定测量试样的宽度和高度尺寸各 2 个,分别取其算术平均值,精确至 1mm。计算每个试件的体积 V,精确至 0.001mm³。

(2) 将试件浸入室温的水中,水面应高出试件 20mm 以上,24h 后将其分别移到水桶中,称出试件的悬浸质量 m_1,精确至 5g。

(3) 称取悬浸质量的方法如下：将秤置于平稳的支座上，在支座的下方与磅秤中线重合处放置水桶。在秤底盘上放置吊架，用铁丝把试件悬挂在吊架上，此时试件应离开水桶的底面且全部浸泡在水中，将秤读数减去吊架和铁丝的质量，即为悬浸质量。

(4) 盲孔砖称取悬浸质量时，有孔洞的面朝上，称重前晃动砖体排出孔中的空气，待静置后称量。通孔砖任意放置。

(5) 将试件从水中取出，放在铁丝网架上滴水 1min，再用拧干的湿布拭去内、外表面的水，立即称其面干潮湿状态的质量 m_2，精确至 5g。

(6) 测量试件最薄处的壁厚、肋厚尺寸，精确至 1mm。

4. 结果计算与评定

(1) 每个试件的孔洞率（Q）按式(7-15)计算，精确至 0.1%。

$$Q = \left[1 - \frac{\frac{m_2 - m_1}{d}}{V}\right] \times 100 \tag{7-15}$$

式中　Q——试件的孔洞率(%)；
　　　m_1——试件的悬浸质量(kg)；
　　　m_2——试件面干潮湿状态的质量(kg)；
　　　V——试件的体积(m^3)；
　　　d——水的密度($1000kg/m^3$)。

试样的孔洞率以试件孔洞率的算术平均值表示，精确至 1%。

(2) 孔结构以孔洞排数及壁、肋厚最小尺寸表示。

(十一) 干燥收缩试验

1. 仪器设备

(1) 立式收缩仪：精度为 0.01mm，上下测点采用 90°锥形凹座，如图 7-18 所示。

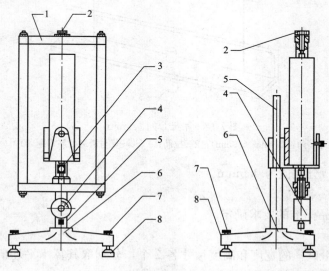

图 7-18　收缩测定仪示意图
1—测量框架；2—上支点螺栓；3—下支点；4—百分表；5—立柱；6—底座；7—调平螺栓；8—调平座

(2)收缩头:采用黄铜或不锈钢制成,如图 7-19 所示。

(3)鼓风干燥箱或调温调湿箱:鼓风干燥箱或调温调湿箱的箱体容积不小于 0.05m³ 或大于试件总体积的 5 倍。

(4)搪瓷样盘。

(5)冷却箱:冷却箱可用金属板加工,且备有温度观测装置及具有良好的密封性。

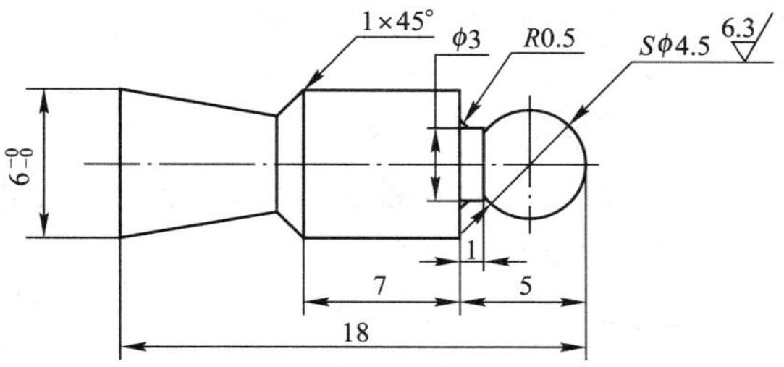

(6)恒温水槽:水温(20±1)℃。

图 7-19 收缩头(单位:mm)

2. 试件

(1)试件数量应符合相应产品标准规定要求。

(2)试件处理

1)在试件两个顶面的中心,各钻一个直径 6~10mm,深度 13mm 孔洞。

2)将试件浸水 4~6h 后取出在孔内灌入水玻璃水泥浆或其他粘结剂,然后埋置收缩头,收缩头中心线应与试件中心线重合,试件顶面必须平整。2h 后检查收缩头安装是否牢固,否则重装。

3. 试验步骤

(1)将试件放置 1d 后,浸入水温为(20±1)℃恒温水槽中,水面应高出试件 20mm,保持 4d。

(2)将试件从水中取出,用湿布拭去表面水分并将收缩头擦干净。

(3)用标准杆调整仪表原点(一般取 5.00mm),然后按标明的测试方向立即测定试件初始长度,记下初始百分表读数。

(4)将试件放入温度为(50±1)℃,湿度以饱和氯化钙控制(每立方米箱体应给予不低于 0.3m³ 暴露面积且含有充分固体的氯化钙饱和溶液)的鼓风干燥箱或调温调湿箱中进行干燥。

(5)每隔 1d 从箱内取出试件测长度一次。当试件取出后应立即放入冷却箱中,在(20±1)℃的房间内冷却 4h 后进行测试。测前应校准百分表原点,要求每组试件在 10min 内测完。

(6)按(4)、(5)条所述反复进行干燥、冷却和测试,直至两次测长读数差在 0.01mm 范围内时为止,以最后两次的平均值作为干燥后读数。

4. 结果计算与评定

(1)干燥收缩值(S)按式(7-16)计算。

$$S = \frac{L_1 - L_2}{L_0 - (M_0 - L_1) - 2L} \times 1000 \qquad (7\text{-}16)$$

式中 S——干燥收缩值(mm/m);
L_0——标准杆长度(mm);
L_1——试件初始长度(百分表读数)(mm);
L_2——试件干燥后长度(百分表读数)(mm);
L——收缩头长度(mm);
M_0——百分表原点(mm);

1000——系数(mm/m)。

(2) 试验结果以试件干燥收缩值的算术平均值表示,精确至 0.01mm/m。

(十二) 碳化试验

1. 仪器设备和试剂

(1) 碳化箱:下部设有进气孔,上部设有排气孔,且有湿度观察装置,盖(门)必须严密。

(2) 二氧化碳钢瓶。

(3) 转子流量计。

(4) 气体分析仪。

(5) 台秤:分度值 5g。

(6) 干、湿球温度计或其他温、湿度计:最高温度 100℃。

(7) 二氧化碳气体:浓度大于 80%(m/m)。

(8) 1%(m/m)酚酞溶液:用浓度为 70%(m/m)的乙醇配制。

2. 试件

取经尺寸偏差和外观检查合格的砖样 25 块,其中 10 块为对比试样(也可采用抗压强度试验结果。若采用抗压强度试验结果作对比,则试样可取 15 块);10 块用于测定碳化后强度,5 块用于碳化深度检查。

3. 试验条件

(1) 湿度:碳化过程的相对湿度控制在 90%以下。

(2) 二氧化碳浓度

1) 二氧化碳浓度的测定

二氧化碳浓度采用气体分析仪测定,第一、二天每隔 2h 测定一次,以后每隔 4h 测定一次,精确至 1%。并根据测得的二氧化碳浓度,随时调节其流量。

2) 二氧化碳浓度的调节和控制

如图 7-20 所示,装配人工碳化装置,调节二氧化碳钢瓶的针形阀,控制流量使二氧化碳浓度达 60%以上。

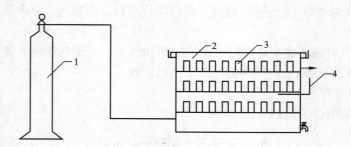

图 7-20 人工碳化装置示意图
1—二氧化碳钢瓶;2—碳化箱;3—砖样;4—干、湿温度计

4. 试验步骤

(1) 取 10 块对比试件按规定进行抗压强度试验。

(2) 其余 15 块试件在室内放置 7d,然后放入碳化箱内进行碳化,试件间隔不得小于 20mm。

(3) 从第十天开始,每 5d 取一块试件劈开,用 10%酚酞乙醇溶液检查碳化程度,当试件中心不呈现红色时,则认为试件已全部碳化。

(4) 将已全部碳化的 10 块试件于室内放置 24～36h 后按规定进行抗压强度试验。

5. 结果计算与评定

(1) 碳化系数(K_c)按式(7-17)计算,精确至 0.01。

$$K_c = \frac{R_c}{R_0} \tag{7-17}$$

式中　K_c——碳化系数;

　　　R_c——人工碳化抗压强度(MPa);

　　　R_0——砖的抗压强度(MPa)。

(2) 以试件人工碳化抗压强度的算术平均值表示,精确至 0.1MPa。

(十三) 放射性物质检测

1. 放射性核素镭$_{-226}$、钍$_{-232}$、钾$_{-40}$放射性比活度的检测

放射性核素镭$_{-226}$、钍$_{-232}$、钾$_{-40}$比活度的检测按 GB 6566 的检测方法进行。

2. 结果计算与评定

放射性以放射性物质镭$_{-226}$、钍$_{-232}$、钾$_{-40}$比活度的值表示。

(十四) 传热系数测定

1. 仪器设备

(1) 标定热箱:符合 GB/T 13475 的要求。

(2) 试件制备平台:试件制备平台必须平整,并配有垂直标杆。

(3) 量具:钢卷尺,分度值为 1mm。

(4) 干湿球温度计。

2. 试件制备

(1) 试件尺寸:试件厚度为试样实际使用厚度,试件边长为其厚度的 4 倍。

(2) 试样数量

根据试样的规格尺寸,计算所需试样的数量。

(3) 试件制备

将试样放入室温的净水中浸 10～20min 后取出;试样可切断,截断面应平整。在试件制备平台上(或在标定热箱试件框架上)砌筑规定要求尺寸的试件,试样间抹以不超过 10mm 的用强度等级为 42.5 的普通硅酸盐水泥调制成稠度适宜的水泥净浆粘结,错缝砌筑,试件与水平面应垂直,表面平整。

3. 检测步骤

(1) 将制备好的试件在环境温度(20±3)℃,相对湿度(60±20)%的不通风室内静置 7d。

(2) 按 GB/T 13475 规定,将试件在标定热箱或防护热箱内安装好,并进行测定。

4. 结果计算与评定

(1) 传热系数 U 按 GB/T 13475 的规定进行计算。

(2) 试验结果以试件传热系数表示。

第二节　混凝土小型空心砌块及试验方法

一、轻骨料混凝土小型空心砌块[1]

（一）主题内容与适用范围

GB/T 15229—2002 标准规定了轻骨料混凝土小型空心砌块的术语、分类、技术要求、试验方法、检验规则和运输堆放等。适用于工业与民用建筑用的轻骨料混凝土小型空心砌块。

（二）分类、等级与标记

1. 分类：按其孔的排数分为：实心（0）、单排孔（1）、双排孔（2）、三排孔（3）和四排孔（4）等四类。

2. 等级

（1）按其密度等级分为：500、600、700、800、900、1000、1200、1400 八个等级[2]；

（2）按其强度等级分为：1.5、2.5、3.5、5.0、7.5、10.0 六个等级；

（3）按尺寸允许偏差、外观质量分为：一等品（B）和合格品（C）两个等级。

3. 标记

（1）产品标记：轻骨料混凝土小型空心砌块（LHB）按产品名称、分类、密度等级、强度等级、质量等级和标准编号的顺序进行标记。

（2）标记示例：密度等级为 600 级、强度等级为 1.5 级、质量等级为一等品的轻骨料混凝土三排孔小砌块。其标记为：

LHB(3)600 1.5B　GB 15229。

（三）原材料

1. 水泥：宜采用符合 GB 175、GB 1344、GB 12958 要求的水泥。

2. 轻骨料：除最大粒径不宜大于 10mm 外，还应符合下列要求。

（1）粉煤灰陶粒、黏土陶粒、页岩陶粒、天然轻骨料、超轻陶粒、自燃煤矸石轻骨料和煤渣应符合 GB/T 17431.1 的要求；其中，煤渣的含碳量不大于 10%；煤渣在陶粒混凝土中的掺量，不应大于轻粗骨料总量的 30%。

（2）膨胀珍珠岩符合 JC/T 209，但膨胀珍珠岩的堆积密度不宜低于 80kg/m³。

（3）非煅烧粉煤灰轻集料除符合 GB/T 17431.1 的要求外，SO_3 含量应小于 1%；烧失量小于 15%。

3. 普通砂：符合 JGJ 52—2006 的要求。

4. 掺合料

（1）粉煤灰符合 JGJ 28、GB/T 1596 的要求。

（2）磨细矿渣粉应符合 GB/T 18046 的要求。

5. 外加剂：符合 GB 8076 的要求。

---

[1] 主要内容引自 GB/T 15229—2002《轻集料混凝土小型空心砌块》。
[2] 实心砌块的密度等级不应大于 800。

(四) 技术要求

1. 规格

(1) 规格尺寸

主规格尺寸为 390mm×190mm×190mm。其他规格尺寸可由供需双方商定。

(2) 尺寸允许偏差：应符合表 7-36 要求。

表 7-36

项 目 名 称	一 等 品	合 格 品
长度(mm)	±2	±3
宽度(mm)	±2	±3
高度(mm)	±2	±3

注：承重砌块最小外壁厚不应小于 30mm，肋厚不应小于 25mm。

2. 外观质量：应符合表 7-37 要求。

表 7-37

项 目 名 称	一 等 品	合 格 品
缺棱掉角：		
个数　　　　　　　　不多于	0	2
3 个方向投影的最小尺寸(mm) 不大于	0	30
裂缝延伸投影的累计尺寸(mm) 不大于	0	30

3. 密度等级：应符合表 7-38 要求。

表 7-38

密度等级	砌块干燥表观密度的范围(kg/m³)	密度等级	砌块干燥表观密度的范围(kg/m³)
500	≤500	900	810～900
600	510～600	1000	910～1000
700	610～700	1200	1010～1200
800	710～800	1400	1210～1400

4. 强度等级：符合表 7-39 要求者为一等品；密度等级范围不满足要求者为合格品。

表 7-39

强 度 等 级 (MPa)	砌块抗压强度(MPa)		密度等级范围
	平均值	最小值	
1.5	≥1.5	1.2	≤600
2.5	≥2.5	2.0	≤800
3.5	≥3.5	2.8	≤1200
5.0	≥5.0	4.0	
7.5	≥7.5	6.0	≤1400
10.0	≥10.0	8.0	

5. 吸水率、相对含水率和干缩率

(1) 吸水率　不应大于 20%。

(2) 干缩率和相对含水率应符合表 7-40 的要求。

干缩率和相对含水率　　　　表 7-40

干缩率(%)	相对含水率(%)		
	潮湿	中等	干燥
<0.03	45	40	35
0.03～0.45	40	35	30
≥0.045～0.065	35	30	25

注：潮湿——系指年平均相对湿度大于 75% 的地区；

中等——系指年平均相对湿度 50%～75% 的地区；

干燥——系指年平均相对湿度小于 50% 的地区。

相对含水率即砌块出厂含水率与吸水率之比：$W = \frac{w_1}{w_2} \times 100$

6. 抗冻性：应符合表 7-41 的要求。

表 7-41

使用环境条件	抗冻等级	重量损失(%)	强度损失(%)
非采暖地区	F15	≤5	≤25
采暖地区：相对湿度≤60% 　　　　　相对湿度>60%	F25 F35		
水位变化、干湿循环或 粉煤灰掺量≥取代水泥量 50%	≥F50		

注：1. 非采暖地区指最冷月份平均气温高于 −5℃ 的地区；采暖地区系指最冷月份平均气温低于或等于 −5℃ 的地区。

2. 抗冻性合格的砌块，外观质量也应符合(四)2 条要求。

7. 碳化系数和软化系数：加入粉煤灰等火山灰质掺合料的小砌块，其碳化系数不应小于 0.8；软化系数不应小于 0.75。

8. 放射性：掺工业废渣的砌块其放射性应符合 GB 6566 要求。

(五) 试验方法

砌块各项性能指标的试验，按 GB 4111 有关规定进行。其中按本章第一节进行干燥收缩试验时，试件浸水时间应为 48h。放射性试验按 GB 6566 进行。

(六) 检验规则

1. 检验分类

(1) 出厂检验　检验项目为：尺寸偏差、外观质量、密度、强度、吸水率及相对含水率。

(2) 型式检验　检验项目除(六)1.(1)条外尚应进行干缩率、抗冻性、放射性、碳化系数和软化系数等项目。

有下列之一情况者，必须进行型式检验：

1) 所采用的轻骨料品种或产地变化时；

2) 正常生产经过3个月时(抗冻性、放射性和干缩率检验每年一次);
3) 砌块用的轻骨料混凝土的强度等级或密度等级改动时;
4) 砌块的生产工艺变化时;
5) 产品停产3个月以上恢复生产时;
6) 国家监督检验机构提出检验要求时。

2. 组批规则

砌块按密度等级和强度等级分批验收。它以用同一品种轻骨料配制成的相同密度等级、相同强度等级、质量等级和同一生产工艺制成的10000块为一批;每月生产的砌块数不足10000块者亦以一批论。

3. 抽样规则

出厂检验时,每批随机抽取32块做尺寸偏差和外观质量检验。而后再从合格砌块中,随机抽取如下数量进行其他项目的检验:

(1) 强度:5块。
(2) 密度、吸水率、含水率和相对含水率3块。
(3) 干缩率:3块。
(4) 抗冻性:10块。
(5) 放射性:按GB 6566。

4. 判定规则

(1) 判定所有检验结果均符合(四)各项技术要求中某一等级指标时,则为该等级。
(2) 复检:检验后,如有以下情况者可进行复检:
1) 按表7-36、表7-37检验的尺寸偏差和外观质量各项指标,32个砌块中有7块不合格者;
2) 除表7-36、表7-37指标外的其他性能指标有一项不合格者;
3) 用户对生产厂家的出厂检验结果有异议时。
(3) 复检后,若符合相应等级指标要求时,则可判为该等级,若不符合时,则判定该批产品为不合格。

二、混凝土小型空心砌块试验方法[❶]

(一) 范围

GB/T 4111—1997标准规定了混凝土小型空心砌块的尺寸、外观、抗压强度、抗折强度、块体密度、空心率、含水率、吸水率、相对含水率、干燥收缩、软化系数、碳化系数、抗冻性和抗渗性的试验方法。适用于墙体用的以各种混凝土制成的小型空心砌块(以下简称砌块)。

(二) 尺寸测量和外观质量检查

1. 量具:钢直尺或钢卷尺;分度值为1mm。
2. 尺寸测量

(1) 长度在条面的中间,宽度在顶面的中间,高度在顶面的中间测量。每项在对应两面各测一次,精确至1mm。

---

❶ 主要内容引自GB/T 4111—1997《混凝土小型空心砌块试验方法》。

(2) 壁、肋厚在最小部位测量，每选两处各测一次，精确至 1mm。

3. 外观质量检查

(1) 弯曲测量：将直尺贴靠坐浆面、铺浆面和条面，测量直尺与试件之间的最大间距（见图 7-21），精确至 1mm。

(2) 缺棱掉角检查：将直尺贴靠棱边，测量缺棱掉角在长、宽、高度三个方向的投影尺寸（见图 7-22），精确至 1mm。

(3) 裂纹检查：用钢直尺测量裂纹在所在面上的最大投影尺寸（如图 7-23 中的 L_2 或 h_3），如裂纹由一个面延伸到另一个面时，则累计其延伸的投影尺寸（如图 7-23 中的 b_1+h_1），精确至 1mm。

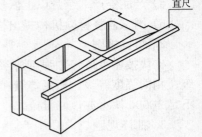

图 7-21 弯曲测量法

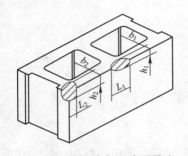

图 7-22 缺棱掉角尺寸测量法
L—缺棱掉角在长度方向的投影尺寸；
b—缺棱掉角在宽度方向的投影尺寸；
h—缺棱掉角在高度方向的投影尺寸

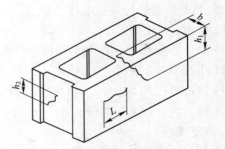

图 7-23 裂纹长度测量法
L—裂纹在长度方向的投影尺寸；
b—裂纹在宽度方向的投影尺寸；
h—裂纹在高度方向的投影尺寸

4. 测量结果

(1) 试件的尺寸偏差以实际测量的长度、宽度和高度与规定尺寸的差值表示。

(2) 弯曲、缺棱掉角和裂纹长度的测量结果以最大测量值表示。

(三) 抗压强度试验

1. 设备

(1) 材料试验机：示值误差应不大于 2%，其量程选择应能使试件的预期破坏荷载落在满量程的 20%～80%。

(2) 钢板：厚度不小于 10mm，平面尺寸应大于 440mm×240mm。钢板的一面需平整，精度要求在长度方向范围内的平面度不大于 0.1mm。

(3) 玻璃平板：厚度不小于 6mm，平面尺寸与钢板的要求同。

(4) 水平尺。

2. 试件

(1) 试件数量为 5 个砌块。

(2) 处理试件的坐浆面和铺浆面，使之成为互相平行的平面。将钢板置于稳固的底座上，平整面向上，用水平尺调至水平。在钢板上先薄薄地涂一层机油，或铺一层湿纸，然后铺一层以 1 份重量的强度等级为 32.5 级以上的水泥和 2 份细砂，加入适量的水调成的砂浆，将试件的坐浆面湿润后平稳地压入砂浆层内，使砂浆层尽可能均匀，厚度为 3～

5mm。将多余的砂浆沿试件棱边刮掉,静置 24h 以后,再按上述方法处理试件的铺浆面。为使两面能彼此平行,在处理铺浆面时,应将水平尺置于现已向上的坐浆面上调至水平。在温度 10℃以上不通风的室内养护 3d 后做抗压强度试验。

(3) 为缩短时间,也可在坐浆面砂浆层处理后,不经静置立即在向上的铺浆面上铺一层砂浆、压上事先涂油的玻璃平板,边压边观察砂浆层,将气泡全部排除,并用水平尺调至水平,直至砂浆层平而均匀,厚度达 3～5mm。

3. 试验步骤

(1) 按(二)2.(1)的方法测量每个试件的长度和宽度,分别求出各个方向的平均值,精确至 1mm。

(2) 将试件置于试验机承压板上,使试件的轴线与试验机压板的压力中心重合,以 10～30kN/s 的速度加荷,直至试件破坏。记录最大破坏荷载 P。

若试验机压板不足以覆盖试件受压面时,可在试件的上、下承压面加辅助钢压板。辅助钢压板的表面光洁度应与试验机原压板同,其厚度至少为原压板边至辅助钢压板最远角距离的三分之一。

4. 结果计算与评定

(1) 每个试件的抗压强度按式(7-18)计算,精确至 0.1MPa。

$$R = \frac{P}{LB} \tag{7-18}$$

式中　R——试件的抗压强度(MPa);
　　　P——破坏荷载(N);
　　　L——受压面的长度(mm);
　　　B——受压面的宽度(mm)。

(2) 试验结果以 5 个试件抗压强度的算术平均值和单块最小值表示,精确至 0.1MPa。

(四) 抗折强度试验

1. 设备

(1) 材料试验机的技术要求同(三)1.(1)。

(2) 钢棒:直径 35～40mm,长度 210mm,数量为三根。

(3) 抗折支座:由安放在底板上的两根钢棒组成,其中至少有一根是可以自由滚动的(见图 7-24)。

2. 试件

(1) 试件数量为 5 个砌块。

(2) 按(二)2.(1)的方法测量每个试件的高度和宽度,分别求出各个方向的平均值。

(3) 试件表面处理按(三)2.(2)(三)2.(3)的规定进行。表面处理后应将试件孔洞处的砂浆层打掉。

3. 试验步骤

(1) 将抗折支座置于材料试验机承压板上,调整钢棒轴线间的距离,使其等于试件长度减一个坐浆面处的肋厚,再使抗折支座的中线与试验机压板的压力中心重合。

(2) 将试件的坐浆面置于抗折支座上。

(3) 在试件的上部二分之一长度处放置一根钢棒(见图 7-24)。

(4) 以 250N/s 的速度加荷直至试件破坏。记录最大破坏荷载 P。

4. 结果计算与评定

(1) 每个试件的抗折强度按式(7-19)计算，精确至 0.1MPa。

$$R_z = \frac{3PL}{2BH^2} \tag{7-19}$$

式中　R_z——试件的抗折强度(MPa)；
　　　P——破坏荷载(N)；
　　　L——抗折支座上两钢棒轴心间距(mm)；
　　　B——试件宽度(mm)；
　　　H——试件高度(mm)。

(2) 试验结果以 5 个试件抗折强度的算术平均值和单块最小值表示，精确至 0.1MPa。

(五) 块体密度和空心率试验

1. 设备

(1) 磅秤：最大称量 50kg，感量 0.05kg。

(2) 水池或水箱。

(3) 水桶：大小应能悬浸一个主规格的砌块。

(4) 吊架：见图 7-25。

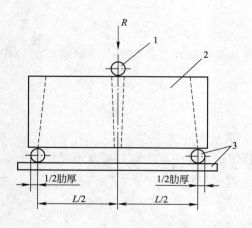

图 7-24　抗折强度示意图
1—钢棒；2—试件；3—抗折支座

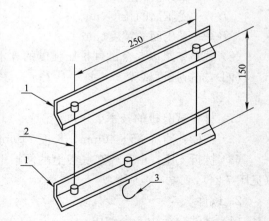

图 7-25　吊架
1—角钢(30mm×30mm)；2—拉筋；
3—钩子(与两端拉筋等距离)

(5) 电热鼓风干燥箱。

2. 试件数量

试件数量为 3 个砌块。

3. 试验步骤

(1) 按(二)2.(1)的方法测量试件的长度、宽度、高度、分别求出各个方向的平均值，计算每个试件的体积 V，精确至 0.001m^3。

(2) 将试件放入电热鼓风干燥箱内,在(105±5)℃温度下至少干燥 24h,然后每间隔 2h 称量一次,直至两次称量之差不超过后一次称量的 0.2% 为止。

(3) 待试件在电热鼓风干燥箱内冷却至与室温之差不超过 20℃ 后取出,立即称其绝干重量 m,精确至 0.05kg。

(4) 将试件浸入室温 15~25℃ 的水中,水面应高出试件 20mm 以上,24h 后将其分别移到水桶中,称出试件的悬浸重量 m_1,精确至 0.05kg。

(5) 称取悬浸重量的方法如下:将磅秤置于平稳的支座上,在支座的下方与磅秤中线重合处放置水桶。在磅秤底盘上放置吊架,用铁丝把试件悬挂在吊架上,此时试件应离开水桶的底面且全部浸泡在水中。将磅秤读数减去吊架和铁丝的重量,即为悬浸重量。

(6) 将试件从水中取出,放在铁丝网架上滴水 1min,再用拧干的湿布拭去内、外表面的水,立即称其面干潮湿状态的重量 m_2,精确至 0.05kg。

4. 结果计算与评定

(1) 每个试件的块体密度按式(7-20)计算,精确至 $10kg/m^3$:

$$\gamma = \frac{m}{V} \tag{7-20}$$

式中　γ——试件的块体密度(kg/m^3);
　　　m——试件的绝干重量(kg);
　　　V——试件的体积(m^3)。

块体密度以 3 个试件块体密度的算术平均值表示。精确至 $10kg/m^3$。

(2) 每个试件的空心率按式(7-21)计算,精确至 1%:

$$K_\gamma = \left[1 - \frac{\dfrac{m_2 - m_1}{d}}{V}\right] \times 100 \tag{7-21}$$

式中　K_γ——试件的空心率(%);
　　　m_1——试件的悬浸重量(kg);
　　　m_2——试件面干潮湿状态的重量(kg);
　　　V——试件的体积(m^3);
　　　d——水的密度($1000kg/m^3$)。

砌块的空心率以 3 个试件空心率的算术平均值表示。精确至 1%。

(六) 含水率、吸水率和相对含水率试验

1. 设备

(1) 电热鼓风干燥箱。

(2) 磅秤:最大称量 50kg,感量 0.05kg。

(3) 水池或水箱。

2. 试件数量

试件数量为 3 个砌块。试件如需运至远离取样处试验,则在取样后应立即用塑料袋包装密封。

3. 试验步骤

(1) 试件取样后立即称取其重量 m_0。如试件用塑料袋密封运输，则在拆袋前先将试件连同包装袋一起称量，然后减去包装袋的重量（袋内如有试件中析出的水珠，应将水珠拭干），即得试件在取样时的重量，精确至 0.05kg。

(2) 按（五）3.(2)、（五）3.(3)的方法将试件烘干至恒重，称取其绝干重量 m。

(3) 将试件浸入室温 15～25℃的水中，水面应高出试件 20mm 以上。24h 后取出，按（五）3.(6)的规定称量试件面干潮湿状态的重量 m_2，精确至 0.05kg。

4. 结果计算与评定

(1) 每个试件的含水率按式(7-22)计算，精确至 0.1%。

$$W_1 = \frac{m_0 - m}{m} \times 100 \tag{7-22}$$

式中　W_1——试件的含水率(%)；
　　　m_0——试件在取样时的重量(kg)；
　　　m——试件的绝干重量(kg)。

砌块的含水率以 3 个试件含水率的算术平均值表示。精确至 0.1%。

(2) 每个试件的吸水率按式(7-23)计算，精确至 0.1%。

$$W_2 = \frac{m_2 - m}{m} \times 100 \tag{7-23}$$

式中　W_2——试件的吸水率(%)；
　　　m_2——试件面干潮湿状态的重量(kg)；
　　　m——试件的绝干重量(kg)。

砌块的吸水率以 3 个试件吸水率的算术平均值表示。精确至 0.1%。

(3) 砌块的相对含水率按式(7-24)计算，精确至 0.1%。

$$W = \frac{\overline{W_1}}{\overline{W_2}} \times 100 \tag{7-24}$$

式中　W——砌块的相对含水率(%)；
　　　$\overline{W_1}$——砌块出厂时的含水率(%)；
　　　$\overline{W_2}$——砌块的吸水率(%)。

(七) 干燥收缩试验

1. 设备和仪器

(1) 手持应变仪，标距 250mm。
(2) 电热鼓风干燥箱。
(3) 水池或水箱。
(4) 测长头：由不锈钢或黄铜制成，见图 7-26。

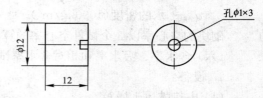

图 7-26　测长头

(5) 冷却干燥箱：可用铁皮焊接，尺寸应为 650mm×600mm×220mm（长×宽×高），盖子宜紧密。

2. 试件

(1) 试件每组为 3 个砌块。

(2) 用硅酸盐水泥；水泥-水玻璃浆或环氧树脂在每个试件任一条面的二分之一高度处沿水平方向粘上两个测长头。间距为 250mm。

3. 试验步骤

(1) 将测长头粘结牢固后的试件浸入室温 15～25℃ 的水中，水面高出试件 20mm 以上，浸泡 4d。但在测试前 4h 水温应保持为 (20±3)℃。

(2) 将试件从水中取出，放在铁丝网架上滴水 1min，再用拧干的湿布拭去内外表面的水，立即用手持应变仪测量两个测长头之间的初始长度 L，精确至 0.001mm。手持应变仪在测长前需用标准杆调整或校核，要求每组试件在 15min 内测完。

(3) 将试件静置在室内，2d 后放入温度 (50±3)℃ 的电热鼓风干燥箱内，湿度用放在浅盘中的氯化钙过饱和溶液控制，当电热鼓风干燥箱容量为 $1m^3$ 时，溶液暴露面积应不小于 $0.3m^2$，氯化钙固体应始终露出液面。

(4) 试件在电热鼓风干燥箱中干燥 3d 后取出，放入室温为 (20±3)℃ 的冷却干燥箱内，冷却 3h 后用手持应变仪测长一次。

(5) 将试件放回电热鼓风干燥箱进行第二周期的干燥。第 2 周期的干燥及以后各周期的干燥延续时间均为 2d。干燥结束后再按(七)3.(4)的规定冷却和测长。为保证干燥均匀，试件在冷却和测长后再放入电热鼓风干燥箱时，应变换一下位置。

反复进行烘干和测长，直到试件长度达到稳定。长度达到稳定系指试件在上述温、湿度条件下连续干燥 3 个周期后，3 个试件长度变化的平均值不超过 0.005mm。此时的长度即为干燥后的长度 L_0。

4. 结果计算与评定

(1) 每个试件的干燥收缩值，按式(7-25)计算，精确至 0.01mm/m。

$$S=\frac{L-L_0}{L_0}\times 1000 \quad (7-25)$$

式中　S——试件干燥收缩值(mm/m)；

　　　L——试件的初始长度(mm)；

　　　L_0——试件干燥后的长度(mm)。

(2) 砌块的干燥收缩值以 3 个试件干燥收缩值的算术平均值表示，精确至 0.01mm/m。

(八) 软化系数试验

1. 设备

(1) 抗压强度试验设备同(三)1.。

(2) 水池或水箱。

2. 试件

(1) 试件数量为两组 10 个砌块。

(2) 试件表面处理按(三)2.(2)、(三)2.(3)的规定进行。

3. 试验步骤

(1) 从经过表面处理和静置 24h 后的两组试件中，任取一组 5 个试件浸入室温 15～25℃ 的水中，水面高出试件 20mm 以上，浸泡 4d 后取出，在铁丝网架上滴水 1min，再用拧干的湿布拭去内、外表面的水。

(2) 将 5 个饱和面干的试件和其余 5 个气干状态的对比试件按(三)3 的规定进行抗压强度试验。

4. 结果计算与评定

砌块的软化系数按式(7-26)计算,精确至 0.01:

$$K_f = \frac{R_f}{R} \tag{7-26}$$

式中 K_f——砌块的软化系数;
R_f——5 个饱和面干试件的平均抗压强度(MPa);
R——5 个气干状态的对比试件的平均抗压强度(MPa)。

(九) 碳化系数试验

1. 设备、仪器和试剂

(1) 二氧化碳钢瓶。
(2) 碳化箱:可用铁板制作,大小应能容纳分两层放置 7 个试件,盖子宜紧密。
(3) 二氧化碳气体分析仪。
(4) 1% 酚酞乙醇溶液:用浓度为 70% 的乙醇配制。
(5) 抗压强度试验设备同(三)1.。
(6) 碳化装置的连接见图 7-27。

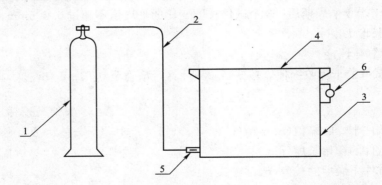

图 7-27 碳化装置示意图
1—二氧化碳钢瓶;2—通气橡皮管;3—碳化箱;4—箱盖;5—进气口;6—接气体分析仪

2. 试件

(1) 试件数量为两组 12 个砌块。一组 5 块为对比试件,一组 7 块为碳化试件,其中 2 块用于测试碳化情况。
(2) 试件表面处理按(三)2.(2)和(三)2.(3)的规定进行。表面处理后应将试件孔洞处的砂浆层打掉。

3. 试验步骤

(1) 将 7 个碳化试件放入碳化箱内,试件间距不得小于 20mm。
(2) 将二氧化碳气体通入碳化箱内,用气体分析仪控制箱内的二氧化碳浓度在(20±3)%。碳化过程中如箱内湿度太大,应采取排湿措施。
(3) 碳化 7d 后,每天将同一个试件的局部劈开,用 1% 的酚酞乙醇溶液检查碳化深度，当试件中心不显红色时，则认为箱中所有试件全部碳化。

(4) 将已全部碳化的 5 个试件和 5 个对比试件按(三)3 的规定进行抗压强度试验。

4. 结果计算与评定

砌块的碳化系数按式(7-27)计算，精确至 0.01。

$$K_c = \frac{R_c}{R} \tag{7-27}$$

式中 K_c——砌块的碳化系数；

R_c——5 个碳化后试件的平均抗压强度(MPa)；

R——5 个对比试件的平均抗压强度(MPa)。

(十) 抗冻性试验

1. 设备

(1) 冷冻室或低温冰箱：最低温度能达到 $-20℃$。

(2) 水池或水箱。

(3) 抗压强度试验设备同(三)1.。

2. 试件

试件数量为两组 10 个砌块。

3. 试验步骤

(1) 分别检查 10 个试件的外表面，在缺陷处涂上油漆，注明编号，静置待干。

(2) 将一组 5 个冻融试件浸入 10~20℃ 的水池或水箱中，水面应高出试件 20mm 以上，试件间距不得小于 20mm。另一组 5 个试件作对比试验。

(3) 浸泡 4d 后从水中取出试件，在支架上滴水 1min，再用拧干的湿布拭去内、外表面的水，立即称量试件饱和面干状态的重量 m_3，精确至 0.05kg。

(4) 将 5 个冻融试件放入预先降至 $-15℃$ 的冷冻室或低温冰箱中，试件应放置在断面为 20mm×20mm 的木条制作的格栅上，孔洞向上，间距不小于 20mm。当温度再次降至 $-15℃$ 时开始计时。冷冻 4h 后将试件取出，再置于水温为 10~20℃ 的水池或水箱中融化 2h。这样一个冷冻和融化的过程即为一个冻融循环。

(5) 每经 5 次冻融循环，检查一次试件的破坏情况，如开裂、缺棱、掉角、剥落等，并做出记录。

(6) 在完成规定次数的冻融循环后，将试件从中取出，按(十)3.(3)的方法称量试件冻融后饱和面干状态的重量 m_4。

(7) 冻融试件静置 24h 后与对比试件一起按(三)2.(2)、(三)2.(3)的方法作表面处理，在表面处理完 24h 后，按(十)3.(2)、(十)3.(3)和(三)3 的方法进行泡水和抗压强度试验。

4. 结果计算与评定

(1) 报告 5 个冻融试件的外观检查结果。

(2) 砌块的抗压强度损失率按式(7-28)计算，精确至 1%。

$$K_R = \frac{R_f - R_R}{R_f} \times 100 \tag{7-28}$$

式中 K_R——砌块的抗压强度损失率(%)；

R_f——5个未冻融试件的平均抗压强度(MPa);

R_R——5个冻融试件的平均抗压强度(MPa)。

(3) 每个试件冻融后的重量损失率按式(7-29)计算,精确至0.1%。

$$K_m = \frac{m_3 - m_4}{m_3} \times 100 \tag{7-29}$$

式中 K_m——试件的重量损失率(%);

m_3——试件冻融前的重量(kg);

m_4——试件冻融后的重量(kg)。

砌块的重量损失率以5个冻融试件重量损失率的算术平均值表示,精确至0.1%。

(4) 抗冻性以冻融试件的抗压强度损失率、重量损失率和外观检查结果表示。

(十一) 抗渗性试验

1. 设备

(1) 抗渗装置见图7-28。

(2) 水池或水箱。

2. 试件

(1) 试件数量为3个砌块。

(2) 将试件浸入室温15~25℃的水中,水面应高出试件20mm以上,2h后将试件从水中取出,放在铁丝网架上滴水1min,再用拧干的湿布试去内、外表面的水。

3. 试验步骤

(1) 将试件放在抗渗装置中,使孔洞成水平状态(见图7-28)。在试件周边20mm宽度处涂上黄油或其他密封材料,再铺上橡胶条,拧紧紧固螺栓,将上盖板压紧在试件上,使周边不漏水。

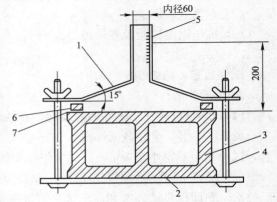

图7-28 抗渗装置示意图
1—上盖板;2—下托板;3—试件;
4—紧固螺栓;5—带有刻度的玻璃管;
6—橡胶海绵或泡沫橡胶条,厚100mm,
宽20mm;7—20mm周边处涂黄油或其他密封材料

(2) 在30s内往玻璃筒内加水,使水面高出试件上表面200mm。

(3) 自加水时算起2h后测量玻璃筒内水面下降的高度。

4. 结果评定

按3个试件上玻璃筒内水面下降的最大高度来评定。

(十二) 试验报告

试验报告内容应包括:

(1) 受检单位;

(2) 试样名称、编号、数量及规格尺寸;

(3) 送(抽)样日期;

(4) 检验项目;

(5) 依据标准;

(6) 检验类别;

(7) 试验结果与评定；
(8) 报告编号及报告日期；
(9) 检验单位与试验审核人员和单位技术负责人签章。

第三节 蒸压加气混凝土砌块及试验方法

一、蒸压加气混凝土砌块[❶]

（一）范围

GB/T 11968—2006 规定了蒸压加气混凝土砌块的术语和定义、产品分类、原材料、要求、检验方法、检验规则及产品质量说明书、堆放、运输。适用于民用与工业建筑物承重和非承重墙体及保温隔热使用的蒸压加气混凝土砌块（以下简称砌块、代号为 ACB）。

（二）术语和定义

干密度：砌块试件在 105℃ 温度下烘至恒质测得的单位体积的质量。

（三）产品分类

1. 规格

砌块的规格尺寸见表 7-42。

砌块的规格尺寸（mm） 表 7-42

长度 L	宽度 B	高度 H
600	100　120　125 150　180　200 240　250　300	200　240　250　300

注：如需要其他规格，可由供需双方协商解决。

2. 砌块按强度和干密度分级。

强度级别有：A1.0，A2.0，A2.5，A3.5，A5.0，A7.5，A10 七个级别。

干密度级别有：B03，B04，B05，B06，B07，B08 六个级别。

3. 砌块等级

砌块按尺寸偏差与外观质量、干密度、抗压强度和抗冻性分为：优等品（A）、合格品（B）二个等级。

4. 砌块产品标记

示例：强度级别为 A3.5、干密度级别为 B05、优等品、规格尺寸为 600mm×200mm×250mm 的蒸压加气混凝土砌块，其标记为：

ACB　A3.5　B05　600×200×250A　GB 11968

（四）要求

1. 砌块的尺寸允许偏差和外观质量应符合表 7-43 的规定。
2. 砌块的抗压强度应符合表 7-44 的规定。

---

❶ 主要内容引自 GB/T 11968—2006《蒸压加气混凝土砌块》。

尺寸偏差和外观 表 7-43

项目			指标	
			优等品(A)	合格品(B)
尺寸允许偏差(mm)	长　度	L	±3	±4
	宽　度	B	±1	±2
	高　度	H	±1	±2
缺棱掉角	最小尺寸不得大于(mm)		0	30
	最大尺寸不得大于(mm)		0	70
	大于以上尺寸的缺棱掉角个数,不多于(个)		0	2
裂纹长度	贯穿一棱二面的裂纹长度不得大于裂纹所在面的裂纹方向尺寸总和的		0	1/3
	任一面上的裂纹长度不得大于裂纹方向尺寸的		0	1/2
	大于以上尺寸的裂纹条数,不多于(条)		0	2
	爆裂、粘膜和损坏深度不得大于(mm)		10	30
平面弯曲			不允许	
表面疏松、层裂			不允许	
表面油污			不允许	

砌块的立方体抗压强度(MPa) 表 7-44

强度级别	立方体抗压强度	
	平均值不小于	单组最小值不小于
A1.0	1.0	0.8
A2.0	2.0	1.6
A2.5	2.5	2.0
A3.5	3.5	2.8
A5.0	5.0	4.0
A7.5	7.5	6.0
A10.0	10.0	8.0

3. 砌块的干密度应符合表 7-45 的规定。
4. 砌块的强度级别应符合表 7-46 的规定。
5. 砌块的干燥收缩、抗冻性和导热系数(干态)应符合表 7-47 的规定。

砌块的干密度(kg/m³) 表 7-45

	干密度级别	B03	B04	B05	B06	B07	B08
干密度	优等品(A)≤	300	400	500	600	700	800
	合格品(B)≤	325	425	525	625	725	825

砌块的强度级别 表 7-46

	干密度级别	B03	B04	B05	B06	B07	B08
强度级别	优等品(A)	A1.0	A2.0	A3.5	A5.0	A7.5	A10.0
	合格品(B)			A2.5	A3.5	A5.0	A7.5

干燥收缩、抗冻性和导热系数 表 7-47

干密度级别			B03	B04	B05	B06	B07	B08
干燥收缩值[a]	标准法(mm/m)	≤	0.50					
	快速法(mm/m)	≤	0.80					
抗 冻 性	质量损失(%)	≤	5.0					
	冻后强度 (MPa)≥	优等品(A)	0.8	1.6	2.8	4.0	6.0	8.0
		合格品(B)			2.0	2.8	4.0	6.0
导热系数(干态)[W/(m·K)]		≤	0.10	0.12	0.14	0.16	0.18	0.20

a 规定采用标准法、快速法测定砌块干燥收缩值,若测定结果发生矛盾不能判定时,则以标准法测定的结果为准。

(五)检验方法

1. 尺寸、外观检测方法

(1) 量具:采用钢直尺、钢卷尺、深度游标卡尺,最小刻度为 1mm。

(2) 尺寸测量:长度、高度、宽度分别在两个对应面的端部测量,各量二个尺寸(见图 7-29)。测量值大于规格尺寸的取最大值,测量值小于规格尺寸的取最小值。

(3) 缺棱掉角:缺棱或掉角个数,目测;测量砌块破坏部分对砌块的长、高、宽三个方向的投影面积尺寸(见图 7-30)。

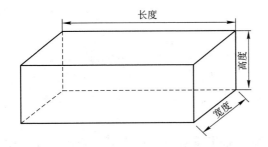

图 7-29 尺寸测量示意图

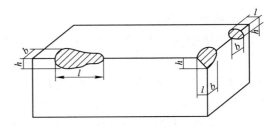

图 7-30 缺棱掉角测量示意图
l—长度方向的投影尺寸;h—高度方向的投影尺寸;b—宽度方向的投影尺寸

(4) 裂纹:裂纹条数,目测;长度以所在面最大的投影尺寸为准,如图 7-31 中 l。若裂纹从一面延伸至另一面,则以两个面上的投影尺寸之和为准,如图 3 中 $(b+h)$ 和 $(l+h)$。

(5) 平面弯曲:测量弯曲面的最大缝隙尺寸(见图 7-32)。

(6) 爆裂、粘模和损坏深度:将钢直尺平放在砌块表面,用深度游标卡尺垂直于钢直尺,测量其最大深度。

(7) 砌块表面油污、表面疏松、层裂:目测。

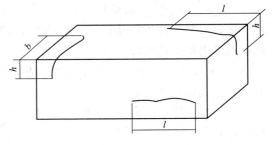

图 7-31 裂纹长度测量示意图
l—长度方向的投影尺寸;h—高度方向的投影尺寸;b—宽度方向的投影尺寸

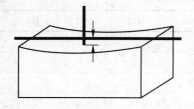
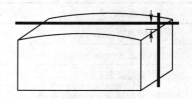

图 7-32 平面弯曲测量示意图

2. 物理力学性能试验方法

(1) 立方体抗压强度的试验按 GB/T 11971—1997 的规定进行。

(2) 干密度的试验按 GB/T 11970—1997 的规定进行。

(3) 干燥收缩值的试验按 GB/T 11972—1997 的规定进行。

(4) 抗冻性的试验按 GB/T 11973—1997 的规定进行。

(5) 导热系数的试验按 GB/T 10294 的规定进行。取样方法按 GB/T 11969—1997 的规定进行。

(六) 检验规则

1. 检验分类

检验分为出厂检验和型式检验。

2. 出厂检验

(1) 检验项目

出厂检验的项目包括：尺寸偏差、外观质量、立方体抗压强度、干密度。

(2) 抽样规则

1) 同品种、同规格、同等级的砌块，以 10000 块为一批，不足 10000 块亦为一批，随机抽取 50 块砌块，进行尺寸偏差、外观检验。

2) 从外观与尺寸偏差检验合格的砌块中，随机抽取 6 块砌块制作试件，进行如下项目检验：

a) 干密度　　　3 组 9 块；

b) 强度级别　　3 组 9 块。

3. 判定规则

(1) 若受检的 50 块砌块中，尺寸偏差和外观质量不符合表 7-43 规定的砌块数量不超过 5 块时，判定该批砌块符合相应等级；若不符合表 7-43 规定的砌块数量超过 5 块时，判定该批砌块不符合相应等级。

(2) 以 3 组干密度试件的测定结果平均值判定砌块的干密度级别，符合表 7-45 规定时则判定该批砌块合格。

(3) 以 3 组抗压强度试件测定结果按表 7-44 判定其强度级别。当强度和干密度级别关系符合表 7-46 规定，同时，3 组试件中各个单组抗压强度平均值全部大于表 7-46 规定的此强度级别的最小值时，判定该批砌块符合相应等级；若有 1 组或 1 组以上小于此强度级别的最小值时，判定该批砌块不符合相应等级。

(4) 出厂检验中受检验产品的尺寸偏差、外观质量、立方体抗压强度、干密度各项检验全部符合相应等级的技术要求规定时，判定为相应等级；否则降等或判定为不合格。

4. 型式检验

(1) 有下列情况之一时，进行型式检验：

1) 新厂生产试制定型鉴定；

2) 正式生产后，原材料、工艺等有较大改变，可能影响产品性能时；

3) 正常生产时，每年应进行一次检查；

4) 产品停产三个月以上，恢复生产时；

5) 出厂检验结果与上次型式检验有较大差异时；

6) 国家质量监督机构提出进行型式检验的要求时。

(2) 型式检验项目包括：本节(四)中的所有指标。

(3) 抽样规则

1) 在受检验的一批产品中，随机抽取 80 块砌块，进行尺寸偏差和外观检验。

2) 从外观与尺寸偏差检验合格的砌块中，随机抽取 17 块砌块制作试件，进行如下项目检验：

  a) 干密度 3 组 9 块；

  b) 强度级别 5 组 15 块；

  c) 干燥收缩 3 组 9 块；

  d) 抗冻性 3 组 9 块；

  e) 导热系数 1 组 2 块。

5. 判定规则

(1) 若受检的 80 块砌块中，尺寸偏差和外观质量不符合表 7-43 规定的砌块数量不超过 7 块时，判定该批砌块符合相应等级；若不符合表 7-43 规定的砌块数量超过 7 块时，判定该批砌块不符合相应等级。

(2) 以 3 组干密度试件的测定结果平均值判定砌块的干密度级别，符合表 7-45 规定时则判定该批砌块合格。

(3) 以 5 组抗压强度试件测定结果按表 7-44 判定其强度级别。当强度和干密度级别关系符合表 7-46 规定，同时，5 组试件中各个单组抗压强度平均值全部大于表 7-46 规定的此强度级别的最小值时，判定该批砌块符合相应等级；若有 1 组或 1 组以上小于此强度级别的最小值时，判定该批砌块不符合相应等级。

(4) 干燥收缩测定结果，当其单组最大值符合表 7-47 规定时，判定该项合格。

(5) 抗冻性测定结果，当质量损失单组最大值和冻后强度单组最小值符合表 7-47 规定的相应等级时，判定该批砌块符合相应等级，否则判定不符合相应等级。

(6) 导热系数符合表 7-47 的规定，判定此项指标合格，否则判定该批砌块不合格。

(7) 型式检验中受检验产品的尺寸偏差、外观质量、立方体抗压强度、干密度、干燥收缩值、抗冻性、导热系数各项检验全部符合相应等级的技术要求规定时，判定为相应等级；否则降等或判定为不合格。

二、蒸压加气混凝土性能试验方法[1]

(一)干密度、含水率和吸水率

1. 仪器设备

(1) 电热鼓风干燥箱:最高温度 200℃。

(2) 托盘天平或磅秤:称量 2000g,感量 1g。

(3) 钢板直尺:规格为 300mm,分度值为 0.5mm。

(4) 恒温水槽:水温 15℃～25℃。

2. 试件

(1) 试件的制备,采用机锯或刀锯,锯切时不得将试件弄湿。

(2) 试件应沿制品发气方向中心部分上、中、下顺序锯取一组,"上"块上表面距离制品顶面 30mm,"中"块在制品正中处,"下"块下表面离制品底面 30mm。制品的高度不同,试件间隔略有不同,以高度 600mm 的制品为例,试件锯取部位如图 7-33。

(3) 试件表面必须平整,不得有裂缝或明显缺陷,尺寸允许偏差为±2mm;试件应逐块编号,标明锯取部位和发气方向。

(4) 试件为 100mm×100mm×100mm 正立方体,共二组 6 块。

3. 干密度和含水率试验步骤

(1) 取试件一组 3 块,逐块量取长、宽、高三个方向的轴线尺寸,精确至 1mm,计算试件的体积;并称取试件质量 M,精确至 1g。

(2) 将试件放入电热鼓风干燥箱内,在(60±5)℃下保温 24h,然后在(80±5)℃下保温 24h,再在(105±5)℃下烘至恒质(M_0)。恒质指在烘干过程中间隔 4h,前后两次质量差不超过试件质量的 0.5%。

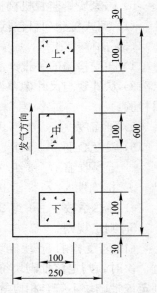

图 7-33 立方体试件锯取示意图(1)(mm)

4. 吸水率试验步骤

(1) 取另一组 3 块试件放入电热鼓风干燥箱内,在(60±5)℃下保温 24h,然后在(80±5)℃下保温 24h,再在(105±5)℃下烘至恒质(M_0)。

(2) 试件冷却至室温后,放入水温为(20±5)℃的恒温水槽内,然后加水至试件高度的 1/3,保持 24h,再加水至试件高度的 2/3,经 24h 后,加水高出试件 30mm 以上,保持 24h。

(3) 将试件从水中取出,用湿布抹去表面水分,立即称取每块质量(M_g),精确至 1g。

5. 结果计算与评定

(1) 干密度按式(7-30)计算:

$$r_0 = \frac{M_0}{V} \times 10^6 \tag{7-30}$$

---

[1] 主要内容引自 GB/T 11969—2008《蒸压加气混凝土性能试验方法》。

式中　r_0——干密度(kg/m^3)；
　　　M_0——试件烘干后质量(g)；
　　　V——试件体积(mm^3)。

（2）含水率按式（7-31）计算：

$$W_S = \frac{M - M_0}{M_0} \times 100 \quad (7\text{-}31)$$

式中　W_S——含水率(%)；
　　　M_0——试件烘干后质量(g)；
　　　M——试件烘干前质量(g)。

（3）吸水率按式（7-32）计算（以质量分数表示）：

$$W_R = \frac{M_g - M_0}{M_0} \times 100 \quad (7\text{-}32)$$

式中　W_R——吸水率(%)；
　　　M_0——试件烘干后质量(g)；
　　　M_g——试件吸水后质量(g)。

（4）结果按3块试件试验的算术平均值进行评定，干密度的计算精确至$1kg/m^3$，含水率和吸水率的计算精确至0.1%。

(二) 力学性能

1. 仪器设备

（1）材料试验机：精度（示值的相对误差）不应低于±2%，其量程的选择应能使试件的预期最大破坏荷载处在全量程的20%～80%范围内。

（2）托盘天平或磅秤：称量2000g，感量1g。

（3）电热鼓风干燥箱：最高温度200℃。

（4）钢板直尺：规格为300mm，分度值为0.5mm。

（5）劈裂抗拉钢垫条的直径为75mm，如图7-34所示。钢垫条与试件之间应垫以木质三合板垫层，垫层宽度应为(15～20) mm，厚(3～4) mm，长度不应短于试件边长，垫层不得重复使用。

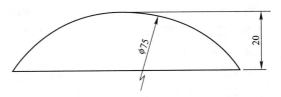

图7-34　劈裂抗拉钢垫条(mm)

（6）变形测量仪表：精度不应低于0.001mm，当使用镜式引伸仪时，允许精度不低于0.002mm。

2. 试件

（1）抗压、劈裂抗拉试件制备按本节二(一)2(1)～(3)进行。

（2）抗压试件制备按本节二(一)2(1)和(3)在制品中心部分平行于制品发气方向锯取，试件锯取部位如图7-35。

（3）轴心抗压、弹性模量试件制备按本节二(一)2(1)～(3)进行，试件锯取部位如图7-36。

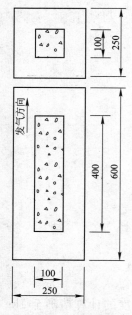

图 7-35 抗折强度试件锯取示意图(mm)

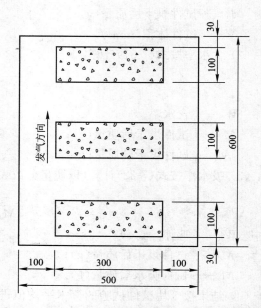

图 7-36 轴心抗压、弹性模量试件锯取示意图(mm)

(4) 试件承压面的不平度应为每 100mm 不超过 0.1mm，承压面与相邻面的不垂直度不应超±1°。

(5) 试件数量

抗压强度：100mm×100mm×100mm 立方体试件一组 3 块；

劈裂抗拉强度：100mm×100mm×100mm 立方体试件一组 3 块；

抗折强度：100mm×100mm×400mm 棱柱体试件一组 3 块；

轴心抗压强度：100mm×100mm×300mm 棱柱体试件一组 3 块；

静力受压弹性模量：100mm×100mm×300mm 棱柱体试件二组 6 块。

(6) 试件含水状态

1) 试件在含水率 8%～12%下进行试验。

2) 如果含水率超过上述规定范围，则在(60±5)℃下烘至所要求的含水率。

3. 试验步骤

(1) 抗压强度

1) 检查试件外观。

2) 测量试件的尺寸，精确至 1mm，并计算试件的受压面积(A_1)。

3) 将试件放在材料试验机的下压板的中心位置，试件的受压方向应垂直于制品的发气方向。

4) 开动试验机，当上压板与试件接近时，调整球座，使接触均衡。

5) 以(2.0±0.5)kN/s 的速度连续而均匀地加荷，直至试件破坏，记录破坏荷载(p_1)。

6) 将试验后的试件全部或部分立即称取质量，然后在(105±5)℃下烘至恒质，计算其含水率。

(2) 劈裂抗拉强度(劈裂法)

1)检查试件外观。

2)在试件中部划线定出劈裂面的位置,劈裂面垂直于制品发气方向,测量尺寸,精确至1m计算劈裂面面积(A_2)。

3)将试件放在试验机下压板的中心位置,在上、下压板与试件之间垫以劈裂抗拉钢垫条及垫各一条。钢垫条与试件中心线重合,如图7-37所示。

4)开动试验机,当上压板与试件接近时,调整球座,使接触均衡。

5)以$(0.20±0.05)$kN/s的速度连续而均匀地加荷,直至试件破坏,记录破坏荷载(p_2)。

6)将试验后的试件全部或部分称取质量,然后在$(105±5)$℃下烘至恒质,计算其含水率。

(3)抗折强度

1)检查试件外观。

2)在试件中部测量其宽度和高度,精确至1mm。

3)将试件放在抗弯支座辊轮上,支点间距为300mm,开动试验机,当加压辊轮与试件接近时,调整加压辊轮及支座辊轮,使接触均衡,其所有间距的尺寸偏差不应大于±1mm。加荷方式如图7-38所示。

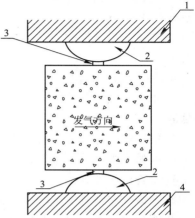

图7-37 劈裂抗拉试验示意图
1—试验机上压板;2—劈裂抗拉钢垫条;
3—垫层;4—试验机下压板

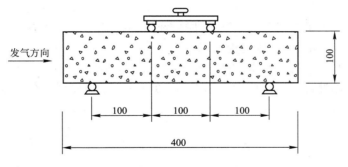

图7-38 抗折强度试验示意图

4)试验机与试件接触的两个支座辊轮和两个加压辊轮应具有直径为30mm的弧形顶面,并应至少比试件的宽度长10mm。其中3个(一个支座辊轮及两个加压辊轮)尽量做到能滚动并前后倾斜。

5)以$(0.20±0.05)$kN/s的速度连续而均匀地加荷,直至试件破坏,记录破坏荷载(p)及破坏位置。

6)将试验后的短半段试件,立即称取质量,然后在$(105±5)$℃下烘至恒质,计算其含水率。

(4)轴心抗压强度

1)检查试件外观。

2)在试件中部测量试件的边长精确至1mm,并计算试件的受压面积(A_3)。

3) 将试件直立放置在材料试验机的下压板上,试件的轴心与材料试验机下压板的中心对准。

4) 开动材料试验机,当上压板与试件接近时,调整球座,使接触均衡。

5) 以 (1.0 ± 0.5) kN/s 的速度连续而均匀地加荷。

6) 当试件接近破坏而开始迅速变形时,停止调整材料试验机油门,直至试件破坏,记录破坏荷载(p_3)。

7) 取试验后试件的一部分,立即称取质量,然后在 (105 ± 5) ℃下烘至恒质,计算其含水率。

(5) 静力受压弹性模量

1) 本方法测定的蒸压加气混凝土弹性模量是指应力为轴心抗压强度 40% 时的加荷割线模量。

2) 取一组试件,测定轴心抗压强度(f_{cp})。

3) 取另一组试件,作静力弹性模量试验,其步骤如下:

① 检查试件外观。

② 在试件中部测量试件的边长精确至 1mm,并计算试件的横截面面积(A)。

③ 将测量变形的仪表安装在供弹性模量测定的试件上,仪表应精度地安在试件的两对应大面的中心线上。

④ 试件的测量标距为 150mm。

⑤ 将装有变形测量仪表的试件置于材料试验机的下压板上,使试件的轴心与材料试验机下压板的中心对准。

⑥ 启动材料试验机,当上压板与试件接近时,调整球座,使之接触均衡。

⑦ 以 (2.0 ± 0.5) kN/s 的速度连续而均匀地加荷。当达到应力为 0.1MPa 的荷载 p_{b1} 时,保持该荷载 30s,然后以同样的速度加荷至应力为 $0.4f_{cp}$ 的荷载 p_{a1},保持该荷载 30s,然后以同样的速度卸荷至应力为 0.1MPa 的荷载 p_{b2},保持该荷载 30s。如此反复预压 3 次(图 7-39)。

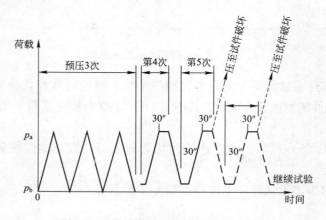

图 7-39 弹性模量试验加荷制度示意图

⑧ 按上述加荷和卸荷方法,分别读取第 4 次荷载循环,以 p_{b4} 与 p_{a4} 时试件两侧相应的变形读数 δ_{b4} 与 δ_{a4},计算两侧变形值的平均值 δ_4,按同样方法时行第 5 次荷载循环,并

计算 δ_5。

⑨ 如果 δ_4 与 δ_5 之差不大于 0.003mm，则卸除仪表，以同样速度加荷至试件破坏，并计算轴心抗压强度 f_{cp}。

⑩ 如果 δ_4 与 δ_5 之差大于 0.003mm，继续按上述方法加荷与卸荷，直至相邻两次两侧变形平均值之差不大于 0.003mm 为止。并按最后一次的变形平均值计算弹性模量值。但在试验报告中应注明计算时的次数。

⑪ 取试验后试件的一部分立即称取质量，然后在(105±5)℃下烘至恒质，计算其含水率。

4. 结果计算与评定

(1) 抗压强度按式(7-33)计算：

$$f_{cc} = \frac{p_1}{A_1} \tag{7-33}$$

式中　f_{cc}——试件的抗压强度(MPa)；
　　　p_1——破坏荷载(N)；
　　　A_1——试件受压面积(mm^2)。

(2) 抗压强度按式(7-34)计算：

$$f_f = \frac{p \cdot L}{b \cdot h^2} \tag{7-34}$$

式中　f_f——试件的抗折强度(MPa)；
　　　p——破坏荷载(N)；
　　　b——试件宽度(mm)；
　　　h——试件高度(mm)；
　　　L——支座间距即跨度(mm)，精确至1mm。

(3) 劈裂抗拉强度按式(7-35)计算：

$$f_{ts} = \frac{2p_2}{\pi A_2} \approx 0.637 \frac{p_2}{A_2} \tag{7-35}$$

式中　f_{ts}——试件的劈裂抗拉强度(MPa)；
　　　p_2——破坏荷载(N)；
　　　A_2——劈裂面面积(mm^2)。

(4) 轴心抗压强度按式(7-36)计算：

$$f_{cp} = \frac{p_3}{A_3} \tag{7-36}$$

式中　f_{cp}——轴心抗压强度(MPa)；
　　　p_3——破坏荷载(N)；
　　　A_3——试件中部截面面积(mm^2)。

(5) 静力弹性模量按式(7-37)计算。

$$E_c = \frac{p_a - p_b}{A} \times \frac{l}{\delta_5} \tag{7-37}$$

式中　E_c——试件静力弹性模量(MPa)；
　　　p_a——应力为 $0.4f_{cp}$ 时的荷载(N)；
　　　p_b——应力为 0.1MPa 时的荷载(N)；

A——试件的横截面面积(mm^2);

δ_5——第五次荷载循环时试件两侧变形平均值(mm);

l——测点标距,150mm。

(6)抗压强度和轴心抗压强度的计算精确至 0.1MPa;抗拉强度和抗折强度的计算精确至 0.01MPa;静力弹性模量的计算精确至 100MPa。

(7)结果评定

静力弹性模量按 3 块试件测试值的算术平均值计算,如果其中一个试件的轴心抗压强度 f_{cp} 与 f_{cc} 之差超过 f_{cp} 的 20%,则弹性模量值按另两个试件测值的算术平均值计算;如有两个试件与 f_{cp} 之差超过 f_{cp} 的 20%,则试验结果无效。其他按 3 块试件试验值的算术平均值进行评定,精确至 0.01MPa。

(三)干燥收缩

1. 仪器设备

(1)立式收缩仪:精度为 0.01mm。

(2)收缩头:采用黄铜或不锈钢制成,如图 7-40 所示:

(3)电热鼓风干燥箱:最高温度 200℃。

(4)调温调湿箱:最高工作温度 150℃,最高相对湿度(95±3)%。

(5)天平:称量 500g,感量 0.1g。

(6)干燥器。

(7)干湿球温度计:最高温度 100℃。

(8)恒温水槽:水温(20±2)℃。

2. 试件

(1)试件按本节二(一)2(1)从当天出釜的制品中部锯取,试件长度方向平行于制品的发气方向,其锯取部位如图 7-41 所示。锯好后立即将试件密封,以防碳化。

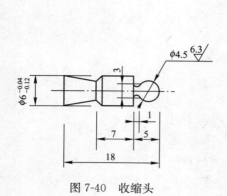

图 7-40 收缩头

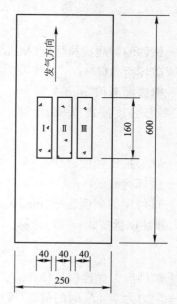

图 7-41 干燥收缩试件锯取示意图

(2) 试件尺寸和数量

40mm×40mm×160mm 一组 3 块；尺寸允许偏差为 $_{-1}^{0}$mm。

(3) 试件处理

1) 在试件的两个端面中心，各钻一个直径 6~10mm，深度 13mm 孔洞。

2) 在孔洞内灌入水玻璃水泥浆（或其他粘结剂），然后埋置收缩头，收缩头中心线应与试件中心线重合，试件端面必须平整。2h 后，检查收缩头安装是否牢固，否则重装。

3. 试验步骤

(1) 标准试验方法

1) 试件放置 1d 后，浸入水温为 (20±2)℃ 恒温水槽中，水面应高出试件 30mm，保持 27h。

2) 将试件从水中取出，用湿布抹去表面水分，并将收缩头擦干净，立即称取试件的质量。

3) 用标准杆调整仪表原点（一般取 5.00mm），然后按标明的测试方向立即测定试件初始长度，记下初始百分表读数。

4) 试件长度测试误差为 ±0.01mm，称取质量误差为 ±0.1g。

5) 将试件放在温度为 (20±2)℃，相对湿度为 (43±2)% 的调温调湿箱中。

6) 试验的前五天每天将试件在 (20±2)℃ 的房间内测长度一次，以后每隔 4d 测长度一次，直至质量变化小于 0.1% 为止，测前需校准仪器原点，要求每组试件在 10min 内测完。

7) 每测一次长度，应同时称取试件的质量。

8) 试验结束，将试件按本节二(一)3(2)烘至恒质，并称取质量。

(2) 快速试验法

1) 同标准试验方法 1)。

2) 同标准试验方法 2)。

3) 同标准试验方法 3)。

4) 同标准试验方法 4)。

5) 将试件置于调温调湿箱内，控制箱内温度为 (50±1)℃，相对湿度为 (30±2)%（当箱内湿度至 35% 左右时，放入盛有氯化钙饱和溶液的瓷盘，用以调节箱内湿度；如果湿度不易下降时，用无水氯化钙调节）。

6) 试验的前两天每 4h 从箱内取出试件测长度一次，以后每天测长度一次。当试件取出后应立即放入无吸湿剂的干燥器中，在 (20±2)℃ 的房间内冷却 3h 后进行测试。测前须校准仪器的百分表原点，要求每组试件在 10min 内测完。

7) 按 5)、6) 所述反复进行干燥、冷却和测试，直到质量变化小于 0.1% 为止。

8) 每测一次长度，应同时称取试件的质量。

9) 试验结束，将试件按本节二(一)3(2)烘至恒质，并称取质量。

4. 结果处理与评定

(1) 干燥收缩值按式(7-38)计算：

$$\Delta = \frac{s_1 - s_2}{s_0 - (y_0 - s_1) - s} \times 1000 \tag{7-38}$$

式中 Δ——干燥收缩值(mm/m);

s_0——标准杆长度(mm);

y_0——百分表的原点(mm);

s_0——试件初始长度(百分表读数)(mm);

s_0——试件干燥后长度(百分表读数)(mm);

s——两个收缩头长度之和(mm)。

(2) 收缩值以 3 块试件试验值的算术平均值进行评定,精确至 0.01mm/m。

(3) 含水率按式(7-31)计算。

(4) 干燥收缩特性曲线绘制

干燥收缩特性曲线是反映蒸压加气混凝土在不同含水状态下至干燥后收缩曲线,由各测试点的计算干燥收缩值绘制。

1) 各测试点的含水率按式(7-31)计算。

2) 各测试点的干燥收缩值按式(7-39)计算:

$$\Delta_i = \frac{s_i - s_2}{s_0 - (y_0 - s_i) - s} \times 1000 \tag{7-39}$$

式中 Δ_i——各测试点干燥收缩值(mm/m);

s_0——标准杆长度(mm);

y_0——百分表的原点(mm);

s_i——试件在各测试点长度(百分表读数)(mm);

s_2——试件干燥后长度(百分表读数)(mm);

s——二个收缩头长度之和(mm)。

3) 以三块试件在各测试点的收缩值和含水率的算术平均值(精确至 0.01mm/m),在图 7-42 中绘出对应于含水率的干燥收缩曲线。

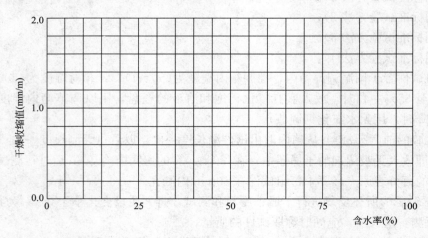

图 7-42 干燥收缩特性曲线绘制格式

(四) 抗冻性

1. 仪器设备

(1) 低温箱或冷冻室:最低工作温度-30℃以下。

(2) 恒温水槽：水温(20±5)℃。

(3) 托盘天平或磅秤：称量 2000g，感量 1g。

(4) 电热鼓风干燥箱：最高温度 200℃。

2. 试件

(1) 试件制备按本节二(一)2(1)(2)和(3)进行。

(2) 试件尺寸和数量

100mm×100mm×10mmm 立方体试件一组 3 块。

3. 试验步骤

(1) 将冻融试件放在电热鼓风干燥箱内，在(60±5)℃下保温 24h，然后在(80±5)℃下保温 24h，再在(105±5)℃下烘至恒质。

(2) 试件冷却至室温后，立即称取质量，精确至 1g，然后浸入水温为(20±)℃恒温水槽中，水面应高出试件 30mm，保持 48h。

(3) 取出试件，用湿布抹去表面水分，放入预先降温至 −15℃以下的低温箱或冷冻室中，其间距不小于 20mm，当温度降至 −18℃时记录时间。在(−20±2)℃下冻 6h 取出，放入水温为(20±5)℃的恒温水槽中，融化 5h 作为一次冻融循环，如此冻融循环 15 次为止。

(4) 每隔 5 次循环检查并记录试件在冻融过程中的破坏情况。

(5) 冻融过程中，发现试件呈明显的破坏，应取出试件，停止冻融试验，并记录冻融次数。

(6) 将经 15 次冻融后的试件，放入电热鼓风干燥箱内，按试验步骤(1)规定烘至恒质。

(7) 试件冷却至室温后，立即称取质量，精确至 1g。

(8) 将冻融后试件按本节二(二)3(1)有关规定，进行抗压强度试验。

4. 结果计算与评定

(1) 质量损失率按式(7-40)计算：

$$M_m = \frac{M_0 - M_S}{M_0} \times 100 \qquad (7-40)$$

式中 M_m——质量损失率(%)；

M_0——冻融试件试验前的干质量(g)；

M_S——经冻融试验后试件的干质量(g)。

(2) 冻后试件的抗压强度按式(7-33)计算。

(3) 抗冻性按冻融试件的质量损失率平均值和冻后的抗压强度平均值进行评定。质量损失率精确至 0.1%。

(五) 碳化

1. 仪器设备和试剂

(1) 碳化箱：下部设有进气孔，上部设有排气孔，且有湿度观察装置，盖(门)必须严密。

(2) 二氧化碳钢瓶。

(3) 转子流量计。

(4) 气体分析仪。

(5) 电热鼓风干燥箱：最高温度 200℃。

(6) 托盘天平或磅秤：称量 2000g，感量 1g。

(7) 干湿球湿度计：最高温度 100℃。

(8) 二氧化碳气体：浓度（质量分数）大于 80%。

(9) 钠石灰。

(10) 工业用硝酸镁（保温剂）。

(11) 质量分数 1% 酚酞溶液：用浓度（质量分数）为 70% 的乙醇配制。

(12) 质量分数 30% 氢氧化钾溶液。

2. 试件

(1) 试件制备按本节二（一）2(1) 和 (3) 进行。

(2) 试件在同一块制品中心部分，沿制品发气方向中心部分的上、中、下顺序相邻部位锯取两组试件。相邻对应两组试件锯取部位如图 7-43 所示。

(3) 试件数量

100mm×100mm×100mm 立方体试件五组共 15 块。一组 3 块为对比试件；四组 12 块为碳化试件，其中三组 9 块用于碳化深度检查，一组 3 块用于测定碳化后强度。

3. 试验条件

(1) 温度

碳化过程的相对湿度为 (55±5)%。

空气和二氧化碳分别通过盛有硝酸镁（保湿剂）过饱和溶液（以 1kg 工业纯硝酸镁，200mL 水的比例配制）的广口瓶，以控制介质湿度。应经常保持溶液中有硝酸镁固相存在。

(2) 二氧化碳浓度

1) 二氧化碳浓度的测定

每隔一定时期对箱内的二氧化碳浓度作一次测定，一般在第一、二天每隔 2h 测定一次，以后每隔 4h 测定一次。并根据测得的二氧化碳浓度，随时调节其流量，保湿剂也应经常予以更换。

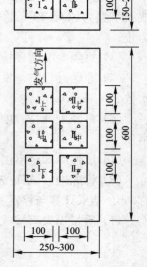

图 7-43 立方体试件锯取示意图 (2)(mm)

二氧化碳浓度采用气体分析仪测定，精确至 1%（质量分数）。

2) 二氧化碳浓度的调节和控制

如图 7-44 所示，装配人工碳化装置，分别调节二氧化碳钢瓶和空气压缩机上的针形阀，通过流量计控制二氧化碳浓度为 (20±3)%（质量分数）。

4. 试验步骤

(1) 试件放入温度 (60±6)℃ 的电热鼓风干燥箱内，烘至恒质。电热鼓风干燥箱内需放入适量的钠石灰，以吸收箱内的二氧化碳。

(2) 取一组试件，按本节二（二）3(1) 有关规定测定抗压强度 (f_{cc})。

(3) 其余四组试件放入碳化箱进行碳化，试件间隔不得小于 20mm。4d 后，每天取一块试件劈开，用 1%（m/m）酚酞溶液测定碳化深度，直至试件中心不显红色，则认为

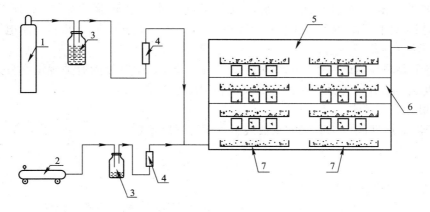

图 7-44 人工碳化装置示意图
1—二氧化碳钢瓶；2—空气压缩机；3—保湿剂瓶；4—转子流量计；
5—碳化箱；6—干湿球温度计；7—内盛保湿剂的搪瓷盘

试件已完全碳化。此时，取一组试件按本节二(二)3(1)有关规定测定其碳化后的抗压强度(f_c)。

5. 结果计算与评定

(1) 碳化系数按式(7-41)计算：

$$K_c = \frac{f_c}{f_{cc}} \tag{7-41}$$

式中　K_c——碳化系数；

　　　f_c——碳化后试件抗压强度平均值(MPa)；

　　　f_{cc}——对比试件抗压强度平均值(MPa)

(2) 试验结果按 3 块试件试验的算术平均值进行评定，精确至 0.01。

(六) 干湿循环

1. 仪器设备

(1) 电热鼓风干燥箱：最高温度 200℃。

(2) 恒温水槽或水箱：水温(20±5)℃。

(3) 托盘天平或磅秤：称量 2000g，感量 1g。

(4) 钢板直尺：规格为 300mm，精度为 0.5mm。

2. 试件

(1) 试件制备按本节二(五)2(1)和(2)进行。

(2) 试件尺寸和数量

100mm×100mm×100mm 立方体试件二组 6 块。

3. 试验步骤

(1) 将二组试件，其中一组为对比试件，一起放入电热鼓风干燥箱内，在(60±5)℃下烘至恒质。

(2) 取其中一组 3 块，在(20±5)℃的室内冷却 20min，然后放入钢丝网箱(恒温水槽或水箱)内，并浸入水湿为(20±5)℃的水中。水高出试件上表面 30min，保持 5min 后取出，放在室内晾干 30min 再放入电热鼓风干燥箱内，在(60±5)℃下烘 7h，即在(60±5)℃下烘 7h，冷却 20min，放入(20±5)℃水中 5min 作为一次干湿循环。如此反复 15 次为止。

(3) 经 15 次干湿循环后的试件，继续在(60±5)℃下烘至恒质，然后关闭电源，打开干燥箱，使试件冷却至室温。

(4) 将干湿循环后试件和另一组对比试件按本节二(二)3(2)的有关规定，分别进行劈裂抗拉强度试验，并计算其 3 块试件劈裂抗拉强度平均值 f'_{ts} 和 f_{ts}。

4. 结果计算与评定

(1) 干湿循环性能以干湿强度系数表示，干湿强度系数按式(7-42)计算：

$$K=\frac{f'_{ts}}{f_{ts}} \tag{7-42}$$

式中　K——干湿强度系数；

　　　f'_{ts}——经 15 次干湿循环后的一组 3 块试件劈裂抗拉强度平均值(MPa)；

　　　f_{ts}——对比试件劈裂抗拉强度平均值(MPa)。

(2) 试验结果按 3 块试件试验的算术平均值进行评定，精确至 0.01。

第八章 防 水 材 料

建筑工程的防水,关系到人们居住的环境和卫生条件、建筑物的使用功能、建筑物的寿命等,历来是大家十分关心的问题。防水工程的质量,在很大程度上取决于防水材料的性能和质量,防水材料通常要具有以下一些特性:

1. 耐候性。对光、热、臭氧等有一定的耐受能力。
2. 抗渗透、耐化学腐蚀性。具有抗水渗透和耐酸碱性能。
3. 具有对温度、外力的适应性。即要求防水材料的拉伸强度、断裂伸长率能承受温差变化以及各种外力和基层伸缩、开裂引起的变形。
4. 具有整体性。要求防水层的粘结强度要高,既能保持自身牢固的粘结,又能与基层粘结牢固,且在外力作用下,有较高的剥离强度,形成稳固的不透水层。

近年来,我国防水材料取得了很大的进步,原来以纸胎石油沥青油毡为主的防水格局,正在被改性沥青防水卷材和合成高分子防水卷材所取代,同时各种新型防水材料层出不穷,产品质量也大幅度提高。国家近几年制定和公布了一大批新的防水材料产品标准,必将推进我国防水事业的发展。

第一节 主要防水卷材的质量标准

一、弹性体改性沥青防水卷材[1]

（一）范围

标准 GB 18242—2008 规定了弹性体改性沥青防水卷材(简称 SBS 防水卷材)的分类和标记、原材料、要求、试验方法、检验规则、标志、包装、储存与运输。适用于以聚酯毡、玻纤毡、玻纤增强聚酯毡为胎基,以苯乙烯-丁二烯-苯乙烯(SBS)热塑性弹性体作石油沥青改性剂,两面覆以隔离材料所制成的防水卷材。

（二）分类和标记

1. 类型

(1) 按胎基分为聚酯毡(PY)、玻纤毡(G)、玻纤增强聚酯毡(PYG)。

(2) 按上表面隔离材料分为聚乙烯膜(PE)、细砂(S)、矿物粒料(M)。下表面隔离材料为细砂(S)、聚乙烯膜(PE)。

注:细砂为粒径不超过 0.60mm 的矿物颗粒。

(3) 按材料性能分为 Ⅰ 型和 Ⅱ 型。

2. 规格

卷材公称宽度为 1000mm。

聚酯毡卷材公称厚度为 3mm、4mm、5mm。

---

[1] 主要内容引自 GB 18242—2008《弹性体改性沥青防水卷材》。

玻纤毡卷材公称厚度为 3mm、4mm。
玻纤增强聚酯毡卷材公称厚度为 5mm。
每卷卷材公称面积为 7.5m²、10m²、15m²。

3. 标记

产品按名称、型号、胎基、上表面材料、下表面材料、厚度、面积和本标准编号顺序标记。

示例：10m² 面积、3mm 厚上表面为矿物粒料、下表面为聚乙烯膜聚酯毡 I 型弹性体改性沥青防水卷材标记为：

SBS I PY M PE 3 10 GB 18242—2008

4. 用途

（1）弹性体改性沥青防水卷材主要适用于工业与民用建筑的屋面和地下防水工程。

（2）玻纤增强聚酯毡卷材可用于机械固定单层防水，但需通过抗风荷载试验。

（3）玻纤毡卷材适用于多层防水中的底层防水。

（4）外露使用采用上表面隔离材料为不透明的矿物粒料的防水卷材。

（5）地下工程防水采用表面隔离材料为细砂的防水卷材。

（三）要求

1. 单位面积质量、面积及厚度

单位面积质量、面积及厚度应符合表 8-1 的规定。

单位面积质量、面积及厚度　　　　　　　表 8-1

规格（公称厚度）(mm)			3			4			5		
上表面材料			PE	S	M	PE	S	M	PE	S	M
下表面材料			PE	PE、S		PE	PE、S		PE	PE、S	
面积(m²/卷)	公称面积		10、15			10、7.5			7.5		
	偏差		±0.10			±0.10			±0.10		
单位面积质量(kg/m²)		≥	3.3	3.5	4.0	4.3	4.5	5.0	5.3	5.5	6.0
厚度(mm)	平均值	≥	3.0			4.0			5.0		
	最小单值		2.7			3.7			4.7		

2. 外观

（1）成卷卷材应卷紧卷齐，端面里进外出不得超过 10mm。

（2）成卷卷材在 (4～50)℃ 任一产品温度下展开，在距卷芯 1000mm 长度外不应有 10mm 以上的裂纹或粘结。

（3）胎基应浸透，不应有未被浸渍处。

（4）卷材表面应平整，不允许有孔洞、缺边和裂口、疙瘩，矿物粒料粒度应均匀一致并紧密地粘附于卷材表面。

（5）每卷卷材接头处不应超过一个，较短的一段长度不应少于 1000mm，接头应剪切整齐，并加长 150mm。

3. 材料性能

材料性能应符合表 8-2 要求。

材料性能　　　　　　　　　　　　　　　表 8-2

序号	项目			指标				
				Ⅰ		Ⅱ		
				PY	G	PY	G	PYG
1	可溶物含量(g/m²) ≥		3mm	2100				—
			4mm	2900				—
			5mm			3500		
			试验现象	—	胎基不燃	—	胎基不燃	
2	耐热性		℃	90		105		
			≤mm			2		
			试验现象			无流淌、滴落		
3	低温柔性(℃)			−20		−25		
						无裂缝		
4	不透水性(30min)			0.3MPa	0.2MPa	0.3MPa		
5	拉力	最大峰拉力(N/50mm) ≥		500	350	800	500	900
		次高峰拉力(N/50mm) ≥		—	—	—	—	800
		试验现象		拉伸过程中，试件中部无沥青涂盖层开裂或与胎基分离现象				
6	延伸率	最大峰时延伸率(%) ≥		30	—	40	—	—
		第二峰时延伸率(%) ≥		—	—	—	—	15
7	浸水后质量增加(%) ≤	PE、S				1.0		
		M				2.0		
8	热老化	拉力保持率(%) ≥				90		
		延伸率保持率(%) ≥				80		
		低温柔性(℃)		−15		−20		
						无裂缝		
		尺寸变化率(%) ≤		0.7	—	0.7	—	0.3
		质量损失(%) ≤				1.0		
9	渗油性	张数 ≤				2		
10	接缝剥离强度(N/mm) ≥					1.5		
11	钉杆撕裂强度ᵃ(N) ≥					—		300
12	矿物粒料粘附性ᵇ(g) ≤					2.0		
13	卷材下表面沥青涂盖层厚度ᶜ(mm) ≥					1.0		
14	人工气候加速老化	外观				无滑动、流淌、滴落		
		拉力保持率(%) ≥				80		
		低温柔性(℃)		−15		−20		
						无裂缝		

a 仅适用于单层机械固定施工方式卷材。
b 仅适用于矿物粒料表面的卷材。
c 仅适用于热熔施工的卷材。

(四) 试验方法

1. 标准试验条件

标准试验条件(23±2)℃。

2. 面积

按 GB/T 328.6 测量长度和宽度,以其平均值相乘得到卷材的面积。

3. 厚度

按 GB/T 328.4 进行,对于细砂面防水卷材,去除测量处表面的砂粒再测量卷材厚度;对矿物粒防水卷材,在卷材留边处,距边缘60mm处,去除砂粒后在长度1m范围内测量卷材的厚度。

4. 单位面积质量

称量每卷卷材卷重,根据测得的面积,计算单位面积质量(kg/m^2)。

5. 外观

按 GB/T 328.2 进行。

6. 试件制备

将取样卷材切除距外层卷头 2500mm 后,取 1m 长的卷材按 GB/T 328.4 取样方法均匀分布裁取试件,卷材性能试件的形状和数量按表 8-3 裁取。

试件形状和数量　　　　表 8-3

序号	试验项目		试件形状(纵向×横向)(mm)	数量(个)
1	可溶物含量		100×100	3
2	耐热性		125×100	纵向 3
3	低温柔性		150×25	纵向 10
4	不透水性		150×150	3
5	拉力及延伸率		(250~320)×50	纵横向各 5
6	浸水后质量增加		(250~320)×50	纵向 5
7	热老化	拉力及延伸率保持率	(250~320)×50	纵横向各 5
		低温柔性	150×25	纵向 10
		尺寸变化率及质量损失	(250~320)×50	纵向 5
8	渗油性		50×50	3
9	接缝剥离强度		400×200(搭接边处)	纵向 2
10	钉杆撕裂强度		200×100	纵向 5
11	矿物粒料粘附性		265×50	纵向 3
12	卷材下表面沥青涂盖层厚度		200×50	横向 3
13	人工气候加速老化	拉力保持率	120×25	纵横向各 5
		低温柔性	120×25	纵向 10

7. 可溶物含量

按 GB/T 328.26 进行。

对于标称玻纤毡卷材的产品,可溶物含量试验结束后,取出胎基用火点燃,观察现象。

8. 耐热性

按 GB/T 328.11—2007 中 A 法进行，无流淌、滴落。

9. 低温柔性

按 GB/T 328.14 进行，3mm 厚度卷材弯曲直径 30mm，4mm、5mm 厚度卷材弯曲直径 50mm。

10. 不透水性

按 GB/T 328.10—2007 中方法 B 进行，采用 7 孔盘，上表面迎水。上表面为细砂、矿物粒料时，下表面迎水，下表面也为细砂时，试验前，将下表面的细砂沿密封圈一圈除去，然后涂一圈 60 号~100 号热沥青，涂平待冷却 1h 后检测不透水性。

11. 拉力及延伸率

按 GB/T 328.8 进行，夹具间距 200mm。分别取纵向、横向各五个试件的平均值。试验过程中观察在试件中部是否出现沥青涂盖层与胎基分离或沥青涂盖层开裂现象。

对于 PYG 胎基的卷材需要记录两个峰值的拉力和对应延伸率。

12. 浸水后质量增加

(1) 仪器设备

1) 有盖子水槽。

2) 天平：精度 0.1g。

3) 毛刷。

4) 鼓风烘箱：控温精度±2℃。

5) 悬挂试件的装置。

(2) 试件处理

对于测量质量增加的试件，用毛刷清除表面所有粘结不牢的砂粒，试件在(50±2)℃的烘箱中干燥 24h±30min，然后在标准试验条件下放置 1h 后称量试件质量(m_1)，在干燥和放置过程中试件相互间不应接触。然后浸入(23±2)℃的水中 7d±1h，试件应完全浸入水中。为了防止掉砂，每组试件最好分别放置。

(3) 试验步骤

在浸水 7d±1h 后，取出试件及掉落的砂粒，在(23±2)℃，相对湿度(50±5)%的条件下放置 5h±5min。试件干燥过程中垂直悬挂，相互间距至少 20mm，然后称量试件及脱落的砂粒质量(m_2)。

(4) 结果计算

质量增加按式(8-1)计算：

$$w = \frac{m_2 - m_1}{m_1} \times 100 \tag{8-1}$$

式中　w——试件处理后质量增加(%)；

m_1——试件处理前质量(g)；

m_2——试件处理后质量(g)。

试验结果取五个试件的算术平均值。

13. 热老化

(1) 仪器设备

1) 天平：精度 0.1g。
2) 烘箱：控温精度±2℃。
3) 游标卡尺：精度±0.02mm。

(2) 试件处理

纵向拉力保持率及最大拉力时延伸率可以用尺寸变化率及质量损失测定后的试件试验，有争议时用新试件试验。

对于测量拉力保持率、延伸率保持率、尺寸变化率和低温柔性的试件，平放在撒有滑石粉的玻璃板上，然后将试件水平放入已调节到(80±2)℃的烘箱中，在此温度下处理 10d±1h。

进行质量损失测定的试件裁取后，用毛刷清除表面所有粘结不牢的砂粒。试件在(50±2)℃的烘箱中干燥 24h±30min，然后在标准试验条件下放置 1h 后称量试件质量(m_1)。

测定尺寸变化率的试件用游标卡尺测量试件的长度(L_1)。

试件在干燥和放置过程中相互间不应接触。质量损失试件放置在隔离纸上，其他试件平放在撒有滑石粉的玻璃板上，然后将试件水平放入已调节到(80±2)℃的烘箱中，在此温度下处理 10d±1h。

(3) 试验步骤

在加热处理 10d±1h 后，取出试件在标准试验条件下放置 2h±5min。

对于拉力保持率试件，立即按本节一(四)11 进行拉伸试验。

对于低温柔性试件，立即按本节一(四)9 进行试验。

对于尺寸变化率试件，立即在原来测量 L_1 的位置测量试件长度(L_2)。

对于质量损失试件，立即称量试件质量(m_2)。

(4) 结果计算

1) 拉力保持率及延伸率保持率

拉力保持率按式(8-2)计算：

$$R_t = TS'/TS \times 100 \tag{8-2}$$

式中 R_t——试件处理后拉力保持率(%)；
  TS——试件处理前拉力平均值(N/50mm)；
  TS'——试件处理后拉力平均值(N/50mm)。

拉力保持率用五个试件的平均值计算。

延伸率保持率参照式(8-2)计算。

对于 PYG 胎基产品，拉力保持率以最高峰值计算。

对于 PYG 胎基产品，延伸率保持率以第二峰时延伸率计算。

2) 低温柔性

记录试件表面有无裂缝。

3) 尺寸变化率

每个试件的尺寸变化率按式(8-3)计算：

$$D = \left| \frac{L_2 - L_1}{L_1} \right| \times 100 \tag{8-3}$$

式中　D——试件处理后尺寸变化率(%)；
　　　L_1——试件处理前长度(mm)；
　　　L_2——试件处理后长度(mm)。
试验结果取五个试件的算术平均值。

4) 质量损失

质量损失按式(8-4)计算：

$$w = \frac{m_1 - m_2}{m_1} \times 100 \tag{8-4}$$

式中　w——试件处理后质量损失(%)；
　　　m_1——试件处理前质量(g)；
　　　m_2——试件处理后质量(g)。
试验结果取五个试件的算术平均值。

14. 渗油性

(1) 仪器设备

1) 烘箱：控温精度±2℃。

2) 滤纸：中速定性滤纸。

(2) 试件制备

将用于试验的试件下表面 PE 膜或细砂除去，去除方法参考 GB/T 328.11。

(3) 试验步骤

将处理好的试件分别放在 5 层直径大于试件的滤纸上，滤纸下垫釉面砖，试件上面压 1kg 的重物，然后将试件放入已调节到耐热性规定温度的烘箱中，水平放置 5h±15min，然后在标准试验条件下放置 1h，检查渗油张数。

(4) 结果计算

凡有污染痕迹的滤纸都算作渗出，以三个试件中最多的渗出张数作为试验结果。

15. 接缝剥离强度

按 GB/T 328.20 进行，在卷材纵向搭接边处用热熔方法进行搭接，取五个试件平均剥离强度的平均值。

16. 钉杆撕裂强度

按 GB/T 328.18 进行，取纵向五个试件的平均值。

17. 矿物粒料粘附性

按 GB/T 328.17—2007 中 B 法进行，取三个试件的平均值。

18. 卷材下表面沥青涂盖层厚度

裁取试件，按 GB/T 328.4 测量试件的厚度，每块试件测量两点，在距中间各 50mm 处测量，取两点的平均值。然后用热刮刀铲去卷材下表面的涂盖层直至胎基，待其冷却到标准试验条件，再测量每个试件原来两点的厚度，取两点的平均值。每块试件前后两次厚度平均值的差值，即为该块试件的下表面沥青涂盖层厚度，取三个试件的平均值作为卷材下表面沥青涂盖层厚度。

19. 人工气候加速老化

按 GB/T 18244 进行，采用氙弧灯法，累计辐照能量 1500MJ/m^2（光照时间约 720h）。

老化后，检查试件外观；拉力保持率按本节一（四）11进行试验，夹具间距70mm，按式(8-2)计算；低温柔性按本节一（四）9进行试验。

（五）检验规则

1. 检验分类

按检验类型分为出厂检验、周期检验和型式检验。

2. 出厂检验

出厂检验项目包括：单位面积质量、面积、厚度、外观、可溶物含量、不透水性、耐热性、低温柔性、拉力、延伸率、渗油性、卷材下表面沥青涂盖层厚度。

3. 周期检验

周期检验项目为热老化，每三月至少一次。

4. 型式检验

型式检验项目包括本节一、（三）要求的所有规定，在下列情况下进行型式检验：

1) 新产品投产或产品定型鉴定时；

2) 正常生产时，每年进行一次；

3) 原材料、工艺等发生较大变化，可能影响产品质量时；

4) 出厂检验结果与上次型式检验结果有较大差异时；

5) 产品停产三个月以上恢复生产时；

6) 国家质量监督检验机构提出型式检验要求时。

5. 组批

以同一类型、同一规格10000m^2为一批，不足10000m^2亦可作为一批。

6. 抽样

在每批产品中随机抽取五卷进行单位面积质量、面积、厚度及外观检查。

7. 判定规则

（1）单项判定

1) 单位面积质量、面积、厚度及外观

抽取的五卷样品均符合本节一、（三）1.2规定时，判为单位面积质量、面积、厚度及外观合格。若其中有一项不符合规定，允许从该批产品中再随机抽取五卷样品，对不合格项进行复查。如全部达到标准规定时则判为合格；否则，判该批产品不合格。

2) 材料性能

从单位面积质量、面积、厚度及外观合格的卷材中任取一卷进行材料性能试验。

① 可溶物含量、拉力、延伸率、吸水率、耐热性、接缝剥离强度、钉杆撕裂强度、矿物粒料粘附性、卷材下表面沥青涂盖层厚度以其算术平均值达到标准规定的指标判为该项合格。

② 不透水性以三个试件分别达到标准规定判为该项合格。

③ 低温柔性两面分别达到标准规定时判为该项合格。

④ 渗油性以最大值符合标准规定判为该项合格。

⑤ 热老化、人工气候加速老化各项结果达到表8-2规定时判为该项合格。

⑥ 各项试验结果均符合表8-2规定，则判该批产品材料性能合格。若有一项指标不符合规定，允许在该批产品中再随机抽取五卷，从中任取一卷对不合格项进行单项复验。

达到标准规定时,则判该批产品材料性能合格。

(2) 总判定

试验结果符合本节一(三)规定的全部要求时,判该批产品合格。

二、塑性体改性沥青防水卷材[1]

(一)范围

标准 GB 18243—2008 规定了塑性体改性沥青防水卷材(简称 APP 防水卷材)的分类和标记、原材料、要求、试验方法、检验规则、标志、包装、储存与运输。适用于以聚酯毡、玻纤毡、玻纤增强聚酯毡为胎基,以无规聚丙烯(APP)或聚烯烃类聚合物(APAO、APO)作石油沥青改性剂,两面覆以隔离材料所制成的防水卷材。

(二)分类和标记

1. 类型

(1) 按胎基分为聚酯毡(PY)、玻纤毡(G)、玻纤增强聚酯毡(PYG)。

(2) 按上表面隔离材料分为聚乙烯膜(PE)、细砂(S)、矿物粒料(M)。下表面隔离材料为细砂(S)、聚乙烯膜(PE)。

注:细砂为粒径不超过 0.60mm 的矿物颗粒。

(3) 按材料性能分为Ⅰ型和Ⅱ型。

2. 规格

卷材公称宽度为 1000mm。

聚酯毡卷材公称厚度为 3mm、4mm、5mm。

玻纤毡卷材公称厚度为 3mm、4mm。

玻纤增强聚酯毡卷材公称厚度为 5mm。

每卷卷材公称面积为 $7.5m^2$、$10m^2$、$15m^2$。

3. 标记

产品按名称、型号、胎基、上表面材料、下表面材料、厚度、面积和本标准编号顺序标记。

示例:$10m^2$ 面积、3mm 厚上表面为矿物粒料、下表面为聚乙烯膜聚酯毡Ⅰ型塑性体改性沥青防水卷材标记为:

$$APP \ I \ PY \ M \ PE \ 3 \ 10 \ GB \ 18243—2008$$

4. 用途

(1) 塑性体改性沥青防水卷材适用于工业与民用建筑的屋面和地下防水工程。

(2) 玻纤增强聚酯毡卷材可用于机械固定单层防水,但需通过抗风荷载试验。

(3) 玻纤毡卷材适用于多层防水中的底层防水。

(4) 外露使用应采用上表面隔离材料为不透明的矿物粒料的防水卷材。

(5) 地下工程防水应采用表面隔离材料为细砂的防水卷材。

(三)要求

1. 单位面积质量、面积及厚度

单位面积质量、面积及厚度应符合表 8-4 的规定。

---

[1] 主要内容引自 GB 18243—2008《塑性体改性沥青防水卷材》。

单位面积质量、面积及厚度　　　　　　表 8-4

规格(公称厚度)(mm)		3			4			5		
上表面材料		PE	S	M	PE	S	M	PE	S	M
下表面材料		PE	PE、S		PE	PE、S		PE	PE、S	
面积(m²/卷)	公称面积	10、15			10、7.5			7.5		
	偏差	±0.10			±0.10			±0.10		
单位面积质量(kg/m²)≥		3.3	3.5	4.0	4.3	4.5	5.0	5.3	5.5	6.0
厚度(mm)	平均值≥	3.0			4.0			5.0		
	最小单值	2.7			3.7			4.7		

2. 外观

(1) 成卷卷材应卷紧卷齐，端面里进外出不得超过 10mm。

(2) 成卷卷材在(4~60)℃任一产品温度下展开，在距卷芯 1000mm 长度外不应有 10mm 以上的裂纹或粘结。

(3) 胎基应浸透，不应有未被浸渍处。

(4) 卷材表面应平整，不允许有孔洞、缺边和裂口、疙瘩，矿物粒料粒度应均匀一致并紧密地粘附于卷材表面。

(5) 每卷卷材接头处不应超过一个，较短的一段长度不应少于 1000mm，接头应剪切整齐，并加长 150mm。

3. 材料性能

材料性能应符合表 8-5 要求。

材料性能　　　　　　表 8-5

序号	项目		指标				
			I		II		
			PY	G	PY	G	PYG
1	可溶物含量(g/m²)≥	3mm	2100				—
		4mm	2900				—
		5mm	3500				
		试验现象	—	胎基不燃	—	胎基不燃	
2	耐热性	℃	110		130		
		≤mm	2				
		试验现象	无流淌、滴落				
3	低温柔性(℃)		−7		−15		
			无裂缝				
4	不透水性(30min)		0.3MPa	0.2MPa	0.3MPa		
5	拉力	最大峰拉力(N/50mm)≥	500	350	800	500	900
		次高峰拉力(N/50mm)≥	—				800
		试验现象	拉伸过程中，试件中部无沥青涂盖层开裂或与胎基分离现象				

续表

序号	项目		指标				
			Ⅰ		Ⅱ		
			PY	G	PY	G	PYG
6	延伸率	最大峰时延伸率(%) ≥	25	—	40	—	—
		第二峰时延伸率(%) ≥	—		—		15
7	浸水后质量增加(%) ≤	PE、S	1.0				
		M	2.0				
8	热老化	拉力保持率(%) ≥	90				
		延伸率保持率(%) ≥	80				
		低温柔性(℃)	−2		−10		
			无裂缝				
		尺寸变化率(%) ≤	0.7	—	0.7		0.3
		质量损失(%) ≤	1.0				
9	接缝剥离强度(N/mm) ≥		1.0				
10	钉杆撕裂强度①(N) ≥		—				300
11	矿物粒料粘附性②(g) ≤		2.0				
12	卷材下表面沥青涂盖层厚度③(mm) ≥		1.0				
13	人工气候加速老化	外观	无滑动、流淌、滴落				
		拉力保持率(%) ≥	80				
		低温柔性(℃)	−2		−10		
			无裂缝				

① 仅适用于单层机械固定施工方式卷材。
② 仅适用于矿物粒料表面的卷材。
③ 仅适用于热熔施工的卷材。

(四) 试验方法

1. 标准试验条件

标准试验条件(23±2)℃。

2. 面积

按 GB/T 328.6 测量长度和宽度，以其平均值相乘得到卷材的面积。

3. 厚度

按 GB/T 328.4 进行，对于细砂面防水卷材，去除测量处表面的砂粒再测量卷材厚度；对矿物粒料防水卷材，在卷材留边处，距边缘 60mm 处，去除砂粒后在长度 1m 范围内测量卷材的厚度。

4. 单位面积质量

称量每卷卷材卷重，根据测得的面积，计算单位面积质量(kg/m²)。

5. 外观

按 GB/T 328.2 进行。

6. 试件制备

将取样卷材切除距外层卷头 2500mm 后，取 1m 长的卷材按 GB/T 328.4 取样方法均匀分布裁取试件，卷材性能试件的形状和数量按表 8-6 裁取。

试件形状和数量　　　　表 8-6

序号	试验项目		试件形状(纵向×横向)/mm	数量(个)
1	可溶物含量		100×100	3
2	耐热性		125×100	纵向 3
3	低温柔性		150×25	纵向 10
4	不透水性		150×150	3
5	拉力及延伸率		(250～320)×50	纵横向各 5
6	浸水后质量增加		(250～320)×50	纵向 5
7	热老化	拉力及延伸率保持率	(250～320)×50	纵横向各 5
		低温柔性	150×25	纵向 10
		尺寸变化率及质量损失	(250～320)×50	纵向 5
8	接缝剥离强度		400×200(搭接边处)	纵向 2
9	钉杆撕裂强度		200×100	纵向 5
10	矿物粒料粘附性		265×50	纵向 3
11	卷材下表面沥青涂盖层厚度		200×50	横向 3
12	人工气候加速老化	拉力保持率	120×25	纵横向各 5
		低温柔性	120×25	纵向 10

7. 可溶物含量

按 GB/T 328.26 进行。

对于标称玻纤毡卷材的产品，可溶物含量试验结束后，取出胎基用火点燃，观察现象。

8. 耐热性

按 GB/T 328.11—2007 中 A 法进行，无流淌、滴落。

9. 低温柔性

按 GB/T 328.14 进行，3mm 厚度卷材弯曲直径 30mm，4mm、5mm 厚度卷材弯曲直径 50mm。

10. 不透水性

按 GB/T 328.10—2007 中方法 B 进行，采用 7 孔盘，上表面迎水。上表面为细砂、矿物粒料时，下表面迎水，下表面也为细砂时，试验前，将下表面的细砂沿密封圈一圈除去，然后涂一圈 60 号～100 号热沥青，涂平待冷却 1h 后检测不透水性。

11. 拉力及延伸率

按 GB/T 328.8 进行，夹具间距 200mm。分别取纵向、横向各五个试件的平均值。试验过程中观察在试件中部是否出现沥青涂盖层与胎基分离或沥青涂盖层开裂现象。

对于 PYG 胎基的卷材需要记录两个峰值的拉力和对应延伸率。

12. 浸水后质量增加

(1) 仪器设备

1) 有盖子水槽。

2) 天平：精度 0.1g。

3) 毛刷。

4) 鼓风烘箱：控温精度±2℃。

5) 悬挂试件的装置。

(2) 试件处理

对于测量质量增加的试件，用毛刷清除表面所有粘结不牢的砂粒，试件在(50±2)℃的烘箱中干燥24h±30min，然后在标准试验条件下放置1h后称量试件质量(m_1)，在干燥和放置过程中试件相互间不应接触。然后浸入(23±2)℃的水中 7d±1h，试件应完全浸入水中。为了防止掉砂，每组试件最好分别放置。

(3) 试验步骤

在浸水 7d±1h 后，取出试件及掉落的砂粒，在(23±2)℃，相对湿度(50±5)%的条件下放置 5h±5min。试件干燥过程中垂直悬挂，相互间距至少 20mm，然后称量试件及脱落的砂粒质量(m_2)。

(4) 结果计算

质量增加按式(8-5)计算：

$$w=\frac{m_2-m_1}{m_1}\times 100 \tag{8-5}$$

式中　w——试件处理后质量增加(%)；

　　　m_1——试件处理前质量(g)；

　　　m_2——试件处理后质量(g)。

试验结果取五个试件的算术平均值。

13. 热老化

(1) 仪器设备

1) 天平：精度 0.1g。

2) 烘箱：控温精度±2℃。

3) 游标卡尺：精度±0.02mm。

(2) 试件处理

纵向拉力保持率及最大拉力时延伸率可以用尺寸变化率及质量损失测定后的试件试验，有争议时用新试件试验。

对于测量拉力保持率、延伸率保持率、尺寸变化率和低温柔性的试件，平放在撒有滑石粉的玻璃板上，然后将试件水平放入已调节到(80±2)℃的烘箱中，在此温度下处理10d±1h。

进行质量损失测定的试件裁取后，用毛刷清除表面所有粘结不牢的砂粒。试件在(50±2)℃的烘箱中干燥24h±30min，然后在标准试验条件下放置1h后称量试件质量(m_1)。

测定尺寸变化率的试件用游标卡尺测量试件的长度(L_1)。

试件在干燥和放置过程中相互间不应接触。质量损失试件放置在隔离纸上，其他试件平放在撒有滑石粉的玻璃板上，然后将试件水平放入已调节到(80±2)℃的烘箱中，在此温度下处理 10d±1h。

(3) 试验步骤

在加热处理 10d±1h 后,取出试件在标准试验条件下放置 2h±5min。

对于拉力保持率试件,立即按本节二(四)11 进行拉伸试验。

对于低温柔性试件,立即按本节二(四)9 进行试验。

对于尺寸变化率试件,立即在原来测量 L_1 的位置测量试件长度(L_2)。

对于质量损失试件,立即称量试件质量(m_2)。

(4) 结果计算

1) 拉力保持率及延伸率保持率

拉力保持率按式(8-6)计算:

$$R_t = TS'/TS \times 100 \tag{8-6}$$

式中 R_t——试件处理后拉力保持率(%);
TS——试件处理前拉力平均值(N/50mm);
TS'——试件处理后拉力平均值(N/50mm)。

拉力保持率用五个试件的平均值计算。

延伸率保持率参照式(8-6)计算。

对于 PYG 胎基产品,拉力保持率以最高峰值计算。

对于 PYG 胎基产品,延伸率保持率以第二峰时延伸率计算。

2) 低温柔性

记录试件表面有无裂缝。

3) 尺寸变化率

每个试件的尺寸变化率按式(8-7)计算:

$$D = \left| \frac{L_2 - L_1}{L_1} \right| \times 100 \tag{8-7}$$

式中 D——试件处理后尺寸变化率(%);
L_1——试件处理前长度(mm);
L_2——试件处理后长度(mm)。

试验结果取五个试件的算术平均值。

4) 质量损失

质量损失按式(8-8)计算:

$$w = \frac{m_1 - m_2}{m_1} \times 100 \tag{8-8}$$

式中 w——试件处理后质量损失(%);
m_1——试件处理前质量(g);
m_2——试件处理后质量(g)。

试验结果取五个试件的算术平均值。

14. 接缝剥离强度

按 GB/T 328.20 进行,在卷材纵向搭接边处用热熔方法进行搭接,取五个试件平均剥离强度的平均值。

15. 钉杆撕裂强度

按 GB/T 328.18 进行，取纵向五个试件的平均值。

16. 矿物粒料粘附性

按 GB/T 328.17—2007 中 B 法进行，取三个试件的平均值。

17. 卷材下表面沥青涂盖层厚度

按规定裁取试件，按 GB/T 328.4 测量试件的厚度，每块试件测量两点，在距中间各 50mm 处测量，取两点的平均值。然后用热刮刀铲去卷材下表面的涂盖层直至胎基，待其冷却到标准试验条件，再测量每个试件原来两点的厚度，取两点的平均值。每块试件前后两次厚度平均值的差值，即为该块试件的下表面沥青涂盖层厚度，取三个试件的平均值作为卷材下表面沥青涂盖层厚度。

18. 人工气候加速老化

按 GB/T 18244 进行，采用氙弧灯法，累计辐照能量 $1500MJ/m^2$（光照时间约 720h）。老化后，检查试件外观；拉力保持率按本节二（四）11 进行试验，夹具间距 70mm，按式(8-6)计算；低温柔性按本节二（四）9 进行试验。

(五) 检验规则

1. 检验分类

按检验类型分为出厂检验、周期检验和型式检验。

2. 出厂检验

出厂检验项目包括：单位面积质量、面积、厚度、外观、可溶物含量、不透水性、耐热性、低温柔性、拉力、延伸率、卷材下表面沥青涂盖层厚度。

3. 周期检验

周期检验项目为热老化，每三月至少一次。

4. 型式检验

型式检验项目包括本节二、（三）要求中所有规定，在下列情况下进行型式检验：

1) 新产品投产或产品定型鉴定时；
2) 正常生产时，每年进行一次；
3) 原材料、工艺等发生较大变化，可能影响产品质量时；
4) 出厂检验结果与上次型式检验结果有较大差异时；
5) 产品停产 3 个月以上恢复生产时；
6) 国家质量监督检验机构提出型式检验要求时。

5. 组批

以同一类型、同一规格 $10000m^2$ 为一批，不足 $10000m^2$ 亦可作为一批。

6. 抽样

在每批产品中随机抽取五卷进行单位面积质量、面积、厚度及外观检查。

7. 判定规则

(1) 单项判定

1) 单位面积质量、面积、厚度及外观

抽取的五卷样品均符合本节二、（三）1.2 规定时，判为单位面积质量、面积、厚度及外观合格。若其中有一项不符合规定，允许从该批产品中再随机抽取五卷样品，对不合格项进行复查。如全部达到标准规定时则判为合格，否则，判该批产品不合格。

2) 材料性能

从单位面积质量、面积、厚度及外观合格的卷材中任取一卷进行材料性能试验。

① 可溶物含量、拉力、延伸率、吸水率、耐热性、接缝剥离强度、钉杆撕裂强度、矿物粒料粘附性、卷材下表面沥青涂盖层厚度以其算术平均值达到标准规定的指标判为该项合格。

② 不透水性以三个试件分别达到标准规定判为该项合格。

③ 低温柔性两面分别达到标准规定时判为该项合格。

④ 热老化、人工气候加速老化各项结果达到表 8-5 规定时判为该项合格。

⑤ 各项试验结果均符合表 8-5 规定，则判该批产品材料性能合格。若有一项指标不符合规定，允许在该批产品中再随机抽取五卷，从中任取一卷对不合格项进行单项复验。达到标准规定时，则判该批产品材料性能合格。

(2) 总判定

试验结果符合本节二(三)规定的全部要求时，判该批产品合格。

三、沥青复合胎柔性防水卷材❶

(一) 范围

标准 JC/T 690—2008 规定了沥青复合胎柔性防水卷材的分类、原材料、技术要求、试验方法、检验规则、标志、包装、储存与运输。适用于以涤棉无纺布-玻纤网格布复合毡为胎基，浸涂胶粉改性沥青，以细砂、聚乙烯膜、矿物粒(片)料等为覆面材料制成的用于一般建筑防水工程的防水卷材。

(二) 分类

1. 类型

(1) 胎基为涤棉无纺布-玻纤网格布复合毡(NK)。

(2) 按物理力学性能分为Ⅰ、Ⅱ型。

(3) 按上表面材料分为：聚乙烯膜(PE)、细砂(S)、矿物粒(片)料(M)。

注：细砂为粒径不超过 0.6mm 的矿物颗粒。

2. 规格

幅宽：1000mm。

厚度：3mm、4mm。

面积：$10m^2$、$7.5m^2$。

3. 标记

按产品胎基、型号、上表面材料、厚度、面积和本标准号顺序标记。

示例：$10m^2$ 厚度 3mm 细砂面Ⅰ型沥青复合胎柔性防水卷材标记为：

NK　Ⅰ　S3　10　JC/T 690—2008

(三) 技术要求

1. 单位面积质量、面积及厚度

单位面积质量、面积及厚度应符合表 8-7 的规定。

---

❶ 主要内容引自 JC/T 690—2008《沥青复合胎柔性防水卷材》。

单位面积质量、面积及厚度   表 8-7

规格(公称厚度)(mm)			3			4		
上表面材料			PE	S	M	PE	S	M
面积(m²/卷)	公称面积		10			10、7.5		
	偏差		±0.10			±0.10		
单位面积质量(kg/m²)		≥	3.3	3.5	4.0	4.3	4.5	5.0
厚度(mm)	平均值	≥	3.0	3.0	3.0	4.0	4.0	4.0
	最小单值	≥	2.7	2.7	2.7	3.7	3.7	3.7

2. 外观

(1) 成卷卷材应卷紧卷齐,端面里进外出不得超过 10mm。

(2) 成卷卷材在(4~45)℃任一产品温度下展开,在距卷芯 1000mm 长度外不应有 10mm 以上的裂纹或粘结。

(3) 胎基应浸透,不应有未被浸渍的条纹。

(4) 卷材表面应平整,不允许有孔洞、缺边和裂口、疙瘩,上表面材料应均匀一致并紧密地粘附于卷材表面。

(5) 每卷卷材接头处不应超过一个,较短的一段长度不应少于 1000mm,接头应剪切整齐,并加长 150mm。

3. 物理力学性能

物理力学性能应符合表 8-8 要求。

物理力学性能   表 8-8

序号	项目			指标	
				I	II
1	可溶物含量(g/m²) ≥		3mm	1600	
			4mm	2200	
2	耐热性(℃)			90	
				无滑动、流淌、滴落	
3	低温柔性(℃)			−5	−10
				无裂纹	
4	不透水性			0.2MPa、30min 不透水	
5	最大拉力(N/50mm) ≥		纵向	500	600
			横向	400	500
6	粘结剥离强度(N/mm) ≥			0.5	
7	拉力保持率(%) ≥			90	
8	热老化	低温柔性(℃)		0	−5
				无裂纹	
		质量损失(%) ≤		2.0	

（四）试验方法

1. 标准试验条件

标准试验条件(23±2)℃。

2. 面积

按 GB/T 328.6—2007 测量长度和宽度，以其平均值相乘得到卷材的面积，精确到 0.01m²。当面积超出标准规定的正偏差时，若单位面积质量符合要求，亦判为合格。

3. 厚度

按 GB/T 328.4—2007 进行，对于细砂面防水卷材，用刷子去除测量处表面的砂粒再测量卷材厚度；对矿物粒料防水卷材，在卷材留边处，去除砂粒后测量卷材的厚度。

4. 单位面积质量

称量每卷卷材质量，根据测得的面积，计算单位面积质量。

5. 外观

（1）将被检卷材立放在平面上，里进外出最大的一端朝上，用一把钢直尺平放在卷材的端面上，用另一把精度为 1mm 的钢直尺垂直伸入卷材端面最凹处，所测得的数值为卷材端面的里进外出的结果。

（2）在(4～45)℃任一产品温度下展开成卷卷材，检查毡面的外观缺陷。

在被检卷材的任一端，沿横向全幅裁取 50mm 宽的一条，沿其边缘撕开，胎基内不应有未被浸透的浅色条纹。并检查整卷卷材表面有无涂油不均。

6. 试件制备

将取样卷材切除距外层卷头 1000mm 后，取 1m 长的卷材均匀分布裁取试件，卷材性能试件的尺寸和数量按表 8-9 裁取。

试件尺寸和数量　　　　　　　　　　表 8-9

序号	试验项目		尺寸(纵向×横向)(mm)	数量(个)	取样方法执行标准
1	可溶物含量		100×100	3	GB/T 328.26—2007
2	耐热性		100×50	3	GB/T 328.11—2007
3	低温柔性		150×25	10	GB/T 328.14—2007
4	不透水性		150×150	3	GB/T 328.10—2007
5	最大拉力		(280～300)×50	纵横向各 5	GB/T 328.8—2007
6	粘结剥离强度		280×50	5	GB/T 328.8—2007
7	热老化	拉力保持率	(280～300)×50	纵横向各 5	GB/T 328.8—2007
		低温柔性	150×25	10	GB/T 328.14—2007
		质量损失	(280～300)×50	5	GB/T 328.8—2007

7. 可溶物含量

按 GB/T 328.26—2007 进行，取三个试件的平均值。观察胎基的类型是否符合本节三(二)1(1)规定。

8. 耐热性

按 GB/T 328.11—2007 中 B 法进行，试验温度(90±2)℃，观察试件涂盖层相对于胎基是否滑动、流淌，沥青是否滴落。

9. 低温柔性

按 GB/T 328.14—2007 进行，3mm 厚度卷材弯曲直径 30mm，4mm 厚度卷材弯曲直径 50mm。试件应在液体中进行试验，试验过程中应避免人为因素的影响，宜采用机械装置自动匀速弯曲。

10. 不透水性

按 GB/T 328.10—2007 中方法 B 进行，采用 7 孔圆盘，上表面迎水。若上表面为细砂或矿物粒（片）料，以下表面迎水；若下表面为细砂，试验前，将下表面的细砂沿密封圈部位一圈除去，然后在此部位涂 60 号热沥青，涂平冷却 1h 测定不透水性。

11. 最大拉力

按 GB/T 328.8—2007 进行，拉伸速度 50mm/min，夹具间距 200mm。分别取纵向、横向各五个试件的平均值。

12. 粘结剥离强度

（1）仪器设备

1) 符合 GB/T 328.8—2007 要求的拉力试验机。

2) 水泥砂浆板尺寸至少 150mm×50mm×10mm，表面无浮浆、起砂、灰尘。将水泥、砂按照质量比 1∶3 加入砂浆搅拌机中搅拌，加水量以砂浆稠度 70～90mm 为准，倒入模框中振实抹平，然后移入养护室，1d 后脱模，水中养护 10d 后再在 (50±2)℃ 的烘箱中干燥 (24±0.5)h，取出在标准条件下放置 2h，用钢丝刷去除砂浆试块成型面的浮浆、浮砂、灰尘等。同样制备 5 块砂浆试块。

（2）试件制备

采用热融法将试件（卷材）下表面粘贴于水泥砂浆板上，粘结面积不小于 100mm×50mm，试件制备后在室温下放置 24h。

（3）试验步骤

试验前，将制备好的试件在标准试验条件下至少放置 2h，然后将试件同一端的砂浆板和卷材，分别夹在拉力试验机的上下夹具中，试件的纵向轴线与试验机及夹具的轴线重合，拉伸速度 (100±10)mm/min，连续记录拉力至试件分离，计算单位宽度的粘结剥离强度 (N/mm)。

（4）结果计算

粘结剥离强度以五个试件的算术平均值作为试验结果。

13. 热老化

（1）仪器设备

1) 天平：精度 0.1g。

2) 烘箱：控温精度 ±2℃。

3) 游标卡尺：精度 ±0.02mm。

（2）试件处理

进行质量损失测定的试件裁取后，清除表面所有粘结不牢的砂粒，试件在 (50±2)℃ 的烘箱中干燥 24h±30min，然后在标准试验条件下放置 1h 后称量试件质量 (m_1)，在干燥和放置过程中试件相互间不应接触。质量损失试件放置在隔离纸上，其他试件平放在撒有滑石粉的玻璃板上，然后将试件水平放入已调节到(80±2)℃的烘箱中，在此温度下处理10d±1h。

对于测量拉力保持率和低温柔性的试件不需要清除粘附不牢的砂粒、烘干及称量，其余处理同质量损失试件。

(3) 试验步骤

在加热处理10d±1h后，取出试件在标准试验条件下放置2h±5min。

对于拉力保持率试件，立即按本节三(四)11进行拉伸试验。

对于低温柔性试件，立即按本节三(四)9进行试验。

对于质量损失试件，称量试件(m_2)。

(4) 结果计算

1) 拉力保持率

拉力保持率按式(8-9)计算：

$$R_t = \frac{TS'}{TS} \times 100 \tag{8-9}$$

式中 R_t——试件处理后拉力保持率(%)；
TS——试件处理前拉力平均值(N/50mm)；
TS'——试件处理后拉力平均值(N/50mm)。

试验结果取五个试件的平均值。

2) 低温柔性

试验后，记录试件表面有无裂纹。

3) 质量损失

质量损失按式(8-10)计算：

$$w = \frac{m_1 - m_2}{m_1} \times 100 \tag{8-10}$$

式中 w——试件处理后质量损失(%)；
m_1——试件处理前质量(g)；
m_2——试件处理后质量(g)。

试验结果取五个试件的算术平均值。

(五) 检验规则

1. 检验分类

(1) 按检验类型分为出厂检验和型式检验。

出厂检验项目包括：单位面积质量、面积、厚度、外观、不透水性、耐热度、低温柔度、最大拉力。

型式检验项目包括本节三(三)要求中所有规定。

(2) 型式检验

在下列情况下进行型式检验：

1) 新产品投产或产品定型鉴定时；

2) 正常生产时，每六月进行一次；

3) 原材料、工艺等发生较大变化，可能影响产品质量时；

4) 出厂检验结果与上次型式检验结果有较大差异时;
5) 产品停产六个月以上恢复生产时;
6) 国家质量监督检验机构提出型式检验要求时。

2. 组批

以同一类型、同一规格 10000m^2 为一批,不足 10000m^2 亦可作为一批。

3. 抽样

在每批产品中随机抽取五卷进行单位面积质量、面积、厚度及外观检查。

4. 判定规则

(1) 单项判定

1) 单位面积质量、面积、厚度及外观

抽取的五卷样品均符合本节三(三)12 规定时,判为单位面积质量、面积、厚度及外观合格;若有不合格项,允许从该批产品中另随机抽取五卷样品,对不合格项进行复查。如全部达到标准规定时则判为合格;否则,判该批产品不合格。

2) 物理力学性能

从单位面积质量、面积、厚度及外观合格的卷材中任取一卷进行物理力学性能试验。

① 可溶物含量、最大拉力、粘结剥离强度以其算术平均值达到标准规定的指标判为该项合格。

② 不透水性、耐热度以三个试件分别达到标准规定判为该项合格。

③ 低温柔度以每面五个试件至少四个试件符合标准规定时为该面合格,两面均符合标准规定,判该性能合格。

④ 热老化各项结果达到表 8-8 规定时判为该项合格。

⑤ 各项试验结果均符合表 8-8 规定,则判该批产品物理力学性能合格。若有一项指标不符合规定,允许在该批产品中再随机抽取一卷对不合格项进行单项复验。达到标准规定时,则判该批产品物理力学性能合格;否则,判该批产品不合格。

(2) 总判定

试验结果符合本节三(三)全部技术要求,且胎基符合本节三(二)1(1)规定时,判该批产品合格。

四、高分子防水材料　第一部分: 片材[❶]

(一) 范围

标准 GB 18173.1—2006 规定了高分子防水材料片材的术语和定义、分类与标记、要求、试验方法、检验规则以及标志、包装、运输与储存。适用于以高分子材料为主材料,以挤出法或压延法生产的均质片材(以下简称均质片)及以高分子材料复合(包括带织物加强层)的复合片材(以下简称复合片)和均质片材点粘合织物等材料的点粘(合)片材(以下简称点粘片)。主要用于建筑物屋面防水及地下工程的防水。

(二) 术语和定义

1. 均质片:以同一种或一组高分子材料为主要材料,各部位截面材质均匀一致的防

[❶] 内容引自 GB 18173.1—2006《高分子防水材料　第一部分:片材》。

水片材。

2. 复合片：以高分子合成材料为主要材料，复合织物等为保护或增强层，以改变其尺寸稳定性和力学特性，各部位截面结构一致的防水片材。

3. 点粘片：均质片材与织物等保护层多点粘接在一起，粘接点在规定区域内均匀分布，利用粘接点的间距，使其具有切向排水功能的防水片材。

4. 复合强度：复合片材表面保护或增强层与芯层的复合力度，用 N/mm 表示。

（三）分类与标记

1. 片材的分类如表 8-10 所示。

片 材 的 分 类　　　　　　　　表 8-10

分类		代号	主要原材料
均质片	硫化橡胶类	JL1	三元乙丙橡胶
		JL2	橡胶(橡塑)共混
		JL3	氯丁橡胶、氯磺化聚乙烯、氯化聚乙烯等
		JL4	再生胶
	非硫化橡胶类	JF1	三元乙丙橡胶
		JF2	橡胶(橡塑)共混
		JF3	氯化聚乙烯
	树脂类	JS1	聚氯乙烯等
		JS2	乙烯乙酸乙烯、聚乙烯等
		JS3	乙烯乙酸乙烯改性沥青共混等
复合片	硫化橡胶类	FL	三元乙丙、丁基、氯丁橡胶、氯磺化聚乙烯等
	非硫化橡胶类	FF	氯化聚乙烯、三元乙丙、丁基、氯丁橡胶、氯磺化聚乙烯等
	树脂类	FS1	聚氯乙烯等
		FS2	聚乙烯、乙烯乙酸乙烯等
点粘片	树脂类	DS1	聚氯乙烯等
		DS2	乙烯乙酸乙烯、聚乙烯等
		DS3	乙烯乙酸乙烯改性沥青共混物等

2. 产品标记

（1）产品应按下列顺序标记，并可根据需要增加标记内容：

类型代号、材质(简称或代号)、规格(长宽×宽度×厚度)。

（2）标记示例

长度为 20000mm，宽度为 1000mm，厚度为 1.2mm 的均质硫化型三元乙丙橡胶(EPDM)片材标记为：

JL1-EPDM-20000mm×1000mm×1.2mm

（四）要求

1. 规格尺寸

片材的规格尺寸及允许偏差如表 8-11、表 8-12 所示，特殊规格由供需双方商定。

片材的规格尺寸 表 8-11

项目	厚度(mm)	宽度(m)	长度(m)
橡胶类	1.0, 1.2, 1.5, 1.8, 2.0	1.0, 1.1, 1.2	20 以上
树脂类	0.5 以上	1.0, 1.2, 1.5, 2.0	

注：橡胶类片材在每卷 20m 长度中允许有一处接头，且最小块长度应不小于 3m，并应加长 15cm 备作搭接；树脂类片材在每卷至少 20m 长度内不允许有接头。

允 许 偏 差 表 8-12

项目	厚度	宽度	长度
允许偏差	±10%	±1%	不允许出现负值

2. 外观质量

（1）片材表面应平整，不能有影响使用性能的杂质、机械损伤、折痕及异常粘着等缺陷。

（2）在不影响使用的条件下，片材表面缺陷应符合下列规定。

1) 凹痕，深度不得超过片材厚度的 30%；树脂类片材不得超过 5%；

2) 气泡，深度不得超过片材厚度的 30%，每 $1m^2$ 内不得超过 $7mm^2$，树脂类片材不允许有。

3. 片材的物理性能

（1）均质片的性能应符合表 8-13 的规定；复合片的性能应符合表 8-14 的规定；点粘片的性能应符合表 8-15 的规定。

（2）对于整体厚度小于 1.0mm 的树脂类复合片材，扯断伸长率不得小于 50%，其他性能达到规定值的 80% 以上。

（3）对于聚酯胎上涂覆三元乙丙橡胶的 FF 类片材，扯断伸长率不得小于 100%，其他性能应符合表 8-14 的规定。

均质片的物理性能 表 8-13

项目			指标								
			硫化橡胶类				非硫化橡胶类			树脂类		
			JL1	JL2	JL3	JL4	JF1	JF2	JF3	JS1	JS2	JS3
断裂拉伸强度(MPa)	常温	≥	7.5	6.0	6.0	2.2	4.0	3.0	5.0	10	16	14
	60℃	≥	2.3	2.1	1.8	0.7	0.8	0.4	1.0	4	6	5
扯断伸长率(%)	常温	≥	450	400	300	200	400	200	200	200	550	500
	−20℃	≥	200	200	170	100	200	100	100	15	350	300
撕裂强度(kN/m)		≥	25	24	23	15	18	10	10	40	60	60
不透水性(30min)			0.3MPa 无渗漏				0.2MPa 无渗漏			0.3MPa 无渗漏		
							0.3MPa 无渗漏			0.2MPa 无渗漏		
低温弯折温度(℃)		≤	−40	−30	−30	−20	−30	−20	−20	−20	−35	−35
加热伸缩量(mm)	延伸	≤	2	2	2	2	2	4	4	2	2	2
	收缩	≤	4	4	4	4	4	6	10	6	6	6

续表

项目		指标									
		硫化橡胶类				非硫化橡胶类			树脂类		
		JL1	JL2	JL3	JL4	JF1	JF2	JF3	JS1	JS2	JS3
热空气老化 (80℃×168h)	断裂拉伸强度保持率(%) ≥	80	80	80	80	90	60	80	80	80	80
	扯断伸长率保持率(%) ≥	70	70	70	70	70	70	70	70	70	70
耐碱性[饱和 $Ca(OH)_2$ 溶液常温×168h]	断裂拉伸强度保持率(%) ≥	80	80	80	80	80	70	80	80	80	80
	扯断伸长率保持率(%) ≥	80	80	80	80	90	80	80	80	90	90
臭氧老化 (40℃×168h)	伸长率40%，500×10^{-8}	无裂纹	—	—	—	无裂纹	—	—	—	—	—
	伸长率20% 500×10^{-8}	—	无裂纹	—	—	—	—	—	—	—	—
	伸长率20%，100×10^{-8}	—	—	无裂纹	无裂纹	—	无裂纹	无裂纹	—	—	—
人工气候老化	断裂拉伸强度保持率(%) ≥	80	80	80	80	80	70	80	80	80	80
	扯断伸长率保持率(%) ≥	70	70	70	70	70	70	70	70	70	70
粘接剥离强度 (片材与片材)	N/mm(标准试验条件) ≥	1.5									
	浸水保持率(常温×168h)(%) ≥	70									

注：1. 人工气候老化和粘合性能项目为推荐项目；
2. 非外露使用可以不考核臭氧老化、人工气候老化、加热伸缩量、60℃断裂拉伸强度性能。

复合片的物理性能　　　　　　　　　　　　　　　表 8-14

项目			指标			
			硫化橡胶类 FL	非硫化橡胶类 FF	树脂类	
					FS1	FS2
断裂拉伸强度(N/cm)	常温	≥	80	60	100	60
	60℃	≥	30	20	40	30
扯断伸长率(%)	常温	≥	300	250	150	400
	−20℃	≥	150	50	10	10
撕裂强度(N)		≥	40	20	20	20
不透水性(0.3MPa，30min)			无渗漏	无渗漏	无渗漏	无渗漏
低温弯折温度(℃)		≤	−35	−20	−30	−20
加热伸缩量(mm)	延伸	≤	2	2	2	2
	收缩	≤	4	4	2	4
热空气老化 (80℃×168h)	断裂拉伸强度保持率(%)	≥	80	80	80	80
	扯断伸长率保持率(%)	≥	70	70	70	70

续表

项目		指标			
		硫化橡胶类 FL	非硫化橡胶类 FF	树脂类	
				FS1	FS2
耐碱性[质量分数为10%的Ca(OH)₂溶液,常温×168h]	断裂拉伸强度保持率(%) ≥	80	60	80	80
	扯断伸长率保持率(%) ≥	80	60	80	80
臭氧老化(40℃×168h),200×10⁻⁸		无裂纹	无裂纹	—	—
人工气候老化	断裂拉伸强度保持率(%) ≥	80	70	80	80
	扯断伸长率保持率(%) ≥	70	70	70	70
粘结剥离强度(片材与片材)	N/mm(标准试验条件) ≥	1.5	1.5	1.5	1.5
	浸水保持率(常温×168h)(%) ≥	70	70	70	70
复合强度(FS2型表层与芯层)(N/mm) ≥		—	—	—	1.2

注:1. 人工气候老化和粘合性能项目为推荐项目;
  2. 非外露使用可以不考核臭氧老化、人工气候老化、加热伸缩量、60℃断裂拉伸强度性能。

点粘片的物理性能　　　　　　　　　　表8-15

项目		指标		
		DS1	DS2	DS3
断裂拉伸强度(MPa)	常温 ≥	10	16	14
	60℃ ≥	4	6	5
扯断伸长率(%)	常温 ≥	200	550	500
	−20℃ ≥	15	350	300
撕裂强度(kN/m) ≥		40	60	60
不透水性(30min)		0.3MPa无渗漏		
低温弯折温度(℃) ≤		−20	−35	−35
加热伸缩量(mm)	延伸 ≤	2	2	2
	收缩 ≤	6	6	6
热空气老化(80℃×168h)	断裂拉伸强度保持率(%) ≥	80	80	80
	扯断伸长率保持率(%) ≤	70	70	70
耐碱性[质量分数为10%的Ca(OH)₂溶液,常温×168h]	断裂拉伸强度保持率(%) ≥	80	80	80
	扯断伸长率保持率(%) ≥	80	90	90
人工气候老化	断裂拉伸强度保持率(%) ≥	80	80	80
	扯断伸长率保持率(%) ≥	70	70	70
粘结点	剥离强度(kN/m) ≥	1		
	常温下断裂拉伸强度(N/cm) ≥	100	60	
	常温下扯断伸长率(%) ≥	150	400	
粘结剥离强度(片材与片材)	N/mm(标准试验条件) ≥	1.5		
	浸水保持率(常温×168h)(%) ≥	70		

注:1. 人工气候老化和粘合性能项目为推荐项目;
  2. 非外露使用可以不考核人工气候老化、加热伸缩量、60℃断裂拉伸强度性能。

(五) 试验方法

1. 片材尺寸的测定

(1) 长度、宽度用钢卷尺测量,精确到 1mm。宽度在纵向两端及中央附近测定三点,取平均值;长度的测定取每卷展平后的全长的最短部位。

(2) 厚度用分度为 1/100mm、压力为 (22 ± 5)kPa、测足直径为 6mm 的厚度计测量,其测量点如图 8-1 所示,自端部起裁去 300mm,再从其裁断处的 20mm 内侧,且自宽度方向距两边各 10%宽度范围内取两个点(a、b),再将 a、b 间四等分,取其等分点(c、d、e)共五个点进行厚度测量,测量结果用五个点的平均值表示;宽度不满 500mm 的,可以省略 c、d 两点的测定。点粘片测量防水层厚度,复合片测量片材整体厚度,当需测定复合片的芯层厚度时,按下述方法进行。

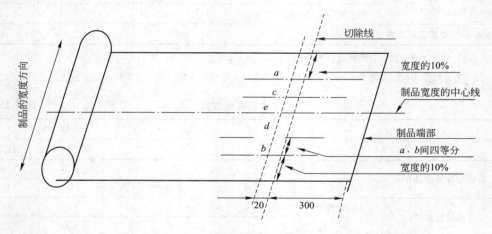

图 8-1 厚度测量点示意图(mm)

复合片芯层厚度测量:

1) 试验仪器

读数显微镜:最小分度值 0.01mm,放大倍数最小 20 倍。

2) 测量方法

在距片材长度方向边缘 (100 ± 15)mm 向内各取一点,在这两点中均分取三点,以这五点为中心裁取五块 50mm×50mm 试样,在每块试样上沿宽度方向用薄的锋利刀片,垂直于试样表面切取一条约 50mm×2mm 的试条,注意不使试条的切面变形(厚度方向的断面)。将试条的切面向上,置于读数显微镜的试样台上,读取片材芯层厚度(不包括纤维层),以芯层最外端切线位置计算厚度。每个试条取四个均分点测量,厚度以五个试条共 20 处数值的算术平均值表示,并报告 20 处中的最小单值。

2. 片材的外观质量用目测方法及量具检查。

3. 片材物理性能的测定

(1) 试样制备

将规格尺寸检测合格的卷材展平台在标准状态下静置 24h,裁取试验所需的足够长度试样,按图 8-2 及表 8-16 裁取所需试片,试片距卷材边缘不得小于 100mm。裁切复合片时应顺着织物的纹路,尽量不破坏纤维并使工作部分保证最多的纤维根数。

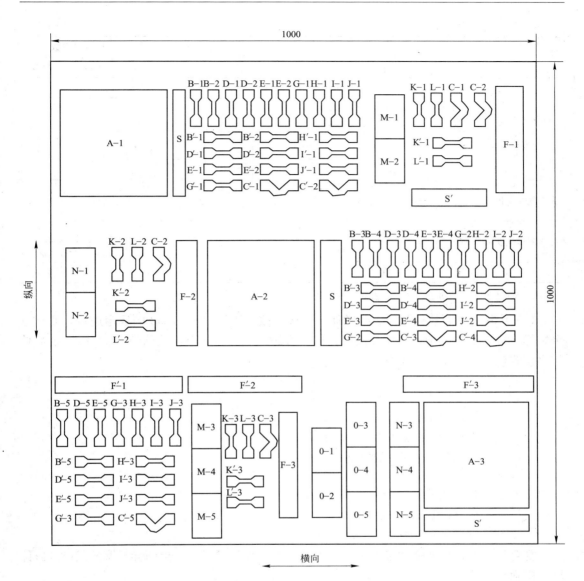

图 8-2 裁样示意图(mm)

试样的形状与数量 表 8-16

项目		试样代号	试样形状		试样数量	
					纵向	横向
不透水性		A	140mm×140mm		3	
拉伸性能	常温	B, B'	GB/T 528—1998 中 1 型哑铃片	FS2 类片材 200mm×25mm	5	5
	高温	D, D'		100mm×25mm	5	5
	低温	E, E'			5	5
撕裂强度		C, C'	GB/T 529 中直角形试片		5	5
低温弯折		S, S'	120mm×50mm		2	2

续表

项目		试样代号	试样形状		试样数量	
					纵向	横向
加热伸缩量		F, F'	300mm×30mm		3	3
热空气老化	拉伸性能	G, G'	GB/T 528—1998 中1型哑铃片	FS2类片材，200mm×25mm	3	3
	伸长外观	J, J'			3	3
耐碱性		I, I'			3	3
臭氧老化		L, L'			3	3
人工气候老化	拉伸性能	H, H'	GB/T 528—1998 中1型哑铃片	FS2类片材，200mm×25mm	3	3
	伸长外观	K, K'			3	3
粘接剥离强度	标准试验条件	M	200mm×25mm		5	—
	浸水168h	N			5	—
复合强度		O			5	—

注：试样代号中，字母上方有"'"者应横向取样。

(2) 片材的断裂拉伸强度、扯断伸长率试验按GB/T 528—1998的规定进行，测试五个试样，取中值。其中，均质片断裂拉伸强度按式(8-11)计算，精确到0.1MPa，扯断伸长率按式(8-12)计算，精确到1%。

$$TS_b = F_b/Wt \tag{8-11}$$

式中 TS_b——均质片断裂拉伸强度(MPa)；
　　 F_b——试样断裂时记录的力(N)；
　　 W——哑铃试片狭小平行部分宽度(mm)；
　　 t——试验长度部分的厚度(mm)。

$$E_b = 100(L_b - L_0)/L_0 \tag{8-12}$$

式中 E_b——常温均质片扯断伸长率(%)；
　　 L_b——试样断裂时的标距(mm)；
　　 L_0——试样的初始标距(mm)。

复合片的断裂拉伸强度按式(8-13)计算，精确到0.1N/cm；扯断伸长率按式(8-14)计算，精确到1%。

$$TS_b = F_b/W \tag{8-13}$$

式中 TS_b——复合片断裂拉伸强度(N/cm)；
　　 F_b——复合片布断开时记录的力(N)；
　　 W——哑铃试片狭小平行部分宽度或矩形试片的宽度(cm)。

$$E_b = 100(L_b - L_0)/L_0 \tag{8-14}$$

式中 E_b——复合片及低温均质片扯断伸长率(%)；
　　 L_b——试样完全断裂时夹持器间的距离(mm)；
　　 L_0——试样的初始夹持器间距离(1型试样50mm，2型试样30mm)。

1) 拉伸试验用1型试样；高、低温试验时，如1型试样不适用，可用2型试样；将试样在规定温度下预热或预冷1h。仲裁检验试件的形状为哑铃2型。FS2型片材拉伸试样为矩形，尺寸为200mm×25mm，夹持距离为120mm，高低温试验试样尺寸为100mm×

25mm，夹持距离为 50mm。

2）试样夹持器的移动速度：橡胶类为(500±50)mm/min，树脂类为(250±50)mm/min。

3）复合片的拉伸试验应首先以 25mm/min 的拉伸速度拉伸试样至加强层断裂后，再以本节四(五)3(2)2)条规定的速度继续拉伸至试样完全断裂。其中 FS2 型片材直接以 (100±10)mm/min 的速度拉伸至试样完全断裂。

（3）片材的撕裂强度试验按 GB/T 529—1999 中的无割口直角形试样执行，拉伸速度同本节四(五)3(2)2)；复合片取其拉伸至断裂时的最大力值计算撕裂强度。

（4）片材的不透水性试验采用如图 8-3 所示的十字形压板。试验时按透水仪的操作规程将试样装好，并一次性升压至规定压力，保持 30min 后观察试验有无渗漏；以三个试样均无渗漏为合格。

（5）片材的低温弯折试验按下述方法执行。

低温弯折试验：

1）试验仪器

低温弯折仪应由低温箱和弯折板两部分组成。低温箱应能在 0～−40℃ 之间自动调节，误差为±2℃，且能使试样在被操作过程中保持恒定温度；弯折板由金属平板、转轴和调距螺丝组成，平板间距可任意调节，示意图如图 8-4。

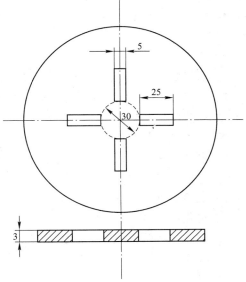

图 8-3 透水仪压板示意图(mm)

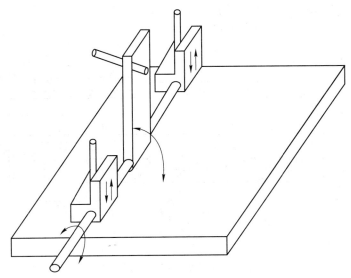

图 8-4 弯折板示意图

2）试验条件

① 实验室温度：(23±2)℃。

② 试样在实验室温度下停放时间不少于 24h。

3) 试验程序

① 将按本节四(五)1 条制备的试样弯曲 180°,使 50mm 宽的试样边缘重合、齐平,并用定位夹或 10mm 宽的胶布将边缘固定,以保证其在试验中不发生错位;并将低温弯折仪的两平板间距调到片材厚度的三倍。

② 将低温弯折仪上平板打开,将厚度相同的两块试样平放在底板上,重合的一边朝向转轴,且距转轴 20mm;在规定温度下保持 1h 之后迅速压下上平板,达到所调间距位置,保持 1s 后将试样取出,观察试样弯折处是否断裂,并用放大镜观察试样弯折处受拉面有无裂纹。

4) 判定

用 8 倍放大镜观察试样表面,以两个试样均无裂纹为合格。

(6) 片材的加热伸缩量试验按下述方法执行。

加热伸缩量试验:

1) 试验仪器

① 测伸缩量的标尺精度不低于 0.5mm。

② 老化试验箱。

2) 试验条件

① 实验室温度:(23±2)℃。

② 试样在实验室温度下停放时间不少于 24h。

3) 试验程序

将按图 8-5 规格尺寸制好的试样放入(80±2)℃的老化箱中,时间为 168h;取出试样后停放 1h,用量具测量试样的长度,根据初始长度计算伸缩量。取纵横两个方向的算术平均值。用三个试样的平均值表示其伸缩量。

注:如试片弯曲,需施以适当的重物将其压平测量。

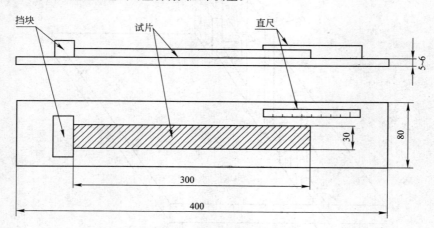

图 8-5 测量方法示意图

(7) 片材的热空气老化试验按 GB/T 3512—2001 的规定执行。

(8) 片材的耐碱性试验按 GB/T 1690—2006 的规定执行,试验前应用适宜的方法将复合片做封边处理。

(9) 片材的臭氧老化试验按 GB/T 7762—2003 的规定执行，以用 8 倍放大镜检验无龟裂为合格。

(10) 片材的人工气候老化性能按 GB/T 12831—1991 的规定执行；黑板温度为(63±3)℃，相对湿度为(50±5)%，降雨周期为 120min，其中，降雨 18min，间隔干燥 102min，总辐照量为 495MJ/m²(或辐照强度为 550W/m²，试验时间为 250h)。试样经暴露处理后在标准状态下停放 4h，进行性能测定，外观检查以用 8 倍放大镜检验无裂纹为合格。

(11) 片材粘接剥离强度的测定按下述方法规定执行，点粘片粘结点的剥离强度的测定按 GB/T 532—1997 的规定执行，从成品中取样。

1) 试验设备

拉力试验机，量程≥500N。

2) 试验条件

实验室温度为(23±2)℃，相对湿度 45%～65%。

3) 试样制备

按本节四(五)3(1)条图 8-2 所示沿片材纵向裁取 200mm×150mm 试片四块，在标准试验条件下，将与片材配套的胶粘剂涂在试片上，涂胶面积为 150mm×150mm，然后将每两片片材按图 8-6 所示对正粘贴，对粘时间按生产厂商规定进行。将试片在标准试验条件下停放 168h 后裁取 10 个 200mm×25mm 的试样；取出五个试样在(23±2)℃的水中放置 168h，取出后在标准试验条件下停放 4h 备用。

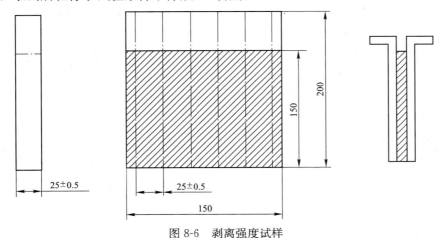

图 8-6 剥离强度试样

4) 试验程序

将试样分别夹在拉力试验机上，夹持部位不能滑移，开动试验机，以(100±10)mm/min 的速度进行剥离试验，试样剥离长度至少要有 125mm，剥离力以拉伸过程中(不包括最初的 25mm)的平均力值表示。

5) 结果表示

剥离强度按(8-15)计算：

$$\sigma_T = F/B \tag{8-15}$$

式中　σ_T——剥离强度(N/mm)；

　　　F——剥离力(N)；

B——试样宽度（mm）。

取五个试样的剥离强度算术平均值为测定结果。

（12）复合强度的测定按片材粘接剥离强度方法执行，具有两个表面保护或增强层的复合片材，两表面的复合强度均应测定，其结果按下式计算：

$$复合强度(N/mm)=剥离力(N)/试样宽度(25mm)$$

以每个试样在拉伸过程中，材料表面保护或增强层未有破坏、与芯材未有剥离脱开现象、所有试样复合强度的平均值符合标准规定为合格。

（六）检验规则

1. 检验分类

（1）出厂检验

1）组批与抽样

以同品种、同规格的 $5000m^2$ 片材（如日产量超过 $8000m^2$ 则以 $8000m^2$）为一批，随机抽取三卷进行规格尺寸和外观质量检验，在上述检验合格的样品中再随机抽取足够的试样进行物理性能检验。

2）检验项目

规格尺寸、外观质量、常温拉伸强度、常温扯断伸长率、撕裂强度、低温弯折、不透水性能、复合强度（FS2）按批进行出厂检验。

（2）型式检验

本部分所列全部技术要求为型式检验项目，通常在下列情况之一时应进行型式检验。

1）新产品的试制定型鉴定；

2）产品的结构、设计、工艺、材料、生产设备、管理等方面有重大改变；

3）转产、转厂、长期停产（超过 6 个月）后复产；

4）合同规定；

5）出厂检验结果与上次型式检验有较大差异；

6）仲裁检验或国家质量监督检验机构提出进行该项试验的要求。

（3）在正常情况下，臭氧老化应为每年至少进行一次检验，其余各项为每半年进行一次检验，人工气候老化根据用户要求进行型式试验。

2. 判定规则

规格尺寸、外观质量及物理性能各项指标全部符合技术要求，则为合格品。若物理性能有一项指标不符合技术要求，应另取双倍试样进行该项复试，复试结果若仍不合格，则该批产品为不合格品。

第二节　常用密封材料的质量标准

一、高分子防水材料　第二部分：止水带❶

（一）范围

标准 GB 18173.2—2000 规定了高分子防水材料止水带的分类、产品标记、技术要

---

❶ 主要内容引自 GB 18173.2—2000《高分子防水材料　第二部分：止水带》。

求、试验方法、检验规则、标志、包装、运输与储存。适用于全部或部分浇捣于混凝土中的橡胶密封止水带和具有钢边的橡胶密封止水带。

(二) 分类与产品标记

1. 分类

止水带按其用途分为以下三类：

(1) 适用于变形缝用止水带，用 B 表示；

(2) 适用于施工缝用止水带，用 S 表示；

(3) 适用于有特殊耐老化要求的接缝用止水带，用 J 表示。

注：具有钢边的止水带，用 G 表示。

2. 产品标记

(1) 产品的永久性标记应按下列顺序标记：

类型、规格(长度×宽度×厚度)。

(2) 标记示例

长度为 12000mm，宽度为 380mm，公称厚度为 8mm 的 B 类具有钢边的止水带标记为：BG-12000mm×380mm×8mm。

(三) 技术要求

1. 尺寸公差

止水带的结构示意图如图 8-7 所示，其尺寸公差如表 8-17 所示。

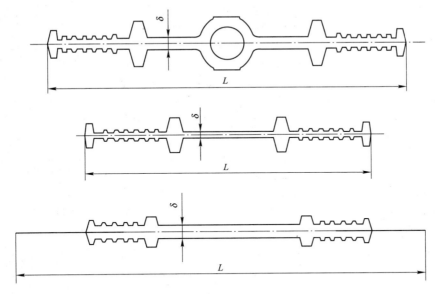

图 8-7 止水带的结构示意图

L—止水带公称宽度；δ—止水带公称厚度

尺 寸 公 差　　　　　表 8-17

项目	公称厚度 δ(mm)			宽度 L(%)
	4～6	>6～10	>10～20	
极限偏差	+1 0	+1.3 0	+2 0	±3

2. 外观质量

(1) 止水带表面不允许有开裂、缺胶、海绵状等影响使用的缺陷,中心孔偏心不允许超过管状断面厚度的 1/3。

(2) 止水带表面允许有深度不大于 2mm、面积不大于 16mm^2 的凹痕、气泡、杂质、明疤等缺陷不超过 4 处;但设计工作面仅允许有深度不大于 1mm、面积不大于 10mm^2 的缺陷不超过 3 处。

3. 物理性能

止水带的物理性能应符合表 8-18 的规定。

止水带的物理性能　　　　　　　表 8-18

序号	项目			指标 B	指标 S	指标 J
1	硬度(邵尔 A)(度)			60±5	60±5	60±5
2	拉伸强度(MPa)		≥	15	12	10
3	扯断伸长率(%)		≥	380	380	300
4	压缩永久变形	70℃×24h(%)	≤	35	35	35
		23℃×168h(%)	≤	20	20	20
5	撕裂强度(kN/m)		≥	30	25	25
6	脆性温度(℃)		≤	−45	−40	−40
7	热空气老化	70℃×168h 硬度变化(邵尔 A)(度)	≤	+8	+8	—
		70℃×168h 拉伸强度(MPa)	≥	12	10	—
		70℃×168h 扯断伸长率(%)	≥	300	300	—
		100℃×168h 硬度变化(邵尔 A)(度)	≤	—	—	+8
		100℃×168h 拉伸强度(MPa)	≥	—	—	9
		100℃×168h 扯断伸长率(%)	≥	—	—	250
8	臭氧老化 50pphm:20%,48h			2 级	2 级	0 级
9	橡胶与金属粘合			断面在弹性体内		

注:1. 橡胶与金属粘合项仅适用于具有钢边的止水带。
　　2. 若有其他特殊需要时,可由供需双方协议适当增加检验项目,如根据用户需求酌情考核霉菌试验,但其防霉性能应等于或高于 2 级。

4. 止水带接头部位的拉伸强度指标不得低于表 8-18 标准性能的 80%(现场施工接头除外)。

(四) 试验方法

1. 规格尺寸用量具测量,厚度精确到 0.05mm,宽度精确到 1mm;其中厚度测量取制品上的任意 1m 作为样品(但必须包括一个接头),然后自其两端起在制品的设计工作面的对称部位取四点进行测量,取其平均值。

2. 外观质量用目测及量具检查。

3. 物理性能的测定

从经规格尺寸检验合格的制品上裁取试验所需的足够长度试样,按 GB/T 9865.1 的规定制备试样,并在标准状态下静置24h后按表8-18的要求进行试验。

(1) 硬度试验按 GB/T 531 的规定进行。

(2) 拉伸强度、扯断伸长率试验按 GB/T 528 的规定进行,用Ⅱ型试样;接头部位应保证使其位于两条标线之内。

(3) 压缩永久变形试验按 GB/T 7759 的规定进行,采用 B 型试样,压缩率为 25%。

(4) 撕裂强度试验按 GB/T 529 中的直角形试样进行。

(5) 脆性温度试验按 GB/T 15256 的规定进行。

(6) 热空气老化试验按 GB/T 3512 的规定进行。

(7) 臭氧老化试验按 GB/T 7762 的规定进行,试验温度为 40℃±2℃。

(8) 橡胶与金属的粘合可采用任何适用的剪切或剥离试验方法,但试验结果,试样断裂部分应在弹性体之间。

(9) 防霉性能试验按 GB/T 2423.16 的规定进行。

(五) 检验规则

1. 检验分类

(1) 出厂检验

1) 组批与抽样

以每月同标记的止水带产量为一批,逐一进行规格尺寸和外观质量检验;并在上述检验合格的样品中随机抽取足够的试样,进行物理性能检验。

2) 检验项目

应逐批对止水带的尺寸公差、外观质量、拉伸强度、扯断伸长率、撕裂强度进行出厂检验。

(2) 型式检验

本标准所列的全部技术指标项目为型式检验项目,通常在下列情况之一时应进行型式检验。

1) 新产品的试制定型鉴定;

2) 产品的结构、设计、工艺、材料、生产设备、管理等方面有重大改变;

3) 转产、转厂、停产后复产;

4) 合同规定;

5) 出厂检验结果与上次型式检验有较大差异;

6) 国家质量监督检验机构提出进行该项试验的要求。

在正常情况下,臭氧老化应为每年至少进行一次检验,其余各项为每半年进行一次检验。

2. 判定规则

尺寸公差、外观质量及物理性能各项指标全部符合技术要求,则为合格品,若物理性能有一项指标不符合技术要求,应另取双倍试样进行该项复试,复试结果如仍不合格,则该批产品为不合格。

二、高分子防水材料　第三部分:遇水膨胀橡胶[1]

(一) 范围

标准 GB 18173.3—2002 规定了高分子防水材料—遇水膨胀橡胶的分类、产品标记、

---

[1] 主要内容引自 GB 18173.3—2002《高分子防水材料　第三部分:遇水膨胀橡胶》。

技术要求、试验方法、检验规则、标志、包装、运输与贮存。适用于以水溶性聚氨酯预聚体、丙烯酸钠高分子吸水性树脂等吸水性材料与天然橡胶、氯丁橡胶等合成橡胶制得的遇水膨胀性防水橡胶。主要用于各种隧道、顶管、人防等地下工程、基础工程的接缝、防水密封和船舶、机车等工业设备的防水密封。

(二) 定义、分类与产品标记

1. 定义

体积膨胀倍率是浸泡后的试样质量与浸泡前的试样质量的比率。

2. 分类

(1) 产品按工艺可分为制品型(PZ)和腻子型(PN)。

(2) 产品按其在静态蒸馏水中的体积膨胀倍率(%)可分别分为制品型：≥150%～<250%，≥250%～<400%，≥400%～<600%，≥600%等几类；腻子型：≥150%，≥220%，≥300%等几类。

3. 产品标记

(1) 产品应按下列顺序标记：类型、体积膨胀倍率、规格(宽度×厚度)；复合型膨胀橡胶止水带因其主体为"止水带"，故其标记方法应在遵守 GB/T 18173.2《高分子防水材料　第2部分　止水带》的前提下，同时按上述遇水膨胀橡胶的标记方法标记。

(2) 标记示例

宽度为 30mm、厚度为 20mm 的制品型膨胀橡胶，体积膨胀倍率≥400%，标记为：

$$PZ\text{-}400 \text{ 型 } 30mm \times 20mm$$

长轴 30mm、短轴 20mm 的椭圆形膨胀橡胶，体积膨胀倍率≥250%，标记为：

$$PZ\text{-}250 \text{ 型 } R15mm \times R10mm$$

复合型膨胀橡胶

宽度为 200mm，厚度为 6mm 施工缝(S)用止水带，复合两条体积膨胀倍率为≥400%的制品型膨胀橡胶，标记为

$$S\text{-}200mm \times 6mm/PZ\text{-}400 \times 2 \text{ 型}$$

(三) 技术要求

1. 制品型尺寸公差

膨胀橡胶的断面结构示意图如图 8-8 所示；制品型尺寸公差应符合表 8-19 规定。

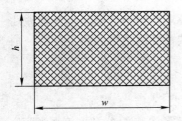 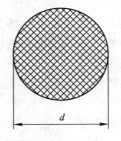 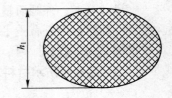

图 8-8　断面结构示意图

尺寸公差（mm） 表 8-19

项目	厚度(h)			直径(d)			椭圆(以短径 h_1 为主)			宽度(w)		
	≤10	>10~30	>30	≤30	>30~60	>60	<20	20~30	>30	≤50	>50~100	>100
极限偏差	±1.0	+1.5 -1.0	+2 -1	±1	±1.5	±2	±1	±1.5	±2	+2 -1	+3 -1	+4 -1

注：其他规格及异形制品尺寸公差由供需双方商定，异形制品的厚度为其最大工作面厚度。

2. 制品型外观质量

（1）膨胀橡胶表面不允许有开裂、缺胶等影响使用的缺陷。

（2）每米膨胀橡胶表面不允许有深度大于 2mm、面积大于 $16mm^2$ 的凹痕、气泡、杂质、明疤等缺陷超过 4 处。

（3）有特殊要求者，由供需双方商定。

3. 物理性能

膨胀橡胶的物理性能如表 8-20 及表 8-21 所示，如有体积膨胀倍率大于 600％要求者，由供需双方商定。

制品型膨胀橡胶胶料物理性能 表 8-20

序号	项目		指标			
			PZ-150	PZ-250	PZ-400	PZ-600
1	硬度(邵尔 A)(度)		42±7		45±7	48±7
2	拉伸强度(MPa)	≥	3.5		3	
3	扯断伸长率(％)	≥	450		350	
4	体积膨胀倍率(％)	≥	150	250	400	600
5	反复浸水试验	拉伸强度(MPa) ≥	3		2	
		扯断伸长率(％) ≥	350		250	
		体积膨胀倍率(％) ≥	150	250	300	500
6	低温弯折(-20℃×2h)		无裂纹			

注：1. 硬度为推荐项目。
 2. 成品切片测试应达到本表的 80％。
 3. 接头部位的拉伸强度指标不得低于本表标准性能的 50％。

腻子型膨胀橡胶物理性能 表 8-21

序号	项目		指标		
			PN-150	PN-220	PN-300
1	体积膨胀倍率[a](％)	≥	150	220	300
2	高温流淌性(80℃×5h)		无流淌	无流淌	无流淌
3	低温试验(-20℃×2h)		无脆裂	无脆裂	无脆裂

a 检验结果应注明试验方法。

(四) 试验方法

1. 规格尺寸用精确为 0.1mm 的量具测量，取任意三点进行测量，均应符合表 8-19 的规定。

2. 外观质量用目测及量具检查。

3. 物理性能的测定

(1) 样品的制备：制品型试样应采用与制品相当的硫化条件，沿压延方向制取标准试样，成品测试从经规格尺寸检验合格的制品上裁取试验所需的足够长度，按 GB/T 9865.1 的规定制备试样，经(70±2)℃恒温 3 小时后，在标准状态下停放 4h，按表 8-20 的要求进行试验；腻子型试样直接取自产品，按试验方法规定尺寸制备。

(2) 硬度试验按 GB/T 531 的规定进行。

(3) 拉伸强度，扯断伸长率试验按 GB/T 528 的规定进行，用 Ⅱ 型试样。

(4) 体积膨胀倍率按下述方法测定：

A. 体积膨胀倍率试验方法 Ⅰ

1) 试验准备

① 试验室温度应符合 GB 2941—1991 的规定。

② 试验仪器为 0.001g 精度的天平。

③ 将试样制成长、宽各为(20.0±0.2)mm，厚为(2.0±0.2)mm，数量为 3 个。用成品制作试样时，应尽可能去掉表层。

2) 试验步骤

① 将制作好的试样先用 0.001g 精度的天平秤出在空气中的质量，然后再称出试样悬挂在蒸馏水中的质量。

② 将试样浸泡在(23±5)℃的 300mL 蒸馏水中，试验过程中，应避免试样重叠及水分的挥发。

③ 试样浸泡 72h 后，先用 0.001g 精度的天平秤出其在蒸馏水中的质量，然后用滤纸轻轻吸干试样表面的水分，称出试样在空气中的质量。

3) 计算公式

$$\Delta V = \frac{m_3 - m_4 + m_5}{m_1 - m_2 + m_5} \times 100\% \tag{8-16}$$

式中　ΔV——体积膨胀倍率(%)；

　　　m_1——浸泡前试样在空气中的质量(g)；

　　　m_2——浸泡前试样在蒸馏水中的质量(g)；

　　　m_3——浸泡后试样在空气中的质量(g)；

　　　m_4——浸泡后试样在蒸馏水中的质量(g)；

　　　m_5——坠子在蒸馏水中的质量(g)(如无坠子用发丝等特轻细丝悬挂可忽略不计)。

4) 计算方法

体积膨胀倍率取三个试样的平均值。

B. 体积膨胀倍率试验方法 Ⅱ

1) 试验准备

① 试验室温度应符合 GB 2941—1991 的规定。

② 试验仪器为 0.001g 精度的天平和 50mL 的量筒。

③ 取试样质量为 2.5g,制成直径约为 12mm,高度约为 12mm 的圆柱体,数量为 3 个。

2) 试验步骤

① 将制作好的试样先用 0.001g 精度的天平秤出其在空气中的质量,然后再称出试样悬挂在蒸馏水中的质量(必须用发丝等特轻细丝悬挂试样)。

② 先在量筒中注入 20mL 左右的(23±5)℃的蒸馏水,放入试样后,加蒸馏水至 50mL。然后,在本方法 1)①的条件下放置 120h(试样表面和蒸馏水必须充分接触)。

③ 读出量筒中试样占水体积的 mL 数(即试样的高度),把 mL 数换算为 g(水的体积是 1mL 时,质量为 1g)。

3) 计算公式

$$\Delta V = \frac{m_3}{m_1 - m_2} \times 100\% \tag{8-17}$$

式中 ΔV——体积膨胀倍率(%);

m_1——浸泡前试样在空气中的质量(g);

m_2——浸泡前试样在蒸馏水中的质量(g);

m_3——试样占水体积的 mL 数,换算为质量(g)。

4) 计算方法

体积膨胀倍率取三个试样的平均值。

(5) 反复浸水试验:将试样在常温(23±5)℃蒸馏水中浸泡 16h,取出后在 70℃下烘干 8h,再放到水中浸泡 16h,再烘干 8h…;如此反复浸水、烘干 4 个循环周期之后,测其硬度、拉伸强度、伸长率和体积膨胀倍率。

(6) 低温弯折试验:将试样裁成 20mm×100mm×2mm 的长方体,按下述方法进行试验。

1) 试验仪器

低温弯折仪应由低温箱和弯折板两部分组成。低温箱应能在 0～-40℃之间自动调节,误差为±2℃,且能使试样在被操作过程中保持恒定温度;弯折板由金属平板、转轴和调距螺丝组成,平板间距可任意调节。示意图参见图 8-4。

2) 试验条件

试样的停放时间和试验温度应按下列要求:

① 从试样制备到试验,时间为 24h。

② 试验室温度控制在(23±2)℃范围内。

3) 试验程序

① 将制备的试样弯曲 180°,使试样边缘重合、齐平,并用定位夹或 10mm 宽的胶布将边缘固定以保证其在试验中不发生错位;并将弯折板的两平板间距调到试样厚度的三倍。

② 将弯折板上平板打开,把厚度相同的两块试样平放在底板上,重合的一边朝向转轴,且距转轴 20mm;在规定温度下保持 2h,之后迅速压下上平板,达到所调间距位置,保持 1s 后将试样取出。待恢复到室温后观察试样弯折处是否断裂,或用放大镜观察试样弯折处受拉面有无裂纹。

4) 判定

用8倍放大镜观察试样表面，以两个试样均无裂纹为合格。

(7) 高温流淌性：将三个20mm×20mm×4mm的试样分别置于75°倾角的带凹槽木架上，使试样厚度的2mm在槽内，2mm在槽外；一并放入(80±2)℃的干燥箱内，5h后取出，观察试样有无明显流淌，以不超过凹槽边线1mm为无流淌。

(8) 腻子型试样的低温试验：将50mm×100mm×2mm的试样在(−20±2)℃低温箱中停放2h，取出后立即在ϕ10mm的棒上缠绕1圈，观察其是否脆裂。

(五) 检验规则

1. 检验分类

(1) 出厂检验

1) 组批与抽样

以每月同标记的膨胀橡胶产量为一批，每批抽取两根进行外观质量检验，并在每根产品的任意1m处随机取三点进行规格尺寸检验(腻子型除外)；在上述检验合格的样品中随机抽取足够的试样，进行物理性能检验。

2) 检验项目

对膨胀橡胶的尺寸公差、外观质量、拉伸强度、扯断伸长率、体积膨胀倍率进行出厂检验。

(2) 型式检验

本标准所列的全部技术指标项目为型式检验项目，通常在下列情况之一时应进行型式检验：

1) 新产品的试制定型鉴定；
2) 产品的结构、设计、工艺、材料、生产设备、管理等方面有重大改变；
3) 转产、转厂、停产后复产；
4) 合同规定；
5) 出厂检验结果与上次型式检验有较大差异；
6) 国家质量监督检验机构提出进行该项试验的要求。

在正常情况下，全部项目每半年进行一次检验。

2. 判定规则

尺寸公差、外观质量及物理性能各项指标全部符合技术要求，则为合格品，若有一项指标不符合技术要求，应另取双倍试样进行该项复试，复试结果如仍不合格，则该批产品为不合格。

第三节 常用防水涂料的质量标准

一、聚氨酯防水涂料[❶]

(一) 范围

标准GB/T 19250—2003规定了聚氨酯防水涂料的分类、一般要求、技术要求、试验

---

❶ 主要内容引自GB/T 19250—2003《聚氨酯防水涂料》。

方法、检验规则、标志、包装、运输与储存。适用于建筑防水工程用聚氨酯防水涂料。

(二) 分类

1. 分类

产品按组分分为单组分(S)、多组分(M)两种。

产品按拉伸性能分为Ⅰ、Ⅱ两类。

2. 标记

按产品名称、组分、类别和标准号顺序标记

示例：Ⅰ类单组分聚氨酯防水涂料标记为：PU 防水涂料 S Ⅰ GB/T 19250—2003

(三) 一般要求

产品不应对人体、生物与环境造成有害的影响，所涉及与使用有关的安全与环保要求，应符合我国相关国家标准和规范的规定。

(四) 技术要求

1. 外观

产品为均匀黏稠体，无凝胶、结块。

2. 物理力学性能

单组分聚氨酯防水涂料物理力学性能应符合表 8-22 的规定，多组分聚氨酯防水涂料物理力学性能应符合表 8-23 的规定。

单组分聚氨酯防水涂料物理力学性能　　　　　表 8-22

序号	项　　目			Ⅰ	Ⅱ
1	拉伸强度(MPa)		≥	1.90	2.45
2	断裂伸长率(%)		≥	550	450
3	撕裂强度(N/mm)		≥	12	14
4	低温弯折性(℃)		≤	−40	
5	不透水性(0.3MPa 30min)			不透水	
6	固体含量(%)		≥	80	
7	表干时间(h)		≤	12	
8	实干时间(h)		≤	24	
9	加热伸缩率(%)		≤	1.0	
			≥	−4.0	
10	潮湿基面粘结强度①(MPa)		≥	0.50	
11	定伸时老化	加热老化		无裂纹及变形	
		人工气候老化②		无裂纹及变形	
12	热处理	拉伸强度保持率(%)		80~150	
		断裂伸长率(%)	≥	500	400
		低温弯折性(℃)	≤	−35	
13	碱处理	拉伸强度保持率(%)		60~150	
		断裂伸长率(%)	≥	500	400
		低温弯折性(℃)	≤	−35	

续表

序号	项目		I	II
14	酸处理	拉伸强度保持率(%)	80～150	
		断裂伸长率(%) ≥	500	400
		低温弯折性(℃) ≤	−35	
15	人工气候老化[2]	拉伸强度保持率(%)	80～150	
		断裂伸长率(%) ≥	500	400
		低温弯折性(℃) ≤	−35	

[1] 仅用于地下工程潮湿基面时要求。
[2] 仅用于外露使用的产品。

多组分聚氨酯防水涂料物理力学性能　　　　表 8-23

序号	项目		I	II
1	拉伸强度(MPa) ≥		1.90	2.45
2	断裂伸长率(%) ≥		450	450
3	撕裂强度(N/mm) ≥		12	14
4	低温弯折性(℃) ≤		−35	
5	不透水性(0.3MPa，30min)		不透水	
6	固体含量(%) ≥		92	
7	表干时间(h) ≤		8	
8	实干时间(h) ≤		24	
9	加热伸缩率(%)	≤	1.0	
		≥	−4.0	
10	潮湿基面粘结强度[1](MPa) ≥		0.50	
11	定伸时老化	加热老化	无裂纹及变形	
		人工气候老化[2]	无裂纹及变形	
12	热处理	拉伸强度保持率(%)	80～150	
		断裂伸长率(%) ≥	400	
		低温弯折性(℃) ≤	−30	
13	碱处理	拉伸强度保持率(%)	60～150	
		断裂伸长率(%) ≥	400	
		低温弯折性(℃) ≤	−30	
14	酸处理	拉伸强度保持率(%)	80～150	
		断裂伸长率(%) ≥	400	
		低温弯折性(℃) ≤	−30	
15	人工气候老化[2]	拉伸强度保持率(%)	80～150	
		断裂伸长率(%) ≥	400	
		低温弯折性(℃) ≤	−30	

[1] 仅用于地下工程潮湿基面时要求。
[2] 仅用于外露使用的产品。

(五)试验方法

1. 标准试验条件

标准试验条件为:温度(23±2)℃,相对湿度(60±15)%。

2. 试验设备

(1)拉力试验机:测量值在量程的15%~85%之间,示值精度不低于1%,伸长范围大于500mm。

(2)低温冰柜:能达到-40℃,精度±2℃。

(3)电热鼓风干燥箱:不小于200℃,精度±2℃。

(4)冲片机及符合GB/T 528要求的哑铃Ⅰ型、符合GB/T 529要求的直角撕裂裁刀。

(5)不透水仪:压力0~0.4MPa,三个精度2.5级透水盘,内径92mm。

(6)厚度计:接触面直径6mm,单位面积压力0.02MPa,分度值0.01mm。

(7)半导体温度计:量程-40℃~30℃,精度±0.5℃。

(8)定伸保持器:能使试件标线间距离拉伸100%以上。

(9)氙弧灯老化试验箱:符合GB/T 18244要求的氙弧灯老化试验箱。

(10)游标卡尺:精度±0.02mm。

3. 试件制备

(1)在试件制备前,试验样品及所有试验器具在标准试验条件下放置24h。

(2)在标准试验条件下称取所需的试验样品量,保证最终涂膜厚度(1.5±0.2)mm。

将静置后的样品搅匀,不得加入稀释剂,若样品为多组分涂料,则按产品生产厂要求的配合比混合后充分搅拌5min,在不混入气泡的情况下倒入模框中。模框不得翘曲且表面平滑,为便于脱模,涂覆前可用脱模剂处理。样品按生产厂的要求一次或多次涂覆(最多三次,每次间隔不超过24h),最后一次将表面刮平,在标准试验条件下养护96h,然后脱模,涂膜翻过来继续在标准试验条件下养护72h。

(3)试件形状及数量见表8-24。

试件形状及数量　　　　　　表8-24

项　目		试件形状	数量(个)
拉伸性能		符合GB/T 528规定的哑铃Ⅰ型	5
撕裂强度		符合GB/T 529—1999中5.1.2规定的无割口直角形	5
低温弯折性		100mm×25mm	3
不透水性		150mm×150mm	3
加热伸缩率		300mm×30mm	3
潮湿基面粘结强度		8字形砂浆试件	5
定伸时老化	热处理	符合GB/T 528规定的哑铃Ⅰ型	3
	人工气候老化		3
热处理	拉伸性能	符合GB/T 528规定的哑铃Ⅰ型	5
	低温弯折性	100mm×25mm	3
碱处理	拉伸性能	符合GB/T 528规定的哑铃Ⅰ型	5
	低温弯折性	100mm×25mm	3

续表

项　　目		试件形状	数量(个)
酸处理	拉伸性能	符合 GB/T 528 规定的哑铃Ⅰ型	5
	低温弯折性	100mm×25mm	3
人工气候老化	拉伸性能	符合 GB/T 528 规定的哑铃Ⅰ型	5
	低温弯折性	100mm×25mm	3

4. 外观

涂料搅拌后目测检查。

5. 拉伸性能

按 GB/T 16777 进行试验，拉伸速度为 (500 ± 50) mm/min。

6. 撕裂强度

按 GB/T 529 直角形试件进行试验，无割口，拉伸速度为 (500 ± 50) mm/min。

7. 低温弯折性

按 GB/T 16777 进行试验。

8. 不透水性

按 GB/T 16777 进行试验，金属网孔径 (0.5 ± 0.1) mm。

9. 固体含量

(1) 试验步骤

将样品搅匀后，取 (6 ± 1) g 的样品倒入已干燥测量的直径 (65 ± 5) mm 的培养皿 (m_0) 中刮平，立即称量 (m_1)，然后在标准试验条件下放置 24h。再放入到 (120 ± 2) ℃烘箱中，恒温 3h，取出放入干燥器中，在标准试验条件下冷却 2h，然后称量 (m_2)。

(2) 结果计算

固体含量按式(8-18)计算：

$$X=(m_2-m_0)/(m_1-m_0)\times100 \tag{8-18}$$

式中　X——固体含量(%)；

　　　m_0——培养皿质量(g)；

　　　m_1——干燥前试样和培养皿质量(g)；

　　　m_2——干燥后试样和培养皿质量(g)。

试验结果取两次平行试验的平均值，结果计算精确到 1%。

10. 表干时间

按 GB/T 16777 进行试验，采用 B 法。涂膜用量为 0.5 kg/m^2。对于表面有组分渗出的样品，以实干时间作为表干时间的试验结果。

11. 实干时间

按 GB/T 16777 进行试验，采用 B 法。涂膜用量为 0.5 kg/m^2。

12. 加热伸缩率

按 GB/T 16777 进行试验。

13. 潮湿基面粘结强度

(1) 试验步骤

按 GB/T 16777 制备 8 字砂浆块。取 5 对养护好的水泥砂浆块，用 2 号(粒径 60 目)

砂纸清除表面浮浆,将砂浆块浸入(23±2)℃的水中浸泡24h。将在标准试验条件下已放置24h的样品按生产厂要求的比例混合后搅拌5min(单组分防水涂料样品直接使用)。从水中取出砂浆块用湿毛巾揩去水渍,晾置5min后,在砂浆块的断面上涂抹准备好的涂料,将两个砂浆块断面对接,压紧,在标准试验条件下放置4h。然后将制得的试件进行养护,温度(20±1)℃,相对湿度不小于90%,养护168h。制备5个试件。

将养护好的试件在标准试验条件下放置2h,用游标卡尺测量粘结面的长度、宽度,精确到0.02mm。将试件装在试验机上,以50mm/min的速度拉伸至试件破坏,记录试件的最大拉力。

(2) 结果处理

潮湿基面粘结强度按式(8-19)计算:

$$\sigma = F/(a \times b) \tag{8-19}$$

式中 σ——试件的潮湿基面粘结强度(MPa);
F——试件的最大拉力(N);
a——试件粘结面的长度(mm);
b——试件粘结面的宽度(mm)。

潮湿基面粘结强度以5个试件的算术平均值表示,精确到0.01MPa。

14. 定伸时老化

(1) 试验步骤

1) 加热老化

将试件夹在定伸保持器上,并使试件的标线间距离从25mm拉伸到50mm,在标准试验条件下放置24h。然后将夹有试件的定伸保持器放入烘箱,加热温度为(80±2)℃,水平放置168h后取出。再在标准试验条件下放置4h,观测定伸保持器上的试件有无变形,并用8倍放大镜检查试件有无裂纹。

2) 人工气候老化

将试件夹在定伸保持器上,并使试件的标线间距离从25mm拉伸至37.5mm,在标准试验条件下放置24h。然后将夹有试件的定伸保持器放入符合GB/T 18244要求的氙弧灯老化试验箱中,试验250h后取出。再在标准试验条件下放置4h,观测定伸保持器上的试件有无变形,并用8倍放大镜检查试件有无裂纹。

(2) 结果处理

分别记录每个试件有无变形、裂纹。

15. 热处理

按GB/T 16777进行。

16. 碱处理

按GB/T 16777进行。

17. 酸处理

按GB/T 16777进行。

18. 人工气候老化

将试件放入符合GB/T 18244要求的氙弧灯老化试验箱中,试验累计辐照能量为1500MJ/m^2(约720h)后取出。再在标准试验条件下放置4h,然后进行试验。

(六) 检验规则

1. 检验分类

按检验类型分为出厂检验和型式检验。

(1) 出厂检验

出厂检验项目包括：外观、拉伸强度、断裂伸长率、低温弯折性、不透水性、固体含量、表干时间、实干时间、潮湿基面粘结强度(用于地下潮湿基面时)。

(2) 型式检验

型式检验项目包括技术要求中所有规定，在下列情况下进行型式检验：

1) 新产品投产或产品定型鉴定时；
2) 正常生产时，每半年进行一次。人工气候老化(外露使用产品)每两年进行一次；
3) 原材料、工艺等发生较大变化，可能影响产品质量时；
4) 出厂检验结果与上次型式检验结果有较大差异时；
5) 产品停产 6 个月以上恢复生产时；
6) 国家质量监督检验机构提出型式检验要求时。

2. 组批

以同一类型、同一规格 15t 为一批，不足 15t 亦作为一批(多组分产品按组分配套组批)。

3. 抽样

在每批产品中按 GB/T 3186 规定取样，总共取 3kg 样品(多组分产品按配比取)。放入不与涂料发生反应的干燥密闭容器中密封好。

4. 判定规则

(1) 单项判定

1) 外观

抽取的样品外观符合标准规定时，判该项合格。

2) 物理力学性能

① 拉伸强度、断裂伸长率、撕裂强度、固体含量、加热伸缩率、潮湿基面粘结强度、处理后拉伸强度保持率、处理后断裂伸长率以其算术平均值达到标准规定的指标判为该项合格。

② 不透水性、低温弯折性、定伸时老化以 3 个试件分别达到标准规定判为该项合格。

③ 表干时间、实干时间达到标准规定时判为该项合格。

④ 各项试验结果均符合表 8-22 或表 8-23 规定，则判该批产品物理力学性能合格。

⑤ 若有两项或两项以上不符合标准规定，则判该批产品物理力学性能不合格。

⑥ 若仅有一项指标不符合标准规定，允许在该批产品中再抽同样数量的样品，对不合格项进行单项复验。达到标准规定时，则判该批产品物理力学性能合格，否则判为不合格。

(2) 总判定

外观、物理力学性能均符合本节一(四)规定的全部要求时，判该批产品合格。

二、聚合物水泥防水涂料❶

(一) 范围

标准 GB/T 23445—2009 规定了聚合物水泥防水涂料(简称 JS 防水涂料)的术语和定

---

❶ 主要内容引自 GB/T 23445—2009《聚合物水泥防水涂料》。

义、分类和标记、一般要求、技术要求、试验方法、检验规则、标志、包装、运输与贮存。适用于房屋建筑及土木工程涂膜防水用聚合物水泥防水涂料。

（二）术语和定义

1. 聚合物水泥防水涂料：以丙烯酸酯、乙烯-乙酸乙烯酯等聚合物乳液和水泥为主要原料，加入填料及其他助剂配制而成，经水分挥发和水泥水化反应固化成膜的双组分水性防水涂料。

2. 自闭性：防水涂膜在水的作用下，经物理和化学反应使涂膜裂缝自行愈合、封闭的性能。以规定条件下涂膜裂缝自封闭的时间表示。

（三）分类和标记

1. 类型

产品按物理力学性能分为Ⅰ型、Ⅱ型和Ⅲ型。

Ⅰ型适用于活动量较大的基层、Ⅱ型和Ⅲ型适用于活动量较小基层。

2. 标记

产品按下列顺序标记：产品名称、类型、标准号。

示例：Ⅰ型聚合物水泥防水涂料标记为：JS 防水涂料Ⅰ　GB/T 23445—2009。

（四）一般要求

产品不应对人体与环境造成有害的影响，所涉及与使用有关的安全和环保要求应符合相关国家标准和规范的规定。产品中有害物质含量应符合 JC 1066—2008 4.1 中 A 级的要求。

（五）技术要求

1. 外观

产品的两组分经分别搅拌后，其液体组分应为无杂质、无凝胶的均匀乳液；固体组分应为无杂质、无结块的粉末。

2. 物理力学性能

产品物理力学性能应符合表 8-25 的要求。

物理力学性能　　　　　　　　　　　表 8-25

序号	试验项目			技术指标		
				Ⅰ型	Ⅱ型	Ⅲ型
1	固体含量(%)		≥	70	70	70
2	拉伸强度	无处理(MPa)	≥	1.2	1.8	1.8
		加热处理后保持率(%)	≥	80	80	80
		碱处理后保持率(%)	≥	60	70	70
		浸水处理后保持率(%)	≥	60	70	70
		紫外线处理后保持率(%)	≥	80	—	—
3	断裂伸长率	无处理(%)	≥	200	80	30
		加热处理(%)	≥	150	65	20
		碱处理(%)	≥	150	65	20
		浸水处理(%)	≥	150	65	20
		紫外线处理(%)	≥	150	—	—

续表

序号	试验项目		技术指标		
			Ⅰ型	Ⅱ型	Ⅲ型
4	低温柔性(φ10mm棒)		−10℃ 无裂纹	—	—
5	粘结强度	无处理(MPa) ≥	0.5	0.7	1.0
		潮湿基层(MPa) ≥	0.5	0.7	1.0
		碱处理(MPa) ≥	0.5	0.7	1.0
		浸水处理(MPa) ≥	0.5	0.7	1.0
6	不透水性(0.3MPa,30min)		不透水	不透水	不透水
7	抗渗性(砂浆背水面)(MPa) ≥		—	0.6	0.8

3. 自闭性

产品的自闭性为可选项目，指标由供需双方商定。

(六) 试验方法

1. 一般要求

(1) 标准试验条件

试验室标准试验条件为：温度(23±2)℃，相对湿度(50±10)%。

(2) 试验准备

试验前样品及所用器具应在标准试验条件下至少放置24h。

2. 外观

用玻璃棒将液体组分和固体组分分别搅拌后目测。

3. 固体含量

将样品按生产厂指定的比例(不包括稀释剂)混合均匀后，按 GB/T 16777—2008 的规定测定。干燥温度为(105±2)℃。

4. 拉伸性能

(1) 试验器具

同 GB/T 16777—2008 的要求。

(2) 试样和试件制备

将在标准试验条件下放置后的样品按生产厂指定的比例分别称取适量液体和固体组分，混合后机械搅拌5min，静置(1~3)min，以减少气泡，然后倒入规定的模具中涂覆。为方便脱模，模具表面可用脱模剂进行处理。试样制备时分二次或三次涂覆，后道涂覆应在前道涂层实干后进行，两道间隔时间为(12~24)h，使试样厚度达到(1.5±0.2)mm。将最后一道涂覆试样的表面刮平后，于标准条件下静置96h，然后脱模。将脱模后的试样反面向上在(40±2)℃干燥箱中处理48h，取出后置于干燥器中冷却至室温。用切片机将试样冲切成试件，拉伸试验所需试件数量和形状见表8-26。

(3) 无处理拉伸性能

按 GB/T 16777—2008 进行试验，拉伸速度为 200mm/min。

拉伸试验试件数量　　　　　　　　　　　　　　　表 8-26

试验项目		试件形状	试件数量(个)
拉伸强度和断裂伸长率	无处理	GB/T 528—1998 中规定的Ⅰ型哑铃型试件	6
	加热处理		6
	紫外线处理		6
	碱处理	(120×25)mm	6
	浸水处理	(120×25)mm	6

注：每组试件试验五个，一个备用。

(4) 热处理后拉伸性能

按 GB/T 16777—2008 的规定处理试件，热处理温度为(80±2)℃，时间(168±1)h。取出后置于干燥器中冷却至室温后测定拉伸性能。

(5) 碱处理后拉伸性能

按 GB/T 16777—2008 的规定处理试件，浸碱时间(168±1)h。取出后用水充分冲洗，擦干后放入(60±2)℃的干燥箱中烘 18h，取出后置于干燥器中冷却至室温，用切片机冲切成哑铃形试件测定拉伸性能。

(6) 浸水处理后拉伸性能

将制备的试件浸入(23±2)℃的水中，浸水时间(168±1)h。然后放入(60±2)℃的干燥箱中 18h，取出后置于干燥器中冷却至室温，用切片机冲切成哑铃形试件测定拉伸性能。

(7) 紫外线处理后拉伸性能

按 GB/T 16777—2008 处理试件。灯管与试件的距离为(470～500)mm，距试件表面 50mm 左右的空间温度为(45±2)℃，照射时间 240h。取出后置于干燥器中冷却至室温测定拉伸性能。

(8) 试验结果计算

拉伸强度、断裂伸长率和拉伸强度保持率的试验结果计算按 GB/T 16777—2008 的规定。

拉伸强度试验结果精确至 0.1MPa。

5. 低温柔性

制备涂膜试样，养护后切取 100mm×25mm 的试件三块。按 GB/T 16777—2008 进行试验，圆棒直径 10mm。

6. 粘结强度

(1) 试验器具

1) 拉力试验机：量程(0～5000)N，示值精度不低于 1%，拉伸速度可调至(5±1)mm/min。

2) 拉伸试验用夹具：由上夹具、下夹具和垫板组成，形状与尺寸同图 8-29～图 8-31。

3) 水泥标准养护箱(室)：控温范围(20±1)℃，相对湿度不小于 90%。

(2) 试件制备

1) 水泥砂浆基板的制备

按 GB/T 17671—1999 的规定配制水泥砂浆，用内部尺寸(70×70×20)mm 的金属模具成型基板,在水泥标准养护箱(室)中静置24h后脱模,然后将基板在(20±2)℃的水中养护6d,再用60号碳化硅砂轮或类似的磨具湿磨基板成型时的下表面,除去浮浆。然后在标准状态下静置7d备用。

2) 无处理、碱处理和浸水处理试件的制备

按比例配制试料,分次涂覆在水泥砂浆基板的研磨面上,使涂层厚度为1.5mm,然后用刮刀修平表面。于标准试验条件下养护96h,然后在(40±2)℃干燥箱中放置48h,取出后在标准试验条件下至少放置4h。每种试验条件分别制备五个试件。

3) 潮湿基层试件的制备

将基板在(23±2)℃的清水中浸泡24h,立即用清洁干布拭去基板粘结面的附着水,按上述方法直接在粘结面上涂覆试料并养护。

4) 碱处理和浸水处理试件的封边

碱处理和浸水处理的试件养护后,在试件的四个侧面以及涂布面的边缘约5mm部分涂覆环氧树脂(见图8-9)。

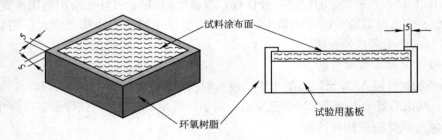

图8-9 试件涂覆示意图

(3) 试验步骤

1) 无处理粘结强度

将制备的试件水平放置,在涂膜面上均匀涂覆高强度胶粘剂,按GB/T 16777—2008图8-32所示,将拉伸用上夹具小心放置其上,轻轻滑动,使粘结密实,在上面放置质量为1kg的重物,除去周边溢出的胶粘剂。在标准试验条件下放置24h。

沿试件上粘结的上夹具周边用刀切割涂膜至基板,然后按GB/T 16777—2008图8-33所示,用下夹具和垫板将试件安装在拉伸试验机上,进行拉伸试验,拉伸速度为(5±1)mm/min,测定最大拉伸荷载F。

按式(8-20)计算粘结强度σ:

$$\sigma = F/1600 \tag{8-20}$$

式中 σ——粘结强度(MPa);

F——最大拉伸荷载(N)。

试验结果取五个试件的平均值,精确至0.1MPa。

2) 潮湿基层粘结强度

将制备的试件按无处理粘结强度的测量方法测定粘结强度。

3) 碱处理粘结强度

将制备的试件于GB/T 16777—2008规定的碱溶液中浸泡7d。取出后用水充分冲洗,擦干后放入(60±2)℃的干燥箱中烘18h,取出后在标准试验条件下至少放置2h。然后按

无处理粘结强度的测量方法测定粘结强度。

4) 浸水处理粘结强度

将制备的试件水平放置在图 8-10 所示水槽的砂(标准砂或石英砂)上,加入(23±2)℃的水,至水面距试件基板上表面约 5mm,静置 7d 后取出试件,以试件的侧面朝下,在 (60±2)℃的恒温箱中干燥 18h,取出后在标准试验条件下至少放置 2h。然后按无处理粘结强度的测量方法测定粘结强度。

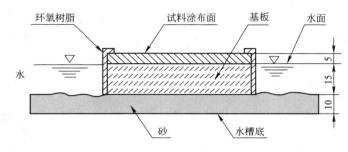

图 8-10 试件浸水示意图

7. 不透水性

制备涂膜试样,养护后切取 150mm×150mm 的试件三块。按 GB/T 16777—2008 进行试验。试验压力 0.3MPa,保持压力 30min。

8. 抗渗性

按下述方法进行试验。

(1) 试验器具

试验器具包括:

1) 砂浆渗透试验仪:SS_{15} 型;

2) 水泥标准养护箱(室);

3) 金属试模:截锥带底圆模,上口直径 70mm,下口直径 80mm,高 30mm;

4) 捣棒:直径 10mm,长 350mm,端部磨圆;

5) 抹刀。

(2) 试件制备

1) 砂浆试件

按照 GB/T 2419—2005《水泥胶砂流动度测定方法》第 4 章的规定确定砂浆的配比和用量,并以砂浆试件在(0.3～0.4)MPa 压力下透水为准,确定水灰比。脱模后放入(20±2)℃的水中养护 7d。取出待表面干燥后,用密封材料密封装入渗透仪中进行砂浆试件的抗渗试验。水压从 0.2MPa 开始,恒压 2h 后增至 0.3MPa,以后每隔 1h 增加 0.1MPa,直至试件透水。每组选取三个在(0.3～0.4)MPa 压力下透水的试件。

2) 涂膜抗渗试件

从渗透仪上取下已透水的砂浆试件,擦干试件上口表面水渍,并清除试件上口和下口表面密封材料的污染。将待测涂料样品按生产厂指定的比例分别称取适量液体和固体组分,混合后机械搅拌 5min。在三个试件的上口表面(背水面)均匀涂抹混合好的试样,第一道(0.5～0.6)mm 厚。待涂膜表面干燥后再涂第二道,使涂膜总厚度为(1.0～1.2)mm。

待第二道涂膜表干后，将制备好的抗渗试件放入水泥标准养护箱（室）中放置168h，养护条件为：温度(20±1)℃，相对湿度不小于90%。

（3）试验步骤

将抗渗试件从养护箱中取出，在标准条件下放置2h，待表面干燥后装入渗透仪，按本试验(2)1)所述加压程序进行涂膜抗渗试件的抗渗试验。当三个抗渗试件中有两个试件上表面出现透水现象时，即可停止该组试验，记录当时水压(MPa)。当抗渗试件加压至1.5MPa、恒压1h还未透水，应停止试验。

（4）试验结果

涂膜抗渗性试验结果应报告三个试件中二个未出现透水时的最大水压力(MPa)。

（5）自闭性

按下述方法进行试验。

（1）试验器具

试验器具包括：

1) 90°连通管：用硬质塑料或不锈金属制成，直径110mm，两端各具一个压板，其中一个压板中心开有直径30mm的观察孔，另一个压板开直径50mm孔，与玻璃管连接（见图8-11）；

2) 玻璃管，直径50mm，长约300mm；

3) 聚丙烯（PP）膜片，厚度约0.6mm；

4) 密封胶。

（2）试验条件

试验室试验条件为：温度(23±2)℃。

试验前样品及所用器具应在该温度下至少放置24h。

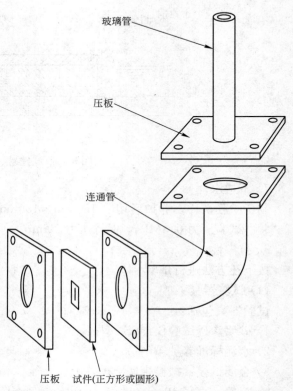

图8-11 自闭性试验装置示意图

（3）试验步骤

1) 将PP膜片切割成直径106mm的试片，在其中心用刀片切割出10mm×4mm的U形口，再用一小片胶带固定。在PP膜片的另一面上分次涂覆按指定配比混合后的聚合物水泥防水涂料试料，使涂层厚度为1.5~2.0mm。按本节二(六)4(2)规定的方法养护、干燥。

2) 除去试件背面的固定用胶带，小心揭去事先切割的10mm×4mm PP膜片，使涂膜暴露。用0.5mm厚壁纸刀在暴露的涂膜中心切割出长5mm的裂缝。

3) 将连通管固定在试验架上。其垂直方向的压板中心连接垂直安装的玻璃管，压板与连通管端部连接处，以及压板与玻璃管端部的连接处均用密封胶密封。在连通管水平方向的压板（具观察孔）与连通管端部间装入养护好的试件，涂层面朝迎水方向，用压板压紧并在连接处用密封胶密封。

4)在玻璃管中注入(23±2)℃的清洁水,使液面至试件中心的高度为300mm,在试验过程中使液面保持同样高度。观察试件裂缝处的渗水情况。记录从注水到试件裂缝处不渗水的时间(h)。

5)将试验后的试件在标准试验条件下放置24h,观察试件裂缝处是否封闭。若裂缝封闭,则试验通过。

(4)试验结果

1)进行两次平行试验,报告两次试验结果及平均值,精确至1h。

2)若出现下列情况,则试验无效,应重新试验:

① 试验开始时,涂膜裂缝处未形成滴渗,出现喷水;

② 从试验开始到试件裂缝处不渗水的时间小于2h。

(七)检验规则

1. 检验分类

(1)出厂检验

出厂检验项目为外观、固体含量、拉伸强度(无处理)、断裂伸长率(无处理)、粘结强度(无处理)、低温柔性、不透水性(Ⅰ型)、抗渗性(Ⅱ型、Ⅲ型)、自闭性(需要时)。

(2)型式检验

型式检验项目包括本节二(五)的全部要求。有下列情况之一时,须进行型式检验:

1)新产品试制或老产品转厂生产的试制定型鉴定;

2)正常生产时,每年至少进行一次;

3)产品的原料、配方、工艺及生产装备有较大改变,可能影响产品质量时;

4)产品停产一年以上,恢复生产时;

5)出厂检验结果与上次型式检验有较大差异时。

2. 组批与抽样规则

(1)组批

以同一类型的10t产品为一批,不足10t也作为一批。

(2)抽样

产品的液体组分抽样按GB/T 3186的规定进行,配套固体组分的抽样按GB/T 12573—2008中袋装水泥的规定进行,两组分共取5kg样品。

3. 判定规则

(1)单项判定

外观质量符合本节二(五)1规定时,则判该项目合格。否则判该批产品不合格。

低温柔性、不透水性试验每个试件均符合本节二(五)2规定,则判该项目合格。

抗渗性试验结果符合本节二(五)2规定,则判该项目合格。

其余项目试验结果的算术平均值符合本节二(五)2规定,则判该项目合格。

(2)综合判定

在出厂检验和型式检验中所有项目的检验结果均符合本节二(五)全部要求时,则判该批产品合格。

有两项或两项以上指标不符合规定时,则判该批产品为不合格;若有一项指标不符合标准时,允许在同批产品中加倍抽样进行单项复验,若该项仍不符合标准,则判该批产品为不合格。

三、聚合物乳液建筑防水涂料❶

(一) 范围

标准 JC/T 864—2008 规定了聚合物乳液建筑防水涂料的分类与标记、要求、试验方法、检验规则、标志、包装、运输与贮存。适用于各类以聚合物乳液为主要原料,加入其他添加剂而制得的单组分水乳型防水涂料。该标准适用的产品可在非长期浸水环境下的建筑防水工程中使用,若用于地下及其他建筑防水工程,其技术性能还应符合相关技术规程的规定。

(二) 分类与标记

1. 分类

产品按物理性能分为Ⅰ类和Ⅱ类。Ⅰ类产品不用于外露场合。

2. 标记

产品按下列顺序标记:产品名称、分类、标准编号。

示例:Ⅰ类聚合物乳液建筑防水涂料标记为:

聚合物乳液建筑防水涂料ⅠJC/T 864—2008

(三) 要求

1. 外观

产品经搅拌后无结块,呈均匀状态。

2. 物理力学性能

产品物理力学性能应符合表 8-27 要求。

物理力学性能　　　　表 8-27

序号	试验项目		指标	
			Ⅰ	Ⅱ
1	拉伸强度(MPa)≥		1.0	1.5
2	断裂延伸率(%)≥		300	
3	低温柔性(绕 Φ10mm 棒弯 180°)		−10℃,无裂纹	−20℃,无裂纹
4	不透水性(0.3MPa,30min)		不透水	
5	固体含量(%)≥		65	
6	干燥时间(h)	表干时间≤	4	
		实干时间≤	8	
7	处理后的拉伸强度保持率(%)	加热处理≥	80	
		碱处理≥	60	
		酸处理≥	40	
		人工气候老化处理[a]	—	80~150

---

❶ 主要内容引自 JC/T 864—2008《聚合物乳液建筑防水涂料》。

续表

序号	试验项目		指标	
			I	II
8	处理后的断裂延伸率(%)	加热处理≥	200	
		碱处理≥		
		酸处理≥		
		人工气候老化处理a≥	—	200
9	加热伸缩率(%)	伸长≤	1.0	
		缩短≤	1.0	

a 仅用于外露使用产品。

(四)试验方法

1. 标准试验条件

温度(23±2)℃,相对湿度(50±10)%。

2. 试验准备

试验前,所取样品及所用仪器在标准试验条件下放置24h。

3. 外观检查

打开容器用搅拌棒轻轻搅拌,允许在容器底部有沉淀,经搅拌应易于混合均匀,搅拌后观察有无结块,呈均匀状态。

4. 物理力学性能

(1) 试验器具

拉伸试验机:测量值在量程的15%～85%之间,示值精度不低于1%,伸长范围大于500mm;

切片机:符合GB/T 528规定的哑铃状I型裁刀;

厚度计:压重(100±10)g,测量面直径(10±0.1)mm,最小分度值0.01mm;

电热鼓风干燥箱:控制精度±2℃;

氙弧灯老化试验箱:符合GB/T 18244—2000第6章要求;

天平:感量0.001g;

直尺:精度0.5mm;

涂膜模具:符合GB/T 16777—1997 8.1.4要求;

不透水仪:测试范围为0.1MPa～0.3MPa;

低温箱:温度控制-30℃～0℃,温度控制精度±2℃;

玻璃干燥器:内放干燥剂;

金属丝网布:孔径为0.2mm;

线棒涂布器:250μm。

(2) 试件制备

1) 将静置后的样品搅拌均匀,在不混入气泡的情况下倒入涂膜模具中涂覆。为方便脱膜在涂覆前膜具表面可用硅油或液体蜡进行处理,试件制备时分两次涂覆,两次涂覆间隔24h,在24h以内使涂膜厚度达到1.2～1.5mm,制备好的试件在标准试验条件下养护 96h，脱膜后再放入(40±2)℃干燥箱中烘干 48h，取出后在标准试验条件下放置 4h 以上。

2) 检查涂膜外观，试件表面应光滑平整、无明显气泡。然后按表 8-28 的要求裁取试验所需试件。

试件形状及数量　　　　　　　表 8-28

试验项目		试样形状，mm	数量(个)
拉伸强度和断裂延伸率	无处理	符合 GB/T 528 中规定的哑铃形 I 型形状	6
	加热处理		6
	人工气候老化处理	120×25	6
	碱处理		6
	酸处理		6
低温柔性		100×25	3
不透水性		150×150	3
加热伸缩		300×30	3

（3）拉伸性能

1) 无处理拉伸性能

按 GB/T 16777 进行，拉伸速度为 200mm/min。

2) 热处理拉伸性能

按 GB/T 16777 进行处理和试验。

3) 人工气候老化处理拉伸性能

将试件放入符合 GB/T 18244—2000 中第 6 章要求的氙弧灯老化试验箱中，试验累计辐照能量为 1500MJ/m² (约 720h)后取出。再在标准试验条件下放置 4h，用切片机对试件裁切后进行试验。

4) 碱处理拉伸性能

按 GB/T 16777 进行处理，连续浸泡 168h 后取出，用水充分冲洗，用干布擦干，并在(60±2)℃干燥箱中放置 6h，取出后在标准试验条件下养护(18±2)h，用切片机对试件裁切后进行试验。

5) 酸处理拉伸性能

按 GB/T 16777 进行处理，连续浸泡 168h 后取出，用水充分冲洗，用干布擦干，并在(60±2)℃干燥箱中放置 6h，取出后在标准试验条件下养护(18±2)h，用切片机对试件裁切后进行试验。

6) 试验结果计算

① 拉伸强度按式(8-21)计算：

$$P=\frac{F}{A} \tag{8-21}$$

式中　P——拉伸强度(MPa)；

　　　F——试件最大荷载(N)；

　　　A——试件断面面积(mm²)，按式(8-22)计算：

$$A = B \times D \tag{8-22}$$

式中 B——试件工作部分宽度(mm);

D——试件实测厚度(mm)。

拉伸强度试验结果以五个试件的算术平均值表示,精确至 0.1MPa。

② 断裂延伸率按式(8-23)计算:

$$L = \frac{L_1 - 25}{25} \times 100 \tag{8-23}$$

式中 L——试件断裂时的伸长率(%);

L_1——试件断裂时标线间的距离(mm);

25——拉伸前标线间的距离(mm)。

断裂延伸率试验结果以五个试件的算术平均值表示,精确至 1%。

③ 处理后拉伸强度保持率按式(8-24)计算:

$$E = \frac{P_1}{P_0} \times 100 \tag{8-24}$$

式中 E——处理后拉伸强度保持率(%);

P_1——处理后的拉伸强度(MPa);

P_0——无处理拉伸强度(MPa)。

处理后拉伸强度保持率试验结果取整数。

(4) 低温柔性

将试件和 Φ10mm 的圆棒在规定温度的低温箱中放置 2h 后,打开低温箱,迅速捏住试件的两端,在(2~3)s 内绕圆棒弯曲 180°,记录试件表面弯曲处有无裂纹或断裂现象。

(5) 不透水性、固体含量、干燥时间、加热伸缩量

按 GB/T 16777 进行。干燥时间(表干时间、实干时间)试件制备时,用规格为 250μm 的线棒涂布器进行制膜。

(五) 检验规则

1. 检验分类

产品检验分出厂检验和型式检验。

(1) 出厂检验项目包括外观、拉伸强度、断裂延伸率、低温柔性、不透水性、固体含量、干燥时间。

(2) 型式检验的项目包括本节三(三)的全部技术要求。

2. 组批和抽样

(1) 对同一原料、配方、连续生产的产品,出厂检验以每 5t 为一批,不足 5t 亦可按一批计。

(2) 产品抽样按 GB/T 3186 进行。出厂检验和型式检验产品取样时,总共取 4kg 样品用于检验。

3. 判定规则

(1) 单项判定

1) 外观

外观不符合本节三(三)1规定,则判该批产品不合格。

2)物理力学性能

① 低温柔性、不透水性试验项目,每个试件结果均符合表8-27规定,则判该项目合格,其余项试验结果的算术平均值符合表8-27规定,则判该项目合格。

② 各项试验结果均符合表8-27规定,则判该批产品物理力学性能合格。

③ 若有两项或两项以上不符合标准规定,则判该批产品物理力学性能不合格;

④ 若有一项指标不符合标准规定时,允许在同批产品中,抽取双倍试样对不符合项进行双倍复验。若复验结果均符合本标准规定,则判该批产品物理力学性能合格;否则判为不合格。

(2)综合判定

外观、物理力学性能均符合本节三(三)规定的全部要求时,判该批产品合格。

第四节 防水材料试验方法

一、建筑防水卷材试验方法

(一)沥青和高分子防水卷材 抽样规则❶

GB/T 328第1部分规定了沥青和高分子屋面防水卷材的样品抽取及试样裁取的方法。适用于屋面防水卷材产品性能检测试件的裁取。

1. 术语和定义

(1)交付批:一批或交货的用来检测的建筑防水卷材。

(2)样品:用于裁取试样的一卷防水卷材。

(3)抽样:从交付批中选择并组成样品用于检测的程序,见图8-12。

(4)试样:样品中用于裁取试件的部分。

(5)试件:从试样上准确裁取的样片。

(6)纵向:卷材平面上与机器生产方向平行的方向。

(7)横向:卷材平面上与机器生产方向垂直的方向。

2. 原理

方法阐述了形成试样和试件的顺序过程。

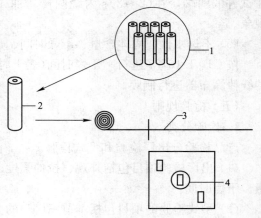

图8-12 抽样
1—交付批;2—样品;3—试样;4—试件

3. 抽样

抽样根据相关方协议的要求,若没有这种协议,可按表8-29所示进行。不要抽取损坏的卷材。

---

❶ 内容引自GB/T 328.1—2007《建筑防水卷材试验方法 第1部分 沥青和高分子防水卷材 抽样规则》。

抽 样　　　　　　　　　　　表 8-29

批量(m²)		样品数量(卷)
以　　上	直　　至	
—	1000	1
1000	2500	2
2500	5000	3
5000	—	4

4. 试样和试件

（1）温度条件

在裁取试样前样品应在(20±10)℃放置至少 24h。无争议时可在产品规定的展开温度范围内裁取试样。

（2）试样

在平面上展开抽取的样品，根据试件需要的长度在整个卷材宽度上裁取试样。若无合适的包装保护，将卷材外面的一层去除。

试样用能识别的材料标记卷材的上表面和机器生产方向。若无其他相关标准规定，在裁取试件前试样应在(23±2)℃放置至少 20h。

（3）试件

在裁取试件前检查试样，试样不应有由于抽样或运输造成的折痕，保证试样没有 GB/T 328.2 或 GB/T 328.3 规定的外观缺陷。

根据相关标准规定的检测性能和需要的试件数量裁取试件。

试件用能识别的方式来标记卷材的上表面和机器生产方向。

5. 抽样报告

抽样报告至少包含以下信息：

（1）根据相关标准中产品试验需要的所有数据；

（2）涉及的 GB/T 328 第 1 部分及偏离；

（3）与产品或过程有关的折痕或缺陷；

（4）抽样地点和数量。

（二）沥青防水卷材　外观❶

GB/T 328 第 2 部分规定了对沥青屋面防水卷材功能产生影响的外观测定方法。

1. 术语和定义

（1）气泡：凸起在卷材表面，有各种外形和尺寸，在其下面有空穴。

（2）裂缝：裂缝从表面扩展到材料胎基或整个厚度，沥青材料会在裂缝处完全断开。

（3）孔洞：贯穿卷材整个厚度，能漏过水。

（4）裸露斑：缺少矿物料的表面面积超过 $100mm^2$。

注：仅对矿物面卷材。

---

❶ 内容引自 GB/T 328.2—2007《建筑防水卷材试验方法　第 2 部分　沥青防水卷材　外观》。

(5) 疙瘩：凸起在卷材表面，有各种形状和尺寸，其下面设有空穴。

2. 原理

抽取成卷沥青卷材在平面上展开，用肉眼检查。

3. 抽样和试验条件

(1) 抽样

按 GB/T 328.1 抽取成卷未损伤的沥青卷材进行试验。

(2) 试验条件

通常情况常温下进行测量。

有争议时，试验在 (23 ± 2)℃ 条件进行，并在该温度放置不少于 20h。

4. 步骤

抽取成卷卷材放在平面上，小心的展开卷材，用肉眼检查整个卷材上、下表面有无气泡、裂纹、孔洞或裸露斑、疙瘩或任何其他能观察到的缺陷存在。

5. 试验报告

试验报告至少包括以下信息：

(1) 相关产品试验需要的所有数据；

(2) 涉及的 GB/T 328 第 2 部分及偏离；

(3) 根据规定要求的抽样和试件制备信息；

(4) 根据规定的外观测定；

(5) 试验日期。

(三) 沥青防水卷材厚度，单位面积质量❶

GB/T 328 第 4 部分规定了沥青屋面防水卷材厚度、单位面积质量的测定方法。厚度适用于大部分沥青卷材的测量，包括有矿物料的卷材。

厚度的测量不适用于明显有表面构造或有坚固纤维背衬的卷材。对于这些产品，用单位面积质量代替厚度。

单位面积质量的测定适合于检验制造商宣称的明示值，不适用于带孔材料。

1. 术语和定义

(1) 厚度：卷材上下表面间的尺寸。

(2) 明显的表面构造：在卷材的一面或两面，影响卷材的厚度超过 10% 的一种构造形式或凸起。

(3) 密实的纤维背衬：固定在卷材底部，质量超过 $80g/m^2$ 的一层合成纤维纺织或无纺布。

(4) 凸起：在制造过程中有意压在卷材一面或两面的一种构造形式。

(5) 留边：防水卷材表面留下的无矿物颗粒区域，或类似的帮助重叠粘合的表面保护。

2. 厚度测定

(1) 原理

卷材厚度在卷材宽度方向平均测量 10 点，这些值的平均值记录为整卷卷材的厚度，

---

❶ 内容引自 GB/T 328.4—2007《建筑防水卷材试验方法 第 4 部分 沥青防水卷材厚度、单位面积质量》。

单位 mm。

(2) 仪器设备

测量装置——能测量厚度精确到 0.01mm，测量面平整，直径 10mm，施加在卷材表面的压力为 20kPa。

(3) 抽样和试件制备

1) 抽样

按 GB/T 328.1 抽取未损伤的整卷卷材进行试验。

2) 试件制备

从试样上沿卷材整个宽度方向裁取至少 100mm 宽的一条试件。

3) 试验试件的条件

通常情况常温下进行测量。

有争议时，试验在(23±2)℃条件进行，并在该温度放置不少于 20h。

(4) 步骤

保证卷材和测量装置的测量面没有污染，在开始测量前检查测量装置的零点，在所有测量结束后再检查一次。

在测量厚度时，测量装置下足慢慢落下避免使试件变形。在卷材宽度方向均匀分布 10 点测量并记录厚度，最边的测量点应距卷材边缘 100mm。

(5) 结果表示

1) 计算

计算按步骤测量的 10 点厚度的平均值，修约到 0.1mm 表示。

2) 精确度

试验方法的精确度没有规定。

推论厚度测量的精确度不低于 0.1mm。

3. 单位面积质量的测定

(1) 原理

试件从试片上裁取并称重，然后得到单位面积质量平均值。

(2) 仪器设备

称量装置，能测量试件质量并精确至 0.01g。

(3) 抽样和试件制备

1) 抽样

按 GB/T 328.1 抽取未损伤的整卷卷材进行试验。

2) 试件制备

从试样上裁取至少 0.4m 长，整个卷材宽度宽的试片，从试片上裁取 3 个正方形或圆形试件，每个面积(10000±100)mm^2，一个从中心裁取，其余两个和第一个对称，沿试片相对两角的对角线，此时试件距卷材边缘大约 100mm，避免裁下任何留边(见图 8-13)。

3) 试验条件

试件应在(23±2)℃和(50±5)%相对湿度条件下至少放置 20h，试验在(23±2)℃进行。

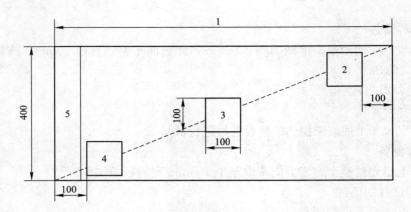

图 8-13 正方形试件示例
1—产品宽度；2、3、4—试件；5—留边

4）步骤

用称量装置称量每个试件，记录质量精确到 0.1g。

5）结果表示

① 计算

计算卷材单位面积质量 m，单位为千克每平方米（kg/m^2），按式(8-25)计算：

$$m=\frac{m_1+m_2+m_3}{3}\div 10 \tag{8-25}$$

式中　m_1——第一个试件的质量(g)；
　　　m_2——第二个试件的质量(g)；
　　　m_3——第三个试件的质量(g)。

注：原文公式1为×10，公式错误。

② 精确度

试验方法的精确度没有规定。

推论单位面积质量的精确度不低于 $10g/m^2$。

4. 试验报告

试验报告至少包括以下信息：

(1) 相关产品试验需要的所有数据；

(2) 涉及的 GB/T 328 的第 4 部分及偏离；

(3) 根据规定要求的抽样和制备试件的信息；

(4) 根据规定试验结果；

(5) 试验日期。

（四）沥青防水卷材　拉伸性能[❶]

GB/T 328 的第 8 部分规定了沥青屋面防水卷材拉伸性能的测定方法。

---

❶ 内容引自 GB/T 328.8—2007《建筑防水卷材试验方法　第 8 部分　沥青防水卷材　拉伸性能》。

1. 术语和定义

(1) 最大拉力试验过程出现的最大拉抻力值。

(2) 最大拉力时延伸率试验试件出现最大拉力时的延伸率。

(3) 标距起始试验长度，如夹具间的距离或引伸计的测量点。

2. 原理

试件以恒定的速度拉伸至断裂。连续记录试验中拉力和对应的长度变化。

3. 仪器设备

拉伸试验机有连续记录力和对应距离的装置，能按下面规定的速度均匀的移动夹具。拉伸试验机有足够的量程(至少 2000N)和夹具移动速度(100±10)mm/min，夹具宽度不小于 50mm。

拉伸试验机的夹具能随着试件拉力的增加而保持或增加夹具的夹持力，对于厚度不超过 3mm 的产品能夹住试件使其在夹具中的滑移不超过 1mm，更厚的产品不超过 2mm。这种夹持方法不应在夹具内外产生过早的破坏。

为防止从夹具中的滑移超过极限值，允许用冷却的夹具，同时实际的试件伸长用引伸计测量。

力值测量至少应符合 JJG 139—1999 的 2 级(即±2%)。

4. 抽样

抽样按 GB/T 328.1 进行。

5. 试件制备

整个拉伸试验应制备两组试件，一组纵向 5 个试件，一组横向 5 个试件。

试件在试样上距边缘 100mm 以上任意裁取，用模板，或用裁刀，矩形试件宽为(50±0.5)mm，长为(200+2×夹持长度)mm，长度方向为试验方向。

表面的非持久层应去除。

试件在试验前在(23±2)℃和相对湿度(30～70)%的条件下至少放置 20h。

6. 步骤

将试件紧紧的夹在拉伸试验机的夹具中，注意试件长度方向的中线与试验机夹具中心在一条线上。夹具间距离为(200±2)mm，为防止试件从夹具中滑移应作标记。当用引伸计时，试验前应设置标距间距离为(180±2)mm。为防止试件产生任何松弛，推荐加载不超过 5N 的力。

试验在(23±2)℃进行，夹具移动的恒定速度为(100±10)mm/min。

连续记录拉力和对应的夹具(或引伸计)间距离。

7. 结果表示、计算和试验方法的精确度

(1) 计算

记录得到的拉力和距离，或数据记录，最大的拉力和对应的由夹具(或引伸计)间距离与起始距离的百分率计算的延伸率。

去除任何在夹具 10mm 以内断裂或在试验机夹具中滑移超过极限值的试件的试验结果，用备用件重测。

最大拉力单位为 N/50mm，对应的延伸率用百分率表示，作为试件同一方向结果。

分别记录每个方向 5 个试件的拉力值和延伸率，计算平均值。

拉力的平均值修约到 5N，延伸率的平均值修约到 1%。

同时对于复合增强的卷材在应力应变图上有两个或更多的峰值，拉力和延伸率应记录两个最大值。

(2) 试验方法的精确度

试验方法的精确度没有规定。

8. 试验报告

试验报告至少包括以下信息：

(1) 相关产品试验需要的所有数据；

(2) 涉及的 GB/T 328 的第 8 部分及偏离；

(3) 根据规定的抽样信息；

(4) 根据规定的试件制备细节；

(5) 根据规定的试验结果；

(6) 试验日期。

(五) 沥青和高分子防水卷材不透水性[1]

GB/T 328 第 10 部分适用于沥青和高分子屋面防水卷材，按规定步骤测定不透水性，即产品耐积水或有限表面承受水压。

本方法也可用于其他防水材料。

1. 术语和定义

(1) 上表面：在使用现场，卷材朝上的面，通常是成卷卷材的里面。

(2) 不透水性：柔性防水卷材防水的能力，如：

A 法：在整个试验过程中承受水压后试件表面的滤纸不变色。

B 法：最终压力与开始压力相比下降不超过 5%。

2. 原理

对于沥青、塑料、橡胶有关范畴的卷材，在标准中给出两种试验方法的试验步骤。

(1) 方法 A 试验适用于卷材低压力的使用场合，如：屋面、基层、隔汽层。试件满足直到 60kPa 压力 24h。

(2) 方法 B 试验适用于卷材高压力的使用场合，如：特殊屋面、隧道、水池。试件采用有四个规定形状尺寸狭缝的圆盘保持规定水压 24h，或采用 7 孔圆盘保持规定水压 30min，观测试件是否保持不渗水。

3. 仪器设备

(1) 方法 A

一个带法兰盘的金属圆柱体箱体，孔径 150mm，并连接到开放管子末端或容器，其间高差不低于 1m，通常如图 8-14 所示。

(2) 方法 B

组成设备的装置见图 8-15 和图 8-16 产生的压力作用于试件的一面。

试件用有四个狭缝的盘(或 7 孔圆盘)盖上。缝的形状尺寸符合图 8-17 的规定，孔的尺寸形状符合图 8-18 的规定。

---

[1] 内容引自 GB/T 328.10—2007《建筑防水材料试验方法 第 10 部分 沥青和高分子防水卷材不透水性》。

第四节 防水材料试验方法 499

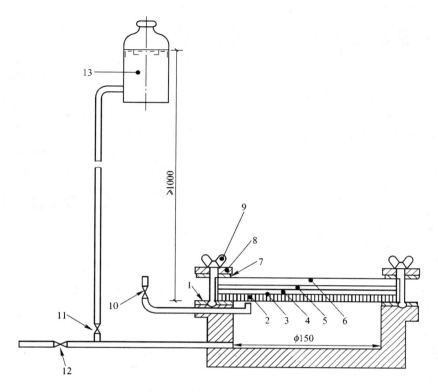

图 8-14 低压力不透水性装置
1—下橡胶密封垫圈；2—试件的迎水面是通常暴露于大气/水的面；3—实验室用滤纸；
4—湿气指示混合物，均匀的铺在滤纸上面，湿气透过试件能容易的探测到，指示
剂由细白糖（冰糖）(99.5%)和亚甲基蓝染料(0.5%)组成的混合物，用 0.074mm 筛
过滤并在干燥器中用氯化钙干燥；5—实验室用滤纸；6—圆的普通玻璃板，其中：
5mm 厚，水压≤10kPa；8mm 厚，水压≤60kPa；7—上橡胶密封垫圈；
8—金属夹环；9—带翼螺母；10—排气阀；11—进水阀；
12—补水和排水阀；13—提供和控制水压到 60kPa 的装置

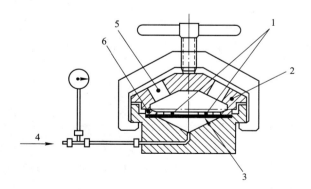

图 8-15 高压力不透水性用压力试验装置
1—狭缝；2—封盖；3—试件；
4—静压力；5—观测孔；6—开缝盘

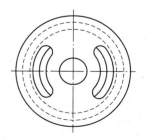

图 8-16 狭缝压力试验装置 封盖草图

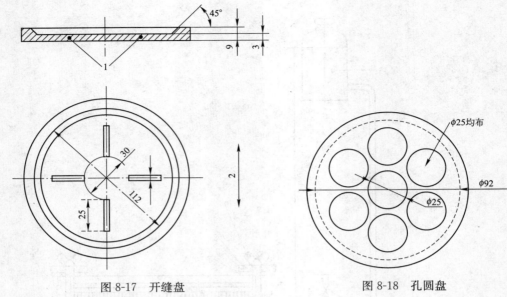

图 8-17 开缝盘　　　　图 8-18 孔圆盘

1—所有开缝盘的边都有约 0.5mm 半径弧度；2—试件纵向方向

4. 抽样

抽样按 GB/T 328.1 进行。

5. 试件制备

(1) 制备

试件在卷材宽度方向均匀裁取，最外一个距卷材边缘 100mm。试件的纵向与产品的纵向平行并标记。

在相关的产品标准中应规定试件数量，最少 3 块。

(2) 试件尺寸

1) 方法 A

圆形试件，直径(200±2)mm。

2) 方法 B

试件直径不小于盘外径(约 130mm)。

3) 试验条件

试验前试件在(23±5)℃放置至少 6h。

6. 步骤

(1) 试验条件

试验在(23±5)℃进行，产生争议时，在(23±2)℃相对湿度(50±5)%进行。

(2) 方法 A 步骤

放试件在设备上旋紧翼形螺母固定夹环。打开阀(11)让水进入，同时打开阀(10)排出空气，直至水出来关闭阀(10)，说明设备已水满。

调整试件上表面所要求的压力。

保持压力(24±1)h。

检查试件，观察上面滤纸有无变色。

(3) 方法 B 步骤

图 8-15 装置中充水直到满出，彻底排出水管中空气。

试件的上表面朝下放置在透水盘上，盖上规定的开缝盘(或 7 孔圆盘)，其中一个缝的方向与卷材纵向平行(见图 8-17)。放上封盖，慢慢夹紧直到试件夹紧在盘上，用布或压缩空气干燥试件的非迎水面，慢慢加压到规定的压力。

达到规定压力后，保持压力(24 ± 1)h［7 孔盘保持规定压力(30 ± 2)min］。

试验时观察试件的不透水性(水压突然下降或试件的非迎水面有水)。

7. 结果表示和精确度

(1) 结果表示

1) 方法 A

试件有明显的水渗到上面的滤纸产生变色，认为试验不符合。

所有试件通过认为卷材不透水。

2) 方法 B

所有试件在规定的时间不透水认为不透水性试验通过。

(2) 精确度

试验方法的精确度没有规定。

8. 试验报告

试验报告至少包括以下信息：

(1) 相关产品试验需要的所有数据；

(2) 涉及的 GB/T 328 第 10 部分及偏离；

(3) 根据规定的抽样信息；

(4) 根据规定的试件制备细节；

(5) 采用的试验步骤方法 A 或方法 B(开缝盘或 7 孔圆盘)，包括试验压力和差异；

(6) 根据规定的试验结果；

(7) 试验日期。

(六) 沥青防水卷材　耐热性[1]

GB/T 328.11 标准规定了沥青屋面防水卷材在温度升高时的抗流动性测定，试验卷材的上表面和下表面在规定温度或连续在不同温度测定的耐热性极限。

试验用来检验产品耐热性要求，或测定规定产品的耐热性极限，如测定老化后性能的变化结果。

本方法不适用于无增强层的沥青卷材。

1. 术语和定义

(1) 耐热性沥青卷材试件垂直悬挂在规定温度条件下，涂盖层与胎体相比滑动不超过 2mm 的能力。

(2) 耐热性极限(F)沥青卷材试件垂直悬挂涂盖层与胎体相比滑动 2mm 时的温度(见图 8-20)。

(3) 滑动由于涂盖层位移在卷材表面引起的记号 1 与记号 2 间的最大距离(见图 8-19)。

---

[1] 内容引自 GB/T 328.11—2007《建筑防水卷材试验方法　第 11 部分　沥青防水卷材　耐热性》。

502 第八章 防水材料

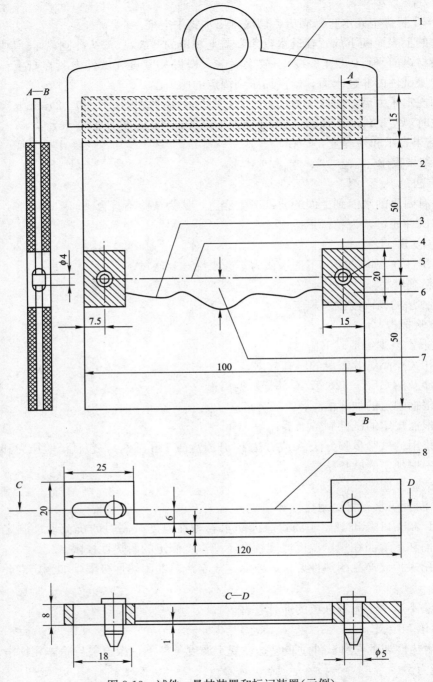

图 8-19 试件,悬挂装置和标记装置(示例)
1—悬挂装置;2—试件;3—标记线 1;4—标记线 2;5—插销,$\phi 4mm$;
6—去除涂盖层;7—滑动 ΔL(最大距离);8—直边

2. 方法 A
(1) 原理

从试样裁取的试件，在规定温度分别垂直悬挂在烘箱中。在规定的时间后测量试件两面涂盖层相对于胎体的位移。平均位移超过 2.0mm 为不合格。耐热性极限是通过在两个温度结果间插值测定。

(2) 仪器设备

1) 鼓风烘箱(不提供新鲜空气)　在试验范围内最大温度波动±2℃。当门打开 30s 后，恢复温度到工作温度的时间不超过 5min。

2) 热电偶　连接到外面的电子温度计，在规定范围内能测量到±1℃。

3) 悬挂装置(如夹子)　至少 100mm 宽，能夹住试件的整个宽度在一条线，并被悬挂在试验区域(见图 8-19)。

4) 光学测量装置(如读数放大镜)　刻度至少 0.1mm。

5) 金属圆插销的插入装置　内径约 4mm。

6) 画线装置　画直的标记线(如图 8-19 所示)。

7) 墨水记号　线的宽度不超过 0.5mm，白色耐水墨水。

8) 硅纸。

(3) 抽样

抽样按 GB/T 328.1 进行。

(4) 试件制备

矩形试件尺寸(115±1)mm×(100±1)mm，按规定温度下耐热性的测定或耐热性极限测定试验。试件均匀的在试样宽度方向裁取，长边是卷材的纵向。试件应距卷材边缘 150mm 以上，试件从卷材的一边开始连续编号，卷材上表面和下表面应标记。

去除任何非持久保护层，适宜的方法是常温下用胶带粘在上面，冷却到接近假设的冷弯温度，然后从试件上撕去胶带，另一方法是用压缩空气吹［压力约 0.5MPa(5bar)，喷嘴直径约 0.5mm］，假若上面的方法不能除去保护膜，用火焰烤，用最少的时间破坏膜而不损伤试件。

在试件纵向的横断面一边，上表面和下表面的大约 15mm 一条的涂盖层去除直至胎体，若卷材有超过一层的胎体，去除涂盖料直到另外一层胎体。在试件的中间区域的涂盖层也从上表面和下表面的两个接近处去除，直至胎体(见图 8-19)。为此，可采用热刮刀或类似装置，小心地去除涂盖层不损坏胎体。两个内径约 4mm 的插销在裸露区域穿过胎体(见图 8-19)。任何表面浮着的矿物料或表面材料通过轻轻敲打试件去除。然后标记装置放在试件两边插入插销定位于中心位置，在试件表面整个宽度方向沿着直边用记号笔垂直划一条线(宽度约 0.5mm)，操作时试件平放。

试件试验前至少放置在(23±2)℃的平面上 2h，相互之间不要接触或粘住，有必要时，将试件分别放在硅纸上防止粘结。

(5) 步骤

1) 试验准备

烘箱预热到规定试验温度，温度通过与试件中心同一位置的热电偶控制。整个试验期间，试验区域的温度波动不超过±2℃。

2) 规定温度下耐热性的测定

按规定制备的一组三个试件露出的胎体处用悬挂装置夹住，涂盖层不要夹到。必要时,用如硅纸的不粘层包住两面,便于在试验结束时除去夹子。

制备好的试件垂直悬挂在烘箱的相同高度,间隔至少30mm。此时烘箱的温度不能下降太多,开关烘箱门放入试件的时间不超过30s。放入试件后加热时间为(120 ± 2)min。

加热周期一结束,试件和悬挂装置一起从烘箱中取出,相互间不要接触,在(23 ± 2)℃自由悬挂冷却至少2h。然后除去悬挂装置,按试样制备要求在试件两面画第二个标记,用光学测量装置在每个试件的两面测量两个标记底部间最大距离ΔL,精确到0.1mm(见图8-20)。

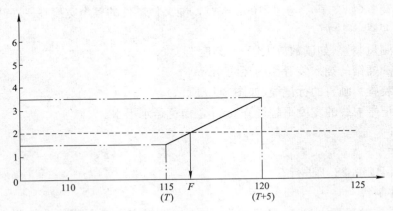

图8-20 内插法耐热性极限测定(示例)
纵轴:滑动 mm;
横轴:试验温度℃。
F——耐热性极限(示例=117℃)

3) 耐热性极限测定

耐热性极限对应的涂盖层位移正好2mm,通过对卷材上表面和下表面在间隔5℃的不同温度段的每个试件的初步处理试验的平均值测定,其温度段总是5℃的倍数(如100℃、105℃、110℃)。这样试验的目的是找到位移尺寸$\Delta L=2$mm在其中的两个温度段T和$(T+5)$℃。

卷材的两个面按规定温度下耐热性的测定试验,每个温度段应采用新的试件试验。

按规定温度下耐热性的测定一组三个试件初步测定耐热性能的这样两个温度段已测定后,上表面和下表面都要测定两个温度T和$(T+5)$℃,在每个温度用一组新的试件。

在卷材涂盖层在两个温度段间完全流动将产生的情况下,$\Delta L=2$mm时的精确耐热性不能测定,此时滑动不超过2.0mm的最高温度T可作为耐热性极限。

(6) 结果计算、表示和试验方法精确度

1) 平均值计算

计算卷材每个面三个试件的滑动值的平均值,精确到0.1mm。

2) 耐热性

耐热性按规定温度下耐热性的测定试验,在此温度卷材上表面和下表面的滑动平均值不超过2.0mm认为合格。

3) 耐热性极限

耐热性极限通过线性图或计算每个试件上表面和下表面的两个结果测定,每个面修约到 1℃(见图 8-20)。

4) 试验方法精确度

耐热性极限测定方法的精确度值由相关的实验室按 GB/T 6379.2 试验,采用的是聚酯胎卷材。重复性规定的范围对规定温度下耐热性的测定也有效。

① 重复性

——一组三个试件偏差范围：$d_{a,3}=1.6$mm

——重复性的标准偏差：$\sigma_r=0.7$℃

——置信水平(95%)值：$q_r=1.3$℃

——重复性极限(两个不同结果)：$r=2$℃

② 再现性

——再现性的标准偏差：$\sigma_R=3.5$℃

——置信水平(95%)值：$q_R=6.7$℃

——再现性极限(两个不同结果)：$R=10$℃

3. 方法 B

(1) 原理

从试样裁取的试件,在规定温度分别垂直悬挂在烘箱中。在规定的时间后测量试件两面涂盖层相对于胎体的位移及流淌、滴落。

(2) 仪器设备

1) 鼓风烘箱(不提供新鲜空气) 在试验范围内最大温度波动±20℃。当门打开 30s 后,恢复温度到工作温度的时间不超过 5min。

2) 热电偶 连接到外面的电子温度计,在规定范围内能测量到±1℃。

3) 悬挂装置 洁净无锈的铁丝或回形针。

4) 硅纸。

4. 抽样

抽样按 GB/T 328.1 进行。

矩形试件尺寸(100±1)mm×(50±1)mm,按规定温度下耐热性的测定试验。试件均匀的在试样宽度方向裁取,长边是卷材的纵向。试件应距卷材边缘 150mm 以上,试件从卷材的一边开始连续编号,卷材上表面和下表面应标记。

5. 试件制备

去除任何非持久保护层,适宜的方法是常温下用胶带粘在上面,冷却到接近假设的冷弯温度,然后从试件上撕去胶带,另一方法是用压缩空气吹[压力约 0.5MPa(5bar),喷嘴直径约 0.5mm],假若上面的方法不能除去保护膜,用火焰烤,用最少的时间破坏膜而不损伤试件。

试件试验前至少在(23±2)℃平放 2h,相互之间不要接触或粘住,有必要时,将试件分别放在硅纸上防止粘结。

6. 步骤

(1) 试验准备

烘箱预热到规定试验温度,温度通过与试件中心同一位置的热电偶控制。整个试验期间，试验区域的温度波动不超过±2℃。

(2) 规定温度下耐热性的测定

按规定制备一组三个试件，分别在距试件短边一端10mm处的中心打一小孔，用细铁丝或回形针穿过，垂直悬挂试件在规定温度烘箱的相同高度，间隔至少30mm。此时烘箱的温度不能下降太多，开关烘箱门放入试件的时间不超过30s。放入试件后加热时间为(120±2)min。

加热周期一结束，试件从烘箱中取出，相互间不要接触，目测观察并记录试件表面的涂盖层有无滑动、流淌、滴落、集中性气泡。

集中性气泡指破坏涂盖层原形的密集气泡。

7. 结果计算、表示和试验方法精确度

(1) 结果计算

试件任一端涂盖层不应与胎基发生位移，试件下端的涂盖层不应超过胎基，无流淌、滴落、集中性气泡，为规定温度下耐热性符合要求。

一组三个试件都应符合要求。

(2) 试验方法精确度

试验方法的精确度没有规定。

8. 试验报告

试验报告至少包括以下信息：

(1) 相关产品试验需要的所有数据；

(2) 涉及的 GB/T 328 第 11 部分及偏离；

(3) 根据规定的抽样信息；

(4) 根据规定的试件制备细节及选择的方法；

(5) 根据规定的试验结果；

(6) 试验日期。

(七) 沥青防水卷材 低温柔性[❶]

GB/T 328 第 14 部分规定了增强沥青屋面防水卷材低温柔性的试验方法，没有增强的沥青防水卷材也可按本标准进行。

GB/T 328 第 14 部分要求卷材的上表面和下表面都要通过规定温度的试验或继续在不同温度范围测定作为极性温度的冷弯温度。也可用于测定产品的最低冷弯温度或测定产品规定的冷弯温度，例如测定产品在加速老化后性能的变化。

1. 术语和定义

(1) 柔性沥青防水卷材试件在规定温度下弯曲无裂缝的能力。

(2) 冷弯温度沥青防水卷材绕规定的棒弯曲无裂缝的最低温度。

(3) 裂缝沥青防水卷材涂盖层的裂纹扩展到胎体或完全贯穿无增强卷材。

2. 原理

从试样裁取的试件，上表面和下表面分别绕浸在冷冻液中的机械弯曲装置上弯曲180°。弯曲后，检查试件涂盖层存在的裂纹。

---

❶ 内容引自 GB/T 328.14—2007《建筑防水卷材试验方法 第 14 部分 沥青防水卷材 低温柔性》。

3. 仪器设备

试验装置的操作的示意和方法见图 8-21。该装置由两个直径(20±0.1)mm 不旋转的圆筒，一个直径(30±0.1)mm 的圆筒或半圆筒弯曲轴组成(可以根据产品规定采用其他直径的弯曲轴，如 20mm、50mm)，该轴在两个圆筒中间，能向上移动。两个圆筒间的距离可以调节，即圆筒和弯曲轴间的距离能调节为卷材的厚度。

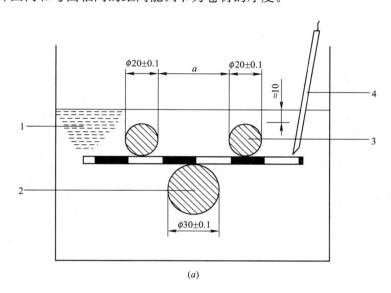

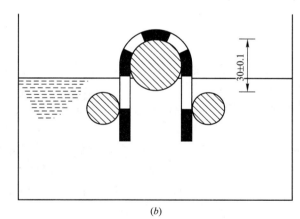

图 8-21　试验装置原理和弯曲过程
(a)开始弯曲；(b)弯曲结束
1—冷冻液；2—弯曲轴；3—固定圆筒；4—半导体温度计(热敏探头)

整个装置浸入能控制温度在＋20℃～－40℃、精度 0.5℃温度条件的冷冻液中。冷冻液用任一混合物：
——丙烯乙二醇/水溶液(体积比 1∶1)低至－25℃，或
——低于－20℃的乙醇/水混合物(体积比 2∶1)。
用一支测量精度 0.5℃的半导体温度计检查试验温度，放入试验液体中与试验试件在

同一水平面。

试件在试验液体中的位置应平放且完全浸入,用可移动的装置支撑,该支撑装置应至少能放一组五个试件。

试验时,弯曲轴从下面顶着试件以 360mm/min 的速度升起,这样试件能弯曲 180°,电动控制系统能保证在每个试验过程和试验温度的移动速度保持在(360±40)mm/min。裂缝通过目测检查,在试验过程中不应有任何人为的影响。为了准确评价,试件移动路径是在试验结束时,试件应露出冷冻液,移动部分通过设置适当的极限开关控制限定位置。

4. 抽样

抽样按 GB/T 328.1 进行。

5. 试件制备

用于低温柔性或冷弯温度测定试验的矩形试件尺寸(150±1)mm×(25±1)mm,试件从试样宽度方向上均匀的裁取,长边在卷材的纵向,试件裁取时应距卷材边缘不少于150mm,试件应从卷材的一边开始做连续的记号,同时标记卷材的上表面和下表面。

去除表面的任何保护膜,适宜的方法是常温下用胶带粘在上面,冷却到接近假设的冷弯温度,然后从试件上撕去胶带,另一方法是用压缩空气吹[压力约 0.5MPa(5bar),喷嘴直径约 0.5mm],假若上面的方法不能除去保护膜,用火焰烤,用最少的时间破坏膜而不损伤试件。

试件试验前应在(23±2)℃的平板上放置至少 4h,并且相互之间不能接触,也不能粘在板上。可以用硅纸垫,表面的松散颗粒用手轻轻敲打除去。

6. 步骤

(1) 仪器准备

在开始所有试验前,两个圆筒间的距离(见图 8-29)应按试件厚度调节,即弯曲轴直径+2mm+两倍试件的厚度。然后装置放入已冷却的液体中,并且圆筒的上端在冷冻液面下约 10mm,弯曲轴在下面的位置。

弯曲轴直径根据产品不同可以为 20mm、30mm、50mm。

(2) 试件条件

冷冻液达到规定的试验温度,误差不超过 0.5℃,试件放于支撑装置上,且在圆筒的上端,保证冷冻液完全浸没试件。试件放入冷冻液达到规定温度后,开始保持在该温度 1h±5min。半导体温度计的位置靠近试件,检查冷冻液温度,然后试件按低温柔性或冷弯温度测定试验。

(3) 低温柔性

两组各 5 个试件,全部试件按试验条件在规定温度处理后,一组是上表面试验,另一组下表面试验,试验按下述进行。

试件放置在圆筒和弯曲轴之间,试验面朝上,然后设置弯曲轴以(360±40)mm/min 速度顶着试件向上移动,试件同时绕轴弯曲。轴移动的终点在圆筒上面(30±1)mm 处(见图 8-29)。试件的表面明显露出冷冻液,同时液面也因此下降。

在完成弯曲过程 10s 内,在适宜的光源下用肉眼检查试件有无裂纹,必要时,用辅助光学装置帮助。假若有一条或更多的裂纹从涂盖层深入到胎体层,或完全贯穿无增强卷材,即存在裂缝。一组 5 个试件应分别试验检查。假若装置的尺寸满足,可以同时试验几组试件。

(4) 冷弯温度测定

假若沥青卷材的冷弯温度要测定(如人工老化后变化的结果),按低温柔性和下面的步骤进行试验。

冷弯温度的范围(未知)最初测定,从期望的冷弯温度开始,每隔6℃试验每个试件,因此每个试验温度都是6℃的倍数(如-12℃、-18℃、-24℃等)。从开始导致破坏的最低温度开始,每隔2℃分别试验每组5个试件的上表面和下表面,连续的每次2℃的改变温度,直到每组5个试件分别试验后至少有4个无裂缝,这个温度记录为试件的冷弯温度。

7. 结果记录、计算和试验方法的精确度

(1) 规定温度的柔度结果

按低温柔性进行试验,一个试验面5个试件在规定温度至少4个无裂缝为通过,上表面和下表面的试验结果要分别记录。

(2) 冷弯温度测定的结果

测定冷弯温度时,要求按冷弯温度测定试验得到的温度应5个试件中至少4个通过,这冷弯温度是该卷材试验面的,上表面和下表面的结果应分别记录(卷材的上表面和下表面可能有不同的冷弯温度)。

(3) 试验方法的精确度

精确度由相关实验室按 GB/T 6379.2 规定进行测定,采用增强卷材和聚合物改性涂料。

1) 重复性

——重复性的标准偏差:$\sigma_r=1.2℃$

——置信水平(95%)值:$q_r=2.3℃$

——重复性极限(两个不同结果):$r=3℃$

2) 再现性

——再现性的标准偏差:$\sigma_R=2.2℃$

——置信水平(95%)值:$q_R=4.4℃$

——再现性极限(两个不同结果):$R=6℃$

8. 试验报告

试验报告至少包括以下信息:

(1) 相关产品试验需要的所有数据;

(2) 涉及的 GB/T 328 第14部分及偏离;

(3) 根据规定的抽样信息;

(4) 根据规定的试件制备细节;

(5) 根据规定温度的柔度结果或冷弯温度测定的试验结果;

(6) 试验日期。

(八) 沥青防水卷材可溶物含量(浸涂材料含量)❶

GB/T 328 第26部分规定了沥青屋面防水卷材可溶物含量或浸涂材料总量的测定

---

❶ 内容引自 GB/T 328.26—2007《建筑防水卷材试验方法 沥青防水卷材 可溶物含量(浸涂材料含量)》。

方法。

1. 术语和定义

(1) 浸涂材料含量

单位面积防水卷材中除表面隔离材料和胎基外，可被选定溶剂溶出的材料和卷材填充料的质量。

(2) 可溶物含量

单位面积防水卷材中可被选定溶剂溶出的材料的重量。

2. 原理

试件在选定的溶剂中萃取直至完全后，取出让溶剂挥发，然后烘干得到可溶物含量，将烘干后的剩余部分通过规定的筛子的为填充料质量，筛余的为隔离材料质量，清除胎基上的粉末后得到胎基质量。

3. 仪器设备

(1) 分析天平　称量范围大于100g，精度0.001g。

(2) 萃取器　500mL索氏萃取器。

(3) 鼓风烘箱　温度波动度±2℃。

(4) 试样筛　筛孔为315μm或其他规定孔径的筛网。

(5) 溶剂　三氯乙烯(化学纯)或其他合适溶剂。

(6) 滤纸　直径不小于150mm。

4. 抽样

抽样按GB/T 328.1进行。

5. 试件制备

对于整个试验应准备3个试件。

试件在试样上距边缘100mm以上任意裁取，用模板帮助，或用裁刀，正方形试件尺寸为(100±1)mm×(100±1)mm。

试件在试验前至少在(23±2)℃和相对湿度30%~70%的条件下放置20h。

6. 步骤

每个试件先进行称量(M_0)，对于表面隔离材料为粉状的沥青防水卷材，试件先用软毛刷刷除表面的隔离材料，然后称量试件(M_1)。将试件用干燥好的滤纸包好，用线扎好，称量其质量(M_2)。将包扎好的试件放入萃取器中，溶剂量为烧瓶容量的1/2~2/3，进行加热萃取，萃取至回流的溶剂第一次变成浅色为止，小心取出滤纸包，不要破裂，在空气中放置30min以上使溶剂挥发。再放入(105±2)℃的鼓风烘箱中干燥2h，然后取出放入干燥器中冷却至室温。

将滤纸包从干燥器中取出称量(M_3)，然后将滤纸包在试样筛上打开，下面放一容器接着，将滤纸包中的胎基表面的粉末都刷除下来，称量胎基(M_4)。敲打振动试样筛直至其中没有材料落下，扔掉滤纸和扎线，称量留在筛网上的材料质量(M_5)，称量筛下的材料质量(M_6)。对于表面疏松的胎基(如聚酯毡、玻纤毡等)，将称量后的胎基(M_4)放入超声清洗池中清洗，取出在(105±2)℃烘干1h，然后放入干燥器中冷却至室温，称量其质量(M_7)。

7. 结果表示、计算和试验方法的精确度

(1) 计算

记录得到的每个试件的称量结果,然后按以下要求计算每个试件的结果,最终结果取三个试件的平均值。

1) 可溶物含量

可溶物含量按式(8-26)计算:

$$A=(M_2-M_3)\times 100 \qquad (8\text{-}26)$$

式中　A——可溶物含量(g/m^2)。

2) 浸涂材料含量

表面隔离材料非粉状的产品浸涂材料含量按式(8-27)计算,表面隔离材料为粉状的产品浸涂材料含量按式(8-28)计算:

$$B=(M_0-M_5)\times 100-E \qquad (8\text{-}27)$$
$$B=M_1\times 100-E \qquad (8\text{-}28)$$

式中　B——浸涂材料含量(g/m^2);
　　　E——胎基单位面积质量(g/m^2)。

3) 表面隔离材料单位面积质量及胎基单位面积质量

表面隔离材料为粉状的产品表面隔离材料单位面积质量按式(8-29)计算,其他产品的表面隔离材料单位面积质量按式(8-30)计算:

$$C=(M_0-M_1)\times 100 \qquad (8\text{-}29)$$
$$C=M_5\times 100 \qquad (8\text{-}30)$$

式中　C——表面隔离材料单位面积质量(g/m^2)。

4) 填充料含量

胎基表面疏松的产品填充料含量按式(8-31)计算,其他按式(8-32)计算:

$$D=(M_6+M_4-M_7)\times 100 \qquad (8\text{-}31)$$
$$D=M_6\times 100 \qquad (8\text{-}32)$$

式中　D——填充料含量(g/m^2)。

5) 胎基单位面积质量

胎基表面疏松的产品胎基单位面积质量按式(8-33)计算,其他按式(8-34)计算:

$$E=M_7\times 100 \qquad (8\text{-}33)$$
$$E=M_4\times 100 \qquad (8\text{-}34)$$

式中　E——胎基单位面积质量(g/m^2)。

(2) 试验方法的精确度

试验方法的精确度没有规定。

8. 试验报告

试验报告至少包括以下信息:

(1) 相关产品试验需要的所有数据;
(2) 涉及的 GB/T 328 的第 26 部分及偏离;
(3) 根据规定的抽样信息;
(4) 根据规定的试件制备细节;
(5) 根据规定的试验结果;
(6) 试验日期。

(九) 沥青和高分子防水卷材 吸水性❶

GB/T 328 第 27 部分规定了沥青和高分子屋面防水卷材吸水性的测定方法。

1. 原理

吸水性是将沥青和高分子防水卷材浸入水中规定的时间,测定质量的增加。

2. 仪器设备

(1) 分析天平 精度 0.001g,称量范围不小于 100g。

(2) 毛刷

(3) 容器 用于浸泡试件。

(4) 试件架 用于放置试件,避免相互之间表面接触,可用金属丝制成。

3. 试件制备

试件尺寸 100mm×100mm,共 3 块试件,从卷材表面均匀分布裁取。试验前,试件在(23±2)℃,相对湿度(50±10)%条件下放置 24h。

4. 抽样

抽样按 GB/T 328.1 进行。

5. 步骤

取 3 块试件,用毛刷将试件表面的隔离材料刷除干净,然后进行称量(W_1),将试件浸入(23±2)℃的水中,试件放在试件架上相互隔开,避免表面相互接触,水面高出试件上端 20～30mm。若试件上浮,可用合适的重物压下,但不应对试件带来损伤和变形。浸泡 4h 后取出试件用纸巾吸干表面的水分,至试件表面没有水渍为度,立即称量试件质量(W_2)。

为避免浸水后试件中水分蒸发,试件从水中取出至称量完毕的时间不应超过 2min。

6. 结果计算

吸水率按式(8-35)计算:

$$H=(W_2-W_1)/W_1\times100 \tag{8-35}$$

式中 H——吸水率(%);

W_1——浸水前试件质量(g);

W_2——浸水后试件质量(g)。

吸水率取 3 块试件的算术平均值表示,计算精确到 0.1%。

二、密封材料试验方法

(一) 硫化橡胶或热塑性橡胶拉伸应力应变性能的测定❷

1. 范围

标准 GB/T 528—2009 规定了硫化橡胶或热塑性橡胶拉伸应力应变性能的测定方法。适用于测定硫化橡胶或热塑性橡胶的性能,如拉伸强度、拉断伸长率、定伸应力、定应力伸长率、屈服点拉伸应力和屈服点伸长率。其中屈服点拉伸应力和应变的测量只适用于某些热塑性橡胶和某些其他胶料。

2. 术语和定义

---

❶ 内容引自 GB/T 328.27—2007《建筑防水卷材试验方法 沥青和高分子防水卷材 吸水性》。

❷ 主要内容引自 GB/T 528—2009《硫化橡胶或热塑性橡胶拉伸应力应变性能的测定》。

(1) 拉伸应力 S：拉伸试样所施加的应力。由施加的力除以试样试验长度的原始横截面面积计算而得。

(2) 伸长率 E：由于拉伸应力而引起试样形变，用试验长度变化的百分数表示。

(3) 拉伸强度 TS：试样拉伸至断裂过程中的最大拉伸应力。见图 8-22。

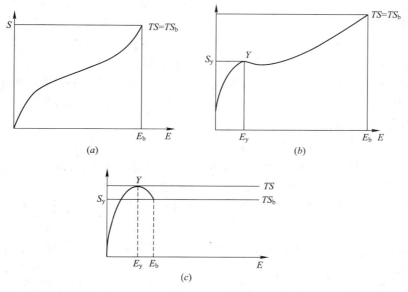

图 8-22 拉伸术语的图示

E—伸长率；S_y—屈服点拉伸应力；E_b—拉断伸长率；TS—拉伸强度；
E_y—屈服点伸长率；TS_b—拉断强度；S—应力；Y—屈服点

(4) 断裂拉伸强度 TS_b：试样拉伸至断裂时刻所记录的拉伸应力。（见图 8-22a～8-22c）。TS 和 TS_b 值可能有差异，如果在 S_y 处屈服后继续伸长并伴随着应力下降，则导致 TS_b 低于 TS 的结果（见图 8-22c）。

(5) 拉断伸长率 Eb：试样断裂时的百分比伸长率。（见图 8-22a～8-22c）。

(6) 定应力伸长率 Es：试样在给定拉伸应力下的伸长率。

(7) 定伸应力 Se：将试样的试验长度部分拉伸到给定伸长率所需的应力。

(8) 屈服点拉伸应力 S_y：应力-应变曲线上出现的应变进一步增加而应力不再继续增加的第一个点对应的应力。

(9) 屈服点伸长率 E_y：应力-应变曲线上出现应变进一步增加而应力不增加的第一个点对应的拉伸应变。

(10) 哑铃状试样的试验长度：哑铃状试样狭窄部分的长度内，用于测量伸长率的基准标线之间的初始距离。

3. 原理

在动夹持器或滑轮恒速移动的拉力试验机上，将哑铃状或环状标准试样进行拉伸。按要求记录试样在不断拉伸过程中和当其断裂时所需的力和伸长率的值。

4. 总则

哑铃状试样和环状试样未必得出相同的应力-应变性能值。这主要是由于在拉伸环状试样时其横截面上的应力是不均匀的；另一个原因是"压延效应"的存在，它可使哑铃状试样因其长度方向是平行或垂直于压延方向而得出不同的值。

环状试样与哑铃状试样之间进行选择时，应注意以下要点：

(1) 拉伸强度

测定拉伸强度宜选用哑铃状试样。环状试样得出的值比哑铃状试样低，有时低得很多。

(2) 拉断伸长率

只要在下列条件下，环状试样得出与哑铃状试样近似相同的值：

1) 环状试样的伸长率以初始内圆周长的百分比计算；

2) 如果"压延效应"：明显存在哑铃状试样长度方向垂直压延方向裁切。

如果要研究压延效应，则应选用哑铃状试样，而环状试样不适用。

(3) 定应力伸长率和定伸应力

一般宜选用哑铃状试样(1 型、2 型和 1A 型)。

只有在下列条件下，环状试样得出与哑铃状试样近似相同的值：

1) 环状试样的伸长率以初始平均周长的百分比计算；

2) 如果"压延效应"明显存在，取平行于和垂直于压延方向裁切的哑铃状试样的平均值。

在自动控制试验时，由于试样容易操作，最好选用环状试样，对于定形变的应力测定，也是如此。

(4) 小试样得出的拉伸强度值和拉断伸长率值可能与大试样稍有不同，通常较高。

标准 GB/T 528 提供了七种类型的试样，即 1 型、2 型、3 型、4 型和 1A 型哑铃状试样和 A 型(标准型)和 B 型(小型)环状试样。对于一种给定材料所获得的结果可能根据所使用的试样类型而有所不同，因而对于不同材料，除非使用相同类型的试样，否则得出的结果是不可比的。

3 型和 4 型哑铃状试样及 B 型环状试样只应在材料不足以制备大试样的情况下才使用。这些试样特别适用于制品试验及某些产品标准的试样，例如，3 型哑铃状试样用于管道密封圈和电缆的试验。

试样制备需要打磨或厚度调整时，结果可能会受影响。

5. 试样

(1) 哑铃状试样

哑铃状试样的形状如图 8-23 所示。

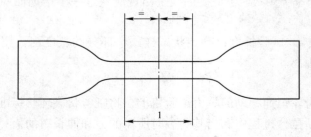

图 8-23　哑铃状试样的形状

1—试验长度(见表 8-30)

试样狭窄部分的标准厚度,1型、2型、3型和1A型为2.0mm±0.2mm,4型为1.0mm±0.1mm。试验长度应符合表8-30规定。

哑铃状试样的试验长度　　　　　　　　　　　　　　　　　　　表8-30

试样类型	1型	1A型	2型	3型	4型
试验长度(mm)	25.0±0.5	20.0±0.5①	20.0±0.5	10.0±0.5	10.0±0.5

① 试验长度不应超过试样狭窄部位的长度(表8-31中尺寸C)。

哑铃状试样的其他尺寸应符合相应的裁刀所给出的要求(见表8-31)。

哑铃状试样用裁刀尺寸　　　　　　　　　　　　　　　　　　　表8-31

尺寸	1型	1A型	2型	3型	4型
A 总长度(最小)①(mm)	115	100	75	50	35
B 端部宽度(mm)	25.0±1.0	25.0±1.0	12.5±1.0	8.5±0.5	6.0±0.5
C 狭窄部分长度(mm)	33.0±2.0	20.0$^{+0}_{-8}$	25.0±1.0	16.0±1.0	12.0±0.5
D 狭窄部分宽度(mm)	6.0$^{+0.4}_{-0}$	5.0±0.1	4.0±0.1	4.0±0.1	2.0±0.1
E 外侧过渡边半径(mm)	14.0±1.0	11.0±1.0	8.0±0.5	7.5±0.5	3.0±0.1
F 内侧过渡边半径(mm)	25.0±2.0	25.0±2.0	12.5±0.5	10.0±0.5	3.0±0.1

① 为确保只有两端宽大部分与机器夹持器接触,增加总长度从而避免"肩部断裂"。

非标准试样,例如取自成品的试样,狭窄部分的最大厚度,1型和1A型为3.0mm,2型和3型为2.5mm,4型为2.0mm。

(2) 环状试样

A型标准环状试样的内径为44.6mm±0.2mm。轴向厚度中位数和径向宽度中位数均为4.0mm±0.2mm。环上任一点的径向宽度与中位数的偏差不大于0.2mm,而环上任一点的轴向厚度与中位数的偏差应不大于2%。

B型标准环状试样的内径为8.0mm±0.1mm。轴向厚度中位数和径向宽度中位数均为1.0mm±0.1mm。环上任一点的径向宽度与中位数的偏差不应大于0.1mm。

6. 试验仪器

(1) 裁刀和裁片机

试验用的所有裁刀和裁片机应符合GB/T 2941的要求。制备哑铃状试样用的裁刀尺寸见表8-31和图8-24,裁刀的狭窄平行部分任一点宽度的偏差应不大于0.05mm。

关于B型环状试样的切取方法,见附录A。

(2) 测厚计

测量哑铃状试样的厚度和环状试样的轴向厚度所用的测厚计应符合GB/T 2941方法A的规定。

测量环状试样径向宽度所用的仪器,除压足和基板应与环的曲率相吻合外,其他与上述测厚计相一致。

(3) 锥形测径计

经校准的锥形测径计或其他适用的仪器可用于测量环状试样的内径。

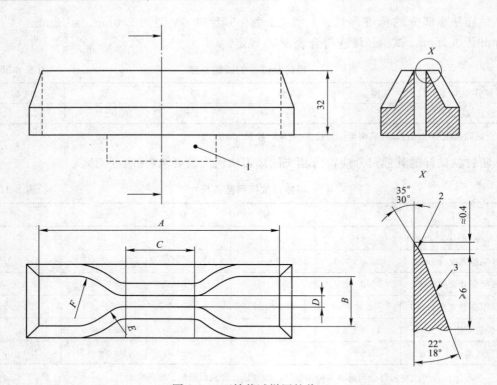

图 8-24 哑铃状试样用的裁刀

注：A~F 各尺寸见表 8-31；1—固定在配套机器上的刀架头；2—需研磨；3—需抛光

应采用误差不大于 0.01mm 的仪器来测量直径。支撑被测环状试样的工具应能避免使所测的尺寸发生明显的变化。

（4）拉力试验机

1）拉力试验机应符合 ISO 5893 的规定，具有 2 级测力精度。试验机中使用的伸长计的精度：1 型、2 型和 1A 型哑铃状试样和 A 型环形试样为 D 级；3 型和 4 型哑铃状试样和 B 型环形试样为 E 级。试验机应至少能在 (100 ± 10) mm/min、(200 ± 20) mm/min 和 (500 ± 50) mm/min 移动速度下进行操作。

2）对于在标准实验室温度以外的试验，拉伸试验机应配备一台合适的恒温箱。高于或低于正常温度的试验应符合 GB/T 2941 要求。

7. 试样数量

试验的试样应不少于 3 个。

注：试样的数量应事先决定，使用 5 个试样的不确定度要低于用 3 个试样的试验。

8. 试样的制备

（1）哑铃状试样

哑铃状试样应按 GB/T 2941 规定的相应方法制备。除非要研究"压延效应"，在这种情况下还要裁取一组垂直于压延方向的哑铃状试样。只要有可能，哑铃状试样要平行于材料的压延方向裁切。

（2）环状试样

环状试样应按 GB/T 2941 规定的相应方法采用裁切或冲切或者模压制备。

9. 样品和试样的调节

(1) 硫化与试验之间的时间间隔

对所有试验,硫化与试验之间的最短时间间隔应为 16h。

对非制品试验,硫化与试验之间的时间间隔最长为 4 星期,对于比对评估试验应尽可能在相同时间间隔内进行。

对制品试验,只要有可能,硫化与试验之间的时间间隔应不超过 3 个月。在其他情况下,从用户收到制品之日起,试验应在 2 个月之内进行。

(2) 样品和试样的防护

在硫化与试验之间的时间间隔内,样品和试样应尽可能完全地加以防护,使其不受可能导致其损坏的外来影响,例如,应避光、隔热。

(3) 样品的调节

在裁切试样前,来源于胶乳以外的所有样品,都应按 GB/T 2941 的规定,在标准实验室温度下(不控制湿度),调节至少 3h。

在裁切试样前,所有胶乳制备的样品均应按 GB/T 2941 的规定,在标准实验室温度下(控制湿度),调节至少 96h。

(4) 试样的调节

所有试样应按 GB/T 2941 的规定进行调节。如果试样的制备需要打磨,则打磨与试验之间的时间间隔应不少于 16h,但不应大于 72h。

对于在标准实验室温度下的试验,如果试样是从经调节的试验样品上裁取,无需做进一步的制备,则试样可直接进行试验。对需要进一步制备的试样,应使其在标准实验室温度下调节至少 3h。

对于在标准实验室温度以外的温度下的试验,试样应按 GB/T 2941 的规定在该试验温度下调节足够长的时间,以保证试样达到充分平衡。

10. 哑铃状试样的标记

如果使用非接触式伸长计,则应使用适当的打标器按表 8-30 规定的试验长度在哑铃状试样上标出两条基准标线。打标记时,试样不应发生变形。

两条标记线应标在如图 8-23 所示的试样的狭窄部分,即与试样中心等距,并与其纵轴垂直。

11. 试样的测量

(1) 哑铃状试样

用测厚计在试验长度的中部和两端测量厚度。应取 3 个测量值的中位数用于计算横截面面积。在任何一个哑铃状试样中,狭窄部分的三个厚度测量值都不应大于厚度中位数的 2%。取裁刀狭窄部分刀刃间的距离作为试样的宽度,该距离应按 GB/T 2941 的规定进行测量,精确到 0.05mm。

(2) 环状试样

沿环状试样一周大致六等分处,分别测量径向宽度和轴向厚度。取六次测量值的中位数用于计算横截面面积。内径测量应精确到 0.1mm。按下列公式计算内圆周长和平均圆周长:

$$内圆周长 = \pi \times 内径$$

$$平均圆周长 = \pi \times (内径 + 径向宽度)$$

(3) 多组试样比较

如果两组试样(哑铃状或环状)进行比较,每组厚度的中位数应不超出两组厚度总中位数的 7.5%。

12. 试验步骤

(1) 哑铃状试样

将试样对称地夹在拉力试验机的上、下夹持器上,使拉力均匀地分布在横截面上。根据需要,装配一个伸长测量装置。启动试验机,在整个试验过程中连续监测试验长度和力的变化,精度在±2%之内。

夹持器的移动速度:1 型、2 型和 1A 型试样应为(500±50)mm/min,3 型和 4 型试样应为(200±20)mm/min。

如果试样在狭窄部分以外断裂则舍弃该试验结果,并另取一试样进行重复试验。

注:1 采取目测时,应避免视觉误差。

2 在测拉断永久变形时,应将断裂后的试样放置 3min,再把断裂的两部分吻合在一起,用精度为 0.05mm 的量具测量吻合后的两条平行标线间的距离。拉断永久变形计算公式为:

$$S_b = \frac{100(L_t - L_0)}{L_0}$$

式中 S_b——拉断永久变形(%);

L_t——试样断裂后,放置 3min 对起来的标距(mm);

L_0——初始试验长度(mm)。

(2) 环状试样

将试样以张力最小的形式放在两个滑轮上。启动试验机,在整个试验过程中连续监测滑轮之间的距离和应力,精确到±2%。

可动滑轮的标称移动速度:A 型试样应为(500±50)mm/min,B 型试样应为(100±10)mm/min。

13. 试验温度

试验通常应在 GB/T 2941 中规定的一种标准实验室温度下进行。当要求采用其他温度时,应从 GB/T 2941 规定的推荐表中选择。

在进行对比试验时,在一个试验或一批试验都应采用同一温度。

14. 试验结果的计算

(1) 哑铃状试样

拉伸强度 TS 按式(8-36)计算,以 MPa 表示:

$$TS = \frac{F_m}{Wt} \tag{8-36}$$

断裂拉伸强度 TS_b 按式(8-37)计算,以 MPa 表示:

$$TS_b = \frac{F_b}{Wt} \tag{8-37}$$

拉断伸长率 E_b 按式(8-38)计算,以%表示:

$$E_b = \frac{100(L_b - L_0)}{L_0} \tag{8-38}$$

定伸应力 S_e 按式(8-39)计算,以 MPa 表示:

$$S_e = \frac{F_e}{Wt} \tag{8-39}$$

定应力伸长率 E_s 按式(8-40)计算，以%表示：

$$E_s = \frac{100(L_s - L_0)}{L_0} \tag{8-40}$$

所需应力对应的力值 F_e 按式(8-41)计算，以 N 表示：

$$F_e = S_e W t \tag{8-41}$$

屈服点拉伸应力 S_y 按式(8-42)计算，以 MPa 表示：

$$S_y = \frac{F_y}{Wt} \tag{8-42}$$

屈服点伸长率 E_y 按式(8-43)计算，以%表示：

$$E_y = \frac{100(L_y - L_0)}{L_0} \tag{8-43}$$

在上式中，所使用的符号意义如下：

F_b——断裂时记录的力(N)；
F_e——给定应力时记录的力(N)；
F_m——记录的最大力(N)；
F_y——屈服点时记录的力(N)；
L_0——初始试验长度(mm)；
L_b——断裂时的试验长度(mm)；
L_s——定应力时的试验长度(mm)；
L_y——屈服时的试验长度(mm)；
S_e——所需应力(MPa)；
t——试验长度部分厚度(mm)；
W——裁刀狭窄部分的宽度(mm)。

(2) 环状试样

拉伸强度 TS 按式(8-44)计算，以 MPa 表示：

$$TS = \frac{F_m}{2Wt} \tag{8-44}$$

断裂拉伸强度 TS_b 按式(8-45)计算，以 MPa 表示：

$$TS_b = \frac{F_b}{2Wt} \tag{8-45}$$

拉断伸长率 E_b 按式(8-46)计算，以%表示：

$$E_b = \frac{100(\pi d + 2L_b - C_i)}{C_i} \tag{8-46}$$

定伸应力 S_e 按式(8-47)计算，以 MPa 表示：

$$S_e = \frac{F_e}{2Wt} \tag{8-47}$$

给定伸长率对应于滑轮中心距 L_e 按式(8-48)计算，以 mm 表示：

$$L_e = \frac{C_m E_s}{200} + \frac{C_i - \pi d}{2} \tag{8-48}$$

定应力伸长率 E_s 按式(8-49)计算，以%表示：

$$E_s = \frac{100(\pi d + 2L_s - C_i)}{C_m} \quad (8\text{-}49)$$

定应力对应的力值 F_e 按式(8-50)计算，以 N 表示：

$$F_e = 2S_e W t \quad (8\text{-}50)$$

屈服点拉伸应力 S_y 按式(8-51)计算，以 MPa 表示：

$$S_y = \frac{F_y}{2Wt} \quad (8\text{-}51)$$

屈服点伸长率 E_y 按式(8-52)计算，以%表示：

$$E_y = \frac{100(\pi d + 2L_y - C_i)}{C_m} \quad (8\text{-}52)$$

在上式中，所使用的符号意义如下：

C_i——环状试样的初始内周长(mm)；
C_m——环状试样的初始平均圆周长(mm)；
d——滑动的直径(mm)；
E_s——定应力伸长率(%)；
F_b——试样断裂时记录的力(N)；
F_e——定应力对应的力值(N)；
F_m——记录的最大力(N)；
F_y——屈服点时记录的力(N)；
L_b——试样断裂时两滑轮的中心距(mm)；
L_s——给定应力时两滑轮的中心距(mm)；
L_y——屈服点时两滑轮的中心距(mm)；
S_e——定伸应力(MPa)；
t——环状试样的轴向厚度(mm)；
W——环状试样的径向宽度(mm)。

15. 试验结果的表示

如果在同一试样上测定几种拉伸应力-应变性能时，则每种试验数据可视为独立得到的，试验结果按规定分别予以计算。

在所有情况下，应报告每一性能的中位数。

(二)硫化橡胶邵尔 A 硬度试验方法❶

1. 主题内容与适用范围

标准 GB/T 531—92 规定了用邵尔 A 型硬度计测定硫化橡胶及其类似物的硬度方法。适用于硫化橡胶及其类似物在邵尔 A 硬度 20～90 度范围内的硬度测定。

2. 试验仪器

(1)硬度计压针的形状和尺寸应符合图 8-25 和表 8-32 的规定，并且压针应位于孔的中心。

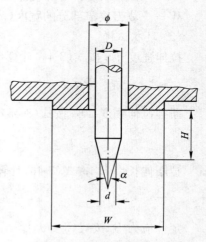

图 8-25 硬度计压针的形状

---

❶ 主要内容引自 GB/T 531—92《硫化橡胶邵尔 A 硬度试验方法》。

硬度计压针的尺寸(mm)　　　　　　　　　表 8-32

图中代号	D	d	H	α	φ	W
尺寸	1.25±0.15	0.79±0.03	2.50±0.04	35°±0.25°	$3.0^{+0.2}_{-0.6}$	>12

(2) 硬度计压针在自由状态时，其指针应指零度；当压针被压入小孔，其端面与硬度计底面在同一平面时，硬度计所指刻度应为 100 度。

(3) 对压针所施力的大小同硬度计指示值的关系应符合下列公式，允许偏差为 75mN（即硬度 1 度）：

$$F = 550 + 75 H_A$$

式中　F——对硬度计所施加的力，mN；

　　　550——压针未压入试样时（硬度计指零时）弹簧的力为 550mN；

　　　75——硬度计每 1 度所对应的力（75mN）；

　　　H_A——邵尔 A 型硬度计指示的度数。

3. 试样

(1) 试样的厚度应不小于 6mm，上下两面平行，测量面尺寸应能满足本节二（二）4（5）规定。

试样厚度达不到要求时，可用同样胶片重叠起来测定，但不得超过 3 层，并要上下两面平行。

(2) 试样表面光滑、平整，不应有缺胶、气泡、机械损伤及杂质等。

(3) 成品试样按 GB 9865 规定制备。

4. 试验步骤

(1) 试样环境调节和试验的标准温度、湿度及时间，按 GB/T 2941 规定进行。

(2) 试验前检查试样，如表面有杂物须用纱布沾酒精擦净。

(3) 试样下面应垫厚 5mm 以上的光滑、平整的玻璃板或硬金属板。

(4) 硬度计用定负荷架辅助测定或手持测定试样的硬度时，在试样缓慢地完全受到质量为 1kg 的负荷时起 1s 内读数，手持硬度计测定时，当硬度计的底面与试样表面平稳地完全接合时起 1s 内读数。

(5) 试样上的每一点只准测量一次，测量点间距离不小于 6mm，与试样边缘的距离均不小于 12mm。

5. 试验结果的表示

(1) 以硬度计示值为测定值。

(2) 每个试样的测量点应不少于 3 点，取测定值中位数为试验结果。

(三) 硫化橡胶低温脆性的测定（多试样法）❶

1. 主题内容与适用范围

(1) 标准 GB/T 15256—94 规定了测定硫化橡胶在规定条件下经受冲击时不出现脆性破坏的最低温度的程序。

这样测得的脆性温度（多试样法）不一定是这种材料可以使用的最低温度。因为脆性温度

---

❶ 主要内容引自 GB/T 15256—94《硫化橡胶低温脆性的测定（多试样法）》。

(多试样法)会随着接触条件,尤其是冲击速度的变化而改变。因此用这种方法获得的数据,只有在变形条件与本试验所规定的条件相似的应用中,才可预测硫化橡胶在低温下的特性。

(2) 标准 GB/T 15256—94 规定了两种程序:程序 A 是测定脆性温度(多试样法),程序 B 是在规定温度下冲击试样。

程序 B 用于硫化橡胶的分类和鉴定。

注:用于测定橡胶涂覆织物的类似试验见 GB/T 12584—90。

2. 定义

(1) 脆性温度(多试样法):试样在规定的低温条件下受冲击,不产生破坏的最低温度。

(2) 试验速度:在冲击条件下,试验仪器的冲击头与被夹持试样间的相对线速度。

3. 仪器和材料

各种不同类型的冲击器应确保供使用的仪器零件满足下述规定要求。

(1) 试样夹持器和冲击头(见图 8-26)

1) 试样夹持器应是坚硬的,设计成悬臂梁式夹住试样,在夹持器不变形的情况下,每一个试样应被稳定地、牢靠地夹住。

2) 冲击头沿着垂直于试样上表面的方向运动,并以 2.0±0.2m/s 的试验线速度冲击试样,冲击后移动速度至少在 6mm 范围内保持不变。

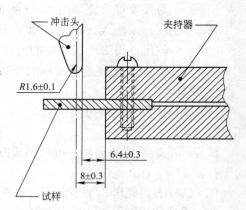

图 8-26 试样夹持器和冲击头

为了达到冲击期间和冲击后规定的冲击速度,应注意确保足够的冲击能量,每个试样至少需要 3.0J 冲击能量。因此,有必要每次试验限定冲击试样的数量。

3) 仪器基本尺寸如下:

① 冲击头半径为 1.6±0.1mm;

② 冲击时,冲击头和试样夹持器之间间隙为 6.4±0.3mm;

③ 冲击头的中心线与试样夹持器之间的距离为 8±0.3mm。

(2) 温度显示器

使用热电偶或其他温度传感装置,在试验温度范围内可精确到±0.5℃。

由直径为 0.2~0.5mm 康铜丝构成的热电偶符合试验要求。

热电偶端点或温度计水银球应尽可能接近试样。

(3) 传热介质

传热介质可采用在试验温度下能保持为流体并对试验材料无影响的液体或气体介质,介质应控制在试验温度±0.5℃范围内(见 GB/T 9868)。

注:可以使用下列流体。

1) 温度下降到−60℃:可使用在室温下具有 5mm²/s 运动粘度的聚硅酮类流体,其化学性质接近于橡胶,不易燃、无毒。

2) 温度下降到−70℃:可用甲醇或乙醇。

3) 温度下降到−120℃:用液氮冷却的甲基环己烷液体。

4. 试样

试样应按 GB 9865 制备。用适宜的裁刀从胶片上冲切下来，试样应为下列两种类型之一。

A 型：长 25～40mm，宽 6±1mm，厚 2.0±0.2mm 的条形试样；

B 型：试样厚度为 2.0±0.2mm，形状和尺寸见图 8-27。

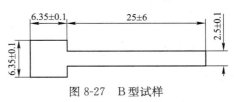

图 8-27　B 型试样

A 型试样可以采用另一种方法制备，使用双面平行锐利刀刃裁刀，一次冲切完毕，然后把条型试样切成规定的长度。

如果要获得可靠的结果，在试样制备中必须使用锋利裁刀。

5. 硫化和试验的时间间隔

除非另有规定，硫化与试验之间的时间间隔应符合 GB 2941 规定。

6. 程序

(1) 程序 A

1) 用液体传热介质进行的试验

① 试验开始前应准备好低温槽，并将液体介质调节到试样的起始温度。在低温槽中应放入足够量的液体，以保证试样浸没深度约为 25mm。

② 把试样固定在试验装置上，并在试验温度下浸泡 5min(见 GB/T 9868)

试样的自由长度应大于 19mm。

如果冲击器的有效能量达到本节二(三)3(1)2)中规定的最小值，每次冲击可用 4 个 A 型试样或 10 个 B 型试样。

正确地固紧夹持器是极为重要的，夹持器紧固应使每个试样所受压力大致相同。

③ 在试验温度下，经规定的时间浸泡后，记录温度并对试样进行一次冲击。

④ 检查每个试样，确定是否破坏。将试验时出现的肉眼可见的裂纹、裂缝、或小孔、或完全分离成两片以致更多碎片定义为破坏。当试样未完全断裂时，将试样沿冲击时所形成的弯曲方向弯曲 90°角，然后在弯曲处检查试样裂纹。

⑤ 每次冲击都应使用新试样。

⑥ 在确定一种硫化橡胶材料的无破坏的最低温度时，建议将试样在低于预计的无破坏的最低温度下开始试验，并每隔 10℃ 做一组试验，直到获得无破坏为止。然后将低温槽的温度降低到已观察到破坏的最高温度，并逐渐升温进行试验。升温幅度建议为 2℃。在每个温度下进行试验，直到在某一温度下获得无破坏时为止。记录该温度作为脆性的极限温度。

2) 用气体传热介质进行的试验

① 试验开始前应先调节冷冻装置，使试验箱、试验仪器和试样在所要求的温度下达热平衡(见 GB/T 9868)。

② 打开试验箱，除试样在冲击前于试验温度下达到热平衡 10min 外，其余按上述程序 A①2)～6)的规定进行试验。为了研究结晶作用和增塑剂-时间相关效应，可采用 1h 以上的热平衡时间。

(2) 程序 B

1) 使试样在硫化橡胶鉴定或分类中(见 GB/T 9868)规定的试验温度下达热平衡。开动试验装置对试样进行一次冲击。

2) 从试验箱中取出试样,允许试样达到标准温度(见 GB 2941)。按程序 A1)④中的定义要求检查试样,确定是否出现破坏。

3) 一次试验至少需要 4 个 A 型试样或 10 个 B 型试样。冲击时和冲击后的仪器速度如果符合本节二(三)3(1)2)中的要求,一次允许同时冲击 4 个 A 型试样或者 10 个 B 型试样。

4) 报告硫化橡胶是否合格,如果一组试样中没有任何一个试样破坏,则视为合格。反之,一组试样中有任何一个试样发生破坏,则视为不合格。

三、建筑防水涂料试验方法[1]

(一) 范围

标准 GB/T 16777—2008 规定了建筑防水涂料的标准试验条件、涂膜制备、固体含量、耐热性、粘结强度、潮湿基面粘结强度、拉伸性能、撕裂强度、定伸时老化、加热伸缩率、低温柔性、不透水性、干燥时间等性能的试验方法。适用于建筑防水涂料。

(二) 标准试验条件

实验室标准试验条件为:温度:(23±2)℃,相对湿度:(50±10)%。

严格条件可选择温度:(23±2)℃,相对湿度:(50±5)%。

(三) 涂膜制备

1. 试验器具

(1) 涂膜模框:如图 8-28 所示。

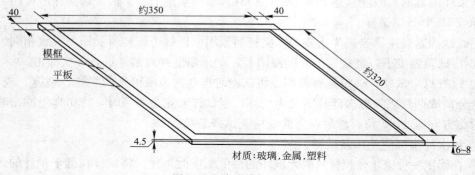

图 8-28 涂膜模框示意图

(2) 电热鼓风烘箱:控温精度±2℃。

2. 试验步骤

(1) 试验前模框、工具、涂料应在标准试验条件下放置 24h 以上。

(2) 称取所需的试验样品量,保证最终涂膜厚度(1.5±0.2)mm。

单组分防水涂料应将其混合均匀作为试料,多组分防水涂料应按生产厂规定的配比精确称量后,将其混合均匀作为试料。在必要时可以按生产厂家指定的量添加稀释剂,当稀释剂的添加量有范围时,取其中间值。将产品混合后充分搅拌 5min,在不混入气泡的情况下倒入模框中。模框不得翘曲且表面平滑,为便于脱模,涂覆前可用脱模剂处理。样品

---

[1] 主要内容引自 GB/T 167777—2008《建筑防水涂料试验方法》。

按生产厂的要求一次或多次涂覆(最多三次,每次间隔不超过 24h),最后一次将表面刮平,然后按表 8-33 进行养护。

涂膜制备的养护条件 表 8-33

分类		脱模前的养护条件	脱模后的养护条件
水性	沥青类	在标准条件 120h	(40±2)℃48h 后,标准条件 4h
	高分子类	在标准条件 96h	(40±2)℃48h 后,标准条件 4h
溶剂型、反应型		标准条件 96h	标准条件 72h

应按要求及时脱模,脱模后将涂膜翻面养护,脱模过程中应避免损伤涂膜。为便于脱模可在低温下进行,但脱模温度不能低于低温柔性的温度。

(3) 检查涂膜外观。从表面光滑平整、无明显气泡的涂膜上按表 8-34 规定裁取试件。

试件形状(尺寸)及数量 表 8-34

项目		试件形状[尺寸(mm)]	数量(个)
拉伸性能		符合 GB/T 528 规定的哑铃 I 型	5
撕裂强度		符合 GB/T 529—1999 中 5.1.2 规定的无割口直角形	5
低温弯折性、低温柔性		100×25	3
不透水性		150×150	3
加热伸缩率		300×30	3
定伸时老化	热处理	符合 GB/T 528 规定的哑铃 I 型	3
	人工气候老化		3
热处理	拉伸性能	120×25,处理后取出再裁取符合 GB/T 528 规定的哑铃 I 型	6
	低温弯折性,低温柔性	100×25	3
碱处理	拉伸性能	120×25,处理后取出再裁取符合 GB/T 528 规定的哑铃 I 型	6
	低温弯折性、低温柔性	100×25	3
酸处理	拉伸性能	120×25,处理后取出再裁取符合 GB/T 528 规定的哑铃 I 型	6
	低温弯折性、低温柔性	100×25	3
紫外线处理	拉伸性能	120×25,处理后取出再裁取符合 GB/T 528 规定的哑铃 I 型	6
	低温弯折性、低温柔性	100×25	3
人工气候老化	拉伸性能	120×25,处理后取出再裁取符合 GB/T 528 规定的哑铃 I 型	6
	低温弯折性、低温柔性	100×25	3

(四) 固体含量

1. 试验器具

(1) 天平:感量 0.001g。
(2) 电热鼓风烘箱:控温精度±2℃。
(3) 干燥器:内放变色硅胶或无水氯化钙。
(4) 培养皿:直径(60~75)mm。

2. 试验步骤

将样品(对于固体含量试验不能添加稀释剂)搅匀后,取(6 ± 1)g的样品倒入已干燥称量的培养皿(m_0)中并铺平底部,立即称量(m_1),再放入到加热到表8-35规定温度的烘箱中,恒温3h,取出放入干燥器中,在标准试验条件下冷却2h,然后称量(m_2)。对于反应型涂料,应在称量(m_1)后在标准试验条件下放置24h,再放入烘箱。

涂料加热温度　　　　表8-35

涂料种类	水性	溶剂型、反应型
加热温度(℃)	105 ± 2	120 ± 2

3. 结果计算

固体含量按式(8-53)计算:

$$X=\frac{m_2-m_0}{m_1-m_0}\times 100 \tag{8-53}$$

式中　X——固体含量(质量分数)(%);
　　　m_0——培养皿质量(g);
　　　m_1——干燥前试样和培养皿质量(g);
　　　m_2——干燥后试样和培养皿质量(g)。

试验结果取两次平行试验的平均值,结果计算精确到1%。

(五) 耐热性

1. 试验器具

(1) 电热鼓风烘箱:控温精度±2℃。

(2) 铝板:厚度不小于2mm,面积大于100mm×50mm,中间上部有一小孔,便于悬挂。

2. 试验步骤

将样品搅匀后,将样品按生产厂的要求分2~3次涂覆(每次间隔不超过24h)在已清洁干净的铝板上,涂覆面积为100mm×50mm,总厚度1.5mm,最后一次将表面刮平,按表1条件进行养护,不需要脱模。然后将铝板垂直悬挂在已调节到规定温度的电热鼓风干燥箱内,试件与干燥箱壁间的距离不小于50mm,试件的中心宜与温度计的探头在同一位置,在规定温度下放置5h后取出,观察表面现象。共试验3个试件。

3. 结果评定

试验后所有试件都不应产生流淌、滑动、滴落,试件表面无密集气泡。

(六) 粘结强度

1. A法

(1) 试验器具

1) 拉伸试验机,测量值在量程的(15~85)%之间,示值精度不低于1%,拉伸速度(5 ± 1)mm/min。

2) 电热鼓风烘箱:控温精度±2℃。

3) 拉伸专用金属夹具:上夹具、下夹具、垫板如图8-29、图8-30、图8-31所示。

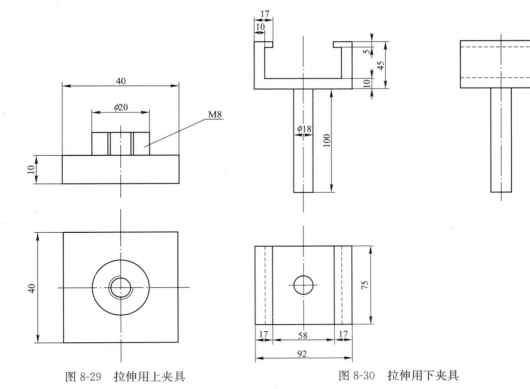

图 8-29 拉伸用上夹具　　　　　图 8-30 拉伸用下夹具

4) 水泥砂浆块：尺寸(70×70×20)mm。采用强度等级 42.5 的普通硅酸盐水泥,将水泥、中砂按照质量比 1∶1 加入砂浆搅拌机中搅拌,加水量以砂浆稠度(70～90)mm 为准,倒入模框中振实抹平,然后移入养护室,1d 后脱模,水中养护 10d 后再在(50±2)℃的烘箱中干燥(24±0.5)h,取出在标准条件下放置备用,去除砂浆试块成型面的浮浆、浮砂、灰尘等,同样制备五块砂浆试块。

5) 高强度胶粘剂：难以渗透涂膜的高强度胶粘剂,推荐无溶剂环氧树脂。

(2) 试验步骤

试验前制备好的砂浆块、工具、涂料应在标准试验条件下放置 24h 以上。

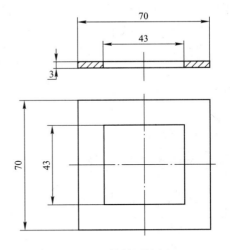

图 8-31 拉伸用垫板

取五块砂浆块用 2 号砂纸清除表面浮浆,必要时按生产厂要求在砂浆块的成型面[(70×70)mm]上涂刷底涂料,干燥后按生产厂要求的比例将样品混合后搅拌 5min(单组分防水涂料样品直接使用)涂抹在成型面上,涂膜的厚度(0.5～1.0)mm(可分两次涂覆,间隔不超过 24h)。然后将制得的试件按表 8-33 要求养护,不需要脱模,制备五个试件。

将养护后的试件用高强度胶粘剂将拉伸用上夹具与涂料面粘贴在一起,如图 8-32 所示,小心的除去周围溢出的胶粘剂,在标准试验条件下水平放置养护 24h。然后沿上夹具边缘一圈用刀切割涂膜至基层，使试验面积为(40×40)mm。

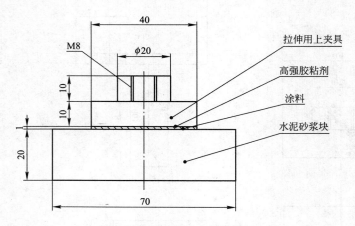

图 8-32　试件与上夹具粘结图

将粘有拉伸用上夹具的试件如图 8-33 所示安装在试验机上，保持试件表面垂直方向的中线与试验机夹具中心在一条线上，以(5±1)mm/min 的速度拉伸至试件破坏，记录试件的最大拉力。试验温度为(23±2)℃。

2. B 法

(1) 试验器具

1) 拉伸试验机：测量值在量程的(15～85)％之间，示值精度不低于 1％，拉伸速度(5±1)mm/min。

2) 电热鼓风烘箱：控温精度±2℃。

3) "8"字形金属模具：如图 8-34 所示，中间用插片分成两半。

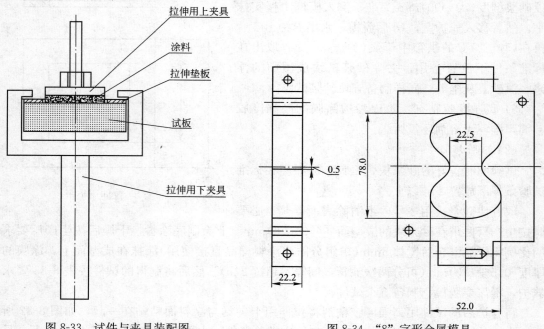

图 8-33　试件与夹具装配图　　　　图 8-34　"8"字形金属模具

4) 粘结基材:"8"字形水泥砂浆块,如图 8-35 所示。采用强度等级 42.5 的普通硅酸盐水泥,将水泥、中砂按照质量比 1∶1 加入砂浆搅拌机中搅拌,加水量以砂浆稠度(70~90)mm 为准,倒入模框中振实抹平,然后移入养护室,1d 后脱模,水中养护 10d 后再在(50±2)℃的烘箱中干燥(24±0.5)h,取出在标准条件下放置备用,同样制备五对砂浆试块。

(2) 试验步骤

试验前制备好的砂浆块、工具、涂料应在标准试验条件下放置 24h 以上。

取五对砂浆块用 2 号砂纸清除表面浮浆,必要时先将涂料稀释后在砂浆块的断面上打底,干燥后按生产厂要求的比例将样品混合后搅拌 5min(单组分防水涂料样品直接使用)涂抹在成型面上,将两个砂浆块断面对接,压紧,砂浆块间涂料的厚度不超过 0.5mm。然后将制得的试件按表 8-33 要求养护,不需要脱模,制备五个试件。

将试件安装在试验机上,保持试件

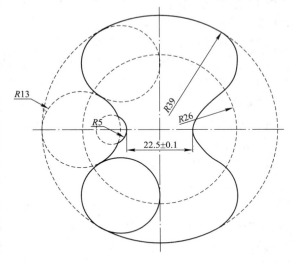

图 8-35 水泥砂浆块

表面垂直方向的中线与试验机夹具中心在一条线上,以(5±1)mm/min 的速度拉伸至试件破坏,记录试件的最大拉力。试验温度为(23±2)℃。

3. 结果计算

粘结强度按式(8-54)计算:

$$\sigma = F/(a \times b) \tag{8-54}$$

式中 σ——粘结强度(MPa);

F——试件的最大拉力(N);

a——试件粘结面的长度(mm);

b——试件粘结面的宽度(mm)。

去除表面未被粘住面积超过 20% 的试件,粘结强度以剩下的不少于 3 个试件的算术平均值表示,不足三个试件应重新试验,结果精确到 0.01MPa。

(七)潮湿基面粘结强度

取 5 对养护好的"8"字形水泥砂浆块,用 2 号砂纸清除表面浮浆,将砂浆块浸入(23±2)℃的水中浸泡 24h。将在标准试验条件下已放置 24h 的样品按生产厂要求的比例混合后搅拌 5min(单组分防水涂料样品直接使用)。从水中取出砂浆块用湿毛巾揩去水渍,晾置 5min 后,在砂浆块的断面上涂抹准备好的涂料,将两个砂浆块断面对接、压紧,砂浆块间涂料的厚度不超过 0.5mm,在标准试验条件下放置 4h。然后将制得的试件进行养护,条件为温度(20±1)℃,相对湿度不小于 90%,养护 168h。制备五个试件。

将养护好的试件在标准试验条件下放置 2h,将试件安装在试验机上,保持试件表面垂直方向的中线与试验机夹具中心在一条线上,以(5±1)mm/min 的速度拉伸至试件破坏,记录试件的最大拉力。试验温度为(23±2)℃。

结果计算按本节(六)进行。

(八) 拉伸性能

1. 试验器具

(1) 拉伸试验机：测量值在量程的(15~85)%之间，示值精度不低于1%，伸长范围大于500mm。

(2) 电热鼓风干燥箱：控温精度±2℃。

(3) 冲片机及符合 GB/T 528 要求的哑铃Ⅰ型裁刀。

(4) 紫外线箱：500W 直管汞灯，灯管与箱底平行，与试件表面的距离为(47~50)cm。

(5) 厚度计：接触面直径6mm，单位面积压力 0.02MPa，分度值 0.01mm。

(6) 氙弧灯老化试验箱：符合 GB/T 18244 要求的氙弧灯老化试验箱。

2. 试验步骤

(1) 无处理拉伸性能

将涂膜按表 8-34 要求，裁取符合 GB/T 528 要求的哑铃Ⅰ型试件，并划好间距25mm的平行标线，用厚度计测量试件标线中间和两端三点的厚度，取其算术平均值作为试件厚度。调整拉伸试验机夹具间距约70mm，将试件夹在试验机上，保持试件长度方向的中线与试验机夹具中心在一条线上，按表 8-36 的拉伸速度进行拉伸至断裂，记录试件断裂时的最大荷载(P)，断裂时标线间距离(L_1)，精确到 0.1mm，测试五个试件，若有试件断裂在标线外，应舍弃用备用件补测。

拉 伸 速 度　　　　　　　　　　　　　　　　表 8-36

产品类型	拉伸速度(mm/min)	产品类型	拉伸速度(mm/min)
高延伸率涂料	500	低延伸率涂料	200

(2) 热处理拉伸性能

将涂膜按表 8-34 要求裁取六个(120×25)mm 矩形试件平放在隔离材料上，水平放入已达到规定温度的电热鼓风烘箱中，加热温度沥青类涂料为(70±2)℃，其他涂料为(80±2)℃。试件与箱壁间距不得少于50mm，试件宜与温度计的探头在同一水平位置，在规定温度的电热鼓风烘箱中恒温(168±1)h 取出，然后在标准试验条件下放置 4h，裁取符合 GB/T 528 要求的哑铃Ⅰ型试件进行拉伸试验。

(3) 碱处理拉伸性能

在(23±2)℃时，在 0.1%化学纯氢氧化钠(NaOH)溶液中，加入 $Ca(OH)_2$ 试剂，并达到过饱和状态。

在 600mL 该溶液中放入按表 8-34 裁取的六个(120×25)mm 矩形试件，液面应高出试件表面 10mm 以上，连续浸泡(168±1)h 取出，充分用水冲洗，擦干，在标准试验条件下放置 4h，裁取符合 GB/T 528 要求的哑铃Ⅰ型试件进行拉伸试验。

对于水性涂料，浸泡取出擦干后，再在(60±2)℃的电热鼓风烘箱中放置 6h±15min，取出在标准试验条件下放置(18±2)h，裁取符合 GB/T 528 要求的哑铃Ⅰ型试件进行拉伸试验。

(4) 酸处理拉伸性能

在(23±2)℃时，在 600mL 的 2%化学纯硫酸(H_2SO_4)溶液中，放入按表 8-34 裁取的六个(120×25)mm 矩形试件，液面应高出试件表面 10mm 以上，连续浸泡(168±1)h 取出，充分用水冲洗，擦干，在标准试验条件下放置 4h，裁取符合 GB/T 528 要求的哑铃Ⅰ型试件进行拉伸试验。

对于水性涂料，浸泡取出擦干后，再在(60±2)℃的电热鼓风烘箱中放置 6h±15min，取出在标准试验条件下放置(18±2)h，裁取符合 GB/T 528 要求的哑铃Ⅰ型试件进行拉伸试验。

(5) 紫外线处理拉伸性能

按表 8-34 裁取的六个(120×25)mm 矩形试件，将试件平放在釉面砖上，为了防粘，可在釉面砖表面撒滑石粉。将试件放入紫外线箱中，距试件表面 50mm 左右的空间温度为(45±2)℃，恒温照射 240h。取出在标准试验条件下放置 4h，裁取符合 GB/T 528 要求的哑铃Ⅰ型试件进行拉伸试验。

(6) 人工气候老化材料拉伸性能

按表 8-34 裁取的六个(120×25)mm 矩形试件放入符合 GB/T 18244 要求的氙弧灯老化试验箱中，试验累计辐照能量为 1500MJ^2/m^2(约 720h)后取出，擦干，在标准试验条件下放置 4h，裁取符合 GB/T 528 要求的哑铃Ⅰ型试件进行拉伸试验。

对于水性涂料，取出擦干后，再在(60±2)℃的电热鼓风烘箱中放置 6h±15min，取出在标准试验条件下放置(18±2)h，裁取符合 GB/T 528 要求的哑铃Ⅰ型试件进行拉伸试验。

3. 结果计算

(1) 拉伸强度

试件的拉伸强度按式(8-55)计算：

$$T_L = P/(B \times D) \tag{8-55}$$

式中　T_L——拉伸强度(MPa)；
　　　P——最大拉力(N)；
　　　B——试件中间部位宽度(mm)；
　　　D——试件厚度(mm)。

取五个试件的算术平均值作为试验结果，结果精确到 0.01MPa。

(2) 断裂伸长率

试件的断裂伸长率按式(8-56)计算：

$$E = (L_1 - L_0)/L_0 \times 100 \tag{8-56}$$

式中　E——断裂伸长率(%)；
　　　L_0——试件起始标线间距离 25mm；
　　　L_1——试件断裂时标线间距离(mm)。

取五个试件的算术平均值作为试验结果，结果精确到 1%。

(3) 保持率

拉伸性能保持率按式(8-57)计算：

$$R_t = (T_1/T) \times 100 \tag{8-57}$$

式中　R_t——样品处理后拉伸性能保持率(%)；
　　　T——样品处理前平均拉伸强度；

T_1——样品处理后平均拉伸强度。

结果精确到1%。

(九) 撕裂强度

1. 试验器具

(1) 拉伸试验机：测量值在量程的(15～85)%之间，示值精度不低于1%，伸长范围大于500mm。

(2) 电热鼓风干燥箱：控温精度±2℃。

(3) 冲片机及符合GB/T 529要求的直角撕裂裁刀。

(4) 厚度计：接触面直径6mm，单位面积压力0.02MPa，分度值0.01mm。

2. 试验步骤

将涂膜按表8-34要求，裁取符合GB/T 529要求的无割口直角撕裂试件，用厚度计测量试件直角撕裂区域三点的厚度，取其算术平均值作为试件厚度。将试件夹在试验机上，保持试件长度方向的中线与试验机夹具中心在一条线上，按表8-36的拉伸速度进行拉伸至断裂，记录试件断裂时的最大荷载(P)，测试五个试件。

3. 结果计算

试件的撕裂强度按式(8-58)计算：

$$T_s = P/d \tag{8-58}$$

式中　T_s——撕裂强度(kN/m)；

　　　P——最大拉力(N)；

　　　d——试件厚度(mm)。

取五个试件的算术平均值作为试验结果，结果精确到0.1kN/m。

(十) 定伸时老化

1. 试验器具

(1) 电热鼓风干燥箱：控温精度±2℃。

(2) 氙弧灯老化试验箱：符合GB/T 18244要求的氙弧灯老化试验箱。

(3) 冲片机及符合GB/T 528要求的哑铃Ⅰ型裁刀。

(4) 定伸保持器：能使标线间距离拉伸100%以上。

2. 试验步骤

(1) 加热老化

将涂膜按表8-34要求，裁取符合GB/T 528要求的哑铃Ⅰ型试件，并划好间距25mm的平行标线，并使试件的标线间距离从25mm拉伸至50mm，在标准试验条件下放置24h。然后将夹有试件的定伸保持器放入烘箱，加热温度沥青类涂料为(70±2)℃，其他涂料为(80±2)℃，水平放置168h后取出。再在标准试验条件下放置4h，观测定伸保持器上的试件有无变形，并用8倍放大镜检查试件有无裂纹。同时试验三个试件，分别记录每个试件有无变形、裂纹。

(2) 人工气候老化

将涂膜按表8-34要求，裁取符合GB/T 528要求的哑铃Ⅰ型试件，并划好间距25mm的平行标线，并使试件的标线间距离从25mm拉伸至37.5mm，在标准试验条件下放置24h。然后将夹有试件的定伸保持器放入符合GB/T 18244要求的氙弧灯老化试验箱中，试验 250h 后取出。再在标准试验条件下放置 4h，观测定伸保持器上的试件有无变形，并用 8 倍放大镜检查试件有无裂纹。同时试验三个试件，分别记录每个试件有无变形、裂纹。

3. 结果评定

每个试件应无裂纹、无变形。

（十一）加热伸缩率

1. 试验器具

(1) 电热鼓风干燥箱：控温精度±2℃。

(2) 测长装置：精度至少 0.5mm。

2. 试验步骤

将涂膜按表 8-34 要求裁取(300×30)mm 试件三块，将试件在标准试验条件下水平放置 24h，用测长装置测定每个试件长度(L_0)。将试件平放在撒有滑石粉的隔离纸上，水平放入已加热到规定温度的烘箱中，加热温度沥青类涂料为(70±2)℃，其他涂料为(80±2)℃，恒温(168±1)h 取出，在标准试验条件下放置 4h，然后用测长装置在同一位置测定试件的长度(L_1)，若试件有弯曲，用直尺压住后测量。

3. 结果计算

加热伸缩率按式(8-59)计算：

$$S=(L_1-L_0)/L_0\times100 \tag{8-59}$$

式中　S——加热伸缩率(%)；

　　　L_0——加热处理前长度(mm)；

　　　L_1——加热处理后长度(mm)。

取三个试件的算术平均值作为试验结果，结果精确到 0.1%。

（十二）低温柔性

1. 试验器具

(1) 低温冰柜：控温精度±2℃。

(2) 圆棒或弯板：直径 10mm、20mm、30mm。

2. 试验步骤

(1) 无处理

将涂膜按表 8-34 要求裁取(100×25)mm 试件三块进行试验，将试件和弯板或圆棒放入已调节到规定温度的低温冰柜的冷冻液中，温度计探头应与试件在同一水平位置，在规定温度下保持 1h，然后在冷冻液中将试件绕圆棒或弯板在 3s 内弯曲180°，弯曲三个试件（无上、下表面区分），立即取出试件用肉眼观察试件表面有无裂纹、断裂。

(2) 热处理

将涂膜按表 8-34 要求裁取三个(100×25)mm 矩形试件平放在隔离材料上，水平放入已达到规定温度的电热鼓风烘箱中，加热温度沥青类涂料为(70±2)℃，其他涂料为(80±2)℃。试件与箱壁间距不得少于 50mm，试件宜与温度计的探头在同一水平位置，在规定温度的电热鼓风烘箱中恒温(168±1)h 取出，然后在标准试验条件下放置 4h 进行试验。

(3) 碱处理

在(23±2)℃时，在 0.1% 化学纯 NaOH 溶液中，加入 $Ca(OH)_2$ 试剂，并达到过饱和状态。

在 400mL 该溶液中放入按表 8-34 裁取的三个(100×25)mm 试件，液面应高出试件表面 10mm 以上，连续浸泡(168±1)h 取出，充分用水冲洗，擦干，在标准试验条件下放置 4h 进行试验。

对于水性涂料，浸泡取出擦干后，再在(60±2)℃的电热鼓风烘箱中放置 6h±15min，取出在标准试验条件下放置(18±2)h 进行试验。

(4) 酸处理

在(23±2)℃时，在 400mL 的 2% 化学纯 H_2SO_4 溶液中，放入按表 8-34 裁取的三个(100×25)mm 试件，液面应高出试件表面 10mm 以上，连续浸泡(168±1)h 取出，充分用水冲洗，擦干，在标准试验条件下放置 4h 进行试验。

对于水性涂料，浸泡取出擦干后，再在(60±2)℃的电热鼓风烘箱中放置 6h±15min，取出在标准试验条件下放置(18±2)h 进行试验。

(5) 紫外线处理

按表 8-34 裁取的三个(100×25)mm 试件，将试件平放在釉面砖上，为了防粘，可在釉面砖表面撒滑石粉。将试件放入紫外线箱中，距试件表面 50mm 左右的空间温度为(45±2)℃，恒温照射 240h。取出在标准试验条件下放置 4h 进行试验。

(6) 人工气候老化处理

按表 8-34 裁取的三个(100×25)mm 试件放入符合 GB/T 18244 要求的氙弧灯老化试验箱中，试验累计辐照能量为 $1500MJ^2/m^2$(约 720h)后取出，擦干，在标准试验条件下放置 4h 进行试验。

对于水性涂料，取出擦干后，再在(60±2)℃的电热鼓风烘箱中放置 6h±15min，取出在标准试验条件下放置(18±2)h 进行试验。

3. 结果评定

所有试件应无裂纹。

(十三) 低温弯折性

1. 试验器具

(1) 低温水柜：控温精度±2℃。

(2) 弯折仪：如图 8-36 所示。

(3) 6 倍放大镜。

2. 试验步骤

(1) 无处理

按表 8-34 裁取的三个(100×25)mm 试件，沿长度方向弯曲试件，将端部固定在一起，例如用胶粘带，见图 8-36，如此弯曲三个试件。调节弯折仪的两个平板间的距离为试件厚度的 3 倍。检测平板间 4 点的距离如图 8-36 所示。

放置弯曲试件在试验机上，胶带端对着平行于弯板的转轴如图 8-36 所示。放置翻开的弯折试验机和试件于调好规定温度的低温箱中。在规定温度放置 1h 后，在规定温度弯折试验机从超过 90°的垂直位置到水平位置，1s 内合上，保持该位置 1s，整个操作过程在低温箱中进行。从试验机中取出试件，恢复到(23±5)℃，用 6 倍放大镜检查试件弯折区域的裂纹或断裂。

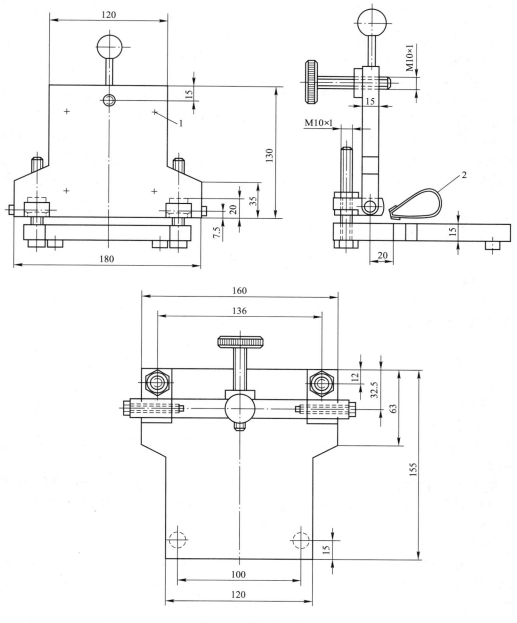

图 8-36 弯折仪示意图
1—测量点；2—试件

(2) 热处理、碱处理、酸处理、紫外线处理、人工气候老化处理

分别按本节三、(十二)、2、(2)、(3)、(4)、(5)、(6)处理后，按本节三、(十三)2(1)试验。

3. 结果评定

所有试件应无裂纹。

(十四) 不透水性

1. 试验器具

(1) 不透水仪：符合 GB/T 328.10—2007 中 5.2 要求。

(2) 金属网：孔径为 0.2mm。

2. 试验步骤

按表 8-34 裁取的三个约 (150×150)mm 试件，在标准试验条件下放置 2h，试验在 (23±5)℃进行，将装置中充水直到满出，彻底排出装置中空气。

将试件放置在透水盘上，再在试件上加一相同尺寸的金属网，盖上 7 孔圆盘，慢慢夹紧直到试件夹紧在盘上，用布或压缩空气干燥试件的非迎水面，慢慢加压到规定的压力。

达到规定压力后，保持压力 (30±2)min。试验时观察试件的透水情况 (水压突然下降或试件的非迎水面有水)。

3. 结果评定

所有试件在规定时间应无透水现象。

(十五) 干燥时间

1. 试验器具

(1) 计时器：分度至少 1min。

(2) 铝板：规格 [120×50×(1~3)] mm。

(3) 线棒涂布器：200μm

2. 试验步骤

(1) 表干时间

试验前铝板、工具、涂料应在标准试验条件下放置 24h 以上。

在标准试验条件下，用线棒涂布器将按生产厂要求混合搅拌均匀的样品涂布在铝板上制备涂膜，涂布面积为 (100×50)mm，记录涂布结束时间，对于多组分涂料从混合开始记录时间。

静置一段时间后，用无水乙醇擦净手指，在距试件边缘不小于 10mm 范围内用手指轻触涂膜表面，若无涂料粘附在手指上即为表干，记录时间，试验开始到结束的时间即为表干时间。

(2) 实干时间

按表干时间制备试件，静置一段时间后，用刀片在距试件边缘不小于 10min 范围内切割涂膜，若底层及膜内均无粘附手指现象，则为实干，记录时间，试验开始到结束的时间即为实干时间。

3. 结果评定

平行试验两次，以两次结果的平均值作为最终结果，有效数字应精确到实际时间的 10%。

第九章 建筑装饰材料

第一节 建筑饰面陶瓷及其试验方法

一、陶瓷砖[1]

《陶瓷砖》GB/T 4100—2006 规定了陶瓷砖的定义、分类、性能、抽样和接收条件、技术要求和试验方法、标志和说明、订货。

（一）术语和定义

1. 陶瓷砖：

由黏土和其他无机非金属原料制造的用于覆盖墙面和地面的薄板制品，陶瓷砖是在室温下通过挤压或干压或其他方法成型，干燥后，在满足性能要求的温度下烧制而成。砖是有釉（GL）或无釉（UGL）的，而且是不可燃、不怕光的。

2. 釉：不透水的玻化覆盖层。

3. 底釉：覆盖在黏土坯表面的透水或不透水无光饰面。

注：表面只有底釉的砖被当作无釉砖。

4. 抛光面：无釉陶瓷砖最后工序经机械研磨、抛光使砖所具有的光泽表面。

5. 挤压砖（A）：

挤压砖是将可塑性坯料经过挤压机挤出成型，再将所成型的泥条按砖的预定尺寸进行切割。

注：1. 这些产品分为精细的或普通的，主要是由它们的性能来决定的。

2. 挤压砖的习惯术语是用来描述劈离砖和方砖的，通常分别是指双挤压砖和单挤压砖，方砖仅指吸水率不超过6%的挤压砖。

6. 干压砖（B）：干压砖是将混合好的粉料置于模具中于一定压力下压制成型的。

7. 其他方法成型的砖（C）：用挤或压以外方法成型的陶瓷砖。

注：这类砖不包含在标准《陶瓷砖》GB/T 4100—2006 中。

8. 瓷质砖：吸水率（E）不超过 0.5% 的陶瓷砖。

9. 炻质砖：吸水率（E）大于 0.5%，不超过 3% 的陶瓷砖。

10. 细炻砖：吸水率（E）大于 3%，不超过 6% 的陶瓷砖。

11. 炻质砖：吸水率（E）大于 6%，不超过 10% 的陶瓷砖。

12. 陶质砖：吸水率（E）大于 10% 的陶瓷砖。

13. 吸水率（E）：用质量分数表示，按 GB/T 3810.3 规定测定。

14. 间隔凸缘（见图 9-2）：带有凸缘的砖，便于使沿直线铺贴的两块砖之间的接缝宽度不超过规定的要求。

---

[1] 内容引自 GB/T 4100—2006《陶瓷砖》。

注：1. 两块砖之间连接位置的凸缘由水泥砂浆覆盖使凸缘不暴露在外。
   2. 由制造者提供工作尺寸，可以按相同情况将干压成型砖加工间隔凸缘。

15. 尺寸描述（见图 9-1、图 9-2）

注：这里描述的尺寸只适用于矩形砖，对于非矩形砖可以采用相应的最小矩形的尺寸。

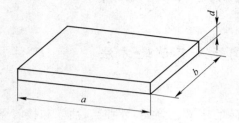

配合尺寸(C)＝工作尺寸(W)＋连接宽度(J)
工作尺寸(W)＝可见面(a)、(b)和厚度(d)的尺寸

图 9-1　砖的尺寸

(1) 名义尺寸：用来统称产品规格的尺寸。

(2) 工作尺寸(W)：按制造结果而确定的尺寸，实际尺寸与其之间的差应在规定的允许偏差之内。

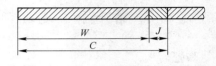

配合尺寸(C)＝工作尺寸(W)＋连接宽度(J)
工作尺寸(W)＝可见面(a)、(b)和厚度(d)的尺寸

图 9-2　带有间隔凸缘的砖

注：工作尺寸包括长、宽、厚。

(3) 实际尺寸：按照 GB/T 3810.2 中规定的方法测得的尺寸。

(4) 配合尺寸(C)：工作尺寸加上连接宽度。

(5) 模数尺寸：模数尺寸包括了尺寸为 M(1M＝100mm)、2M、3M 和 5M 以及它们的倍数或分数为基数的砖，不包括表面积小于 9000mm^2 的砖。

(6) 非模数尺寸：不以模数 M 为基数的尺寸。

(7) 公差：在尺寸允许范围之内的偏差。

(二) 分类

分类方法

(1) 按照陶瓷砖的成型方法和吸水率进行分类见表 9-1，这种分类与产品的使用无关。

陶瓷砖按成型方法和吸水率分类表　　　　表 9-1

成型方法	Ⅰ类 $E≤3\%$	Ⅱa 类 $3\%<E≤6\%$	Ⅱb 类 $6\%<E≤10\%$	Ⅲ类 $E>10\%$
A(挤压)	AⅠ类 (见附录 A)	AⅡa1 类[a] (见附录 B)	AⅡb1 类[a] (见附录 D)	AⅢ类 (见附录 F)
		AⅡa2 类[a] (见附录 C)	AⅡb2 类[a] (见附录 E)	

续表

成型方法	Ⅰ类 $E\leqslant 3\%$	Ⅱa类 $3\%<E\leqslant 6\%$	Ⅱb类 $6\%<E\leqslant 10\%$	Ⅲ类 $E>10\%$
B(干压)	BⅠa类 瓷质砖 $E\leqslant 0.5\%$ (见附录G) BⅠb类 炻瓷砖 $0.5\%<E\leqslant 3\%$ (见附录H)	BⅡa类 细炻砖 (见附录J)	BⅡb类 炻质砖 (见附录K)	BⅢ类[b] 陶质砖 (见附录L)
C(其他)	CⅠ类[c]	CⅡa类[c]	CⅡb类[c]	CⅢ类[c]

a) AⅡa类和AⅡb类按照产品不同性能分为两个部分。
b) BⅢ类仅包括有釉砖,此类不包括吸水率大于10%的干压成型无釉砖。
c) 标准 GB/T 4100—2006 不包括这类砖。

(2) 按成型方法分类

A 挤压砖;

B 干压砖;

C 其他方法成型的砖。

(3) 按吸水率(E)分类

按吸水率分为以下三类:

1) 低吸水率砖(Ⅰ类),$E\leqslant 3\%$

Ⅰ类干压砖还可以进一步分为:

① $E\leqslant 0.5\%$(BⅠa类);

② $0.5\%<E\leqslant 3\%$(BⅠb类)。

2) 中吸水率砖(Ⅱ类),$3\%<E\leqslant 10\%$

Ⅱ类挤压砖还可进一步分为:

① $3\%<E\leqslant 6\%$(AⅡa类,第1部分和第2部分);

② $6\%<E\leqslant 10\%$(AⅡb类,第1部分和第2部分)。

Ⅱ类干压砖还可进一步分为:

① $3\%<E\leqslant 6\%$(BⅡa类);

② $6\%<E\leqslant 10\%$(BⅡb类)。

3) 高吸水率砖(Ⅲ类),$E>10\%$。

(三) 性能

在表9-2中列出了不同用途陶瓷砖的产品性能要求。

不同用途陶瓷砖的产品性能要求　　　　表9-2

性　能	地　砖		墙　砖		试验方法
尺寸和表面质量	室内	室外	室内	室外	标准号
长度和宽度	×	×	×	×	GB/T 3810.2
厚度	×	×	×	×	GB/T 3810.2
边直度	×	×	×	×	GB/T 3810.2

续表

性能 尺寸和表面质量	地砖 室内	地砖 室外	墙砖 室内	墙砖 室外	试验方法 标准号
直角度	×	×	×	×	GB/T 3810.2
表面平整度(弯曲度和翘曲度)	×	×	×	×	GB/T 3810.2
物理性能					
吸水率	×	×	×	×	GB/T 3810.3
破坏强度	×	×	×	×	GB/T 3810.4
断裂模数	×	×	×	×	GB/T 3810.4
无釉砖耐磨深度	×	×			GB/T 3810.6
有釉砖表面耐磨性	×	×			GB/T 3810.7
线性热膨胀[a]	×	×	×	×	GB/T 3810.8
抗热震性[a]	×	×	×	×	GB/T 3810.9
有釉砖抗釉裂性	×	×	×	×	GB/T 3810.11
抗冻性[b]		×		×	GB/T 3810.12
摩擦系数	×	×			附录 M
湿膨胀[a]	×	×	×	×	GB/T 3810.10
小色差[a]	×	×	×	×	GB/T 3810.16
抗冲击性[a]	×	×			GB/T 3810.5
抛光砖光泽度	×	×	×	×	GB/T 13891
化学性能					
有釉砖耐污染性	×	×	×	×	GB/T 3810.14
无釉砖耐污染性[a]	×	×	×	×	GB/T 3810.14
耐低浓度酸和碱化学腐蚀性	×	×	×	×	GB/T 3810.13
耐高浓度酸和碱化学腐蚀性[a]	×	×	×	×	GB/T 3810.13
耐家庭化学试剂和游泳池盐类化学腐蚀性	×	×	×	×	GB/T 3810.13
有釉砖铅和镉的溶出量[a]	×	×	×	×	GB/T 3810.15

a) 见附录 Q 试验方法。
b) 砖在有冰冻情况下使用时。

(四)抽样和接收条件

抽样和接收条件应符合 GB/T 3810.1 的要求。

(五)要求

各类陶瓷砖的尺寸、表面质量、物理性能和化学性能的技术要求应符合附录 A~附录 L 中的相应规定。

(六)标志和说明

1. 标志

砖或其包装上应有下列标志：
(1) 制造商的标记和/或商标以及产地；
(2) 质量标志；
(3) 砖的种类及执行标准 GB/T 4100—2006 的相应附录；
(4) 名义尺寸和工作尺寸，模数(M)或非模数；
(5) 表面特性，如有釉(GL)或无釉(UGL)。

2. 产品特性

对用于地面的陶瓷砖，应报告以下特性：
(1) 按标准附录 M 规定所测得的摩擦系数；
(2) 有釉砖的耐磨性级别。

注：按附录 P 规定的耐磨性级别。

3. 说明书

产品说明书中应包括下列内容：
(1) 成型方法；
(2) 陶瓷砖类别及执行标准 GB/T 4100—2006 的相应附录；
(3) 名义尺寸和工作尺寸，模数(M)和非模数；
(4) 表面特性，如有釉(GL)或无釉(UGL)。

例如：

精细挤压砖，GB/T 4100—2006 附录 A

AⅠ　M25cm×12.5cm(W240mm×115mm×10mm)GL

普通挤压砖，GB/T 4100—2006 附录 A

AⅠ　15cm×15cm(W150mm×150mm×12.5mm)UGL

(七) 订货

在订货时，如尺寸、厚度、表面特征、颜色、外观、有釉砖耐磨性级别以及其他性能均应与相关方协商一致。

附　录　A

(规范性附录)

挤压陶瓷砖 $E \leqslant 3\%$ AⅠ类

A.1　要求

该类产品的尺寸、表面质量、物理性能和化学性能的技术要求应符合表 A.1 的规定。

挤压陶瓷砖技术要求($E \leqslant 3\%$，AⅠ类)　　表 A.1

技　术　要　求				试验方法
尺寸和表面质量		精　细	普　通	
长度和宽度	每块砖(2 条或 4 条边)的平均尺寸相对于工作尺寸(W)的允许偏差(%)	±1.0%，最大±2mm	±2.0%，最大±4mm	GB/T 3810.2
	每块砖(2 条或 4 条边)的平均尺寸相对于 10 块砖(20 条或 40 条边)平均尺寸的允许偏差(%)	±1.0%	±1.5%	GB/T 3810.2

续表

技术要求				试验方法
尺寸和表面质量		精细	普通	
长度和宽度	制造商选择工作尺寸应满足以下要求： a. 模数砖名义尺寸连接宽度允许在(3~11)mm之间[a] b. 非模数砖工作尺寸与名义尺寸之间的偏差不大于±3mm			GB/T 3810.2
厚度 a. 厚度由制造商确定 b. 每块砖厚度的平均值相对于工作尺寸厚度的允许偏差(%)		±10%	±10%	GB/T 3810.2
边直度[b]（正面） 相对于工作尺寸的最大允许偏差(%)		±0.5%	±0.6%	GB/T 3810.2
直角度[b] 相对于工作尺寸的最大允许偏差(%)		±1.0%	±1.0%	GB/T 3810.2
表面平整度 最大允许偏差(%)	a. 相对于由工作尺寸计算的对角线的中心弯曲度	±0.5%	±1.5%	GB/T 3810.2
	b. 相对于工作尺寸的边弯曲度	±0.5%	±1.5%	GB/T 3810.2
	c. 相对于由工作尺寸计算的对角线的翘曲度	±0.8%	±1.5%	GB/T 3810.2
表面质量[c]		至少95%的砖主要区域无明显缺陷		GB/T 3810.2
物理性能				
吸水率[h]，质量分数		平均值≤3.0%，单值≤3.3%	平均值≤3.0%，单值≤3.3%	GB/T 3810.3
破坏强度(N)	a. 厚度≥7.5mm	≥1100	≥1100	GB/T 3810.4
	b. 厚度<7.5mm	≥600	≥600	GB/T 3810.4
断裂模数(N/mm²)(MPa) 不适用于破坏强度≥3000N的砖		平均值≥23，单值≥18	平均值≥23，单值≥18	GB/T 3810.4
耐磨性	a. 无釉地砖耐磨损体积(mm³)	≤275	≤275	GB/T 3810.6
	b. 有釉地砖表面耐磨性[d]	报告陶瓷砖耐磨性级别和转数		GB/T 3810.7
线性热膨胀系数[e]	从环境温度到100℃	见附录Q		GB/T 3810.8
抗热震性[e]		见附录Q		GB/T 3810.9
有釉砖抗釉裂性[f]		经试验应无釉裂		GB/T 3810.11
抗冻性[e]		见附录Q		GB/T 3810.12
地砖摩擦系数		制造商应报告陶瓷地砖的摩擦系数和试验方法		附录M
湿膨胀[e](mm/m)		见附录Q		GB/T 3810.10
小色差[e]		见附录Q		GB/T 3810.16
抗冲击性[e]		见附录Q		GB/T 3810.5

化 学 性 能				
耐污染性	a. 有釉砖	最低 3 级	最低 3 级	GB/T 3810.14
	b. 无釉砖[e]	见附录 Q		GB/T 3810.14
抗化学腐蚀性	耐低浓度酸和碱 a. 有釉砖 b. 无釉砖[g]	制造商应报告耐化学腐蚀性等级	制造商应报告耐化学腐蚀性等级	GB/T 3810.13
	耐高浓度酸和碱[e]	见附录 Q		GB/T 3810.13
	耐家庭化学试剂和游泳池盐类 a. 有釉砖 b. 无釉砖[g]	不低于 GB 级 不低于 UB 级	不低于 GB 级 不低于 UB 级	GB/T 3810.13
铅和镉的溶出量[e]		见附录 Q		GB/T 3810.15

a) 以非公制尺寸为基础的习惯用法也可用在同类型砖的连接宽度上。
b) 不适用于有弯曲形状的砖。
c) 在烧成过程中,产品与标准板之间的微小色差是难免的。本条款不适用于在砖的表面有意制造的色差(表面可能是有釉的、无釉的或部分有釉的)或在砖的部分区域内为了突出产品的特点而希望的色差。用于装饰目的的斑点或色斑不能看作为缺陷。
d) 有釉地砖耐磨性分级可参照标准 GB/T 4100—2006 附录 P 规定。
e) 表中所列"见附录 Q"涉及项目不是所有产品都必检的,是否有必要对这些项目进行检验应按标准 GB/T 4100—2006 附录 Q 的规定确定。
f) 制造商对于为装饰效果而产生的裂纹应加以说明,这种情况下,GB/T 3810.11 规定的釉裂试验不适用。
g) 如果色泽有微小变化,不应算是化学腐蚀。
h) 吸水率最大单个值为 0.5% 的砖是全玻化砖(常被认为是不吸水的)。

A.2 抽样和接收条件

见本节一、(四),抽样和接收条件应符合 GB/T 3810.1 的要求。

A.3 标志和说明

见本节一、(六)相关内容。

A.4 订货

在订货时,如尺寸、厚度、表面特征、颜色、外观、有釉砖耐磨性级别以及其他性能均应与相关方协商一致。

附 录 B
(规范性附录)
挤压陶瓷砖 3%<E≤6% AⅡa 类——第 1 部分

B.1 要求

该类产品的尺寸、表面质量、物理性能和化学性能的技术要求应符合表 B.1 的规定。

挤压陶瓷砖技术要求（3％＜E≤6％，AⅡa类——第1部分）　　表B.1

技术要求			精细	普通	试验方法
尺寸和表面质量					
长度和宽度	每块砖（2条或4条边）的平均尺寸相对于工作尺寸（W）的允许偏差（％）		±1.25％，最大±2mm	±2.0％，最大±4mm	GB/T 3810.2
	每块砖（2条或4条边）的平均尺寸相对于10块砖（20条或40条边）平均尺寸的允许偏差（％）		±1.0％	±1.5％	GB/T 3810.2
	制造商选择工作尺寸应满足以下要求： a. 模数砖名义尺寸连接宽度允许在（3～11）mm之间[a] b. 非模数砖工作尺寸与名义尺寸之间的偏差不大于±3mm				GB/T 3810.2
厚度 a. 厚度由制造商确定 b. 每块砖厚度的平均值相对于工作尺寸厚度的允许偏差（％）			±10％	±10％	GB/T 3810.2
边直度[b]（正面） 相对于工作尺寸的最大允许偏差（％）			±0.5％	±0.6％	GB/T 3810.2
直角度[b] 相对于工作尺寸的最大允许偏差（％）			±1.0％	±1.0％	GB/T 3810.2
表面平整度最大允许偏差（％）	a. 相对于由工作尺寸计算的对角线的中心弯曲度		±0.5％	±1.5％	GB/T 3810.2
	b. 相对于工作尺寸的边弯曲度		±0.5％	±1.5％	GB/T 3810.2
	c. 相对于由工作尺寸计算的对角线的翘曲度		±0.8％	±1.5％	GB/T 3810.2
表面质量[c]			至少95％的砖主要区域无明显缺陷		GB/T 3810.2
物理性能					
吸水率，质量分数			3.0％＜平均值≤6.0％ 单值≤6.5％	3.0％＜平均值≤6.0％ 单值≤6.5％	GB/T 3810.3
破坏强度（N）	a. 厚度≥7.5mm		≥950	≥950	GB/T 3810.4
	b. 厚度＜7.5mm		≥600	≥600	GB/T 3810.4
断裂模数（N/mm²）（MPa） 不适用于破坏强度≥3000N的砖			平均值≥20，单值≥18	平均值≥20，单值≥18	GB/T 3810.4
耐磨性	a. 无釉地砖耐磨损体积（mm³）		≤393	≤393	GB/T 3810.6
	b. 有釉地砖表面耐磨性[d]		报告陶瓷砖耐磨性级别和转数		GB/T 3810.7
线性热膨胀系数[e]	从环境温度到100℃		见附录Q		GB/T 3810.8
抗热震性[e]			见附录Q		GB/T 3810.9
有釉砖抗釉裂性[f]			经试验应无釉裂		GB/T 3810.11
抗冻性[e]			见附录Q		GB/T 3810.12

续表

物理性能				
地砖摩擦系数		制造商应报告陶瓷地砖的摩擦系数和试验方法		附录 M
湿膨胀[e] (mm/m)		见附录 Q		GB/T 3810.10
小色差[e]		见附录 Q		GB/T 3810.16
抗冲击性[e]		见附录 Q		GB/T 3810.5
化学性能				
耐污染性	a. 有釉砖	最低 3 级	最低 3 级	GB/T 3810.14
	b. 无釉砖[g]	见附录 Q		GB/T 3810.14
抗化学腐蚀性	耐低浓度酸和碱 a. 有釉砖 b. 无釉砖[g]	制造商应报告耐化学腐蚀性等级	制造商应报告耐化学腐蚀性等级	GB/T 3810.13
	耐高浓度酸和碱[e]	见附录 Q		GB/T 3810.13
	耐家庭化学试剂和游泳池盐类 a. 有釉砖 b. 无釉砖[g]	不低于 GB 级 不低于 UB 级	不低于 GB 级 不低于 UB 级	GB/T 3810.13
铅和镉的溶出量[e]		见附录 Q		GB/T 3810.15

注：同表 A.1。

B.2 抽样和接收条件；B.3 标志和说明；B.4 订货

见本节第一、(四)(六)(七)相关内容。

附 录 C
（规范性附录）
挤压陶瓷砖 $3\% < E \leqslant 6\%$ A Ⅱ a 类——第 2 部分

C.1 要求

该类产品的尺寸、表面质量、物理性能和化学性能的技术要求应符合表 C.1 的规定。

挤压陶瓷砖技术要求（$3\% < E \leqslant 6\%$，A Ⅱ a 类——第 2 部分） 表 C.1

技术要求				试验方法
尺寸和表面质量		精细	普通	
长度和宽度	每块砖（2 条或 4 条边）的平均尺寸相对于工作尺寸（W）的允许偏差（%）	±1.5%，最大±2mm	±2.0%，最大±4mm	GB/T 3810.2
	每块砖（2 条或 4 条边）的平均尺寸相对于 10 块砖（20 条或 40 条边）平均尺寸的允许偏差（%）	±1.5%	±1.5%	GB/T 3810.2

续表

技术要求				试验方法
尺寸和表面质量		精细	普通	
长度和宽度	制造商选择工作尺寸应满足以下要求： a. 模数砖名义尺寸连接宽度允许在(3~11)mm之间[a] b. 非模数砖工作尺寸与名义尺寸之间的偏差不大于±3mm			GB/T 3810.2
厚度 a. 厚度由制造商确定 b. 每块砖厚度的平均值相对于工作尺寸厚度的允许偏差(%)		±10%	±10%	GB/T 3810.2
边直度[b]（正面） 相对于工作尺寸的最大允许偏差(%)		±1.0%	±1.0%	GB/T 3810.2
直角度[b] 相对于工作尺寸的最大允许偏差(%)		±1.0%	±1.0%	GB/T 3810.2
表面平整度最大允许偏差(%)	a. 相对于由工作尺寸计算的对角线的中心弯曲度	±1.0%	±1.5%	GB/T 3810.2
	b. 相对于工作尺寸的边弯曲度	±1.0%	±1.5%	GB/T 3810.2
	c. 相对于由工作尺寸计算的对角线的翘曲度	±1.5%	±1.5%	GB/T 3810.2
表面质量[c]		至少95%的砖主要区域无明显缺陷		GB/T 3810.2
物理性能				
吸水率，质量分数		3.0%＜平均值≤6.0% 单值≤6.5%	3.0%＜平均值≤6.0% 单值≤6.5%	GB/T 3810.3
破坏强度(N)	a. 厚度≥7.5mm	≥800	≥800	GB/T 3810.4
	b. 厚度＜7.5mm	≥600	≥600	GB/T 3810.4
断裂模数(N/mm²)(MPa) 不适用于破坏强度≥3000N的砖		平均值≥13，单值≥11	平均值≥13，单值≥11	GB/T 3810.4
耐磨性	a. 无釉地砖耐磨损体积(mm³)	≤541	≤541	GB/T 3810.6
	b. 有釉地砖表面耐磨性[d]	报告陶瓷砖耐磨性级别和转数		GB/T 3810.7
线性热膨胀系数[e]	从环境温度到100℃	见附录Q		GB/T 3810.8
抗热震性[e]		见附录Q		GB/T 3810.9
有釉砖抗釉裂性[f]		经试验应无釉裂		GB/T 3810.11
抗冻性[e]		见附录Q		GB/T 3810.12
地砖摩擦系数		制造商应报告陶瓷地砖的摩擦系数和试验方法		附录M
湿膨胀[e](mm/m)		见附录Q		GB/T 3810.10
小色差[e]		见附录Q		GB/T 3810.16
抗冲击性[e]		见附录Q		GB/T 3810.5

续表

化 学 性 能				
耐污染性	a. 有釉砖	最低3级	最低3级	GB/T 3810.14
	b. 无釉砖	见附录Q		GB/T 3810.14
抗化学腐蚀性	耐低浓度酸和碱 a. 有釉砖 b. 无釉砖 g)	制造商应报告耐化学腐蚀性等级	制造商应报告耐化学腐蚀性等级	GB/T 3810.13
	耐高浓度酸和碱 e)	见附录Q		GB/T 3810.13
	耐家庭化学试剂和游泳池盐类 a. 有釉砖 b. 无釉砖 g)	不低于GB级 不低于UB级	不低于GB级 不低于UB级	GB/T 3810.13
铅和镉的溶出量 e)		见附录Q		GB/T 3810.15

注：同表A.1。

C.2 抽样和接收条件；C.3 标志和说明；C.4 订货

见本节一、(四)(六)(七)相关内容。

附 录 D
（规范性附录）
挤压陶瓷砖 $6\%<E\leqslant 10\%$ AⅡb类——第1部分

D.1 要求

该类产品的尺寸、表面质量、物理性能和化学性能的技术要求应符合表D.1的规定。

挤压陶瓷砖技术要求（$6\%<E\leqslant 10\%$，AⅡb类——第1部分） 表D.1

技 术 要 求				试验方法
	尺寸和表面质量	精细	普通	
长度和宽度	每块砖(2条或4条边)的平均尺寸相对于工作尺寸(W)的允许偏差(%)	±2.0%， 最大±2mm	±2.0%， 最大±4mm	GB/T 3810.2
	每块砖(2条或4条边)的平均尺寸相对于10块砖(20条或40条边)平均尺寸的允许偏差(%)	±1.5%	±1.5%	GB/T 3810.2
	制造商选择工作尺寸应满足以下要求： a. 模数砖名义尺寸连接宽度允许在(3~11)mm之间 a) b. 非模数砖工作尺寸与名义尺寸之间的偏差不大于±3mm			GB/T 3810.2
厚度 a. 厚度由制造商确定 b. 每块砖厚度的平均值相对于工作尺寸厚度的允许偏差(%)		±10%	±10%	GB/T 3810.2
边直度 b)（正面） 相对于工作尺寸的最大允许偏差(%)		±1.0%	±1.0%	GB/T 3810.2

续表

技术要求		精细	普通	试验方法
尺寸和表面质量				
直角度[b] 相对于工作尺寸的最大允许偏差(%)		±1.0%	±1.0%	GB/T 3810.2
表面平整度 最大允许偏差(%)	a. 相对于由工作尺寸计算的对角线的中心弯曲度	±1.0%	±1.5%	GB/T 3810.2
	b. 相对于工作尺寸的边弯曲度	±1.0%	±1.5%	GB/T 3810.2
	c. 相对于由工作尺寸计算的对角线的翘曲度	±1.5%	±1.5%	GB/T 3810.2
表面质量[c]		至少95%的砖主要区域无明显缺陷		GB/T 3810.2
物理性能				
吸水率,质量分数		6%<平均值 ≤10% 单值≤11%	6%<平均值 ≤10% 单值≤11%	GB/T 3810.3
破坏强度(N)		≥900	≥900	GB/T 3810.4
断裂模数(N/mm^2)(MPa) 不适用于破坏强度≥3000N的砖		平均值≥17.5 单值≥15	平均值≥17.5 单值≥15	GB/T 3810.4
耐磨性	a. 无釉地砖耐磨损体积(mm^3)	≤649	≤649	GB/T 3810.6
	b. 有釉地砖表面耐磨性[d]	报告陶瓷砖耐磨性级别和转数		GB/T 3810.7
线性热膨胀系数[e]	从环境温度到100℃	见附录Q		GB/T 3810.8
抗热震性[e]		见附录Q		GB/T 3810.9
有釉砖抗釉裂性[f]		经试验应无釉裂		GB/T 3810.11
抗冻性[e]		见附录Q		GB/T 3810.12
地砖摩擦系数		制造商应报告陶瓷地砖的摩擦系数和试验方法		附录M
湿膨胀[e] (mm/m)		见附录Q		GB/T 3810.10
小色差[e]		见附录Q		GB/T 3810.16
抗冲击性[e]		见附录Q		GB/T 3810.5
化学性能				
耐污染性	a. 有釉砖	最低3级	最低3级	GB/T 3810.14
	b. 无釉砖[e]	见附录Q		GB/T 3810.14
抗化学腐蚀性	耐低浓度酸和碱 a. 有釉砖 b. 无釉砖[g]	制造商应报告耐化学腐蚀性等级	制造商应报告耐化学腐蚀性等级	GB/T 3810.13
	耐高浓度酸和碱[e]	见附录Q		GB/T 3810.13
	耐家庭化学试剂和游泳池盐类 a. 有釉砖 b. 无釉砖[g]	不低于GB级 不低于UB级	不低于GB级 不低于UB级	GB/T 3810.13
铅和镉的溶出量[e]		见附录Q		GB/T 3810.15

注:同表A.1。

D.2 抽样和接收条件；D.3 标志和说明；D.4 订货

见本节一、(四)(六)(七)相关内容。

附 录 E
(规范性附录)
挤压陶瓷砖 6%＜E≤10% AⅡb类——第2部分

E.1 要求

该类产品的尺寸、表面质量、物理性能和化学性能的技术要求应符合表E.1的规定。

挤压陶瓷砖技术要求(6%＜E≤10%，AⅡb类——第2部分)　　表E.1

技 术 要 求		精 细	普 通	试验方法
尺寸和表面质量				
长度和宽度	每块砖(2条或4条边)的平均尺寸相对于工作尺寸(W)的允许偏差(%)	±2.0%，最大±2mm	±2.0%，最大±4mm	GB/T 3810.2
	每块砖(2条或4条边)的平均尺寸相对于10块砖(20条或40条边)平均尺寸的允许偏差(%)	±1.5%	±1.5%	GB/T 3810.2
	制造商选择工作尺寸应满足以下要求： a. 模数砖名义尺寸连接宽度允许在(3～11)mm之间[a] b. 非模数砖工作尺寸与名义尺寸之间的偏差不大于±3mm			GB/T 3810.2
厚度 a. 厚度由制造商确定 b. 每块砖厚度的平均值相对于工作尺寸厚度的允许偏差(%)		±10%	±10%	GB/T 3810.2
边直度[b](正面) 相对于工作尺寸的最大允许偏差(%)		±1.0%	±1.0%	GB/T 3810.2
直角度[b] 相对于工作尺寸的最大允许偏差(%)		±1.0%	±1.0%	GB/T 3810.2
表面平整度 最大允许偏差(%)	a. 相对于由工作尺寸计算的对角线的中心弯曲度	±1.0%	±1.5%	GB/T 3810.2
	b. 相对于工作尺寸的边弯曲度	±1.0%	±1.5%	GB/T 3810.2
	c. 相对于由工作尺寸计算的对角线的翘曲度	±1.5%	±1.5%	GB/T 3810.2
表面质量[c]		至少95%的砖主要区域无明显缺陷		GB/T 3810.2
物 理 性 能				
吸水率，质量分数		6%＜平均值≤10% 单值≤11%	6%＜平均值≤10% 单值≤11%	GB/T 3810.3

续表

物 理 性 能					
破坏强度(N)			≥750	≥750	GB/T 3810.4
断裂模数(N/mm²)(MPa) 不适用于破坏强度≥3000N 的砖			平均值≥9 单值≥8	平均值≥9 单值≥8	GB/T 3810.4
耐磨性	a. 无釉地砖耐磨损体积(mm³)		≤1062	≤1062	GB/T 3810.6
	b. 有釉地砖表面耐磨性d)		报告陶瓷砖耐磨性级别和转数		GB/T 3810.7
线性热膨胀系数e)	从环境温度到100℃		见附录Q		GB/T 3810.8
抗热震性e)			见附录Q		GB/T 3810.9
有釉砖抗釉裂性f)			经试验应无釉裂		GB/T 3810.11
抗冻性e)			见附录Q		GB/T 3810.12
地砖摩擦系数			制造商应报告陶瓷地砖的摩擦系数和试验方法		附录M
湿膨胀e)(mm/m)			见附录Q		GB/T 3810.10
小色差e)			见附录Q		GB/T 3810.16
抗冲击性e)			见附录Q		GB/T 3810.5
化 学 性 能					
耐污染性	a. 有釉砖		最低3级	最低3级	GB/T 3810.14
	b. 无釉砖e)		见附录Q		GB/T 3810.14
抗化学腐蚀性	耐低浓度酸和碱 a. 有釉砖 b. 无釉砖g)		制造商应报告耐化学腐蚀性等级	制造商应报告耐化学腐蚀性等级	GB/T 3810.13
	耐高浓度酸和碱e)		见附录Q		GB/T 3810.13
	耐家庭化学试剂和游泳池盐类 a. 有釉砖 b. 无釉砖g)		不低于 GB 级 不低于 UB 级	不低于 GB 级 不低于 UB 级	GB/T 3810.13
铅和镉的溶出量e)			见附录Q		GB/T 3810.15

注：同表 A.1。

E.2 抽样和接收条件；E.3 标志和说明；E.4 订货

见本节一、(四)(六)(七)相关内容。

附 录 F
（规范性附录）

挤压陶瓷砖 $E>10\%$ AⅢ类

F.1 要求

该类产品的尺寸、表面质量、物理性能和化学性能的技术要求应符合表 F.1 的规定。

挤压陶瓷砖技术要求（$E>10\%$，AⅢ类） 表 F.1

技术要求					试验方法
尺寸和表面质量			精细	普通	
长度和宽度	每块砖（2条或4条边）的平均尺寸相对于工作尺寸（W）的允许偏差（%）		±2.0%，最大±2mm	±2.0%，最大±4mm	GB/T 3810.2
	每块砖（2条或4条边）的平均尺寸相对于10块砖（20条或40条边）平均尺寸的允许偏差（%）		±1.5%	±1.5%	GB/T 3810.2
	制造商选择工作尺寸应满足以下要求： a. 模数砖名义尺寸连接宽度允许在（3～11）mm之间[a] b. 非模数砖工作尺寸与名义尺寸之间的偏差不大于±3mm				GB/T 3810.2
厚度 a. 厚度由制造商确定 b. 每块砖厚度的平均值相对于工作尺寸厚度的允许偏差（%）			±10%	±10%	GB/T 3810.2
边直度[b]（正面） 相对于工作尺寸的最大允许偏差（%）			±1.0%	±1.0%	GB/T 3810.2
直角度[b] 相对于工作尺寸的最大允许偏差（%）			±1.0%	±1.0%	GB/T 3810.2
表面平整度 最大允许偏差（%）		a. 相对于由工作尺寸计算的对角线的中心弯曲度	±1.0%	±1.5%	GB/T 3810.2
		b. 相对于工作尺寸的边弯曲度	±1.0%	±1.5%	GB/T 3810.2
		c. 相对于由工作尺寸计算的对角线的翘曲度	±1.5%	±1.5%	GB/T 3810.2
表面质量[c]			至少95%的砖主要区域无明显缺陷		GB/T 3810.2
物理性能					
吸水率，质量分数			平均值>10%	平均值>10%	GB/T 3810.3
破坏强度（N）			≥600	≥600	GB/T 3810.4
断裂模数（N/mm²）（MPa） 不适用于破坏强度≥3000N的砖			平均值≥8 单值≥7	平均值≥8 单值≥7	GB/T 3810.4
耐磨性		a. 无釉地砖耐磨损体积（mm³）	≤2365	≤2365	GB/T 3810.6
		b. 有釉地砖表面耐磨性[d]	报告陶瓷砖耐磨性级别和转数		GB/T 3810.7
线性热膨胀系数[e]		从环境温度到100℃	见附录Q		GB/T 3810.8
抗热震性[e]			见附录Q		GB/T 3810.9
有釉砖抗釉裂性[f]			经试验应无釉裂		GB/T 3810.11
抗冻性[e]			见附录Q		GB/T 3810.12
地砖摩擦系数			制造商应报告陶瓷地砖的摩擦系数和试验方法		附录M

续表

		物 理 性 能		
湿膨胀[e] (mm/m)		见附录 Q		GB/T 3810.10
小色差[e]		见附录 Q		GB/T 3810.16
抗冲击性[e]		见附录 Q		GB/T 3810.5
		化 学 性 能		
耐污染性	a. 有釉砖	最低 3 级	最低 3 级	GB/T 3810.14
	b. 无釉砖[e]	见附录 Q		GB/T 3810.14
抗化学腐蚀性	耐低浓度酸和碱 a. 有釉砖 b. 无釉砖[g]	制造商应报告耐化学腐蚀性等级	制造商应报告耐化学腐蚀性等级	GB/T 3810.13
	耐高浓度酸和碱[e]	见附录 Q		GB/T 3810.13
	耐家庭化学试剂和游泳池盐类 a. 有釉砖 b. 无釉砖[g]	不低于 GB 级 不低于 UB 级	不低于 GB 级 不低于 UB 级	GB/T 3810.13
铅和镉的溶出量[e]		见附录 Q		GB/T 3810.15

注：同表 A.1。

F.2 抽样和接收条件；F.3 标志和说明；F.4 订货

见本节一、(四)(六)(七)相关内容。

附 录 G
（规范性附录）
干压陶瓷砖 $E \leqslant 0.5\%$ BⅠa 类——瓷质砖

G.1 要求

该类产品的尺寸、表面质量、物理性能和化学性能的技术要求应符合表 G.1 的规定。

干压陶瓷砖：瓷质砖技术要求（$E \leqslant 0.5\%$，BⅠa 类） 表 G.1

尺寸和表面质量		技 术 要 求					试验方法
		产品表面积 S/cm^2					
		$S \leqslant 90$	$90 < S \leqslant 190$	$190 < S \leqslant 410$	$410 < S \leqslant 1600$	$S > 1600$	
长度和宽度	每块砖(2 条或 4 条边)的平均尺寸相对于工作尺寸(W)的允许偏差(%)	±1.2	±1.0	±0.75	±0.6	±0.5	GB/T 3810.2
		每块抛光砖(2 条或 4 条边)的平均尺寸相对于工作尺寸的允许偏差为±1.0mm					
	每块砖(2 条或 4 条边)的平均尺寸相对于 10 块砖(20 条或 40 条边)平均尺寸的允许偏差(%)	±0.75	±0.5	±0.5	±0.5	±0.4	GB/T 3810.2
	制造商应选用以下尺寸 a. 模数砖名义尺寸连接宽度允许在(2~5)mm 之间[a] b. 非模数砖工作尺寸与名义尺寸之间的偏差不大于±2%，最大 5mm						GB/T 3810.2

续表

尺寸和表面质量		技术要求					试验方法
		产品表面积 S/cm^2					
		$S \leqslant 90$	$90 < S \leqslant 190$	$190 < S \leqslant 410$	$410 < S \leqslant 1600$	$S > 1600$	
厚度 a. 厚度由制造商确定 b. 每块砖厚度的平均值相对于工作尺寸厚度的允许偏差(%)		±10	±10	±5	±5	±5	GB/T 3810.2
边直度[b]（正面） 相对于工作尺寸的最大允许偏差(%)		±0.75	±0.5	±0.5	±0.5	±0.3	GB/T 3810.2
		抛光砖的边直度允许偏差为±0.2%，且最大偏差≤2.0mm					
直角度[b] 相对于工作尺寸的最大允许偏差(%)		±1.0	±0.6	±0.6	±0.6	±0.5	GB/T 3810.2
		抛光砖的直角度允许偏差为±0.2%，且最大偏差≤2.0mm。 边长>600mm的砖，直角度用对边长度差和对角线长度差表示，最大偏差≤2.0mm					
表面平整度最大允许偏差(%)	a. 相对于由工作尺寸计算的对角线的中心弯曲度	±1.0	±0.5	±0.5	±0.5	±0.4	GB/T 3810.2
	b. 相对于工作尺寸的边弯曲度	±1.0	±0.5	±0.5	±0.5	±0.4	GB/T 3810.2
	c. 相对于由工作尺寸计算的对角线的翘曲度	±1.0	±0.5	±0.5	±0.5	±0.4	GB/T 3810.2
	抛光砖的表面平整度允许偏差为±0.2%，且最大偏差≤2.0mm。 边长>600mm的砖，表面平整度用上凸和下凹表示，其最大偏差≤2.0mm						GB/T 3810.2
表面质量[c]		至少95%的砖其主要区域无明显缺陷					GB/T 3810.2
物理性能							
吸水率[h]，质量分数		平均值≤0.5%，单值≤0.6%					GB/T 3810.3
破坏强度(N)	a. 厚度≥7.5mm	≥1300					GB/T 3810.4
	b. 厚度<7.5mm	≥700					
断裂模数(N/mm^2)(MPa) 不适用于破坏强度≥3000N的砖		平均值≥35，单值≥32					GB/T 3810.4
耐磨性	a. 无釉地砖耐磨损体积(mm^3)	≤175					GB/T 3810.6
	b. 有釉地砖表面耐磨性[d]	报告陶瓷砖耐磨性级别和转数					GB/T 3810.7
线性热膨胀系数[e] 从环境温度到100℃		见附录Q					GB/T 3810.8
抗热震性		见附录Q					GB/T 3810.9
有釉砖抗釉裂性[f]		经试验应无釉裂					GB/T 3810.11
抗冻性		经试验应无裂纹或剥落					GB/T 3810.12
地砖摩擦系数		制造商应报告陶瓷地砖的摩擦系数和试验方法					附录M
湿膨胀[e](mm/m)		见附录Q					GB/T 3810.10
小色差[e]		见附录Q					GB/T 3810.16

续表

物 理 性 能			
抗冲击性[e]		见附录 Q	GB/T 3810.5
抛光砖光泽度[i]		≥55	GB/T 13891
化 学 性 能			
耐污染性	a. 有釉砖	最低 3 级	GB/T 3810.14
	b. 无釉砖[e]	见附录 Q	
抗化学腐蚀性	耐低浓度酸和碱 a. 有釉砖 b. 无釉砖[g]	制造商应报告耐化学腐蚀性等级	GB/T 3810.13
	耐高浓度酸和碱[e]	见附录 Q	GB/T 3810.13
	耐家庭化学试剂和游泳池盐类	a. 有釉砖　不低于 GB 级 b. 无釉砖[g]　不低于 UB 级	GB/T 3810.13
铅和镉的溶出量[e]		见附录 Q	GB/T 3810.15

注：同表 A.1 注 a)~h)。
　　i) 适用于有镜面效果的抛光砖，不包括半抛光和局部抛光的砖。

G.2　抽样和接收条件；G.3　标志和说明；G.4　订货
见本节一、(四)(六)(七)相关内容。

附　录　H
（规范性附录）
干压陶瓷砖 $0.5\% < E \leqslant 3\%$ BⅠb 类——炻瓷砖

H.1　要求
该类产品的尺寸、表面质量、物理性能和化学性能的技术要求应符合表 H.1 的规定。

干压陶瓷砖：炻瓷砖技术要求（$0.5\% < E \leqslant 3\%$，BⅠb 类）　　表 H.1

尺寸和表面质量		技 术 要 求				试验方法
		产品表面积 S/cm^2				
		$S \leqslant 90$	$90 < S \leqslant 190$	$190 < S \leqslant 410$	$S > 410$	
长度和宽度	每块砖(2 条或 4 条边)的平均尺寸相对于工作尺寸(W)的允许偏差(%)	±1.2	±1.0	±0.75	±0.6	GB/T 3810.2
	每块砖(2 条或 4 条边)的平均尺寸相对于 10 块砖(20 条或 40 条边)平均尺寸的允许偏差(%)	±0.75	±0.5	±0.5	±0.5	GB/T 3810.2
	制造商应选用以下尺寸： a. 模数砖名义尺寸连接宽度允许在 2mm 到 5mm 之间[a] b. 非模数砖工作尺寸与名义尺寸之间的偏差不大于±2%，最大 5mm					GB/T 3810.2

续表

尺寸和表面质量		技术要求				试验方法
		产品表面积 S/cm²				
		$S \leq 90$	$90 < S \leq 190$	$190 < S \leq 410$	$S > 410$	
厚度 a. 厚度由制造商确定 b. 每块砖厚度的平均值相对于工作尺寸厚度的允许偏差(%)		±10	±10	±5	±5	GB/T 3810.2
边直度[b](正面) 相对于工作尺寸的最大允许偏差(%)		±0.75	±0.5	±0.5	±0.5	GB/T 3810.2
直角度[b] 相对于工作尺寸的最大允许偏差(%)		±1.0	±0.6	±0.6	±0.6	GB/T 3810.2
表面平整度最大允许偏差(%)	a. 相对于由工作尺寸计算的对角线的中心弯曲度	±1.0	±0.5	±0.5	±0.5	GB/T 3810.2
	b. 相对于工作尺寸的边弯曲度	±1.0	±0.5	±0.5	±0.5	GB/T 3810.2
	c. 相对于由工作尺寸计算的对角线的翘曲度	±1.0	±0.5	±0.5	±0.5	GB/T 3810.2
表面质量[c]		至少95%的砖其主要区域无明显缺陷				GB/T 3810.2
物理性能						
吸水率[h]，质量分数		0.5%<E≤3%，单个最大值≤3.3%				GB/T 3810.3
破坏强度(N)	a. 厚度≥7.5mm	≥1100				GB/T 3810.4
	b. 厚度<7.5mm	≥700				
断裂模数(N/mm²)(MPa) 不适用于破坏强度≥3000N的砖		平均值≥30，单个最小值≥27				GB/T 3810.4
耐磨性	a. 无釉地砖耐磨损体积(mm³)	≤175				GB/T 3810.6
	b. 有釉地砖表面耐磨性[d]	报告陶瓷砖耐磨性级别和转数				GB/T 3810.7
线性热膨胀系数[e] 从环境温度到100℃		见附录Q				GB/T 3810.8
抗热震性		见附录Q				GB/T 3810.9
有釉砖抗釉裂性[f]		经试验应无釉裂				GB/T 3810.11
抗冻性		经试验应无裂纹或剥落				GB/T 3810.12
地砖摩擦系数		制造商应报告陶瓷地砖的摩擦系数和试验方法				附录M
湿膨胀[e](mm/m)		见附录Q				GB/T 3810.10
小色差[e]		见附录Q				GB/T 3810.16
抗冲击性[e]		见附录Q				GB/T 3810.5

续表

		化 学 性 能		
耐污染性	a. 有釉砖	最低3级		GB/T 3810.14
	b. 无釉砖[e]	见附录Q		
抗化学腐蚀性	耐低浓度酸和碱 a. 有釉砖 b. 无釉砖[g]	制造商应报告耐化学腐蚀性等级		GB/T 3810.13
	耐高浓度酸和碱[e]	见附录Q		GB/T 3810.13
	耐家庭化学试剂和游泳池盐类 a. 有釉砖 b. 无釉砖[g]	不低于GB级 不低于UB级		GB/T 3810.13
铅和镉的溶出量[e]		见附录Q		GB/T 3810.15

注：同表A.1。

H.2 抽样和接收条件；H.3 标志和说明；H.4 订货

见本节一、(四)(六)(七)相关内容。

附 录 J
（规范性附录）
干压陶瓷砖 3%＜E≤6% BⅡa类——细炻砖

J.1 要求

该类产品的尺寸、表面质量、物理性能和化学性能的技术要求应符合表J.1的规定。

干压陶瓷砖：细炻砖技术要求（3%＜E≤6%，BⅡa类） 表J.1

尺寸和表面质量		技 术 要 求				试验方法
		产品表面积 S/cm²				
		S≤90	90＜S≤190	190＜S≤410	S＞410	
长度和宽度	每块砖（2条或4条边）的平均尺寸相对于工作尺寸（W）的允许偏差(%)	±1.2	±1.0	±0.75	±0.6	GB/T 3810.2
	每块砖（2条或4条边）的平均尺寸相对于10块砖（20条或40条边）平均尺寸的允许偏差(%)	±0.75	±0.5	±0.5	±0.5	GB/T 3810.2
	制造商应选用以下尺寸： a. 模数砖名义尺寸连接宽度允许在2mm到5mm之间[a] b. 非模数砖工作尺寸与名义尺寸之间的偏差不大于±2%，最大5mm					GB/T 3810.2
厚度 a. 厚度由制造商确定 b. 每块砖厚度的平均值相对于工作尺寸厚度的允许偏差(%)		±10	±10	±5	±5	GB/T 3810.2

续表

尺寸和表面质量		技 术 要 求				试验方法
		产品表面积 S/cm^2				
		$S\leqslant 90$	$90<S\leqslant 190$	$190<S\leqslant 410$	$S>410$	
边直度[b]（正面）相对于工作尺寸的最大允许偏差（%）		±0.75	±0.5	±0.5	±0.5	GB/T 3810.2
直角度[b] 相对于工作尺寸的最大允许偏差（%）		±1.0	±0.6	±0.6	±0.6	GB/T 3810.2
表面平整度最大允许偏差（%）	a. 相对于由工作尺寸计算的对角线的中心弯曲度	±1.0	±0.5	±0.5	±0.5	GB/T 3810.2
	b. 相对于工作尺寸的边弯曲度	±1.0	±0.5	±0.5	±0.5	GB/T 3810.2
	c. 相对于由工作尺寸计算的对角线的翘曲度	±1.0	±0.5	±0.5	±0.5	GB/T 3810.2
表面质量[c]		至少95%的砖其主要区域无明显缺陷				GB/T 3810.2
物 理 性 能						
吸水率，质量分数		3%<E≤6%，单个最大值≤6.5%				GB/T 3810.3
破坏强度（N）	a. 厚度≥7.5mm	≥1000				GB/T 3810.4
	b. 厚度<7.5mm	≥600				
断裂模数（N/mm²）（MPa）不适用于破坏强度≥3000N 的砖		平均值≥22，单个最小值≥20				GB/T 3810.4
耐磨性	a. 无釉地砖耐磨损体积（mm³）	≤345				GB/T 3810.6
	b. 有釉地砖表面耐磨性[d]	报告陶瓷砖耐磨性级别和转数				GB/T 3810.7
线性热膨胀系数[e] 从环境温度到100℃		见附录Q				GB/T 3810.8
抗热震性		见附录Q				GB/T 3810.9
有釉砖抗釉裂性[f]		经试验应无釉裂				GB/T 3810.11
抗冻性		经试验应无裂纹或剥落				GB/T 3810.12
地砖摩擦系数		制造商应报告陶瓷地砖的摩擦系数和试验方法				附录M
湿膨胀[e]（mm/m）		见附录Q				GB/T 3810.10
小色差[e]		见附录Q				GB/T 3810.16
抗冲击性[e]		见附录Q				GB/T 3810.5
化 学 性 能						
耐污染性	a. 有釉砖	最低3级				GB/T 3810.14
	b. 无釉砖[e]	见附录Q				

续表

化 学 性 能			
抗化学腐蚀性	耐低浓度酸和碱 a. 有釉砖 b. 无釉砖[g]	制造商应报告耐化学腐蚀性等级	GB/T 3810.13
	耐高浓度酸和碱[e]	见附录Q	GB/T 3810.13
	耐家庭化学试剂和游泳池盐类 a. 有釉砖 b. 无釉砖[g]	不低于 GB 级 不低于 UB 级	GB/T 3810.13
铅和镉的溶出量[e]		见附录Q	GB/T 3810.15

注：同表 A.1。

J.2 抽样和接收条件；J.3 标志和说明；J.4 订货

见本节一、(四)(六)(七)相关内容。

附 录 K
(规范性附录)
干压陶瓷砖 6%＜E≤10% BⅡb 类——炻质砖

K.1 要求

该类产品的尺寸、表面质量、物理性能和化学性能的技术要求应符合表 K.1 的规定。

干压陶瓷砖：炻质砖技术要求(6%＜E≤10%，BⅡb 类)　　表 K.1

尺寸和表面质量		技 术 要 求				试验方法
		产品表面积 S/cm²				
		S≤90	90＜S≤190	190＜S≤410	S＞410	
长度和宽度	每块砖(2 条或 4 条边)的平均尺寸相对于工作尺寸(W)的允许偏差(%)	±1.2	±1.0	±0.75	±0.6	GB/T 3810.2
	每块砖(2 条或 4 条边)的平均尺寸相对于 10 块砖(20 条或 40 条边)平均尺寸的允许偏差(%)	±0.75	±0.5	±0.5	±0.5	GB/T 3810.2
	制造商应选用以下尺寸： a. 模数砖名义尺寸连接宽度允许在 2mm 到 5mm 之间[a] b. 非模数砖工作尺寸与名义尺寸之间的偏差不大于±2%，最大 5mm					GB/T 3810.2
厚度 a. 厚度由制造商确定 b. 每块砖厚度的平均值相对于工作尺寸厚度的允许偏差(%)		±10	±10	±5	±5	GB/T 3810.2
边直度[b](正面) 相对于工作尺寸的最大允许偏差(%)		±0.75	±0.5	±0.5	±0.5	GB/T 3810.2
直角度[b] 相对于工作尺寸的最大允许偏差(%)		±1.0	±0.6	±0.6	±0.6	GB/T 3810.2

续表

尺寸和表面质量		技 术 要 求				试验方法
		产品表面积 S/cm^2				
		$S \leq 90$	$90 < S \leq 190$	$190 < S \leq 410$	$S > 410$	
表面平整度最大允许偏差（%）	a. 相对于由工作尺寸计算的对角线的中心弯曲度	±1.0	±0.5	±0.5	±0.5	GB/T 3810.2
	b. 相对于工作尺寸的边弯曲度	±1.0	±0.5	±0.5	±0.5	GB/T 3810.2
	c. 相对于由工作尺寸计算的对角线的翘曲度	±1.0	±0.5	±0.5	±0.5	GB/T 3810.2
表面质量[e]		至少95%的砖其主要区域无明显缺陷				GB/T 3810.2
物 理 性 能						
吸水率，质量分数		$6\% < E \leq 10\%$，单个最大值 $\leq 11\%$				GB/T 3810.3
破坏强度(N)	a. 厚度≥7.5mm	≥800				GB/T 3810.4
	b. 厚度<7.5mm	≥600				
断裂模数(N/mm^2)(MPa) 不适用于破坏强度≥3000N 的砖		平均值不小于18，单个最小值16				GB/T 3810.4
耐磨性	a. 无釉地砖耐磨损体积(mm^3)	≤540				GB/T 3810.6
	b. 有釉地砖表面耐磨性[d]	报告陶瓷砖耐磨性级别和转数				GB/T 3810.7
线性热膨胀系数[e] 从环境温度到100℃		见附录 Q				GB/T 3810.8
抗热震性		见附录 Q				GB/T 3810.9
有釉砖抗釉裂性[f]		经试验后就无釉裂				GB/T 3810.11
抗冻性		经试验后应无裂纹或剥落				GB/T 3810.12
地砖摩擦系数		制造商应报告陶瓷地砖的摩擦系数和试验方法				附录 M
湿膨胀[e](mm/m)		见附录 Q				GB/T 3810.10
小色差		见附录 Q				GB/T 3810.16
抗冲击性[e]		见附录 Q				GB/T 3810.5
化 学 性 能						
耐污染性	a. 有釉砖	最低3级				GB/T 3810.14
	b. 无釉砖[e]	见附录 Q				
抗化学腐蚀性	耐低浓度酸和碱 a. 有釉砖 b. 无釉砖[g]	制造商应报告耐化学腐蚀性等级				GB/T 3810.13
	耐高浓度酸和碱[e]	见附录 Q				GB/T 3810.13
	耐家庭化学试剂和游泳池盐类 a. 有釉砖 b. 无釉砖[g]	不低于GB级 不低于UB级				GB/T 3810.13
铅和镉的溶出量[e]		见附录 Q				GB/T 3810.15

注：同表 A.1。

K.2 抽样和接收条件；K.3 标志和说明；K.4 订货

见本节一、(四)(六)(七)相关内容。

附 录 L
(规范性附录)
干压陶瓷砖 $E>10\%$ B Ⅲ 类——陶质砖

L.1 要求

该类产品的尺寸、表面质量、物理性能和化学性能的技术要求应符合表 L.1 的规定。

干压陶瓷砖：陶质砖技术要求（$E>10\%$，BⅢ类） 表 L.1

<table>
<tr><th colspan="3">技 术 要 求</th><th rowspan="2">试验方法</th></tr>
<tr><th colspan="2">尺寸和表面质量</th><th>无间隔凸缘</th><th>有间隔凸缘</th></tr>
<tr><td rowspan="3">长度(l)和宽度(w)</td><td>每块砖(2条或4条边)的平均尺寸相对于工作尺寸(W)的允许偏差g)(%)</td><td>$l\leq12cm$，±0.75%
$l>12cm$，±0.50%</td><td>+0.6%
-0.3%</td><td>GB/T 3810.2</td></tr>
<tr><td>每块砖(2条或4条边)的平均尺寸相对于10块砖(20条或40条边)平均尺寸的允许偏差g)(%)</td><td>$l\leq12cm$，±0.5%
$l>12cm$，±0.3%</td><td>±0.25%</td><td>GB/T 3810.2</td></tr>
<tr><td>制造商应选用以下尺寸：
a. 模数砖名义尺寸连接宽度允许在1.5mm到5mm之间a)
b. 非模数砖工作尺寸与名义尺寸之间的偏差不大于2mm</td><td colspan="2"></td><td>GB/T 3810.2</td></tr>
<tr><td colspan="2">厚度
a. 厚度由制造商确定
b. 每块砖厚度的平均值相对于工作尺寸厚度的允许偏差(%)</td><td>±10%</td><td>±10%</td><td>GB/T 3810.2</td></tr>
<tr><td colspan="2">边直度b)(正面)
相对于工作尺寸的最大允许偏差(%)</td><td>±0.3%</td><td>±0.3%</td><td>GB/T 3810.2</td></tr>
<tr><td colspan="2">直角度b)
相对于工作尺寸的最大允许偏差(%)</td><td>±0.5%</td><td>±0.3%</td><td>GB/T 3810.2</td></tr>
<tr><td rowspan="3">表面平整度最大允许偏差(%)</td><td>a. 相对于由工作尺寸计算的对角线的中心弯曲度</td><td>+0.5%
-0.3%</td><td>+0.5%
-0.3%</td><td>GB/T 3810.2</td></tr>
<tr><td>b. 相对于工作尺寸的边弯曲度</td><td>+0.5%
-0.3%</td><td>+0.5%
-0.3%</td><td>GB/T 3810.2</td></tr>
<tr><td>c. 相对于由工作尺寸计算的对角线的翘曲度</td><td>±0.5%</td><td>±0.5%</td><td>GB/T 3810.2</td></tr>
<tr><td colspan="2">表面质量c)</td><td colspan="2">至少95%的砖其主要区域无明显缺陷</td><td>GB/T 3810.2</td></tr>
<tr><th colspan="4">物 理 性 能</th><th></th></tr>
<tr><td colspan="2">吸水率，质量分数</td><td colspan="2">平均值>10%，单个最小值>9%。
当平均值>20%时，制造商应说明</td><td>GB/T 3810.3</td></tr>
<tr><td rowspan="2">破坏强度h)(N)</td><td>a. 厚度≥7.5mm</td><td colspan="2">≥600</td><td rowspan="2">GB/T 3810.4</td></tr>
<tr><td>b. 厚度<7.5mm</td><td colspan="2">≥350</td></tr>
<tr><td colspan="2">断裂模数(N/mm²)(MPa)
不适用于破坏强度≥3000N 的砖</td><td colspan="2">平均值≥15,
单个最小值≥12</td><td>GB/T 3810.4</td></tr>
<tr><td colspan="2">耐磨性
有釉地砖表面耐磨性d)</td><td colspan="2">经试验后报告陶瓷砖耐磨性级别和转数</td><td>GB/T 3810.7</td></tr>
<tr><td colspan="2">线性热膨胀系数e)
从环境温度到100℃</td><td colspan="2">见附录 Q</td><td>GB/T 3810.8</td></tr>
</table>

物 理 性 能			
抗热震性	见附录 Q		GB/T 3810.9
有釉砖抗釉裂性[f]	经试验应无釉裂		GB/T 3810.11
抗冻性[e]	见附录 Q		GB/T 3810.12
地砖摩擦系数	制造商应报告陶瓷砖摩擦系数和试验方法		附录 M
湿膨胀[e]（mm/m）	见附录 Q		GB/T 3810.10
小色差[e]	见附录 Q		GB/T 3810.16
抗冲击性[e]	见附录 Q		GB/T 3810.5
化 学 性 能			
耐污染性	a. 有釉砖	最低 3 级	GB/T 3810.14
	b. 无釉砖[e]	见附录 Q	
抗化学腐蚀性	耐低浓度酸和碱	制造商应报告陶瓷砖耐化学腐蚀性等级	GB/T 3810.13
	耐高浓度酸和碱[e]	见附录 Q	GB/T 3810.13
	耐家庭化学试剂和游泳池盐类	不低于 GB 级	GB/T 3810.13
铅和镉的溶出量[e]	见附录 Q		GB/T 3810.15

a)、b)、c)、d)、e)、f)同表 A.1。

g) 砖可以有一条或几条上釉边。

h) 制造商必须说明对于破坏强度小于 400N 的砖只能用于贴墙。

L.2 抽样和接收条件；L.3 标志和说明；L.4 订货

见本节一、（四）（六）（七）相关内容。

附 录 M
（规范性附录）
摩擦系数的测定

M.1 适用范围

本附录规定了有釉陶瓷地砖和无釉陶瓷地砖表面的静摩擦系数测定方法。

M.2 术语和定义

M.2.1 摩擦系数

使物体克服摩擦力作用产生滑动或有滑动趋势时作用于物体上的切向力和垂直方向上力的比值。

M.2.2 静摩擦系数

使物体克服静摩擦力作用即将产生滑动时作用于物体上的切向力和垂直方向上力的比值。

M.3 仪器和材料

M.3.1 仪器：

一套测力系统，用于测试在砖面上拉动一个滑块时所需用力（见图 M.1）包括：

——分度值不小于 2.45N 的水平型拉力计；

——44.1N 的重块；

——4S 橡胶，IRD 硬度 90±2；

——用一块尺寸为 75mm×75mm×3mm 的 4S 橡胶块粘在一块尺寸为 200mm×200mm×20mm 的胶合板上组成的滑块组件，胶合板的一侧边上固定着一个环形螺钉，用于与拉力计连接；

——位于砖工作表面以下用来阻止砖滑动的固定架。

M.3.2 测试用材料：

——两块厚 6mm 的浮法玻璃板：一块尺寸不小于 150mm×150mm，另一块尺寸为 100mm×100mm；

——220 号碳化硅粉末；

——400 号碳化硅砂纸；

——蒸馏水或去离子水；

——中性清洁剂。

M.4 实验步骤

M.4.1 试样准备

试验应在不小于 100mm×100mm 的砖表面上进行。测试小规格砖时，应把它们铺贴成一个合适的平面。用中性清洁液洗净砖表面，待砖表面完全洗净干燥后再进行试验。

M.4.2 滑块的准备

将一张 400 号碳化硅砂纸平铺在台面上，沿水平方向拉动滑块组件，使其表面的 4S 橡胶在砂纸上移动的距离约为 100mm，将滑块在水平面内转过 90°再重复上述打磨过程共计 4 次。以上步骤为一个完整过程。用软刷刷去碎屑，必要时重复以上过程直至完全去除 4S 橡胶表面的光泽。

M.4.3 毛玻璃校正板的准备

将尺寸较大的玻璃板放在可限制其运动的平面上，在其表面上撒 2g 碳化硅磨粒并滴几滴水。用边长为 100mm 的玻璃板作为研磨工具，使其在大玻璃板上作圆周运动直至大玻璃板表面完全变成半透明状态。必要时需更换新的磨料和水重复以上过程。

用清洁剂清洗半透明毛玻璃板，然后擦净其表面并在空气中干燥。

将滑块组件放在已经在工作台面上就位的毛玻璃校正板上，用垫片调整校正板和拉力计的高度使滑块组件环首螺钉与拉力计的挂钩处于同一水平面上。将重量为 44.1N 的重块放在滑块组件中央。沿水平方向拉动滑块组件测定使滑块组件产生滑动趋势时所需的拉力，记录拉力读数。总共拉动 4 次，每次拉动方向均与上次相差 90°。

摩擦系数校正值计算公式：

$$COF = R_d / nW \tag{M.1}$$

式中 R_d——4 次拉力读数之和(N)；

n——拉动次数(4)；

W——滑块组件加上 44.1N 重块的总重量(N)；

COF——摩擦系数校正值。

如果4S橡胶面打磨得均匀，4个拉力读数应该基本一致，且校正值应在0.75±0.05范围内。在测试3个样品之前和之后均应重复校正过程并记录结果。如果前后的校正值相差超过±0.05，则整个测试过程应该重做。操作人员在每测试3个样品之前和之后均应校正测试设备和检查操作过程，以确保获得较高的测试一致性。

M.4.4 测试过程（干法）

M.4.4.1 洗净并烘干每块砖的测试表面，将待测砖放在工作台面上并紧靠限制其活动的固定架，刷去所有的碎屑。

M.4.4.2 将滑块组件放在待测砖的测试面上，将44.1N的重块放在滑块组件上部的中央部位。用拉力计测定沿水平方向使组件产生滑动趋势时所需的拉力，记录拉力读数。

M.4.4.3 每次测试3个测试面或样品，每个测试面上要拉动组件4次，每次拉动的方向与上次相差90°，总计获得12个计算静摩擦系数所需的读数。记录所有的读数。

M.4.4.4 每测试完一个测试面或样品后均应检查4S橡胶面，如果其表面显示出光泽或刮痕，则按M.4.2重复打磨过程。

M.4.5 测试过程（湿法）

首先用蒸馏水液润湿样品表面，重复M.4.4.2至M.4.4.4的步骤。每次测试均应保证砖面始终湿润。

M.4.6 计算

用公式(M.2)、(M.3)计算测试面的静摩擦系数值：

干法：
$$F_d = R_d/nW \tag{M.2}$$

湿法：
$$F_w = R_w/nW \tag{M.3}$$

式中 F_d——干燥表面的静摩擦系数值；

F_w——湿润表面的静摩擦系数值；

R_d——干法4次拉力读数之和（N）；

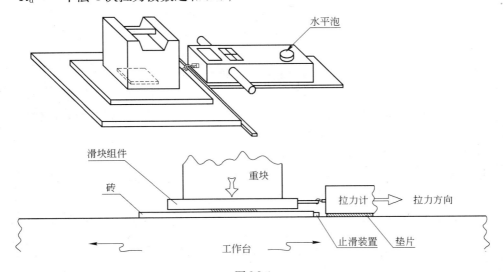

图 M.1

R_w——湿法下 4 次拉力读数之和(N);

n——拉动次数(4);

W——滑块组件加上 44.1N 重块的总重量(N)。

M.5 试验报告

试验报告应包括以下内容:

(1) 依据 GB/T 4100 标准;

(2) 样品的说明;

(3) 测试方法;

(4) 干法和湿法下静摩擦系数的平均值。

附 录 N
(资料性附录)
包装标记使用规定

包装和/或说明书规定使用图 N.1 标记。一般不要求使用标记,除非在规定的条件下。

(a) 适用于地面的砖;

(b) 适用于墙面的砖;

(c) 该罗马数字只是一个例子,它表示了有釉地砖耐磨性的级别;

(d) 该标记表示具有抗冻性的砖。

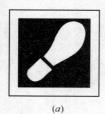  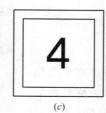 

(a)　　　　　　(b)　　　　　　(c)　　　　　　(d)

图 N.1

附 录 P
(资料性附录)
有釉地砖耐磨性分级

本附录仅提供了各级有釉地砖耐磨性(见 GB/T 3810.7)使用范围的指导性建议,对有特殊要求的产品不作为准确的技术要求。

0级　该级有釉砖不适用于铺贴地面。

1级　该级有釉砖适用于柔软的鞋袜或不带有划痕灰尘的光脚使用的地面(例如:没有直接通向室外通道的卫生间或卧室使用的地面)。

2级　该级有釉砖适用于柔软的鞋袜或普通鞋袜使用的地面。大多数情况下,偶尔有少量划痕灰尘(例如:家中起居室,但不包括厨房、入口处和其他有较多来往的房间),该等级的砖不能用特殊的鞋,例如带平头钉的鞋。

3级　该级有釉砖适用于平常的鞋袜,带有少量划痕灰尘的地面(例如:家庭的厨房、客厅、走廊、阳台、凉廊和平台）。该等级的砖不能用特殊的鞋，例如带平头钉的鞋。

4级 该级有釉砖适用于有划痕灰尘，来往行人频繁的地面，使用条件比3类地砖恶劣（例如：入口处、饭店的厨房、旅店、展览馆和商店等）。

5级 该级有釉砖适用于行人来往非常频繁并能经受划痕灰尘的地面，甚至于在使用环境较恶劣的场所（例如：公共场所如商务中心、机场大厅、旅馆门厅、公共过道和工业应用场所等）。

一般情况下，所给的使用分类是有效的，考虑到所穿的鞋袜、交通的类型和清洁方式，建筑物的地板清洁装置在进口处适当地防止划痕灰尘进入。

在交通繁忙和灰尘大的场所，可以使用吸水率 $E \leqslant 3\%$ 中无釉方型地砖。

附 录 Q
（资料性附录）
试 验 方 法

标准（GB/T 4100—2006）附录中涉及的试验方法是产品要求中所规定的，但该部分试验要求不是强制性的。本附录是对这些试验及其他相关信息的解释说明。

GB/T 3810.5 用恢复系数确定砖的抗冲击性

该试验使用在抗冲击性有特别要求的场所。一般轻负荷场所要求的恢复系数是0.55，重负荷场所则要求更高的恢复系数。

GB/T 3810.8 线性热膨胀的测定

大多数陶瓷砖都有微小的线性热膨胀，若陶瓷砖安装在有高热变性的情况下应进行该项试验。

GB/T 3810.9 抗热震性的测定

所有陶瓷砖都具有耐高温性，凡是有可能经受热震应力的陶瓷砖都应进行该项试验。

GB/T 3810.10 湿膨胀的测定

大多数有釉砖和无釉砖都有微小的自然湿膨胀，当正确铺贴（或安装）时，不会引起铺贴问题。但在不规范安装和一定的湿度条件下，当湿膨胀大于0.06%时（0.66mm/m）就有可能出问题。

GB/T 3810.12 抗冻性的测定

对于明示并准备用在受冻环境中的产品必须通过该项试验，一般对明示不用于受冻环境中的产品不要求该项试验。

GB/T 3810.13 耐化学腐蚀性的测定

陶瓷砖通常都具有抗普通化学药品的性能。若准备将陶瓷砖在有可能受腐蚀的环境下使用时，应按 GB/T 3810.13 中 4.3.2 规定进行高浓度酸和碱的耐化学腐蚀性试验。

GB/T 3810.14 耐污染性的测定

标准 GB/T 4100—2006 要求对有釉砖是强制的。对于无釉砖，若在有污染的环境下使用时，建议制造商考虑耐污染性的问题。对于某些有釉砖因釉层下的坯体吸水而引起的暂时色差，标准 GB/T 4100—2006 不适用。

GB/T 3810.15 有釉砖铅和镉溶出量的测定

当有釉砖是用于加工食品的工作台或墙面且砖的釉面与食品有可能接触的场所时，则要求进行该项试验。

GB/T 3810.16 小色差的测定

标准 GB/T 4100—2006 只适用于在特定环境下的单色有釉砖，而且仅在认为单色有釉砖之间的小色差是重要的特定情况下采用该标准方法。

附录 M 摩擦系数的测定

该试验方法仅用于地砖。无论砖表面是干燥的或湿润的，其摩擦系数取决于砖的表面特征。接触不同类型材料如鞋和光脚其使用结果亦不同。其要求的系数也取决于所铺地面使用的特点和地面大小。在铺设面积较大的工业或商业以及坡道等使用场所，特别是那些直接与室外相连接的场合，其产品的摩擦系数值应高于在许多室内场合使用时的摩擦系数值。地砖铺贴前先进行摩擦系数的测定。包括陶瓷砖在内的地面铺贴材料对在受某些不合理或不适当保养的使用情况下，认为对摩擦系数的要求是不必要的，例如不利于使用中的地面清洁。

二、陶瓷砖试验方法

（一）抽样和接收条件❶

1. 范围

陶瓷砖试验方法 GB/T 3810 第 1 部分规定了陶瓷砖的批量、抽样、检验、接收或拒收的规则。

2. 定义

（1）订货：在同一时间内订购一定数量的砖。一次订货可包括一批或多批砖。

（2）交货：为期两天时间交付一定数量的砖。

（3）组批：由同一生产厂生产的同品种同规格同质量的产品组批。

（4）检验批：由同一生产厂生产的同品种同规格的产品批中提交检验批。

（5）样本：从一个检验批中抽取的规定数量的砖。

（6）样本量：用于每项性能试验的砖的数量。

（7）要求：在有关产品标准中规定的性能。

（8）不合格品：不满足规定要求的砖。

3. 原理

GB/T 3810 第 1 部分规定陶瓷砖的抽样检验系统采用两次抽样方案，一部分采用计数（单个值）检验方法；一部分采用计量（平均值）检验方法。

对每项性能试验所需的样本量见表 9-3。

4. 检验批的构成

一个检验批可以由一种或多种同质量产品构成。

任何可能不同质量的产品 应假设为同质量的产品，才可以构成检验批。

如果不同质量与试验性能无关，可以根据供需双方的一致意见，视为同质量。

注：假如具有同一坯体而釉面不同的产品，尺寸和吸水率可能相同，但表面质量是不相同的；同样，配件产品只是在样本中保持形状不同，而在其他性能方面认为是相同的。

---

❶ 内容引自 GB/T 3810.1—2006《陶瓷砖试验方法 第 1 部分：抽样和接收条件》。

5. 检验范围

经供需双方商定而选择的试验性能,可根据检验批的大小而定。

注:原则上只对检验批大于 5000m² 的砖进行全部项目的检验。对检验批少于 1000m² 的砖,通常认为没有必要进行检验。

抽取进行试验的检验批的数量,应得到有关方面的同意。

6. 抽样

(1) 抽取样品的地点由供需双方商定。

(2) 可同时从现场每一部分抽取一个或多个具有代表性的样本。

样本应从检验批中随机抽取。

抽取两个样本,第二个样本不一定要检验。

每组样本应分别包装和加封,并做出经有关方面认可的标记。

(3) 对每项性能试验所需的砖的数量可分别在表 9-3 中的第 2 列"样本量"栏内查出。

7. 检验

(1) 按照有关产品标准中规定的检验方法对样品砖进行试验。

(2) 试验结果应按下述检验批的接收规则的规定计算判定。

8. 检验批的接收规则

(1) 计数检验:

1) 第一样本检验得出的不合格品数等于或小于表 9-3 第 3 列所示的第一接收数 Ac_1 时,则该检验批可接收。

2) 第一样本检验得出的不合格品数等于或大于表 9-3 第 4 列所示的第一拒收数 Re_1 时,则该检验批可拒收。

3) 第一样本检验得出的不合格品数介于第一接收数 Ac_1 与第一拒收数 Re_1 (表 9-3 第 3 列和第 4 列)之间时,应再抽取与第一样本大小相同的第二样本进行检验。

4) 累计第一样本和第二样本经检验得出的不合格品数。

5) 若不合格品累计数等于或小于表 9-3 第 5 列所示的第二接收数 Ac_2 时,则该检验批可接收。

6) 若不合格品累计数等于或大于表 9-3 第 6 列所示的第二拒收数 Re_2 时,则该检验批可拒收。

7) 当有关产品标准要求多于一项试验性能时,抽取的第二个样本(见 8.(1)3)只检验根据第一样本检验其不合格品数在接收数 Ac_1 和拒收数 Re_1 之间的检验项目。

(2) 计量检验:

1) 若第一样本的检验结果的平均值($\overline{X}_1$)满足要求(表 9-3 第 7 列),则该检验批可接收。

2) 若平均值($\overline{X}_1$)不满足要求,应抽取与第一样本大小相同的第二样本(表 9-3 第 8 列)。

3) 若第一样本和第二样本所有检验结果的平均值($\overline{X}_2$)满足要求(表 9-3 第 9 列),则该检验批可接收。

4) 若平均值($\overline{X}_2$)不满足要求(表 9-3 第 10 列),则该检验批可拒收。

9. 接收报告

接收报告应包括以下内容:

(1) 依据 GB/T 3810 的第 1 部分;

(2) 试样的详细描述；
(3) 抽样方法；
(4) 检验批的组成；
(5) 每项试验性能的接收规则。

抽 样 方 案   表 9-3

性能	样本量		计数检验				计量检验				试验方法
			第一样本		第一样本+第二样本		第一样本		第一样本+第二样本		
	第一次	第二次	接收数 Ac_1	拒收数 Re_1	接收数 Ac_2	拒收数 Re_2	接收	第二次抽样	接收	拒收	
尺寸[a]	10	10	0	2	1	2	—	—	—	—	GB/T 3810.2
表面质量[b]	10	10	0	2	1	2	—	—	—	—	
	30	30	1	3	3	4	—	—	—	—	
	40	40	1	4	4	5	—	—	—	—	
	50	50	2	5	5	6	—	—	—	—	
	60	60	2	5	6	7	—	—	—	—	
	70	70	3	6	7	8	—	—	—	—	
	80	80	3	7	8	9	—	—	—	—	
	90	90	4	8	9	10	—	—	—	—	
	100	100	4	9	10	11	—	—	—	—	
	1m²	1m²	4%	9%	5%	>5%	—	—	—	—	
吸水率[c]	5[d]	5[d]	0	2	1	2	$\overline{X}_1>L^e$	$\overline{X}_1<L$	$\overline{X}_2>L^e$	$\overline{X}_2<L$	GB/T 3810.3
	10	10	0	2	1	2	$\overline{X}_1<U^f$	$\overline{X}_1>U$	$\overline{X}_2<U^f$	$\overline{X}_2>U$	
断裂模数[c]	7[g]	7[g]	0	2	1	2	$\overline{X}_1>L$	$\overline{X}_1<L$	$\overline{X}_2>L$	$\overline{X}_2<L$	GB/T 3810.4
	10	10	0	2	1	2					
破坏强度[c]	7[g]	7[g]	0	2	1	2	$\overline{X}_1>L$	$\overline{X}_1<L$	$\overline{X}_2>L$	$\overline{X}_2<L$	GB/T 3810.4
	10	10	0	2	1	2					
无釉砖耐磨深度	5	5	0	2[h]	1[h]	2[h]	—	—	—	—	GB/T 3810.6
线性热膨胀系数	2	2	0	2[i]	1[i]	2[i]	—	—	—	—	GB/T 3810.8
抗釉裂性	5	5	0	2	1	2	—	—	—	—	GB/T 3810.11
耐化学腐蚀性[j]	5	5	0	2	1	2	—	—	—	—	GB/T 3810.13
耐污染性[j]	5	5	0	2	1	2	—	—	—	—	GB/T 3810.14
抗冻性[k]	10	—	0	1	—	—	—	—	—	—	GB/T 3810.12
抗热震性	5	5	0	2	1	2	—	—	—	—	GB/T 3810.9
湿膨胀	5	—	—	由制造商确定性能要求							GB/T 3810.10
有釉砖耐磨性[k]	11	—	—	由制造商确定性能要求							GB/T 3810.7
摩擦系数	12	—	—	由制造商确定性能要求							GB/T 4100—2006 附录M

续表

性能	样本量		计数检验				计量检验				试验方法
			第一样本		第一样本+第二样本		第一样本		第一样本+第二样本		
	第一次	第二次	接收数 Ac_1	拒收数 Re_1	接收数 Ac_2	拒收数 Re_2	接收	第二次抽样	接收	拒收	
小色差	5	—	—	由制造商确定性能要求							GB/T 3810.16
抗冲击性	5	—	—	由制造商确定性能要求							GB/T 3810.5
铅和镉溶出量	5	—	—	由制造商确定性能要求							GB/T 3810.15
光泽度	5	5	0	2	1	2	—	—	—	—	GB/T 13891

a. 仅指单块面积≥4cm² 的砖。
b. 对于边长小于 600mm 的砖，样本量至少 30 块，且面积不小于 1m²。对于边长不小于 600mm 的砖，样本量至少 10 块，且面积不小于 1m²。
c. 样本量由砖的尺寸决定。
d. 仅指单块砖表面积≥0.04m²。每块砖质量＜50g 时应取足够数量的砖构成 5 组试样，使每组试样质量在 50g～100g 之间。
e. L=下规格限。
f. U=上规格限。
g. 仅适用于边长≥48mm 的砖。
h. 测量数。
i. 样本量。
j. 每一种试验溶液。
k. 该性能无二次抽样检验。

(二) 尺寸和表面质量的检验❶

1. 范围

陶瓷砖试验方法 GB/T 3810 第 2 部分规定了对陶瓷砖的尺寸(长度、宽度、厚度、边直度、直角度、表面平整度)和表面质量的检验方法。

面积小于 4cm² 的砖不做长度、宽度、边直度、直角度和表面平整度的检验。

间隔凸缘、釉泡及其他的边部不规则缺陷如果在砖铺贴后是隐蔽在灰缝内的，则在测量长度、宽度、边直度和直角度时可以忽略不计。

2. 长度和宽度的测量

(1) 仪器：游标卡尺或其他适合测量长度的仪器。
(2) 试样：每种类型取 10 块整砖进行测量。
(3) 步骤：在离砖角点 5mm 处测量砖的每条边，测量值精确到 0.1mm。
(4) 结果表示：正方形砖的平均尺寸是四条边测量值的平均值。试样的平均尺寸是 40 次测量值的平均值。

长方形砖尺寸以对边两次测量值的平均值作为相应的平均尺寸，试样长度和宽度的平均尺寸分别为 20 次测量值的平均值。

---

❶ 内容引自 GB/T 3810.2—2006《陶瓷砖试验方法 第 2 部分：尺寸和表面质量的检验》。

(5) 试验报告：试验报告应包含以下内容：
1) 依据 GB/T 3810 第 2 部分；
2) 试样的描述；
3) 长度和宽度的全部测量值；
4) 正方形砖每块试样边长的平均值，长方形砖每块试样长度和宽度的平均值；
5) 正方形砖 10 块试样边长的平均值，长方形砖 10 块试样长度和宽度的平均值；
6) 以百分比表示的每块砖（2 或 4 条边）尺寸的平均值相对于工作尺寸的偏差。
7) 以百分比表示的每块砖（2 或 4 条边）尺寸的平均值相对于 10 块试样（20 或 40 条边）尺寸的平均值的偏差。

3. 厚度的测量

(1) 仪器：测头直径为 5～10mm 的螺旋测微器或其他合适的仪器。
(2) 试样：每种类型取 10 块整砖进行测量。
(3) 步骤：对表面平整的砖，在砖面上画两条对角线，测量四条线段每段上最厚的点，每块试样测量 4 点，测量值精确到 0.1mm。

对表面不平整的砖，垂直于一边的砖面上画四条直线，四条直线距砖边的距离分别为边长的 0.125；0.375；0.625 和 0.875 倍，在每条直线上的最厚处测量厚度。

(4) 结果表示：对每块砖以 4 次测量值的平均值作为单块砖的平均厚度。试样的平均厚度是 40 次测量值的平均值。

(5) 试验报告：试验报告应包含以下内容：
1) 依据 GB/T 3810 第 2 部分；
2) 试样的描述；
3) 厚度的全部测量值；
4) 每块砖的平均厚度；
5) 每块砖的平均厚度与砖厚度工作尺寸的偏差，用百分比或 mm 表示（视产品标准需要而定）。

4. 边直度的测量

(1) 边直度定义：
在砖的平面内，边的中央偏离直线的偏差。
这种测量只适用于砖的直边（见图 9-4），结果用百分比表示。

$$边直度 = \frac{C}{L} \times 100$$

式中 C——测量边的中央偏离直线的偏差；
　　　L——测量边长度。

(2) 仪器：
1) 图 9-1 所示的仪器或其他合适的仪器，其中分度表（D_F）用于测量边直度。
2) 标准板，有精确的尺寸和平直的边。
(3) 试样：每种类型取 10 块整砖进行测量。
(4) 步骤：

选择尺寸合适的仪器,当砖放在仪器的支承销(S_A,S_B,S_C)上时,使定位销(I_A,I_B,I_C)离被测边每一角点的距离为5mm(见图9-3)。

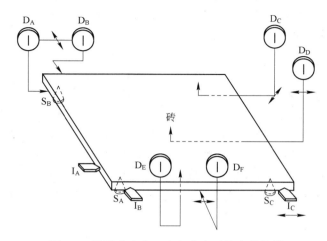

图9-3 测量边直度、直角度和平整度的仪器

将合适的标准板准确地置于仪器的测量位置上,调整分度表的读数至合适的初始值。

取出标准板,将砖的正面恰当的放在仪器的定位销上,记录边中央处的分度表读数。如果是正方形砖,转动砖的位置得到4次测量值。每块砖都重复上述步骤。如果是长方形砖,分别使用合适尺寸的仪器来测量其长边和宽边的边直度。测量值精确到0.1mm。

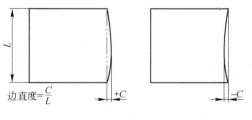

图9-4 边直度

(5)试验报告:

试验报告应包含以下内容:

1)依据GB/T 3810第2部分;

2)试样的描述;

3)所有边直度的测量值;

4)对于相应工作尺寸的最大直线偏差,用百分比表示。

5.直角度的测量

(1)直角度定义:

将砖的一个角紧靠着放在用标准板校正过的直角上(见图9-5),该角与标准直角的偏差。

直角度用百分比表示。

$$直角度 = \frac{\delta}{L} \times 100$$

式中 δ——在距角点5mm处测得的砖的测量边与标准板相应边的偏差值;

L——砖对应边的长度。

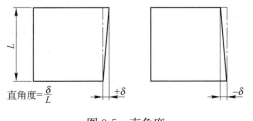

图9-5 直角度

(2) 仪器:

1) 图 9-1 所示的仪器或其他合适的仪器,其中分度表(D_A)用于测量直角度。

2) 标准板,有精确的尺寸和平直的边。

(3) 试样:每种类型取 10 块整砖进行测量。

(4) 步骤:

选择尺寸合适的仪器,当砖放在仪器的支承销(S_A,S_B,S_C)上时,使定位销(I_A,I_B,I_C)离被测边每一角点的距离为 5mm(见图 9-3)。分度表(D_A)的测杆也应在离被测边的一个角点 5mm 处(见图 9-1)。

将合适的标准板准确地置于仪器的测量位置上,调整分度表的读数至合适的初始值。

取出标准板,将砖的正面恰当地放在仪器的定位销上,记录离角点 5mm 处分度表读数。如果是正方形砖,转动砖的位置得到四次测量值。每块砖都重复上述步骤。如果是长方形砖,分别使用合适尺寸的仪器来测量其长边和宽边的直角度。测量值精确到 0.1mm。

(5) 试验报告:

试验报告应包含以下内容:

1) 依据 GB/T 3810 第 2 部分;

2) 试样的描述;

3) 所有直角度的测量值;

4) 对于相应工作尺寸偏离直角的最大偏差,用百分比表示。

(6) 平整度的测量(弯曲度和翘曲度)

1) 定义:

① 表面平整度:由砖的表面上 3 点的测量值来定义。有凸纹浮雕的砖,如果表面无法测量,可能时应在其背面测量。

② 中心弯曲度:砖面的中心点偏离由四个角点中的三点所确定的平面的距离(见图 9-6)。

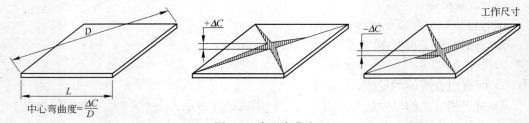

图 9-6 中心弯曲度

③ 边弯曲度:砖的一条边的中点偏离由四个角点中的三点所确定的平面的距离(见图 9-7)。

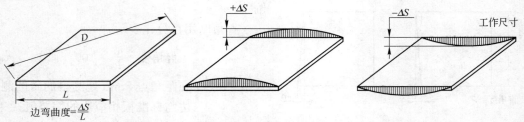

图 9-7 边弯曲度

④ 翘曲度：由砖的 3 个角点确定一个平面，第四角点偏离该平面的距离（见图 9-8）。

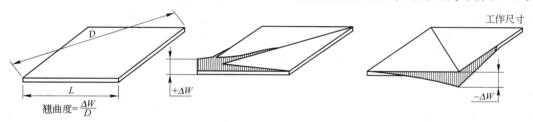

图 9-8　翘曲度

2) 仪器：

① 图 9-3 所示的仪器或其他合适的仪器。测量表面平滑的砖，采用直径为 5mm 的支撑销（S_A，S_B，S_C）。对其他表面的砖，为得到有意义的结果，应采用其他合适的支撑销。

② 使用一块理想平整的金属或玻璃标准板，其厚度至少为 10mm。用于上述 1) 中所述的仪器上。

3) 试样：每种类型取 10 块整砖进行测量。

4) 步骤：

选择尺寸合适的仪器，将相应的标准板准确地放在 3 个定位支承销（S_A，S_B，S_C）上，每个支撑销的中心到砖边的距离为 10mm，外部的两个分度表（D_E，D_C）到砖边的距离也为 10mm。

调节 3 个分度表（D_D，D_E，D_C）的读数至合适的初始值（见图 9-3）。

取出标准板，将砖的釉面或合适的正面朝下置于仪器上，记录 3 个分度表的读数。如果是正方形砖，转动试样，每块试样得到 4 个测量值，每块砖重复上述步骤。如果是长方形砖，分别使用合适尺寸的仪器来测量。记录每块砖最大的中心弯曲度（D_D），边弯曲度（D_E）和翘曲度（D_C），测量值精确到 0.1mm。

5) 结果表示：

中心弯曲度以与对角线长的百分比表示。

边弯曲度以百分比表示。

长方形砖以与长度和宽度的百分比表示。

正方形砖以与边长的百分比表示。

翘曲度以与对角线长的百分比表示。有间隔凸缘的砖检验时用毫米（mm）表示。

6) 试验报告：

试验报告应包含以下内容：

① 依据 GB/T 3810 第 2 部分；

② 试样的描述；

③ 中心弯曲度的全部测量值；

④ 边弯曲度的全部测量值；

⑤ 翘曲度的全部测量值；

⑥ 相应于由工作尺寸算出的对角线长的最大中心弯曲度，用百分比或毫米（mm）表示（视产品标准要求而定）；

⑦ 相应于工作尺寸的最大边弯曲度，用百分比或毫米（mm）表示（视产品标准要求而定）；

⑧ 相应于工作尺寸算出的对角线长的最大翘曲度，用百分比或毫米（mm）表示（视产品标准要求而定）。

(7) 边长小于100mm和边长大于600mm的产品尺寸测量方法

1) 长度、宽度和厚度的测量分别参照前述（二）2.3的要求；

2) 边直度的测量方法：

将砖竖立起来，在被测量边两端各放置一个相同厚度的平块，将钢直尺立于平块上，测量边的中点与钢直尺间的最大间隙，该间隙与平块的厚度差即为偏差实际值；

3) 直角度的测量方法：

对边长<100mm的砖用直角尺和塞尺测量，将直角尺的两边分别紧贴在被测角的两边，根据被测角大于或小于90°的不同情况，分别相应在直角尺根部或砖边与直角尺的最大间隙处用塞尺测量其间隙；对边长>600mm的砖分别量取两对边长度差和对角线长度差；

4) 表面平整度的检验方法：

将砖正面朝上，在砖的对角线两点处各放置一个相同厚度的平块，将钢直尺立于平块上，测量对角线的中点与钢直尺间的最大间隙，该间隙与平块的厚度差即为偏差实际值[用由工作尺寸算出的对角线长的百分比或毫米（mm）表示]。

注：边长<100mm或>600mm的陶瓷砖不要求边弯曲度、中心弯曲度和翘曲度。

(8) 表面缺陷和人为效果检验

1) 定义：

① 裂纹：在砖的表面，背面或两面可见的裂纹。

② 釉裂：釉面上有不规则如头发丝的细微裂纹。

③ 缺釉：施釉砖釉面局部无釉。

④ 不平整：在砖或釉面上非人为的凹陷。

⑤ 针孔：施釉砖表面的如针状的小孔。

⑥ 桔釉：釉面有明显可见的非人为结晶，光泽较差。

⑦ 斑点：砖的表面有明显可见的非人为异色点。

⑧ 釉下缺陷：被釉面覆盖的明显缺点。

⑨ 装饰缺陷：在装饰方面的明显缺点。

⑩ 磕碰：砖的边、角或表面崩裂掉细小的碎屑。

⑪ 釉泡：表面的小气泡或烧结时释放气体后的破口泡。

⑫ 毛边：砖的边缘有非人为的不平整。

⑬ 釉缕：沿砖边有明显的釉堆集成的隆起。

注：为了判别是允许的人为装饰效果还是缺陷，可参考产品标准的有关条款。但裂纹、掉边和掉角是缺陷。

2) 仪器：

① 色温为6000~6500K的荧光灯。

② 1m长的直尺或其他合适测量距离的器具。

③ 照度计

3) 试样：

对于边长小于600mm的砖，每种类型至少取30块整砖进行检验，且面积不小于$1m^2$；

对于边长不小于 600mm 的砖，每种类型至少取 10 块整砖进行检验，且面积不小于 1m²。

4）步骤：

将砖的正面表面用照度为 300lx 的灯光均匀照射，检查被检表面的中心部分和每个角上的照度。

在垂直距离为 1m 处用肉眼观察被检砖组表面的可见缺陷（平时戴眼镜者可戴上眼镜）。

检验的准备和检验不应是同一个人。

砖表面的人为装饰效果不能算作缺陷。

5）结果表示：表面质量以表面无可见缺陷砖的百分比表示。

6）试验报告：

试验报告应包括以下内容：

① 依据 GB/T 3810 第 2 部分；

② 试样的描述；

③ 检验用砖的数量；

④ 所使用的评价标准；

⑤ 表面无可见缺陷砖的百分比。

（三）吸水率、显气孔率、表观相对密度和容重的测定❶

1. 范围

陶瓷砖试验方法 GB/T 3810 第 3 部分规定了陶瓷砖吸水率、显气孔率、表观相对密度和容重的测定方法。样品的开口气孔吸入饱和的水分有两种方法：在煮沸和真空条件下浸泡。煮沸法水分进入容易浸入的开口气孔；真空法水分注满开口气孔。

煮沸法适用于陶瓷砖分类和产品说明，真空法适用于显气孔率、表观相对密度和除分类以外吸水率的测定。

2. 原理

将干燥砖置于水中吸水至饱和，用砖的干燥质量和吸水饱和后质量及在水中质量计算相关的特性参数。

3. 仪器

（1）干燥箱：工作温度为(110±5)℃；也可使用能获得相同检测结果的微波、红外或其他干燥系统。

（2）加热装置：用惰性材料制成的用于煮沸的加热装置。

（3）热源。

（4）天平：天平的称量精度为所测试样质量 0.01%。

（5）去离子水或蒸馏水。

（6）干燥器。

（7）麂皮。

（8）吊环、绳索或篮子：能将试样放入水中悬吊称其质量。

（9）玻璃烧杯，或者大小和形状与其类似的容器。将试样用吊环吊在天平的一端，使试样完全浸入水中，试样和吊环不与容器的任何部分接触。

---

❶ 内容引自 GB/T 3810.3—2006《陶瓷砖试验方法 第 3 部分：吸水率、显气孔率、表观相对密度和容重的测定》。

(10) 真空容器和真空系统：能容纳所要求数量试样的足够大容积的真空容器和抽真空能达到(10 ± 1)kPa并保持30min的真空系统。

4. 试样

(1) 每种类型取10块整砖进行测试。

(2) 如每块砖的表面积大于$0.04m^2$时，只需用5块整砖进行测试。

(3) 如每块砖的质量小于50g，则需足够数量的砖使每个试样质量达到50~100g。

(4) 砖的边长大于200mm且小于400mm时，可切割成小块，但切割下的每一块应计入测量值内，多边形和其他非矩形砖，其长和宽均按外接矩形计算。若砖的边长大于400mm时，至少在3块整砖的中间部位切取最小边长为100mm的5块试样。

5. 步骤

将砖放在(110 ± 5)℃的干燥箱中干燥至恒重，即每隔24h的两次连续质量之差小于0.1%，砖放在有硅胶或其他干燥剂的干燥内冷却至室温，不能使用酸性干燥剂，每块砖按表9-4的测量精度称量和记录。

砖的质量和测量精度(g)　　　　　　　　　　表9-4

砖的质量	测量精度	砖的质量	测量精度
$50\leqslant m\leqslant100$	0.02	$1000<m\leqslant3000$	0.50
$100<m\leqslant500$	0.05	$m>3000$	1.00
$500<m\leqslant1000$	0.25		

(1) 水的饱和：

1) 煮沸法：

将砖竖直地放在盛有去离子水的加热装置中，使砖互不接触。砖的上部和下部应保持有5cm深度的水。在整个试验中都应保持高于砖5cm的水面。将水加热至沸腾并保持煮沸2h。然后切断热源，使砖完全浸泡在水中冷却至室温，并保持(4 ± 0.25)h。也可用常温下的水或制冷器将样品冷却至室温。将一块浸湿过的麂皮用手拧干，并将麂皮放在平台上轻轻地依次擦干每块砖的表面，对于凹凸或有浮雕的表面应用麂皮轻快地擦去表面水分，然后称重，记录每块试样的称量结果。保持与干燥状态下的相同精度(见表9-4)。

2) 真空法：

将砖竖直放入真空容器中，使砖互不接触，加入足够的水将砖覆盖并高出5cm。抽真空至(10 ± 1)kPa，并保持30min后停止抽真空，让砖浸泡15min后取出。将一块浸湿过的麂皮用手拧干。将麂皮放在平台上依次轻轻擦干每块砖的表面，对于凹凸或有浮雕的表面应用麂皮轻快地擦去表面水分，然后立即称重并记录，与干砖的称量精度相同(见表9-4)。

(2) 悬挂称量：

试样在真空下吸水后，称量试样悬挂在水中的质量(m_3)，精确至0.01g。称量时，将样品挂在天平一臂的吊环、绳索或篮子上。实际称量前，将安装好并浸入水中的吊环、绳索或篮子放在天平上，使天平处于平衡位置。吊环、绳索或篮子在水中的深度与放试样称量时相同。

6. 结果表示

m_1——干砖的质量(g)；

m_{2b}——砖在沸水中吸水饱和的质量(g)；

m_{2v}——砖在真空下吸水饱和的质量(g);

m_3——真空法吸水饱和后悬挂在水中的砖的质量(g)。

在下面的计算中,假设 $1cm^3$ 水重 $1g$,此假设室温下误差在 0.3% 以内。

(1) 吸水率:

计算每一块砖的吸水率 $E_{(b,v)}$,用干砖的质量分数(%)表示,计算公式如下:

$$E_{(b,v)} = \frac{m_{2(b,v)} - m_1}{m_1} \times 100$$

式中　m_1——干砖的质量(g);

　　　m_2——湿砖的质量(g)。

E_b 表示用 m_{2b} 测定的吸水率,E_v 表示用 m_{2v} 测定的吸水率。E_b 代表水仅注入容易进入的气孔,而 E_v 代表水最大可能地注入所有气孔。

(2) 显气孔率:

1) 用下列公式计算表观体积 $V(cm^3)$

$$V = m_{2v} - m_3$$

2) 用下列公式计算开口气孔部分体积 V_0 和不透水部分 V_1 的体积(cm^3)

$$V_0 = m_{2v} - m_1$$

$$V_1 = m_1 - m_3$$

3) 显气孔率 P 用试样的开口气孔体积与表观体积的关系式的百分数表示,计算公式如下:

$$P = \frac{m_{2v} - m_1}{V} \times 100$$

(3) 表观相对密度:

计算试样不透水部分的表观相对密度 T,计算公式如下:

$$T = \frac{m_1}{m_1 - m_3}$$

(4) 密度

试样的密度 $B(g/cm^3)$ 用试样的干重除以表观体积(包括气孔)所得的商表示。计算公式如下:

$$B = \frac{m_1}{V}$$

7. 试验报告

试验报告应包括以下内容:

(1) 依据 GB/T 3810 第 3 部分;

(2) 试样的描述;

(3) 每一块砖各项性能试验的试验结果;

(4) 各项性能试验结果的平均值。

(四) 断裂模数和破坏强度的测定❶

1. 范围

---

❶ 内容引自 GB/T 3810.4—2006《陶瓷砖试验方法　第4部分:断裂模数和破坏强度的测定》。

陶瓷砖试验方法 GB/T 3810 的第 4 部分规定了各种类型陶瓷砖断裂模数和破坏强度的检验方法。

2. 术语和定义

(1) 破坏荷载：从压力表上读取的使试样破坏的力，单位牛顿(N)。

(2) 破坏强度：破坏荷载乘以两根支撑棒之间的跨距/试样宽度的比值而得出的力，单位牛顿(N)。

(3) 断裂模数：破坏强度除以沿破坏断裂面的最小厚度的平方得出的量值，单位牛顿每平方毫米(N/mm^2)。

3. 原理

以适当的速率向砖的表面正中心部位施加压力，测定砖的破坏荷载、破坏强度、断裂模数。

4. 仪器

(1) 干燥箱：能在(110±5)℃温度下工作，也可使用能获得相同检测结果的微波、红外或其他干燥系统。

(2) 压力表：精确到 2.0%。

(3) 两根圆柱形支撑棒：用金属制成，与试样接触部分用硬度为(50±5)IRHD 橡胶包裹，橡胶的硬度按 GB/T 6031 测定，一根棒能稍微摆动(见图 9-9)，另一根棒能绕其轴稍作旋转(相应尺寸见表 9-5)。

棒的直径、橡胶厚度和长度 l(见图 9-10)(mm)　　　　表 9-5

砖的尺寸 K	棒的直径 d	橡胶厚度 t	砖伸出支撑棒外的长度 l
$K \geqslant 95$	20	5±1	10
$48 \leqslant K < 95$	10	2.5±0.5	5
$18 \leqslant K < 48$	5	1±0.2	2

(4) 圆柱形中心棒：一根与支撑棒直径相同且用相同橡胶包裹的圆柱形中心棒，用来传递荷载 F，此棒也可稍作摆动(见图 9-9，相应尺寸见表 9-5)。

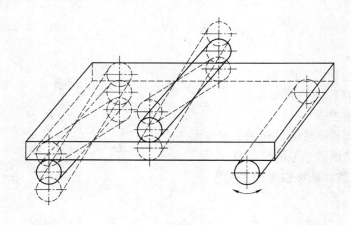

图 9-9

5. 试样

(1) 应用整砖检验，但是对超大的砖（即边长大于 300mm 的砖）和一些非矩形的砖，有必要时可进行切割，切割成可能最大尺寸的矩形试样，以便安装在仪器上检验。其中心应与切割前砖的中心一致。在有疑问时，用整砖比用切割过的砖测得的结果准确。

(2) 每种样品的最小试样数量见表 9-6。

最 小 试 样 量   表 9-6

砖的尺寸 K(mm)	最小试样数量	砖的尺寸 K(mm)	最小试样数量
$K \geqslant 48$	7	$18 \leqslant K < 48$	10

6. 步骤

(1) 用硬刷刷去试样背面松散的粘结颗粒。将试样放入(110±5)℃的干燥箱中干燥至恒重，即间隔 24h 的连续两次称量的差值不大于 0.1%。然后将试样放在密闭的干燥箱或干燥器中冷却至室温，干燥器中放有硅胶或其他合适的干燥剂，但不可放入酸性干燥剂。需在试样达到室温至少 3h 后才能进行试验。

(2) 将试样置于支撑棒上，使釉面或正面朝上，试样伸出每根支撑棒的长度为 l（见表 9-5 和图 9-10）。

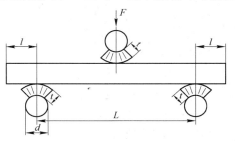

图 9-10

(3) 对于两面相同的砖，例如无釉马赛克，以哪面向上都可以。对于挤压成型的砖，应将其背肋垂直于支撑棒放置，对于所有其他矩形砖，应以其长边垂直于支撑棒放置。

(4) 对凸纹浮雕的砖，在与浮雕面接触的中心棒上再垫一层厚度与表 9-5 相对应的橡胶层。

(5) 中心棒应与两支撑棒等距，以(1±0.2)N/(mm²·s)的速率均匀地增加荷载，每秒的实际增加率可按式(9-2)计算，记录断裂荷载 F。

7. 结果表示

只有在宽度与中心棒直径相等的中间部位断裂试样，其结果才能用来计算平均破坏强度和平均断裂模数，计算平均值至少需要 5 个有效的结果。

如果有效结果少于 5 个，应取加倍数量的砖再做第二组试验，此时至少需要 10 个有效结果来计算平均值。

破坏强度(S)以牛顿(N)表示，按式(9-1)计算：

$$S = \frac{FL}{b} \tag{9-1}$$

式中　F——破坏荷载(N)；

　　　L——两根支撑棒之间的跨距(mm)见图(9-10)；

　　　b——试样的宽度(mm)。

断裂模数(R)以牛顿每平方毫米(N/mm²)表示，按式(9-2)计算：

$$R = \frac{3FL}{2bh^2} = \frac{3S}{2h^2} \tag{9-2}$$

式中　F——破坏荷载(N)；

L——两根支撑棒之间的跨距(mm)见图 9-10;

b——试样的宽度(mm);

h——试验后沿断裂边测得的试样断裂面的最小厚度[1](mm)。

注:1. 断裂模数的计算是根据矩形的横断面,如断面的厚度有变化,只能得到近似的结果,浮雕凸起越浅,近似值越准确。

记录所有结果,以有效结果计算试样的平均破坏强度和平均断裂模数。

8. 试验报告

试验报告包括以下内容:

(1) 依据 GB/T 3810 第 4 部分;

(2) 试样的描述,如表面有凸纹浮雕;

(3) 试样的数量;

(4) d、t、l 和 L 的值;

(5) 各试样的破坏荷载 F;

(6) 平均破坏荷载;

(7) 各试样的破坏强度(S);

(8) 平均破坏强度;

(9) 各试样的断裂模数;

(10) 平均断裂模数。

(五) 用恢复系数确定砖的抗冲击性❶

1. 范围

陶瓷砖试验方法 GB/T 3810 第 5 部分规定了用恢复系数来确定陶瓷砖抗冲击性的试验方法。

2. 恢复系数定义

两个碰撞物体间的恢复系数(e):碰撞后的相对速度除以碰撞前的相对速度。

3. 原理

把一个钢球由一个固定高度落到试样上并测定其回跳高度,以此测定恢复系数。

4. 设备

(1) 铬钢球,直径为(19±0.05)mm。

(2) 落球设备,(见图 9-11),由装有水平调节旋钮的钢座和一个悬挂着电磁铁、导管和试验部件支架的竖直钢架组成。

试验部件被紧固在能使落下的钢球正好碰撞在水平瓷砖表面中心的位置。固定装置如图 9-11 所示,其他合适的系统也可以使用。

(3) 电子计时器(可选择的),用麦克风测定钢球落到试样上的第一次碰撞和第二次碰撞之间的时间间隔。

5. 试样

(1) 试样的数量

分别从 5 块砖上至少切下 5 片 75mm×75mm 的试样。实际尺寸小于 75mm 的砖也可

---

❶ 内容引自 GB/T 3810.5—2006《陶瓷砖试验方法 第 5 部分:用恢复系数确定砖的抗冲击性》。

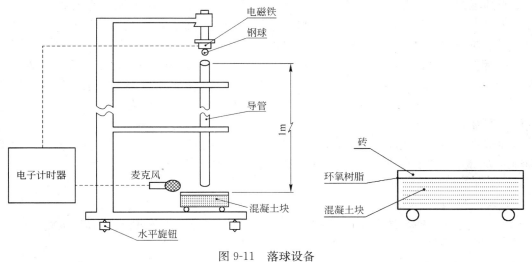

图 9-11 落球设备

以使用。

（2）试验部件的简要说明

试验部件是用环氧树脂胶粘剂将试样粘在制好的混凝土块上制成。

（3）混凝土块

混凝土块的体积约为 75mm×75mm×50mm，用这个尺寸的模具制备混凝土块或从一个大的混凝土板上切取。

下面的方法描述了用砂/石配成混凝土块的制备过程，其他类型的混凝土体也可以采用下面的试验方法，但吸水试验不适用于这类混凝土体。

混凝土块或混凝土板是由 1 份（按质量计）硅酸盐水泥加入 4.5 份~5.5 份（以质量计）骨料组成。骨料粒度为 0~8mm，砂石尺寸的变化在图 9-12 的曲线 A 和曲线 B 之间。该

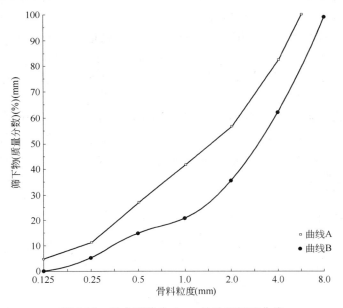

图 9-12 最大颗粒为 8mm 的砂石级配曲线

混凝土的混合物中粒度小于 0.125mm 的全部细料,包括波兰特水泥的密度约为 500kg/m³。水/水泥为 0.5,混凝土混合物在机械搅拌机中充分混合后用瓦刀拌合到所需尺寸的模具中。在振动台上以 50Hz 的频率振实 90s。

混凝土块从模具中取出前应在温度为(23±2)℃和湿度为(50%±5%)RH 的条件下保存 48h。脱模后应彻底洗净模具中所有脱模剂。将脱模后的混凝土块垂直且相互保持间隔浸入(20±2)℃的水中保留 6d,然后放在温度为(23±2)℃和湿度为(50%±5%)RH 的空气中保留 21d。

在试验部件安装之前用湿法从混凝土板上切下的混凝土试块,应在温度为(23±2)℃和湿度为(50%±5%)RH 的条件下至少干燥 24h 方能使用。

(4) 环氧树脂胶粘剂

这种胶粘剂应不含增韧成分。

一种合适的胶粘剂是由表氯醇和二苯酚基丙烷反应生成的环氧树脂 2 份(按质量计)和作为硬化剂的活化了的胺 1 份(按质量计)组成。用粒子计数器或其他类似方法测定的平均粒度为 $5.5\mu m$ 的纯二氧化硅填充物同其他成分以合适的比例充分混合后形成一种不流动的混合物。

(5) 试验部件的安装

在制成的混凝土块表面上均匀地涂上一层 2mm 厚的环氧树脂胶粘剂。在三个侧面的中间分别放三个直径为 1.5mm 钢质或塑料制成的间隔标记,以便于以后将每个标记移走。将规定的试样正面朝上压紧到胶粘剂上,同时在轻轻移动三个间隔标记之前将多余的胶粘剂刮掉。试验前使其在温度为(23±2)℃和湿度为(50%±5%)RH 的条件下放 3d。如果瓷砖的面积小于 75mm×75mm 也可以用来测试。放一块瓷砖使它的中心与混凝土的表面相一致,然后用瓷砖将其补成 75mm×75mm 的面积。

6. 步骤

用水平旋钮调节落球设备以使钢架垂直。将试验部件放到电磁铁的下面,使从电磁铁中落下的钢球落到被紧固定位的试验部件的中心。

将试验部件放到支架上,将试样的正面向上水平放置。使钢球从 1m 高处落下并回跳。通过合适的探测装置测出回跳高度(精确至±1mm)进而计算出恢复系数(e)。

另一种方法是让钢球回跳两次,记下两次回跳之间的时间间隔(精确到毫秒级)。算出回跳高度,从而计算出恢复系数。

任何测试回跳高度的方法或两次碰撞的时间间隔的合适的方法都可应用。

检查砖的表面是否有缺陷或裂纹,所有在距 1m 远处未能用肉眼或平时戴眼镜的眼睛观察到的轻微的裂纹都可以忽略。记下边缘的磕碰,但在瓷砖分类时可予忽略。

其余的试验部件则应重复上述试验步骤。

7. 结果表示

当一个球碰撞到一个静止的水平面上时,它的恢复系数用式(9-3)、式(9-4)、式(9-5)、式(9-6)计算:

$$e = \frac{v}{u} \tag{9-3}$$

$$\frac{mv^2}{2} = mgh_2 \tag{9-4}$$

$$v=\sqrt{2gh_2} \tag{9-5}$$

$$e=\sqrt{\frac{h_2}{h_1}} \tag{9-6}$$

式中　v——离开(回跳)时刻的速度(cm/s)；
　　　u——接触时刻的速度(cm/s)；
　　　h_2——回跳的高度(cm)；
　　　g——重力加速度($=981\text{cm/s}^2$)；
　　　h_1——落球的高度(cm)。

如果回跳高度确定，则允许回跳两次从而测定这回跳两次之间的时间间隔，那么运动公式为：

$$h_2=u_0 t+\frac{gt^2}{2} \tag{9-7}$$

$$t=\frac{T}{2} \tag{9-8}$$

$$h_2=122.6T^2 \tag{9-9}$$

式中　u_0——回跳到最高点时的速度($=0$)；
　　　T——两次的时间间隔(s)。

8. 校准

用厚度为(8 ± 0.5)mm 未上釉且表面光滑的 BIa 类砖(吸水率$<0.5\%$)，按照上述方法安装成 5 个试验部件并进行试验。回跳平均高度(h_2)应是 72.5cm±1.5cm，因此恢复系数为 0.85 ± 0.01。

9. 试验报告

试验报告应包括以下内容：
(1) 依据 GB/T 3810 第 5 部分；
(2) 试样的描述；
(3) 5 次试验中每次试样的恢复系数；
(4) 平均恢复系数；
(5) 试样破裂的缺陷。

(六) 无釉砖耐磨深度的测定❶

1. 范围

陶瓷砖试验方法 GB/T 3810 第 6 部分规定了各种铺地用无釉陶瓷砖耐深度磨损的试验方法。

2. 原理

在规定条件和有磨料的情况下通过摩擦钢轮在砖的正面旋转产生的磨坑，由所测磨坑的长度测定无釉砖的耐磨性。

3. 设备

(1) 耐磨试验机(见图 9-13)：

---

❶ 内容引自 GB/T 3810.6—2006《陶瓷砖试验方法　第 6 部分：无釉砖耐磨深度的测定》。

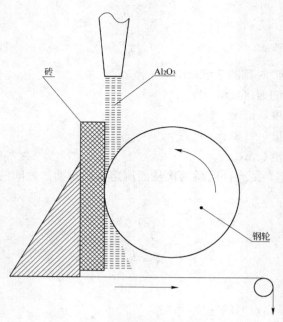

图 9-13 耐深度磨损试验机

主要包括一个摩擦钢轮，一个带有磨料给料装置的贮料斗，一个试样夹具和一个平衡锤。摩擦钢轮是用符合 ISO 630—1 的 E235A(Fe360A 号钢)制造的，直径为(200±0.2)mm，边缘厚度为(10±0.1)mm，转速为 75r/min。

试样受到摩擦钢轮的反向压力作用，并通过刚玉调节试验机。压力调校用 F80(GB/T 2481.1—1998)刚玉磨料 150 转后，产生弦长为(24±0.5)mm 的磨坑。石英玻璃作为基本的标准物，也可用浮法玻璃或其他适用的材料。

当摩擦钢轮损耗至最初直径的 0.5% 时，必须更换磨轮。

(2) 量具：

测量精度为 0.1mm 的量具。

(3) 磨料：

符合 ISO 8684—1 中规定的粒度为 F80 的刚玉磨料。

4. 试样

(1) 试样类型：

采用整砖或合适尺寸的试样做试验。如果是小试样，试验前，要将小试样用胶粘剂无缝地粘在一块较大的模板上。

(2) 试样准备：

使用干净、干燥的试样。

(3) 试样数量：

至少用 5 块试样。

5. 步骤

将试样夹入夹具，样品与摩擦钢轮成正切，保证磨料均匀地进入研磨区。磨料给入速度为(100±10)g/100r。

摩擦钢轮转150转后,从夹具上取出试样,测量磨坑的弦长 L,精确到 0.5mm。每块试样应在其正面至少两处成正交的位置进行试验。

如果砖面为凹凸浮雕时,对耐磨性的测定就有影响,可将凸出部分磨平,但所得结果与类似砖的测量结果不同。

磨料不能重复使用。

6. 结果表示

耐深度磨损以磨料磨下的体积 $V(mm^3)$ 表示,它可根据磨坑的弦长 L 按以下公式计算:

$$V = \left(\frac{\pi \cdot \alpha}{180} - \sin\alpha\right)\frac{h \cdot d^2}{8}$$

$$\sin\frac{\alpha}{2} = \frac{L}{d}$$

式中　α——弦对摩擦钢轮的中心角(°),见图9-14;
　　　d——摩擦钢轮的直径(mm);
　　　h——摩擦钢轮的厚度(mm);
　　　L——弦长(mm)。

在表9-7中给出了 L 和 V 的对应值。

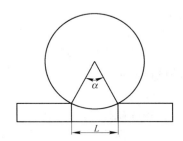

图 9-14　弦的定义

对 应 值　　　　　　　　表 9-7

L(mm)	$V(mm^3)$	L(mm)	$V(mm^3)$	L(mm)	$V(mm^3)$	L(mm)	$V(mm^3)$	L(mm)	$V(mm^3)$
20	67	30	227	40	540	50	1062	60	1851
20.5	72	30.5	238	40.5	561	50.5	1094	60.5	1899
21	77	31	250	41	582	51	1128	61	1947
21.5	83	31.5	262	41.5	603	51.5	1162	61.5	1996
22	89	32	275	42	626	52	1196	62	2046
22.5	95	32.5	288	42.5	649	52.5	1232	62.5	2097
23	102	33	302	43	672	53	1268	63	2149
23.5	109	33.5	316	43.5	696	53.5	1305	63.5	2202
24	116	34	330	44	720	54	1342	64	2256
24.5	123	34.5	345	44.5	746	54.5	1380	64.5	2310
25	131	35	361	45	771	55	1419	65	2365
25.5	139	35.5	376	45.5	798	55.5	1459	65.5	2422
26	147	36	393	46	824	56	1499	66	2479
26.5	156	36.5	409	46.5	852	56.5	1541	66.5	2537
27	165	37	427	47	880	57	1583	67	2596
27.5	174	37.5	444	47.5	909	57.5	1625	67.5	2656
28	184	38	462	48	938	58	1689	68	2717
28.5	194	38.5	481	48.5	968	58.5	1713	68.5	2779
29	205	39	500	49	999	59	1758	69	2842
29.5	215	39.5	520	49.5	1030	59.5	1804	69.5	2906

7. 试验报告

试验报告应包括以下内容:

(1) 依据 GB/T 3810 第 6 部分;

(2) 试样的描述;

(3) 每个试样磨坑的弦长,精确至 0.5mm;

(4) 每个试样磨坑的体积 $V(\text{mm}^3)$;

(5) 体积平均值 $V_m(\text{mm}^3)$。

(七) 有釉砖表面耐磨性的测定❶

1. 范围

陶瓷砖试验方法 GB/T 3810 第 7 部分规定了测定各种施釉陶瓷砖表面耐磨性的试验方法。

2. 原理

砖釉面耐磨性的测定,是通过釉面上放置研磨介质并旋转,对已磨损的试样与未磨损的试样的观察对比,评价陶瓷砖耐磨性的方法。

3. 研磨介质

每块试样的研磨介质为:

直径为 5mm 的钢球 70.0g;

直径为 3mm 的钢球 52.5g;

直径为 2mm 的钢球 43.75g;

直径为 1mm 的钢球 8.75g;

符合 ISO 8684—1 中规定的粒度为 F80 的刚玉磨料 3.0g;

去离子水或蒸馏水 20mL。

4. 设备

(1) 耐磨试验机:

耐磨试验机(见图 9-15)由内装电机驱动水平支承盘的钢壳组成,试样最小尺寸为 100mm×100mm。支承盘中心与每个试样中心距离为 195mm。相邻两个试样夹具的间距相等,支承盘以 300r/min 的转速运转,随之产生 22.5mm 的偏心距(e)。因此,每块试样做直径为 45mm 的圆周运动,试样由带橡胶密封的金属夹具固定(见图 9-16)。夹具的内径是 83mm,提供的试验面积约为 54cm²。橡胶的厚度是 9mm,夹具内空间高度是 25.5mm。试验机达到预调转数后,自动停机。

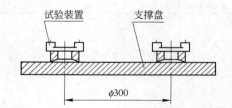
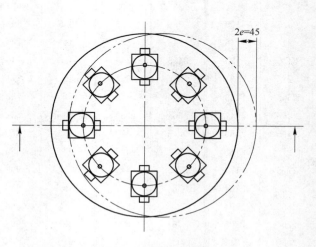

图 9-15 耐磨试验机

---

❶ 内容引自 GB/T 3810.7—2006《陶瓷砖试验方法 第 7 部分:有釉砖表面耐磨性的测定》。

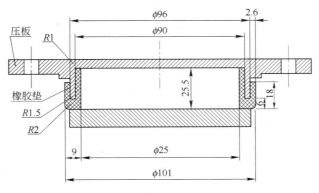

图 9-16 试样夹具

支承试样的夹具在工作时用盖子盖上。

与该试验机试验结果相同的其他设备也可使用。

(2) 目视评价用装置(见图 9-17)。

箱内用色温为 6000～6500K 的荧光灯垂直置于观察砖的表面上,照度约为 300lx,箱体尺寸为 61mm×61mm,箱内刷有自然灰色,观察时应避免光源直接照射。

(3) 干燥箱,工作温度(110±5)℃。

(4) 天平(要求做磨耗时使用)。

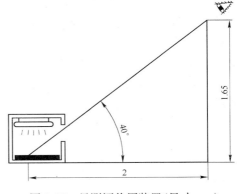

图 9-17 目测评价用装置(尺寸:m)

5. 试样

(1) 试样的种类

试样应具有代表性,对于不同颜色或表面有装饰效果的陶瓷砖,取样时应注意能包括所有特色的部分。

试样的尺寸一般为 100mm×100mm,使用较小尺寸的试样时,要先把它们粘紧固定在一适宜的支承材料上,窄小接缝的边界影响可忽略不计。

(2) 试样的数量

试验要求用 11 块试样,其中 8 块试样经试验供目视评价用。每个研磨阶段要求取下一块试样,然后用 3 块试样与已磨损的样品对比,观察可见磨损痕迹。

(3) 准备

样品釉面应清洗并干燥。

6. 步骤

将试样釉面朝上夹紧在金属夹具下,从夹具上方的加料孔中加入研磨介质,盖上盖子防止研磨介质损失,试样的预调转数为 100,150,600,750,1500,2100,6000 和 12000 转。达到预调转数后,取下试样,在流动水下冲洗,并在(110±5)℃的烘箱(5.3)内烘干。如果试样被铁锈污染,可用体积分数为 10% 的盐酸擦洗,然后立即用流动水冲洗、干燥。将试样放入观察箱中,用一块已磨试样。周围放置三块同型号未磨试样,在 300lx 照度下,距离 2m,高 1.65m,用眼睛(平时戴眼镜的可戴眼镜)观察对比未研磨和经过研磨后的砖釉面的差别。注意不同的转数研磨后砖釉面的差别,至少需要三种观察意见。

在观察箱内目视比较(见图 9-17)当可见磨损在较高一级转数和低一级转数比较靠近时,重复试验检查结果,如果结果不同,取两个级别中较低一级作为结果进行分级。

已通过 12000 转数级的陶瓷砖紧接着根据 GB/T 3810.14 的规定做耐污染试验。试验完毕,钢球用流动水冲洗,再用含甲醇的酒精清洗,然后彻底干燥,以防生锈。如果有协议要求做釉面磨耗试验,则应在试验前先称 3 块试样的干质量,而后在 6000 转数下研磨。已通过 1500、2100 和 6000 转数级的陶瓷砖,进而根据 GB/T 3810.14 的规定做耐污染性试验。

其他有关的性能测试可根据协议在试验过程中实施。例如颜色和光泽的变化,协议中规定的条款不能作为砖的分级依据。

7. 结果分级

试样根据表 9-8 进行分级,共分 5 级。陶瓷砖也要通过 GB/T 3810.14 做磨损釉面的耐污染试验,但对此标准进行如下修正。

(1) 只用一块磨损砖(大于 12000 转),仔细区别,确保污染的分级准确(例如在做耐污染试验前,切下部分磨损的砖)。

(2) 如果没有按 A、B 和 C 步骤进行清洗,必须按 GB/T 3810.14 中规定的 D 步骤进行清洗。

如果试样在 12000 转数下未见磨损痕迹,但按 GB/T 3810.14 中列出的任何一种方法(A、B、C 或 D)。污染都不能擦掉,耐磨性定为 4 级。

有釉陶瓷砖耐磨性分级 表 9-8

可见磨损的研磨转数	级 别	可见磨损的研磨转数	级 别
100	0	2100,6000,12000	4
150	1	>12000	5
600	2	通过 12000 转试验后必须根据 GB/T 3810.14 做耐污染性试验	—
750,1500	3		

8. 试验报告

试验报告应包括以下内容:

(1) 依据 GB/T 3810 第 7 部分;
(2) 试样的描述,包括准备试样的方式;
(3) 根据上述 7 分级;
(4) 可见磨痕的研磨转数;
(5) 根据协议,4 级耐磨砖为耐污染级;
(6) 磨耗、颜色变化、光泽变化或其他性能测试,根据协议而定。

9. 浮法玻璃校准耐磨试验机

只是偶尔需要校准设备或对试验结果的准确性有怀疑时,才进行校准。一种可行的校准方法如下:

(1) 基准材料

基准材料为 6mm 的浮法玻璃。

合适的基准材料的资料可从国家标准学会获得。

(2) 浮法面的确定

玻璃浮法面的确定，可从下列方法获得。

1) 化学方法

① 试剂

腐蚀液：10V 浓盐酸。

10V 蒸馏水。

8V 体积分数为 40%的氢氟酸，完全充分混合。

体积分数为 0.1%的卡可西林蒸馏水溶液。

② 步骤

在玻璃表面上滴 2 或 3 滴的腐蚀液，然后再滴 1 或 2 滴卡可西林溶液。

浮法面：在 5～10s 内，将显示紫色；溶液显示黄色。

2) UV 方法（紫外线法）

当从暗室的这个角度按照图 9-18 观察时，浮法面显示荧光。

注意：在波长 254～365nm 范围内的紫外线，将对人的眼睛有损害，必须戴上防护紫外线的护目镜。

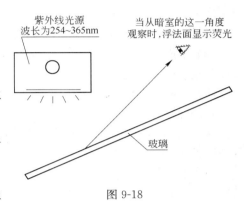

图 9-18

3) EDA 方法（能量分散分析法）

玻璃两个面的比较。用能量分散分析法，含锡的浮法面可以很快显示出来，而在另一面却不能显示。

(3) 步骤

1) 概述

校准耐磨试验机用下面讲的"磨耗"或"光泽变化"中的任何一种方法进行。将 8 块 100mm×100mm 已称重的浮法玻璃试样，加入上述研磨介质进行研磨。

2) 磨耗

试样在(110±5)℃下干燥，称每块试样的质量，在 6000 转数下研磨，然后在(110±5)℃下干燥，测量每块试样的质量损耗并计算平均磨损值，测量每块试样的磨损面积。如果质量的平均损耗是磨损面积的(0.032±0.002)mg/mm²，磨耗试验机是令人满意的。

3) 光泽变化

先在每块样品中心的浮法面上，测量 60°镜面光泽，然后在 1000 转数下研磨，样品取下后放在背面衬以黑背衬（如黑丝绒）上，然后擦净干燥试样，并且测量 60°镜面光泽。计算每块样品光泽损失百分数和平均值。

如果在磨损面的中心的光泽损耗是(50±5)%，磨损设备是令人满意的。

注意：如果在磨损区域中心不易获得稳定的光泽度初始值，则将玻璃放入(75±5)℃的、含有微量清洁剂的水中，浸泡至少 1h，随后用温水冲洗干净。

(八) 线性热膨胀的测定[1]

1. 范围

《陶瓷砖试验方法》GB/T 3810 第 8 部分规定了陶瓷砖线性热膨胀系数的试验方法。

2. 原理

从室温到 100℃的温度范围内,测定线性热膨胀系数。

3. 仪器

(1) 热膨胀仪:加热速率为(5±1)℃/min,以便使试样均匀受热,且能在 100℃下保持一定的时间。

(2) 游标卡尺或其他合适的测量器具。

(3) 干燥箱:能在(110±5)℃温度下工作;也可使用能获得相同检测结果的微波、红外或其他干燥系统。

(4) 干燥器。

4. 试样

从一块砖的中心部位相互垂直地切取两块试样,使试样长度适合于测试仪器。试样的两端应磨平并互相平行。

如果有必要,试样横断面的任一边长应磨到小于 6mm,横断面的面积应大于 10mm²。试样的最小长度为 50mm。对施釉砖不必磨掉试样上的釉。

5. 步骤

试样在(110±5)℃干燥箱中干燥至恒重,即相隔 24h 先后两次称量之差小于 0.1%,然后将试样放入干燥器内冷却至室温。

用游标卡尺测量试样长度,精确到 0.1mm。

将试样放入热膨胀仪内并记录此时的室温。

在最初和全部加热过程中,测定试样的长度,精确到 0.01mm。测量并记录在不超过 15℃间隔的温度和长度值。加热速率为(5±1)℃/min。

6. 结果表示

线性热膨胀系数 α_1 用 10^{-6} 每摄氏度表示(10^{-6}/℃),精确到小数点后第一位,按下式表示:

$$\alpha_1 = \frac{1}{L_0} \times \frac{\Delta L}{\Delta t}$$

式中 L_0——室温下试样的长度(mm);

ΔL——试样在室温和 100℃之间的增长(mm);

Δt——温度的升高值(℃)。

7. 试验报告

试验报告应包括以下内容:

(1) 依据 GB/T 3810 第 8 部分;

(2) 试样的描述(包括试样的制备);

(3) 两块试样的线性热膨胀系数。

---

[1] 内容引自 GB/T 3810.8—2006《陶瓷砖试验方法 第 8 部分:线性热膨胀的测定》。

（九）抗热震性的测定❶

1. 范围

《陶瓷砖试验方法》GB/T 3810 第 9 部分规定了在正常使用条件下各种类型陶瓷砖抗热震性的试验方法。

除经许可，应根据吸水率的不同采用不同的试验方法（浸没或非浸没试验）。

2. 原理

通过试样在 15℃和 145℃之间的 10 次循环来测定整砖的抗热震性。

3. 设备

(1) 低温水槽

可保持(15±5)℃流动水的低温水槽。例如水槽长 55cm，宽 35cm，深 20cm。水流量为 4L/min。也可使用其他适宜的装置。

浸没试验：用于按 GB/T 3810.3 的规定检验吸水率不大于 10%（质量分数）的陶瓷砖。水槽不用加盖，但水需有足够的深度，使砖垂直放置后能完全浸没。

非浸没试验：用于按 GB/T 3810.3 的规定检验吸水率大于 10%（质量分数）的陶瓷砖。在水槽上盖上一块 5mm 厚的铝槽，并与水面接触。然后将粒径为 0.3~0.6mm 的铝粒覆盖在铝槽底板上，铝粒层厚度约为 5mm。

(2) 干燥箱：工作温度为 145~150℃。

4. 试样

至少用 5 块整砖进行试验。

注：对于超大的砖（即边长大于 400mm 的砖），有必要进行切割，切割尽可能大的尺寸，其中心应与原中心一致。在有疑问时，用整砖比用切割过的砖测定的结果准确。

5. 步骤

(1) 试样的初检

首先用肉眼（平常戴眼镜的可戴上眼镜）在距砖 25~30cm，光源照度约 300lx 的光照条件下观察试样表面。所有试样在试验前应没有缺陷，可用亚甲基蓝溶液对待测试样进行测定前的检验。

(2) 浸没试验

吸水率不大于 10%（质量分数）的陶瓷砖，垂直浸没在(15±5)℃的冷水中，并使它们互不接触。

(3) 非浸没试验

吸水率大于 10%（质量分数）的有釉砖，使其釉面朝下与(15±5)℃的低温水槽上的铝粒接触。

(4) 对上述两项步骤，在低温下保持 5min 后，立即将试样移至(145±5)℃的烘箱内重新达到此温度后保持 20min 后，立即将试样移回低温环境中。

重复进行 10 次上述过程。

然后用肉眼（平常戴眼镜的可戴上眼镜），在距试样 25~30cm，光源照度约 300lx 的条件下观察试样的可见缺陷。为帮助检查，可将合适的染色溶液（如含有少量湿润剂的

---

❶ 内容引自 GB/T 3810.9—2006《陶瓷砖试验方法 第 9 部分：抗热震性的测定》。

1‰亚甲基蓝溶液)刷在试样的釉面上,1min后,用湿布抹去染色液体。

6. 试验报告

试验报告应包括以下内容：

(1) 依据 GB/T 3810 第 9 部分；

(2) 试样的描述；

(3) 试样的吸水率；

(4) 试验类型(浸没试验或非浸没试验)；

(5) 可见缺陷的试样数。

(十) 湿膨胀的测定[1]

1. 范围

《陶瓷砖试验方法》GB/T 3810 第 10 部分规定了陶瓷砖湿膨胀的试验方法。

2. 湿膨胀定义

将砖浸入沸水中加热使膨胀加速发生的膨胀比。

3. 原理

通过将砖浸入沸水中加热以加速湿膨胀发生,并测定其长度变化比。

4. 设备

(1) 测量装置,带有刻度盘的千分表测微器或类似装置,至少精确到 0.01mm。

(2) 镍钢(镍铁合金)标准块,长度与试样长度近似,与隔热夹具配套使用。

(3) 焙烧炉,能以 150℃/h 的升温速率升到 600℃,且控制温度偏差不超过±15℃。

(4) 游标卡尺,或其他合适的用于长度测量的装置,精确到 0.5mm。

(5) 煮沸装置,使所测试样在煮沸的去离子水或蒸馏水中保持 24h。

5. 试样

试样由 5 块整砖组成,如果测量装置没有整砖长,应从每块砖的中心部位切割试样,最小长度为 100mm,最小宽度 35mm,厚度为砖的厚度。

对挤压砖来说,试样长度应沿挤压方向。

按照测量装置的要求准备试样。

6. 步骤

(1) 重烧

将试样放入焙烧炉中,以 150℃/h 升温速率重新焙烧,升至(550±15)℃,在(550±15)℃保温 2h。让试样在炉内冷却。当温度降至(70±10)℃时,将试样放入干燥器中。在室温下保持(24～32)h。如果试样在重烧后出现开裂,另取试样以更慢的加热和冷却速率重新焙烧。

测量每块试样相对镍钢标准块的初始长度,精确到 0.5mm。3h 后再测量试样一次。

(2) 沸水处理

将装有去离子水或蒸馏水的容器加热至沸,将试样浸入沸水中,应保持水位高度超过试样至少 5cm,使试样之间互不接触,且不接触容器的底和壁,连续煮沸 24h。

从沸水中取出试样并冷却至室温,1h 后测量试样长度,过 3h 后再测量一次。记录测量结果。

---

[1] 内容引自 GB/T 3810.10—2006《陶瓷砖试验方法 第 10 部分：湿膨胀的测定》。

对于每个试样，计算沸水处理前的两次测量值的平均数，沸水处理后两次测量的平均数，然后计算二个平均值之差。

7. 结果表示

湿膨胀用 mm/m 表示时，由下式计算：

$$\frac{\Delta L}{L} \times 1000$$

式中　ΔL——是沸水处理前后两个平均值之差(mm)；
　　　L——是试样的平均初始长度(mm)。

湿膨胀以百分比表示时，可由下式计算：

$$\frac{\Delta L}{L} \times 100$$

8. 试验报告

试验报告应包括以下内容：

(1) 依据 GB/T 3810 第 10 部分；
(2) 砖的描述和试样的尺寸；
(3) 每块测试样品的湿膨胀，在测得的最大值下画线；
(4) 砖的湿膨胀平均值。

9. 陶瓷砖湿膨胀的建议

大多数有釉砖和无釉砖都有很小的自然湿膨胀，当正确铺贴时，不会引起铺贴问题。但是，在采用不规范的铺贴方式或在某些气候条件下，特别是当砖直接铺贴到陈旧的混凝土基础上时，湿膨胀可能会加重。在这种情况下，建议采用本试验方法所测得的湿膨胀最大值不超过 0.06%。

(十一) 有釉砖抗釉裂性的测定❶

1. 范围

《陶瓷砖试验方法》GB/T 3810 第 11 部分规定了测定各种有釉陶瓷砖抗釉裂性的试验方法，不包括作为装饰效果而特有的釉裂。

2. 釉裂定义

呈细发丝状的裂纹，仅限于砖的釉面。

3. 原理

抗釉裂性是使整砖在蒸压釜中承受高压蒸汽的作用，然后使釉面染色来观察砖的釉裂情况。

4. 设备

蒸压釜：具有足够大的容积，以便使试验用的 5 块砖之间有充分的间隔。蒸汽由外部汽源提供，以保持釜内(500±20)kPa 的压力，即蒸汽温度为(159±1)℃，保持 2h。

也可以使用直接加热式蒸压釜。

5. 试样

(1) 至少取 5 块整砖进行试验。

---

❶ 内容引自 GB/T 3810.11—2006《陶瓷砖试验方法　第 11 部分：有釉砖抗釉裂性的测定》。

(2) 对于大尺寸砖,为能装入蒸压釜中,可进行切割,但对所有切割片都应进行试验。切割片应尽可能的大。

6. 步骤

(1) 首先用肉眼(平常戴眼镜的可戴上眼镜),在300lx的光照条件下距试样25~30cm处观察砖面的可见缺陷,所有试样在试验前都不应有釉裂。可用含有少量润湿剂的亚甲基蓝溶液作釉裂检验。除了刚出窑的砖,作为质量保证的常规检验外,其他试验用砖应在(500±15)℃的温度下重烧,但升温速率不得大于150℃/h,保温时间不少于2h。

(2) 将试样放在蒸压釜内,试样之间应有空隙。使蒸压釜中的压力逐渐升高,1h内达到(500±20)kPa、(159±1)℃,并保持压力2h。然后关闭汽源,对于直接加热式蒸压釜则停止加热,使压力尽可能快地降低到试验室大气压,在蒸压釜中冷却试样0.5h。将试样移出到试验室大气中,单独放在平台上,继续冷却0.5h。

(3) 在试样釉面上涂刷适宜的染色液,如含有少量润湿剂的1%亚甲基蓝溶液。1min后用湿布擦去染色液。

(4) 检查试样的釉裂情况,注意区分釉裂与划痕及可忽略的裂纹。

7. 试验报告

试验报告应包括以下内容:

(1) 依据 GB/T 3810 第11部分;

(2) 试样的描述;

(3) 试样的数量;

(4) 釉裂的试样数量;

(5) 对釉裂的描述(书面描述、绘图或照片见图9-19)。

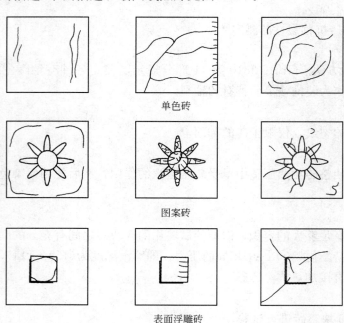

图 9-19 釉裂的图例

注:任何类似釉裂都纯属偶然。

(十二) 抗冻性的测定[1]

1. 范围

《陶瓷砖试验方法》GB/T 3810 第 12 部分规定了所有在浸水和冰冻条件下使用的陶瓷砖抗冻性的试验方法。

2. 原理

陶瓷砖浸水饱和后,在 5℃ 和 −5℃ 之间循环。砖的各表面须经受至少 100 次冻融循环。

3. 设备和材料

(1) 干燥箱:能在 (110±5)℃ 的温度下工作;也可使用能获得相同检测结果的微波、红外或其他干燥系统。

(2) 天平:精确到试样质量的 0.01%。

(3) 抽真空装置:抽真空后注入水使砖吸水饱和的装置;通过真空泵抽真空能使该装置内压力至 (40±2.6)kPa。

(4) 冷冻机:能冷冻至少 10 块砖,其最小面积为 $0.25m^2$,并使砖互相不接触。

(5) 麂皮。

(6) 水,温度保持在 (20±5)℃。

(7) 热电偶或其他合适的测温装置。

4. 试样

(1) 样品

使用不少于 10 块整砖,并且其最小面积为 $0.25m^2$,对于大规格的砖,为能装入冷冻机,可进行切割,切割试样应尽可能的大。砖应没有裂纹、釉裂、针孔、磕碰等缺陷。如果必须用有缺陷的砖进行检验,在试验前应用永久性的染色剂对缺陷做记号,试验后检查这些缺陷。

(2) 试样制备

砖在 (110±5)℃ 的干燥箱内烘干至恒重,即每隔 24h 的两次连续称量之差小于 0.1%。记录每块干砖的质量 (m_1)。

5. 浸水饱和

(1) 砖冷却至环境温度后,将砖垂直地放在抽真空装置内,使砖与砖、砖与该装置内壁互不接触。抽真空装置接通真空泵,抽真空至 (40±2.6)kPa。在该压力下将 (20±5)℃ 的水引入装有砖的抽真空装置中浸没,并至少高出 50mm。在相同压力下至少保持 15min,然后恢复到大气压力。

用手把浸湿过的麂皮拧干,然后将麂皮放在一个平面上。依次将每块砖的各个面轻轻擦干,称量并记录每块湿砖的质量 m_2。

(2) 初始吸水率 E_1 用质量分数(%)表示,由式(9-10)求得:

$$E_1 = \frac{m_2 - m_1}{m_1} \times 100 \tag{9-10}$$

式中 m_2 ——每块湿砖的质量(g);

---

[1] 内容引自 GB/T 3810.12—2006《陶瓷砖试验方法 第 12 部分:抗冻性的测定》。

m_1——每块干砖的质量(g)。

6. 步骤

在试验时选择一块最厚的砖,该砖应视为对试样具有代表性。在砖一边的中心钻一个直径为3mm的孔,该孔距边最大距离为40mm,在孔中插一支热电偶,并用一小片隔热材料(例如多孔聚苯乙烯)将该孔密封。如果用这种方法不能钻孔,可把一支热电偶放在一块砖的一个面的中心,用另一块砖附在这个面上。将冷冻机内欲测的砖垂直地放在支撑架上,用这一方法使得空气通过每块砖之间的空隙流过所有表面。把装有热电偶的砖放在试样中间,热电偶的温度定为试验时所有砖的温度,只有在用相同试样重复试验的情况下这点可省略。此外,应偶尔用砖中的热电偶作核对。每次测量温度应精确到±0.5℃。

以不超过20℃/h的速率使砖降温到−5℃以下。砖在该温度下保持15min。砖浸没于水中或喷水直到温度达到5℃以上。砖在该温度下保持15min。

重复上述循环至少100次。如果将砖保持浸没在5℃以上的水中,则此循环可中断。称量试验后的砖质量(m_3),再将其烘干至恒重,称量试验后砖的干质量(m_4)。最终吸水率 E_2 用质量分数(%)表示,由式(9-11)求得:

$$E_2 = \frac{m_3 - m_4}{m_4} \times 100 \tag{9-11}$$

式中 m_3——试验后每块湿砖的质量(g);

m_4——试验后每块干砖的质量(g)。

100次循环后,在距离25~30cm处、大约300lx的光照条件下,用肉眼检查砖的釉面、正面和边缘。对通常戴眼镜者,可以戴眼镜检查。在试验早期,如果有理由确信砖已遭到损坏,可在试验中间阶段检查并及时作记录。记录所有观察到砖的釉面、正面和边缘损坏的情况。

7. 试验报告

试验报告应包括以下内容:

(1) 依据 GB/T 3810 第12部分;
(2) 经鉴别的合格砖,如需要砖的背面也要检查;
(3) 试样的数量;
(4) 初始吸水率 E_1;
(5) 最终吸水率 E_2;
(6) 记录试验前的缺陷及冻融试验后砖的釉面、正面和边缘的所有损坏情况;
(7) 100次循环试验后试样的损坏数量。

(十三) 耐化学腐蚀性的测定❶

1. 范围

《陶瓷砖试验方法》GB/T 3810 第13部分规定了在室温条件下测定陶瓷砖耐化学腐蚀性的试验方法。

本部分适用于各种类型的陶瓷砖。

2. 原理

---

❶ 内容引自 GB/T 3810.13—2006《陶瓷砖试验方法 第13部分:耐化学腐蚀性的测定》。

试样直接受试液的作用，经一定时间后观察并确定其受化学腐蚀的程度。

3. 水溶性试液

（1）家庭用化学药品

氯化铵溶液：100g/L。

（2）游泳池盐类

次氯酸钠溶液 20mg/L（由约含质量分数为 0.13 活性氯的次氯酸钠配制）。

（3）酸和碱

1）低浓度（L）

① 体积分数为 0.03 的盐酸溶液，由浓盐酸（$\rho=1.19g/mL$）配制。

② 柠檬酸溶液：100g/L。

③ 氢氧化钾溶液：30g/L。

2）高浓度（H）

① 体积分数为 0.18 的盐酸溶液，由浓盐酸（$\rho=1.19g/mL$）制得。

② 体积分数为 0.05 的乳酸溶液。

③ 氢氧化钾溶液：100g/L。

4. 设备

（1）带盖容器，用硅硼玻璃（ISO 3585）或其他合适材料制成。

（2）圆筒，用硅硼玻璃（ISO 3585）或其他合适材料制成的带盖圆筒。

（3）干燥箱，工作温度为（110±5）℃；也可使用能获得相同检测结果的微波、红外或其他干燥系统。

（4）麂皮。

（5）由棉纤维或亚麻纤维纺织的白布。

（6）密封材料（如橡皮泥）。

（7）天平，精度为 0.05g。

（8）铅笔，硬度为 HB（或同等硬度）的铅笔。

（9）灯泡，40W，内面为白色（如硅化的）。

5. 试样

（1）试样的数量

每种试液使用 5 块试样。试样必须具有代表性。试样正面局部可能具有不同色彩或装饰效果，试验时必须注意应尽可能把这些不同部位包含在内。

（2）试样的尺寸

1）无釉砖：试样尺寸为 50mm×50mm，由砖切割而成，并至少保持一个边为非切割边。

2）有釉砖：必须使用无损伤的试样，试样可以是整砖或砖的一部分。

（3）试样的准备

用适当的溶剂（如甲醇），彻底清洗砖的正面。有表面缺陷的试样不能用于试验。

6. 无釉砖试验步骤

（1）试液的应用

将试样放入干燥箱在（110±5）℃下烘干至恒重。即连续两次称量的差值小于 0.1g。

然后使试样冷却至室温。采用上述所列的试液进行试验。

将试样垂直浸入盛有试液的容器中，试样浸深 25mm。试样的非切割边必须完全浸入溶液中。盖上盖子在(20±2)℃的温度下保持 12d。

12d 后，将试样用流动水冲洗 5d，再完全浸泡在水中煮 30min 后从水中取出，用拧干但还带湿的麂皮轻轻擦拭，随即在(110±5)℃的干燥箱中烘干。

(2) 试验后的分级

在日光或人工光源约 300lx 的光照条件下(但应避免直接照射)，距试样 25~30cm，用肉眼(平时戴眼镜的可戴上眼镜)观察试样表面非切割边和切割边浸没部分的变化。砖可划分为下列等级。

1) 对于家庭用化学品及游泳池盐类试液：

UA 级：无可见变化[①]。

UB 级：在切割边上有可见变化。

UC 级：在切割边上、非切割边上和表面上均有可见变化。

2) 对于低浓度酸、碱类试液：

ULA 级：无可见变化[①]。

ULB 级：在切割边上有可见变化。

ULC 级：在切割边上、非切割边上和表面上均有可见变化。

3) 对于高浓度酸、碱类试液：

UHA 级：无可见变化[①]。

UHB 级：在切割边上有可见变化。

UHC 级：在切割边上、非切割边上和表面上均有可见变化。

① 如果色彩有轻微变化，则不认为是化学药品腐蚀。

7. 有釉砖试验步骤

(1) 试液的应用

在圆筒的边缘上涂一层 3mm 厚的密封材料，然后将圆筒倒置在有釉表面的干净部分，并使其周边密封。

从开口处注入试液，液面高为(20±1)mm，试液必须是家庭化学品、游泳池盐类和低浓度酸碱类溶液中的任何一种；如果必要，还可采用高浓度酸碱的各种溶液。将试验装置放于(20±2)℃的温度下保存。

试验耐家庭用化学药品、游泳池盐类和柠檬酸的腐蚀性时，使试液与试样接触 24h，移开圆筒并用合适的溶剂彻底清洗釉面上的密封材料。

试验耐盐酸和氢氧化钾腐蚀性时，使试液与试样接触 4d，每天轻轻摇动装置一次，并保证试液的液面不变。2d 后更换溶液，再过 2d 后移开圆筒并用合适的溶剂彻底清洗釉面上的密封材料。

(2) 试验后的分级

1) 概述

经过试验的表面在进行评价之前必须完全干燥。为确定铅笔试验是否适用，在釉面的未处理部分用铅笔划几条线并用湿布擦拭线痕。如果铅笔线痕擦不掉，这些砖将记录为"不适于标准分级法"，只能用目测分级法进行评价，即图 9-20 所示的分级系统不适用。

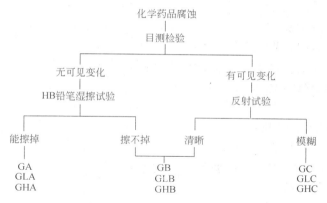

图 9-20 有釉耐腐蚀级别划分表

2) 标准分级法

对于通过铅笔试验的砖，则继续按照目测初评、铅笔试验和反射试验所列步骤进行评价，并按图 9-20 所示分级系统进行分级。

① 目测初评

用肉眼（平时戴眼镜的可戴上眼镜）以标准距离 25cm 的视距从各个角度观察被测表面与未处理表面有何表观差异，如反射率或光泽度的变化。

光源可以是日光或人工光源（约为 300lx），但避免日光直接照射。

观测后如未发现可见变化，则进行铅笔试验。如有可见变化，即进行反射试验。

② 铅笔试验

在试验表面和非处理表面上用铅笔划几条线。用软质湿布擦拭铅笔线条，如果可以擦掉，则为 A 级；如果擦不掉，则为 B 级。

③ 反射试验

将砖摆放在这样的装置：即能使灯泡的图像反射在非处理表面上。灯光在砖表面上的入射角约为 45°，砖和光源的间距为（350±100）mm。

评价的参数为反射清晰度，而不是砖表面的亮度。调整砖的位置，使灯光同时落在处理和非处理面上，检查处理面上的图像是否较模糊。此试验对某些釉面是不适合的。特别是对无光釉面。如果反射清晰，则定为 B 级。如果反射模糊，则定为 C 级。

3) 目测分级

对于不能用铅笔试验的砖，称之为"不适于标准分级法"，应采用下列方法分级。

① 对于家庭化学品和游泳池盐类试液：

GA(V)级：无可见变化[②]。

GB(V)级：表面有明显变化。

GC(V)级：原来的表面部分或全部有损坏。

② 对于低浓度酸、碱类试液：

GLA(V)级：无可见变化[②]。

GLB(V)级：表面有明显变化。

GLC(V)级：原来的表面部分或全部有损坏。

③ 对于高浓度酸、碱类试液：

GHA(V)级：无可见变化②。

GHB(V)级：表面有明显变化。

GHC(V)级：原来的表面部分或全部有损坏。

② (V)为"目测分级"的标识。

8. 试验报告

试验报告应包括以下内容：

(1) 依据 GB/T 3810 第 13 部分；

(2) 对砖的描述，包括试样的准备；

(3) 试验溶液和材料；

(4) 试验后获得的试验结果；

(5) 按规定的每种试液和试样的分级。

(十四) 耐污染性的测定[1]

1. 范围

《陶瓷砖试验方法》GB/T 3810 第 14 部分规定了陶瓷砖表面耐污染性的测定方法。

2. 原理

将试液和材料(污染剂)与砖正面接触，使其作用一定时间，然后按规定的清洗方法清洗砖面，观察砖表面的可见变化来确定砖的耐污染性。

3. 污染剂

注：这里列出的仅是污染剂的基本例子。经相关各方的同意，一些其他的污染剂也可按照 GB/T 3810.14 规定的测定方法进行试验。

(1) 易产生痕迹的污染剂(膏状物)

1) 轻油中的绿色污染剂，符合下列的规定。

① 绿色污染剂(铬绿)

化学式：Cr_2O_3

典型的粒子尺寸分布：

%<	μm
10.0	0.5
29.2	1.0
43.7	2.0
50.0	3.0
66.3	5.0
78.8	10.0
89.6	20.0
93.0	32.0
97.4	64.0
100.0	96.0

[1] 内容引自 GB/T 3810.14—2006《陶瓷砖试验方法 第 14 部分：耐污染性的测定》。

② 轻油

轻油由甘油脂和有机酸组成,脂的分子量范围为 300~500。

下面是两个例子:

(a) 甘油癸酸二辛酸(常用名为甘油癸酸辛酰胺)。商品名为 Mqyritol 318,从 Henkel KGaA D4000 Dusseldorfl 中获得。用 ISO 10545 的本部分能方便地得到这一资料,不能选用以 ISO 命名注册的产品,除非它们能证明产品相同的结果,才可以用这种相同的产品。

(b) 甘油三丁醇(常用名为甘油丁酸脂和三丁酸甘油脂,由化学实验室提取)。

③ 试验膏含有质量分数为 0.40 的 Cr_2O_3。试验膏应混合均匀以保证分散性。

2) 轻油中的红色污染剂(仅对绿色表面的砖),符合下列的规定。

① 红色污染剂

化学式:Fe_2O_3

典型的粒子尺寸分布:

%<	μm
51.3	1.0
53.9	2.0
71.0	5.0
82.2	10.0
88.3	15.0
88.8	20.0
96.5	25.0
96.5	41.0
100.0	64.0

② 轻油

轻油由甘油脂和有机酸组成,脂的分子量范围为 300~500。

下面是两个例子:

(a) 甘油癸酸二辛酸(常用名为甘油癸酸辛酰胺)。商品名为 Myritol 318,从 Henkel KGaA D4000 Dusseldorfl 中获得。用 ISO 10545 的本部分能方便地得到这一资料,不能选用以 ISO 命名注册的产品,除非它们能证明产品相同的结果,才可以用这种相同的产品。

(b) 甘油三丁醇(常用名为甘油丁酸脂和三丁酸甘油脂,由化学实验室提取)。

③ 试验膏含有质量分数为 0.40 的 Fe_2O_3。试验膏应混合均匀以保证分散性。

(2) 可发生氧化反应的污染剂:质量浓度为 13g/L 的碘酒。

(3) 能生成薄膜的污染剂:橄榄油。

4. 清洗

(1) 清洗剂

1) 热水,温度为 (55±5)℃。

2) 弱清洗剂、商业试剂,不含磨料,pH=6.5~7.5。

3) 强清洗剂、商业清洗剂,含磨料,pH=9~10。

清洗剂不含氢氟酸及其化合物。
4）合适的溶剂
① 体积分数为 0.03 的盐酸溶剂，由浓盐酸(ρ=1.19g/mL)，按照 3+97 配制。
② 氢氧化钾溶液，200g/L。
③ 丙酮。
如果使用其他指定的溶剂，必须在试验报告中详细说明。

(2) 清洗程序和设备
1）程序 A
用温度为(55±5)℃的流动热水清洗砖面 5min，然后用湿布擦净砖面。
2）程序 B
用普通的不含磨料的海绵或布在弱清洗剂中人工擦洗砖面，然后用流动水冲洗，用湿布擦净。
3）程序 C
用机械方法在强清洗剂中清洗砖面，例如可用下述装置清洗：
用硬鬃毛制成直径为 8cm 的旋转刷，刷子的旋转速度大约为 500r/min。盛清洗剂的罐带有一个合适的喂料器与刷子相连。将砖面与旋转刷子相接触，然后从喂料器加入清洗剂进行清洗，清洗时间为 2min。清洗结束后用流动水冲洗并用湿布擦净砖面。
4）程序 D
试样在合适的溶剂中浸泡 24h，然后使砖面在流动水下冲洗，并用湿布擦净砖面。
若使用合适的溶剂中的任何一种溶剂能将污染物除去，则认为完成清洗步骤。

(3) 辅助设备
干燥箱：工作温度为(110±5)℃；也可使用能获得相同检测结果的微波、红外或其他干燥系统。

5. 试样
每种污染剂需 5 块试样。使用完好的整砖或切割后的砖。试验砖的表面应足够大，以确保可进行不同的污染试验。若砖面太小，可以增加试样的数量。彻底地清洗砖面[①]，然后在(110±5)℃的干燥箱中干燥至恒重，即连续两次称量的质量相差小于 0.1g，将试样在干燥器中冷却至室温。

当对磨损后的无釉砖做试验时，样品应按照 GB/T 3810.7 规定进行试验，转数为 600 转。

① 对于表面经过防污处理的砖，应采用合适的方法去除砖表面的防污剂。

6. 试验步骤
(1) 污染剂的使用
在被试验的砖面上涂 3 至 4 滴易产生痕迹污染剂中的膏状物，在砖面上相应的区域各滴 3 至 4 滴质量浓度为 13g/L 的碘酒和橄榄油试剂，并保持 24h。为使试验区域接近圆形，放一个直径约为 30mm 的中凸透明玻璃筒在试验区域的污染剂上。

(2) 清除污染剂
经上述处理的试样按程序 A、程序 B、程序 C 和程序 D 的清洗程序分别进行清洗。

试样每次清洗后在(110±5)℃的干燥箱中烘干，然后用眼睛观察砖面的变化（通常戴眼镜的可戴眼镜观察），眼睛距离砖面 25～30cm，光线大约为 300lx 的日光或人造光源，但避免阳光的直接照射。如使用易产生痕迹的污染剂，只报告色彩可见的情况。如果砖面未见变化，即污染能去掉，根据图 9-21 记录可清洗级别。如果污染不能去掉，则进行下一个清洗程序。

7. 结果分级

按试验处理的结果，陶瓷砖表面耐污染性分为 5 级，见图 9-21。

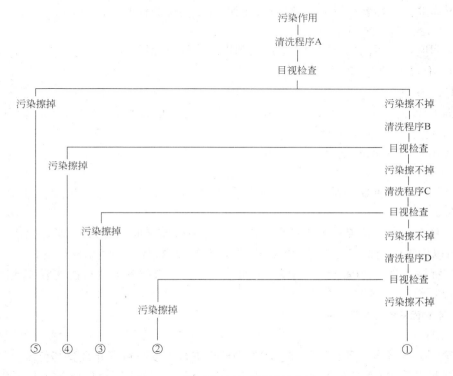

图 9-21　耐污染性试验结果的分级

记录每块试样与每种污染剂作用所产生的结果（经双方同意，无釉砖可在无磨损或磨损以后进行）。第 5 级对应于最易于将规定的污染剂从砖面上清除。第 1 级对应于任何一种试验步骤在不破坏砖面的情况下无法清除砖面上的污染剂。

8. 试验报告

试验报告应包括以下内容：

（1）依据 GB/T 3810 第 14 部分；

（2）试样的说明，包括试样的制备方法；

（3）污染剂和清洗剂；

（4）每块试样针对每种污染剂根据图 9-21 的分级结果（经双方同意，无釉砖可在无磨损或磨损以后进行）。

(十五) 小色差的测定[1]

1. 范围

《陶瓷砖试验方法》GB/T 3810 第 16 部分规定了采用颜色测量仪器测定要求为颜色均匀一致表面平整的单色釉面瓷砖间小色差的方法。本方法采用一个最大可接受值作为允许色差的宽容度，该值仅取决于颜色匹配的相近程度，而与所涉及的颜色及色差的本质无关。

本标准不涉及为艺术目的而形成的颜色变化。

注：本试验只适用于颜色均匀一致、表面平整的单色釉面瓷砖，本规定非常重要。

2. 术语和定义

(1) 彩度：某种颜色偏离与其具有相同明度的灰色的程度。

注：某种颜色偏离灰色越多则彩度越高。

(2) 明度：与颜色相对应的一个从白到黑的连续灰标尺。

(3) GIE 1976$L^* a^* b^*$ 值

CIELAB 值

依据 CIE 公布的 No.15.2：1986 测得的三刺激值计算所得的 CIE[1] 1976$L^* a^* b^*$ (CIELAB) 色空间的色度坐标。

注：CIE 系国际照明委员会。

(4) CMC 色差

注：CMC 系染色家协会（SDC）所属颜色测量委员会。

ΔE_{CMC}

一组色差方程，该方程利用被测样品与参照标准试样间计算的 CIELAB（ΔL^*、ΔC_{ab}^*、ΔH_{ab}^*）值以确定包括所有与参考标准试样比较视觉上可接受的颜色的椭圆的边界。

(5) 贸易系数：为确定色差 ΔE_{CMC} 的可接受性，由有关各方达成的宽容度或陶瓷工业通用的宽容度。

注：对釉面陶瓷砖普遍使用的 cf 值为 0.75。

3. 原理

对参照标准试样及具有相同颜色的被测试样进行色度测量，并计算其色差。

将被测样品的 CMC 色差 ΔE_{CMC} 与某参考值比较，以确定颜色匹配的可接受性。该参考值可以是预先达成的贸易系数 cf 或是陶瓷工业通用的 cf 值。

注：色度学描述了颜色差异而非外貌差异的度量，只有在被测样品与参照标准试样间具备相同光泽和纹理时，计算才是有效的。

4. 试验装置

用于颜色测量的仪器应为反射光谱光度计或三刺激值式色度计。仪器的几何条件应与 CIE 规定的四种照明与观察条件中的一种一致。仪器的几何条件按惯例表示为照明条件/观察条件。四种允许的几何条件以及它们的缩写为 45/垂直（45/0），垂直/45（0/45）、漫射/垂直（$d/0$）和垂直/漫射（$0/d$）。如采用漫射几何条件的仪器（$d/0$ 或 $0/d$），测量应包括镜面反射成分。$0/d$ 条件下的样品法线与照明光束间的夹角以及 $d/0$ 条件下的样品法线与观察光束之间的夹角不应超过 10°。

---

[1] 内容引自 GB/T 3810.16—2006《陶瓷砖试验方法 第 16 部分：小色差的测定》。

5. 步骤

(1) 试样

1) 参照试样

取一块或多块包含相同颜料或颜料组合和陶瓷砖作为试样样品，以避免同色异谱的影响。一般至少应取五块有代表性的样品。但如果砖的数量有限，应使用最具代表性的。

2) 被测试样

应使用统计方法确定随机选取有代表性砖的数量，不得少于五块样品。

3) 试样制备

用粘有化学纯级异丙醇的湿布清洁被测样品表面，用不起毛的干布或不含荧光增白剂(FWAs)的纸巾将表面擦干。

(2) 试验步骤

按仪器说明书操作仪器，允许一定的预热时间，按要求制备被测样品及参照标准试样。连续交替地快速测量参考标准试样及被测样品，每块砖测得三个读数。记录上述读数，并使用每块砖三次测量的平均值计算色差。

6. 计算及结果判定

(1) 计算

1) CIELAB 值

① 按 ISO 105—J03 给出的公式，通过 X、Y、Z 值计算每一试样的 CIELAB 的 L^*、a^*、b^*、C_{ab}^* 及 H_{ab} 值。

② 按 ISO 105—J03 给出的公式计算 CIELAB 色差 ΔL^*、Δa^*、Δb^*、ΔC_{ab}^* 及 ΔH_{ab}^*。

2) CMC 色差

按 ISO 105—J03 中的步骤计算被测试样与参照试样间的 CMC 分色差值 ΔL_{CMC}、ΔC_{CMC} 和 ΔH_{CMC}。

3) ΔE_{CMC} 值

按 ISO 105—J03：1995 中 3.3 给出的公式计算以 CMC(1∶c) 为单位的 CMC 色差。使用 CMC 色差时，必须保证由 CMC 公式所决定的明度彩度比 [CMC(1∶c)] 是可接受的。CMC 允许使用者改变明度彩度比(1∶c)，对高光泽光滑表面的釉面陶瓷砖常用的明度彩度比为 1.5∶1。

(2) 结果判定

为判定可接受性，应选择有关各方达成的"宽容度"(cf)。假如未事先达成某个宽容度，则应使用通用的工业宽容度，对釉面陶瓷砖来说为 0.75。当被测试样与参照试样之间计算的 ΔE_{CMC} 与该宽容度相比时，即可确定被测试样与参照试样之间是否是可接受的匹配。与参照试样相比较，被测试样包括两类：其 ΔE_{CMC} 值小于或等于达成的宽容度，则可接受(合格)，其 ΔE_{CMC} 值大于达成的宽容度则不可接受(不合格)。

代表性的试验数据及软件单参见 ISO 105—J03：1995 的附录 B 及附录 C。

7. 试验报告

试验报告应包括下述内容：

(1) 依据 GB/T 3810 第 16 部分；

(2) 试样的描述；

(3) 仪器的详细情况和特定的测量条件；

(4) ΔL^*、ΔC_{ab}^* 及 ΔH_{ab}^* 成分；

(5) 达成的宽容度 cf；

(6) 被测样与参照样间平均的 CMC 色差 ΔE_{CMC}。

第二节 常用建筑石材

一、天然花岗石建筑板材[1]

(一) 范围

标准 GB/T 18601—2009 规定了天然花岗石建筑板材(以下简称板材)的术语和定义、分类、等级与标记、要求、试验方法、检验规则、标志、包装、运输与储存等。适用于建筑装饰用的天然花岗石板材，也可供其他用途的天然花岗石板材参照使用。

(二) 分类、等级与标记

1. 分类

(1) 按形状分为：

1) 毛光板(MG)；

2) 普型板(PX)；

3) 圆弧板(HM)；

4) 异型板(YX)。

(2) 按表面加工程度分为：

1) 镜面板(JM)；

2) 细面板(YG)；

3) 精面板(CM)。

(3) 按用途分为：

1) 一般用途：用于一般性装饰用途；

2) 功能用途：用于结构性承载用途或特殊功能要求。

2. 等级

按加工质量和外观质量分为：

(1) 毛光板按厚度偏差、平面度公差、外观质量等将板材分为优等品(A)、一等品(B)、合格品(C)三个等级；

(2) 普型板按规格尺寸偏差、平面度公差、角度公差、外观质量等将板材分为优等品(A)、一等品(B)、合格品(C)三个等级。

(3) 圆弧板按规格尺寸偏差值线度公差、线轮廓度公度、外观质量等将板材分为优等品(A)、一等品(B)、合格品(C)三个等级。

3. 标记

(1) 名称：采用 GB/T 17670 规定的名称或编号。

(2) 标记顺序为：名称、类别、规格尺寸、等级、标准编号。

---

[1] 主要内容引自 GB/T 18601—2009《天然花岗石建筑板材》。

(3) 示例：

用山东济南青花岗石荒料加工的 600mm×600mm×20mm，普型、镜面、优等品板材示例如下：

标记：济南青花岗石(G3701)PX JM 600×600×20A GB/T 18601—2009

(三) 要求

1. 一般要求

(1) 天然花岗石建筑板材的岩矿结构应符合商业花岗石的定义范畴。

(2) 规格板的尺寸系列见表 9-9，圆弧板、异型板和特殊要求的普型板规格尺寸由供需双方协商确定。

规格板的尺寸系列(mm)　　　　　　　表 9-9

边长系列	300[a]、305[a]、400、500、600[a]、800、900、1000、1200、1500、1800
厚度系列	10[a]、12、15、18、20[a]、25、30、35、40、50

[a] 常用规格。

2. 加工质量

(1) 毛光板的平面度公差和厚度偏差应符合表 9-10 的规定。

毛光板的平面度公差和厚度偏差(mm)　　　　　　　表 9-10

项目		技术指标					
		镜面和细面板材			粗面板材		
		优等品	一等品	合格品	优等品	一等品	合格品
平面度		0.80	1.00	1.50	1.50	2.00	3.00
厚度	≤12	±0.5	±1.0	$^{+1.0}_{-1.5}$	—		
	>12	±1.0	±1.5	±2.0	$^{+1.0}_{-2.0}$	±2.0	$^{+2.0}_{-3.0}$

(2) 普型板规格尺寸允许偏差应符合表 9-11 的规定。

普型板规格尺寸允许偏差(mm)　　　　　　　表 9-11

项目		技术指标					
		镜面和细面板材			粗面板材		
		优等品	一等品	合格品	优等品	一等品	合格品
长度、宽度		$^{0}_{-1.0}$	$^{0}_{-1.5}$	$^{0}_{-1.0}$	$^{0}_{-1.5}$		
厚度	≤12	±0.5	±1.0	$^{+1.0}_{-1.5}$	—		
	>12	±1.0	±1.5	±2.0	$^{+1.0}_{-2.0}$	±2.0	$^{+2.0}_{-3.0}$

(3) 圆弧板壁厚最小值应不小于 18mm，规格尺寸允许偏差应符合表 9-12 的规定。圆弧板各部位名称及尺寸标注如图 9-22 所示。

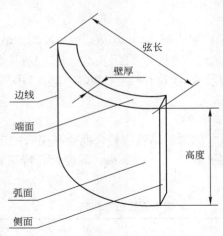

图 9-22 圆弧板部位名称

圆弧板规格尺寸允许偏差(mm) 表 9-12

项目	技术指标					
	镜面和细面板材			粗面板材		
	优等品	一等品	合格品	优等品	一等品	合格品
弦长	0 −1.0		0 −1.5	0 −1.5	0 −2.0	0 −2.0
高度				0 −1.0	0 −1.0	0 −1.5

(4) 普型板平面度允许公差应符合表 9-13 规定。

普型板平面度允许公差(mm) 表 9-13

板材长度(L)	技术指标					
	镜面和细面板材			粗面板材		
	优等品	一等品	合格品	优等品	一等品	合格品
$L \leqslant 400$	0.20	0.35	0.50	0.60	0.80	1.00
$400 < L \leqslant 800$	0.50	0.65	0.80	1.20	1.50	1.80
$L > 800$	0.70	0.85	1.00	1.50	1.80	2.00

(5) 圆弧板直线度与线轮廓度允许公差应符合表 9-14 规定。

圆弧板直线度与线轮廓度允许公差(mm) 表 9-14

项目		技术指标					
		镜面和细面板材			粗面板材		
		优等品	一等品	合格品	优等品	一等品	合格品
直线度 (按板材高度)	≤800	0.80	1.00	1.20	1.00	1.20	1.50
	>800	1.00	1.20	1.50	1.50	1.50	2.00
线轮廓度		0.80	1.00	1.20	1.00	1.50	2.00

(6) 普型板角度允许公差应符合表 9-15 的规定。

普型板角度允许公差（mm） 表 9-15

板材长度（L）	技术指标		
	优等品	一等品	合格品
L≤400	0.30	0.50	0.80
L>400	0.40	0.60	1.00

(7) 圆弧板端面角度允许公差：优等品为 0.40mm，一等品为 0.60mm，合格品为 0.80mm。
(8) 普型板拼缝板材正面与侧面的夹角不应大于 90°。
(9) 圆弧板侧面角 α（见图 9-26）应不小于 90°。
(10) 镜面板材的镜向光泽度应不低于 80 光泽单位，特殊需要和圆弧板由供需双方协商确定。

3. 外观质量

(1) 同一批板材的色调应基本调和，花纹应基本一致。
(2) 板材正面的外观缺陷应符合表 9-16 规定，毛光板外观缺陷不包括缺棱和缺角。

板材正面的外观缺陷 表 9-16

缺陷名称	规定内容	技术指标		
		优等品	一等品	合格品
缺棱	长度≤10mm，宽度≤1.2mm（长度<5mm，宽度<1.0mm 不计），周边每米长允许个数（个）	0	1	2
缺角	沿板材边长，长度≤3mm，宽度≤3mm（长度<2mm，宽度≤2mm 不计），每块板允许个数（个）			
裂纹	长度不超过两端顺延至板边总长度的 1/10（长度<20mm 不计），每块板允许条数（条）			
色斑	面积≤15mm×30mm（面积<10mm×10mm 不计），每块板允许个数（个）		2	3
色线	长度不超过两端顺延至板边总长度的 1/10（长度<40mm 不计），每块板允许条数（条）			

注：干挂板材不允许有裂纹存在。

4. 物理性能

天然花岗石建筑板材的物理性能应符合表 9-17 的规定；工程对石材物理性能项目及指标有特殊要求的，按工程要求执行。

天然花岗石建筑板材的物理性能 表 9-17

项目		技术指标	
		一般用途	功能用途
体积密度（g/cm³）≥		2.56	2.56
吸水率（%）≤		0.60	0.40
压缩强度（MPa）≥	干燥	100	131
	水饱和		

续表

项目		技术指标	
		一般用途	功能用途
弯曲强度(MPa)≥	干燥	8.0	8.3
	水饱和		
耐磨性[a] (1/cm³)≥		25	25

[a] 使用在地面、楼梯踏步、台面等严重踩踏或磨损部位的花岗石材应检验此项。

5. 放射性

天然花岗石建筑板材应符合 GB 6566 的规定。

(四) 试验方法

1. 岩矿

按下述试验方法进行。

(1) 试验设备

1) 岩石切片机；

2) 岩石磨片机；

3) 偏光显微镜。

(2) 制样

样品应有足够的尺寸以能够代表待检矿物的特征，应备有一个或多个样品薄片，将薄片粘贴在玻璃载片上，经由 $100\mu m \sim 10\mu m$ 等级的氧化铝研磨膏进行研磨，加工成 $(0.030+0.005)$mm 厚。

通常情况下，试样尺寸为 33mm×20mm，但如果石材颗粒较大，则宜采用较大尺寸的试样，如 75mm×50mm，或采用多个通常状况下的样品，如果岩石呈现各向异性的特征，则有必要按每种纹理方向进行制样。

所选样品应具有较高的强度，以便在切割时不发生碎裂。对强度较低的样品，采用注入折射率大约在 1.54 左右的树脂(如环氧树脂)加固后制样。

(3) 肉眼观察描述

肉眼观察描述应包括以下内容：

1) 颜色；

2) 构造特征；

3) 结构特征，如大颗粒、中颗粒、小颗粒；

4) 表面状况，如缝隙、微孔(洞)、化石、风化程度、蚀变等。

(4) 微观观察描述

微观观察描述应包括以下内容：

1) 微观构造特征

2) 矿物和结构特征

① 矿物种类；

② 含量；

③ 大小；

④ 形状；

⑤ 接触关系；

⑥ 分布状态；

⑦ 斑晶和基质特征；

⑧ 风化和蚀变特征等。

(5) 判定

借助肉眼和显微镜对岩石颗粒、构造和矿物组分等观测所得出的数据，确定其岩石种类，对照 GB/T 13890 给出石材样品的商业种类。

如果岩石的岩相学描述不能够给岩相判定提供足够的依据，则需要借助其他分析方法进行确定，如 X 光衍射分析。

2. 加工质量

(1) 毛光板

1) 平面度

将平面度公差为 0.1mm 的 1000mm 钢平尺分别自然贴放在距板边 15mm 处和被检平面的两条对角线上，用塞尺测量尺面与板面的间隙。当被检边长或对角线长度大于 1000mm 时，用钢平尺沿边长和对角线分段检测，重叠位置不小于钢平尺长度的三分之一。以最大间隙的测量值表示毛光板的平面度公差，测量值精确到 0.05mm。

2) 厚度

用游标卡尺或能满足精度要求的量器具测量毛光板的厚度，测量 4 条边的中点部位（见图 9-24）。分别用测量值与标称值之间偏差的最大值和最小值表示毛光板厚度的尺寸偏差，测量值精确到 0.1mm。

(2) 普型板规格尺寸

用游标卡尺或能满足精度要求的量器具测量板材的长度、宽度、厚度。长度、宽度分别在板材的三个部位测量（见图 9-23），厚度测量 4 条边的中点部位（见图 9-24）。分别用测量值与标称值之间偏差的最大值和最小值表示长度、宽度、厚度的尺寸偏差，测量值精确到 0.1mm。

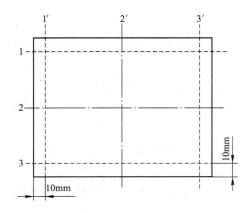

图 9-23 板材规格尺寸测量示意图

1，2，3—长度测量线；1′，2′，3′—宽度测量线

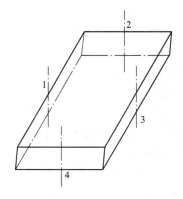

图 9-24 板材厚度测量示意图

1，2，3，4—厚度测量线

(3) 圆弧板规格尺寸

用游标卡尺或能满足测量精度要求的量器具测量圆弧板的弦长、高度及最小壁厚。在圆弧板的两端面处测量较长（见图 9-22）。在圆弧板端面与侧面测量壁厚（见图 9-22）；圆弧板高度测量部位如图 9-25 所示。分别用测量值与标称值之间偏差的最大值和最小值表示弦长、高度及壁厚的尺寸偏差，测量值精确到 0.1mm。

(4) 普型板平面度

将平面度公差为 0.1mm 的 1000mm 钢平尺分别自然贴放在距板边 10mm 处和被检平面的两条对角线上，用塞尺测量尺面与板面的间隙。当被检面边长或对角线长度大于是 1000mm 时，用钢平尺沿边长和对角线分段检测。以最大间隙的测量值表示板材的平面度公差，测量值精确到 0.05mm。

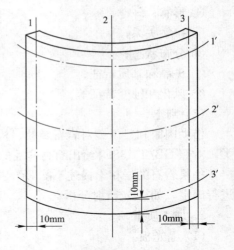

图 9-25 圆弧板高度、直线度和线轮廓度测量部位示意图
1，2，3—高度和直线度测量线；
1′，2′，3′—线轮廓度测量线

(5) 圆弧板

1) 圆弧板直线度

将平面度公差为 0.1mm 的 1000mm 钢平尺沿圆弧板母线方向贴放在被检弧面上，用塞尺测量尺面与板面的间隙，测量位置如图 4 所示。当被检圆弧板高度大于 1000mm 时，用钢平尺沿被检测母线分段测量。

以最大间隙的测量值表示圆弧板的直线度公差，测量值精确到 0.05mm。

2) 圆弧板线轮廓度

按 GB/T 1800.3 和 GB/T 1801 的规定，采用尺寸精度为 JS7(js7) 的圆弧靠模自然贴靠被检弧面，圆弧靠模的弧长与被检弧面的弧长之比应不小于 2∶3，用塞尺测量尺面与圆弧面之间的间隙，测量位置如图 9-25 所示。

以最大间隙的测量值表示圆弧板的线轮廓度公差，测量值精确到 0.05mm。

(6) 普型板角度

用内角垂直度公差为 0.13mm，内角边长为 500mm×400mm 的 90°钢角尺。将角尺短边紧靠板材的短边，长边贴靠板材的长度，用塞尺测量板材长边与角尺长边之间的最大间隙。测量板材的四个角，以最大间隙的测量值表示板材的角度公差，测量值精确到 0.05mm。

(7) 圆弧板角度

用内角垂直度公差为 0.13mm，内角边长为 500mm×400mm 的 90°钢角尺。将角尺短边紧靠圆弧板端面，用角尺长边贴靠圆弧板的边线，用塞尺测量圆弧板边线与角尺长边之间的最大间隙。测量圆弧板的四个角，以最大间隙的测量值表示圆弧板的角度公差，测量值精确到 0.05mm。

(8) 正面与侧面夹角

用内角垂直度公差为 0.13mm，内角边长为 500mm×400mm 的 90°钢角尺，将角尺短边紧靠装饰面,用角尺长边贴靠侧面,观察间隙的位置确定夹角的大小。

(9) 圆弧板α角

将圆弧靠模贴靠圆弧板装饰面并使其上的径向刻度线延长线与圆弧板边线相交,将小平尺沿径向刻度线置于圆弧靠模上,测量圆弧板侧面与小平尺间的夹角(见图9-26)。

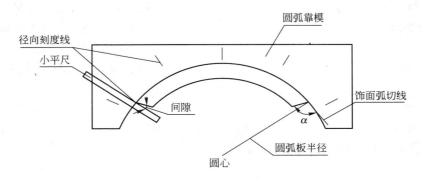

图 9-26　α角测量示意图

(10) 镜向光泽度

采用60°入射角、光孔直径不小于18mm的光泽度仪,按GB/T 13891的规定试验。

3. 外观质量

(1) 花纹色调

将协议板与被检板材并列平放在地上,距板材1.5m处站立目测。

(2) 缺陷

用游标卡尺或能满足精度要求的量器具测量缺陷的长度、宽度,测量值精确到0.1mm。

4. 物理性能

(1) 体积密度、吸水率

按GB/T 9966.3的规定试验;在无法满足GB/T 9966.3规定的试样尺寸时,应从具有代表性的板材产品上制取50mm×50mm×板材厚度的试样,其余按GB/T 9966.3的规定进行。采用该方法时应在报告中注明样品尺寸。

(2) 压缩强度

按GB/T 9966.1的规定试验;在无法满足GB/T 9966.1规定的试验尺寸时,采用叠加粘结的方式达到规定尺寸。粘结面应磨平达到细面要求,采用环氧型胶粘剂,用加压的方式挤净多余的胶粘剂,固化后进行规定试验。压缩时沿叠加方向加载,采用该种方法时应在报告中注明。

(3) 弯曲强度

按GB/T 9966.2的规定试验。

(4) 耐磨性

按GB/T 19766—2005《天然大理石建筑板材》的规定试验。

5. 放射性

按GB 6566的规定试验。

(五) 检验规则

1. 出厂检验

(1) 检验项目

毛光板为厚度偏差、平面度公差、镜向光泽度、外观质量；

普型板为规格尺寸偏差、平面度偏差、角度公差、镜向光泽度、外观质量；

圆弧板为规格尺寸偏差、角度公差、直线度公差、线轮廓度公差、外观质量。

(2) 组批

同一品种、类别、等级、同一供货批的板材为一批；或按连接安装部位的板材为一批。

(3) 抽样

采取 GB/T 2828.1 一次抽样正常检验方式，检查水平为Ⅱ。合格质量水平（AQL值）取 6.5；根据表 9-18 抽取样本。

样本的抽取和判定（块）　　　　表 9-18

批量范围	样本数	合格判定数(Ac)	不合格判定数(Re)
≤25	5	0	1
26～50	8	1	2
51～90	13	2	3
91～150	20	3	4
151～280	32	5	6
281～500	50	7	8
501～1200	80	10	11
1201～3200	125	14	15
≥3201	200	21	22

(4) 判定

单块板材的所有检验结果均符合技术要求中相应等级时，则判定该块板材符合该等级。

根据样本检验结果，若样本中发现的等级不合格数小于或等于合格判定数（Ac），则判定该批符合该等级；若样本中发现的等级不合格数大于或等于不合格判定数（Re），则判定该批不符合该等级。

2. 型式检验

(1) 检验项目

本节一、(三)要求中的全部项目。

(2) 检验条件

有下列情况之一时，进行型式检验：

1) 新建厂投产；

2) 荒料、生产工艺有重大改变；

3) 正常生产时，每一年进行一次。

(3) 组批

同出厂检验。

(4) 抽样

规格尺寸偏差、平面度公差、角度公差、直线度公差、线轮廓度公差、镜向光泽度、外观质量的抽样同出厂检验；

其余项目的样品从检验批中随机抽取双倍数量样品。

(5) 判定

体积密度、吸水率、压缩强度、弯曲强度、耐磨性、放射性水平的试验结果中，均符合本节一、(三)相应要求时，则判定该批板材以上项目合格；有两项及以上不符合本节一、(三)相应要求时，则判定该批板材为不合格；有一项不符合本节一、(三)相应要求时，利用备样对该项目进行复检，复检结果合格时，则判定该批板材以上项目合格；否则判定该批板材为不合格。其他项目检验结果的判定同出厂检验。

二、天然大理石建筑板材[❶]

标准 GB/T 19766—2005 规定了天然大理石建筑板材(以下简称板材)产品的分类、技术要求、试验方法、检验规则、标志、包装、运输、储存等。

该标准适用于建筑装饰用天然大理石板材。其他用途的天然大理石板材也可参照采用。

(一) 产品分类

1. 分类

按形状分成如下类别：

(1) 普型板(PX)；

(2) 圆弧板(HM)——装饰面轮廓线的曲率半径处处相同的饰面板材。

2. 等级

(1) 普型板按规格尺寸偏差、平面度公差、角度公差及外观质量将板材分为优等品(A)、一等品(B)、合格品(C)三个等级。

(2) 圆弧板按规格尺寸偏差、直线度公差、线轮廓度公差及外观质量将板材分为优等品(A)、一等品(B)、合格品(C)三个等级。

3. 标记

(1) 标记顺序：荒料产地地名、花纹色调特征描述、大理石；编号(按 GB/T 17670 的规定)、类别、规格尺寸、等级、标准号。

(2) 示例：用房山汉白玉大理石荒料加工的 600mm×600mm×20mm、普型、优等品板材示例如下：

房山汉白玉大理石：M1101 PX 600×600×20 A GB/T 19766—2005

(二) 技术要求

1. 普型板和圆弧板的技术指标应符合下述 2～6 的规定。

2. 规格尺寸允许偏差

(1) 普型板规格尺寸允许偏差见表 9-19。

---

❶ 主要内容引自 GB/T 19766—2005《天然大理石建筑板材》。

普型板规格尺寸允许偏差(mm)　　　　　　　　表 9-19

项目		允许偏差		
		优等品	一等品	合格品
长度、宽度		0 −1.0	0 −1.0	0 −1.5
厚度	≤12	±0.5	±0.8	±1.0
	>12	±1.0	±1.5	±2.0
干挂板材厚度		+2.0 0	+2.0 0	+3.0 0

(2) 圆弧板壁厚最小值应不小于 20mm，规格尺寸允许偏差见表 9-20。圆弧板各部位名称如图 9-27 所示。

圆弧板规格尺寸允许偏差(mm)　　表 9-20

项目	允许偏差		
	优等品	一等品	合格品
弦长	0 −1.0	0 −1.0	0 −1.5
高度	0 −1.0	0 −1.0	0 −1.5

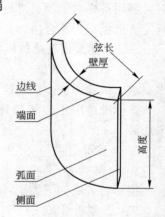

图 9-27　圆弧板部位名称

3. 平面度允许公差

(1) 普型板平面度允许公差见表 9-21。

普型板平面度允许公差(mm)　　　　　　　　表 9-21

板材长度	允许公差		
	优等品	一等品	合格品
<400	0.2	0.3	0.5
>400～≤800	0.5	0.6	0.8
>800	0.7	0.8	1.0

(2) 圆弧板直线度与线轮廓度允许公差见表 9-22。

圆弧板直线度与线轮廓度允许公差(mm)　　　　　　表 9-22

项目		允许公差		
		优等品	一等品	合格品
直线度 (按板材高度)	≤800	0.6	0.8	1.0
	>800	0.8	1.0	1.2
线轮廓度		0.8	1.0	1.2

4. 角度允许公差

(1) 普型板角度允许公差见表 9-23。

普型板角度允许公差(mm) 表 9-23

板材长度	允 许 公 差		
	优 等 品	一 等 品	合 格 品
≤400	0.3	0.4	0.5
>400	0.4	0.5	0.7

（2）圆弧板端面角度允许公差：优等品为 0.4mm，一等品为 0.6mm，合格品为 0.8mm。

（3）普型板拼缝板材正面与侧面的夹角不得大于 90°。

（4）圆弧板侧面角 α（见图 9-31）应不小于 90°。

5. 外观质量

（1）同一批板材的色调应基本调和，花纹应基本一致。

（2）板材正面的外观缺陷的质量要求应符合表 9-24 规定。

板材正面外观缺陷的质量要求 表 9-24

名称	规 定 内 容	优等品	一等品	合 格 品
裂纹	长度超过 10mm 的不允许条数（条）	0		
缺棱	长度不超过 8mm，宽度不超过 1.5mm（长度≤4mm，宽度≤1mm 不计），每米长允许个数（个）	0	1	2
缺角	沿板材边长顺延方向，长度≤3mm，宽度≤3mm（长度≤2mm，宽度≤2mm 不计），每块板允许个数（个）			
色斑	面积不超过 6cm²（面积小于 2cm² 不计），每块板允许个数（个）			
砂眼	直径在 2mm 以下	不明显	有，不影响装饰效果	

（3）板材允许粘结和修补。粘结和修补后应不影响板材的装饰效果和物理性能。

6. 物理性能

（1）镜面板材的镜向光泽值应不低于 70 光泽单位，若有特殊要求，由供需双方协商确定。

（2）板材的其他物理性能指标应符合表 9-25 的规定。

天然大理石建筑板材其他物理性能指标 表 9-25

项 目		指 标
体积密度(g/cm³) ≥		2.30
吸水率(%) ≤		0.50
干燥压缩强度(MPa) ≥		50.0
干 燥	弯曲强度(MPa) ≥	7.0
水 饱 和		
耐磨度①(1/cm³) ≥		10

① 为了颜色和设计效果，以两块或多块大理石组合拼接时，耐磨度差异应不大于 5，建议适用于经受严重踩踏的阶梯、地面和月台使用的石材耐磨度最小为 12。

(三) 试验方法

1. 规格尺寸

(1) 普型板规格尺寸

用游标卡尺或能满足测量精度要求的量器具测量板材的长度、宽度、厚度。长度、宽度分别在板材的三个部位测量(见图 9-28);厚度测量 4 条边的中点部位(见图 9-29)。分别用偏差的最大值和最小值表示长度、宽度、厚度的尺寸偏差。测量值精确到 0.1mm。

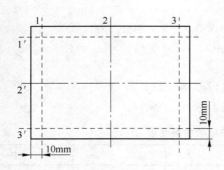 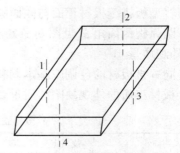

图 9-28 板材规格尺寸测量位置
1,2,3—宽度测量线;
1′,2′,3′—长度测量线

图 9-29 板材厚度测量位置
1,2,3,4—厚度测量线

(2) 圆弧板规格尺寸

用游标卡尺或能满足测量精度要求的量器具测量圆弧板的弦长、高度及最大与最小壁厚。在圆弧板的两端面处测量弦长(见图 9-27);在圆弧板端面与侧面测量壁厚(见图 9-27);圆弧板高度测量部位如图 9-30 所示。分别用偏差的最大值和最小值表示弦长、高度及壁厚的尺寸偏差。测量值精确到 0.1mm。

2. 平面度

(1) 普型板平面度

将平面度公差为 0.01mm 的钢平尺分别贴放在距板边 10mm 处的被检平面的两条对角线上,用塞尺测量尺面与板面的间隙。钢平尺的长度应大于被检面周边和对角线的长度;当被检面周边和对角线长度大于 2000mm 时,用长度为 2000mm 的钢平尺沿周边和对角线分段检测。

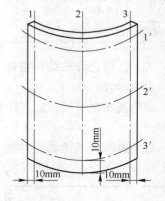

图 9-30 圆弧板测量位置
1,2,3—高度和直线度测量线;
1′,2′,3′—线轮廓度测量线

以最大间隙的测量值表示板材的平面度公差。测量值精确到 0.1mm。

(2) 圆弧板直线度与线轮廓度

1) 圆弧板直线度

将平面度公差为 0.1mm 的钢平尺沿圆弧板母线方向贴放在被检弧面上,用塞尺测量尺面与板面的间隙,测量位置如图 9-30 所示。当被检圆弧板高度大于 2000mm 时,用

2000mm 的平尺沿被检测母线分段测量。

以最大间隙的测量值表示圆弧板的直线度公差。测量值精确到 0.1mm。

2）圆弧板线轮廓度

按 GB/T 1800.3—1998 和 GB/T 1801—1999 的规定，采用尺寸精度为 JS7(js7)的圆弧靠模贴靠被检弧面，用塞尺测量靠模与圆弧面之间的间隙，测量位置如图 9-30 所示。

以最大间隙的测量值表示圆弧板的线轮廓度公差。测量值精确到 0.1mm。

3. 角度

（1）普型板角度

用内角垂直度公差为 0.13mm，内角边长为 500mm×400mm 的 90°钢角尺检测。将角尺短边紧靠板材的短边，长边贴靠板材的长边，用塞尺测量板材长边与角尺长边之间的最大间隙。当板材的长边小于或等于 500mm 时，测量板材的任一对对角；当板材的长边大于 500mm 时，测量板材的四个角。

以最大间隙的测量值表示板材的角度公差。测量值精确到 0.1mm。

（2）圆弧板端面角度

用内角垂直度公差为 0.13mm，内角边长为 500mm×400mm 的 90°钢角尺检测。将角尺短边紧靠圆弧板端面，用角尺长边贴靠圆弧板的边线，用塞尺测量圆弧板边线与角尺长边之间的最大间隙。用上述方法测量圆弧板的四个角。

以最大间隙的测量值表示圆弧板的角度公差。测量值精确到 0.1mm。

（3）圆弧板侧面角

将圆弧靠模贴靠圆弧板装饰面并使其上的径向刻度线延长线与圆弧板边线相交，将小平尺沿径向刻度线置于圆弧靠模上，测量圆弧板侧面与小平尺间的夹角（见图 9-31）。

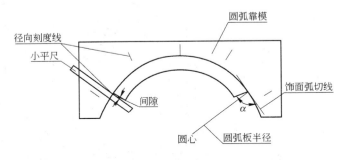

图 9-31　侧面角测量

4. 外观质量

（1）花纹色调

将协议板与被检板材并列平放在地上，距板材 1.5m 处站立目测。

（2）缺陷

用游标卡尺测量缺陷的长度、宽度，测量值精确到 0.1mm。

5. 物理性能

（1）镜向光泽度

采用入射角为 60°的光泽仪，样品尺寸不小于 300mm×300mm，按《建筑饰面材料镜向光泽度测定方法》GB/T 13891—1992 的规定检验。

(2) 干燥压缩强度

按《天然饰面石材试验方法》第 1 部分 GB/T 9966.1—2001 的规定检验，干燥压缩强度值可取荒料中的检测结果。

(3) 弯曲强度

按《天然饰面石材试验方法》第 2 部分 GB/T 9966.2—2001 的规定检验。

(4) 体积密度、吸水率

按《天然饰面石材试验方法》第 3 部分 GB/T 9966.3—2001 的规定检验。

(5) 耐磨度

石材脚踏耐磨度试验方法

1) 适用范围

标准 GB/T 19766—2005 规定各种不同石材作为地板或其他类似用途时，脚踏磨损耐磨度试验方法。

2) 试验设备

耐磨试验机如图 9-32 所示，包括：动力驱动磨盘(14)，直径 254mm，转速 45r/min；四个放置试样的样品夹(7)，在试样上可以增加载重；旋转试样的齿轮(11 内)；可以在磨盘上等速添加研磨料的磨料漏斗(10)。由样品夹、垂直轴(13)及旋转试样齿轮和载重调节装置合计总重为 2000g，加于试样上。垂直轴在垂直方向可以自由调整高度，可容纳不同厚度的试样。

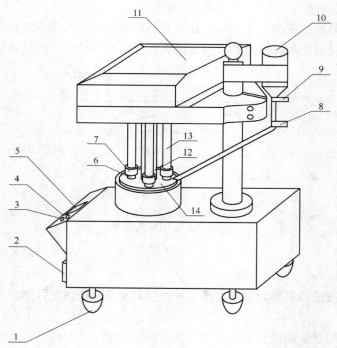

图 9-32　外形结构示意图

1—地脚螺钉；2—电源开关；3—停止按钮；4—启动按钮；5—光电计数器；
6—试样；7—试样夹；8—磨料流量调节器；9—开关阀门；10—磨料漏斗；
11—盒盖(内含传动齿轮)；12—转动套；13—垂直轴；14—磨盘

3) 取样

选取足以代表石材种类或等级的平均品质,所采样品大小应可制作四个(50±0.5)mm 的试样,样品必须有一面为镜面或细面。

4) 试样

每组试样为四个。长度、宽度尺寸为(50±0.5)mm,厚度为 15～55mm,试样被磨损面的棱应磨圆至半径约为 0.8mm 弧度。

5) 测试前试样处理

试样应置于温度在(105±2)℃的电热恒温烘干箱中干燥 24h,将试样放置于干燥器中冷却至室温后进行试验。

6) 试验方法

(a) 称干燥试样的质量准确至 0.02g,然后放入耐磨试验机中,以符合《普通磨料》GB/T 2479—1996 标准要求粒度为 0.25mm 白刚玉做研磨料,在磨盘上研磨 225 转后,取出试样刷清粉尘,称其质量准确至 0.02g。

(b) 将试样放在水中 1h,取出后用湿布擦干表面进行称重。按 GB/T 9966.3—2001 的规定计算体积密度。由于湿度会影响研磨效果,例如湿度较高时试样具较高之研磨率,因此建议本试验应在相对湿度(30～40)% 间进行。

7) 计算

按式(9-12)计算每一试样的耐磨度:

$$H_a = 10G(2000+W_s)/2000W_a \tag{9-12}$$

式中 H_a——耐磨度($1/cm^3$);

G——样品的体积密度(g/cm^3);

W_s——试样的平均质量(原质量加磨后质量除以 2)(g);

W_a——研磨后质量损失(g)。

说明:耐磨度 H_a 之数值为磨损物质体积倒数乘以 10 的值。试样所负载重为 2000g 加上试样本身质量在内;试样质量校正已包含于计算式内。根据耐磨度与质量成正比的事实,对体积密度变化较大的材料以体积作为计算耐磨度的方法比以质量为耐磨度计算的方法更为适合。

8) 报告

由各试样测定结果的平均值,作为报告耐磨度值,并给出试验结果的最大值和最小值作为参考,该结果取两位有效数字。报告中应列明石材的种类及等级、来源地等相关信息。

(四) 检验规则

1. 出厂检验

(1) 检验项目

普型板:规格尺寸偏差,平面度公差,角度公差,镜向光泽度,外观质量。

圆弧板:规格尺寸偏差,角度公差,直线度公差,线轮廓度公差,镜向光泽度,外观质量。

(2) 组批

同一品种、类别、等级的板材为一批。

(3) 抽样

采用 GB/T 2828 一次抽样正常检验方式，检查水平为Ⅱ，合格质量水平（AQL 值）取为 6.5；根据抽样判定表抽取样本（见表 9-18）。

(4) 判定

单块板材的所有检验结果均符合技术要求中相应等级时，则判定该块板材符合该等级。

根据样本检验结果，若样本中发现的等级不合格品数小于或等于合格判定数（Ac），则判定该批符合该等级；若样本中发现的等级不合格品数大于或等于不合格判定数（Re），则判定该批不符合该等级。

2. 型式检验

(1) 检验项目

技术指标中的全部项目。

(2) 检验条件

有下列情况之一时，进行型式检验：

1) 新建厂投产；

2) 荒料、生产工艺有重大改变；

3) 正常生产时，每一年进行一次；

4) 国家质量监督机构提出进行型式检验要求。

(3) 组批

同出厂检验。批量和识别批的方式由检验方和生产方协商确定。

(4) 抽样

规格尺寸偏差、平面度公差、角度公差、直线度公差、线轮廓度公差、镜向光泽度、外观质量的抽样同出厂检验；吸水率、体积密度、弯曲强度、干燥压缩强度、耐磨度试验的样品可从荒料上制取。

(5) 判定

体积密度、吸水率、弯曲强度、干燥压缩强度、耐磨度（使用在地面、楼梯踏步、台面等大理石石材）的试验结果中，有一项不符合规定指标中的要求时，则判定该批板材为不合格品，其他项目检验结果的判定同出厂检验。

三、天然饰面石材试验方法❶

(一) 天然饰面石材干燥、水饱和、冻融循环后压缩强度试验

1. 设备及量具

(1) 试验机：具有球形支座并能满足试验要求，示值相对误差不超过±1%。试验破坏载荷应在示值的 20%～90% 范围内。

(2) 游标卡尺：读数值为 0.10mm。

(3) 万能角度尺：精度为 2′。

(4) 干燥箱：温度可控制在（105±2）℃范围内。

(5) 冷冻箱：温度可控制在（-20±2）℃范围内。

---

❶ 主要内容引自 GB/T 9966.1—2001《天然饰面石材试验方法》。

2. 试样

(1) 试样尺寸：边长 50mm 的正方体或 φ50mm×50mm 的圆柱体；尺寸偏差±0.5mm。

(2) 每种试验条件下的试样取五个为一组。若进行干燥、水饱和、冻融循环后的垂直和平行层理的压缩强度试验需制备试样 30 个。

(3) 试样应标明层理方向。

注：有些石材，如花岗石，其分裂方向可分为下列三种：

1) 裂理(rift)方向：最易分裂的方向。

2) 纹理(grain)方向：次易分裂的方向。

3) 源粒(head-grain)方向：最难分裂的方向。

如需要测定此三个方向的压缩强度，则应在矿山取样，并将试样的裂理方向、纹理方向和源粒方向标记清楚。

(4) 试样两个受力面应平行、光滑，相邻面夹角应为 90°±0.5°。

(5) 试样上不得有裂纹、缺棱和缺角。

3. 试样步骤

(1) 干燥状态压缩强度

1) 将试样在(105±2)℃的干燥箱内干燥 24h，放入干燥器中冷却至室温。

2) 用游标卡尺分别测量试样两受力面的边长或直径并计算其面积，以两个受力面面积的平均值作为试样受力面面积，边长测量值精确到 0.5mm。

3) 将试样放置于材料试验机下压板的中心部位，施加载荷至试样破坏并记录试样破坏时载荷值，读数值准确到 500N。加载速率为(1500±100)N/s 或压板移动的速率不超过 1.3mm/min。

(2) 水饱和状态压缩强度

1) 将试样放置于(20+2)℃的清水中，浸泡 48h 后取出，用拧干的湿毛巾擦去试样表面水分。

2) 受力面面积计算和试验均同干燥状态压缩强度。

(3) 冻融循环后压缩强度

1) 用清水洗净试样，并将其置于(20+2)℃的清水中浸泡 48h，取出后立即放入(-20±2)℃的冷冻箱内冷冻 4h，再将其放入流动的清水中融化 4h。反复冻融 25 次后用拧干的湿毛巾将试样表面水分擦去。

2) 受力面面积计算和试验均同干燥状态压缩程度。

4. 结果计算

压缩强度按式(9-13)计算：

$$P = \frac{F}{S} \tag{9-13}$$

式中　P——压缩强度(MPa)；

　　　F——试样破坏载荷(N)；

　　　S——试样受力面面积(mm)。

以每组试样压缩强度的算术平均值作为该条件下的压缩强度，数值修约到 1MPa。

(二) 天然饰面石材干燥、水饱和弯曲强度试验

1. 设备及量具

(1) 试验机：示值相对误差不超过±1%，试样破坏的载荷在设备示值的20%~90%范围内。

(2) 游标卡尺：读数值为0.10mm。

(3) 万能角度尺：精度为2′。

(4) 干燥箱：温度可控制在(105±2)℃范围内。

2. 试样

(1) 试样厚度(H)可按实际情况确定。当试样厚度(H)≤68mm时宽度为100mm；当试样厚度>68mm时宽度为1.5H。试样长度为10×H+50mm。长度尺寸偏差±1mm，宽度、厚度尺寸偏差±0.3mm。

(2) 示例：试样厚度为30mm时，试样长度为10×30mm+50mm＝350mm；宽度为100mm。

(3) 试样上应标明层理方向。

(4) 试样两个受力面应平整且平行。正面与侧面夹角应为90°±0.5°。

(5) 试样不得有裂纹、缺棱和缺角。

(6) 在试样上下两面分别标记出支点的位置。

(7) 每种试验条件下的试样取五个为一组。如对干燥、水饱和条件下的垂直和平行层理的弯曲强度试验应制备20个试样。

3. 试验步骤

(1) 干燥状态弯曲强度

1) 在(105±2)℃的干燥箱内将试样干燥24h后，放入干燥器中冷却至室温。

2) 调节支架下支座之间的距离($L=10×H$)和上支座之间的距离($L/2$)，误差在±1.0mm内。按照试样上标记的支点位置将其放在上下支架之间。一般情况下应使试样装饰面处于弯曲拉伸状态，即装饰面朝下放在下支架支座上(见图9-33)。

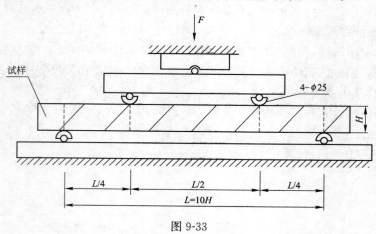

图9-33

3) 以每分钟1800N+50N的速率对试样施加载荷至试样破坏。记录试样破坏载荷值(F)。精确到10N。

4) 用游标卡尺测量试样断裂面的宽度(K)和厚度(H)，精确至0.1mm。

(2) 水饱和状态弯曲强度

1) 试样处理：将试样放在(20±2)℃的清水中浸泡 48h 后取出，用拧干的湿毛巾擦去试样表面水分，立即进行试验。

2) 调节支架支座距离、试验加载条件和测量试样尺寸同干燥状态弯曲强度。

4. 结果计算

弯曲强度按式(9-14)计算：

$$P_w = \frac{3FL}{4KH^2} \tag{9-14}$$

式中　P_w——弯曲强度(MPa)；
　　　F——试样破坏载荷(N)；
　　　L——支点间距离(mm)；
　　　K——试样宽度(mm)；
　　　H——试样厚度(mm)。

以每组试样弯曲强度的算术平均值作为弯曲强度，数值修约到 0.1MPa。

(三) 体积密度、真密度、真气孔率、吸水率试验方法

1. 设备及量具

(1) 干燥箱：温度可控制在 105℃±2℃范围内。

(2) 天平：最大称量 1000g，感量 10mg；最大称量 200g，感量 1mg。

(3) 比重瓶：容称 25～30mL。

(4) 标准筛：63μm。

2. 试样

(1) 体积密度、吸水率试样：试样为边长 50mm 的正方体或直径、高度均为 50mm 的圆柱体，尺寸偏差±0.5mm。每组五块。试样不允许有裂纹。

(2) 真密度、真气孔率试样：取洁净样品 1000g 左右并将其破碎成小于 5mm 的颗粒；以四分法缩分到 150g，再用瓷研钵研磨成可通过 63μm 标准筛的粉末。

3. 试验步骤

(1) 体积密度、吸水率

1) 将试样置于(105±2)℃的干燥箱内干燥至恒重，连续两次质量之差小于 0.02%，放入干燥器中冷却至室温。称其质量(m_0)，精确至 0.02g。

2) 将试样放在(20±2)℃的蒸馏水中浸泡 48h 后取出，用拧干的湿毛巾擦去试样表面水分。立即称其质量(m_1)，精确至 0.02g。

3) 立即将水饱和的试样置于网篮中并将网篮与试样一起浸入(20±2)℃的蒸馏水中，称其试样在水中质量(m_2)(注意在称量时须先小心除去附着在网篮和试样上的气泡)，精确至 0.02g。称量装置见图 9-34。

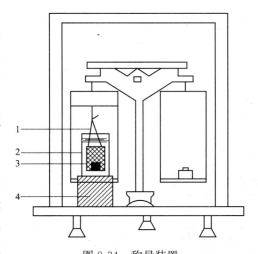

图 9-34　称量装置
1—网篮；2—烧杯；3—试样；4—支架

(2) 真密度、真气孔率

1) 将试样装入称量瓶中,放入(105±2)℃的干燥箱内干燥 4h 以上,取出,放入干燥器中冷却至室温。

2) 称取试样三份,每份 10g(m_0'),精确至 0.02g。每份试样分别装入洁净的比重瓶中。

3) 向比重瓶内注入蒸馏水,其体积不超过比重瓶容积的一半。将比重瓶放入水浴中煮沸 10~15min 或将比重瓶放入真空干燥器内,以排除试样中的气泡。

4) 擦干比重瓶并使其冷却至室温后,向其中再次注入蒸馏水至标记处,称其质量(m_2'),精确至 0.002g。

5) 清空比重瓶并将其冲洗干净,重新用蒸馏水装满至标记处并称其质量(m_1'),精确至 0.002g。

4. 结果计算

(1) 体积密度 ρ_b(g/cm³)按式(9-15)计算:

$$\rho_b = \frac{m_0 \rho_W}{m_1 - m_2} \tag{9-15}$$

式中 m_0——干燥试样在空气中的质量(g);

m_1——水饱和试样在空气中的质量(g);

m_2——水饱和试样在水中的质量(g);

ρ_W——室温下蒸馏水的密度(g/cm³)。

(2) 吸水率 W_a(%)按式(9-16)计算:

$$W_a = \frac{(m_1 - m_0)}{m_0} \times 100 \tag{9-16}$$

式中 m_0,m_1——同(1)中 m_0,m_1。

(3) 真密度 ρ_t(g/cm³)按式(9-17)计算:

$$\rho_t = \frac{m_0' \rho_W}{m_0' + m_1' - m_2'} \tag{9-17}$$

式中 m_0',m_1',m_2'——同(1)中 m_0,m_1,m_2。

(4) 真气孔率 ρ_a(%)按式(9-18)计算:

$$\rho_a = \frac{(1 - \rho_b)}{\rho_t} \times 100 \tag{9-18}$$

式中 ρ_b——同式(9-15)中 ρ_b;

ρ_t——同式(9-17)中 ρ_t。

计算每组试样体积密度、真密度、真气孔率、吸水率的算术平均值作为试验结果。体积密度、真密度取三位有效数字;真气孔率、吸水率取二位有效数字。

(四) 耐磨性试验

1. 设备及量具

(1) 试验机:道瑞式耐磨试验机。

(2) 标准砂:符合 GB 178 的要求。

(3) 天平:最大称量 100g,感量 20mg。

(4) 游标卡尺:读数值为 0.10mm。

2. 试样

(1) 试样为直径(25 ± 0.5)mm，高(60 ± 1)mm 的圆柱体，每组四件。对有层理的石材，取垂直和平行层理的试样各一组。

(2) 试样应标明层理方向。

(3) 试样上不得有裂纹、缺棱和缺角。

3. 试验步骤

(1) 将试样置于(105 ± 2)℃的干燥箱内干燥 24h 后，放入干燥器中冷却至室温。称量质量(m_0)，精确至 0.01g。

(2) 将试样安装在耐磨试验机上，每个卡具重量为 1250g，对其进行旋转研磨试验 1000 转完成一次试验。

(3) 将试样取下，用刷子刷去粉末，称量磨削后的质量(m_1)，精确至 0.01g。

(4) 用游标卡尺测量试样受磨端互相垂直的两个直径，精确到 0.1cm。用两个直径的平均值计算受磨面积(A)。

4. 结果计算

耐磨性按式(9-19)计算：

$$M=\frac{m_0-m_1}{A} \tag{9-19}$$

式中　M——耐磨性(g/cm^2)；

　　　m_0——试验前试样质量(g)；

　　　m_1——试验后试样质量(g)；

　　　A——试验的受磨面积(cm^2)。

以每组试样耐磨性的算术平均值作为该条件下的试样耐磨性。

(五) 肖氏硬度试验

1. 试验原理

D 型硬度计试验原理为将规定形状的金刚石冲头从固定的高度 h_0 自由下落到试样的表面上，用冲头回弹一定高度 h 与 h_0 的比值计算肖氏硬度值。

$$HSD=K\times\frac{h}{h_0}$$

式中　HSD——肖氏硬度；

　　　K——肖氏硬度系数。

2. 设备及量具

(1) D 型硬度计的主要技术参数见表 9-26，其示值误差不大于±2.5。

D 型硬度计的主要技术参数　　　　表 9-26

项目	D 型	项目	D 型
冲头的质量(g)	36.2	冲头的顶端球面半径(mm)	1
冲头的落下高度(mm)	19	冲头的回弹比和肖氏硬度值的关系	$HSD=140\times(h/h_0)$

(2) 试验台：质量为 4kg。

(3) 干燥箱：温度可控制在(105 ± 2)℃范围内。

3. 试样

(1) 试样的长度、宽度为 100mm×100mm,厚度大于 10mm。每组三块。

(2) 试样应能代表该品种的品质特征,如矿物组成、晶粒分布状态等。

(3) 试样上下两面应平行、平整;试验面镜向光泽大于 30。

(4) 试验面不得有坑窝、砂眼和裂纹等缺陷。

4. 试验步骤

(1) 将试样置于(105±2)℃的干燥箱内干燥 24h 后,放入干燥器中冷却至室温。

(2) 标定试样上测试点的位置,如图 9-35 所示。如选定的测试点处在试样的缝合线上,可将其偏移 3~5mm。测试点距试样边缘的距离应大于 10mm。

(3) 试验前用标准肖氏硬度块检查硬度计的示值误差。

(4) 将试样平放在试验台上,压紧力为 200N 左右。测试时操作鼓轮的转动速度约为 1~2r/s,复位速度约为 1~2r/s。

(5) 每个试样至少测试九个点,测量值准确到 1。

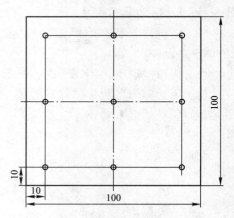

图 9-35 试样上测试点位置

5. 结果计算

以每组试样肖氏硬度的算术平均值作为该组试样的肖氏硬度。

(六) 耐酸性试验

1. 设备、量具及试剂

(1) 天平:最大称量 200g,感量 10mg。

(2) 干燥箱:温度可控制在(105±2)℃范围内。

(3) 反应器:容称为 $0.02m^3$,深度 250mm 的具有磨口盖的玻璃方缸;距上口和底 20~30mm 处各有一气口,内装试样架。

(4) 试剂

1) 硫酸,化学纯。

2) 无水亚硫酸钠,化学纯。

2. 试样

(1) 试样为一面抛光的长方体,尺寸为 80mm×60mm×20mm,尺寸偏差±0.5mm。四块试验为一组,垂直和平行层理的耐酸性试样各取一组。试样应标明层理方向。

(2) 试样不得有裂纹、缺棱和掉角。

3. 试验步骤

(1) 在(105±2)℃的干燥箱内干燥试样 24h 后,放入干燥器中冷却至室温。按 GB/T 13891 标准测量每块试样的镜向光泽度,并称其质量(m_0)。

(2) 取其中三块做耐酸试验,一块留作对比。

(3) 根据以下反应产生二氧化硫,将二氧化硫通入去离子水中制成二氧化硫溶液。

$$Na_2SO_3 + H_2SO_4 \longrightarrow Na_2SO_4 + H_2O + SO_2 \uparrow$$

$$SO_2 + H_2O \leftrightarrow H_2SO_3$$

(4)向反应器中注入1900mL去离子水,放入试样架,将试样以10mm的间隔依次放在架上,盖上容器盖,由下口通入约100g二氧化硫气体,关闭下口。在室温下放置14d后,取出观察表面变化。将样品表面用去离子水反复冲洗干净后放入(105±2)℃的干燥箱内干燥24h,放入干燥器中冷却至室温。测量镜向光泽度并称其质量(m_1)。

(5)按上述(4)步骤更换新的二氧化硫气体,放置14d后,取出观察表面变化,将样品表面用去离子水反复冲洗干净后,置于(105±2)℃的干燥箱内干燥24h,再放入干燥器中冷却至室温。测量镜向光泽度并称其质量(m_2)。

4. 结果计算

14d后相对质量变化[m_{14}(%)]按式(9-20)计算:

$$m_{14} = \frac{(m_1 - m_0)}{m_0} \times 100 \quad (9\text{-}20)$$

28d后相对质量变化[m_{28}(%)]按式(9-21)计算:

$$m_{28} = \frac{(m_2 - m_0)}{m_0} \times 100 \quad (9\text{-}21)$$

式中 m_0——未经酸腐蚀的试样质量(g);

m_1——经酸腐蚀14d后的试样质量(g);

m_2——经酸腐蚀28d后的试样质量(g)。

(七)建筑饰面材料镜向光泽度测定方法❶

1. 范围

标准GB/T 13891—2008规定了采用20°、60°和85°几何条件测定建筑饰面材料镜向光泽度方法的术语和定义、仪器与量具、试样、试验、结果计算、重复性和试验报告等。

(1)各种建筑饰面材料测定镜向光泽度均采用60°几何条件;

(2)当采用60°测定材料的镜向光泽度大于70光泽单位时,为提高其分辨程度,可采用20°几何条件;

(3)当采用60°测定材料的镜向光泽度小于10光泽单位时,为提高其分辨程度,可采用85°几何条件。

标准适用于测定大理石、花岗石、水磨石、陶瓷砖、塑料地板和纤维增强塑料板材等建筑饰面材料的镜向光泽度。其他建筑饰面材料的镜向光泽度可参照GB/T 13891标准进行测定。

2. 术语和定义

(1)镜向光泽度:

在规定的光源和接收角的条件下,从物体镜向方向的反射光通量与折射率为1.567的玻璃上镜向方向的反射光通量的比值。

注:为了测定镜向光泽度,对于20°、60°和85°几何角度采用折射率为1.567的完善抛光黑玻璃规定其光泽度值为100。

(2)相对反射率:

---

❶ 主要内容引自GB/T 13891—2008《建筑饰面材料镜向光泽度测量方法》。

在相同的几何条件下,从一试样反射的光通量与标准板反射光通量的比值。

3. 仪器与量具

(1) 光泽度计

1) 光泽度计利用光反射原理对试样的光泽度进行测量。即:在规定入射角和规定光束的条件下照射试件,得到镜向反射角方向的光束。光泽度计由光源、透镜、接收器和显示仪表等组成。其测量原理见图 9-36。

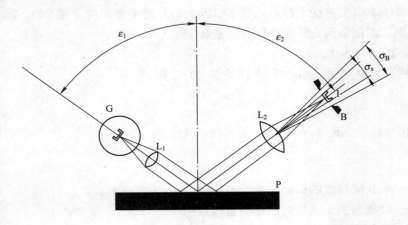

图 9-36 装置示意图

G—光源;L_1 和 L_2—透镜;B—接收器视场光阑;P—被测试样;
$\varepsilon_1 = \varepsilon_2$;$\sigma_B$—接收器孔径角;$\sigma_s$—光源象角;I—光源影像

2) 光泽度计具有以下特性:

① 几何条件

入射光线的轴线应分别与测量平面的垂线成 $(20\pm0.1)°$、$(60\pm0.1)°$、$(85\pm0.1)°$,入射光束的孔径为 18mm。接收器的轴线与入射光线轴线的镜像的角度在 $\pm0.1°$ 之内。在试验板位置放置一块抛光黑玻璃平板或正面反射镜时,光源的镜像应在接收器视场光阑(接收器窗口)的中心位置形成(见图 9-36)。为了确保覆盖整个表面,试验板面照射区域的宽度应尽可能大于表面结构:一般值为不小于 10mm。

光源镜像和接收器的孔径以及相关尺寸及其允许偏差应符合表 9-27 的规定。接收器视场光缆的孔径尺寸可从接受透镜测得。

光源镜像和接收器的张角以及相关尺寸　　　　表 9-27

参数	测量平面[a]			垂直于测量平面		
	角度 σ[b]	$2\tan\sigma/2$	相关尺寸	角度 σ[b]	$2\tan\sigma/2$	相关尺寸
光源镜像	$0.75°\pm0.25°$	0.0131 ± 0.0044	0.171 ± 0.075	$2.5°\pm0.5°$	0.0435 ± 0.0087	0.568 ± 0.114
接收器(20°)	$1.80°\pm0.05°$	0.0314 ± 0.0009	0.409 ± 0.012	$3.6°\pm0.1°$	0.0629 ± 0.0018	0.819 ± 0.023
接收群(60°)	$4.4°\pm0.1°$	0.0768 ± 0.0018	1.000 ± 0.023	$11.7°\pm0.2°$	0.2049 ± 0.0035	2.668 ± 0.045
接收器(85°)	$4.0°\pm0.3°$	0.0698 ± 0.0052	0.909 ± 0.068	$6.0°\pm0.3°$	0.1048 ± 0.0052	1.365 ± 0.068

[a] 测量平面上接收器孔径以 60° 为单位。

[b] 光源镜像角为 σ_a;接受孔径角为 σ_B。

② 接收器中的滤光

接收器中滤光器的滤光修正函数 $\tau(\lambda)$ 按式(9-22)计算：

$$\tau(\lambda) = k \frac{V(\lambda) \cdot S_C(\lambda)}{s(\lambda) \cdot S_S(\lambda)} \tag{9-22}$$

式中 $\tau(\lambda)$——修正函数；
　　$V(\lambda)$——CIE 光的发光效率；
　　$S_C(\lambda)$——CIE 标准照射 C 的光谱强度；
　　$s(\lambda)$——接收器的感光灵敏度；
　　$S_S(\lambda)$——照射光源的光谱强度；
　　k——校准系数。

注：选择偏差的目的是使光源和接收器孔径的误差在 100 光泽单位内的任何读数不会产生超过 1 光泽单位的读数误差。

③ 晕映

在本节三、(七)3.(1)1)①中规定的张角范围内不应出现晕映。

④ 接收器

在满刻度读数的 1‰ 范围内，接收器测量装置给出的读数应与通过接收器的光通量成正比。

3) 光泽度计每年至少检定一次。

(2) 标准板

1) 基准板

以完善抛光的黑玻璃作为基准板，当用干涉光方法进行测定时，上表面每厘米内干涉条纹不大于两条。

注：并没有指定基准板用于光泽度计日常校准。

玻璃应该具有一定的折射率，在波长为 587.6nm 处折射率为 1.567 的光泽值规定为 100。如果没有这种折射率的玻璃，必须就要进行校正。三种入射角在黑玻璃上的光泽度值见表 9-28。

抛光黑玻璃镜向光泽度值　　　　　　　　表 9-28

折射率 n	反射角		
	20°	60°	85°
1.400	57.0	71.9	96.6
1.410	59.4	73.7	96.9
1.420	61.8	75.5	97.2
1.430	64.3	77.2	97.5
1.440	66.7	79.0	97.6
1.450	69.2	80.7	98.0
1.460	71.8	82.4	98.2
1.470	74.3	84.1	98.4
1.480	76.9	85.8	98.6
1.490	79.5	87.5	98.8

续表

折射率 n	反射角		
	20°	60°	85°
1.500	82.0	89.1	99.0
1.510	84.7	90.8	99.2
1.520	87.3	92.4	99.3
1.530	90.0	94.1	99.5
1.540	92.7	95.7	99.6
1.550	95.4	97.3	99.8
1.560	98.1	98.9	99.9
1.567[a]	100.0[a]	100.0[a]	100.0[a]
1.570	100.8	100.5	100.0
1.580	103.6	102.1	100.2
1.590	106.3	103.6	100.3
1.600	109.1	105.2	100.4
1.610	111.9	106.7	100.5
1.620	114.3	108.4	100.6
1.630	117.5	109.8	100.7
1.640	120.4	111.3	100.8
1.650	123.2	112.8	100.9
1.660	126.1	114.3	100.9
1.670	129.0	115.8	101.0
1.680	131.8	117.3	101.1
1.690	134.7	118.8	101.2
1.700	137.6	120.3	101.2
1.710	140.5	121.7	101.3
1.720	143.4	123.2	101.3
1.730	146.4	124.6	101.4
1.740	149.3	126.1	101.4
1.750	152.2	127.5	101.5
1.760	155.2	128.9	101.5
1.770	158.1	130.4	101.6
1.780	161.1	131.8	101.6
1.790	164.0	133.2	101.6
1.800	167.0	134.6	101.7

a 标准板。

由于老化的原因，基准板至少每一年要检查一次。如果精度降低，要用氧化铈抛光到原始光泽。

注 1. 浮法玻璃表面平整最易获得,这种玻璃不适合用作基准板,因为其内部的折射率跟表面不同。最好使用其他方式生产的光学表面玻璃,或者将浮法玻璃表面去除然后抛光成具有光学性能的表面。

2. 折射率宜用阿贝折射仪测定。

3. 如果需要标准板的绝对反射率,可用弗雷斯内尔(Fresnel)公式,在公式中带入标准板的折射率即可求出。

2) 工作板

该工作板可用瓷砖、搪瓷、不透明玻璃和抛光黑玻璃或其他光泽一致的材料做成,但必须具有极平的平面,并在指定的区域和照射方向上,对照标准板进行校正。工作板应该是匀质的、稳定的,并经过技术主管部门校验。每一种角度的光泽度计至少应配备两种不同光泽度等级的工作板。

工作板应定期与标准板进行比对,每年至少一次。

3) 零标准板

应该使用适当的标准(例如一个装有墨缎面、黑毛毡的黑盒子)检查光泽度计的零点。

(3) 钢板尺

最小刻度为 1.0mm。

4. 试样

(1) 试样要求

1) 试样表面应平整、光滑,无翘曲、波纹、突起等外观缺陷。

2) 试样表面应洁净、干燥、无附着物。

(2) 试样规格

1) 每组的试样的数量和抽样方法由相关的产品标准规定。

2) 试样规格和测点见表 9-29。

试样规格和测点 表 9-29

试样	规格($a \times b$)(mm)	测点(个)
大理石板材 花岗石板材 水磨石板材	>600×600 ≤600×600	9 5
陶瓷砖	>600×600 ≤600×600	9 5
塑料地板	300×300	5
玻璃纤维增强塑料板材	150×150	10

注:特殊形状或规格尺寸的试样,测点数量与位置根据实际情况,由供需双方协商确定。

5. 试验

(1) 仪器校正

1) 仪器准备

在每一个操作周期的开始和在操作过程中应有足够的频次对仪器进行校准;以保证其正常工作。

2) 零点核对

① 在光泽度计开机稳定后,使用零标准板检查,调节零点。

② 若无调零装置，则使用零标准板检查零点。如果读数不在 0±0.1 光泽单位内，在以后的读数中要减去偏移数。

3）校准

经计量检定合格的光泽度时，在每次使用前，必须用光泽计所附的工作板进行检查。

将光泽度计预热，调好零位。按光泽度计所附的高光泽板的光泽度值设定示值。测量光泽度计所附的中或低光泽板，可得示值的变量，其值不超过 1 光泽单位，方可使用；否则光泽度计及其所附的工作板须送检。

(2) 试验步骤

1）对光泽度计进行检查符合标准后，按图 9-37 的测点位置进行光泽度测定。

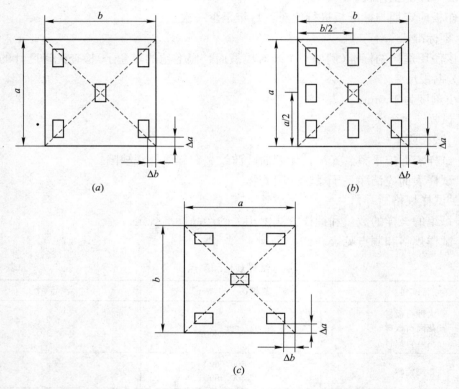

图 9-37 测点布置示意图

$\triangle a$、$\triangle b$——光泽度计边缘与试样边缘的距离。陶瓷砖为 30mm；其他试样为 10mm

① 大理石、花岗石、水磨石、陶瓷砖等规格不大于（600×600）mm 的试样，五个测点，即板材（砖）中心与四角定四个测点，见图 9-37(a)；规格大于（600×600）mm 的试样，九个测点，即四周边三个测点，中心一个测点，见图 9-37(b)。

② 塑料地板、纤维增强塑料板材，共确定 10 个测点。即板材中心与四角定四个测点，然后再将光泽度计转 90°，再测定五个测点，见图 9-37(a)，图 9-37(c)。

2）在每组试样测量中应该保持相同的几何角度。

6. 结果计算

(1) 测定大理石、花岗石、水磨石、陶瓷砖等取五点或九点的算术平均值作为该试样的试验结果；测定塑料地板与纤维增强塑料板材光泽度时，取每块试样10点的算术平均值作为该试样的试验结果。计算精确至0.1光泽单位。如最高值与最低值超过平均值10%的数值应在其后的括弧内注明。

（2）以每组试样的平均值作为被测建筑饰面材料的镜向光泽度值。

7. 重复性

在同一实验室内，同一试样表面重复测定所测得的平均值之差应不超过1光泽单位；在生产现场应不超过2光泽单位。

第三节 建 筑 涂 料

建筑涂料是指涂于物体表面，能够牢固地粘结、完整的保护并起到装饰、调节使用功能和改善建筑物特殊要求（防火、防霉、防潮、绝缘、保温、隔声防振、防漏、防射线、防污染等）的物料。

建筑涂料按组成物质可分为有机、无机及复合等三大类；根据涂膜厚度及形状可分为薄质、厚质、砂粒状和凸凹花纹状等四类；按使用部位分内墙、外墙、顶棚及地面等涂料。本节就常用的合成树脂乳液内墙涂料和外墙涂料作一介绍。

一、合成树脂乳液内墙涂料❶

（一）范围

标准 GB/T 9756—2009 规定了合成树脂乳液内墙涂料的产品分类、分等、要求、试验方法、检验规则及标志、包装和和储存等要求。适用于以合成树脂乳液为基料、与颜料、体质颜料及各种助剂配而成的、施涂后能形成表面平整的薄质涂层的内墙涂料，包括底漆和面漆。

（二）产品分类、分等

产品分为两类：合成树脂乳液内墙底漆（以下简称内墙底漆）、合成树脂乳液内墙面漆（以下简称内墙面漆）。

内墙面漆分为三个等级：合格品、一等品、优等品。

（三）要求

1. 内墙底漆应符合表9-30 的要求。

内墙底漆的要求　　　　　　　表 9-30

项目	指标	项目	指标
容器中状态	无硬块、搅拌后呈均匀状态	干燥时间（表干）(h)≤	2
施工性	刷涂无障碍	耐碱性(24h)	无异常
低温稳定性（3次循环）	不变质	抗泛碱性(48h)	无异常
涂膜外观	正常		

2. 内墙面漆应符合表9-31 的要求。

---

❶ 主要内容引自 GB/T 9756—2009《合成树脂乳液内墙涂料》

内墙面漆的要求　　　　　　　　　　　　表 9-31

项目		指标		
		合格品	一等品	优等品
容器中状态		无硬块，搅拌后呈均匀状态		
施工性		刷涂二道无障碍		
低温稳定性（3 次循环）		不变质		
涂膜外观		正常		
干燥时间（表干）(h)	≤	2		
对比率（白色和浅色[a]）	≥	0.90	0.93	0.95
耐碱性（24h）		无异常		
耐洗刷性（次）	≥	300	1000	5000

[a] 浅色是指以白色涂料为主要成分，添加适量色浆后配制成的浅色涂料形成的涂膜所呈现的浅颜色，按 GB/T 15608 中规定明度值为 6~9 之间（三刺激值中的 $Y_{D65} \geq 31.26$）。

（四）试验方法

1. 取样

产品按 GB/T 3186 的规定进行取样。取样量根据检验需要而定。

2. 试验的一般条件

（1）试验环境

试板的状态调节和试验的温湿度应符合 GB/T 9278 的规定。

（2）试验样板的制备

1）所检产品未明示稀释比例时，搅拌均匀后制板。

2）所检产品明示了稀释比例时，除对比率外，其余需要制板进行检验的项目，均应按规定的稀释比例加水搅匀后制板，若所检产品规定了稀释比例的范围时，应取其中间值。

3）检验用底材对比率使用聚酯膜（或卡片纸）；抗泛碱性使用无石棉纤维增强水泥中密度板；其余项目所用底材采用符合 JC/T 412.1—2006 中 NAF H V 级要求的无石棉水泥平板，厚度为（4~6mm）。水泥板表面处理按 GB/T 9271 中的规定进行。

4）内墙底漆采用刷涂法制板。每个样品按照 GB/T 6750 的规定先测定密度 D，按式（9-23）计算出刷涂质量：

$$m = D \times S \times 80 \times 10^{-6} \tag{9-23}$$

式中　m——湿膜厚度为 $80\mu m$ 的一道刷涂质量(kg)；

　　　D——按规定的稀释比例稀释后的样品密度(kg/m³)；

　　　S——试板面积(m²)。

每道刷涂质量：计算刷涂质量±0.1g。

部分内墙底漆由于黏度过低，无法按计算刷涂量制板时，可适当减少涂刷质量，应在报告中注明；部分内墙底漆由于黏度过高，无法按计算刷涂量制板的，应适当加水稀释，应在报告中注明稀释比例。

5）内墙面漆采用由不锈钢材料制成的线棒涂布器制板，线棒涂布器是由几种不同直径的不锈钢丝分别紧密缠绕在不锈钢棒上制成,其规格为80、100、120三种,线棒规格与缠绕钢丝之间的关系见表9-32。

线 棒　　　　　　　　　　　表9-32

规格	80	100	120
缠绕钢丝直径(mm)	0.80	1.00	1.20

注：以其他规格形式表示的线棒涂布器也可使用,但应符合表9-32的技术要求。

6) 内墙底漆各检验项目的试板尺寸、数量、养护期及底漆涂布量按表9-33规定执行。

内墙底漆制板要求　　　　　　　　　　　表9-33

检验项目	试板尺寸 (mm×mm×mm)	试板数量	底漆涂布量刷涂 (湿膜厚度)(μm)	试板养护期(d)
干燥时间	150×70×(4～6)	1	80	—
施工性、涂膜外观	430×150×(4～6)	1	—	—
耐碱性	150×70×(4～6)	3	80	7
抗泛碱性	150×70×6	5	80	7

7) 内墙面漆各检验项目的试板尺寸、采用的涂布器规格、涂布道数和养护时间应符合表9-34的规定。涂布两道时,两道间隔6h。

内墙面漆试板要求　　　　　　　　　　　表9-34

检验项目	制板要求			养护期(d)
	尺寸 (mm×mm×mm)	线棒涂布器规格		
		第一道	第二道	
干燥时间	150×70×(4～6)	100	—	—
施工性、涂膜外观	430×150×(4～6)	—	—	—
对比率	—	100	—	1
耐碱性	150×70×(4～6)	120	80	7
耐洗刷性	430×150×(4～6)	120	80	7

注：根据涂料干燥性能不同,干燥条件和养护时间可以商定,但仲裁检验时为1d。

3. 容器中状态

打开包装容器,搅拌时无硬块,易于混合均匀,则评定为合格。

4. 施工性

(1) 内墙底漆施工性

用刷子在试板平滑面上刷涂试样,刷子运行无困难,则评定为"刷涂无障碍"。

(2) 内墙面漆施工性

用刷子在试板平滑面上刷涂试样,涂布量为湿膜厚约100μm。使试板的长边呈水平方向,短边与水平面成约85°竖放。放置6h后再用同样方法涂刷第二道试样,在第二道涂刷时,刷子运行无困难,则可评定为"刷涂二道无障碍"。

5. 低温稳定性

按 GB/T 9268—2008 中 A 法进行。

6. 涂膜外观

将施工性试验结束后的试板放置 24h,目视观察涂膜,若无显著缩孔,涂膜均匀,则评定为"正常"。

7. 干燥时间

按 GB/T 1728—1979 中表干乙法的规定进行。

8. 耐碱性

按 GB/T 9265 的规定进行,如三块试板中有两块未出现起泡、掉粉等涂膜病态现象,可评定为"无异常",如出现以上病态现象,按 GB/T 1766 进行描述。

9. 抗泛碱性

抗泛碱性的测试按下述方法进行。

(1) 主要材料及仪器设备

1) PVA-铁蓝水溶液的配制

① 配制 2%PVA(粉状聚乙烯醇 1788)水溶液

按计算量将水加入容器中,在高速搅拌下缓慢加入粉状聚乙烯醇(1788),待聚乙烯醇加完后,继续在高速搅拌下充分搅拌(至少搅拌 1h),溶液中如无团、块状物存在时可出料,177μm 滤网过滤后,于标本节一、(四)2(1)规定的试验环境下静置备用,储存期不超过 1 个月。

② PVA-铁蓝水溶液的配制

按计算量将 2%PVA 水溶液(即上述①制得)加入容器中,边搅拌边缓慢加入符合 HC/T 3001—1999 要求的 LA09-03 铁蓝颜料,2%PVA 水溶液与铁蓝颜料的质量比为 4∶1,高速搅拌约(10~15)min 至均匀,出料后于本书一、(四)2(1)规定的试验环境下静置 12h 后使用,储存期不超过 1 个月,铁蓝颜料宜统一供应,以确保其质量。

2) 2%NaOH 水溶液

试验前一天配制完成并放置于密闭容器中,在本节一、(四)2(1)规定的试验环境下放置过夜,保证溶液温度达到标准条件。

3) 试验用底材

底材采用无石棉纤维增强水泥中密度平板,试板密度$(1.2\pm0.1)\times10^3 kg/m^3$,试板厚度为$(6\pm0.5)$mm,无石棉纤维增强水泥中密度平板宜统一供应,以确保其质量。清除表面浮灰,试板浸水 7d 后取出,在本节一、(四)2(1)规定的试验环境下至少放置 7d。

4) 试验容器

试验在不加盖的平底箱(塑料或其他耐碱材质)中进行,箱的参考尺寸为(600 ± 50)mm×(400 ± 50)mm×(250 ± 50)mm,箱内底部放置多孔(孔隙率大于 50%)隔板(塑料或其他耐碱材质),多孔隔板应垫起,垫起的高度为$(10\sim15)$mm。如图 9-38 所示。

(2) 试板的制备

按照本节一、(四)2(2)④的要求制备试板,制备好的试板应在标准条件下养护 7d,在第 6 天采用石蜡封边(两道)并在底漆表面刷涂配制的 PVC-铁蓝水溶液,刷涂质量为(0.4 ± 0.1)g。

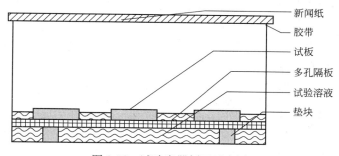

图 9-38 试验容器剖面示意图

石蜡封边时应注意控制蜡温不变过高,宜采用浸涂方式,但浸涂面积不要过大,且注意石蜡不能沾污试板表面,完成后应仔细检查封闭处是否还有孔洞或缺陷,如果有应再次封闭。

(3) 试验步骤

1) 将2%NaOH水溶液加入试验容器中,溶液液面略高于垫起的多孔隔板高度。

2) 将试板小心放入容器中,涂刷有铁蓝的底漆面向上,试验溶液浸没试板的高度应大于试板厚度的二分之一,确保在试验周期内试板底面均被试验溶液充分浸润。用符合GB/T 1910规定的密度为$(0.045\sim 0.50)\mathrm{kg/m^2}$的新闻纸将箱口覆盖并用胶带沿周边密封好。

3) 每个样品平行制备5块,按表9-30规定的试验时间进行,试验结束后取出试板,试板应立放,保证试板通风并完全干燥,在本节一、(四)2(1)规定的试验环境下放置24h后观察结果。

在试验周期内注意不要触碰试验箱(可置于不易被碰触的位置),一旦溶液漫过试板表面,该次试验作废。放置试板至溶液中时,注意溶液不要沾污试板表面,如果有小面积沾污应及时用记号笔画圈标记,试验完成后该位置不予观察。试验周期内不得揭开封盖的报纸。完成试验取出试板时应注意试验溶液不要沾污试板表面,如果有小面积沾污应及时用记号笔画圈标记,试板干燥后该位置不予观察。

(4) 结果判定

判定时观察试板中间区域,观察面积为$(110\times 50)\mathrm{mm^2}$(以试板的长边向内各扣除10mm,短边向内各扣除20mm的面积为准),视铁蓝变色(由蓝色变为棕黄色)面积的百分比,五块试板中有三块试板变色面积不大于10%则判定为"无异常"。

10. 对比率

(1) 在无色透明聚酯薄膜(厚度为$30\sim 50\mu\mathrm{m}$)上,或者在底色黑白各半的卡片纸上按本节一、(四)2(2)定均匀地涂布被测涂料,在本节一、(四)2(1)规定的条件下至少放置24h。

(2) 用反射率仪(精度:1.5%)测试涂膜在黑白底面上的反射率。

1) 如用聚酯薄膜为底材制备涂膜,则将涂漆聚酯膜贴在滴有几滴200号溶剂油(或其他适合的溶剂)的仪器所附的黑白工作板上,使之保证无气隙,然后在至少四个位置上测量每张涂漆聚酯膜的反射率,并分别计算平均反射率R_B(黑板上)和R_W(白板上)。

2) 如用底色为黑白各半的卡片纸制备涂膜,则直接在黑白底色涂膜上各至少四个位置测量反射率，并分别计算平均反射率 R_B（黑板上）和 R_W（白板上）。

(3) 对比率计算：对比率＝R_B/R_W。

(4) 平行测定两次。如两次测定结果之差不大于 0.02，则取两次测定结果的平均值。

(5) 黑白工作板和卡片纸的反射率为：

黑色：不大于 1％；白色：(80±2)％。

(6) 仲裁检验用聚酯膜法。

11. 耐洗刷性

按 GB/T 9266 规定进行。

（五）检验规则

1. 检验分类

产品检验分出厂检验和型式检验。

(1) 出厂检验项目

内墙底漆包括容器中状态、施工性、涂膜外观、干燥时间。

内墙面漆包括容器中状态、施工性、干燥时间、涂膜外观、对比率。

(2) 型式检验项目

包括所列的全部技术要求。在正常生产情况下，低温稳定性、耐碱性、抗泛碱性、耐洗刷性为一年检验一次。

2. 检验结果的判定

(1) 检验结果的判定按 GB/T 1250 中修约值比较法进行。

(2) 应检项目的检验结果均达到本节一、（三）要求时，该试验样品为符合标准要求。

二、合成树脂乳液外墙涂料❶

（一）范围

标准 GB/T 9755—2001 规定了合成树脂乳液外墙涂料的产品分等、要求、试验方法、检验规则及标志、包装、贮存等要求。适用于以合成树脂乳液为基料，与颜料、体质颜料及各种助剂配制而成的，施涂后能形成表面平整的薄质涂层的外墙涂料。该涂料适用于建筑物和构筑物等外表面的装饰和防护。

（二）产品分等

产品分为三个等级：优等品、一等品、合格品。

（三）要求

产品应符合表 9-35 的技术要求。

技 术 要 求　　　　　　　　　　　　　　　　　表 9-35

项　目	指　标		
	优等品	一等品	合格品
容器中状态		无硬块，搅拌后呈均匀状态	
施工性		刷涂二道无障碍	
低温稳定性		不变质	

---

❶ 主要内容引自 GB/T 9755—2001《合成树脂乳液外墙涂料》。

续表

项目		指标		
		优等品	一等品	合格品
干燥时间(表干)(h)	≤	2		
涂膜外观		正常		
对比率(白色和浅色①)	≥	0.93	0.90	0.87
耐水性		96h 无异常		
耐碱性		48h 无异常		
耐洗刷性(次)	≥	2000	1000	500
耐人工气候老化性				
白色和浅色①		600h 不起泡、不剥落、无裂纹	400h 不起泡、不剥落、无裂纹	250h 不起泡、不剥落、无裂纹
粉化,级	≤		1	
变色,级	≤		2	
其他色			商定	
耐沾污性(白色和浅色①)(%)	≤	15	15	20
涂层耐温变性(5 次循环)		无异常		

① 浅色是指以白色涂料为主要成分,添加适量色浆后配制成的浅色涂料形成的涂膜所呈现的浅颜色,按 GB/T 15608—1995 中 4.3.2 规定明度值为 6 到 9 之间(三刺激值中的 $Y_{D65} \geq 31.26$)。

(四)试验方法

1. 取样

产品 GB 3186 的规定进行取样。取样量根据检验需要而定。

2. 试验的一般条件

(1)试验环境

试板的状态调节和试验的温湿度应符合 GB 9278 的规定。

(2)试验样板的制备

1)所检产品未明示稀释比例时,搅拌均匀后制板。

2)所检产品明示了稀释比例时,除对比率外,其余需要制板进行检验的项目,均应按规定的稀释比例加水搅匀后制板,若所检产品规定了稀释比例的范围时,应取其中间值。

3)检验用试板的底材除对比率使用聚酯膜(或卡片纸)外,其余均为符合 JC/T 412—1991 表 2 中 1 类板(加压板,厚度为 4~6mm)技术要求的石棉水泥平板,其表面处理按 GB/T 9271—1988 中 7.3 的规定进行。

4)标准 GB/T 9755—2001 规定采用由不锈钢材料制成的线棒涂布器制板。线棒涂布器是由几种不同直径的不锈钢丝分别紧密缠绕在不锈钢棒上制成,其规格为 80、100、120 三种,线棒规格与缠绕钢丝之间的关系见表 9-36。

线　棒　　　　　　　　　　　　　　　　　　表 9-36

规格	80	100	120
缠绕钢丝直径(mm)	0.80	1.00	1.20

注:以其他规格形式表示的线棒涂布器也可使用,但应符合表 9-36 的技术要求。

5) 各检验项目的试板尺寸、采用的涂布器规格、涂布道数和养护时间应符合表 9-37 的规定。涂布两道时,两道间隔 6h。

试 板 表 9-37

检验项目	尺寸 (mm×mm×mm)	制板要求		养护期(d)
		线棒涂布器规格		
		第一道	第二道	
干燥时间	150×70×(4~6)	100		
耐水性、耐碱性、耐人工气候老化性、耐沾污性、涂层耐温变性	150×70×(4~6)	120	80	7
耐洗刷性	430×150×(4~6)	120	80	7
施工性、涂膜外观	430×150×(4~6)			
对比率		100		1[①]

① 根据涂料干燥性能不同,干燥条件和养护时间可以商定,但仲裁检验时为 1d。

3. 容器中状态

打开包装容器,用搅棒搅拌时无硬块,易于混合均匀,则可视为合格。

4. 施工性

用刷子在试板平滑面上刷涂试样,涂布量为湿膜厚约 $100\mu m$,使试板的长边呈水平方向,短边与水平面成约 $85°$ 角竖放。放置 6h 后再用同样方法涂刷第二道试样,在第二道涂刷时,刷子运行无困难,则可视为"刷涂二道无障碍"。

5. 低温稳定性

将试样装入约 1L 的塑料或玻璃容器(高约 130m,直径约 112mm,壁厚约 $0.23\sim 0.27$mm)内,大致装满,密封,放入 (-5 ± 2)℃的低温箱中,18h 后取出容器,再于本节二、(四)2.(1)条件下放置 6h。如此反复三次后,打开容器,充分搅拌试样,观察有无硬块、凝聚及分离现象,如无则认为"不变质"。

6. 干燥时间

按 GB/T 1728—1979(1989)中表干乙法规定进行。

7. 涂膜外观

在施工性试验结束后的试板放置 24h,目视观察涂膜,若无针孔和流挂,涂膜均匀,则认为"正常"。

8. 对比率

(1) 在无色透明聚酯薄膜(厚度为 $30\sim 50\mu m$)上,或者在底色黑白各半的卡片纸上按本节二、(四)2(1)规定均匀地涂布被测涂料,在本节二、(四)2.(1)规定的条件下至少放置 24h。

(2) 用反射率仪(符合 GB/T 9270—1988 中 4.3 规定)测定涂膜在黑白底面上的反射率:

1) 如用聚酯薄膜为底材制备涂膜,则将涂漆聚酯膜贴在滴有几滴 200 号溶剂油(或其他适合的溶剂)的仪器所附的黑白工作板上,使之保证无气隙,然后在至少四个位置上测量每张涂漆聚酯膜的反射率,并分别计算平均反射率 R_B(黑板上)和 R_W(白板上)。

2) 如用底色为黑白各半的卡片纸制备涂膜,则直接在黑白底色涂膜上各至少四个位置测量反射率,并分别计算平均反射率 R_B(黑纸上)和 R_W(白纸上)。

(3) 对比率计算:

$$对比率 = \frac{R_B}{R_W}$$

(4) 平行测定两次。如两次测定结果之差不大于 0.02,则取两次测定结果的平均值。

(5) 黑白工作板和卡片纸的反射率为:

黑色:不大于 1%;白色:(80±2)%

(6) 仲裁检验用聚酯膜法。

9. 耐水性

按 GB/T 1733—1993 甲法规定进行。试板投试前除封边外,还需封背。将三块试板浸入在 GB/T 6682 规定的三级水中,如三块试板中有两块未出现起泡、掉粉、明显变色等涂膜病态现象,可评定为"无异常"。如出现以上涂膜病态现象,按 GB/T 1766 进行描述。

10. 耐碱性

按 GB/T 9265 规定进行。如三块试板中有两块未出现起泡、掉粉、明显变色等涂膜病态现象,可评定为"无异常",如出现以上涂膜病态现象,按 GB/T 1766 进行描述。

11. 耐洗刷性

除试板的制备外,按 GB/T 9266 规定进行。同一试样制备两块试板进行平行试验。洗刷至规定的次数时,两块试板中有一块试板未露出底材,则认为其耐洗刷性合格。

12. 耐人工气候老化性

试验按 GB/T 1865 规定进行。结果的评定按 GB/T 1766 进行。其中变色等级的评定按 GB/T 1766—1995 中 4.2.2 进行。

13. 耐沾污性

按下述方法进行测试。

(1) 原理

本方法采用粉煤炭作为污染介质,将其与水掺和在一起涂刷在涂层样板上。干后用水冲洗,经规定的循环后,测定涂层反射系数的下降率,以此表示涂层的耐沾污性。

(2) 主要材料、仪器和装置

1) 粉煤灰

2) 反射率仪:符合 GB/T 9270—1988 中 4.3 规定。

3) 天平:感量 0.1g。

4) 软毛刷:宽度(25~50)mm。

5) 冲洗装置:见图 9-39。水箱、水管和样板架用防

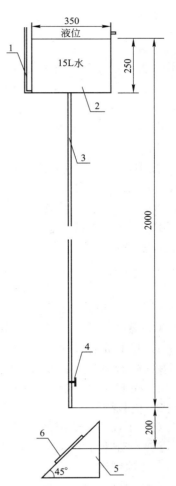

图 9-39 冲洗装置示意图
1—液位计;2—水箱;3—内径 8mm 的水管;4—阀门;5—样板架;6—样板

锈硬质材料制成。

(3) 试验

1) 粉煤灰水的配制

称取适量粉煤灰于混合用容器中，与水以1∶1(质量)比例混合均匀。

2) 操作

在至少三个位置上测定经养护后的涂层试板的原始反射系数，取其平均值，记为A。用软毛刷将(0.7±0.1)g粉煤灰水横向纵向交错均匀地涂刷在涂层表面上，在(23±2)℃、相对湿度(50±5)％条件下干燥2h后，放在样板加相。将冲洗装置水箱中加入15L水，打开阀门至最大冲洗样板。冲洗时应不断移动样板，使样板各部位都能经过水流点。冲洗1min，关闭阀门，将样板在(23±2)℃、相对湿度(50±5)％条件下干燥至第二天，此为一个循环，约24h。按上述涂刷和冲洗方法继续试验至循环5次后，在至少三个位置上测定涂层样板的反射系数，取其平均值，记为B。每次冲洗试板前均应将水箱中的水添加至15L。

(4) 计算

涂层的耐沾污性由反射系数下降率表示：

$$X = \frac{A-B}{A} \times 100$$

式中　X——涂层反射系数下降率；

　　　A——涂层起始平均反射系数；

　　　B——涂层经沾污试验后的平均反射系数。

结果取三块样板的算术平均值，平行测定之相对误差应不大于10％。

14. 涂层耐温变性

按JG/T 25的规定进行，做5次循环[(23±2)℃水中浸泡18h，(−20±2)℃冷冻3h，(50±2)℃热烘3h为一次循环]。三块试板中至少应有两块未出现粉化、开裂、起泡、剥落、明显变色等涂膜病态现象，可评定为"无异常"。如出现以上涂膜病态现象，按GB/T 1766进行描述。

(五) 检验规则

1. 检验分类

产品检验分出厂检验和型式检验。

(1) 出厂检验项目包括容器中状态、施工性、干燥时间、涂膜外观、对比率。

(2) 型式检验项目包括所列的全部技术要求。

1) 在正常生产情况下，低温稳定性、耐水性、耐碱性、耐洗刷性、耐沾污性、涂层耐温变性为半年检验一次，耐人工气候老化性为一年检验一次。

2) 在HG/T 2458—1993中3.2规定的其他情况下亦应进行型式检验。

2. 检验结果的判定

(1) 单项检验结果的判定按GB/T 1250中修约值比较法进行。

(2) 产品检验结果的判定按HG/T 2458—1993中3.5规定进行。

三、涂料试验方法

(一) 乳胶漆耐冻融性的测定[1]

---

[1] 主要内容引自GB/T 9268—2008《乳胶漆耐冻融性的测定》。

1. 范围

标准 GB/T 9268—2008 规定了测定以合成树脂乳液为基料的水性漆,经受冷冻并融化后,其黏度、抗凝聚或抗结块等方面有无损害性变化和保持原有性能程度的试验方法。适用于乳胶漆耐冻融性的测定。

2. 仪器和材料

(1) 冷冻箱:一个合适的箱子,其大小应能容纳若干个试验样品,箱内温度应能保持在试验所需温度的±2℃。

(2) 黏度计:带有桨叶型转子的斯托默(Stormer)黏度计。

(3) 黑白卡片纸;黑色反射率不大于1%;白色反射率为(80±2)%。

(4) 软毛刷或线棒涂布器。

3. 取样

按 GB/T 3186 的规定,取受试产品的代表性样品。

4. 试验程序

(1) A 法

1) 样品制备

将试样搅拌均匀后装入容积为 500mL 的洁净的带有密封盖的大口玻璃瓶、塑料瓶或有衬里材料的铁罐中,装入量为容器的 2/3,及时盖好盖子。

2) 试验步骤

将样品罐放入冷冻箱内,冷冻箱温度保持在(−5±2)℃。样品罐不得与箱壁或箱底接触(可将样品罐放在架子上),相邻样品罐之间以及样品罐与箱壁之间至少要留有 25mm 的间隙,以利于空气围绕样品自由循环。样品罐在冷冻箱中放置 18h 后取出,然后在(23±2)℃条件下放置 6h,为一次完整的冻融循环。

3) 检查与结果评定

试样经规定或商定的循环次数后,打开容器,充分搅拌试样,观察有无硬块、凝聚及分离现象。如无,以"不变质"表示。

(2) B 法

1) 样品制备

① 将试样搅拌均匀后装入容积为 500mL 的洁净的带有密封盖的大口玻璃瓶、塑料瓶或有衬里材料的铁罐中,装入量为容器的 2/3,及时盖好盖子。

② 每一种受试样品,要制备三份同样的样品。

2) 试验步骤

① 用普通不锈钢油漆调刀手工搅拌容器中的受试样品,搅拌时要小心,避免产生气泡。然后按 GB/T 9269 的规定测试其初始黏度。测试后的样品封严,标上"对比样"字样,存放在(23±2)℃条件下。

② 对另两份受试样品按上述步骤①的规定搅拌后,标上"试验样"字样,放入冷冻箱内。冷冻箱温度保持在(−18±2)℃。样品罐不得与箱壁或箱底接触(可将样品罐放在架子上),相邻样品罐之间以及样品罐与箱壁之间至少要留有 25mm 的间隙,以利于空气围绕样品自由循环。样品罐在冷冻箱中放置 17h 后取出并存放于(23±2)℃条件下。

注:在整个搅拌过程中,要使对比样品和试验样品受到完全同样的处理。

3)检查与结果评定

① 从冷冻箱中取出的试验样品存放于(23±2)℃条件下,放置6h和48h后分别进行检查和评定。

② 按步骤①的规定搅拌样品,观察有无硬块、凝聚及分离现象。如无,以"不变质"表示,然后在GB/T 9269的规定测定其黏度,比较试验前后黏度的变化值。

③ 测定黏度后,立即用干净的软毛刷或线棒涂布器将对比样品和试验样品刷涂或刮涂在黑白卡片纸上,干燥24h后比较试验样品和对比样品干漆膜的对比率、光泽、颜色等的变化情况。

(二)建筑涂料涂层耐洗刷性的测定[1]

1. 范围

标准GB/T 9266—2009规定了能制成平面状涂层建筑涂料耐洗刷性的测定方法。

2. 仪器和材料

(1)耐洗刷性试验仪

如图9-40所示。一种能使刷子在试验样板的涂层表面作直线往复运动,对其进行洗刷的仪器。刷子运动频率为每分钟往复(37±2)次循环,一个往复行程的距离为300mm×2,在中间100mm区间大致为匀速运动。夹具及刷子的总质量应为(450±10)g。

(2)刷子

在90mm×38mm×25mm的硬木平板(或塑料板)上,均匀地打(60±1)个直径约为3mm的小孔,分别在孔内垂直地栽上黑猪棕,与毛成直角剪平,毛长约为19mm。

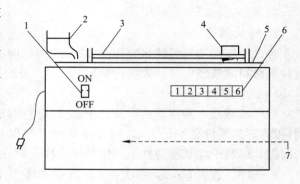

图9-40 耐洗刷性试验仪
1—电源开关;2—滴加洗刷介质的容器;
3—滑动架;4—刷子及夹具;5—试验台板;
6—往复次数显示器;7—电动机

使用前,将刷毛12mm浸入(23±2)℃水中30min,取出用力甩净水,再将刷毛12mm浸入符合规定的洗刷介质中20min。刷子经此处理,方可使用。

刷毛磨损至长度小于16mm时,须重新更换刷子。

(3)洗刷介质

将洗衣粉溶于蒸馏水中,配制成质量分数为0.5%的洗衣粉溶液,其pH值为9.5~11.0。

注:洗刷介质也可以是按产品标准规定的其他介质。

3. 取样

按GB/T 3186的规定,取受试产品的代表性样品。

4. 试板的制备

(1)底材

---

[1] 主要内容引自GB/T 9266—2009《建筑涂料涂层耐洗刷性的测定》。

除另有规定或商定，底材为符合 JC/T 412.1—2006 中 NAF H Ⅴ 级的无石棉纤维水泥平板，应平整且没有变形。尺寸为 430mm×150mm×(3～6)mm。

(2) 处理和涂装

除另有规定或商定，按 GB/T 9271 的规定处理每一块试板，然后按规定的方法涂覆受试产品或体系。

(3) 干燥和状态调节

除另有规定或商定，涂漆的试板应在 GB/T 9278 规定的条件下干燥 7d。

5. 操作步骤

(1) 试验环境条件

除另有规定或商定，在温度为 (23 ± 2)℃ 条件下进行试验。

(2) 测定

1) 将试验样板涂漆面向上，水平地固定在耐洗刷试验仪的试验台板上。

2) 将预处理过的刷子置于试验样板的涂漆面上，使刷子保持自然下垂，滴加约 2mL 洗刷介质于样板的试验区域，立即启动仪器，往复洗刷涂层，同时以每秒钟滴加约 0.04mL 的速度滴加洗刷介质，使洗刷面保持润湿。

3) 洗刷至规定次数或洗刷至样板长度的中间 100mm 区域露出底材拮，取下试验样板，用自来水冲洗干净。

(3) 试验检查

在散射日光下检查试验样板被洗刷过的中间长度 100mm 区域的涂层，观察其是否破损露出底材。

(4) 对同一试样采用两块样板进行平行试验。

6. 结果证定

(1) 洗刷到规定的次数，两块试板中至少有一块试板的涂层不破损至露出底材，则评定为"通过"。

(2) 洗刷到涂层刚好破损至露出底材，以两块试板中洗刷次数多的结果报出。

(三) 漆膜、腻子膜干燥时间测定法❶

标准 GB/T 1728—79(89) 适用于漆膜、腻子膜干燥时间的测定。在规定的干燥条件下，表层成膜的时间为表干时间；全部形成固体涂膜的时间为实际干燥时间。以小时或分表示。

1. 材料和仪器设备

马口铁板：$[50\times120\times(0.2\sim0.3)]$ mm；
$[65\times150\times(0.2\sim0.3)]$ mm；

紫铜片：T2，硬态，$[50\times1200\times(0.1\sim0.3)]$ mm；

铝板：LY12，$(50\times120\times1)$mm；

铝片盒：$(45\times45\times20)$mm（铝片厚度 0.05～0.1mm）；

脱脂棉球：$1cm^3$ 疏松棉球；

定性滤纸：标重 $75g/m^2$，(15×15)cm；

---

❶ 主要内容引自 GB/T 1728—79(89)《漆膜、腻子膜干燥时间测定法》。

保险刀片；

秒表：分度为 0.2s；

天平：感量为 0.01g；

电热鼓风箱；

干燥试验器：如图 9-41 所示，重 200g，底面积 1cm²。

2. 测定方法

按《漆膜一般制备法》(GB 1727—79)在马口铁板、紫铜铜片(或产品标准规定的底材)上制备漆膜。然后按产品标准规定的干燥条件进行干燥。

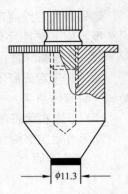

图 9-41 干燥试验器

每隔若干时间或到达产品标准规定时间，在距膜面边缘不小于 1cm 的范围内，选用下列方法检验漆膜是否表面干燥或实际干燥(烘干燥膜和腻子膜从电热鼓风箱中取出，应在恒温恒湿条件下放置 30min 测试)。

(1) 表面干燥时间测定法

甲法：吹棉球法

在漆膜表面上轻轻放上一个脱脂棉球，用嘴距棉球 10~15cm，沿水平方向轻吹棉球，如能吹走，膜面不留有棉丝，即认为表面干燥。

乙法：指触法

以手指轻触漆膜表面，如感到有些发粘，但无漆粘在手指上，即认为表面干燥。

(2) 实际干燥时间测定法

甲法：压滤纸法

在漆膜上放一片定性滤纸(光滑面接触漆膜)，滤纸上再轻轻放置干燥试验器，同时开动秒表，经 30s，移去干燥试验器，将样板翻转(漆膜向下)，滤纸能自由落下，或在背面用握板之手的食指轻敲几下，滤纸能自由落下而滤纸纤维不被粘在漆膜上，即认为漆膜实际干燥。

(对于产品标准中规定漆膜允许稍有黏性的漆，如样板翻转经食指轻敲后，滤纸仍不能自由落下时，将样板放在玻璃板上，用镊子夹住预先折起的滤纸的一角，沿水平方向轻拉滤纸，当样板不动，滤纸已被拉下，即使漆膜上粘有滤纸纤维亦认为漆膜实际干燥，但应标明漆膜稍有黏性。)

乙法：压棉球法

在漆膜表面上放一个脱脂棉球，于棉球上再轻轻放置干燥试验器，同时开动秒表，经 30s，将干燥试验器和棉球盒掉，放置 5min，观察漆膜无棉球的痕迹及失光现象，漆膜上若留有 1~2 根棉丝，用棉球能轻轻掸掉，均认为漆膜实际干燥。

丙法：刀片法

用保险刀片在样板上切刮漆膜或腻子膜，并观察其底层及膜内均无粘着现象(如腻子膜，还需用水淋湿样板，用产品标准规定的水砂纸打磨，若能形成均匀平滑表面，不粘砂纸)。即认为漆膜或腻子膜实际干燥。

丁法：厚层干燥法(适用绝缘漆)

用二甲苯或乙醇将铝片盒擦净、干燥。称取试样 20g(以 50% 固体含量计，固体含量不同时应换算)，静止至试样内无气泡(不消失的气泡用针挑出)，水平放入加热至规定温度的电热鼓风箱内。按产品标准规定的升温速度和时间进行干燥。然后取出冷却,小心撕开铝片盒将试块完整地剥出。

检验试块的表面、内部和底层是否符合产品标准规定,当试埠从中间被剪成两份,应没有黏液状物,剪开的截面合拢再拉开,亦无拉丝现象,则认为厚层实际干燥。

平行试验三次,如两个结果符合要求,即认为厚层干燥。

注:油基漆样板不能与硝基漆样板放在同一个电热鼓风箱内干燥。

(四)漆膜耐水性测定法[1]

1. 材料和设备

(1)底板:底板应是平整、无扭曲,板面应无任何可见裂纹和皱纹。除另有规定外,底板应是 120mm×25mm×0.2~0.3mm 马口铁板。

(2)蒸馏水或去离子水,符合 GB 6682 中三级水规定的要求。

(3)玻璃水槽。

2. 取样

除另有规定外,按 GB 3186 规定进行。

3. 底板的处理和涂装

除另有规定外,按 GB 1727 的规定在三块马口铁板上制备漆膜。

4. 试板的干燥

除另有规定外,样板应按产品标准规定的干燥条件和时间干燥,然后按 GB 1727 规定的恒温恒湿度条件和时间进行状态调节。

5. 漆膜厚度的测定

除另有规定外,干漆膜最度按 GB 1764 规定的方法进行。

6. 试板边缘的涂装

除另有规定外,试板投试前应用 1:1 的石蜡和松香混合物封边,封边宽度 2~3mm。

7. 试验步骤

(1)甲法:浸水试验法

1)试板的浸泡

在玻璃水槽中加入蒸馏水或去离子水。除另有规定外,调节水温为(23±2)℃,并在整个试验过程中保持该温度。

将三块试板放入其中,并使每块试板长度的 2/3 浸泡于水中。

2)试板的检查

在产品标准规定的浸泡时间结束时,将试板从槽中取出,用滤纸吸干,立即或按产品标准规定的时间状态调节后以目视检查试板,并记录是否有失光、变色、起泡、起皱、胶落、生锈等现象和恢复时间。

三块试板中至少应有两块试板符合产品标准规定则为合格。

(2)乙法:浸沸水试验法

1)试板的浸泡

在玻璃水槽中加入蒸馏水或无离子水。除另有规定外,保持水处于沸腾状态,直到试

---

[1] 主要内容引自 GB/T 1733—93《漆膜耐水性测量法》。

验结束。

将三块试板放入其中，并使每块试板长度的 2/3 浸泡于水中。

2) 试板的检查

按甲法中试板检查的规定检查和评定试板。

（五）建筑涂料涂层耐碱性的测定❶

1. 范围

标准 GB/T 9265—2009 规定了建筑涂料涂层耐碱（饱和氢氧化钙溶液）性的测定方法。

2. 取样

按 GB/T 3186 的规定，取受试产品（或多涂层体系中的每种产品）的代表性样品。

按 JG/T 23 的规定检查和制备试验样品。

3. 试板

（1）材料和尺寸

除非另有规定，试板底材为符合 JC/T 412.1—2006 中 NAF H V 级的无石棉纤维水泥平板，应平整且没有变形。

除非另有规定，试板最小尺寸为 150mm×70mm，厚度为 3～6mm。

注：只要保证试板无变形，也可以待涂层干燥后将试板切割成所需的尺寸。

（2）处理和制备

除非另有规定，试板应按 GB/T 9271 进行处理，然后根据规定的方法涂覆受试产品，与 GB/T 9271 中要求的任何不同之处，应在试验报告中注明。

（3）干燥和状态调节

除非另有规定，涂漆的试板应在温度(23±2)℃，相对湿度(50±5)%的条件下干燥及养护至产品标准规定的时间。养护结束后试验应尽快进行。

4. 操作步骤

（1）试验环境条件

除非另有规定，试验应在温度(23±2)℃，相对湿度(50±5)%的条件下进行。

（2）碱溶液（饱和氢氧化钙）的配制

在温度(23±2)℃条件下，在符合 GB/T 6682 规定的三级水中加入过量的氢氧化钙（分析纯）配制碱溶液并进行充分搅拌，密封放置 24h 后取上层清液作为试验用溶液。

（3）试验步骤

取三块制备好的试板，用石蜡和松香混合物（质量比为 1∶1）将试板四周边缘和背面封闭，封边宽度 2～4mm，在玻璃或搪瓷容器中加入氢氧化钙饱和水溶液，将试板长度的 2/3 浸入试验溶液中，加盖密封直至产品标准规定的时间。

5. 试板的检查与结果评定

浸泡结束后，取出试板用水冲洗干净，甩掉板面上的水珠，再用滤纸吸干。立即观察涂层表面是否出现变色、起泡、剥落、粉化、软化等现象。

以至少两块试板涂层现象一致作为试验结果。

---

❶ 主要内容引自 GB/T 9265—2009《建筑涂料涂层耐碱性的测定》。

对试板边缘约 5mm 和液面以下约 10mm 内的涂层区域，不作评定。

当出现变色、起泡、剥落、粉化等涂层病态现象可按照 GB/T 1766 进行评定。

（六）色漆和清漆涂层老化的评级方法❶

1. 范围

标准 GB/T 1766—2008 规定了涂层老化的评级通则、老化单项指标的评级方法及装饰性涂层和保护性涂层老化的综合评级方法。适用于涂层老化性能的评定（天然老化和人工加速老化）。

2. 通则和评定方法

（1）分级

以 0 至 5 的数字等级来评定破坏程度和数量，"0" 表示无破坏，"5" 表示严重破坏。数字 1、2、3、4 的四个等级的确定应使整个等级范围得到最佳分区，如有需要，可以采用中间的半级来对所观察到的破坏现象作更详细的记录。

（2）破坏程度、数量、大小的评定

1）评定涂层表面目视可见的均匀破坏，用破坏的变化程度评级，见表 9-38。

破坏的变化程度等级　　　　　　　　　　　　　　　　表 9-38

等级	变化程度	等级	变化程度
0	无变化、即无可觉察的变化	3	中等，即有很明显觉察的变化
1	很轻微、即刚可觉察的变化	4	较大，即有较大的变化
2	轻微、即有明显觉察的变化	5	严重、即有强烈的变化

2）评定涂层非连续性或其局部不规则破坏，用破坏数量评级，见表 9-39。

破坏数量等级　　　　　　　　　　　　　　　　表 9-39

等级	破坏数量	等级	破坏数量
0	无，即无可见破坏	3	中等，即有中等数量的破坏
1	很少、即刚有一些值得注意的破坏	4	较多，即有较多数量的破坏
2	少，即有少量值得注意的破坏	5	密集，即有密集型的破坏

3）如破坏类型有大小的数量意义时，加上破坏大小等级的评定，见表 9-40。

破坏大小等级　　　　　　　　　　　　　　　　表 9-40

等级	破坏大小	等级	破坏大小
S0	10 倍放大镜下无可见破坏	S3	正常视力明显可见破坏（<0.5mm）
S1	10 倍放大镜下才可见破坏	S4	0.5～5mm 范围的破坏
S2	正常视力下刚可见破坏	S5	>5mm 的破坏

（3）表示方法

---

❶ 主要内容引自 GB/T 1766—2008《色漆和清漆涂层老化的评级方法》。

表示方法应包括下列内容：

破坏类型：破坏的程度或破坏数量的等级。若要表示破坏大小等级，则在括号内注明，并在等级前加上字母"S"。

示例：均匀破坏中"失光：2"表示失光 2 有；分散破坏中的起泡等级"起泡：2(S3)"表示涂层起泡密度 2 级，起泡大小为 3 级。

3. 单项评定等级

(1) 失光等级的评定

目测漆膜老化前后的光泽变化程度及按 GB/T 9754 测定老化前后的光泽，计算失光率，其等级见表 9-41。

失 光 程 度 等 级　　　　　　　　　　表 9-41

等级	失光程度（目测）	失光率（%）
0	无失光	≤3
1	很轻微失光	4～15
2	轻微失光	16～30
3	明显失光	31～50
4	严重失光	51～80
5	完全失光	>80

用公式(9-24)计算失光率(%)

$$失光率 = \frac{A_0 - A_1}{A_0} \times 100 \tag{9-24}$$

式中　A_0——老化前光泽测定值；

　　　A_1——老化后光泽测定值。

(2) 变色等级的评定

1) 仪器测定法

按 GB/T 11186.2 和 GB/T 11186.3 测定和计算老化前与老化后的样板之间的总色差值(ΔE^*)，按色差值评级见表 9-42。

变色程度和变色等级　　　　　　　　　　表 9-42

等级	色差值(ΔE^*)	变色程度
0	≤1.5	无变色
1	1.6～3.0	很轻微变色
2	3.1～6.0	轻微变色
3	6.1～9.0	明显变色
4	9.1～12.0	较大变色
5	>12.0	严重变色

2) 目视比色法

当漆膜表面凹凸不平及漆膜表面颜色为两种或多种颜色等不适用于仪器法测定时，宜采用目视比色法。

按 GB/T 9761 的规定将老化后的样板与未进行老化的样板（标准板）进行比色，按漆膜老化前后颜色变化程度参照 GB 250 用灰色样卡进行评级，见表 9-43。

变色程度和变色等级　　　　　　　　　　　　　　　表 9-43

等级	灰卡等级	变色程度
0	5 级至 4 级	无变色
1	劣于 4 级至 3 级	很轻微变色
2	劣于 3 级至 2 级	轻微变色
3	劣于 2 级至 1～2 级	明显变色
4	劣于 1～2 级至 1 级	较大变色
5	劣于 1 级	严重变色

（3）粉化等级的评定

1) 天鹅绒布法粉化等级的评定按 ISO 4628—7 进行，粉化程度和等级见表 9-44。

粉化程度和等级　　　　　　　　　　　　　　　表 9-44

等级	粉化程度	等级	粉化程度
0	无粉化	3	明显，试布上沾有较多颜料粒子
1	很轻微，试布上刚可观察到微量颜料粒子	4	较重，试布上沾有很多颜料粒子
2	轻微、试布上沾有少量颜料粒子	5	严重，试布上沾满大量颜料粒子，或样板出现露底

2) 胶带纸法粉化等级的评定按 ISO 4628-6 进行。

注：ISO 4628-6 胶带纸法粉化等级的评定更适合最终评定。

（4）开裂等级的评定

1) 漆膜的开裂等级用漆膜开裂数量和开裂大小表示。开裂数量等级和开裂大小等级见表 9-45 和表 9-46。

开裂数量等级　　　　　　　　　　　　　　　表 9-45

等级	开裂数量	等级	开裂数量
0	无可见的开裂	3	中等数量的开裂
1	很少几条，小的几乎可以忽略的开裂	4	较多数量的开裂
2	少量，可以察觉的开裂	5	密集型的开裂

开裂大小等级　　　　　　　　　　　　　　　表 9-46

等级	开裂大小	等级	开裂大小
S0	10 倍放大镜下无可见开裂	S3	正常视力下目视清晰可见开裂
S1	10 倍放大镜下才可见开裂	S4	基本达到 1mm 宽的开裂
S2	正常视力下目视刚可见开裂	S5	超过 1mm 宽的开裂

2) 如有可能，还可表明开裂的深度类型。开裂深度主要分为三种类型：
① 表示没有穿透漆膜的表面开裂；
② 表示穿透表面漆膜，但对底下各层漆膜基本上没有影响的开裂；
③ 表示穿透整个漆膜体系的开裂，可见底材。
3) 开裂等级的评定表示方法：开裂数量的等级和开裂大小的等级（加括号）。如有可能，可表明开裂的深度。

示例：开裂 3(S4)b，表示开裂数量 3 级，开裂大小 S4 级，开裂穿透表面漆膜未影响底层。

(5) 起泡等级的评定

1) 漆膜的起泡等级用漆膜起泡的密度（见表 9-47）和起泡的大小（见表 9-48）表示。

起泡密度等级　　　　　　表 9-47

等级	起泡密度	等级	起泡密度
0	无泡	3	有中等数量的泡
1	很少，几个泡	4	有较多数量的泡
2	有少量泡	5	密集型的泡

起泡大小等级　　　　　　表 9-48

等级	起泡大小（直径）	等级	起泡大小（直径）
S0	10 倍放大镜下无可见的泡	S3	<0.5mm 的泡
S1	10 倍放大镜下才可见的泡	S4	0.5mm～5mm 的泡
S2	正常视力下刚可见的泡	S5	>5mm 的泡

2) 起泡等级的评定表示方法：起泡密度等级和起泡大小等级（加括号）。

示例：起泡 2(S_3)，表示漆膜起泡密度为 2 级，起泡大小为 S3 级。

(6) 生锈等级的评定

1) 漆膜的生锈等级用漆膜表面的锈点（锈斑）数量（见表 9-49）和锈点大小（见表 9-50）表示。

锈点（斑）数量等级　　　　　　表 9-49

等级	生锈状况	锈点（斑）数量（个）
0	无锈点	0
1	很少，几个锈点	≤5
2	有少量锈点	6～10
3	有中等数量锈点	11～15
4	有较多数量锈点	16～20
5	密集型锈点	>20

锈点大小等级　　　　　　表 9-50

等级	锈点大小（最大尺寸）	等级	锈点大小（最大尺寸）
S0	10 倍放大镜下无可见的锈点	S3	<0.5mm 的锈点
S1	10 倍放大镜下才可见的锈点	S4	0.5mm～5mm 的锈点
S2	正常视力下刚可见的锈点	S5	>5mm 的锈点（斑）

2) 生锈等级的评定表示方法：锈点（斑）数量的等级和锈点大小的等级（加括号）。

示例：生锈3(S4)，表示锈点（斑）的数量等级为3级，锈点大小等级为S4级。

(7) 剥落等级的评定

1) 漆膜剥落的等级用漆膜剥落的相对面积（见表9-51）和剥落暴露面积的大小（见表9-52）表示。

剥 落 面 积 等 级　　　　　　　　　　　　　　　　　表 9-51

等级	剥落面积(%)	等级	剥落面积(%)
0	0	3	≤1
1	≤0.1	4	≤3
2	≤0.3	5	>15

剥 落 大 小 等 级　　　　　　　　　　　　　　　　　表 9-52

等级	剥落大小（最大尺寸）	等级	剥落大小（最大尺寸）
S0	10倍放大镜下无可见的剥落	S3	≤10mm
S1	≤1mm	S4	≤30mm
S2	≤3mm	S5	>30mm

2) 可根据漆膜体系破坏的层次，表示剥落的深度。

① 表示表层漆膜从它下层漆膜上剥落。

② 表示整个漆膜体系从底材上剥落。

3) 剥落等级的评定表示方法：剥落面积的等级和剥落大小的等级（加括号）。如有可能，可表示剥落的深度。

示例：剥落3(S2)a，表示剥落面积为3级，剥落大小为S2级，表面漆膜从下层漆膜上剥落。

(8) 长霉等级的评定

1) 涂层长霉的等级用涂层长霉的数量（见表9-53）和长霉的大小（见表9-54）表示。

长 霉 数 量 等 级　　　　　　　　　　　　　　　　　表 9-53

等级	长霉数量	等级	长霉数量
0	无霉点	3	中等数量霉点
1	很少内个霉点	4	较多数量霉点
2	稀疏少量霉点	5	密集型霉点

霉 点 大 小 等 级　　　　　　　　　　　　　　　　　表 9-54

等级	霉点大小（最大尺寸）	等级	霉点大小（最大尺寸）
S0	无可见霉点	S3	<2mm霉点
S1	正常视力下可见霉点	S4	<5mm霉点
S2	<1mm霉点	S5	≥5mm霉点和菌丝

2) 长霉等级的评定表示方法：长霉数量的等级和霉点大小的等级（加括号）。

示例：长霉 2(S3)，表示涂层长霉数量为 2 级，霉点大小等级为 S3。

(9) 斑点等级的评定

1) 涂层斑点的等级用涂层斑点的数量(见表 9-55)和斑点大小(见表 9-56)表示。

斑 点 数 量 等 级　　　　　　　　　　　　表 9-55

等级	斑点数量	等级	斑点数量
0	无斑点	3	中等数量斑点
1	很少几个斑点	4	较多数量斑点
2	少量稀疏斑点	5	稠密斑点

斑 点 大 小 等 级　　　　　　　　　　　　表 9-56

等级	斑点大小(最大尺寸)	等级	斑点大小(最大尺寸)
S0	10 倍放大镜下无可见斑点	S3	<0.5mm 斑点
S1	10 倍放大镜下有可见斑点	S4	0.6～5mm 斑点
S2	正常视力下可见斑点	S5	>5mm 斑点

2) 斑点等级的评定表示方法：斑点数量的等级和斑点大小的等级(加括号)。

示例：斑点 2(S3)，表示涂层斑点数量为 2 级，斑点大小等级为 S3。

(10) 泛金等级的评定

涂层泛金的等级用涂层泛金程度(见表 9-57)表示。

泛 金 程 度　　　　　　　　　　　　表 9-57

等级	泛金程度	等级	泛金程度
0	无泛金	3	明显泛金
1	刚可察觉，很轻微泛金	4	较大程度泛金
2	轻微泛金	5	严重泛金

(11) 沾污等级的评定

涂层沾污的等级用涂层沾污程度(见表 9-58)表示。

沾 污 程 度　　　　　　　　　　　　表 9-58

等级	沾污程度	等级	沾污程度
0	无沾污	3	明显沾污
1	刚可察觉，很轻微沾污	4	较大程度沾污
2	轻微沾污	5	严重沾污

4. 综合评定等级

按老化试验过程中出现的单项破坏等级评定漆膜老化的综合等级，分 0、1、2、3、4、5 六个等级，分别代表漆膜耐老化性能的优、良、中、可、差、劣。

按漆膜用途分为装饰性漆膜综合评定和保护性漆膜综合评定。

(1) 装饰性漆膜综合老化性能等级的评定见表 9-59。

装饰性漆膜综合老化性能等级评定 表 9-59

综合等级	单项等级										
	失光	变色	粉化	泛金	斑点	沾污	开裂	起泡	长霉	剥落	生锈
0	1	0	0	0	0	0	0	0	-0	0	0
1	2	1	0	1	1	1	1(S1)	1(S1)	1(S1)	0	0
2	3	2	1	2	2	2	3(S1)或2(S2)	2(S2)或1(S3)	2(S2)	0	1(S1)
3	4	3	2	3	3	3	3(S2)或2(S3)	3(S2)或2(S3)	3(S2)或2(S3)	1(S1)	1(S2)
4	5	4	3	4	4	4	3(S3)或2(S4)	4(S3)或3(S4)	3(S3)或2(S4)	2(S2)	2(S2)或1(S3)
5	—	5	4	5	5	5	3(S4)	5(S3)或4(S4)	3(S4)或2(S5)	3(S3)	3(S3)或2(S3)

(2) 保护性漆膜综合老化性能等级的评定见表 9-60。

保护性漆膜综合老化性能等级的评定 表 9-60

综合等级	单项等级						
	变色	粉化	开裂	起泡	长霉	生锈	剥落
0	2	0	0	0	1S2	0	0
1	3	1	1(S1)	1(S1)	3(S2)或2(S3)	1(S1)	0
2	4	2	3(S1)或2(S2)	5(S1)或2(S2)或1(S3)	2(S3)或2(S4)	1(S2)	1(S1)
3	5	3	3(S2)或2(S3)	3(S2)或2(S5)	3(S4)或1(S3)	2(S2)或1(S3)	2(S2)
4	5	4	3(S3)或2(S4)	4(S3)或3(S4)	4(S4)或3(S5)	3(S2)或2(S3)	3(S3)
5	5	5	3(S4)	5(S3)或4(S4)	5(S4)或4(S5)	3(S3)或2(S4)	4(S4)

5. 检验注意事项

(1) 样板的四周边缘、板孔周围 5mm 及外来因素引起的破坏现象不作计算。
(2) 记录每一种破坏现象。
(3) 漆膜如出现上述 11 项外的异常现象,应作记录,并描述。
(4) 漆膜如有数种破坏现象,评定综合等级时,应按最严重的一项评定。

第四节 装饰装修材料中有害物质限量及试验

一、建筑材料放射性核素限量[1]

(一)范围

标准 GB 6566—2001 规定了建筑材料中天然放射性核素镭-226、钍-232、钾-40 放射性比活度的限量和试验方法。适用于建造各类建筑物所使用的无机非金属类建筑材料,包括掺工业废渣的建筑材料。

(二)术语和定义

1. 建筑材料:标准 GB 6566—2001 中的建筑材料是指用于建造各类建筑物所使用的无机非金属类材料。分为建筑主体材料和装修材料。

(1)建筑主体材料:用于建造建筑物主体工程所使用的建筑材料。包括:水泥与水泥制品、砖、瓦、混凝土、混凝土预制构件、砌块、墙体保温材料、工业废渣、掺工业废渣的建筑材料及各种新型墙体材料等。

(2)装修材料:用于建筑物室内、外饰面用的建筑材料。包括:花岗石、建筑陶瓷、石膏制品、吊顶材料、粉刷材料及其他新型饰面材料等。

2. 建筑物:供人类进行生产、工作、生活或其他活动的房屋或室内空间场所。根据建筑物用途不同,将其分为民用建筑与工业建筑两类。

(1)民用建筑:供人类居住、工作、学习、娱乐及购物等建筑物。分为以下两类:

Ⅰ类民用建筑:如住宅、老年公寓、托儿所、医院和学校等。

Ⅱ类民用建筑:如商场、体育馆、书店、宾馆、办公楼、图书馆、文化娱乐场所、展览馆和公共交通等候室等。

(2)工业建筑:供人类进行生产活动的建筑物。如生产车间、包装车间、维修车间和仓库等。

3. 内照射指数:内照射指数是指:建筑材料中天然放射性核素镭-226 的放射性比活度,除以标准 GB 6566—2001 规定的限量而得的商。

$$表达式为:I_{Ra}=\frac{C_{Ra}}{200}$$

式中 I_{Ra}——内照射指数;

C_{Ra}——建筑材料中天然放射性核素镭-226 的放射性比活度,单位为贝可/千克 $(Bq \cdot kg^{-1})$;

200——仅考虑内照射情况下,GB 65166—2001 标准规定的建筑材料中放射性核素镭-226 的放射性比活度限量,单位为贝可/千克$(Bq \cdot kg^{-1})$。

4. 外照射指数:外照射指数是指:建筑材料中天然放射性核素镭-226、钍-232 和钾-40 的放射性比活度分别除以其各自单独存在时标准 GB 6566—2001 规定限量而得的商之和。

$$表达式为:I_{\gamma}=\frac{C_{Ra}}{370}+\frac{C_{Th}}{260}+\frac{C_{K}}{4200}$$

---

[1] 主要内容引自 GB 6566—2001《建筑材料放射性核素限量》。

式中 I_γ——外照射指数；

C_{Ra}、C_{Th}、C_K——分别为建筑材料中天然放射性核素镭-226、钍-232 和钾-40 的放射性比活度，单位为贝可/千克(Bq·kg^{-1})。

370、260、4200——分别为仅考虑外照射情况下标准 GB 6566—2001 规定的建筑材料中天然放射性核素镭-226、钍-232 和钾-40 在其各自单独存在时标准 GB 6566—2001 规定的限量，单位为贝可/千克(Bq·kg^{-1})。

5. 放射性比活度：某种核素的放射性比活度是指：物质中的某种核素放射性活度除以该物质的质量而得的商。

$$表达式为：C = \frac{A}{m}$$

式中 C——放射性比活度，单位为贝可/千克(Bq·kg^{-1})；

A——核素放射性活度，单位为贝可(Bq)；

m——物质的质量(kg)。

6. 测量不确定度：测量不确定度是表征被测量的真值在某一量值范围内的评定，即测量值与实际值偏离程度。

7. 空心率：空心率是指空心建材制品的空心体积与整个空心建材制品体积之比的百分率。

（三）要求

1. 建筑主体材料

当建筑主体材料中天然放射性核素镭-226、钍-232、钾-40 的放射性比活度同时满足 $I_{Ra}\leqslant 1.0$ 和 $I_\gamma\leqslant 1.0$ 时，其产销与使用范围不受限制。

对于空心率大于 25% 的建筑主体材料，其天然放射性核素镭-226、钍-232、钾-40 的放射性比活度同时满足 $I_{Ra}\leqslant 1.0$ 和 $I_\gamma\leqslant 1.3$ 时，其产销与使用范围不受限制。

2. 装修材料

根据装修材料放射性水平大小划分为以下三类：

（1）A 类装修材料

装修材料中天然放射性核素镭-226、钍-232、钾-40 的放射性比活度同时满足 $I_{Ra}\leqslant 1.0$ 和 $I_\gamma\leqslant 1.3$ 要求的为 A 类装修材料。A 类装修材料产销与使用范围不受限制。

（2）B 类装修材料

不满足 A 类装修材料要求但同时满足 $I_{Ra}\leqslant 1.3$ 和 $I_\gamma\leqslant 1.9$ 要求的为 B 类装修材料。B 类装修材料不可用于 I 类民用建筑的内饰面，但可用于 I 类民用建筑的外饰面及其他一切建筑物的内、外饰面。

（3）C 类装修材料

不满足 A、B 类装修材料要求但满足 $I_\gamma\leqslant 2.8$ 要求的为 C 类装修材料。C 类装修材料只可用于建筑物的外饰面及室外其他用途。

（4）$I_\gamma>2.8$ 的花岗石只可用于碑石、海堤、桥墩等人类很少涉及到的地方。

（四）试验方法

1. 仪器

低本底多道 γ 能谱仪。

2. 取样与制样

(1) 取样

随机抽取样品两份，每份不少于 3kg。一份密封保存，另一份作为检验样品。

(2) 制作

将检验样品玻碎，磨细至粒径不大于 0.16mm。将其放入与标准样品几何形态一致的样品盒中，称重（精确至 1g）、密封、待测。

3. 测量

当检验样品中天然放射性衰变链基本达到平衡后，在与标准样品测量条件相同情况下，采用低本底多道 γ 能谱仪对其进行镭-226、钍-232 和钾-40 比活度测量。

4. 测量不确定度的要求

当样品中镭-226、钍-232、钾-40 放射性比活度之和大于 37Bq·kg^{-1} 时，标准 GB 6566—2001 规定的试验方法要求测量不确定度（扩展因子 $K=1$）不大于 20%。

(五) 检验结果的判定

1. 建筑主体材料检验结果满足本节一、(三)1 条时，判为合格。
2. 装修材料检验结果按本节一、(三)2 条进行分类判定。

(六) 其他要求

1. 使用废渣生产建筑材料产品时，其产品放射性水平应满足标准要求。
2. 当企业生产更换原料来源或配比时，必须预先进行放射性核素比活度检验，以保证产品满足标准要求。
3. 花岗石矿床勘查时，必须用标准中规定的装修材料分类控制值对花岗石矿床进行放射性水平预评价。
4. 装修材料生产企业按照本节一、(三)2 条要求，在其产品包装或说明书中注明其放射性水平类别。
5. 各企业进行产品销售时，应持具有资质的检测机构出具的，符合标准规定的天然放射性核素检验报告。
6. 在天然放射性本底较高地区，单纯利用当地原材料生产的建筑材料产品，只要其放射性比活度不大于当地地表土壤中相应天然放射性核素平均本底水平的，可限在本地区使用。

二、人造板及其制品中甲醛释放限量[❶]

(一) 范围

标准 GB 18580—2001 规定了室内装饰装修用人造板及其制品（包括地板、墙板等）中甲醛释放量的指标值、试验方法和检验规则。适用于释放甲醛的室内装饰装修用各种类人造板及其制品。

(二) 术语和定义

1. 甲醛释放量——穿孔法测定值。用穿孔萃取法测定的从 100g 绝干人造板萃取出的甲醛量。
2. 甲醛释放量——干燥器法测定值。用干燥器法测定的试件释放于吸收液（蒸馏水）

---

❶ 主要内容引自 GB 18580—2001《室内装饰装修材料 人造板及其制品中甲醛释放限量》。

中的甲醛量。

3. 甲醛释放量——气候箱法测定值：以标准规定的气候箱测定的试件向空气中释放达稳定状态时的甲醛量。

4. 气候箱容积：无负荷时箱内总的容积。

5. 承载率：试样总表面积与气候箱容积之比。

6. 空气置换率：每小时通过气候箱的空气体积与气候箱容积之比。

7. 空气流速：气候箱中试样表面附近的空气速度。

(三) 分类

按试验方法分：

(1) 穿孔萃取法甲醛放量(简称穿孔值)；

(2) 干燥器法甲醛释放量(简称干燥器值)；

(3) 气候箱法甲醛释放量(简称气候箱量)。

(四) 要求

室内装饰装修用人造板及其制品中甲醛释放量应符合表 9-61 的规定。

人造板及其制品中甲醛释放量试验方法及限量值　　　　表 9-61

产品名称	试验方法	限量值	使用范围	限量标志[②]
中密度纤维板、高密度纤维板、刨花板、定向刨花板等	穿孔萃取法	≤9mg/100g	可直接用于室内	E_1
		≤30mg/100g	必须饰面处理后可允许用于室内	E_2
胶合板、装饰单板贴面胶合板、细木工板等	干燥器法	≤1.5mg/100g	可直接用于室内	E_1
		≤5.0mg/100g	必须饰面处理后可允许用于室内	E_2
饰面人造板(包括浸渍纸层压木质地板、实木复合地板、竹地板、浸渍胶膜纸饰面人造板等)	气候箱法[①]	≤0.12mg/m³	可直接用于室内	E_1
	干燥器法	≤0.5mg/L		

① 仲裁时采用气候箱法。

② E_1 为可直接用于室内的人造板，E_2 为必须饰面处理后允许用于室内的人造板。

(五) 试验方法

1. 穿孔萃取法测定中密度纤维板、高密度纤维板、刨花板、定向刨花板等甲醛释放量，按 GB/T 17657—1999 中 4.11 规定进行。

2. (9～11)L 干燥器法测定胶合板、装饰单板贴面胶合板、细木工板等甲醛释放量，按 GB/T 17657—1999 中 4.12.1～4.12.6 规定进行。

(1) 试件数量

10 块。

(2) 结果表示

甲醛溶液的浓度按式(9-25)计算，精确至 0.1mg/L。

$$c = f \times (A_s - A_b) \tag{9-25}$$

式中　c——甲醛浓度(mg/L)；

f——标准曲线斜率(mg/L);

A_s——待测液的吸光度;

A_b——蒸馏水的吸水度。

3. 40L 干燥器法测定饰面人造板甲醛释放量

(1) 原理

见 GB/T 17657—1999 中的 4.12.1。

(2) 试剂

按 GB/T 17657—1999 中的 4.12.3 的规定。

(3) 溶液配制

按 GB/T 17657—1999 中的 4.12.5 规定进行。

(4) 仪器

1) 检测容器,材料:丙烯酸树脂,容积 40L。

2) 吸收容器,材料:聚丙烯或聚乙烯,直径 57mm,深度 50~60mm。

3) 除金属支架、干燥器、结晶皿外,其他按 GB/T 17657—1990 中 4.12.2 的规定。

(5) 试样

试样四边用不含甲醛的铝胶带密封,被测表面符号为 450cm^2。密封于乙烯树脂袋中,放置在温度为(20±1)℃的恒温箱中至少 1d。

(6) 试验程序

1) 甲醛的收集

吸收容器装入 20mL 蒸馏水,放在检测容器底部,试样置于吸收容器上面,测定装置在(20±1)℃下放置 24h,蒸馏水吸收从试件释放出的甲醛,此溶液为待测液。

2) 甲醛浓度的定量

按 GB/T 17657—1999 中 4.12.6.2 进行。

3) 标准曲线绘制

按 GB/T 17657—1999 中 4.12.6.3 进行。

4) 结果表示

按本节二、(五)2.(2)。

4. 气候箱法测定饰面人造板甲醛释放量

(1) 原理

将 1m^2 表面积的样品放入温度、相对湿度、空气流速和空气置换率控制在一定值的气候箱内。甲醛从样品中释放出来,与箱内空气混合,定期抽取箱内空气,将抽出的空气通过盛有蒸馏水的吸收瓶,空气中的甲醛全部溶入水中;测定吸收液中的甲醛量及抽取的空气体积,计算出每立方米空气中的甲醛量,以毫克每立方米(mg/m^3)表示,抽气是周期性的,直到气候箱内的空气中甲醛浓度过达到稳定状态为止。

(2) 设备

1) 气候箱

容积为 1m^3,箱体内表面应为惰性材料,不会吸附甲醛。箱内应有空气循环系统以维持箱内空气充分混合及试样表面的空气速度为(0.1~0.3)m/s。箱体上应有调节空气流量的空气入口和空气出口装置。

空气置换率维持在$(1.0\pm0.05)h^{-1}$，要保证箱体的密封性。进入箱内的空气甲醛浓度在 $0.006mg/m^3$ 以下。

2) 温度和相对湿度调节系统

应能保持箱内温度为(23 ± 0.5)℃，相对湿度为(43 ± 3)%。

3) 空气抽样系统

空气抽样系统包括：抽样管、两个 100mL 的吸收瓶、硅胶干燥器、气体抽样泵、气体流量计、气体计量表。

（3）试剂、溶液配制、仪器

1) 试剂按 GB/T 17657—1999 中 4.12.3 的规定。

2) 溶液配制按 GB/T 17657—1999 中 4.12.5 的规定。

3) 仪器除金属支架、干燥器、结晶皿外，其他按 GB/T 17657—1999 中 4.12.2 的规定。

（4）试样

试样表面积为 $1m^2$（双面计。长＝$(1000\pm2)mm$，宽＝$(500\pm2)mm$，1 块；或长＝$(500\pm2)mm$，宽＝$(500\pm2)mm$，2 块），有带榫舌的突出部分应去掉，四边用不含甲醛的铝胶带密封。

（5）试验程序

在试验全过程中，气候箱内保持下列条件：

温度：(23 ± 0.5)℃；

相对湿度：(45 ± 3)%；

承载率：$(1.0\pm0.02)m^2/m^3$；

空气置换率：$(1.0\pm0.05)h^{-1}$；

试样表面空气流速：$(0.1\pm0.3)m/s$。

试样在气候箱的中心垂直放置，表面与空气流动方向平行。气候箱检测持续时间至少为 10d，第 7d 开始测定。甲醛释放量的测定每天 1 次，直至达到稳定状态。当测试次数超过 4 次，最后 2 次测定结果的差异小于 5% 时，即认为已达到稳定状态。最后 2 次测定结果的平均值即为最终测定值。如果在 28d 内仍未达到稳定状态，则用第 28d 的测定值作为稳定状态时的甲醛释放量测定值。

空气取样和分析时，先将空气抽样系统与气候箱的空气出口相连接。2 个吸收瓶中各加入 25mL 蒸馏水，开动抽气泵，抽气速度控制在 2L/mm 左右，每次至少抽取 100L 空气。每瓶吸收液各取 10mL 移至 50mL 容量瓶中，再加入 10mL 乙酰丙酮溶液和 10mL 乙酸铵溶液，将容量瓶放至 40℃ 的水溶液中加热 15min，然后将溶液静置暗处冷却至室温（约 1h）。在分光光度计的 412nm 处测定吸光度。与此同时，要用 10mL 蒸馏水和 10mL 乙酰丙酮溶液、10mL 乙酸铵溶液平行测定空白值。吸收液的吸光度测定值与空白吸光度测定值之差乘以校正曲线的斜率，再乘以吸收液的体积，即为每个吸收瓶中的甲醛量。2 个吸收瓶的甲醛量相加，即得甲醛的总量。甲醛总量除以抽取空气的体积，即得每立方米空气中的甲醛浓度值，以毫克每立方米（mg/m^3）表示。由于空气计量表显示的是检测室温度下抽取的空气体积，而并非气候箱内 23℃ 时的空气体积。因此，空气样品的体积应通过气体方程式校正到标准温度 20℃ 时的体积。

分光光度计用校准曲线和校准曲线斜率的确定按 GB/T 17657—1999 中的 4.11.5.5.2 进行。

(六) 检验规则

1. 检验分类

检验项目为型式检验。

2. 抽样

按试验方法规定的样品数量在同一地点、同一类别、同一规格的人造板及其制品中随机抽取 3 份，并立即用不会释放或吸附甲醛的包装材料将样品密封后待测。在生产企业抽取样品时，必须在生产企业成品库内标识合格的产品中抽取样品。在经销企业抽取样品时，必须在经销现场或经销企业的成品库内标识合格的产品抽取样品。在施工或使用现场抽取样品时，必须在同一地点的同一种产品内随机抽取。

3. 判定规则与复验规则

在随机抽取的 3 份样品中，任取一份样品检测甲醛释放量，如测定结果达到本节二、(四)的规定要求，则判定为合格。如测定结果不符合规定要求，则对另外 2 份样品再行测定。如 2 份样品均达到规定要求，则判定为合格；如 2 份样品中只有一份样品达到规定要求或 2 份样品均不符合规定要求，则判定为不合格。

三、溶剂型木器涂料中有害物质限量[1]

(一) 范围

标准 GB 18581—2009 规定了室内装饰装修用聚氨酯类、硝基类和醇酸类溶剂型木器涂料以及木器用溶剂型腻子中对人体和环境有害物质容许限值的要求，试验方法、检验规则、包装标志、涂装安全及防护等内容。适用于室内装饰装修和工厂化涂装用聚氨酯类、硝基类和醇酸类溶剂型木器涂料(包括底漆和面漆)及木器用溶剂型腻子。不适用于辐射固化涂料和不饱和聚酯腻子。

(二) 术语和定义

1. 挥发性有机化合物(VOC)：在 101.3kPa 标准大气压下，任何初沸点低于或等于 250℃ 的有机化合物。

2. 挥发性有机化合物含量：按规定的测试方法测试产品所得到的挥发性有机化合物的含量。

3. 聚氨酯类涂料：以由多异氰酸酯与含活性氢的化合物反应而成的聚氨(基甲酸)酯树脂为主要成膜物质的一类涂料。

4. 硝基类涂料：以由硝酸和硫酸的混合物与纤维素酯化反应制得的硝酸纤维素为主要成膜物质的一类涂料。

5. 醇酸类涂料：以由多元酸、脂肪酸(或植物油)与多元醇缩聚制得的醇酸树脂为主要成膜物质的一类涂料。

(三) 要求

产品中有害物质限量应符合表 9-62 的要求：

---

[1] 主要内容引自 GB 18581—2009《室内装饰装修材料 溶剂型木器涂料中有害物质限量》。

有害物质限量的要求 表 9-62

项目		限量值				
		聚氨酯类涂料		硝基类涂料	醇酸类涂料	腻子
		面漆	底漆			
挥发性有机化合物(VOC)含量①(g/L)		光泽(60°)≥80，580 光泽(60°)<80，670	670	720	500	550
苯含量①(%) ≤		0.3				
甲苯、二甲苯、乙苯含量总和①(%) ≤		30		30	5	30
游离二异氰酸酯(TDI、HDI)含量总和②(%) ≤		0.4		—	—	0.4 (限聚氨酯类腻子)
甲醇含量①(%) ≤		—		0.3	—	0.3 (限硝基类腻子)
卤代烃含量①③(%) ≤		0.1				
可溶性重金属含量(限色漆、腻子和醇酸清漆)(mg/kg)	铅 Pb	90				
	镉 Cd	75				
	铬 Cr	60				
	汞 Hg	60				

① 按产品明示的施工配比混合后测定。如稀释剂的使用量为某一范围时，应按照产品施工配比规定的最大稀释比例混合后进行测定。

② 如聚氨酯类涂料和腻子规定了稀释比例或由双组分或多组分组成时，应先测定固化剂(含游离二异氰酸酯预聚物)中的含量，再按产品明示的施工配比计算混合后涂料中的含量。如稀释剂的使用量为某一范围时，应按照产品施工配比规定的最小稀释比例进行计算。

③ 包括二氯甲烷、1,1-二氧乙烷、1,2-二氧化烷、三氯甲烷、1,1,1-二氯乙烷、1,1,2-三氯乙烷、四氯化碳。

(四)试验方法

1. 取样

产品取样应按 GB/T 3186 的规定进行。

2. 试验方法

(1) 挥发性有机化合物(VOC)含量的测试按附录 A 的规定进行。

(2) 苯、甲苯、乙苯、二甲苯和甲醇含量的测试按附录 B 的规定进行。

(3) 游离二异氰酸酯(TDI、HDI)含量的测试按照 GB/T 18446—2009 的规定进行。

(4) 卤代烃含量的测试按附录 C 的规定进行。

(5) 可溶性重金属(铅、镉、铬、汞)含量的测试按 GB 18582—2008 中附录 D 的规定进行。

注：也可使用其他合适的分析仪器如电感耦合等离子体原子发射光谱法(ICP—OES)等测试处理后试验溶液中的可溶性铅、镉、铬、汞的含量，并根据仪器制造商的相关说明进行操作和测试，但应在检测报告中注明采用的分析仪器。

(五)检验结果的判定

1. 检验结果的判定按 GB/T 1250 中修约值比较法进行。当修约后的检验结果为 0、0.0 时，结果以一位有效数字报出。

2. 报出检验结果时应同时注明产品明示的施工配比。
3. 所有项目的检验结果均达到本节三、(三)的要求时,产品为符合标准要求。

附 录 A
(规范性附录)
挥发性有机化合物(VOC)含量的测定

A.1 原理

试样经气相色谱法测试,如未检测出沸点大于 250℃ 的有机化合物,所测试的挥发物含量即为产品的 VOC 含量;如检验出沸点大于 250℃ 的有机化合物,则对试样中沸点大于 250℃ 的有机化合物进行定性鉴定和定量分析。从挥发物含量中扣除试样中沸点大于 250℃ 的有机化合物的含量即为产品的 VOC 含量。

A.2 材料和试剂

A.2.1 载气:氮气,纯度≥99.995%。

A.2.2 燃气:氢气,纯度≥99.995%。

A.2.3 助燃气:空气。

A.2.4 辅助气体(隔垫吹扫和尾吹气):与载气具有相同性质的氮气。

A.2.5 内标物:试样中不存在的化合物,且该化合物能够与色谱图上其他成分完全分离,纯度至少为 99%(质量分数)或已知纯度。例如:邻苯二甲酸二甲酯、邻苯二甲酸二乙酯等。

A.2.6 标准化合物:用于校准的化合物,其纯度至少为 99%(质量分数)或已知纯度。

A.2.7 稀释溶剂:用于稀释试样的有机溶剂,不含有任何干扰测试的物质,纯度至少为 99%(质量分数)或已知纯度。例如:乙酸乙酯等。

A.2.8 标记物:用于按 VOC 定义区分 VOC 组发与非 VOC 组分的化合物。本标准规定为己二酸二乙酯(沸点 251)℃。

A.3 仪器设备

A.3.1 气相色谱仪,具有以下配置:

A.3.1.1 分流装置的进样口,并且汽化密内衬可更换。

A.3.1.2 程序升温控制器。

A.3.1.3 检验器

可以使用下列三种检测器中的任意一种:

A.3.1.3.1 火焰离子化检测器(FID)。

A.3.1.3.2 已校准并调谐过的质谱仪或其他质量选择检测器。

A.3.1.3.3 已校准过的傅立叶变换红外光谱仪(FI-IR 光谱仪)。

注:如果选用 A.3.1.3.2 或 A.3.1.3.3 检验器对沸点大于 250℃ 的有机化合物进行定性鉴定,仪器应与气相色谱仪相连并根据仪器制造商的相关说明进行操作。

A.3.1.4 色谱柱:应能使被测物足够分离,如聚二甲基硅氧烷毛细管柱或相当型号。

A.3.2 进样器：容量至少应为进样量的两倍。

A.3.3 配样瓶：约 10mL 的玻璃瓶，具有可密封的瓶盖。

A.3.4 天平：精度 0.1mg。

A.4 气相色谱测试条件

色谱柱：聚二甲基硅氧烷毛细管柱，30m×0.25mm×0.25μm；

进样口温度：300℃；

检测器：FID，温度：300℃；

柱温：起始温度160℃保持1min，然后10℃/min升至290℃保持15min；

载气流速：1.2mL/min；

分流比：分流进样，分流比可调；

进样量：1.0μL。

注：也可根据所用仪器的性能及待测试样的实际情况选择最佳的气相色谱测试条件。

A.5 测试步骤

所有试验进行二次平行测定。

A.5.1 密度

按产品明示的施工配比制备混合试样，搅拌均匀后，按 GB/T 6750—2007 的规定测定试样的密度。试验温度：(23±2)℃。

A.5.2 挥发物含量

按产品明示的施工配比制备混合试样，搅拌均匀后，按 GB/T 1725—2007 的规定测定试样的不挥发物含量，单位为克每克(g/g)，以 1 减去不挥发物含量得出挥发物含量，单位为克每克(g/g)。称取试样量(1±0.1)g，试验条件：(105±2)℃/h。

A.5.3 光泽

聚氨酯类涂料的涂膜光泽按 GB/T 9754—2007 的规定进行。按产品明示的施工配比制备混合试样，搅拌均匀后，用槽深(100±2)μm 的湿膜制备器在平板玻璃上制备样板，对清漆庆使用黑玻璃或背面预涂有无光黑漆的平板玻璃作底材。在(23±2)℃和相对湿度为(50±5)%的条件下干燥样板48h后，用60°镜面光泽计测试。

A.5.4 挥发性有机化合物(VOC)含量

A.5.4.1 试样中不含沸点大于250℃有机化合物的VOC含量的测定

如试样经 A.5.4.2.2 定性分析未发现沸点大于250℃的有机化合物，按式(A.1)计算试样的 VOC 含量。

$$\rho(VOC) = w \times \rho_s \times 1000 \tag{A.1}$$

式中 $\rho(VOC)$——试样的 VOC 含量(g/L)；

w——试样中挥发物含量的质量分数(g/g)；

ρ_s——试样的密度(g/mL)；

1000——转换因子。

A.5.4.2 试样中含沸点大于250℃有机化合物的VOC含量的测定

A.5.4.2.1 色谱仪参数优化

按 A.4 中的色谱测试条件，每次都应该使用已知的校准化合物对仪器进行最优化处理，使仪器的灵敏度、稳定性和分离效果处于最佳状态。

进样量和分流比应相匹配,以免超出色谱柱的容量,并在仪器检测器的线性范围内。

A.5.4.2.2 定性分析

将标记物(A.2.8)注入色谱仪中,测定其在聚二甲基硅氧烷毛细柱上的保留时间,以便按 3.1 给出的 VOC 定义确定色谱图中的积分起点。

按产品明示的施工配比制备混合试样,搅拌均匀后,称取约 2g 的样品,用适量的稀释剂(A.2.7)稀释试样,用进样器(A.3.2)取 1.0μL 混合均匀的试样注入色谱仪,记录色谱图,并对每种保留时间高于标记物的化合物进行定性鉴定。优先选用的方法是气相色谱仪与质量选择检测器(A.3.1.3.2)或 FT-IR 光谱仪(A.3.1.3.3)联用,并使用 A.4 中给出的气相色谱测试条件。

注:对聚氨酯类涂料制备好混合试样后应尽快测试。

A.5.4.2.3 校准

A.5.4.2.3.1 如果校准中用到的化合物都可以购买到,应使用下列方法测定其相对校正因子。

A.5.4.2.3.1.1 校准样品的配制:分别称取一定量(精确至 0.1mg)经 A.5.4.2.2 鉴定出的各种校准化合物(A.2.6)于配样瓶(A.3.3)中,称取的质量与待测试样中各自化合物的含量应在同一数量级。再称取与待测化合物相同数量级的内标物(A.2.5)于同一配样瓶中,用适量稀释溶剂(A.2.7)稀释混合物,密封配件瓶并摇匀。

A.5.4.2.3.1.2 相对校正因子的测试:在与测试试样相同的气相色谱测试条件下按 A.5.4.2.1 的规定优化仪器参数。将适量的校准混合物注入气相色谱中,记录色谱图,按式(A.2)分别计算每种分合物的相对校正因子。

$$R_i = \frac{m_{ci} \times A_{is}}{m_{is} \times A_{ci}} \qquad (A.2)$$

式中 R_i——化合物 i 的相对校正因子;
m_{ci}——校准混合物中化合物 i 的质量(g);
m_{is}——校准混合物中化合物的质量(g);
A_{is}——内标物的峰面积;
A_{ci}——化合物 i 的峰面积。

测定结果保留三位有效数字。

A.5.4.2.3.2 若出现未能定性的色谱峰或者校准用的有机化合物未商品化,则假设其相对于邻苯二甲酸二甲酯的校正因子为 1.0。

A.5.4.2.4 试样的测试

A.5.4.2.4.1 试样的配制:按产品明示的施工配比制备混合试样,搅拌均匀后,称取试样约 2g(精确至 0.1mg)以及与被测物相同数量级的内标物(A.2.5)于配样瓶(A.3.3)中,加入适量稀释溶剂(A.2.7)于同一配样瓶中稀释试样,密封配样瓶并摇匀。

注:对聚氨酯类涂料制备好混合试样后应尽快测试。

A.5.4.2.4.2 按校准时的最好优化条件设定仪器参数。

A.5.4.2.4.3 将标记物(A.2.8)注入气相色谱仪中,记录其在聚二甲基硅氧烷毛细管柱上的保留时间,以便按 3.1 给出的 VOC 定义确定色谱图中的积分起点。

A.5.4.2.4.4 将 1.0μL 按 A.5.4.2.4.1 配制的试样注入气相色谱仪,记录色谱图,并计算各种保留时间高于标记物的化合物峰面积，然后按式(A.3)分别计算试样中所含的各种沸点大于250℃的有机化合物的质量分数。

$$w_{漆i} = \frac{m_{is} \times A_i \times R_i}{m_s \times A_{is}} \tag{A.3}$$

式中 $w_{漆i}$——试样中沸点大于250℃的有机化合物 i 的质量分数，单位为克每克(g/g)；

R_i——被测化合物 i 的相对校正因子；

m_{is}——内标物的质量(g)；

m_s——试样的质量(g)；

A_i——被测化合物 i 的峰面积；

A_{is}——内标物的峰面积。

A.5.4.2.4.5 试样中沸点大于250℃的有机化合物的含量按式(A.4)计算。

$$w_{漆} = \sum_{i=1}^{n} w_{漆i} \tag{A.4}$$

式中 $w_{漆}$——试样中沸点大于250℃的有机化合物的质量分数(g/g)。

A.5.4.2.5 试样中沸点小于等于250℃VOC的含量按式(A.5)计算。

$$\rho(VOC) = (w - w_{漆}) \times \rho_s \times 1000 \tag{A.5}$$

式中 $\rho(VOC)$——试样中沸点小于或等于250℃的VOC含量(g/L)；

w——试样中挥发物含量的质量分数(g/g)；

$w_{漆}$——试样中沸点大于250℃的有机化合物的质量分数(g/g)；

ρ_s——试样的密度(g/mL)；

1000——转换因子。

A.6 精密度

A.6.1 重复性

同一操作者二次测试结果的相对偏差应小于5%。

A.6.2 再现性

不同的实验室间测试结果的相对偏差应小于10%。

附 录 B
（规范性附录）
苯、甲苯、乙苯、二甲苯和甲醇含量的测定

B.1 原理

试样经稀释后直接注入气相色谱仪中，经色谱分离后，用氢火焰离子化检测器检测，以及标法定量。

B.2 材料和试剂

B.2.1 载气：氮气，纯度≥99.995%。

B.2.2 燃气：氢气，纯度≥99.995%。

B.2.3 助燃气：空气。

B.2.4 辅助气体(隔垫吹扫和尾吹气)：与载气具有相同性质的氮气。

B.2.5 内标物：试样中不存在的化合物，且该化合物能够与色谱图上其他成分完全分离，纯度至少为99％（质量分数）或已知纯度。例如：正庚烷、正戊烷等。

B.2.6 标准化合物：苯、甲苯、乙苯、二甲苯和甲醇，纯度至少为99％（质量分数）或已知纯度。

B.2.7 稀释溶剂：用于稀释试样的有机溶剂，不含有任何干扰测试的物质，纯度至少为99％（质量分数）或已知纯度。例如：乙酸乙酯、正乙烷等。

B.3 仪器设备

B.3.1 气相色谱仪，具有以下配置：

B.3.1.1 分流装置的进样口，并且汽化室内衬可更换。

B.3.1.2 程序升温控制器。

B.3.1.3 检验器：火焰离子化检测器（FID）

B.3.1.4 色谱柱：应能使被测物足够分郭，如聚二甲基硅氧烷毛细管柱、6％腈丙苯基/94％聚二甲基硅氧烷毛细管柱、聚乙二醇毛细管柱或相当型号。

B.3.2 进样器：容量至少应为进样量的两倍。

B.3.3 配样瓶：约10mL的玻璃瓶，具有可密封的瓶盖。

B.3.4 天平：精度0.1mg。

B.4 气相色谱测试条件

色谱柱：聚二甲基硅氧烷毛细管柱，$30m \times 0.25mm \times 0.25\mu m$；

进样口温度：240℃；

检测器温度：280℃；

柱温：初始温度50℃保持5min，然后10℃/min升至280℃保持5min；

载气流速：1.0mL/min；

分流比：分流进样，分流比可调；

进样量：$1.0\mu L$。

注：也可根据所用仪器的性能及待测试样的实际情况选择最佳的气相色谱测试条件。

B.5 测试步骤

所有试验进行二次平行测定。

B.5.1 色谱仪参数优化

按B.4中的色谱测试条件，每次都应该使用已知的校准化合物对仪器进行最优化处理，使仪器的灵敏度、稳定性和分离效果处于最佳状态。

进样量和分流出应相匹配，以免超出色谱柱的容量，并在仪器检测器的线性范围内。

B.5.2 定性分析

B.5.2.1 按B.5.1的规定使仪器参数最优化。

B.5.2.2 被测化合物保留时间的测定

将$1.0\mu L$含B.2.6所示被测化合物的标准混合溶液注入色谱仪，记录各被测化合物的保留时间。

B.5.2.3 定性分析

按产品明示的施工配比制备混合试样，搅拌均匀后称取约2g的样品用适量的稀释剂(B.2.7)稀释试样，用进样器(B.3.2)取$1.0\mu L$混合均匀的试样注入色谱仪，记录色谱图，并与经 B.5.2.2 测定的标准被测化合物的保留时间对比确定是否存在被测化合物。

注：对聚氨酯类涂料制备好混合试样后应尽快测试。

B.5.3 校准

B.5.3.1 校准样品的配制：分别称取一定量（精确至 0.1mg）B.2.6 中的各种校准化合物于配样瓶(B.3.3)中，称取的质量与待测试样中所含的各种化合物的含量应在同一数量级；再称取与待测化合物相同数量级的内标物(B.2.5)于同一配样瓶中，用适量稀释溶剂(B.2.7)稀释混合物，密封配样瓶并摇匀。

B.5.3.2 相对校正因子的测试：在与测试试样相同的色谱测试条件下按 B.5.1 的规定优化仪器参数。将适量的校准混合物注入气相色谱仪中，记录色谱图，按式(B.1)分别计算每种化合物的相对校正因子：

$$R_i = \frac{m_{ci} \times A_{is}}{m_{is} \times A_{ci}} \tag{B.1}$$

式中 R_i——化合物 i 的相对校正因子；

m_{ci}——校准混合物中化合物 i 的质量(g)；

m_{is}——校准混合物中内标物的质量(g)；

A_{is}——内标物的峰面积；

A_{ci}——化合物 i 的峰面积。

测定结果保留三位有效数字。

B.5.4 试样的测试

B.5.4.1 试样的配制：按产品明示的施工配比制备混合试样，搅拌均匀后，称取试样约 2g（精确至 0.1mg）以及与被测化合物相同数量级的内标物(B.2.5)于配样瓶(B.3.3)中，加入适量稀释溶剂(B.2.7)于同一配样瓶中稀释试样，密封配样瓶并摇匀。

注：对聚氨酯类涂料制备好混合试样后应尽快测试。

B.5.4.2 按校准时的最优化条件设定仪器参数。

B.5.4.3 将 1.0μL 按 B.5.4.1 配制的试样注入气相色谱仪中，记录色谱图，然后按式(B.2)分别计算试样中所含被测化合物(苯、甲苯、乙苯、二甲苯、甲醇)的含量。

$$w_i = \frac{m_{is} \times A_i \times R_i}{m_s \times A_{is}} \times 100 \tag{B.2}$$

式中 w_i——试样中被测化合物 i 的质量分数(%)；

R_i——被测化合物 i 的相对校正因子；

m_{is}——内标物的质量(g)；

m_s——试样的质量(g)；

A_i——被测化合物 i 的峰面积；

A_{is}——内标物的峰面积。

注：如遇到采用 B.4 中的色谱测试条件不能有效分离的被测化合物而难以准确定量测定时，可换用其他类型的色谱柱（见 B.3.1.4 所列）或色谱测试条件，使被测化合物有效分离后再定量测定。

B.6 精密度

B.6.1 重复性

同一操作者二次测试结果的相对偏差应小于 5%。

B.6.2 再现性

不同实验室间测试结果的相对偏差应小于10％。

附 录 C
（规范性附录）
卤代烃含量的测定

C.1 原理

试样经稀释后直接注入气相色谱仪中，二氯甲烷、二氯乙烷、三氯甲烷、三氯乙烷、四氯化碳经毛细管色谱柱与其他组分完全分离后，用电子捕获检测器检测，以内标法定量。

C.2 材料和试剂

C.2.1 载气：氮气，纯度≥99.995％。

C.2.2 辅助气体（隔垫吹扫和尾吹气）：与载气具有相同性质的氮气。

C.2.3 内标物：试样中不存在的化合物，且该化合物能够与色谱图上其他成分完全分离，纯度至少为99％（质量分数）或已知纯度。例如：溴丙烷等。

C.2.4 校准化合物：二氧甲烷、1,1-二氯乙烷、1,2-二氯乙烷、三氯甲烷、1,1,1-三氯乙烷、1,1,2-三氯乙烷、四氯化碳，纯度至少为99％（质量分数）或已知纯度。

C.2.5 稀释溶剂：适于稀释试样的有机溶剂，有含有任何干扰测试的物质，纯度至少为99％（质量分数）或已知纯度。例如：乙酸乙酯、正乙烷等。

C.3 仪器设备

C.3.1 气相色谱仪，具有以下配置：

C.3.1.1 分流装置的进样口，并且汽化室内衬可更换。

C.3.1.2 程序升温控制器。

C.3.1.3 电子捕获检测器（ECD）。

C.3.1.4 色谱柱：能使被测组分与其他组分完全分离的色谱柱，如（5％苯基）95％甲基聚硅氧烷毛细管柱或相当型号。

C.3.2 进样器：容量至少应为进样量的两倍。

C.3.3 配样瓶：约10mL玻璃瓶，具有可密封的瓶盖。

C.3.4 天平：精度0.1mg。

C.4 色谱分析条件

色谱柱：（5％苯基）95％甲基聚硅氧烷毛细管柱，$30m \times 0.25mm \times 0.25\mu m$；

进样口温度：250℃；

柱温：初始温度40℃保持15min，然后10℃/min升至150℃保持2min；然后以50℃/min升至250℃保持2min；

检测器温度：300℃；

载气流速：2.0mL/min；

分流比：分流进样，分流比可调；

进样量：0.2μL。

注：也可根据所用气相色谱仪的型号、性能及待测试样的实际情况选择最佳的气相色谱测试条件。

C.5 测试步骤

所有试验进行二次平行测定。

C.5.1 色谱仪参数优化

按 C.4 给出的参考色谱条件，每次都应使用已知的校准化合物对仪器进行最优化处理，使仪器的灵敏度、稳定性和分离效果处于最佳状态。

进样量和分流比应相匹配，以免超出色谱柱的容量，并在仪器检测器的线性范围内。

C.5.2 定性分析

C.5.2.1 按 C.5.1 的规定使仪器参数最优化。

C.5.2.2 被测化合物保留时间的测定

将 $0.2\mu L$ 含 C.2.4 所示被测化合物的标准混合溶液注入色谱仪，记录各被测化合物的保留时间。

C.5.2.3 定性分析

按产品明示的施工配比制备混合试样，搅拌均匀后，称取约 2g 的样品，用适量的稀释剂(C.2.5)稀释试样，用进样品(C.3.2)取 $0.2\mu L$ 混合均匀的试样注入色谱仪，记录色谱图，并与经 C.5.2.2 测定的标准被测化合物的保留时间对比确定是否存在被测化合物。

注：对聚氨酯类涂料制备好混合试样后应尽快测试。

C.5.3 校准

C.5.3.1 校准样品的配制：分别称取一定量(精确至 0.1mg)C.2.4 所示的校准化合物于样品瓶(C.3.3)中，称取的质量与待测样品中所含的各种化合物的含量应在同一数量级，再称取与待测化合物相近数量级的内标物(C.2.3)于同一样品瓶中，用稀释溶剂(C.2.5)稀释混合物(其稀释浓度应在仪器检测器线性范围内，若超出应加大稀释倍数或逐级多次稀释)，密封样品瓶并摇匀。

C.5.3.2 相对校正因子的测定

在与测试试样相同的色谱条件下按 C.5.1 的规定优化仪器参数，将适量的校准化合物注入气相色谱仪中，记录色谱图。按式(C.1)分别计算每种被测化合物的相对校正因子：

$$R_i = \frac{m_{ci} \times A_{is}}{m_{is} \times A_{ci}} \quad (C.1)$$

式中 R_i——化合物 i 的相对校正因子；

m_{ci}——校准混合物中化合物 i 的质量(g)；

m_{is}——校准混合物中内标物的质量(g)；

A_{is}——内标物的峰面积；

A_{ci}——化合物 i 的峰面积。

测定结果保留三位有效数字。

C.5.4 试样的测定

C.5.4.1 试样的配制：按产品明示的施工配比制备混合试样，搅拌均匀后，称取试样约 2g(精确至 0.1mg)以及与被测化合物相同数量级的内标物(C.2.3)于配样瓶(C.3.3)中，加入适量稀释溶剂(C.2.5)于同一配样瓶中稀释试样，密封配样瓶并摇匀。

注：对聚氨酯类涂料制备好混合试样后应尽快测试。

C.5.4.2 按校准时的最优化条件设定仪器参数。

C.5.4.3 将 0.2μL 按 C.5.4.1 配制的试样注入气相色谱仪中,记录色谱图,然后按式(C.2)分别计算试样中所含被测化合物(二氯甲烷、1,1-二氯乙烷、1,2-二氯乙烷、三氯甲烷、1,1,1-三氯乙烷、1,1,2-三氯乙烷、四氯化碳)的含量。

$$w_i = \frac{m_{is} \times A_i \times R_i}{m_s \times A_{is}} \times 100 \tag{C.2}$$

式中 w_i——试样中被测化合物 i 的质量分数(%);
R_i——被测化合物 i 的相对校正因子;
m_{is}——内标物的质量(g);
m_s——试样的质量(g);
A_{is}——内标物的峰面积;
A_i——被测化合物 i 的峰面积。

C.6 计算

按式(C.3)计算试样中卤代烃含量 $w_{卤代烃}$:

$$w_{卤代烃} = w_{二氯甲烷} + w_{1,1-二氯乙烷} + w_{1,2-二氯乙烷} + w_{三氯甲烷} + w_{1,1,1-三氯乙烷} + w_{1,1,2-三氯乙烷} + w_{四氯化碳} \tag{C.3}$$

C.7 精密度

C.7.1 重复性

同一操作者两次测试结果的相对偏差应小于 5%。

C.7.2 再现性

不同实验室间测试结果的相对偏差应小于 10%。

四、内墙涂料中有害物质限量❶

(一)范围

标准 GB 18582—2008 规定了室内装饰装修用水性墙面涂(包括面漆和底漆)和水性墙面腻子中对人体有害物质容许限量的要求、试验方法、检验规则、包装标志、涂装安全及防护。适用于各类室内装饰装修用水性墙面涂料和水性墙面腻子。

(二)术语和定义

1. 挥发性有机化合物(VOC):在 101.3kPa 标准压力下,任何初沸点低于或等于 250℃的有机化合物。

2. 挥发性有机化合物含量:按规定的测试方法测试产品所得到的挥发性有机化合物的含量。

注 1. 墙面涂料为产品扣除水分后的挥发性有机化合物的含量,以克每升(g/L)表示。

2. 墙面腻子为产品不扣除水分的挥发性有机化合物的含量,以克每千克(g/kg)表示。

(三)要求

产品中有害物质限量应符合表 9-63 的要求。

---

❶ 主要内容引自 GB 18582—2008《室内装饰装修材料 内墙涂料中有害物质限量》。

有害物质限量的要求 表 9-63

项目			限量值	
			水性墙面涂料[a]	水性墙面腻子[b]
挥发性有机化合物含量(VOC)		≤	120g/L	15g/kg
苯、甲苯、乙苯、二甲苯总和(mg/kg)		≤	300	
游离甲醛(mg/kg)		≤	100	
可溶性重金属(mg/kg)	铅 Pb	≤	90	
	镉 Cd		75	
	铬 Cr		60	
	汞 Hg		60	

[a] 涂料产品所有项目均不考虑稀释配比。
[b] 膏状腻子所有项目均不考虑稀释配比,粉状腻子除可溶性重金属项目直接测试粉体外,其余 3 项按产品规定的配比将粉体与水或胶黏剂等其他液体混合后测试。如配比为某一范围时,应按照水用量最小、胶黏剂等其他液体用量最大的配比混合后测试。

(四)试验方法

1. 取样

产品取样应按 GB/T 3186—2006 的规定进行。

2. 试验方法

(1) 挥发性有机化合物含量(VOC)的测试按附录 A 和附录 B 的规定进行,涂料产品测试结果的计算按附录 A 中 A.7.2 进行。腻子产品测试结果的计算按附录 A 中 A.7.1 进行。

注:所有腻子样品不做水分含量和密度的测试。

(2) 苯、甲苯、乙苯和二甲苯总和的测试按附录 A 的规定进行。测试结果的计算按附录 A 中 A.7.3 进行。

(3) 游离甲醛的测试按附录 C 的规定进行。

(4) 可溶性重金属(铅、镉、铬和汞)的测试按附录 D 的规定进行。粉状腻子直接用粉体测试。

(五)检验结果的判定

1. 检验结果的判定按 GB/T 1250 中修约值比较法进行。

2. 粉状腻子报出检验结果时应同时注明配制比例。

3. 所有项目的检验结果均达到本节四、(三)的要求时,产品为符合标准要求。

附 录 A
(规范性附录)
挥发性有机化合物及苯、甲苯、乙苯和二甲苯总和含量的测试 气相色谱法

A.1 范围

本方法规定了水性墙面涂料和水性墙面腻子中挥发性有机化合物(VOC)及苯、甲苯、乙苯和二甲苯和含量的测试方法。

本方法适用于 VOC 的含量大于或等于 0.1%、且小于或等于 15% 的涂料及其原料的测试。

A.2　原理

试样经稀释后，通过气相色谱分析技术使样品中各种挥发性有机化合物分离，定性鉴定被测化合物后，用内标法测试其含量。

A.3　材料和试剂

A.3.1　载气：氮气，纯度≥99.995%。

A.3.2　燃气：氢气，纯度≥99.995%。

A.3.3　助燃气：空气。

A.3.4　辅助气体(隔垫吹扫和尾吹气)：与载气具有相同性质的氮气。

A.3.5　内标物：试样中不存在的化合物，且该化合物能够与色谱图上其他成分完全分离，纯度至少为99%，或已知纯度。例如：异丁醇、乙二醇单丁醚、乙二醇二甲醚、二乙二醇二甲醚等。

A.3.6　校准化合物

本标准中校准化合物包括甲醇乙醇、正丙醇、异丙醇、正丁醇、异丁醇、苯、甲苯、乙苯、二甲苯、三乙胺、二甲基乙醇胺、2-氨基-2-甲基-1-丙醇、乙二醇、1，2-丙二醇、1，3-丙二醇、二乙二醇、乙二醇单丁醚、二乙二醇单丁醚、二乙二醇乙醚醋酸酯、二乙二醇丁醚醋酸酯、2，2，4-三甲基-1，3-戊二醇。纯度至少为99%，或已知纯度。

A.3.7　稀释溶剂：用于稀释试样的有机溶剂，不含有任何干扰测试的物质，纯度至少为99%，或已知纯度。例如：乙腈、甲醇或四氢呋喃等溶剂。

A.3.8　标记物：用于按 VOC 定义区分 VOC 组发与非 VOC 组分的化合物。本标准规定为己二酸二乙酯(沸点 251℃)。

A.4　仪器设备

A.4.1　气相色谱仪，具有以下配置：

A.4.1.1　分流装置的进样口，并且汽化密内衬可更换。

A.4.1.2　程序升温控制器。

A.4.1.3　检验器：可以使用下列三种检验器中的任意一种：

A.4.1.3.1　火焰离子化检测器(FID)。

A.4.1.3.2　已校准并调谐过的质谱仪或其他质量选择检测器。

A.4.1.3.3　已校准过的傅立叶变换红外光谱仪(FI-IR 光谱仪)。

注：如果选用 A.4.1.3.2 或 A.4.1.3.3 检验器对分离出的组分进行定性鉴定，仪器应与气相色谱仪相连并根据仪器制造商的相关说明明进行操作。

A.4.1.4　色谱柱：聚二甲基硅氧烷毛细管柱或6%腈丙苯基/94%聚二甲基硅氧烷毛细管柱、聚乙二醇毛细管柱。

A.4.2　进样器：微量注射器，10μL。

A.4.3　配样瓶：约 20mL 的玻璃瓶，具有可密封的瓶盖。

A.4.4　天平：精度 0.1mg。

A.5　气相色谱测试条件

A.5.1　色谱条件1

色谱柱(基本柱)：聚二甲基硅氧烷毛细管柱，30m×0.32mm×1.0μm；

进样口温度：260℃；

检测器：FID，温度：280℃；

柱温：程序升温，45℃保持4min，然后以8℃/min升至230℃保持10min；

分流比：分流进样，分流比可调；

进样量：1.0μL。

A.5.2 色谱条件2

色谱柱(基本柱)：6%腈丙苯基/94%聚二甲基硅氧烷毛细管柱，60m×0.32mm×1.0μm；

进样口温度：250℃；

检测器：FID，温度：260℃；

柱温：程序升温，80℃保持1min，然后以10℃/min升至230℃保持15min；

分流比：分流进样，分流比可调；

进样量：1.0μL。

A.5.3 色谱条件3

色谱柱(基本柱)：聚乙二醇毛细管柱，30m×0.25mm×0.25μm；

进样口温度：240℃；

检测器：FID，温度：250℃；

柱温：程序升温，60℃保持1min，然后以20℃/min升至240℃保持20min；

分流比：分流进样，分流比可调；

进样量：1.0μL。

注：也可根据所用气相色谱仪的性能及待测试样的实际情况选择最佳的气相色谱测试条件。

A.6 测试步骤

A.6.1 密度

密度的测试按GB/T 6750进行。

A.6.2 水分含量

水分含量的测试按附录B进行。

A.6.3 挥发性有机化合物及苯、甲苯、乙苯和二甲苯总和含量

A.6.3.1 色谱仪参数优化

按A.5中的色谱条件，每次都应该使用已知的校准化合物对其进行最优化处理，使仪器的灵敏度、稳定性和分离效果处于最佳状态。

A.6.3.2 定性分析

定性鉴定试样中有无A.3.6中的校准化合物。优先选用的方法是气相色谱仪与质量选择检测器(A.4.1.3.2)或FT-IR光谱仪(A.4.1.3.3)联用，并使用A.5中给出的气相色谱测试条件。也可利用气相色谱仪，采用火焰离子化检测器(FID)(A.4.1.3.1)和A.4.1.4中的色谱柱，并使用A.5中给出的气相色谱测试条件，分别记录A.3.6中校准化合物在两根色谱柱(所选择的两根柱子的极性差别应尽可能大，例如6%腈丙苯基/94%聚二甲基硅氧烷毛细管柱和聚乙二醇毛细管柱)上的色谱图；在相同的色谱测试条件下，对被测试样做出色谱图后对比定性。

A.6.3.3 校准

A.6.3.3.1 校准样品的配制：分别称取一定量(精确至0.1mg)A.6.3.2鉴定出的各

种校准化合物于配样瓶(A.4.3)中，称取的质量与待测试样中各自的含量应在同一数量级；再称取与待测化合物相同数量级的内标物(A.3.5)于同一配样瓶中，用稀释溶剂(A.3.7)稀释混合物，密封配样瓶并摇匀。

A.6.3.3.2 相对校正因子的测试：在与测试试样相同的色谱测试条件下按 A.6.3.1 的规定优化仪器参数。将适当数量的校准化合物注入气相色谱仪中，记录色谱图。按式(A.1)分别计算每种化合物的相对校正因子。

$$R_i = \frac{m_{ci} \times A_{is}}{m_{is} \times A_{ci}} \tag{A.1}$$

式中 R_i——化合物 i 的相对校正因子；
m_{ci}——校准混合物中化合物 i 的质量(g)；
m_{is}——校准混合物中内标物的质量(g)；
A_{is}——内标物的峰面积；
A_{ci}——化合物 i 的峰面积。

R_i 值取两次测试结果的平均值，其相对偏差应小于 5%，保留 3 位有效数字。

A.6.3.3.3 若出现 A.3.6 中校准化合物之外的未知化合物色谱峰，则假设其相对于异丁醇的校正因子为 1.0。

A.6.3.4 试样的测试

A.6.3.4.1 试样的配制：称取搅拌均匀后的试样 1g(精确至 0.1mg)以及与被测物质量近似相等的内标物(A.3.5)于配样瓶(A.4.3)中，加入 10mL 稀释溶剂(A.3.7)稀释试样，密封配样瓶并摇匀。

A.6.3.4.2 按校准时的最优化条件设定仪器参数。

A.6.3.4.3 将标记物(A.3.8)注入气相色谱仪中，记录其在聚二甲基硅氧烷毛细管柱或 6%腈丙苯基/94%聚二甲基硅氧烷毛细管柱上的保留时间，以便按 3.1 给出的 VOC 定义确定色谱图中的积分终点。

A.6.3.4.4 将 1μL 按 A.6.3.4.1 配制的试样注入气相色谱仪中，记录色谱图并记录各种保留时间低于标记物的化合物峰面积(除稀释溶剂外)，然后按式(A.2)分别计算试样中所含的各种化合物的质量分数。

$$w_i = \frac{m_{is} \times A_i \times R_i}{m_s \times A_{is}} \tag{A.2}$$

式中 w_i——测试试样中被测化合物 i 的质量分数(g/g)；
R_i——被测化合物 i 的相对校正因子；
m_{is}——内标物的质量(g)；
m_s——测试试样的质量(g)；
A_{is}——内标物的峰面积；
A_i——被测化合物 i 的峰面积。

平行测试两次，w_i 值取两次测试结果的平均值。

A.7 计算

A.7.1 腻子产品按式(A.3)计算 VOC 含量：

$$w(\text{VOC}) = \sum w_i \times 1000 \tag{A.3}$$

式中 $w(\text{VOC})$——腻子产品的 VOC 含量(g/kg);
   w_i——测试试样中被测化合物 i 的质量分数,(g/g);
   1000——转换因子。

测试方法检出限：1g/kg。

A.7.2 涂料产品按式(A.4)计算 VOC 含量：

$$\rho(\text{VOC}) = \frac{\sum w_i}{1 - \rho_s \times \frac{w_w}{\rho_w}} \times \rho_s \times 1000 \quad (A.4)$$

式中 $\rho(\text{VOC})$——涂料产品的 VOC 含量(g/L);
   w_i——测试试样中被测化合物 i 的质量分数(g/g);
   w_w——测试试样中水的质量分数(g/g);
   ρ_s——试样的密度(g/mL);
   ρ_w——水的密度(g/mL);
   1000——转换因子。

测试方法检出限：2g/L。

A.7.3 涂料和腻子产品中苯、甲苯、乙苯和二甲苯总和的计算

A.7.3.1 先按式(A.2)分别计算苯、甲苯、乙苯和二甲苯各自的质量分数 w_i,然后按式(A.5)计算产品中苯、甲苯、乙苯和二甲苯含量的总和：

$$w_b = \sum w_i \times 10^6 \quad (A.5)$$

式中 w_b——产品中苯、甲苯、乙苯和二甲苯总和的含量(mg/kg);
   w_i——测试试样中被测组分 i(苯、甲苯、乙苯和二甲苯)的质量分数(g/g);
   10^6——转换因子。

A.7.3.2 测试方法检出限：4 种苯系物总和 50mg/kg。

A.8 精密性

A.8.1 重复性

同一操作者两次测试结果的相对偏差小于 10%。

A.8.2 再现性

不同实验室间测试结果的相对偏差小于 20%。

附 录 B
（规范性附录）
水分含量的测试

本标准中的水分含量采用气相色谱法或卡尔·费休法测试。气相色谱法为仲裁方法。

B.1 气相色谱法

B.1.1 试剂和材料

B.1.1.1 蒸馏水：符合 GB/T 6682 中三级水的要求。

B.1.1.2 稀释溶剂：无水二甲基甲酰胺(DMF)，分析纯。

B.1.1.3 内标物：无水异丙醇，分析纯。

B.1.1.4 载气：氢气或氮气，纯度不小于99.995%。

B.1.2 仪器设备

B.1.2.1 气相色谱仪：配有热导检测器及程序升温控制器。

B.1.2.2 色谱柱：填装高分子多孔微球的不锈钢柱。

B.1.2.3 进样器：微量注射器，10μL。

B.1.2.4 配样瓶：约10mL的玻璃瓶，具有可密封的瓶盖。

B.1.2.5 天平：精度0.1mg。

B.1.3 气相色谱测试条件

色谱柱：柱长1m，外径3.2mm，填装(177～250)μm高分子多孔微球的不锈钢柱。

汽化室温度：200℃。

检测器：温度240℃，电流150mA。

柱温：对于程序升温，80℃保持5min，然后以30℃/min升至170℃保持5min；对于恒温，柱温故知为90℃，在异丙醇完全流出后，将柱温升至170℃，待DMF出完。若继续测试，再把柱温降到90℃。

注：也可根据所用气相色谱仪的性能及待测试样的实际情况选择最佳的气相色谱测试条件。

B.1.4 测试步骤

B.1.4.1 测试水的相对校正因子R

在同一配样瓶(B.1.2.4)中称取0.2g左右的蒸馏水(B.1.1.1)和0.2g左右的异丙醇(B.1.1.3)，精确至0.1mg，再加入2mL的二甲基甲酰胺(B.1.1.2)，密封配样瓶并摇匀。用微量注射器(B.1.2.3)吸取1μL配样瓶中的混合液注入色谱仪中，记录色谱图。按式(B.1)计算水的相对校正因子R：

$$R=\frac{m_i \times A_w}{m_w \times A_i} \tag{B.1}$$

式中 R——水的相对校正因子；
m_i——异丙醇质量(g)；
m_w——水的质量(g)；
A_i——异丙醇的峰面积；
A_w——水的峰面积。

若异丙醇和二甲基甲酰胺不是无水试剂，则以同样量的异丙醇和二甲基甲酰胺(混合液)，但不加水作为空白样，记录空白样中水的峰面积A_0。按式(B.2)计算水的相对校正因子R：

$$R=\frac{m_i \times (A_w - A_0)}{m_w \times A_i} \tag{B.2}$$

式中 R——水的相对校正因子；
m_i——异丙醇质量(g)；
m_w——水的质量(g)；
A_i——异丙醇的峰面积；
A_w——水的峰面积；
A_0——空白样中水的峰面积。

R 值取两次测试结果的平均值,其相对偏差应小于 5%,保留 3 位有效数字。

B.1.4.2 样品分析

称取搅拌均匀后的试样 0.6g 以及与水含量近似相等的异丙醇(B.1.1.3)于配样瓶(B.1.2.4)中,精确至 0.1mg,再加入 2mL,二甲基甲酰胺(B.1.1.2),密封配样瓶并摇匀。同时准备一个不加试样的异丙醇和二甲基甲酰胺混合液作为空白样。用力摇动装有试样的配样瓶 15min,放置 5min,使其沉淀(为使试样尽快沉淀,可在装有试样的配样瓶内加入几粒小玻璃珠,然后用力摇动;也可使用低速离心机使其沉淀)。用微量注射器(B.1.2.3)吸取 1μL 配样瓶中的上层精液,注入色谱仪中,记录色谱图。按式(B.3)计算试样中的水分含量。

$$w_w = \frac{m_i \times (A_w - A_0)}{m_s \times A_i \times R} \times 100 \qquad (B.3)$$

式中　w_w——试样中的水分含量的质量分数(%);

R——水的相对校正因子;

m_i——异丙醇质量(g);

m_s——试样的质量(g);

A_i——异丙醇的峰面积;

A_w——试样中水的峰面积;

A_0——空白样中水的峰面积。

平行测试两次,取两次测试结果的平均值,保留 3 位有效数字。

B.1.5 精密度

B.1.5.1 重复性

同一操作者两次测试结果的相对偏差小于 1.6%。

B.1.5.2 再现性

不同实验室间测试结果的相对偏差小于 5%。

B.2 卡尔·费休法

B.2.1 仪器设备

B.2.1.1 卡尔·费休水分滴定仪。

B.2.1.2 天平:精度 0.1mg,1mg。

B.2.1.3 微量注射器:10μL。

B.2.1.4 滴瓶:30mL。

B.2.1.5 磁力搅拌器。

B.2.1.6 烧杯:100mL。

B.2.1.7 培养皿。

B.2.2 试剂

B.2.2.1 蒸馏水:符合 GB/T 6682 中三级水的要求。

B.2.2.2 卡尔·费休试剂:选用合适的试剂(对于不含醛酮化合物的试样,试剂主要成分为碘、二氧化硫、甲醇、有机碱。对于含有醛酮化合物的试样,应使用醛酮专用试剂,试剂主要成分为碘、咪唑、二氧化硫、2-甲氧基乙醇、2-氯乙醇和三氯甲烷)。

B.2.3 实验步骤

B.2.3.1 卡尔·费休滴定剂浓度的标定

在滴定仪(B.2.1.1)的滴定杯中加入新鲜卡尔·费休溶剂(B.2.2.2)至液面覆盖电极端头，以卡尔·费休滴定剂滴定至终点（漂移至<10μg/min）。用微量注射器(B.2.1.3)将 10μL 蒸馏水(B.2.2.1)注入滴定杯中，采用减量法称得水的质量（精确至 0.1mg），并将该质量输入至滴定仪中，用卡尔·费休滴定剂滴定至终点，记录仪器显示的标定结果。

进行重复标定，直至相邻两次的标定值相差小于 0.01mg/mL，求出两次标定的平均值，将标定结果输入到滴定仪中。

当检测环境的相对湿度小于 70% 时，应每周标定一次；相对湿度大于 70% 时，应每周标定两次；必要时，随时标定。

B.2.3.2 样品处理

若待测样品黏度较大，在卡尔·费休溶剂中不能很好分散，则需要将样品进行适量稀释。在烧杯(B.2.1.6)中称取经搅拌均匀后的样品 20g（精确至 1mg），然后向烧杯内加入约 20% 的蒸馏水(B.2.2.1)，准确记录称样量及加水量。将烧杯盖上培养皿(B.2.1.7)，在磁力搅拌器(B.2.1.5)上搅拌 10~15min。然后将稀释样品倒入滴瓶(B.2.1.4)中备用。

注：对于在卡尔·费休溶液中能很好分散的样品，可直接测试样品中的水分含量。对于加水 20% 后，在卡尔·费休溶剂中仍不能很好分散的样品，可逐步增加稀释水量。

B.2.3.3 水分含量的测定

在滴定仪(B.2.1.1)的滴定杯中加入新鲜卡尔·费休溶液(B.2.2.2)至液面覆盖电极端头，以卡尔·费休滴定剂滴定至终点。向滴定杯中加入 1 滴按 B.2.3.2 处理后的样品，采用减量法称得加入的样品质量（精确至 0.1mg），并将该样品质量输入到滴定仪(B.2.1.1)中。用卡尔·费休滴定剂滴定至终点，记录仪器显示的测试结果。

平行测试两次，测试结果取平均值。两次测试结果的相对偏差小于 1.5%。

测试 3~6 次后应及时更换滴定杯的卡尔·费休溶剂。

B.2.3.4 数据处理

样品经稀释处理后测得的水分含量按式(B.4)计算：

$$w_w = \frac{w'_w \times (m_s + m_w) - m_w}{m_s} \times 100 \tag{B.4}$$

式中　w_w——样品中实际水分含量的质量分数(%)；

　　　w'_w——稀释样品测得的水分含量的质量分数平均值(%)；

　　　m_s——稀释时所称样品的质量(g)；

　　　m_w——稀释时所加水的质量(g)。

计算结果保留 3 位有效数字。

附　录　C
（规范性附录）
游离甲醛含量的测试

C.1 原理

采用蒸馏的方法将样品中的游离甲醛蒸出。在 pH=6 的乙酸-乙酸铵缓冲溶液中，馏分中的甲醛与乙酰丙酮在加热的条件下反应生成稳定的黄色络合物,冷却后在波长412mm处进行吸光度测试。根据标准工作曲线,计算试样中游离甲醛的含量。

C.2 试剂

分析测试中仅采用已确认为分析纯的试剂,所用水符合GB/T 6682中三级水的要求。所用溶液除另有说明外,均应按照GB/T 601中的要求进行配制。

C.2.1 乙酸铵。

C.2.2 冰乙酸:$\rho=1.055$g/mL。

C.2.3 乙酰丙酮:$\rho=0.975$g/mL。

C.2.4 乙酰丙酮溶液:体积分数为0.25%,称取25g乙酸铵(C.2.1),加适量水溶解,加3mL冰乙酸(C.2.2)和0.25mL已蒸馏过的乙酰丙酮试剂(C.2.3)移入100mL容量瓶中,用不稀释至刻度,调整pH=6。此溶液于(2～5)℃储存,可稳定一个月。

C.2.5 碘溶液:$c(1/2I_2)=0.1$mol/L。

C.2.6 氢氧化钠溶液:1mol/L。

C.2.7 盐酸溶液:1mol/L。

C.2.8 硫代硫酸钠标准溶液:$c(Na_2S_2O_3)=0.1$mol/L,并按照GB/T 601进行标定。

C.2.9 淀粉溶液:1g/100mL,称取1g淀粉:用少量水调放糊状,倒入100mL沸水中,呈透明溶液,临用时配制。

C.2.10 甲醛溶液:质量分数约为37%。

C.2.11 甲醛标准溶液:1mg/mL,移取2.8mL甲醛溶液(C.2.10),置于1000mL容量瓶中,用水稀释至废度。

C.2.12 甲醛标准溶液的标定,移取20mL待标定的甲醛标准溶液(C.2.11)于碘量瓶中,准确加入25mL碘溶液(C.2.5),再加入10mL氢氧化钠溶液(C.2.6),摇匀,于暗处静置5min后,加11mL盐酸溶液(C.2.7),用硫代硫酸钠标准溶液(C.2.8)滴定至淡黄色),加1mL淀粉溶液(C.2.9),继续滴定至蓝色刚刚消失为终点,记录所耗硫代硫酸钠标准溶液体积V_2(mL)。同时做空白样,记录所耗硫代硫酸钠标准溶液体积V_1(mL)。按式(C.1)计算甲醛标准溶液的质量浓度。

$$\rho(HCHO)=\frac{(V_1-V_2)\times c(Na_2S_2O_3)\times 15}{20} \quad (C.1)$$

式中 $\rho(HCHO)$——甲醛标准溶液化的质量浓度(mg/mL);

V_1——空白样滴定所耗的硫代硫酸钠标准溶液休积(mL);

V_2——甲醛溶液标定所耗的硫代硫酸钠标准溶液体积(mL);

$c(Na_2S_2O_3)$——硫化硫酸钠标准溶液的浓度(mol/L);

15——甲醛摩尔质量的1/2;

20——标定时所移取的甲醛标准溶液体积(mL)。

C.2.13 甲醛标准稀释液:10μg/mL,移取10mL按C.2.12标定过的甲醛标准溶液(C.2.11),置于1000mL容量瓶中,用水稀释至刻度。

C.3 仪器与设备

C.3.1 蒸馏装置:100mL蒸馏瓶、蛇型冷凝管、馏分接受器。

C.3.2 具塞刻度管：50mL（与 C.3.1 中馏分接受器为同一容器）。

C.3.3 移液管：1mL、5mL、10mL、20mL、25mL。

C.3.4 加热设备：电加热套、水浴锅。

C.3.5 天平；精度 1mg。

C.3.6 紫外可见分光光度计。

C.4 试验步骤

C.4.1 标准工作曲线的绘制

取数支具塞刻度管（C.3.2），分别移入 0.00mL、0.20mL、0.50mL、1.00mL、3.00mL、5.00mL、8.00mL 甲醛标准稀释液（C.2.13），加入稀释至刻度，加入 2.5mL 乙酰丙酮溶液（C.2.4），摇匀。在 60℃恒温水浴中加热 30min，取出后冷却至室温，用 10mm 比色皿（以水为参比）在紫外可见分光光度计（C.3.6）上于 412mm 波长处测试吸光度。

以具塞刻度管中的甲醛质量（μg）为横坐标，相应的吸光度为纵坐标，绘制标准工作曲线。

C.4.2 游离甲醛含量的测试

称取搅拌均匀后的试样 2g（精确至 1mg），置于 50mL 的容量瓶中，加水摇匀，稀释至刻度。再用移液管移取 10mL 容量瓶中的试样水溶液，置于已预先加入 10mL 水的蒸馏瓶（C.3.1）中，在馏水分接受器（C.3.2）中预先加入适量的水，浸没馏分出口，馏分接收器的外部用冰水溶冷却，蒸馏装置见图 C.1。加热蒸馏，使试样蒸至近干，取下馏分接收器，用水稀释至刻度、待测。

注：若待测试样在水中不易分散，则直接称取搅拌均匀后的试样 0.4g（精确至 1mg），置于已预先加入 20mL 水的蒸馏瓶中，轻轻摇匀，再进行蒸馏过程操作。

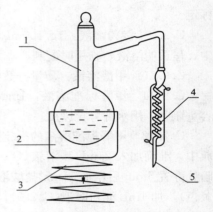

图 C.1 蒸馏装置示意图
1—蒸馏瓶；2—加热装置；3—升降台；
4—冷凝管；5—连接接受装置

在已定容的馏分接收器中加入 2.5mL 乙酰丙酮溶液（C.2.4），摇匀。在 60℃恒温水浴中加热 30min，取出后冷却至室温，用 10mm 比色皿（以水为参比）在紫外可见分光光度计（C.3.6）上于 412nm 波长处测试吸光度。同时在相同条件下做空白样（水），测得空白样的吸光度。

将试样的吸光度减去空白样的吸光度，在标准工作曲线上查得相应的甲醛质量。

如果试验溶液中甲醛含量超过标准曲线最高点，需重新蒸馏试样，并适当稀释后再进行测试。

C.5 结果的计算

C.5.1 游离甲醛含量按式（C.2）计算：

$$w=\frac{m}{m'}f \tag{C.2}$$

式中 w——游离甲醛含量（mg/kg）；

m——从标准工作曲线上查得的甲醛质量(μg)；
m'——样品质量(g)；
f——稀释因子。

C.5.2 测试方法检出限：5mg/kg。

C.6 精密度

C.6.1 重复性

当测试结果不大于100mg/kg时，同一操作者两次测试结果的差值不大于10mg/kg；当测试结果大于是100mg/kg时，同一操作者两次测试结果的相对偏差不大于5%。

C.6.2 再现性

当测试结果不大于100mg/kg时，不同试验室间测试结果的差值不大于20mg/kg；当测试结果大于100mg/kg时，不同试验室间测试结果的相对偏差不大于10%。

附 录 D
（规范性附录）
可溶性铅、镉、铬、汞元素含量的测试

D.1 原理

用0.07mol/L盐酸溶液处理制成的涂料干膜，用火焰原子吸收光谱法测试试验溶液中可深性铅、镉、铬元素的含量，用氢化物发生原子吸收光谱法测试试验溶液中可溶性汞元素的含量。

D.2 试剂

分析测试中仅使用确认为分析纯的试剂，所用水符合GB/T 6682中三级水的要求。

D.2.1 盐酸溶液：0.07mol/L。

D.2.2 盐酸：质量分数约为37%，密度约为1.18g/cm^3。

D.2.3 硝酸溶液：1∶1(体积比)。

D.2.4 铅、镉、铬、汞标准溶液：浓度为100mg/L或1000mg/L。

D.3 仪器

D.3.1 火焰原子吸收光谱仪：配备铅、镉、铬空心阴极灯，并装有可通入空气和乙炔的燃烧器。仪器工作条件见表D.1。

火焰原子吸收光谱仪和氢化物发生原子吸收光谱仪工作条件　　　表D.1

元素	测试波长(nm)	原子化方法	背景校正
铅(Pb)	283.3	空气-乙炔火焰法	氘灯
镉(Cd)	228.8	空气-乙炔火焰法	氘灯
铬(Cr)	357.9	空气-乙炔火焰法	氘灯
汞(Hg)	253.7	氢化物法	—

注：实验室可根据所用仪器的性能选择合适的工参数(如灯电流、狭缝宽度、空气-乙炔比例、还原剂品种等)，使仪器处于最佳测试状况。

D.3.2 氢化物发生原子吸收光谱仪：配备汞空心阴极灯，并能与氢化物发生器配套使用。仪器工作条件见表 D.1。

D.3.3 粉碎设备：粉碎机，剪刀等。

D.3.4 不锈钢金属筛：孔径 0.5mm。

D.3.5 天平：精度 0.1mg。

D.3.6 搅拌器：搅拌子外层应为聚四氟乙烯或玻璃[需用硝酸溶液(D.2.3)浸泡24h，然后用水清洗并干燥]。

D.3.7 酸度计：精度为±0.2pH 单位。

D.3.8 微孔滤膜：孔径 0.45μm。

D.3.9 容量瓶：25mL、50mL、100mL。

D.3.10 移液管：1mL、2mL、5mL、10mL、25mL。

D.3.11 系列化学容器：总容量为盐酸溶液撮剂体积的 1.6～50 倍[需用硝酸溶液(D.2.3)浸泡 24h，然后用水清洗并干燥]。

D.4 试验步骤

D.4.1 涂膜的制备

将待测样品搅拌均匀。按涂料产品规定的比例(稀释剂无须加入)混合各组分样品，搅拌均匀后，在玻璃板或聚四氟乙烯板[需用硝酸溶液(D.2.3)浸泡 24h，然后用水清洗并干燥]上制备厚度适宜的涂膜。待完全干燥[自干漆若烘干，温度不得超过(60±2)℃]后，取下涂膜，在室温下用粉碎设备(D.3.3)将其粉碎，并用不锈钢金属筛(D.3.4)过筛后待处理。

注 1. 对不能被粉碎的涂膜(如弹性或塑料涂膜)，可用干净的剪刀(D.3.3)将涂膜尽可能剪碎，无须过筛直接进行样品处理。

2. 粉末状样品，直接进行样品处理。

D.4.2 样品处理

对制备的试样进行两次平行测试。

称取粉碎、过筛后的试样 0.5g(精确至 0.1mg)置于化学容器(D.3.11)中，用移液管(D.3.10)加入 25mL 盐酸溶液(D.2.1)。在搅拌器(D.3.6)上搅拌 1min 后，用酸度计(D.3.7)测其酸度。如果 pH 值＞1.5，用盐酸(D.2.2)调节 pH 值在 1.0～1.5 之间。再在室温下连接搅拌 1h，然后放置 1h。接着立即用微孔滤膜(D.3.8)过滤。过滤后的滤液应避光保存并应在一天内完成元素分析测试。若滤液在进行元素分析测试前的保存时间超过 1d，应用盐酸(D.2.2)加以稳定，使保存的溶液浓度 $c(HCl)$ 约为 1mol/L。

注 1. 如改变度样的称样量，则加入的盐酸溶液(D.2.1)体积应调整为试样量的 50 倍。

2. 在整个提取期间，应调节搅拌器的速度，以保持试样始终处于悬浮状态，同时应尽量避免溅出。

D.4.3 标准参比溶液的配制

适用合适的容量瓶(D.3.9)和移液管(D.3.10)，用盐酸溶液(D.2.1)逐级稀释铅、镉、铬、汞标准溶液(D.2.4)，配制下列系列标准参比溶液(也可根据仪器及测试样品的情况确定标准参比溶液的浓度范围)；

铅(mg/L)：0.0，2.5，5.0，10.0，20.0，30.0；

镉(mg/L)：0.0，0.1，0.2，0.5，1.0；
铬(mg/L)：0.0，1.0，2.0，3.0，5.0；
汞(μg/L)：0.0，10.0，20.0，30.0，40.0；
注：系列标准参比溶液应在使用的当天配制。

D.4.4 测试

用火焰原子吸收光谱仪(D.3.1)及氢化物发生原子吸收光谱仪(D.3.2)分别测试标准参比溶液的吸光度，仪器会以吸光度值对应浓度自动绘制出工作曲线。

同时测试试验溶液的吸光度。根据工作曲线和试验溶液的吸光度，仪器自动给出试验溶液中待测元素的浓度值。如果试验溶液中被测元素的浓度超出工作曲线最高点，则应对试验溶液用盐酸溶液(D.2.1)进行适当稀释后再测试。

如果两次测试结果(浓度值)的相对偏差于于是10％。需按 D.4 试验步骤重做。

D.5 结果的计算

D.5.1 试样中可溶性铅、镉、铬、汞元素的含量，按式(D.1)计算：

$$w = \frac{(\rho - \rho_0) V \times F}{m} \tag{D.1}$$

式中 w——试样中可溶性铅、镉、铬、汞元素的含量(mg/kg)；
ρ_0——空白溶液(D.2.1)的测试浓度(mg/L)；
ρ——试验溶液的测试浓度(mg/L)；
V——盐酸溶液(D.2.1)的定容体积(mL)；
F——试验溶液的稀释倍数；
m——称取的试样量(g)。

D.5.2 结果的校正

由于本测试方法精确度的原因，在测试结果的基础上需经校正得出最终的分析结果。即式(D.1)中的计算结果应减去该结果乘以表 D.2 中相应元素的分析校正系数的值，作为该元素最终的分析结果报出。

各元素分析校正系数 表 D.2

元素	铅(Pb)	镉(Cd)	铬(Cr)	汞(Hg)
分析校正系数(％)	30	30	30	50

示例：铅的计算结果为120mg/kg，表 D.2 中铅的分析校正系数为30％，则最终分析结果＝120－120×30％＝84mg/kg。

D.6 测试方法的检出限

按上述分析方法测试可溶性铅、镉、铬、汞元素含量，其检出限不应大于该元素限量(见表9-63)的十分之一。分析测试方法的检出限一般被认为是空白样测试值标准偏差的3倍，上述空白样测试值由实验室测试。

D.7 精密度

D.7.1 重复性

同一操作者两次测试结果的相对偏差小于20％。

D.7.2 再现性

不同试验室间测试结果的相对偏差小于33%。

五、胶粘剂中有害物质限量[1]

（一）范围

标准 GB 18583—2008 规定了室内建筑装饰装修用胶粘剂中有害物质限量及其试验方法。适用于室内建筑装饰装修用胶粘剂。

（二）要求

1. 室内建筑装饰装修用胶粘剂分类

室内建筑装饰装修用胶粘剂分为溶剂型、水基型、本体型三大类。

2. 溶剂型胶粘剂中有害物质限量

溶剂型胶粘剂中有害物质限量值应符合表 9-64 的规定。

溶剂型胶粘剂中有害物质限量值　　　　表 9-64

项目	指标			
	氯丁橡胶胶粘剂	SBS 胶粘剂	聚氨酯类胶粘剂	其他胶粘剂
游离甲醛(g/kg)		≤0.50	—	—
苯(g/kg)	≤5.0			
甲苯＋二甲苯(g/kg)	≤200	≤150	≤150	≤150
甲苯二异氰酸酯(g/kg)	—	—	≤10	—
二氯甲烷(g/kg)	总量≤5.0	≤50	—	≤50
1,2-二氯乙烷(g/kg)		总量≤5.0		
1,1,2-三氯乙烷(g/kg)				
三氯乙烷(g/kg)				
总挥发性有机物(g/L)	≤700	≤650	≤700	≤700

注：如产品规定了稀释比例或产品有双组分或多组分组成时，应分别测定稀释剂和各组分中的含量，再按产品规定的配比计算混合后的总量。如稀释剂的使用量为某一范围时，应按照推荐的最大稀释量进行计算。

3. 水基型胶粘剂中有害物质限量值

水基型胶粘剂中有害物质限量值应符合表 9-65 的规定。

水基型胶粘剂中有害物质限量值　　　　表 9-65

项目	指标				
	缩甲醛类胶粘剂	聚乙酸乙烯酯胶粘剂	橡胶类胶粘剂	聚氨酯类胶粘剂	其他胶粘剂
游离甲醛(g/kg)	≤1.0	≤1.0	≤1.0	—	≤1.0
苯(g/kg)	≤0.20				
甲苯＋二甲苯(g/kg)	≤10				
总挥发性有机物(g/L)	≤350	≤110	≤250	≤100	≤350

4. 本体型胶粘剂中有害物质限量值

本体型胶粘剂中有害物质限量值应符合表 9-66 的规定。

---

[1] 主要内容引自 GB 18583—2008《室内装饰装修材料　胶粘剂中有害物质限量》。

本体型胶粘剂中有害物质限量值 表9-66

项目	指标
总挥发性有机物(g/L)	≤100

（三）试验方法

1. 游离甲醛含量的测定按附录 A 进行。
2. 苯含量的测定按附录 B 进行。
3. 甲苯及二甲苯含量的测定按附录 C 进行。
4. 游离甲苯二异氰酸酯含量的测定按附录 D 进行。
5. 二氯甲烷、1,2-二氯乙烷、1,1,2-三氯乙烷和三氯乙烯含量的测定按附录 E 进行。
6. 总挥发性有机物含量的测定按附录 F 进行。

（四）检验规则

1. 取样方法

在同一批产品中随机抽取三份样品，每份不小于 0.5kg。

2. 检验结果的判定

三抽取的三份样品中，取一份样品进行测定。如果所有项目的检验结果符合本节五、（二）的要求，则判定为合格。如果有一项检验结果未达到本节五、（二）要求时，应对保存样品进行复验，如复验结果仍未达到本节五、（二）要求时，则判定为不合格。

附　录　A
（规范性附录）
胶粘剂中游离甲醛含量的测定　乙酰丙酮分光光度法

A.1　范围

本方法适用于室内建筑装饰装修用胶粘剂中游离甲醛含量的测定。

本方法适用于游离甲醛含量大于 0.05g/kg 的室内建筑装饰装修用胶粘剂。

A.2　原理

水基型胶粘剂用水溶解，而溶剂型胶粘剂先用乙酸乙酯溶解扣，再加水溶解。将溶解于水中的游离甲醛随水蒸出。在 pH＝6 的乙酸-乙酸铵缓冲溶液中，馏出液中甲醛与乙酰丙酮作用，在沸水浴条件下迅速生成稳定的黄色化合物，冷却后在 415mm 处测其吸光度。根据标准曲线。计算试样中游离甲醛含量。

A.3　试剂

除非另有说明，在分析中仅使用确认为分析纯的试剂和蒸馏水或去离子水或相当纯度的水。

A.3.1　乙酸铵。

A.3.2　冰乙酸：$\rho=1.055g/mL$。

A.3.3　乙酰丙酮：$\rho=0.975g/mL$。

A.3.3.1　乙酰丙酮溶液：0.25%(体积分数)，称取 25g 乙酸胺(A.3.1)，加少量水溶解，加 3mL 冰乙酸(A.3.2)及 0.25mL 乙酰丙酮(A.3.3)，混匀后再加水至 100mL，调整 pH＝6.0，此溶液于(2～5)℃储存，可稳定一个月。

　　A.3.4　盐酸溶液：1+5($V+V$)。

　　A.3.5　氢氧化钠溶液：30g/100mL。

　　A.3.6　碘。

　　A.3.6.1　碘标准溶液：$c(1/2I_2)=0.1$mol/L，按 GB/T 601 进行配制。

　　A.3.7　硫化硫酸钠溶液：$c(Na_2S_2O_3)=0.1$mol/L，按 GB/T 60 进行配制。

　　A.3.8　淀粉溶液：1g/100mL，称 1g 淀粉，用少量水调成糊状，倒入 100mL 沸水中，呈透明溶液，临用时配制。

　　A.3.9　甲醛：质量分数为 36%～38%。

　　A.3.9.1　甲醛标准储备液：取 10mL 甲醛溶液(A.3.9)置于 500mL 容量瓶中，用水稀释至刻度。

　　A.3.9.2　甲醛标准储备液的标定：吸取 5.0mL 甲醛标准储备液(A.3.9.1)置于 250mL 碘量瓶中，加碘标准溶液(A.3.6.1)30.0mL，立即逐滴地加入氢氧化钠溶液(A.3.5)至颜色退到淡黄色为止(大约 0.7mL)。静置 10min，加入盐酸溶注(A.3.4)15mL，在暗处静置 10min，加入 100mL 新煮沸但已冷却的水，用标定好的硫代硫酸钠溶液(A.3.7)滴定至淡黄色，加入新配制的淀粉指示剂(A.3.8)1mL，继续滴定至蓝色刚刚消失为终点。同时进行空白试验。按式(A.1)计算甲醛标准储备液质量浓度 $\rho_{甲醛}$。

$$\rho_{甲醛}=\frac{(V_1-V_2)\times c\times 15.0}{5.0} \tag{A.1}$$

式中　$\rho_{甲醛}$——甲醛标准储备液质量浓度(mg/mL)；

　　　　V_1——空白消耗硫代硫酸钠溶液的体积(mL)；

　　　　V_2——标定甲醛消耗硫代硫酸钠溶液的体只(mL)；

　　　　c——硫代硫酸钠溶液的浓度(mol/L)；

　　　15.0——甲醛(1/2HCHO)摩尔质量；

　　　5.0——甲醛标准储备液取样体积(mL)。

　　A.3.9.3　甲醛标准溶液：用水将甲醛标准储备液(A.3.9.1)稀释成 10.0μg/mL 甲醛标准溶液。在 2℃～5℃储存，可稳定一周。

　　注：可直接选用甲醛溶液标准样品(GSB 07-1179—2000)。

　　A.3.10　乙酸乙酯。

A.4　仪器

　　A.4.1　单口蒸馏烧瓶：500mL。

　　A.4.2　直形冷凝管。

　　A.4.3　容量瓶：250mL、200mL、25mL。

　　A.4.4　水浴锅。

　　A.4.5　分光光度计。

A.5　分析步骤

　　A.5.1　标准曲线的绘制

按表 A.1 所列甲醛标准储备液的体积，分别介入六只 25mL 容量瓶(A.4.3)，加乙酰丙酮溶液(A.3.3.1)5mL，用水稀释至刻度，混匀，置于沸水浴中加热3min，取出冷却至室温，用1cm的吸收池，以空白溶液为参比，于波长415nm处测定吸光度，以吸光度 A 为纵坐标，以甲醛质量浓度 $\rho(\mu g/mL)$ 为横坐标，绘制标准曲线，或用最小二乘法计算其回归方程。

标准溶液的体积与对应的甲醛质量浓度 表 A.1

甲醛标准溶液(A.3.9.3)(mL)	对应的甲醛质量浓度(μg/mL)
10.00	4.0
7.50	3.0
5.00	2.0
2.50	1.0
1.25	0.5
0[1]	0[1]

1) 空白溶液。

A.5.2 样品测定

A.5.2.1 水基型胶粘剂

称取2.0g～3.0g试样(精确到0.1mg)，置于500mL的蒸馏烧瓶中，加250mL水将其溶解，摇匀，装好蒸馏装置，加热蒸馏，蒸至馏出液为200mL，停止蒸馏。如蒸馏过程中发现沸溢现象，应减少称样量，重新试验。将馏出液转移至250mL的容量瓶中，用水稀释至刻度。取10mL馏出液于25mL容量瓶中，加5mL的乙酰丙酮溶液(A.3.3.1)，用水稀释至刻度，摇匀。将其置于沸水浴中加热3min，取出冷却至室温。然后测其吸光度。

A.5.2.2 溶剂型胶粘剂

称取5.0g试样(精确到0.1mg)，置于500mL的蒸馏烧瓶中，加入20mL乙酸乙酯(A.3.10)溶解样品，然后再加250mL水交其溶解，摇匀。

装好蒸馏装置，加热蒸馏，蒸至馏出液为200mL，停止蒸馏。将馏出液转移至250mL的容量瓶中，用水稀释至刻度。取10mL馏出液于25mL容量瓶中，加5mL的乙酰丙酮溶液(A.3.3.1)，用水稀释至刻度，摇匀。将其置于沸水浴中加热3min，取出冷却至室温。然后测其吸光度。

A.6 结果表述

直接从标准曲线上读出试样溶液甲醛的质量浓度。

试样中游离甲醛含量 w，计算公式(A.2)如下：

$$w = \frac{(\rho_t - \rho_b) \cdot V \cdot f}{1000m} \tag{A.2}$$

式中 w——试样中游离甲醛含量(g/kg)；
ρ_t——从标准曲线上读取的试样溶液中甲醛质量浓度(μg/mL)；
ρ_b——从标准曲线上读取的空白溶液中甲醛质量浓度(μg/mL)；
V——馏出液定容后的体积(mL)；
m——试样的质量(g)；
f——试样溶液的稀释因子。

附 录 B
（规范性附录）
胶粘剂中苯含量的测定 气相色谱法

B.1 范围

本方法规定了室内建筑装饰装修用胶粘剂中苯含量的测定方法。

本方法适用于苯含量在 0.02g/kg 以上的室内建筑装饰装修用胶粘剂。

B.2 原理

试样用适当的溶剂稀释后，直接用微量注射器将稀释后的试样溶液注入进样装置，并被载气带入色谱柱，在色谱柱内被分离成相应的组分，用氢火焰离子化检测器检测并记录色谱图，用外标法计算试样溶液中苯的含量。

B.3 试剂

B.3.1 苯：色谱纯。

B.3.2 乙酸乙酯：分析纯。

B.4 仪器

B.4.1 进样器：微量注射器。

B.4.2 色谱仪：带氢火焰离子化检测器。

B.4.3 色谱柱：毛细管柱：固定液为二甲基聚硅氧烷。

注：当有其他组分与被测组分的峰难以分开时，此时需换用下同极性柱子在合适条件下进行试验。

B.4.4 记录装置：积分仪或色谱工作站。

B.4.5 测定条件

注：可选用其他达到分离效果的测定条件。

B.4.5.1 汽化室温度：200℃。

B.4.5.2 检测室温度：250℃。

B.4.5.3 氮气：纯度大于 99.99%。

B.4.5.4 氢气：纯度大于 99.99%。

B.4.5.5 空气：硅胶除水。

B.4.5.6 程序升温：初始温度35℃保持时间25min，升温速率8℃/min，终止温度150℃，保持时间10min。

B.5 分析步骤

称取(0.2~0.3)g(精确至 0.1mg)的试样，置于 50mL 的容量瓶中，用乙酸乙酯溶解并稀释至刻度，摇匀。用微量注射器取 1μL 进样，测其峰面积。若试样溶液的峰面积大于表 B.1 中最大浓度的峰面积，用移液管准确移取 V 体积的试样溶液于 50mL 容量瓶中，用乙酸乙酯稀释至刻度，摇匀后再测。

B.6 标准溶液的配制

B.6.1 苯标准溶液：1.0mg/mL。

称取 0.1g(精确至 0.1mg)苯，置于 100mL 的容量瓶中，用乙酸乙酯稀释至刻度，摇匀。

B.6.2 系列苯标准溶液的配置

按表 B.1 中所列苯标准溶液(B.6.1)的体积，分别加到六个 25mL 的容量瓶中，用乙酸乙酯稀释至刻度，摇匀。

系列标准溶液的体积与相应苯的质量浓度　　　　表 B.1

移取的体积(mL)	相应苯的质量浓度(μg/mL)
15.00	600
10.00	400
5.00	200
2.50	100
1.00	40
0.50	20

B.6.3 系列标准溶液峰面积的测定

开启气相色谱仪，对色谱条件进行设定，待基线稳定后，用微量注射器取 $1\mu L$ 标准溶液进样，测定峰面积。每一标准溶液进样五次，取其平均值。

B.6.4 标准曲线的绘制

以峰面积 A 为纵坐标，相应质量浓度 $\rho(\mu g/mL)$ 为横坐标，即得标准曲线。

B.7 结果表述

直接从标准曲线上读取试样溶液中苯的浓度。

试样中苯含量 w，计算公式(B.1)如下：

$$w = \frac{\rho_t \cdot V \cdot f}{1000m} \tag{B.1}$$

式中　　w——试样中苯含量(g/kg)；
　　　　ρ_t——从标准曲线上读取的试样溶液中苯的质量浓度(μg/mL)；
　　　　V——试样溶液的体积(mL)；
　　　　m——试样的质量(g)；
　　　　f——稀释因子。

附　录　C
（规范性附录）
胶粘剂中甲苯、二甲苯含量的测定　气相色谱法

C.1 范围

本方法规定了室内建筑装饰装修用胶粘剂中甲苯、二甲苯含量的测定方法。
本方法适用于甲苯含量在 0.02g/kg 以上的室内建筑装饰装修用胶粘剂。
本方法适用于二甲苯含量在 0.02g/kg 以上的室内建筑装饰装修用胶粘剂。

C.2 原理

试样用适当的溶剂稀释后，直接用微量注射器将稀释后的试样溶液注入进样装置，并被载气带入色谱柱，在色谱柱内被分离成相应的组分，用氢火焰离子化检测器检测并记录色谱图，用外标法计算试样溶液的甲苯和二甲苯的含量。

C.3 试剂

C.3.1 甲苯:色谱纯。

C.3.2 间二甲苯和对二甲苯:色谱纯。

C.3.3 邻二甲苯:色谱纯。

C.3.4 乙酸乙酯:分析纯。

C.4 仪器

C.4.1 进样装置:微量注射器。

C.4.2 色谱仪:带氢火焰离子化检测器。

C.4.3 色谱柱:毛细管柱;固定液为二甲基聚硅氧烷。

注:当有其他组分与被测组分的峰难以分开时,此时需换用下同极性柱子在合适条件下进行试验。

C.4.4 记录装置:积分仪或色谱工作站。

C.4.5 测定条件

注:可选用其他达到分离效果的测定条件。

C.4.5.1 汽化室温度:200℃。

C.4.5.2 检测室温度:250℃。

C.4.5.3 氮气:纯度大于99.99%。

C.4.5.4 氢气:纯度大于99.99%。

C.4.5.5 空气:硅胶除水。

C.4.5.6 程序升温:初始温度35℃,保持时间25min,升温速率8℃/min,终止温度150℃,保持时间10min。

C.5 分析步骤

称取(0.2~0.3)g(精确至0.1mg)的试样,置于50mL的容量瓶中,用乙酸乙酯溶解并稀释至刻度,摇匀。用微量注射器取1μL进样,测其峰面积。若试样溶液的峰面积大于表中最大浓度的峰面积,用移液管准确移取V体积的试样溶液于50mL容量瓶中,用乙酸乙酯稀释至刻度,摇匀后再测。

C.6 标准溶液的配制

C.6.1 甲苯、间二甲苯和对二甲苯、邻二甲苯标准溶液:1.0mg/mL、1.0mg/mL、1.0mg/mL。

分别称取0.1000g 甲苯、0.1000g 间二甲苯和对二甲苯、0.1g(精确至0.1mg)邻二甲苯,置于100mL的容量瓶中,用乙酸乙酯稀释至刻度,摇匀。

C.6.2 系列苯标准溶液的配置

按表C.1中所列苯标准溶液(C.6.1)体积,分别加入六个25mL的容量瓶中,用乙酸乙酯稀释至刻度,摇匀。

标准溶液(C.6.1)的体积与对应的质量浓度　　　　表C.1

移取的体积(mL)	对应甲苯的质量浓度(μg/mL)	对应间二甲苯和对二甲苯的质量浓度(μg/mL)	对应邻二甲苯的质量浓度(μg/mL)
15.00	600	600	600
10.00	400	400	400

续表

移取的体积(mL)	对应甲苯的质量浓度(μg/mL)	对应间二甲苯和对二甲苯的质量浓度(μg/mL)	对应邻二甲苯的质量浓度(μg/mL)
5.00	200	200	200
2.50	100	100	100
1.00	40	40	40
0.50	20	20	20

C.6.3 系列标准溶液峰面积的测定

开启气相色谱仪，对色谱条件进行设定，待基线稳定后，再微量注射器取 1μL 标准溶液进样，测定峰面积。每一标准溶液进样五次，取其平均值。

C.6.4 标准曲线的绘制

以峰面积 A 为纵坐标，相应质量浓度 ρ(μg/mL)为横坐标，即得标准曲线。

C.7 结果表述

直接从标准曲线上读取试样溶液中甲苯或二甲苯的质量浓度。

试样中甲苯或二甲苯含量 w，计算公式(C.1)如下：

$$w = \frac{\rho_t \cdot V \cdot f}{1000m} \tag{C.1}$$

式中 w——试样中甲苯或二甲苯含量(g/kg)；

ρ_t——从标准曲线上读取的试样溶液中甲苯或二甲苯质量浓度(μg/mL)；

V——试样溶液的体积(mL)；

m——试样的质量(g)；

f——稀释因子。

附 录 D
（规范性附录）
聚氨酯胶粘剂中游离甲苯二异氰酸酯含量的测定　气相色谱法

D.1 范围

本方法适用于室内建筑装饰装修用聚氨酯胶粘剂中游离甲苯二异氰酸酯含量的测定。

本方法能测定游离甲苯二异氰酸酯含量在 0.1g/kg 以上的室内建筑装饰装修用聚氨酯胶粘剂。

D.2 原理

试样用适当的溶剂稀释后，加入正十四烷作内标物，将稀释后的试样溶液注入进样装置，并被载气带入色谱柱，在色谱柱内被分离成相应的组分，用氢火焰离子化检测器检测并记录色谱图，用内标法计算试样溶液中甲苯二异氰酸酯的含量。

D.3 试剂

D.3.1 乙酸乙酯：加入 100g 5A 分子筛(D.3.4)，放置 24h 后过滤。

D.3.2 甲苯二异氰酸酯

D.3.3　正十四烷：色谱纯。

D.3.4　5A 分子筛：在 500℃的高温炉中加热 2h，置于干燥器中冷却备用。

D.4　仪器

D.4.1　进样装置：微量注射器。

D.4.2　色谱仪：带氢火焰离子化检测器。

D.4.3　色谱柱：固定液为二甲基聚硅氧烷。

D.4.4　记录装置：积分仪或色谱工作站。

D.4.5　测定条件。

注：可选用其他达到分离效果的测定条件。

D.4.5.1　汽化室温度：200℃。

D.4.5.2　检测室温度：250℃。

D.4.5.3　柱箱温度：160℃。

D.4.5.4　氮气：纯度大于 99.99%。

D.4.5.5　氢气：纯度大于 99.99%。

D.4.5.6　空气：硅胶除水。

D.5　分析步骤

D.5.1　内标溶液的制备

称取 0.2g(精确至 0.1mg)正十四烷于 25mL 的容量瓶中，用除水的乙酸乙酯稀释至刻度，摇匀。

D.5.2　相对质量校正因子的测定

称取(0.2～0.3)g(精确至 0.1mg)甲苯二异氰酸酯于 50mL 的容量瓶中，加入 5mL 内标物，用适量的乙酸乙酯稀释，取 1μL 进样，测定甲苯二异氰酸酯和正十四烷的色谱峰面积。根据公式计算相对质量校正因子，相对质量校正因子 f' 的计算公式(D.1)如下：

$$f' = \frac{m_i}{m_s} \cdot \frac{A_s}{A_i} \qquad (D.1)$$

式中　m_i——甲苯二异氰酸酯的质量(g)；

　　　m_s——所加内标物质量(g)；

　　　A_i——甲苯二异氰酸酯的峰面积；

　　　A_s——所加内标物的峰面积。

D.5.3　试样溶液的制备及测定

称取 2.0～3.0g(精确到 0.1mg)样品至 50mL 容量瓶中，加入 5mL 内标物，用适量的乙酸乙酯稀释，取 1μL 进样，测定试样溶液中甲苯二异氰酸酯和正十四烷的色谱峰面积。

D.6　结果表述

试样中游离甲苯二异氰酸酯含量 w，计算公式(D.2)如下：

$$w = f' \frac{A_i}{A_s} \cdot \frac{m_s}{m_i} \times 1000 \qquad (D.2)$$

式中　w——试样中游离甲苯二异氰酸酯含量(g/kg)；

　　　f'——相对质量校正因子；

　　　m_i——待测试样的质量(g)；

m_s——所加内标物质量，（g）；
A_i——待测试样的峰面积；
A_s——所加内标物的峰面积。

附 录 E
（规范性附录）
胶粘剂中卤代烃含量测定　气相色谱法

E.1　范围

本方法规定了室内建筑装饰装修用胶粘剂中有害物质二氯甲烷、1，2-二氯乙烷、1，1，2-三氯乙烷、三氯乙烯含量的测定。

本方法适用于二氯甲烷、1，2-二氯乙烷、1，1，2-三氯乙烷、三氯乙烯含量在 0.1g/kg 以上的室内建筑装饰装修用胶粘剂的测定。

E.2　原理

试样用适当的溶剂稀释后，直接用微量注射器将稀释后的试样溶液注入进样装置，并被载气带入色谱柱，在色谱柱内被分离成相应的组分，用氢火焰离子化检测器检测并记录色谱图，用内标法计算试样溶液中待测组织的含量。

E.3　试剂

E.3.1　二氯甲烷、1，2-二氯乙烷、1，1，2-三氯乙烷、三氯乙烯均为色谱纯。

E.3.2　乙酸乙酯：色谱纯。

E.4　仪器

E.4.1　进样器：微量注射器。

E.4.2　色谱仪：带氢火焰离子化检测器。

E.4.3　色谱柱：毛细管柱，固定液为二甲基聚硅氧烷。

注：当有其他组分与被测组分的峰难以分开时，此时需换用下同极性柱子在合适条件下进行试验。

E.4.4　记录装置：积分仪或色谱工作站。

E.4.5　测定条件。

注：可选用其他达到分离效果的测定条件。

E.4.5.1　汽化室温度：200℃。

E.4.5.2　检测室温度：250℃。

E.4.5.3　氮气：纯度大于 99.99%。

E.4.5.4　氢气：纯度大于 99.99%。

E.4.5.5　空气：硅胶除水。

E.4.5.6　分流，分流比为 20∶1。

E.4.5.7　尾吹：30mL/min。

E.4.5.8　二氯甲烷恒温：80℃。

E.4.5.9　1，2-二氯乙烷、1，1，2-三氯乙烷、三氯乙烯程序升温。

初始温度 35℃，保持时间 25min，升温速率 8℃/min，终止温度 150℃，保持时间 10min。

E.5　分析步骤

称取(0.2～0.3)g(精确至 0.1mg)的试样，置于 50mL 的容量瓶中，用乙酸乙酯溶解并稀释至刻度，摇匀。用微量注射器取 1μL 进样，测其峰面积。若试样溶液的峰面积大于表 E.1 中最大浓度的峰面积，用移液管准确移取 V 体积的试样溶液于 50mL 容量瓶中，用乙酸乙酯稀释至刻度，摇匀后再测。

E.6 标准溶液的配制

E.6.1 标准溶液：10mg/mL

分别称取约 1g 准确至 0.0001g 的二氯甲烷、1,2-二氯乙烷、1,1,2-三氯乙烷和三氯乙烯，分别置于 100mL 的容量瓶中，用乙酸乙酯稀释至刻度，摇匀。

E.6.2 标准溶液：500μg/mL

分别取适当体积的二氯甲烷、1,2-二氯乙烷、1,1,2-三氯乙烷和三氯乙烯溶液（E.6.1），置于一个 100mL 的容量瓶中，用乙酸乙酯稀释至刻度，摇匀即得二氯甲烷、1,2-二氯乙烷、1,1,2-三氯乙烷和三氯乙烯浓度为 500μg/mL 的标准溶液。

E.6.3 系列标准溶液的配置

按表 E.1 中所列标准溶液(E.6.1)的体积，分别置于六个 25mL 的容量瓶中，用乙酸乙酯稀释至刻度，摇匀。

系列标准溶液的体积与相应的质量浓度　　　　　表 E.1

移取的体积(mL)	二氯甲烷的质量浓度(μg/mL)	1,2-二氯乙烷的质量浓度(μg/mL)	1,1,2-三氯乙烷的质量浓度(μg/mL)	三氯乙烯的质量浓度(μg/mL)
25.00	500.0	500.0	500.0	500.0
10.00	200.0	200.0	200.0	200.0
5.00	100.0	100.0	100.0	100.0
2.50	50.0	50.0	50.0	50.0
1.00	20.0	20.0	20.0	20.0
0.50	10.0	10.0	10.0	10.0

E.6.4 系列标准溶液峰面积的测定

开启气相色谱仪，对色谱条件进行设定，待基线稳定后，用微量注射器取 1μL 标准溶液进样，测定峰面积。每一标准溶液进样五次，取其平均值。

E.6.5 标准曲线的绘制

以峰面积 A 为纵坐标，相应标准溶液质量浓度 ρ(μg/mL)为横坐标，即得标准曲线。

E.7 结果表述

直接从标准曲线上读取或根据回归方程计算出试样溶液中待测组分的质量浓度。

试样中待测组分含量 w，计算公式(E.1)如下。

$$w = \frac{\rho_t \cdot V \cdot f}{1000m} \tag{E.1}$$

式中　w——试样中待测组分含量，(g/kg)；
　　　ρ_t——试样溶液中待测组分的质量浓度，(μg/mL)；
　　　V——试样溶液的体积，(mL)；
　　　m——试样的质量，(g)；
　　　f——试样溶液的稀释倍数。

附 录 F
（规范性附录）
胶粘剂中总挥发性有机物含量的测定方法

F.1 范围

本方法选用于室内建筑装饰装修用胶粘剂中总挥发性有机物含量的测定。

F.2 原理

将适量的胶粘剂置于恒定温度的鼓风干燥箱中，在规定的时间内，测定胶粘剂总挥发物含量。用卡尔·费休法或气相色谱法测定其中水分的含量。胶粘剂总挥发物含量扣除其中水分的量，计算得胶粘剂中总挥发性有机物的含量。

F.3 试剂

除非另有说明，在分析中仅使用确认为分析纯的试剂和蒸馏水或去离子水或相当纯度的水。

F.3.1 卡尔·费休试剂。

F.4 仪器

F.4.1 鼓风干燥箱：温度能控制在(105±1)℃。

F.4.2 卡尔·费休滴定仪。

F.4.3 气相色谱仪：配有热导检测器。

F.5 分析步骤

F.5.1 总挥发分含量的测定

按 GB/T 2793—1995 规定的方法进行测定。

F.5.2 胶粘剂中水分含量的测定

F.5.2.1 卡尔·费休法

按 GB/T 606—2003 规定的方法进行测定。

F.5.2.2 气相色谱法

F.5.2.2.1 试剂

F.5.2.2.1.1 蒸馏水。

F.5.2.2.1.2 无水 N,N-二甲基甲酰胺(DMF)，分析纯。

F.5.2.2.1.3 无水异丙醇，分析纯。

F.5.2.2.2 仪器

F.5.2.2.2.1 气相色谱仪：配有热导检测器。

F.5.2.2.2.2 色谱柱：柱长 1m，外径 3.2mm，填装 177～250μm 的高分子多孔微球的不锈钢柱。(对于程序升温，柱温的初始温度 80℃，保持时间 5min，升温速率 30℃/min，终止温度 170℃，保持时间 5min；对于恒温，柱温为 140℃，在异丙醇完全出完后，把柱温调至 170℃，待 DMF 峰出完。若继续测试，再把柱温降到 140℃)。

F.5.2.2.2.3 记录仪。

F.5.2.2.2.4 微量注射器。

F.5.2.2.2.5 具塞玻璃瓶：10mL。

F.5.2.2.3 试验步骤

F.5.2.2.3.1 测定水的响应因子 R

在同一具塞玻璃瓶中称 0.2g 左右的蒸馏水和 0.2g 左右的异丙醇(精确至 0.1mg),加入 2mL 的 N,N-二甲基甲酰胺,混匀。用微量注射器进 $1\mu L$ 的标准混样,记录其色谱图。

按式(F.1)计算水的响应因子 R:

$$R=\frac{m_i A_{H_2O}}{m_{H_2O} A_i} \quad (F.1)$$

式中 R——水的响应因子;
　　m_i——异丙醇质量(g);
　m_{H_2O}——水的质量(g);
　A_{H_2O}——水峰面积;
　　A_i——异丙醇峰面积。

或异丙醇和二甲基甲酰胺不是无水试剂,则以同样量的异丙醇和二甲基甲酰胺(混合液),但不加水做为空白,记录空白的水峰面积。

按式(F.2)计算水的响应因子:

$$R=\frac{m_i(A_{H_2O}-B)}{m_{H_2O} A_i} \quad (F.2)$$

式中 R——水的响应因子;
　　m_i——异丙醇质量(g);
　m_{H_2O}——水的质量(g);
　A_{H_2O}——水峰面积;
　　A_i——异丙醇峰面积;
　　B——空白中水的峰面积。

F.5.2.2.3.2 样品分析

称取搅拌均匀后的试样 0.6g 和 0.2g 的异丙醇(精确至 0.1mg),加入到具塞玻璃瓶中,再加入 2mL N,N-二甲基甲酰胺,盖上瓶塞,同时准备一个不加试样的异丙醇和 N,N-二甲基甲酰胺做为空白样。用力摇动装有试样的小瓶 15min,放置 5min 使其沉淀,也可使用低速离心机使其沉淀。吸取 $1\mu L$ 试样瓶中的上清液,注入色谱仪中,并记录其色谱图。

按式(F.3)计算试样中水的质量分数 $w_水$:

$$w_水=\frac{100\times(A_{H_2O}-B)m_i}{A_i m_p R} \quad (F.3)$$

式中 A_{H_2O}——水峰面积;
　　B——空白中水峰面积;
　　A_i——异丙醇峰面积;
　　m_i——异丙醇质量(g);
　　m_p——试样质量(g)。

R——响应因子。

F.5.3 胶粘剂密度的测定

按 GB/T 13354—1992 规定的方法进行测定。

F.6 结果的表达

试样中总有机挥发物含量 w，计算公式(F.4)如下：

$$w = [(w_总 - w_水)/(1 - w_水)] \times \rho \times 1000 \tag{F.4}$$

式中 w——试样中总有机挥发物含量(g/L)；

  $w_总$——总挥发分含量质量分数；

  $w_水$——水分含量质量分数；

  ρ——试样的密度，(g/mL)。

第十章 建筑节能检测

目前，我国建筑物使用的外墙外保温系统有：EPS薄抹灰外墙外保温系统、胶粉聚苯颗粒外墙外保温系统、EPS现浇混凝土外墙外保温系统、EPS钢丝网架板现浇混凝土（机械固定）外墙外保温系统、XPS薄抹灰外墙外保温系统、硬质聚氨酯外墙外保温系统、岩棉外墙外保温系统以及建筑保温砂浆，使用最广泛且相关标准比较完善的是以绝热用模塑聚苯乙烯泡沫塑料（EPS）板以及胶粉聚苯颗料为保温隔热材料的外墙外保温系统。结合2007年10月1日起开始实施的GB 50411—2007《建筑节能工程施工质量验收规范》，本章主要介绍EPS板、XPS板、胶粉聚苯颗粒保温浆料等节能材料及节能工程的检验检测。

第一节 建筑节能工程施工质量验收有关规定[1]

一、基本规定

1. 建筑节能工程采用的新技术、新设备、新材料、新工艺，应按照有关规定进行评审、鉴定及备案。
2. 建筑节能工程的质量检测，除按规范规定的以外，应由具备资质的检测机构承担。
3. 建筑节能工程使用的材料、设备等，必须符合设计要求及国家有关标准的规定。严禁使用国家明令禁止使用与淘汰的材料和设备。
4. 材料和设备进场验收应遵守下列规定：

（1）对材料和设备的品种、规格、包装、外观和尺寸等进行检查验收，并应经监理工程师（建设单位代表）确认，形成相应的验收记录。

（2）对材料和设备的质量证明文件进行核查，并应经监理工程师（建设单位代表）确认，纳入工程技术档案。进入施工现场用于节能工程的材料和设备均应具有出厂合格证、中文说明书及相关性能检测报告；定型产品和成套技术应有型式检验报告，进口材料和设备应按规定进行出入境商品检验。

（3）对材料和设备应按照表10-4的规定在施工现场抽样复验。复验应为见证取样送检。

5. 建筑节能工程使用材料的燃烧性能等级和阻燃处理，应符合设计要求和现行国家标准《高层民用建筑设计防火规范》GB 50045、《建筑内部装修设计防火规范》GB 50222和《建筑设计防火规范》GB 50016等的规定。

6. 建筑节能工程使用的材料应符合国家现行有关标准对材料有害物质限量的规定，不得对室内外环境造成污染。

7. 现场配制的材料如保温浆料、聚合物砂浆等，应按设计要求或试验室给出的配合比配制。当未给出要求时，应按照施工方案和产品说明书配制。

---

[1] 内容引自GB 50411—2007《建筑节能工程施工质量验收规范》。

8. 节能保温材料在施工使用时的含水率应符合设计要求、工艺要求及施工技术方案要求。当无上述要求时，节能保温材料在施工使用时的含水率不应大于正常施工环境湿度下的自然含水率，否则应采取降低含水率的措施。

二、建筑节能工程验收的划分

建筑节能工程为单位建筑工程的一个分部工程。其分项工程和检验批的划分，应符合表10-1规定：

建筑节能分项工程划分 表10-1

序号	分项工程	主要验收内容
1	墙体节能工程	主体结构基层；保温材料；饰面层等
2	幕墙节能工程	主体结构基层；隔热材料；保温材料；隔汽层；幕墙玻璃；单元式幕墙板块；通风换气系统；遮阳设施；冷凝水收集排放系统等
3	门窗节能工程	门；窗；玻璃；遮阳设施等
4	屋面节能工程	基层；保温隔热层；保护层；防水层；面层等
5	地面节能工程	基层；保温层；保护层；面层等
6	采暖节能工程	系统制式；散热器；阀门与仪表；热力入口装置；保温材料；调试等
7	通风与空气调节节能工程	系统制式；通风与空调设备；阀门与仪表；绝热材料；调试等
8	空调与采暖系统的冷热源及管网节能工程	系统制式；冷热源设备；辅助设备；管网；阀门与仪表；绝热、保温材料；调试等
9	配电与照明节能工程	低压配电电源；照明光源、灯具；附属装置；控制功能；调试等
10	监测与控制节能工程	冷、热源系统的监测控制系统；空调水系统的监测控制系统；通风与空调系统的监测控制系统；监测与计量装置；供配电的监测控制系统；照明自动控制系统；综合控制系统等

第二节 墙体节能工程

一、适用范围

适用于采用板材、浆料、块材及预制复合墙板等墙体保温材料或构件的建筑墙体节能工程质量验收。

二、检验规定

1. 主体结构完成后进行施工的墙体节能工程，应在基层质量验收合格后施工，施工过程中应及时进行质量检查、隐蔽工程验收和检验批验收，施工完成后应进行墙体节能分项工程验收。与主体结构同时施工的墙体节能工程，应与主体结构一同验收。

2. 墙体节能工程当采用外保温定型产品或成套技术时，其型式检验报告中应包括安全性和耐候性检验。

3. 墙体节能工程应对下列部位或内容进行隐蔽工程验收，并应有详细的文字记录和必要的图像资料：

（1）保温层附着的基层及其表面处理；
（2）保温板粘结或固定；

(3) 锚固件；

(4) 增强网铺设；

(5) 墙体热桥部位处理；

(6) 预置保温板或预制保温墙板的板缝及构造节点；

(7) 现场喷涂或浇注有机类保温材料的界面；

(8) 被封闭的保温材料厚度；

(9) 保温隔热砌块填充墙体。

4. 墙体节能工程验收的检验批划分应符合下列规定：

(1) 采用相同材料、工艺和施工做法的墙面，每 500～1000m² 面积划分为一个检验批，不足 500m² 也为一个检验批。

(2) 检验批的划分也可根据与施工流程相一致且方便施工与验收的原则，由施工单位与监理（建设）单位共同商定。

三、检验要求和检验方法

1. 墙体节能工程使用的保温隔热材料，其导热系数、密度、抗压强度或压缩强度、燃烧性能应符合设计要求。

检验方法：核查质量证明文件及进场复验报告。

2. 墙体节能工程采用的保温材料和粘结材料等，进场时应对其下列性能进行复验，复验应为见证取样送检：

(1) 保温材料的导热系数、密度、抗压强度或压缩强度；

(2) 粘结材料的粘结强度；

(3) 增强网的力学性能、抗腐蚀性能。

检验方法：随机抽样送检，核查复验报告。

检查数量：同一厂家同一品种的产品，当单位工程建筑面积在 20000m² 以下时各抽查不少于 3 次；当单位工程建筑面积在 20000m² 以上时各抽查不少于 6 次。

3. 严寒和寒冷地区外保温使用的粘结材料，其冻融试验结果应符合该地区最低气温环境的使用要求。

检验方法：核查质量证明文件。

4. 墙体节能工程的施工，应符合下列规定：

(1) 保温隔热材料的厚度必须符合设计要求。

(2) 保温板材与基层及各构造层之间的粘结或连接必须牢固。粘结强度和连接方式应符合设计要求。保温板材与基层的粘结强度应做现场拉拔试验。

(3) 保温浆料应分层施工。当采用保温浆料做外保温时，保温层与基层之间及各层之间的粘结必须牢固，不应脱层、空鼓和开裂。

(4) 当墙体节能工程的保温层采用预埋或后置锚固件固定时，锚固件数量、位置、锚固深度和拉拔力应符合设计要求。后置锚固件应进行锚固力现场拉拔试验。

检验方法：观察；手扳检查；保温材料厚度采用钢针插入或剖开尺量检查；粘结强度和锚固力核查试验报告；核查隐蔽工程验收记录。

5. 当外墙采用保温浆料做保温层时，应在施工中制作同条件养护试件，检测其导热系数、干密度和压缩强度。保温浆料的同条件养护试件应见证取样送检。

检验方法：核查试验报告。

检查数量：每个检验批应抽样制作同条件养护试块不少于3组。

6. 外墙外保温工程不宜采用粘贴饰面砖做饰面层；当采用时，其安全性与耐久性必须符合设计要求。饰面砖应做粘结强度拉拔试验，试验结果应符合设计和有关标准的规定。

7. 保温砌块砌筑的墙体，应采用具有保温功能的砂浆砌筑。砌筑砂浆的强度等级应符合设计要求。

检验方法：对照设计核查施工方案和砌筑砂浆强度试验报告。

8. 采用预制保温墙板现场安装的墙体，应符合规定。保温墙板应有型式检验报告，型式检验报告中应包含安装性能的检验。

第三节 幕墙节能工程

一、适用范围

适用于透明和非透明的各类建筑幕墙的节能工程质量验收

二、检验规定

1. 附着于主体结构上的隔汽层、保温层应在主体结构工程质量验收合格后施工。施工过程中应及时进行质量检查、隐蔽工程验收和检验批验收，施工完成后应进行幕墙节能分项工程验收。

2. 当幕墙节能工程采用隔热型材时，隔热型材生产厂家应提供型材所使用的隔热材料的力学性能和热变形性能试验报告。

3. 幕墙节能工程使用的保温隔热材料，其导热系数、密度、燃烧性能应符合设计要求。幕墙玻璃的传热系数、遮阳系数、可见光透射比、中空玻璃露点应符合设计要求。

4. 幕墙节能工程使用的材料、构件等进场时，应对其下列性能进行复验，复验应为见证取样送检：

（1）保温材料：导热系数、密度；

（2）幕墙玻璃：可见光透射比、传热系数、遮阳系数、中空玻璃露点；

（3）隔热型材：抗拉强度、抗剪强度。

5. 幕墙的气密性能应符合设计规定的等级要求。当幕墙面积大于3000m²或建筑外墙面积的50%时，应现场抽取材料和配件，在检测试验室安装制作试件进行气密性能检测，检测结果应符合设计规定的等级要求。

密封条应镶嵌牢固、位置正确、对接严密。单元幕墙板块之间的密封应符合设计要求。开启扇应关闭严密。

第四节 门窗节能工程

一、适用范围

适用于建筑外门窗节能工程的质量验收，包括金属门窗、塑料门窗、木质门窗、各种复合门窗、特种门窗、天窗以及门窗玻璃安装等节能工程。

二、检验规定与方法

1. 建筑门窗进场后，应对其外观、品种、规格及附件等进行检查验收，对质量证明文件进行核查。
2. 建筑外门窗工程施工中，应对门窗框与墙体接缝处的保温填充做法进行隐蔽工程验收，并应有隐蔽工程验收记录和必要的图像资料。
3. 建筑外门窗工程的检验批应按下列规定划分：
  (1) 同一厂家的同一品种、类型、规格的门窗及门窗玻璃每 100 樘划分为一个检验批，不足 100 樘也为一个检验批。
  (2) 同一厂家的同一品种、类型和规格的特种门每 50 樘划分为一个检验批，不足 50 樘也为一个检验批。
  (3) 对于异形或有特殊要求的门窗，检验批的划分应根据其特点和数量，由监理（建设）单位和施工单位协商确定。
4. 建筑外门窗工程的检查数量应符合下列规定：
  (1) 建筑门窗每个检验批应抽查 5%，并不少于 3 樘，不足 3 樘时应全数检查；高层建筑的外窗，每个检验批应抽查 10%，并不少于 6 樘，不足 6 樘时应全数检查。
  (2) 特种门每个检验批应抽查 50%，并不少于 10 樘，不足 10 樘时应全数检查。
5. 建筑外窗的气密性、保温性能、中空玻璃露点、玻璃遮阳系数和可见光透射比应符合设计要求。
6. 建筑外窗进入施工现场时，应按地区类别对其下列性能进行复验，复验应为见证取样送检：
  (1) 严寒、寒冷地区：气密性、传热系数和中空玻璃露点；
  (2) 夏热冬冷地区：气密性、传热系数、玻璃遮阳系数、可见光透射比、中空玻璃露点；
  (3) 夏热冬暖地区：气密性、玻璃遮阳系数、可见光透射比、中空玻璃露点。

检验方法：随机抽样送检；核查复验报告。

检查数量：同一厂家同一品种同一类型的产品各抽查不少于 3 樘（件）。

7. 建筑门窗采用的玻璃品种应符合设计要求。中空玻璃应采用双道密封。
8. 金属外门窗隔断热桥措施应符合设计要求和产品标准的规定，金属副框的隔断热桥措施应与门窗框的隔断热桥措施相当。

检验方法：随机抽样，对照产品设计图纸，剖开或拆开检查。

检查数量：同一厂家同一品种、类型的产品各抽查不少于 1 樘。金属副框的隔断热桥措施按检验批抽查 30%。

9. 严寒、寒冷、夏热冬冷地区的建筑外窗，应对其气密性做现场实体检验，检测结果应满足设计要求。

检验方法：随机抽样现场检验。

检查数量：同一厂家同一品种、类型的产品各抽查不少于 3 樘。

第五节 屋面节能工程

一、适用范围

适用于建筑屋面节能工程，包括采用松散保温材料、现浇保温材料、喷涂保温材料、板材、块材等保温隔热材料的屋面节能工程的质量验收。

二、检验规定与方法

1. 屋面保温隔热工程的施工,应在基层质量验收合格后进行。施工过程中应及时进行质量检查、隐蔽工程验收和检验批验收,施工完成后应进行屋面节能分项工程验收。

2. 用于屋面节能工程的保温隔热材料,其品种、规格应符合设计要求和相关标准的规定。

3. 屋面节能工程使用的保温隔热材料,其导热系数、密度、抗压强度或压缩强度、燃烧性能应符合设计要求。

检验方法:核查质量证明文件及进场复验报告。

检查数量:全数检查。

4. 屋面节能工程使用的保温隔热材料,进场时应对其导热系数、密度、抗压强度或压缩强度、燃烧性能进行复验,复验应为见证取样送检。

检验方法:随机抽样送检,核查复验报告。

检查数量:同一厂家同一品种的产品各抽查不少于3组。

5. 屋面保温隔热层应按施工方案施工,并应符合下列规定:

(1) 松散材料应分层敷设、按要求压实、表面平整、坡向正确;

(2) 现场采用喷、浇、抹等工艺施工的保温层,其配合比应计量准确,搅拌均匀、分层连续施工,表面平整,坡向正确。

(3) 板材应粘贴牢固、缝隙严密、平整。

第六节 地面节能工程

一、适用范围

适用于建筑地面节能工程的质量验收。包括底面接触室外空气、土壤或毗邻不采暖空间的地面节能工程。

二、检验规定

1. 地面节能工程的施工,应在主体或基层质量验收合格后进行。施工过程中应及时进行质量检查、隐蔽工程验收和检验批验收,施工完成后应进行地面节能分项工程验收。

2. 地面节能工程应对下列部位进行隐蔽工程验收,并应有详细的文字记录和必要的图像资料:

(1) 基层;

(2) 被封闭的保温材料厚度;

(3) 保温材料粘结;

(4) 隔断热桥部位。

3. 地面节能分项工程检验批划分应符合下列规定:

(1) 检验批可按施工段或变形缝划分;

(2) 当面积超过 $200m^2$ 时,每 $200m^2$ 可划分为一个检验批,不足 $200m^2$ 也为一个检验批;

(3) 不同构造做法的地面节能工程应单独划分检验批。

4. 用于地面节能工程的保温材料,其品种、规格应符合设计要求和相关标准的规定。

5. 地面节能工程使用的保温材料,其导热系数、密度、抗压强度或压缩强度、燃烧性能应符合设计要求。

地面节能工程采用的保温材料,进场时应对其导热系数、密度、抗压强度或压缩强度、燃烧性能进行复验,复验应为见证取样送检。

第七节 采暖节能工程

一、适用范围

适用于温度不超过 95℃ 室内集中热水采暖系统节能工程施工质量的验收。

二、检验规定

1. 采暖系统节能工程的验收,可按系统、楼层等进行,并应符合规范的规定。

2. 采暖系统节能工程采用的散热设备、阀门、仪表、管材、保温材料等产品进场时,应按设计要求对其类型、材质、规格及外观等进行验收,并应经监理工程师(建设单位代表)检查认可,且应形成相应的验收记录。各种产品和设备的质量证明文件和相关技术资料应齐全,并应符合国家现行有关标准和规定。

3. 采暖系统节能工程采用的散热器和保温材料等进场时,应对其下列技术性能参数进行复验,复验应为见证取样送检:

(1) 散热器的单位散热量、金属热强度;

(2) 保温材料的导热系数、密度、吸水率。

检验方法:现场随机抽样送检;核查复验报告。

检查数量:同一厂家同一规格的散热器按其数量的 1‰ 进行见证取样送检,但不得少于 2 组;同一厂家同材质的保温材料见证取样送检的次数不得少于 2 次。

4. 采暖系统的安装应符合下列规定:

(1) 采暖系统的制式,应符合设计要求;

(2) 散热设备、阀门、过滤器、温度计及仪表应按设计要求安装齐全,不得随意增减和更换;

(3) 室内温度调控装置、热计量装置、水力平衡装置以及热力入口装置的安装位置和方向应符合设计要求,并便于观察、操作和调试;

(4) 温度调控装置和热计量装置安装后,采暖系统应能实现设计要求的分室(区)温度调控、分栋热计量和分户或分室(区)热量分摊的功能。

第八节 通风与空调节能工程

一、适用范围

适用于通风与空调系统节能工程施工质量的验收。

二、检验规定

1. 通风与空调系统节能工程的验收,可按系统、楼层等进行,并应符合规范的规定。

2. 通风与空调系统节能工程所使用的设备、管道、阀门、仪表、绝热材料等产品进场时,应按设计要求对其类型、材质、规格及外观等进行验收,并应对下列产品的技术性能参数进行核查。各种产品和设备的质量证明文件和相关技术资料应齐全,并应符合有关国家现行标准和规定。

(1) 组合式空调机组、柜式空调机组、新风机组、单元式空调机组、热回收装置等设备的冷量、热量、风量、风压、功率及额定热回收效率;

(2) 风机的风量、风压、功率及其单位风量耗功率;

(3) 成品风管的技术性能参数;

(4) 自控阀门与仪表的技术性能参数。

3. 风机盘管机组和绝热材料进场时,应对其下列技术性能参数进行复验,复验应为见证取样送检。

(1) 风机盘管机组的供冷量、供热量、风量、出口静压、噪声及功率;

(2) 绝热材料的导热系数、密度、吸水率。

检验方法:现场随机抽样送检;核查复验报告。

检查数量:同一厂家的风机盘管机组按数量复验2%,但不得少于2台;同一厂家同材质的绝热材料复验次数不得少于2次。

第九节 建筑节能工程现场检验

一、围护结构现场实体检验

1. 建筑围护结构施工完成后,应对围护结构的外墙节能构造和严寒、寒冷、夏热冬冷地区的外窗气密性进行现场实体检测。当条件具备时,也可直接对围护结构的传热系数进行检测。

2. 外墙节能构造现场实体检验的检验目的是:

(1) 验证墙体保温材料的种类是否符合设计要求;

(2) 验证保温层厚度是否符合设计要求;

(3) 检查保温层构造做法是否符合设计和施工方案要求。

3. 严寒、寒冷、夏热冬冷地区的外窗现场实体检测应按照国家现行有关标准的规定执行。其检验目的是验证建筑外窗气密性是否符合节能设计要求和国家有关标准的规定。

4. 外墙节能构造和外窗气密性的现场实体检验,其抽样数量可以在合同中约定,但合同中约定的抽样数量不应低于规范的要求。当无合同约定时应按照下列规定抽样:

(1) 每个单位工程的外墙至少抽查3处,每处一个检查点;当一个单位工程外墙有2种以上节能保温做法时,每种节能做法的外墙应抽查不少于3处;

(2) 每个单位工程的外窗至少抽查3樘。当一个单位工程外窗有2种以上品种、类型和开启方式时,每种品种、类型和开启方式的外窗应抽查不少于3樘。

5. 外墙节能构造的现场实体检验应在监理(建设)人员见证下实施,可委托有资质的检测机构实施,也可由施工单位实施。

6. 外窗气密性的现场实体检测应在监理(建设)人员见证下抽样,委托有资质的检测机构实施。

7. 当对围护结构的传热系数进行检测时,应由建设单位委托具备检测资质的检测机构承担；其检测方法、抽样数量、检测部位和合格判定标准等可在合同中约定。

8. 当外墙节能构造或外窗气密性现场实体检验出现不符合设计要求和标准规定的情况时，应委托有资质的检测机构扩大一倍数量抽样，对不符合要求的项目或参数再次检验。仍然不符合要求时应给出"不符合设计要求"的结论。

对于不符合设计要求的围护结构节能构造应查找原因，对因此造成的对建筑节能的影响程度进行计算或评估，采取技术措施予以弥补或消除后重新进行检测，合格后方可通过验收。

对于建筑外窗气密性不符合设计要求和国家现行标准规定的，应查找原因进行修理，使其达到要求后重新进行检测，合格后方可通过验收。

二、系统节能性能检测

1. 采暖、通风与空调、配电与照明工程安装完成后，应进行系统节能性能的检测，且应由建设单位委托具有相应检测资质的检测机构检测并出具报告。受季节影响未进行的节能性能检测项目，应在保修期内补做。

2. 采暖、通风与空调、配电与照明系统节能性能检测的主要项目及要求见表10-2，其检测方法应按国家现行有关标准规定执行。

系统节能性能检测主要项目及要求　　　　　　　　表 10-2

序号	检测项目	抽样数量	允许偏差或规定值
1	室内温度	居住建筑每户抽测卧室或起居室1间，其他建筑按房间总数抽测10%	冬季不得低于设计计算温度2℃，且不应高于1℃ 夏季不得高于设计计算温度2℃，且不应低于1℃
2	供热系统室外管网的水力平衡度	每个热源与换热站均不少于1个独立的供热系统	0.9~1.2
3	供热系统的补水率	每个热源与换热站均不少于1个独立的供热系统	0.5%~1%
4	室外管网的热输送效率	每个热源与换热站均不少于1个独立的供热系统	≥0.92
5	各风口的风量	按风管系统数量抽查10%，且不得少于1个系统	≤15%
6	通风与空调系统的总风量	按风管系统数量抽查10%，且不得少于1个系统	≤10%
7	空调机组的水流量	按系统数量抽查10%，且不得少于1个系统	≤20%
8	空调系统冷热水、冷却水总流量	全数	≤10%
9	平均照度与照明功率密度	按同一功能区不少于2处	≤10%

3. 系统节能性能检测的项目和抽样数量也可以在工程合同中约定，必要时可增加其他检测项目，但合同中约定的检测项目和抽样数量不应低于规范的规定。

第十节 外墙节能构造钻芯检验方法

一、适用范围

外墙节能构造钻芯检验方法适用于检验带有保温层的建筑外墙其节能构造是否符合设计要求。

二、检验规定

1. 钻芯检验外墙节能构造应在外墙施工完工后、节能分部工程验收前进行。
2. 钻芯检验外墙节能构造的取样部位和数量，应遵守下列规定：
（1）取样部位应由监理（建设）与施工双方共同确定，不得在外墙施工前预先确定。
（2）取样部位应选取节能构造有代表性的外墙上相对隐蔽的部位，并宜兼顾不同朝向和楼层；取样部位必须确保钻芯操作安全，且应方便操作。
（3）外墙取样数量为一个单位工程每种节能保温做法至少取 3 个芯样。取样部位宜均匀分布，不宜在同一个房间外墙上取 2 个或 2 个以上芯样。
（4）钻芯检验外墙节能构造应在监理（建设）人员见证下实施。
（5）钻芯检验外墙节能构造可采用空心钻头，从保温层一侧钻取直径 70mm 的芯样。钻取芯样深度为钻透保温层到达结构层或基层表面，必要时也可钻透墙体。

当外墙的表层坚硬不易钻透时，也可局部剔除坚硬的面层后钻取芯样。但钻取芯样后应恢复原有外墙的表面装饰层。

（6）钻取芯样时应尽量避免冷却水流入墙体内及污染墙面。从空心钻头中取出芯样时应谨慎操作，以保持芯样完整。当芯样严重破损难以准确判断节能构造或保温层厚度时，应重新取样检验。

3. 对钻取的芯样，应按照下列规定进行检查：
（1）对照设计图纸观察、判断保温材料种类是否符合设计要求；必要时也可采用其他方法加以判断；
（2）用分度值为 1mm 的钢尺，在垂直于芯样表面（外墙面）的方向上量取保温层厚度精确到 1mm；
（3）观察或剖开检查保温层构造做法是否符合设计和施工方案要求。

4. 在垂直于芯样表面（外墙面）的方向上实测芯样保温层厚度，当实测芯样厚度的平均值达到设计厚度的 95% 及以上且最小值不低于设计厚度的 90% 时，应判定保温层厚度符合设计要求；否则，应判定保温层厚度不符合设计要求。

5. 实施钻芯检验外墙节能构造的机构应出具检验报告。检验报告的格式可参照表 10-3 样式。检验报告至少应包括下列内容：
（1）抽样方法、抽样数量与抽样部位；
（2）芯样状态的描述；
（3）实测保温层厚度，设计要求厚度；
（4）按照规范的检验目的给出是否符合设计要求的检验结论；

(5) 附有带标尺的芯样照片并在照片上注明每个芯样的取样部位;
(6) 监理(建设)单位取样见证人的见证意见;
(7) 参加现场检验的人员及现场检验时间;
(8) 检测发现的其他情况和相关信息。

外墙节能构造钻芯检验报告 表 10-3

外墙节能构造检验报告			报告编号		
			委托编号		
			检测日期		
工程名称					
建设单位			委托人/联系电话		
监理单位			检测依据		
施工单位			设计保温材料		
节能设计单位			设计保温层厚度		

	检验项目	芯样1	芯样2	芯样3
检验结果	取样部位	轴线/层	轴线/层	轴线/层
	芯样外观	完整/基本完整/破碎	完整/基本完整/破碎	完整/基本完整/破碎
	保温材料种类			
	保温层厚度	mm	mm	mm
	平均厚度	mm		
	围护结构分层做法	1 基层; 2 3 4 5	1 基层; 2 3 4 5	1 基层; 2 3 4 5
	照片编号			

结论:

见证意见:
1 抽样方法符合规定;
2 现场钻芯真实;
3 芯样照片真实;
4 其他:

见证人:

批准		审核		检验	
检验单位		(印章)		报告日期	

6. 当取样检验结果不符合设计要求时,应委托具备检测资质的见证检测机构增加一倍数量再次取样检验。仍不符合设计要求时应判定围护结构节能构造不符合设计要求。此时应根据检验结果委托原设计单位或其他有资质的单位重新验算房屋的热工性能,提出技术处理方案。

7. 外墙取样部位的修补,可采用聚苯板或其他保温材料制成的圆柱形塞填充并用建筑密封胶密封。修补后宜在取样部位挂贴注有"外墙节能构造检验点"的标志牌。

第十一节 建筑节能工程进场材料和设备的复验项目❶

建筑节能工程进场材料和设备的复验项目应符合表 10-4 的规定。

建筑节能工程进场材料和设备的复验项目　　　　表 10-4

章号	分项工程	复验项目
4	墙体节能工程	1 保温材料的导热系数、密度、抗压强度或压缩强度; 2 粘结材料的粘结强度; 3 增强网的力学性能、抗腐蚀性能
5	幕墙节能工程	1 保温材料:导热系数、密度; 2 幕墙玻璃:可见光透射比、传热系数、遮阳系数、中空玻璃露点; 3 隔热型材:抗拉强度、抗剪强度
6	门窗节能工程	1 严寒、寒冷地区:气密性、传热系数和中空玻璃露点; 2 夏热冬冷地区:气密性、传热系数,玻璃遮阳系数、可见光透射比、中空玻璃露点; 3 夏热冬暖地区:气密性、玻璃遮阳系数、可见光透射比、中空玻璃露点
7	屋面节能工程	保温隔热材料的导热系数、密度、抗压强度或压缩强度
8	地面节能工程	保温材料的导热系数、密度、抗压强度或压缩强度
9	采暖节能工程	1 散热器的单位散热量、金属热强度; 2 保温材料的导热系数、密度、吸水率
10	通风与空调节能工程	1 风机盘管机组的供冷量、供热量、风量、出口静压、噪声及功率; 2 绝热材料的导热系数、密度、吸水率
11	空调与采暖系统冷、热源及管网节能工程	绝热材料的导热系数、密度、吸水率
12	配电与照明节能工程	电缆、电线截面和每芯导体电阻值

---

❶ 内容摘自《建筑节能工程施工质量验收规范》GB 50411—2007。

第十二节　膨胀聚苯板薄抹灰外墙外保温系统❶

一、范围

JG 149—2003 标准适用于工业与民用建筑采用的膨胀聚苯板薄抹灰外墙外保温系统产品，组成系统的各种材料应由系统产品制造商配套供应。

二、术语和定义

1. 膨胀聚苯板薄抹灰外墙外保温系统

置于建筑物外墙外侧的保温及饰面系统，是由膨胀聚苯板、胶粘剂和必要时使用的锚栓、抹面胶浆和耐碱网布及涂料等组成的系统产品。薄抹灰增强防护层的厚度宜控制在：普通型3～5mm，加强型5～7mm。该系统采用粘接固定方式与基层墙体连接，也可辅有锚栓，其基本构造见表10-5及表10-6。

无锚栓薄抹灰外保温系统基本构造　　　　表10-5

基层墙体 ①	系统的基本构造				构造示意图
	粘结层 ②	保温层 ③	薄抹灰增强防护层 ④	饰面层 ⑤	
混凝土墙体各种砌体墙体	胶粘剂	膨胀聚苯板	抹面胶浆复合耐碱网布	涂料	

辅有锚栓的薄抹灰外保温系统基本构造　　　　表10-6

基层墙体 ①	系统的基本构造					构造示意图
	粘结层 ②	保温层 ③	连接件 ④	薄抹灰增强防护层 ⑤	饰面层 ⑥	
混凝土墙体各种砌体墙体	胶粘剂	膨胀聚苯板	锚栓	抹面胶浆复合耐碱网布	涂料	

2. 基层墙体

建筑物中起承重或围护作用的外墙墙体，可以是混凝土墙体或各种砌体墙体。

3. 胶粘剂

专用于把膨胀聚苯板粘接到基层墙体上的工业产品。产品形式有两种：一种是在工厂生产的液状胶粘剂，在施工现场按使用说明加入一定比例的水泥或由厂商提供的干粉料，搅拌均匀即可使用。另一种是在工厂里预混合好的干粉状胶粘剂，在施工现场只需按使用说明加入一定比例的拌和用水，搅拌均匀即可使用。

---

❶ 内容摘自 JG 149—2003《膨胀聚苯板薄抹灰外墙外保温系统》。

4. 膨胀聚苯板

保温材料，专指采用符号 GB/T 10801.1—2002 的阻燃型绝热用模塑聚苯乙烯泡沫塑料制作的板材。

5. 锚栓

把膨胀聚苯板固定于基层墙体的专用连接件，通常情况下包括塑料钉或具有防腐性能的金属螺钉和带圆盘的塑料膨胀套管两部分。

6. 抹面胶浆

聚合物抹面胶浆，由水泥基或其他无机胶凝材料、高分子聚合物和填料等材料组成，薄抹在粘贴好的膨胀聚苯板外表面，用以保证薄抹灰外保温系统的机械强度和耐久性。

7. 耐碱网布

耐碱型玻璃纤维网格布，由表面涂覆耐碱防水材料的玻璃纤维网格布制成，埋入抹面胶浆中，形成薄抹灰增强防护层，用以提高防护层的机械强度和抗裂性。

三、分类和标记

1. 分类

薄抹灰外保温系统按抗冲击能力分为普通型（缩写为 P）和加强型（缩写为 Q）两种类型：

——P 型薄抹灰外保温系统用于一般建筑物 2m 以上墙面；

——Q 型薄抹灰外保温系统主要用于建筑首层或 2m 以下墙面，以及对抗冲击有特殊要求的部位。

2. 标记

薄抹灰外保温系统的标记由代号和类型组成：

3. 标记示例

示例 1：ETICS-P　普通型薄抹灰外保温系统

示例 2：ETICS-Q　加强型薄抹灰外保温系统

四、要求

1. 薄抹灰外保温系统

薄抹灰外保温系统的性能指标应符合表 10-7 的要求。

薄抹灰外保温系统的性能指标　　表 10-7

试验项目		性能指标
吸水量(g/m²)，浸水 24h		≤500
抗冲击强度(J)	普通型(P 型)	≥3.0
	加强型(Q 型)	≥10.0
抗风压值(kPa)		不小于工程项目的风荷载设计值
耐冻融		表面无裂纹、空鼓、起泡、剥离现象
水蒸气湿流密度[g/(m²·h)]		≥0.85
不透水性		试样防护层内侧无水渗透
耐候性		表面无裂纹、粉化、剥落现象

2. 胶粘剂

胶粘剂的性能指标应符合表 10-8 的要求。

胶粘剂的性能指标　　　　　　　　表 10-8

试验项目		性能指标
拉伸粘结强度(MPa)(与水泥砂浆)	原强度	≥0.60
	耐水	≥0.40
拉伸粘结强度(MPa)(与膨胀聚苯板)	原强度	≥0.10，破坏界面在膨胀聚苯板上
	耐水	≥0.10，破坏界面在膨胀聚苯板上
可操作时间(h)		1.5～4.0

3. 膨胀聚苯板

膨胀聚苯板应为阻燃型。其性能指标除应符合表 10-9、表 10-10 的要求外，还应符合 GB/T 10801.1—2002 第Ⅱ类的其他要求。膨胀聚苯板出厂前应在自然条件下陈化 42 天或在 60℃蒸气中陈化 5 天。

膨胀聚苯板主要性能指标　　　　　　　　表 10-9

试验项目	性能指标
导热系数[W/(m·K)]	≤0.041
表观密度(kg/m³)	18.0～22.0
垂直于板面方向的抗拉强度(MPa)	≥0.10
尺寸稳定性(%)	≤0.30

膨胀聚苯板允许偏差　　　　　　　　表 10-10

试验项目		允许偏差
厚度(mm)	≤50mm	±1.5
	>50mm	±2.0
长度(mm)		±2.0
宽度(mm)		±1.0
对角线差(mm)		±3.0
板边平直(mm)		±2.0
板面平整度(mm)		±1.0

注：本表的允许偏差值以 1200mm 长×600mm 宽的膨胀聚苯板为基准。

4. 抹面胶浆

抹面胶浆的性能指标应符合表 10-11 的要求。

抹面胶浆的性能指标　　　　　　　　表 10-11

试验项目		性能指标
拉伸粘结强度(MPa)(与膨胀聚苯板)	原强度	≥0.10，破坏界面在膨胀聚苯板上
	耐水	≥0.10，破坏界面在膨胀聚苯板上
	耐冻融	≥0.10，破坏界面在膨胀聚苯板上
柔韧性	抗压强度/抗折强度(水泥基)	≤3.0
	开裂应变(非水泥基)(%)	≥1.5
可操作时间(h)		1.5～4.0

5. 耐碱网布

耐碱网布的主要性能指标应符合表 10-12 的要求。

耐碱网布主要性能指标　　　　　　　　　表 10-12

试 验 项 目	性 能 指 标
单位面积质量(g/m²)	≥130
耐碱断裂强力(经、纬向)(N/50mm)	≥750
耐碱断裂强力保留率(经、纬向)(%)	≥50
断裂应变(经、纬向)(%)	≤5.0

6. 锚栓

金属螺钉应采用不锈钢或经过表面防腐处理的金属制成，塑料钉和带圆盘的塑料膨胀套管应采用聚酰胺、聚乙烯或聚丙烯制成，制作塑料钉和塑料套管的材料不得使用回收的再生材料。锚栓有效锚固深度不小于 25mm，塑料圆盘直径不小于 50mm。其技术性能指标应符合表 10-13 的要求。

锚栓技术性能指标　　　　　　　　　表 10-13

试 验 项 目	技 术 指 标
单个锚栓抗拉承载力标准值(kN)	≥0.30
单个锚栓对系统传热增加值 [W/(m²·K)]	≤0.004

7. 涂料

涂料必须与薄抹灰外保温系统相容，其性能指标应符合外墙建筑涂料的相关标准。

8. 附件

在薄抹灰外保温系统中所采用的附件，包括密封膏、密封条、包角条、包边条、盖口条等应分别符合相应的产品标准的要求。

五、试验方法

(一) 试验环境

标准试验环境为空气温度 (23 ± 2)℃，相对湿度 $(50\pm10)\%$。在非标准试验环境下试验时，应记录温度和相对湿度。

(二) 薄抹灰外保温系统

1. 吸水量

(1) 仪器设备

天平、称量范围 2000g，精度 2g。

(2) 试样

1) 尺寸与数量：200mm×200mm，三个；

2) 制作：在表观密度为 18kg/m³，厚度为 50mm 的膨胀聚苯板上按产品说明刮抹抹面胶浆，压入耐碱网布，再用抹面胶浆刮平，抹面层总厚度为 5mm。在试验环境下养护 28d 后，按试验要求的尺寸进行切割；

3) 每个试样除抹面胶浆的一面外，其他五面用防水材料密封。

(3) 试验过程

用天平称量制备好的试样质量 m_0，然后将试样抹面胶浆的一面向下平稳地放入室温水中，浸水深度等于抹面层的厚度，浸入水中时表面应完全润湿。浸泡24h取出后用湿毛巾迅速擦去试样表面的水分，称其吸水24h后的质量 m_h。

(4) 试验结果

吸水量应按式(10-1)计算，以三个试验结果的算术平均值表示，精确至 $1g/m^2$。

$$M=\frac{m_h-m_0}{A} \tag{10-1}$$

式中　M——吸水量(g/m^2)；

　　　m_h——浸水后试样质量(g)；

　　　m_0——浸水前试样质量(g)；

　　　A——试样抹面胶浆的面积(m^2)。

2. 抗冲击强度

(1) 试验仪器

1) 钢板尺：测量范围0~1.02m，分度值10mm；

2) 钢球：质量分别为0.5kg和1.0kg。

(2) 试样

1) 尺寸与数量：600mm×1200mm，两个；

2) 制作：同吸水量试样制作。

(3) 试验过程

1) 将试样抹面层向上，平放在水平的地面上，试样紧贴地面；

2) 分别用质量为0.5kg和1.0kg的钢球，在0.61m和1.02m的高度上松开，自由落体冲击试样表面。每级冲击10个点，点间距或与边缘距离至少100mm。

(4) 试验结果

以抹面胶浆表面断裂作为破坏的评定，当10次中小于4次破坏时，该试样抗冲击强度符合P(Q)型的要求；当10次中有4次或4次以上破坏时，则为不符合该型的要求。

3. 抗风压

(1) 试验仪器

负压箱：应有足够的深度，确保在薄抹灰外保温系统可能变形范围内，使施加在系统上的压力保持恒定。负压箱安装在围绕被测系统的框架上。

(2) 试样

1) 尺寸与数量：尺寸不小于2.0m×2.5m，数量一个；

2) 制作：在混凝土基层墙体上按吸水量试样制作，保温板厚度符合工程设计要求。

(3) 试验过程

1) 按工程项目设计的最大负风荷载设计值 W 降低 2kPa，开始循环加压，每增加1kPa做一个循环，直至破坏；

2) 加压过程和压力脉冲见图10-1；

3) 有下列现象之一时，即表示试样破坏；

——保温板断裂；

——保温板中或保温板与其防护层之间出现分层；

——防护层本身脱开；
——保温板被从锚栓上拉出；
——锚栓从基层拔出；
——保温板从基层脱离。

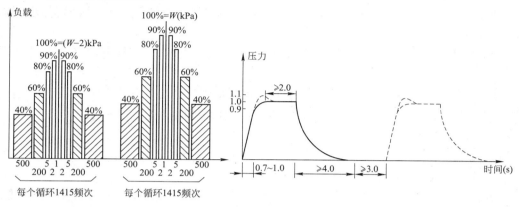

图 10-1 加压过程和压力脉冲示意图

(4) 试验结果

试验结果 Q 是试样破坏的前一个循环的风荷载值，Q 值应按式(10-2)进行修正，得出要求的抗风压值：

$$W_d = \frac{Q \cdot C_a \cdot C_s}{m} \tag{10-2}$$

式中 W_d——抗风压值(kPa)；
Q——风荷载试验值(kPa)；
C_a——几何系数，薄抹灰外保温系统 $C_a=1.0$；
C_s——统计修正系数，按表 10-14 选取；
m——安全系数，薄抹灰外保温系统 $m=1.5$。

薄抹灰外保温系统 C_s 值   表 10-14

粘结面积 $B(\%)$	统计修正参数 C_s
$50 \leqslant B \leqslant 100$	1.0
$10 < B < 50$	0.9
$B \leqslant 10$	0.8

4. 耐冻融

(1) 试验仪器

1) 冷冻箱：最低温度-30℃，控制精度±3℃；
2) 干燥箱：控制精度±3℃。

(2) 试样：

1) 尺寸与数量：150mm×150mm，三个；
2) 试样同吸水量试样制作制备后在薄抹灰增强防护层表面涂刷涂料。

(3) 试验过程

试样放在(50±3)℃的干燥箱中16h,然后浸入(20±3)℃的水中8h,试样抹面胶浆面向下,水面应至少高出试样表面20mm;再置于(-20±3)℃冷冻24h为一个循环,每一个循环观察一次,试样经10个循环,试验结束。

(4)试验结果

试验结束后,观察表面有无空鼓、起泡、剥离现象,并用五倍放大镜观察表面有无裂纹。

5. 水蒸气湿流密度

按GB/T 17146—1997中水法的规定进行测定,并应符合以下规定:

(1)试验温度(23±2)℃;

(2)试样同吸水量试样制作,制备后在薄抹灰增强防护层表面涂刷涂料,干固后除去膨胀聚苯板,试样厚度(4.0±1.0)mm,试样涂料表面朝向湿度小的一侧。

6. 不透水性

(1)试样

1)尺寸与数量:尺寸65mm×200mm×200mm,数量二个;

2)制作:用60mm厚膨胀聚苯板,按吸水量试样制作,制备后去除试样中心部位的膨胀聚苯板,去除部分的尺寸为100mm×100mm,并在试样侧面标记出距抹面胶浆表面50mm的位置。

(2)试验过程

将试样抹面胶浆面朝下放入水槽中,使试样抹面胶浆面位于水面下50mm处(相当于压力500Pa),为保证试样在水面以下,可在试样上放置重物,如图10-2所示。试样在水中放置2h后,观察试样内表面。

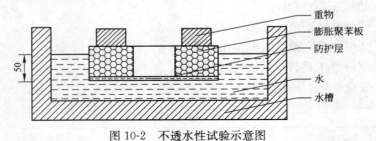

图10-2 不透水性试验示意图

(3)试验结果

试样背面去除膨胀聚苯板的部分无水渗透为合格。

7. 耐候性

(1)试验仪器

1)气候调节箱:温度控制范围-25~75℃,带有自动喷淋设备;

2)一对安装在轨道上的带支架的混凝土墙体。

(2)试样的制备

1)一组试验的试样数量为二个;

2)按薄抹灰外保温系统制造商的要求在混凝土墙体上制作薄抹灰外保温系统模型。每个试验模型沿高度方向均匀分段,第一段只涂抹面胶浆,下面各段分别涂上薄抹灰外保温系统制造商提供的最多四种饰面涂料;

3) 在墙体侧面粘贴膨胀聚苯板厚度为 20mm 的薄抹灰外保温系统；

4) 试样的尺寸如图 10-3 所示，并应满足：

——面积不小于 6.00m²；

——宽度不小于 2.50m；

——高度不小于 2.00m；

5) 在试样距离边缘 0.40m 处开一个 0.40m 宽×0.60m 高的洞口，在此洞口上安装窗；

6) 试样应至少有 28d 的硬化时间。硬化过程中，周围环境温度应保持在 10~25℃，相对湿度不应小于 50%，并应定时作记录。对抹面胶浆为水泥基材料的系统，为了避免系统过快干燥，可每周一次用水喷洒 5min，使薄抹灰增强防护层保持湿润，在模型安装后第三天即开始喷水。硬化过程中，应记录下系统所有的变形情况（如：起泡，裂缝）。

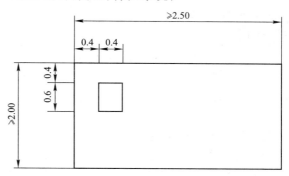

图 10-3 试验模型尺寸（单位：m）

注：1. 试验模型的安装细节（材料的用量，板与板之间的接缝位置，锚栓…）均需由试验人员检查和记录。

2. 膨胀聚苯板必须满足陈化要求。

3. 可在试验模型的窗角部位做增强处理。

(3) 试验过程

将两试样面对面装配到气候调节箱的两侧。在试样表面测量以下试验周期中的温度。

1) 热/雨周期

试样需依次经过以下步骤 80 次：

(a) 将试样表面加热至 70℃（温度上升时间为 1h），保持温度（70±5）℃，相对湿度 10%~15% 2h（共 3h）；

(b) 喷水 1h，水温（15±5）℃，喷水量 1.0~1.5L/m²·min；

(c) 静置 2h（干燥）。

2) 热/冷周期

经受上述热/雨周期后的试样在温度为（10~25）℃，相对湿度不小于 50% 的条件下放置至少 48h 后，再根据以下步骤执行 5 个热/冷周期：

(a) 在温度为（50±5）℃（温度上升时间为 1h），相对湿度不大于 10% 的条件下放置 7h（共 8h）；

(b) 在温度为（−20±5）℃（降温时间为 2h）的条件下放置 14h（共 16h）。

(4) 试验结果

在每 4 个热/雨周期后，及每个热/冷周期后均应观察整个系统和抹面胶浆的特性或性能变化（起泡，剥落，表面细裂缝，各层材料间丧失粘接力，开裂等），并作如下记录：

——检查系统表面是否出现裂缝，若出现裂缝，应测量裂缝尺寸和位置并作记录；

——检查系统表面是否起泡或脱皮，并记录下它的位置和大小；

——检查窗是否有损坏以及系统表面是否有与其相连的裂缝，并记录位置和大小。

(三) 胶粘剂

1. 拉伸粘结强度

拉伸粘结强度按 JG/T 3049—1998 中 5.10 进行测定。

(1) 试样

1) 尺寸如图 10-4 所示，胶粘剂厚度为 3.0mm，膨胀聚苯板厚度为 20mm；

2) 每组试件由六块水泥砂浆试块和六个水泥砂浆或膨胀聚苯板试块粘结而成；

3) 制作；

——按 GB/T 17671—1999 中第 6 章的规定，用普通硅酸盐水泥与中砂按 1∶3（重量比），水灰比 0.5 制作水泥砂浆试块，养护 28d 后，备用；

——用表观密度为 18kg/m³ 的、按规定经过陈化后合格的膨胀聚苯板作为试验用标准板，切割成试验所需尺寸；

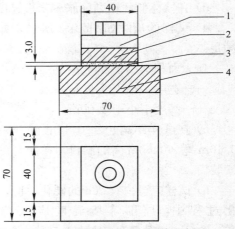

图 10-4　拉伸粘结强度试样示意图
1—拉伸用钢质夹具；2—水泥砂浆块；
3—胶粘剂；4—膨胀聚苯板或砂浆块

——按产品说明书制备胶粘剂后粘结试件，粘结厚度为 3mm，面积为 40mm×40mm。分别准备测原强度和测耐水拉伸粘结强度的试件各一组，粘结后在试验条件下养护。

4) 养护环境：按 JC/T 547—1994 中 6.3.4.2 的规定。

(2) 试验过程

养护期满后进行拉伸粘结强度测定，拉伸速度为 (5 ± 1)mm/min。记录每个试样的测试结果及破坏界面，并取 4 个中间值计算算术平均值。

2. 可操作时间

胶浆搅拌后，在试验环境中按薄抹灰外保温系统制造商提供的可操作时间（没有规定时按 4h）放置，然后按（三）1. 中原强度测试的规定进行，试验结果平均粘结强度不低于表 10-8 原强度的要求。

（四）膨胀聚苯板

1. 垂直于板面方向的抗拉强度

(1) 试验仪器

1) 拉力机：需有合适的测力范围和行程，精度 1‰。

2) 固定试样的刚性平板或金属板：互相平行的一组附加装置，避免试验过程中拉力的不均衡。

3) 直尺：精度为 0.1mm。

(2) 试样

1) 试样尺寸与数量：100mm×100mm×50mm，五个。

2) 制备：在保温板上切割下试样，其基面应与受力方向垂直。切割时需离膨胀聚苯板边缘 15mm 以上，试样的两个受检面的平行度和平整度的偏差不大于 0.5mm。

3) 试样在试验环境下放置 6h 以上。

(3) 试验过程

1) 试样以合适的胶粘剂粘贴在两个刚性平板或金属板上；

——胶粘剂对产品表面既不增强也不损害；
——避免使用损害产品的强力胶粘剂；
——胶粘剂中如含有溶剂，必须与产品相容。

2) 试样装入拉力机上，以(5±1)mm/min 的恒定速度加荷，直至试样破坏。最大拉力以 kN 表示。

(4) 试验结果

1) 记录试样的破坏形状和破坏方式，或表面状况。

2) 垂直于板面方向的抗拉强度 σ_{mt} 应按式(10-3)计算，以五个试验结果的算术平均值表示，精确至 0.01kPa；

$$\sigma_{mt} = \frac{F_m}{A} \tag{10-3}$$

式中　σ_{mt}——拉伸强度(kPa)；
　　　F_m——最大拉力(kN)；
　　　A——试样的横断面积(m^2)。

3) 破坏面如在试样与两个刚性平板或金属板之间的粘胶层中，则该试样测试数据无效。

2. 其他性能

按 GB/T 10801.1—2002 的规定进行。

(五) 抹面胶浆

1. 拉伸粘结强度

(1) 拉伸粘结强度按(三)1. 规定的方法，进行原强度、耐火和耐冻融试验，抹面胶浆厚度为 3mm；

(2) 耐冻融拉伸粘结强度试样按耐冻融的规定条件下经冻融循环后测定。

2. 抗压强度/抗折强度

(1) 抗压强度、抗折强度的测定应按 GB/T 17671—1999 的规定进行，试样龄期 28d，应按产品说明书的规定制备。

(2) 试验结果

抗压强度/抗折强度应按式(10-4)计算，结果精确至 1%。

$$T = \frac{R_c}{R_f} \tag{10-4}$$

式中　T——抗压强度/抗折强度；
　　　R_c——抗压强度(MPa)；
　　　R_f——抗折强度(MPa)。

3. 开裂应变

(1) 试验仪器

1) 应变仪：长度为 150mm，精密度等级 0.1 级；

2) 小型拉力试验机。

(2) 试样

1) 数量：纬向、经向各六条。

2) 抹面胶浆按照产品说明配制搅拌均匀后，待用。

3）制备：将抹面胶浆满抹在 600mm×100mm 膨胀聚苯板上，贴上标准网布，网布两端应伸出抹面胶浆 100mm，再刮抹面胶浆至 3mm 厚。网布伸出部分反包在抹面胶浆表面，试验时把两条试条对称地互相粘贴在一起，网格布反包的一面向外，用环氧树脂粘贴在拉力机的金属夹板之间。

4）将试样放置在室温条件下养护 28d，将膨胀聚苯板剥掉，待用。

（3）试验过程

1）将两个对称粘贴的试条安装在试验机的夹具上，应变仪应安装在试样中部，两端距金属夹板尖端至少 75mm，如图 10-5 所示。

2）加荷速度应为 0.5mm/min，加荷至 50%预期裂纹拉力，之后卸载。如此反复进行 10 次，加荷和卸载持续时间应为 1~2min。

3）如果在 10 次加荷过程中试样没有破坏，则第 11 次加荷直至试条出现裂缝并最终断裂。在应变值分别达到 0.3%、0.5%、0.8%、1.5% 和 2.0% 时停顿，观察试样表面是否开裂，并记录裂缝状态。

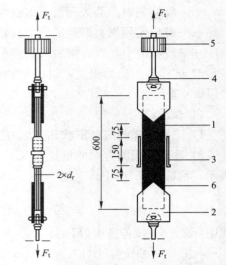

图 10-5 抹面胶浆防护层拉伸试验装置
1—对称安装的试样；2—用于传递拉力的钢板；3—电子应变计；4—用于传递拉力的万向节；5—10kN 测力元件；6—粘结防护层与钢板的环氧树脂

（4）试验结果

1）观察试样表面裂缝的数量，并测量和记录裂纹的数量和宽度，记录试样出现第一条裂缝时的应变值（开裂应变）；

2）试验结束后，测量和记录试样的宽度和厚度。

4．可操作时间

按（三）2.的原强度测试规定进行，试验结果拉伸粘接强度不低于表 10-11 原强度的要求。

（六）耐碱网布

1．单位面积质量

按 GB/T 9914.3—2001 进行。

2．耐碱断裂强力及耐碱断裂强力保留率

（1）试样

按 GB/T 7689.5—2001 表 1 的类型Ⅰ规定制备。

（2）试验过程

1）按 GB/T 7689.5—2001 的类型Ⅰ规定测定初始断裂强力 F_0；

2）将耐碱试验用的试样全部浸入（23±2）℃的 5%NaOH 水溶液中，试样在加盖封闭的容器中浸泡 28d；

3）取出试样，用自来水浸泡 5min 后，用流动的自来水漂洗 5min，然后在（60±5）℃的烘箱中烘 1h 后，在试验环境中存放 24h；

4）测试每个试样的耐碱断裂强力 F_1 并记录。

（3）试验结果

1) 耐碱断裂强力为五个试验结果的算术平均值,精确至 1N/50mm。
2) 耐碱断裂强力保留率应按式(10-5)计算,以五个试验结果的算术平均值表示,精确至 0.1%。

$$B = \frac{F_1}{F_0} \times 100\% \qquad (10\text{-}5)$$

式中　B——耐碱断裂强力保留率(%);
　　　F_0——初始断裂强力(N);
　　　F_1——耐碱断裂强力(N)。

3. 断裂应变

(1) 按 GB/T 7689.5—2001 的类型 I 规定测定断裂伸长值 ΔL。
(2) 试验结果

断裂应变应按式(10-6)计算,以五个试验结果的算术平均值表示,精确至 0.1%。

$$D = \frac{\Delta L}{L} \times 100\% \qquad (10\text{-}6)$$

式中　D——断裂应变(%);
　　　ΔL——断裂伸长值(mm);
　　　L——试样初始受力长度(mm)。

(七) 锚栓

1. 单个锚栓抗拉承载力

(1) 试验仪器:

1) 拉拔仪:测量误差不大于 2%;
2) 位移计:仪器误差不大于 0.02mm。

(2) 试样:

C25 混凝土试块,尺寸根据锚栓规格确定。锚栓边距、间距均不小于 100mm,锚栓试样 10 件。

(3) 试验过程:

在试验环境下,根据厂商的规定,在混凝土试块上安装锚栓,并在锚栓上安装位移计,夹好夹具,安装拉拔仪,拉拔仪支脚中心轴线与锚栓中心轴线间距离不小于有效锚固深度的二倍;均匀稳定加载,且荷载方向垂直于混凝土试块表面,加载至出现锚栓破坏,记录破坏荷载值、破坏状态,并记录整个试验的位移值。

(4) 试验结果:

对破坏荷载值进行数理统计分析,假设其为正态分布,并计算标准偏差。根据试验数据按照公式(10-7)计算锚栓抗拉承载力标准值 $F_{5\%}$。

$$F_{5\%} = F_{平均} \cdot (1 - k_s \cdot \nu) \qquad (10\text{-}7)$$

式中　$F_{5\%}$——单个锚栓抗拉承载力标准值(kN);
　　　$F_{平均}$——试验数据平均值(kN);
　　　k_s——系数,$n=5$(试验个数)时,$k_s=3.4$;$n=10$ 时,$k_s=2.568$;$n=15$ 时,$k_s=2.329$;
　　　ν——变异系数(试验数据标准偏差与算术平均值的绝对值之比)。

(5) 锚栓在其他种类的基层墙体中的抗拉承载力应通过现场试验确定。

2. 单个锚栓对系统传热增加值

(1) 试验过程

在没有安装锚栓的系统中遵照 GB 13475—1992 进行系统传热系数的测定(试验1),然后在同一个系统中按照厂家规定安装锚栓,遵照 GB 13475—1992 测量其传热系数(试验2)。

(2) 试验结果

计算试验2中测量的传热系数和试验1中测量的传热系数的差值,此差值除以每平方米试验锚栓的个数,得出单个锚栓对系统传热性能的平均影响值。

(八) 涂料

按建筑外墙涂料相关标准的规定进行。

六、检验规则

产品检验分出厂检验和型式检验。

1. 出厂检验

(1) 出厂检验项目

1) 胶粘剂:拉伸粘接强度原强度、可操作时间;

2) 膨胀聚苯板:垂直于板面方向的抗拉强度及 GB/T 10801.1—2002 所规定的出厂检验项目;

3) 抹面胶浆:拉伸粘接强度原强度、可操作时间;

4) 耐碱网布:单位面积质量;

5) 涂料:按建筑外墙涂料相关标准规定的出厂检验项目。

出厂检验应按规定进行,检验合格并附有合格证方可出厂。

(2) 抽样方法

1) 胶粘剂和抹面胶浆按 JC/T 547—1994 中 7.2 的规定进行;

2) 膨胀聚苯板按 GB/T 10801.1—2002 中第6章的规定进行;

3) 耐碱网布按 JC/T 841—1999 中第7章的规定进行;

4) 涂料按 GB 3186 规定的方法进行。

(3) 判定规则

经检验,全部检验项目符合标准规定的技术指标,则判定该批产品为合格品;若有一项指标不符合要求时,则判定该批产品为不合格品。

2. 型式检验

(1) 型式检验项目

1) 表 10-7~表 10-13 所列项目及 GB/T 10801.1—2002 和建筑外墙涂料相关标准规定的型式检验项目为薄抹灰外保温系统及其组成材料的型式检验项目;

2) 正常生产时,每两年进行一次型式检验;

3) 有下列情况之一时,应进行型式检验:

——新产品定型鉴定时;

——当产品主要原材料及用量或生产工艺有重大变更时;

——停产一年以上恢复生产时;

——国家质量监督机构提出型式检验要求时。

(2) 抽样方法

1) 胶粘剂、抹面胶浆、膨胀聚苯板、耐碱网布、涂料按规定进行；
2) 锚栓、薄抹灰外保温系统的抽样按 GB/T 2828 规定的方法进行。

(3) 判定规则

按规定的检验项目进行型式检验，若有某项指标不合格时，应对同一批产品的不合格项目加倍取样进行复检。如该项指标仍不合格，则判定该产品为不合格品。经检验，若全部检验项目符合本标准规定的技术指标，则判定该产品为合格品。

第十三节　胶粉聚苯颗粒外墙外保温系统❶

一、适用范围

JG 158—2004 标准适用于以胶粉聚苯颗粒保温浆料为保温层、抗裂砂浆复合耐碱玻璃纤维网格布或热镀锌电焊网为抗裂防护层，涂料或面砖为饰面层的建筑物外墙外保温系统。

二、定义和术语

1. 胶粉聚苯颗粒外墙外保温系统（简称胶粉聚苯颗粒外保温系统）

设置在外墙外侧，由界面层、胶粉聚苯颗粒保温层、抗裂防护层和饰面层构成，起保温隔热、防护和装饰作用的构造系统。

2. 基层墙体

建筑物中起承重或围护作用的外墙体。

3. 界面砂浆

由高分子聚合物乳液与助剂配制成的界面剂与水泥和中砂按一定比例拌合均匀制成的砂浆。

4. 胶粉聚苯颗粒保温浆料

由胶粉料和聚苯颗粒组成并且聚苯颗粒体积比不小于 80% 的保温灰浆。

5. 胶粉料

由无机胶凝材料与各种外加剂在工厂采用预混合干拌技术制成的专门用于配制胶粉聚苯颗粒保温浆料的复合胶凝材料。

6. 聚苯颗粒

由聚苯乙烯泡沫塑料经粉碎、混合而制成的具有一定粒度、级配的专门用于配制胶粉聚苯颗粒保温浆料的轻骨料。

7. 抗裂砂浆

在聚合物乳液中掺加多种外加剂和抗裂物质制得的抗裂剂与普通硅酸盐水泥、中砂按一定比例拌合均匀制成的具有一定柔韧性的砂浆。

8. 耐碱涂塑玻璃纤维网格布（以下简称耐碱网布）

以耐碱玻璃纤维织成的网格布为基布，表面涂覆高分子耐碱涂层制成的网格布。

9. 抗裂柔性耐水腻子（简称柔性耐水腻子）

由弹性乳液、助剂和粉料等制成的具有一定柔韧性和耐水性的腻子。

10. 塑料锚栓

---

❶ 内容摘自 JG 158—2004《胶粉聚苯颗粒外墙外保温系统》。

由螺钉(塑料钉或具有防腐性能的金属钉)和带圆盘的塑料膨胀套管两部分组成的用于将热镀锌电焊网固定于基层墙体的专用连接件。

11. 面砖粘结砂浆

由聚合物乳液和外加剂制得的面砖专用胶液同强度等级 42.5 的普通硅酸盐水泥和建筑砖质砂(一级中砂)按一定质量比混合搅拌均匀制成的粘结砂浆。

12. 面砖勾缝料

由高分子材料、水泥、各种填料、助剂复配而成的陶瓷面砖勾缝材料。

三、分类和标记

(一) 分类

胶粉聚苯颗粒外保温系统分为涂料饰面(缩写为 C)和面砖饰面(缩写出 T)两种类型:

——C 型胶粉聚苯颗粒外保温系统用于饰面为涂料的胶粉聚苯颗粒外保温系统,宜采用的基本构造见表 10-15。

涂料饰面胶粉聚苯颗粒外保温系统基本构造　　表 10-15

基层墙体	涂料饰面胶粉聚苯颗粒外保温系统基本构造				构造示意图
	界面层 ①	保温层 ②	抗裂防护层 ③	饰面层 ④	
混凝土墙及各种砌体墙	界面砂浆	胶粉聚苯颗粒保温浆料	抗裂砂浆 + 耐碱涂塑玻璃纤维网格布 (加强型增设一道加强网格布) + 高分子乳液弹性底层涂料	柔性耐水腻子 + 涂料	①②③④

——T 型胶粉聚苯颗粒外保温系统用于饰面为面砖的胶粉聚苯颗粒外保温系统,宜采用的基本构造见表 10-16。

面砖饰面胶粉聚苯颗粒外保温系统基本构造　　表 10-16

基层墙体	面砖饰面胶粉聚苯颗粒外保温系统基本构造				构造示意图
	界面层 ①	保温层 ②	抗裂防护层 ③	饰面层 ④	
混凝土墙及各种砌体墙	界面砂浆	胶粉聚苯颗粒保温浆料	第一遍抗裂砂浆 + 热镀锌电焊网 (用塑料锚栓与基层锚固) + 第二遍抗裂砂浆	粘结砂浆 + 面砖+勾缝料	①②③④

(二) 标记

胶粉聚苯颗粒外保温系统的标记由代号和类型组成：

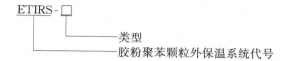

(三) 标记示例

示例：ETIRS-C 涂料饰面胶粉聚苯颗粒外保温系统

四、要求

(一) 胶粉聚苯颗粒外保温系统

1. 外保温系统应经大型耐候性试验验证。对于面砖饰面外保温系统，还应经抗震试验验证并确保其在设防烈度等级地震下面砖饰面及外保温系统无脱落。

2. 胶粉聚苯颗粒外保温系统的性能应符合表 10-17 的要求。

胶粉聚苯颗粒外保温系统的性能指标　　　　　　表 10-17

试 验 项 目			性 能 指 标
耐候性			经 80 次高温(70℃)-淋水(15℃)循环和 20 次加热(50℃)-冷冻(-20℃)循环后不得出现开裂、空鼓或脱落。抗裂防护层与保温层的拉伸粘结强度不应小于 0.1MPa，破坏界面应位于保温层
吸水量(g/m²)浸水 1h			≤1000
抗冲击强度	C 型	普通型(单网)	3J 冲击合格
		加强型(双网)	10J 冲击合格
	T 型		3.0J 冲击合格
抗风压值			不小于工程项目的风荷载设计值
耐冻融			严寒及寒冷地区 30 次循环、夏热冬冷地区 10 次循环表面无裂纹、空鼓、起泡、剥离现象
水蒸气湿流密度 [g/(m²·h)]			≥0.85
不透水性			试样防护层内侧无水渗透
耐磨损，500L 砂			无开裂、龟裂或表面保护层剥落、损伤
系统抗拉强度(C 型)(MPa)			≥0.1 并且破坏部位不得位于各层界面
饰面砖粘结强度(T 型)(MPa)（现场抽测）			≥0.4
抗震性能(T 型)			设防烈度等级下面砖饰面及外保温系统无脱落
火反应性			不应被点燃，试验结束后试件厚度变化不超过 10%

(二) 界面砂浆

界面砂浆性能应符合表 10-18 的要求。

界面砂浆性能指标   表 10-18

项目		单位	指标
界面砂浆压剪粘结强度	原强度	MPa	≥0.7
	耐水	MPa	≥0.5
	耐冻融	MPa	≥0.5

(三) 胶粉料

胶粉料的性能应符合表 10-19 的要求。

胶粉料性能指标   表 10-19

项目	单位	指标
初凝时间	h	≥4
终凝时间	h	≤12
安定性(试饼法)	—	合格
拉伸粘结强度	MPa	≥0.6
浸水拉伸粘结强度	MPa	≥0.4

(四) 聚苯颗粒

聚苯颗粒的性能应符合表 10-20 的要求。

聚苯颗粒性能指标   表 10-20

项目	单位	指标
堆积密度	kg/m³	8.0~21.0
粒度(5mm 筛孔筛余)	%	≤5

(五) 胶粉聚苯颗粒保温浆料

胶粉聚苯颗粒保温浆料的性能应符合表 10-21 的要求。

胶粉聚苯颗粒保温浆料性能指标   表 10-21

项目	单位	指标
湿表观密度	kg/m³	≤420
干表观密度	kg/m³	180~250
导热系数	W/(m·K)	≤0.060
蓄热系数	W/(m²·K)	≥0.95
抗压强度	kPa	≥200
压剪粘结强度	kPa	≥50
线性收缩率	%	≤0.3
软化系数	—	≥0.5
难燃性	—	B_1 级

(六) 抗裂砂浆

抗裂剂及抗裂砂浆性能应符合表 10-22 的要求。

抗裂剂及抗裂砂浆性能指标　　　　　　　　　　　表 10-22

项　目		单　位	指　标
抗裂剂	不挥发物含量	%	≥20
	贮存稳定性(20±5℃)	—	6 个月，试样无结块凝聚及发霉现象，且拉伸粘结强度满足抗裂砂浆指标要求
抗裂砂浆	可使用时间　可操作时间	h	≥1.5
	可使用时间　在可操作时间内拉伸粘结强度	MPa	≥0.7
	拉伸粘结强度(常温 28d)	MPa	≥0.7
	浸水拉伸粘结强度(常温 28d，浸水 7d)	MPa	≥0.5
	压折比	—	≤3.0

注：水泥应采用强度等级 42.5 的普通硅酸盐水泥，并应符合 GB 175—1999 的要求；砂应符合 JGJ 52—1992 的规定，筛除大于 2.5mm 颗粒，含泥量少于 3%。

（七）耐碱网布

耐碱网布的性能应符合表 10-23 的要求。

耐碱网布性能指标　　　　　　　　　　　表 10-23

项　目		单　位	指　标
外观		—	合格
长度、宽度		m	50～100、0.9～1.2
网孔中心距	普通型	mm	4×4
	加强型		6×6
单位面积质量	普通型	g/m²	≥160
	加强型		≥500
断裂强力(经、纬向)	普通型	N/50mm	≥1250
	加强型	N/50mm	≥3000
耐碱强力保留率(经、纬向)		%	≥90
断裂伸长率(经、纬向)		%	≤5
涂塑量	普通型	g/m²	≥20
	加强型		
玻璃成分		%	符号 JC 719 的规定，其中 ZrO_2 14.5±0.8，TiO_2 6±0.5

（八）弹性底涂

弹性底涂的性能应符合表 10-24 的要求。

弹性底涂性能指标　　　　　　　　　　　　　表 10-24

项　　目		单　位	指　　标
容器中状态		—	搅拌后无结块，呈均匀状态
施工性		—	刷涂无障碍
干燥时间	表干时间	h	≤4
	实干时间	h	≤8
断裂伸长率		%	≥100
表面憎水率		%	≥98

（九）柔性耐水腻子

柔性耐水腻子的性能应符合表 10-25 的要求。

柔性耐水腻子性能指标　　　　　　　　　　　表 10-25

项　　目		单　位	指　　标
柔性耐水腻子	容器中状态	—	无结块、均匀
	施工性	—	刮涂无障碍
	干燥时间（表干）	h	≤5
	打磨性	—	手工可打磨
	耐水性　96h	—	无异常
	耐碱性　48h	—	无异常
	粘结强度　标准状态	MPa	≥0.60
	冻融循环(5次)	MPa	≥0.40
	柔韧性		直径 50mm，无裂纹
	低温贮存稳定性		−5℃冷冻 4h 无变化，刮涂无困难

（十）外墙外保温饰面涂料

外墙外保温饰面涂料必须与胶粉聚苯颗粒外保温系统相容，其性能除应符合国家及行业相关标准外，还应满足表 10-26 的抗裂性要求。

外墙外保温饰面涂料抗裂性能指标　　　　　　　表 10-26

项　　目		指　　标
抗裂性	平涂用涂料	断裂伸长率≥150%
	连续性复层建筑涂料	主涂层的断裂伸长率≥100%
	浮雕类非连续性复层建筑涂料	主涂层初期干燥抗裂性满足要求

（十一）面砖粘结砂浆

面砖粘结砂浆性能应符合表 10-27 的要求。

面砖粘结砂浆的性能指标　　　　　　　　表 10-27

项　目		单　位	指　标
拉伸粘结强度		MPa	≥0.60
压折比		—	≤3.0
压剪粘结强度	原强度	MPa	≥0.6
	耐温 7d	MPa	≥0.5
	耐水 7d	MPa	≥0.5
	耐冻融 30 次	MPa	≥0.5
线性收缩率		%	≤0.3

注：水泥应采用强度等级 42.5 的普通硅酸盐水泥，并应符合 GB 175—1999 的要求，砂应符合 JGJ 52—1992 的规定，筛除大于 2.5mm 颗粒，含泥量少于 3%。

（十二）面砖勾缝料

面砖勾缝料的性能应符合表 10-28 的要求。

面砖勾缝料性能指标　　　　　　　　表 10-28

项　目		单　位	指　标
外观		—	均匀一致
颜色		—	与标准样一致
凝结时间		h	大于 2h，小于 24h
拉伸粘结强度	常温常态 14d	MPa	≥0.60
	耐水（常温常态 14d，浸水 48h，放置 24h）	MPa	≥0.50
压折比		—	≤3.0
透水性（24h）		mL	≤3.0

（十三）塑料锚栓

塑料锚栓由螺钉和带圆盘的塑料膨胀套管两部分组成。金属螺钉应采用不锈钢或经过表面防腐蚀处理的金属制成，塑料钉和带圆盘的塑料膨胀套管应采用聚酰胺、聚乙烯或聚丙烯制成，制作塑料钉和塑料套管的材料不得使用回收的再生材料。塑料锚栓有效锚固深度不小于 25mm，塑料圆盘直径不小于 50mm，套管外径 7～10mm。单个塑料锚栓抗拉承载力标准值（C25 混凝土基层）不小于 0.80kN。

（十四）热镀锌电焊网

热镀锌电焊网（俗称四角网）应符合 QB/T 3897—1999 并满足表 10-29 的要求。

热镀锌电焊网性能指标　　　　　　　　表 10-29

项　目	单　位	指　标
工艺	—	热镀锌电焊网
丝径	mm	0.90±0.04
网孔大小	mm	12.7×12.7
焊点抗拉力	N	>65
镀锌层质量	g/m²	≥122

(十五) 饰面砖

外保温饰面砖应采用粘贴面带有燕尾槽的产品并不得带有脱模剂。其性能应符合下列现行标准的要求：GB/T 9155；GB/T 4100.1、GB/T4100.2、GB/T 4100.3、GB/T 4100.4；JC/T 457；GB/T 7697，并应同时满足表10-30性能指标的要求。

饰面砖性能指标　　　　　　　　　　表 10-30

项　目		单　位	指　标
尺寸	6m 以下墙面　表面面积	cm²	≤410
	厚度	cm	≤1.0
	6m 及以上墙面　表面面积	cm²	≤190
	厚度	cm	≤0.75
单位面积质量		kg/m²	≤20
吸水率	Ⅰ、Ⅵ、Ⅶ气候区	%	≤3
	Ⅱ、Ⅲ、Ⅳ、Ⅴ气候区		≤6
抗冻性	Ⅰ、Ⅵ、Ⅶ气候区	—	50 次冻融循环无破坏
	Ⅱ气候区		40 次冻融循环无破坏
	Ⅲ、Ⅳ、Ⅴ气候区		10 次冻融循环无破坏

注：气候区划分级按 GB 50178—1993 中一级区划的Ⅰ～Ⅶ区执行。

(十六) 附件

在胶粉聚苯颗粒外保温系统中所采用的附件，包括射钉、密封膏、密封条、金属护角、盖口条等应分别符合相应的产品标准的要求。

五、试验方法

标准试验室环境为空气温度$(23\pm2)℃$，相对湿度$(50\pm10)\%$。在非标准试验室环境下试验时，应记录温度和相对湿度。本标准试验方法中所述脱模剂是采用机油和黄油调制的，黏度大于100s。

(一) 胶粉聚苯颗粒外保温系统

1. 系统耐候性试验方法

(1) 试样

试样由混凝土墙和被测外保温系统构成，混凝土墙用作外保温系统的基层墙体。

尺寸：试样宽度应不小于2.5m，高度应不小于2.0m，面积应不小于6m²。混凝土墙上角处应预留一个宽0.4m、高0.6m的洞口，洞口距离边缘0.4m(图10-6)。

制备：外保温系统应包住混凝土墙的侧边。侧边保温层最大厚度为20mm。预留洞口处应安装窗框。如有必要，可对洞口四角做特殊加强处理。

1) C 型单网普通试样：混凝土墙＋界面砂浆(24h)＋50mm 胶粉聚苯颗粒保温层(5d)＋4mm 抗裂砂浆(压入一层普通

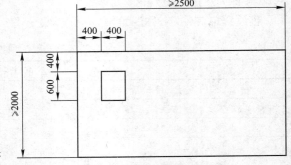

图 10-6　试样(单位：mm)

型耐碱网布)(5d)+弹性底涂(24h)+柔性耐水腻子(24h)+涂料饰面,在试验室环境下养护 56d。

2) C 型双网加强试样:混凝土墙+界面砂浆(24h)+50mm 胶粉聚苯颗粒保温层(5d)+4mm 抗裂砂浆(压入一层加强型耐碱网布)+3mm 第二遍抗裂砂浆(再压入一层普通型耐碱网布)(5d)+弹性底涂(24h)+1mm 柔性耐水腻子(24h)+涂料饰面,在试验室环境下养护 56d。

3) T 型试样:混凝土墙+界面砂浆(24h)+50mm 胶粉聚苯颗粒保温层(5d)+4mm 抗裂砂浆(24h)+锚固热镀锌电焊网+4mm 抗裂砂浆(5d)+(5~8)mm 面砖粘结砂浆粘贴面砖(2d)+面砖勾缝料勾缝,在试验室环境下养护 56d。

(2) 试验步骤

1) 高温-淋水循环 80 次,每次 6h。

(a) 升温 3h:使试样表面升温至 70℃并恒温在(70±5)℃,恒温时间应不小于 1h。

(b) 淋水 1h:向试样表面淋水,水温为(15±5)℃,水量为(1.0~1.5)L/(m²·min)。

(c) 静置 2h。

2) 状态调节至少 48h。

3) 加热-冷冻循环 20 次,每次 24h。

(a) 升温 8h:使试样表面升温至 50℃并恒温在(50±5)℃,恒温时间应不小于 5h。

(b) 降温 16h:使试样表面降温至 -20℃并恒温在(-20±5)℃,恒温时间应不小于 12h。

4) 每 4 次高温-降雨循环和每次加热-冷冻循环后观察试样是否出现裂缝、空鼓、脱落等情况并做记录。

5) 试验结束后,状态调节 7d,检验拉伸粘结强度和抗冲击强度。

(3) 试验结果

经 80 次高温-淋水循环和 20 次加热-冷冻循环后系统未出现开裂、空鼓或脱落,抗裂防护层与保温层的拉伸粘结强度不小于 0.1MPa 且破坏界面位于保温层则系统耐候性合格。

2. 系统吸水量试验方法

(1) 试样

试样由保温层和抗裂防护层构成。

尺寸:200mm×200mm。保温层厚度 50mm。

制备:50mm 胶粉聚苯颗粒保温层(7d)+4mm 抗裂砂浆(复合耐碱网布)(5d)+弹性底涂,养护 56d。试样周边涂密封材料密封。试样数量为 3 件。

(2) 试验步骤

1) 测量试样面积 A。

2) 称量试样初始质量 m_0。

3) 使试样抹面层朝下将抹面层浸入水中并使表面完全湿润。分别浸泡 1h 后取出,在 1min 内擦去表面水分,称量吸水后的质量 m。

(3) 试验结果

系统吸水量按式(10-8)进行计算。

$$M=\frac{m-m_0}{A} \tag{10-8}$$

式中 M——系统吸水量(kg/m^2);

m——试样吸水后的质量(kg);

m_0——试样初始质量(kg);

A——试样面积(m^2)。

试验结果以 3 个试验数据的算术平均值表示。

3. 抗冲击强度

(1) 试样

1) C 型单网普通试样:

数量:2 件,用于 3J 级冲击试验;

尺寸:1200mm×600mm,保温层厚度 50mm;

制作:50mm 胶粉聚苯颗粒保温层(7d)+4mm 抗裂砂浆(压入耐碱网布,网布不得有搭接缝)(5d)+弹性底涂(24h)+柔性耐水腻子,在试验室环境下养护 56d 后,涂刷饰面涂料,涂料实干后,待用。

2) C 型双网加强试样:

数量:2 件,每件分别用于 3J 级和 10J 级冲击试验;

尺寸:1200mm×600mm,保温层厚度 50mm;

制作:50mm 胶粉聚苯颗粒保温层(5d)+4mm 抗裂砂浆(先压入一层加强型耐碱网布,再压入一层普通型耐碱网布,网布不得有搭接缝)(5d)+弹性底涂(24h)+柔性耐水腻子,在试验室环境下养护 56d 后,涂刷饰面涂料,涂料实干后,待用。

3) T 型试样:

数量:2 件,用于 3J 级冲击试验;

尺寸:1200mm×600mm,保温层厚度 50mm;

制作:50mm 胶粉聚苯颗粒保温层(5d)+4mm 抗裂砂浆(压入热镀锌电焊网)(24h)+4mm 抗裂砂浆(5d)+粘贴面砖(2d)+勾缝,在试验室环境下养护 56d。

(2) 试验过程

1) 将试样抗裂防护层向上平放于光滑的刚性底板上。

2) 试验分为 3J 和 10J 两级,每级试验冲击 10 个点。3J 级冲击试验使用质量为 500g 的钢球,在距离试样上表面 0.61m 高度自由降落冲击试样。10J 级冲击试验使用质量为 1000g 的钢球,在距离试样上表面 1.02m 高度自由降落冲击试样。冲击点应离开试样边缘至少 100mm,冲击点间距不得小于 100mm。以冲击点及其周围开裂作为破坏的判定标准。

(3) 试验结果

10J 级试验 10 个冲击点中破坏点不超过 4 个时,判定为 10J 冲击合格。10J 级试验 10 个冲击点中破坏点超过 4 个,3J 级试验 10 个冲击点中破坏点不超过 4 个时,判定为 3J 级冲击合格。

4. 系统抗风荷载性能试验方法

(1) 试样

试样由基层墙体和被测外保温系统组成。基层墙体可为混凝土墙或砖墙。为了模拟空气渗漏，在基层墙体上每平方米预留一个直径 15mm 的洞。

尺寸：试样面积至少为 2.0m×2.5m。

制备：按系统耐候性试验的三个试样制作。

(2) 试验设备

试验设备是一个负压箱。负压箱应有足够的深度，以保证在外保温系统可能的变形范围内能使施加在系统上的压力保持恒定。试样安装在负压箱开口中并沿基层墙体周边进行固定和密封。

(3) 试验步骤

加压程序及压力脉冲图形见图 10-7。

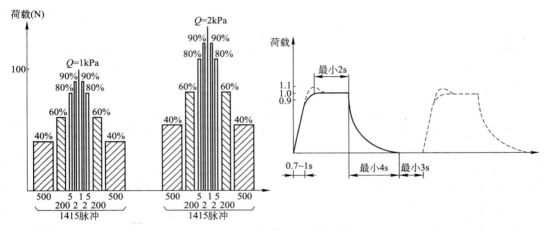

图 10-7 加压步骤及压力脉冲图形

每级试验包含 1415 个负风压脉冲，加压图形以试验风荷载 Q 的百分数表示，Q 取 1kPa 的整数倍。试验应从设计要求的风荷载值 W_d 降低两级开始，并以 1kPa 的级差由低向高逐级进行直至试样破坏。有下列现象之一时，即表示试样破坏：

1) 保温层脱落；
2) 保温层与其保护层之间出现分层；
3) 保护层本身脱开；
4) 当采用面砖饰面时，塑料锚栓被拉出。

(4) 试验结果

系统抗风压值 R_d 按式(10-9)进行计算。

$$R_d = \frac{Q_1 C_s C_a}{K} \tag{10-9}$$

式中 R_d——系统抗风压值(kPa)；

Q_1——试样破坏前一级的试验风荷载值(kPa)；

K——安全系数，取 1.5；

C_a——几何因数，对于外保温系统 $C_a=1$；

C_s——统计修正因数，对于胶粉聚苯颗粒外保温系统 $C_a=1$。

5. 耐冻融

(1) 试验仪器

1) 低温冷冻箱，最低温度(−30±3)℃；

2) 密封材料：松香、石蜡。

(2) 试样：

1) C 型试样：

数量：3 个，尺寸：500mm×500mm，保温层厚度 50mm。

制作：50mm 胶粉聚苯颗粒保温层(5d)+4mm 抗裂砂浆(压入标准耐碱网布)(5d)+弹性底涂，在试验室环境下养护 56d。除试件涂料面外将其他 5 面用融化的松香、石蜡(1∶1)密封。

2) T 型试样：

数量：3 个，尺寸：500mm×500mm，保温层厚度 50mm。

制作：按抗冲击强度 T 型试样制作，除面砖这一面外将其他 5 面用融化的松香、石蜡(1∶1)密封。

(3) 试验过程

冻融循环次数应符合标准表 3 的规定，每次 24h。

1) 在(20±2)℃自来水中浸泡 8h。试样浸入水中时，应使抗裂防护层朝下，使抗裂防护层浸入水中，并排除试样表面气泡。

2) 在(−20±2)℃冰箱中冷冻 16h。

试验期间如需中断试验，试样应置于冰箱中在(−20±2)℃下存放。

(4) 试验结果

每 3 次循环后观察试样是否出现裂纹、空鼓、起泡、剥离等情况并做记录。经 10 次冻融循环试验后观察，试样无裂纹、空鼓、起泡、剥离者为 10 次冻融循环合格；经 30 次冻融循环试验后观察，试样无裂纹、空鼓、起泡、剥离者为 30 次冻融循环合格。

6. 水蒸气湿流密度

按 GB/T 17146—1997 中水法的规定进行。试样制备同系统不透水性试样弹性底涂表面朝向湿度小的一侧。

7. 系统不透水性试验方法

(1) 试样

尺寸与数量：尺寸 65mm×200mm×200mm，数量 2 个；

制备：60mm 厚胶粉聚苯颗粒保温层(7d)+4mm 抗裂砂浆(复合耐碱网布)(5d)+弹性底涂，养护 56d 后，周边涂密封材料密封。去除试样中心部位的胶粉聚苯颗粒保温浆料，去除部分的尺寸为 100mm×100mm，并在试样侧面标记出距抹面胶浆表面 50mm 的位置。

(2) 试验过程

将试样防护面朝下放入水槽中，使试样防护面位于水面下 50mm 处(相当于压力 500Pa)，为保证试样在水面以下，可在试样上放置重物，如图 10-8 所示。试样在水中放置 2h 后，观察试样内表面。

(3) 试验结果

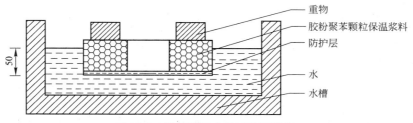

图 10-8 系统不透水性试验示意图

试样背面去除胶粉聚苯聚粒保温浆料的部分无水渗透为合格。

8. 系统耐磨损试验方法

(1) 试样

尺寸：100mm×200mm，保温层厚度 50mm；数量：3 个。

(2) 试验仪器

1) 耐磨损试验器：由金属漏斗和支架组成，漏斗垂直固定在支架上，漏斗下部装有笔直、内部平滑导管，内径为(19±0.1)mm。导管正下方有可调整试件位置的试架，倾斜角 45°导管下口距离试件表面最近点 25mm，锥形体下部 100mm 处装有可控制标准砂流量的控制板，流速控制在(2000±10)mL 标准砂全部流出时间为 21～23.5s。见图 10-9。

2) 研磨剂：标准砂。

图 10-9

(3) 试验过程

试验室温度(23±5)℃，相对湿度(65±20)%。

1) 将试件按试验要求正确安装在试架上。

2) 将(2000±10)mL 标准砂装入漏斗中，拉开控制板使砂子落下冲击试件表面，冲击完毕后观察试件表面的磨损情况，收集在试验器底部的砂子以重复使用。

3) 试件表面没有损坏，重复 2)，直至标准砂总量达 500L，试验结束。

(4) 试验结果

观察并记录试验结束时试件表面是否出现开裂、龟裂或防护层剥落、损伤的状态。无上述现象出现为合格。

9. 系统抗拉强度试验方法

(1) 试样

制备：10mm 水泥砂浆底板＋界面砂浆(24h)＋50mm 胶粉聚苯颗粒保温层(5d)＋4mm 抗裂砂浆(压入耐碱网布)(5d)＋弹性底涂(24h)＋柔性耐水腻子，在试验室环境下养护 56d 后，涂刷饰面涂料，涂料实干后，待用。

尺寸：切割成尺寸为 100mm×100mm 试样 5 个。

(2) 试验过程

1) 用适当的胶粘剂将试样上下表面分别与尺寸为 100mm×100mm 的金属试验板粘结。

2) 通过万向接头将试样安装于拉力试验机上，拉伸速度为 5mm/min，拉伸至破坏并记录破坏时的拉力及破坏部位。破坏部位在试验板粘结界面时试验数据无效。

3) 试验应在以下两种试样状态下进行：

① 干燥状态;

② 水中浸泡 48h,取出后在(50±5)℃条件下干燥 7d。

(3) 试验结果

抗拉强度不小于 0.1MPa,并且破坏部位不位于各层界面为合格。

10. 饰面砖粘结强度

系统成型 56d 后,按 JGJ 110—1997 的规定进行饰面砖粘结强度拉拔试验。断缝应从饰面砖表面切割至抗裂防护层表面(不应露出热镀锌电焊网),深度应一致。

11. 系统抗震性能试验方法

(1) 试样

试样由基层墙体和 T 型外保温系统组成,试样制备见 A.1 中 c),试样面积至少为 1.0m×1.0m,数量不少于 3 个。

基层墙体可为混凝土墙或砖墙,应保证基层墙体在试验过程中不破坏。

(2) 试验设备

试验设备有振动台、计算机和分析仪等。

(3) 试验过程

按照 JGJ 101—1996 规定的方法进行多遇地震、设防烈度地震及罕遇地震阶段的抗震试验,输入波形可采用正弦拍波,也可采用特定的天然地震波。

当采用正弦拍波激振时,激振频率宜按每分钟一个倍频程分级,每次振动时间大于 20s 且不少于 5 个拍波,台面加速度峰值可取 GB 50011—2001 规定值的 1.4 倍。当采用天然地震波激振时,每次振动时间为结构基本周期的 5～10 倍且不少于 20s,台面加速度峰值可取 GB 50011—2001 规定值的 2.0 倍。

当试件有严重损坏脱落时立即终止试验。

(4) 试验结果

设防烈度地震试验完毕后,面砖及外保温系统无脱落时即为抗震性能合格。

12. 火反应性试验方法

(1) 试样

试件制备:10mm 水泥砂浆底板+界面砂浆(24h)+50mm 胶粉聚苯颗粒保温层(5d)+4mm 抗裂砂浆(压入耐碱网布)(5d),在试验室环境下养护 56d 后,待用。

尺寸:切割成尺寸为 100mm×100mm 试样 6 个。其中 3 个即为开放试件。另 3 个试样的四周用抗裂砂浆封闭,作为封闭试件。

(2) 试验设备

检测设备采用锥型量热计(Cone Calorimeter)。

游标卡尺:(0～125)mm;精度 0.02mm。

(3) 试验过程

设定检测条件如下:

辐射能量:50kW/m^2;

排气管道流量:0.024m^3/s;

试件定位方向:水平。

试验前用游标卡尺测量试件厚度,精确至 0.1mm。采用锥形量热计测量试件的点火性，试验结束后用游标卡尺测量试件厚度，精确至 0.1mm。

(4) 试验结果

火反应性试验过程中，开放试件及封闭试件均不应被点燃。试验完毕后，试件厚度变化不应超过 10%。

(二) 界面砂浆

界面砂浆压剪粘结强度按 JG/T 547—1994 中 6.3.4 规定进行测定。

养护条件：

原强度：在试验室标准条件下养护 14d；

耐水：在试验室标准条件下养护 14d，然后在标准试验室温度水中浸泡 7d，取出擦干表面水分，进行测定；

耐冻融：在试验室标准条件下养护 14d，然后按 GBJ 82—1985 抗冻性能试验循环 10 次。

(三) 胶粉料

1. 初凝时间、终凝时间和安定性

(1) 按 GB/T 1346—2001 中第 7 章的规定测定标准稠度用水量。

(2) 在试验室标准条件下，按 GB/T 1346—2001 中第 8 章规定的方法测定初凝时间、终凝时间。配料时在胶砂搅拌机中搅拌 3min。

(3) 按 GB/T 1346—2001 中第 11 章的规定测定安定性。配料时在胶砂搅拌机中搅拌 3min。

2. 拉伸粘结强度、浸水拉伸粘结强度

按 JG/T 24—2000 中 6.14 的规定进行。

(1) 试样

制作：把 10 个 70mm×70mm×20mm 水泥砂浆试块用水浸透，擦干表面后，在 1.1 倍标准稠度用水量条件下按 JG/T 24—2000 中 6.14.2.1 的规定制备试块。

养护：试块用聚乙烯薄膜覆盖，在试验室温度条件下养护 7d。去掉覆盖物在试验室标准条件下养护 48d，用双组分环氧树脂或其他高强度胶粘剂粘结钢质上夹具，放置 24h。

(2) 试验过程

其中 5 个试件按 JG/T 24—2000 中 6.14.2.2 的规定测抗拉强度即为拉伸粘结强度。

另 5 个试件按 JG/T 24—2000 中 6.14.3.2 的规定测浸水 7d 的抗拉强度即为浸水拉伸粘结强度。

(四) 聚苯颗粒

1. 堆积密度

按 JC 209—1992 中 6.1 的规定进行。

2. 粒度

按 JC 209—1992 中 6.3 的规定进行。烘干温度为 (50 ± 2)℃，筛孔尺寸为 5mm。

(五) 胶粉聚苯颗粒保温浆料

胶粉聚苯颗粒保温浆料标准试样（简称标准浆料）制备：按厂家产品说明书中规定的比例和方法，在胶砂搅拌机中加入水和胶粉料，搅拌均匀后加入聚苯颗粒继续搅拌至均匀。

1. 湿表观密度

(1) 仪器设备

1) 标准量筒：容积为 0.001m³，要求内壁光洁，并具有足够的刚度，标准量筒应定期进行校核；
2) 天平：精度为 0.01g；
3) 油灰刀，抹子；
4) 捣棒：直径 10mm，长 350mm 的钢棒，端部应磨圆。

(2) 试验步骤

将称量过的标准量筒，用油灰刀将标准浆料填满量筒，使稍有富余，用捣棒均匀插捣 25 次（插捣过程中如浆料沉落到低于筒口，则应随时添加浆料），然后用抹子抹平，将量筒外壁擦净，称量浆料与量筒的总重，精确至 0.001kg。

(3) 结果计算

湿表观密度按式(10-10)计算：

$$\rho_s = (m_1 - m_0)/V \tag{10-10}$$

式中　ρ_s——湿表观密度(kg/m³)；
　　　m_0——标准量筒质量(kg)；
　　　m_1——浆料加标准量筒的质量(kg)；
　　　V——标准量筒的体积(m³)。

试验结果取 3 次试验结果算术平均值，保留 3 位有效数字。

2. 干表观密度

(1) 仪器设备

1) 烘箱：灵敏度±2℃；
2) 天平：精度为 0.01g；
3) 干燥器：直径大于 300mm；
4) 游标卡尺：(0~125)mm；精度 0.02mm；
5) 钢板尺：500mm；精度：1mm；
6) 油灰刀，抹子；
7) 组合式无底金属试模：300mm×300mm×30mm；
8) 玻璃板：400mm×400mm×(3~5)mm。

(2) 试件制备

成型方法：将 3 个空腔尺寸为 300mm×300mm×30mm 的金属试模分别放在玻璃板上，用脱模剂涂刷试模内壁及玻璃板，用油灰刀将标准浆料逐层加满并略高出试模，为防止浆料留下孔隙，用油灰刀沿模壁插数次，然后用抹子抹平，制成 3 个试件。

养护方法：试件成型后用聚乙烯薄膜覆盖，在试验室温度条件下养护 7d 后拆模，拆模后在试验室标准条件下养护 21d，然后将试件放入(65±2)℃的烘箱中，烘干至恒重，取出放入干燥器中冷却至室温备用。

(3) 试验步骤

取制备好的 3 个试件分别磨平并称量，精确至 1g。按顺序用钢板尺在试件两端距边缘 20mm 处和中间位置分别测量其长度和宽度，精确至 1mm，取 3 个测量数据的平均值。用游标卡尺在试件任何一边的两端距边缘 20mm 和中间处分别测量厚度，在相对的另一边重复以上测量，精确至 0.1mm，要求试件厚度差小于 2%，否则重新打磨试件，直至达到要求。最后取 6 个测量数据的平均值。

由以上测量数据求得每个试件的质量与体积。

(4) 结果计算

干表观密度按式(10-11)计算：

$$\rho_g = m/V \tag{10-11}$$

式中 ρ_g——干密度(kg/m^3)；

m——试件质量(kg)；

V——试件体积(m^3)。

试验结果取三个试件试验结果的算术平均值，保留三位有效数字。

3. 导热系统

测试干表观密度后的试件，按 GB/T 10294—1988 的规定测试导热系数。

4. 蓄热系数

按 JGJ 51—2002 中 7.5 的规定进行。

5. 抗压强度

(1) 仪器设备

1) 钢质有底试模 100mm×100mm×100mm，应具有足够的刚度并拆装方便。试模的内表面不平整度应为每 100mm 不超过 0.05mm，组装后各相邻面的不垂直度小于 0.5°；

2) 捣棒：直径 10mm，长 350mm 的钢棒，端部应磨圆；

3) 压力试验机：精度(示值的相对误差)小于±2%，量程应选择在材料的预期破坏荷载相当于仪器刻度的 20%～80%之间；试验机的上、下压板的尺寸应大于试件的承压面，其不平整度应为每 100mm 不超过 0.02mm。

(2) 试件制备

成型方法：将金属模具内壁涂刷脱模剂，向试模内注满标准浆料并略高于试模的上表面，用捣棒均匀由外向里按螺旋方向插捣 25 次，为防止浆料留下孔隙，用油灰刀沿模壁插数次，然后将高出的浆料沿试模顶面削去用抹子抹平。须按相同的方法同时成型 10 个试件，其中 5 个测抗压强度，另 5 个用来测软化系数。

养护方法：试块成型后用聚乙烯薄膜覆盖，在试验室温度条件下养护 7d 后去掉覆盖物，在试验室标准条件下继续养护 48d。放入(65±2)℃的烘箱中烘 24h，从烘箱中取出放入干燥器中备用。

(3) 试验步骤

抗压强度：从干燥器中取出的试件应尽快进行试验，以免试件内部的温湿度发生显著的变化。取出其中的 5 个测量试件的承压面积，长宽测量精确到 1mm，并据此计算试件的受压面积。将试件安放在压力试验机的下压板上，试件的承压面应与成型时的顶面垂直，试件中心应与试验机下压板中心对准。开动试验机，当上压板与试件接近时，调整球座，使接触面均衡受压。承压试验应连续而均匀地加荷，加荷速度应为每秒钟(0.5～1.5)kN，直至试件破坏，然后记录破坏荷载 N_0。

(4) 结果计算

抗压强度按式(10-12)计算：

$$f_0 = N_0/A \tag{10-12}$$

式中 f_0——抗压强度(kPa);
   N_0——破坏压力(kN);
   A——试件的承压面积(mm^2)。

试验结果以 5 个试件检测值的算术平均值作为该组试件的抗压强度,保留三位有效数字。当 5 个试件的最大值或最小值与平均值的差超过 20% 时,以中间三个试件的平均值作为该组试件的抗压强度值。

6. 软化系数

取以上余下的 5 个试件,将其浸入到 (20 ± 5)℃ 的水中(用铁箅子将试件压入水面下 20mm 处),48h 后取出擦干,测饱水状态下胶粉聚苯颗粒保温浆料的抗压强度 f_1;

软化系数按式(10-13)进行计算:

$$\psi = f_1/f_0 \tag{10-13}$$

式中 ψ——软化系数;
   f_0——绝干状态下的抗压强度(kPa);
   f_1——饱水状态下的抗压强度(kPa)。

7. 压剪粘结强度

按 JC/T 547—1994 中 6.3.4 进行。标准浆料厚度控制在 10mm。成型 5 个试件,用聚乙烯薄膜覆盖,在试验室温度条件下养护 7d。去掉覆盖物后在试验室标准条件下养护 48d,将试件放入 (65 ± 2)℃ 的烘箱中烘 24h,然后取出放在干燥器中冷却待用。

8. 线性收缩率

按 JGJ 70—1990 中第 10 章进行。

(1) 试验仪器

JGJ 70—1990 中 10.0.2 的规定。

(2) 试验步骤

1) 将收缩头固定在试模两端的孔洞中,使收缩头露出试件端面 (8 ± 1)mm;

2) 将试模内壁涂刷脱模剂,向试模内注满标准浆料并略高于试模的上表面,用捣棒均匀插捣 25 次,为防止浆料留下孔隙,用油灰刀沿模壁插数次,然后将高出的浆料沿试模顶面削去抹平。试块成型后用聚乙烯薄膜覆盖,在试验室温度条件下养护 7d 后去掉覆盖物,对试件进行编号、拆模并标明测试方向。然后用标准杆调整收缩仪的百分表的零点,按标明的测试方向立即测定试件的长度,即为初始长度;

3) 测定初始长度后,将试件放在标准试验条件下继续养护 49d。第 56d 测定试件的长度,即为干燥后长度。

(3) 结果计算:

收缩率按式(10-14)计算:

$$\varepsilon = (L_0 - L_1)/(L - L_d) \tag{10-14}$$

式中 ε——自然干燥收缩率(%);
   L_0——试件的初始长度(mm);
   L_1——试件干燥后的长度(mm);
   L——试件的长度(mm);
   L_d——两个收缩头埋入砂浆中长度之和(mm)。

试验结果以 5 个试件检测值的算术平均值来确定,保留两位有效数字。当 5 个试件的最大值或最小值与平均值的差超过 20%时,以中间 3 个试件的平均值作为该组试件的线性收缩率值。

9. 难燃性

按 GB/T 8625—1988 的规定进行。

(六) 抗裂剂及抗裂砂浆

标准抗裂砂浆的制备:按厂家产品说明书中规定的比例和方法配制的抗裂砂浆即为标准抗裂砂浆。抗裂砂浆的性能均应采用标准抗裂砂浆进行测试。

1. 抗裂剂不挥发物含量

按 GB/T 2793—1995 的规定进行。试验温度(105±2)℃,试验时间(180±5)min,取样量 2.0g。

2. 抗裂剂贮存稳定性

从刚生产的抗裂剂中取样,装满 3 个容量为 500mL 有盖容器。在(20±5)℃条件下放置 6 个月,观察试样有无结块、凝聚及发霉现象,并按抗裂砂浆拉伸粘结强度、浸水拉伸粘结强度规定测抗裂砂浆的拉伸粘结强度,粘结强度不低于表 10-22 拉伸粘结强度的要求。

3. 抗裂砂浆可使用时间

可操作时间:标准抗裂砂浆配制好后,在试验室标准条件下按制造商提供的可操作时间(没有规定时按 1.5h)放置,此时材料应具有良好的操作性。然后按抗裂砂浆拉伸粘结强度、浸水拉伸粘结强度中拉伸粘结强度测试的规定进行,试验结果以 5 个试验数据的算术平均值表示,平均粘结强度不低于表 10-22 拉伸粘结强度的要求。

4. 抗裂砂浆拉伸粘结强度、浸水拉伸粘结强度

按 JG/T 24—2000 中 6.14 的规定进行。

(1) 试样

在 10 个 70mm×70mm×20mm 水泥砂浆试块上,用标准抗裂砂浆按 JG/T 24—2000 中 6.14.2.1 的规定成型试块,成型时注意用刮刀压实。试块用聚乙烯薄膜覆盖,在试验室温度条件下养护 7d,取出试验室标准条件下继续养护 20d。用双组分环氧树脂或其他高强度粘结剂粘结钢质上夹具,放置 24h。

(2) 试验过程

其中 5 个试件按 JG/T 24—2000 中 6.14.2.2 的规定测抗拉强度即为拉伸粘结强度。

另 5 个试件按 JG/T 24—2000 中 6.14.3.2 的规定测浸水 7d 的抗拉强度即为浸水拉伸粘结强度。

5. 抗裂砂浆压折比

(1) 抗压强度、抗折强度测定按 GB/T 17671—1999 的规定进行。养护条件:采用标准抗裂砂浆成型,用聚乙烯薄膜覆盖,在试验室标准条件下养护 2d 后脱模,继续用聚乙烯薄膜覆盖养护 5d,去掉覆盖物在试验室温度条件下养护 21d。

(2) 压折比的计算:

压折比按式(10-15)计算:

$$T = R_c / R_f \qquad (10\text{-}15)$$

式中 T——压折比;

R_c——抗压强度(N/mm^2);

R_f——抗折强度(N/mm^2)。

(七) 耐碱网布

1. 外观

按 JC/T 841—1999 中 5.2 的规定进行。

2. 长度及宽度

按 GB/T 7689.3—2001 的规定进行。

3. 网孔中心距

用直尺测量连续 10 个孔的平均值。

4. 单位面积质量

按 GB/T 9914.3—2001 的规定进行。

5. 断裂强力

按 GB/T 7689.5—2001 中类型Ⅰ的规定测经向和纬向的断裂强力。

6. 耐碱强力保留率

(1) 由上述 5 测试经向和纬向初始断裂强力 F_0。

(2) 水泥浆液的配制:

取 1 份强度等级 42.5 的普通硅酸盐水泥与 10 份水搅拌 30min 后,静置过夜。取上层澄清液作为试验用水泥浆液。

(3) 试验过程

1) 方法一:在试验室条件下,将试件平放在水泥浆液中,浸泡时间 28d。

方法二(快速法):将试件平放在(80±2)℃的水泥浆液中,浸泡时间 4h。

2) 取出试件,用清水浸泡 5min 后,用流动的自来水漂洗 5min,然后在(60±5)℃的烘箱中烘 1h 后,在试验环境中存放 24h。

3) 按 GB/T 7689.5—2001 测试经向和纬向耐碱断裂强力 F_1。

注:如有争议以方法一为准。

(4) 试验结果

耐碱强力保留率应按式(10-16)计算:

$$B = (F_1/F_0) \times 100\% \tag{10-16}$$

式中　B——耐碱强力保留率(%);

　　　F_1——耐碱断裂强力(N);

　　　F_0——初始断裂强力(N)。

7. 断裂伸长率

(1) 试验步骤

按 GB/T 7689.5—2001 测定断裂强力并记录断裂伸长值 ΔL。

(2) 试验结果

断裂伸长率按式(10-17)计算:

$$D = (\Delta L/L) \times 100\% \tag{10-17}$$

式中　D——断裂伸长率(%);

　　　ΔL——断裂伸长值(mm);

L——试件初始受力长度(mm)。

8. 涂塑量

按 GB/T 9914.2—2001 的规定进行。

试样涂塑量 $G(g/m^2)$按式(10-18)计算：

$$G=[(m_1-m_2)/L \cdot B] \times 10^6 \tag{10-18}$$

式中 m_1——干燥试样加试样皿的质量(g)；

m_2——灼烧后试样加试样皿的质量(g)；

L——小样长度(mm)；

B——小样宽度(mm)。

9. 玻璃成分

按 JC 719 规定进行。

(八) 弹性底涂

1. 容器中状态

打开容器允许在容器底部有沉淀，经搅拌易于混合均匀时，可评为"搅拌均匀后无硬块，呈均匀状态"。

2. 施工性

用刷子在平滑面上刷涂试样，涂布量为湿膜厚度约 $100\mu m$，使试板的长边呈水平方向，短边与水平方向成约 85°角竖放，放置 6h 后再用同样方法涂刷第二道试样，在第二道涂刷时，刷子运行无困难，则可判为"刷涂无障碍"。

3. 干燥时间

(1) 表干时间

按 GB/T 16777—1997 中 12.2.1B 法进行，试件制备时，用规格为 $250\mu m$ 的线棒涂布器进行制膜。

(2) 实干时间

按 GB/T 16777—1997 中 12.2.2B 法进行，试件制备时，用规格为 $250\mu m$ 的线棒涂布器进行制膜。

4. 断裂伸长率

(1) 试验步骤

按 GB/T 16777—1997 中 8.2.2 进行。拉伸速度为 200mm/min，并记录断裂时标线间距离 L_1。

(2) 结果计算

断裂伸长率应按式(10-19)计算：

$$L=(L_1-25)/25 \tag{10-19}$$

式中 L——试件断裂时的伸长率(%)；

L_1——试件断裂时标线间的距离(mm)；

25——拉伸前标线间的距离(mm)。

5. 表面憎水率

按 GB 10299—1988 的规定进行。

(1) 试样

试样尺寸：300mm×150mm。保温层厚度50mm。

试样制备：50mm胶粉聚苯颗粒保温层(7d)+4mm抗裂砂浆(复合耐碱网布)(5d)+弹性底涂。实干后放入(65±2)℃的烘箱中烘至恒重。

(2) 试验步骤

按GB 10299—1998中第7章进行。

(3) 结果计算

表面憎水率按式(10-20)计算：

$$表面憎水率 = \left(1 - \frac{V_1}{V}\right) \times 100 = \left(1 - \frac{m_2 - m_1}{V \times \rho}\right) \times 100 \tag{10-20}$$

式中 V_1——试样中吸入水的体积(cm^3)；

V——试样的体积(cm^3)；

m_2——淋水后试样的质量(g)；

m_1——淋水前试样的质量(g)；

ρ——水的密度，取$1g/cm^3$。

(九) 柔性耐水腻子

标准腻子的制备：按厂家产品说明书中规定的比例和方法配制的柔性耐水腻子为标准腻子，柔性耐水腻子的性能检测均须采用标准腻子。下列试验项目中除粘结强度、柔韧性外，所用的试板均为石棉水泥板。石棉水泥板、砂浆块要求同JG/T 157—2004中6.3的规定。柔韧性试板采用马口铁板。

1. 容器中状态

按JG/T 157—2004中6.5的规定进行。

2. 施工性

按JG/T 157—2004中6.6的规定进行。

3. 干燥时间

按JG/T 157—2004中6.7的规定进行。

4. 打磨性

按JG/T 157—2004中6.9的规定进行。制板要求两次成型，第一道刮涂厚度约为1mm，第二道刮涂厚度约为1mm，每道间隔5h。

5. 耐水性

按JG/T 157—2004中6.11的规定进行。制板要求同6.9.4。

6. 耐碱性

按JG/T 157—2004中6.12的规定进行。制板要求同6.9.4。

7. 粘结强度

按JG/T 157—2004中6.13的规定进行。

8. 柔韧性

按GB 1748—1979中的规定进行。制板要求两次成型，第一道刮涂厚度约为0.5mm，第二道刮涂厚度约为0.5mm，每道间隔5h。

9. 低温贮存稳定性

按JG/T 157—2004中6.15的规定进行。

(十) 外墙外保温饰面涂料

1. 断裂伸长率

GB/T 16777—1997 的规定进行。

2. 初期干燥抗裂性

按 GB 9779—1988 的规定进行。

3. 其他性能指标

按建筑外墙涂料相关标准的规定进行。

(十一) 面砖粘结砂浆

标准粘结砂浆的制备：按厂家产品说明书中规定的比例和方法配制的面砖粘结砂浆为标准粘结砂浆，面砖粘结砂浆的性能检测均须采用标准粘结砂浆。

1. 拉伸粘结强度

按 JC/T 547—1994 的规定进行。

试件成型后用聚乙烯薄膜覆盖，在试验室温度条件下养护 7d，将试件取出继续在试验室标准条件下养护 7d。按 JC/T 547—1994 中 6.3.1.3 和 6.3.1.4 的规定进行测试和评定。标准粘结砂浆厚度控制在 3mm。测试时，如果是 G 型砖与钢夹具之间分开，应重新测定。

2. 压折比

按抗裂砂浆压折比的规定进行。养护条件：采用标准粘结砂浆成型，用聚乙烯薄膜覆盖，在试验室标准条件下养护 2d 后脱模，继续用聚乙烯薄膜覆盖养护 5d，去掉覆盖物在试验室标准条件下养护 7d。

3. 压剪粘结强度

按 JCJ/T 547—1994 中 6.3.4 进行。标准粘结砂浆厚度控制在 3mm。

4. 线性收缩率

按 JC/T 547—1994 中 6.3.4 进行。

(十二) 面砖勾缝料

标准面砖勾缝料的制备：按厂家产品说明书中规定的比例和方法配制的面砖勾缝料为标准粘结砂浆，面砖勾缝料的性能检测均须采用标准面砖勾缝料。

1. 外观

目测，无明显混合不匀物及杂质等异常情况。

2. 颜色

取样(300±5)g，按厂家产品说明书中规定的比例加水混合均匀后，在 80℃下烘干，目测颜色是否与标准一致。

3. 凝结时间

按 JGJ 70—1990 中第 6 章的规定进行。

4. 拉伸粘结强度

按抗裂砂浆拉伸粘结强度、浸水拉伸粘结强度的规定进行。养护条件：采用标准面砖勾缝料成型，用聚乙烯薄膜覆盖，在试验室标准条件下养护 7d 后去掉覆盖物，继续在试验室标准条件下养护 7d。

5. 压折比

按抗裂砂浆压折比的规定进行。养护条件：采用标准面砖勾缝料成型，用聚乙烯薄膜覆盖，在试验室标准条件下养护 2d 后脱模，继续用聚乙烯薄膜覆盖养护 5d，去掉覆盖物在试验室标准条件下养护 7d。

6. 面砖勾缝料透水性试验方法

(1) 试件

尺寸：200mm×200mm。

制备：50mm 胶粉聚苯颗粒保温层＋5mm 面砖勾缝料，用聚乙烯薄膜覆盖，在试验室温度条件下养护 7d。去掉覆盖物在试验室标准条件下养护 21d。

(2) 试验装置

由带刻度的玻璃试管（卡斯通管 Carsten-Rohrchen）组成，容积 10mL，试管刻度为 0.05mL。

(3) 试验过程

将试件置于水平状态，将卡斯通管放于试件的中心位置，用密封材料密封试件和玻璃试管间的缝隙，确保水不会从试件和玻璃试管间的缝隙渗出，往玻璃试管内注水，直至试管的 0 刻度，在试验条件下放置 24h，再读取试管的刻度。见图 10-10。

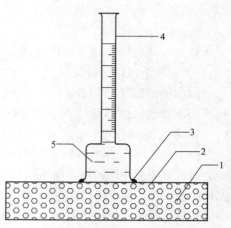

图 10-10　面砖勾缝料透水性试验示意图
1—胶粉聚苯颗粒保温浆料；2—面砖勾缝料；
3—密封材料；4—卡斯通管；5—水

(4) 试验结果

试验前后试管的刻度之差即为透水量，取 2 个试件的平均值，精确至 0.1mL。

(十三) 塑料锚栓

按 JG 149—2003 附录 F 中 F.1 的规定进行。

(十四) 热镀锌电焊网

按 QB/T 3897—1999 的规定进行。

(十五) 饰面砖

1. 尺寸

按 GB/T 3810.1—1999 的规定抽取 10 块整砖为试件。按 GB/T 3810.2—1999 的规定进行检测。

2. 单位面积质量

(1) 干砖的质量：将测过尺寸的 10 块整砖放在(110±5)℃的烘箱中干燥至恒重后，放在有硅胶或其他干燥剂的干燥器内冷却至室温。采用能称量精确到试样质量 0.01%的天平称量。以 10 块整砖的平均值作为干砖的质量 W。

(2) 表面积的测量：以尺寸所测得的平均长和宽，作为试样长 L 和宽 B。

(3) 单位面积质量：单位面积质量计算按式(10-21)进行：

$$M=W\times10^3/(L\times B) \tag{10-21}$$

式中　M——单位面积质量(kg/m^2)；

W——干砖的质量(g)；

L——饰面砖长度(mm)；

B——饰面砖宽度(mm)。

3. 吸水率

按 GB/T 3810.3—1999 的规定进行。

4. 抗冻性

按 GB/T 3810.12—1999 的规定进行,其中低温环境温度采用(-30±2)℃,保持 2h 后放入不低于 10℃的清水中融化 2h 为一个循环。

5. 其他项目

按国家或行业相关产品标准进行。

六、检验规则

产品检验分出厂检验和型式检验。

(一)检验分类

1. 出厂检验

以下指标为出厂必检项目,企业可根据实际增加其他出厂检验项目。出厂检验应按规定的要求进行,并应进行净含量检验,检验合格并附有合格证方可出厂。

(1)界面砂浆:压剪粘结原强度;

(2)胶粉料:初凝结时间、终凝结时间、安定性;

(3)聚苯颗粒:堆积密度、粒度;

(4)胶粉聚苯颗粒保温浆料:湿表观密度;

(5)抗裂剂:不挥发物含量及抗裂砂浆的可操作时间;

(6)耐碱网布:外观、长度及宽度、网孔中心距、单位面积质量、断裂强力、断裂伸长率;

(7)弹性底涂:容器中状态、施工性、表干时间;

(8)柔性耐水腻子:容器中状态、施工性、表干时间、打磨性;

(9)饰面层涂料:涂膜外观、施工性、表干时间、抗裂性;

(10)面砖粘结砂浆:拉伸粘结强度、压剪胶接原强度;

(11)面砖勾缝料:外观、颜色、凝结时间;

(12)塑料锚栓:塑料圆盘直径、单个塑料锚栓抗拉承载力标准值;

(13)热镀锌电焊网:QB/T 3897—1999 中 6.2 规定的项目;

(14)饰面砖:表面面积、厚度、单位面积质量、吸水率及国家或行业相关产品标准规定的出厂检验项目。

2. 型式检验

表 10-17~表 10-30 所列性能指标(除抗震试验外)及所用饰面层涂料、塑料锚栓、热镀锌电焊网及饰面砖相关标准所规定的型式检验性能指标为型式检验项目。在正常情况下,型式检验项目每两年进行一次,在外保温系统粘贴面砖时应提供抗震试验报告。有下列情况之一时,应进行型式检验:

(1)新产品定型鉴定时;

(2)产品主要原材料及用量或生产工艺有重大变更,影响产品性能指标时;

(3)停产半年以上恢复生产时;

(4)国家质量监督机构提出型式检验要求时。

(二)组批规则与抽样方法

1. 粉状材料：以同种产品、同一级别、同一规格产品 30t 为一批，不足一批以一批计。从每批任抽 10 袋，从每袋中分别取试样不少于 500g，混合均匀，按四分法缩取出比试验所需量大 1.5 倍的试样为检验样；

2. 液态剂类材料：以同种产品、同一级别、同一规格产品 10t 为一批，不足一批以一批计。取样方法按 GB 3186 的规定进行。

（三）判定规则

若全部检验项目符合标准规定的技术指标，则判定为合格；若有两项或两项以上指标不符合规定时，则判定为不合格；若有一项指标不符合规定时，应对同一批产品进行加倍抽样复检不合格项，如该项指标仍不合格，则判定为不合格。若复检项目符合标准规定的技术指标，则判定为合格。

第十四节　建筑保温砂浆[1]

一、适用范围

GB/T 20473—2006 标准适用于建筑物墙体保温隔热层用的建筑保温砂浆。

二、术语和定义

建筑保温砂浆：以膨胀珍珠岩或膨胀蛭石、胶凝材料为主要成分，掺加其他功能组分制成的用于建筑物墙体绝热的干拌混合物。使用时需加适当面层。

三、分类及标记

（一）分类

产品按其干密度分为Ⅰ型和Ⅱ型。

（二）产品标记

1 产品标记的组成

产品标记由三部分组成：型号、产品名称、标准号。

2. 标记示例

示例 1：Ⅰ型建筑保温砂浆的标记为：

Ⅰ建筑保温砂浆 GB/T 20473—2006

示例 2：Ⅱ型建筑保温砂浆的标记为：

Ⅱ建筑保温砂浆 GB/T 20473—2006

四、要求

1. 外观质量

外观应为均匀、干燥无结块的颗粒状混合物。

2. 堆积密度

Ⅰ型应不大于 250kg/m³，Ⅱ型应不大于 350kg/m³。

3. 石棉含量

应不含石棉纤维。

4. 放射性

---

[1] 内容摘自 GB/T 20473—2006《建筑保温砂浆》。

天然放射性核素镭-266、钍-232、钾-40 的放射性比活度应同时满足 $I_{Ra}\leqslant 1.0$ 和 $I_\gamma\leqslant 1.0$。

5. 分层度

加水后拌合物的分层度应不大于 20mm。

6. 硬化后的物理力学性能

硬化后的物理力学性能应符合表 10-31 的要求。

硬化后的物理力学性能　　　　　表 10-31

项目	技术要求	
	Ⅰ型	Ⅱ型
干密度(kg/m³)	240～300	301～400
抗压强度(MPa)	≥0.20	≥0.40
导热系数(平均温度25℃)[W/(m·K)]	≤0.070	≤0.085
线收缩率(%)	≤0.30	≤0.30
压剪粘结强度(kPa)	≥50	≥50
燃烧性能级别	应符合 GB 8624 规定的 A 级要求	应符合 GB 8624 规定的 A 级要求

7. 抗冻性

当用户有抗冻性要求时，15 次冻融循环后质量损失率应不大于 5%，抗压强度损失率应不大于 25%。

8. 软化系数

当用户有耐水性要求时，软化系数应不小于 0.50。

五、试验方法

（一）外观质量

目测产品外观是否均匀、有无结块。

（二）堆积密度试验方法。

1. 仪器设备

（1）电子天平：量程为 5kg，分度值为 0.1g。

（2）量筒：圆柱形金属筒（尺寸为内径 108mm、高 109mm）容积为 1L，要求内壁光洁，并具有足够的刚度。

（3）堆积密度试验装置：见图 10-11。

2. 试验步骤

（1）将按规定抽取的试样，注入堆积密度试验装置的漏斗中，启动活动门，将试样注入量筒。

（2）用直尺刮平量筒试样表面，刮平时直尺应紧贴量筒上表面边缘。

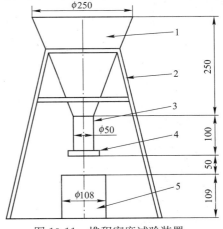

图 10-11　堆积密度试验装置
1—漏斗；2—支架；3—导管；
4—活动门；5—量筒

（3）分别称量量筒的质量 m_1、量筒和试样的质量 m_2。

（4）在试验过程中应保证试样呈松散状态，防止任何程度的振动。

3. 结果计算

(1) 堆积密度按式(10-22)计算：

$$\rho=(m_2-m_1)/V \tag{10-22}$$

式中　ρ——试样堆积密度(kg/m³)；
　　　m_1——量筒的质量(g)；
　　　m_2——量筒和试样的质量(g)；
　　　V——量筒容积(L)。

(2) 试验结果以三次检测值的算术平均值表示，保留三位有效数字。

(三) 石棉含量

按 HBC 19—2005 中附录 A 的规定进行。

(四) 放射性

按 GB 6566 的规定进行。

(五) 分层度

按 JGJ 70—1990 中第五章的规定进行。拌合物的制备如下：

1. 仪器设备

(1) 电子天平：量程为 5kg，分度值 0.1g。

(2) 圆盘强制搅拌机：额定容量 30L，转速 27r/min，搅拌叶片工作间隙(3～5)mm，搅拌筒内径 750mm。

(3) 砂浆稠度仪：应符合 JGJ 70—1990 中第三章的规定。

2. 拌合物的制备

(1) 拌制拌合物时，拌合用的材料应提前 24h 放入试验室内，拌合时试验室的温度应保持在(20±5)℃，搅拌时间为 2min。也可采用人工搅拌。

(2) 将建筑保温砂浆与水拌合进行试配，确定拌合物稠度为(50±5)mm 时的水料比，稠度的检测方法按 JGJ 70—1990 中第三章的规定进行。

(3) 按上述确定的水料比或生产商推荐的水料比混合搅拌制备拌合物。

(六) 硬化后的物理力学性能

1. 干密度试验方法

(1) 仪器设备

1) 试模：70.7mm×70.7mm×70.7mm 钢质有底试模，应具有足够的刚度并拆装方便。试模的内表面平整度为每 100mm 不超过 0.05mm，组装后各相邻面的不垂直度应小于 0.5°。

2) 捣棒：直径 10mm，长 350mm 的钢棒，端部应磨圆。

3) 油灰刀。

(2) 试件的制备

1) 试模内壁涂刷薄层脱模剂。

2) 将按规定制备的拌合物一次注满试模，并略高于其上表面，用捣棒均匀由外向里按螺旋方向轻轻插捣 25 次，插捣时用力不应过大，尽量不破坏其保温骨料。为防止可能留下孔洞，允许用油灰刀沿模壁插捣数次或用橡皮锤轻轻敲击试模四周，直至插捣棒留下的空洞消失，最后将高出部分的拌合物沿试模顶面削去抹平。至少成型 6 个三联试模，18

块试件。

3) 试件制作后用聚乙薄膜覆盖,在(20±5)℃温度环境下静停(48±4)h,然后编号拆模。拆模后应立即在(20±3)℃、相对湿度(60~80)%的条件下养护至28d(自成型时算起),或按生产商规定的养护条件及时间,生产商规定的养护时间自成型时算起不得多于28d。

4) 养护结束后将试件从养护室取出并在(105±5)℃或生产商推荐的温度下烘至恒重,放入干燥器中备用。恒重的判据为恒温3h两次称量试件的质量变化率小于0.2%。

(3) 干密度的测定

从制备的试件中取6个试件,按GB/T 5486.3—2001中第3章的规定进行干密度的测定,试验结果以6个试件检测值的算术平均值表示。

2. 抗压强度

检验干密度后的6个试件,按GB/T 5486.2—2001中第3章的规定进行抗压强度试验。以6个试件检测值的算术平均值作为抗压强度值σ_0。

3. 导热系数

按规定制备拌合物,然后制备符合导热系数测定仪要求尺寸的试件。导热系数试验按GB/T 10294的规定进行,允许按GB/T 10295、GB/T 10297规定进行。如有异议,以GB/T 10294作为仲裁检验方法。

4. 线收缩率

按JGJ 70—1990的规定进行,试验结果取龄期为56d的收缩率值。

5. 压剪粘结强度

按GB/T 17371—1998第6.6条的规定进行。用规定制备的拌合物制作试件,在(20±3)℃、相对湿度(60~80)%的条件下养护至28d(自成型时算起),或按生产商规定的养护条件及时间,生产商规定的养护时间自成型时算起不得多于28d。

6. 燃烧性能级别

按GB/T 5464的规定进行。

(七) 抗冻性能

按规定制备6块试件,按JGJ 70—1990中第九章的规定进行抗冻性试验,冻融循环次数为15次。其中抗压强度试验按GB/T 5486.2—2001中第3章的规定进行。

(八) 软化系数

按规定制备6块试件,浸入温度为(20±5)℃的水中,水面应高出试件20mm以上,试件间距应大于5mm,48h后从水中取出试件,用拧干的湿毛巾擦去表面附着水,按GB/T 5486.2—2001中第三章的规定进行抗压强度试验,以6个试件检测值的算术平均值作为浸水后的抗压强度值σ_1。

软化系数按式(10-23)计算:

$$\varphi = \sigma_1/\sigma_0 \quad (10\text{-}23)$$

式中 φ——软化系数,精确至0.01;
σ_0——抗压强度(MPa);
σ_1——浸水后抗压强度(MPa)。

六、检验规则

(一) 检验分类

建筑保温砂浆的检验分出厂检验和型式检验。

1. 出厂检验

产品出厂时,必须进行出厂检验。出厂检验项目为外观质量、堆积密度、分层度。

2. 型式检验

有下列情况之一时,应进行型式检验。型式检验项目包括上述四. 中 1~6 的全部项目。

(1) 新产品投产或产品定型鉴定时;

(2) 正式生产后,原材料、工艺有较大的改变,可能影响产品性能时;

(3) 正常生产时,每年至少进行一次。压剪粘结强度每半年至少进行一次,燃烧性能级别每两年至少进行一次;

(4) 出厂检验结果与上次型式检验有较大差异时;

(5) 产品停产 6 个月后恢复生产时;

(6) 国家质量监督机构提出进行型式检验要求时。

(二) 组批与抽样

1. 组批

以相同原料、相同生产工艺、同一类型、稳定连续生产的产品 300m³ 为一个检验批。稳定连续生产三天产量不足 300m³ 亦为一个检验批。

2. 抽样

抽样应有代表性,可连续取样,也可从 20 个以上不同堆放部位的包装袋中取等量样品并混匀,总量不少于 40L。

(三) 判定规则

出厂检验或型式检验的所有项目若全部合格则判定该批产品合格;若有一项不合格,则判该批产品不合格。

第十五节 绝热用聚苯乙烯泡沫塑料

一、绝热用模塑聚苯乙烯泡沫塑料(EPS)❶

(一) 范围

标准 GB/T 10801.1—2002 规定了绝热用模塑聚苯乙烯泡沫塑料板材的分类、要求、试验方法、检验规则和标志、包装、运输、贮存。适用于可发性聚苯乙烯珠粒经加热预发泡后,在模具中加热成型而制得的具有闭孔结构的使用温度不超过 75℃ 的聚苯乙烯泡沫塑料板材,也适用于大块板材切割而成的材料。

(二) 分类

1. 绝热用模塑聚苯乙烯泡沫塑料按密度分为 Ⅰ、Ⅱ、Ⅲ、Ⅳ、Ⅴ、Ⅵ 类,其密度范围见表 10-32。

---

❶ 主要内容引自 GB/T 10801.1—2002《绝热用模塑聚苯乙烯泡沫塑料》。

绝热用模塑聚苯乙烯泡沫塑料密度范围(kg/m³)　　　表 10-32

类别	密度范围	类别	密度范围
Ⅰ	≥15～<20	Ⅳ	≥40～<50
Ⅱ	≥20～<30	Ⅴ	≥50～<60
Ⅲ	≥30～<40	Ⅵ	≥60

2. 绝热用模塑聚苯乙烯泡沫塑料分为阻燃型和普通型。

(三) 要求

1. 规格尺寸和允许偏差

规格尺寸由供需双方商定，允许偏差应符合表 10-33 的规定。

规格尺寸和允许偏差(mm)　　　表 10-33

长度、宽度尺寸	允许偏差	厚度尺寸	允许偏差	对角线尺寸	对角线差
<1000	±5	<50	±2	<1000	5
1000～2000	±8	50～75	±3	1000～2000	7
>2000～4000	±10	>75～100	±4	>2000～4000	13
>4000	正偏差不限，-10	>100	供需双方决定	>4000	15

2. 外观要求

(1) 色泽：均匀，阻燃型应掺有颜色的颗粒，以示区别。

(2) 外形：表面平整，无明显收缩变形和膨胀变形。

(3) 熔结：熔结良好。

(4) 杂质：无明显油渍和杂质。

3. 物理机械性能应符合表 10-34 要求。

物理机械性能　　　表 10-34

项目		单位	性能指标					
			Ⅰ	Ⅱ	Ⅲ	Ⅳ	Ⅴ	Ⅵ
表观密度	不小于	kg/m³	15.0	20.0	30.0	40.0	50.0	60.0
压缩强度	不小于	kPa	60	100	150	200	300	400
导热系数	不大于	W/(m·K)	0.041			0.039		
尺寸稳定性	不大于	%	4	3	2	2	2	1
水蒸气透过系数	不大于	ng/(Pa·m·s)	6	4.5	45	4	3	2
吸水率(体积分数)	不大于	%	6	4		2		
溶结性[1]	断裂弯曲负荷　不大于	N	15	25	35	60	90	120
	弯曲变形	mm	20			—		
燃烧性能[2]	氧指数　不大于	%	30					
	燃烧分级		达到 B₂ 级					

1) 断裂弯曲负荷或弯曲变形有一项能符合指标要求即为合格。

2) 普通型聚苯乙烯泡沫塑料板材不要求。

（四）试验方法

1. 时效和状态调节

型式检验的所有试验样品应去掉表皮并自生产之日起在自然条件下放置 28d 后进行测试。所有试验按 GB/T 2918—1998 中 23/50 二级环境条件进行，样品在温度 (23 ± 2)℃，相对湿度 45%～55% 的条件下进行 16h 状态调节。

2. 尺寸测量

尺寸测量按 GB/T 6342 规定进行。

3. 外观

在自然光线下目测。

4. 表观密度的测定

按 GB/T 6343 规定进行，试样尺寸 (100 ± 1)mm×(100 ± 1)mm×(50 ± 1)mm，试样数量 3 个。

5. 压缩强度的测定

按 GB/T 8813 规定进行，相对形变为 10% 时的压缩应力。试样尺寸 (100 ± 1)mm×(100 ± 1)mm×(50 ± 1)mm，试样数量 5 个，试验速度 5mm/min。

6. 导热系数的测定

按 GB/T 10294 或 GB/T 10295 规定进行，试样厚度 (25 ± 1)mm，温度 $(15\sim20)$℃，平均温度 (25 ± 2)℃。仲裁时执行 GB/T 10294。

7. 水蒸气透过系数的测定

按 QB/T 2411 规定进行，试样厚度 (25 ± 1)mm，温度 (23 ± 2)℃，相对湿度梯度 0～50%，$\Delta p=1404.4$Pa，试样数量 5 个。

8. 吸水率的测定

按 GB/T 8810 规定进行，时间 96h。试样尺寸 (100 ± 1)mm×(100 ± 1)mm×(50 ± 1)mm，试样数量 3 个。

9. 尺寸稳定性的测定

按 GB/T 8811 规定进行，温度 (70 ± 2)℃，时间 48h，试样尺寸 (100 ± 1)mm×(100 ± 1)mm×(25 ± 1)mm，试样数量 3 个。

10. 熔结性的测定

按 GB/T 8812 规定进行，跨距为 200mm，试验速度 50mm/min。试样尺寸 (250 ± 1)mm×(100 ± 1)mm×(20 ± 1)mm，试样数量 5 个。

11. 燃烧性能的测定

（1）氧指数的测定

按 GB/T 2402 规定进行，样品陈化 28d。试样尺寸 (150 ± 1)mm×(12.5 ± 1)mm×(12.5 ± 1)mm。

（2）燃烧分级的测定

按 GB 8624 规定进行。

（五）检验规则

1. 组批：同一规格的产品数量不超过 2000m³ 为一批。

2. 检验分类：分为出厂检验和型式检验。

(1) 出厂检验项目：尺寸、外观、密度、压缩强度、熔结性。

(2) 型式检验项目：尺寸、外观、密度、压缩强度、熔结性、导热系数、尺寸变化率、水蒸气透过系数、吸水率、燃烧性能。

有下列情况之一时，应进行型式检验：

a) 正常生产后，原材料、工艺有较大改变时；

b) 正常生产后，每年至少检验一次；

c) 产品停产六个月以上，恢复生产时。

3. 判定规则

(1) 出厂检验的判定

尺寸偏差及外观任取二十块进行检验，其中两块以上不合格时，该批为不合格品。

物理机械性能从该批产品中随机取样，任何一项不合格时应重新从原批中双倍取样，对不合格项目进行复验，复验结果仍不合格时整批为不合格品。

(2) 型式检验的判定

从合格品中随机抽取1块样品，按本节一、(四)规定的方法进行测试，其结果应符合本节一、(三)的规定。

(3) 仲裁

供需双方对产品质量发生异议时，进行仲裁检验。

二、绝热用挤塑聚苯乙烯泡沫塑料(XPS)❶

(一) 范围

标准 GB/T 10801.2—2002 规定了绝热用挤塑聚苯乙烯泡沫塑料(XPS)的分类、规格、要求、试验方法、检验规则、标志、包装、运输、贮存。适用于使用温度不超过75℃的绝热用挤塑聚苯乙烯泡沫塑料，也适用于带有塑料、箔片贴面以及带有表面涂层的绝热用挤塑聚苯乙烯泡沫塑料。

(二) 定义

挤塑聚苯乙烯泡沫塑料：以聚苯乙烯树脂或其共聚物为主要成分，添加少量添加剂，通过加热挤塑成型而制得的具有闭孔结构的硬质泡沫塑料。

(三) 分类

1. 分类

(1) 按制品压缩强度 p 和表皮分为以下十类。

a) $X150-p \geqslant 150 kPa$，带表皮；

b) $X200-p \geqslant 200 kPa$，带表皮；

c) $X250-p \geqslant 250 kPa$，带表皮；

d) $X300-p \geqslant 300 kPa$，带表皮；

e) $X350-p \geqslant 350 kPa$，带表皮；

f) $X400-p \geqslant 400 kPa$，带表皮；

g) $X450-p \geqslant 450 kPa$，带表皮；

h) $X500-p \geqslant 500 kPa$，带表皮；

---

❶ 主要内容引自 GB/T 10801.2—2002《绝热用挤塑聚苯乙烯泡沫塑料》。

i) W200—p≥200kPa，不带表皮；

j) W300—p≥300kPa，不带表皮；

注：其他表面结构的产品，由供需双方商定。

（2）按制品边缘结构分为以下四种。

1) SS 平头型产品

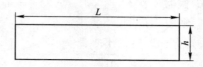

2) SL 型产品（搭接）

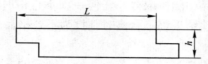

3) TG 型产品（榫槽）

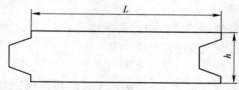

4) RC 型产品（雨槽）

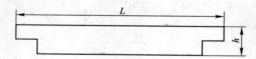

2. 产品标记

（1）标记方法

1) 标记顺序：产品名称-类别-边缘结构形式-长度×宽度×厚度-标准号。

2) 边缘结构形式用以下代号表示：

边缘结构型式表示方法：SS 表示四边平头；SL 表示两长边搭接；TG 表示两长边为榫槽型；RC 表示两长边为雨槽型。若需四边搭接、四边榫槽或四边雨槽型需特殊说明。

（2）标记示例

类别为 X250、边缘结构为两长边搭接，长度 1200mm、宽度 600mm、厚度 50mm 的挤出聚苯乙烯板标记表示为：XPS-X250-SL-1 200×600×50-GB/T 10801.2。

（四）要求

1. 规格尺寸和允许偏差

（1）规格尺寸

产品主要规格尺寸见表 10-35，其他规格由供需双方商定，但允许偏差应符合表 10-36 的规定。

规 格 尺 寸(mm)　　　　　表 10-35

长度	宽度	厚度
L		h
1200，1250，2450，2500	600，900，1200	20，25，30，40，50，75，100

(2) 允许偏差

允许偏差应符合表 10-36 的规定。

允 许 偏 差(mm)　　　　　表 10-36

长度和宽度 L		厚度 h		对角线差	
尺寸 L	允许偏差	尺寸 h	允许偏差	尺寸 T	对角线差
$L<1000$	±5			$T<1000$	5
$1000 \leqslant L<2000$	±7.5	$h<50$	±2	$1000 \leqslant T<2000$	7
$L \geqslant 2000$	±10	$h \geqslant 50$	±3	$T \geqslant 2000$	13

2. 外观质量

产品表面平整，无夹杂物，颜色均匀。不应有明显影响使用的可见缺陷，如起泡、裂口、变形等。

3. 物理机械性能

产品的物理机械性能应符合表 10-37 的规定。

物 理 机 械 性 能　　　　　表 10-37

项目		单位	性能指标								
			带表皮							不带表皮	
			X150	X200	X250	X300	X350	X400	X450	X500	W200	W300
压缩强度		kPa	$\geqslant 150$	$\geqslant 200$	$\geqslant 250$	$\geqslant 300$	$\geqslant 350$	$\geqslant 400$	$\geqslant 450$	$\geqslant 500$	$\geqslant 200$	$\geqslant 300$
吸水率，浸水 96h		%(体积分数)	$\leqslant 1.5$		$\leqslant 1.0$						$\leqslant 2.0$	$\leqslant 1.5$
透湿系数，23℃±1℃，RH50%±5%		ng/(g·s·Pa)	$\leqslant 3.5$		$\leqslant 3.0$			$\leqslant 2.0$			$\leqslant 3.5$	$\leqslant 3.0$
绝热性能	热阻 厚度25mm时 平均温度 10℃	(m²·K)/W				$\geqslant 0.89$			$\geqslant 0.93$		$\geqslant 0.76$	$\geqslant 0.83$
	25℃					$\geqslant 0.83$			$\geqslant 0.86$		$\geqslant 0.71$	$\geqslant 0.78$
	导热系数 平均温度 10℃	W/(m·K)				$\leqslant 0.028$			$\leqslant 0.027$		$\leqslant 0.033$	$\leqslant 0.030$
	25℃					$\leqslant 0.030$			$\leqslant 0.029$		$\leqslant 0.035$	$\leqslant 0.032$
尺寸稳定性，70℃±2℃下，48h		%	$\leqslant 2.0$		$\leqslant 1.5$			$\leqslant 1.0$			$\leqslant 2.0$	$\leqslant 1.5$

4. 燃烧性能

按 GB/T 8626 进行检验,按 GB 8624 分级应达到 B_2。

(五) 试验方法

1. 时效和状态调节

导热系数和热阻试验应将样品自生产之日起在环境条件下放置 90d 进行,其他物理机械性能试验应将样品自生产之日起在环境条件下放置 45d 后进行。试验前应进行状态调节,除试验方法中有特殊规定外,试验环境和试样状态调节,按 GB/T 2918—1998 中 23/50 二级环境条件进行。

2. 试件表面特性说明

试件不带表皮试验时,该条件应记录在试验报表中。

3. 试件制备

除尺寸和外观检验,其他所有试验的试件制备,均应在距样品边缘 20mm 处切取试件。可采用电热丝切割试件。

4. 尺寸测量

尺寸测量按 GB/T 6342 进行。长度、宽度和厚度分别取 5 个点测量结果的平均值。

5. 外观质量

外观质量在自然光条件下目测。

6. 压缩强度

压缩强度试验按 GB/T 8813 进行。试件尺寸为 (100.0 ± 1.0)mm×(100.0 ± 1.0)mm×原厚,对于厚度大于 100mm 的制品,试件的长度和宽度应不低于制器厚度。如荷速度为试件厚度的 1/10(mm/min),例如厚度为 50mm 的制品,加荷速度为 5mm/min。压缩强度取 5 个试件试验结果的平均值。

7. 吸水率

吸水率试验按 GB/T 8810 进行,水温为 (23 ± 2)℃,浸水时间为 96h。试件尺寸为 (150.0 ± 1.0)mm×(150.0 ± 1.0)mm×原厚,吸水率取 3 个试件试验结果的平均值。

8. 透湿系数

透湿系数试验按 QB/T 2411 进行,试验工作室(或恒温恒湿箱)的温度应为 (23 ± 1)℃,相对湿度为 $50\%\pm5\%$。透湿系数取 5 个试件试验结果的平均值。

9. 绝热性能

导热系数试验按 GB/T 10294 进行,也可按 GB/T 10295 进行,测定平均温度为 (10 ± 2)℃和 (23 ± 2)℃下的导热系数,试验温差为 15℃~25℃。仲裁时按 GB/T 10294 进行。

热阻值按公式(10-24)计算:

$$R=\frac{h}{\lambda} \tag{10-24}$$

式中:R——热阻,$(m^2 \cdot K)/W$;

h——厚度,m;

λ——导数系数,$W/(m \cdot K)$。

10. 尺寸稳定性

尺寸稳定性试验按 GB/T 8811 进行,试验温度为 (70 ± 2)℃,48h 后测量。试件尺寸为(100.0±1.0)mm×(100.0±1.0)mm×原厚。尺寸稳定性取 3 个试件试验结果绝对值的平均值。

11. 燃烧性能

燃烧性能试验按 GB/T 8626 进行，按 GB 8624 确定分级。

(六) 检验规则

1. 出厂检验

(1) 产品出厂时必须进行出厂检验。

(2) 出厂检验的检验项目为：尺寸、外观、压缩强度、绝热性能。

(3) 组批：以出厂的同一类别、同一规格的产品 $300m^3$ 为一批，不足 $300m^3$ 的按一批计。

(4) 抽样：尺寸和外观随机抽取 6 块样品进行检验，压缩强度取 3 块样品进行检验，绝热性能取两块样品进行检验。

(5) 尺寸、外观、压缩强度、绝热性能按本节二、(五)规定的试验方法进行检验，检验结果应符合本节二、(四)的规定。如果有两项指标不合格，则判该批产品不合格。如果只有一项指标(单块值)不合格，应加倍抽样复验。复验结果仍有一项(单块值)不合格，则判该批产品不合格。

(6) 出厂检验的组批、抽样和判定规则也可按企业标准进行。

2. 型式检验

(1) 有下列情况之一旱，应进行型式检验。

a) 新产品定型鉴定；

b) 正式生产后，原材料、工艺有较大的改变，可能影响产品性能时；

c) 正常生产时，每年至少进行一次；

d) 出厂检验结果与上次型式检验有较大差异时；

e) 产品停产 6 个月以上，恢复生产时。

(2) 型式检验的检验项目为本节二、(四)规定的各项要求：尺寸、外观、压缩强度、吸水率、透湿系数、绝热性能、燃烧性能、尺寸稳定性。

(3) 型式检验应在工厂仓库的合格品中随机抽取样品，每项性能测试 1 块样品，按本节二、(五)规定的试验方法切取试件并进行检验，检验结果应符合本节二、(四)的规定。

参 考 文 献

1. 赵述智、王忠德编著. 建材与检测. 郑州：豫内资料准印通字新出发第 95011 号，1995
2. 熊中实、倪文杰主编. 钢材大全. 北京：中国建材工业出版社，1994
3. 中国新型建筑材料公司、中国建材工业技术经济研究会新型建筑材料专业委员会编著. 新型建筑材料实用手册. 北京：中国建筑工业出版社，1987
4. 李桂林、程良奎、罗竞宁主编，混凝土与钢筋混凝土施工手册. 北京：冶金工业出版社，1988
5. 吴顺荣、庄弘毅. 材料试验(第三版). 北京：中国建筑工业出版社，1982
6. 国家建筑工程质量监督检验测试中心、建筑结构及混凝土制品检测二部编. 混凝土实验员手册. 北京：中国建筑科学研究院科技交流部出版，1990
7. 纪午生、陈伟主编. 常用建筑材料试验手册. 北京：中国建筑工业出版社，1986
8. 蒋元驷、韩素芳. 混凝土工程病害与修补加固. 北京：海洋出版社，1996
9. 中国建筑工业出版社编. 现行建筑材料规范大全(修订缩印本). 北京：中国建筑工业出版社，1995
10. 秦蜀华主编. 石油及化学工业用耐火隔热材料. 国家建筑材料工业局标准化研究所，1994.12
11. 李明豫、丁卫东主编. 地方水泥企业化验室工作手册(修订版). 北京：中国建材工业出版社，1994
12. 张云理、卞葆芝编. 混凝土外加剂产品及应用手册(第二版). 北京：中国铁道出版社，1994
13. [英] F·M·李著. 唐明述、杨南如、胡道和、闵盘荣译. 水泥和混凝土化学(第三版). 北京：中国建筑工业出版社，1984
14. [日] 小池迪夫等著. 王庆修主编. 于润涛、朱宾总校. 最新建筑防水设计施工手册. 北京：地震出版社，1992
15. 饶勃主编. 建筑装饰材料实用手册. 北京：中国建筑工业出版社，1995
16. 王赫主编. 建筑工程事故处理手册. 北京：中国建筑工业出版社，1994
17. 赵志缙主编. 高层建筑施工手册. 上海：同济大学出版社，1992
18. 《建筑施工手册》(第二版)编写组. 建筑施工手册(缩印本). 北京：中国建筑工业出版社，1992
19. 徐有邻、韩素芳编著. 预制构件结构检验与混凝土强度评定. 北京：地震出版社，1993
20. 王忠德、郭乐工主编. 混凝土构件结构性能检验手册. 郑州：河南科学技术出版社，1996
21. 徐有邻著. 预应力混凝土屋面板的结构性能检验. 北京：中国建筑科学研究院，1998
22. 徐有邻著. 非标准预制构件的结构性能检验. 北京：中国建筑科学研究院，1998